Periodic Table of the Elements

원소 기호	원자 번호	영어명	한글명	원자량
C	6	Carbon	탄소	12.011

구분	
금속 (Metal)	
준금속 (Semimetal)	
비금속 (Nonmetal)	

족 / 주기	1 (1A)	2 (2A)	3	4	5	6	7	8	9
1	H 1 Hydrogen 수소 1.008								
2	Li 3 Lithium 리튬 6.94	Be 4 Beryllium 베릴륨 9.0122							
3	Na 11 Sodium 나트륨(소듐) 22.990	Mg 12 Magnesium 마그네슘 24.305							
4	K 19 Potassium 칼륨(포타슘) 39.098	Ca 20 Calcium 칼슘 40.078	Sc 21 Scandium 스칸듐 44.956	Ti 22 Titanium 타이타늄 47.867	V 23 Vanadium 바나듐 50.942	Cr 24 Chromium 크로뮴 51.996	Mn 25 Manganese 망가니즈 54.938	Fe 26 Iron 철 55.845	Co 27 Cobalt 코발트 58.933
5	Rb 37 Rubidium 루비듐 85.468	Sr 38 Strontium 스트론튬 87.62	Y 39 Yttrium 이트륨 88.906	Zr 40 Zirconium 지르코늄 91.224	Nb 41 Niobium 나이오븀 92.906	Mo 42 Molybdenum 몰리브데넘 95.96	Tc 43 Technetium 테크네튬 [97.91]	Ru 44 Ruthenium 루테늄 101.07	Rh 45 Rhodium 로듐 102.91
6	Cs 55 Cesium 세슘 132.91	Ba 56 Barium 바륨 137.33		Hf 72 Hafnium 하프늄 178.49	Ta 73 Tantalum 탄탈럼 180.95	W 74 Tungsten 텅스텐 183.84	Re 75 Rhenium 레늄 186.21	Os 76 Osmium 오스뮴 190.23	Ir 77 Iridium 이리듐 192.22
7	Fr 87 Francium 프랑슘 [223.02]	Ra 88 Radium 라듐 [226.03]		Rf 104 Rutherfordium 러더포듐 [265.12]	Db 105 Dubnium 더브늄 [268.13]	Sg 106 Seaborgium 시보귬 [271.13]	Bh 107 Bohrium 보륨 [272]	Hs 108 Hassium 하슘 [277.15]	Mt 109 Meitnerium 마이트너륨 [276.15]

	주기						
란타넘족 (Lanthanoids)	6	La 57 Lanthanum 란타넘 138.91	Ce 58 Cerium 세륨 140.12	Pr 59 Praseodymium 프라세오디뮴 140.91	Nd 60 Neodymium 네오디뮴 144.24	Pm 61 Promethium 프로메튬 144.91	Sm 62 Samarium 사마륨 150.36
악티늄족 (Actinoides)	7	Ac 89 Actinium 악티늄 [227.03]	Th 90 Thorium 토륨 232.04	Pa 91 Protactinium 프로트악티늄 231.04	U 92 Uranium 우라늄 238.03	Np 93 Neptunium 넵투늄 [237.05]	Pu 94 Plutonium 플루토늄 [244.06]

■ 검은색 원소는 고체(Solid)
■ 붉은색 원소는 기체(Gas)
■ 푸른색 원소는 액체(Liquid)

10	11	12	3A 13	4A 14	5A 15	6A 16	7A 17	8A 18
								He 2 Helium 헬륨 4.0026
			B 5 Boron 붕소 10.81	C 6 Carbon 탄소 12.011	N 7 Nitrogen 질소 14.007	O 8 Oxygen 산소 15.999	F 9 Fluorine 플루오린 18.998	Ne 10 Neon 네온 20.180
			Al 13 Aluminium 알루미늄 26.982	Si 14 Silicon 규소 28.085	P 15 Phosphorus 인 30.974	S 16 Sulfur 황 32.06	Cl 17 Chlorine 염소 35.45	Ar 18 Argon 아르곤 39.948
Ni 28 Nickel 니켈 58.693	Cu 29 Copper 구리 63.546	Zn 30 Zinc 아연 65.38	Ga 31 Gallium 갈륨 69.723	Ge 32 Germanium 저마늄 72.64	As 33 Arsenic 비소 74.922	Se 34 Selenium 셀레늄 78.96	Br 35 Bromine 브로민 79.904	Kr 36 Krypton 크립톤 83.798
Pd 46 Palladium 팔라듐 106.42	Ag 47 Silver 은 107.87	Cd 48 Cadmium 카드뮴 112.41	In 49 Indium 인듐 114.82	Sn 50 Tin 주석 118.71	Sb 51 Antimony 안티모니 121.76	Te 52 Tellurium 텔루륨 127.60	I 53 Iodine 아이오딘 126.90	Xe 54 Xenon 제논 131.29
Pt 78 Platinum 백금 195.08	Au 79 Gold 금 196.97	Hg 80 Mercury 수은 200.59	Tl 81 Thallium 탈륨 204.38	Pb 82 Lead 납 207.2	Bi 83 Bismuth 비스무트 208.98	Po 84 Polonium 폴로늄 [208.98]	At 85 Astatine 아스타틴 [209.99]	Rn 86 Radon 라돈 [222.02]
Ds 110 Darmstadtium 다름슈타튬 [281.16]	Rg 111 Roentgenium 뢴트게늄 [280.16]	Cn 112 Copernicium 코페르니슘 [285.17]	Nh 113 Nihonium 니호늄 [284.18]	Fl 114 Flerovium 플레로븀 [289.19]	Mc 115 Moscovium 모스코븀 [288.19]	Lv 116 Livermorium 리버모륨 [293]	★Ts 117 Tennessine 테네신 [294]	Og 118 Oganesson 오가네손 [294]

★ 금속성, 준금속성, 비금속성이 아직 명확히 밝혀지지 않음.

Eu 63 Europium 유로퓸 151.96	Gd 64 Gadolinium 가돌리늄 157.25	Tb 65 Terbium 터븀 158.93	Dy 66 Dysprosium 디스프로슘 162.50	Ho 67 Holmium 홀뮴 164.93	Er 68 Erbium 어븀 167.26	Tm 69 Thulium 툴륨 168.93	Yb 70 Ytterbium 이터븀 173.05	Lu 71 Lutetium 루테튬 174.97
Am 95 Americium 아메리슘 [243.06]	Cm 96 Curium 퀴륨 [247.07]	Bk 97 Berkelium 버클륨 [247.07]	Cf 98 Californium 캘리포늄 [251.08]	Es 99 Einsteinium 아인슈타이늄 [252.08]	Fm 100 Fermium 페르뮴 [257.10]	Md 101 Mendelevium 멘델레븀 [258.10]	No 102 Nobelium 노벨륨 [259.10]	Lr 103 Lawrencium 로렌슘 [262.11]

Kevin Revell

Introductory **Chemistry** Second Edition

화학의 입문 제2판

화학교재연구회 옮김

자유아카데미

Introductory Chemistry 2e

First Published in the United States by W.H. Freeman and Company

저자 서문

'기초 화학' 과정은 교육, 경영, 인문학 분야 등의 학위를 취득하기 위한 일반 교양 과목으로 많은 학생들이 선택하는 과정입니다. 또한 '일반 화학' 과정을 목표로 공부하는 학생들과, 의료, 농업, 과학 및 공학 분야의 직업을 목표로 하는 분들에게는 그 디딤돌이 될 수 있는 과정입니다. 일반적인 대학생들이 많겠지만, 직장, 가족, 학사 학위의 꿈 사이에서 균형을 맞추는 만학도들도 있을 것입니다. 이렇게 다양한 목적으로 화학 공부를 시작하지만, 많은 사람에게 있어 화학은 여전히 이해하기 어렵고 기피하는 과목 중 하나입니다.

이에 맞춰 저자는 학생들이 화학에 쉽게 접근할 수 있도록 집필하였습니다. 단순히 교과서만을 공부하는 것이 아니라 다양한 학습 스타일과 교수법을 활용하여 학생들을 강의에 참여시키고 도전할 수 있도록 구성하였습니다. 중요한 아이디어를 놓치지 않기 위하여 비유, 이야기, 이미지를 최대한 활용하여 설명하였고, 친근한 스타일로 글을 쓰려고 노력하였습니다. 또한 다양한 그림들을 통해 흥미를 높이고, 예제와 도전 문제를 통해 깊이 있게 학습할 수 있도록 준비하였습니다. 특히 각 챕터마다 캡스톤 질문들을 제공하여 실제 산업 현장에서도 화학을 응용할 수 있도록 구성하였습니다.

강사분들에게도 좋은 교재가 되도록 준비하였습니다. 효율적으로 수업 준비를 할 수 있도록 각 챕터별로 파워포인트 강의자료를 제공합니다. 수업 시간에 그대로 활용해도 충분할 정도로 시간을 투자하여 제작하였으며, 강사분들이 수업량에 따라 직접 수정할 수도 있습니다. 여러 학기에 걸쳐 개발한 Test Bank, Solutions Manual 자료도 제공합니다. 이들을 잘 활용하면 보다 쉽고 편리하게 수업을 준비할 수 있을 것입니다.

강의를 하는 분들, 수업을 듣는 분들, 화학을 처음 공부하는 분들 모두 이 책을 통해 목표를 달성하기 바라며, 책의 저자로서 여러분을 진심으로 응원하겠습니다.

행운을 빌며,
Kevin Revell 드림

저자 소개

저자 KEVIN REVELL은 Murray 주립 대학교에서 기초 화학, 일반 화학, 유기 화학을 가르치고 있는 열정적인 교육자이다. 고등학교, 커뮤니티 칼리지, 소규모 사립 기관, 주정부 기관 등 여러 교육 현장에서 커리큘럼 개발, 기술 강화 교육, 학생 평가, 능동 학습 설계 등의 다양한 업무를 소화하며 활동하고 있다. 또한 합성 화학자로서 기능성 유기 물질을 합성하고 평가하는 등의 연구활동도 활발히 진행하고 있다.

감사의 글

저를 위해서 기도해주신 분들:
조부모님의 용기, 헌신, 인내, 사랑에 감사드립니다.
부모님의 끊임없는 사랑과 격려, 보여주신 위대한 모범에 감사드립니다.
Gary와 Cindy, 그리고 Kruger 부부의 오랜 지원과 기도에 감사드립니다.

아내이자 가장 친한 친구인 내 인생의 사랑 Jeniffer에게:
당신과 함께할 행복한 미래를 기대합니다.

(아이들) Jamie와 Megan 부부, Julie, Joshua에게;
(손주들) Grace, Shawn, Emma, Elijah에게:
인내심을 가지고 자신의 꿈을 위해 달리렴.

생명과 평화를 주시는 주님께:
사랑과 감사의 마음으로 이 책을 바칩니다.

역자 서문

1899년은 아스피린이 태어난 해다. 아스피린이 세상에 나온 지 100년도 더 지난 셈이다. 그런데도 여전히 해열 · 진통 · 소염제로 널리 인정받고, 심혈관 질환 예방약으로도 사용되고 있다. 그러니 아스피린은 세기의 명약인 셈이다. 버드나무 껍질이 고대에서부터 해열 · 진통에 약효가 있다는 것을 경험으로 알고 있었고, 이를 바이엘 제약회사 연구원이던 Felix Hoftmann이 화학적으로 합성해 낸 것이 아스피린이다. 주성분인 아세트산(acetic acid)의 a와, 버드나무의 학명인 스피라이아(*spiraea*)가 아스피린(aspirin)의 어원이다. 즉, 버드나무 껍질 추출 성분으로 만든 약이란 뜻이다.

1962년에 식물학자 Barclay는 태평양 북서부에 있는 태평양 주목을 주목하였다. 그리고 이것을 화학자 Wani와 Wall에게 보냈다. Wani와 Wall은 거의 10년간의 연구 끝에 논문을 발표했다. 1971년의 일이었다. 이 논문에서는 한 물질의 분리, 구조, 항암 특성을 기술했고, 이 물질을 택솔(taxol)이라고 불렀다. 이 이름은 태평양 주목의 학명 *Taxus brevifolia*를 딴 것이다.

몇 년 후, 생화학자인 Susan Horwitz는 택솔이 암세포의 번식을 막는다는 사실을 발견하였다. 많은 과학자의 연구 끝에, 1984년에서야 인간 환자에 대한 임상 실험에 들어갔다. 드디어 이 물질에 택솔(Taxol®)이라는 상표명이 붙여졌다. 택솔은 암 치료에 가장 널리 사용되는 약 중 하나다. 이러한 택솔의 이야기를 시작하면서, 본 교재의 저자는 그토록 재미없는 가설, 이론, 과학 법칙을 쉽게 설명해 나간다.

항암제 택솔 이야기, 법의학 이야기, 금을 캐는 채금 이야기, 태양 에너지, 조울증, 마야의 잃어버린 도시, 의약품의 제조 공정, 옥수수 에탄올 논쟁, 최초의 나노카, North Dakota 붐, 완벽한 커피 한 잔, 코카인 마약 이야기. 제목만 들어도 흥미가 느껴지지 않는가.

유태인 Fritz Haber는 본인이 개발한 것으로 수십억 명의 사람을 먹여 살리는 데 도움을 주었지만, 한편으로는 그가 개발한 기체가 수백만 명의 유태인을 살해하는 데 사용되었다는 끔찍한 아이러니 이야기도 나온다. 역사는 어떻게 Fritz Haber를 기억해야 하는가? 물론 화학사의 일부만을 다루는 것은 아니다. 이것이 동기 부여가 되어 화학 반응과 평형을 서술하는 것이다.

동물 영양 실험실에서 대변의 잔해를 분석하던 Robert Grubbs는, 친구의 화학 실험실에서 밤마다 그를 도와주기 시작했다. 화학 실험실에서의 일은 대변 분석보다 냄새가 덜 났고, 매력적인 일이었다. 새로운 분자를 만드는 일은 집을 짓는 것보다 훨씬 더 재미있었다면서 탄소의 건축을 이야기했다. 탄소–탄소 결합을 만드는 새로운 접근법의 개발로, 그는 노벨 화학상을 받았다.

다소 어렵게 느껴질 수 있는 핵화학에 대한 내용을 후쿠시마 원전 사고 이야기로 시작하여 재미있게 풀어내기도 한다.

알리고자 하는 바를 재미있고 생생한 이야기로 설득력 있게 전달하는 행위를 스토리텔링이라고 한다. 저자는 이 스토리텔링 기법을 사용하여, 본 교재의 16개 장을 재미있게 서술하고 있다.

저자는 만학도였다. 30대의 나이에 들어서 대학원에 진학하여 학문의 길로 들어섰기에, 학문을 재미있게 접하는 방법에 대하여 많은 생각이 있었으리라! 이러한 경험을 바탕으로, 이해하기 어렵고, 신비롭고, 벅차게 보일 수 있는, 화학의 뻔한 이야기를 펀(fun)하게 서술한 것이 본 교재의 특징이다.

모든 성의를 다하여 번역을 하였지만, 잘못된 곳이 있을 것이라 생각합니다. 추후 수정사항은 자유아카데미 홈페이지(www.freeaca.com) 자료실에 게시할 것이며, 다음 기회에 반드시 반영하여 수정할 것을 약속드립니다. 이 책의 번역과 출판의 기회를 주시고, 교정과 편집에 수고해주신 자유아카데미 여러분께 감사의 뜻을 전합니다. 독자 여러분의 발전을 기원합니다.

끝으로, 저자의 말을 인용하면서 역자 서문을 마칩니다. “산을 움직이는 것이 가능합니다. 그 방법은 작은 돌들을 나르는 것입니다. 일단, 돌을 나르기 시작하면, 곧 산이 움직이기 시작하는 것을 보실 수 있을 것입니다.”

역자 대표

차례

Kefca/Shutterstock

1장
기초 1
택솔

1.1 화학: 당신이 하는 모든 것의 일부 3
1.2 물질이란 4
1.3 에너지 및 변화 12
1.4 과학적 방법 15
캡스톤 질문 17
요약 18
주요 용어 20
추가 문제 20

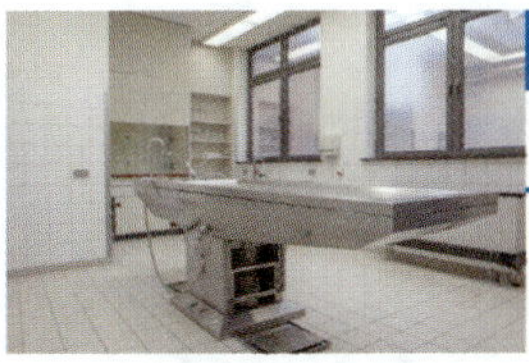
Marcel Derweduwen/Shutterstock

2장
측정 25
이상한 죽음

2.1 측정: 좋은 과학의 기초 27
2.2 단위 환산 39
2.3 밀도: 질량과 부피의 관계 45
2.4 온도 측정 47
캡스톤 질문 48
요약 49
주요 용어 51
추가 문제 51

Homo Cosmicos/Shutterstock

3장
원자 57
수은 및 소규모 채금

3.1 원자: 필수 구성 요소 59
3.2 원소 주기율표 62
3.3 원자 구조 파악하기 68
3.4 원자 설명: 원자의 성질과 질량 71
3.5 전자–미리보기 75
캡스톤 질문 77
요약 78
주요 용어 80
추가 문제 80

Ewelina W/Shutterstock

4장
빛과 전자 구조 87
태양 에너지를 향한 이동

4.1 전자기 스펙트럼 89
4.2 색, 선 스펙트럼, Bohr 모형 91
4.3 양자 모형과 전자 오비탈 95
4.4 전자 배치 99
4.5 전자 배치 및 주기율표 105
캡스톤 질문 109
요약 110
주요 용어 112
추가 문제 112

Public Domain, Wikimedia Commons

5장
화학 결합 및 화합물 119
탄산 리튬과 조울증

5.1 Lewis 기호와 옥텟 규칙 121
5.2 이온 121
5.3 이온 결합 및 이온 결합 화합물 127
5.4 공유 결합 130
5.5 이온 결합 화합물과 공유 결합 화합물 구별하기 134

5.6 수용액: 이온 결합 화합물과 공유 결합 화합물의 차이 136
5.7 산—서론 138
캡스톤 질문 139
요약 140
주요 용어 142
추가 문제 142

stefanophotographer/Shutterstock

6장 화학 반응 149

마야의 잃어버린 도시

6.1 화학 반응식 151
6.2 반응의 분류 157
6.3 금속과 비금속 간의 반응 159
6.4 연소 반응 162
6.5 수용액 내 반응 164
캡스톤 질문 172
요약 173
주요 용어 175
추가 문제 176

noomcpkstic/Shutterstock

7장 질량의 화학량론 183

공정의 개발

7.1 화학식량과 조성 퍼센트 185
7.2 원자량을 대규모 질량과 연결하는 방법: 몰 개념 188
7.3 균형 반응식에서의 몰 개념 191
7.4 이론적 수득량과 퍼센트 수득률 201
캡스톤 질문 202
요약 203
주요 용어 205
추가 문제 205

Everett Collection/Shutterstock

8장 에너지 213

옥수수 에탄올 논쟁

8.1 에너지, 일, 열 215
8.2 열에너지와 온도 220
8.3 열에너지와 화학 반응 226
캡스톤 질문 230
요약 230
주요 용어 233
추가 문제 233

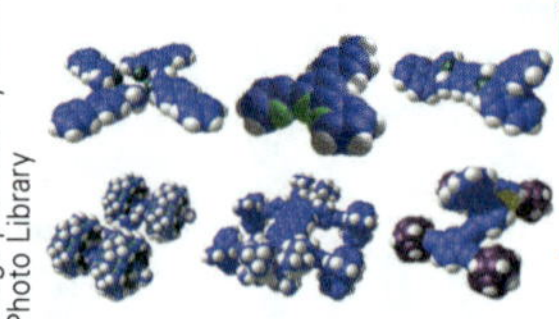

Rice University Nano-car team; Image provided by CNRS Photo Library

9장 공유 결합과 공유 결합 분자 241

최단 레이스

9.1 공유 결합 분자 243
9.2 분자와 전하 247
9.3 분자의 모양 253
9.4 극성 결합과 극성 분자 258
캡스톤 질문 262
요약 263
주요 용어 266
추가 문제 266

Vyacheslav Svetlichnyy/Shutterstock

10장 고체, 액체, 기체 273

North Dakota 붐

10.1 입자 간 상호작용 275
10.2 고체와 액체 276
10.3 기체 설명하기 283
10.4 기체 법칙 285
10.5 확산과 분출 292
10.6 기체의 화학량론 293
캡스톤 질문 296
요약 296

주요 용어 300
추가 문제 300

FOOKPHOTO.COM/Shutterstock

11장
용액 307
완벽한 커피 한 잔

11.1 농도 나타내기 309
11.2 전해질 용액 316
11.3 용액 내 반응–복습 및 예습 323
11.4 용액의 화학량론 324
캡스톤 질문 328
요약 329
주요 용어 331
추가 문제 331

Bram Smits/Shutterstock

12장
산과 염기 337
코카인: 파괴 및 복구

12.1 산과 염기의 서론 339
12.2 산–염기의 평형 반응 343
12.3 산과 염기를 포함하는 반응 346
12.4 산과 염기의 농도 348
12.5 산과 염기의 농도 측정 353
12.6 완충 용액의 pH와 생물학적 pH 357
캡스톤 질문 360
요약 360
주요 용어 363
추가 문제 363

Thomas La Mela/Shutterstock

13장
반응 속도와 평형 371
Haber–Bosch법

13.1 반응 속도 373
13.2 평형 반응 378
13.3 평형식 382
13.4 Le Chatelier 원리 388
캡스톤 질문 393
요약 393
주요 용어 396
추가 문제 396

DimaBerlin/Shutterstock

14장
산화–환원 반응 405
Volta의 경이로운 업적

14.1 산화와 환원 407
14.2 산화–환원 반응의 유형 409
14.3 반쪽 반응과 배터리 415
14.4 산화–환원 반응식의 균형 맞추기 420
14.5 산화–환원 반응의 다른 응용 422
캡스톤 질문 424
요약 425
주요 용어 427
추가 문제 427

Science History Institute, CC BY-SA 3.0, Wikimedia Commons

15장
유기화학 및 생체 분자 435
새로운 결합의 생성: Grubbs 촉매

15.1 유기화학과 탄소 순환 437
15.2 탄소와 다른 비금속이 만든 공유 결합 438
15.3 공유 결합 화합물의 구조식 그리기 441
15.4 주요 작용기 446
15.5 고분자와 플라스틱 456
15.6 생체 분자–서론 458
캡스톤 질문 467
요약 467
주요 용어 471
추가 문제 471

Douglas Sprott/Flickr

16장
핵화학 479
후쿠시마

16.1 핵 변화 481
16.2 방사능 483
16.3 방사선으로 작업하기 488
16.4 핵반응에서의 에너지 변화 493
16.5 원자력 발전: 핵분열과 핵융합 496

캡스톤 질문 501
요약 502
주요 용어 504
추가 문제 504

유용한 표와 그림 A–1
홀수 문제 정답 A–7
찾아보기 A–33

기초

CHAPTER 1

그림 1.1 (a) 태평양 주목에는 강력한 항암 특성을 가진 물질이 들어 있다. (계속)

택솔

태평양 북서부에는 시원한 해안 지역을 따라 작은 상록수가 자란다. 태평양 주목으로 불리는 이 나무는 평범한 나무로, 부드러운 침엽과 빨간 열매가 있다(그림 1.1). 1962년에 식물학자 Arthur Barclay가 이 나무들 임분(stand)을 발견한 곳은 Washington 주에 있는 St. Helens 산 근처의 삼림이었다. Barclay는 미국 농무부에서 근무하면서 새로운 약용 식물을 찾고 있었다.

Barclay는 나무에서 잔가지, 침엽, 나무껍질 등의 시료를 채취했다. 그는 이 시료를 North Carolina의 화학자인 Mansukh Wani와 Monroe Wall에게 보냈다. 차를 끓이는 것과 유사한 과정을 사용하여 Wani와 Wall은 식물 물질을 잘게 빻은 다음, 뜨거운 물과 다른 액체를 섞어 으깨진 나무와 잎에서 물질을 뽑아냈다. 그리고는 이 물질들을 정제하고 실험하여, 이 물질들이 종양 세포의 성장에 어떤 영향을 미치는지를 알아보았다. 물질 하나가 태평양 주목의 껍질에서만 발견되었고, 이것이 종양 세포를 파괴하는 놀라운 능력을 보여 주었다.

1971년에 Wani와 Wall은 거의 10년간의 연구 끝에 논문을 발표했다. 이 논문에서 이 물질의 분리, 구조, 항암 특성을 기술하였다. 그들은 태평양 주목의 학명 *Taxus brevifolia*에서 따와 이 물질을 택솔(taxol)이라 불렀다. 몇 년 후 New York 시에 위치한 Yeshiva 대학의 생화학자인 Susan Horwitz는 이 물질이 암세포의 번식을 막는다는 것을 발견하였다. 이 물질이 이렇게 번식을 막은 방식은 전에 볼 수 없었던 방식이었다.

Horwitz의 연구 결과 덕분에, 다른 과학자들은 이 물질을 더 탐구하게 되었다. 1984년에서야 임상 실험, 즉 인간 환자에 대한 실험에 들어갔다. 이 물질에는 택솔(Taxol®)이라는 상표명과 **파클리탁셀**(paclitaxel)이라는 관용명이 붙여졌다.

그림 1.1 (계속) (b) Mansukh Wani(왼쪽)와 Monroe Wall은 택솔을 처음 발견한 화학자였다. (c) 이 택솔 모형에서 검은색 구는 탄소를 나타낸다. 빨간색 구는 산소, 흰색은 수소, 파란색은 질소를 나타낸다. 구들 사이의 선이 보여 주는 것은 입자들이 서로 결합되는 방식이다. (d) Susan Horwitz는 택솔의 작용 방식을 알아냈다. (e) 오늘날 택솔은 여러 형태의 암에 대한 선도적인 치료제이다. (a) Kefca/Shutterstock; (b) Jimmy W. Crawford/RTI International; (c) [no credit]; (d) Courtesy of Dr. Susan Band Horwitz; (e) nudelman/Shutterstock

그러나 택솔의 가능성이 새로운 문제를 만들었다. 태평양 주목은 그 약의 유일한 출처였다. 따라서 껍질을 수확하면 나무가 죽어나갔다. 국립암연구소장의 추산에 의하면, 주목 껍질에 대한 수요를 따라가려면 매년 36만 그루의 나무가 필요했다. 이것은 느리게 자라는 태평양 주목의 자체 보충 능력을 훨씬 넘어서는 것이다. 어떻게 할 수 있을까?

이 상황은 다음과 같은 수십 가지 질문으로 이어졌다. 태평양 주목은 어떻게 택솔을 생산하는가? 다른 나무들도 이 물질을 생산하나? 택솔을 실험실이나 공장에서 합성하여 생산할 수 있는가? 택솔의 항암 특성을 모방한, 더 간단한 물질을 생산할 수 있을까? 1990년대 초까지, 전 세계의 연구팀들은 이러한 시급한 질문에 대한 답을 찾고 있었다.

그때 큰 돌파구가 생겼다. 과학자들은 더욱 흔한 주목인 영국 주목의 침엽으로부터 택솔로 전환될 수 있는 유사한 물질을 발견하였다. 이 과정은 나무껍질이 아니라 재생 가능한 침엽을 이용하기 때문에, 농부들은 나무를 죽이지 않고도 영국 주목에서 그 물질을 얻을 수 있었다.

최근에 연구자들은 실험실에서 주목 세포를 배양하고, 그 세포로부터 항암 화합물을 직접 채취하는 방법을 연구하고 있다. 오늘날 제약회사들은 이러한 기술들을 조합하여 암 치료에 가장 널리 사용되는 약 중 하나인 택솔을 생산한다.

택솔 개발의 많은 면에 대해서 잠시 생각해 보자. 첫 번째 주목 껍질을 수확하는 것에서부터 전 세계 병원에서 그것을 사용하는 것에 이르기까지, 택솔 이야기에 등장하는 인물은 생물학, 의학, 사업, 농업에 이르는 전문지식을 가진 사람들이었다. 택솔 이야기에는 정부 기관과 민간 기업들이 참여했고, 보존과 혁신이 있었다. 그리고 이야기의 중심에는 하나의 물질이 있었으니, 그것은 알려지지 않은 작은 나무의 껍질에 묻혀 있다. 세심한 연구를 통해, 이렇게 간단하게 자연에서 얻을 수 있는 물질이 우리의 암 치료 방식을 바꾸었고, 전 세계 사람들의 삶을 향상시켰다.

학습 목표

이 장을 완료하고 실습 문제를 풀고 나면, 수행할 수 있는 것은 다음과 같다.

1.1 화학: 당신이 하는 모든 것의 일부
- 화학이 다른 다양한 분야에 미치는 영향을 설명할 수 있어야 한다.

1.2 물질이란
- 구성 성분과 구조의 차이를 설명할 수 있어야 한다.
- 원소, 화합물, 균일 혼합물, 불균일 혼합물을 구분할 수 있어야 한다.
- 물질의 세 가지 상을 설명할 수 있어야 한다.
- 물리적·화학적 성질 및 물리·화학 변화를 비교하고 대조할 수 있어야 한다.

1.3 에너지 및 변화
- 열에너지를 입자의 운동 관점에서 정의할 수 있어야 한다.
- 계의 퍼텐셜 에너지와 변화 퍼텐셜 사이의 관계를 설명할 수 있어야 한다.

1.4 과학적 방법
- 과학적 방법의 주요 구성 요소를 설명할 수 있어야 한다.
- 가설, 이론, 과학 법칙의 차이를 설명할 수 있어야 한다.

1.1 화학: 당신이 하는 모든 것의 일부

우리 주변의 물질은 질감, 맛, 볼거리, 냄새로 우리의 삶을 채운다. 맛있는 식사의 향부터 석양빛까지, 다이아몬드의 단단함부터 좋아하는 셔츠의 부드러움까지, 우리의 세상은 매우 다양한 특성을 가진 재료로 가득 차 있다. 이러한 특성을 이해하려면, 재료를 구성하는 더 작은 구성 성분을 자세히 살펴보아야 한다. 이러한 구성 성분이 어떻게 배열되어 있고, 또한 그것들이 주변 세계와 어떻게 상호 작용하는지를 탐구해야 한다.

물질이 무엇으로 이루어지며(만들어지며), 어떻게 행동하는지를 이해하는 것이 **화학(chemistry)** 분야의 본질이다. 배경, 관심사, 직업과 관계없이 일상적인 활동에는 화학이 있다. 건강 관리 분야에서 일하는 데 관심이 있는가? 화학이 있어야 우리 몸이 어떻게 기능하고, 우리 몸이 주변과 어떻게 상호 작용하는지를 이해할 수 있다. 물리, 공학, 건설에 관심이 있는가? 컴퓨터와 기술은 어떤가? 무역 재료의 특성은 콘크리트와 철강에서 반도체와 태양 전지에 이르기까지, 재료의 구성 성분과 특성에 따라 달라진다. 당신은 농업에, 아니면 환

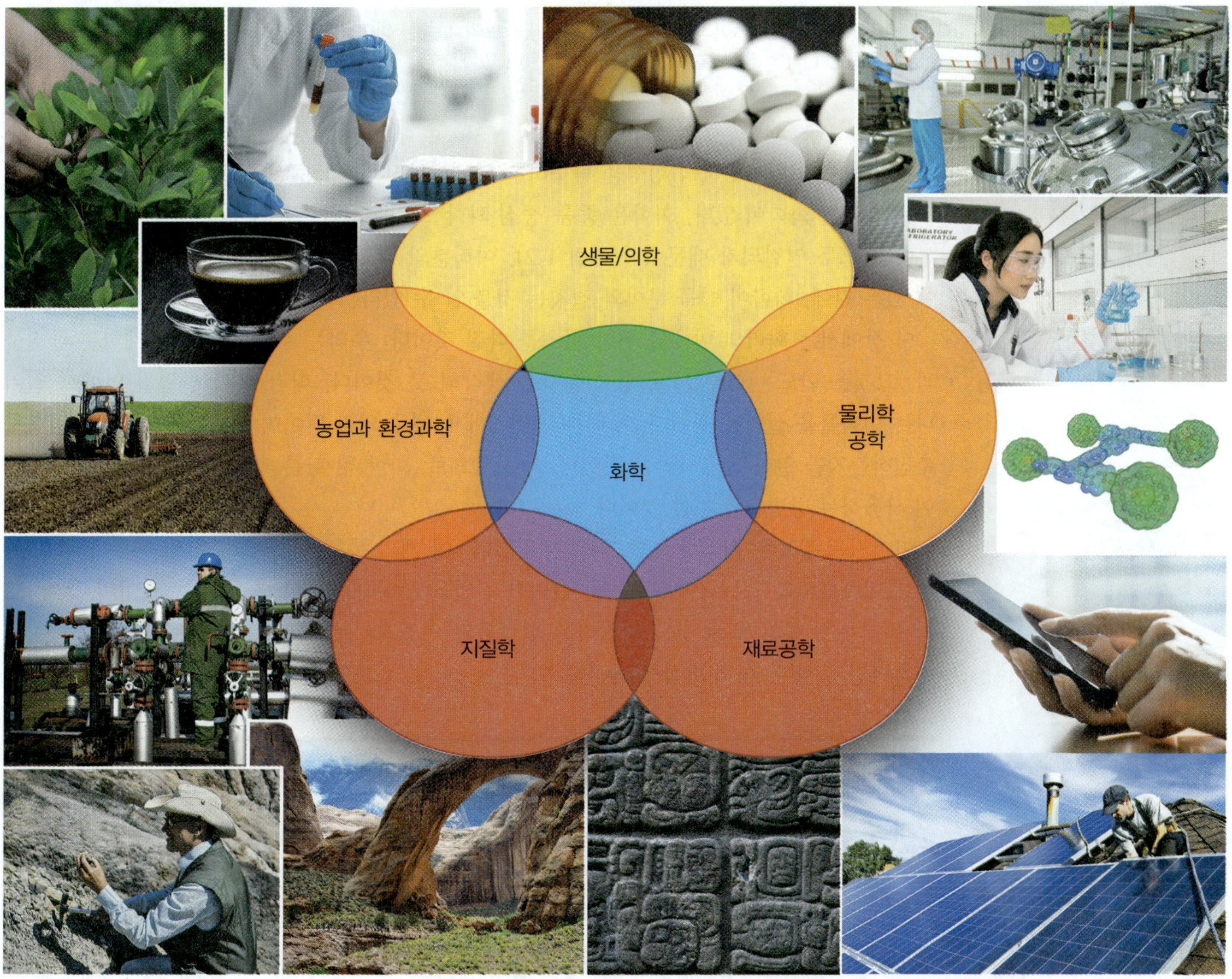

그림 1.2 화학은 다른 모든 과학과 연결되고, 우리의 일상생활과 연결된다. (clockwise from top left) slowmotiongli/Shutterstock; Aquarius Studio/Shtterstock; STILLFX/Shutterstock; Dmitry Kalinovsky/Shutterstock; AimPix/Shutterstock; Edumol Molecular Visualizations, CC BY SA 2.0, via Wikimedia Commons; LDprod/Shutterstock; Elena Elisseeva/Shutterstock; Vladimir Korostyshevsiy/Shutterstock; Lissandra Melo/Shutterstock; Evgeny Haritonov/Shutterstock; ZoranOrcik/Shutterstock; oticki/Shutterstock; Chursina Viktoria/Shutterstock

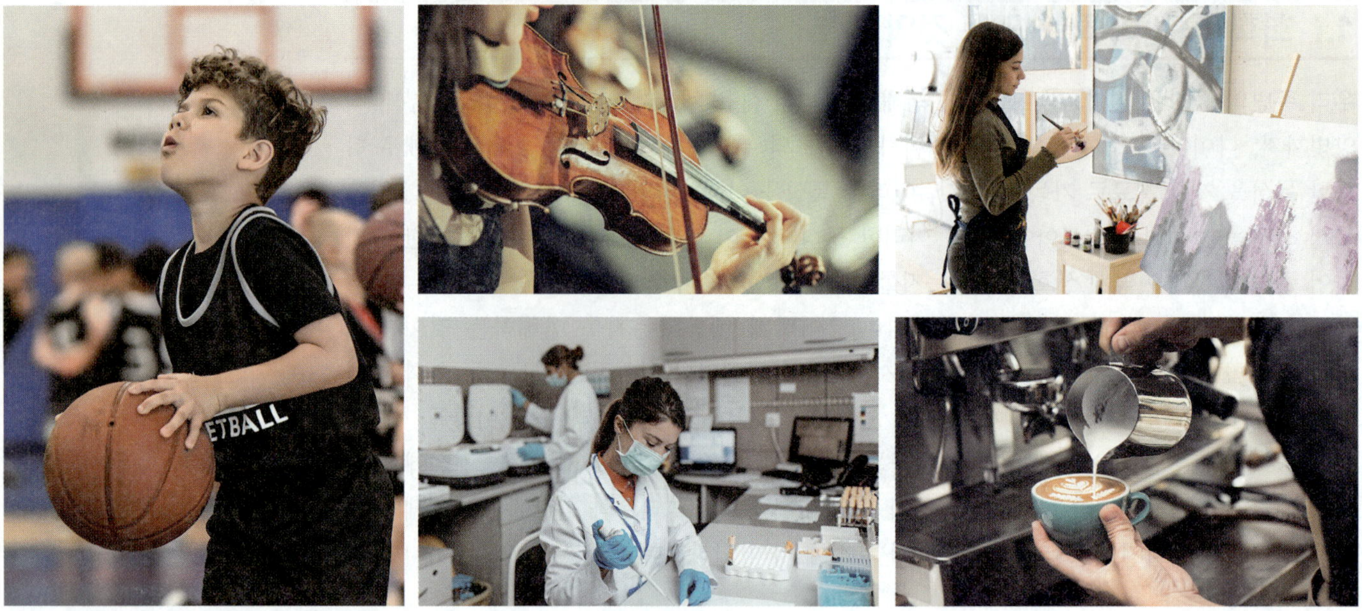

그림 1.3 화학은 우리 주위에 있다. 다른 물질의 특성들이 만들어 내는 것들에는 농구공의 느낌, 훌륭한 바이올린에서 나는 소리, 그림의 은은한 색채, 생명을 구하는 신약의 성질, 훌륭한 커피의 풍미 등이 있다. (clockwise from left) JoeSAPhotos/Shutterstock; DeShaCAM/Shutterstock; Beach Creatives/Shutterstock; Atstock Productions/Shutterstock; hedgehog94/Shutterstock

경에 관심이 있는가? 암석 형성을 탐구하는 일에서부터 공기, 토양, 수질을 감시하는 일까지, 모든 것에는 화학이 있다. 화학은 종종 '중심 과학'으로 불린다. 그 이유는 화학이 과학의 다른 분야와 모두 연결되기 때문이다(그림 1.2). 여러분의 열정이 예술, 음악, 사업, 스포츠, 어디에 있든 간에, 화학이 이들 분야와 겹치는 것을 알 수 있다(그림 1.3).

이 장에서는 화학의 이해를 위한 기초를 다질 것이다. 우리는 우리 주변에 존재하는 물질들과, 그것을 만드는(이루는) 구성 성분들을 생각해 볼 것이다. 따라서 이 물질들 안에서 일어나는 변화들을 살펴볼 것이다. 우리는 에너지에 대해 논의할 것이며, 에너지가 어떻게 변화를 추진하는지를 알아보기 시작할 것이다. 마지막으로, 화학 및 다른 과학을 탐구할 때 과학자들이 사용하는 방법을 살펴볼 것이다.

이어지는 장들은 이러한 기초 위에 세워졌다. 이 책의 목표는 첫째, 화학의 핵심 원리를 폭넓게 이해하도록 돕는 것이고 둘째, 선택한 직업을 준비하는 데 도움을 주는 것이며 셋째, 화학 원리를 주변의 모든 것을 관찰하는 현상들과 연결시키는 데 도움을 주는 것이다. 화학은 매혹적인 주제다. 이제 화학을 탐구해 보자!

1.2 물질이란

우리 주변 세상은 **물질(matter)**로 구성되어 있다. 물질이란 **질량을 갖고, 부피를 차지하는 모든 것**이다. 우리가 마시는 물, 숨 쉬는 공기, 발 밑의 땅. 이 모든 것들은 물질로 구성되어 있다. 앞 절에서는 화학을 광범위하게 정의했지만, 여기서는 좀 더 공식적인 정의로 시작하자. 즉 화학은 **물질과 그 변화에 대한 학문**이다.

우리가 내리는 화학의 정의는 매우 광범위한 몇 가지 질문을 다루고 있다. 예를 들면 물질은 무엇으로 만들어졌는가? 물질의 구성 성분들은 어떻게 배치되어 있는가? 즉 물질의 구조

그림 1.4 데크, 카누, 야구방망이의 구성 성분은 비슷하지만, 구조는 각각 다르다.

는 무엇인가? 어떻게 구조가 물질의 성질에 영향을 미치는가? 물질은 어떤 종류의 변화를 겪을 수 있는가? 다음 장에서는 이러한 질문들의 답을 살펴볼 것이다.

구성 성분과 구조

이 장의 초반에서, 어떻게 과학자들이 태평양 주목에서 암세포를 파괴하는 물질을 발견했는가를 살펴보았다. 과학자들의 첫 번째 도전 중 하나는 다음 질문에 답하는 일이었다. "이 물질은 무엇으로 만들어졌는가?" 즉 물질의 **구성 성분과 구조**를 결정하기를 원했다.

구성 성분(composition)이란 그 물질을 구성하는 단순한 성분을 말한다. **구조(structure)**란 그러한 단순한 물질의 구성 성분과 배열을 모두 나타낸다. 예를 들어 그림 1.4에 데크, 카누, 야구방망이가 있다. 이들 각각의 구성 성분은 기본적으로 동일하다. 즉 그것들은 모두 나무로 만들어졌다. 그러나 목재가 배열되는 구조는 서로 다르다. 그래야 각 물건이 그 쓰임새에 맞는 기능을 발휘할 수 있다.

화학에서는 더 작은 단위로 비슷한 질문을 던진다. "목재의 구성 성분은 무엇인가?" 즉 목재는 무엇으로 만들어졌나? 또는 "목재의 구조는 무엇인가?" 즉 어떻게 구성 성분들이 배열되나? 이 질문들에 대답하는 것은, 왜 물질이 그렇게 행동하는지를 이해하는 데 도움이 된다.

순물질과 혼합물

구성 성분과 구조를 더 잘 이해하기 위해 **원자**부터 시작하자. **원자(atom)**는 물질의 기본 단위다. 과학자들은 원자를 작은 공으로 나타내거나, 한 글자 또는 두 글자 기호를 사용하거나, 또는 두 경우를 모두 사용하여 표현한다(그림 1.5). 다음 장에서 원자를 더 자세히 토론할 것이다. 지금으로서는 원자를 물질의 작은 단위로 생각할 수 있다.

물질의 가장 간단한 형태는 **원소(element)**다. 원소는 한 종류의 원자로만 만들어진 물질이다. 일반적인 원소에는 금, 은, 철, 산소, 질소가 있다. 각 원소는 한 가지의 특정한 원자로 이루어져 있다. 예를 들면 금에는 금 원자만 있고, 은에는 은 원자만 있다.

화합물(compound)은 둘 이상의 원소들로 구성된 물질로, 일정 비율로 결합되어 있다. 예를 들면 물은 수소 2단위와 산소 1단위로 이루어져 있다. 수소 대 산소 비가 2:1에서 조금이라도 변하면, 그것은 더 이상 물이 아니라 다른 물질이다.

많은 화합물은 **분자(molecule)**라고 하는, 원자의 집단을 형성한다. 분자에서 원자들은 단단히 결합하여 하나의 단위로서 행동한다. 예를 들면 물 분자에는 두 개의 수소 원자와 한 개의 산소 원자가 있다(그림 1.6). 어떤 원소들은 분자로도 존재한다. 수소, 질소, 산소에서 원소의 원자들은 서로 결합하여 **2원자** 분자를 형성한다(그림 1.7).

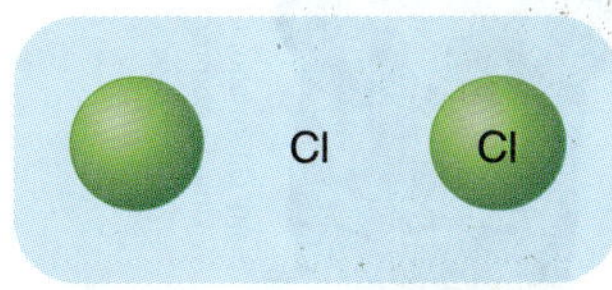

그림 1.5 원자는 색깔 있는 공을 사용하거나, 한 글자 또는 두 글자 기호를 사용하거나, 또는 이 두 경우를 조합하여 표현한다.

그림 1.6 물은 수소와 산소로 구성된 화합물이다. 물 분자에서는 수소 원자 두 개가 산소 원자 한 개와 결합한다. 이러한 생각을 표현하기 위하여, 원소 기호를 사용하여 선으로 연결할 수도 있고, 공을 사용하여 각 원자를 나타낼 수 있다. 화학자들은 보통 빨간색 공을 사용하여 산소 원자를 나타내고, 흰색 공을 사용하여 수소 원자를 나타낸다. 부록 A2를 보면, 색상 목록이 나와 있다. 원자마다 색상이 다르다.

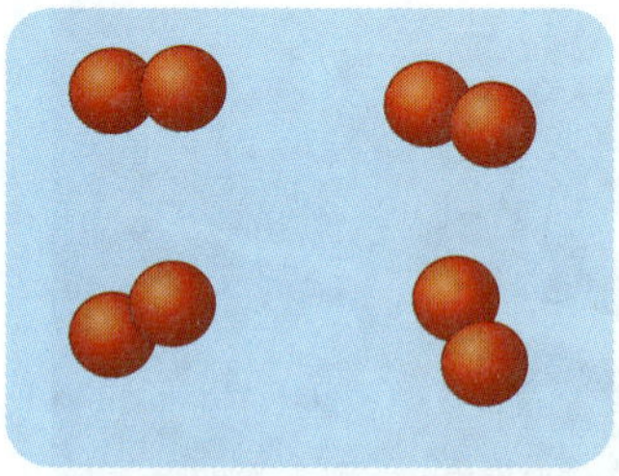

그림 1.7 원소인 산소는 2원자 분자로 존재한다. 산소 분자는 두 개의 산소 원자가 서로 결합되어 있다. 이 그림은 네 개의 산소 분자를 나타낸 것이다.

askirna/Shutterstock

그림 1.8 구리는 한 가지 원자로 구성된 원소이지만, 물은 수소 원자와 산소 원자로 이루어진 화합물이다.

Hans Ollermann, CC BY SA 2.0, Wikimedia commons

그림 1.9 청동은 구리와 주석의 혼합물로, 기록된 역사의 거의 초창기부터 사용되어 왔다. 구리 대 주석의 비율은 다양하다. 따라서 이러한 다양함이 색상, 녹는점, 경도와 같은 성질의 차이로 이어진다. 이 그림은 아카디아인의 통치자, 아마도 사르곤(시리아, 기원전 23세기경)의 가면이다. 삽도: 청동의 원자 차원의 모습. 구리 원자와 주석 원자의 혼합을 보여 주고 있다.

그림 1.8은 구리 파이프에서 흐르는 물을 나타낸 것이다. 구리는 원소다. 따라서 구리에 존재하는 유일한 원자의 형태는 구리 원자다. 이와는 대조적으로, 물은 화합물이다. 물의 각 분자는 두 개의 수소 원자와 한 개의 산소 원자로 구성되어 있다. 원소인 구리와 화합물인 물은 모두 **순물질(pure substance)**의 예다. 즉 하나의 원소 또는 하나의 화합물로만 구성된 물질인 것이다.

순물질과는 대조적으로, **혼합물(mixture)**은 둘 이상의 물질을 포함하고 있으며, 물질들이 일정 비율로 결합되어 있지 않다. 예를 들어 황동과 청동은 모두 금속의 혼합물로, **합금**(alloy)이라고 한다. 황동(brass, 놋쇠)은 순물질인 구리와 아연의 혼합물이다. 반면에 청동(bronze)은 순물질인 구리와 주석의 혼합물이다(그림 1.9). 이들 혼합물에서 구리와 다른 금

Idea tank/Shutterstock

historiasperiodicas/Shutterstock

a b

그림 1.10 (a) 소금과 물의 혼합물은 균일 혼합물이다. (b) 모래와 물의 혼합물은 불균일 혼합물이다.

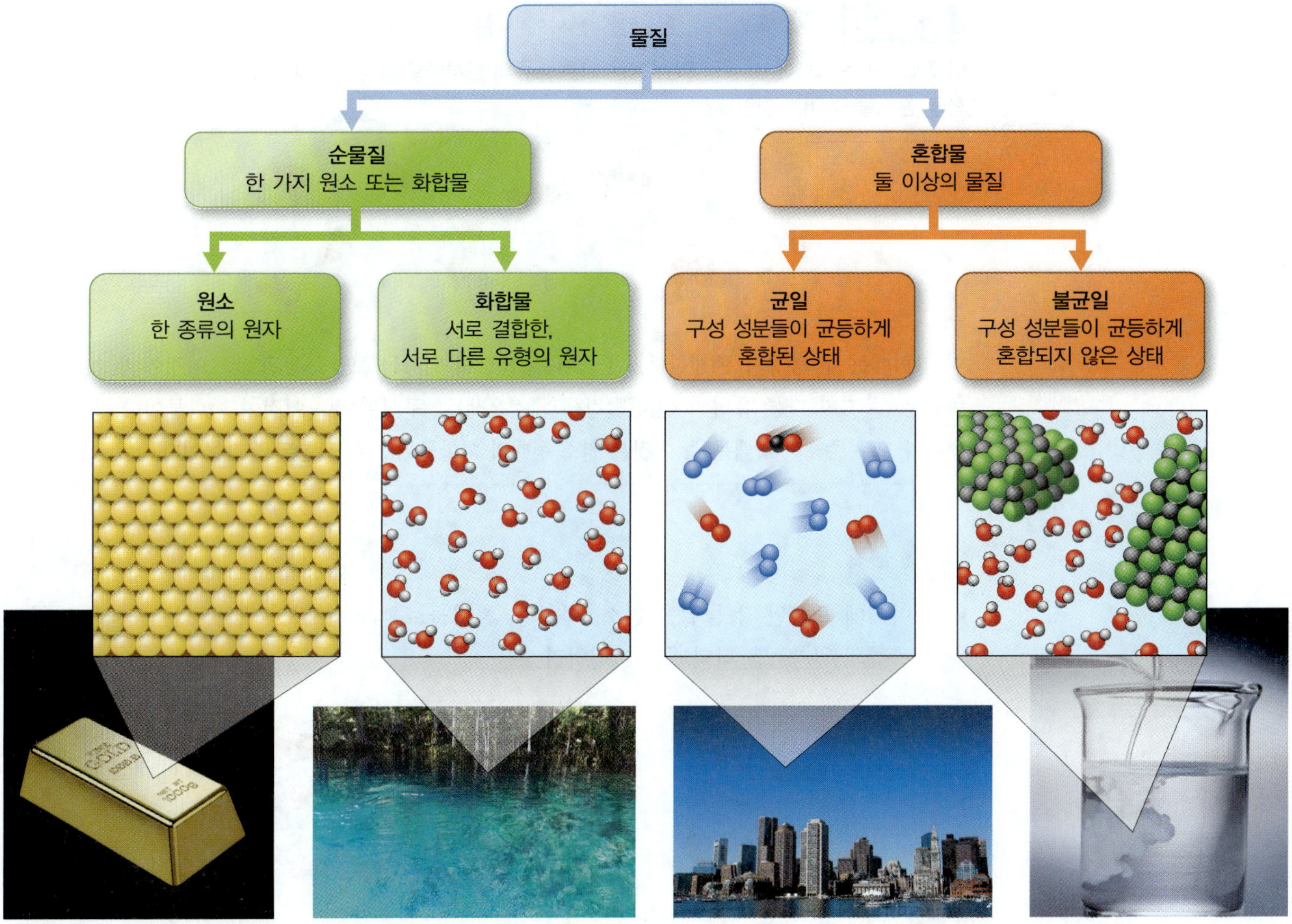

그림 1.11 원자의 배열로 물질을 분류할 수 있다. 이 그림에서 금색과 보라색의 공은 금속 원자들을 나타내고, 빨간색은 산소, 파란색은 질소, 검은색은 탄소, 흰색은 수소, 녹색은 염소를 나타낸다. sumire8/Shutterstock; Sherri_j's_pics/Shutterstock; Greg Kushmerek/Shutterstock; Natalielme/Shutterstock

속의 비율은 고정되어 있지 않다. 그 비율을 변경하면 경도 및 색상 같은 합금의 특성에 영향을 미친다.

성분들이 전체적으로 균등하게 혼합된 혼합물을 **균일 혼합물(homogeneous mixture)**이라고 한다. 금속 합금, 커피 한 잔, 우리 주변의 공기는 모두 균일 혼합물이다. 이와는 대조적으로 **불균일 혼합물(heterogeneous mixture)**은 영역마다 구성 성분이 매우 다르다(그림 1.10). 물속의 모래, 자갈의 반죽, 초코칩 쿠키 반죽은 모두 불균일 혼합물이다. 각 혼합물에는 한 구성 성분이 훨씬 더 큰 비율로 존재하는 영역이 있다. 그림 1.11에는 순물질과 혼합물의 범주가 요약되어 있다.

화합물과 혼합물의 중요한 차이점은 무엇인가? 혼합물은 물질의 정체성을 바꾸지 않고도 개별 구성 성분으로 분리할 수 있다. 예를 들어 화학자는 일반적으로 **여과(filtration)** 기술을 이용하여 불균일 혼합물을 분리한다. 모래와 물의 혼합물을 여과지를 통해 부으면, 물이 통과하는 동안 모래는 여과지에 걸러진 상태로 남는다(그림 1.12). 혼합물은 분리되었지만, 물질은 변하지 않는다. 반면에 화합물은 물질을 원소 형태로 바꾸지 않고는 분리할 수 없다.

Turtle Rock Scientific/Science source

그림 1.12 혼합물을 분리할 수 있다. 화학자들은 여과 방법을 이용하여 모래와 물로 된 불균일 혼합물을 분리시킨다.

예제 1.1 원소, 화합물, 혼합물: 원자적 시점

아래에 보이는 그림에서, 색깔 있는 공은 다른 종류의 원자들을 나타낸다. 이 그림이 나타내는 것은 원소, 화합물, 혼합물 중 어느 것인가?

이 그림에는 두 종류가 존재한다. 한 종류는 빨간색 원자들로만 구성된 것−이것이 원소다. 다른 종류는 두 가지 다른 유형의 원자(빨간색과 검은색)로 구성된 것−이것이 화합물이다. 그러나 두 종류가 모두 존재하기 때문에, 이것은 원소 형태와 화합물이 모두 포함된 혼합물이다.

도전 문제

1. 아래에 표시된 각 물질을 원소, 화합물, 혼합물로 식별하시오. 색깔 있는 공들은 다른 종류의 원자들을 나타냄을 기억하라.

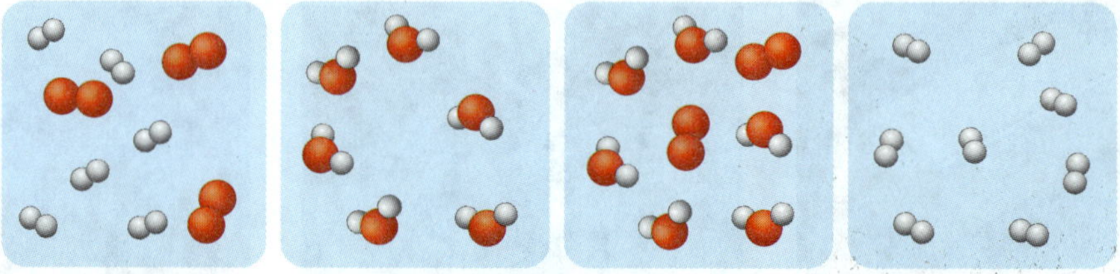

2. 다음 각 물질을 원소, 화합물, 균일 혼합물, 불균일 혼합물로 식별하시오.
   - **a.** 식탁용 소금, 소듐 원자와 염소 원자가 1:1의 비로 결합되어 있는 물질
   - **b.** 냉동 농축액을 물과 혼합시키고 나서 균등하게 혼합될 때까지 저은 과일 음료
   - **c.** 아연 원자로만 구성된 물질
   - **d.** 블루치즈 드레싱(치즈 작은 덩어리가 들어 있는 크림색 화이트소스)

물질의 상태

물질은 일반적으로 세 가지 형태 중 하나로 존재한다. 이것을 **물질의 세 가지 상태(three states of matter)** 또는 때때로 **물질의 세 가지 상**(three phases of matter)이라고 한다. 물질의 세 가지 기본 상태는 고체, 액체, 기체다. 이러한 상태를 구분하는 방법은 거시적 관점에서 볼 수 있는 성질이다(육안으로 볼 수 있는 성질).

- **고체(solid)**는 일정한 모양과 일정한 부피를 모두 가지고 있다.
- **액체(riquid)**는 부피는 일정하지만 모양은 일정하지 않다. 액체의 모양은 용기의 모양과 같다.
- **기체(gas)**는 일정한 모양도 일정한 부피도 없다.

기체는 그 차지하는 용기를 가득 채운다. 어떤 물질을 가열하면 고체에서 액체로(**녹음:**

melting), 또는 액체에서 기체로(기화: vaporization) 변할 수 있다. 만약 물질을 냉각하면, 그 반대 현상이 발생한다. 즉 기체는 액체로(응축: condensation), 액체는 고체로(응고: freezing) 변한다. 물질이 상전이할 때, 눈에 보이는 성질들이 명백하게 변하는 것을 볼 수 있지만, 그것은 원자 수준에서도 변화한다.

원소 알루미늄을 예로 들어 보자. 실온에서 알루미늄은 고체다. 알루미늄의 원자들은 정렬된 틀에 묶여 서로 가까이에 있다(그림 1.13). 원자를 '확대'해서 볼 수 있다면, 우리는 다른 것을 발견하게 될 것이다. 비록 이 틀이 각각의 원자를 제자리에 고정시킨다 하더라도, 원자들이 완전히 정지된 것은 아니다. 오히려 원자들은 진동하고, 틀 안의 원자들이 가진 공간 안에서 움직인다.

다음으로, 고체 알루미늄의 가열을 시작해 보자. 이렇게 가열하면 원자들은 더 빨리 진동한다. 열을 더 많이 가하면 가할수록 원자들은 더 빨리 움직인다. 결국 원자들은 엄격한 틀에서 벗어나 서로를 자유롭게 지나치기 시작한다. 그 물질은 지금 **액체** 상태에 있다. 액체 내에서 입자들은 무작위로 움직인다. 그러나 그들은 서로 가까이 있다.

액체 알루미늄을 계속 가열하면, 액체상을 벗어나 **기체**상으로 진입하기 시작할 때까지 원자들이 점점 더 빠르게 움직인다. 기체상의 입자들은 자유롭게 움직이고 서로 거의 상호 작용을 하지 않는다.

알루미늄을 냉각시키면, 그 반대 효과가 관찰된다. 온도가 내려가면 빠르게 움직이던 기체 입자가 느려져 함께 뭉치기 시작한다. 입자들이 용기 바닥으로 떨어지고, 기체상에서 액체상으로 전환된다. 마찬가지로 액체를 냉각시키면, 입자들은 점점 더 느리게 움직이며, 결국 단단한 틀로 다시 안착하게 된다.

물질의 상태는 중요한 교훈을 제공한다. **어떤 물질의 행동을 결정하는 것은 물질을 구성하는 입자들의 배열이다.** 이 예에서 알루미늄이 고체에서 액체로, 기체로 변할 때, 원자들은 변하지 않았지만 원자들의 배열은 변했다. 따라서 원자들의 배열이 그 물질이 행동하는 방식에 큰 영향을 끼쳤다. 이 때문에 거시적 세계의 관점에서 생각하는 것뿐만 아니라 이렇게 묻는 것도 중요하다. "원자 수준에서 어떤 일이 일어나고 있는가?" 운동과 상호 작용을 원자 수준에서 더 잘 시각화할수록 물질의 행동 방식을 이해하고 예측하는 것이 더 쉬워진다.

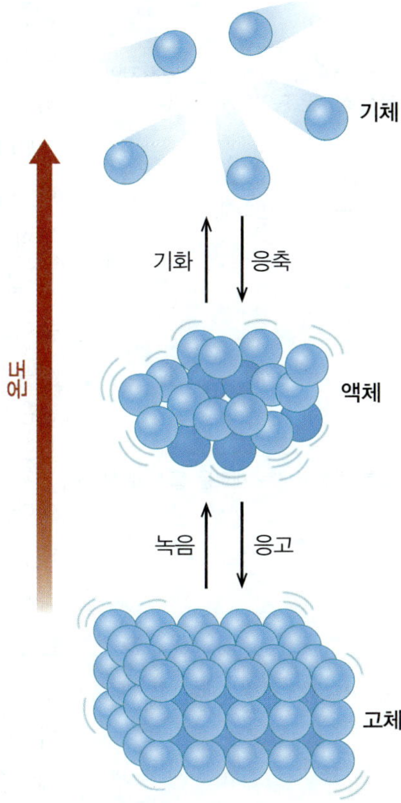

그림 1.13 시료를 가열하면 고체에서 액체로, 기체로 변한다.

물질을 가열하면 입자들의 움직임이 더 빨라진다.

어떤 물질의 거동을 결정하는 것은 그 물질 내 입자들의 배열이다.

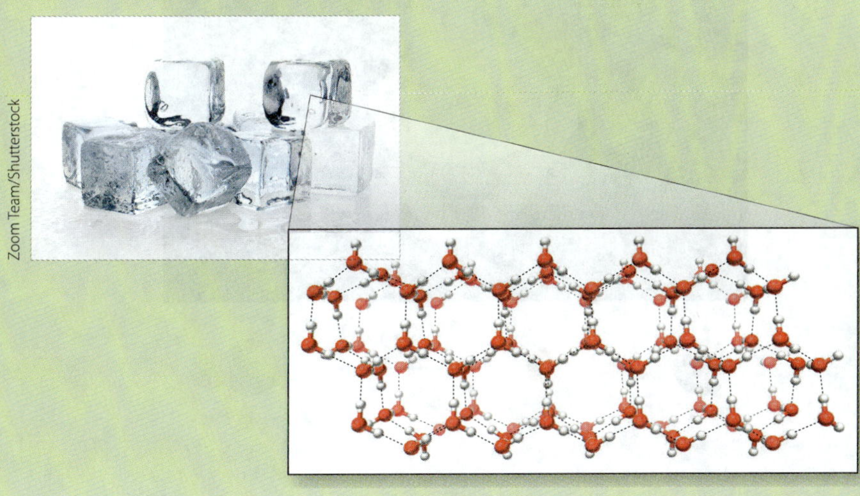

성질과 변화

물리 변화에서는 성질은 변하지만 구성 성분은 동일하게 유지된다.

상변화는 물리 변화다.

화학 변화에서는 새로운 물질이 생성된다.

화학자들이 연구하는 것은 물질의 특성 그리고 물질이 변화할 수 있는 방식이다. 우리는 일반적으로 물리적 성질과 화학적 성질을 물리 변화와 화학 변화로 설명한다.

물리적 성질(physical property)은 물질의 정체성을 변화시키지 않고 측정할 수 있는 성질이다. 예를 들어 그 물질의 구성 성분을 변경하지 않고 측정할 수 있는 것은 색상, 온도, 질량, 부피, 형태, 경도, 유연성 및 기타 여러 요인들이다. 마찬가지로 **물리 변화(physical change)**는 물질의 정체성을 변경시키지 않고 일어나는 변화다. 예를 들어 우리는 쇠막대를 가져다가 녹이고, 틀에 붓고, 식히고 굳혀서 새로운 모양으로 만들 수 있다. 이렇게 우리는 철의 모양과 상을 변경했다. 그러나 철은 여전히 철로 구성되어 있다. 따라서 이들 변화의 각각은 물리 변화다.

화학적 성질(chemical property)은 물질의 정체성을 바꾸지 않고서는 측정할 수 없는 성질이다. 예를 들어 가연성은 화학적 특성이다. 만약 어떤 것이 가연성인지 아닌지를 판단하려면 태워 봐야 한다. 만약 어떤 것이 탄다면, 그것은 더 이상 원래의 물질이 아니다. 어떤 물질이 다른 물질로 변했다면, 그것은 **화학 변화(chemical change)**를 겪은 것이다. 화학 변화는 **화학 반응(chemical reaction)**이라고도 한다. 어떤 화학 변화에서는 원소들이 결합하여 화합물을 생성한다. 예를 들면 아연과 황은 열을 가하면 결합하여 새로운 화합물인 황화 아연을 생성한다(그림 1.14). 다른 화학 변화에서는 화합물이 분해되어 원소 물질을 생성하거나 재배열하여 새로운 화합물을 생성한다. 예를 들어 메테인 기체는 산소 기체와 반응하여 두 가지 새로운 화합물인 이산화 탄소와 물을 생성할 수 있다(그림 1.15). 핵심 개념은 **화학 변화는 다른 물질의 생성을 항상 수반한다**는 것이다.

그림 1.14 아연과 황이 반응하여 황화 아연을 생성한다. 이것은 화학 변화다.

그림 1.15 가스난로의 불꽃은 화학 변화로 인해 발생한다. 메테인은 산소와 결합하여 이산화 탄소 기체와 물을 생성한다.

예제 1.2 물리적 성질 및 화학적 성질

다음 각 성질이 물리적 성질인지, 화학적 성질인지 설명하시오.

a. 페인트의 색은 짙푸른색이다.

b. 철봉은 햇빛에 노출되면 빨리 뜨거워진다.

c. 아연 금속은 염화 수소와 반응하여 염화 아연과 수소를 생성한다.

물리적 성질인지, 화학적 성질인지를 결정하기 위해서는 새로운 물질이 생성되었는지를 질문해야 한다. 만약 그 성질로 새로운 물질이 생성되었다면, 그것은 화학적 성질이다. 그렇지 않으면 물리적 성질이다.

페인트의 색상은 물리적 성질이다. 페인트 색깔을 관찰한다고 해서 페인트의 정체성이 변하지는 않는다. 마찬가지로, 철봉이 빠르게 가열된다는 사실은 물리적 성질이다. 철봉의 온도가 변하더라도(물리 변화), 철봉은 여전히 철로 구성되어 있다.

그러나 아연 금속과 염화 수소 기체의 반응으로 두 가지 새로운 물질(염화 아연과 원소 수소)이 생성된다. 따라서 아연이 이런 식으로 반응한다는 사실은 화학적 성질이다. 또한 그 결과로 나타나는 변화는 화학 변화이다.

예제 1.3 물리 변화와 화학 변화

금괴는 다음 그림에서 보듯, 녹인 금을 금형에 부어 만든다. 금이 식으면서 금의 원자들이 서로 자유롭게 움직이는 것으로부터 질서 정연한 구조로 변한다. 이것은 물리 변화인가, 화학 변화인가?

RobSt/Shutterstock sumire8/Shutterstock

금이 액체에서 고체로 변할 때에는 금의 원자 배열이 바뀐다. 그러나 새로운 원소나 화합물을 생성하지는 않는다. 새로운 물질이 생성되지 않았기 때문에, 이는 화학 변화가 아니다. 그것은 물리 변화이다. 상변화는 물리 변화이다.

도전 문제

3. 다음 각 문장은 성질 또는 변화를 설명한다. 각 성질 또는 변화가 물리적인지, 화학적인지를 식별하시오.

a. 브로민의 색이 진한 붉은색이다.
b. 마그네슘이 산소 속에서 밝게 연소되어 산화 마그네슘을 생성한다.
c. 소금물 용액은 전기를 전도한다.
d. 구리 슬러그의 질량이 15.2그램이다.
e. 시간이 지남에 따라 쇠경첩이 녹슨다.
f. 우리의 몸은 포도당과 산소를 이산화 탄소와 물로 바꾼다.

1.3 에너지 및 변화

Ljupco Smokovski/Shutterstock

그림 1.16 자전거는 자발적으로 내리막길을 내려가서 더 낮은 에너지 상태가 된다.

우리는 종종 화학 변화와 물리 변화를 에너지 관점에서 말한다. **에너지(energy)**란 일을 할 수 있는 능력이다. 8장에서 에너지를 더 자세히 논의하겠지만, 에너지의 기본 개념은 화학을 이해하는 데 필수적이다. 대체로 에너지의 형태에는 두 가지가 있다. 즉 **운동 에너지와 퍼텐셜 에너지**다. **퍼텐셜 에너지(potential energy)**는 저장된 에너지를 말한다. **운동 에너지(kinetic energy)**는 운동의 에너지다. 따라서 물체가 더 빨리 움직일수록 운동 에너지가 더 커진다.

열에너지(heat energy)는 운동 에너지의 한 종류다. 열에너지는 **물질 안에 있는 입자의 운동 에너지**를 포함한다. 어떤 물질을 가열하면, 그 물질 안에 있는 입자들이 점점 더 빠르게 진동하거나 움직인다. 예를 들어 난로가 뜨겁다면, 뜨거운 표면 위의 입자들은 난로가 차가울 때보다 더 빠르게 진동한다. 거시적인 관점에서, 난로의 운동 에너지는 없다. 그냥 놓여 있는 거다. 하지만 원자적 관점에서는 난로의 표면 위의 입자들은 빠르게 움직이고 있다.

물리 변화와 화학 변화에는 에너지의 변화가 수반된다. 종종 물체나 물질은 에너지를 방출하는 방식으로 변한다. 예를 들면 자전거는 내리막길에서 빠르게 내려갈 때 에너지를 방출한

그림 1.17 에너지는 다양한 형태로 저장되고 방출된다.

다(그림 1.16). 에너지를 방출하는 변화는 종종 자발적으로 일어난다. 반면에 자전거를 언덕 위로 올릴 때, 우리는 에너지를 가하여 더 높은 에너지 상태로 자전거를 이동시킨다.

에너지 변화는 많은 형태를 취한다. 예를 들면 나무는 태양으로부터 에너지를 흡수하여 이산화 탄소와 물이라는 간단한 두 화학 물질을 식물 재료로 전환시킴으로써 자란다(그림 1.17). 식물이 태양으로부터 수확한 에너지는 식물 재료에 저장된다. 나무가 쓰러지면 장작으로 사용할 수 있다. 따라서 저장된 퍼텐셜 에너지를 열로 방출하고, 식물 재료를 다시 이산화 탄소와 물로 전환한다.

더 높은 온도에서, 입자의 운동 에너지가 더 크다.

화학에서는 물질을 종종 **높은 에너지**나 **안정성**으로 나타낸다. 어떤 물체의 에너지(퍼텐셜 에너지 또는 운동 에너지)가 높을 때, 변화를 가져올 수 있다. 반면에 어떤 것이 안정적이라면, 그것의 에너지는 낮다. 따라서 반응할 가능성이 작다.

퍼텐셜 에너지가 큰 물질은 반응할 가능성이 더 크다.

예를 들면 짐바브웨에는 특이한 바위가 있다(그림 1.18). 시간과 침식으로 인해 바위 아래의 토양이 많이 깎였고, 결국 불안정한 균형을 유지했다. 이 바위들은 지상에서 높게 위치하고 있기 때문에 퍼텐셜 에너지가 상당히 크다. 결국 이 바위들은 떨어질 것이다. 바위들은 떨어질 때 이 저장된 에너지를 방출할 것이다. 지금은 아마도 바위 밑에서 야영을 하고 싶지는 않을 것이다. 그러나 일단 바위가 떨어지면 더 이상 걱정할 필요가 없다. 에너지는 방출되고, 바위의 배열이 안정하게 될 것이기 때문이다.

그림 1.18 짐바브웨의 균형 바위에는 퍼텐셜 에너지가 있다.

두 번째 예로 쥐덫(그림 1.19)을 고려해 보자. 에너지를 가하면 스프링을 뒤로 구부려서 덫을 설치할 수 있다. 방아쇠를 건드리면—쾅! 막대가 큰 힘으로 한 순간에 무너진다. 에너지는 설정된 덫에 저장된다. 그러나 일단 이 에너지가 방출되면, 덫은 안정하다. 덫의 스프링이 감겨 있지 않다면, 손가

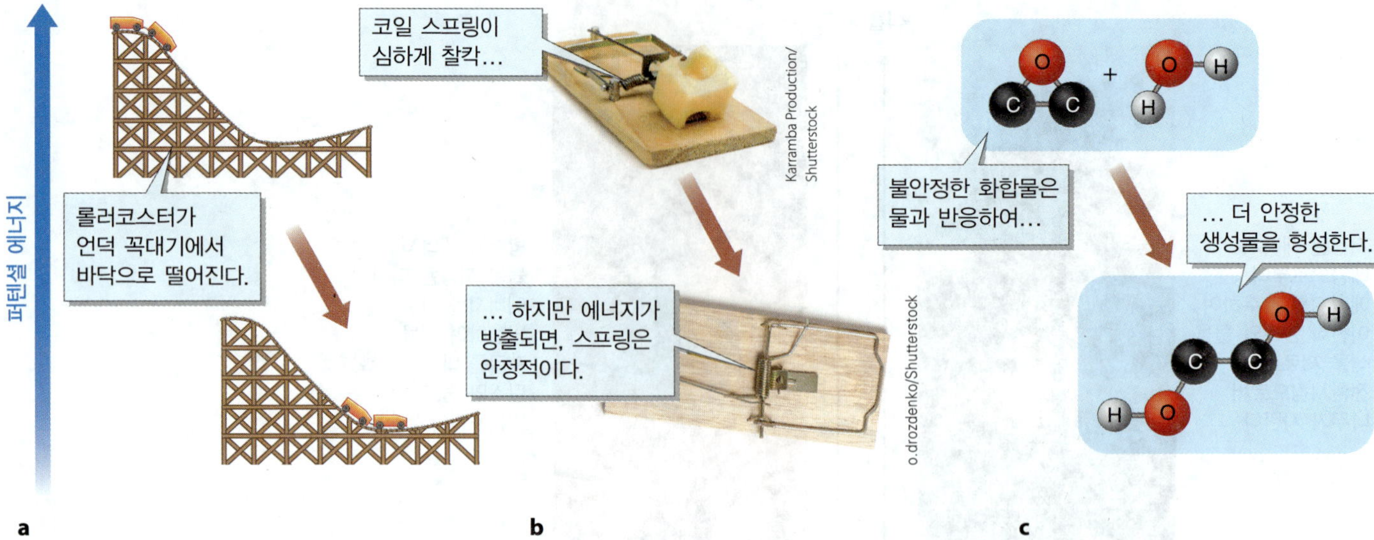

그림 1.19 물체는 높은 퍼텐셜 에너지에서 낮은 퍼텐셜 에너지로 자발적으로 이동하는 경향이 있다. 퍼텐셜 에너지가 낮은 물체가 더 안정하다. 롤러코스터나 쥐덫처럼, 매일 보는 물체에서 이것이 일어나듯이, 원자와 분자에서도 일어난다.

락이 부러지는 것에 대해 걱정할 필요가 없다. 퍼텐셜 에너지가 없다면, 아무 문제도 없는 것이다.

산화 에틸렌(그림 1.19c)은 단순한 화합물로, 쥐덫처럼 행동한다. 산화 에틸렌에는 2개의 탄소 원자와 한 개의 산소 원자가 있다. 그러나 화합물의 구조에는 고리 긴장이 있다. 이 화합물이 물 분자를 만나면, 쥐덫처럼 탁 열리면서 퍼텐셜 에너지가 작은 생성물을 생성한다. 생성물은 에너지가 낮기 때문에, 다른 화합물과 반응할 가능성이 작다.

모든 물질의 퍼텐셜 에너지는 그 구조에 따라 다르다.

다음 장부터 자주 언급할 것은 물질의 에너지 또는 물질의 안정성이다. 일반적으로는 **계는 가능한 최저 에너지 상태로 이동한다.** 방금 언급했듯이, 에너지가 낮을수록 물질은 **안정하다**고 말한다. 즉 에너지가 높은 물질만큼 쉽게 반응하지 않는다.

대부분의 화학 변화는 열에너지를 흡수하거나 방출한다. **발열(exothermic)** 변화는 에너지를 방출하는 변화다. 모닥불에서 타고 있는 나무는 발열 변화의 한 예다. 에너지를 필요로 하는 변화는 **흡열(endothermic)** 변화다. 예를 들면 물을 가열해야 증기로 전환된다. 따라서 이것은 흡열 변화이다.

예제 1.4 에너지와 화학 변화

숯(탄소로 구성된)은 탈 때 산소와 반응하여 이산화 탄소와 열을 생성하며, 반응식은 다음과 같다. 어느 것의 퍼텐셜 에너지가 더 높은가? 탄소 + 산소인가, 이산화 탄소인가? 어느 것이 더 안정적인가? 이 반응은 흡열 반응인가, 발열 반응인가?

$$\text{탄소} + \text{산소} \rightarrow \text{이산화 탄소} + \text{열}$$

이 화학 변화에는 에너지 방출이 수반된다. 이것의 의미는 무엇인가? 변화에 의해 생성된 물질(이산화 탄소)의 퍼텐셜 에너지가 변화 이전에 존재했던 물질(탄소와 산소)의 퍼텐셜 에너지보다 작음을 의미한다. 이산화 탄소는 퍼텐셜 에너지가 더 작기 때문에 더 안정하다. 또한 이 변화는 에너지를 방출했기 때문에 발열 변화라고 한다.

도전 문제

4. 뜨거운 커피의 입자와 차가운 커피의 입자는 어떻게 다른가?

5. 물을 데우면 증기가 된다. 이 과정은 흡열 과정인가, 발열 과정인가? 액체 물과 증기 중 어느 것의 에너지가 더 큰가?

6. 새 배터리와 방전된 배터리 중 어느 것의 퍼텐셜 에너지가 더 큰가? 어느 것이 더 안정한가?

1.4 과학적 방법

이 장의 시작 부분에서 택솔(Taxol)의 발견을 설명했다. 택솔은 항암 화합물로, 발견된 곳은 태평양 주목의 껍질이다. 화합물이 발견되어 오늘날 널리 사용되기까지, 과학자들은 체계적인 방법을 따라 자신들의 아이디어를 제안하고 시험했다.

과학자들이 문제를 해결하기 위해 취하는 접근 방식을 **과학적 방법(scientific method)**이라 한다. 본질적으로 과학적 방법은 순환 과정(cyclical process)이다. 즉 관찰을 하고, 새로운 아이디어를 제안한 다음, 실험으로 그러한 아이디어를 테스트하는 순환 과정인 것이다(그림 1.20).

과학자들은 새롭거나 예상치 못한 사건을 만나면, 자신들이 관찰한 현상에 대한 설명을 제안한다. 과학자들은 **가설(hypothesis)**이라는 용어를 사용하여 테스트되지 않은 잠정적인 설명을 서술한다.

가설을 시험하기 위해 과학자들이 고안하는 것이 실험이다. 실험 결과는 가설의 지지나 반대에 도움을 준다. 또한 과학자들로 하여금 자신들의 생각을 수용하거나, 개선하거나, 폐기하도록 한다. 과학자들이 실험을 통해 얻은 관찰은 종종 새로운 가설로 이어지고, 이는 결국 새로운 실험으로 이어진다.

이러한 순환 과정을 통해, 과학자들은 시간이 지나면서 자신들의 아이디어를 다듬는다. **이론(theory)**이란 실험적인 증거가 뒷받침해 주는 아이디어이다. 이 용어는 또한 더 광범위한 의미를 가질 수 있다. 즉 때로는 **패러다임**(paradigm)을 의미하는 데 사용된다. 패러다임은 특정 주제에 대해 생각하는 방식이다.

많은 사람들에게 **이론**이라는 용어는 아이디어가 증명되지 않았다는 것을 의미하지만, 과학

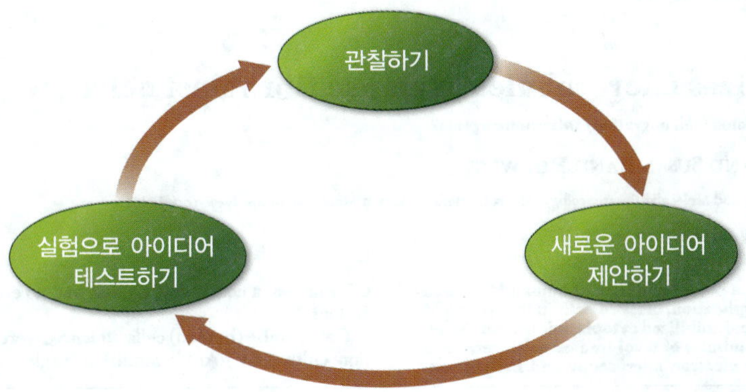

그림 1.20 과학적 방법은 순환 과정이다. 즉 관찰을 하고, 새로운 아이디어를 제안한 다음, 실험을 통해 그러한 아이디어를 테스트하는 순환 과정이다.

> 과학자들이 이론에 대해 말할 때 과학자들이 의미하는 것은 다음 둘 중 하나다. 첫째, 증거에 의해 뒷받침되는 생각이거나, 둘째 우리 주변의 세계를 설명하는 패러다임이다.

자들은 이 용어를 다르게 사용한다. 예를 들면 다음 장에서는 원자론을 논의한다. 원자에 대한 증거는 논쟁의 여지가 없으며, 많은 기술을 통해 원자는 간접적으로 관찰될 수 있다. 불확실성을 전달하지 않아도, **원자론**(atomic theory)이라는 용어는 원자에 대한 현대적 이해를 나타낸다. 다른 물질이 어떻게 행동하는지를 설명할 때는 원자론을 사용하여 설명한다. 원자론은 증거에 의해 뒷받침되는 그냥 추측이 아니다. 즉 우리 주변 세계에 대한 사고방식이다.

이론은 종종 많은 과학자들의 연구로부터 발전한다. 이것 때문에 실제로 과학자들은 자신들의 발견과 아이디어를 다른 사람들에게 전달해야만 한다. 이러한 관행으로, 다른 과학자들은 실험을 재현하고, 결과를 검증하거나 반박하며, 아이디어를 분석하거나 도전할 수 있게 만든다. 예를 들어 Susan Horwitz가 어떻게 택솔이 암세포의 성장을 억제하는지를 관찰했을 때, 이러한 발견을 다른 암 연구자들과 공유하는 논문을 썼다(그림 1.21). 다른 과학자들은 Horwitz의 발견을 시험하고 아이디어를 다듬었다. 택솔이 어떻게 작용하는지에 대한 우리의 이해는 이론이다. 많은 다른 실험을 기반으로 했으며, 많은 다른 과학자들의 손을 거쳤다.

과학자들은 **과학 법칙(scientific law)**이라는 용어를 사용하여 매우 다양한 환경에서 참(true)인 관찰을 설명한다. 과학 법칙은 어떤 일이 일어나는 **이유**를 설명하지 않는다. 즉 과학 법칙은 그것이 사실임을 관찰할 뿐이다. 종종 과학 법칙은 수학적 관계를 설명한다. 예를 들어 중력의 법칙을 생각해 보자. 이 법칙이 설명하는 것은 지속적으로 발생하는 관찰과 현상이다. 과학자들은 중력의 법칙을 수학적으로 사용하여 건물의 무게나 로켓의 궤적을 계산한다. 이 법칙은 **무슨** 일이 일어날지를 예측하지만, **왜** 그런 일이 일어나는지는 설명하지 않는다.

> 과학 법칙이 기술하는 것은 무슨 일이 일어났는지이지, 왜 일어났는지가 아니다. 이론이 기술하는 것은 어떤 일이 어떻게 또는 왜 일어나는가이다.

일반적인 오해는 과학적 연구가 가설에서 이론으로, 법칙으로 발전한다는 것이다. 사실 이론과 법칙은 두 개가 매우 다르다. 즉 과학 법칙은 어떤 거동을 간결하게 설명하지만, 이론은 그 일이 **어떻게** 또는 **왜** 일어나는지를 설명한다.

앞으로의 장에서 살펴볼 것은 과거와 현재의 과학자들이 한 업적이다. 이제, 실험과 관찰이 어떻게 과학자들을 이끌어 아이디어를 제안하도록 했는지를 살펴볼 것이다. 또한 어떻게 새로운 실험과 새로운 발견이 오래된 아이디어를 버리거나 다듬게 했는지를 살펴볼 것이다.

과학은 결코 끝나지 않는다. 항상 새로운 질문이 있고, 해결해야 할 새로운 문제가 있기 때문이다. 매일, 전 세계 사람들은 과학 이야기를 덧붙인다. 언젠가 당신도 그 이야기의 일부가 될지도 모른다.

Proc. Natl. Acad. Sci. USA
Vol. 77, No. 3, pp. 1561–1565, March 1980
Cell Biology

Taxol stabilizes microtubules in mouse fibroblast cells

(cell cycle/cytoskeleton/cell migration/antimitotic agents)

PETER B. SCHIFF AND SUSAN BAND HORWITZ

Departments of Cell Biology and Molecular Pharmacology, Albert Einstein College of Medicine, Bronx, New York 10461

Communicated by Harry Eagle, December 18, 1979

ABSTRACT Taxol, a potent inhibitor of human HeLa and mouse fibroblast cell replication, blocked cells in the G_2 and M phase of the cell cycle and stabilized cytoplasmic microtubules. The cytoplasmic microtubules of taxol-treated cells were visualized by transmission electron microscopy and indirect im-

0.5% or less, a concentration that had no effect on control reactions.

Cells. HeLa (human) cells, strain S_3, were grown in suspension culture in Joklik's modified Eagle's minimal essential

그림 1.21 1980년에 Susan Horwitz는 어떻게 택솔이 암세포의 성장을 억제했는지를 설명한 논문을 발표했다. 과학자들은 이런 논문을 써서 다른 사람들과 연구 결과를 공유한다.

도전 문제

7. 다음 각 항목을 가설, 이론, 법칙으로 분류하시오.

a. 집을 나설 때, 당신 집 쓰레기가 차도에 흩뿌려져 있는 것을 당신은 보았다. 당신은 이웃집 개에게 책임이 있다고 추측한다.

b. 대부분의 해안 지역에서, 만조는 매일 1~2번 발생한다.

c. 실험을 반복하고 나서 과학자들이 믿은 내용은 어떤 부류의 항생제가 특정 박테리아 세포벽을 약화시킴으로써 작용한다는 것이다.

8. 고대로부터 인간은 식물을 약용으로 사용해 왔다. 1962년에 Arthur Barclay가 의심한 내용은 태평양 주목에는 질병을 퇴치할 수 있는 물질이 있을지도 모른다는 것이다. 그 당시에, 이것은 가설이었나, 이론이었나, 과학 법칙이었나? 이 아이디어를 테스트하기 위해 어떤 유형의 실험이 수행되었는가?

캡스톤 질문

Washington 주에 위치한, Arthur Barclay가 태평양 주목 시료를 수집하고 탁솔의 발견으로 이어진 장소의 근처에는 St. Helens 산이 주변 언덕 위에 우뚝 솟아 있다. 1980년에는 화산 폭발로 인해 산 정상에서 1,300피트의 바위가 떨어져 나와 기체와 재가 공중으로 수 마일까지 날아갔다(그림 1.22). 낙석이 산에서 내려온 얼음과 뒤섞여 거대한 산사태를 만들어 냈다. 폭발과 산사태의 힘은 주변 숲, 건물, 도로를 파괴했다. 57명이 그 폭발로 사망하였다. 이산화 황이라고 하는, 백만 톤이 넘는 유독 기체가 공기 중으로 분출되었다. 이 기체는 대기 중의 물과 결합하여 새로운 화합물인 황산을 생성한다. 분출이 잦아들자, 산을 타고 흘러내린 녹은 바위가 식고 단단해지며, 주변 수 마일 경관을 일그러뜨렸다.

이 천재지변에서 일어난 변화를 생각해 보라. 이 변화들 중 어떤 것이 물리 변화였나? 어떤 것이 화학 변화였나? 어떤 에너지 변화가 이 사건에 수반되었나? St. Helens 산은 화산 폭발 전보다 더 안정되었나, 덜 안정되었나?

USGS, Public Domain, Wikimedia Commons

solonomjee/Shutterstock

그림 1.22 St. Helens 산의 모습. (a) 분화 전날, (b) 분화 직후

요약

이 장에서는 화학 연구에 기초가 되는 몇 가지 핵심 아이디어를 소개했다. 화학에는 우리 주변 세계 모두가 포함된다. 따라서 여러분이 의료, 제조, 농업 또는 어떤 다른 직종에서 일하든, 화학 지식이 여러분을 잘 도와줄 것이다.

화학 연구의 시작은 물질에서부터다. 물질을 정의해 보자. 물질은 질량이 있고 부피를 차지하는 모든 것이다. 모든 물질은 원자라고 하는 작은 단위로 구성된다. 물질 내의 원자의 배열이 물질의 성질을 결정한다.

원소는 한 종류의 원자로만 구성된 물질이다. 화합물은 두 종류 이상의 원자로 구성되며, 이들이 일정 비율로 결합되어 있는 물질이다. 많은 화합물에서, 원자는 분자라고 하는 별개의 그룹을 생성한다. 혼합물에는 둘 이상의 원소 또는 화합물이 있다. 혼합물의 성분 비율은 다를 수 있다.

우리는 일반적으로 물질의 성질을 물리적 성질 또는 화학적 성질로 설명한다. 물리적 성질을 측정할 수 있는 조건은 물질의 정체성을 변경하지 않는 것이다. 반대로, 화학적 성질은 물질의 정체성을 바꾸지 않고서는 측정할 수 없는 물질의 성질이다. 화학적 성질이 설명하는 것은 물질이 변화해서 새로운 물질을 생성하는 방법이다.

물리 변화와 화학 변화에는 에너지 변화가 포함된다. 에너지는 일을 할 수 있는 능력이다. 에너지는 운동 에너지(열에너지 포함)나 퍼텐셜 에너지의 형태로 존재할 수 있다. 일반적으로 자발적 변화에는 높은 에너지 상태에서 낮은 에너지 상태로의 전환이 있다. 대용량의 저장 에너지가 없는 물체나 물질을 안정하다고 말한다.

과학자들은 문제에 직면하면, 과학적 방법이라는 체계적인 접근 방식을 사용하여 아이디어를 제안하고 테스트한다. 과학적 방법은 순환 과정이다. 즉 먼저 관찰하고, 새로운 아이디어를 제안하고, 실험을 통해 아이디어를 테스트하는 과정이다. 과학자들은 종종 검증되지 않은 아이디어를 제안하는데, 그것을 가설이라고 한다. 그 아이디어가 실험적 증거로 뒷받침되면, 그 아이디어를 이론이라고 부른다. 이론이 설명하는 것은 특정 일이 작동하는 방법 또는 이유다. 과학 법칙은 다양한 상황에서도 사실로 관찰되는 것이다. 과학 법칙으로 일어날 일을 예측할 수는 있지만, 그 이유를 설명할 수는 없다.

할 수 있다

"산을 움직이는 것이 가능합니다. 그 방법은 작은 돌들을 나르는 것입니다." 30대였을 때, 나에게는 직장을 다니는 아내와 세 자녀가 있었습니다. 그때 나는 학교로 돌아가기로 결심했습니다. 그러나 별로 내키지 않았습니다. 나는 이전 대학 경험이 내 입에 나쁜 맛을 남겼기에 돌아가는 것이 두려웠습니다. 그럼에도 돌아가는 것은, 학위를 받아야 제 자신의 경력 목표를 달성하고 가족의 미래를 준비할 수 있음을 알았기 때문입니다.

그다음 나는 몇 년 동안 매일 조금씩 발전해 나가기로 결심했습니다. 나는 불도그 사진을 책상에 붙여놓고, 나의 목표를 상기시켰습니다. 불도그는 동물들 중에서 가장 예쁘지도 똑똑하지도 않습니다. 그러나 불도그는 물면 놓지 않습니다. 불도그는 한 번에 조금씩 이겨나갑니다.

여러분이 화학 공부를 시작할 때 격려해드리고 싶습니다. 여러분은 할 수 있습니다. 하룻밤에 화학을 배우는 것은 불가능하지만, 매일 조금씩이라면 배워나갈 수 있습니다. 여러분이 읽고, 학습하고, 연습문제 풀기를 약속한다면, 여러분은 화학을 배울 수 있습니다. 당신이 책임을 져야 하는 다른 사람을 찾는다면, 그리고 당신이 그것을 필요로 할 때 도움을 요청한다면 그렇게 하실 수 있습니다. 돌을 나르기 시작하면, 곧 산이 움직이기 시작하는 것을 보실 수 있을 것입니다.

Eric Isselee/Shutterstock

Gary Deaton

yhelfman/Shutterstock

주요 용어

1.1 화학: 당신이 하는 모든 것의 일부

화학: 물질과 물질의 변화를 연구하는 학문

1.2 물질이란

물질: 질량이 있고 부피를 차지하는 모든 것

구성 성분: 재료를 구성하는 성분

구조: 물질 내 단순 단위의 배열. 화학에서 구조는 물질 내 단순한 단위의 구성과 배열을 모두 말한다.

원자: 물질의 기본 단위

원소: 한 종류의 원자로만 된 물질

화합물 : 둘 이상의 원소가 일정 비율로 구성된 순물질

분자: 서로 단단히 결합된 원자들의 그룹

순물질: 1개의 원소나 1개의 화합물로만 구성된 물질

혼합물: 2개 이상의 물질이 있는 물질

균일 혼합물: 성분들이 전체적으로 균등하게 혼합된 혼합물

불균일 혼합물: 성분들이 전체적으로 균등하게 혼합되지 않은 혼합물

물질의 상태: 물질을 고체, 액체, 기체로 분류한 것. 물질의 상(phase)이라고도 함

고체: 일정한 모양과 일정한 부피가 있는 물질의 상태. 고체의 입자는 고정된 자리에 위치한다.

액체: 부피는 분명하지만 형태는 분명하지 않은 물질의 상태. 액체의 입자들은 서로 가까이 있지만 서로 자유롭게 지나간다.

기체: 일정한 모양도 일정한 부피도 없는 물질의 상태. 기체 속 입자들은 상호 작용이 거의 없이 자유롭게 움직인다.

녹음: 고체상으로부터 액체상으로의 전이

기화: 액체상으로부터 기체상으로의 전이

응축: 기체상으로부터 액체상으로의 전이

응고: 액체상으로부터 고체상으로의 전이

물리적 성질: 물질의 정체성 변화 없이 측정할 수 있는 물질의 성질

물리 변화: 물질의 정체성을 바꾸지 않는 변화

화학적 성질: 물질의 정체성 변화 없이 측정할 수 없는 물질의 성질

화학 변화: 새로운 물질을 생성하는 변화. 화학 반응이라고도 한다.

화학 반응: 새로운 물질을 생성하는 변화. 화학 변화라고도 한다.

1.3 에너지 및 변화

에너지: 일을 할 수 있는 능력

열에너지: 운동 에너지의 한 유형으로, 물질 내에 있는 입자의 운동을 포함한다.

발열 변화: 열에너지를 방출하는 변화

흡열 변화: 에너지를 흡수하는 변화

1.4 과학적 방법

과학적 방법: 관찰을 하고, 새로운 아이디어를 제안한 다음, 실험을 통해 그러한 아이디어를 테스트하는 순환 과정

가설: 아직 테스트되지 않은 잠정적인 설명

이론: 시험되고 다듬어진 아이디어. 또한 특정 주제에 대한 사고방식

과학 법칙: 매우 다양한 상황에서 참인 관찰을 설명하는 진술. 과학 법칙은 종종 수학적인 관계를 나타낸다. 그러나 왜 어떤 일이 일어나는지는 설명하지 않는다. 그것이 일어난다는 것만 관찰할 뿐이다.

추가 문제

1.1 화학: 당신이 하는 모든 것의 일부

9. 당신의 직업 목표는 무엇인가? 당신의 연구 분야에서 독자적이거나 요긴한 물질은 무엇인가? 당신이 선택한 분야의 어떤 측면에서 화학 지식이 도움이 되고 있나?

10. 여기에 표시된 도표는 여러 가지 진로를 포함하고 있으며, 각 진로에 관련된 화학 주제를 제시한다. 각 분야와 화학 사이에서 중복이 일어날 수 있는 몇 가지 예를 표에 입력하시오. 자유롭게 더 많은 줄을 추가하여 관심 있는 다른 직업을 입력하시오.

분야	화학과의 중복
인간의학 또는 수의학	인간 및 동물의 생리, 약물 설계, 혈액 및 조직 분석 등
생태 및 환경과학	대기 및 수질의 모니터링, 식물 및 동물 생물학
엔지니어링	
법의학	
컴퓨터 공학	
농업	
지질학	
경영학	
심리학	
제조업	

1.2 물질이란

11. 다음 사항이 물질로 만들어졌는지, 아닌지를 결정하시오.

a. 공기 **b.** 축구 **c.** 햇빛 **d.** 물

12. 다음 사항이 물질로 만들어졌는지, 아닌지를 결정하시오.

a. 달콤한 차 **b.** 행복 **c.** 소리 **d.** 모래

13. 구성 성분과 구조의 차이점은 무엇인가?

14. 원소와 화합물의 차이점은 무엇인가?

15. 다음 각 항목을 원소, 화합물, 균일 혼합물, 불균일 혼합물로 설명하시오.
   a. 약 78%의 질소, 21%의 산소, 소량의 기타 기체들이 있는 지구의 대기
   b. 플루오린 기체(플루오린 원자만 있는 물질)
   c. 일산화 탄소(탄소 원자와 산소 원자가 1:1의 일정 비율로 있는 물질)

16. 다음 각각을 원소, 화합물, 균일 혼합물, 불균일 혼합물로 설명하시오.
   a. 금과 주석으로 이루어진 합금
   b. 삼염화 인(인 원자와 염소 원자가 1:3의 비율로 있는 물질)
   c. 타이타늄 금속(타이타늄 원자만 포함하는 물질)

17. 아래 그림에서 색깔 있는 공들은 서로 다른 원자들을 나타낸다. 각 그림을 원소, 화합물, 균일 혼합물, 불균일 혼합물로 나타내시오.

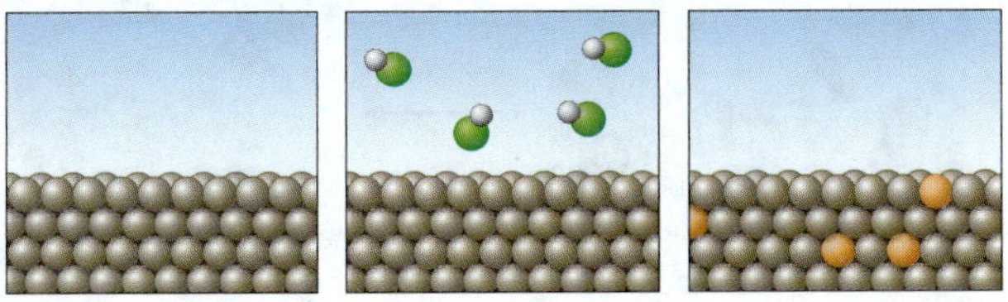

a b c

18. 소금물의 원자 수준 그림이 아래에 있다. 소금물은 원소, 화합물, 균일 혼합물, 불균일 혼합물 중 어느 것으로 가장 잘 설명되는가?

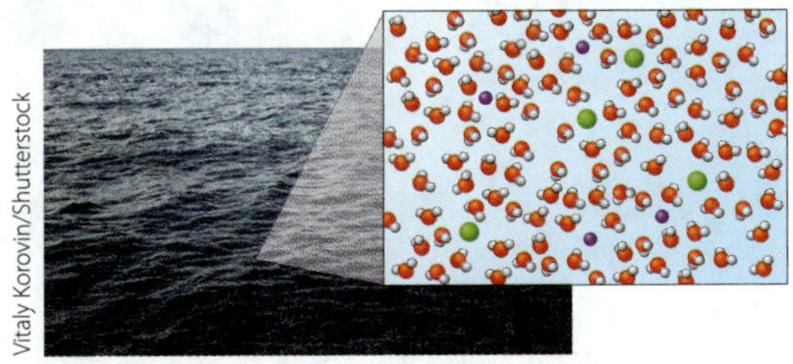

19. 고체, 액체, 기체에서 입자의 움직임은 어떻게 다른가?

20. 아래 그림에서 색깔 있는 공들은 용기 주위를 자유롭게 움직이는 다른 원자들을 나타낸다. 이 그림은 원소, 화합물, 혼합물 중 어느 것을 나타내는가? 그것은 고체, 액체, 기체 중 어느 것을 나타내는가?

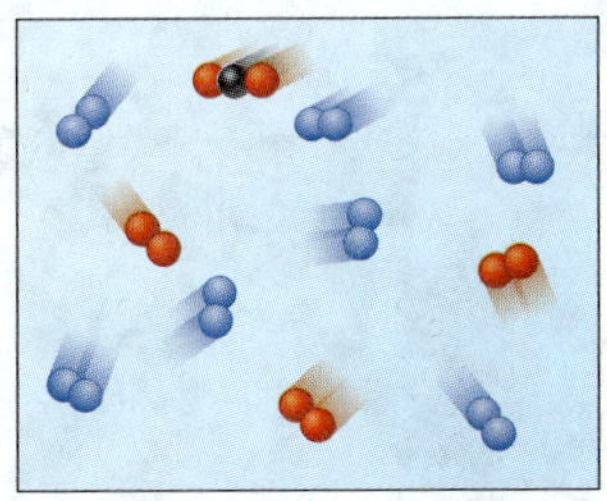

21. 다음 각 항목을 고체, 액체, 기체로 식별하시오.
   a. 일정한 모양과 일정한 부피가 있는 물질
   b. 용기를 채우고 용기 모양과 같은 물질
   c. 입자가 고정된 자리에 있는 물질

22. 다음 각 항목을 고체, 액체, 기체로 식별하시오.
   a. 서로 가깝게 위치하지만 자유롭게 지나갈 수 있는 입자들로 구성된 물질
   b. 멀리 떨어져 있으며 서로 상호 작용이 거의 없는 입자들로 구성된 물질
   c. 부피는 분명하지만 모양은 분명하지 않은 물질

23. 각 성질 또는 변화를 물리적 또는 화학적으로 구분하시오.
   a. 새 트럭의 페인트 색은 반짝이는 빨간색이다.
   b. 금속선은 전기가 통한다.
   c. 마그네슘 금속은 염화 수소와 반응하여 염화 마그네슘과 수소 기체를 생성한다.
   d. 난로 위에서 요리할 때, 달걀은 거품같이 부드러운 노란색 고체를 생성한다.
   e. 물은 가열되면 증기가 된다.

24. 다음 각 변화를 물리적 또는 화학적으로 구분하시오.
   a. 설탕이 물에 녹는다.
   b. 숯이 연소하여 이산화 탄소와 재를 생성한다.
   c. 음식을 먹고 나면, 위산은 복잡한 분자들을 깨뜨려 더 단순한 조각으로 만든다.
   d. 초콜릿 바를 녹여서 프레첼 위에 부었다.

25. 이 장의 서론에서 택솔에 대해 읽었다. 택솔은 암치료에 흔히 사용되는 화합물이다. 택솔의 다음 각 성질을 화학적 성질과 물리적 성질로 구분하시오.

a. 택솔은 흰색 고체다.

b. 택솔이 환자의 간으로 들어가면 더 단순한 화합물로 분해된다.

c. 택솔은 약 216°C에서 녹는다.

26. 아스피린은 진통제로 흔히 사용되는 물질이다. 아스피린의 다음 각 성질을 화학적 성질과 물리적 성질로 구분하시오.

a. 아스피린은 실온에서 고체지만 136°C에서 녹는다.

b. 아스피린은 수산화 소듐과 반응하여 두 가지 새로운 화합물을 생성한다.

c. 사람이 아스피린을 복용하면, 위 속의 물질이 아스피린과 반응하여 아스피린을 두 개의 단순한 화합물로 분해한다.

27. 아래 그림에서 고체에서 기체로의 전이를 생각해 보자. 이것은 물리 변화인가, 화학 변화인가?

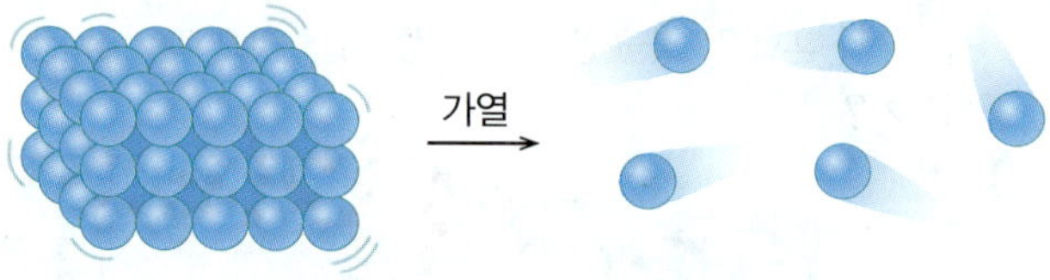

28. 질소 기체와 수소 기체의 혼합물(a)은 변화하여 새로운 화합물인 암모니아(b)를 생성한다. 이것은 물리 변화인가, 화학 변화인가?

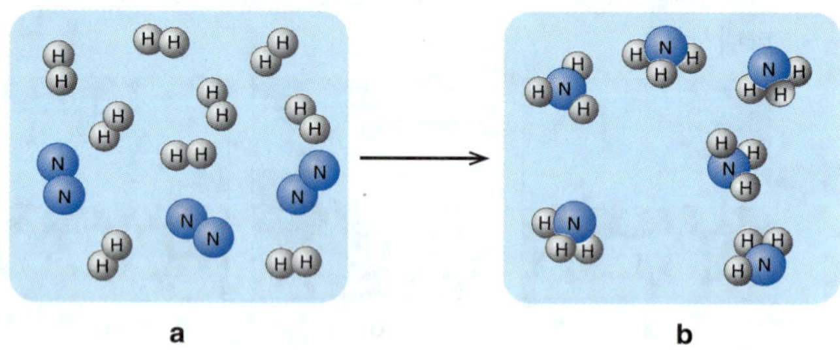

29. 바닷물은 소금과 물의 혼합물이다. 전 세계적으로 사람들이 소금을 분리하는 방법은 염전(그림 1.23)이라고 하는 얕은 못에 바닷물을 첨가하는 것이다. 물이 증발하면 소금 결정이 형성된다. 이러한 분리는 물리 변화인가, 화학 변화인가?

그림 1.23 이 작업자가 소금을 분리하는 방법은 소금물 혼합물에서 물을 증발시키는 것이다.

30. 배터리의 두 전선을 해수 용액에 연결시키면, 물은 분해되어 수소와 산소가 된다(그림 1.24). 이것은 물리 변화인가, 화학 변화인가?

그림 1.24 전류가 통하면 수소 기체와 산소 기체의 기포가 생성된다. 전류가 물을 물의 원소 성분으로 분리시킨 것이다.

1.3 에너지 및 변화

31. 열에너지가 어떤 물체에 전달되면, 물체 내 원자에는 어떤 일이 일어나는가?

32. 얼음에 있는 물 분자와 액체 물에 있는 물 분자는 어떻게 다른가? 어떤 분자가 더 빨리 움직이는가?

33. 다음 각 쌍 중 어느 것의 퍼텐셜 에너지가 더 큰가? 어느 것이 에너지 관점에서 더 안정한가?

a. 언덕 꼭대기에 있는 바위, 언덕 아래에 있는 바위

b. 나무, 재

c. 단단히 감긴 스프링, 이완된 스프링

34. 각 사건의 결과가 더 높은 에너지(덜 안정한)로 귀결되는지, 더 낮은 에너지(더 안정한)로 귀결되는지를 말하시오.

a. 물에 열을 가하면, 물이 증기로 변한다.

b. 폭죽이 터지면서 흩어진 재와 종이의 파편을 남긴다.

c. 양초가 타면 이산화 탄소와 물을 생성한다.

d. 햇빛은 에너지를 제공하여 이산화 탄소와 물을 나무 재질로 전환시켜서 나무가 자라게 한다.

35. 용기 (a)에는 수소와 산소가 있다. 이들 원소가 반응하면 물을 생성한다. 이를 용기 (b)에 표시했다.

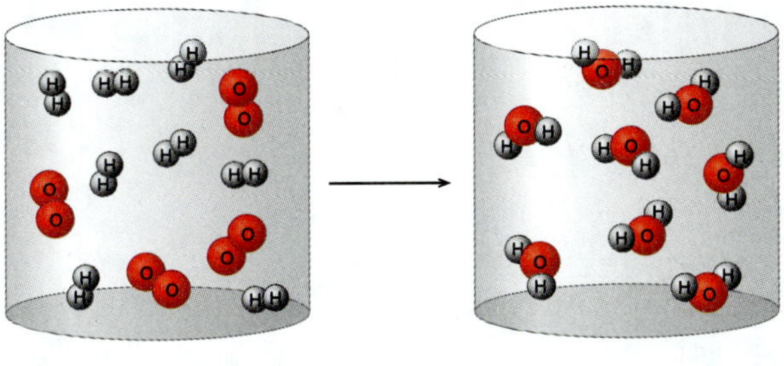

a b

a. 용기(a)에 있는 물질은 순수한 원소, 화합물, 혼합물 중 어느 것인가?

b. 용기(b)에 있는 물질은 순수한 원소, 화합물, 혼합물 중 어느 것인가?

c. (a)와 (b) 사이에 발생하는 변화는 물리 변화인가, 화학 변화인가?

d. 이 변화는 많은 양의 에너지를 방출한다. 이 반응에 기초하여 볼 때, 원자의 배열이 더 안정한 것은 용기 (a)인가, 용기 (b)인가?

36. 용기 (a)에는 붕소와 염소가 있다. 이 원소들이 반응하면 용기 (b)에 표시된 삼염화 붕소를 생성한다. 반응은 열에너지를 방출한다.

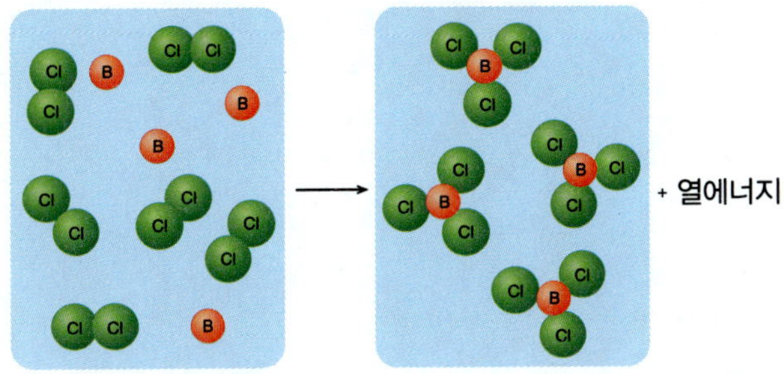

a b

a. 용기 (a)에 있는 물질은 순수한 원소, 화합물, 혼합물 중 어느 것인가?

b. 용기 (b)에 있는 물질은 순수한 원소, 화합물, 혼합물 중 어느 것인가?

c. (a)와 (b) 사이에 발생하는 변화는 물리 변화인가, 화학 변화인가?

d. 이 변화는 많은 양의 에너지를 방출한다. 이 반응에 기초하여 볼 때, 원자의 배열이 더 안정한 것은 용기 (a)인가, 용기 (b)인가?

37. 광합성 과정에서 식물이 흡수하는 에너지원은 태양, 이산화 탄소, 물이다. 그 결과 식물이 자란다. 이 반응은 흡열 반응인가, 발열 반응인가?

38. 전기 에너지를 사용하면, 물을 원소 형태인 수소와 산소로 분해할 수 있다. 이 반응을 다음과 같이 쓸 수 있다.

에너지 + 물 → 수소 + 산소

a. 이 반응에 기초하여 더 안정한 것은 물인가, 수소와 산소의 조합인가?

b. 이 변화는 흡열 변화인가, 발열 변화인가?

1.4 과학적 방법

39. 가설과 이론의 주요 차이점은 무엇인가?

40. 이론과 과학 법칙의 주요 차이점은 무엇인가?

41. 10장에서는 기체의 행동을 자세히 탐구할 것이다. 과학자들이 기체가 주위에 가하는 힘 및 기체가 차지하는 부피와 같은 기체의 성질을 설명하는 방법은 기체 상태 입자의 운동 에너지를 설명하는 것이다. 이러한 유형의 서술과 가장 잘 일치하는 것은 가설, 이론, 법칙 중 어느 것인가?

42. 1700년대 후반에 과학자들이 발견한 사실은 기체가 차지하는 부피가 온도에 정비례한다는 것이다. 즉 온도가 낮을수록 부피는 작아진다. 이 발견은 다양한 기체에 적용되었다. 이 진술은 가설인가, 이론인가, 법칙인가?

43. 수년 동안 중학교 과학을 가르친 후에 알게 된 것은 학생들의 집중력이 최고인 시간이 오전 9시에서 오전 11시 사이라는 것이다. 따라서 가설을 세운다. 이 시간 동안에 이루어지는 특정 과목 영역에서 학생들의 수행평가가 우수하다는 가설이다. 어떻게 이 가설을 시험할 수 있을까? 결과를 신뢰할 수 있는지를 어떻게 확인할 수 있을까?

44. 정원을 가꾸는 동안 알게 된 것은, 정원 북단의 식물이 남단의 식물에 비해 훨씬 더 잘 자라고 있다는 것이다. 따라서 남단의 식물이 충분한 햇빛을 받지 못할 것으로 의심할 것이다. 어떻게 이 가설을 검증할 수 있을까?

측정

CHAPTER 2

그림 2.1 (a) 수석 법의학 검시관 사무실이 부검 장소였다. (계속)

이상한 죽음

2011년 여름, 47세의 한 남성의 시신이 West Virginia 주 검시관 사무실로 옮겨졌다. 검시관은 사인이 심정지라고 판단했다. 그러나 사연은 더 많았다.

가족들은 이 남성이 이상한 행동을 해왔다고 말했다. 그는 불면증과 편집증으로 고통받았고, 며칠 내내 깨어 있는 동안 점점 더 공격적이 되었다. 그의 공격성은 극에 달해, 집 안의 가구와 벽을 부수고, 소리를 지르며 밖으로 뛰쳐나가 쓰레기통을 발로 차고, 이웃을 폭행하였다. 경찰관들이 도착했을 때, 그 남자는 횡설수설했고 환각에 빠져 있었다. 오래지 않아 그는 죽었다.

수사관들은 그의 가족을 인터뷰하고, 그의 집에서 유품을 샅샅이 뒤졌다. 놀랍게도 수사관들은 전통적인 약물 사용의 흔적을 발견하지 못했다. 즉 파이프도 바늘도 알약도 없었다. 그러나 그들은 그의 차 안에서 단서를 찾아냈다. 즉 이상한 검은색 라벨이 붙어 있는 작은 플라스틱 용기 안쪽에 가루의 흔적이 남아 있었던 것이다. 그것은 코카인이나 헤로인이나 메스암페타민이 아닌 새로운 것이었다. 그렇다면 그것은 무엇일까? 그 가루는 무해한 걸까? 아니면 그의 죽음과 연관이 있는 걸까?

부검 중에 검시관은 소변, 혈액, 조직 검체를 채취했다. 검시관 사무실(그림 2.1)의 독성학자 James Kraner와 Lauren Waugh는 이 시료들을 접수했다. 그들은 그 후 몇 주 동안 그 남자의 의문사를 조사하기 시작했다.

Kraner와 Waugh의 조사는 인기 있는 길거리 마약이 피해자의 혈액과 소변에 있는지를 검사하는 것으로 시작되었다. 그러나 그들이 검사한 결과, 어떠한 마약도 없는 것으로 나타났다. 그들은 그 이상한 가루들이 연루되어 있다고 의심했지만, 어떻게 그것을 증명할 수 있었을까?

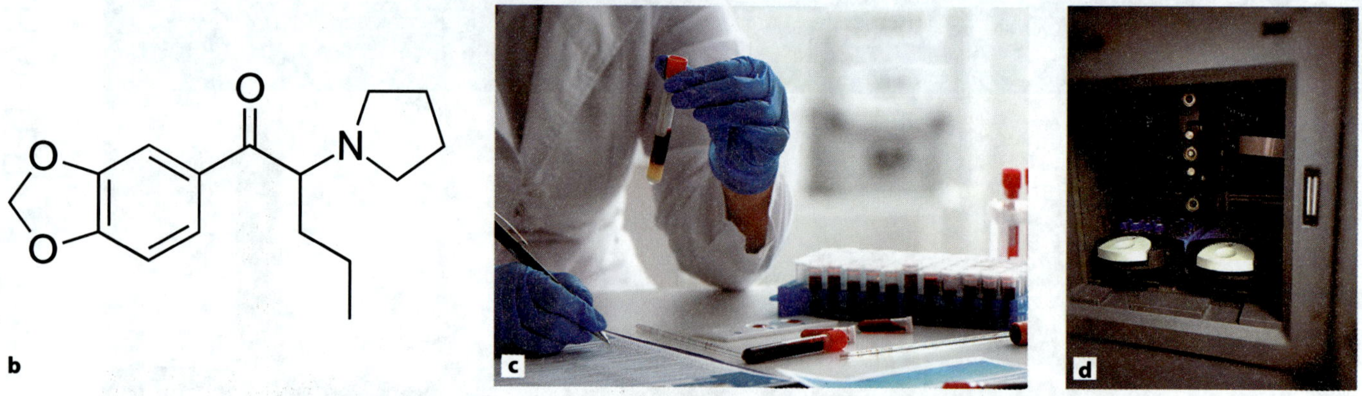

그림 2.1 (계속) (b) James Kraner와 Lauren Waugh가 확인한 독극물인 MDPV의 화학 구조. (c) 한 과학자가 분석용 혈액 시료를 준비한다. (d) 시료를 분석용 기기에 세팅하는 모습 (a) Marcel Derweduwen/Shutterstock; (c) Aquarius Studio/Shtterstock; (d) PNOIARSA/Shutterstock

독성학자는 각종 기기와 측정 기법을 사용하여 그 물질을 MDPV(메틸렌다이옥시프로발레론)로 확인해 냈다. MDPV는 메스암페타민과 유사한 합성 약물이다.

다음으로 그들은 피해자의 혈액과 소변을 검사했다. 그 결과 혈액과 소변 모두 MDPV 수치가 높은 것으로 나타났다. 이러한 발견으로부터 독성학자들은 피해자의 변덕스러운 행동과 갑작스런 죽음을 MDPV의 과다 복용과 연관시켰다.

그 당시 MDPV는 합법이었다. 담배 가게와 온라인 상점들은 그것을 '입욕제'로 판매했다. 이것은 엄청나게 충격적인 약물을 감추기 위한 교묘한 계략이다. 이 독성학자들의 발견은 West Virginia에서 처음으로 MDPV가 사망 원인으로 확인되었다는 것을 보여 주었다. 그 후 몇 달 동안 MDPV 관련 사망자가 전국에서 잇따랐다. 이에 각 주는 MDPV와 관련 약물의 판매를 재빨리 금지시켰다.

Kraner와 Waugh의 문제 해결 성공은 두 가지 요인에 있다. 즉 하나는 양질의 방법이고, 하나는 양질의 측정이다. 측정이야말로 과학적 방법에서 매우 중요하다. 측정은 화학, 과학 수사, 다른 모든 과학의 기초를 형성한다. 이 장에서는 과학자들이 어떻게 측정을 하고, 어떻게 자신들의 발견을 다른 사람들에게 전달하는지를 탐구할 것이다. 이 장의 끝부분에서는 이 사례로 돌아가서 답을 제공하는 데 도움이 될 수 있는 몇 가지 측정 방법과 기법을 검토할 것이다.

이 장의 개념은 형사 사법, 보건 과학 또는 다른 분야든 경력에 상관없이 이 과정을 뛰어넘어 도움이 될 것이다. 신중하게 측정하는 방법, 정보의 한계를 평가하는 방법, 수치적 데이터와 가능한 결과를 고려하는 방법을 알면, 세상에 대한 이해도가 높아지고 어떤 분야에서든 성공할 수 있는 능력이 확장된다.

학습 목표

이 장을 완료하고 실습 문제를 풀고 나면 수행할 수 있는 것은 다음과 같다.

2.1 측정: 좋은 과학의 기초

- 표준 표기법과 과학적 표기법을 서로 바꿀 수 있고, 과학적 표기법과 관련된 곱셈 및 나눗셈 문제를 풀 수 있다.
- **정확도**와 **정밀도**라는 용어를 사용하여 측정의 질을 설명할 수 있다.
- 측정된 수에서 유효 숫자를 말할 수 있고, 적절한 개수의 유효 숫자로 측정을 보고할 수 있으며, 유효 숫자의 규칙들을 적용하여 간단한 계산을 할 수 있다.

2.2 단위 환산

- 환산 인자 표기법을 사용하여 단위 환산을 수행할 수 있다.

2.3 밀도: 질량과 부피의 관계

- 물질의 밀도, 질량, 부피를 관련시킬 수 있다.

2.4 온도 측정

- 섭씨 온도, 화씨 온도, 절대 온도를 서로 환산할 수 있다.

2.1 측정: 좋은 과학의 기초

측정은 좋은 과학의 기초이다. 그런데 좋은 측정의 가치는 과학을 넘어 확장된다. 그래픽 디자인으로부터 판타지 축구까지, 요리로부터 건축에 이르기까지, 선택한 거의 모든 것이 측정과 관련이 있다. 화학(또는 어떤 과학)을 연구할 때 필수적인 것이 있다. 즉 측정을 잘하고, 측정의 한계를 이해하고, 발견한 내용을 명확하게 전달할 수 있어야 한다.

건축업자들은 종종 이렇게 말한다. '두 번 재고, 한 번에 잘라라.' 중요한 것은 측정한 것이 정확한지 아닌지를 확인하는 것이다. 그렇지 않으면 귀중한 시간과 재료를 낭비할 것이다.

SONGGGG/Shutterstock

과학적 표기법: 매우 큰 숫자와 매우 작은 숫자로 작업하기

매우 크거나 매우 작은 측정을 다루는 것은 과학의 도전 중 하나다. 예를 들어 지구에서 태양까지의 거리는 약 149,600,000,000미터이다. 반면에 이 장의 첫머리에 기술된 법의학적 분석에서는 독성학자들이 혈액 세제곱센티미터당 0.00000109그램의 MDPV가 있음을 발견했다. 이것은 작지만, 그렇다고 수소 원자의 질량만큼 작지는 않다. 수소 원자의 질량은 0.000000000000000000000001672그램이다. 어떻게 우리는 그렇게 다루기 힘든 숫자들을 가지고 일할 수 있을까?

과학적 표기법(scientific notation)이란 매우 크거나 매우 작은 숫자를 간결한 구성 방식으로 나타내는 방법이다. 과학적 표기법에서는 수를 **계수**(coefficient)와 **승수**(multiplier)라고 불리는 두 값의 곱으로 표현한다. 계수에는 소수점 앞에 한 자리 숫자만 사용하여 측정값을 기록한다. 승수는 10의 지수(10^x)로 표현한다. 승수는 소수점을 왼쪽 또는 오른쪽으로 이동하여 표준 형식으로 값을 제공한다. 예를 들면 과학적 표기법을 사용하여 5,100이라는 숫자를 다음과 같이 표현한다.

$$5.1 \times 10^3$$

계수 → 5.1, 승수 → 10^3

10의 지수 값을 표 2.1에서 살펴보자. 주목할 것은 지수가 하나씩 증가할 때마다 값은 10배씩 커진다는 것이다. 다르게 말하면, **지수의 한 단위가 소수점을 한 자리씩 이동시킨다.**

표 2.1 10의 지수

지수	값
10^3	1,000.
10^2	100.
10^1	10.
10^0	1.
10^{-1}	0.1
10^{-2}	0.01
10^{-3}	0.001

과학적 표기법에서 표준 표기법으로 변환하기

과학적 표기법에서 표준 표기법으로 변환할 때는 승수의 지수가 나타내는 단위 수만큼 소수점을 이동시킨다. 지수가 양인 경우, 소수점이 오른쪽으로 이동한다.

여기에서 지수 3은… / …소수점이 오른쪽으로 세 칸 이동한다는 의미.

$$5.1 \times 10^3 = 5.1 \times 1000 = 5100.$$

지수가 음인 경우, 소수점이 왼쪽으로 이동한다.

여기에서 지수 −3은… / …소수점이 왼쪽으로 세 칸 이동한다는 의미.

$$5.1 \times 10^{-3} = 5.1 \times 0.001 = 0.0051$$

과학적 표기법에서 지수가 나타내는 것은 소수점이 몇 칸 이동해야 하는가이다.

과학적 표기법에서 큰 숫자는 양의 지수를, 작은 숫자는 음의 지수를 갖는다.

표 2.2 과학적 표기법의 승수

큰 수	
예	소수점 이동
$5.1\times10^{1}=51.$	1칸 이동
$5.1\times10^{2}=510.$	2칸 이동
$5.1\times10^{3}=5{,}100.$	3칸 이동
$5.1\times10^{4}=51{,}000.$	4칸 이동
작은 수	
예	소수점 이동
$5.1\times10^{-1}=0.51$	−1칸 이동
$5.1\times10^{-2}=0.051$	−2칸 이동
$5.1\times10^{-3}=0.0051$	−3칸 이동
$5.1\times10^{-4}=0.00051$	−4칸 이동

여기서 기억할 것이 있다. **양의 지수는 큰 수를 나타내고, 음의 지수는 작은 수를 나타낸다는 것이다.** 표 2.2에 상세히 나와 있는 것은 양의 지수와 음의 지수가 갖는 경향이다.

표준 표기법에서 과학적 표기법으로 변환하기

과학적 표기법으로 수를 나타내려면 계수의 소수점을 오른쪽이나 왼쪽으로 이동시켜 소수점 앞에 0 아닌 숫자를 하나만 남기면 된다. 계수에서 이동하는 소수점의 자릿수는 10^x 승수의 지수이다. 다시 말하자면 작은 값에는 음의 지수를 사용하고, 큰 값에는 양의 지수를 사용한다.

예를 들어 0.0000234를 과학적 표기법으로 나타내면 다음과 같다.

$$0.0000234 = 2.34 \times 10^{-5}$$

...따라서 지수가 −5이다.

소수점을 5칸 이동해서 소수점 앞에는 0이 아닌 한 자리 숫자만 존재해야 한다...

과학적 표기법이 있는 계산

과학적 표기법을 사용하여 수를 곱할 때에는 계수들은 곱하고, 승수의 지수들은 더한다.

$$3.1 \times 10^4 \times 2.0 \times 10^2 = 6.2 \times 10^6$$

지수

계수

지수의 덧셈: $10^{(4+2)} = 10^6$

계수의 곱셈: $3.1 \times 2.0 = 6.2$

과학적 표기법을 사용하여 수를 나눌 때에는 계수들은 나누고, 분자의 지수에서 분모의 지수를 뺀다.

$$\frac{8.4 \times 10^7}{2.0 \times 10^3} = 4.2 \times 10^4$$

지수의 뺄셈: $10^{(7-3)} = 10^4$

계수의 나눗셈: $8.4/2.0 = 4.2$

예제 2.1 과학적 표기법이 있는 계산

3.95×10^{-22}과 4.00×10^{24}을 곱하시오. 올바른 과학적 표기법으로 답하시오.

계수를 곱하고 지수를 더하면, 얻어지는 답은 15.8×10^{2}이다. 이것은 수학적으로는 맞다. 그러나 올바른 과학적 표기법이 아니다. 계수의 소수점 앞에 두 개 이상의 숫자가 있기 때문이다. 올바른 표기법으로 변환하려면, 소수점을 한 칸 이동한 다음, 지수에 한 단위를 더해야 한다. 이렇게 하여 얻어지는 최종 답은 1.58×10^{3}이다.

...따라서 지수는 하나 증가한다.

$$(3.95 \times 10^{-22})(4.00 \times 10^{24}) = 15.8 \times 10^{2} = 1.58 \times 10^{3}$$

풀고 난 후 소수점을 한 자리만 왼쪽으로 옮긴다. 따라서 소수점 앞에 한 자리 수만 있게 된다...

계산기를 사용하여 문제를 푸는 경우라면, 주의해야 할 사항이 있다. 즉 계산기마다 과학적 표기법의 입력 및 표현이 다르다. 따라서 계산기를 정확하게 사용할 수 있다는 확신이 들 때까지 계산기의 여러 기술을 연습하기를 권한다.

도전 문제

1. 다음 각 수를 과학적 표기법으로 쓰시오.

a. 130,000,000,000 **b.** 4,700,000 **c.** 0.005 **d.** 4.1

2. 다음 각 수를 표준 표기법으로 쓰시오.

a. 5.31×10^5 **b.** 1.213×10^3 **c.** 4.091×10^{-4}

3. 다음 각 계산을 하시오. 손으로 해결할 수 있는지 확인한 다음, 계산기를 사용하여 계산하시오. 그다음 두 가지 방법으로 푼 답이 서로 일치하는지 확인하시오.

a. $(2.1 \times 10^9) \times (3.0 \times 10^5)$ **b.** $(3.0 \times 10^5)/(1.5 \times 10^2)$

c. $(2.0 \times 10^{-3})(6.0 \times 10^2)$ **d.** $(4.2 \times 10^{-3})/(2.1 \times 10^{-4})$

측정 단위

나는 엔칠라다(그림 2.2)를 만드는 것을 좋아한다. 이 엔칠라다를 만들 때, 레시피의 준비물로는 2파운드의 구운 고추, 1/4컵의 라임 주스, 1작은술의 소금(다른 재료들도 동일)이다. 엔칠라다 재료를 모두 준비한 후에는 350°F에서 25분간 굽는다.

Courtesy of Kevin Revell

그림 2.2 Revell 가정의 엔칠라다 나잇은 훌륭한 전통이다. 이때 식사가 제대로 나오려면, 재료를 정확하게 측정해야 한다.

음식의 구성 요소는 식재료, 조리 온도, 조리 시간이다. 이들에는 측정 단위가 있다. 예를 들면 파운드, 컵, 티스푼, 도, 분 등이다. **측정 단위(units of measurement)**란 사람에서 사람으로 알릴 수 있는 허용 값을 가진 양이다. 이 레시피를 따른다면, 1/4컵 크기는 레시피를 주신 분의 1/4컵 크기와 동일하다고 생각한다. 단위가 없다면, 그리고 단위를 의미하는 허용된 표준이 없다면, 측정값은 무용지물이 된다.

다양한 단위가 많이 있다. 예를 들어 부엌 식탁의 길이를 측정하려고 한다면, 사용할 수 있는 단위는 인치, 미터, 야드, 리그, 마일, 큐빗이다. 이들 중 어느 것이 가장 적절한가?

미국에서는 일반적으로 **영국 단위**(English unit)를 사용한다. 예를 들면 인치와 피트(길이), 갤런(부피), 파운드(무게)이다. 대부분의 나라에서는 다른 체계를 사용한다. 이를 **미터법**(metric system)이라고 한다. 표 2.3에는 이러한 일부 측정값들 사이의 관계가 나와 있다.

표 2.3 영국 단위와 미터법 단위 사이의 관계

측정	미터법 단위	영국 단위	관계
길이	미터(m) 킬로미터(km)	피트(ft) 마일(mi)	1 m = 3.281 ft 1 km = 0.621 mi
질량 또는 무게	킬로그램(kg)	파운드(lb)	1 kg = 2.205 lb
부피	리터(L)	갤런(gal)	1 L = 0.264 gal

표 2.4 측정의 SI 기본 단위

측정	단위
질량	킬로그램(kg)
길이	미터(m)
시간	초(s)
온도	켈빈(K)
광도	칸델라(cd)
전류	암페어(A)
양	몰(mol)

소통을 용이하게 하기 위해 국제 과학계가 개발한 것이 **기본 단위**(fundamental unit)이다. 종종 **SI 단위**(SI unit, 약자 SI는 프랑스어 'International System'에서 유래)라고도 한다. 표 2.4에는 이들 단위가 나와 있다. 이들은 미터법을 기반으로 한다. 이러한 기본 단위로부터 많은 다른 단위를 유도할 수 있다. 예를 들어 **리터(L)**는 부피의 유도 단위로, 0.001세제곱미터(m^3)에 해당한다. 초당 미터(m/s)를 사용하여 속도를 나타내거나, 리터당 킬로그램(kg/L)을 사용하여 밀도를 나타낸다(이러한 단위를 다음 절에서 자세히 설명한다).

미터법에서는 일련의 접두사를 사용하여 더 많은 양이나 더 적은 양을 설명한다. 표 2.5에는 주요 미터법 접두사가 요약되어 있다. 예를 들어 무선 네트워크의 데이터 전송 속도는 초당 1억 6천만 비트(b)이다. 이 양의 정보를 160,000,000비트로 쓰는 것보다는 미터법 접두사를 사용하여 160메가비트(약칭 160 Mb)로 나타내는 것이 더 쉽다. 과학적 표기법에서와 마찬가지로, 미터법 접두사 덕분에 매우 큰 수나 매우 작은 수를 간결하게 표현할 수 있다.

작은 단위의 작업

표 2.5에서 1 mg = $\frac{1}{1,000}$ g이다. 따라서 1,000 mg = 1 g이다.

표 2.5 일반적인 미터법 접두사

접두사	기호	의미	
테라-(tera-)	T	10^{12}	1,000,000,000,000
기가-(giga-)	G	10^{9}	1,000,000,000
메가-(mega-)	M	10^{6}	1,000,000
킬로-(kilo-)	k	10^{3}	1,000
데시-(deci-)	d	10^{-1}	$\frac{1}{10}$
센티-(centi-)	c	10^{-2}	$\frac{1}{100}$
밀리-(milli-)	m	10^{-3}	$\frac{1}{1,000}$
마이크로-(micro-)	μ	10^{-6}	$\frac{1}{1,000,000}$
나노-(nano-)	n	10^{-9}	$\frac{1}{1,000,000,000}$
피코-(pico-)	p	10^{-12}	$\frac{1}{1,000,000,000,000}$

질량, 온도와 같은 일반적인 측정조차 과학자들이 표 2.4의 기본 단위를 항상 사용하는 것은 아니다. 예를 들면 질량의 공식 SI 단위는 킬로그램이다. 하지만 화학자들은 종종 실험실에서, 이것보다 훨씬 적은 양을 다룬다. 따라서 화학자들이 통상 다루는 단위는 그램이나 밀리그램이다.

도전 문제

4. 표 2.3, 2.4, 2.5를 참조하여 각 단위의 올바른 약어를 쓰시오.

a. meters **b.** milliliters **c.** kilometers **d.** microamperes
e. picoseconds **f.** megacandelas **g.** millimoles **h.** nanograms

5. 표 2.5를 참조하여 다음 질문에 답하시오.

a. 1킬로바이트는 몇 바이트인가?
b. 1초는 몇 마이크로초인가?
c. 1 g은 몇 mg인가?
d. 1 A는 몇 MA인가?

측정의 질 나타내기

그림 계속해서 몇 가지를 측정해 보자. 그림 2.3에서 보여 주는 것은 많은 기계 부품에서 사용되는 작은 강철 볼인 볼 베어링이다. 볼 베어링의 지름은 얼마인가? (다음 단락을 읽기 전에, 멈춰서 주의 깊게 보고 값을 말해보기를 권한다.)

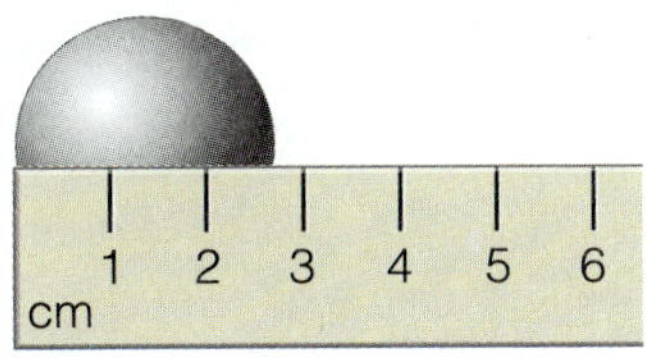

그림 2.3 이 볼의 지름은 얼마인가? 이 값에 대해 얼마나 확신하는가?

측정값의 마지막 소수점은 추정값이다.

사람들로 가득 찬 강의실에서 이 질문을 하면 보통은 다양한 측정값이 나온다. 대개 범위는 이렇다.

측정	학생 비율
2.6 cm	25%
2.7 cm	50%
2.8 cm	25%

이 응답들의 각각은 합리적이며 정확한 판독 값이다. 그림 2.3의 볼을 주의 깊게 살펴보면, 이러한 응답들 중 둘 이상을 고려할 수 있다. 볼이 2.5 cm에서 3 cm 사이에 있음을 알고 있다. 아마도 2.6 cm에서 2.8 cm 사이일 것이다. 하지만 어떻게 확실히 알 수 있을까?

사실, 알 수 없다. 불확실성이란 과학의 한 부분이고, 측정의 한 부분이다. 볼이 2.n cm라고는 확신하지만, 마지막 n은 확신할 수 없다. 그러나 이것은 완전히 정상이다. 과학에서는 측정값의 마지막 숫자를 추정하는 것은 허용되기 때문이다. 또한 다른 과학자들이 이 측정값을 읽을 때, 마지막 측정값이 추정값이라는 것을 과학자들은 이해한다.

그러나 무언가를 더 정확하게 측정해야 한다면 어떻게 해야 할까? 볼의 지름을 ± 2/10 cm로 추정하는 것은 일반적으로 허용된다. 그러나 고성능 엔진 부품을 설계하는 것처럼 보다 꼼꼼한 작업을 한다면, 그러한 종류의 측정은 충분하지 않다. 이 경우 캘리퍼(그림 2.4)와 같은 도구가 필요하다. 이 도구는 줄자나 눈금자보다 훨씬 더 정확하게 측정한다.

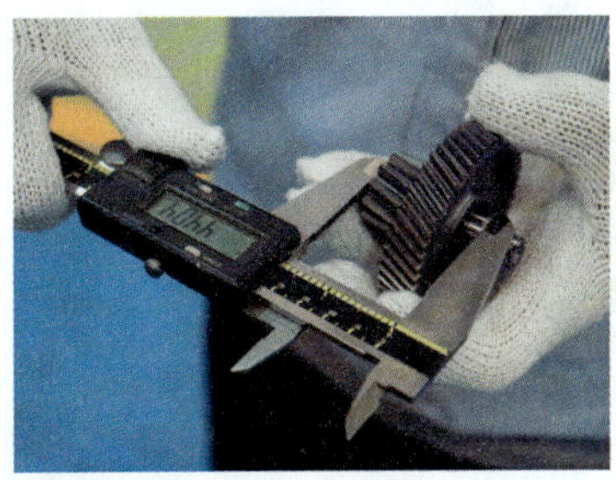

Aumm graphixphoto/Shutterstock

그림 2.4 이 캘리퍼는 자보다 훨씬 더 정확하다. 캘리퍼는 0.01 mm까지 측정하는 데 사용된다.

과학자들은 두 용어를 사용하여 측정의 질을 설명한다. 즉 **정확도**와 **정밀도**이다. 정확도

(**accuracy**)가 나타내는 것은 측정의 신뢰도이다. 즉 측정(또는 측정의 평균)이 참값을 반영하는가? 그렇다면 정확하다. 반면에 **정밀도(precision)**가 나타내는 것은 측정이 얼마나 정교하게 이루어졌는가, 또는 측정값들이 서로 얼마나 가까이 존재하는가이다.

정밀하지 않은데 정확할 수 있다. 정밀하지만 정확하지 않은 것, 이것이 그림 2.3에서의 볼 측정을 설명한다. 정확하지 않은데 정밀한 것도 가능하다. 예를 들어 실험실 저울은 시료의 질량을 ±0.001 g까지 측정할 수 있다. 그러나 그 저울이 올바르게 보정되지 않은 경우라면, 저울에서 읽은 숫자는 부정확할 수 있다. 소수점 이하 몇 자리까지 보고된다 할지라도. 정밀도와 정확도를 시각화하는 전형적인 방법은 일련의 표적을 사용하는 것이다. 이는 그림 2.5에 있다.

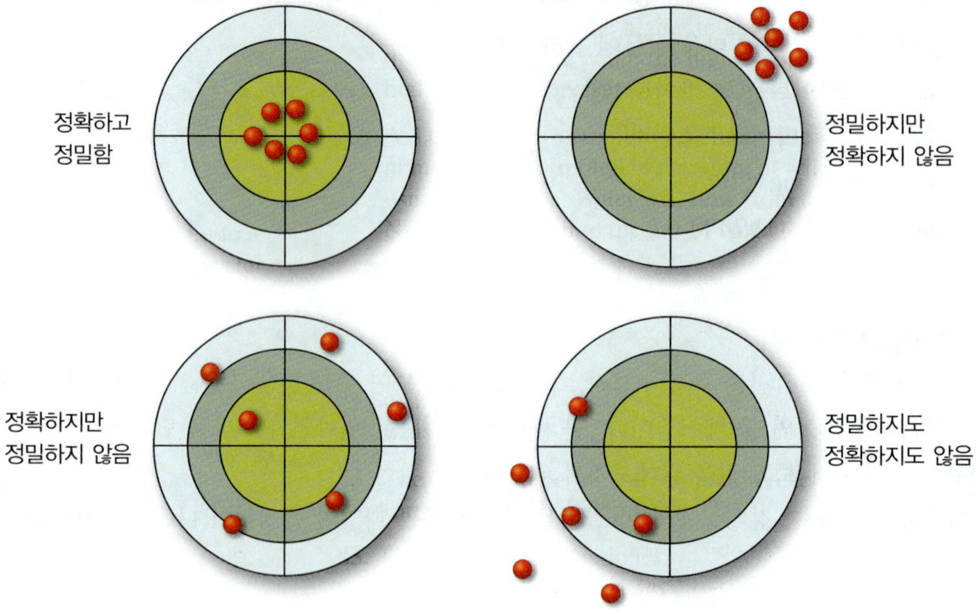

그림 2.5 정밀도의 의미는 결과들이 매우 가까이 함께 존재한다는 것이다. 정확도의 의미는 결과들의 평균값이 정확하다는 것이다.

도전 문제

6. 실험실에서 진행하고 있는 테스트는 여러 종류의 사탕에 들어 있는 영양 에너지 값 구하기다. 이 과정을 시작할 때 새로운 동료에게 요청한 것은 8개씩 개별 포장된 페퍼민트 세트의 질량을 기록하는 일이었다. 동료는 사탕을 매우 조심스럽게 다루며 각 사탕의 질량을 기록했다. 이를 표에 나타냈다.

사탕	질량
1	4.3231 g
2	4.3577 g
3	4.2902 g
4	4.3341 g
5	4.3209 g
6	4.3076 g
7	4.3725 g
8	4.3326 g

측정된 질량을 이전 실험의 질량과 비교할 때, 평균 질량은 약 0.1 g 더 크다. 동료와 상의했을 때 알게 된 것은, 동료가 포장지를 제거하지 않고 질량을 측정했다는 것이다. **정밀도**와 **정확도**란 용어를 사용하여 측정값을 설명하시오.

화학자들이 질량을 측정할 때는 여기에 보이는 것과 같은 저울을 사용한다. 화학자들은 늘 저울을 테스트한다. 그 방법은 질량을 이미 알고 있는 물체를 저울에 올려 보는 것이다. 저울에 나타난 값과 알고 있는 질량이 일치하지 않으면, 화학자들은 저울을 조정하여 두 값이 일치하도록 한다. 이를 저울의 **보정**이라고 한다.

mariakray/Shutterstock

정밀도 설명: 유효 숫자

측정 시 표시된 값들 사이의 한 자리 수를 추정하라.

그림 2.6이 보여 주는 것은 액체의 부피를 측정하는 데 사용하는 두 개의 유리 제품, 즉 비커와 눈금 실린더이다. 이 그림에서 알 수 있는 것은 비커의 부피는 40 mL에서 50 mL 사이이며, 또한 50 mL에 더 가깝다는 것이다. 이러한 관찰에 기초하여 부피가 48 mL라고 주장할 수 있다. 마지막 숫자에 대해서는 확신할 수 없다. 그러나 그것은 합리적인 추정치이다. 눈금 실린더에는 비커와 동량의(같은 양의) 물이 있다. 그런데 눈금 실린더에는 더 정교하게 눈금이 표시되어 있다. 따라서 더 정밀하게 측정할 수 있다. 눈금 실린더의 부피가 48~49 mL일 것으로 추정할 수 있지만, 48 mL에 더 가까울 것으로 추정할 수 있다. 예를 들어 우리는 48.1 mL로 추정할 수 있다.

이러한 예들로부터 일반적인 규칙을 추론할 수 있다. 눈금이 명확하게 표시된 도구를 사용하여 길이, 부피, 온도와 같은 어떤 양을 측정할 때는 표시된 값들 사이에 위치한 한 자릿수를 추정할 수 있다. 그림 2.6의 비커에 있는 부피 눈금 표시는 10 단위로 보여 준다. 따라서 1의 자리까지 추정할 수 있다. 그림 2.6의 눈금 실린더에는 부피가 1의 자리로 표시되어 있다. 따라서 10분의 1 자리까지 추정할 수 있다.

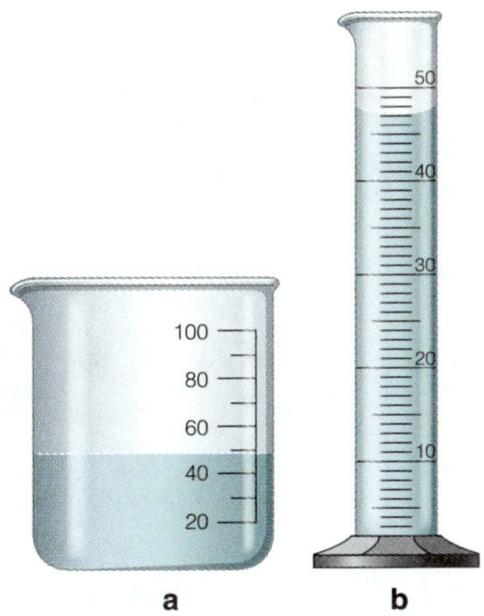

그림 2.6 비커(a) 또는 눈금 실린더(b)를 사용하여 부피를 측정할 수 있다. 눈금 실린더는 비커보다 더 정밀하게 측정할 수 있다.

유효 숫자(significant digit)란 측정값에 포함된 숫자이다. 유효 숫자의 개수가 나타내는 것은 얼마나 정확하게 측정이 이루어져 있는가이다. 앞의 예에서는 비커(48 mL)에 있는 액체의 부피를 **두 개**의 유효 숫자로 측정하였다. 또한 눈금 실린더(48.1 mL)에 있는 액체의 부피는 **세 개**의 유효 숫자로 측정하였다. 측정에서 유효 숫자가 더 많을수록 더 정밀하다.

예제 2.2 눈금 실린더의 부피 측정

눈금 실린더의 수량은 얼마인가? 정확한 개수의 유효 숫자로 답을 말하시오.

폭이 좁은 유리 실린더에서 물은 유리 표면에 달라붙는다. 그 결과, 약간 구부러진 표면을 만든다. 이것을 **메니스커스**(meniscus)라고 한다. 눈금 실린더를 읽는 올바른 방법은 메니스커스 밑바닥에서의 부피를 보고하는 것이다. 주목할 것은 메니스커스의 밑바닥이 23 mL 표시와 24 mL 표시 사이에 있다는 것이다. 우리는 그 부피를 1 mL의 10분의 1까지 추정할 수 있다. 즉 실린더에 표시된 것 이상으로, 소수점 이하 한 자리까지다. 면밀하게 검사해서 메니스커스를 23.3 mL로 추정할 수 있다(23.2 mL 또는 23.4 mL도 허용 가능한 측정값이지만).

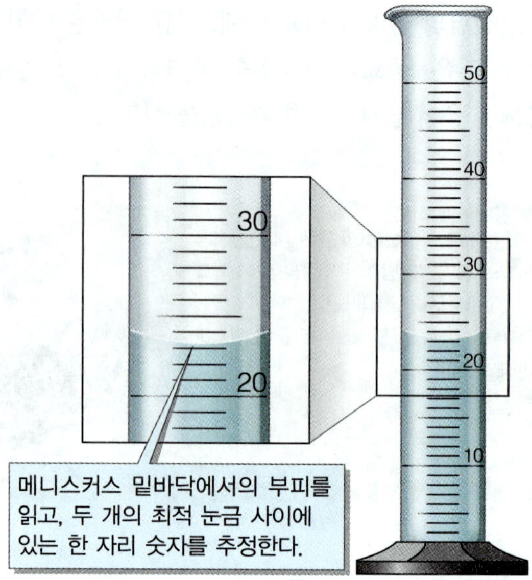

도전 문제

7. 온도계의 판독 온도는 얼마인가? 정확한 개수의 유효 숫자가 있는지 답을 확인하시오.

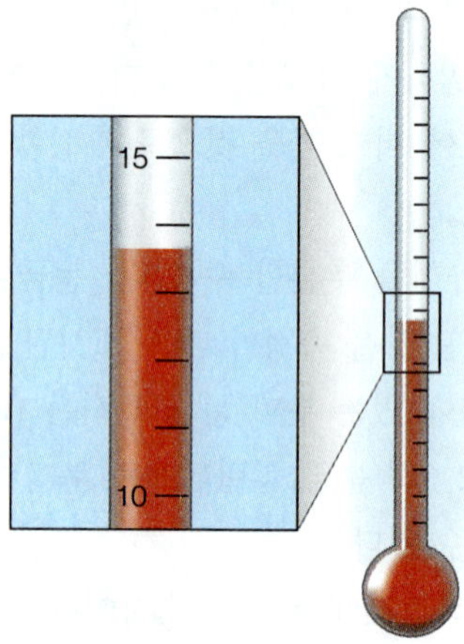

8. 아래의 그림은 눈금 실린더에 들어 있는 액체 시료를 나타낸 것이다. 적절한 수의 유효 숫자로 보고된 시료의 부피는 얼마인가?

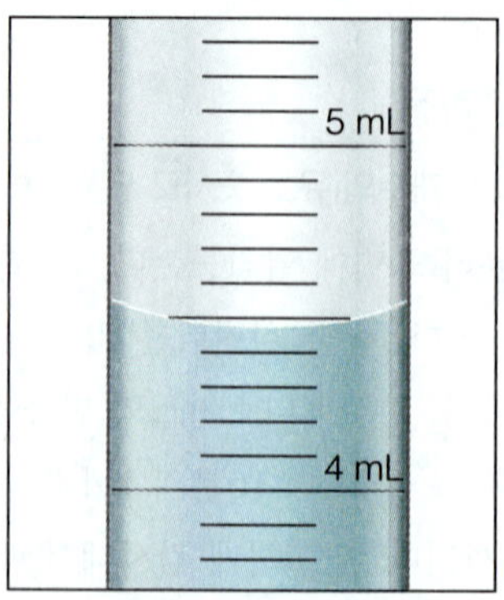

측정에서 유효 숫자 결정하기

측정이 얼마나 정확하게 이루어지는지를 아는 것은 때로는 중요하다. 측정에서 유효 숫자의 개수를 알기 위한 몇 가지 규칙이 있다.

유효 숫자가 나타내는 것은 측정의 정밀도이다.

1. **0이 아닌 숫자는 모두 유효 숫자이고, 0이 아닌 숫자 사이의 0은 모두 유효 숫자이다.** 예를 들어 다음의 두 측정 수에는 모두 5개의 유효 숫자가 있다.

0이 아닌 모든 숫자는 유효 숫자이다.

0이 아닌 숫자 사이의 0은 유효 숫자이다. 그것은 측정의 일부이다.

1.2571 g　1.1052 cm

2. **소수점이 있는 경우, 0이 아닌 마지막 숫자의 오른쪽에 있는 0이 유효 숫자이다. 소수점 뒤에 0이 포함된 숫자는, 숫자가 정확하게 측정되었음을 나타낸다.**

5.01 g
5.00 g
4.99 g

이러한 값들 각각의 측정된 유효 숫자는 세 개다. 단순히 '5 g'이 아니라 '5.00 g'으로 보고해야 소수점 이하 두 자리까지 측정되었음을 나타낸다.

3. **0이 아닌 숫자의 왼쪽에 있는 0은 유효 숫자가 아니다.** 어떤 숫자의 왼쪽에 있는 0과 소수점의 왼쪽에 있는 0은 의미가 없다. 측정값 왼쪽에 있는 0은 1보다 작은 값에 유용하다. 소수점의 위치를 표시한다. 그러나 그들은 측정의 일부가 아니고, 유효 숫자가 아니기 때문이다. 예를 들어 물체의 너비를 4.5 mm로 측정한다면, 두 개의 유효 숫자로 측정했다고 말한다. 이 측정값을 m로 환산하면 어떨까? 4.5 mm의 폭은 0.0045 m이다. 이때 측정값이 갑자기 더 정확해졌는가? 아니다 – 단위를 변경했지만 유효 숫자의 개수는 달라지지 않았다.

이 0들은 어떤 기능도 없으며, 유효 숫자도 아니다.

이 0들은 자리 표시자로, 소수점 위치를 표시하는 데 사용된다. 이 0들은 유효 숫자로 계산되지 않는다.

00000000010 kilograms　0.0045 meters

유효 숫자　유효 숫자

4. **소수점이 없는 경우, 마지막 0이 아닌 숫자의 오른쪽에 있는 0은 유효 숫자일 수도 있고, 유효 숫자가 아닐 수도 있다.** 어떤 수에 마지막 0이 아닌 숫자의 오른쪽에 0이 있지만 소수점이 없는 경우라면, 그 수가 얼마나 정확하게 측정된 것인지 알기가 어렵다. 예를 들어 어떤 프로그램 비용이 연간 10,000,000달러로 보고될 수 있다. 그것의 의미가 정확히 천만 달러가 든다는 뜻인가? 아마 아닐 것이다. 하지만 얼마나 가깝게 반올림되었는가? 비용은 900만에서 1100만 사이인가? 아니면 비용이 ±1,000달러인가? 즉 9,999,000달러에서 1,001,000달러 사이인가? 확실치 않다.

$10,000,000

이 0들 중 측정된 것은 몇 개이고, 자리 표시자는 몇 개인가?

수를 세어 얻은 값 및 정의된 관계(예: 미터법 접두사)는 확정수이다.

0으로 끝나지만 소수점이 없는 숫자의 경우, 측정 정확도를 명시할 수 있는 방법이 두 가지 있다. 첫 번째 방법은 숫자 바로 뒤에 불확실성을 지정하는 것이다. 예를 들어 큰 물체의 질량이 10,000 kg이며, 100 kg까지 측정할 수 있다. 이것을 10,000 ± 100 kg으로 적는다. 아니면 과학적 표기법으로 1.00×10^4 kg으로 값을 쓸 수 있다. 그렇게 함으로써 상당히 확신하는 0의 개수를 지정할 수 있다(이 경우에는 2개의 0).

지우아카데미

그림 2.7 수를 세어 얻은 숫자는 확정수이며, 유효 숫자로 적용되지 않는다. 사진에는 70원이 있다.

확정수의 작업

확정수(exact number)란 불확실성이 없는 값이다. 확정수를 다룰 때는 유효 숫자를 걱정할 필요가 없다. 예를 들어 그림 2.7은 10원짜리 동전 7개의 묶음을 보여 준다. 이때는 70원이 있는지, 71원이 있는지에 대해 논쟁을 하지 않는다. 즉 분명히 정확한 70원이 있는 것이다. **수를 세어 얻은 값이 확정수이다.**

확정수의 두 번째 유형은 **정의**(definition)에서 나온 수이다. 예를 들어 한 다스에는 12개가 있다. 1그램은 1,000밀리그램이다. 이들은 확정된 관계다. 따라서 이러한 유형의 수에서는 유효 숫자를 걱정하지 않는다.

Courtesy of Kevin Revell

그림 2.8 타코의 수는 정확하다. 그러나 각 타코에 있는 과카몰리의 양은 측정된다.

두 번째 사례를 살펴보고, 이 점을 명확히 해보자. 그림 2.8에 있는 타코 요리를 생각해 보자. 타코의 수를 세고 싶다면 정확히 셀 수 있다. 즉 타코가 세 개 있다. 반면에 타코에 첨가된 과카몰리의 질량을 알아내려면 먼저 측정한다. 그다음에는 이 값을 측정할 수 있는 만큼의 유효 숫자로 보고한다.

도전 문제

9. 다음 측정 단위의 각각에 있는 유효 숫자는 몇 개인가?

- **a.** 14.3킬로미터의 거리
- **b.** 리터당 0.0079밀리그램의 독소 농도
- **c.** 4.300킬로그램의 질량
- **d.** 000024.3초의 시간

10. 다음 값들은 측정값인지 확정 값인지를 식별하시오.

- **a.** 어떤 젤리 도넛이 96.1칼로리다.
- **b.** 화재로 인한 화상 자국의 면적이 24.1제곱미터이다.
- **c.** 홈커밍 퍼레이드에서 장식 차량이 13개이다.
- **d.** 1기가바이트는 1×10^9바이트의 데이터이다.
- **e.** 이 가방에는 1파운드의 커피가 들어 있다.

따라서 계산기는 볼의 둘레를 소수점 이하 8자리까지 보고한다. 계산기는 많은 것을 말한다. 0.7734를 입력하고 뒤집으면, 계산기가 심지어 hello라고 인사까지 한다. 계산기가 말하는 것을 단순히 받아들이는 것이 아니라, 볼의 둘레를 얼마나 정확하게 알고 있는지를 결정하는 것. 그것은 계산기 작동자의 책임이다.

Courtesy of Kevin Revell

계산에서 유효 숫자 사용하기

앞 절에서 논의한 것은 볼의 측정이었다. 예를 들어 볼의 지름을 2.7 cm로 측정했고, 상대적으로 ±0.1 cm로 확신했다고 하자. 즉 지름이 2.7 cm라고 생각된다. 그러나 약간 적거나(2.6 cm) 약간 더 클 수 있다(2.8 cm).

이제, 볼의 둘레를 계산할 필요가 있다고 가정하자. 볼의 둘레는 파이(π) 곱하기 지름이다. 계산기에 2.7∗π를 입력하면 다음과 같은 답이 나온다.

$$2.7\ \text{cm} * \pi = 8.48230016\ \text{cm}$$

이 예제에서, 계산기는 측정된 볼의 둘레를 소수점 이하 8자리까지 보고한다. 지름을 소수점 이하 한 자리까지만 측정하면, 둘레를 정말 이렇게 정확히 알 수 있을까? 아니다! 그렇다면 얼마나 정확하게 둘레를 알 수 있을까?

이에 답하기 위해 2.6 cm와 2.8 cm의 낮은 값과 높은 값을 사용하여 둘레를 다시 계산하고, 둘레 값에 어떤 영향을 미치는지 확인하라.

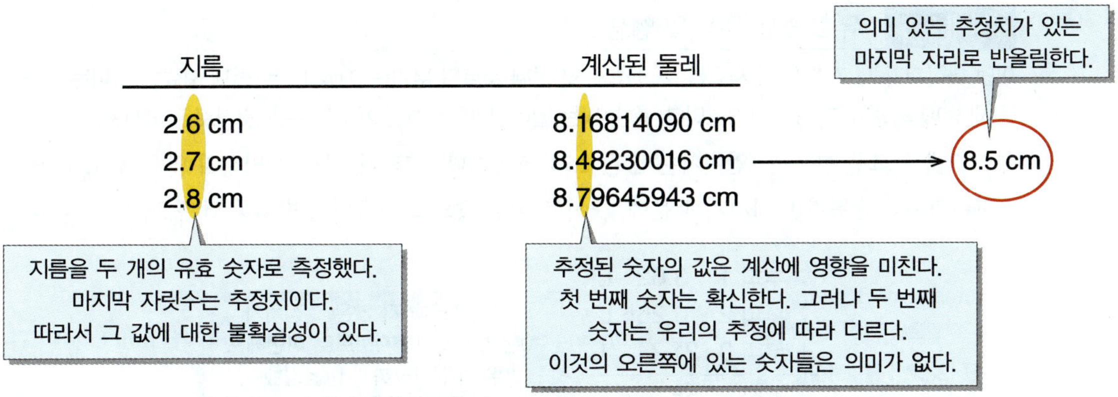

주목할 것은 계산을 시작했을 때 두 번째 유효 숫자를 확신할 수 없었다는 것이다. 계산 후에도 두 번째 유효 숫자를 여전히 확신할 수 없었다. 이를 바탕으로 반올림하여 두 번째 유효 숫자인 8.5 cm로 답했다.

이와 같은 문제를 바탕으로, 과학자들은 유효 숫자의 계산을 보고하는 두 가지 일반적인 규칙을 개발했다.

> 반올림하려는 숫자가 5 이상이면 반올림한다. 반올림하려는 숫자가 4 이하이면 버린다.
>
> 18.3502 g ⟶ 18.4 g
>
> 18.3481 g ⟶ 18.3 g

규칙 1: 곱셈과 나눗셈의 경우, 보고되는 자릿수는 정확도가 가장 낮은 초기 측정값의 자릿수와 동일하다.

규칙 2: 덧셈과 뺄셈의 경우, 정확도가 가장 낮은 초기 측정값의 마지막 소수점 자리로 반올림한다.

다음 예제가 보여 주는 것은 이러한 규칙들이 다양한 계산에서 어떻게 적용되는가이다.

예제 2.3 유효 숫자: 곱셈 및 나눗셈

영양학에서는 식품에서 이용할 수 있는 에너지를 종종 칼로리로 측정한다. 한 연구에서 연구원들이 발견한 바에 의하면, 55.023그램의 캔디 바의 열량은 283.1칼로리(Cal)다. 이 캔디 바 1그램의 열량은 몇 칼로리인가? 정확한 유효 숫자로 답을 말하시오.

이 문제를 해결하기 위해 283.1칼로리를 55.023그램으로 나눈다. 계산기에 나온 값은 5.145121131이다. 이 값을 반올림하여 **최소** 유효 숫자를 가진 초기 수량과 동일한 개수의 유효 숫자를 갖도록 한다. 질량의 유효 숫자(55.023)는 5개지만, 에너지의 유효 숫자(283.1)는 4개다. 따라서 유효 숫자 4개로만 보고해야 한다. 이러한 관찰을 바탕으로 반올림하여 답하면 5.145칼로리/그램이다.

예제 2.4 유효 숫자: 확정수로 곱셈하기

미국 조폐국에 따르면, 25센트짜리 동전인 쿼터는 구리와 니켈의 혼합물로 만들어졌으며, 질량은 5.670그램이다. 쿼터 8개의 질량은 얼마인가?

이 경우에는 측정량(5.670 g)에 정수(8)을 곱한다. 정수 값은 확정수이기 때문에, **유효 숫자 고려에 포함시키지 않는다.** 따라서 최소 유효 숫자는 4개다. 먼저 5.670에 8을 곱한다. 그리고나서 4개의 유효 숫자가 되도록 반올림하면, 얻은 답은 45.36 g이다.

예제 2.5 유효 숫자: 덧셈 및 뺄셈

어떤 화학자가 세 가지 액체 시료를 수집했다. 첫 번째 시료의 부피는 3.62 L, 두 번째 시료의 부피는 0.255 L, 세 번째 시료의 부피는 21.2 L이다. 총 부피는 얼마인가? 정확한 개수의 유효 숫자로 말하시오.

부피 3개를 모두 합하면, 얻어지는 값은 25.075 L이다. 그러나 가장 정밀하지 않은 값이 10분의 1 자리까지만 순위가 매겨지기 때문에, 숫자를 해당 값으로 반올림하면 최종 답은 25.1 L이다.

```
  부피 1   3.62  L
  부피 2   0.255 L
+ 부피 3  21.2   L
----------------------
  총합    25.075 L
         =25.1 L
```

가장 정밀하지 않은 측정치가 10분의 1 자리까지이므로 이번에도 10분의 1 자리까지 반올림했다.

예제 2.6 다중 계산을 사용하는 유효 숫자

질산염은 비료의 일반적인 성분으로, 상수도를 오염시킬 수 있다. 어떤 화학자가 물 시료 3개를 테스트하여 시료에 질산염이 있는 것을 알아 내었으며, 그 양은 다음과 같았다. 세 시료의 부피는 합해서 1.514 L였다. 세 시료에 있는 질산염의 총 질량은 얼마인가? 물 1리터당 질산염의 평균 질량은 얼마인가? 각 질문에 유효 숫자를 맞춰 답하시오.

시료	질산염의 질량
A	12.83 mg
B	11.2 mg
C	14.391 mg

3개의 질량을 더하면, 얻어지는 값은 38.421 mg이다. 그런데 시료 B의 질량을 1 mg의 1/10보다는 더 정확하게 알지 못하기 때문에, 총 질량을 소수점 이하 3자리까지 보고하는 것은 잘못된 것이다. 따라서 답을 소수점 이하 한 자리까지 반올림하여, 보고하는 질량은 38.4 mg이다. 세 개의 유효 숫자인 이 답을 우리는 확신한다.

```
  시료 A 12.83  mg
  시료 B 11.2   mg
+ 시료 C 14.391 mg
----------------------
  총합   38.421 mg
        =38.4 mg
```

물 1리터당 들어 있는 질산염의 평균 질량을 구하기 위해서 총 질량을 부피로 나눈다. 그러나 반올림 오류를 최소화하기 위해 계산이 끝난 후에 반올림하여 유효 숫자를 맞춘다. 즉 첫 번째 측정(38.421 mg)에서 반올림되지 않은 값을 그대로 사용하여 계산하고, 최종 계산 후에만 반올림한다. 질량의 유효 숫자는 3개, 부피의 유효 숫자는 4개다. 이것은 나눗셈 문제이기 때문에, 최소 유효 숫자 개수를 유지해야 한다. 따라서 반올림하여 유효 숫자 3개로 답한다.

이 값은 유효 숫자 3개까지만 확신하지만, 계산할 때는 측정값을 모두 포함시켜 계산한다..

...그다음에 반올림하여 최종 답을 유효 숫자 세 개로 답한다.

$$\frac{38.421\ \text{mg}}{1.514\ \text{L}} = 25.37714663\ \text{mg} = 25.4\ \text{mg}$$

도전 문제

11. 2002년에 Paula Radcliffe가 세계 기록을 깬 것은 시카고 마라톤에서 137.30분으로 주파했을 때다. 마라톤 거리는 26.2마일이다. Paula의 마일당 평균 분속은 얼마인가? 그 답의 유효 숫자 개수가 정확한지를 확인하시오.

12. 4명의 주자가 800미터 경주를 했다. 그들 각자의 시간은 98.12초, 98.64초, 101.33초, 104.04초였다.

a. 그들 시간의 합계를 구하고, 유효 숫자를 맞춰 보고하시오.

b. 그들 시간의 평균을 구하고, 유효 숫자를 맞춰 보고하시오.

13. 어떤 독성학자가 소변 시료에서 불법 약물의 농도를 측정했다. 독성학자는 5회 측정하여 다음 값을 얻었다. 단위는 mg/L이다.

12.1, 12.9, 11.5, 13.1, 12.5

평균 농도를 계산하고, 그 답의 유효 숫자 개수가 정확한지를 확인하시오.

2.2 단위 환산

측정된 양으로 작업할 때 종종 필요한 것이 있다. 바로 단위 환산이다. 해외 여행을 하는 경우라면, 한 통화에서 다른 통화로 환전해야 한다(그림 2.9). 만약 도시들 사이의 거리를 측정하는 경우라면, 킬로미터와 마일을 연관시킬 필요가 있을 것이다. 실험실에서 작업하는 경우라면, 질량 단위 사이에서 환산하거나 부피 단위 사이에서 환산하는 것이 종종 필요하다.

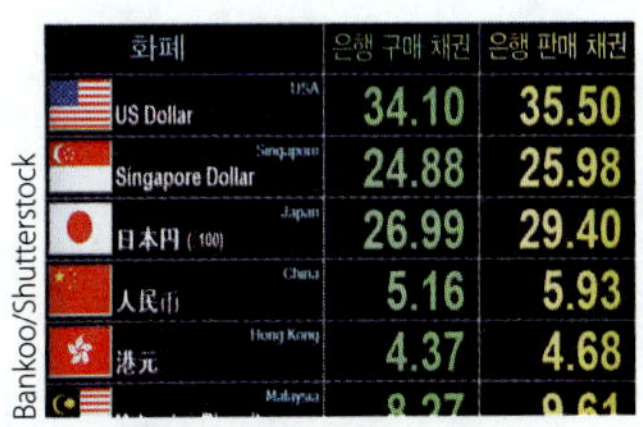

그림 2.9 이 게시판에 표시된 것은 통화 간 환율이다.

차원 분석

간단한 단위 환산은 때로는 머릿속에서 할 수 있다. 그러나 화학을 더 깊이 탐구하고, 점점 더 복잡한 단위를 다룰 때, 체계적인 단위 환산 방법을 갖는 것이 중요하다. 그래야 단위를 주의 깊게 추적하며 작업을 점검할 수 있기 때문이다. 단위 환산 문제에 다가가는 일반적인 방법 중 하나는 **차원 분석**(dimensional analysis)이라고 불리는 기법이다. 이는 **환산 인자 표기법**(factor-label method)이라고도 한다.

환산 인자 표기법의 초석은 다음과 같다. 수학적 연산을 수행할 때, 측정된 양이 포함된 경우라면, **수의 연산을 하듯 단위의 연산도 한다.** 예를 들면 사각형의 면적을 계산하려면 가로의 길이와 세로의 길이를 곱한다(그림 2.10). 가로와 세로의 측정값이 피트인 경우라면, 면적은 피트 곱하기 피트, 즉 제곱피트(ft^2)이다.

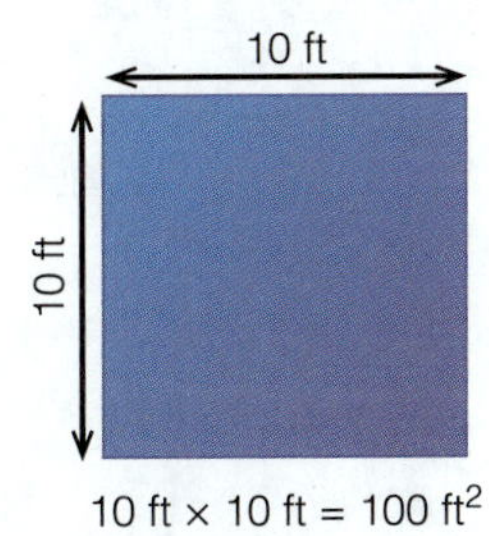

그림 2.10 사각형의 면적을 계산할 때는 숫자와 단위를 둘 다 곱한다.

이 개념을 사용하여 어떻게 단위 환산을 할 수 있는가? 환산 인자 표기법의 작동 방식을 이해하기 위해서 예제 하나를 고려해 보자. 어떤 구리 펠릿의 질량이 0.281 kg이라고 가정해 보자. 이 무게를 그램 단위로 나타낼 필요가 있다. 어떻게 해야 하는가?

먼저 킬로그램과 그램의 관계를 알아야 한다. 표 2.5를 보면 1 kg = 1,000 g임을 알 수 있다. 이 두 양은 같기 때문에 두 개의 분수꼴로 쓸 수 있다. 이때 두 분수의 값은 모두 1이다.

$$\frac{1\ \text{kg}}{1{,}000\ \text{g}} = 1 \quad \text{또는} \quad \frac{1{,}000\ \text{g}}{1\ \text{kg}} = 1$$

이러한 분수들이 **환산 인자(conversion factor)**의 예다. 환산 인자는 분수꼴이다. 분모와 분자에는 동일한 양이지만 서로 다른 꼴의 단위가 있다. 한 단위에서 다른 단위로 환산하려면 이들 두 환산 인자 중 하나를 곱하면 된다. 환산 인자의 값이 1이므로, 수량의 값을 바꾸는 것은 아니다. 단위만 바꾸는 것이다. 단위를 갖는 수량을 곱하면, 분자와 분모에 나타나는 단위를 지울 수 있다.

환산 인자를 사용하여 한 단위에서 다른 단위로 바꾼다.

단위 환산을 위해서는 **환산 인자를 선택한다. 환산 인자는 기존 단위를 지우고** 새로운 단위를 가지게 한다. 이 예제에서는 킬로그램 단위를 없애고 그램 단위의 답으로 끝내고자 한다. 따라서 분자에 그램이 있는 환산 인자를 사용한다.

$$0.281\ \cancel{\text{kg}} \times \frac{1{,}000\ \text{g}}{1\ \cancel{\text{kg}}} = 281\ \text{g}$$

시작 단위 (kg) 환산 인자 새로운 단위 (g)

이렇게 하면 최종 답은 281그램이 된다.

만약 환산 인자를 잘못 선택한 경우라면 어떻게 되는가? $\frac{1\ \text{kg}}{1000\ \text{g}}$을 곱하면, 다음과 같은 잘못된 계산에서 알 수 있듯이, $\frac{\text{kg}^2}{\text{g}}$의 단위를 얻게 된다.

$$0.281\ \text{kg} \times \frac{1\ \text{kg}}{1{,}000\ \text{g}} = 2.81 \times 10^{-4}\ \text{kg}^2/\text{g}$$

잘못된 환산 인자

단위가 잘못 나왔다면, 환산 인자를 잘못 선택한 것이다.

단위를 확인하는 일이야말로 작업 내용을 확인하는 좋은 방법이다. 문제를 정확하게 처리한 경우라면, 단위가 옳게 나오기 때문이다. 즉 단위가 합당하지 않았다면, 문제의 설정을 잘못 한 것일 수 있다.

예제 2.7 단위 환산

열에너지의 일반적 측정 단위는 칼로리나 줄이다(1 calorie = 4.184 joule). 어떤 특정한 화학 반응은 150.0 칼로리의 열에너지를 방출한다. 이 에너지는 줄(joule) 단위로 얼마인가?

앞의 예제에서와 같이, 환산하고자 하는 양인 칼로리로부터 시작한다. 이 값을 칼로리에서 줄로 환산하려면, 환산 인자를 곱해야 한다. 우리는 칼로리를 없애고 싶기 때문에, 분모에 칼로리(calorie)를 쓰고, 분자에 줄(joule)을 쓴다.

$$\text{시작 단위} \times \text{환산 인자} = \text{새로운 단위}$$

$$150.0\text{칼로리} \times \frac{4.184\text{줄}}{1\text{칼로리}} = 627.6\text{줄}$$

이제 칼로리를 소거할 수 있고, 남겨지는 최종 답은 627.6줄이다.

예제 2.8 단위 환산

어떤 벽돌의 질량이 815.2그램이다. 이 질량은 몇 킬로그램인가?

그램으로부터 시작한다. 이 값을 그램에서 킬로그램으로 환산하려면 환산 인자를 곱해야 한다. 표 2.5에서 1,000 g = 1 kg임을 알 수 있다. 우리는 그램을 없애고 싶기 때문에 분모에 그램을 쓰고, 킬로그램은 분자에 쓴다.

$$815.2\ \text{g} \times \frac{1\ \text{kg}}{1{,}000\ \text{g}} = 0.8152\ \text{kg}$$

이렇게 하면, 최종 답은 0.8152 kg이 된다.

도전 문제

14. 다음 각각의 경우 사용할 환산 인자를 표시하시오. 그리고 그 값을 새로운 단위로 구하시오.

a. 125.31 mg을 g으로 환산하시오.

b. 나노 입자는 작은 캡슐로, 우리 몸에 약을 도입하는 유망한 새로운 방법이다. 이들 입자는 너무 작아 육안으로는 볼 수 없다. 캡슐 하나의 지름은 6.0×10^{-8}미터이다. 이 지름은 나노미터 단위로는 얼마인가?

c. Louisiana 주의 가정이 1년에 사용하는 평균 전력량은 약 15,000킬로와트시(kWh)다. 이러한 에너지 소비량은 킬로줄(kJ) 단위로는 얼마인가? (1 kWh = 3,600 kJ)

다중 환산이 있는 문제

많은 문제를 해결하다 보면, 둘 이상의 단위 환산이 필요할 때가 있다. 이 경우 단위 환산을 서로 인접하게 배치할 수 있다. 다음 예제를 고려해 보자.

예제 2.9 다중 환산이 있는 문제

0.0129인치는 몇 마이크로미터인가? (2.54 cm = 1인치이고, 10,000 μm = 1 cm이다.)

이 예제에서는 두 가지 환산을 수행할 필요가 있다. 즉 처음에는 인치에서 센티미터로, 그다음에는 센티미터에서 마이크로미터로 환산한다. 첫 번째 환산의 경우, 아래에서와 같이 1인치를 밑에 쓰고, 그 위에 2.54 cm를 쓴다. 이렇게 하면 인치가 소거되고 센티미터 단위가 남는다. 두 번째 단계에서는 1 cm를 밑에 쓰고, 그 위에 10,000 마이크로미터를 쓴다. 따라서 센티미터는 소거되고 마이크로미터가 남는다.

$$0.0129\ \cancel{\text{in}} = \frac{2.54\ \cancel{\text{cm}}}{1\ \cancel{\text{in}}} \times \frac{10{,}000\ \mu\text{m}}{1\ \cancel{\text{cm}}} = 328\ \mu\text{m}$$

인치에서 cm로 환산하고 …

…다음에 cm에서 μm로 환산한다.

환산 인자에는 두 개의 동등한 양이 있다. 이전 단위는 제거되고, 새로운 단위가 남는다.

이 예제에서는 초기 측정값(0.0129인치)의 유효 숫자가 오직 세 개다. 따라서 반올림하여 답을 세 자리로 나타냈다.

예제 2.10 분모의 단위 환산

공기 속에서 음파의 속도는 시속 768마일이다. 이것은 초속 몇 미터인가? (7마일 = 1,609.3미터)

이제 마일을 미터로 바꾸는 것부터 시작하자. 미터가 분자에 있어야 하기 때문에, 환산 인자의 분자에는 미터가 있고, 분모에는 마일이 있어야 한다. 이렇게 하면 마일을 소거할 수 있다.

두 번째 환산 단계에서는 초와 시간 사이의 관계(3,600초 = 1시간)를 사용한다. 최종 식의 분모에는 초가 있어야 하기 때문에, 환산 인자의 분자에 시간을 위치시킨다. 유효 숫자에 맞추어 반올림하면, 답은 343 m/s가 된다.

$$\frac{768\ \cancel{\text{miles}}}{1\ \cancel{\text{hr}}} \times \frac{1{,}609.3\ \text{m}}{1\ \cancel{\text{mile}}} \times \frac{1\ \cancel{\text{hr}}}{3{,}600\ \text{s}} = \frac{343\ \text{m}}{1\ \text{s}}$$

이러한 유형의 단위 환산 문제는 다음 장에 많이 나타난다. 따라서 이를 효율적으로 수행할 수 있는지를 확인하기 바란다. 계속하기 전에 다음 질문 상자의 문제를 풀어 보자.

도전 문제

15. 아목시실린(amoxicillin)은 강력한 항생제다. 의사는 가벼운 감염의 경우, 하루에 0.750그램의 아목시실린을 처방할 수 있다. 이 복용량은 시간당 몇 밀리그램인가?

16. 좋은 학부 성적과 업무 경험을 가지고 졸업하면, 두 가지 일자리를 제공받게 된다. A사는 1년에 4만 2천 달러의 급여를 제안했고, B사는 시간당 25달러의 급료를 제안했다. 연간 50주 동안 주당 40시간 근무한다고 가정할 때, 환산 인자 표기법을 사용하여, B사의 연간 소득을 계산하시오. 어떤 제안의 수익성이 더 좋은가?

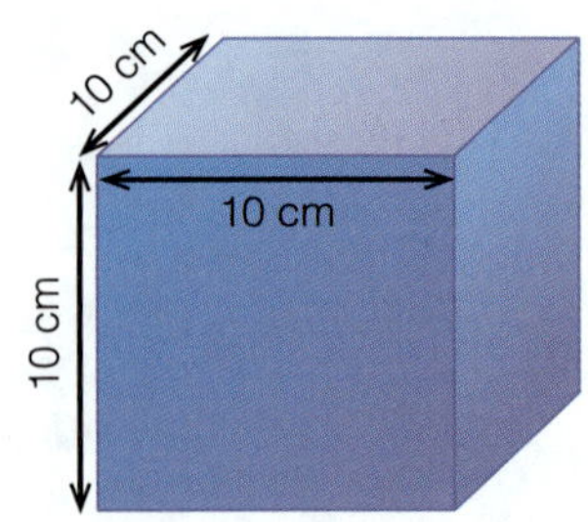

$10\ \text{cm} \times 10\ \text{cm} \times 10\ \text{cm} = 1{,}000\ \text{cm}^3$

그림 2.11 정육면체의 부피는 길이 × 너비 × 높이다.

부피 단위의 환산

화학자들은 일반적으로 부피(즉 어떤 것이 차지하는 공간)와 관련된 측정을 한다. 부피를 측정하기 위해서는 cm^3(세제곱센티미터) 또는 m^3(세제곱미터)와 같이, 길이의 세제곱 단위를 사용한다. 그림 2.11을 참조하라. 선택하는 단위는 측정하는 수량의 크기에 따라 다르다. 예를 들어 선적 컨테이너의 부피를 측정하는 경우라면, m^3로 나타내길 원할 수 있다. 청량음료의 부피나 백신 주사의 액체의 양을 설명하기 위해서는 더 작은 단위를 선택할 것이다(그림 2.12).

리터(L)는 부피의 일반적인 유도 단위다. 1리터는 1세제곱데시미터($1\ \text{dm}^3$)로 정의되며, 휴

그림 2.12 우리는 일반적으로 매우 큰 부피도 매우 작은 부피도 접한다. 사용하는 최적의 단위는 측정하는 양의 크기에 달려 있다.

그림 2.13 1 dm^3는 1 L라고도 하는데, 대략 휴지 상자의 부피다.

지상자(그림 2.13)보다 약간 작다.

또 다른 일반적인 측정 단위는 **세제곱센티미터**(cm^3)이다. cm^3는 **mL**처럼 부피 단위다. 1 cm^3는 표준 게임 주사위(그림 2.14)와 거의 같은 크기다.

거듭제곱 단위의 환산

거듭제곱 단위 사이에서 환산할 때는 주의해야 한다. 거듭제곱 단위는 면적이나 부피를 측정하는 데 사용된다. 이 점을 설명하기 위해서는 다음과 같은 질문을 해보겠다. 1 m^3는 몇 dm^3인가? 우리는 1미터가 10데시미터와 같다는 것을 안다. 즉

$$1 \text{ m} = 10 \text{ dm}$$

m^3와 dm^3의 관계를 찾기 위해서는 위 식의 양변을 세제곱해야 한다. 세제곱할 때는 숫자와 단위도 모두 세제곱해야 한다.

$$(1 \text{ m})^3 = (10 \text{ dm})^3$$
$$1 \text{ m}^3 = 1{,}000 \text{ dm}^3$$

1 m는 10 dm이지만, 1 $\mathbf{m^3}$는 1,000 $\mathbf{dm^3}$이다. 다음 예제들은 이 방식을 더 잘 보여 준다.

그림 2.14 1 cm^3는 표준 게임 주사위의 대략적인 부피다. 이 부피를 mL라고도 한다.

1 m^3는 세탁기 크기 정도이다.
1 dm^3(또는 L)는 휴지상자 크기다.
1 m^3는 1,000 dm^3이다.

ppart/Shutterstock
Mega Pixel/Shutterstock

예제 2.11 세제곱 단위의 환산

1 m^3는 몇 cm^3인가?

표 2.5에 있는 일반적인 미터법 단위 환산을 통해 알 수 있는 것은 다음과 같다.

$$100 \text{ cm} = 1 \text{ m}$$

cm^3 및 m^3로 변환하기 위해 방정식의 양변을 세제곱하면 다음과 같다.

$$(100 \text{ cm})^3 = (1 \text{ m})^3$$

숫자를 세제곱하고 단위도 세제곱하면 다음과 같다.

$$1{,}000{,}000 \text{ cm}^3 = 1 \text{ m}^3$$

1 m는 100 cm이지만, 1 m^3는 백만 cm^3이다!

예제 2.12 부피 단위의 환산

액체의 부피는 15.3 cm^3이다. 이 부피는 몇 리터인가?

이러한 환산을 위해서는 먼저 단위의 관계식을 알아야 한다. 1 cm^3는 1 mL이며, 1 L는 1,000 mL이다. 이 문제를 해결하기 위해서는 15.3 cm^3로 시작한 다음, 두 개의 환산 인자를 곱한다. 첫 번째는 cm^3를 소거시킨다(mL는 남겨진다). 두 번째는 mL를 소거하면 L가 남겨진다.

$$15.3 \ \cancel{\text{cm}^3} \times \frac{1 \ \cancel{\text{mL}}}{1 \ \cancel{\text{cm}^3}} \times \frac{1 \text{ L}}{1{,}000 \ \cancel{\text{mL}}} = 0.0153 \text{ L}$$

예제 2.13 부피 단위의 환산

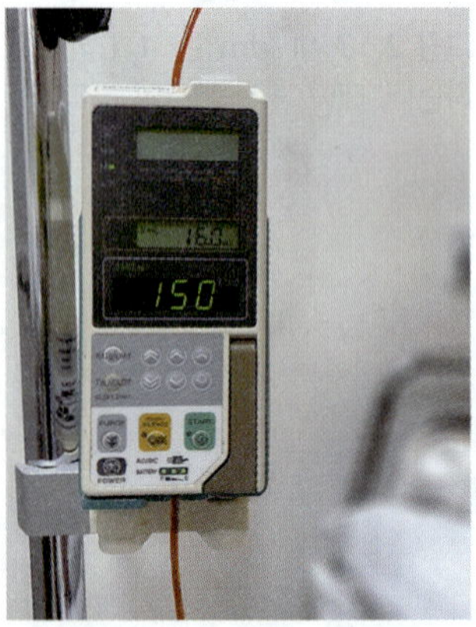

kandl stock/Shutterstock

그림 2.15 정맥 (IV) 드립 장치의 설정된 액체 전달 속도는 시간당 150 mL이다.

그림 2.15에 보이는 병원 IV 장치에서 설정된 방울 낙하 속도는 150 mL/h이다. 이 환자는 하루에 몇 리터의 액체를 투여받는가?

이 문제에서는 부피 단위와 시간 단위를 모두 변환해야 한다. mL/h 단위의 방울 낙하 속도로 시작한 다음, 두 가지 환산 인자를 사용한다. 첫 번째는 부피를 mL에서 L로 변환하고, 두 번째는 시간 단위를 시간에서 일(day)로 변환한다. 따라서 최종 답은 3.60 L/d이다.

$$\frac{150 \ \cancel{\text{mL}}}{\cancel{\text{hr}}} \times \frac{1 \text{ L}}{1{,}000 \ \cancel{\text{mL}}} \times \frac{24 \ \cancel{\text{hr}}}{1 \text{ day}} = \frac{3.60 \text{ L}}{\text{day}}$$

주목할 것은 답의 유효 숫자가 세 개라는 것이다. 두 단위 환산은 모두 확정수이다. 따라서 계산할 때 유효 숫자의 개수를 제한받지 않는다. 유일하게 측정된 수량(방울 낙하 속도 150 mL/h)의 유효 숫자가 세 개이기 때문에 최종 답변에서 이 숫자를 유지할 수 있다.

도전 문제

17. 빗방울은 부피가 약 0.05 cm^3이다. 이 부피를 다음 단위로 표현하시오.

a. mL **b.** L **c.** m^3

18. 평균적으로 부피가 84,760 ft^3인 물이 나이아가라 폭포 위에서 매초 흐른다. 이 속도라면, 한 시간 동안 폭포 위에서 흐르는 물의 양은 몇 m^3인가? (1 m = 3.281 ft)

2.3 밀도: 질량과 부피의 관계

재료를 측정하는 방법은 보통 질량 또는 부피다. 또한 어떤 물질의 질량과 부피 사이에서 환산하는 것도 종종 필요하다. 이를 위해 사용하는 물질의 특성은 **밀도**이다. **밀도(density)**는 단위 부피당 물질의 질량으로 정의된다. 즉

$$밀도 = \frac{질량}{부피}$$

이거나, 축약된 형식은 다음과 같다.

$$d = \frac{m}{V}$$

sportpoint/Shutterstock

그림 2.16 100 m 육상 경기에서 사용할 만한 의족은 매우 강할 뿐 아니라 매우 가벼워야 한다.

밀도는 중요한 물리적 특성이다. 예를 들어 알루미늄과 타이타늄은 고부가 가치 금속이다. 용도는 자동차에서 노트북 컴퓨터, 의족에 이르기까지다(그림 2.16). 그들은 강하고 밀도가 낮기 때문에, 이 금속들 중 하나로 만들어진 물체는 철이나 납 같은 다른 금속들로 만들어진 동일한 물체보다 무게가 덜 나간다. 표 2.6에 요약된 것은 몇 가지 일반적인 재료의 밀도이다.

시료의 밀도를 측정하려면, 먼저 질량과 부피를 측정해야 한다. 예를 들어 염화 소듐 용액의 밀도를 측정하려면, 용액의 질량은 저울 위에서 측정하고, 용액의 부피는 눈금 실린더를 사용하여 측정한다(그림 2.17).

질량이 11.29 g이고 부피가 10.4 mL인 경우, 밀도는 다음과 같이 계산한다.

$$d = \frac{m}{V} = \frac{11.29\ \text{g}}{10.4\ \text{mL}} = 1.09\ \text{g/mL}$$

주목할 것은, 이전과 같이 반올림하여 정확한 개수의 유효 숫자로 답하는 것이다.

질량과 부피 사이의 환산

밀도의 가장 중요한 용도 중 하나는 단위 환산이다. 시료의 밀도를 안다면, 시료의 질량과 부피를 연관시킬 수 있다. 이러한 과정을 다음 예제에서 설명한다.

밀도를 사용하여 질량과 부피 사이에서 환산한다.

표 2.6 일반적인 재료들의 밀도

재료	밀도(g/cm^3)
알루미늄	2.70
타이타늄	4.51
철	7.87
구리	8.96
납	11.34
금	19.31
물*	1.00
해수*	1.02
공기*	0.001

*25℃, 표준 기압에서

그림 2.17 저울로 측정하는 것은 질량이다. 눈금 실린더로 측정하는 것은 액체의 부피다. 두 가지 양을 측정함으로써 액체의 밀도를 결정할 수 있다.

예제 2.14 밀도를 사용한 환산 I

철 금속 시료의 부피가 8.83 cm^3이다. 철의 밀도가 7.87 g/cm^3라면, 철 시료의 질량은 얼마인가?

밀도 방정식을 재배열하면 질량이 밀도 곱하기 부피라는 것을 알 수 있다. 밀도의 값 자리와 부피의 값 자리에 수를 대입하면 다음과 같이 계산할 수 있다.

$$m = dV = \left(7.87\ \frac{\text{g}}{\cancel{\text{cm}^3}}\right)(8.83\ \cancel{\text{cm}^3}) = 69.5\ \text{g}$$

철 시료의 질량은 69.5 g이다. 이 계산에서는 부피의 단위(cm^3)가 소거되고, 그램이 질량 단위로 남는다. 중요한 것은 밀도 및 부피 항에서 부피의 단위가 동일한지를 확인하는 것이다. 단위가 올바르게 소거되지 않으면, 그 답은 옳지 않을 것이다.

예제 2.15 밀도를 사용한 환산 II

수은은 밀도가 13.534 g/mL인 액체이다. 수은 시료 1.213 kg의 부피는 얼마인가?

이 문제를 해결하기 위해서는 먼저 질량 단위가 동일한지를 확인해야 한다. 수은의 밀도가 g/mL의 단위로 주어졌으므로, 시료의 질량을 1.213 kg에서 1,213 g으로 환산할 필요가 있다. 따라서 다음 단계에서 그 단위를 소거할 수 있다.

다음으로 밀도 방정식을 재배열하여 부피가 질량 나누기 밀도임을 보여 준다. 그다음에는 질량과 밀도의 값에 수를 대입하여 푼다. 그램은 소거되고, 다음과 같이 mL 단위가 남는다.

$$V = \frac{m}{d} = \frac{1{,}213\ \text{g}}{13.534\ \text{g/mL}} = 89.63\ \text{mL}$$

유효 숫자 4개로 반올림하면, 얻는 답은 89.63 mL이다.

뜰 것인가?

물체의 밀도가 결정하는 것은 물체가 물에 뜨는지 가라앉는지이다. 순수한 물의 밀도는 1 g/cm^{3}이다. 물보다 밀도가 작은 물체($d < 1$ g/cm^3)는 뜨는 반면, 물보다 밀도가 큰 물체($d > 1$ g/cm^3)는 가라앉는다(그림 2.18).

물의 밀도는 1 g/mL이다.

예제 2.16 뜰 것인가?

장난감 잠수함의 부피는 14.3 mL이고 질량은 15.2 g이다. 이 장난감은 물에 뜰까, 가라앉을까?

이 문제를 해결하기 위해서는 먼저 밀도를 구한다.

$$d = \frac{m}{V} = \frac{15.2\text{ g}}{14.3\text{ mL}} = 1.06\text{ g/mL}$$

이 장난감의 밀도는 물의 밀도(1 g/mL)보다 크다. 따라서 장난감은 가라앉는다.

Maridav/Shutterstock

그림 2.18 물에 뜨기 위해서는 물체의 밀도가 물의 밀도보다 작아야 한다.

도전 문제

19. 미지 액체의 부피는 15.0 mL이고 질량은 11.3 g이다. 이 액체의 밀도는 얼마인가? 이러한 정보를 바탕으로 2.50 L의 액체 시료의 경우, 예상되는 질량은 얼마인가?

20. 최근에 일하기 시작한 곳은 자갈을 생산하는 암석 채석장이다. 이 곳에서 구입한 트럭의 용량은 10.0 m^{3}였다. 이때 이 트럭이 몇 kg의 자갈을 운반할 것인지를 계산해 보라는 요청을 받았다. 이 질문에 답하기 위해서 1.0 L의 자갈을 측정하여 알아낸 질량은 1.8 kg이었다. 이 결과를 바탕으로, 자갈의 밀도는 kg/L 단위로는 얼마인가? kg/m^3 단위로는 얼마인가? 이 자갈 10.0 m^{3}의 질량은 얼마인가? (1,000 L = 1 m^3)

21. 지름 20.0 cm, 길이 150.0 cm, 전체 질량이 150.0 kg인 원통형 강철 탱크가 실수로 호수에 추락했다. 탱크의 밀도(g/cm^3)는 얼마인가? 이 탱크는 가라앉을 것인가, 뜰 것인가?

2.4 온도 측정

화학에서는 온도를 측정하고 보고할 필요가 종종 있다. 일반적인 온도 척도에는 세 가지가 있다. 미국에서는 **화씨 척도(Fahrenheit scale)**가 가장 흔하게 사용된다. 그러나 세계의 대부분에서 사용하는 것은 **섭씨 척도(Celsius scale)**이다. 섭씨 척도상에서는 물의 어는점은 0℃이고 끓는점은 100℃이다. 그림 2.19에서 주목할 것은 물의 어는점과 끓는점의 차이는 180℉, 고작 100℃에 불과하다는 것이다. 이것의 의미는 화씨 온도가 섭씨 온도보다 더 작은 단위라는 것이다. 섭씨와 화씨의 환산을 위해서는 다음 관계식을 사용한다.

$$°\text{F} = \frac{9}{5}\,°\text{C} + 32$$

$$°\text{C} = \frac{5}{9}\,(°\text{F} - 32)$$

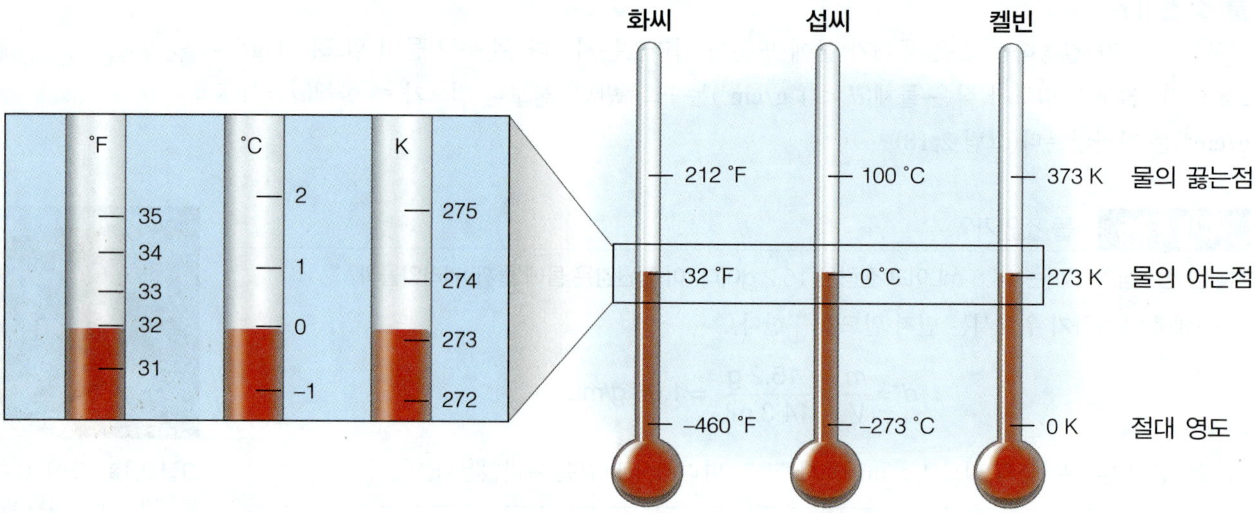

그림 2.19 섭씨 척도의 도와 켈빈 척도의 도는 동일한 크기다. 그러나 화씨 1도는 그보다는 작은 단위다.

> 화씨 또는 섭씨로 온도를 보고할 때는 숫자 뒤에 도를 쓴다. 예를 들면 "화씨 32도는 섭씨 0도와 같다". 반면에 켈빈 척도의 경우는, 도라는 단어를 쓰지 않는다. 따라서 '섭씨 0도는 273.15켈빈이다.'라고 말하는 것이 옳다.

세 번째 온도 척도는 **켈빈 척도(Kelvin scale)**이다. 과학자들은 켈빈 척도를 사용하여 매우 낮은 온도에서의 사건들을 설명하고, 또한 기체의 행동 방식을 예측한다. 섭씨 척도와 켈빈 척도의 관계식은 다음과 같다.

$$K = °C + 273.15$$

켈빈 척도의 단위와 섭씨의 도는 같다. 두 척도의 차이는 영점이다. 0℃의 온도는 물의 어는점에 해당하는 반면에, 0 K의 온도는 절대 영도(가능한 최저 온도, 절대 영도에서 입자의 운동 에너지는 0이다)에 해당한다.

도전 문제

22. 벨기에 Brussels에 출장갔을 때 들었던 일기 예보에서, 예상 기온이 15℃였다. 이 온도는 화씨로 몇 도인가? 호텔에서 외출 시 재킷을 가지고 나가야 하는가?

캡스톤 질문

어떤 회사의 경영팀원이 유조 트럭 구입을 고려하고 있다. 원하는 트럭의 용량은 30,000 리터이고, 빈 질량은 15,800 kg이다. 그런데 이동 경로에는 중량 제한이 25톤인 다리가 있다(그림 2.20). 트럭을 구입하여 밀도가 0.80 kg/L인 액체를 가득 적재할 경우, 트럭의 질량은 얼마인가? 트럭이 너무 무거워 다리를 건널 수 없을까? 최대 용량이 얼마여야 합법적으로 운송할 수 있는가? (미국에서는 1톤 = 2,000 lb임. 1 kg = 2.20 lb)

RaksyBH/Shutterstock

그림 2.20 오래된 교량들에는 중량 제한이 있다. 해운회사들은 운행 경로를 계획할 때, 이것을 명심해야 한다.

요약

이 장에서는 측정과 방법의 핵심 개념을 살펴보았다. 이 둘은 과학적 과정에서 중요하다.

측정할 때 중요한 것이 있다. 다른 사람들과 명확하게 소통할 수 있는 측정 단위를 사용하는 것이다. 국제 과학계는 SI 단위라고 하는 기본 단위로 채택하였다. 이것의 기반은 미터법이다. 측정에는 7개의 기본 단위가 있다. 나머지 단위들은 이러한 기본 단위에서 유도된 것들이다. 어떤 측정이든 중요한 것은 어떤 단위를 사용하는지를 명확히하는 것이다.

측정을 설명할 수 있는 용어로 정확도와 정밀도가 있다. 정확도는 참값에 얼마나 가까운가를 나타내고, 정밀도는 얼마나 정교하게 측정할 수 있는가를 나타낸다. 유효 숫자의 정확한 개수가 전하는 것은 측정의 정밀도이다.

차원 분석은 환산 인자 표기법이라고도 하는데, 단위 환산을 하는 표준적이고도 효과적인 방법이다. 단위 환산할 때는 분수 관계를 사용한다. 이 분수의 분자와 분모에는, 단위는 다르지만 동일한 양이 있다. 이러한 문제에서는 숫자 값을 소거하는 것과 동일한 방식으로 단위를 소거한다.

어떤 물질의 질량 측정과 부피 측정에서는 환산이 종종 필요하다. 환산을 위해서는 그 물질의 밀도를 사용한다. 밀도는 물질의 질량을 부피로 나눈 값으로 정의된다. 밀도는 환산 인자로서 유용할 뿐 아니라 중요한 물리적 특성이기에 많은 용도에 사용된다.

온도를 측정할 때는 섭씨, 화씨, 켈빈 척도를 사용한다. 섭씨 척도는 과학적인 측정의 경우 가장 일반적으로 사용되는 척도이다. 반면에 켈빈 척도는 기체 또는 매우 낮은 온도를 포함하는 계산에서 중요한 척도이다.

이상한 죽음

이 장의 시작 부분에서, MDPV를 복용하고 사망한 남성의 사례를 기술했다. MDPV는 메스암페타민과 유사한 합성 약물이다. 이것은 West Virginia에서 발생한, MDPV와 관련된 첫 번째 사망이었다. 그러나 이번 사건의 조사 결과를 추적한 수사관들은 MDPV의 남용이 일련의 다른 사망 사건의 원인이라고 말했다. 이 사례는 문제를 해결하는 데 있어 측정 및 과학적 방법의 역할의 흥미로운 예를 제공한다. 과학자들이 이 문제에 어떻게 접근했는지를 간략히 검토하고, 그 발견한 내용을 좀 더 자세히 살펴보자.

이 사건을 담당한 독성학자 James Kraner와 Lauren Waugh는 다른 일반 약물의 관련 여부를 처음으로 확인했다. 그들은 일상적인 검사를 통해 피해자의 혈액과 소변에서, 코카인과 메스암페타민과 같은 인기 있는 길거리 마약의 존재를 감지했다. 효과적인 과학의 열쇠 중 하나는 이미 알려진 것을 이해하고 적용하는 것이다. 때로는 도서관에서의 하루가 실험실에서의 1년을 절약할 수 있기 때문이다.

이러한 일상적인 검사 결과, 이러한 일반적인 약물의 어느 것도 사망 시점에 존재하지 않았음을 보여 주었다. 다른 약물들을 배제했기 때문에, 용기에 들어 있는 물질이 불안정한 행동을 유발할 수 있다고 독성학자들은 가정했다. 이 물질을 확인하기 위해서 과학자들이 사용한 기기는 질량 분석기(mass spectrometer)였다. 이것으로 개별 분자의 질량을 측정할 수 있었다(이 기기는 7장에서 자세히 설명할 것이다). Kraner와 Waugh는 이 측정값을 다른 검사와 결합함으로써, 이 물질을 MDPV로 확실히 확인할 수 있었다.

미지 화합물을 확인한 후, 사망 당시 그 사람의 체내에 MDPV가 얼마나 있었는지를 (MDPV가 체내에 있었던 경우라면) 과학자들은 확인할 필요가 있었다. Waugh 박사는 이를 위해 약물의 양이 이미 알려져 있는 일련의 혈액 혈청 시료(혈액의 액체 성분) 세트를 준비했다(그림 2.21). Waugh 박사는 또한 약물이 없는 시료를 검사하여, 약물이 없을 때 테스트가 음성 반응을 나타낼 것인가를 확인하였다.

이 모든 준비 작업을 마치고, Waugh 박사는 마침내 피해자의 혈액과 소변에서 MDPV 수치를 확인할 수 있었다. Waugh 박사는 이 검사 결과를 기지 용액과 비교함으로써 사망자의 혈액에는 혈액 1리터당 1.09 mg의 MDPV(즉 1.09 mg/L)가 있었다고 결정했다. 소변에서의 MDPV 농도는 60.3 mg/L였다.

혈액 시료 분석 및 소변 시료 분석은 불법 약물 또는 기타 독성 물질을 감지하는 일반적인 방법이다. 준비와 치밀하게 계획된 방법 및 치밀한 측정을 결합하면, 이와 같은 검사는 광범위한 법의학 및 건강 정보를 산출할 수 있다.

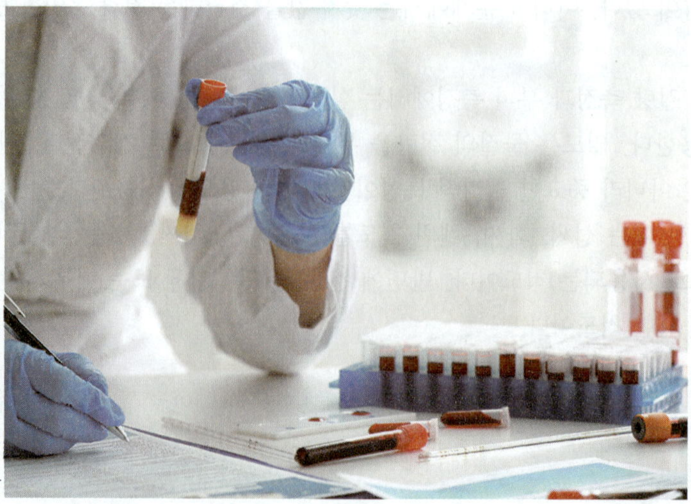

Aquarius Studio/Shtterstock

그림 2.21 법의학 화학자는 그림에 나타낸 것과 같은 혈액 시료에서, MDPV와 같은 약물의 양을 측정한다.

주요 용어

2.1 측정: 좋은 과학의 기초

과학적 표기법: 매우 크거나 매우 작은 숫자를 간결한 구성 방식으로 보여 주는 방법이다. 과학적 표기법에서는 수를 표현할 때 **계수**와 **승수**라고 불리는 두 값의 곱으로 표현한다.

측정 단위: 허용 값을 갖는 양

리터(L): 부피의 일반적인 단위로, 1세제곱데시미터(1 dm^3)로 정의된다.

정확도: 측정에서 측정값이 얼마나 신뢰할 수 있는지, 즉 참값에 얼마나 가까운지를 나타낸다.

정밀도: 측정값이 얼마나 정교하게 만들어졌는지, 또는 측정값들끼리 서로 얼마나 가까운지를 나타낸다. 정밀도는 종종 유효 숫자로 표시된다.

유효 숫자: 측정값에 포함된 숫자이다. 유효 숫자가 나타내는 것은 측정이 얼마나 정확하게 이루어졌는가이다.

확정수: 불확실성이 없는 수. 수를 세어 얻은 정수와, 미터법 접두사처럼 정의된 관계의 수는 확정수이다.

2.2 단위 환산

환산 인자: 한 단위에서 다른 단위로 환산하는 데 사용되는 분수. 환산 인자의 분자와 분모에는 같은 양이지만 다른 단위가 위치한다.

2.3 밀도: 질량과 부피의 관계

밀도: 물질의 물리적 특성으로, 단위 부피당 질량으로 정의된다.

2.4 온도 측정

화씨 척도(°F): 미국에서 일반적으로 사용되는 온도 척도. 화씨 척도에서 물의 어는점은 32°F, 끓는점은 212°F이다.

섭씨 척도(°C): 전 세계에서 일반적으로 사용되는 온도 척도. 섭씨 척도에서 물의 어는점은 0°C, 끓는점은 100°C이다. 종종 **백분 척도**라고 한다.

켈빈 척도(K): 온도 측정에서의 공식적인 SI 척도. 켈빈 척도에서 절대 영도는 0 K로, 물의 어는점은 273.15 K로, 끓는점은 373.15 K로 설정한다.

추가 문제

2.1 측정: 좋은 과학의 기초

23. 다음 값을 과학적 표기법으로 쓰시오.

a. 1,500,000 km b. 0.000398 g
c. 1,200,000,000 J d. 0.02019 s

24. 다음 값을 과학적 표기법으로 쓰시오.

a. 13,201 kg b. 0.00000593 g
c. 1,400,000,000 km d. 0.00322 s

25. 다음 값을 표준 표기법으로 환산하시오.

a. 5.192×10^{-4} kg b. 1.23×10^{3} J
c. 4.2×10^{8} °C d. 6.02×10^{23} atoms

26. 다음 값을 표준 표기법으로 환산하시오.

a. 8.13×10^{-3} ng b. 3.4×10^{7} lb
c. 4.2×10^{5} molecules d. 1.301×10^{2} m

27. 다음 수들은 각각 지수 표기법으로 써 있지만, 적절한 과학적 표기법은 아니다. 각 수를 올바르게 쓰시오(**힌트**: 계수에는 소수점 앞에 0이 아닌 한 자리 수가 없다. 따라서 소수점을 이동하여 이를 수정하고, 지수를 조정하여 그 변화에 맞추면 된다).

a. 52.1×10^{9}분 b. 0.83×10^{9} g c. 435×10^{-9} m

28. 다음 수들은 각각 지수 표기법으로 써 있지만, 적절한 과학적 표기법은 아니다. 각 수를 올바르게 쓰시오(**힌트**: 계수에는 소수점 앞에 0이 아닌 한 자리 수가 없다. 따라서 소수점을 이동하여 이를 수정하고, 지수를 조정하여 그 변화에 맞추면 된다).

a. 533.1×10^{-9} m b. 0.083×10^{3} J c. 435×10^{-16} kg

29. 다음 각 계산을 완결하시오.

a. $(4.4 \times 10^{-3})(1.2 \times 10^{-5})$
b. $(1.4 \times 10^{-3}) \div (1.2 \times 10^{-5})$
c. $(5.4 \times 10^{5})(2.2 \times 10^{3})$
d. $(8.132 \times 10^{-2})/(4.19 \times 10^{3})$

30. 다음 각 계산을 완결하시오.

a. $(1.4 \times 10^{6})(9.1 \times 10^{-5})$
b. $(1.4 \times 10^{-3})^{2}$
c. $(5.4 \times 10^{5})/(3.7 \times 10^{-5})$
d. $(2.1 \times 10^{4}) \div 3$

31. 표 2.3 및 2.4의 단위와 접두사를 사용하여, 다음 약어로 표시된 단위의 이름을 결정하시오.

a. A b. K c. ms d. mg e. kA

32. 표 2.3 및 2.4의 단위와 접두사를 사용하여, 다음 약어로 표시된 단위의 이름을 결정하시오.

a. μA b. nm c. kg d. mm e. μs

33. 표 2.5를 참조하여 다음 물음에 답하시오.
 a. 1메가그램은 몇 그램인가?
 b. 1킬로칼로리는 몇 칼로리인가?
 c. 1초는 몇 ms인가?
 d. 1 GA는 몇 A인가?

34. 표 2.5를 참조하여 다음 물음에 답하시오.
 a. 1초는 몇 나노초인가?
 b. 1기가와트는 몇 와트인가?
 c. 1그램은 몇 μg인가?
 d. 1 kJ은 몇 J인가?

35. 다음 중 어느 것이 더 정확한 거리 측정인가?
가장 가까운 기가미터로 반올림한 숫자, 가장 가까운 나노미터로 반올림한 숫자

36. 다음 중 어느 것이 더 정확한 질량 측정인가?
가장 가까운 밀리그램으로 반올림한 숫자, 가장 가까운 마이크로그램으로 반올림한 숫자

37. 실험실에서는 화학 반응에 사용되는 화합물을 측정할 때 두 개의 다른 저울을 사용한다. 첫 번째 저울이 나타낸 질량은 10.23 g이고, 두 번째 저울이 나타낸 질량은 11.1925 g이다. 어느 저울이 더 정확한지를 말하시오. 어떤 측정값이 더 정확한지를 말하시오.

38. 법의학 실험실에서 어떤 독성학자가 분석 저울(작은 질량을 측정하는 도구)을 사용하여 알아낸 사실은 피부 시료의 질량이 0.30 mg이라는 것이다. 인근 지역 폐차장에서 트럭 한 대를 저울 위에 올려서 작업자가 알아낸 사실은 트럭 내 고철의 질량이 4,813 kg이라는 것이다. 어떤 측정값의 유효 숫자가 더 많은가? 어느 측정값이 더 정확한가?

39. 다음 시험관과 자의 그림을 고려해 보자. 시험관 길이를 5 cm, 5.1 cm, 5.12 cm 중 어느 것으로 보고해야 하는가? 그 이유는?

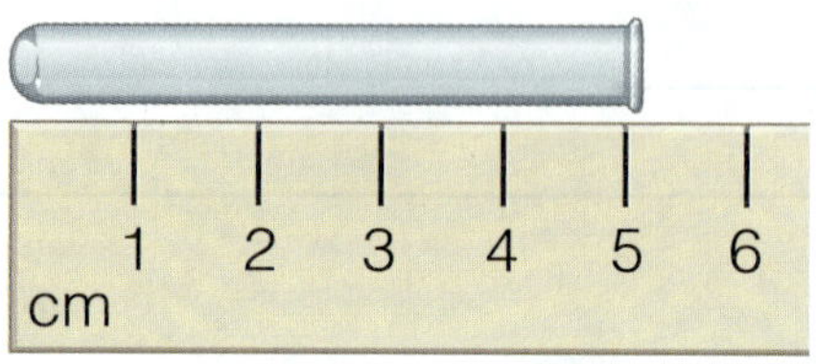

40. 그림의 눈금 실린더가 나타내는 부피는 5 mL 초과 6 mL 미만이다. 얼마나 정확하게 이 부피를 추정할 수 있는가? 부피를 정확한 개수의 유효 숫자로 말하시오.

41. 다음 측정값의 유효 숫자를 말하시오.
 a. 0.0005123 g
 b. 32.01 lb
 c. 43.300 m
 d. 4.0 GPA

42. 다음 측정 수치의 유효 숫자를 말하시오.
 a. 2.304 km
 b. 0.002000 g
 c. 12.0 mA
 d. 3.023×10^4 m

43. 어떤 건축업자가 새 집의 벽 길이를 재어 보니 20.31미터였다. 이 측정의 유효 숫자는 몇 개인가?

44. 화재에서 복구된 목재 파편의 질량이 0.0397 g이었다. 이 측정의 유효 숫자는 몇 개인가?

45. 다음 값들은 표준 표기법으로 표기되었다. 정확한 개수의 유효 숫자를 사용하여 각 값을 과학적 표기법으로 환산하시오.
 a. 5,200,000 ng, 4개의 유효 숫자로 측정됨
 b. 0.0003920 L, 4개의 유효 숫자로 측정됨
 c. $1,800,000, 6개의 유효 숫자로 측정됨

46. 다음 값은 표준 표기법으로 표기되었다. 정확한 개수의 유효 숫자를 사용하여 각 값을 과학적 표기법으로 환산하시오.
 a. 4,260,000,000바이트의 데이터, 4개의 유효 숫자로 측정됨
 b. 0.000320 L, 3개의 유효 숫자로 측정됨
 c. 52,000,000,000 km, 6개의 유효 숫자로 측정됨

47. 측정된 숫자와 확정수의 차이는 무엇인가?

48. 어떤 낙농업자가 읽은 연구내용에 의하면, 우유를 생산하는 젖소가 매일 소비하는 건초의 양은 평균 27파운드였다. 그 농민이 소유한 소는 44마리이고, 이 수를 기초하여 건초 비용을 산출한다. 이들 값 중 어느 것이 측정된 값인가? 어느 것이 확정수인가?

49. 다음 각 값이 측정된 값인지, 확정수인지를 말하시오.
 a. 10달러짜리 쿼터 롤에는 40개의 쿼터가 있다.
 b. 집에서 직장까지의 거리는 6.2마일이다.
 c. 중간 크기 바나나의 열량은 105칼로리다.
 d. 팔각형이 가진 변의 개수는 8이다.

50. 다음 각 값이 측정된 값인지, 확정수인지를 말하시오.
 a. 어떤 사이클 선수는 하루에 82킬로미터를 달린다.
 b. 사이클 선수가 타는 자전거의 바퀴는 2개다.
 c. 7월의 날 수는 31일이다.
 d. 1그램은 1,000 mg이다.

51. 적절한 수의 유효 숫자로 반올림하여 각 계산을 수행하시오.
   a. 부동산의 면적: 103.2 ft × 59.3 ft
   b. 삼각형의 둘레: 11.502 cm + 18.00 cm + 1.92312 cm
   c. 철 블록의 밀도: 25.3261 g ÷ 3.6 cm^3

52. 적절한 수의 유효 숫자로 반올림하여 각 계산을 수행하시오.
   a. 일주일 동안 소비한 총 시간: 25.24분 + 28.1분 + 56분
   b. 원의 원주: $C = 2\pi r$. 여기서 r = 1.32인치이고, 숫자 2는 확정수이다.
   c. 파란 빛의 파장(미터 단위)은 빛의 속도를 주파수로 나눈 값이다: $(3.00 \times 10^8\ \text{m/s}) \div (6.911 \times 10^{14}\ \text{s}^{-1})$

53. 당신과 친구는 500달러를 벌어서 공평하게 나누었다. 각자 얼마씩 받는가? 답의 유효 숫자 개수가 정확한지를 확인하시오.

54. 영업팀은 900.00달러의 보너스를 받아 공평하게 나누었다. 영업팀 인원이 7명이라면, 각자 얼마씩 받는가? 답의 유효 숫자 개수가 정확한지를 확인하시오.

55. 정사각형의 둘레를 측정하기 위해 한 변의 길이를 재니 12.6 cm였다. 둘레는 한 변의 길이에 변의 수를 곱한 값과 같다. 즉 (12.6 cm/변) × 4변이다. 사각형의 둘레를 정확한 개수의 유효 숫자로 답하시오.

56. 출퇴근 시간이 긴 새로운 직장을 고려 중일 때, 거리를 측정하기 위해 집에서 직장까지 운전해서 갔다가 귀가했다. 차량 주행 기록계에 따르면, 왕복 거리는 53.8 km였다. 이 새로운 직장에 한 달에 정확히 20번 간다면, 통근한 마일 수는 얼마인가? 정확한 개수의 유효 숫자로 정답을 말하시오.

57. 품질 관리 공정에서는 프레스에서 나오는 나사의 질량을 측정한다. 나사 10개의 시료를 수집하여 질량을 기록한 것은 다음과 같다.
   10.31 g, 10.33 g, 10.27 g, 10.31 g, 10.50 g, 10.31 g, 10.28 g, 10.39 g, 10.41 g, 10.36 g
   이들 나사의 총 중량 및 평균 중량을 계산하시오. 답의 유효 숫자가 정확한 개수인지를 확인하시오.

58. 공공 폐수 시스템에 있는 약물(합법 및 불법)은 공중 보건 문제를 연구하는 과학자에게 귀중한 정보를 제공할 수 있다. 어떤 화학자가 폐수 시료 4개를 분석한 결과, 이 시료에 들어 있는 헤로인의 양은 다음과 같았다.
   98.5 ng/L, 109.2 ng/L, 114.3 ng/L, 102.1 ng/L
   이들 시료에 들어 있는 헤로인의 평균 농도를 계산하시오. 답의 유효 숫자가 정확한 개수인지를 확인하시오.

2.2 단위 환산

59. 환산 인자 표기법을 사용하여 다음 미터법 단위 환산을 완결하시오.
   a. 0.0213 g은 몇 ng인가?
   b. 17,397.4 m를 km로 변환하시오.
   c. 0.000310 L를 μL로 표현하시오.

60. 환산 인자 표기법을 사용하여 다음 미터법 단위 환산을 완결하시오.
   a. 1.5×10^{14} A를 GA로 변환하시오.
   b. 0.0870 m를 cm로 변환하시오.
   c. 25.4 ng을 g으로 변환하시오.

61. 다음 미터법 단위 환산을 완결하시오.
   a. 23.21 μL를 L로 변환하시오.
   b. 50,000 g을 kg으로 변환하시오.
   c. 5.40×10^{-7} m를 nm로 변환하시오.

62. 다음 미터법 단위 환산을 완결하시오.
   a. 4.3 L를 mL로 변환하시오.
   b. 4,320 mg을 g으로 변환하시오.
   c. 1.53×10^{-7} g을 ng으로 변환하시오.

63. 다음 미터법 단위 환산을 완결하시오.
   a. 0.081 mL를 μL로 변환하시오.
   b. 112,507 mg을 kg으로 변환하시오.
   c. 5.40×10^{-2} μm를 nm로 변환하시오.

64. 다음 미터법 단위 환산을 완결하시오.
   a. 0.00310 mg을 μg으로 변환하시오.
   b. 153,719,218 mW를 kW로 변환하시오.
   c. 3.214×10^{8} nA를 mA로 변환하시오.

65. 전기 저항의 단위는 옴(Ω)이다. 회로의 저항은 5.4×10^5 Ω이다. 이 양은 메가옴(MΩ) 단위로 얼마인가?

66. 핵무기의 폭발력은 보통 동일한 폭발을 일으키는 데 필요한 TNT의 톤수로 표현된다. 1945년에 일본 히로시마에 사용된 원자 폭탄의 위력은 TNT 약 1.5×10^4톤의 위력이었다. 1961년에 소련은 시험 폭탄을 폭발시켰다. 측정된 그 위력은 TNT 5.0×10^{10}톤의 위력이었다. 이들 두 무기의 강도를 킬로톤과 메가톤으로 표현하시오.

67. 표 2.7을 참조하여 다음 환산을 수행하시오.

a. 15.2인치를 센티미터로

b. 47.23킬로칼로리를 줄로

c. 1.2톤을 킬로그램으로

d. 3.55마일을 킬로미터로

68. 표 2.7을 참조하여 다음 환산 질문에 답하시오.

a. 2.0갤런은 몇 밀리리터인가?

b. 8.14×10^6줄은 몇 칼로리인가?

c. 4.23×10^3마일은 몇 미터인가?

d. 3.2×10^4줄은 몇 킬로칼로리인가?

표 2.7 일반적인 환산

길이
1인치 = 2.54 cm
1마일 = 1.609 km
부피
1갤런 = 3.785리터(L)
질량/무게 (지구의 중력에서)
1 kg = 2.20파운드(lb)
1톤 = 2,000 lb
에너지
1칼로리(cal) = 4.19줄(J)

69. 볼트를 제거하려고 소켓 렌치를 사용할 때, 볼트의 크기가 밀리미터 단위이며 1/2인치 소켓보다는 약간 작은 것을 알 수 있었다. 어떤 크기의 미터법 소켓을 사용해야 하는가? (정수 값일 것이다.)

70. 알렌 렌치는 작은 L자형 렌치다. 용도는 자전거, 가구 및 기타 일반적인 물품을 조립하는 데 사용된다. 알렌 렌치는 미터법과 야드파운드법의 두 가지로 제공된다. 6 mm 렌치와 1/4인치 렌치는 치수가 거의 같지만 정확히 같지는 않다. 어느 것이 더 작은가?

71. 어떤 비행기의 비행 속도는 시속 540마일이다. 이 속도는 초속 몇 미터인가?

72. 물이 새는 어떤 수도꼭지의 누수 속도는 시간당 35 mL이다. 이 누수 속도는 하루에 몇 리터인가?

73. 어떤 소형차의 연비는 갤런당 34.3마일이다. 이 연비는 리터당 몇 킬로미터인가?

74. 어떤 대형 픽업트럭의 연비는 갤런당 16.2마일이다. 이 연비는 리터당 몇 킬로미터인가?

75. 로세핀은 종종 피부 감염을 치료하는 데 사용되는 항생제이다. 어린이들의 경우, 이 약의 하루 최대 권장량은 몸무게의 75 mg/kg이다. 환산 인자(2.20 kg = 1 lb)를 사용하여 이 복용량을 g/lb로 나타내시오.

76. 애더럴(Adderall)은 주의력 결핍 과잉행동장애(ADHD)를 치료하는 데 사용된다. 아이들에게는 하루 복용량 10 mg이 가장 일반적이다. 이런 경우, 한 아이가 1년 동안 섭취하는 애더럴의 양은 몇 그램인가?

77. 다량의 글리포세이트 제초제는 신장 질환 및 생식 장애와 관련이 있다. 미국 환경보호국이 제한하고 있는 식수 내 글리포산염의 수치는 최대 0.7 mg/L이다. 이 값은 g/m^3 단위로는 얼마인가?

78. 다이옥신은 매우 독성이 강한 화합물로, 인간의 암 위험을 증가시키는 것으로 밝혀져 있다. 폐기물을 소각할 때 때때로 다이옥신이 생성된다. 미국 환경보호국이 제한하고 있는, 식수 내 다이옥신 수치는 최대 30 ng/L이다. 만약 1,500 mL의 물 시료에 1.2×10^{-8} g의 다이옥신이 있다면, 그것은 최대 수치보다 큰가?

79. 1제곱킬로미터는 몇 제곱미터인가? (**힌트**: 답이 1,000은 아님. 단위에 조심!)

80. 1제곱야드는 몇 제곱피트인가?

81. 어떤 상자의 길이, 너비, 높이가 각각 1야드이다. 이 상자의 부피는 몇 세제곱피트(ft^3)인가?

82. 1 m^3는 몇 dm^3인가? 1 m^3는 몇 cm^3인가?

83. 1 m^3는 몇 리터인가? 1 m^3는 몇 밀리리터인가?

84. 1밀리리터는 몇 cm^3인가? 1리터는 몇 cm^3인가?

85. 전력의 측정 단위는 일반적으로 와트(W) 또는 킬로와트(kW)이다. 상업용 태양 전지판의 발전량은 표면적 1제곱인치당 약 0.10와트이다. 이를 바탕으로 할 때, 표면적이 685 ft^2인 가정용 태양 전지판에서의 발전량은 몇 킬로와트인가?

Ryan Hagerty, USFWS

그림 2.22 배가 접근하면 은색 잉어는 일반적으로 점프를 한다.

86. 은색 잉어는 배가 지나갈 때 물 밖으로 점프하는 것으로 알려진 큰 물고기다(그림 2.22). 그들은 침습적인 종이라, 지난 수십 년 동안 미국 중부를 통해 퍼져나갔다. 많은 사람들이 걱정하는 것은 은색 잉어가 다른 식물과 동물의 삶에 미치는 영향이다. 최근 한 과학자 팀은 은빛 잉어의 출현이 식물 플랑크톤 수치에 영향을 미쳤는지를 결정하려고 했다. 이를 위해 큰 호수 내 플랑크톤이 생성하는 색소인 엽록소의 양을 측정했고, 잉어가 도착하기 전 엽록소의 수치와 현재의 엽록소 수치를 비교했다. 과학자들이 발견한 것은 이 기간 동안 호수의 얕은 지역의 평균 엽록소 수치가 23.62 μg/L에서 18.50 μg/L로 떨어졌다는 것이다. 엽록소 농도의 전체 변화는 μg/L 단위로 얼마인가? 전체 변화는 g/m^3 단위로 얼마인가?

2.3 밀도: 질량과 부피의 관계

87. 코발트의 밀도는 상온에서 8.90 g/cm^3이다. 이 밀도는 kg/m^3 단위로 얼마인가?

88. 알루미늄의 밀도는 상온에서 2.70 g/cm^3이다. 이 밀도는 kg/L 단위로 얼마인가?

89. 미지 고체 시료의 질량이 15.23 g, 부피가 23.7 mL이다. 이 재료의 밀도는 얼마인가? 정확한 개수의 유효 숫자로 정답을 말하시오.

90. 미지 액체 시료의 질량이 20.365 g, 부피가 28.1 mL이다. 이 재료의 밀도는 얼마인가? 정확한 개수의 유효 숫자로 정답을 말하시오.

91. 액체의 밀도를 측정하기 위해 측정한 부피가 9.3 mL였다. 이 액체의 질량은 9.649 g이었다. 정확한 개수의 유효 숫자로 정답을 말하시오.

92. 작은 금속 정육면체의 각 변의 길이가 1.34 cm, 질량이 18.936 g이다. 이 정육면체의 밀도는 얼마인가?

93. 다음 각 물체가 물에서 뜰지 가라앉을지를 말하시오.
- **a.** 질량이 42.3 g이고, 부피가 40.1 cm^3인 고체
- **b.** 질량이 42.3 g이고, 부피가 44.1 cm^3인 고체

94. 다음 각 물체가 물에서 뜰지 가라앉을지를 말하시오.
- **a.** 어떤 직육면체(길이 5.0 cm, 너비 4.0 cm, 높이 2.0 cm, 질량 0.583 kg)
- **b.** 어떤 다이빙 탱크(부피는 80세제곱피트, 공기로 채워졌으며, 무게는 21파운드)

다음 문제 95~98은 표 2.8을 참조하시오.

95. 다음 각각을 계산하시오.
- **a.** 질량이 5.00 g인 순금 바의 부피
- **b.** 질량이 1.8 kg인 철 조각상의 부피

96. 다음 각각을 계산하시오.
- **a.** 부피가 70.5 cm^3인 구리 파이프의 질량
- **b.** 부피가 0.81 cm^3인 타이타늄 막대의 질량

표 2.8 일반 금속의 밀도

재료	밀도 (g/cm^3)
알루미늄	2.70
타이타늄	4.51
철	7.87
구리	8.96
납	11.34
금	19.31

97. 블록이 3개 있다. 하나는 철로 만든 것, 하나는 알루미늄으로 만든 것, 하나는 납으로 만든 것이다. 각 블록은 5.0 cm × 4.0 cm × 1.0 cm이다. 각 블록의 질량을 구하시오. 정답의 유효 숫자가 정확한 개수인지를 확인하시오.

98. 작은 조각상의 밀도를 측정하기 위해 조각상의 질량을 재니 2.219 kg이었다. 그다음 400 mL의 물을 눈금 실린더에 부었다(가장 가까운 mL까지 측정했다). 그런 다음, 조각상을 물속으로 살며시 내려놓고 관찰하니, 부피가 682 mL까지 올라갔다. 조각상의 밀도를 계산하시오. 표 2.8을 근거로 볼 때, 조각상은 어떤 원소로 만들어졌을까?

2.4 온도 측정

99. 절대 영도란? 절대 영도 값은 화씨, 섭씨, 켈빈 척도에서 얼마인가?

100. 인체의 평균 온도는 98.6°F이다. 이 온도는 °C와 K로는 얼마인가?

101. 다음 중 더 큰 온도 변화는 어느 것인가?
1.3°C의 변화 2.5°F의 변화

102. 다음 중 더 높은 온도는 어느 것인가?
섭씨 1도 화씨 2도

103. 실온은 일반적으로 약 72°F이다. 이 온도를 섭씨 온도와 켈빈 온도로 바꾸시오.

104. 400 K를 섭씨 온도와 화씨 온도로 바꾸시오.

도전 과제

105. 어떤 가족이 집의 마루를 교체해야 한다. 지역 철물점에는 그들이 좋아하는 두 가지 선택지가 있다. 하나는 제곱야드당 5.80 달러인 카펫, 하나는 제곱피트당 1.40달러인 하드우드이다. 더 저렴한 선택지는 어느 것인가? 만약 600 ft^2의 마루를 교체해야 한다면, 각 선택은 얼마의 비용이 들까?

106. 새 양초 만들기 사업을 하려면 독특한 향기의 왁스를 대량 구입해야 한다. 구입 예산은 큰 양초 하나당 9.95달러이다. 왁스는 미국 공급업체로부터 $24.00/lb에, 독일 공급업체로부터 €9.20/kg에 구입할 수 있다. 현재 환율이 $1 = €0.76이고, 1 kg = 2.20 lb라면, 더 좋은 가격을 제시한 것은 어느 업체인가?

107. 줄무늬 홍합은 작은 담수동물이며 줄무늬 껍질을 가지고 있다(그림 2.23). 2017년에 과학자들은 켄터키 호수에서 이 생물들의 개체 수가 급격하게 증가하는 것을 관찰했다. 이들 과학자들은 호수 바닥의 다른 지역들을 표본 추출하여 발견한 평균 홍합 수는 제곱미터당 1,100 ± 100이었다.

a. 이 값을 과학적 표기법으로 표현하시오. 단, 정확한 개수의 유효 숫자를 사용하시오.

b. 켄터키 호수의 면적은 250제곱마일이다. 과학자들이 보고한 측정치와 불확실성을 기반으로, 이 호수에 있는 홍합 총수의 낮은 추정치와 높은 추정치를 계산하시오(1마일 = 1,609미터).

RLS Photo/Shutterstock

그림 2.23 많은 호수와 강에서, 위에 보이는 것과 같은 줄무늬 홍합의 개수가 급격히 증가했다.

원자

CHAPTER 3

그림 3.1 (a) 모잠비크의 광산과 같은 지역 사회 광산은 남아메리카와 동아프리카의 금이 풍부한 지역에서 발견된다. (계속)

수은 및 소규모 채금

Adam Kiefer 교수는 매년 여름, 학생들로 구성된 팀을 선발하여 물품과 장비를 싸들고, 남아메리카와 동아프리카에 있는 금이 풍부한 지역으로 가는 비행기에 탑승한다. 그러나 Mercer 대학교 화학과 교수 Kiefer에게 있어서 금은 목적이 아니었다. 이들 지역의 채굴 관행은 토양, 공기, 물을 오염시키는 독성 수은 증기를 발생시켜 인근 주민들에게 심각한 건강 문제를 야기했다. Kiefer 교수와 그의 팀은 광부들, 주민들, 정부 관리들과 함께 일하며 수은의 수준을 측정하고, 안전한 기술을 가르치고, 세계에서 가장 오염도가 높은 지역 중 일부를 정화하기 위한 작업을 수행했다(그림 3.1).

채금할 때 유독한 수은이 방출되는 이유는 무엇인가? 이 질문에 답하기 위해서는 채굴 과정에 대해 좀 더 알아야 한다. 금이 풍부함에도 불구하고, 이 지역의 많은 사람들은 지독하게 가난했다. 많은 이들이 소규모 금광에서 광부로 생계를 유지하고 있었다. 매일, 광부들은 마을 광산으로 내려와서 거친 금을 함유한 광석을 수집했다. 그들은 광석을 분쇄 시설로 옮겨 단단한 암석을 미세 입자들로 분쇄한다. 그리고나서 광부들은 큰 그릇에 입자들을 넣고 물을 넣어 저어 준다. 이로 인해 더 가벼운 토양은 위로 오르고, 위에서 배출될 수 있다. 무거운 광석은 그릇 바닥에 남게 된다. 흙을 제거한 후 광부들은 수은을 저어 준다. 금 입자는 수은에 용해되어, 두 물질의 혼합물인 **아말감**(amalgam)이 포함된 작고 빛나는 알갱이가 된다. 수은에서 금을 분리하기 위해 광부들은 고체 아말감을 불기운이 남아있는 통나무 위에 놓는다. 그러면 그 열이 수은을 증발시켜서 작은 알갱이 모양의 정제 금이 남게 된다. 광부들은 그 금을 지역 상인들에게 팔아, 생활에 필요한 돈을 번다.

수은은 독성이 강하여 중추신경계에 영향을 미치고 떨림, 불안, 기억력 감퇴, 결국에는 광기를 일으킨다. 소규모 채금 작업은 다른 어떤 인간 활동보다 더 많은 수은을 환경에 방출한다.

Kiefer 교수와 그의 팀은 광산 지역 사회에서 측정을 수행하며 이들의 인식을 바꾸기 위해 노력하고 있다. 그는 "이 광부들은 지역 사회를 신경쓰지 않기 때문에 환경이 오염되는 것에 관심이 없다. 생계를 꾸려 나가는 것이 중요하기 때문이다. 과학과 기술을 이용하여 우리가 광부들에게 가르치는 것은 수은의 위험성과, 자신과 가족과 환경

그림 3.1 (계속) (b) 광부가 광석을 잘게 분쇄한다. (c) 이 작업자는 가벼운 토양에서 광석을 체로 거르고 있다. 이 단계에서 수은이 첨가된다. (d) 수은과 금의 혼합물은 **아말감**이라고 하는, 이러한 작은 알갱이를 생성한다. (e) 광부가 뜨거운 석탄 위에서 아말감을 가열하여 수은을 증발시킨다. (a) Homo Cosmicos/Shutterstock (b-e) Senderistas/Shutterstock

을 보호하는 방법이다. 또한 공무원들에게 우리가 사용하는 기술을 교육하고 있다. 그래야 앞으로 지역 사회와 함께 일할 수 있기 때문이다."

금과 수은은 유사한 점이 많다. 두 원소는 모두 금속이다. 둘 다 반짝이고, 상당히 낮은 온도에서 녹고, 전기를 전도한다. 그러나 금은 상온에서 고체이고, 수은은 액체이다. 그리고 비록 많은 사람들이 금을 두고 싸우다 죽었지만, 금 자체는 수은만큼 건강에 해를 끼치지 않는다.

이들 원소가 유사한 이유는 무엇인가? 또한 이들의 차이점은 무엇인가? 1장에서 본 바와 같이, 모든 물질의 성질과 구조는 연결되어 있다. 따라서 이 장에서는 원소의 발견과 원소의 구조를 알아보겠다. 그러면 "왜 이 원소가 그렇게 행동하나?"라는 질문에 대답할 수 있는 기초가 마련될 것이다. 이들은 중요한 개념이다. 이제 파헤치기 시작하자.

학습 목표

이 장을 완료하고 실습 문제를 풀고 나면, 수행할 수 있는 것은 다음과 같다.

3.1 원자: 필수 구성 요소

- 원자론의 발전을 설명할 수 있고, 원자에 대한 주요 관찰 내용을 설명할 수 있다.
- 질량 보존 법칙을 적용하여 화학 반응과 관련된 질량 문제를 해결할 수 있다.
- 원자론을 사용하여 화학 변화를 설명할 수 있다.

3.2 원소 주기율표

- 주기율표의 구성을 설명할 수 있다.

3.3 원자 구조 파악하기

- 하전된 입자의 거동을 설명할 수 있다.
- 배터리의 발견과 Rutherford의 금박 실험이 우리가 원자 구조를 이해하는 데 어떻게 영향을 미쳤는지를 설명할 수 있다.
- 양성자, 중성자, 전자의 상대적 질량과 전하를 설명할 수 있고, 원자 내 배열을 설명할 수 있다.

3.4 원자 설명: 원자의 성질과 질량

- 양성자 수를 원자 번호와 연관시킬 수 있고, 핵 입자의 합을 질량수와 연관시킬 수 있다.
- 동위 원소의 핵 구조를 설명할 수 있고, 동위 원소의 분포와 상대적 존재비로부터 평균 원자량을 계산할 수 있다.
- 질량수와 평균 원자량을 구별할 수 있다.

3.5 전자 – 미리보기

- Bohr 모형에서의 전자 설명과 양자 역학 모형에서의 전자 설명을 대조할 수 있다.
- 양성자 수와 전자 수에 기초하여 원자 혹은 이온의 총 전하를 식별할 수 있다.

3.1 원자: 필수 구성 요소

지금 어디선가 청록색 물 건너 미풍이 불고 있다. 배가 잔잔한 파도에 흔들리면서 삐걱거린다. 또 다른 어디선가는 눈이 내리고 있다. 어디선가 한 사람이 커피잔을 들고 앉아서 태블릿으로 뉴스를 읽고 있다. 어디선가는 걸작이 그려지고 있다.

우리 주변의 세상—우리가 보고 만지고 맛보고 듣고 냄새 맡을 수 있는 모든 것—은 물질로부터 생겨난다. 또한 모든 물질은 기본적인 원소들로 이루어져 있다. 현재 알려진 원소는 118개이지만, 자연 원소는 98개 정도다. 우리 주변의 놀라운 다양성은 아주 작은 구성 요소로부터 생겨난다.

이 원소들의 중심에는 **원자**(atom)가 있고, 원자는 물질의 기본 단위다. 각 원소는 다른 종류의 원자들로 구성되어 있으며, 원자는 각 원소에 고유한 특성을 부여한다. 원자가 **화합물**(compound)과 **혼합물**(mixture)로 결합함에 따라 새롭고 다른 거동을 하는 물질들이 생성된다(그림 3.2).

그림 3.2 우리 주변의 세계는 원자들로 이루어져 있다. 원자의 종류와 배열이 각각의 물질에 독특한 특성을 부여한다.

원자 밝혀내기: Democritus에서 Dalton까지

atom이란 단어는 그리스어 **atomos**에서 유래했고, 이는 '쪼갤 수 없다'라는 뜻이다. 기원전 400년경에 살았던 그리스 철학자 Democritus(그림 3.3)는 물질을 반으로 자르면 두 조각의 같은 물질이 나온다고 주장했다. 그는 무언가를 반으로 자르고 또 자르기를 계속하면, 같은 물질이지만 더 이상 자를 수 없는 지경에 이를 것이라 말했다. Atomos는 이 '쪼갤 수 없는' 상태를 말한다.

원자에 대한 생각은 약 1700년대까지는 잠잠했다. 그 후 르네상스 시대의 기술 혁신을 바탕으로, 과학자들은 화학적 거동을 더 체계적으로 탐구하기 시작했고, 원자 구조에 대한 단서들을 찾기 시작했다.

1700년대 말에 Antoine Lavoisier는 많은 화학 반응 목록을 작성했다. Lavoisier는 화학 변화가 일어났을 때 반응 전후의 총 질량이 같음을 관찰했다. Lavoisier는 이 연구를 바탕으로 **화학 반응에서 물질은 새로 생겨나거나 없어지지 않는다**는 **질량 보존 법칙(law of conservation of mass)**을 만들었다.

그림 3.3 이 Democritus의 흉상이 있는 곳은 이탈리아 나폴리 국립 박물관이다.

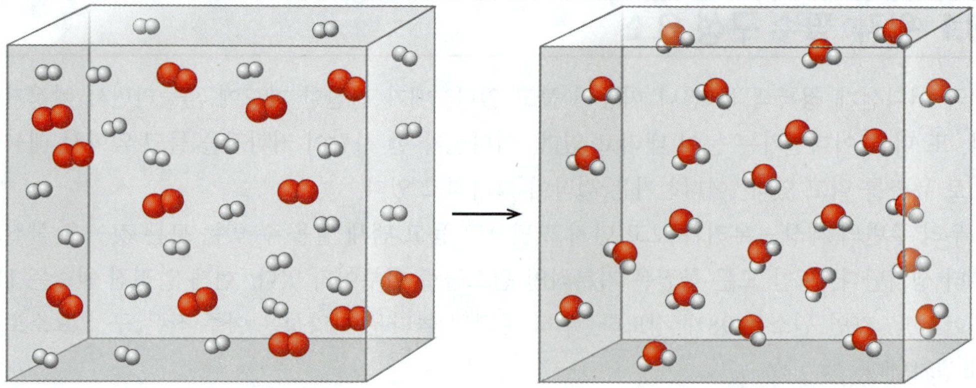

그림 3.4 질량 보존 법칙이 말해 주는 것은 물질이 반응에서 생성되거나 파괴되는 것이 아니라는 것이다. 즉 반응 전의 질량과 반응 후의 질량은 같다.

예를 들면 수소와 산소는 폭발적으로 반응하여 물이 된다(그림 3.4). 밀폐된 용기에 4그램의 수소와 32그램의 산소를 혼합한 후, 두 원소가 반응한다고 가정해 보자. 생성된 물의 질량은 36 g이 될 것이다. 즉 초기와 같은 양의 질량이 반응의 끝에도 있다는 것이다.

질량 보존 법칙을 이용하면 화학 반응에서 소모되거나 생성되는 물질의 양을 예측할 수 있다. 다음 예는 이러한 원칙을 예시한다.

예제 3.1 질량 보존 법칙 사용하기

신호탄의 밝은 빛은 화학 변화에 의해 발생한다. 화학 변화에서는 마그네슘이 산소와 결합하여 산화 마그네슘으로 알려진 화합물을 생성한다. 48.6 g의 마그네슘과 32.0 g의 산소가 결합하면 몇 g의 산화 마그네슘이 생성될까?

이러한 변화를 나타내면 다음과 같다.

$$\underset{48.6\ \text{g}}{\text{마그네슘}} + \underset{32.0\ \text{g}}{\text{산소}} \xrightarrow{\text{변화}} \text{산화 마그네슘}$$

질량 보존 법칙이란 화학 변화 전후의 물질의 총량이 같다는 것이다. 마그네슘과 산소의 질량의 합은 80.6그램이다. 따라서 이 법칙에 따라 80.6 g의 산화 마그네슘이 생성된다.

도전 문제

1. 아세틸렌 토치에서는 아세틸렌 기체가 산소와 반응하여 이산화 탄소와 물(그리고 많은 열)을 생성한다. 26 kg의 아세틸렌이 연소되면 88 kg의 이산화 탄소와 18 kg의 물이 발생한다. 이 반응에서 소비되는 산소 기체는 몇 킬로그램인가?

화학 반응에서 원자는 생성되거나 파괴되지 않는다.

1808년에 학교 교사이자 기상학에 깊은 관심을 가졌던 영국인 John Dalton은 현대 **원자론(atomic theory)**의 틀을 명확히하는 논문 한 편을 발표했다(그림 3.5). Dalton의 이론이 설명한 몇 가지 개념은 우리가 화학을 이해하는 데 기초가 되었다. 이는 다음과 같다.

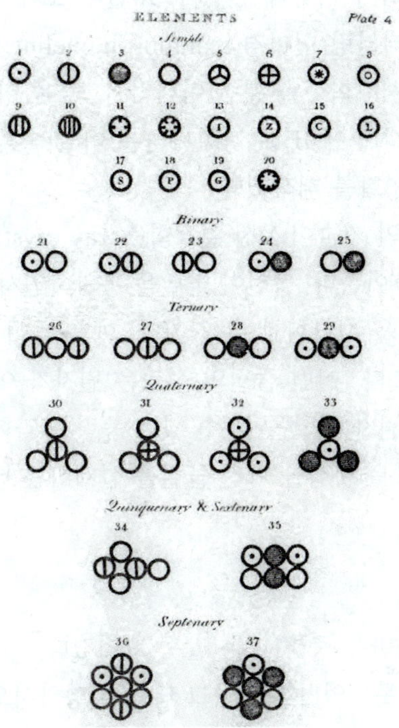

Public Domain, Wikimedia Commons

그림 3.5 원자와 화합물의 이 묘사는 1808년에 John Dalton에 의해 출판되었다.

- 원소는 원자라고 하는 작고 쪼갤 수 없는 입자로 이루어져 있다.
- 각 원소의 원자는 고유하다.
- 원자는 정수비로 결합하여 화합물을 생성할 수 있다.
- 화학 반응에서 원자는 변하지 않는다.

Dalton의 아이디어가 미치는 영향을 이해하기 위해 한 예를 고려해 보자. 숯–본질적으로 탄소 원소다–은 연소할 때(그림 3.6), 공기 중의 산소와 반응하여 새로운 화합물인 이산화 탄소를 생성한다. 우리는 Dalton으로부터 탄소 원자가 산소 원자와 구별된다는 것을 알고 있다. 탄소와 산소가 결합할 때, 그들은 정수비로 결합한다.

한 개의 탄소 원자는 두 개의 산소 원자와 결합하여 한 분자의 이산화 탄소를 생성한다. 원자 자체는 변하지 않지만, 이산화 탄소의 성질은 탄소와 산소의 성질과는 다르다.

이 간략한 역사를 통해 다음 세 가지 기본적인 아이디어를 반드시 이해해야 한다.

1. 모든 물질은 원자로 구성되어 있다.
2. 각 원소의 원자는 고유한 특징과 특성을 가지고 있다.
3. 화학 반응에서 원자는 변하지 않으며 정수비로 결합하여 화합물을 생성한다.

화학을 연구하는 일은 이러한 중요한 개념에서부터 비롯된다.

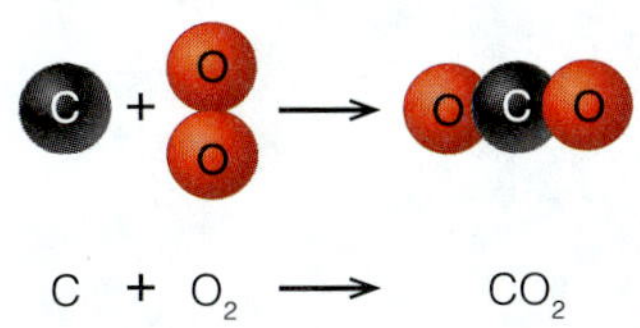

그림 3.6 탄소(숯)는 산소와 반응하여 이산화 탄소를 생성한다.

원자를 볼 수 있나?

오늘날 Dalton이 개발한 아이디어는 우리가 화학을 이해하는 데 필수적이다. 그러나 원자의 중요성을 감안할 때, 실제로 원자를 볼 수 있을까? 역사적으로 볼 때, 대답은 '아니오'였다. 원자는 육안으로도 현미경으로도 볼 수 없을 정도로 작아서, 항상 원자에 대한 정보를 간접적으로 수집해야 했다. 그러나 최근 수십 년 동안, 과학자들은 몇 가지 기술을 개발해 왔다. 그

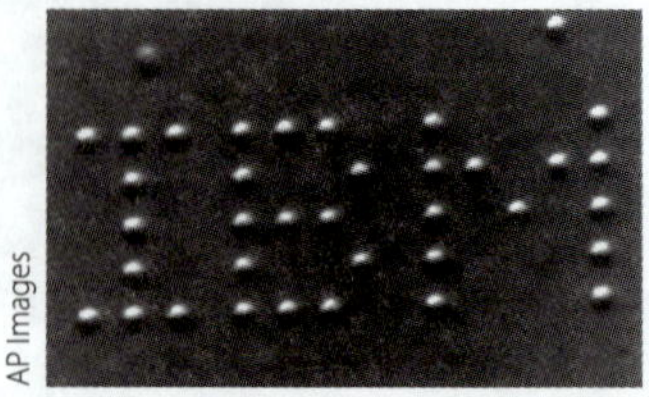

그림 3.7 IBM은 주사 터널링 현미경이라는 기술을 사용하여 원자를 시각화하고 조작했다.

기술들로 인해 원자 구조의 시각화가 가능해졌다. 1990년대 초에 극적인 사례가 일어났다. IBM 연구소의 과학자들이 **주사 터널링 현미경**(scanning tunneling microscopy)이라는 기술을 사용하여 금속 표면의 원자를 시각화했을 뿐만 아니라, 그들을 이동하기까지 하여 **IBM**이라는 글자를 만들었다(그림 3.7). 최근에 IBM 과학자들은 이 기술을 한 단계 더 발전시켜 개별 원자로 만든 간단한 스톱모션 영화를 제작했다.

원자를 시각화하는 가장 일반적인 기술이 **X선 결정학**(X-ray crystallography)이다. 이 기술은 고체에 X선 형태의 에너지를 쏘아준다. X선이 물질을 통과하면서 생성되는 패턴을 바탕으로, 과학자들은 고체 내 원자 배열을 시각화할 수 있었다. 예를 들어 그림 3.8이 보여 주는 것은 일반 진통제인 아스피린의 구조다. 어떤 물질의 성질은 원자가 어떻게 배열되는가에 달려 있기 때문에, X선 결정학을 통해 원자 배열을 볼 수 있는 능력은 과학자들이 질병을 연구하고 새로운 약을 개발하고 독특한 새로운 성질을 가진 물질을 설계하는 데 도움을 주었다.

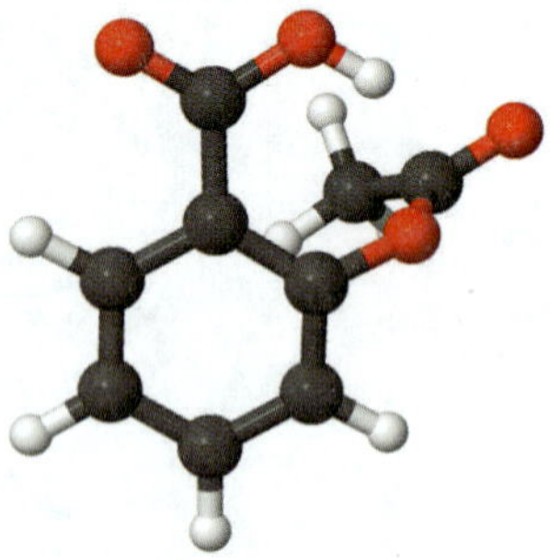

그림 3.8 X선 결정학을 이용하여, 과학자들은 어떻게 원자들이 결합하여 분자를 생성하는지를 보여 주는 이미지를 구성할 수 있다. 이 이미지가 보여 주는 것은 일반 진통제인 아스피린의 구조다.

도전 문제

2. 다음에 표시된 세 가지 화학 반응 중 하나는 잘못 그려졌다. 그것은 질량 보존 법칙을 따르지 않았다. 어느 것이 잘못되었나? 또한 그 답을 설명하시오.

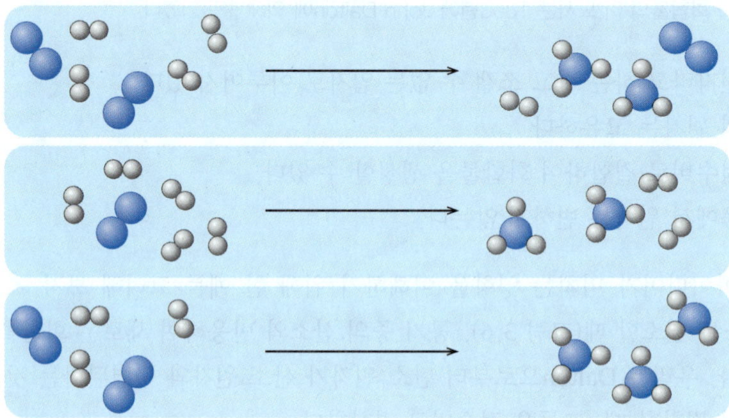

3. 다음 문장을 고려하시오.

"산화 인은 1개의 인 원자가 2.5개의 산소 원자와 결합할 때 생성된다."

이 문장은 원자론의 개념과 어떻게 상충되는가? 그 아이디어를 표현하는 더 좋은 방법은 무엇인가?

3.2 원소 주기율표

1860년대 후반까지 약 60개의 원소가 알려져 있었고, 그 뒤로 매년 더 많은 원소가 발견되었다. 러시아 과학자인 Dmitri Mendeleev는 알려진 원소들을 원자량을 바탕으로 표로 정리했다. 그는 또한 염소, 브로민, 아이오딘과 같은, 비슷한 성질을 가진 원소들을 세로로 배열했다. 그렇게 함으로써 저마늄, 갈륨과 같은 미발견 원소들의 존재를 예측할 수 있었다. 따라서

금속 / 준금속 / 비금속

주기	1A 1	2A 2	3	4	5	6	7	8	9	10	11	12	3A 13	4A 14	5A 15	6A 16	7A 17	8A 18
1	1 H 1.01																	2 He 4.00
2	3 Li 6.94	4 Be 9.01											5 B 10.81	6 C 12.01	7 N 14.01	8 O 16.00	9 F 19.00	10 Ne 20.18
3	11 Na 22.99	12 Mg 24.31											13 Al 26.98	14 Si 28.09	15 P 30.97	16 S 32.06	17 Cl 35.45	18 Ar 39.95
4	19 K 39.10	20 Ca 40.08	21 Sc 44.96	22 Ti 47.87	23 V 50.94	24 Cr 52.00	25 Mn 54.94	26 Fe 55.85	27 Co 58.93	28 Ni 58.69	29 Cu 63.55	30 Zn 65.38	31 Ga 69.72	32 Ge 72.63	33 As 74.92	34 Se 78.97	35 Br 79.90	36 Kr 83.80
5	37 Rb 85.47	38 Sr 87.62	39 Y 88.91	40 Zr 91.22	41 Nb 92.91	42 Mo 95.95	43 Tc (98)	44 Ru 101.07	45 Rh 102.91	46 Pd 106.42	47 Ag 107.87	48 Cd 112.41	49 In 114.82	50 Sn 118.71	51 Sb 121.76	52 Te 127.60	53 I 126.90	54 Xe 131.29
6	55 Cs 132.91	56 Ba 137.33	57 La 138.91	72 Hf 178.49	73 Ta 180.95	74 W 183.84	75 Re 186.21	76 Os 190.23	77 Ir 192.22	78 Pt 195.08	79 Au 196.97	80 Hg 200.59	81 Tl 204.38	82 Pb 207.2	83 Bi 208.98	84 Po (209)	85 At (210)	86 Rn (222)
7	87 Fr (223)	88 Ra (226)	89 Ac (227)	104 Rf (261)	105 Db (262)	106 Sg (263)	107 Bh (262)	108 Hs (265)	109 Mt (266)	110 Ds (281)	111 Rg (280)	112 Cn (285)	113 Nh (284)	114 Fl (289)	115 Mc (288)	116 Lv (293)	117 Ts (294)	118 Og (294)

란타넘 계열	58 Ce 140.12	59 Pr 140.91	60 Nd 144.24	61 Pm (145)	62 Sm 150.36	63 Eu 151.96	64 Gd 157.25	65 Tb 158.93	66 Dy 162.50	67 Ho 164.93	68 Er 167.26	69 Tm 168.93	70 Yb 173.05	71 Lu 174.97
악티늄 계열	90 Th 232.04	91 Pa 231.04	92 U 238.03	93 Np (237)	94 Pu (244)	95 Am (243)	96 Cm (247)	97 Bk (247)	98 Cf (251)	99 Es (252)	100 Fm (257)	101 Md (258)	102 No (259)	103 Lr (262)

그림 3.9 현대 주기율표에는 118개의 알려진 원소가 있다.

Mendeleev의 표는 현대 **원소 주기율표(periodic table of the elements)**의 기초가 되었다(그림 3.9). Mendeleev의 표는 원소의 성질을 바탕으로, 알려진 모든 원소를 정리한 것이다.

주기적(periodic)이란 용어는 '순환하는(cyclical)'이란 의미이며, 표의 구성 방식을 나타낸다. 우리가 사용해 온 주기율표가 있다. 달력이 그것이다(그림 3.10). 달력에서 각각의 수평 행은 전체 주를 나타내며, 일반적 일상의 일부인 활동의 전체 스펙트럼을 포함한다. 예를 들면 일요일에는 주로 교회에 가고, 가족들과 조용한 오후를 즐긴다. 월요일에는 주간이 시작된다. 매일 해야 할 업무가 있다. 즉 화요일에는 실험실, 목요일에는 회의, 등등이다. 금요일 밤은 가족의 밤이고, 토요일에는 마당 일을 하고 아이들과 논다. 일요일부터 토요일까지 활동의 전체 스펙트럼을 다루었다. 다음 주 일요일에는 이 사이클이 다시 시작된다. 정확히 같은 주는 없지만, 특정한 날들은 비슷한 경향이 있다.

그림 3.10 달력의 구성은 주기율표와 같다. 수평 행(빨간색 화살표)이 나타내는 것은 날의 전체 주기이고, 열(파란색 화살표)이 분류하는 것은 비슷한 날들이다.

주기율표도 거의 같은 방식으로 구성되어 있다. 주기율표의 수평 **행**(row)을 가로질러 왼쪽에서 오른쪽으로 이동하면 화학적 성질의 전체 스펙트럼을 다루게 된다. 주기율표의 행을 **주기(period)**라고 한다.

달력에서 특정 요일(예: 월요일)은 열로 정렬된다. 같은 요일들은 비슷한 특징들이 있다. 마찬가지로, 같은 열에 있는 원자들도 비슷한 성질을 가지고 있다. 주기율표의 열을 **족(group,**

주기율표의 동일한 열에 있는 원소들의 성질은 유사하다.

Co 대 CO
각 원자 기호에는 대문자로 된 1문자 기호가 있고, 또는 두 번째 문자가 소문자인 2문자 기호도 있다. 이때 대문자에 주의해야 한다. 예를 들어 Co는 원소 금속 코발트를 의미한다. 그러나 CO는 탄소와 산소로 구성된 화합물로, 독성 기체인 일산화 탄소다.

family)이라고 한다.

주기율표는 서로 다른 원소에 대해 한 글자 또는 두 글자의 약어를 사용한다. 화학자들은 이 화학 기호들을 일상적으로 사용하여 분자, 화합물, 화학 반응을 설명한다. 이러한 화학적 설명을 이해하기 위하여 반드시 알아야 할 것은 가장 일반적이거나 중요한 원소의 기호와 이름이다. 원소의 이름과 기호가 표 3.1에 나열되어 있다. 대부분 기호의 기반은 영어 단어다. 그러나 철(Fe), 금(Au), 은(Ag), 소듐(Na), 포타슘(K)과 같은 일부 원소는 이들 원소의 라틴어에서 유래되었다.

표 3.1 원소

원자 번호	원자	기호	발견 연도	원자 번호	원자	기호	발견 연도	원자 번호	원자	기호	발견 연도
1	Hydrogen	H	1776	41	Niobium	Nb	1801	81	Thallium	Tl	1861
2	Helium	He	1895	42	Molybdenum	Mo	1781	82	Lead	Pb	ancient
3	Lithium	Li	1817	43	Technetium	Tc	1937	83	Bismuth	Bi	ancient
4	Beryllium	Be	1797	44	Ruthenium	Ru	1844	84	Polonium	Po	1898
5	Boron	B	1808	45	Rhodium	Rh	1803	85	Astatine	At	1940
6	Carbon	C	ancient	46	Palladium	Pd	1803	86	Radon	Rn	1900
7	Nitrogen	N	1772	47	Silver	Ag	ancient	87	Francium	Fr	1939
8	Oxygen	O	1774	48	Cadmium	Cd	1817	88	Radium	Ra	1898
9	Fluorine	F	1886	49	Indium	In	1863	89	Actinium	Ac	1899
10	Neon	Ne	1898	50	Tin	Sn	ancient	90	Thorium	Th	1829
11	Sodium	Na	1807	51	Antimony	Sb	ancient	91	Protactinium	Pa	1913
12	Magnesium	Mg	1755	52	Tellurium	Te	1783	92	Uranium	U	1789
13	Aluminum	Al	1825	53	Iodine	I	1811	93	Neptunium	Np	1940
14	Silicon	Si	1824	54	Xenon	Xe	1898	94	Plutonium	Pu	1940
15	Phosphorus	P	1669	55	Cesium	Cs	1860	95	Americium	Am	1944
16	Sulfur	S	ancient	56	Barium	Ba	1808	96	Curium	Cm	1944
17	Chlorine	Cl	1774	57	Lanthanum	La	1839	97	Berkelium	Bk	1949
18	Argon	Ar	1894	58	Cerium	Ce	1803	98	Californium	Cf	1950
19	Potassium	K	1807	59	Praseodymium	Pr	1885	99	Einsteinium	Es	1952
20	Calcium	Ca	1808	60	Neodymium	Nd	1885	100	Fermium	Fm	1952
21	Scandium	Sc	1879	61	Promethium	Pm	1945	101	Mendelevium	Md	1955
22	Titanium	Ti	1791	62	Samarium	Sm	1879	102	Nobelium	No	1958
23	Vanadium	V	1830	63	Europium	Eu	1901	103	Lawrencium	Lr	1961
24	Chromium	Cr	1797	64	Gadolinium	Gd	1880	104	Rutherfordium	Rf	1964
25	Manganese	Mn	1774	65	Terbium	Tb	1843	105	Dubnium	Db	1967
26	Iron	Fe	ancient	66	Dysprosium	Dy	1886	106	Seaborgium	Sg	1974
27	Cobalt	Co	1735	67	Holmium	Ho	1867	107	Bohrium	Bh	1981
28	Nickel	Ni	1751	68	Erbium	Er	1842	108	Hassium	Hs	1984
29	Copper	Cu	ancient	69	Thulium	Tm	1879	109	Meitnerium	Mt	1982
30	Zinc	Zn	ancient	70	Ytterbium	Yb	1878	110	Darmstadtium	Ds	1987
31	Gallium	Ga	1875	71	Lutetium	Lu	1907	111	Roentgenium	Rg	1994
32	Germanium	Ge	1886	72	Hafnium	Hf	1923	112	Copernicum	Cn	1996
33	Arsenic	As	ancient	73	Tantalum	Ta	1802	113	Nihonium	Nh	2003
34	Selenium	Se	1817	74	Tungsten	W	1783	114	Flerovium	Fl	1998
35	Bromine	Br	1826	75	Rhenium	Re	1925	115	Moscovium	Mc	2003
36	Krypton	Kr	1898	76	Osmium	Os	1803	116	Livermorium	Lv	1999
37	Rubidium	Rb	1861	77	Iridium	Ir	1803	117	Tennessine	Ts	2010
38	Strontium	Sr	1790	78	Platinum	Pt	1735	118	Oganesson	Og	2005
39	Yttrium	Y	1794	79	Gold	Au	ancient				
40	Zirconium	Zr	1789	80	Mercury	Hg	ancient				

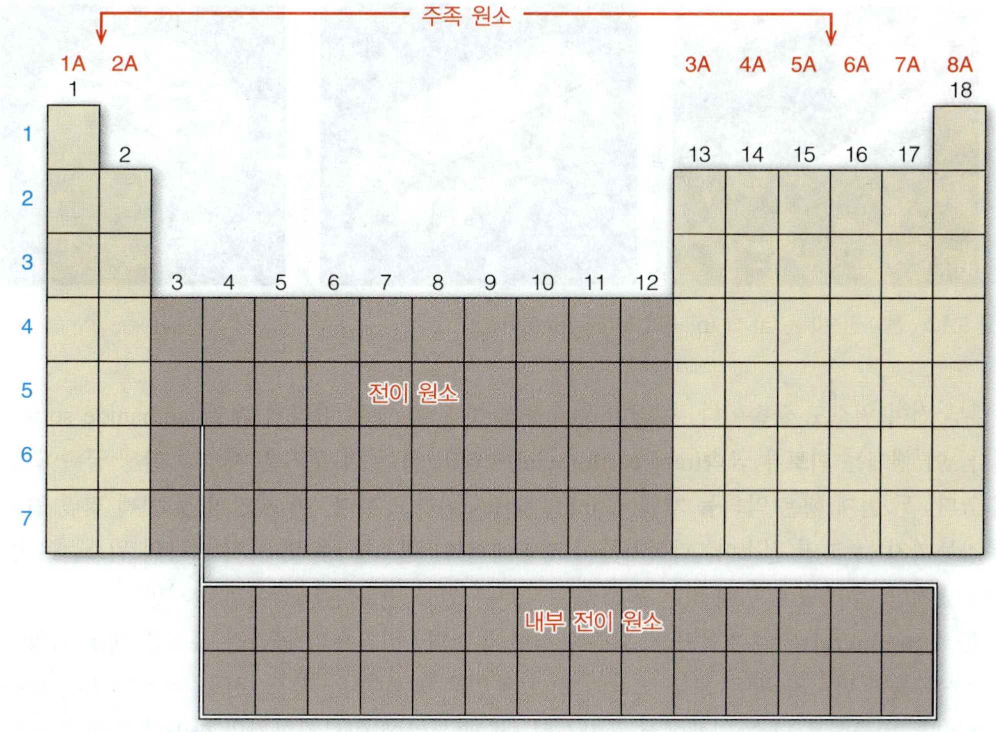

그림 3.11 주기율표의 행은 1부터 7까지의 번호가 매겨진다. 두 개의 번호 지정 시스템이 주기율표의 열을 식별해 준다. 이전 시스템(빨간색으로 표시됨)에서는 주족 원소 열의 번호가 1A~8A로 지정된다. 현대 시스템에서는 18개의 열 모두에 번호를 매기고, 여기에는 주족 원소 및 전이 원소가 포함된다.

주기율표의 영역

주기율표의 왼쪽과 오른쪽에 있는 원소들의 블록이 **주족 원소(main-group element)**다(그림 3.11). 주기율표상의 위치를 바탕으로 이 원소들의 많은 성질을 예측할 수 있다.

주기율표의 중앙에 있는 원소를 **전이 원소**(transition element)라고 한다. 주기율표 하단에는 두 개의 추가 행이 있다. 이를 **내부 전이 원소**(inner transition element)라고 한다. 이 원소들은 실제로 표의 마지막 두 행에 속하지만, 늘 하는 식으로 주기율표 하단에 위치시켜 더 쉽게 읽도록 했다.

주기율표의 왼쪽과 오른쪽 블록에는 주족 원소가 있다.

주기율표에는 7개의 주기(가로줄)가 있으며, 이 주기들의 번호는 주기율표의 위에서부터 번호가 매겨진다. 주기율표의 열을 식별하는 방법에는 두 가지가 있다. 현대 시스템에서는 숫자 1~18이 주족 원소 및 전이 원소를 포함하는 열을 지정하고 있다. 오래되었지만 매우 유용한 시스템에서는 주족 열을 1A~8A로 번호를 매기고 있다. 다음 장에서는 두 가지 번호 체계를 둘 다 사용할 것이다.

금속, 비금속, 준금속

주기율표의 왼쪽에 있는 원소는 **금속(metal)**이다. 금속은 보통 실온에서 고체다. 금속은 다양한 형태로 만들 수 있고, 열과 전기를 전도한다. 주기율표의 3~12열에 있는 전이 원소를 대개 **전이 금속(transition metal)**이라고 한다. 이들은 1~2열의 금속보다 더 단단하고 덜 반응하는 경향이 있다. 전이 금속에는 철과 구리와 같은 일반 건축 재료와, 금과 은과 같은 귀금속이 포함된다(그림 3.12).

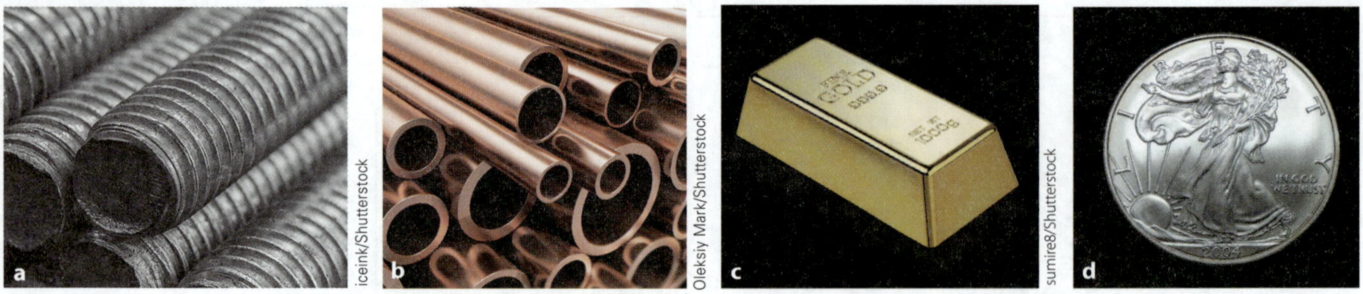

그림 3.12 전이 금속에는 (a) 철, (b) 구리, (c) 금, (d) 은이 있다.

iceink/Shutterstock, Oleksiy Mark/Shutterstock, sumire8/Shutterstock, Daniel D Malone/Shutterstock

내부 전이 원소도 금속이다. 이러한 원소들의 첫 번째 행은 **란타넘 계열**(lanthanide series)이다. 이 행에는 **희토류 금속**(rare earth metal)이라고 하는 더 무거운 자연적 발생 금속이 들어 있다. 두 번째 행은 **악티늄 계열**(actinide series)이라고 한다. 이 계열의 첫 번째 몇몇 원소(우라늄까지)는 자연 원소다. 과학자들이 자연에서 이 원소들 중 몇 가지 미량의 원소들을 발견해 냈지만, 우라늄 이후에 있는 원소들은 대부분 인공 원소다(16장에서 논의함).

주기율표의 왼쪽에는 금속이 있다. 오른쪽 상단에는 비금속이 있다.

비금속(nonmetal)은 주기율표의 오른쪽 상단에 있다. 비금속의 물리적 특성은 매우 다양하다. 예를 들면 탄소와 황은 모두 고체이고, 브로민은 액체이며, 질소, 산소, 플루오린은 모두 기체이다. 비금속은 단순 기체에서 플라스틱, 생체 분자에 이르기까지의 다양한 화합물을 생성한다. 이러한 원소들은 생명의 원자적 기초를 생성한다(그림 3.13).

금속과 비금속 사이에는 계단 패턴의 원소가 있다. 이를 **준금속(metalloid)**이라고 한다. 준금속들은 **반도체**(semiconductor)이다(반도체는 전기를 전도하지만 금속만큼 효율적이지는 않다). 준금속, 특히 규소는 현대 전자 제품의 필수 부품이다(그림 3.14).

원소의 족

주기율표에서 같은 열에 있는 원소들은 유사한 특성을 갖는 경향이 있다. 몇 가지 중요한 주족 원소의 특성을 간략히 살펴보자.

알칼리 금속(alkali metal)은 주기율표 맨 왼쪽 1A열에 위치해 있다. 리튬, 소듐, 포타슘과 같은 알칼리 금속은 공기 또는 수분과 격렬하게 반응하는, 매우 부드러운 금속이다(그림 3.15).

알칼리 금속의 바로 오른쪽 2A열에는 **알칼리 토금속(alkaline earth metal)**이 있다(그림 3.16). 마그네슘과 칼슘은 이 족에서 가장 흔한 원소다. 알칼리 토금속 원소도 반응성이 있지만, 알칼리 금속보다는 덜 격렬하다. 알칼리 토금속은 물과 천천히 반응하지만, 산소와 결합

그림 3.13 탄소, 질소, 산소, 수소와 같은 비금속은 식물 및 동물 생명의 원자 구성 요소다.

RetoPhoto/Shutterstock

그림 3.14 준금속 원소인 규소는 컴퓨터 프로세서에서 중요한 구성 부품이다.

Bjoern Wylezich/Shutterstock

그림 3.15 소듐과 같은 알칼리 금속은 부드러운 금속으로, 물과 격렬하게 반응한다.

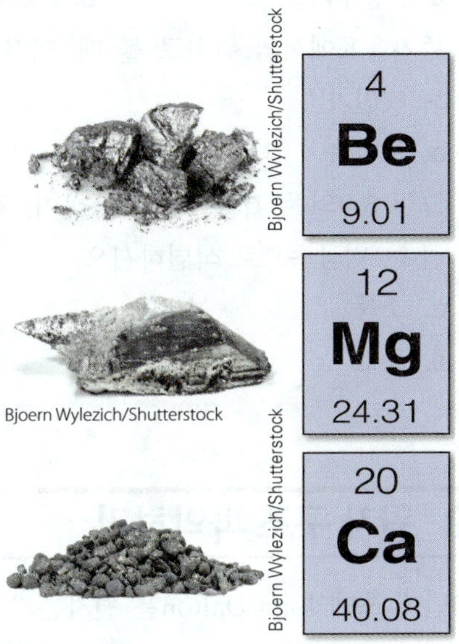

그림 3.16 알칼리 토금속에는 베릴륨, 마그네슘, 칼슘이 있다.

그림 3.17 할로젠은 반응성이 큰 비금속이다.

하면 밝게 탄다.

7A족의 원소들은 **할로젠(halogen)**이다(그림 3.17). 할로젠 원소는 모두 원소 형태의 이원자 분자로 존재한다. 할로젠은 금속 및 다른 비금속과 빠르게 반응하여 다양한 화합물을 생성한다. 표백제, 테프론, 난연제, 방부제, 식탁용 소금과 같이 다양한 물질에는 할로젠 성분이 있다(그림 3.18).

마지막으로 8A열의 원소는 **비활성 기체(noble gas)**다(그림 3.19). 비활성 기체는 다른 원소들과 상당히 다르다. 비활성 기체는 매우 안정적이며, 일반적으로 다른 원소와 반응하여 화합물을 생성하지 않는다. 알려진 화합물에는 헬륨이나 네온이 포함되지 않으며, 이 족에서 헬륨이나 네온보다 더 무거운 원자를 포함하는 화합물은 극히 일부에 불과하다. 8A족의 원소는 실온에서 모두 기체다.

그림 3.18 할로젠은 매우 다양한 화합물로, 매우 다양한 용도에 사용된다.

비활성 기체가 있는 곳은 주기율표의 맨 오른쪽 열이다.

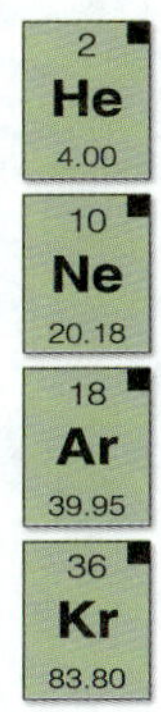

그림 3.19 비활성 기체는 일반적으로 다른 원소와 반응하지 않는다.
Eframgoldberg, CC BY-SA 3.0, Wikimedia Commons

예제 3.2 주기율표 탐색

다음 각 원소를 금속, 비금속, 준금속으로 식별하시오.

a. 전이 원소
b. 할로젠족에서 가장 가벼운 원소
c. 4행 14열의 원소
d. 8A족의 원소

이 문제들을 해결하기 위해서 그림 3.9에 있는 주기율표를 참조할 수 있다.

a. 모든 전이 원소는 금속 특성을 가진다. 따라서 그들을 일반적으로 전이 금속이라고 한다.

b. 할로젠족에서 가장 가벼운 원소는 플루오린(F)이다. 이 원소는 비금속이다.

c. 4행 14열의 원소는 저마늄(Ge)이다. 이 원소는 준금속이다.

d. 8A족의 원소는 비활성 기체다. 이들은 비금속이다.

도전 문제

4. 주기율표에서 각 위치에 위치한 원소를 식별하시오.

a. 3행 14열 **b.** 2행 4A열 **c.** 6행 9열

5. 주기율표에서의 위치로 볼 때, 다음 원소 중 칼슘과 가장 유사하게 거동하는 것은 어느 것인가?

a. 포타슘 **b.** 마그네슘 **c.** 스칸듐 **d.** 플루토늄

6. 그림 3.9의 주기율표를 사용하여, 각 원소를 주족 금속, 전이 금속, 내부 전이 금속, 금속, 비금속으로 식별하시오.

a. 소듐 **b.** 황 **c.** 구리 **d.** 사마륨
e. 규소 **f.** 아르곤 **g.** 산소 **h.** 금

3.3 원자 구조 파악하기

1800년대 초에 John Dalton은 원자론의 핵심 개념을 명확히 밝혔다. 각 원소는 고유한 형태의 원자로 구성되어 있다. 즉 원자는 정수비로 결합하여 화합물을 생성한다. 그리고 원자는 화학 반응에서 생성되거나 파괴되지 않는다. Dalton의 이론은 세상을 이해하기 위한 거대한 발걸음이었다. 그러나 Dalton 모형의 모든 측면이 맞는 것은 아니었다. 즉 원자는 더 작은 조각으로 쪼개질 수 없다고 Dalton은 말했지만, 나중에 발견된 결과, Dalton이 틀렸음을 알게 되었다. 사실 원자는 **아원자 입자(subatomic particle)**라고 하는 훨씬 더 작은 성분으로 구성되어 있다. 이 아원자 입자의 배열이 원자의 정체성과 행동을 결정한다.

원자와 아원자 입자의 중요한 특성은 **질량**(mass)이다. 원자는 매우 작기 때문에, **원자 질량 단위(atomic mass unit; u, amu)**라고 하는 질량의 단위를 사용한다. 1원자 질량 단위는 1.66×10^{-27} kg이다. 가장 가벼운 원소인 수소의 질량은 1.0 u이다.

$1\ u = 1.66 \times 10^{-27}$ kg

아원자 입자의 또 다른 특성은 **전하(charge)**이다. 전하는 입자들이 서로 상호 작용하는 방식에 영향을 미친다. 입자는 양전하, 음전하를 갖거나, 전하를 띠지 않을 수 있다. 반대 전하를 가진 입자들은 서로 끌어당기고, 같은 전하를 가진 입자들은 서로 밀어 낸다.

하전 입자의 효과는 **전기**(electricity) 또는 **전기 에너지**(electrical energy)라고 하는 익숙한 현상을 통해서 볼 수 있다. 전기는 하전 입자의 운동을 수반하는 에너지의 한 형태다.

전하 입자의 발견

1800년에 이탈리아의 과학자 Alessandro Volta는 첫 번째 배터리(정식 이름으로 **전기 화학 전지**(electrochemical cell))를 만들었다. 이것은 전하를 띤 입자를 이동시킬 수 있는 장치다(그림 3.20). Volta는 황산에 적신 판지 양쪽에 아연판과 구리판을 번갈아 가며 배치시켜 이 장치를 만들었다. Volta가 양쪽을 금속선으로 연결했을 때, 그 결과 **전류**(electrical current)가 흐르게 되었다. 전류란 하전 입자가 배터리의 한쪽에서 다른 쪽으로 흐르는 현상을 말한다.

전기는 전자의 흐름을 수반한다.

Volta의 배터리는 과학 발전의 중요한 이정표였다. 과학자들은 배터리의 제어된 전기 에너지를 사용하여, 화합물(예: 물)을 원소로 분리할 수 있다는 것을 알아냈다(그림 3.21). 또한 과학자들은 하전 입자를 식별하기 시작했고, 하전 입자들이 어떻게 상호 작용하는지를 측정

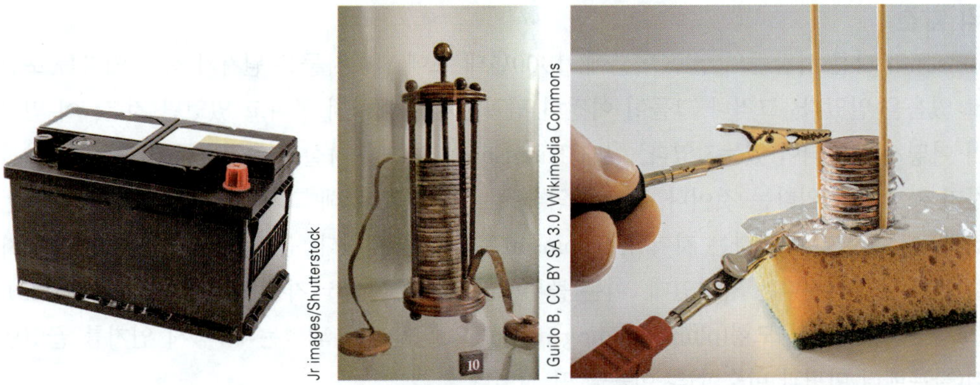
Jr images/Shutterstock
I, Guido B, CC BY SA 3.0, Wikimedia Commons
14.01D, Menno van der Haven/Shutterstock

그림 3.20 (a) 배터리는 그림에 보여지는 자동차 배터리와 마찬가지로, 하전 입자의 흐름(전류)을 만든다. (b) Alessandro Volta가 만든 최초의 배터리는 산에 적신 판지로 분리된 아연판과 구리판을 사용하였다. (c) Volta와 같은 배터리는 가정에서도 만들 수 있다. 준비물은 알루미늄 포일, 아연 세척기, 구리 동전, 소금물 또는 식초에 담근 종이나 판지다.

하기 시작했다(그림 3.22).

19세기 말에 과학자들은 원소가 양전하와 음전하를 모두 생성할 수 있다는 것을 발견하였다. 1897년에 영국의 과학자 J. J. Thomson은 전자를 발견했다. **전자(electron)**란 음전하를 띤 작은 입자로, 가장 가벼운 원자보다도 2,000배나 작다. Thomson은 전기가 전자의 흐름을 수반한다는 것을 보여 주었다.

배터리의 발명으로, 과학자들은 짧은 기간에 많은 원소를 발견할 수 있었다. Mendeleev의 주기율표에 대한 많은 정보는 배터리의 직접적인 결과였다.

AlteredR/Shutterstock

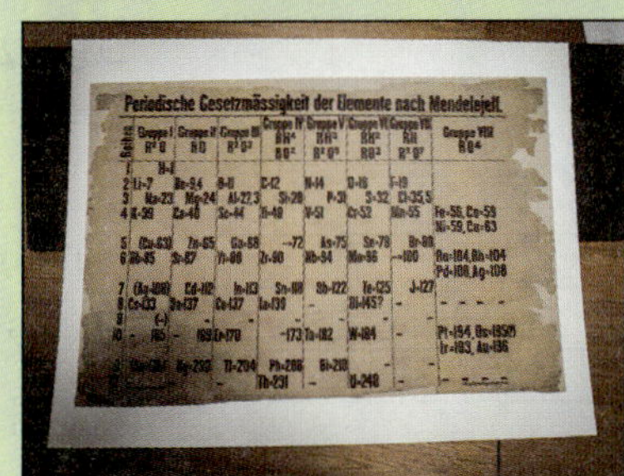

AlteredR/Shutterstock

Charles D. Winters/Science Source

그림 3.21 배터리의 전기 에너지로 물을 수소와 산소로 분리할 수 있다.

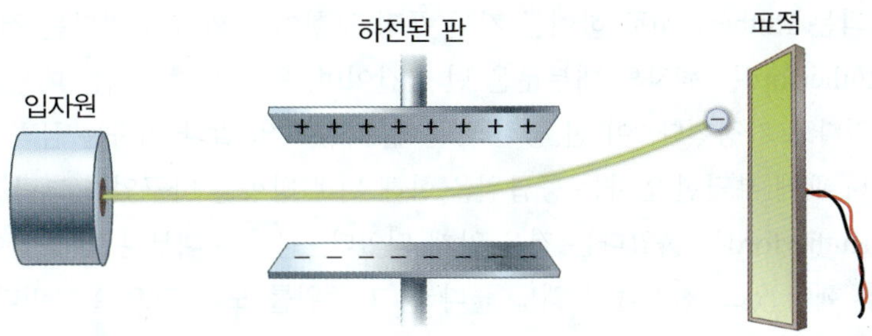

그림 3.22 J. J. Thomson과 같은 과학자들은 하전 입자를 연구했다. 하전된 두 개의 판 사이에 하전 입자를 통과시킨 다음, 반대쪽 표적에 부딪힌 위치를 측정했다. 이 기술은 초기 텔레비전 화면의 기초가 되었다.

핵의 발견

그림 3.23 '자두 푸딩 모형'에서는 음의 전자가 양전하를 띤 물질에 퍼져 있는 것으로 상상한다. 이것은 머핀 속에 박혀 있는 블루베리와 같다.

Thomson과 다른 사람들의 연구 덕분에, 1900년대 초에 과학자들은 원자가 하전 입자를 포함하고 있음을 알았다. 그러나 그들이 여전히 명확하게 이해하지 못하고 있었던 것은, 이 입자들이 어떻게 배열되어 있는지였다. 이때 Thomson이 알아낸 사실은 음전하를 띤 작은 전자를 원자가 포함하고 있다는 것이다. 음전하의 균형을 맞추기 위해 그가 가정한 사실은, 원자는 양전하도 포함해야만 한다는 것이다. Thomson은 가설을 세웠다. 음의 작은 전자가 양의 원자 물질 전체에 뿌려진다는 가설인데, 이는 블루베리가 머핀에 뿌려지는 방식이다(Figure 3.23). 이 모형은 **자두 푸딩 모형**(plum pudding model)으로 불리게 되었는데, 당시 인기를 끌었던 후식(블루베리 머핀과 비슷한)의 이름을 딴 것이다.

그러나 맛있는 블루베리 머핀처럼, 이 모형은 오래 지속되지 않았다. 불과 몇 년 지나지 않아 Thomson의 제자 중 한 명인 Ernest Rutherford가 이 모형이 잘못되었음을 보여 주었다(그림 3.24).

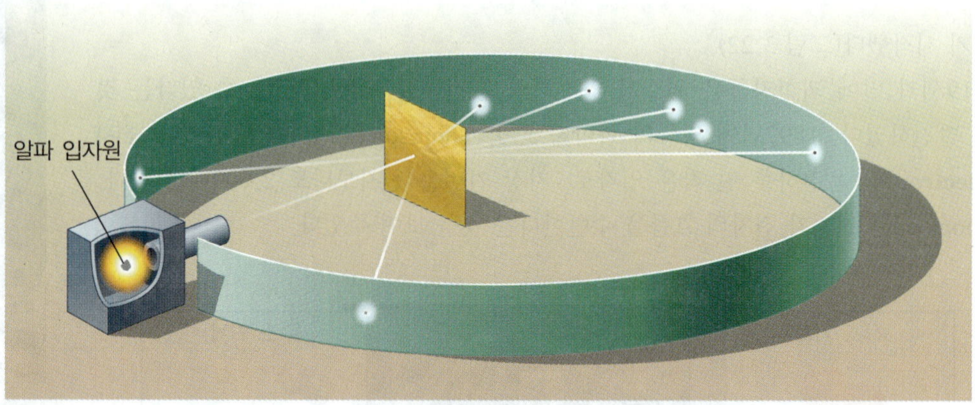

그림 3.24 금박 실험에서 Rutherford와 그의 제자들은 알파 입자를 금박 표적에 발사했다. 대부분의 알파 입자가 필름을 통해 직진하는 동안, 소수의 알파 입자들은 입자원으로 다시 굴절되었다.

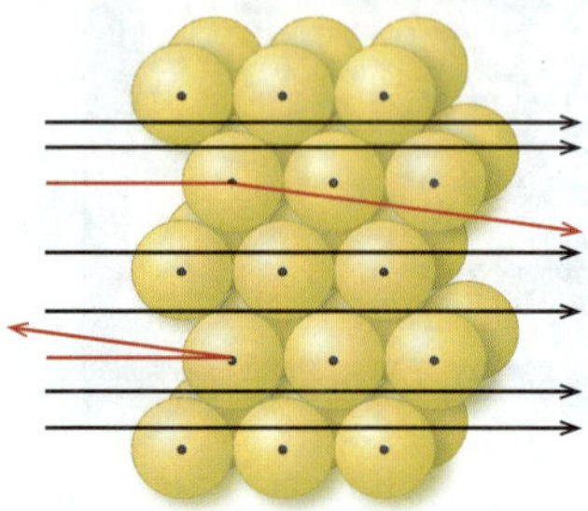

그림 3.25 대부분의 입자가 금박을 통과했지만(검은색 화살표), 일부는 방향을 바꾸었다(빨간색 화살표). 이러한 관측을 통해 Rutherford는 원자의 대부분이 빈 공간이며, 원자의 중심에는 밀도가 높은 핵이 있다고 결론지었다.

1909년에 Rutherford와 그의 제자들은 **알파 입자**(alpha particle)라고 하는 양전하를 띤 입자의 거동을 연구했다. 그들이 관심을 가진 것은 이 무거운 입자들이 얇은 금박 표적을 통과하면서 만든 패턴이다. 그들은 이 패턴을 연구하기 위해 입자가 부딪힐 때 작은 불꽃을 내는 물질로 금박을 둘러쌌다. Rutherford는 알파 입자가 필름을 통과해 그 뒤에서 부딪힐 것으로 예상했다. 그러나 놀랍게도 적은 수의 입자들이 금박에서 반사되어 알파 입자원을 향하여 되돌아왔다.

이 놀라운 결과는 Rutherford로 하여금 자두 푸딩 모형이 정확하지 않다는 결론을 내리게 했다. 오히려 Rutherford는 원자의 대부분은 빈 공간이며, 원자의 중심에는 매우 밀도가 높은 **핵(nucleus)**이 있다고 가정했다. 이 빈 공간 때문에, 대부분의 알파 입자는 금박 속의 원자를 통과한다. 그러나 핵에 부딪힌 입자는 공급원을 향해 뒤로 방향을 바꾸었다(그림 3.25).

우리는 이제 Rutherford는 옳았다는 것을 알게 되었다. 원자는 대부분 빈 공간이다. 우리는 원자를 그릴 때, 핵이 있고 전자들이 궤도를 따라 그 주위를 도는 것으로 그린다. 그러나 이 그림들은 결코 축척에 맞춰 그려지는 것은 아니다. 원자핵은 원자의 거의 모든 질량을 포함하고 있지만, 믿을 수 없을 정도로 밀도가 높아서 아주 작은 부피만을 차지한다. 원자와 핵의 상대적인 부피는 축구 경기장 안에 있는 곤충의 크기로 비교될 수 있다.

핵에는 **양성자(proton)**와 **중성자(neutron)**의 두 가지 입자가 있다. 양성자는 질량이 약 1원자 질량 단위(u, amu)이고, 전하는 +1이다. 중성자는 질량이 약 1 u이지만, 전하가 없다(표 3.2).

표 3.2 아원자 입자

입자	질량 (u)	전하	위치
양성자	1.0073	+1	핵
중성자	1.0087	–	핵
전자	0.0005	−1	전자구름

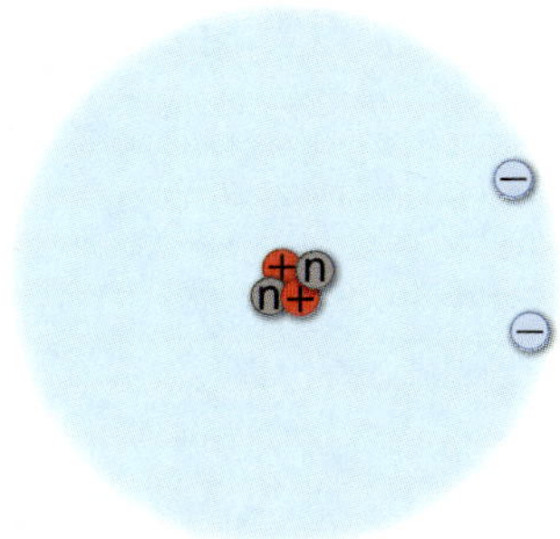

그림 3.26 양성자와 중성자는 원자의 핵을 구성한다. 그림은 헬륨 원자의 경우다. 전자는 핵 주위의 공간을 차지한다.

원자의 나머지를 차지하는 것은 음전하를 띤 아주 작은 전자다. 전자의 전하는 −1이다. 핵 주위의 공간을 **전자구름(electron cloud)**이라고 한다. 전자는 핵 입자보다 훨씬 더 가볍다. 전자의 질량은 양성자나 중성자 질량의 약 1/2000에 불과하다.

예로, 그림 3.26의 헬륨 원자를 고려해 보자. 헬륨 핵에는 네 개의 입자가 있다. 즉 양성자 2개와 중성자 2개다. 원자핵 주위에는 두 개의 전자가 전자구름을 차지한다. 전기적으로 중성이 되려면 원자의 양성자 수와 전자 수가 같아야 한다.

핵의 질량이 원자의 거의 모든 질량이다.

3.4 원자 설명: 원자의 성질과 질량

원자 번호 및 질량수

그렇다면 무엇이 수소 원자를 수소 원자로 만드는 것일까? 앞 절에서 원자에는 세 개의 아원자 입자, 즉 양성자, 중성자, 전자가 있음을 알았다. 그런데 이들 중 어떤 입자가 원자의 정체성을 결정하는가?

이 질문에 대한 답은 **양성자 수가 원자의 정체성을 결정한다는 것이다**. 앞으로 보겠지만, 수소 원자의 중성자 수는 서로 다를 수 있다. 마찬가지로 수소는 전자를 얻거나 잃을 수 있다. 수소를 정의하는 것은 핵에 있는 양성자 수다.

양성자 수가 원자를 정의한다.

양성자 수가 원자의 정체성을 결정하므로, 양성자 수를 **원자 번호(atomic number)**라고 한다. 원자 번호는 정숫값으로, 주기율표에서는 원자 기호 위에 일반적으로 표시된다(그림 3.27). 중성 원자는 양성자 수와 전자 수가 같기 때문에, 원자 번호는 중성 원자의 전자 수도 알려 준다.

그림 3.27 원자 번호는 주기율표에서는 원자 기호의 위에서 발견된다. 이 원소인 백금의 경우, 원자 번호는 78이다.

원자 번호말고 질량수로도 보통 원자를 설명한다. **질량수(mass number)**는 **원자의 양성자 수와 중성자 수의 합**이다. 주목할 것은 원자 번호와 질량수가 모두 정수라는 점이다. 일반적으로 주기율표에는 질량수가 표시되지 않는다.

원자는 가끔 원자 번호는 같지만 질량수가 다른 경우가 있다. 예를 들어 수소 원자에는 세 가지 형태가 있다(그림 3.28). 정의에 따르면, 모든 수소 원자에는 양성자가 한 개 있다. 대부분의 수소 원자는 중성자가 없기 때문에, 질량수는 1이다. 그러나 일부 수소 원자는 중성자가 한 개 있다. 따라서 질량수는 2이다. 극소수의 수소 원자는 심지어 중성자가 두 개 있다. 따라서 질량수는 3이다. 원자 번호는 같지만 질량수가 다른 원자를 **동위 원소(isotope)**라고 한다. 수소의 세 가지 동위 원소는 경수소, 중수소, 삼중수소로 불린다.

원자 번호는 원자의 양성자 수다. 질량수는 양성자 수에 중성자 수를 합한 것이다.

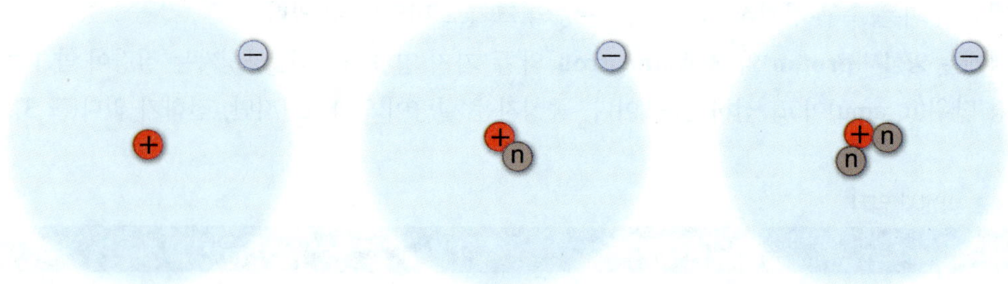

경수소
양성자 1개
중성자 0개

중수소
양성자 1개
중성자 1개

삼중수소
양성자 1개
중성자 2개

그림 3.28 수소는 세 가지의 동위 원소로 존재한다. 이들 중 가장 가벼운 경수소가 가장 흔하다.

원자력 발전소에서는 우라늄 원소를 연료로 사용한다. 우라늄의 흔한 동위 원소 두 개는 ^{235}U와 ^{238}U이다.

원자의 원자 번호와 질량수를 표시하려면, 일반적으로 이 숫자 둘을 화학 기호와 함께 나란히 쓴다. 원자 번호는 원자 기호의 왼쪽 아래에, 질량수는 원자 기호의 왼쪽 위에 배치한다. 예를 들어 염소의 동위 원소는 2개다. 첫 번째 동위 원소는 17개의 양성자와 18개의 중성자를 가지고 있고, 두 번째 동위 원소는 17개의 양성자와 20개의 중성자를 가지고 있다. 따라서 두 기호는 다음과 같이 작성할 수 있다.

질량수:
양성자 수 + 중성자 수

염소의 동위 원소 $^{35}_{17}Cl$ 및 $^{37}_{17}Cl$

원자 번호:
양성자 수만

예제 3.3 원자 번호와 질량수로 원자 기호 작성하기

우라늄에는 두 가지 동위 원소가 있다. 가벼운 동위 원소의 질량수는 235, 무거운 동위 원소의 질량수는 238이다. 원자 번호와 질량수도 포함해서 이 두 동위 원소의 원자 기호를 쓰시오.

이 원자 기호들을 쓰기 위해서는 원자 기호와 원자 번호를 식별해야 한다. 우라늄의 원자 기호는 U, 원자 번호는 92이다. 원자 기호를 쓰고, 왼쪽 위에는 질량수, 왼쪽 아래에는 원자 번호를 쓰면 다음과 같다.

$$^{235}_{92}U \qquad ^{238}_{92}U$$

화학 기호를 작성할 때 원자 번호와 화학 기호는 중복된다. 즉 원자 번호 92는 항상 우라늄이고, 우라늄은 항상 원자 번호 92이다. 따라서 원자 번호와 질량수를 모두 쓰는 것이 때로는 도움이 되지만, 과학자들은 종종 질량수와 기호만 적는다. 예를 들면 질량수와 기호만 사용하여 우라늄의 두 동위 원소를 ^{235}U와 ^{238}U(각각 우라늄 235, 우라늄 238로 읽는다)로 쓸 수 있다.

예제 3.4 원자 번호와 질량수로 핵 구조 결정하기

카드뮴 동위 원소 하나의 질량은 114이다. ^{114}Cd의 핵에는 몇 개의 양성자와 중성자가 있는가?

이 문제를 해결하기 위해서는 원자 번호를 확인해야 한다. 주기율표를 사용하여 알아낸 것은 카드뮴의 원자 번호가 48이라는 것이다. 따라서 카드뮴의 양성자 수는 48이다. 중성자 수를 알기 위해 질량수에서 원자 번호를 뺀다.

$$\text{질량수} - \text{원자 번호} = \text{중성자 수}$$
$$114 - 48 = 66$$

따라서 ^{114}Cd 원자의 양성자 수는 48, 중성자 수는 66이다. 중성 원자에서 양성자 수와 전자 수가 같기 때문에, 이 원자의 전자 수도 48임을 알고 있다.

도전 문제

7. 다음 각 원자의 화학 기호를 질량수와 원자 번호를 포함해서 쓰시오.
  a. 양성자 수가 79, 중성자 수가 118인 금 원자
  b. 양성자 수가 80, 중성자 수가 122인 수은 원자

8. 규소의 가장 흔한 동위 원소의 질량수는 28이다. 이 동위 원소의 중성자 수는 얼마인가?

9. 다음 각 항목의 양성자 수와 중성자 수를 구하시오.
  a. 원자 번호 15, 질량수 31인 원자
  b. 중성자 수가 34인 구리의 동위 원소
  c. 양성자 수와 중성자 수가 동일한 탄소의 동위 원소

평균 원자량

앞 절에서 주목한 것은, 질량수가 주기율표에는 포함되지 않는다는 것이다. 주기율표는 빠른 참조 가이드이기 때문에, 가장 자주 필요로 하는 정보를 담고 있다. 질량수가 중요하긴 하지만, 화학자들이 더 자주 사용하는 또 다른 값은 **평균 원자량**(average atomic mass)이다.

대부분의 주기율표가 보여 주는 것은 각 원소의 평균 원자량이지, 질량수가 아니다.

평균 원자량은 동위 원소의 **가중 평균**(weighted average)이다. 가중 평균이 무엇을 의미하는지를 이해하기 위해 고려해 볼 것은 포커 칩과 관련된 간단한 예다(그림 3.29). 값이 $1 또는 $2인 칩이 혼합되어 있다고 가정하자. 각 칩의 개수가 같다면, 평균값은 두 값의 중간인 1.5달러다. 그러나 2달러 칩이 더 많다면, 평균은 1달러보다는 2달러에 가깝다. 칩의 값은 정

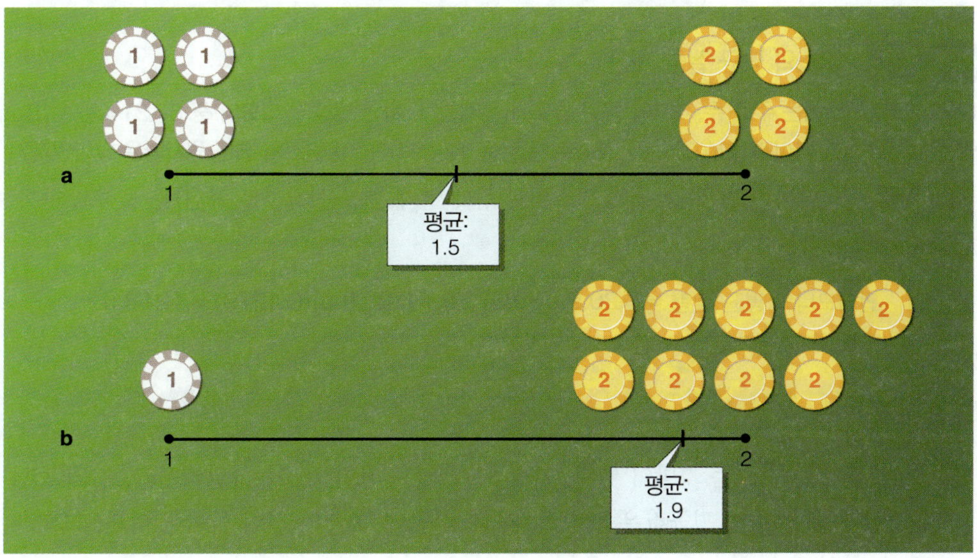

그림 3.29 가중 평균이 고려하는 것은 각 값에 대해 몇 개의 단위가 있는가이다.

숫값이지만, 평균값은 둘 사이의 소수 값이다.

칩의 수가 적은 경우, 평균을 계산하는 방법은 각 칩의 값을 단순히 합산하여 총 칩 수로 나누면 된다. 그러나 칩 수가 매우 많으면, 이 방식은 실용적이지 않는다. 이 계산을 수행하는 더 쉬운 방법은 각 칩 유형의 존재 **백분율**(percentage)을 사용하는 것이다.

예를 들어 포커 칩을 가득 실은 덤프트럭을 상상해 보자. 셀 수 없을 정도로 많은 칩이 있지만, 알고 있는 사실은 칩의 10%는 1달러 칩이고, 90%는 2달러 칩이라는 것이다. 칩의 평균값을 구하기 위해 다음과 같은 계산을 한다.

$$\text{가중 평균값} = (\text{가중치 A} \times \text{값 A}) + (\text{가중치 B} \times \text{값 B})$$

여기서 가중치 A와 가중치 B는 유형 A와 B인 칩의 백분율로 십진법으로 표시된다.

$$\text{칩의 평균값} = (0.10 \times \$1) + (0.90 \times \$2) = \$1.9$$

우리는 이와 같은 방법을 사용하여 동위 원소의 평균 질량을 계산한다. 예를 들어 탄소에 존재하는 동위 원소는 주로 두 개다. ^{12}C의 질량은 12.000 u이고, 자연 발생 탄소의 98.93%는 탄소-12이다. ^{13}C의 질량은 13.0034 u이고, 자연 발생 탄소의 1.07%는 탄소-13이다. 탄소의 평균 원자량은 얼마인가?

이 문제를 수학적으로 풀기 전에 잠시 멈추고 생각해 보자. 100개의 탄소 중 99개의 질량은 12 u이고, 1개의 탄소만 13 u이다. 따라서 평균 질량은 13보다 12에 훨씬 가깝다. 이제 답을 계산해 보자. 평균 원자량을 구하는 방법은 각 동위 원소의 질량에 존재 백분율(소수로 표현)을 곱하고, 이 값들을 더하면 된다.

$$\text{탄소의 평균 질량} = (12.0000\ \text{u})(0.9893) + (13.0034\ \text{u})(0.0107) = 12.01\ \text{u}$$

제1 동위 원소 / 존재비 / 제2 동위 원소 / 존재비

주기율표에서 평균 원자량은 일반적으로 원자 기호 바로 아래에 위치한다. 평균 원자 질량을 계산할 필요는 거의 없지만 이 값이 무엇을 의미하는지, 질량수와 어떻게 다른지, 일반적으로 어떻게 사용되는지 이해하는 것이 중요하다.

기억하라! u의 의미는 '원자 질량 단위(amu)'다.

예제 3.5 원소의 평균 질량 계산

안티모니(Sb) 원소에는 주로 두 가지의 동위 원소가 존재한다. 자연 발생 안티모니 중 57.21%는 ^{121}Sb로, 질량은 120.9 u다. 나머지 42.79%는 ^{123}Sb로, 질량은 122.9 u다. 이 원소의 평균 원자량은 얼마인가?

평균 원자량을 구하는 방법은 각 동위 원소의 질량에 존재 백분율(소수로 표현)을 곱하고 나서 이 값들을 더하면 된다.

$$\text{안티모니의 평균 질량} = (120.9\ \text{u})(0.5721) + (122.9\ \text{u})(0.4279) = 121.8\ \text{u}$$

도전 문제

10. 포커 칩이 들어 있는 가방이 있다. 가방 안에 있는 칩의 25%는 1달러이고, 칩의 75%는 3달러이다. 칩의 평균값은 얼마인가? 가방 안에 80개의 칩이 들어 있다면, 그 가방 속 칩의 총 가치는 얼마인가?

11. 인듐의 두 가지 동위 원소는 ^{113}In과 ^{115}In이다. 인듐의 평균 원자량은 114.8 u이다. 인듐의 어떤 동위 원소가 더 흔한가?

12. 규소는 세 가지 동위 원소의 혼합물로 존재하며, 아래 표와 같다. 규소의 평균 원자량은 얼마인가? 주기율표의 평균 원자량과 비교하여 답을 확인하시오(반올림에서 약간의 차이를 발견할 수 있다).

동위 원소	질량(u)	존재비(%)
^{28}Si	27.9769	92.2297
^{29}Si	28.9765	4.6832
^{30}Si	29.9738	3.0872

3.5 전자-미리보기

Rutherford의 금박 실험은 양성자와 중성자로 구성된 핵이 원자 중심의 매우 작은 공간을 높은 밀도로 차지한다는 것을 보여주었다. 원자의 나머지 부피는 전자가 차지한다. 다음 장에서 보게 되겠지만, 핵 주변의 전자 배열은 원자가 결합하여 화합물을 형성하는 방식을 결정한다. 4장에서는 단일 원자 내의 전자 구조에 대해 알아보겠다. 5장에서는 전자를 얻거나 잃거나 공유함으로써 원자끼리 결합하여 화합물을 형성하는 방법을 알아볼 것이다. 우선, 전자의 거동을 개략적으로 살펴봄으로써 원자 구조에 대한 조사를 완료하자. 그러고 나서 앞에 놓인 몇 가지 개념을 미리 살펴보도록 하자.

Bohr 모형과 양자 모형

20세기 초에 Ernest Rutherford와 Niels Bohr는 일반적으로 **Bohr 모형(Bohr model)**이라고 하는 원자 구조에 대한 새로운 모형을 도입했다. 이 모형은 여러 행성이 태양 주위를 공전하는 것처럼, 가운데 핵 주위를 전자가 돌고 있다고 생각했다(그림 3.30).

Bohr 모형은 원자 구조의 자두 푸딩 모형에 비해 상당히 발전했다. 또한 Bohr 모형 덕분에 화학자들은 일부 원소의 성질들을 설명할 수 있었다. 그러나 Bohr 모형은 전자 거동에 대한 완전한 그림을 제공하지 않는다. 1900년대 초에 과학자들이 깨닫기 시작한 것은 전자를 음전하를 띤 입자라고 단순히 설명할 수 없다는 것이다. 때때로 전자의 행동을 이해할 수 있는 유일한 방법이 있다. 즉 전자를 다른 에너지로 움직이는 파동이라고 설명하는 것이다. 이렇게 전자를 설명하는 것을 **양자 모형(quantum model)**이라고 한다. 이 모형을 다음 장에서 자세히 살펴볼 것이다.

표 3.3은 원자 구조의 다양한 모형을 요약한 것이다. 각각의 새로운 모형은 그 전에 등장한 개념을 기반으로 구축되어 있다는 점에 유의하라. Dalton의 초기 원자론은 원자와 화합물의 거동을 설명했지만, 원자를 쪼갤 수 없는 입자로 취급했다. 1세기가 지난 후, Thomson의 자두 푸딩 모형은 원자의 구조를 설명하려는 첫 번째 시도였다. Rutherford의 금박 실험은 Thomson의 자두 푸딩 모형이 틀렸음을 보여 주었다. 그러고 나서 Bohr 모형이 등장했다. Bohr 모형은 조밀하고 양전하를 띤 핵과, 궤도를 도는 전자로 정확하게 설명했다. 그러나 전자의 움직임을 너무 단순하게 다루었다. Bohr 모형은 몇 가지 일반적인 동향을 설명할 수 있었지만 많은 의문점을 남겼다. 마침내 현대 양자 모형이 등장했다. 현대 양자 모형은 다양한

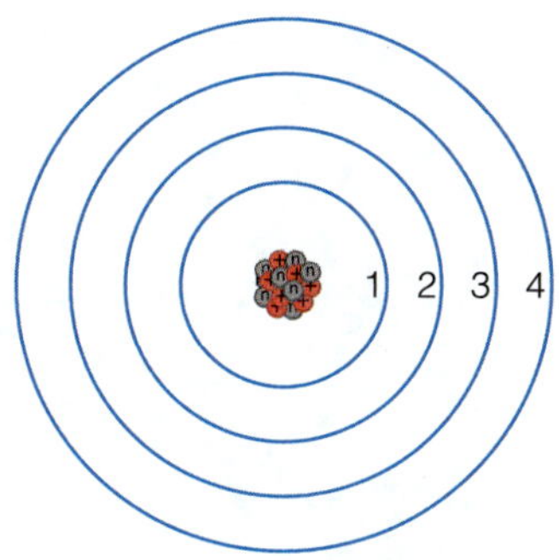

그림 3.30 Bohr 모형에서 전자는 핵을 공전한다. 이것은 행성들이 태양을 고정된 궤도로 공전하는 것과 같다.

표 3.3 원자 구조 모형의 변천

모형	연도		핵심 아이디어
Dalton의 원자론	1808		원자는 쪼갤 수 없는 입자이다.
자두 푸딩 모형	1904	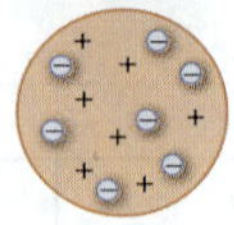	원자는 양전하를 띤 기반에 음전자가 퍼져 있는 고체다.
Bohr 모형	1913	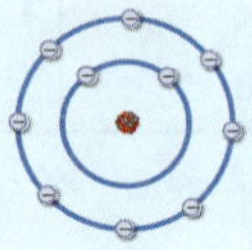	행성들이 태양을 공전하듯이, 전자는 핵을 공전한다.
양자 모형	1920년대		전자는 입자 및 파동으로 작용한다. 전자들은 핵 주위의 전자구름을 차지한다.

물리적, 화학적 특성을 설명하며 많은 기술적 발전을 이끌어 왔다. 태양 전지판에서 슈퍼컴퓨터까지의 다양한 기술은 전자의 배열과 거동에 대한 우리의 이해에 의존하고 있다.

이온의 생성

원자는 빈번하게 전자를 얻거나 잃는다. 그 이유를 이해하기 위해 다음과 같은 원자 구조를 고려해 보자. 원자핵에 꽉 들어찬 양성자나 중성자와는 달리, 전자는 원자의 바깥쪽 부피를 차지한다. 그 결과 원자는 때때로 전자를 잃거나 이웃 원자로부터 전자를 얻는다.

이처럼 전자를 잃거나 얻게 되면 양성자 수와 전자 수는 더 이상 같지 않다. 그 결과 원자는 알짜 양전하 또는 알짜 음전하를 얻는다. 전하가 있는 원자 또는 원자단을 **이온(ion)**이라고 한다. 예를 들어 리튬 원자는 종종 전자 한 개를 잃는다. 이 경우 양전하를 띤 리튬 이온이 된다(그림 3.31).

원자는 전자를 잃거나 얻어 **이온**을 생성한다.

	양성자	전자	전체 전하
리튬 원자	3	3	0
리튬 이온	3	2	+1

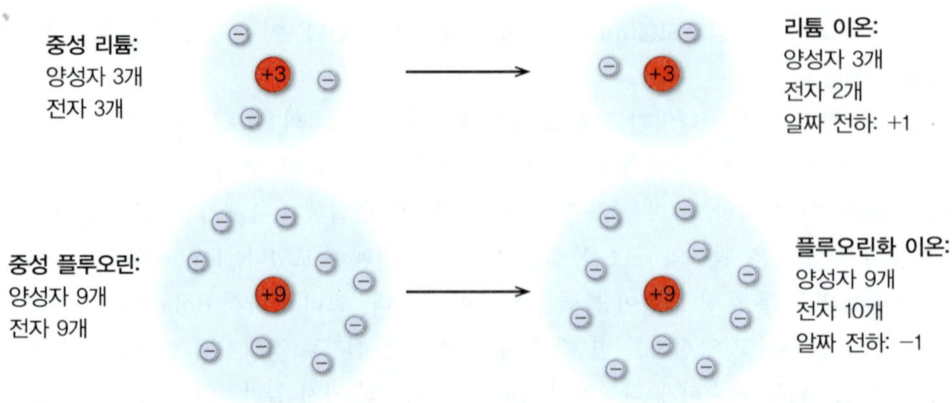

그림 3.31 원자는 전자를 잃거나 얻어 이온을 생성한다.

반면에 플루오린 원자는 전자 한 개를 얻으려고 한다. 그렇게 되면 그들은 음전하를 띤 플루오린화 이온이 된다.

	양성자	전자	전체 전하
플루오린 원자	9	9	0
플루오린화 이온	9	10	−1

두 개의 원자가 바에 앉아 있었다. 갑자기 원자 하나가 말했다. "앗! 방금 전자를 잃어버렸어!"

다른 원자가 의심스러운 듯 훑어본다. "확실해?"

"그럼," 첫 번째 원자가 대답했다. "확실해(I'm positive)!"

Jag_cz/Shutterstock

예제 3.6 이온에서 전하 찾기

칼슘 이온에는 양성자가 20개, 전자가 18개 있다. 이온의 전하는 얼마인가?

각 양성자의 전하는 +1, 각 전자의 전하는 −1이다. 이 칼슘 이온의 총 전하량은 (+20−18)이므로 +2다.

예제 3.7 이온 전하와 아원자 입자의 관계

황의 원자 번호는 16이다. 황 원자는 일반적으로 황화 이온을 생성하며, 황화 이온의 전하는 −2다. 황화 이온의 전자구름에는 몇 개의 전자가 있는가?

원자 번호는 핵에 있는 양성자의 수와 중성 원자의 구름에 있는 전자의 수를 알려 준다. 이온의 전하가 −2이므로, 이온이 2개의 전자를 더 가지고 있음을 안다. 이를 바탕으로 볼 때, 황화 이온의 존재하는 전자 수는 18이다.

전자 16개 (중성 원자) + 추가 전자 2개 = 총 전자 수 18개

도전 문제

13. 다음 원자 및 이온의 알짜 전하를 말하시오.
- **a.** 양성자 5개, 중성자 6개, 전자 5개를 가진 원자
- **b.** 양성자 16개, 중성자 16개, 전자 18개를 가진 이온
- **c.** 전자 18개를 가진 포타슘 이온
- **d.** 원자 번호가 13, 전자 수가 10인 이온

14. 마그네슘의 원자 번호는 12다. 마그네슘 이온의 전하는 +2다. 이 이온에는 몇 개의 전자가 있는가?

캡스톤 질문

자연에서 수은은 일반적으로 **진사**(cinnabar)로 존재한다. 진사는 수은과 황을 포함하고 있는 아름다운 붉은색 화합물이다(그림 3.32). 이 화합물에서 수은 이온의 전하는 +2, 황 이온의 전하는 −2다. (a) 양성자 수, 중성자 수, 전자 수를 표시하여 다음 표를 완성하시오. 원소로든 이온으로든, 수은의 동위 원소는 ^{200}Hg와 ^{202}Hg이다. (b) 산소 기체가 있는 상태에서 진사를 가열하면 수은 원소와 황 산화물이라는 새로운 화합물이 생성된다. 이것은 물리 변화인가, 화학 변화인가? (c) 제조업자가 10.00 kg의 진사로 시작하여 8.62 kg의 수은 원소를 생산했다. 원래 진사 내 황의 질량은 얼마였는가? 진사 내 황의 질량을

a b

S_E/Shutterstock

W. Scott McGill/Shutterstock

그림 3.32 (a) 이 광물에는 다량의 진사가 있다. 진사는 진한 적색 화합물로, 성분은 수은과 황이다. (b) 수세기 동안 진사의 용도는 색소였다. 예를 들면 이 고풍스러운 중국 화병과 같은 색소다.

백분율로 표현하시오.

동위 원소	형태	양성자	중성자	전자
^{200}Hg	원자 (전하=0)			
	이온 (전하 =+2)			
^{202}Hg	원자 (전하=0)			
	이온(전하=+2)			

요약

고대 그리스 철학자 Democritus가 원자의 존재를 가정했지만, 과학자들은 18세기가 되어서야 화학 반응성을 좀 더 체계적으로 탐구하기 시작했다. 1700년대 후반에 Antoine Lavoisier는 물질이 화학 변화에서 생성되거나 파괴되지 않는다는 질량 보존 법칙을 발표했다. 1800년대 초에 John Dalton은 현대 원자론의 기초를 개발했다. 이 이론의 주요 측면은 모든 물질이 원자로 만들어진다는 것, 서로 다른 원소의 원자들은 고유하다는 것, 원자들은 정수비로 결합하여 화합물을 생성한다는 것, 원자들은 화학 반응에서 생성되거나 파괴되지 않는다는 것이다.

1800년의 배터리 발명은 많은 새로운 원소의 발견을 촉발하였다. 이렇게 풍부하고 새로운 지식으로, Dmitri Mendeleev는 주기율표를 개발할 수 있었다. 주기율표를 구성하는 데 기초가 된 것은 원자 번호와 화학 반응성이다. 주기율표의 행(row)은 화학적 거동의 전체 주기를 나타낸다. 반면에 한 열(column)에 있는 원소들은 물리적, 화학적 특성을 공유한다.

19세기와 20세기 초에 과학자들은 기술 혁신으로 원자의 구조를 조사할 수 있었다. J. J. Thomson이 처음으로 전자를 설명하였다. Ernest Rutherford가 Thomson 및 다른 사람들의 연구를 바탕으로, 원자는 거의 완전히 빈 공간이며 중심에 매우 밀도가 높은 핵이 있다는 것을 발견하였다.

핵은 두 가지 입자–양전하를 띤 양성자와 전하를 띠지 않은 중성자–로 구성되어 있다. **원자 번호**(atomic number)는 핵의 양성자 수이자 전기적으로 중립인 원자의 전자 수다. 양성자 수가 결정하는 것이 원자의 정체성이다. 양성자 수는 같지만 중성자 수가 다른 원자가 동위 원소이다. 동위 원소의 질량수는 핵에 있는 양성자 수와 중성자 수의 합이다. 주기율표에 일반적으로 표시되는 질량은 평균 원자 질량이다. 이것은 해당 원소가 가진 서로 다른 동위 원소의 질량 가중 평균이다.

원자핵의 발견으로 원자의 Bohr 모형이 개발되었다. Bohr 모형에서는 매우 밀도가 높은 핵과, 원자 주위를 도는 전자로 원자를 표현한다. Bohr 모형이 자리를 내준 양자 역학 모형에서는 전자를 파동으로 취급한다. 궤도를 도는 입자로 단순히 취급하기보다는 파동으로 취급한다.

원자에서 음전하를 띤 전자가 차지하는 곳은 핵 주위의 영역(전자구름이라고 함)이다. 전자구름이 원자 부피의 대부분을 차지한다고 설명하지만, 전자의 질량은 핵 내 입자들보다 훨씬 더 작다. 따라서 원자의 거의 모든 질량은 양성자와 중성자에서 발생한다. 원자는 전자를 얻거나 잃을 수 있다. 따라서 전하를 띠게 된다. 원자 또는 원자단이 전하를 띤 것을 이온이라고 한다.

수은 및 소규모 채금 (계속)

이 장의 첫 부분에서, 소규모 채금에 수은을 사용하는 것이 많은 광부와 주변 지역 사회에 어떻게 처참한 결과를 가져왔는지를 살펴보았다. 원자 및 원소에 대한 논의를 마치면서, 수은과 이렇게 흥미로운 원소와 관련된 문제를 좀 더 자세히 살펴보자.

수은의 물리적 특성은 매력적이다. 수은은 상온에서 액체인 유일한 자연 금속이다(그림 3.33). 수은은 은빛으로 빛나지만 쉽게 흐른다. 수은은 밀도가 높아, 납이 그 위에 떠 있을 정도다.

수은은 소규모 금 채굴에 꼭 필요하다. 광부들은 먼저 금광석과 수은을 섞어 금을 분리시키고, 고체 혼합물(아말감이라고 함)을 생성시킨다. 이제, 아말감을 가열하면 수은이 증발하고, 순금이 남는다.

그러나 수은은 강력한 독소이며, 기체 형태로는 특히 위험하다. 사람들이 호흡으로 들이마신 기체 상태의 수은은, 원자 상태로 혈류로 들어가 전자를 잃고 수은 이온(Hg^{2+})이 된다. 이 이온들은 신장과 중추신경계에 특히 유독하다. 수은에 광범위하게 노출되면 떨림, 기분 변화, 치매, 끝내는 죽음을 초래할 수 있다.

Adam Kiefer 박사와 그의 제자들은 소규모 금 채굴 활동의 영향을 받는 지역 사회와 협력하고 있다. 그들은 공기 중 수은의 양을 추적하고, 지역 지도자들에게 수은의 위험성에 대해 교육하고, 더 나아가 공기 중의 수은 수치를 낮추는 데 도움을 주었다.

Kiefer 박사가 직면한 과제 중 하나는, 기체 수은이 냄새도 없고 눈에도 보이지 않는다는 점이다. 수은이 어떻게 증발하는지를 더 잘 이해할 수 있도록, Kiefer 박사가 사용한 시청각 자료에는 **자외선**(UV)과 **형광** 배경이 있다. (자외선은 고에너지 빛으로 우리가 볼 수 없다. 형광 물질인 경우라면, 자외선을 형광 물질에 비추면 빛이 난다). 수은이 증발하면서 증기는 자외선을 흡수하고, 형광 배경에 그림자를 만들어 낸다. 이 시청각 자료가 사람들의 이해에 도움을 주는 것은, 수은 혼합물이 기체 원자를 지속적으로 공기 중으로 방출한다는 것이다.

원자 흡수 분광계(atomic absorbance spectrometer)라는 장치를 사용하면, 공기 중에 있는 수은의 양을 과학자들이 실제로 측정할 수 있다. 방법은 공기가 흡수하는 자외선의 양을 측정하는 것이다. 측정 장치를 GPS 시스템에 연결함으로써 Kiefer 박사와 그의 팀은 다른 이웃 지역에서의 수은 농도 지도를 만들 수 있었다.

최근 Kiefer 박사는 수은을 환경에 방출하지 않고 아말감에서 금을 분리할 수 있는 장치를 고안했다. 이 발명품으로 수은 오염을 획기적으로 줄일 수 있겠지만, 여전히 해야 할 일은 많이 남아 있다.

Ventin/Shutterstock

그림 3.33 수은은 상온에서 액체인 유일한 금속이다.

주요 용어

3.1 원자: 필수 구성 요소

질량 보존 법칙: 화학 반응에서 물질은 생성되거나 파괴되지 않는다.

원자론: 원자라고 하는 기본 단위로 물질을 설명하는 이론

3.2 원소 주기율표

원소 주기율표: 알려진 모든 원소를 질량과 특성을 기반으로 정리한 표

주기: 주기율표의 수평 행. 주기는 금속에서 비금속까지의 거동 범위를 포함한다.

족: 주기율표의 수직 열. 족(family)이라고도 한다. 같은 족의 원소들은 유사한 성질을 보인다.

주족 원소: 주기율표의 1~2 및 13~18열(또는 1A~8A)에 있는 원소

금속: 주기율표의 왼쪽에 있는 원소. 이 원소들은 다른 모양으로 성형될 수 있으며, 열과 전기를 전도한다.

전이 금속: 주기율표의 3~12열에 있는 금속. 이 금속은 1~2열에 있는 금속보다 단단하고 반응성이 작다.

비금속: 주기율표의 오른쪽 상단에 있는 원소. 이 원소들은 매우 다양한 성질을 가지고 있고, 많은 다른 화합물을 생성한다.

준금속: 금속과 비금속 사이의 특성을 가진 원소

알칼리 금속: 주기율표의 1족(또는 1A족)에 있는 금속 원소. 이 금속들은 반응성이 매우 크다.

알칼리 토금속: 주기율표의 2족(또는 2A족)에 있는 금속 원소. 이 금속들은 반응성이 매우 크다.

할로젠: 주기율표의 17족(또는 7A족)에 있는 비금속 원소. 이 원소들은 다양한 종류의 화합물을 생성한다.

비활성 기체: 주기율표의 18족(또는 8A족)에 있는 비금속 원소. 이 원소들은 일반적으로 화합물을 생성하지 않는다.

3.3 원자 구조 파악하기

아원자 입자: 원자를 구성하는 입자들. 세 가지 주요 아원자 입자는 양성자, 중성자, 전자이다.

원자 질량 단위(u 또는 amu): 1.66×10^{-27} kg에 해당하는 질량 단위

전하: 아원자 입자의 특성으로, 입자가 서로 상호 작용하는 방식에 영향을 미친다.

전자: 음으로 하전된 아원자 입자로, 핵 주위의 공간을 차지한다.

핵: 작고 밀도가 높은 원자의 중심. 핵은 양성자와 중성자를 포함한다.

양성자: 양전하를 띤 아원자 입자로, 원자의 핵에 있다.

중성자: 전하가 없는 아원자 입자로, 원자의 핵에 있다.

전자구름: 핵 주위의 공간. 전자구름은 원자의 거의 전체 부피로 간주한다.

3.4 원자 설명: 정체성 및 질량

원자 번호: 원자의 양성자 수. 중성 원자인 경우는 전자 수도 됨.

질량수: 원자의 양성자 수와 중성자 수의 합

동위 원소: 원자 번호는 같지만 질량수가 다른 원자

3.5 전자-미리보기

Bohr 모형: 원자 구조의 초기 모형으로, 원자를 작은 태양계처럼 취급한다. 핵을 중심에 두고, 전자들은 핵 주위를 돈다.

양자 모형: 전자 거동의 현대적 설명으로, 전자를 입자와 파동으로 모두 취급한다.

이온: 전하를 가지고 있는 원자 또는 원자단

추가 문제

3.1 원자: 필수 구성 요소

15. 물질의 기본 단위는 무엇인가?

16. 자연적으로 존재하는 원소는 몇 개인가?

17. 다음 각각의 업적은 어떤 과학자의 공인가?
- **a.** 원자에 관한 아이디어를 최초 제안
- **b.** 질량 보존 법칙 개발
- **c.** 현대 원자론의 개발

18. Dalton의 원자론의 4가지 주요 특징을 나열하시오.

19. Alka-Seltzer®는 일반적인 배탈의 치료제이다. 이 알약이 물과 혼합되면 화학 변화로 기포를 생성한다(그림 3.34). Lavoisier 법칙을 시험하기 위해, 어떤 화학자가 플라스틱 병에 든 소량의 물을 얼렸다. 그런 다음 Alka-Seltzer 알약을 넣고 플라스틱 병을 단단히 밀봉했다. 그리고 플라스틱 병의 질량을 쟀다. 그러고 나서 플라스틱 병을 카운터 위에 놓았다. 얼음이 녹으면서 물과 알약이 반응하기 시작하며 병 안에 거품이 생겼다. 얼음이 모두 녹고, 알약이 녹은 후에 병의 질량을 다시 측정했다. 병이 터지지 않는다고 가정할 때, 나중 질량이 이전 질량보다 많거나, 작거나, 같은 것 중 어느 것으로 예상하나? 이것을 어떻게 설명하는가?

nataliazhd/Shutterstock

그림 3.34 Alka-Seltzer®는 일반적인 배탈의 치료제이다. 알약과 물이 섞이면 화학 변화로 기포가 생긴다.

20. 상쾌한 10월 밤에 무거운 통나무 4개를 이용해 모닥불을 피웠다. 다음날 아침 알게 된 사실은, 그을린 통나무의 잔해가 전날 밤 통나무보다 훨씬 가볍다는 것이다. 이것은 질량 보존 법칙과 모순되는가? 통나무에 있는 원자에 어떤 일이 일어난 것인가?

21. 수산화 소듐은 염화 수소와 반응하여 두 가지 새로운 화합물인 염화 소듐과 물을 생성한다. 200 g의 수산화 소듐이 밀폐된 플라스크에서 100 g의 염화수소와 결합하면 반응이 일어난다. 반응 후 플라스크에는 몇 그램의 물질이 들어 있는가?

22. 천연가스(메테인)가 연소되면 공기 중의 산소와 반응하여 두 가지 새로운 화합물인 이산화 탄소와 물을 생성한다. 100그램의 메테인과 100그램의 공기가 밀폐된 용기에서 결합하고 혼합물이 반응한다면, 반응 후 용기에 존재하는 질량은 얼마인가?

23. 연소 시 24.3 g의 마그네슘과 16.0 g의 산소 기체가 완전히 반응하여 새로운 화합물인 산화 마그네슘을 생성할 수 있다. 다른 화합물은 생성되지 않았다. 이 반응에서 생성되는 산화 마그네슘의 질량은 얼마인가?

24. 아연 금속은 염산과 반응하여 염화 아연과 수소 기체를 생성한다.

$$\text{아연} + \text{염산} \rightarrow \text{염화 아연} + \text{수소 기체}$$

65.4 g의 아연이 이런 식으로 반응하면 72.9 g의 염산을 소모하고 2.0 g의 수소 기체를 생성한다. 이 정보를 바탕으로 할 때, 몇 그램의 염화 아연이 생성될까?

25. 스트론튬과 염소는 염소 원자 두 개당 스트론튬 원자 한 개의 단 한 가지 비로 결합한다. 이 정보를 기반으로 하여, 다음 결합이 가능한지를 말하시오.
   a. 10개의 스트론튬 원자와 20개의 염소 원자
   b. 10개의 스트론튬 원자와 30개의 염소 원자
   c. 1,400억 개의 스트론튬 원자와 2,200억 개의 염소 원자
   d. 3.8×10^{21}개의 스트론튬 원자와 7.6×10^{21}개의 염소 원자

26. 알루미늄 원자와 브로민 원자는 브로민 원자 3개당 알루미늄 원자 1개의 단 한 가지 비로 결합된다. 이 정보를 기반으로 하여, 다음 결합이 가능한지를 말하시오.
   a. 3개의 알루미늄 원자와 9개의 브로민 원자
   b. 4.2×10^{4}개의 알루미늄 원자와 8.4×10^{4}개의 브로민 원자
   c. 50,000개의 알루미늄 원자와 1.5×10^{5}개의 브로민 원자
   d. 9다스의 알루미늄 원자와 27다스의 브로민 원자

27. 다음 그림의 각각은 화학 반응을 나타낸다. 그들 중 어느 것이 질량 보존 법칙을 따르지 **않는가**? 그 답을 설명하시오.

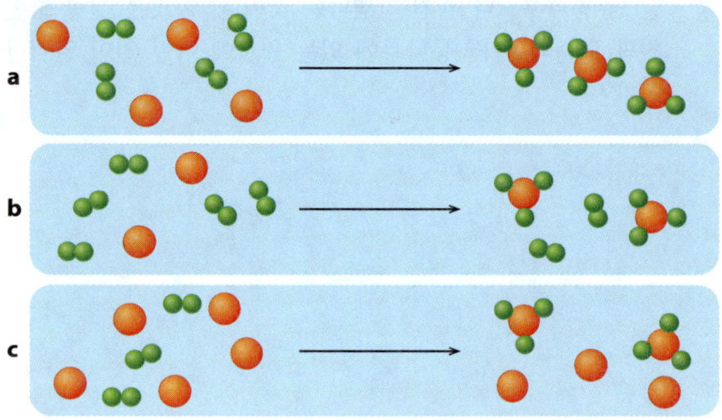

28. 다음 그림의 각각은 화학 반응을 나타낸다. 그들 중 어느 것이 질량 보존 법칙을 따르지 **않는가**? 그 답을 설명하시오.

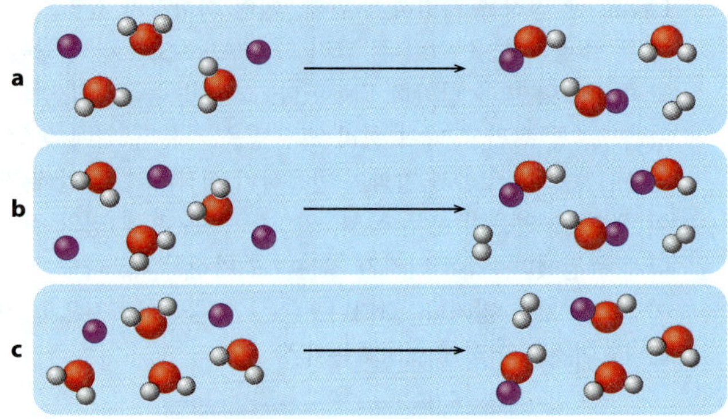

3.2 원소 주기율표

29. 다음 각 기호에 해당하는 원소의 이름을 쓰시오.
a. Cs **b.** Ti **c.** K **d.** B **e.** Xe

30. 다음 각 기호에 해당하는 원소의 이름을 쓰시오.
a. Np **b.** O **c.** Fe **d.** S **e.** Th

31. 다음 각 기호에 해당하는 원소의 이름을 쓰시오.
a. W **b.** B **c.** U **d.** S **e.** C

32. 다음 각 기호에 해당하는 원소의 이름을 쓰시오.
a. O **b.** Ba **c.** Mg **d.** W **e.** Pb

33. 다음 각 원소의 원자 기호를 쓰시오.
a. 플루오린 **b.** 저마늄 **c.** 주석 **d.** 마그네슘

34. 다음 각 원소의 원자 기호를 쓰시오.
a. 포타슘 **b.** 아르곤 **c.** 루테륨 **d.** 리튬

35. 다음 각 원소의 원자 기호를 쓰시오.
a. 아이오딘 **b.** 구리 **c.** 은 **d.** 수소

36. 다음 각 원소의 원자 기호를 쓰시오.
a. 철 **b.** 니켈 **c.** 금 **d.** 타이타늄

37. 주기율표에서 화학적 성질이 비슷한 원자들은 어떻게 분류되는가?

38. 주기율표의 수평 행을 가로질러 이동하면서 어디에서 금속, 준금속, 비금속을 찾을 수 있는가?

39. 주기율표를 사용하여 다음 각 원소를 주족 금속, 전이 금속, 내부 전이 금속, 준금속, 비금속으로 식별하시오.
a. 붕소 **b.** 갈륨 **c.** 크로뮴 **d.** 바륨
e. 우라늄 **f.** 산소 **g.** 주석 **h.** 철

40. 주기율표를 사용하여 다음 각 원소를 주족 금속, 전이 금속, 내부 전이 금속, 준금속, 비금속으로 식별하시오.
a. 탄소 **b.** 리튬 **c.** 바나듐 **d.** 칼슘
e. 플루토늄 **f.** 백금 **g.** 아인슈타이늄 **h.** 아르곤

41. 주족 원소란 무엇인가?

42. 어떤 계열 원소가 희토류 원소의 대부분을 포함하는가?

43. 다음 각 원소를 금속, 준금속, 비금속으로 식별하시오.
a. 백금 **b.** 산소 **c.** 리튬 **d.** 우라늄

44. 다음 각 원소를 금속, 준금속, 비금속으로 식별하시오.
a. 탄소 **b.** 수은 **c.** 캘리포늄 **d.** 텔루륨

45. 포타슘, 루비듐, 세슘은 모두 어느 원소 족에 속하는가?

46. 칼슘, 스트론튬, 바륨은 모두 어느 원소 족에 속하는가?

47. 다음 각 원소가 속한 원소 족을 식별하시오.
a. 염소 **b.** 크립톤 **c.** 루비듐 **d.** 스트론튬

48. 다음 각 원소가 속한 원소 족을 식별하시오.
a. 프랑슘 **b.** 플루오린 **c.** 헬륨 **d.** 칼슘

49. 주기율표상의 위치를 기준으로 볼 때, 다음 원소 중 어느 원소가 거의 마그네슘처럼 거동하는가?
a. 소듐 **b.** 베릴륨 **c.** 알루미늄 **d.** 아르곤

50. 주기율표상의 위치를 기준으로 볼 때, 다음 원소 중 어느 원소가 거의 산소처럼 거동하는가?
a. 질소 **b.** 인 **c.** 황 **d.** 플루오린

51. 주기율표상의 위치를 기준으로 볼 때, 다음 원소 중 어느 원소 두 개가 염소처럼 거동하지 **않는가**?
a. 플루오린 **b.** 브로민 **c.** 아르곤 **d.** 황

52. 주기율표상의 위치를 기준으로 볼 때, 다음 원소 중 어느 원소 두 개가 스트론튬처럼 거동하지 **않는가**?
a. 루비듐 **b.** 칼슘 **c.** 이트륨 **d.** 바륨

53. 주기율표상 각 원소의 위치를 기준으로 각 원소를 말하시오.
a. 4행 5열 b. 3행 7A족
c. 2행 18열

54. 주기율표상 각 원소의 위치를 기준으로 각 원소를 말하시오.
a. 1행 1열 b. 4행 12족
c. 2행 3A족

3.3 원자 구조 파악하기

55. 전하는 아원자 입자의 기본 특성이다. 아원자 입자에서 가능한 전하는 무엇인가?

56. 어떤 종류의 전하가 서로를 끌어당기는가? 어떤 종류의 전하가 서로를 밀어 내는가?

57. 첫 번째 열의 과학자 한 분과 두 번째 열의 발견을 연결하시오.

(1) Democritus	a. 주기율표
(2) Antoine Lavoisier	b. 원자 존재의 최초 이론화
(3) John Dalton	c. 질량 보존 법칙
(4) Dmitri Mendeleev	d. 현대 원자론

58. 첫 번째 열의 과학자 한 분과 두 번째 열의 발견을 연결하시오.

(1) Alessandro Volta	a. 전자 발견
(2) J. J. Thomson	b. 태양을 도는 행성처럼, 전자가 핵을 도는 모형
(3) Ernest Rutherford	c. 원자가 단단한 핵을 가지고 있다는 아이디어
(4) Niels Bohr	d. 배터리 발명

59. Rutherford와 그의 학생들이 금박 실험을 했을 때, 그들이 볼 것으로 기대한 것은 무엇인가? 그들의 실제 관찰 결과는 그들의 가설과 어떻게 다른가?

60. Rutherford는 금박 실험에서 어떤 결론을 도출할 수 있었는가?

61. 핵과 전자구름 중 어느 것의 부피가 더 큰가? 또한 질량이 더 큰 것은?

62. 원자핵의 밀도와 원자의 나머지 밀도는 어떻게 비교되는가?

63. John Dalton의 최초 원자론이 담고 있었던 핵심 아이디어는 다음과 같았다. 이러한 아이디어 중 잘못된 부분은 어느 것인가?
a. 원소는 원자라고 불리는 작고 쪼갤 수 없는 입자로 이루어져 있다.
b. 각 원소의 원자는 고유하다.
c. 원자는 서로 정수비로 결합하여 화합물을 생성할 수 있다.
d. 원자는 화학 반응에서 불변이다.

64. J. J. Thomson이 John Dalton과는 달리, 원자를 쪼갤 수 없는 입자로 생각하지 않고 자두 푸딩 모형을 명확하게 표현한 것은 어떤 발견에 따른 것인가?

65. 각각의 질량이 약 1 amu인 두 가지 아원자 입자는 무엇인가? 어떤 두 입자가 핵에 위치하는가? 어떤 두 입자가 전하를 띠는가?

66. 세 개의 주요 아원자 입자(양자, 중성자, 전자) 중 어느 것이 가장 작은가? 어느 것의 전하가 0인가? 어떤 입자가 핵의 바깥 공간을 차지하는가?

3.4 원자 설명: 정체성 및 질량

67. 주기율표를 사용하여 다음 각 원소의 원자 번호를 말하시오.
a. Ti b. S c. Te d. Li

68. 주기율표를 사용하여 다음 각 원소의 원자 번호를 말하시오.
a. Rf b. Ar c. He d. Es

69. 주기율표를 사용하여 각 원자 번호에 해당하는 원소 기호를 말하시오.
a. 원자 번호 13
b. 원자 번호 86
c. 원자 번호 99

70. 주기율표를 사용하여 각 원자 번호에 해당하는 원소 기호를 말하시오.
a. 원자 번호 29
b. 원자 번호 5
c. 원자 번호 16

71. 다음 각 항목의 원자 번호와 질량수를 말하시오.
  a. 양성자 14개와 중성자 16개를 가진 원자
  b. 양성자 27개와 중성자 32개를 가진 원자
  c. 양성자 20개와 중성자 26개를 가진 원자

72. 다음 각 항목의 원자 번호와 질량수를 말하시오.
  a. 양성자 35개와 중성자 44개를 가진 원자
  b. 양성자 35개와 중성자 46개를 가진 원자
  c. 양성자 82개와 중성자 124개를 가진 원자

73. 다음 각각에 대해 원자 번호와 질량수를 포함한 원자 기호를 쓰시오.
  a. 중성자가 20개인 포타슘 원자
  b. 중성자가 22개인 아르곤 원자
  c. 중성자가 157개인 페르뮴 원자

74. 다음 각각에 대해 원자 번호와 질량수를 포함한 원자 기호를 쓰시오.
  a. 중성자가 14개인 규소 원자
  b. 중성자가 39개인 갈륨 원자
  c. 중성자가 106개인 하프늄 원자

75. 크로뮴의 가장 일반적인 동위 원소의 질량수는 52이다. ^{52}Cr의 원자에는 중성자가 몇 개 있는가?

76. 니켈의 가장 일반적인 동위 원소의 질량수는 58이다. ^{58}Ni의 원자에는 중성자가 몇 개 있는가?

77. 주기율표를 사용하여 다음 표를 완성하시오.

원자	기호	양성자	중성자	원자 번호	질량수
수소	H	1	0		
황			16		
		52			128
	He		2		
			51	40	

78. 주기율표를 사용하여 다음 표를 완성하시오.

원자	기호	양성자	중성자	원자 번호	질량수
	Fr	87			223
텅스텐			110		
	U				238
		86	136		
			57	44	

79. 캔디 바를 사기 위해, 방에서 충분한 동전을 찾고 있다. 정밀 검색 후에 페니 8개, 니켈 5개, 다임 4개, 쿼터 3개의 동전을 찾아 냈다. 찾아 낸 동전의 총 가치는 얼마인가? 찾아 낸 동전의 평균 가치는 얼마인가? (페니, 니켈, 다임, 쿼터는 각각 0.01, 0.05, 0.1, 0.25 미국 달러이다.)

80. 70%는 다임, 30%는 니켈인 동전이 가방에 들어 있다. 가방에 들어 있는 동전의 평균 가치는 얼마인가? (니켈, 다임은 0.05, 0.1 미국 달러이다.)

81. 갈륨의 동위 원소는 두 가지다. 첫 번째 동위 원소는 양성자가 31개이고 중성자가 38개이다. 두 번째 동위 원소는 양성자가 31개이고 중성자가 40개이다. 이들 동위 원소 각각에 대해 원자 번호와 질량수를 포함한 원자 기호를 쓰시오.

82. 인듐의 동위 원소는 두 가지다. 첫 번째 동위 원소는 양성자가 49개이고 중성자가 64개이다. 두 번째 동위 원소는 동위 원소는 양성자가 49개이고 중성자가 66개이다. 이들 동위 원소 각각에 대해 원자 번호와 질량수를 포함한 원자 기호를 쓰시오.

83. 은에는 ^{107}Ag와 ^{109}Ag인 두 가지 동위 원소가 있다. 각 동위 원소의 핵에 있는 양성자 수와 중성자 수를 구하시오.

84. 이리듐에는 ^{191}Ir과 ^{193}Ir인 두 가지 동위 원소가 있다. 각 동위 원소의 핵에 있는 양성자 수와 중성자 수를 구하시오.

85. 브로민은 두 동위 원소의 혼합물로 존재한다. 브로민 원자의 50.7%는 ^{79}Br이고 49.3%는 ^{81}Br이다. 질량수와 상대 존재비를 사용하여 브로민의 평균 원자량을 추정하시오.

86. 붕소는 두 동위 원소의 혼합물로 존재한다. 붕소 원자의 19.80%가 ^{10}B이고, 80.20%가 ^{11}B이다. 질량수와 상대 존재비를 사용하여 붕소의 평균 원자량을 추정하시오.

87. 표와 같이 납은 네 가지 주요 동위 원소의 혼합물로 존재한다. 납의 평균 원자량을 계산하시오.

동위 원소	질량(u)	존재비(%)
^{204}Pb	203.9730	1.40
^{206}Pb	205.9745	24.10
^{207}Pb	206.9759	22.10
^{208}Pb	207.9766	52.40

88. 아연은 표와 같이 5가지 주요 동위 원소의 혼합물로 존재한다. 아연의 평균 원자량을 계산하시오.

동위 원소	질량(u)	존재비(%)
^{64}Zn	63.9291	48.63
^{66}Zn	65.9260	27.90
^{67}Zn	66.9271	4.10
^{68}Zn	67.9248	18.75
^{70}Zn	69.9253	0.62

89. **질량수**와 **평균 원자량**의 차이는 무엇인가?

90. 왜 주기율표에는 질량수가 아닌 평균 원자량이 주로 표시되어 있는가?

3.5 전자-미리보기

91. Bohr 모형은 원자 구조의 자두 푸딩 모형과 어떻게 다른가?

92. 양자 역학 모형은 원자 구조의 Bohr 모형과 어떻게 다른가?

93. 다음 각 중성 원자에 있는 전자 수를 구하시오.
a. 수소 **b.** 헬륨 **c.** 탄소 **d.** 셀레늄

94. 다음 각 중성 원자에 있는 전자 수를 구하시오.
a. 구리 **b.** 금 **c.** 수은 **d.** 제논

95. 다음 각 중성 원자에 있는 양성자 수와 전자 수를 구하시오.
a. Li **b.** Ge **c.** Bi **d.** Ba

96. 다음 각 중성 원자에 있는 양성자 수와 전자 수를 구하시오.
a. Y **b.** N **c.** O **d.** Cf

97. 베릴륨 이온은 4개의 양성자를 가지고 있지만, 전자는 2개밖에 없다. 이 이온의 전하는 얼마인가?

98. 산화 이온은 8개의 양성자와 10개의 전자를 가지고 있다. 이 이온의 전하는 얼마인가?

99. 다음 각 항목의 알짜 전하를 구하시오.
a. 양성자 7개, 중성자 7개, 전자 10개인 이온
b. 양성자 38개, 중성자 50개, 전자 36개인 이온
c. 양성자 35개, 중성자 44개, 전자 35개인 원자

100. 다음 각 항목의 알짜 전하를 구하시오.
a. 전자가 18개인 인 이온
b. 전자가 18개인 아르곤 원자
c. 전자가 18개인 포타슘 이온
d. 전자가 18개인 칼슘 이온

101. 중성 은 원자에 있는 전자 수를 구하시오. 전하가 +1인 은 이온에 있는 전자 수를 구하시오.

102. 중성 아연 원자에 있는 전자 수를 구하시오. 전하가 +2인 아연 이온에 있는 전자 수를 구하시오.

103. 타이타늄은 일반적으로 두 가지 이온을 생성한다. 첫 번째 이온의 전하는 +2다. 두 번째 이온의 전하는 +4다. 이 이온들 각각에 있는 총 전자 수를 구하시오.

104. 철은 일반적으로 두 가지 이온을 생성한다. 첫 번째 이온의 전하는 +2다. 두 번째 이온의 전하는 +3이다. 이 이온들 각각에 있는 총 전자 수를 구하시오.

105. 극한 조건하에서 금은 전자 한 개를 잃고 +1 이온을 생성한다. 수은은 종종 두 개의 전자를 잃고 +2 이온을 생성한다. 이 이온들 각각에 있는 양성자 수와 전자 수를 구하시오.

106. 소듐 원자는 쉽게 전자 한 개를 잃고 +1 이온을 생성한다. 마그네슘 원자는 쉽게 두 개의 전자를 잃고 +2 이온을 생성한다. 이 이온들 각각에 있는 전자 수를 구하시오.

107. 플루오린, 염소, 브로민은 모두 한 개의 전자를 얻어 −1 전하의 이온을 생성한다. 각각의 이온에 있는 양성자 수와 전자 수를 구하시오.

108. 리튬, 포타슘, 루비듐은 모두 한 개의 전자를 잃고 +1 전하의 이온을 생성한다. 각각의 이온에 있는 양성자 수와 전자 수를 구하시오.

빛과 전자 구조

CHAPTER 4

그림 4.1 (a) 태양 전지는 이제 많은 가정에 전기 에너지의 일부를 제공한다. (계속)

태양 에너지를 향한 이동

만약 전력 회사가 **당신에게** 전기료를 지불했다면?

도저히 믿기지 않는 이 꿈이 태양 에너지 기술의 최근 발전 덕분에 현실에 가까워지고 있다. 전기료 문제는 잠시 후에 다시 보기로 하고, 먼저 작은 역사 한 토막을 보자. 1839년에 프랑스 과학자인 Edmond Becquerel은 특정 물질에 빛을 비추면 전류가 발생한다는 것을 발견했다. 1세기 후인 1954년에 벨 연구소는 최초의 **태양 전지**를 만들었다. 이 장치로 햇빛을 전기로 바꿀 수 있었다.

그 후 수년 동안 많은 사람이 태양 에너지를 미래의 동력원으로 환영해 왔다. 태양 에너지는 화석 연료를 마침내 대체할 깨끗하고 재생 가능한 에너지다. 과학자들과 기술자들이 꿈꾼 것은 전력망과 연결하지 않는, 에너지 자급자족의 집을 만드는 것이었다.

이런 꿈에도 불구하고, 대규모 태양광 발전은 괴로울 정도로 개발이 더디다. 한 가지 문제는 위치다. 태양광 발전이 훨씬 더 유망한 곳은 햇볕이 많이 내리쬐는 지역으로, 예를 들면 남부 캘리포니아나 중앙아프리카가 미네소타나 핀란드 같은 북부 지역보다는 낫다. 다른 문제는 비용 문제다. 태양 전지 가격이 지난 수십 년 동안 급격하게 떨어졌음에도 비용이 문제다(그림 4.1). 태양열은 여전히 석탄이나 천연가스보다 비싸다.

하지만 가장 어려운 문제는 에너지 저장 장치였다. 우리 집은 항상 햇빛에 노출되지는 않기 때문에, 태양 에너지는 나중을 위한 에너지 저장 방법이나 예비 전력 공급이 필요하다.

Elon Musk를 검색해 보자. 그는 민간 우주탐사 분야의 선두주자인 스페이스 X의 창업자이자 고성능 전기차를 생산하는 테슬라 자동차의 최고경영자(CEO)다. 그는 또한 Solar City 창립을 도왔다. Solar City는 가정용 태양광 시스

그림 4.1 (계속) (b) 태양 전지의 가격은 최근 몇 년 동안 급격히 떨어졌다. 그러나 태양 에너지는 여전히 다른 에너지원에 비해 비용이 더 많이 든다. (c) 2015년에 테슬라 최고경영자(CEO) Elon Musk는 테슬라 전기차에 사용된 배터리를 기반으로 한 새로운 가정용 배터리를 공개했다. (d) 가정의 차고에 설치되어 있는 테슬라 배터리 시스템. (a) Ewelina/Shutterstock; (c) Steve Jurvetson, Flickr; (d) Mileflore Imanges/Shutterstock

템을 생산하고 설치하는 회사다. 오랜 세월, 배터리는 너무 크고 비싸고 비효율적이어서, 집 전체의 에너지 수요를 감당할 수 없었다. 그러나 지난 몇 년 동안, 테슬라 같은 회사들이 배터리 기술과 성능 향상을 주도해 왔다. 2015년에 Elon Musk는 충전식 배터리 시스템을 도입하여 소형 가정에 전력을 공급할 수 있게 했다. 테슬라 자동차 기술을 기반으로, 이러한 장시간 배터리 시스템과 태양 전지 패널을 연결할 수 있었다. 낮에는 태양 전지 패널이 배터리를 충전하고, 밤에는 가정에 전력을 공급하여 매달 전기 요금을 절감한다. 어떤 곳에서는 주택 소유자들이 심지어 전력 회사에 초과 전력을 다시 팔 수도 있다.

테슬라 배터리 시스템은 태양 에너지 개발에 있어서 인상적인 성과이자 중요한 단계다. 또한 태양 에너지가 우리 시대에 화석 연료를 완전히 대체하지는 못할지라도, 태양 에너지는 우리 에너지 미래의 중요한 부분이다.

그렇다면 태양열 발전은 어떻게 작동할까? 그 질문에 답하기 위해서 먼저 이해해야 할 것은 빛과 원자 구조 사이의 관계다. 이 장에서 우리가 알게 될 것은 빛의 흡수와 발산 모두와 밀접하게 연결되어 있는 것이 핵 주위의 전자 구성이라는 것이다. 빛은 시작에 불과하고, 더 깊이 파고들면 원소의 성질이 원소의 전자 구조와 어떻게 관련되는지를 알게될 것이다. 또한 주기율표를 잠깐 보고도 많은 정보를 결정하는 방법을 배울 것이다. 이제 봅시다.

학습 목표

이 장을 완료하고 실습 문제를 풀고 나면, 수행할 수 있는 것은 다음과 같다.

4.1 전자기 스펙트럼
- 전자기 복사의 파장, 주파수, 에너지 사이의 관계를 정성적으로, 정량적으로 설명할 수 있어야 한다.

4.2 색, 선 스펙트럼, Bohr 모형
- 선 스펙트럼, Bohr 모형을 설명할 수 있어야 하고, 이들이 어떻게 관련이 있는지를 설명할 수 있어야 한다.
- 빛의 흡수 또는 방출을 전자 전이의 함수로서 설명할 수 있어야 한다.

4.3 양자 모형과 전자 오비탈
- Heisenberg의 불확정성 원리와 전자의 파동성을 설명할 수 있어야 한다.
- *s, p, d, f* 부준위의 오비탈 수와 최대 수용 전자 수를 말할 수 있어야 한다.
- 각각의 주 에너지 준위와 유효한 부준위 사이의 상관관계를 보여줄 수 있어야 한다.

4.4 전자 배치
- 전체 표기법 또는 비활성 기체 속기법을 사용하여 원자 및 이온의 전자 배치를 작성할 수 있어야 한다.
- 원자나 이온의 내부 전자, 외부 전자, 원자가 전자를 식별할 수 있어야 한다.
- 옥텟 규칙을 적용하여 비활성 기체의 탁월한 안정성을 설명할 수 있어야 한다.

4.5 전자 배치 및 주기율표
- 주기율표를 사용하여 원소의 최고 점유 에너지 준위와 부준위를 신속하게 식별할 수 있어야 한다.
- 주기율표를 사용하여 주족 원소의 원자가 전자 수를 확인할 수 있어야 한다.

4.1 전자기 스펙트럼

우리의 세상은 빛에 잠겨 있고 색에 젖어 있다. 표범의 위장부터 석양의 빛까지, 숲의 잔잔한 초록빛부터 광고판의 주의를 끄는 텍스트까지, 빛과 색에 대한 인식은 생존에서 패션, 커뮤니케이션까지 다양한 영역에서 중요한 역할을 한다(그림 4.2).

Ewais/Shutterstock

그림 4.2 빛과 색은 원자 구조와 밀접하게 연결되어 있다.

빛의 생성과 밀접하게 연결되어 있는 것은 원자 구조, 특히 핵 주위의 전자 배치다. 사실, 전자 구조를 이해하는 것은 빛이 어떻게 생성되는지를 이해하는 열쇠다.

그렇다면 빛이란 무엇일까? 그리고 빛은 어디에서 오는가? 가장 기본적인 용어로, 빛은 **전자기 복사(electromagnetic radiation)**의 한 종류다. 전자기 복사란 에너지의 한 형태로, 하전 입자가 서로 상대적으로 움직이거나 진동할 때 생성되는 파동으로 이동하는 에너지다. 이러한 에너지 파동은 **광자(photon)**라고 하는 작은 단위로 존재한다. 우리는 광자를 빛의 **다발**(packet)로 생각할 수 있다(그림 4.3).

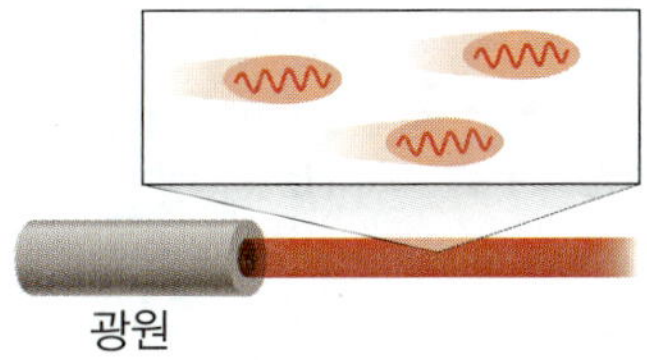

그림 4.3 빛은 광자라고 하는 에너지 다발로 이동한다.

전자기 복사의 범위는 최저 에너지파(TV파나 전파)에서 최고 에너지파(X선이나 감마선)까지다. 이렇게 광범위한 전자기 에너지 연속체를 **전자기 스펙트럼(electromagnetic spectrum)**이라고 한다(그림 4.4).

이 스펙트럼의 중간에는 우리의 눈이 감지할 수 있는 작은 범위의 복사가 있다. 우리는 그것을 가시광선으로 인식한다. 이렇게 좁은 범위의 복사가 **가시 스펙트럼(visible spectrum)**이다. 가시 스펙트럼(그림 4.5)을 좀 더 자세히 살펴보면, 무지개 색깔로 이루어져 있음을 알 수 있다. 즉 빨간색, 주황색, 노란색, 녹색, 파란색, 보라색이 보인다.

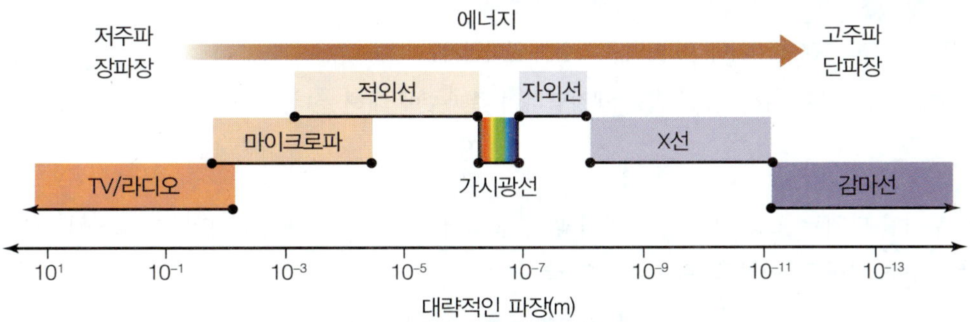

그림 4.4 전자기 스펙트럼의 에너지 영역은 광범위하다. 가시광선은 전체 스펙트럼의 좁은 조각이다.

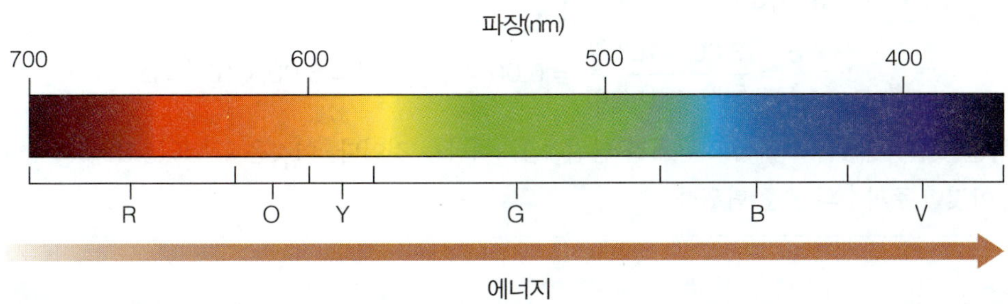

그림 4.5 가시 스펙트럼의 범위는 약 700 nm에서 약 370 nm까지이다. 스펙트럼의 색은 빨간색(R), 주황색(O), 노란색(Y), 녹색(G), 파란색(B), 보라색(V)이다.

파장 및 주파수

우리는 몇 가지 매개 변수를 사용하여 전자기파를 설명한다. **파장(wavelength)**은 파동의 한 점으로부터 그다음 파동의 동일한 점까지의 거리로, 기호로 그리스 문자 **람다**(λ)를 사용한다

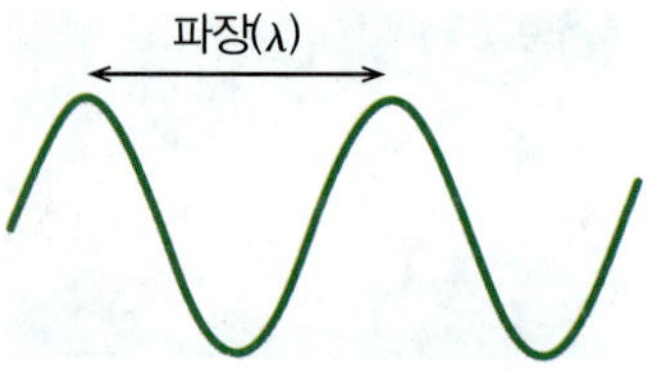

그림 4.6 파장이란 한 파동 주기의 한 점에서 다음 주기의 동일한 점까지의 거리다.

(그림 4.6). 일반적으로 측정 파장의 단위는 미터 또는 나노미터이다($1\ \text{nm} = 10^{-9}\ \text{m}$).

빛의 색은 파장과 관련이 있다. 가시 스펙트럼의 낮은 에너지 끝에 위치한 적색 빛의 파장은 약 700 nm이다. 이보다 더 긴 파장은 **적외선**(IR: infrared) 영역으로 떨어진다. 가시 스펙트럼의 높은 에너지 끝에 위치한 보라색 빛의 파장은 약 400~370 nm이다. 이보다 짧은 파장은 **자외선**(UV: ultraviolet) 영역에 속한다.

주파수(frequency)란 1초에 한 점을 통과하는 파동의 수이며, 기호로 그리스 문자 **뉴**(ν)를 사용한다. 1초당 1회 통과하는 파동의 주파수가 1**헤르츠(hertz)**이다. 헤르츠에 해당하는 단위는 **Hz**로, 1/s 또는 s^{-1}로 쓰이기도 한다. 예를 들어 파장의 주파수가 10,000 Hz인 경우, 이것을 세 가지 다른 방법으로 쓸 수 있다. 즉 10,000 Hz, 10,000/s, 10,000 s^{-1}이다. 이들 각 표시는 초당 10,000회를 나타낸다.

$1/s = 1\ s^{-1} = 1\ \text{Hz}$

파장과 주파수는 서로 반비례한다. 따라서 파장이 감소하면 주파수가 증가하며, 그 반대의 경우도 마찬가지다. 수학적으로 이 원리를 설명하는 데 다음 관계를 사용한다. 여기서 λ는 파장이고 ν는 주파수다.

$$c = \lambda\nu$$

$$c = \lambda\nu$$
빛의 속도 = 파장 × 주파수
$$\frac{\text{m}}{\text{s}} = \text{m} \times \frac{1}{\text{s}}$$

그림 4.7 이 식은 속도, 파장, 주파수 사이의 관계를 알려 준다.

c를 정의하기 전에, 이 식에 포함된 단위를 살펴보자. 파장(λ)의 측정 단위는 미터다. 주파수(ν)는 초당 횟수다. m와 1/s를 곱하면 m/s가 나온다. 이것은 속도 단위다(그림 4.7). 우리는 지금 광파를 설명하고 있으므로 c는 **빛의 속도(광속)**이다. 진공에서 광속의 상수 값은 3.00×10^8 m/s이다. 예제 4.1은 이 관계를 사용하여 파장과 주파수 사이를 변환하는 방법을 보여 준다.

예제 4.1 광파의 파장, 주파수, 속도의 관계

녹색광은 파장이 500 nm이다. 이 빛의 주파수는 얼마인가?

이 문제를 해결하기 위해, 앞의 식을 재정렬하여 주파수에 대해 푼다.

$$\nu = \frac{c}{\lambda}$$

$1\ \text{nm} = 10^{-9}\ \text{m}$

c의 주어진 단위는 초당 미터다. 따라서 파장을 미터 단위로 표현해야 그 단위가 소거될 것이다. 1나노미터는 10^{-9} m이므로, 다음과 같이 쓸 수 있다.

$$500\ \text{nm} = 500 \times 10^{-9}\ \text{m}$$

그런 다음, 식에 값을 대입하면 다음과 같다.

$$\nu = \frac{c}{\lambda} = \frac{3.00 \times 10^8\ \frac{\cancel{\text{m}}}{\text{s}}}{500 \times 10^{-9}\ \cancel{\text{m}}} = 6.00 \times 10^{14}\ \text{s}^{-1} = 6.00 \times 10^{14}\ \text{Hz}$$

주목할 것은, 미터는 소거되고 남겨진 단위가 1/s이라는 것이다. 이것은 s^{-1} 또는 Hz로도 쓸 수 있다. 이것이 주파수의 표준 단위다.

도전 문제

1. 적색광은 파장이 720 nm이다. 이 빛의 주파수는 얼마인가?
2. 청색광은 주파수가 6.41×10^{14} Hz이다. 이 빛의 파장은 몇 미터인가? 나노미터 단위로는 얼마인가?

광자의 에너지

우리는 종종 빛을 빛의 에너지로 표현한다. 빛의 광자 에너지는 주파수와 파장에 따라 달라진다. 예를 들어 그림 4.8에 표시된 두 개의 광파(light wave)를 비교하라. 주목할 것은, 빨간색 파동이 파란색 파동보다 파장이 더 길다는 것이다. 따라서 빨간색 파동이 위아래로 더 느리게 진동하여 초당 횟수가 더 적다(즉 더 낮은 주파수). 반면에 파란색 파동의 진동 주파수는 더 높다. 파동의 에너지는 파동이 얼마나 빨리 진동하는가에 의존한다. 빨간색 파동(장파장)은 에너지가 작다. 반면에 파란색 파동(단파장)은 에너지가 더 크다.

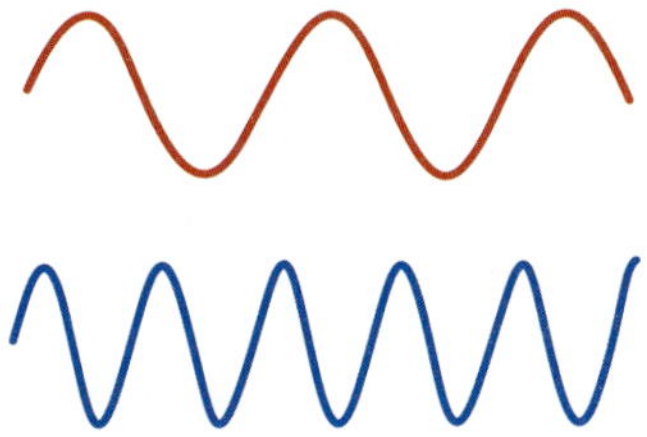

그림 4.8 파란색 파동은 빨간색 파동보다 파장은 짧지만 주파수는 높다. 따라서 파란색 파동의 에너지가 더 크다.

다음 관계를 사용하면, 광자 한 개의 에너지를 주파수와 연관시킬 수 있다.

$$E = \mathrm{h}\nu$$

여기서 E는 에너지(측정 단위는 줄), ν는 주파수, h는 Planck 상수로, 값은 6.63×10^{-34} J·s이다. 에너지를 파장과 연관 짓기 위해서는 이 식을 다음과 같이 쓸 수도 있다.

$$E = \mathrm{hc}/\lambda$$

예제 4.2는 어떻게 이러한 관계를 사용하여 주파수, 파장, 에너지 사이의 변환을 할 수 있는가를 보여 준다.

예제 4.2 빛의 파장, 주파수, 에너지 관계

광자의 주파수는 7.50×10^{14} Hz이다. 이 빛의 파장은 얼마인가? 이 빛은 어떤 색인가? 광자의 에너지는 얼마인가?

파장을 구하기 위해, 식 $c = \lambda\nu$를 다시 정렬하고 c와 ν에 주어진 값을 대입하면 다음과 같다.

$$\lambda = \frac{c}{\nu} = \frac{3.00 \times 10^{8}\ \frac{\mathrm{m}}{\cancel{\mathrm{s}}}}{7.50 \times 10^{14}\ \frac{1}{\cancel{\mathrm{s}}}} = 4.00 \times 10^{-7}\ \mathrm{m} = 400\ \mathrm{nm}$$

이 답을 그림 4.5의 가시 스펙트럼과 비교해 보면 빛의 파장이 400 nm인 것이 보라색(또는 자주색)이라는 것을 알 수 있다. 마지막으로, 파동의 에너지를 계산할 수 있다.

$$E = \mathrm{h}\nu = (6.63 \times 10^{-34}\ \mathrm{J} \cdot \cancel{\mathrm{s}}) \times (7.50 \times 10^{14}\ \cancel{\mathrm{s}^{-1}}) = 4.97 \times 10^{-19}\ \mathrm{J}$$

Planck 상수는 Max Planck(1858~1947)의 이름을 따서 명명된 것이다. Planck는 독일의 물리학자로, 양자 이론(4.3절에서 설명)을 개발하는 데 중요한 역할을 했다. Planck는 이 업적으로 1918년에 노벨 물리학상을 받았다.

도전 문제

3. 오리지널 **스타워즈** 영화에서, Luke Skywalker가 받은 것은 푸른색 광선 검이었다. **제국의 역습**(Empire Strikes Back)에서 자신의 손을 잃은 후, 세 번째 영화에서는 녹색 광선 검으로 돌아왔다. 어느 광선 검이 에너지가 더 큰 광파를 방출하는가? 푸른색 광선 검인가, 녹색 광선 검인가?
4. 주파수가 6.98×10^{14} Hz인 광선의 에너지는 몇 줄인가?
5. 에너지가 3.75×10^{-19} J인 광자의 파장은 얼마인가? 그림 4.5의 가시광선 스펙트럼에 기초할 때, 이것은 대략 어떤 빛의 색인가?

4.2 색, 선 스펙트럼, Bohr 모형

색과 선 스펙트럼

빛과 전자 구조에 대한 우리 연구의 시작은 천 년 이상 된 기술인 불꽃놀이(그림 4.9)였다. 불

그림 4.9 여러 색상의 불꽃이 발생하는 것은 폭발 혼합물에 있는 다양한 금속들 때문이다.

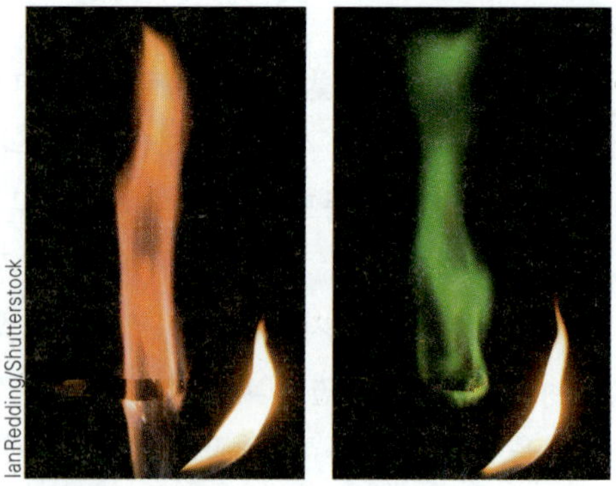

그림 4.10 다양한 원소들이 불꽃에서 가열될 때 금속 고유의 색들을 나타낸다.

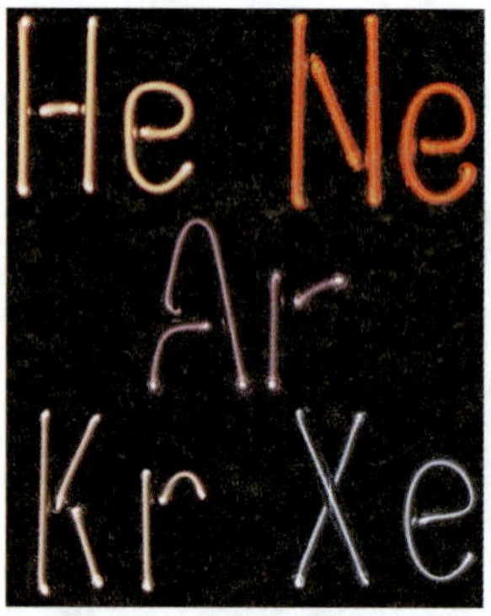

그림 4.11 기체 램프는 고유한 색을 낸다. 이들 색은 어느 원소가 존재하는가에 따라 다르다. 이들 램프에는 각각 다른 비활성 기체가 들어 있다.

꽃놀이의 폭발성 분말에는 혼합물이 탈 때처럼 독특한 색을 내는 금속들이 들어 있다.

이러한 거동을 실험실에서 쉽게 관찰할 수 있는 방법은 **불꽃 반응**(flame test)이라는 실험을 통해서다. 이 실험에서 금속 이온(이온은 하전 입자임을 상기하라)이 들어 있는 용액에 철사를 담근다. 각 원소의 이온은 가열될 때 고유의 색을 낸다(그림 4.10). 예를 들어 철사를 칼슘이 들어 있는 용액에 담그면, 불꽃이 밝은 주황색으로 타오른다. 구리 용액에 담그면, 불꽃이 밝은 녹색으로 타오른다.

유사한 효과는 네온사인에서 사용되는 기체 램프에서 볼 수 있다. 이러한 램프들은 전류를 관에 통과시키면 빛을 낸다. 관에 채워진 기체는 네온, 헬륨, 아르곤, 크립톤이다(그림 4.11). 불꽃 반응의 금속들처럼, 램프에 들어 있는 각 기체는 고유의 색을 낸다.

유리 **프리즘**(prism)을 사용하면 램프의 빛을 분석할 수 있다. 빛이 프리즘을 통과할 때, 빛은 그 구성 색깔로 분리된다. 많은 백색 광원은 눈에 보이는 모든 색을 만들어 낸다. 만약 이 빛을 프리즘에 통과시킨다면, 완전한 무지개색을 볼 수 있다(그림 4.12). 기체 램프에서 나오는 빛으로 동일한 작업을 수행해도 멋진 결과를 볼 수 있다(그림 4.13). 기체 램프는 색의 연속 스펙트럼을 생성하지 않고 특정 에너지의 색만을 만들어 낸다. 이러한 색의 띠를 **스펙트럼 선**(spectral lines)이라고 한다. 예를 들어 수소 램프에서 나오는 빛은 빨강, 연파랑, 진파랑, 보라의 4줄의 색상만이 있다. 이러한 독특한 패턴은 각 원소에 따라 고유하며, **선 스펙트럼(line spectra)**이라고 한다.

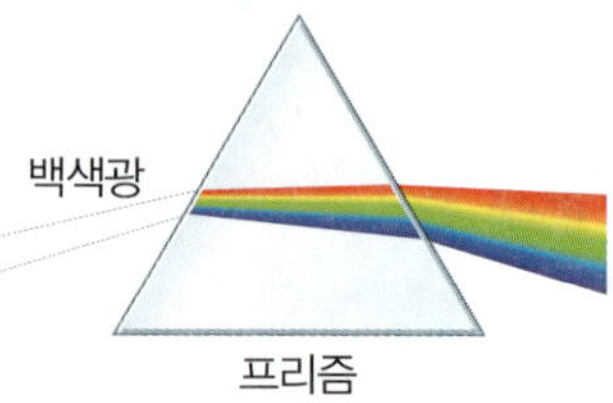

그림 4.12 백색광이 프리즘을 통과하면 무지개색이 모두 나온다.

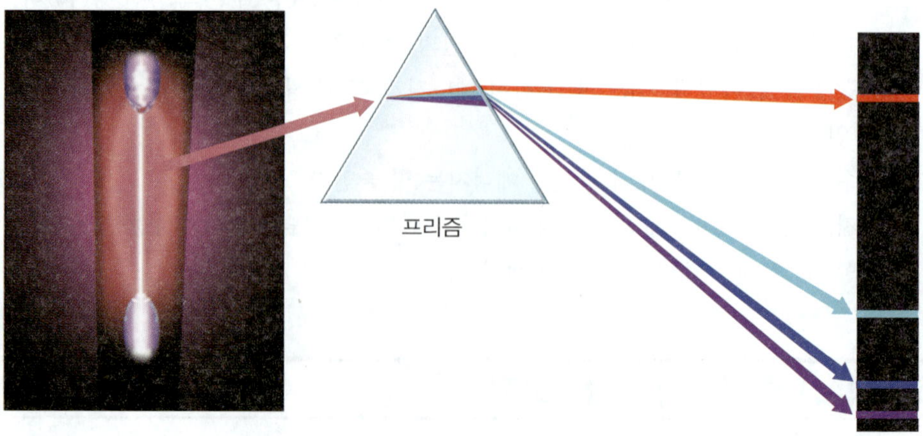

그림 4.13 기체 램프의 빛이 프리즘을 통과하면, **스펙트럼 선**이라고 하는, 구별되는 색상의 선들로 분리된다. 이 그림에서 램프는 수소로 채워져 있고, 그 스펙트럼은 그 해당 원소에 따라 고유하다.

[Libor Piška/Shutterstock]

빛을 그 구성 색으로 분리할 수 있는 방법은 프리즘이나 **회절 격자**(diffraction grating)를 사용하면 된다. 회절 격자 표면에는 매우 촘촘한 평행선이 있다. 이 효과를 CD나 DVD 표면에서 볼 수 있다. 현대적 기기들은 프리즘보다는 회절 격자를 사용하여 빛을 분리한다.

과학자들은 종종 선 스펙트럼을 '지문'처럼 사용하여 원소를 식별한다. 예를 들면 과학자들이 태양의 빛을 분석할 때 그들이 발견한 선들은 수소와 헬륨의 스펙트럼 선에 해당하였다. 이것으로부터 알게 된 것은 태양과 다른 별들을 구성하는 것이 이들 두 원소라는 것이다.

Bohr 모형

20세기 초에도 원자에는 밀도가 높은 핵이 있으며, 이들은 전자에 둘러싸여 있다고 과학자들은 알고 있었다. 또한 높은 에너지의 빛은 일부 원자로부터 전자를 떼어낼 수 있다는 것도 알고 있었다. 이것이 **광전 효과**(photoelectric effect)로 알려진 현상이다. 이 효과가 보여 주는 것은 빛에너지가 전자 구조와 어떻게든 연결되어 있다는 것이다. 그런데 그것이 선 스펙트럼과 어떤 관련이 있었을까?

1913년에 덴마크 과학자 Niels Bohr는 선 스펙트럼과 전자 구조를 연결한 이론(현재는 **Bohr 모형(Bohr model)**이라고 부름)을 발표했다. Bohr가 제안한 것은, 전자가 핵을 공전한다는 것으로, 행성들이 태양을 공전하는 것과 같은 방식이다. 그의 제안에 의하면, 핵에 가까운 궤도는 더 멀리 있는 궤도에 비해 에너지가 낮으며 특정 궤도, 즉 특정 **에너지 준위**(energy level)만 '허용'된다는 것이다.

그림 4.14 Bohr 모형이 제안한 것은 행성들이 태양을 공전하는 방식으로 전자가 핵을 공전한다는 것과, 전자가 한 에너지 준위로부터 다른 에너지 준위로 튀어오를 수 있다는 것이다.

또한 Bohr는 전자가 한 에너지 준위에서 다른 에너지 준위로 튀어오를 수 있다고 제안하였다. 그는 전자가 빛을 흡수하면 더 높은 에너지 준위로 뛰어오른다는 이론을 세웠다. 전자가 낮은 에너지 준위로 떨어지면, 전자는 그 에너지를 빛으로 방출한다. 원자의 전자가 가능한 최저 준위에 있을 때, 원자가 **바닥상태**(ground state)에 있다고 말한다. 만약 전자가 더 높은 준위로 튀어오른다면, 원자는 **들뜬상태**(excited state)가 된다.

원자가 에너지를 흡수하면, 전자가 들뜬상태로 튀어오른다.

전자가 다시 아래로 내려가면, 원자는 에너지를 방출한다.

Bohr 모형은 수소의 선 스펙트럼을 완벽하게 설명했다(그림 4.15). 바닥상태에서 수소 전

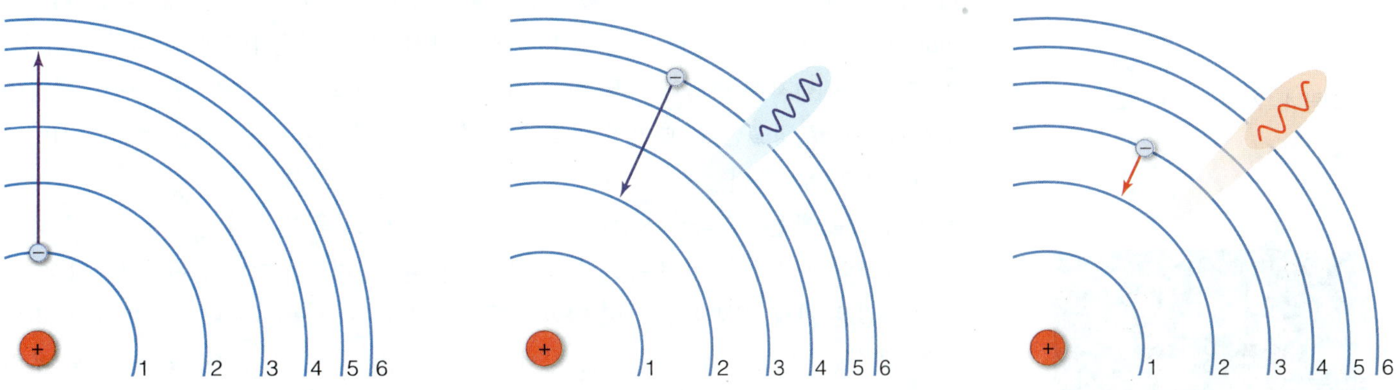

그림 4.15 Bohr 모형에 따르면, 전자는 허용된 에너지 준위의 궤도를 따라 핵 주위를 돈다. 전자가 에너지를 흡수하면 더 높은 에너지 준위로 튀어오른다. 전자가 다시 내려오면 그 에너지를 가시광선의 형태로 방출하기도 한다. (a) 전자가 에너지를 흡수하여 준위 5까지 튀어오른다. (b) 준위 5에서 준위 2로 떨어지면 인디고(진청) 빛이 방출되고, (c) 준위 3에서 준위 2로 떨어지면 적색광이 방출된다.

모닥불에서 스마트폰에 이르기까지, 빛이 생성되는 것은 전자가 더 높은 준위로 들뜬 후 다시 낮은 준위로 돌아올 때다.

Azovsky/Shutterstock

계단 위에 서 있다고 상상해 보자. 한 계단에서 다른 계단으로 점프할 수는 있지만 계단 사이를 맴돌 수는 없다. 항상 착지 위치는 계단 하나 위다. 마찬가지로, 전자는 특정 에너지 '계단'만을 차지한다. 전자는 에너지를 흡수하여 더 높은 수준(단계)으로 이동할 수 있다. 또는 에너지를 방출하여 더 낮은 수준으로 이동할 수 있다.

표 4.1 수소 선 스펙트럼의 변화

전이	만들어진 색
3 → 2	빨강
4 → 2	연청
5 → 2	인디고(진청)
6 → 2	보라(자외선)

자 한 개가 차지하는 곳은 가능한 최저 준위로, 에너지 준위 1이다. 하지만 이 전자는 에너지를 흡수할 수 있다. 이 에너지의 형태는 열, 빛, 전기 에너지다. 이 경우 전자는 준위 1(바닥상태)에서 더 높은 에너지 준위(들뜬상태)로 튀어오른다. 결국 전자는 들뜬상태에서 다시 더 낮은 에너지 상태로, 궁극적으로는 바닥상태로 내려간다. 그렇게 함으로써 전자는 전자기 복사로 에너지를 방출한다.

수소 원자에서는 4가지 전이로 가시광선이 생성되고, 그 결과 4개의 스펙트럼 선이 생성된다(표 4.1). 주목할 것은 가장 작은 전이는 최저 에너지 빛(빨강)을 방출하는 반면, 가장 큰 전이는 최고 에너지 빛(보라)을 방출한다는 것이다. 다른 전이도 일어나지만, 이때는 너무 높은 에너지(자외선)나 너무 낮은 에너지(적외선)를 방출하여 우리 눈이 감지하지 못한다.

빛과 전자 에너지 준위에 대한 Bohr의 아이디어는 매우 중요한 진보였다. 우리 주변에서 일어나는 빛과 전자의 상호 작용을 이해할 수 있는 기초를 Bohr의 아이디어가 제공했다. 입고 있는 셔츠는 색이 있나? 셔츠는 어떤 색들을 흡수하고, 다른 색들을 반사하고 있다. 빛에너지의 흡수 때문에 전자는 더 높은 준위로 튀어오른다. 이 글을 읽는 지금, 불이 켜져 있는가? 전자를 더 높은 에너지 준위로 계속해서 들뜨게 만드는 것은 전류다. 그들이 다시 낮은 준위로 돌아올 때, 이 에너지가 가시광선으로 방출된다. 다음은 이 개념과 관련된 몇 가지 다른 예이다.

1. **태양은 왜 빛을 내는가?** 태양을 움직이는 것은 엄청난 양의 에너지를 방출하는 **핵융합**(nuclear fusion)이라고 하는 일종의 반응에 의해서다(핵융합은 16장에서 다룰 것이다). 이 핵융합 에너지는 전자와 다른 하전 입자들을 지속적으로 들뜨게 하여, 이 에너지를 전자기 복사로 방출한다. 태양이 방출하는 것은 가시광선뿐만 아니라 스펙트럼 전반에 걸친 전자기 에너지다.
2. **불은 왜 빛을 내는가?** 나무와 같은 물질이 연소할 때, 그 물질 속의 탄소와 수소는 공기 중의 산소와 반응한다. 이 반응이 방출하는 것은 열에너지뿐만 아니라 이산화 탄소와 수증기와 같은 기체 생성물이다. 이 화합물 안의 전자들은 더 높은 준위로 들뜬다. 이러한 기체 생성물이 반응을 빠져나갈 때, 기체 생성물의 전자들은 이 에너지를 불꽃처럼 우리가 보는 가시광선으로 방출한다.
3. **여러분은 빛을 내는가?** 사람들은 가시광선을 방출하지 않는다. 그러나 인체가 열을 내면 이 에너지를 적외선 형태로 방출한다. 특수 카메라들은 적외선 에너지를 가시적인 이미지로 변환하여 어둠 속에서 누군가를 '보는' 것을 가능하게 한다(그림 4.16). 이 기술을

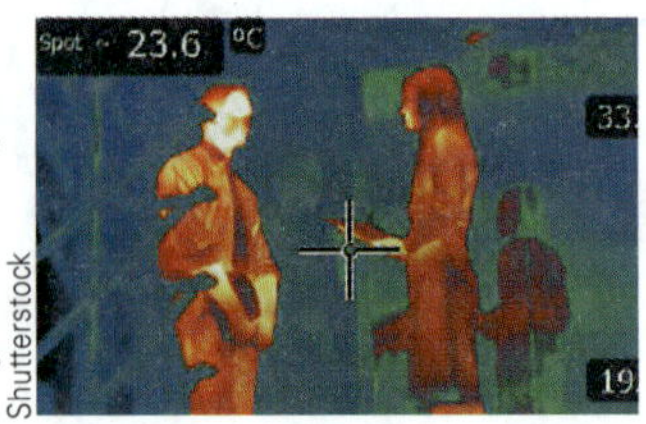

Image Source Trading Ltd/Shutterstock

그림 4.16 이 영상이 보여 주는 것은 두 명의 공장 근로자가 발산하고 있는 적외선 에너지다.

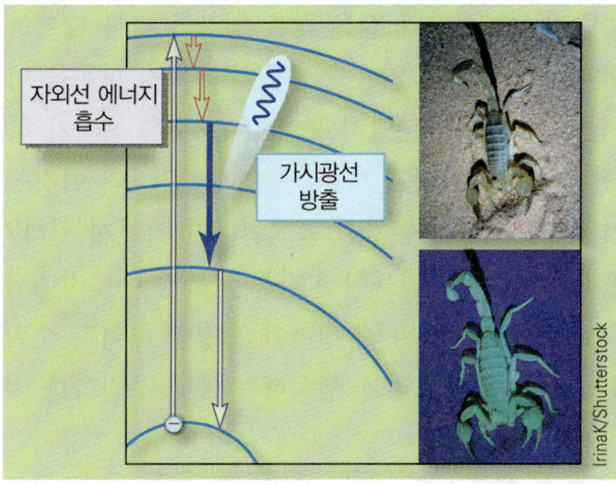

형광
모든 전자 전이에 가시광선이 포함되는 것은 아니다. 간혹, 어떤 물질은 눈에 보이지 않는 자외선 에너지를 흡수하고, 다음에 그 에너지를 가시광선 같은 낮은 에너지 단계로 방출하기도 한다. 이러한 현상은 **형광**(fluorescence)으로 알려져 있다. 자외선 램프(**불가시광선**(black light)이라고도 함)는 많은 물질들이 형광을 일으키게 한다. 예를 들면 나무껍질 전갈은 육안으로 발견하기가 거의 불가능하다. 그러나 그들에게는 불가시광선하에서 쉽게 형광을 내고 보이게 하는 물질이 있다.

적외선 영상(infrared imaging) 또는 **열 영상**(thermal imaging)이라고 한다.

4.3 양자 모형과 전자 오비탈

Bohr 모형은 주족 원소의 화학적 성질을 설명하는 데 유용하다는 것을 입증하였다. 또한 전자 에너지 준위의 개념은 수소의 선 스펙트럼을 우아하게 설명하는 중요한 발전이었다. 그러나 전이 원소의 성질이나, 수소보다 더 큰 원소의 복잡한 선 스펙트럼을 Bohr 모형으로 설명할 수 없었다.

1920년대와 1930년대에는 일련의 발견으로 전자 거동을 좀 더 세밀하게 묘사하면서, 과학자들은 Bohr 모형의 많은 부분을 포기하게 되었다. 이것을 **양자 모형(quantum model)**이라고 하는데, 이는 전자를 입자와 파동 모두로 설명한다. 이러한 초기 발견들이 **양자 역학**(quantum mechanics)의 시작을 알렸다. 양자 역학이 다루는 연구 분야는 아원자 입자의 독특하고 놀라운 거동이다. 이 절에서는 양자 역학의 몇 가지 주요 아이디어를 살펴볼 것이다. 또한 양자 모형을 사용하여 전자 거동을 보다 완벽하게 설명할 것이다.

불확정성 원리와 전자의 파동성

1927년에 독일의 과학자 Werner Heisenberg는 **불확정성 원리(uncertainty principle)**라고 하는 놀라운 아이디어를 도입했다. 이 원리는 아원자 입자들의 질량, 속도, 위치를 다룬다. 이 원리의 중심 아이디어는 **입자의 정확한 속도와 위치를 동시에 아는 것이 불가능하다**는 것이다. 지금 이것은 우리 일상생활에서는 별로 의미가 없다. 그러나 작고 빠르게 움직이는 입자들을 다룰 때는 불확실성은 더욱 중요해진다.

이 개념을 이해하는 데 도움이 될 만한 비유로, 전기 선풍기를 생각해 보자(그림 4.17). 선풍기가 꺼져 있으면, 날개의 위치를 정확히 알 수 있다. 그러나 선풍기가 돌아가면 날개가 너무 빨리 움직여서 날개들이 정확히 어디에 있는지를 알 수 없다. 날개들이 원을 차지하고 있는 지역에서 움직이고 있다는 것을 알 뿐이다. 날개가 그 지역을 차지하고 있다는 것을 알기에 어느 누구도 그 원 안에 손가락을 집어넣지는 않는다.

마찬가지로 양자 역학에서도 전자의 정확한 위치에 대해서는 언급하지 않는다. Heisenberg에 따르면, 이 위치는 우리가 알 수 없다. 대신, 우리가 이야기하는 두 가지는 전자가 있을 **최대 확률**의 위치나 전자가 가지고 있는 **에너지**다.

그림 4.17 선풍기의 날개는 점점 더 빠르게 움직이기 때문에, 더 이상 날개의 위치를 정확히 파악할 수 없다. 대신에, 날개들이 점유하고 있는 지역의 모양으로 날개의 위치를 설명한다.

우리는 전자의 정확한 위치를 결코 알지 못한다.

Sinelev/Shutterstock

그림 4.18 각각의 기타 줄은 특정한 파장과 주파수로 진동하면서 고유의 음을 낸다.

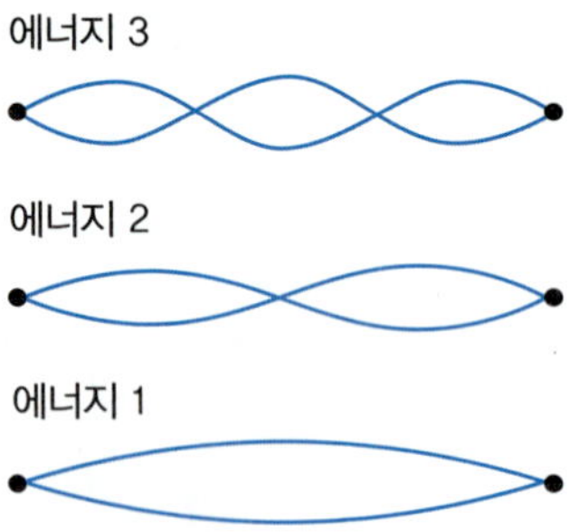

그림 4.19 전자를 파동으로 설명하면 전자들이 특정 에너지 준위에서만 존재하는 이유를 설명하는 데 도움이 된다.

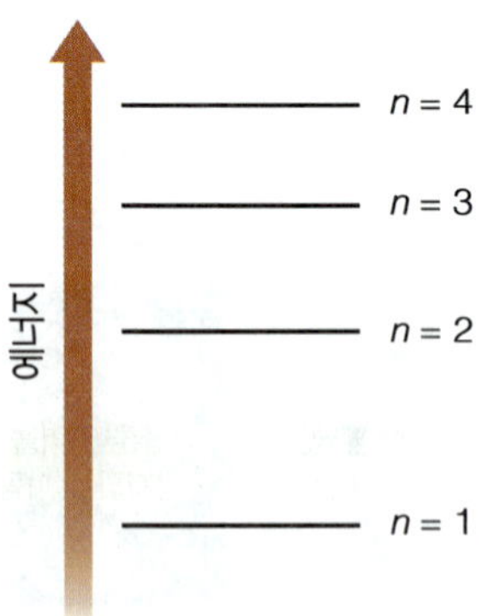

그림 4.20 전자가 차지하는 에너지 준위는 서로 다르다. 이 에너지 준위를 표시하는 것은 주양자수(n)이다. 에너지 준위 1의 에너지가 가장 낮고 핵에 가장 가까이 위치한다.

양자 역학의 두 번째 원리도 마찬가지로 놀랍다. 즉 전자와 같은 작은 입자를 다룰 때에는 그것들을 단순히 입자로서 설명할 수 없다. 왜냐하면 그들의 많은 거동들이 에너지 파동을 더 가깝게 닮았기 때문이다. 예를 들면 원소의 선 스펙트럼이 분명히 보여 주는 것은 전자가 특정 에너지에서만 존재한다는 것이다. 만약 전자가 단순히 음전하를 띤 입자라면, 왜 이것이 그렇게 되는지를 우리는 설명할 수 없다. 그러나 전자가 파동처럼 움직인다면 어떻게 될까? 많은 유형의 파동은, 예를 들면 기타 줄(그림 4.18)에 의해 만들어진 파동은 특정 에너지에서 진동한다. 전자를 에너지 파동으로 취급함으로써 양자 역학은 왜 전자가 특정한 에너지 준위에서만 존재하는지를 설명할 수 있고(그림 4.19), 선 스펙트럼을 생성하는 에너지 변화를 예측할 수도 있다.

이러한 두 가지 생각, 즉 전자의 불확정성 원리와 파동성은 전자 구조를 현대적으로 이해하기 위한 기초가 된다. 양자 모형에서는 전자의 위치를 정확히 파악하려고 하지 않는다. 오히려 두 가지를 이야기한다. 첫째는 전자파의 에너지, 둘째는 핵 주변 지역이다. 핵 주변 지역은 전자가 발견될 가능성이 가장 높은 곳이다.

양자 역학 이야기는 매혹적이며 놀라움으로 가득 차 있다. 아원자 수준의 거칠고 낯설고 반직관적인 세계다. 또한 양자 역학의 이면에 있는 수학은 이 책의 범위를 벗어나지만, 복잡한 방정식은 몇 가지 간단한 법칙으로 이어지고, 이 법칙들은 원자 내 전자 배치를 지배한다. 이어지는 내용들에서 이 규칙들을 살펴볼 것이다. 또한 이 규칙들이 주기율표에서 나타나는 원소들의 거동을 어떻게 설명하는지를 볼 것이다.

에너지 준위 및 부준위

양자 모형이 설명해 주는 것은 원자 내에서 전자가 어떻게 배열되는가이다. 이러한 배열을 설명하기 위해 다음 네 가지 기본 규칙으로 시작하자.

1. **전자들이 차지하는 에너지 준위는 다르다.** 양자 역학에서는 에너지 준위들을 정수로 구별하는데, 이를 **주양자수(principal quantum number)**라고 한다(그림 4.20). 가장 낮은 에너지 준위(준위 1)는 핵에서 가장 가깝게 위치한다. 그보다 높은 에너지 준위들(2, 3, 4 등)은 핵에서 더 멀리 위치한다. 각 에너지 준위가 보유할 수 있는 최대 전자 수가 표 4.2에 있다. 높은 에너지 준위는 낮은 에너지 준위보다 전자를 더 많이 가질 수 있다.
2. **각 에너지 준위에는 하나 이상의 부준위가 있다.** 네 가지 공통 에너지 **부준위(sublevel)**가 있으며, 이들을 문자로 표기하면 s, p, d, f이다. 각 부준위는 정해진 수의 전자를 가질 수 있다. 이는 표 4.3에 요약된 바와 같다.
3. **각 부준위에는 하나 이상의 오비탈이 포함되어 있다.** **오비탈(orbital)**은 전자가 발견될 가능성이 높은 영역이다. 각 부준위에 있는 오비탈 수는 다르다. s 부준위에는 1개의 오비탈이 있고, p에는 3개, d에는 5개, f에는 7개가 있다.

표 4.2 각 에너지 준위의 전자들

준위	가능한 전자 수
1	2
2	8
3	18
4	32

표 4.3 에너지 부준위

부준위	오비탈 수	수용 전자 수
s	1	2
p	3	6
d	5	10
f	7	14

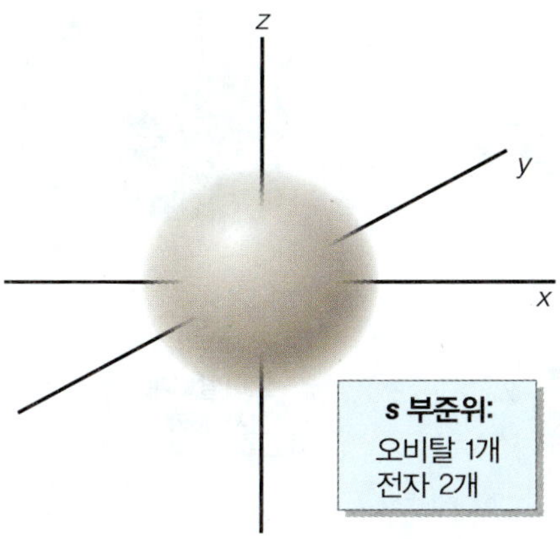

그림 4.21 *s* 부준위가 수용할 수 있는 전자는 두 개다. 음영이 나타내는 것은 전자가 차지할 가능성이 높은 영역이다.

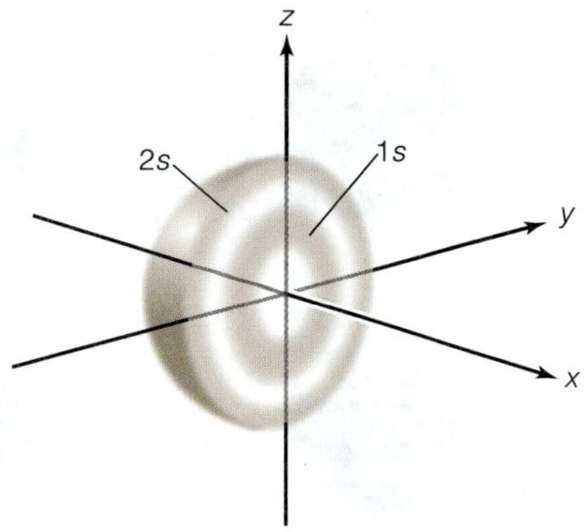

그림 4.22 이 그림은 1*s* 부준위와 2*s* 부준위의 단면도를 나타낸 것이다. 두 부준위의 모양은 모두 구형이지만, 2*s* 부준위가 핵에서 더 멀리 떨어져 있다.

4. **각 오비탈은 최대 두 개의 전자를 수용할 수 있다.** 전자가 가진 작은 자기장을 **스핀**(spin)이라고 한다. 전자가 오비탈에서 함께 짝을 이룰 때, 전자의 스핀 방향은 반대다. 어떤 오비탈이 채워진 경우는 오비탈에 짝을 이룬 전자 두 개가 있는 경우우다.

이제, 전자 배열의 기본 규칙이 생겼으니 각 에너지 준위와 부준위를 살펴보자.

에너지 준위 1에는 *s* 부준위만 있다. ***s* 부준위(*s* sublevel)**는 가장 간단한 부준위다. s 부준위에는 모양이 구형인 오비탈 한 개만 있다(그림 4.21).

에너지 준위 2에는 *s* 부준위와 *p* 부준위가 있다. 2*s* 부준위의 모양은 구형이지만 1*s* 부준위보다는 핵에서 더 멀리 떨어져 위치한다(그림 4.22). ***p* 부준위(*p* sublevel)**에는 세 개의 서로 다른 오비탈이 있다. 각 오비탈은 모양이 무한대 기호와 유사하다(그림 4.23). 세 개의 오비탈은 *x*, *y*, *z* 축을 따라 방향을 잡는 것으로 생각할 수 있다. 각 오비탈에는 최대 2개의 전자를 수용할 수 있다. 따라서 *p* 부준위에는 총 6개의 전자가 있을 수 있다.

에너지 준위 3에는 *s*, *p* 부준위뿐만 아니라 ***d* 부준위(*d* sublevel)**도 있다. *d* 부준위에는 5개의 오비탈이 있다. 따라서 최대 10개의 전자를 수용할 수 있다. 5개 *d* 오비탈의 모양은 그림

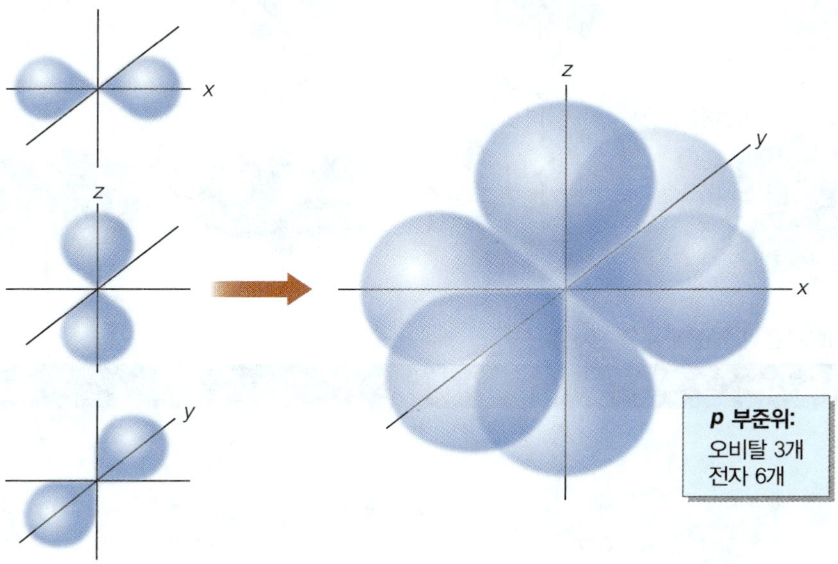

그림 4.23 *p* 부준위를 구성하는 것은 세 개의 오비탈로, 이들은 *x*, *y*, *z* 주위의 영역을 차지하고 있다.

에너지 준위와 부준위를 때로는 각각 **에너지 껍질**(energy shell), **에너지 부껍질**(energy subshell)이라고 한다.

궤도(orbit)와 **오비탈**(orbital)은 혼동될 수 있다. Bohr 모형에서는 마치 행성이 태양 주위를 도는 것처럼, 전자를 핵 주위를 도는 입자로 묘사했다. 양자 모형에서는 전자의 위치를 알 수 없다고 말한다. 용어 **오비탈**이 설명하는 것은 원자 주위의 영역이다. 그 영역은 전자가 존재할 가능성이 높다.

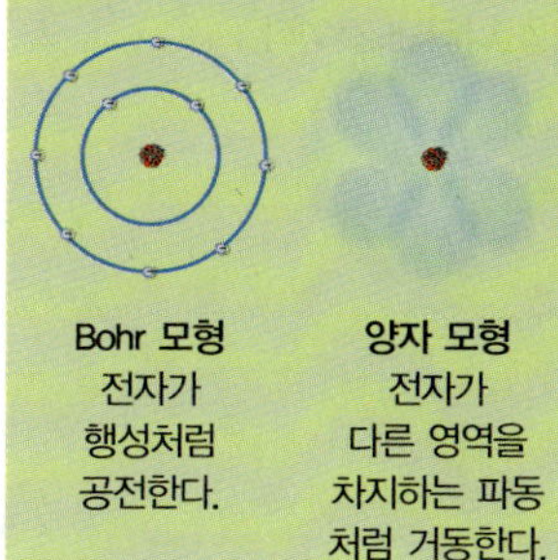

두 개의 막대자석을 나란히 놓으면, 막대자석의 극들이 서로 반대 방향으로 마주보며 짝을 이룬다. 마찬가지로, 두 전자가 같은 오비탈에 있을 때, 그들의 자기장(즉 그들의 스핀)은 반대 방향으로 향한다. 종종 이것을 두 개의 인접한 반쪽 화살표로 나타낸다. 즉 하나는 위를 향하고, 하나는 아래를 가리킨다.

오비탈의 모양은 전자가 가장 많이 차지하는 위치를 나타낸다.

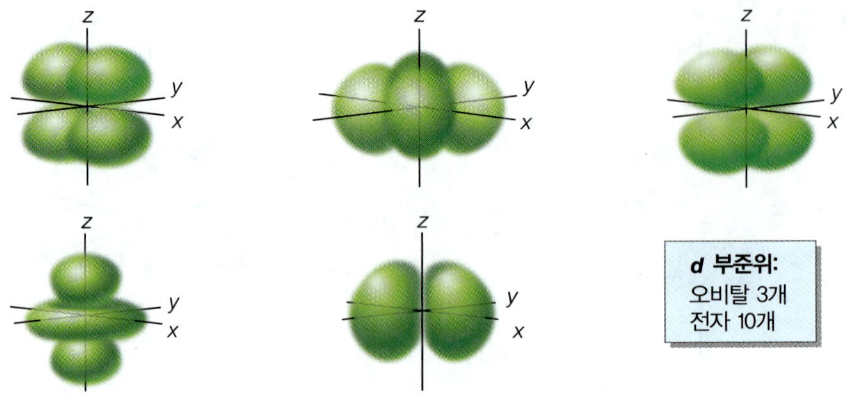

그림 4.24 *d* 부준위에는 5개의 오비탈이 있다. 이들 그림이 나타내는 것은 이들 오비탈에서 전자들이 차지하는 5개의 영역이다.

4.24에 나타나 있다.

에너지 준위 4에는 ***f* 부준위(*f* sublevel)**가 추가된다(그림 4.25). *f* 부준위에는 7개의 오비탈이 있어서 최대 14개의 전자를 수용할 수 있다. *f* 부준위 오비탈의 기하학적 구조는 복잡하다. *s* 오비탈과 *p* 오비탈의 모양은 알아야 하지만, *d* 오비탈과 *f* 오비탈의 모양은 알 필요는 없다. 그러나 각 에너지 부준위 내에 들어갈 수 있는 오비탈의 수와 전자의 수는 중요하므로 알고 있어야 한다.

에너지 부준위는 예측 가능한 패턴을 따른다는 것을 주목하라. 즉 각각의 새로운 준위는 새로운 부준위를 추가한다. 또한 각각의 새로운 부준위에는 이전의 준위보다 두 개의 오비탈이 더 있다. 표 4.4는 에너지 준위 1에서 에너지 준위 4까지의 부준위를 요약한 것이다.

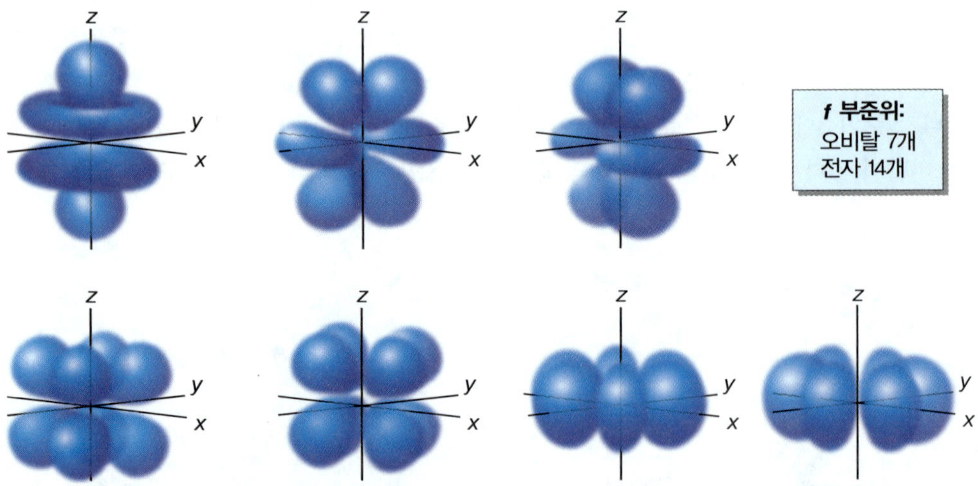

그림 4.25 *f* 부준위에는 7개의 오비탈이 있다. 이 그림은 이들 오비탈에서 전자가 차지하는 7개의 영역을 나타낸 것이다.

표 4.4 에너지 준위, 부준위, 수용 전자 수

에너지 준위	1	2	3	4
부준위				f (14 e^-)
			d (10 e^-)	d (10 e^-)
		p (6 e^-)	p (6 e^-)	p (6 e^-)
	s (2 e^-)	s (2 e^-)	s (2 e^-)	s (2 e^-)
수용 전자 수	2	8	18	32

참고: 기호 e^-는 전자를 의미한다.

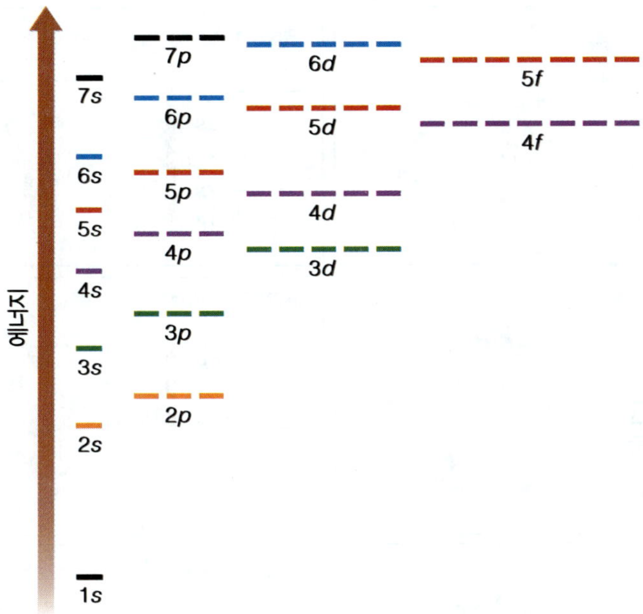

그림 4.26 이 그림을 에너지 부준위 사이의 에너지 차를 나타낸 것이다. 각각의 수평선이 나타내는 것은 2개의 전자를 수용할 수 있는 오비탈이다. 에너지 준위가 높을수록 서로 겹친다.

그 경향이 에너지 준위 5 이상에 계속된다. 즉 준위 5는 부준위가 5개, 준위 6은 부준위가 6개, 등등이 있다. 그러나 주기율표의 가장 큰 원소조차도 *s*, *p*, *d*, *f* 부준위 안에 전자들이 모두 들어간다. 따라서 이들 네 가지 부준위말고는 걱정할 필요가 없다.

그림 4.26은 에너지 준위와 부준위 사이의 상대적 에너지 차이를 나타낸 것이다. 에너지 준위 내에서 *s* 오비탈이 에너지가 가장 낮고, 그다음을 *p*, *d*, *f* 오비탈이 따른다는 것을 주목하라. 또한 주목할 것은 에너지 준위가 높아질수록 그들은 더 가깝게 모여 있다는 것이다. 에너지 준위가 부준위로 많이 갈라질수록 에너지 준위들은 실제로 서로 겹친다. 예를 들어 에너지 준위 4*s*는 실제로 에너지 준위 3*d*보다 낮다. 다음 절에서 볼 수 있듯이, 이 패턴은 전자 배치 및 원소 거동에 상당한 영향을 미친다.

4.4 전자 배치

전자가 다양한 에너지 준위와 부준위를 채우는 방법을 이해하기 위해 일련의 원자들의 바닥 상태(최저 에너지) 전자 배치를 살펴보자. 이때 기억할 것은 주기율표에 나오는 원자 번호가 중성 원자에 존재하는 전자의 개수라는 것이다.

수소—전자 1개. 수소의 단일 전자가 차지하는 곳은 가능한 최저 에너지 준위와 부준위다. 이 전자가 차지하는 에너지 준위는 1, 부준위는 *s*다. 그림 4.27에는 수소 원자의 설명이 포함되어 있다.

그림으로 나타낸 것이 원자의 구성을 이해하는 데 도움이 될 수는 있지만, 정교한 그림을 그리지 않고 전자 구조를 표현해야 하는 경우가 종종 있다. 이를 위해, 각 점유 에너지 준위와 부준위 내의 전자 수를 나타낸 **전자 배치(electron configuration)**를 작성한다. 예를 들어 수소의 전자 배치는 다음과 같이 쓴다.

수소: $1s^1$

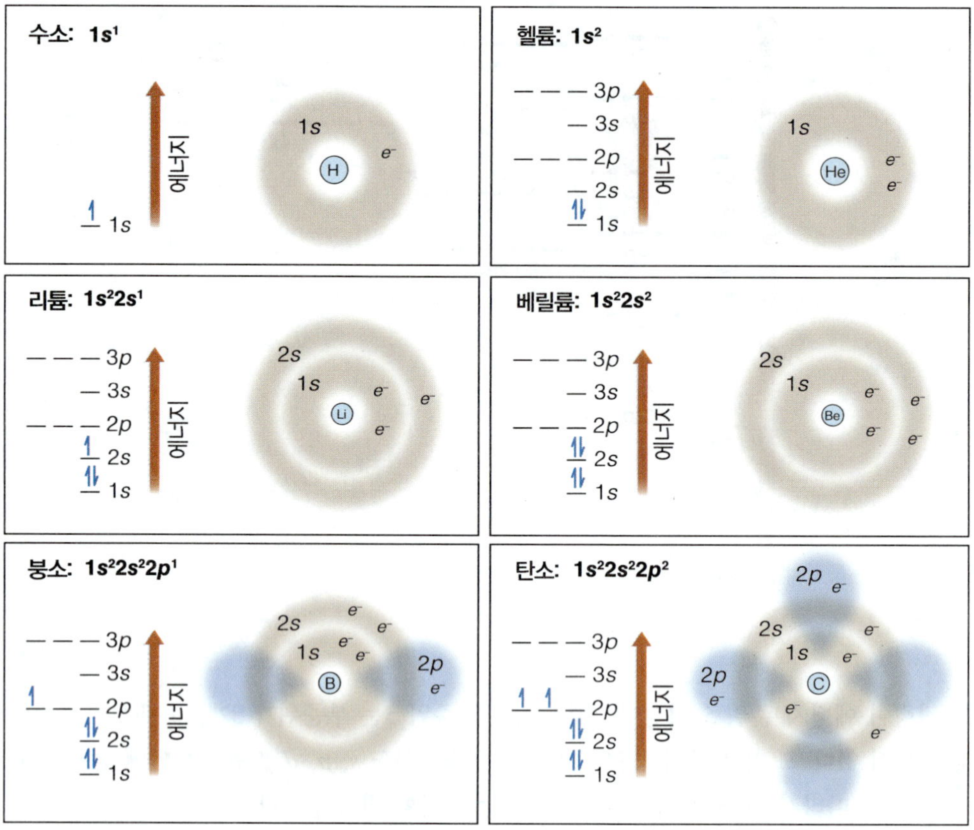

그림 4.27 전자 배치를 표현하는 방법은 세 가지다. 서면 전자 배치(각 박스의 상단), 에너지 도표(각 박스의 왼쪽 하단), 점유된 오비탈의 모양(오른쪽 하단)을 나타낸 간단 그림

이 표기법에서 1*s*가 의미하는 것은 에너지 준위가 1, 부준위가 *s*라는 것이다. 첨자 1이 나타내는 것은 전자 1개가 이 오비탈에 존재한다는 것이다.

그림 4.27은 **에너지 도표**(energy diagram)를 사용하여 전자가 채워지는 순서를 나타낸 것이다. 전자는 반쪽 화살표로 표시된다.

헬륨—두 개의 전자. 두 전자는 모두 최저 준위와 부준위(1*s*)로 이동하여 에너지 준위 1을 채운다. 따라서 헬륨의 전자 배치를 $1s^2$로 쓴다. 헬륨의 에너지 도표(그림 4.27 참조)에서 하나의 오비탈에 두 개의 전자를 나타낼 때는 하나는 반쪽 화살표로 위쪽 화살표(↿)로 그리고, 다른 하나는 아래쪽 화살표(⇂)로 그린다. 이 표기법은 스핀(즉 전자의 자기장)이 반대 방향임을 나타낸다.

여러분이 기숙사 관리인이라고 상상해 보자. 각 방마다 2명이 묵을 수 있지만, 기숙사는 꽉 차 있지 않다. 거주자들에게 자신들만의 독방을 갖거나, 함께 쓸 수 있는 선택권을 준다면, 그들은 어느 것을 선택할까? 임대료에 차이가 없다면, 대부분의 사람은 자신들만의 독방을 선택할 것이다. 마찬가지로, 전자가 빈 오비탈을 차지할 때, 전자는 오비탈을 하나씩 차지할 것이다. 그 후에 짝을 이루어 오비탈을 공유할 것이다.

리튬—3개의 전자. 처음 두 전자는 첫 번째 에너지 준위를 채우고, 세 번째 전자는 그다음으로 낮은 부준위인 2*s*를 차지한다. 리튬의 전자 배치를 $1s^22s^1$로 쓴다. 이것은 1*s* 준위에 2개의 전자가, 2*s* 준위에 1개의 전자가 있음을 나타낸다.

베릴륨—4개의 전자. 베릴륨의 전자 배치는 $1s^22s^2$이다.

붕소—5개의 전자. 부준위 1*s*와 2*s*를 채운 후 그다음으로 낮은 에너지 부준위는 2*p*다. 따라서 붕소의 전자 배치는 $1s^22s^22p^1$이다.

탄소—6개의 전자. 처음 4개의 전자는 부준위인 1*s*와 2*s*를 채운 후, 나머지 두 전자가 2*p* 준위를 차지한다. 그러나 이 전자 배치는 다음과 같은 새로운 질문이 제시된다. 3개의 동일한 *p* 오비탈을 이용할 수 있다. 따라서 두 전자가 하나의 오비탈에서 짝을 이룰까? 아니면 각 전자가 자신만의 오비탈을 하나씩 차지할까? 이 경우 전자들은 짝을 이루지 않고 자신만의 오

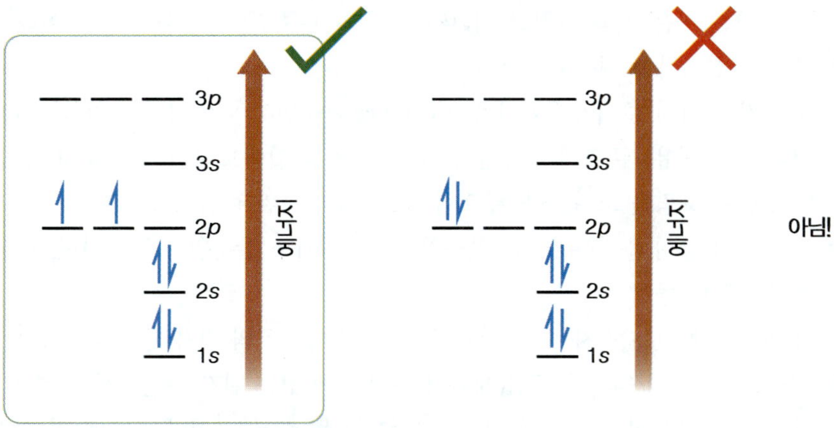

그림 4.28 전자가 같은 에너지를 가진 빈 오비탈을 차지할 때, 전자는 짝을 이루는 것보다는 오비탈을 하나씩 차지할 것이다. 이것을 Hund 법칙이라고 한다.

2주기 원소의 전자 배치

Li:	$1s^22s^1$
Be:	$1s^22s^2$
B:	$1s^22s^22p^1$
C:	$1s^22s^22p^2$
N:	$1s^22s^22p^3$
O:	$1s^22s^22p^4$
F:	$1s^22s^22p^5$
Ne:	$1s^22s^22p^6$

그림 4.29 주기율표 2주기 원소의 전자 배치가 여기에 나와 있다.

비탈을 차지한다(그림 4.28). 이 생각을 **Hund 법칙**(Hund's rule)이라고 한다. 전자가 같은 에너지를 가진 빈 오비탈을 차지할 때, 전자는 짝을 이루지 않고 오비탈을 하나씩 차지할 것이다.

주기율표 2주기에 있는 원소의 전자 배치는 그림 4.29와 같다. 주목할 것은 주기율표 2주기를 가로질러 움직일 때, 두 번째 에너지 준위가 전자들로 채워진다는 것이다. 주기율표 2주기의 마지막 원소인 네온은 완전히 채워진 에너지 준위를 가지고 있다.

주기율표 3주기에 있는 원소는 최고 에너지 전자가 준위 3을 차지한다. 예제 4.3은 3주기 원소의 전자 배치를 보여 준다.

예제 4.3 전자 배치 쓰기

규소는 전자기기의 필수적인 구성 성분이다. 규소의 전자 배치를 쓰시오. 주기율표와 그림 4.26을 필요에 따라 참조하시오.

이 질문에 답하기 위해 먼저 알아야 할 것은 규소 원자의 전자 수다. 주기율표를 보면 규소의 원자 번호는 14임을 알 수 있다. 즉 이것의 의미는 중성 규소 원자 안에 있는 전자 수가 14라는 것이다.

원자 번호가 알려 주는 두 가지는 원자 내의 양성자 수와 전자 수다.

시작은 2개의 전자를 최저 에너지 준위($1s$)에 배치하는 것이다. 부준위 $2s$의 수용 전자 수는 2, 부준위 $2p$의 수용 전자 수는 6이다. 그다음으로 낮은 준위는 $3s$로, 수용 전자 수는 2다. 나머지 2개의 전자는 그다음으로 낮은 준위인 $3p$로 간다. 이 정보를 바탕으로, 규소의 전자 배치를 $1s^22s^22p^63s^23p^2$로 쓸 수 있다. 위 첨자의 수가 나타내는 것은 각 준위의 전자 수다.

위 첨자가 보여 주는 것은 각 부준위의 전자 수다. 위 첨자의 수들을 합하면, 원자 내의 전자 수와 같아야 한다.

도전 문제

6. 그림 4.29를 참조하지 말고, 각 원자의 전자 배치를 쓰시오.

He N O F Ne Na

원자가 전자와 옥텟 규칙

전자 배치가 중요한 이유는 원자가 어떻게 거동하는지를 알아내는 데 도움이 되기 때문이다. 다음 장들에서 보게 될 것처럼, 화학 변화에 포함되는 것은 전자의 얻음, 잃음, 공유다. 이러한 변화가 일어나는 곳은 최외각(최고 에너지) 준위와 부준위다. 전자 배치를 이해해야 원소의 화학적 성질을 설명하고 예측할 수 있다.

원자가 전자가 차지하는 곳은 *s* 부준위와 *p* 부준위다.

최고 점유 전자 에너지 준위가 **원자가 준위(valence level)**다. 일반적으로 **원자는 최대 8개의 전자를 최외각(최고 점유) 준위에 수용한다**. 왜 그런지를 알아보려면 그림 4.30에 있는 전자 에너지 준위의 단순 그림을 고려하라. 주의할 것은 2*p*의 상위 준위가 3*s*라는 점이다. 3*p*의 상위 준위는 4*s*, 4*p*의 상위 준위는 5*s*다. 원자의 *s* 부준위와 *p* 부준위가 채워지면, 다음 전자는 차상위 에너지 준위로 들어간다.

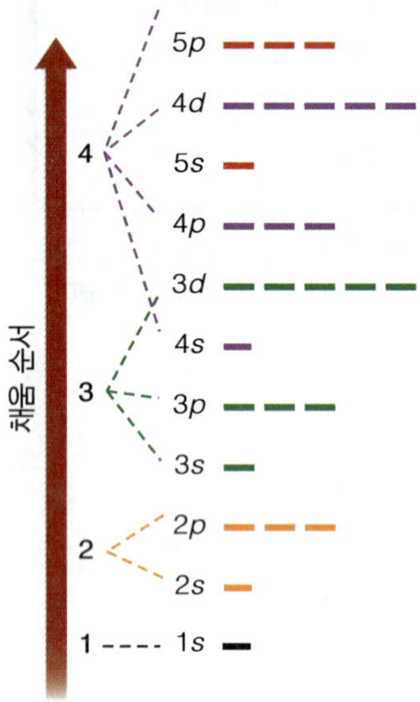

그림 4.30 부준위가 중첩하는 방식 때문에, 일단 *p* 부준위가 채워지면 항상 다음 에너지 준위로 이동한다.

예를 들어 아르곤에 있는 전자 수는 18개다. 따라서 아르곤의 전자 배치를 $1s^22s^22p^63s^23p^6$으로 쓴다. 아르곤 원자의 원자가 준위(에너지 준위 3)에 있는 전자 수는 8개다. 주기율표에서 아르곤의 다음 원자인 포타슘의 전자 배치는 $1s^22s^22p^63s^23p^64s^1$이다. 포타슘의 원자가 준위(에너지 준위 4)에 있는 전자 수는 1개다. 일단 원자가 준위의 *s* 부준위와 *p* 부준위가 채워지면, 추가되는 전자들은 차상위 에너지 준위로 들어간다.

채워진 원자가 준위를 가진 원소들은 비활성 기체다. 비활성 기체의 위치는 주기율표의 맨 오른쪽 열이다. 전자가 2개 있는 헬륨의 경우, 에너지 준위 1은 완전히 채워진다. 다른 비활성 기체들(네온, 아르곤, 크립톤, 제논, 라돈)은 모두 원자가 준위에 전자가 8개 있으며, *s* 부준위와 *p* 부준위를 완전히 채운다(표 4.5). 이 원소들은 안정적이고 반응성이 없다. 즉 비활성 기체는 일반적으로 다른 원자와 결합하여 화합물을 생성하지 않는다. 이러한 안정성을 설명하는 데 **옥텟 규칙(octet rule)**을 사용한다. 옥텟 규칙이란 최고 점유(최외각) 전자 에너지 준위를 채움으로써 원자가 안정된다는 것을 말한다. 만약 원자가 최외각에 전자 8개(옥텟)가 있다면, *s* 부준위와 *p* 부준위는 완전히 채워진다.

표 4.5 비활성 기체의 전자 배치

원소	전자 배치	원자가 전자
He	$1s^2$	2
Ne	$1s^2 2s^2 2p^6$	8
Ar	$1s^2 2s^2 2p^6 3s^2 3p^6$	8
Kr	$1s^2 2s^2 2p^6 3s^2 3p^6 4s^2 3d^{10} 4p^6$	8

더 큰 원자의 전자 배치

더 큰 원자의 전자 배치를 쓰는 연습을 할 때, 그림 4.30의 그림을 사용하는 것이 좋다. 그러나 기억할 필요는 없다. 이 장 뒷부분에서 볼 수 있듯이, 주기율표에 필요한 정보가 모두 있기 때문이다. 찾는 방법만 알면 된다.

더 큰 원자의 전자 배치를 살펴보자. 예를 들어 다음 3개의 원자는 주기율표 3주기에 있다.

소듐(11개 전자): $1s^2 2s^2 2p^6 3s^1$
인(15개 전자): $1s^2 2s^2 2p^6 3s^2 3p^3$
염소(17개 전자): $1s^2 2s^2 2p^6 3s^2 3p^5$

주의할 것은 이러한 배치에서 빨간색으로 표시된 처음 두 준위(때로는 **내부 전자**(inner electron)라고도 함)는 변화 없이 동일하다는 것이다. 전자를 추가하면 그 변화가 영향을 주는 것은 오직 원자가 준위다.

내부 전자는 변하지 않기 때문에, 이들을 간단한 형태로 종종 표현한다. 이것을 **비활성 기체 표기법**(noble gas notation)이라고 한다. 예를 들어 $1s^22s^22p^6$은 네온의 전자 배치다. 이 전자 배치를 쓰지 않고 네온 기호를 대괄호로 묶어서 [Ne]처럼 표현한다. 이 속기 표기법을 사용하면, 전자 배치를 보다 쉽게 작성할 수 있다.

소듐(11개 전자): [Ne]$3s^1$
인(15개 전자): [Ne]$3s^2 3p^3$
염소(17개 전자): [Ne]$3s^2 3p^5$

이 표기법에서 항상 사용하는 것은 비활성 기체다. 비활성 기체에는 내부 준위에 완전한 옥텟이 있다.

편의성 외에도, 비활성 기체 표기법을 사용하면 다른 장점이 있다. 이를 통해 **외부 전자**(outer electron)에 집중할 수 있다. 외부 전자란 꽉 찬 비활성 기체 배치를 벗어나 있는 전자이다. 외부 전자에는 원자가 준위도 있고 부분적으로 채워진 *d* 부준위와 *f* 부준위도 있다(그림 4.31). 화학 결합은 외부 전자의 변화를 포함한다. 이러한 변화를 5장에서 살펴볼 것이다.

화학 결합에 참여하는 전자들은 외부 전자이다.

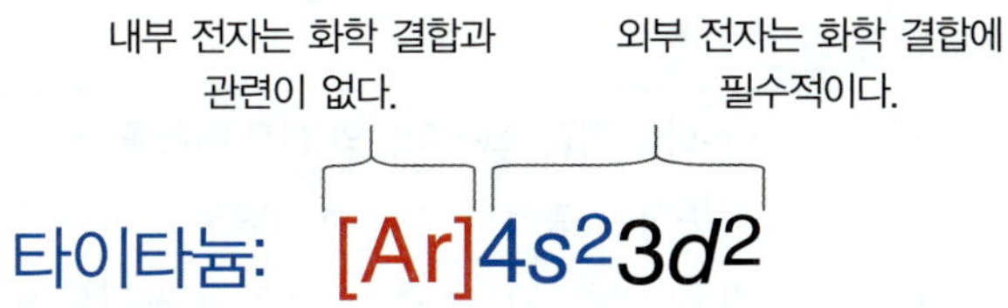

그림 4.31 화학 결합에 참여하는 전자는 외부 전자이다. 외부 전자란 꽉 찬 비활성 기체 배치를 벗어나 있는 전자다. 따라서 외부 전자에는 원자가 전자와 *d* 부준위 및 *f* 부준위의 전자 모두가 포함된다.

예제 4.4 원자가 전자 식별하기

산소에는 원자가 전자가 몇 개 있는가? 황에는 원자가 전자가 몇 개 있는가?

산소의 전자 배치는 $1s^2 2s^2 2p^4$다. 원자가 준위(준위 2)에는 총 6개의 전자가 있다.

황의 전자 배치는 $1s^2 2s^2 2p^6 3s^2 3p^4$다. 원자가 준위(준위 3)에 역시 총 6개의 전자가 있다.

주목할 것은 두 원소 모두 원자가 전자 수가 동일하다는 것과, 주기율표의 동일한 열에 위치한다는 것이다. 다음 절에서 볼 수 있듯이, 주기율표에서 같은 열에 있는 원소끼리는 원자가 전자 배치가 유사하다.

예제 4.5 내부 전자, 외부 전자, 원자가 전자 식별하기

비활성 기체 속기법을 사용하여 셀레늄의 전자 배치를 쓰시오. 그리고 내부 전자, 외부 전자, 원자가 전자를 식별하시오.

셀레늄의 전체 전자 배치는 $1s^2 2s^2 2p^6 3s^2 3p^6 4s^2 3d^{10} 4p^4$이다. 처음 18개의 전자($1s^2 2s^2 2p^6 3s^2 3p^6$)는 아르곤의 전자 배치에 해당한다. 따라서 비활성 기체 속기법을 사용하여 이를 다시 작성하면 다음과 같다.

셀레늄: [Ar]$4s^2 3d^{10} 4p^4$

[Ar]의 전자 배치 내 전자는 내부 전자다. $4s$, $3d$, $4p$ 부준위에 있는 나머지 전자가 외부 전자다. 따라서 셀레늄의 외부 전자는 총 16개다.

원자가 전자는 최고 에너지 준위에 있는 전자만 해당된다. 즉 에너지 준위 4에 있는 전자이다. 따라서 셀레늄의 원자가 전자는 6개다.

도전 문제

7. 각 원자의 전자 배치를 비활성 기체 표기법을 사용하여 쓰시오.

P I Fe Sr

8. 위의 문제에 있는 각 원자의 전자 배치에서 내부 전자, 외부 전자, 원자가 전자를 식별하시오.

이온의 전자 배치

3장에서는 원자가 전자를 얻거나 잃어서 **이온**(ion)을 생성한다고 하였다. 이온이란 양전하 또는 음전하를 갖는 입자다. 이온은 화학에서 중요하다. 따라서 중성 원자뿐만 아니라 이온의 전자 배치를 이해하고 쓸 수 있는 것은 필수적이다. 이제 두 가지 예로 시작하겠다.

예제 4.6 이온의 전자 배치 쓰기

소듐 원자의 전자 배치를 쓰시오. +1의 전하를 가진 소듐 이온의 전자 배치를 쓰시오.

소듐 이온의 전하는 +1이다. 따라서 중성 소듐보다 전자 한 개를 덜 가져야 한다. 전자는 최고 점유(최외각) 에너지 준위(3*s*)에서 제거된다. 주목할 것은 이 전자가 제거되면, 소듐 이온의 전자 배치는 네온의 매우 안정한 전자 배치와 동일하다는 것이다. 다음과 같다.

옥텟 규칙: 원자가 껍질에 있는 전자 8개는 매우 안정한 전자 배치다.

화학종	기호	완전한 전자 배치	비활성 기체 속기법
소듐 원자	Na	$1s^22s^22p^63s^1$	$[Ne]3s^1$
소듐 이온 (+1 전하)	Na^+	$1s^22s^22p^6$	[Ne]

예제 4.7 이온의 전자 배치 쓰기

산화 이온의 전하가 −2인 산화물 이온의 전자 배치를 쓰시오.

산화 이온(즉 음전하를 띤 산소 원자)의 전하는 −2이다. 따라서 중성 산소보다 전자 두 개를 더 가져야 한다. 원자가 얻은 전자는 이용 가능한 가장 낮은 에너지 껍질을 채운다. 주목할 것은, 이 경우 산화 이온의 전자 배치는 네온의 매우 안정적인 전자 배치와 동일하다는 것이다.

화학종	기호	완전한 전자 배치	비활성 기체 속기법
산소 원자	O	$1s^22s^22p^4$	$[He]2s^22p^4$
산화 이온 (−2 전하)	O^{2-}	$1s^22s^22p^6$	[Ne]

예제 4.6에서 소듐 원자는 전자를 잃어 결국 네온과 동일한 전자 배치가 되었다. 예제 4.7에서 산소 원자는 두 개의 전자를 얻어 결국 네온과 동일한 전자 배치가 되었다. Na^+, O^{2-}, Ne는 **등전자(isoelectronic)**로, 이 말은 전자 배치가 동일하다는 뜻이다.

전자의 얻음, 잃음, 공유는 화학을 이해하는 데 중심이 된다. 원자가 전자를 얻거나 잃는 생각과 최고 점유 전자 에너지 준위를 채우거나 비운다는 생각은 반복되는 주제다. 다음 장들에서 결합과 반응성의 패턴을 학습하면서 그것을 계속해서 보게 될 것이다.

도전 문제

9. 다음 이온들의 전자 배치를 쓰시오.

Li^{+}　　　　Cl^{-}　　　　S^{2-}

10. 4.4절에서 Na^{+}, O^{2-}, Ne를 **등전자**로 설명했다. 다음 중 어떤 원자들이나 이온들이 그들 이온과 등전자인가?

He　　　　F　　　　F^{-}　　　　Mg^{2+}　　　　P

4.5 전자 배치 및 주기율표

멘델레예프(Mendeleev)가 1800년대 말에 원소들의 주기율표를 만들었을 때 기초로 한 것은 자신이 관찰한 화학적 성질과 물리적 성질이었다. 그는 비슷한 거동을 하는 원소들을 열로 정리했다. 이 장의 앞부분에서, 전자 배치가 원자의 성질에 매우 중요하다고 말했다. 그렇다면 전자 배치는 주기율표와 어떤 관련이 있을까?

이 질문에 답하기 위해 리튬, 소듐, 포타슘의 세 가지 원자가 매우 유사하게 거동하는 것을 살펴보자. 이들 모두는 물과 빠르게, 심지어 격렬하게 반응하며 모두 +1 전하를 가진 이온을 생성하는 경향이 있다. 다음은 이 세 원자의 전자 배치다.

리튬(3개 전자):　[He]$2s^1$
소듐(11개 전자):　[Ne]$3s^1$
포타슘(19개 전자):　[Ar]$4s^1$

그림 4.32 리튬, 소듐, 포타슘은 전자 구조가 유사하기 때문에 성질이 유사하다. 따라서 이들은 주기율표의 열(column)에 분류되어 있다.

어떤 패턴이 보이는가? 최고 점유 껍질에서 이들 원자 모두의 전자 배치에는 s^1이 있다. **이들 원소가 유사한 반응성을 보이는 것은 전자 배치가 유사하기 때문이다.** 이제 이 원소들을 주기율표의 어디에서 찾을 수 있는지를 생각해 보자. 이들 원소의 위치는 주기율표의 맨 왼쪽에 있는 단일 열이다(그림 4.32).

또 다른 예를 살펴보자. 플루오린, 염소, 브로민으로, 이들 이온의 전하는 −1이다. 전자 배치는 다음과 같다.

플루오린(9개 전자):　[He]$2s^2 2p^5$
염소(17개 전자):　[Ne]$3s^2 3p^5$
브로민(35개 전자):　[Ar]$4s^2 3d^{10} 4p^5$

그림 4.33 플루오린, 염소, 브로민은 성질이 유사하다. 모두의 전자 배치에 p^5가 있기 때문이다.

이번에는 어떤 유사점이 있는가? 원자가 껍질에서 모두의 전자 배치에는 s^2p^5가 있다. 브로민에는 채워진 $3d$ 준위가 s 부준위와 p 부준위 사이에 있다. 그러나 이것이 전체 경향에 영향을 주지는 않는다. 이들 원소는 주기율표에서 어떻게 구성되어 있는가? 앞의 예제에서와 같이, 이들 원소는 단일 열에 있지만, 주기율표의 오른쪽에 있다(그림 4.33).

주기율표의 구성과 유사한 것이 달력이다. 달력의 행(row)은 일요일부터 토요일까지 전체 요일의 범위를 보여 준다. 같은 요일, 예를 들어 월요일은 열(column)로 분류된다.

> **족의 유사성**
> 원소의 족은 유사한 전자 배치를 공유한다.
> 알칼리 금속: s^1
> 알칼리 토금속: s^2
> 할로젠: s^2p^5
> 비활성 기체: s^2p^6

이제 그림 4.34의 주기율표를 자세히 살펴보자. 주기율표 구성의 기초는 원소의 질량과 성질이지만, 전자 구조도 된다. 예를 들면 제1주기 원소(H와 He)는 에너지 준위 1에만 전자가 있고, 제2주기 원소(Li에서 Ne까지)는 에너지 준위 2에 전자가 있다. 어떤 원자에 대해서도 원자의 최외각 결정은 주기율표에서 차지하는 행(row)으로부터 가능하다.

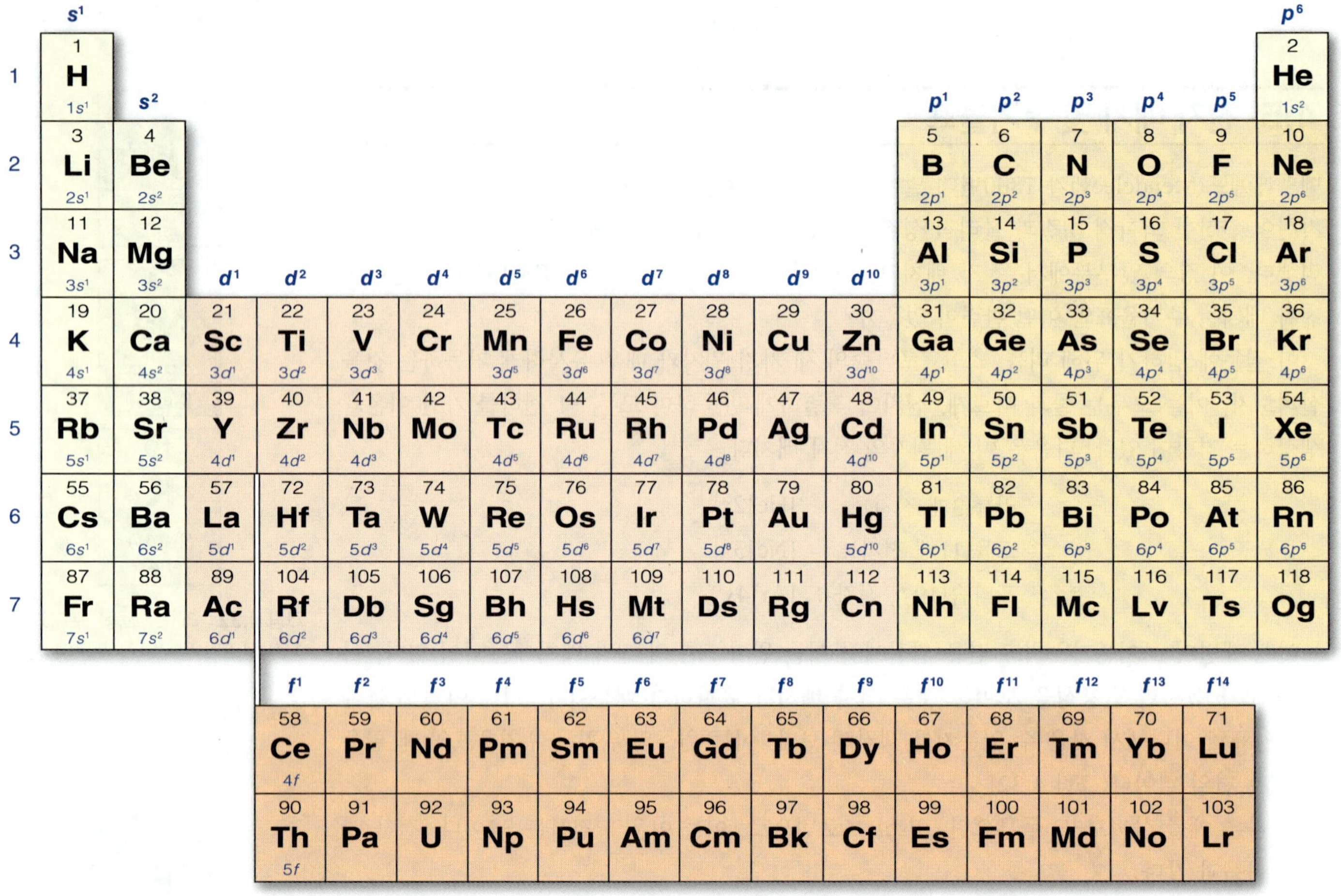

그림 4.34 주기율표 구성의 기초는 전자 구조다.

> 같은 족 원소들의 원자가 전자 배치는 유사하다.

주기율표의 열(column)은 부준위의 전자 배치에 해당한다. 첫 번째 열에 있는 모든 원자의 전자 배치에는 s^1이 있다. 두 번째 열에 있는 모든 원자의 전자 배치에는 s^2가 있다. 나머지도 마찬가지다. 주기율표를 이해하면, 최외각의 전자 배치를 신속하게 알 수 있다.

> 헬륨은 원자가 전자 준위가 채워져 있고, 비활성 기체처럼 거동한다. 주기율표에서 헬륨은 전자 배치가 s^2임에도 불구하고, p^6 비활성 기체 위에 배치되어 있다.

주기율표 구성을 이해하면 부준위의 채움 순서를 외울 필요가 없다. 주기율표를 슬쩍 보기만 해도 부준위의 채움 순서를 알 수 있다. 예를 들어 그림 4.35의 에너지 준위 도표를 보자. 5초 후에 어떤 에너지 부준위가 나타나는가? 주기율표를 가로질러 왼쪽에서 오른쪽으로 이동하면, 다음 부준위는 4*d*, 5*p*, 6*s* 순이다.

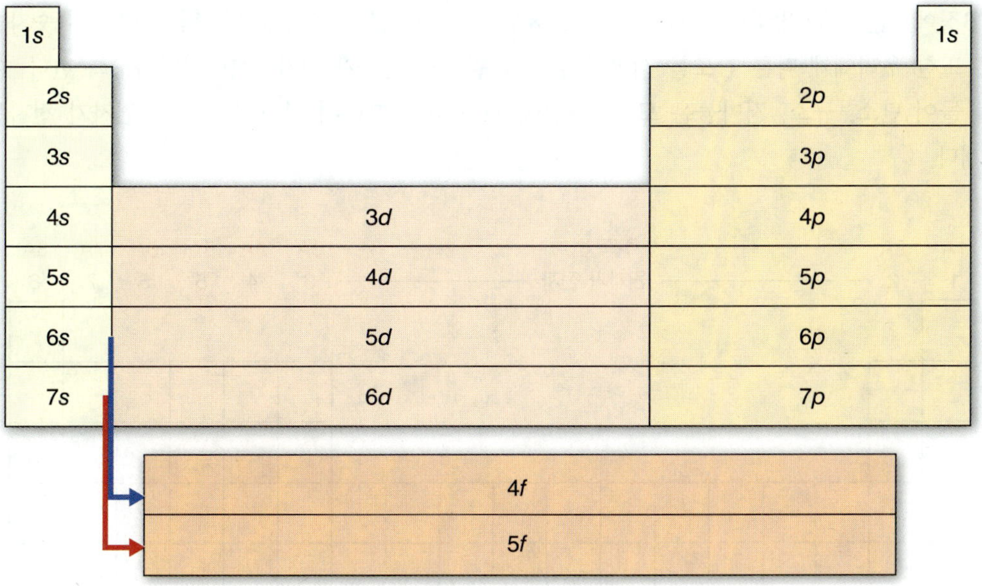

그림 4.35 주기율표를 사용하면 에너지 부준위 채움 순서를 알 수 있다.

규칙의 예외

채움 순서 규칙의 몇 가지 예외는 그림 4.34의 주기율표에 표시되어 있지 않다. 예를 들어 구리(Cu)의 예상되는 전자 배치는 $[Ar]4s^23d^9$이지만, 실제 전자 배치는 $[Ar]4s^13d^{10}$이다. 또한 4*f*와 5*f* 오비탈은 각각 5*d*와 6*d* 오비탈과 에너지 측면에서 매우 가깝기 때문에, *f* 영역에는 채움 순서의 여러 예외가 있다. 이러한 예외를 기억하려 걱정하지 말고, 일반적 경향을 이해하는 데 초점을 맞추어라.

주기율표의 구성 방식이 편리해졌기 때문에, 원자의 원자가 전자 배치를 신속하게 알 수 있어야 한다. 예를 들어 황의 원자가 전자 배치를 쓰시오. 이 문제를 해결하기 위한 전략은 그림 4.36에 나와 있다. 행은 에너지 준위 (3)을 나타내고, 열은 부준위와 전자 배치(s^2p^4)를 나타낸다.

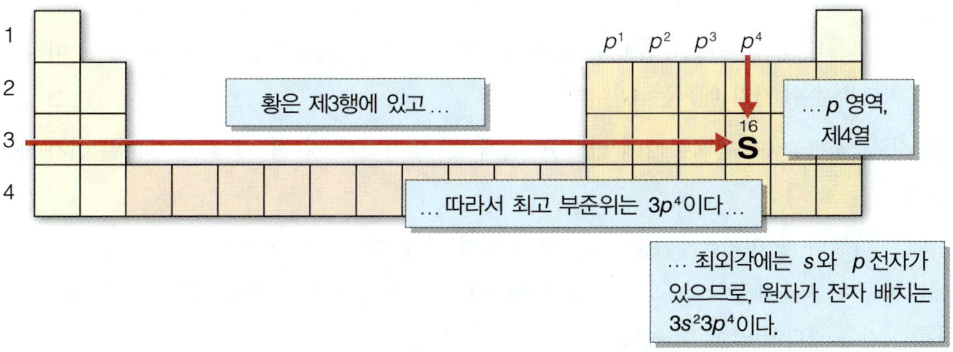

그림 4.36 원자의 원자가 전자 배치는 주기율표에서의 원자의 위치를 기초로 신속하게 알 수 있다.

주기율표의 네 영역인 *s*, *p*, *d*, *f*는 원소의 전자가 차지하는 최고 에너지 부준위를 기반으로 한다.

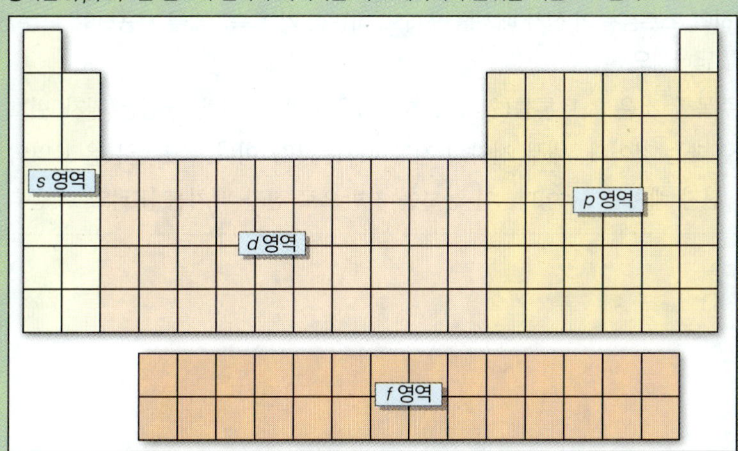

3장에서는 주족 원소를 파악할 때 1A~8A 번호 체계를 이용하였다(그림 4.37). 이 숫자들은 또한 우리에게 빠른 참조를 제공하여 주족 원소의 원자가 전자 수를 식별하도록 한다. 예를 들어 탄소, 규소, 저마늄은 모두 4A열에 위치한다. 따라서 각각의 원소의 원자가 전자는 4개다.

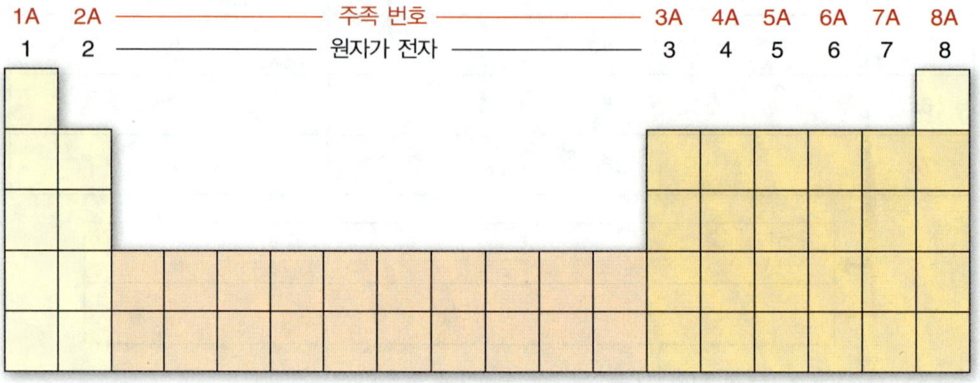

그림 4.37 주족 번호 1A~8A는 각 주족 원소의 원자가 전자 수를 말해 준다.

예제 4.8 주기율표에서 최외각 전자 배치 식별하기

전체 전자 배치를 작성하지 말고, 다음 각 원자의 최고 에너지 점유 부준위의 전자 배치를 말하시오.

포타슘, 저마늄, 철

주기율표(그림 4.34)에 따르면, 포타슘(K)은 4주기에 있고, 최외각 전자 배치는 s^1이다. 따라서 포타슘의 최고 부준위 전자 배치는 $4s^1$이다.

마찬가지로, 저마늄(Ge)은 4주기에 있고 p^2 열에 있다. 따라서 저마늄의 최고 부준위 전자 배치는 $4p^2$이다.

철은 약간 다르다. d 영역은 더 높은 준위의 s 영역 뒤에 채워진다. 따라서 4주기의 d 영역은 실제로 에너지 준위 3에 해당한다(그림 4.35 참조). 이 정보를 바탕으로, 철이 $3d^6$의 최고 에너지 전자 배치를 가지고 있다고 말할 수 있다.

예제 4.9 주기율표로 전자 배치 식별하기

주기율표를 참조하여, 스트론튬의 전자 배치를 쓰시오. 비활성 기체 속기법을 사용하여, 모든 전자 수를 세지 말고, 전자 배치를 답하시오.

주기율표에서 주목할 것은 스트론튬(원자 번호 38)은 비활성 기체 크립톤(원자 번호 36) 다음 두 번째 원소로 나온다는 것이다. 내부 전자의 전자 배치는 [Kr]이다. 스트론튬은 s 영역의 5행 2열에 속한다. 따라서 전자 배치는 $5s^2$이다. 이 정보를 기반으로 전자 배치를 $[Kr]5s^2$로 쓴다.

도전 문제

11. 산소의 전자 배치는 s^2p^4이다. s^2p^4 원자가 준위 전자 배치를 가진 다른 원자는?

12. 다음에 주어진 원자의 올바른 전자 배치를 쓰시오. 이 작업을 완결할 때 주기율표를 참조하고, 전자를 추가하지 마시오.

Mg Si Zr Sb

캡스톤 질문

많은 가로등의 은은한 노란색 빛을 만들어 내는 것은 전구에 존재하는 소량의 소듐 금속이다(그림 4.38). 소듐의 선 스펙트럼에서 이 빛의 파장이 589 nm라는 것을 알 수 있다. 소듐이 에너지를 흡수할 때, 소듐의 최고 에너지 전자는 바닥상태에서 에너지 준위 3*p*로 튀어오른다. 전자가 다시 돌아올 때, 이 에너지를 589 nm의 노란색 빛으로 방출한다. 소듐의 바닥상태 전자 배치를 쓴 다음, 들뜬 소듐 원자의 전자 배치를 쓰시오. 소듐 원자 3*s* 에너지 부준위와 3*p* 에너지 부준위 사이의 에너지 차이는 줄 단위로 얼마인가? 얼마의 전자 전이가 일어나야 1.00 kJ의 빛에너지를 생산하는가?

Take Photo/Shutterstock

a

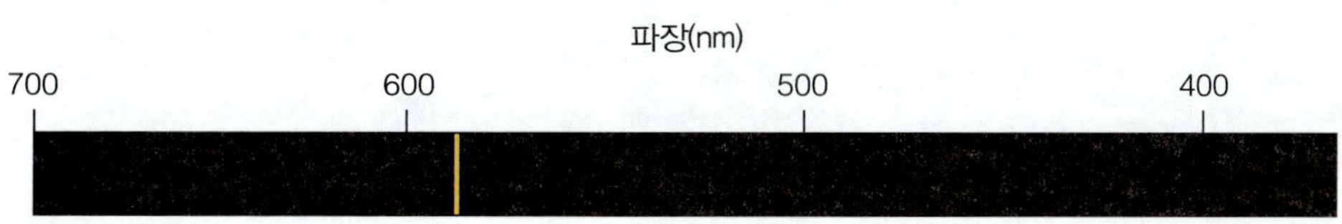

b

그림 4.38 (a) 이러한 가로등의 노란색 빛을 만들어 내는 것은 소량의 소듐 금속이다. (b) 소듐의 선 스펙트럼에는 근접해 있는 노란 선 2개가 파장 589 nm에 있다.

요약

이 장에서는 전자 구조를 자세히 탐구했다. 전자기 스펙트럼부터 시작해, 빛의 흡수 및 방출(또는 전자기 복사)이 전자 구조에 대한 중요한 단서를 제공하는 것을 보았다. 1900년대 초에 Niels Bohr가 이론화한 내용은 다음과 같았다. (1) 전자가 행성이 태양을 공전하는 방식과 거의 같은 방식으로 핵을 공전한다. (2) 전자는 에너지를 흡수 또는 방출함으로써 한 궤도에서 다른 궤도로 전이한다. (3) 이러한 전이로부터 선 스펙트럼이 만들어진다. 비록 행성 모형은 버려졌지만, 선 스펙트럼이 한 에너지 준위에서 다른 에너지 준위로의 전자 전이로 만들어진다는 생각은 전자 구조를 이해하는 데 매우 중요하다.

Bohr 모형을 대체한 것은 양자 모형이었다. 양자 모형은 전자 구조를 **에너지**와 전자의 **위치**로 설명한다. 전자는 행성 같은 궤도(보어 모형이 제안한 것처럼)를 차지하는 것은 아니라 더 복잡하고 파동 같은 패턴에서 발생한다. 이를 **오비탈**이라고 한다. 각각의 오비탈이 수용할 수 있는 최대 전자 수는 두 개다. 이 오비탈들은 에너지 **준위**와 **부준위**에 속한다.

에너지 준위 1에는 하나의 부준위만 존재한다. 그러나 에너지 준위가 늘어나면 새로운 부준위가 생겨난다. 부준위는 *s*, *p*, *d*, *f* 이고, 수용 전자 수는 각각 2, 6, 10, 14개다. 화학 반응에는 전자의 얻음, 잃음, 공유가 있기 때문에, 원자의 전자 배치를 이해하고 쓸 수 있는 것이 중요하다. 최고 점유 에너지 준위의 전자 배치는 특히 중요하다. 이들을 **원자가 전자**라고 한다.

주기율표는 원자 번호와 화학 반응성에 의해서뿐만 아니라 전자 구조에 의해서 구성된다. 주기율표에 있는 원소의 전자 구조는 원소가 놓여 있는 행과 열을 기초로 신속하게 알 수 있다. 행으로 최외각 에너지 준위를, 열로 부준위 및 전자 수를 알 수 있다. 주기율표의 열에는 유사한 전자 구조를 가진 원소들이 있는데, 이들은 거동 양식이 유사하다.

태양 전지 : 빛을 전류로 변환하기

이 장의 첫머리에서 태양 에너지의 개념을 소개했다. 또한 빛과 전자 구조가 밀접하게 연결되어 있음을 보았다. 물질이 빛을 흡수하면 전자는 더 높은 에너지 준위로 들뜬다. 그런데 이것이 어떻게 전기를 생산할 수 있을까?

대부분의 태양 전지는 ***p–n* 접합**(*p–n* junction) 설계를 사용하여 태양광을 전류로 변환시킨다. 이 설계에서는 두 개의 약간 다른 반도체(***p*형**과 ***n*형**이라 함)가 나란히 배치된다. 준금속 원소 규소는 이 두 반도체의 주요 구성 요소이며, 차이점은 다른 원소가 존재하는 데 있다. *n*형 반도체에는 s^2p^3 원자가 전자 배치를 가진 소량의 원소(예: 비소)가 있다. 이 원소들은 원자에서 쉽게 제거되는 고에너지 전자를 가지고 있다(*n*형이란 용어는 고체에서 사용 가능한 음(negative)전하[전자]를 말한다). 반면에 *p*형 반도체에는 s^2p^1 원자가 전자 배치를 가진 소량의 원소(예: 갈륨)가 있다. 이 원소들에는 최고 에너지 준위에 빈 오비탈이 있어서 추가로 더 많은 전자를 수용할 수 있다.

*p*형 소재를 *n*형 소재 옆에 배치할 경우, *n*형으로부터 전자의 일부가 *p*형으로 이동하여 양전하와 음전하의 장벽을 생성한다(그림 4.39).

광자가 반도체와 충돌하면 전자를 더 높은 에너지 준위로 들뜨게 한다. 반도체에서 들뜬 전자는 원자에서 원자로 이동할 수 있다. 이 경우, *p–n* 접합부의 전하가 전자를 음전하로부터 양전하 쪽으로 밀어낸다. 이러한 밀어냄(push)이 전자의 이동, 즉 전류를 생성한다.

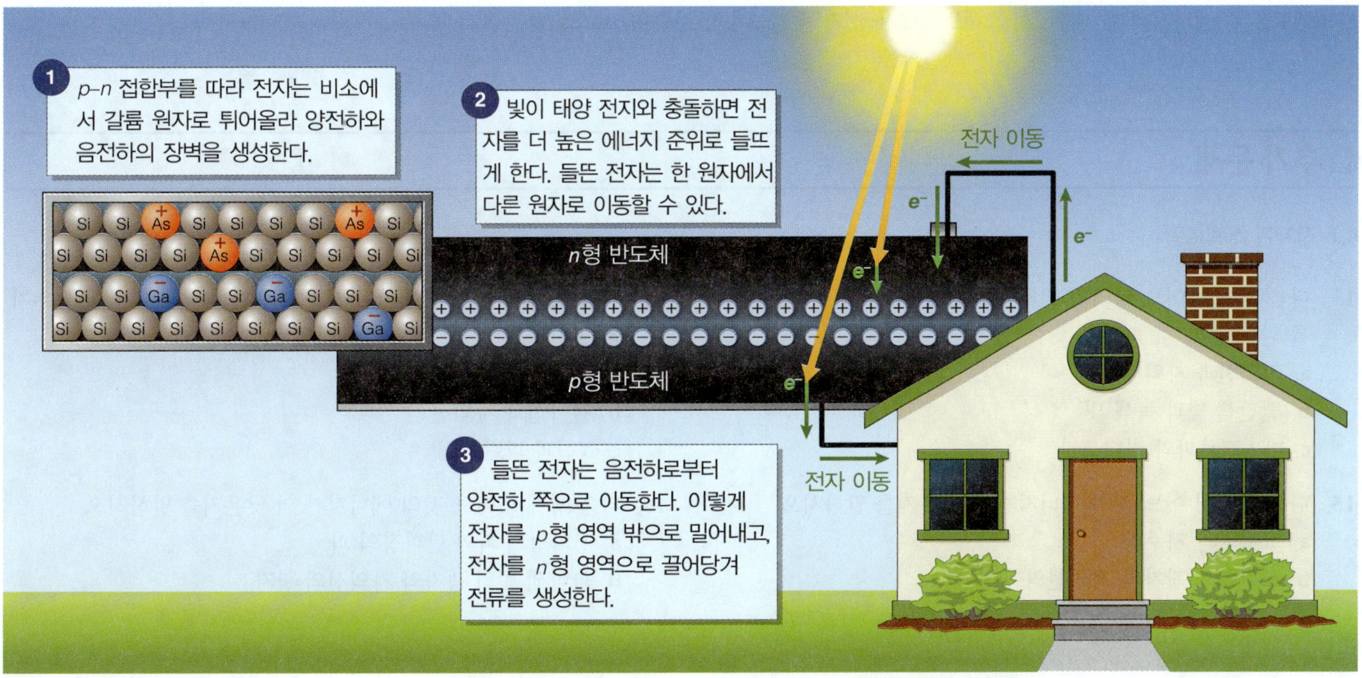

그림 4.39 대부분의 태양 전지 패널 반도체가 사용하는 규소는 갈륨과 비소와 같은 원소가 도핑된 것이다. 햇빛이 태양 전지에 충돌하면, 전자는 더 높은 에너지 준위로 들뜨게 되고, 전자가 한 원자에서 다른 원자로 이동할 수 있게 해준다. *p–n* 접합부를 따라 흐르는 전하가 전자를 밀어내어 전류를 생성한다.

주요 용어

4.1 전자기 스펙트럼

전자기 복사: 충전된 입자가 서로 상대적으로 움직이거나 진동할 때 생성되는 에너지의 한 형태. 전자기 복사는 파동으로 존재한다.

광자: 전자기 에너지(보통 가시광선)의 작은 다발

전자기 스펙트럼: 그 범위가 저에너지파(TV파 및 라디오파)에서 가시광선까지, 그리고 감마선과 같은 고에너지파에 이르는 모든 형태의 전자기 에너지이다.

가시 스펙트럼: 우리가 빛으로 인식하는 좁은 범위의 전자기 에너지

파장(λ): 한 파장의 한 지점에서 다음 파장의 동일한 지점까지의 거리

주파수(ν): 1초 내에 한 지점을 통과하는 파동의 수. 일반적 측정 단위는 헤르츠

헤르츠(Hz): 주파수의 단위로, 초당 1회 파동 횟수과 같다.

4.2 색, 선 스펙트럼, Bohr 모형

선 스펙트럼: 빛에너지의 한 패턴. 선 스펙트럼은 기체상 원소가 에너지를 방출할 때 생성된다. 각 원소의 선 스펙트럼은 고유하다.

Bohr 모형: 원자 구조의 초기 모형으로, 원자를 작은 태양계로 취급하고, 핵을 중심으로 전자가 핵 주위를 도는 것으로 보았다.

4.3 양자 모형과 전자 오비탈

양자 모형: 전자의 거동에 대한 현대적 설명으로, 전자를 입자와 파동으로 취급한다.

불확정성 원리: 입자의 정확한 속도와 위치를 동시에 아는 것은 불가능하다는 생각. 이 원리는 전자를 연구할 때 중요하다.

주양자수: 전자가 점유하는 에너지 준위를 식별하는 정수

부준위: 일련의 전자 오비탈로, 전자 에너지 준위에서 발생한다. 주요 부준위 4개는 s, p, d, f이다.

오비탈: 전자가 발견될 가능성이 가장 높은 영역. 각 오비탈의 최대 수용 전자 수는 두 개다.

***s* 부준위**: 1개의 오비탈을 포함하고 최대 수용 전자 수가 2개인 부준위. s 오비탈은 모든 에너지 준위에 존재한다.

***p* 부준위**: 3개의 오비탈을 포함하고 최대 수용 전자 수가 6개인 부준위. p 오비탈은 에너지 준위 2 이상에서 존재한다.

***d* 부준위**: 5개의 오비탈을 포함하고 최대 수용 전자 수가 10개인 부준위. d 오비탈은 에너지 준위 3 이상에서 존재한다.

***f* 부준위**: 7개의 오비탈을 포함하고 최대 수용 전자 수가 14개인 부준위. f 오비탈은 에너지 준위 4 이상에서 존재한다.

4.4 전자 배치

전자 배치: 각 에너지 준위 및 부준위의 전자 수

원자가 준위: 원자 내 최고 점유 전자 에너지 준위

옥텟 규칙: 최고 점유(원자가) 전자 에너지 준위를 채움으로써 원자가 안정하게 된다는 원리

등전자: 원자 또는 이온의 전자 배치가 동일함을 말함

추가 문제

4.1 전자기 스펙트럼

13. 다음 쌍에서 어느 영역의 전자파 스펙트럼 에너지가 더 높은지를 말하시오.
- **a.** 적외선과 자외선
- **b.** 빨간색 빛과 녹색 빛
- **c.** 마이크로파와 라디오파

14. 다음 쌍에서 어느 영역의 전자파 스펙트럼 에너지가 더 높은지를 말하시오.
- **a.** 녹색 빛과 마이크로파
- **b.** 감마선과 자외선
- **c.** X선과 파란색 빛

15. 다음 쌍에서 어느 것의 에너지가 더 낮은지를 말하시오.
- **a.** 고주파와 저주파
- **b.** 노란색의 광자와 적외선의 광자

16. 다음 쌍에서 어느 것의 에너지가 더 낮은지를 말하시오.
- **a.** 장파장의 파와 단파장의 파
- **b.** 파란색 빛의 광자와 자외선의 광자

17. 다음 중 녹색 빛보다 주파수가 낮은 것은?
 a. 빨간색 빛
 b. 파장이 400 nm인 빛
 c. 파장이 1.0×10^{-6} m인 빛

18. 다음 중 파란색 빛보다 에너지가 더 높은 것은?
 a. 자외선
 b. 파란색 빛보다 주파수가 높은 빛
 c. 파란색 빛보다 파장이 긴 빛

19. 각 쌍에서 파장이 더 긴 것은?
 a. 라디오파와 마이크로파
 b. 마이크로파와 가시광선
 c. 적외선과 자외선

20. 각 쌍에서 파장이 더 긴 것은?
 a. 가시광선과 감마선
 b. 마이크로파와 X선
 c. 가시광선과 적외선

21. 각 파의 파장을 구하시오. 각 파의 속도는 3.00×10^8 m/s이다.
 a. 주파수가 750,000 s^{-1}인 파
 b. 주파수가 20 Hz인 파
 c. 주파수가 2.5×10^5 Hz인 파

22. 각 파의 주파수를 구하시오. 각 파의 속도는 3.00×10^8 m/s이다.
 a. 파장이 5.5×10^{-7} m인 녹색 빛의 광자
 b. 파장이 700 nm인 빨간색 빛의 광자
 c. 파장이 5.2 cm인 광자

23. 최고 강도의 태양 광자의 파장은 약 5.00×10^{-7} m이다. 이 빛은 어떤 색인가? 그림 4.5를 참조하시오.

24. 교차로를 통과하는 동안, 마주친 신호등의 주파수는 4.30×10^{14} Hz이다. 이 빛은 어떤 색인가? 교차로에서 멈춰야 하는가, 아니면 교차로를 계속해서 통과해야 하는가, 조심해서 진행해야 하는가? 그림 4.5를 참조하시오.

25. 어떤 광선의 주파수가 4.17×10^{14} Hz이다. 이 빛의 광자당 에너지는 얼마인가?

26. 어떤 광선의 주파수는 6.29×10^{14} Hz이다. 이 빛의 광자당 에너지는 얼마인가?

27. 의료용 X선 기기의 파장은 2.10×10^{-11} m이다. 이 파의 주파수(Hz)와 에너지(J)는 얼마인가?

28. 마이크로파의 파장은 1.20 cm이다. 이 파의 주파수(Hz)와 에너지(J)는 얼마인가?

29. 이산화 탄소는 에너지가 4.67×10^{-20} J인 복사선을 쉽게 흡수한다. 이 복사선의 파장과 주파수는 얼마인가? 이 복사선의 영역은 자외선, 가시광선, 적외선 중 어느 것에 속하는가?

30. 다음 각 광자의 파장과 주파수를 구하시오.
 a. 에너지가 3.32×10^{-19} J인 녹색 빛의 광자
 b. 에너지가 3.49×10^{-18} J인 자외선 복사의 광자

4.2 색, 선 스펙트럼, Bohr 모형

31. 선 스펙트럼이란 무엇인가? 선 스펙트럼은 어떻게 관찰되는가?

32. Bohr 모형은 전자 움직임을 어떻게 설명했는가? Bohr 모형은 선 스펙트럼을 어떻게 설명하였는가?

33. 원자가 에너지를 흡수할 때 전자는 어떻게 되는가?

34. 원자가 빛에너지를 방출할 때 전자는 어떻게 되는가?

35. 전류가 네온으로 채워진 관을 통과하면, 관에 빛이 나기 시작한다. 전자는 어떻게 이 빛을 생성하는가?

36. 용융된 철은 적황색으로 빛난다. 이 과정에서 열에너지가 어떻게 빛에너지로 전환되는가?

37. 다음 각 과정의 경우 빛이 흡수되는지, 방출되는지를 말하시오.
 a. 전자가 준위 2에서 준위 4로 이동한다.
 b. 전자가 준위 6에서 준위 3으로 이동한다.
 c. 전자가 준위 3에서 준위 6으로 튀어오른다.
 d. 전자가 준위 7에서 준위 2로 떨어진다.

38. 다음 각 과정의 경우 빛이 흡수되는지, 방출되는지를 말하시오.
 a. 전자가 준위 1에서 준위 5로 이동한다.
 b. 전자가 준위 4에서 준위 2로 이동한다.
 c. 전자가 더 높은 에너지 준위로 들뜬다.
 d. 전자가 낮은 에너지 준위로 떨어진다.

39. 수소 원자는 자외선의 광자를 흡수하여 전자를 에너지 준위 1에서 에너지 준위 5로 들뜨게 한다. 표시된 것처럼, 들뜬 전자는 세 단계 밑으로 떨어진다. 다음 표를 사용하여 각 전이에서 방출되는 에너지가 자외선, 가시광선, 적외선 중 어느 것인지 말하시오. 첫 번째 전이는 하나의 예로서 이미 풀어놓았다.

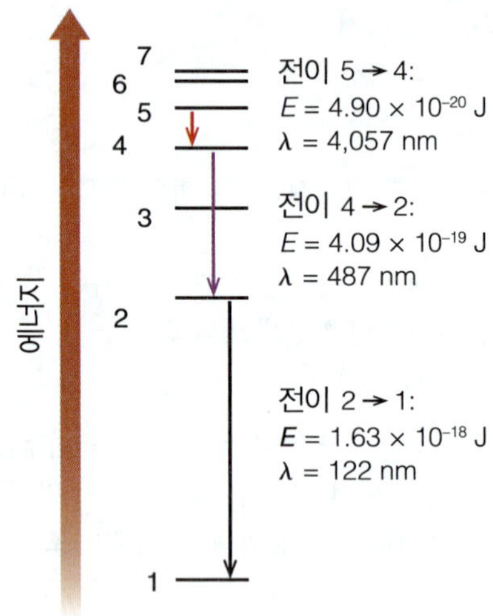

전이	파장	영역
5 → 4	4,057 nm	적외선
4 → 2	487 nm	
2 → 1	122 nm	

40. 수소 원자는 자외선의 광자를 흡수하여 전자를 에너지 준위 1에서 에너지 준위 7로 들뜨게 한다. 표시된 것처럼, 들뜬 전자는 세 단계 밑으로 떨어진다. 다음 표를 사용하여 각 전이에서 방출되는 에너지가 자외선, 가시광선, 적외선 중 어느 것인지 말하시오.

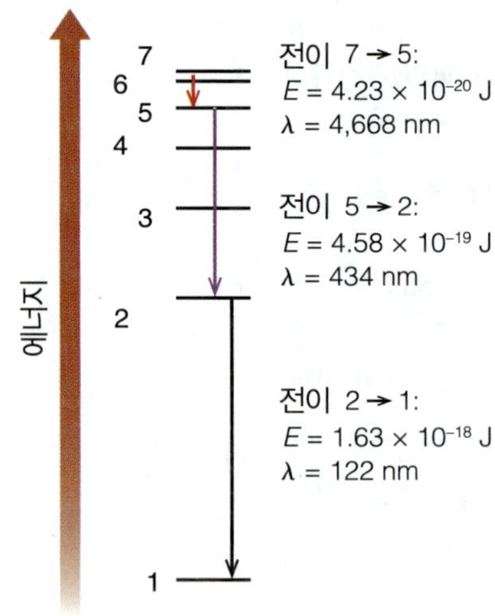

전이	파장	영역
7 → 5	4,668 nm	적외선
5 → 2	434 nm	
2 → 1	122 nm	

4.3 양자 모형과 전자 오비탈

41. 왜 우리는 전자의 정확한 위치를 설명하는 대신에 오비탈이나 에너지 준위의 관점에서 전자를 나타내는가?

42. 양자 모형의 **오비탈**(orbital)과 Bohr 모형의 궤도(orbit)는 어떻게 다른가?

43. 하나의 오비탈을 점유할 수 있는 전자는 몇 개인가?

44. 오비탈에 2개의 전자가 있을 때, 전자 스핀은 어떻게 정렬되는가?

45. 다음 각 에너지 준위의 경우, 존재하는 모든 부준위를 열거하시오.

a. 준위 1 **b.** 준위 2 **c.** 준위 3 **d.** 준위 4

46. 에너지 준위 4에 들어갈 수 있는 전자는 총 몇 개인가?

47. *p* 부준위에 들어갈 수 있는 전자는 몇 개인가?

48. *d* 부준위에 들어갈 수 있는 전자는 몇 개인가?

49. 오비탈(orbital)과 부준위(sublevel)의 차이점은 무엇인가?

50. *s* 오비탈과 *p* 오비탈의 모양을 스케치하시오.

51. 원자의 최저 에너지 준위를 점유할 수 있는 전자는 몇 개인가? 원자의 두 번째로 낮은 에너지 준위를 점유할 수 있는 전자는 몇 개인가?

52. 다음 표를 완성하여 오비탈 수와 각 에너지 부준위에 있는 최대 전자 수를 표시하시오.

부준위	오비탈 수	전자 수
s		2
	3	
	5	10
f		

53. 다음의 준위/부준위 조합이 가능한지를 말하시오.

a. 준위 1, 부준위 s

b. 준위 4, 부준위 s

c. 준위 1, 부준위 p

54. 다음의 준위/부준위 조합이 가능한지를 말하시오.

a. 준위 2, 부준위 d

b. 준위 3, 부준위 f

c. 준위 3, 부준위 d

4.4 전자 배치

55. 화살표를 사용하여 전자를 나타내고, 오비탈 에너지 도표를 완성하시오. 첫 번째 것(질소)은 예제로 작성되었다.

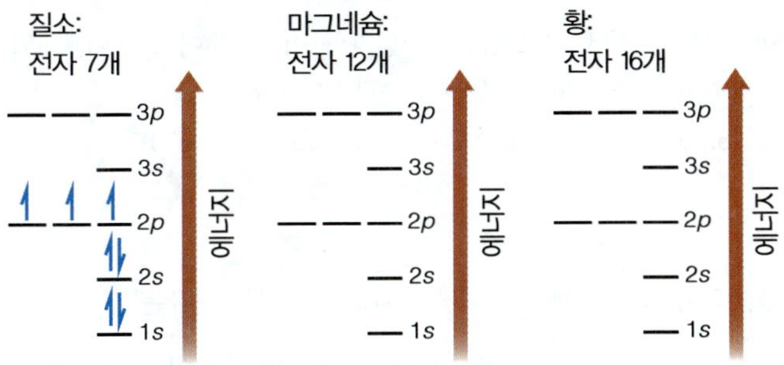

56. 화살표를 사용하여 전자를 나타내고, 오비탈 에너지 도표를 완성하시오.

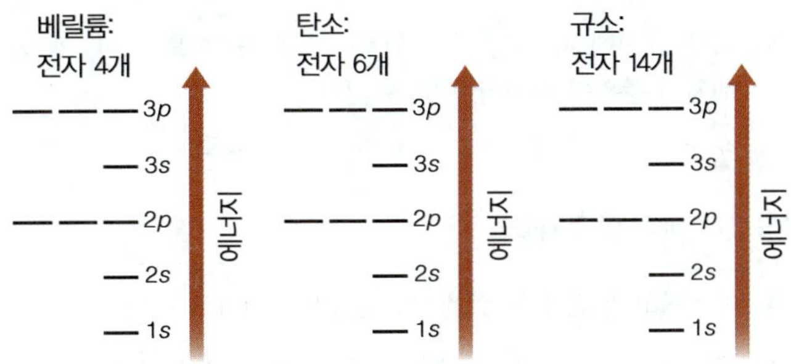

57. 다음 각 원자의 전자 배치를 쓰시오.

a. H **b.** Be **c.** C **d.** Ne

58. 다음 각 원자의 전자 배치를 쓰시오.

a. N **b.** Co **c.** Ru **d.** I

59. 원자가 준위란 무엇인가? 원자의 원자가와 관련된 두 부준위는 무엇인가?

60. $3d$ 오비탈이 존재함에도, 에너지 준위 3이 8개의 전자만으로 '꽉 채워져 있다'고 여겨지는 이유는?

61. 옥텟 규칙이란 무엇인가? 어떤 족 원소가 옥텟 규칙을 분명히 보여 주는가?

62. 원자가 옥텟 규칙을 충족한다면, 어떤 부준위가 채워지는가?

63. 비활성 기체 속기법을 사용하여, 다음 전자 배치를 다시 쓰시오.

a. $1s^2 2s^1$

b. $1s^2 2s^2 2p^6 3s^2$

c. $1s^2 2s^2 2p^6 3s^2 3p^5$

64. 비활성 기체 속기법을 사용하여, 다음 전자 배치를 다시 쓰시오.

a. $1s^2 2s^2 2p^3$

b. $1s^2 2s^2 2p^6 3s^2 3p^6 4s^2 3d^{10} 4p^6 5s^2 4d^{10} 5p^6 6s^1$

c. $1s^2 2s^2 2p^6 3s^2 3p^6 4s^2 3d^{10} 4p^3$

65. 비활성 기체 속기법을 사용하여, 다음 할로젠의 전자 배치를 쓰시오.

F, Cl, Br, I

66. 비활성 기체 속기법을 사용하여, 다음 알칼리 토금속의 전자 배치를 쓰시오.

Be, Mg, Ca, Sr

67. 마그네슘의 전자 배치를 쓰시오. 마그네슘이 가지고 있는 내부 껍질 수와 원자가 전자 수는 얼마인가?

68. 인의 전자 배치를 쓰시오. 인이 가지고 있는 내부 껍질 수와 원자가 전자 수는 얼마인가?

69. 다음 각 전자 배치에서 내부 전자, 외부 전자, 원자가 전자를 식별하시오.

a. 질소: $1s^2 2s^2 2p^3$

b. 포타슘: $1s^2 2s^2 2p^6 3s^2 3p^6 4s^1$

c. 갈륨: $[Ar]4s^2 3d^{10} 4p^1$

d. 텅스텐: $[Xe]6s^2 4f^{14} 3d^4$

70. 다음 각 전자 배치에서 내부 전자, 외부 전자, 원자가 전자를 식별하시오.

a. 리튬: $1s^2 2s^1$

b. 염소: $1s^2 2s^2 2p^6 3s^2 3p^5$

c. 프로메튬: $[Xe]\ 6s^2 4f^5$

d. 아이오딘: $[Kr]5s^2 4d^{10} 5p^5$

71. 다음 각 이온의 전자 배치를 쓰시오.

a. O^{2-} **b.** K^+ **c.** Br^- **d.** N^{3-}

72. 다음 각 이온의 전자 배치를 쓰시오.

a. Na^+ **b.** Mg^{2+} **c.** F^- **d.** S^{2-}

73. 다음 원자 각각은 전자를 얻거나 잃어 네온과 등전자(isoelectronic)가 될 수 있다. 각 원자가 얻거나 잃는 데 필요한 전자 수를 쓰고, 그 결과 발생하는 전하를 말하시오.

a. O **b.** F **c.** Na **d.** Mg

74. 다음 원자 각각은 전자를 얻거나 잃어 아르곤과 등전자가 될 수 있다. 각 원자가 얻거나 잃는 데 필요한 전자 수를 쓰고, 그 결과 발생하는 전하를 말하시오.

a. S **b.** Cl **c.** K **d.** Ca

75. 헬륨과 등전자인 이온 3개를 열거하시오.

76. 크립톤과 등전자인 이온 3개를 열거하시오.

77. 플루오린은 한 개의 전자를 얻는 경향이 있는 반면, 소듐 금속은 한 개의 전자를 잃는 경향이 있다. 왜 그런가? 어떤 규칙을 사용하여 이 거동을 설명할 수 있는가?

78. 포타슘 금속은 한 개의 전자를 잃는 경향이 있는 반면, 칼슘 금속은 두 개의 전자를 잃는 경향이 있다. 왜 그런가? 어떤 규칙을 사용하여 이 거동을 설명할 수 있는가?

79. 옥텟 규칙에 따르면, 다음 원자나 이온 중 어느 것이, 채워진 원자가 준위의 안정성이 있는가?

a. K **b.** K^+ **c.** S^- **d.** S^{2-}

80. 옥텟 규칙에 따르면, 다음 원자나 이온 중 어느 것이, 채워진 원자가 준위의 안정성이 있는가?

a. Ca^{2+} **b.** Al **c.** Xe **d.** I^-

4.5 전자 배치 및 주기율표

81. 주기율표의 왼쪽 두 열을 때로는 *s* 영역이라고 하는 이유는?

82. 전이 금속을 때로는 *d* 영역 원소라고 하는 이유는?

83. 주기율표를 참조하여, 다음 원자 중 어느 것이 에너지 준위 3의 원자가 전자를 가지고 있는지를 말하시오(참고: 전자 배치를 작성하지 말고, 이 질문에 답하시오).

a. Li **b.** Si **c.** P **d.** Se **e.** He **f.** Ar

84. 주기율표를 참조하여, 다음 원자 중 어느 것이 에너지 준위 4의 원자가 전자를 가지고 있는지를 말하시오(참고: 전자 배치를 작성하지 말고, 이 질문에 답하시오)

a. K **b.** Na **c.** Y **d.** Mn **e.** Cl **f.** Br

85. 2행 원소의 내부 전자 배치를 말하시오.

86. 4행 원소의 내부 전자 배치를 말하시오.

87. 2A족 원소의 원자가 전자는 몇 개인가?

88. 6A족 원소의 원자가 전자는 몇 개인가?

89. 전자 배치를 작성하지 말고, 다음 각 주족 원소의 원자가 전자 수를 말하시오.

a. 칼슘 **b.** 알루미늄 **c.** 브로민 **d.** 네온

90. 전자 배치를 작성하지 말고, 다음 각 주족 원소의 원자가 전자 수를 말하시오.

a. 탄소 **b.** 셀레늄 **c.** 제논 **d.** 루비듐

91. 주기율표를 참조하여, 다음 각 원자에 존재하는 원자가 전자(최외각 *s* 전자 및 *p* 전자)의 수를 말하시오.

a. Mg **b.** N **c.** P **d.** As **e.** Cl **f.** Ca

92. 주기율표를 참조하여, 다음 각 원자에 존재하는 원자가 전자(최외각 *s* 전자 및 *p* 전자)의 수를 말하시오.

a. Be **b.** Sr **c.** Ne **d.** Br **e.** As **f.** Si

93. 주기율표를 참고하여, 다음 질문에 답하시오.

a. 전자 배치가 $[Ar]4s^1$인 원자는 무엇인가?
b. 전자 배치가 $[He]2s^22p^3$인 원자는 무엇인가?
c. 전자 배치가 $[Kr]5s^24d^8$인 원자는 무엇인가?

94. 주기율표를 참고하여, 다음 질문에 답하시오.

a. 전자 배치가 $[He]2s^1$인 원자는 무엇인가?
b. 전자 배치가 $[Ne]2s^22p^5$인 원자는 무엇인가?
c. 전자 배치가 $[Ar]4s^23d^6$인 원자는 무엇인가?

95. 주기율표를 참고하여, 다음 질문에 답하시오.

a. 4*s* 다음에 채워지는 부준위는 무엇인가?
b. 4*d* 다음에 채워지는 부준위는 무엇인가?
c. 3*p* 다음에 채워지는 부준위는 무엇인가?

96. 주기율표를 참고하여, 다음 질문에 답하시오.

a. 3*s* 다음에 채워지는 부준위는 무엇인가?
b. 3*d* 다음에 채워지는 부준위는 무엇인가?
c. 6*p* 다음에 채워지는 부준위는 무엇인가?

97. 주기율표를 사용하여, 다음 각 원소의 경우 최고 충진 부준위(highest-filled sublevel)의 전자 배치를 쓰시오. 전체 전자 배치를 쓰지 말고, 이 작업을 완결하시오. 첫 번째 답이 예로 주어졌다.

a. 저마늄(답: $4p^2$) **b.** 텔루륨
c. 테크네튬 **d.** 붕소

98. 주기율표를 사용하여, 다음 각 원소의 경우 최고 충진 부준위의 전자 배치를 쓰시오. 전체 전자 배치를 쓰지 말고, 이 작업을 완결하시오. 첫 번째 답이 예로 주어졌다.

a. 철 (답: $3d^6$) **b.** 아스타틴
c. 금 **d.** 바륨

99. 다음 특성을 가진 원소의 족을 말하시오.

a. 이 족의 원자가 전자 배치는 s^2이다.

b. 이 족의 원소들은 반응하여 화합물을 생성하지 않는다.

c. 이 족 원소들의 원자가 전자는 두 개다.

100. 다음 특성을 가진 원소의 족을 말하시오.

a. 이 족의 원자가 전자 배치는 s^2p^5이다.

b. 이 족 원소들의 최외각은 완전히 채워져 있다.

c. 이 족 원소들의 원자가 전자는 한 개다.

101. 산소, 황, 셀레늄이 속하는 원소족을 보통 **칼코젠**(chalcogen)이라고 한다. 이 족의 원자가 전자 배치를 말하시오.

102. 붕소, 알루미늄, 갈륨이 있는 원소족의 원자가 전자 배치를 말하시오.

103. 주기율표 12족 원소의 원자가 전자 배치를 말하시오.

104. 주기율표 6A족 원소의 원자가 전자 배치를 말하시오.

화학 결합 및 화합물

CHAPTER 5

그림 5.1 (a) 1942년 2월, 일본군에 포로로 잡힌 연합군 병사들 (계속)

탄산 리튬과 조울증

조합은 때로 놀라운 결과를 낳는다. 탄산 리튬의 이야기를 생각해 보자. 탄산 리튬은 단순한 화합물로, 양극성 질환 치료제로 전 세계에서 사용되고 있다. 탄산 리튬은 불운과 행운 및 그것의 발견을 이끈 예리한 관찰이 결합된 것이다.

제2차 세계대전이 한창이던 1942년 2월, 일본군은 싱가포르에 있는 연합군의 거점을 공격했다. 일주일의 전투를 치룬 후, 연합군은 항복했다(그림 5.1). 포로들 중에 John Cade가 있었다. 그는 젊은 정신과 의사로, 호주 육군 군의관으로 복무하고 있었다. 그러나 그는 3년을 포로수용소에서 보냈다.

수감 중에 Cade가 관찰한 다수의 수감자가 조울증 환자였다. 그들은 아주 공격적인 행동(조증 단계라고 함)과 깊은 우울 사이를 오락가락했다. Cade는 독성 물질이 포로들에게 조울증을 야기시켰고, 독성 물질이 소변을 통해 배출되어야 안정될 것이라고 생각하였다.

Cade는 전쟁 말기에 석방되고 나서, 호주로 돌아와 정신과 의사로 활동을 재개했다. 한편, 그는 포로 시절에 자신이 개발한 아이디어를 연구하기 시작했다. Cade는 조울증 환자들로부터 소변 시료를 채취하고, 그 소변을 기니피그에 주사했다. 흥미롭게도, 조울증 환자들의 소변이 주사된 기니피그가 건강한 사람의 소변이 주사된 기니피그보다 더 빨리 죽었다. 이에 Cade는 더 깊이 파고들었다. 그가 의심쩍어한 것은, 요산이라는 화합물이 미스터리한 독소일 것이라는 것이다. 그가 연구하기 시작한 것은 순수한 요산과 관련 화합물이 기니피그에 미치는 영향이었다. 그러한 화합물 중 하나인 요산 리튬이, 존재하는 다른 화합물의 독성 효과를 감소시킨다는 것을 발견했다. 이 결과에 흥미를 느낀 그가 시험하기로 결정한 것은 더 간단한 리튬 함유 화합물인 탄산 리튬이었다. 기니피그에 순수한 탄산 리튬을 주입하자, 동물들은 진정되었다.

결국 소변 독소에 대한 Cade의 생각은 버려졌지만, 탄산 리튬에서 관찰한 결과가 새로운 문을 열어주었다. Cade는 탄산 리튬이 조울증을 앓고 있는 환자도 진정시킬 수 있을지 궁금했다. 그는 안전한지 알아보기 위해 먼저 자신의 몸으로 시험했다. 장기적인 효과를 발견하지 못한 그는 자신의 병동에 있는 조울증 환자를 탄산 리튬으로 치료했

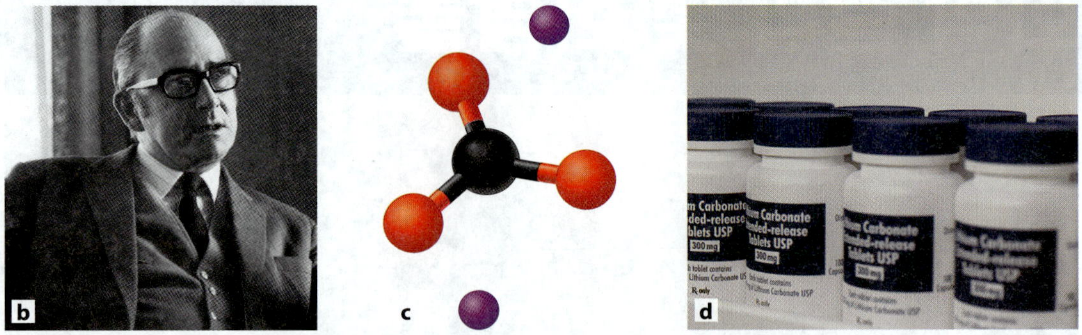

그림 5.1 (계속) (b) John Cade가 발견한 것은, 탄산 리튬이 조울증을 치료할 수 있다는 것이다. (c) 탄산 리튬은 리튬, 탄소, 산소 원자로 만들어진다. (d) 오늘날, 수백만 명의 사람이 탄산 리튬으로 조울증 치료를 하고 있다. (a) Public Domain, Wikimedia Commons; (b) Newspix/Getty Images; (d) Carl Dmaster/Shutterstock

다. 이 인체 실험은 매우 성공적이었으며, 1949년에 그는 자신의 결과를 발표했다. 그 후 수십 년 동안, 또 다른 정신과 의사인 Mogens Schou는 탄산 리튬의 효과를 광범위하게 연구했다. 오늘날, 탄산 리튬은 조울증을 치료하는 가장 흔하고 가장 비용이 적게 드는 치료법 중 하나로 남아 있다.

대부분의 과학처럼—그리고 대부분의 다른 인간 활동처럼—이 이야기는 복잡하다. Cade의 생각은 가장 가혹한 상황에서 고안되었기 때문이다. 그의 초기 생각은 정확하지 않았다. 또한 오늘날의 기준으로 보면 Cade의 실험은 무모해 보인다. 하지만 감옥에서 그리고 실험실에서, 그의 세심한 관찰 덕분에 정신 질환을 치료하는 방법을 변화시키는 통찰로 그를 이끌었다. 즉 복잡한 현상 속에서 최선의 결과를 발견해 낸 것이다.

이번 장에서는 화학 결합이 어떻게 원자들을 모아 화합물을 생성하는지를 알아보기 시작할 것이다. 완전한 이야기가 그것을 구성하는 조각 이야기들과 많이 다를 수 있듯이, 화합물도 구성 원소들과 많이 다르게 거동한다. 원자들이 결합하여 화합물을 생성할 때 새롭고 흥미로운 특성이 나타난다. 즉 신소재, 신약, 새로운 기회를 만드는 특성이 나타난다.

학습 목표

이 장을 완료하고 실습 문제를 풀고 나면, 수행할 수 있는 것은 다음과 같다.

5.1 Lewis 기호와 옥텟 규칙

- 주기율표를 사용하여 원자의 원자가 전자 수를 구할 수 있어야 한다.
- Lewis 점 기호를 사용하여 원자가 전자를 나타낼 수 있어야 한다.

5.2 이온

- 옥텟 규칙을 사용하여 주족 이온의 생성을 설명하고 예측할 수 있어야 한다.
- 일반적인 단원자 이온 및 다원자 이온의 이름, 기호, 화학식, 전하를 말할 수 있어야 한다.

5.3 이온 결합 및 이온 결합 화합물

- 양이온 전하 및 음이온 전하를 기초로 이온식을 예측할 수 있어야 한다.
- 이온 고체의 이온 배열을 대략 말할 수 있어야 한다.
- 이온 결합 화합물의 이름과 화학식을 상호 변환할 수 있어야 한다.

5.4 공유 결합

- 어떻게 비금속이 옥텟 규칙을 충족하는지를 공유 결합을 통해 설명할 수 있어야 한다.
- 실험식과 분자식을 구분할 수 있어야 한다.
- 이성분 공유 결합 화합물의 이름을 말할 수 있어야 한다.

5.5 이온 결합 화합물과 공유 결합 화합물 구별하기

- 화학식을 기초로 이온 결합 화합물과 공유 결합 화합물을 구별할 수 있어야 한다.

5.6 수용액: 이온 결합 화합물과 공유 결합 화합물의 차이

- 수용액 내 이온 결합 화합물과 공유 결합 화합물의 거동을 비교할 수 있어야 한다.

5.7 산—서론

- 수용액 내 산의 이온화를 설명할 수 있어야 한다.
- 이성분산의 이름과 산소산의 이름을 말할 수 있어야 한다.

5.1 Lewis 기호와 옥텟 규칙

4장에서는 알칼리 금속, 할로젠, 비활성 기체와 같은 원자의 집단이 유사한 거동을 보이는 것은 유사한 전자 배치 때문이라는 것을 알았다. 이 장에서는 이들 전자 배치가 어떻게 화학 결합의 생성을 이끌어내는지를 살펴보겠다.

화학 결합에는 원자의 외부 전자 또는 **원자가 전자**(valence electron)의 변화가 있다. 기억할 것은 원자가 전자가 원자의 최고 점유 에너지 준위의 전자라는 점이다. 부준위 채움 순서로 인해 원자가 준위에는 *s* 부준위와 *p* 부준위만 있다. *s* 부준위에 2개의 전자가 들어갈 수 있고, *p* 부준위에 6개의 전자가 들어갈 수 있기 때문에, 최대 8개의 전자가 원자가 준위를 점유할 수 있다. 주족 원소의 경우, 원자가 전자 수를 주기율표에서 신속하게 알 수 있다. 즉 주족 원소의 경우, 열(족) 번호가 원자가 전자 수다(그림 5.2). 예를 들어 질소(N)는 5A족에 있다. 따라서 원자가 전자는 5개다. 네온(Ne)은 8A족에 있다. 따라서 원자가 전자는 8개다.

원자가 준위가 보유하는 최대 전자 수는 8개다.

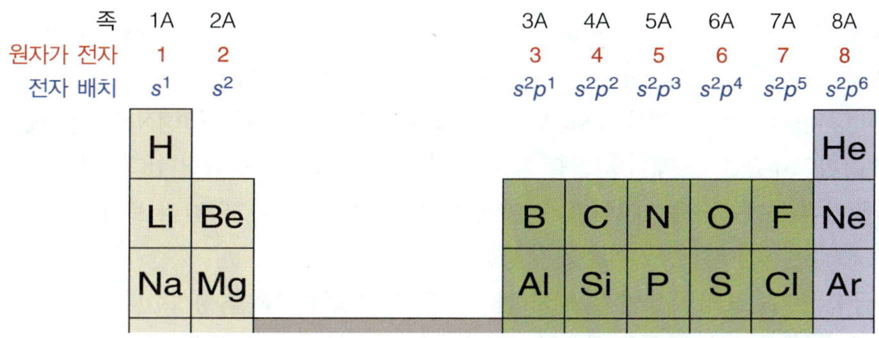

그림 5.2 주족(1A~8A)의 족 수는 각 원자의 원자가 준위에 있는 전자 수를 나타내기도 한다.

Lewis 점 기호(Lewis dot symbol)를 그리면 화학 결합을 시각화하는 데 도움이 된다. 즉 원자 기호 둘레에 원자 내 원자가 전자의 수만큼 전자를 점으로 그려서 나타낸다. 다음은 2주기 원소에 대한 Lewis 기호이다.

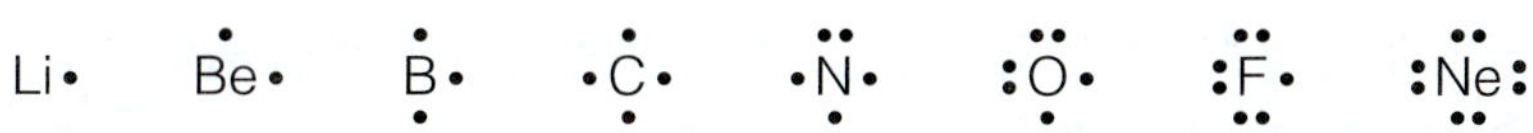

4장에서는 **원자가 에너지 준위를 채움으로써 원자가 안정된다는 옥텟 규칙**을 소개하였다. 2주기 이하에 있는 원소의 경우, 원자가 준위를 채우려면 8개의 전자가 필요하다. 비활성 기체가 왜 그렇게 안정적인지를 옥텟 규칙은 설명해 준다. 또한 옥텟 규칙으로 어떻게 주족 원소가 화학 결합을 생성하는지를 예측할 수 있다. 이 원소들이 옥텟 규칙을 충족시키는 방법은 전자를 얻거나 잃음으로써 이온을 생성하거나, 아니면 두 원자 사이에 전자를 공유하는 것이다. 다음 절들에서 이러한 거동들을 살펴보겠다.

주족 원소는 전자를 얻거나, 잃거나, 공유함으로써 옥텟 규칙을 충족한다.

5.2 이온

양이온 : 양전하가 있는 이온

주족 금속이 옥텟 규칙을 충족시키는 방법은 전자를 잃고 양전하 이온을 생성하는 것이다. 이 양전하 이온을 **양이온(cation)**이라고 한다. 예를 들어 금속 소듐을 생각해 보자. 소듐의 전자 배치는 $1s^22s^22p^63s^1$이다. $1s^22s^22p^6$는 네온의 전자 배치와 동일하기 때문에, 우리는 종종 소

Na^+, Mg^{2+}, Ne는 모두 등전자이다. **등전자**란 전자 배치가 같다는 뜻이다.

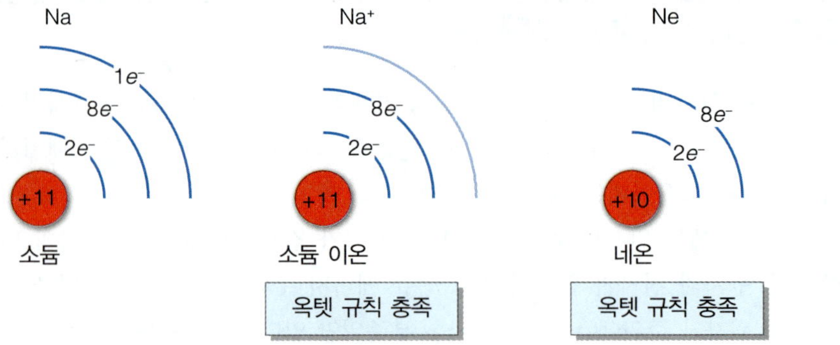

그림 5.3 소듐의 원자가 전자는 1개다. 가장 바깥의 전자를 잃음으로써, 소듐의 전자 배치는 비활성 기체 네온과 동일해지고, 옥텟 규칙을 충족시킨다.

알칼리 금속은 +1 이온을 생성한다.

알칼리 토금속은 +2 이온을 생성한다.

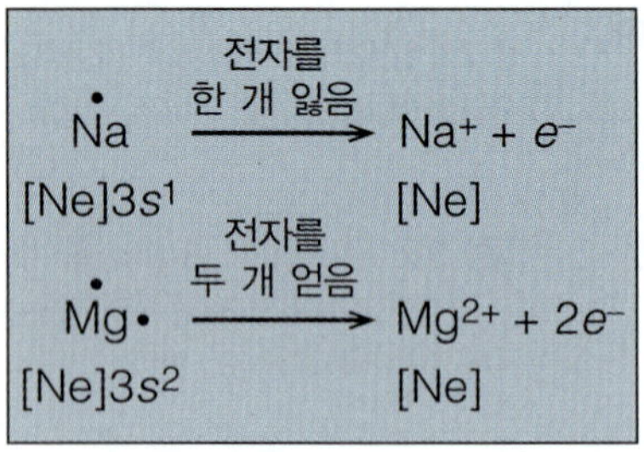

그림 5.4 소듐과 마그네슘은 둘 다 원자가 전자를 잃어 네온과 등전자가 된다.

듐의 전자 배치를 [Ne]$3s^1$로 쓴다. 원자가 준위(준위 3)를 채우려면, 소듐은 7개의 전자를 얻어야 하는데, 이것은 발생 가능성이 거의 없다. 그러나 단 하나의 전자만 잃음으로써 소듐의 전자 배치는 네온과 동일해진다. 이는 옥텟 규칙을 충족시키는 매우 안정한 배치다. 그 결과, 소듐은 한 개의 전자를 쉽게 잃고 Na^+를 생성한다(그림 5.3). 모든 알칼리 금속(주기율표의 1A족 금속)은 전자 한 개를 잃고 +1 이온을 생성한다.

마그네슘의 전자 배치는 [Ne]$3s^2$이다. 소듐이 전자 한 개를 잃고 [Ne] 전자 배치와 같아지듯이, 마그네슘은 두 개의 전자를 잃고 이러한 전자 배치와 같아진다(그림 5.4). 두 개의 전자를 잃기 때문에 전하는 +2이며, 따라서 Mg^{2+}로 쓸 수 있다. 알칼리 토금속(2A족)의 각각은 두 개의 전자를 잃고 +2 이온을 생성한다(그림 5.5).

전이 금속 이온에는 다중 전하가 있을 수 있다.

전이 금속(주기율표의 *d* 영역 원소)도 전자를 잃고 양전하 이온을 생성한다. 그러나 주족 금속과는 달리, 전이 금속 이온은 단순한 패턴을 따르지 않는다. 전이 금속은 전형적으로 +1에서 +4 사이의 전하를 띤 이온을 생성한다. 그러나 일부 전이 금속은 다중 전하 이온을 생성한다. *p* 영역의 하부 금속도 이와 같이 거동한다(그림 5.6).

양이온의 명명

일반적으로 금속 양이온에는 중성 금속과 동일한 이름을 붙인다. 예를 들어 소듐 금속에서 생성된 양이온은 단순히 **소듐 이온**(sodium ion)이라고 한다.

앞서 언급했듯이, 일부 금속의 전하는 두 개 이상이다. 예를 들어 철은 일반적으로 +2 이온과 +3 이온을 생성한다. 역사적으로, 이 두 이온의 명명은 각각 **제1철**(ferrous) 이온과 **제2**

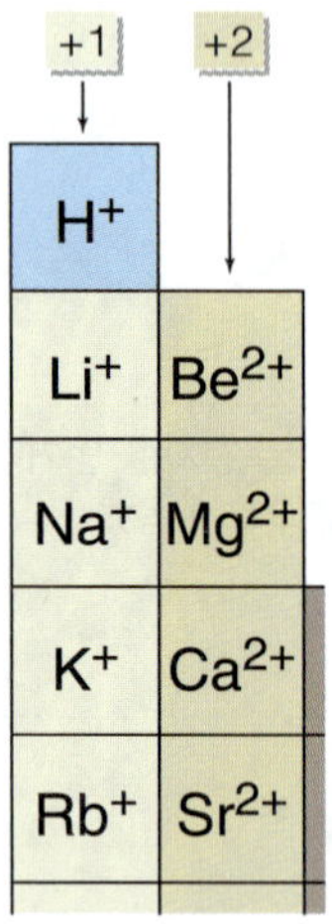

그림 5.5 수소와 1A족 원소(알칼리 금속)는 +1 이온을 생성한다. 2A족 원소(알칼리 토금속)는 +2 이온을 생성한다.

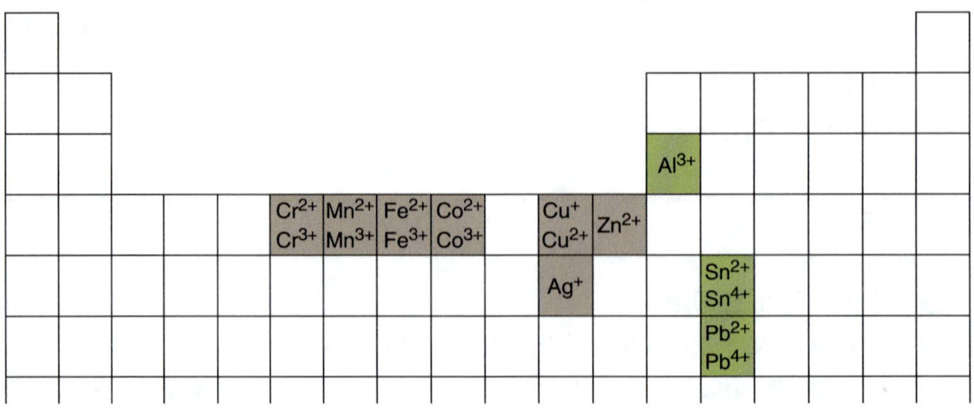

그림 5.6 일반적으로 많은 전이 금속 및 *p* 영역 금속은 다중 전하 이온을 생성한다.

표 5.1 전하가 두 개 이상 있는 이온의 명명

원자	이온	옛 이름	최신 표기법
철	Fe^{2+}	제1철(Ferrous)	철(II)
	Fe^{3+}	제2철(Ferric)	철(III)
구리	Cu^{+}	제1구리(Cuprous)	구리(I)
	Cu^{2+}	제2구리(Cupric)	구리(II)

철(ferric) 이온이었다. 마찬가지로, 구리가 일반적으로 생성하는 이온은 +1(cuprous) 이온과 +2(cupric) 이온이다. 다음 이름들을 가끔 마주치겠지만, 이러한 이름들의 최신 표기법은 원자 이름 바로 뒤 괄호 속에 전하의 개수를 로마자로 넣는 것이다. 예를 들면 제1철 이온(Fe^{2+})은 철(II)로 명명되고, 제2철 이온(Fe^{3+})은 철(III)로 명명된다(표 5.1).

원자가 둘 이상의 양이온을 생성할 수 있는 경우, 원자 이름 뒤에 로마 숫자를 사용하여 전하를 지정한다.

예제 5.1 양이온 명명법

다음 각 이온의 이름을 말하시오.

Ag^{+} Pb^{2+} Pb^{4+}

그림 5.6에서 은(Ag)이 생성하는 이온은 오직 하나다. 따라서 Ag^{+}를 은 이온이라고 한다. 그러나 납(Pb)이 생성하는 이온은 두 가지다. 이를 구별하기 위해 Pb^{2+}는 납(II) 이온, Pb^{4+}는 납(IV) 이온이라 부른다.

도전 문제

1. 다음 이온의 이름을 말하시오.

Ca^{2+} Cr^{2+} Cr^{3+} Al^{3+}

음이온: 음전하가 있는 이온

비금속의 위치는 주기율표의 오른쪽이다. 금속과는 달리, 대부분의 비금속의 원자가 껍질은 거의 꽉 차 있다. 옥텟 규칙을 충족시키기 위해 대부분의 비금속은 전자를 얻어 음전하 이온을 생성하는데, 이를 **음이온(anion)**이라고 한다.

비금속은 전자를 얻어 음이온을 생성한다.

할로젠은 −1 이온을 생성한다.

예를 들어 플루오린의 전자 배치는 $1s^22s^22p^5$이다. 플루오린은 한 개의 전자를 얻음으로써 네온의 전자 배치와 동일한 $1s^22s^22p^6$을 갖는다, 이 전자 배치는 옥텟 규칙을 충족하며, 엄청난 안정성을 제공한다. 결과적으로 플루오린은 전자를 적극적으로 '잡는' 경향이 있어서, 전하가 −1인 매우 안정적인 이온을 생성한다(그림 5.7). 다른 할로젠(염소, 브로민, 아이오딘)도 −1 이온을 생성한다.

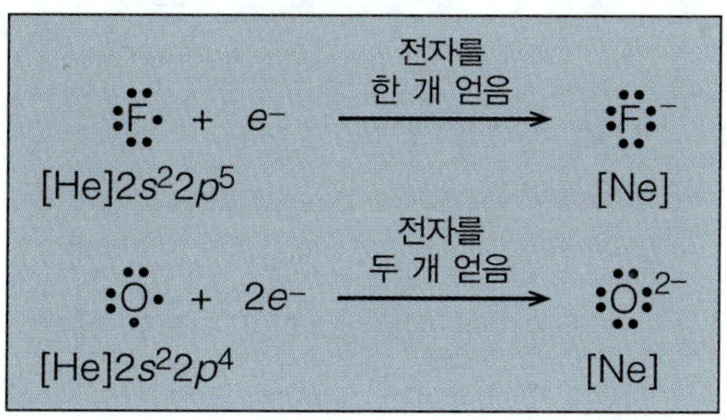

그림 5.7 플루오린과 산소는 모두 전자를 얻어서 네온과 등전자가 된다.

칼코젠은 −2 이온을 생성한다.

주기율표에서 산소, 황, 그 아래의 원자들이 하나의 족을 구성한다. 그 족을 **칼코젠**(chalcogen, 6A족)이라고 한다. 이 원소들 각각은 비활성 기체 전자 배치에 두 개의 전자가 부족하다. 예를 들어 산소의 전자 배치는 $1s^22s^22p^4$이다. 두 개의 전자는 외부 원자가 준위를 채운다. 따라서 두 개의 전자를 얻는 경향이 있다. 결과적으로 전하는 −2가 된다. 황 역시 전하가 −2인 안정한 이온을 생성한다.

질소, 인 등 5A족 원소는 어떤가? 방금 설명한 패턴처럼, 이 원자들은 3개의 전자를 얻어 원자가 준위를 채우고 전하가 −3인 이온을 생성한다(그림 5.8).

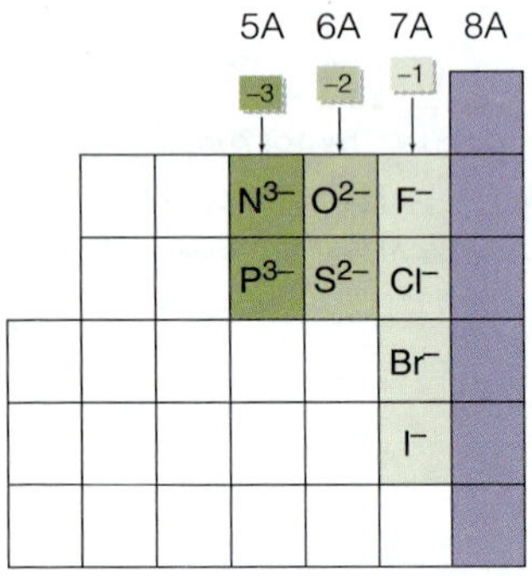

그림 5.8 할로젠은 −1 이온을 생성한다. 산소와 황은 −2 이온을 생성한다. 질소와 인은 −3 이온을 생성한다. 비활성 기체들(보라색 부분)은 완전한 원자가 껍질이 있어서 이온을 생성하지 않는다.

음이온의 명명

원자가 전자를 얻어, 그 결과 생성된 음이온을 명명하는 방법은 원자 이름의 끝을 −**ide**(−화)로 바꾸면 된다. 예를 들면 염소 원자는 **염화 이온**(chlor**ide** ion)을 생성하고, 산소 원자는 **산화 이온**(ox**ide** ion)을 생성하며, 황 원자는 **황화 이온**(sulf**ide** ion)을 생성한다. 일반적인 음이온의 목록은 표 5.2에 있다.

표 5.2 일반적인 음이온

원자	음이온 기호	음이온 이름
질소	N^{3-}	질소화 이온
인	P^{3-}	인화 이온
산소	O^{2-}	산화 이온
황	S^{2-}	황화 이온
플루오린	F^-	플루오린화 이온
염소	Cl^-	염화 이온
브로민	Br^-	브로민화 이온

DavideAngelini/Shutterstock

스포츠 음료에는 운동 중에 일반적으로 손실되는 이온들이 들어 있다. 이 이온들에는 소듐 이온, 포타슘 이온, 염화 이온, 인산 이온이 있다.

예제 5.2 이온 명명하기와 전하 예측하기

칼슘 원자와 황 원자로부터 생성되는 이온을 예측하시오. 또한 각 이온의 이름을 말하시오.

칼슘은 알칼리 토금속 족에 속한다. 칼슘의 전자 배치는 $[Ar]4s^2$이다. 칼슘은 두 개의 원자가 전자를 잃고, 그 결과 이온의 전하는 +2다. 양이온에는 부모 원자와 동일한 이름이 붙는다. 따라서 Ca^{2+}는 **칼슘 이온**(calcium ion)이라고 한다.

황은 비금속이며, 전자 배치는 $[Ne]3s^23p^4$이다. 원자가 껍질을 채우기 위해 황은 두 개의 전자를 얻고, 그 결과 생긴 이온의 전하는 −2다. S^{2-}를 **황화 이온**(sulfide ion)이라고 한다.

도전 문제

2. 주기율표를 사용하여, 각 원자가 전자를 얻을지, 잃을지를 예측하시오. 그리고 생성된 이온의 전하를 말하시오.

Cl Br O Be K

다원자 이온

다원자 이온(polyatomic ion)이란 원자들의 집합으로, 전체 전하가 있다. 다원자 이온의 예로는 아세트산 이온과 인산 이온이 있다. 다원자 이온은 생명에 필수적이며, 다양한 소재와 응용 분

표 5.3 일반적인 다원자 이온

화학식	이름	화학식	이름
NH_4^+	암모늄 이온(ammonium)		
NO_3^-	질산 이온(nitrate)	SO_4^{2-}	황산 이온(sulfate)
CO_3^{2-}	탄산 이온(carbonate)	SO_3^{2-}	아황산 이온(sulfite)
HCO_3^-	탄산수소 이온(bicarbonate, hydrogen carbonate)	HSO_4^-	황산수소 이온(bisulfate, hydrogen sulfate)
NO_2^-	아질산 이온(nitrite)	ClO_4^-	과염소산 이온(perchlorate)
PO_4^{3-}	인산 이온(phosphate)	ClO_3^-	염소산 이온(chlorate)
HPO_4^{2-}	인산 수소 이온(hydrogen phosphate)	ClO_2^-	아염소산 이온(chlorite)
$C_2H_3O_2^-$	아세트산 이온(acetate)	ClO^-	하이포염소산 이온(hypochlorite)
OH^-	수산화 이온(hydroxide)	CrO_4^{2-}	크로뮴산 이온(chromate)
CN^-	사이안화 이온(cyanide)	$Cr_2O_7^{2-}$	다이크로뮴산 이온(dichromate)
O_2^{2-}	과산화 이온(peroxide)	MnO_4^-	과망가니즈산 이온(permanganate)

야에서 일반적이다. 가장 일반적인 다원자 이온의 화학식과 이름은 표 5.3에 있다. 이 표에는 일반적인 다원자 양이온(암모늄)이 오직 하나만 포함되어 있다. 다른 것들은 모두 음이온이다.

다원자 이온 명명하기

표 5.3에는 이온 이름이 많이 있지만, 패턴들이 있어 이들을 정리하는 데 도움이 될 것이다. 대부분의 다원자 이온에는 산소가 있음에 주목하라. 이들을 산소산 음이온(**oxyanion**)이라고 한다. 산소산 음이온의 이름을 짓는 방법은 **−ate**(−산)라는 접미사를 원소의 어근에 추가하면 된다. 예를 들어 탄소(CO_3^{2-})의 산소산 음이온은 **탄산 이온**(**carbonate**)이고, 인(PO_4^{3-})으로부터 생성된 산소산 음이온은 **인산 이온**(**phosphate**)이다.

일부 원소는 두 개 이상의 산소산 음이온을 생성한다. 이러한 경우에 접미사 **−ate**를 사용하여 더 많은 산소 원자가 존재하는 이온을 나타내고, 접미사 **−ite**(국문: 접두사 아−)를 사용하여 더 적은 산소 원자가 존재하는 이온을 나타낸다. 예를 들어 질소에는 일반적으로 산소산 음이온이 두 개 있다.

NO_3^-	nitrate	질산 이온
NO_2^-	nitrite	아질산 이온

"−ate는 great로, −ite는 lite로 기억하면 좋다."
산소 원자가 많으면: −ate
산소 원자가 적으면: −ite

염소가 생성하는 산소산 음이온은 4개다. 이 경우, **per**−('이상'이란 의미, 국문에서는 과−를 쓴다)라는 접두어를 사용하여 가장 많은 수의 산소 원자를 나타낸다. 또한 **hypo**−('아래'란 의미, 국문에서는 하이포−로 쓴다)라는 접두어를 사용하여 가장 적은 수의 산소 원자를 나타낸다.

ClO_4^-	perchlorate	과염소산 이온
ClO_3^-	chlorate	염소산 이온
ClO_2^-	chlorite	아염소산 이온
ClO^-	hypochlorite	하이포염소산 이온

일반적 이온의 요약

화학을 계속 학습하면서 알게 될 것은 단원자 이온 및 다원자 이온의 구조, 화학식, 전하를 아는 것이 필수적이라는 사실이다. 그림 5.9에는 가장 일반적인 이온들이 요약되어 있다. 이 이온들은 이번 학습에서 자주 사용하기 때문에 잘 알고 있어야 한다.

단원자 이온

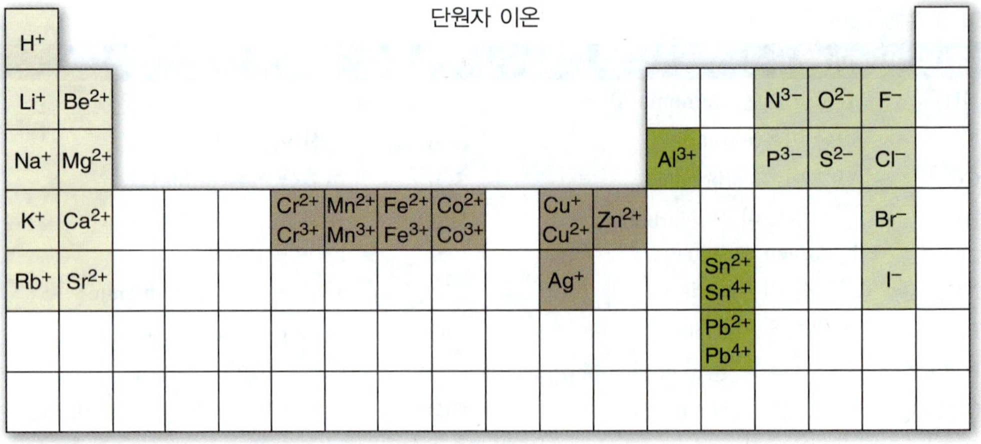

다원자 이온

NH_4^+ 암모늄 이온(ammonium)			
NO_3^-	질산 이온(nitrate)	SO_4^{2-}	황산 이온(sulfate)
CO_3^{2-}	탄산 이온(carbonate)	SO_3^{2-}	아황산 이온(sulfite)
HCO_3^-	탄산수소 이온(bicarbonate, hydrogen carbonate)	HSO_4^-	황산수소 이온(bisulfate, hydrogen sulfate)
NO_2^-	아질산 이온(nitrite)	ClO_4^-	과염소산 이온(perchlorate)
PO_4^{3-}	인산 이온(phosphate)	ClO_3^-	염소산 이온(chlorate)
HPO_4^{2-}	수소 인산 이온(hydrogen phosphate)	ClO_2^-	아염소산 이온(chlorite)
$C_2H_3O_2^-$	아세트산 이온(acetate)	ClO^-	하이포염소산 이온(hypochlorite)
OH^-	수산화 이온(hydroxide)	CrO_4^{2-}	크로뮴산 이온(chromate)
CN^-	사이안화 이온(cyanide)	$Cr_2O_7^{2-}$	다이크로뮴산 이온(dichromate)
O_2^{2-}	과산화 이온(peroxide)	MnO_4^-	과망가니즈산 이온(permanganate)

그림 5.9 중요한 것은 이들 일반적인 이온의 이름, 화학식, 전하를 아는 것이다.

예제 5.3 이온 이름에서 정보 수집하기

아래에 명명된 네 개의 이온은 일반적이지 않은 것들이며, 표 5.3에도 수록되어 있지 않다. 다음 중 어느 것이 다원자인가? 각각은 양이온인지, 음이온인지를 말하시오.

a. 브로민산 이온(bromate) **b.** 아브로민산 이온(bromite)
c. 팔라듐(II) 이온(palladium(II)) **d.** 셀레늄화 이온(selenide)

접미사 −**ate**와 −**ite**로부터 브로민산 이온과 아브로민산 이온이 모두 브로민 원소의 산소산 음이온이라는 것을 안다. 게다가 브로민산 이온이 아브로민산 이온보다 산소 원자가 더 많은 것을 안다. 브로민산 이온의 실제 화학식은 BrO_3^-이고, 아브로민산 이온의 화학식은 BrO_2^-이다.

팔라듐은 전이 금속이다. 따라서 양이온을 생성한다. (II)는 이 이온이 Pd^{2+}라는 것이다.

마지막으로 −**ide**가 나타내는 것은 셀레늄화 이온이 원소 셀레늄에서 생성된 단원자 음이온이라는 것이다. 셀레늄은 주기율표에서 황 바로 밑에 있다. 따라서 이 이온의 전하를 −2로 예측할 수 있다.

도전 문제

3. 나열된 각 이온의 기호와 전하를 쓰시오. 필요하면 주기율표를 참조하시오.

칼슘 이온 질산 이온 스칸듐(III) 이온 텔루륨화 이온

4. 다음 각 이온의 이름을 각각 쓰시오.

Cs^+ Fe^{2+} SO_4^{2-} As^{3-}

5.3 이온 결합 및 이온 결합 화합물

이온 결합과 이온 격자

반대 전하들은 서로를 끌어당긴다. 양이온과 음이온이 서로 가까이 다가올 때, 그들은 서로 단단하게 붙는다. 반대 전하 이온들 사이의 끌어당기는 힘을 **이온 결합(ionic bond)**이라고 한다. 반대 전하 이온들로 구성된 화합물이 **이온 결합 화합물(ionic compound)**이다. 금속은 양이온을, 비금속은 음이온을 생성하기 때문에, 금속과 비금속 사이에 생성된 화합물은 이온 결합 화합물이다.

금속 양이온과 비금속 음이온은 이온 결합을 생성한다.

이온 결합 화합물에는 양이온과 음이온이 많이 있고, 이들은 이온 결합을 통해 결합한다. 어떻게 이러한 이온들이 결합하는지를 이해하기 위해, 소듐 양이온(Na^+)과 염화 음이온(Cl^-)으로 구성된 화합물의 구조를 생각해 보자. 하나의 Na^+ 이온과 하나의 Cl^- 이온은 이온 결합으로 서로 달라붙는다. 그러나 이온들이 더 있다면 어떻게 될까? 이온들은 양전하와 음전하를 번갈아가며 교대로 빽빽하게 채우며 3차원으로 뻗어나간다(그림 5.10). 양이온과 음이온의 이러한 배열을 **이온 격자(ionic lattice)**라고 한다.

실험식이 제공하는 것은 화합물 내 원자의 가장 작은 정수비다.

이와 같은 화합물의 구성을 나타내기 위해 **화학식(chemical formula)**을 사용한다. 화학식이 나타내는 것은 존재하는 각 원소의 종류와 양이다. 이온 결합 화합물을 나타낼 때 사용하는 특정한 형태의 화학식이 있다. 이를 **실험식(empirical formula)**이라고 한다. 실험식이 제공하는 것은 화합물 내 원자의 가장 작은 정수비다. 각 원자 뒤에 쓰인 첨자는 존재하는 원자의 수를 나타낸다. 첨자가 없다면, 원자 수가 하나라고 이해한다. 따라서 이번 경우의 화학식은 간단히 NaCl로 쓴다.

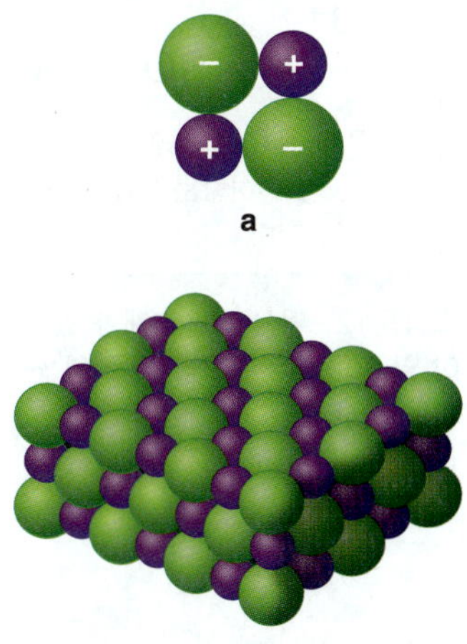

그림 5.10 (a) 이온들은 양전하와 음전하를 번갈아가며 교대로 빽빽이 채운다. (b) 이러한 채움은 3차원 구조를 생성한다. 이를 이온 격자라고 한다.

실험식은 화합물을 생성하는 데 필요한 이온의 가장 작은 수를 제공한다. 이러한 이온의 수를 **실험식 단위(formula unit)**라고 한다. 예를 들어 염화 소듐의 실험식은 NaCl이다. 염화 소듐의 실험식 단위에는 소듐 이온 1개와 염화 이온 1개가 있다.

이온 결합 화합물의 실험식을 쓸 때는 양이온의 기호나 화학식을 쓰고 나서 음이온의 기호나 화학식을 쓴다. 다음 절에서는 실험식과 실험식 단위의 예를 몇 가지 더 살펴보겠다.

이온 결합 화합물의 화학식 예측하기

어떤 이온 결합 화합물에는 다른 전하의 양이온과 음이온이 있다. 예를 들어 포타슘 이온과 황화 이온으로 구성된 고체를 생각해 보자. 포타슘 양이온의 전하는 +1, 황화 음이온의 전하는 −2다. 중성 고체를 생성하려면, **양전하와 음전하가 같아야 한다**. 전하 균형을 맞추려면, 고체에는 황화 이온 1개당 포타슘 이온 2개가 있어야 한다.

이온 결합 화합물에서 총 전하량은 반드시 0이어야 한다.

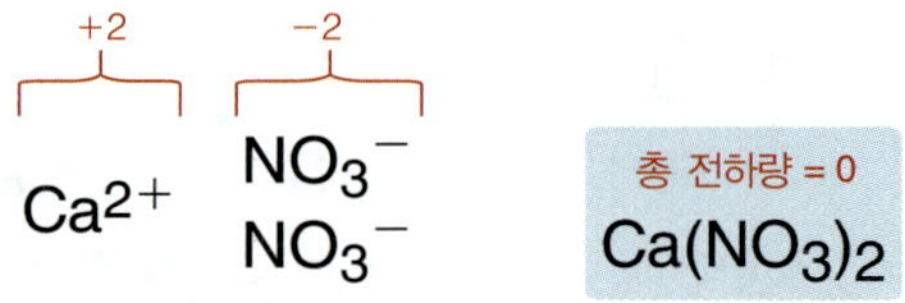

그림 5.11 전하 균형을 맞추려면, 이 화합물은 칼슘 이온 한 개당 질산 이온 2개를 필요로 한다.

따라서 이 화합물의 실험식을 K_2S로 쓴다. 다른 방법으로 황화 포타슘의 실험식 단위에는 포타슘 이온 2개와 황화 이온 1개가 있다.

다원자 이온이 있는 이온 고체의 화학식도 예측할 수 있다. 예를 들어 칼슘 이온(Ca^{2+})과 질산 이온(NO_3^-)으로부터 생성된 이온 결합 화합물을 생각해 보자. 양전하와 음전하가 균형을 이루려면 칼슘 이온 1개당 질산 이온 2개가 있어야 한다(그림 5.11). 따라서 화학식을 CaN_2O_6으로 쓸 수 있다. 그러나 이 화학식을 $Ca(NO_3)_2$로 쓰는 것이 더 낫다. 왜냐하면 이렇게 쓰는 것이 질소와 산소의 다른 배열이 아니라 두 질산 이온이 붙어 있다는 것을 보여 주기 때문이다. 만약 화학식에 둘 이상의 다원자 이온이 있다면, 그 이온을 괄호 안에 써서 전체 단위가 반복되고 있음을 보여 준다.

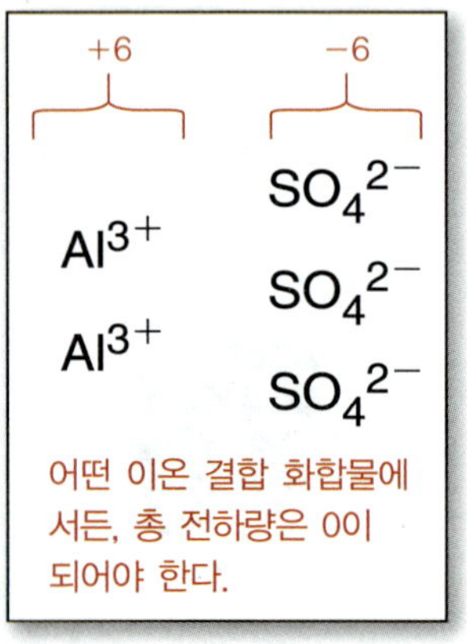

그림 5.12 황산 이온 3개가 있어야 알루미늄 이온 2개의 전하와 균형을 이루게 된다.

예제 5.4 이온 결합 화합물의 화학식 쓰기

어떤 화합물이 알루미늄 이온과 황산 이온으로 되어 있다. 이 화합물의 화학식은 무엇인가?

알루미늄 이온의 전하는 +3, 황산 이온의 전하는 −2다(그림 5.9 참조). 이러한 이온의 전하가 균형을 이루려면, 그림 5.12에서와 같이 황산 이온 3개당 알루미늄 이온 2개가 있어야 한다. 따라서 이 화합물의 화학식을 $Al_2(SO_4)_3$으로 쓴다. 이전과 같이, 반복되는 다원자 이온을 괄호 안에 넣었다.

예제 5.5 이온 결합 화합물의 화학식 쓰기

철(III) 이온과 브로민화 이온으로 구성된 화합물의 화학식은 무엇인가?

철은 전이 금속이며, 두 개 이상의 전하를 가질 수 있다는 점을 기억하라. **철**(III)이란 이 이온이 Fe^{3+}이라는 것이다. 또한 브로민화 이온은 Br^-이다. 전하가 균형을 이루려면 철(III) 이온 한 개당 브로민화 이온 세 개가 있어야 한다. 따라서 이 화학식은 $FeBr_3$로 쓴다.

도전 문제

5. 다음 이온들로부터 생성된 화합물의 실험식을 예측하시오.

a. 마그네슘 이온과 염화 이온 **b.** 포타슘 이온과 인산 이온
c. 납(II) 이온과 산화 이온 **d.** 암모늄 이온과 탄산 이온

이온 결합 화합물 명명하기

이온 결합 화합물을 명명하려면, 양이온을 먼저 명명하고 나서 음이온을 명명한다(영문 명명법 기준이며, 한글 명명법에서는 그 반대이다.). 예를 들어 NaCl은 **염화 소듐**(sodium chloride)이고, $MgCl_2$는 **염화 마그네슘**(magnesium chloride)이다. 마그네슘 이온의 전하는 항상 +2이고, 염화 이온의 전하는 −1임을 알기 때문에, 양이온과 음이온의 비를 나타낼 필요

는 없다. 존재하는 양이온과 음이온의 이름이 주어지면 실험식을 결정할 수 있다.

전이 금속의 경우는 두 개 이상의 전하가 가능하므로, 중요한 것은 이온의 전하를 이름의 괄호 안에 포함시키는 것이다. 예를 들어 구리 이온과 염화 이온이 생성하는 두 가지 화합물은 CuCl과 $CuCl_2$이다. CuCl에서는 구리 이온의 전하가 +1이어야 염화 이온의 전하 균형을 맞출 수 있다. $CuCl_2$에서는 구리 이온의 전하가 +2여야 한다. 따라서 이러한 화합물의 이름은 다음과 같다.

CuCl	copper(I) chloride	염화 구리(I)
$CuCl_2$	copper(II) chloride	염화 구리(II)

다원자 이온을 함유한 화합물의 명명은 단원자 이온을 함유한 화합물의 명명과 동일하다. 예를 들어 이온 결합 화합물 $MgSO_4$은 단원자 양이온(마그네슘)과 다원자 음이온(황산 이온)으로 되어 있다. 따라서 이 화합물의 이름은 황산 마그네슘이다.

표 5.4에는 이온 결합 화합물의 이름, 화학식, 용도가 요약되어 있다. 중요한 것은 이온 결합 화합물의 이름과 실험식을 상호 변환할 수 있어야 한다는 것이다. 이 과정은 다음 예제들에서 자세히 설명한다.

표 5.4 일반적인 이온 결합 화합물

화합물	화학식	용도
염화 소듐(sodium chloride)	NaCl	식용 소금
플루오린화 소듐(sodium fluoride)	NaF	플루오린화물 처리
탄산수소 소듐(sodium bicarbonate)	$NaHCO_3$	베이킹 소다
산화 칼슘(calcium oxide)	CaO	시멘트 혼합물
탄산 리튬(lithium carbonate)	Li_2CO_3	조울증 치료
질산 암모늄(ammonium nitrate)	NH_4NO_3	비료

예제 5.6 이온 결합 화합물 명명하기

다음 화합물 $Fe(NO_2)_2$의 이름을 말하시오.

이 문제를 해결하기 위한 열쇠는 존재하는 이온들을 식별하고, 그들의 전하를 아는 것이다. 이 실험식의 음이온은 아질산 이온으로, 전하는 −1이다. 두 개의 NO_2^- 이온이 존재하기 때문에, 철 양이온의 전하는 +2여야 한다. Fe^{2+}의 이름은 철(II)이므로, 전체 이름은 아질산 철(II)이다.

예제 5.7 이온 결합 화합물의 화학식 쓰기

황화 암모늄의 실험식을 쓰시오.

암모늄은 NH_4^+, 황화 이온은 S^{2-}이다. 전하가 균형을 이루려면, 황화 이온 1개당 암모늄 이온 2개가 있어야 한다. 이것을 보여 주기 위해, 암모늄 화학식을 괄호 안에 넣고, 밖에는 2를 쓴다. 먼저, 양이온을 놓고, 이 화합물의 화학식을 쓰면 $(NH_4)_2S$가 된다.

도전 문제

6. 각 화합물을 명명하시오.

a. RbCl **b.** $CuBr_2$ **c.** $ZnCO_3$ **d.** K_2SO_4

7. 다음 이름을 가진 각 화합물의 실험식을 쓰시오.
   a. 황화 아연 **b.** 산화 철(III) **c.** 인산 암모늄

8. 타이타늄은 전이 금속으로, 다중 이온 전하를 가질 수 있다. 타이타늄 화합물 TiO_2의 일반적인 용도는 페인트의 첨가제다. 이 화합물에서 양이온의 전하는 얼마인가? 이 화합물의 이름은 무엇인가?

5.4 공유 결합

비금속–비금속 결합

공유 결합은 비금속 원자 사이에서 생성된다.

앞 절에서는 어떻게 이온 결합이 금속 양이온과 비금속 음이온 사이에서 생성되는지를 보았다. 두 개의 비금속 원자가 결합할 때는 이온 결합과는 다른 형태의 결합이 만들어진다. 이를 **공유 결합(covalent bond)**이라고 한다. 공유 결합에서는 두 개의 전자가 두 개의 원자 사이에 공유된다.

예를 들어 두 수소 원자 사이에서 생성되는 결합을 생각해 보자. 각 수소 원자에는 양성자 한 개와 전자 한 개가 있다. 공유 결합을 생성하기 위해, 두 전자는 두 개의 핵 사이의 공간에서 '짝지음'을 한다(그림 5.13).

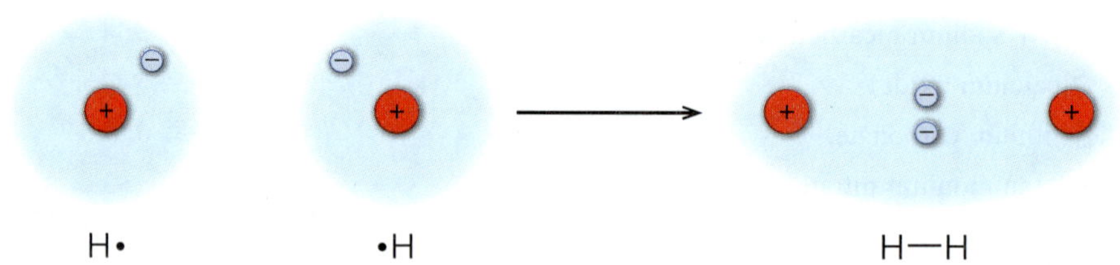

그림 5.13 두 원자가 공유 결합을 형성하는 방법은 한 쌍의 전자를 공유하는 것이다.

화학 기호 사이의 대시 선은 공유 결합을 나타낸다.

원자핵과 두 전자 사이의 끌어당기는 힘이 원자들을 서로 잡아준다. 이러한 공유 전자를 표현하는 방법은 두 원자의 기호 사이에 대시 선을 그리는 것이다.

$$\mathrm{H\bullet} + \mathrm{\bullet H} \xrightarrow[\text{공유하면}]{\text{두 전자를}} \mathrm{H{:}H} = \mathrm{H{-}H}$$

분자는 공유 결합에 의해 서로 결합한다.

기억할 것은 첫 번째 에너지 준위에는 두 개의 전자만 있다는 것이다. 각 수소 원자는 공유 결합을 생성함으로써 원자가 준위를 완성한다.

두 개의 수소 원자가 결합하여 한 **분자**(molecule)를 생성한다. 앞 장에서는 분자를 원자의 집단으로 정의했다. 분자는 원자들이 결합한 것으로, 하나의 단위로서 거동한다. 분자를 하나로 묶는 결합이 공유 결합이다. 수소는 이렇게 이원자 분자로 구성된 기체다(그림 5.14).

두 번째 예로 살펴볼 결합은 두 개의 플루오린 원자 사이에 일어나는 결합이다. 각각의 플루오린 원자에는 7개의 원자가 전자가 있다. 따라서 1개의 전자가 더 있어야 원자가 준위가 완성된다. 두 개의 플루오린 원자는 단일 공유 결합을 생성할 수 있다. 이 결합을 생성함으로써 원자들은 원자가 껍질을 8개의 전자로 채워서 옥텟 규칙을 충족시킨다.

그림 5.14 이 풍선에는 수소 기체가 들어 있다. 기체를 구성하는 분자에는 각각 두 개의 원자가 있다.

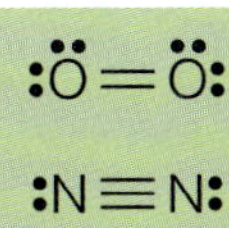

원자는 때로 공유 결합에서 두세 쌍의 전자를 공유한다. 이중 공유 결합은 원자 사이에 두 개의 대시 선을 사용하고, 삼중 공유 결합은 세 개의 대시 선을 사용한다. 9장에서 공유 결합을 더 자세히 알아볼 것이다.

수소의 예에서처럼, 두 개의 공유 전자를 나타내기 위해 대시 선을 사용한다. 이렇게 그린 것을 **Lewis 구조(Lewis structure)**라고 한다. Lewis 구조가 보여 주는 것은 한 분자나 다원자 이온에 있는 원자가 전자의 배열이다. 9장에서 Lewis 구조를 학습할 때 분자의 결합과 성질을 더 자세히 살펴볼 것이다.

수소와 플루오린은 원소 형태로서 **이원자 분자**(diatomic molecule)로 존재하는 7개의 원소 중 두 개다. 나머지 5개는 질소, 산소, 할로젠 세 가지이다(그림 5.15).

매그니피센트 7
이원자 분자를 형성하는 원소들

수소: H_2
질소: N_2
산소: O_2
플루오린: F_2
염소: Cl_2
브로민: Br_2
아이오딘: I_2

그림 5.15 7개의 원소들은 이원자 분자로 존재한다(이것을 영화명처럼 매그니피센트 7로 표현).

공유 결합 화합물

공유 결합 화합물(covalent compound)을 형성할 때는 언제인가? 서로 다른 원소가 공유 결합으로 결합하여 독립된 분자를 형성할 때다. 물은 공유 결합 화합물의 한 예다. 물 분자에서 산소 원자는 두 개의 수소 원자와 공유 결합한다.

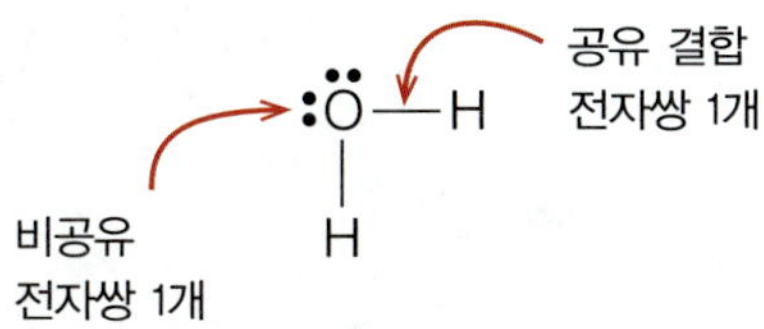

각 수소 원자의 원자가 준위는 2개의 전자로 채워진다. 산소 원자의 경우는 어떠한가? 산소 원자에는 네 개의 비공유 전자와 두 개의 공유 결합이 있다. 산소 원자는 비공유 전자와 공유 전자로 원자가 준위에 8개의 전자를 가지고 있어서 옥텟 규칙을 충족시킨다.

공유 결합 화합물이 옥텟 규칙을 충족시키는 방법은 전자를 공유하는 것이다.

공유 화합물을 설명하는 데 **분자식(molecular formula)**을 사용하는 경우가 많다. 이러한 형태의 화학식이 제공하는 것은 분자의 실제 원자 수이지, 가장 단순한 정수비가 아니다.

예를 들어 하이드라진을 생각해 보자. 하이드라진은 로켓 추진 엔진에 사용되는 연료다(그림 5.16). 하이드라진 분자에는 질소 원자 2개와 수소 원자 4개가 있다. 이 화합물의 실험식은 가장 작은 정수비로, NH_2이다. 그러나 화학자들이 보통 이 화합물을 쓸 때 선호하는 것은 분자식 N_2H_4이다.

그림 5.16 공유 결합 분자(예: 로켓 연료 하이드라진)는 실험식이 아닌 분자식으로 나타낸다.

공유 결합은 복잡한 구조로 이어지는 경우가 많다. 가솔린 구성 요소인 옥테인 분자를 생각해 보자(그림 5.17). 옥테인의 한 분자에는 25개의 서로 다른 공유 결합이 있다. 더 큰 화합물에는 수백 또는 수천 개의 공유 결합이 있을 수 있다. 이러한 복잡한 결합 때문에 원소가 결합되는 비율이 많을 수 있다.

그림 5.17 옥테인 분자를 구성하는 원자는 수소와 탄소 원자로, 원자들의 결속 방법은 공유 결합이다.

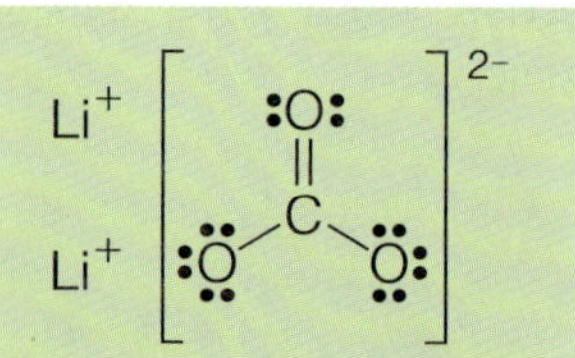

탄산 리튬은 이온 결합 화합물로, 조울증 치료에 사용된다. 탄산 이온(CO_3^{2-})과 같은 다원자 이온의 경우, 원자들의 결속 방법은 공유 결합이다.

각각의 고유한 결합 배열이 서로 다른 화합물을 생성한다. 예를 들어 표 5.5에 있는 여러 가지 화합물은 인과 산소 사이에서 생성되는 것들이다.

표 5.5 인과 산소가 있는 공유 결합 화합물

화합물 이름	화학식
일산화 인(phosphorus monoxide)	PO
삼산화 인(diphosphorus trioxide)	P_2O_3
사산화 이인(diphosphorus tetroxide)	P_2O_4
오산화 인(tetraphosphorus decoxide)	P_4O_{10}

예제 5.8 Lewis 구조 해석하기

암모니아(NH_3) 분자의 Lewis 구조는 아래와 같다. 이 구조에서 질소 원자가 공유 결합을 통해 공유하는 전자 수는? 질소의 원자가 전자 중 비공유 전자의 수는? 이 질소 원자의 옥텟은 완전한가?

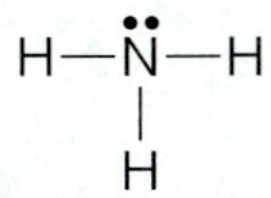

대시 선 하나가 두 개의 공유 전자를 나타낸다. 구조에서 알 수 있는 것은 질소가 수소와 세 개의 공유 결합을 생성한다는 것이다. 대시 선 하나가 두 개의 전자를 나타내기 때문에, 질소가 6개의 공유 전자를 가지고 있다고 말할 수 있다. 질소 위의 두 점이 나타내는 것은 결합되지 않은(비공유) 전자다. 6개의 공유 전자와 2개의 비공유 전자를 합하면, 질소 원자는 원자가 껍질에 전자가 8개 있다. 따라서 완전한 옥텟이다.

도전 문제

9. 화합물 HCl의 Lewis 구조는 아래와 같다. 염소 원자의 원자가에 있는 결합 전자와 비결합 전자는 몇 개인가? 이 원자는 옥텟 규칙을 충족시키는가?

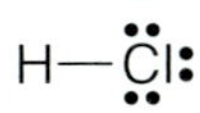

10. 아래의 Lewis 구조를 생각해 보자. 이 화합물의 분자식은 무엇인가? 실험식은 무엇인가?

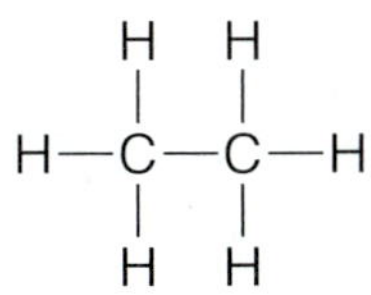

공유 결합 화합물 명명하기

오직 두 개의 원소만 있는 공유 결합 화합물을 **이성분 공유 결합 화합물**(binary covalent compound)이라고 한다. 이 화합물들의 명명 방식과 비슷한 것은 이온 결합 화합물이다. 영문으로 공유 결합 화합물의 이름을 붙일 때는, 주기율표의 왼쪽 하단에 가까운 원소를 먼저 명명하되, 원소명을 그대로 사용한다. 그리고서 주기율표의 오른쪽 상단에 가까운 원소는 원자 이름의 끝을 −**ide**(−화)로 바꿔 음이온처럼 명명한다. 한글로 명명할 때는 영문명과 순서를 반대로 표기한다.

그런데 복잡한 요인 하나가 있다. 공유 결합 화합물은 생성 비율이 매우 다양하다. 따라서 공유 결합 화합물은 일련의 접두사(표 5.6)를 사용하여 존재하는 원자의 수를 나타낸다. 접두사는 이름의 첫 번째 부분과 두 번째 부분 모두에 할당한다. 분자의 첫 번째 원소에 원자가 하나만 있는 경우에는 접두사 **mono**−를 사용하지 않는다.

예를 들어 인과 염소가 일반적으로 생성하는 화합물은 두 가지로, 그들의 실험식은 PCl_3와 PCl_5이다. 이 화합물들은 어떻게 명명할까? 인은 주기율표에서 염소의 왼쪽에 있다(그림 5.18). 따라서 인을 먼저 명명하고 나서, 염소를 음이온(chloride, 염화)처럼 명명한다. 표 5.6의 접두사를 사용하면, PCl_3는 **삼염화 인**(phosphorus trichloride)이라고 하고, PCl_5는 **오염화 인**(phosphorus pentachloride)이라고 한다.

공유 결합 화합물을 명명할 때에는 존재하는 원자의 수를 나타내는 접두사를 사용한다.

표 5.6 공유 결합 화합물 명명 접두사

원자 수	접두사
1	mono−
2	di−
3	tri−
4	tetra−
5	penta−
6	hexa−
7	hepta−
8	octa−
9	nona−
10	deca−

Pent- 인가 Penta- 인가

접두사 Penta 다음에 붙는 원자 이름이 모음으로 시작하는 경우, 접두사 Penta 끝의 *-a*를 제거하여 발음하기 쉽도록 한다. 예를 들면 PCl_5는 pentachloride(오염화 인)이지만, P_2O_5는 pentoxide(오산화 이인)이다.

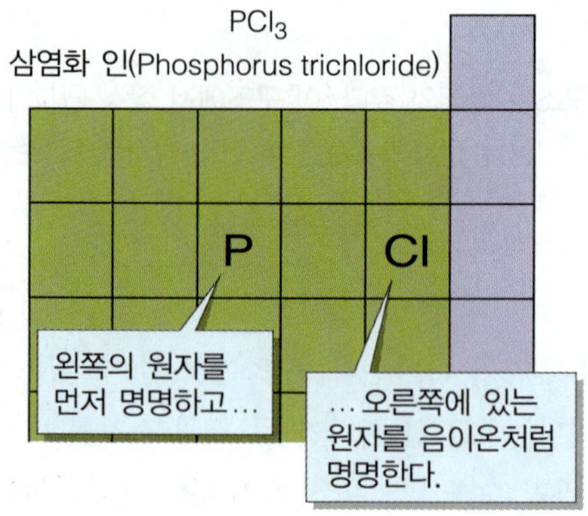

그림 5.18 공유 결합 화합물을 명명할 때, 주기율표에서 가장 왼쪽에 있는 원자가 먼저 나타난다.

예제 5.9 공유 결합 화합물 명명하기

질소와 산소가 생성하는 화합물은 두 가지로, NO_2와 N_2O_4가 있다. 이 화합물들을 각각 명명하시오.

질소는 주기율표에서 산소의 왼쪽에 위치한다. 따라서 영어로 명명할 때는 질소(nitrogen)를 먼저 명명하고 나서, 산소는 음이온(oxide, 산화)처럼 명명한다. 따라서 첫 번째 화합물 NO_2의 이름은 영어로는 nitrogen dioxide이다. 두 번째 화합물인 N_2O_4의 이름은 영어로는 dinitrogen tetroxide이다. 우리말로 명명하면, 첫 번째 화합물 NO_2의 이름은 이산화 질소, N_2O_4의 이름은 사산화 이질소이다. 주목할 것은 원자가 둘 이상 있는 경우에만 첫 이름 앞에 접두사를 사용한다.

도전 문제

11. 다음 공유 결합 화합물의 이름을 쓰시오.

N_2O_3 SO_2 CF_4 P_4O_9

5.5 이온 결합 화합물과 공유 결합 화합물 구별하기

지금까지 살펴본 내용을 간추려 보자. 옥텟 규칙을 충족시키는 방법에는 두 가지가 있었다. 원자가 전자를 얻거나 잃어서 이온을 생성하는 방법, 또는 공유 결합을 통해서 전자를 공유하는 방법이다.

공유 결합 화합물은 비금속 원자와 비금속 원자 사이에서 생성된다. 이러한 화합물이 생성하는 별개의 단위를 **분자**(molecule)라고 한다. 일반적으로 공유 결합 화합물을 설명할 때 사용하는 것은 분자식이다. 분자식이 나타내는 것은 한 분자에 있는 각 원자의 정확한 수이다.

이온 결합 화합물은 반대 전하 이온들 사이에서 생성된다. 이온 결합 화합물을 설명할 때 사용하는 것은 **실험식**(empirical formula)이다. 실험식이란 화합물 내 양이온과 음이온의 가장 간단한 정수비다. 이온성 고체에는 분자 단위가 없기 때문에, 우리는 **분자**라는 용어를 사용하여 이온 결합 화합물을 설명하지 않는다.

금속 + 비금속 : 이온 결합

앞으로 나올 절과 장에서 볼 수 있듯이, 이온 결합과 공유 결합의 차이는 많은 독특한 물리적 성질로 이어진다(그림 5.19). 이 때문에 중요한 것은 이온 결합 화합물과 공유 결합 화합물을 구별할 수 있어야 한다는 것이다. 이것을 할 때의 핵심은 존재하는 원소를 식별하는 것

그림 5.19 석회암의 구성 성분은 이온 결합 화합물인 탄산 칼슘이다. 올리브유는 탄소, 수소, 산소를 가지고 있는 공유 결합 분자로 이루어져 있다. 어떤 화합물의 성질은 존재하는 원소의 종류 및 존재하는 결합의 종류에 의해서 결정된다.

이다. 화합물의 구성 성분이 전부 비금속인가? 만약 그렇다면, 그것은 아마도 공유 결합 화합물일 것이다. 화합물의 구성 성분이 금속과 비금속인가? 이는 이 화합물이 이온 결합 화합물이라는 것이다. 이온 결합 화합물에는 표 5.3에 있는 일반적인 다원자 이온이 있는가? 이것도 이온 결합 화합물임을 나타낸다. 예제 5.10은 공유 결합 화합물과 이온 결합 화합물의 구별법을 설명한 것이다.

비금속 + 비금속 : 공유 결합

예제 5.10 공유 결합 화합물과 이온 결합 화합물의 식별 및 명명하기

다음 각 화합물이 공유 결합 화합물인지, 이온 결합 화합물인지를 식별하시오. 각 화합물의 이름을 말하시오.

a. $MgBr_2$ **b.** $FeCl_3$ **c.** SF_6

이온 결합 화합물은 금속과 비금속 사이에서 생성된다. 공유 결합 화합물은 비금속과 비금속 사이에서 생성된다. 이 문제를 해결하기 위한 첫 번째 단계는 각 원소가 금속인지, 비금속인지를 식별하는 것이다. 다음 단계는 화합물이 공유성인지, 이온성인지를 결정하는 것이다. 주목할 것은 이들 원소의 주기율표상 위치다.

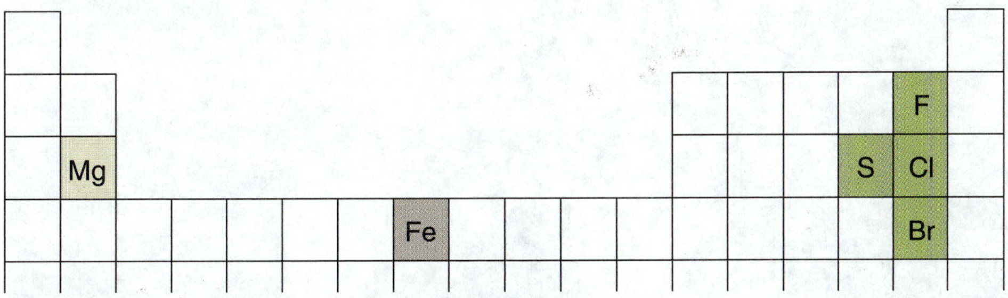

첫 번째 예인 $MgBr_2$의 경우, 마그네슘은 금속이고, 브로민은 비금속이다. 따라서 이것은 이온 결합 화합물이다. 그러므로 화합물의 명명은 단순히 양이온의 이름을 붙이고 나서 음이온의 이름을 붙인다(국문은 반대). 따라서 이 화합물의 이름은 브로민화 마그네슘(magnesium bromide)이다.

두 번째 예인 $FeCl_3$의 경우, 철은 금속이고, 염소는 비금속이다. 따라서 이것도 이온 결합 화합물이다. 기억해야 할 것은, 철이 생성하는 양이온의 전하가 두 개 이상이라는 것이다. 따라서 전하를 괄호 안에 지정해야 한다. 양이온은 3개의 Cl^- 이온에 결합된다. 따라서 이 이온은 Fe^{3+}, 즉 철(III)이다. 이 화합물의 이름은 염화 제2철(iron(III) chloride)이다.

세 번째 예인 SF_6의 경우, 황과 플루오린은 모두 비금속이다. 따라서 이것은 공유 결합 화합물이고, 접두사를 사용하여 존재하는 각 원자의 수를 나타내야 한다. 황은 주기율표에서 염소의 왼쪽에 있다. 따라서 황을 먼저 명명한다. 이 화합물의 이름은 육플루오린화 황(sulfur hexafluoride)이다.

도전 문제

12. 다음 각 화합물이 이온 결합 화합물인지, 공유 결합 화합물인지를 식별하고, 그 이름을 말하시오.

$LiCl$　　ICl　　BCl_3　　Al_2O_3

5.6 수용액: 이온 결합 화합물과 공유 결합 화합물의 차이

이온 결합 화합물과 공유 결합 화합물의 가장 중요한 차이점 중 하나는 물과 결합했을 때 어떻게 거동하느냐이다. 이러한 중요한 차이를 이해하기 위해 몇 가지 기본적인 아이디어부터 살펴보자. 소금이나 설탕과 같은 물질이 물과 섞이면 액체를 통해 분산되어 균일 혼합물을 생성하는데, 이를 **용액(solution**, 그림 5.20)이라고 한다(만약 액체가 물이라면, **수용액**(aqueous solution)이라고 한다) 이런 일이 일어날 때, 고체가 **용해되었다**(dissolved)고 말한다. 물에 녹는 화합물은 **가용성(soluble)**이라고 하고, 물에 녹지 않는 화합물은 **불용성**(insoluble)이라고 한다.

fotojanis/Shutterstock

그림 5.20 해수에는 용해된 화합물이 많이 있다. 따라서 해수는 수용액이다.

물의 순도를 시험하는 기기들은 물이 전기를 얼마나 잘 전도하는지를 시험하는 경우가 많다. 만약 물 시료가 전기를 잘 전도한다면, 이온 결합 화합물이 존재함을 알 수 있다.

순수한 물은 전기 전도가 잘 되지 않는다(그림 5.21). 그런데 이온 결합 화합물이 물에 용해되면, 그 결과 용액은 훨씬 더 효율적으로 전기를 전도한다. 이러한 특성 때문에, 수용성 이온 용액을 **전해액(electrolyte solution)**이라고 하고, 이온 결합 화합물을 **전해질**(electrolyte)이라고 한다.

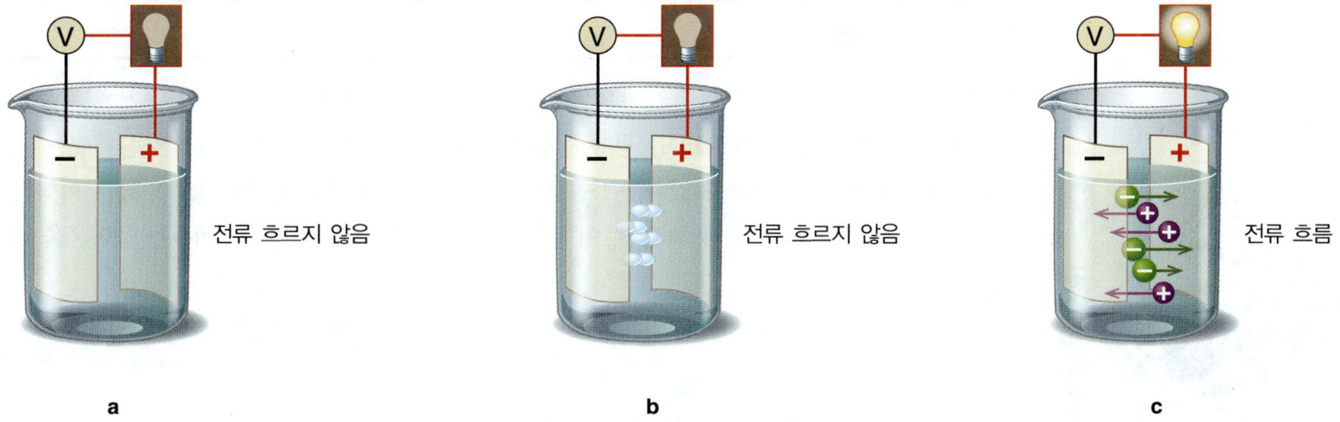

그림 5.21 (a) 순수한 물은 전기 전도가 잘 되지 않는다. (b) 이온 결합 화합물이 아닌 설탕과 같은 경우, 물에 용해될 수는 있지만, 용액의 전기 전도 능력을 증가시키지는 않는다. (c) 이온 결합 화합물인 소금과 같은 경우, 이온으로 해리된다. 그 결과, 용액은 전기를 전도한다.

이온 결합 화합물이 물에 녹으면 양이온과 음이온으로 서로 떨어져 나와 물 이온에 의해 둘러싸인다(그림 5.22). 이온 결합 화합물에서 이온으로 분리되는 이 과정을 **해리(dissociation)**라고 한다. 해리된 이온은 수용액을 통해 전류를 전달하는 데 도움이 된다.

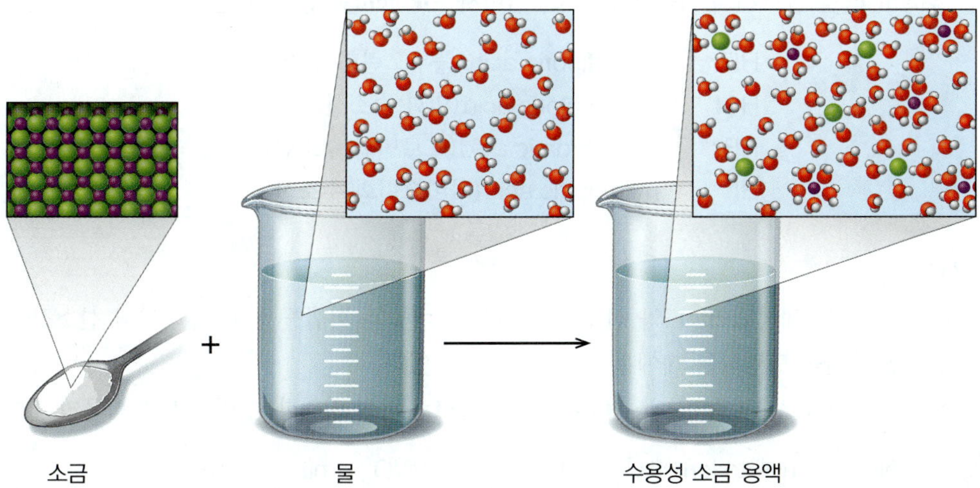

그림 5.22 소금과 같은 이온 결합 고체가 물에 녹으면, 물 분자는 고체를 이온들로 해리시켜 용액으로 이동시킨다.

일반적으로 공유 결합 화합물은 물에서 이온을 생성하지 않는다. 이 때문에 수용액에 공유 결합 화합물만 있다면, 그것은 전해질이 아니다(그림 5.21b).

5.7 산—서론

산은 물에서 H^+ 이온을 내놓는다.

Johan Larson/Shutterstock

산은 **부식성**(이 말의 의미는 산이 금속 표면을 비롯한 많은 물질을 파괴한다는 것이다)이 있다. 산은 피부에 심한 화상을 입힐 수도 있어, 주의하여 취급해야 한다.

대부분의 공유 결합 화합물은 물에 녹아 이온을 생성하지 않는다. 그러나 이 규칙에는 중요한 예외 하나가 있다. 즉 **산(acid)**은 공유 결합 화합물이지만 수용액에서 H^+ 이온을 내놓는다. 대부분의 산에는 공유 결합이 있다. 이 공유 결합은 안정한 음이온을 내놓을 수 있는 화학종과 수소 사이의 결합이다. 물에 녹으면, 이 결합은 깨져 수소 양이온과 짝을 이루는 음이온을 내놓는다.

예를 들어 HCl과 HNO_3는 둘 다 산인 분자이다. 이 화합물들은 물에 녹으면 **이온화**하여 2개의 이온을 생성한다.

- HCl은 수용액에서 이온화하여 H^+와 Cl^-를 생성한다.
- HNO_3는 수용액에서 이온화하여 H^+와 NO_3^-를 생성한다.

산의 거동은 6장 및 12장에서 알아볼 것이다. 지금 중요한 것은 일반적인 산의 식별법과 명명법을 아는 것이다. 가장 일반적인 산이 표 5.7에 나와 있다. 산의 화학식을 쓸 때는 일반적으로 H를 먼저 쓴다. 마치 H가 양이온인 것처럼 먼저 쓰고 나서 그다음에 음이온을 쓴다.

표 5.7 일반적인 산

화학식	이름
HF	hydrofluoric acid (플루오린화 수소산)
HCl	hydrochloric acid (염산)
HBr	hydrobromic acid (브로민화 수소산)
HI	hydroiodic acid (아이오딘화 수소산)
H_2CO_3	carbonic acid (탄산)
HNO_3	nitric acid(질산)
HNO_2	nitrous acid (아질산)
H_2SO_4	sulfuric acid(황산)
H_3PO_4	phosphoric acid (인산)
$HC_2H_3O_2$	acetic acid (아세트산)

산의 명명법

이성분산

이성분산(binary acid)은 H^+와 단일 비금속 원소로 이루어져 있다. 이성분산 중 가장 일반적인 것은 할로젠에서 생성된 것으로 HF, HCl, HBr, HI가 있다. 이성분산을 명명하는 방법은 접두사 **hydro**–를 할로젠의 어근에 붙이고, 접미사 –**ic acid**를 끝에 붙인다.

HF	hydrofluoric acid(플루오린화 수소산)
HCl	hydrochloric acid(염화 수소산)
HBr	hydrobromic acid(브로민화 수소산)
HI	hydroiodic acid(아이오딘화 수소산)

산소산

산소산(oxyacid)은 해리되어 H^+와 산소산 음이온을 내놓는 화합물이다. 해리되어 산소산 음이온을 내놓는 산을 명명하는 데에는 두 가지 규칙이 있다.

1. 음이온이 –**ate**로 끝나는 경우, 접미사를 –**ic acid**로 바꿔 명명한다. 예를 들면 다음과 같다.

NO_3^-	nitrate ion(질산 이온)	HNO_3	nitric acid(질산)
CO_3^{2-}	carbonate ion(탄산 이온)	H_2CO_3	carbonic acid(탄산)

황 및 인의 산소산 음이온의 유도체는 이 규칙으로부터 약간 벗어난다.

SO_4^{2-}	sulfate ion(황산 이온)	H_2SO_4	sulfuric acid(황산)
PO_4^{3-}	phosphate ion(인산 이온)	H_3PO_4	phosphoric acid(인산)

2. 음이온이 –**ite**로 끝나는 경우, 접미사를 –**ous acid**로 바꿔 명명한다.

NO_2^-	nitrite ion(아질산 이온)	HNO_2	nitrous acid(아질산)

예제 5.11 산소산 음이온의 산 명명하기

앞에서 설명한 지침을 사용하여, 다음 각 산의 이름을 말하시오.

a. $HClO_4$ **b.** H_2CrO_4

물에서 $HClO_4$는 이온화하여 H^+ 이온과 ClO_4^- 이온을 생성한다. ClO_4^-는 과염소산 이온(perchlorate ion)이다(표 5.3 참조). 따라서 $HClO_4$의 이름은 과염소산(perchloric acid)이다. 마찬가지로 CrO_4^{2-}는 **크로뮴산 이온**(chromate ion)이다. 따라서 H_2CrO_4의 이름은 **크로뮴산**(chromic acid)이다.

도전 문제

13. 다음 산의 이름을 말하시오.

a. HF **b.** HClO **c.** $HC_2H_3O_2$

14. 아래에 나타낸 화합물의 화학식을 쓰시오.

a. chlorous acid(염소산) **b.** zinc chlorate(염소산 아연)

c. boron trichloride(삼염화 붕소)

캡스톤 질문

아스코브산은 비타민 C로 더 잘 알려져 있다. 아스코브산은 식단의 필수적인 부분이다(그림 5.23). 관련 화합물인 아스코브산 칼슘은 일반적인 식품 첨가제 및 비타민 보충제로, 화학식은 $Ca(C_6H_7O_6)_2$이다. 이것을 바탕으로, 아스코브산 이온의 실험식과 전하를 말하시오. 이 정보를 사용하여 다음을 구하시오.

(a) 아스코르산 소듐의 실험식, (b) 아스코브산 알루미늄의 실험식, (c) 아스코브산의 분자식과 실험식

그림 5.23 비타민 C는 감귤류의 일반적인 성분이다. 관련 화합물인 시트르산 칼슘은 일반적인 비타민 보충제다.

요약

화학 결합에 포함되는 것은 원자가 전자의 얻음, 잃음, 공유다. 화학 결합의 핵심 요소는 옥텟 규칙이다. 옥텟 규칙이란, 원자는 원자가 껍질에 8개의 전자가 있어야 안정하다는 것이다. 옥텟 규칙을 충족시키는 원자들은 그들의 원자가 껍질에 완전히 채워진 *s* 부준위나 *p* 부준위를 가지고 있다.

옥텟 규칙을 충족시키기 위해 많은 원자가 전자를 얻거나 잃어 이온을 생성한다. 금속은 전자를 잃어 양이온(cation)을 생성하는 경향이 있다. 반면에, 비금속은 전자를 얻어 음이온(anion)을 생성하는 경향이 있다. 다원자 이온은 전체 전하를 포함하는 원자의 집단이다.

이온 결합 화합물은 양이온과 음이온의 결합이다. 이온 결합 화합물에서는 총 전하량이 0이어야 한다. 이온 결합 화합물을 명명할 때에는 양이온의 이름을 먼저 쓰고, 이어서 음이온의 이름을 쓴다. 이온 결합 화합물은 번갈아가며 놓인 전하의 격자에서 서로 결합한다. 이온 결합 화합물을 나타내는 화학식은 실험식이다. 실험식은 그 화합물 내에 있는 원자들의 가장 간단한 정수비다.

공유 결합에서는 전자들의 공유가 비금속 원자와 비금속 원자 사이에서 일어난다. 공유 결합 화합물이 생성하는 단위를 분자라고 한다. 일반적으로 공유 결합 고체는 분자식으로 설명한다. 분자식은 분자에 있는 각 유형의 원자 수를 나타낸다. 공유 결합 화합물을 명명할 때에는 접두사를 사용하여 분자에 있는 각 유형의 원자 수를 나타낸다.

이온 결합 화합물과 공유 결합 화합물은 물속에서 다르게 거동한다. 이온 결합 화합물이 물에 녹으면 그들의 성분 양이온과 음이온으로 해리된다. 녹아 있는 이온은 물의 전기 전도 능력을 향상시킨다. 이러한 특성 때문에, 이온 결합 화합물을 전해질이라고 부른다. 이와는 대조적으로, 대부분의 공유 결합 화합물은 물에 녹으면 그대로 있다.

산은 공유 결합 화합물이다. 하지만 산은 물에서 이온화하여 H^+ 이온 및 짝을 이루는 음이온을 내놓는다. 산의 이름은 산이 용액에서 내놓는 음이온의 이름에서 유래되었다.

Cade의 작업 (계속)

많은 것이 바뀌었다. John Cade가 탄산 리튬을 사용하여 조울증을 치료하기 시작한 이후의 일이다. 오늘날 우리가 (완전하진 않지만) 훨씬 더 잘 이해하고 있는 것은 이온 및 화합물이 뇌의 기능에 어떻게 영향을 미치는가이다. 예를 들면 과학자들은 이제 공유 결합 화합물 도파민(그림 5.24)이 뇌의 작용에 중요한 역할을 한다는 것을 알고 있다. 도파민은 신경 세포 사이에서 신호를 전달하고, 기분, 기억, 운동 조절 등과 같은 뇌 기능에 영향을 미친다. 파킨슨병은 근육 조절에 영향을 미치는 퇴행성 질환이다. 파킨슨병은 도파민 수치가 떨어지면서 발생한다. 그 밖의 의학적이고 인지적인 문제(약물 중독, 고통 인지, 식욕, 성적 만족 등을 포함한)에는 모두 도파민 수치가 관련되어 있다.

도파민은 그 기능을 수행하기 위해 중추신경계의 세포에 결합한다. 결합 장소는 세포 표면의 특수한 위치로, 그곳을 **수용체 부위**(receptor site)라고 한다. 도파민이 수용체 부위로 고정되면, 도파민은 그 부위를 활성화시킨다. 열쇠가 자물쇠를 활성화시키는 것과 같은 방식이다. 이때의 열쇠처럼, 분자의 **크기**와 **모양**은 다른 특징들과 함께 기능에 매우 중요하다. 분자의 모양은 원자의 전자 구조 및 공유 결합에 따라 달라진다. 공유 결합은 원자들을 서로 결속시켜 준다. 분자의 모양은 9장에서 더 자세히 탐구할 것이다.

의학자들은 종종 도파민 같은 생물학적 분자의 기능을 모방할 수 있는 분자를 찾는다. 그들은 분자 구조의 약간의 변화가 수용체 부위에 결합하는 분자의 능력에 어떻게 영향을 미치는지를 탐구한다. 뇌에 있는 분자의 경우, 구조의 이러한 작은 차이점들이 기능의 엄청난 차이를 만들어 낸다.

예를 들어 그림 5.25에 있는 세 가지 분자를 살펴보자. 도파민과의 유사성이 보이는가? 첫 번째 분자는 아드레날린으로, 신경계를 자극하는 호르몬이다. 두 번째 분자는 에페드린으로, 식욕 억제제이다. 세 번째 분자는 메타암페타민(필로폰)으로, 엄청난 중독성이 있는 기분 전환 마약이다. 도파민처럼, 이들 각 분자들은 뇌 기능에 영향을 미친다. 그러나 크기와 모양의 작은 차이가 그들이 수용체에 어떻게 결합하는지에 영향을 미친다. 따라서 기분과 행동에있어서 다른 반응을 일으킨다.

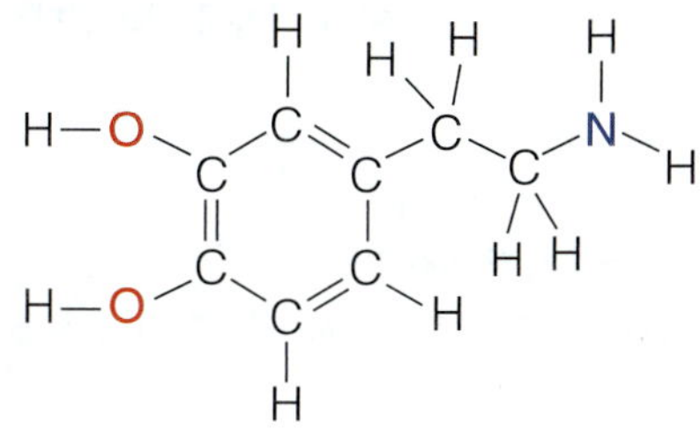

도파민

그림 5.24 도파민은 기분, 기억, 운동 조절 능력과 관련되어 있다.

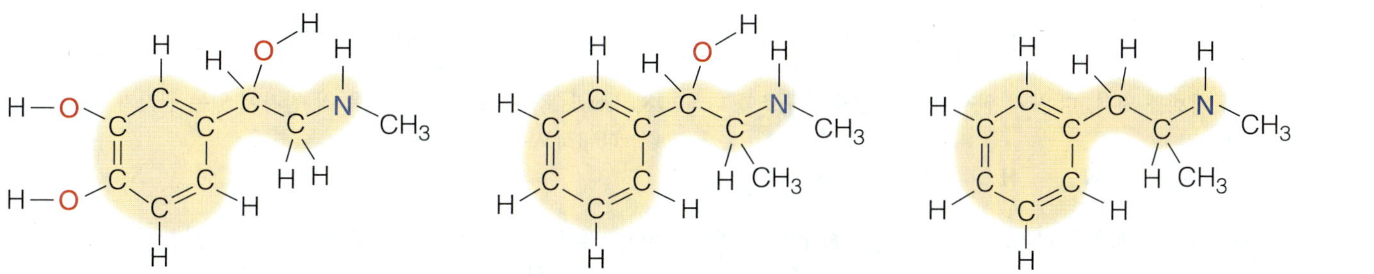

아드레날린 에페드린 메타암페타민

그림 5.25 이들 화합물은 도파민과 유사하여, 뇌 기능에 영향을 미친다. 노란색으로 밝게 표시된 부분이 강조하는 것은 구조적 유사성이다.

주요 용어

5.1 Lewis 기호와 옥텟 규칙

Lewis 점 기호: 원자 또는 이온의 원자가 구조를 나타내는 방법으로, 점을 이용하여 원자 기호 주위에 원자가 전자를 나타낸다

5.2 이온

양이온: 양전하 이온

음이온: 음전하 이온

다원자 이온: 공유 결합 원자들의 집합체로, 전하를 띤다.

산소산 음이온: 산소를 포함하고 있는 음전하를 띤 다원자 이온

5.3 이온 결합 및 이온 결합 화합물

이온 결합: 반대 전하 이온들 사이의 끌어당기는 힘

이온 결합 화합물: 반대 전하 이온들로 구성된 화합물

이온 격자: 양전하와 음전하가 번갈아가며 단단히 결속된 배열. 이온 결합 고체 내 이온들의 고유한 배열

화학식: 화합물에 존재하는 각 원소의 종류와 양을 나타냄

실험식: 화합물 내 원자의 가장 작은 정수비를 나타내는 화학식

화학식 단위: 이온 결합 화합물에서 화합물 생성에 필요한 최소 이온 수. 실험식으로 설명하는 원자들의 결합

5.4 공유 결합

공유 결합: 원자와 원자 사이에서 두 전자를 공유하는 결합. 공유 결합은 일반적으로 비금속과 비금속 사이에서 생성된다.

Lewis 구조: 분자나 다원자 이온에서 원자가 전자의 배열을 나타내는 방법으로, 원자들의 Lewis 기호와 기호가 대시 선으로 연결된 것을 보여 준다. 대시 선은 공유 결합을 나타낸다.

공유 결합 화합물: 공유 결합에 의해 생성된 화합물. 공유 결합 화합물들은 분자라고 하는 원자들의 독립된 집합을 생성한다.

분자식: 분자 내 원자들의 실제 개수를 나타내는 화학식

5.6 수용액: 이온 결합 화합물과 공유 결합 화합물의 차이

용액: 균일 혼합물. 예를 들면 액체에 혼합된 고체

가용성: 액체에 녹는 능력

전해액: 해리된 이온이 있는 수용액. 이러한 유형의 용액은 전기를 전도하며, 순수한 물보다 더 효과적으로 전도한다.

해리: 이온 결합 화합물이 물에 녹을 때 고체 격자로부터 이온들로 떨어져 나가는 과정

5.7 산—서론

산: 수용액에서 H^+ 이온을 내놓는 공유 결합 화합물

산소산: 수용액에서 해리되어 H^+와 산소산 음이온을 생성하는 공유 결합 화합물

추가 문제

5.1 Lewis 기호와 옥텟 규칙

15. 주기율표를 사용하여, 다음 각 원자에 있는 원자가 전자 수를 말하시오.

Li C Si Kr Se

16. 주기율표를 사용하여, 다음 각 원자에 있는 원자가 전자 수를 말하시오.

Be Mg Ca Ge I

17. Lewis 점 기호를 써서, 다음 각 원자에 있는 원자가 구조를 나타내시오.

Na N H As Sb

18. Lewis 점 기호를 써서, 다음 각 원자에 있는 원자가 구조를 나타내시오.

Be F Ar Cs S

19. 다음 원자의 전자 배치를 쓰시오. 어떤 전자가 원자가 전자인지를 말하시오.

Mg N P I

20. 다음 원자의 전자 배치를 쓰시오. 어떤 전자가 원자가 전자인지를 말하시오.

Be S Ge Br

21. 다음 각 화학종이 옥텟 규칙을 충족하는지를 말하시오.

a. 소듐 원자

b. Na^+ 이온

c. 9개의 전자가 있는 플루오린 핵

d. 10개의 전자가 있는 플루오린 핵

22. 다음 각 화학종이 옥텟 규칙을 충족하는지를 말하시오.

a. 10개의 전자로 둘러싸인 마그네슘 핵

b. 인 원자

c. 아르곤 원자

5.2 이온

23. 몇 족의 원소가 +1 이온만을 생성하는가?

24. 몇 족의 원소가 +2 이온만을 생성하는가?

25. 포타슘의 전자 배치는 [Ar]$4s^1$이다. 포타슘 이온(K^+)의 전자 배치를 말하시오.

26. 칼슘의 전자 배치는 [Ar]$4s^2$이다. 칼슘 이온(Ca^{2+})의 전자 배치를 말하시오.

27. 다음 각 원자와 이온의 전자 배치를 쓰시오.
a. 리튬 원자 **b.** 리튬 이온(Li^+)
c. 소듐 원자 **d.** 소듐 이온(Na^+)

28. 다음 각 원자와 이온의 전자 배치를 쓰시오.
a. 마그네슘 원자 **b.** 마그네슘 이온(Mg^{2+})
c. 베릴륨 원자 **d.** 베릴륨 이온(Be^{2+})

29. 주기율표를 참고하여, 다음 각 이온의 전하를 말하시오.
a. 베릴륨 이온 **b.** 스트론튬 이온
c. 소듐 이온 **d.** 세슘 이온

30. 주기율표를 참고하여, 다음 각 이온의 전하를 말하시오.
a. 포타슘 이온 **b.** 바륨 이온
c. 칼슘 이온 **d.** 리튬 이온

31. 구리 이온의 가장 일반적인 두 가지 전하는 무엇인가?

32. 철 이온의 가장 일반적인 두 가지 전하는 무엇인가?

33. 다음 각 양이온의 이름을 말하시오.
a. Na^+ **b.** Mg^{2+} **c.** Cr^{2+} **d.** Cr^{3+}

34. 다음 각 양이온의 이름을 말하시오.
a. K^+ **b.** Ca^{2+} **c.** Co^{2+} **d.** Co^{3+}

35. 다음 각 양이온의 이름을 말하시오.
a. Fe^{2+} **b.** Fe^{3+} **c.** Rb^+ **d.** Ba^{2+}

36. 다음 각 양이온의 이름을 말하시오.
a. Sn^{2+} **b.** Sn^{4+} **c.** Ag^+ **d.** Be^{2+}

37. 주기율표를 참고하여, 다음 각 양이온의 기호와 전하를 쓰시오.
a. 스트론튬 **b.** 아연
c. 구리(II) **d.** 망가니즈(III)

38. 주기율표를 참조로 사용하여, 각 양이온의 기호와 전하를 쓰시오.
a. 알루미늄 **b.** 납(II)
c. 납(IV) **d.** 마그네슘

39. 몇 족의 원소가 −1 이온만을 생성하는가? 몇 족의 원소가 −2 이온을 일반적으로 생성하는가?

40. 다른 비금속과는 달리, 비활성 기체는 안정한 이온을 생성하지 않는다. 왜 그런가?

41. 플루오린의 전자 배치는 [He]$2s^22p^5$이다. 플루오린화 이온(F^-)의 전자 배치를 쓰시오.

42. 산소의 전자 배치는 [He]$2s^22p^4$이다. 산화 이온(O^{2-})의 전자 배치를 쓰시오.

43. 다음 각 원자와 이온의 전자 배치를 쓰시오.
a. 염소 원자 **b.** 염화 이온(Cl^-)
c. 브로민 원자 **d.** 브로민화 이온(Br^-)

44. 다음 각 원자와 이온의 전자 배치를 쓰시오.
a. 질소 원자 **b.** 질소화 이온(N^{3-})
c. 황 원자 **d.** 황화 이온(S^{2-})

45. 각 원자가 옥텟 규칙을 충족시키기 위해 전자를 얻는지, 잃는지를 말하시오.
a. Na **b.** S **c.** Mg **d.** Br

46. 각 원자가 옥텟 규칙을 충족시키기 위해 전자를 얻는지, 잃는지를 말하시오.
a. Ba **b.** O **c.** K **d.** F

47. 다음은 옥텟 규칙을 충족시키기 위해 전자를 얻는지, 잃는지를 말하시오.
a. 칼슘 원자
b. 할로젠족 원자
c. 전자 배치가 [Ar]$4s^23d^{10}4p^4$인 원자
d. 전자 배치가 [Xe]$6s^2$인 원자

48. 다음은 옥텟 규칙을 충족시키기 위해 전자를 얻는지, 잃는지를 말하시오.
a. 알칼리 토금속
b. 산소 원자
c. 전자 배치가 [Ar]$4s^23d^{10}4p^5$인 원자
d. 전자 배치가 [Kr]$5s^1$인 원자

49. 주기율표를 참고하여, 다음 각 이온의 기호와 전하를 쓰시오.
a. 플루오린화 이온 **b.** 아이오딘화 이온
c. 산화 이온 **d.** 셀렌화 이온

50. 주기율표를 참고하여, 다음 각 이온의 기호와 전하를 쓰시오.
a. 염화 이온 **b.** 브로민화 이온
c. 황화 이온 **d.** 인화 이온

51. 다음 각 음이온의 이름을 말하시오.
a. F^- **b.** S^{2-} **c.** O^{2-} **d.** I^-

52. 다음 각 음이온의 이름을 말하시오.
a. Cl^- **b.** Br^- **c.** P^{3-} **d.** Te^{2-}

53. 주기율표를 참고하여, 다음 각 이온의 전하를 말하시오.
a. 베릴륨 이온 **b.** 산화 이온
c. 염화 이온

54. 주기율표를 참고하여, 다음 각 이온의 전하를 말하시오.
a. 브로민화 이온 **b.** 소듐 이온
c. 바륨 이온

55. 다음 각 이온의 전하를 말하시오.
a. 할로젠화 이온
b. 알칼리 금속 이온
c. 중성 원자로부터 생성된 이온으로, 전자 배치가 $[Ne]3s^23p^5$인 이온

56. 다음 각 이온의 전하를 말하시오.
a. 칼슘 원자로부터 생성된 이온
b. 알칼리 토금속 이온
c. 중성 원자로부터 생성된 이온으로, 전자 배치가 $[Ne]3s^1$인 이온

57. 다음 각 원자에서 생성된 이온의 이름과 전하를 쓰시오.
a. K b. Rb c. Cl d. Br

58. 다음 각 원자에서 생성된 이온의 이름과 전하를 쓰시오.
a. Mg b. Ca c. O d. S

59. 다음 각 이온의 기호와 전하를 쓰시오.
a. 플루오린화 이온 b. 스트론튬 이온
c. 베릴륨 이온 d. 인화 이온

60. 다음 각 이온의 기호와 전하를 쓰시오.
a. 철 이온 b. 구리(II) 이온
c. 질소화 이온 d. 루비듐 이온

61. 다음 각 음이온이 단원자인지, 다원자인지를 말하시오.
a. 아질산 이온 b. 질산 이온
c. 아황산 이온 d. 황화 이온

62. 다음 각 음이온이 단원자인지, 다원자인지를 말하시오.
a. 브로민산 이온 b. 아브로민산 이온
c. 브로민화 이온 d. 과브로민산 이온

63. 어떤 두 개의 접미사가 일반적으로 산소 이온을 나타내는가?

64. 브로민으로부터 4개의 일반적인 산소 이온(BrO_4^-, BrO_3^-, BrO_2^-, BrO^-)이 생성된다. 각 이온의 이름을 쓰시오.

65. 다음 각 다원자 이온의 화학식과 전하를 쓰시오.
a. 암모늄 이온 b. 탄산 이온
c. 수산화 이온 d. 아세트산 이온

66. 다음 각 다원자 이온의 화학식과 전하를 쓰시오.
a. 질산 이온 b. 아질산 이온
c. 황산 이온 d. 탄산수소 이온

67. 다음 각 다원자 이온의 화학식과 전하를 쓰시오.
a. 염소산 이온 b. 아황산 이온
c. 하이포염소산 이온 d. 과망가니즈산 이온

68. 다음 각 다원자 이온의 화학식과 전하를 쓰시오.
a. 사이안화 이온 b. 과산화 이온
c. 다이크로뮴산 이온 d. 황산수소 이온

69. 다음 각 이온의 화학식과 전하를 쓰시오.
a. 주석(IV) 이온 b. 제2구리 이온
c. 플루오린화 이온 d. 황산 이온

70. 다음 각 이온의 화학식과 전하를 쓰시오.
a. 납(II) 이온 b. 알루미늄 이온
c. 브로민화 이온 d. 염소산 이온

71. 다음 각 이온의 기호 또는 화학식, 그리고 전하를 쓰시오.
a. 아연 이온 b. 크로뮴산 이온
c. 아황산 이온 d. 인화 이온

72. 다음 각 이온의 기호 또는 화학식, 그리고 전하를 쓰시오.
a. 아이오딘화 이온 b. 인산수소 이온
c. 아이오딘산 이온 d. 크로뮴(II) 이온

5.3 이온 결합 및 이온 결합 화합물

73. 다음 이온들로부터 생성된 화합물의 실험식을 말하시오.
a. 리튬 이온과 염화 이온
b. 칼슘 이온과 브로민화 이온
c. 산화 이온과 칼슘 이온
d. 철(II) 이온과 인화 이온

74. 다음 이온들로부터 생성된 화합물의 실험식을 말하시오.
a. 소듐 이온과 플루오린화 이온
b. 크로뮴(III) 이온과 염화 이온
c. 은 이온과 황화 이온
d. 리튬 이온과 아질산 이온

75. 다음 각 화합물의 실험식을 쓰시오.
a. 염화 알루미늄 b. 황화 철(II)
c. 황산 칼슘 d. 산화 알루미늄

76. 다음 각 화합물의 실험식을 쓰시오.
a. 질산 철(III) b. 질산 구리(II)
c. 인산 암모늄 d. 인화 암모늄

77. 다음 각 화합물의 실험식을 쓰시오.
a. 아세트산 크로뮴(III) b. 염소산 아연
c. 질산 은 d. 탄산 납(II)

78. 다음 각 화합물의 실험식을 쓰시오.
a. 염화 주석(IV) b. 아염소산 암모늄
c. 탄산수소 리튬 d. 수산화 코발트(III)

79. 다음 각 화합물의 실험식을 쓰시오.

a. 하이포염소산 크로뮴(III)
b. 과망가니즈산 포타슘
c. 사이안화 소듐
d. 과염소산 납(II)

80. 다음 각 화합물의 실험식을 쓰시오.

a. 염화 주석(IV)
b. 염소산 암모늄
c. 황산수소 리튬
d. 수소인산 소듐

81. 다음 화합물에서 전이 금속 양이온의 전하를 말하시오.

a. $SnCl_2$ **b.** $SnCl_4$
c. $Pb(NO_3)_2$ **d.** $FeCO_3$

82. 다음 화합물에서 전이 금속 양이온의 전하를 말하시오.

a. Ag_3PO_4 **b.** $Cu(C_2H_3O_2)_2$
c. $InBr_3$ **d.** $Cr_2(SO_4)_3$

83. 다음 각 이온 결합 화합물의 이름을 말하시오.

a. NaBr **b.** K_2O **c.** $FeBr_3$ **d.** CuS

84. 다음 각 이온 결합 화합물의 이름을 말하시오.

a. KOH **b.** $Cu(C_2H_3O_2)_2$ **c.** K_2CrO_4 **d.** NH_4Cl

85. 다음 각 이온 결합 화합물의 이름을 말하시오.

a. $FeCO_3$ **b.** $Al(NO_2)_3$
c. $Ba(NO_3)_2$ **d.** $(NH_4)_2SO_4$

86. 다음 각 이온 결합 화합물의 이름을 말하시오.

a. $Na_2Cr_2O_7$ **b.** AgOH
c. $ZnCO_3$ **d.** $Cr_2(SO_4)_3$

5.4 공유 결합

87. 두 개의 비금속이 결합할 때, 왜 그들은 이온 결합이 아닌 공유 결합을 생성하는가?

88. 원소 형태에서 이원자 분자로 존재하는 7개 원소는 무엇인가?

89. 공유 결합 한 개가 공유하는 전자는 몇 개인가? 구조를 그릴 때, 일반적으로 공유 결합을 어떻게 나타내는가?

90. H_2S 분자의 Lewis 구조를 아래에 나타냈다. 이 구조에서 황 원자가 공유 결합으로 공유하는 전자는 몇 개인가? 공유되지 않은 원자가 전자는 몇 개인가? 이 황 원자의 옥텟은 완전한가?

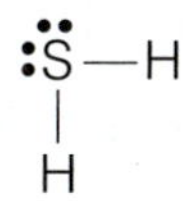

91. 다음 그림은 물 분자의 집합을 나타낸 것이다. 이 그림에는 몇 개의 물 분자가 있는가? 각 분자에 존재하는 공유 결합은 몇 개인가?

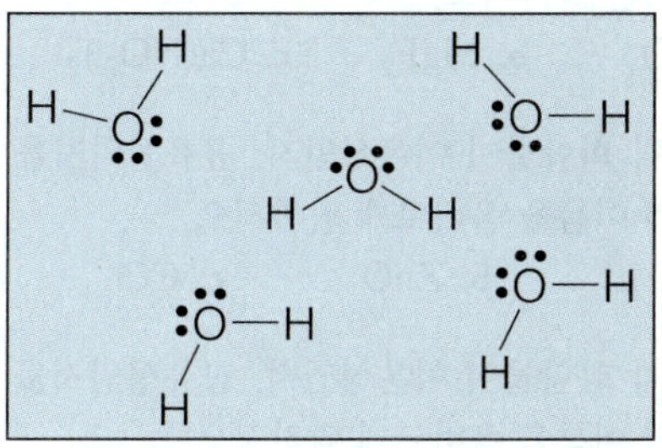

92. 다음 그림은 CH_4 분자의 집합을 나타낸 것이다. 이 그림에는 몇 개의 물 분자가 있는가? 각 분자에 존재하는 공유 결합은 몇 개인가?

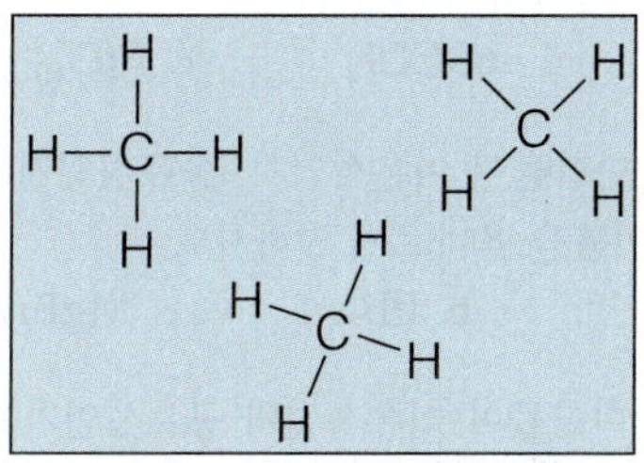

93. 아래에 보이는 아세트산은 식초의 주요 성분이다. 이 화합물의 분자식과 실험식을 쓰시오.

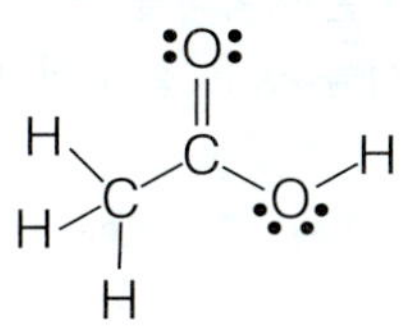

아세트산

94. 옥살산의 구조가 아래에 있다. 이 화합물의 분자식과 실험식을 쓰시오.

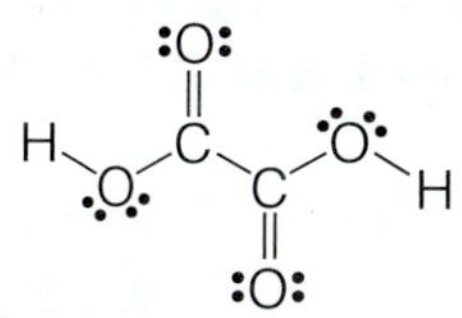

옥살산

95. 프레온 112와 같은 화합물(클로로플루오로탄소, 프레온가스, CFCs라고 함)은 오랫동안 냉매로 사용되었다. 그러나 그것들은 지구의 대기에 해로운 영향을 미치기 때문에 사라졌다. 프레온 112의 분자식 및 실험식을 쓰시오.

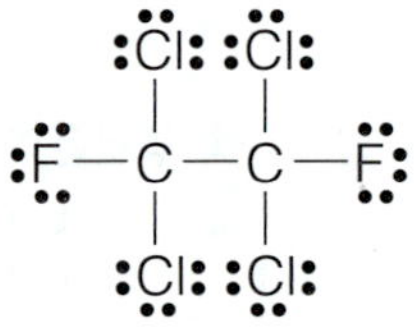

프레온 112

96. 프로페인은 천연가스로, 난방 연료로 널리 사용되고 있다. 프로페인의 분자식과 실험식을 쓰시오.

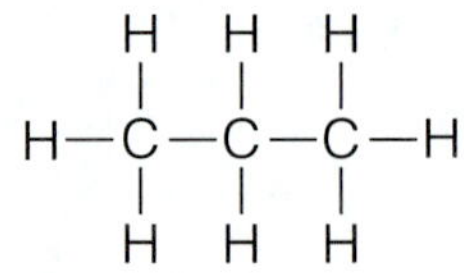

프로페인

97. 이성분 공유 결합 화합물을 명명할 때, 접두사를 사용하는 것이 필수적인 이유는?

98. 이성분 공유 결합 화합물을 명명할 때, 접두사를 사용하지 않는 경우는 언제인가?

99. 다음 각 공유 결합 화합물의 이름을 쓰시오.
a. SCl_2 **b.** NF_3 **c.** N_2O_4 **d.** P_4O_{10}

100. 다음 각 공유 결합 화합물의 이름을 쓰시오.
a. SO_3 **b.** CCl_4 **c.** N_2F_4 **d.** S_2Cl_2

101. 다음 각 공유 결합 화합물의 분자식을 쓰시오.
a. 삼브로민화 비소 **b.** 오산화 이질소
c. 이산화 황

102. 다음 각 공유 결합 화합물의 분자식을 쓰시오.
a. 이산화 황 **b.** 사플루오린화 셀레늄
c. 삼황화 사인

5.5 이온 결합 화합물과 공유 결합 화합물 구별하기

103. 이성분 화합물(단 두 개의 원소만 가지고 있는 화합물)을 볼 때, 이성분 화합물이 이온 결합 화합물인지, 공유 결합 화합물인지를 어떻게 알 수 있는가?

104. 아세틸렌의 화학식을 C_2H_2로 쓰는 것은 허용되지만, 산화 마그네슘의 화학식을 Mg_2O_2로 쓰는 것은 허용되지 않는 이유는 무엇인가?

105. 다음 화합물이 이온 결합 화합물인지, 공유 결합 화합물인지를 말하시오.
a. NaBr **b.** PCl_3 **c.** MnF_2

106. 다음 화합물이 이온 결합 화합물인지, 공유 결합 화합물인지를 말하시오.
a. CO_2 **b.** N_2 **c.** KCl

107. 다음 화합물이 이온 격자를 생성하는지, 독립된 분자를 생성하는지를 말하시오.
a. KCl **b.** CCl_4 **c.** P_4O_{10} **d.** Na_2S

108. 다음 화합물이 이온 격자를 생성하는지, 독립된 분자를 생성하는지를 말하시오.
a. CO_2 **b.** MgF_2 **c.** $Ca(NO_3)_2$ **d.** Na_3PO_4

109. 다음 각 화합물이 이온성인지, 공유성인지를 말하시오. 각 화합물의 이름을 올바르게 말하시오.
a. NaBr **b.** PBr_3 **c.** $MgBr_2$ **d.** SBr_2

110. 다음 각 화합물이 이온성인지, 공유성인지를 말하시오. 각 화합물의 이름을 올바르게 말하시오.
a. SO_3 **b.** ZnO **c.** CO **d.** Fe_2O_3

111. 다음 각 화합물이 이온성인지 공유성인지를 말하시오. 각 화합물의 이름을 올바르게 말하시오.
a. $SiCl_4$ **b.** $AlCl_3$ **c.** BBr_3 **d.** Na_2SO_3

112. 다음 각 화합물이 이온성인지, 공유성인지를 말하시오. 각 화합물의 이름을 올바르게 말하시오.
a. $MgSO_4$ **b.** SO_3 **c.** $NaHCO_3$ **d.** CO_2

113. 각 화합물의 올바른 화학식을 쓰시오. 이때 이온 결합 화합물의 경우는 실험식을, 공유 결합 화합물의 경우는 분자식을 사용하시오.
a. 염화 망가니즈(III) **b.** 삼염화 인
c. 이산화 황 **d.** 산화 타이타늄(IV)

114. 각 화합물의 올바른 화학식을 쓰시오. 이때 이온 결합 화합물의 경우는 실험식을, 공유 결합 화합물의 경우는 분자식을 사용하시오.
a. 브로민화 은 **b.** 이브로민화 셀레늄
c. 삼산화 황 **d.** 이황산 구리(II)

5.6 수용액: 이온 결합 화합물과 공유 결합 화합물의 차이

115. **전해질**이란 용어의 의미는 무엇인가? 어떤 종류의 화합물이 전해질이 될 가능성이 높은가?

116. 물 자체는 전기 전도성이 좋지 않다. 무엇이 존재해야만 물이 전기를 효과적으로 전도할까?

117. 황산 소듐은 물에 녹으면 해리된다. 어떤 이온들이 황산 소듐 수용액에 존재하는가?

118. 에틸렌 글리콜($C_2H_6O_2$)은 공유 결합 화합물이다. 이 화합물이 물에 녹으면 $C_2H_6O_2$ 분자에 어떤 일이 일어나는지를 설명하시오.

119. 다음 화합물 중 어느 것이 수용액에서 해리될 가능성이 있는가? 그 근거는 무엇인가?

a. KCl **b.** $CaBr_2$ **c.** CO_2 **d.** C_2H_6O

120. 다음 화합물 중 어느 것이 수용액에서 해리될 가능성이 있는가? 그 근거는 무엇인가?

a. SO_3 **b.** $Zn(ClO_4)_2$ **c.** CS_2 **d.** MgF_2

5.7 산—서론

121. 산이란 무엇인가? 산은 대부분의 공유 결합 화합물과 어떻게 다른가?

122. 다음 화합물을 아래 벤다이어그램에 배치하시오.

$NaCl$ CCl_4 HCl

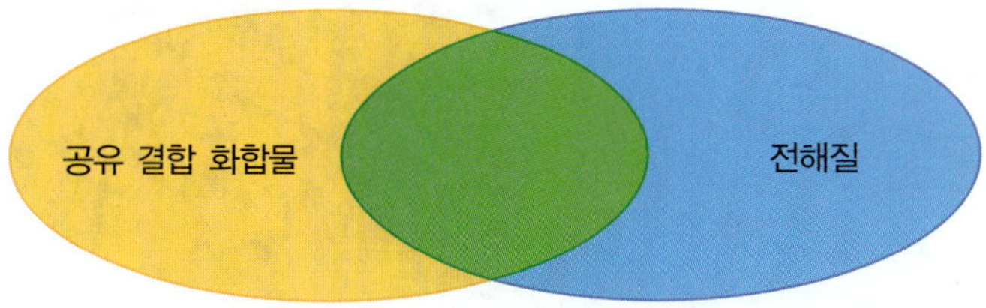

123. 다음 산의 이름을 말하시오.

a. HCl **b.** HBr **c.** HI

124. H_2S는 산성의 악취 나는 기체이며 **황화 수소**라고도 한다. 이 성분산의 명명 규칙을 사용하여, 이 화합물의 이름을 말하시오.

125. 다음 산의 이름을 말하시오.

a. HNO_3 **b.** HNO_2 **c.** $HClO_4$ **d.** $HClO_2$

126. 다음 산의 이름을 말하시오.

a. H_2SO_4 **b.** H_2SO_3 **c.** $HClO_3$ **d.** $HClO$

127. 폼산 이온은 생물학적으로 중요한 이온이며, 화학식은 CHO_2^-이다. 이 정보를 바탕으로, 화학식이 $HCHO_2$인 산의 이름은 무엇인가?

128. 셀레늄산 이온의 화학식은 SeO_4^{2-}이다. 이 정보를 바탕으로, 화학식이 H_2SeO_4인 산의 이름은 무엇인가?

129. 다음 각 화합물을 이온 결합 화합물, 공유 결합 화합물, 산으로 분류하시오. 각 화합물의 이름을 말하시오.

a. $NaNO_2$ **b.** N_2O_4 **c.** HNO_2 **d.** KNO_2

130. 다음 각 화합물을 이온 결합 화합물, 공유 결합 화합물, 산으로 분류하시오. 각 화합물의 이름을 말하시오.

a. K_2SO_4 **b.** SO_2 **c.** H_2SO_4 **d.** $NaHSO_4$

화학 반응

CHAPTER 6

그림 6.1 (a) 이 영상은 멕시코 동남부 Palenque에 있는 궁전의 폐허를 보여 준다. (계속)

마야의 잃어버린 도시

수천 년 동안, 마야 문명은 유카탄 지역을 지배했다. 유카탄 지역은 멕시코 남동부, 과테말라, 벨리즈의 지역이다. Tikal, Palenque와 같은 거대한 도시들은 사원, 궁전, 경기장으로 반짝였다. 그들의 문화가 번창할 수 있었던 것은 건축과 수학에서 괄목할 만한 성과를 거두었기 때문이었다. 마야의 조각과 글쓰기는 상형 문자라고 불리는 복잡한 형상을 사용하여 그들의 역사, 문화, 신념에 대한 놀라운 기록을 남겼다(그림 6.1).

그런데 어떤 일이 일어났다. 기원전 900년경, 유카탄 내부의 도시들이 쇠퇴하기 시작했다. 그들의 인구가 급속히 줄어들었다. 1500년대 초에, 스페인인들이 도착했을 때 마야인의 대부분은 북쪽과 동쪽으로 해안 지역으로 이주해 왔다. 그 대도시는 정글에 버려지고 없어졌다.

쇠퇴한 원인은 무엇일까?

고고학 보존 전문가 Isabel Villasenor 박사는 수년 동안, Palenque와 같은 마야 도시들의 유적을 연구했다. Villasenor 박사는 구체적인 특징–거대한 사원과 궁전을 덮고 있는 흰색 회반죽–에 작업의 초점을 맞췄다. 많은 곳에서, 고대 장인들은 이 회반죽을 빚어 수준 높은 예술품과 상형 문자를 만들었다.

지난 수십 년 동안, Villasenor 박사와 다른 고고학자들이 연구해 온 것은 마야인들이 건축용 회반죽을 만든 방법이었다. 이 이야기에는 화학 반응이 포함되어 있다. 오늘날에도 여전히 이 화학 반응을 사용하여 석고와 시멘트를 생산하고 있다.

마야 문화는 석회암(limestone)에서 시작되었다. 석회암은 탄산 칼슘($CaCO_3$)으로 이루어진 암석의 일종으로, 유카탄 반도에 풍부하다. 마야인은 석회석을 잘게 부순 다음, 거대한 불 위에서 가열했다. 약 900 ℃ 이상에서 탄산 칼

그림 6.1 (계속) (b) 이 석고 조각들은 마야 도시 Ek Balam에서 나온 것이다. (c) 마야 문장은 이와 같은 상형 문자를 사용했고, 회반죽을 빚어 만든 것이 많다. (d) Isabel Villasenor 박사가 Palenque에 있는 십자가 신전을 내려다보고 있다. (e) Villasenor 박사와 동료들이 작업한 장소는 신전 안에 위치한 마야 왕 Tikal의 무덤 안이었다. Villasenor 박사 앞에 있는 석관 뚜껑은 석회암으로 조각되어 있다. (a) stefanophotographer/Shutterstock; (b) ahau1969/Shutterstock; (c) Vladimir Korostyshevskiy/Shutterstock; (d) Courtesy of Dr. Isabel Villasenor; (e) Courtesy of Dr. Isabel Villaseñor

슘은 분해되어 두 가지 새로운 화합물—CO_2와 CaO—을 생성한다. 가루로 된 산화 칼슘은 물과 섞여서, 오늘날 **소석회**(slaked lime)라고 하는 새로운 화합물을 만들어 냈다. 이 물질은 화산재와 결합하여 부드러운 퍼티(putty)를 생성했기에 쉽게 빚을 수 있었다. 석회 혼합물이 서서히 건조되면서 세 번째 화학 반응이 일어나 단단하고 아름다운 하얀 표면을 만들어 냈다.

그러나 석고는 그 대가를 치렀다. 석회 생산이 지역 자원에 대한 엄청난 수요를 창출했기 때문이었다. 마야인은 갓 자른 나무를 사용하여 뜨겁고 천천히 타는 불을 발생시켰다. 불은 석회암을 산화 칼슘으로 전환시키는 데 필요한 것이었다. 석회암 채석하기, 나무 벌채하기, 불 유지하기에 엄청난 인간의 노력이 필요했다. 아니 환경 비용이 여전히 더 컸을지도 모르겠다.

마야 석고 이야기는 화학 변화 이야기이다. 이 장에서는 일반적인 화학 변화를 살펴볼 것이다. 어떻게 이러한 변화가 화학 반응식으로 표현되는지와, 다른 원소와 다른 화합물이 반응하는 방식을 어떻게 원자 구조가 결정하는지를 알아볼 것이다. 화학 변화의 패턴을 탐색할 것이고, 그 패턴을 일반 반응의 결과를 예측하는 데 사용할 것이다. 또한 이 장의 끝부분에서는 Palenque로 돌아가서, 거대한 회반죽 표면을 생성한 반응들을 재검토하고, Palenque와 같은 도시가, 번성하는 문화 중심지에서 수 세기 동안 유카탄 정글 속에 숨겨져 있던, 버려진 폐허로 어떻게 변했는지에 대한 단서들을 조사할 것이다.

학습 목표

이 장을 완료하고 실습 문제를 풀고 나면, 수행할 수 있는 것은 다음과 같다.

6.1 화학 반응식

- 화학 반응식을 써서 화학 변화에 있는 화학종의 정체성과 비(ratio)를 나타낼 수 있다.
- 균형 반응식을 이용하여 원자나 화합물이 반응하는 비를 기술할 수 있다.
- 반응식의 균형을 정확히 맞출 수 있다.

6.2 반응의 분류

- 합성 반응, 분해 반응, 단일 치환 반응, 이중 치환 반응을 분류할 수 있다.

6.3 금속과 비금속 간의 반응

- 금속과 비금속 반응으로 생성된 생성물을 예측할 수 있다.
- 금속–비금속 결합 반응에서 산화되는 화학종과 환원되는 화학종을 말할 수 있다.

6.4 연소 반응

- 금속의 연소로 생성된 생성물과, 탄화수소의 연소로 생성된 생성물을 예측할 수 있다.

6.5 수용액 내 반응

- 용해도 규칙을 적용하여 일반적인 이온 결합 화합물이 수용성인지 아닌지를 확인할 수 있고, 침전 반응의 생성물을 예측할 수 있다.
- 산–염기 중화 반응의 생성물을 예측할 수 있다.
- 침전 반응과 중화 반응을 설명할 수 있다. 이때 사용하는 반응식은 분자 반응식, 완전 이온 반응식, 알짜 이온 반응식이다.

6.1 화학 반응식

과학자들은 **화학 반응식(chemical equation)**을 사용하여 화학 변화를 설명한다. 예를 들어 우리는 방금 전에 마야인들이 석회석(탄산 칼슘)을 가열하여 석회석(산화 칼슘)과 이산화 탄소 기체로 만드는 방법을 보았다. 이러한 변화를 다음과 같이 화학 반응식으로 나타낼 수 있다.

$$CaCO_3 \rightarrow CaO + CO_2$$

이 반응에서 $CaCO_3$는 **반응물(reactant, 시약 또는 시작 물질이라고도 함)**이다. 반응물은 화살표의 왼쪽에 나타낸다. 반응에서 생성되는 **생성물(product, 여기에서는 CaO 및 CO_2)**은 화살표의 오른쪽에 나타낸다.

화학 반응식으로 반응물과 생성물의 **비**(ratio)도 알 수 있다. 예를 들어 그림 6.2에 있는 반응의 분자 표현을 주의 깊게 살펴보자. 이 반응에서는 수소 기체 분자 두 개가 산소 기체 분자 한 개와 반응하여 물 분자 두 개를 생성한다. 주목할 것은 이 반응이 질량 보존 법칙을 따른다는 것이다. 즉 이러한 화학 변화에서 원자는 생성되거나 파괴되지 않으며, 시작 물질의 총 질량은 생성물의 질량과 같다는 것이다(그림 6.3).

수소와 산소의 반응을 이 화학 반응식을 이용하여 다음과 같이 기술한다.

$$2\,H_2 + O_2 \rightarrow 2\,H_2O$$

그림 6.2 (위) 불꽃으로 점화하면, 수소가 가득 찬 풍선이 불덩어리 안에서 반응한다. (아래) 이 반응은 수소와 산소의 결합이다. 따라서 한 개의 산소 분자는 두 개의 수소 분자와 결합하여 두 개의 새로운 물 분자를 생성한다.

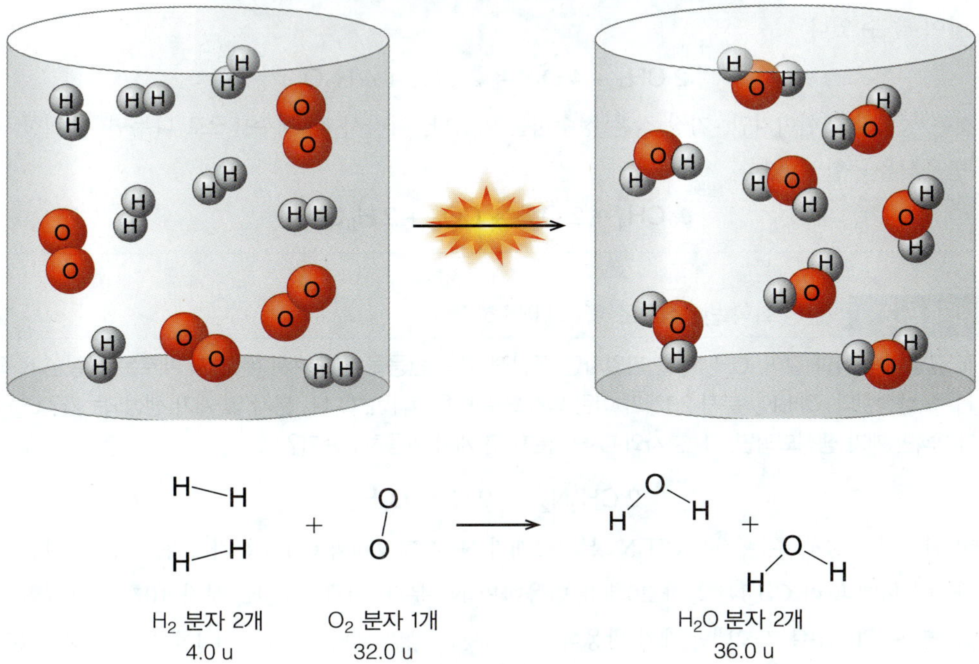

그림 6.3 수소와 산소가 반응하여 물을 생성하는 반응은 질량 보존 법칙을 따른다. 따라서 반응물의 총 질량은 생성물의 총 질량과 같다.

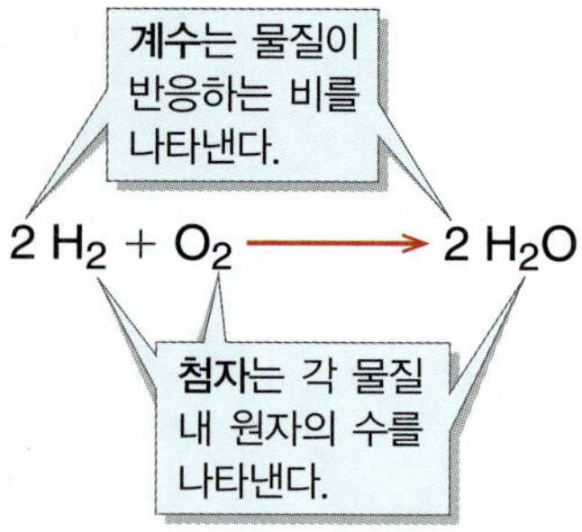

그림 6.4 중요한 것은 계수와 첨자의 차이를 이해하는 것이다.

5장에서 상기할 것이 있다. H_2, O_2, H_2O에서의 **첨자(subscript)**가 나타내는 것은 각 분자식 또는 실험식 단위에 있는 원자의 수라는 것이다. 화학식 앞에 위치하는 숫자를 **계수(coefficient)**라고 한다. 이 숫자는 반응하거나 생성되는 화합물의 비(ratio)를 나타낸다(그림 6.4). 따라서 계수가 나타내는 것은 반응하는 분자들의 가장 작은 정수비다. 반응물이나 생성물의 계수가 없는 경우라면, 그 계수가 1인 경우다.

화학 반응식은 원자 수준에서 일어나는 현상을 설명하지만, 더 큰 반응의 비도 제공한다. 예를 들어 2백만 개의 수소 분자가 1백만 개의 산소 분자와 반응한다면 어떨까? 반응식의 비에 따르면, 2백만 개의 물 분자가 생성될 것이다.

화학 반응에서 반응물과 생성물의 비를 정확히 기술했다면, 그 반응식은 **균형을 이룬** 것이다. **균형 반응식(balanced equation)**에서 각 원자의 수와 종류는 반응물에서나 생성물에서나 같다. 적절한 균형 반응식은 생성물에 대한 반응물의 정수비가 가장 작다.

균형 반응식에서 화살표의 양쪽에는 같은 수의 원자가 있다.

예제 6.1 화학 반응식 작성

아래 그림에서와 같이, 메테인 기체(CH_4)가 연소하면 산소 분자와 반응하여 이산화 탄소와 물을 생성한다. 균형 반응식을 써서 이 반응을 설명하시오.

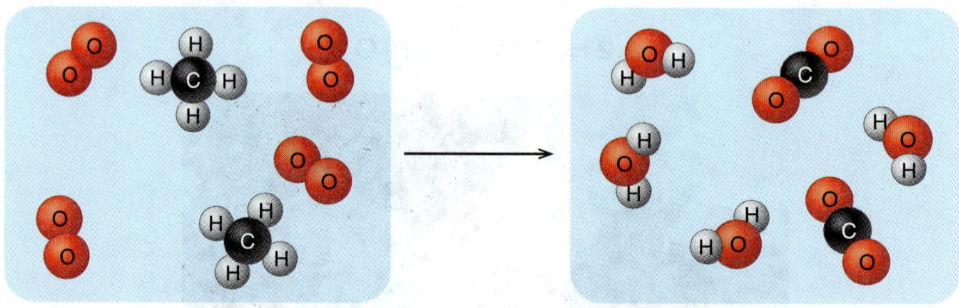

이 화학 반응에서 반응물은 CH_4와 O_2이다. 이 반응의 생성물은 H_2O와 CO_2이다. 이 그림에서 주목할 것은 탄소, 수소, 산소의 원자 수가 시작 물질에서나 생성물에서나 같다는 것이다. 즉 CH_4 분자 2개가 O_2 분자 4개와 반응하여 CO_2 분자 2개와 H_2O 분자 4개를 생성한다. 따라서 이것을 다음과 같이 쓸 수 있다.

$$2\ CH_4 + 4\ O_2 \rightarrow 2\ CO_2 + 4\ H_2O$$

이것은 정확한 표현이지만, 가장 작은 정수비는 아니다. 따라서 각 계수를 2로 나누면, 적절한 균형 반응식을 구할 수 있다.

$$CH_4 + 2\ O_2 \rightarrow CO_2 + 2\ H_2O$$

예제 6.2 균형 화학 반응식으로부터 비 예측하기

아래 균형 반응식과 같이, CH_2N_2를 가열하면 폭발적 화학 반응을 일으켜서 두 가지 새로운 물질인 N_2와 C_2H_4를 생성한다. CH_2N_2 분자 20개가 이런 방식으로 반응한다면, C_2H_4 분자 몇 개가 생성되는가? C_2H_4 분자 2백만 개가 생성되려면, N_2 분자와 C_2H_4 분자 몇 개가 반응하겠는가?

$$2\ CH_2N_2 \rightarrow 2\ N_2 + C_2H_4$$

균형 반응식이 말해 주는 것은 CH_2N_2 분자 2개가 N_2 분자 2개와 C_2H_4 분자 1개를 생성한다는 것이다. 이 비에 따라 CH_2N_2 분자 20개가 반응하면 N_2 분자 20개와 C_2H_4 분자 10개를 생성한다. 마찬가지로 CH_2N_2 분자 2백만 개가 반응하면 N_2 분자 2백만 개와 C_2H_4 분자 1백만 개를 생성한다.

도전 문제

1. 균형 반응식을 써서, 아래에 표시된 질소와 수소의 반응을 설명하시오.

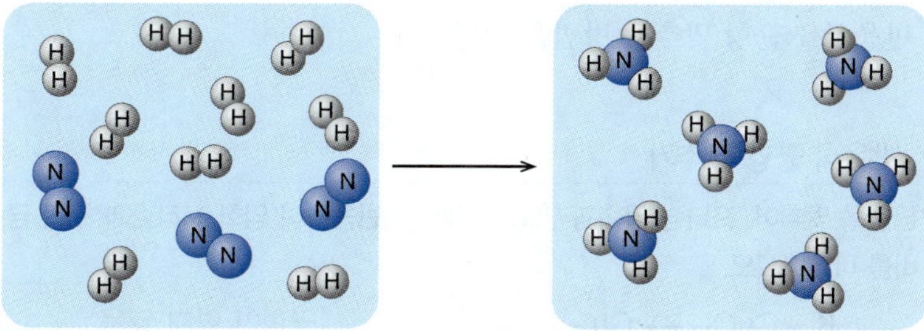

2. 위 문제의 균형 반응식을 바탕으로, 질소 기체 분자 1,000개와 수소 기체 분자 3,000개가 반응하여 만들어지는 NH_3의 분자 수는 얼마인가?

균형 반응식

종종 우리는 어떤 반응을 설명할 때, 반응물과 생성물의 정체성으로부터 시작한다. 반응이 일어나는 비는 알지 못한 채 말이다. 예를 들어 철은 산소와 반응하여 산화 철(III)을 생성할 수 있다. 산화 철(III)은 적갈색 화합물로, 녹(rust)으로 알려져 있는 것이다. 이 과정을 설명하기 위해 다음과 같은 반응식을 쓸 수 있다.

$$Fe + O_2 \rightarrow Fe_2O_3$$

그런데 주목할 것은 이 반응식에 재미있는 것이 있다는 것이다. 즉 왼쪽에는 산소 원자 2개가 있지만, 오른쪽에는 산소 원자 3개가 있다. 마술이라도 해서 또 다른 산소 원자를 만들어 낸 것인가? 물론 아니다! 비록 화합물들은 정확하게 인지했지만, 원자들이 반응하는 비는 설명하지 못했다.

보다 정확하게 이 반응을 설명하기 위해서는 반응식의 균형을 맞춰 반응물과 생성물의 각 원자를 설명해야 한다. 이를 위해 반응식의 원소와 화합물에 계수를 추가한다. 좌변과 우변에 있는 원자 수와 원자 종류가 같아질 때까지 추가한다. 이 과정을 나타낸 것이 그림 6.5이다.

마야인은 산화 철을 사용하여 자신들의 예술 작품에서 적갈색을 구현했다.

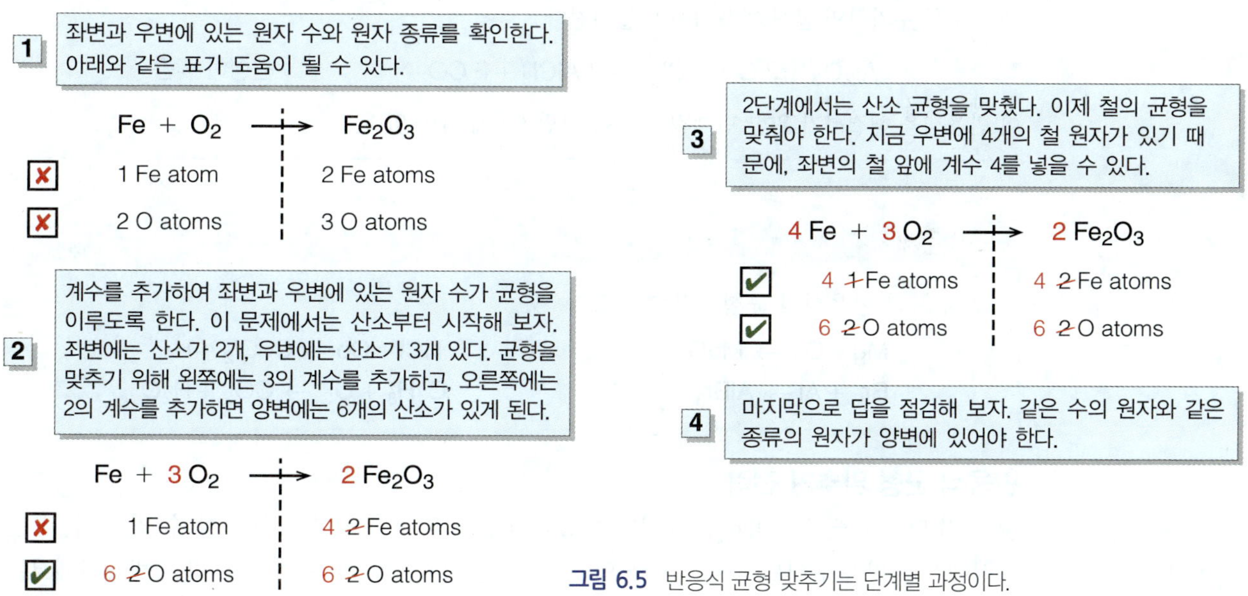

그림 6.5 반응식 균형 맞추기는 단계별 과정이다.

주목할 것은 이 반응식의 균형을 맞출 때, **첨자는 건드리지 않았다**는 것이다. 첨자가 보여주는 것은 존재하는 각 분자의 화학적 정체성이다. 반응식의 균형을 맞추는 것은 반응물과 생성물의 비를 단순히 조절하는 것일 뿐, 물질의 정체를 바꾸는 것은 아니다. 예제 6.3과 6.4는 두 개 이상의 반응식을 균형 맞추는 방법을 설명한다.

예제 6.3 반응식 균형 맞추기

첨자가 아닌 계수를 조정함으로써 반응식의 균형을 맞추어라.

아래 반응식의 균형을 맞추어, 포타슘 금속과 염화 구리(II)가 반응하여 염화 포타슘과 구리 금속을 생성하는 반응의 적절한 비를 나타내시오.

$$K + CuCl_2 \rightarrow Cu + KCl \qquad \text{균형이 맞지 않음}$$

우선, 염소 원자의 균형 맞추기부터 시작하자. 이를 위해 계수 2를 KCl 앞에 넣는다. 이렇게 하면 염소 원자의 균형은 맞추지만, 포타슘 원자의 균형은 맞추지 못한다. 포타슘 원자의 균형을 맞추려면 K 앞에 2를 넣으면 된다.

$$2\,K + CuCl_2 \rightarrow Cu + 2\,KCl \qquad \text{균형이 맞음}$$

예제 6.4 반응식 균형 맞추기

원소 형태의 균형을 마지막에 맞추는 것이 도움이 된다.

다음 반응식의 균형을 맞추시오.

$$Al_2O_3 + C + Cl_2 \rightarrow AlCl_3 + CO \qquad \text{균형이 맞지 않음}$$

이 반응식에서 주목할 것은 알루미늄과 산소는 항상 화합물의 일부로 나타나는 반면, 탄소와 염소는 원소 형태로 나타난 것이다. 따라서 탄소나 염소에는 계수를 추가할 수 있다. 다른 화합물들의 균형을 방해하지 않은 채 말이다. **일반적으로 원소 형태의 균형을 가장 나중에 맞추는 것이 더 쉽다.** 따라서 이 예에서는, 알루미늄은 화합물에서만 나타나기 때문에, 알루미늄과 산소의 균형을 먼저 맞춰야 한다.

$$Al_2O_3 + C + Cl_2 \rightarrow 2\,AlCl_3 + 3\,CO \qquad \text{C, Cl 균형이 맞지 않음}$$

이제 알루미늄과 산소가 균형이 맞춰졌기 때문에, 원소 형태의 균형을 맞출 수 있다. 탄소와 염소에 계수를 추가하면 균형 반응식이 만들어진다.

$$Al_2O_3 + 3\,C + 3\,Cl_2 \rightarrow 2\,AlCl_3 + 3\,CO \qquad \text{균형이 맞음}$$

이 반응식을 해결하기 위한 단계적 전략이 그림 6.6에 나와 있다.

도전 문제

3. 다음 각 반응식의 균형을 맞추시오.

$Mg + O_2 \rightarrow MgO$ $\qquad$ $HCl + Co \rightarrow CoCl_2 + H_2$

$Br_2 + Al \rightarrow AlBr_3$ $\qquad$ $C_4H_8 + O_2 \rightarrow CO_2 + H_2O$

반응식 균형 맞추기 전략

몇 가지 다른 기술을 사용하면 복잡한 반응식의 균형 맞추기를 더욱 쉽게 할 수 있다. 일부 반응식에서는 원자가 아닌 다원자 이온의 균형을 맞추는 것이 가능하다. 또 다른 반응식에서는

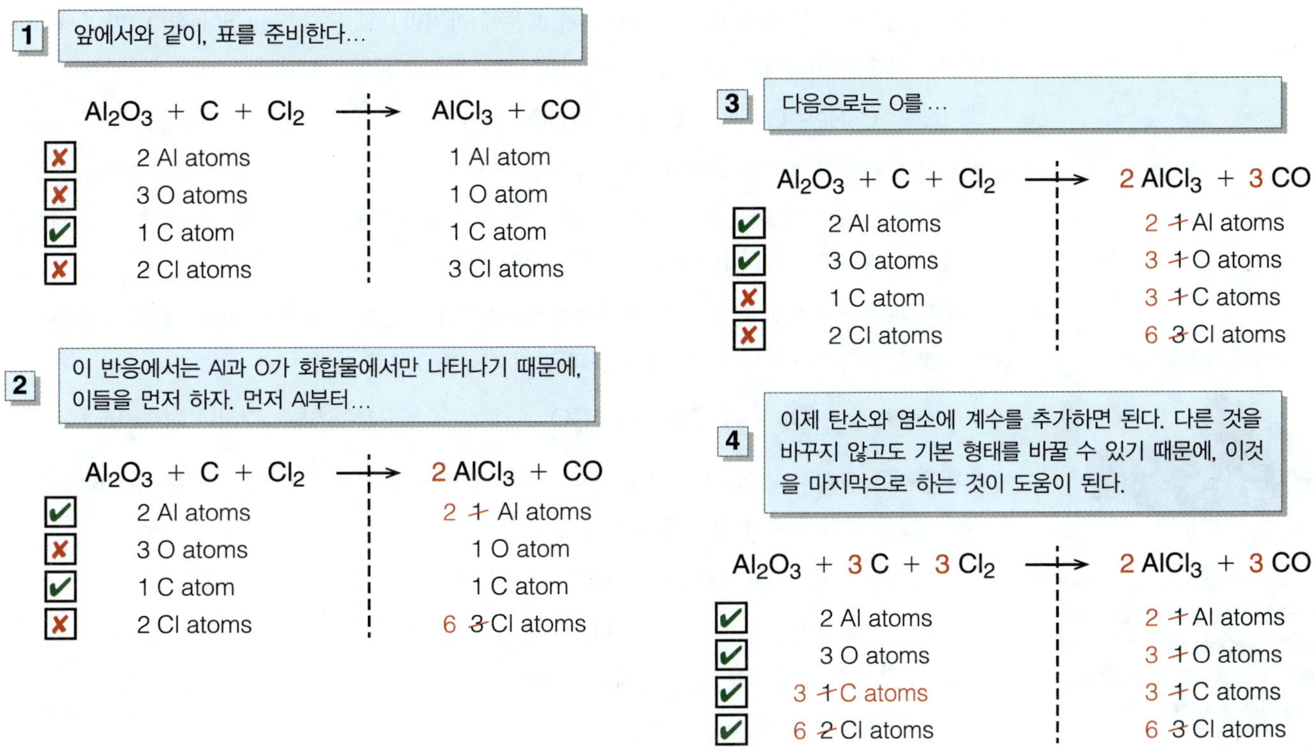

그림 6.6 반응식의 균형을 맞출 때, 원소 형태의 균형을 마지막에 맞추는 것이 도움이 된다.

분수 계수를 사용하는 것이 중간 단계로서 도움이 될 수 있다. 예제 6.5와 6.6은 이러한 기법을 설명한다.

예제 6.5 다원자 이온을 사용한 균형 반응식

다음 반응식의 균형을 맞추시오.

$$Ni(NO_3)_2 + NaOH \rightarrow Ni(OH)_2 + NaNO_3 \qquad \text{균형이 맞지 않음}$$

이전에 했던 것처럼, 존재하는 모든 원소의 표를 만들어서 이 반응식의 균형을 맞출 수 있다. 그런데 주목할 것은 이 반응식에는 두 개의 공통 다원자 이온—질산 이온(NO_3^-)과 수산화 이온(OH^-)—이 있다는 것이다. 원자들의 균형을 개별적으로 맞추는 것은 가능하지만, 훨씬 더 쉬운 것은 질산 이온과 수산화 이온의 균형을 맞추는 것이다. 우변에는 두 개의 수산화 이온이 있다. 따라서 계수 2를 NaOH 앞에 추가하여 좌변의 균형을 맞춘다. 마찬가지로, 계수 2를 $NaNO_3$ 앞에 넣어 좌변과 우변에 있는 질산 이온의 균형을 맞춘다.

$$Ni(NO_3)_2 + 2\ NaOH \rightarrow Ni(OH)_2 + 2\ NaNO_3 \qquad \text{균형이 맞음}$$

이 방법이 효과적인 조건은 반응의 이온들이 변하지 않아야 한다는 것이다. 다음 절에서 이러한 유형의 반응 몇 가지 예를 볼 수 있다.

예제 6.6 분수 계수를 사용하여 균형 맞추기

다음 반응식의 균형을 맞추시오.

$$C_2H_6 + O_2 \rightarrow CO_2 + H_2O \qquad \text{균형이 맞지 않음}$$

산소는 이 반응식에서 원소 형태로 나타나기 때문에 마지막으로 균형을 맞춰야 한다. 따라서 CO_2와 H_2O에 계수를 추가하는 것으로 시작하여 탄소와 수소의 균형을 맞춘다.

$$C_2H_6 + O_2 \rightarrow 2\ CO_2 + 3\ H_2O$$ 산소 균형이 맞지 않음

이제는 산소 원자의 균형을 맞춰야 한다. 주목할 것은 이 반응식의 우변에 산소 원자 7개가 존재한다는 것이다. 반응식이 균형을 이루려면, 좌변에 산소 원자 7개가 필요하다. 그러나 산소 원자는 두 그룹으로 나뉜다. 그럼 어떻게 7개를 얻을 수 있을까?

이 문제를 해결하기 위한 가장 쉬운 방법은 3개와 1/2개의 산소 분자가 있어야 7개의 산소 원자를 된다는 것을 인식하는 것이다. 3½을 다음과 같이 가분수 7/2로 쓴다.

$$C_2H_6 + \frac{7}{2}\ O_2 \rightarrow 2\ CO_2 + 3\ H_2O$$ 균형이 맞음, 그러나 정수 아님

이제 반응식은 균형이 맞았지만, 가장 낮은 정수비로 제대로 쓰이지 않았다. 이를 수정하기 위해 각 계수에 2를 곱하여 가장 작은 정수 균형 반응식을 만든다.

$$2\ C_2H_6 + 7\ O_2 \rightarrow 4\ CO_2 + 6\ H_2O$$ 균형이 맞음

마지막으로, 반응식의 균형 맞추기를 계속 잘 할 수 있는 비결은 **연습**이다. 이어지는 각 문제를 풀어보고, 이 장 마지막에 있는 추가 문제도 푸시오.

Jason Kolenda/Shutterstock

산소 원자는 피넛버터컵과 같다. 피넛버터컵의 봉지를 열면 컵 2개가 들어 있다. 반응식을 쓰고 균형을 맞출 때, 이것을 기억하면 좋다.

도전 문제

4. 이 절에서 설명된 기법을 사용하여, 다음 각 반응식의 균형을 맞추시오.

$$Pb(ClO_3)_2 + NaI \rightarrow NaClO_3 + PbI_2$$
$$Al(NO_2)_3 + Ca \rightarrow Al + Ca(NO_2)_2$$
$$C_4H_{10} + O_2 \rightarrow CO_2 + H_2O$$

상이 표시된 반응식

많은 화학 과정에 있어, 성분의 정체성뿐만 아니라 성분의 **상**(phase)이나 **상태**(state)를 아는 것이 중요하다. 이러한 이유로 **상 표기법**(phase notation)이 종종 화학 반응식에 사용된다(표 6.1). 화합물이 고체임을 나타내려면 화학식 뒤에 (*s*)를 쓴다. 마찬가지로 액체는 (*l*)로, 기체는 (*g*)로 나타낸다.

표 6.1 상 기호

기호	의미
(*s*)	고체
(*l*)	액체
(*g*)	기체
(*aq*)	수용액

많은 반응에는 물에 녹은 물질들이 있다. 물에 녹아 있는 물질을 **수용액**(aqueous solution)에 들어 있다고 말한다. 수용액을 균형 반응식에서 나타내는 기호는 (*aq*)이다. 예를 들어 청량음료를 따를 때 일어나는 변화를 고려해 보자(그림 6.7). 용해된 탄산(H_2CO_3)은 반응하여 두 가지 새로운 화합물, 즉 물과 이산화 탄소 기체를 생성한다. 이 반응식을 상 표기법을 사용하여 쓰면 다음과 같다.

$$H_2CO_3\ (aq) \rightarrow H_2O\ (l) + CO_2\ (g)$$

상 기호가 있는 반응식을 사용하여 종종 나타내는 것은 상태 변화와 같은 물리적 변화다. 예를 들어 다음 반응식을 사용하여 물의 동결을 다음과 같이 나타낼 수 있다.

$$H_2O\ (l) \rightarrow H_2O\ (s)$$

다음 절에서는 상 기호를 광범위하게 사용하여 반응을 설명할 것이다.

6.2 반응의 분류

화학 반응을 학습하기 시작하면서 많은 예를 마주칠 것이다. 화학 반응이 엄청나다고 생각할지도 모른다. 저자가 화학을 배우기 시작했을 때도 확실히 그랬고, 여전히 지금도 그렇다. 그러면 어떻게 이 모든 것을 이해할 수 있을까? 해결 방법 중 하나는 반응을 비슷한 유형으로 분류하는 것이다. 유형 분류를 하면 화학적 거동 양식을 인식하는 것과, 일어날 수 있는 유사한 반응을 예측하는 것이 더욱 용이해진다.

이 아이디어를 식료품점을 예로 들어 설명하자. 쇼핑을 더 용이하게 하기 위해, 가게에서는 품목별로 음식을 정리한다. 즉 고기, 신선한 야채, 빵들을 끼리끼리 정리해 둔다. 또한 원산지–이탈리아, 멕시코, 태국–에 따라 식품을 정렬한다. 이렇게 간단한 조직적인 체계 덕분에 기억하기 쉽고 이해하기 쉽고 소통하기 쉽다.

studiovin/Shutterstock

그림 6.7 청량 음료를 따를 때 생기는 거품은 탄산이 반응하여 이산화 탄소와 물을 생성하는 반응에서 생긴다.

이 절과 앞으로의 절들에서는 화학적 거동의 광범위한 양식을 살펴볼 것이다. 반응을 두 가지로 분류할 것이다. 하나는 생성물의 유형에 따라, 또 하나는 반응이 일어나는 방식에 따라 분류한다. 어떠한 단일 분류 체계도 보편적이지는 않다. 그러나 그것들은 모두 하나의 목적, 즉 우리 주변의 세계를 조직하고 단순화하는 데 사용된다. 화학 반응을 탐색하기 시작하면서 네 가지 유형의 반응–분해 반응, 합성 반응, 단일 치환 반응, 이중 치환 반응–을 살펴보자(그림 6.8).

분해(decomposition) 반응에서는 한 가지 반응 물질이 두 가지 이상의 생성물을 생성한다. 이런 유형의 반응 예로서, 마야의 회반죽(lime plaster) 생산 이야기로 돌아가 보자. 이 과정의 첫 번째 단계는 탄산 칼슘을 산화 칼슘과 이산화 탄소의 두 가지 단순한 화합물로 분해하는 것이었다.

$$CaCO_3\ (s) \rightarrow CaO\ (s) + CO_2\ (g)$$

분해 반응: 하나의 반응물이 둘 이상의 생성물을 생성하는 반응

$$2\,H_2O \longrightarrow 2\,H_2 + O_2$$
$$CaCO_3 \longrightarrow CaO + CO_2$$

단일 치환 반응: 한 원소가 다른 원소 자리를 대체하는 반응

$$Zn + CuCl_2 \longrightarrow ZnCl_2 + Cu$$
$$Ca + 2\,HBr \longrightarrow CaBr_2 + H_2$$

합성 반응(결합 반응): 두 반응물이 하나의 생성물을 생성하는 반응

$$H_2 + Cl_2 \longrightarrow 2\,HCl$$
$$CaO + H_2O \longrightarrow Ca(OH)_2$$

이중 치환 반응: 두 이온이 서로 대체하는 반응

$$NaI + AgNO_3 \longrightarrow AgI + NaNO_3$$
$$MgBr_2 + Pb(ClO_4)_2 \longrightarrow PbBr_2 + Mg(ClO_4)_2$$

그림 6.8 많은 반응은 여기에 표시된 네 가지 범주에 해당된다.

Greg Goebel from Loveland CO, USA, CC BY SA 2.0, Wikimedia Commons

그림 6.9 이와 같은 석회 가마에서 석회석이 산화 칼슘으로 변환된다.

고대의 기술이지만, 이러한 분해 반응은 오늘날에도 매우 중요하다. 산화 칼슘은 시멘트 및 모르타르의 핵심 성분이다. 따라서 제조업체는 현대식 가마(그림 6.9)를 사용하여 석회석(탄산 칼슘)을 산화 칼슘으로 변환시킨다.

합성 반응(synthesis)(또는 **결합 반응**(combination))은 두 가지 반응 물질이 결합하여 하나의 생성물을 생성할 때 일어난다. 회반죽 생성의 두 번째 단계가 합성 반응의 예다. 이 반응에서 산화 칼슘은 물과 결합하여 수산화 칼슘이라는 새로운 단일 화합물을 생성한다.

$$CaO\ (s) + H_2O\ (l) \rightarrow Ca(OH)_2\ (s)$$

합성 반응의 또 다른 예는 수소 기체와 브로민 기체가 결합하여 브로민화 수소를 생성하는 것이다.

$$H_2\ (g) + Br_2\ (g) \rightarrow 2\ HBr\ (g)$$

합성 반응은 6.3절에서 광범위하게 살펴볼 것이다.

단일 치환(single-displacement) 반응에서는 한 원소가 화합물의 다른 원소를 대체한다. 예를 들어 아연이 수용성 황산 구리(II)와 결합되었을 때, 원소 아연은 구리를 대체하여 새로운 화합물을 생성한다. 이 과정에서 구리는 원소 형태로 변환된다.

$$Zn\ (s) + CuSO_4\ (aq) \rightarrow ZnSO_4\ (aq) + Cu\ (s)$$

마찬가지로, HCl 화합물은 주석 원소와 반응하여 새로운 화합물인 염화 주석(II)과 수소 기체를 생성한다.

$$Sn\ (s) + 2\ HCl\ (aq) \rightarrow SnCl_2\ (aq) + H_2\ (g)$$

이중 치환(double-displacement) 반응에서는 두 가지 화합물이 재배열하여 두 가지 새로운 화합물을 생성한다. 이 반응들에서는 양이온–음이온 쌍의 '상호 교환(swap)'이 일어난다. 예를 들어 KCl과 $AgNO_3$가 수용액에서 반응하여 두 가지 새로운 화합물 KNO_3와 AgCl이 생성된다. 이러한 반응은 단순히 음이온들의 상호 교환으로 생각할 수 있다.

$$KCl + AgNO_3 \rightarrow KNO_3 + AgCl$$

음이온들이 위치를 '상호 교환'한다.

단일 치환 반응 및 이중 치환 반응을 생각하는 간단한 방법은 양이온과 음이온을 댄스 파트너로서 고려하는 것이다(그림 6.10). 단일 치환 반응에서는 원소가 댄스에 끼어들어 새로운 원소와 새로운 화합물(새로운 댄스 파트너)를 만들어 낸다. 이중 치환 반응에서는 춤추는 두 쌍의 커플이 서로 파트너를 바꿔 두 개의 새로운 화합물을 만들어 낸다.

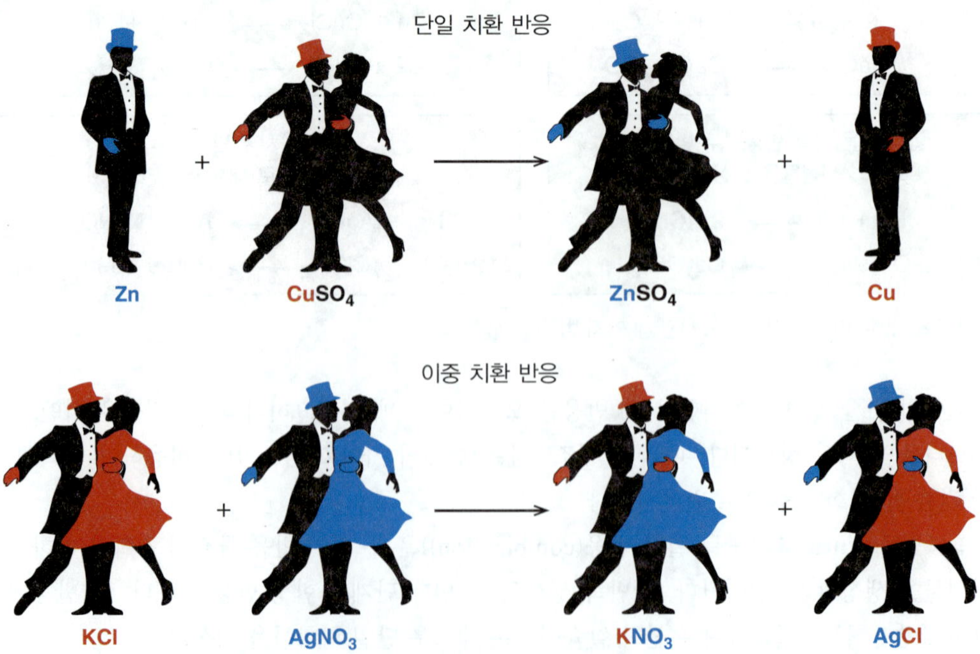

그림 6.10 단일 치환 반응 및 이중 치환 반응은 댄스 파트너가 바뀌는 것과 유사하다.

예제 6.7 화학 반응의 분류

염산의 수용액과 고체 아연 금속은 반응하여 수소 기체와 염화 아연을 생성한다. 염화 아연은 수용성이다. 균형 반응식을 써서, 이 반응을 표시하시오. 그다음 반응을 합성 반응, 분해 반응, 단일 치환 반응, 이중 치환 반응으로 분류하시오. 마지막으로, 상 기호를 추가하여 각 반응물과 생성물의 상을 설명하시오.

반응물 두 가지는 염산과 원소 형태의 아연이다. 생성물 두 가지는 염화 아연과 수소 기체다. 5장에서 우리가 안 사실은 염산의 화학식이 HCl이라는 것이다. 염화 아연의 화학식은 $ZnCl_2$, 수소 기체는 H_2이다. 다음과 같은 불균형 반응식으로 시작하자.

$$HCl + Zn \rightarrow ZnCl_2 + H_2$$ 균형이 맞지 않음

다음으로, 이 반응식의 균형을 맞추자. 이 경우 HCl 앞에 계수 2를 추가하면 된다.

$$2\ HCl + Zn \rightarrow ZnCl_2 + H_2$$ 균형이 맞음

주목할 것은 이 반응의 반응물에는 하나의 원소와 하나의 화합물이 있고, 생성물에는 다른 원소와 다른 화합물이 있다는 것이다. 이것은 단일 치환 반응의 예다. 이 문제에서 우리가 아는 것은 HCl과 $ZnCl_2$는 둘 다 수용성, 아연은 고체, H_2는 기체라는 것이다. 마지막 단계에서는 상 기호를 사용하여 이를 나타낸다.

$$2\ HCl\ (aq) + Zn\ (s) \rightarrow ZnCl_2\ (aq) + H_2\ (s)$$ 균형이 맞음, 상 기호 포함

도전 문제

5. 다음 변화를 분해 반응, 합성 반응, 단일 치환 반응, 이중 치환 반응으로 분류하시오.

$$Pb(NO_3)_2 + 2\ KI \rightarrow 2\ KNO_3 + PbI_2$$
$$4\ Al + 3\ O_2 \rightarrow 2\ Al_2O_3$$
$$2\ H_2O_2 \rightarrow 2\ H_2O + O_2$$
$$Fe + SnCl_2 \rightarrow Sn + FeCl_2$$

6. 고체 아황산 납(II)은 가열되어 두 가지 새로운 화합물인 고체 산화 납(II)과 이산화 황 기체를 생성한다. 이것은 어떤 유형의 반응인가? 이 반응의 균형 반응식을 쓰시오(상 기호를 포함하라).

6.3 금속과 비금속 간의 반응

이제 우리에게는 반응 분류법이 있으니, 특정 물질이 반응하는 몇 가지 방법을 살펴보자. 합성 반응의 가장 일반적인 유형 중 하나로 시작하자. 즉 금속과 비금속의 결합이다.

금속과 비금속은 반응하여 이온 결합 화합물을 생성한다. 이러한 반응의 대부분은 강렬한 반응으로, 밝은 화염과 엄청난 열을 발생시킨다(그림 6.11).

이러한 반응에서는 금속은 전자를 잃어 양전하를 띠는 이온(양이온)을 생성하고, 비금속은 전자를 얻어 음전하를 띠는 이온(음이온)을 생성한다. 결과는 이온 결합 화합물이다. 요약하면 다음과 같다.

금속 + 비금속 → 이온 결합 화합물

그림 6.11 금속과 비금속은 반응하여 이온 결합 화합물을 생성한다. (a) 신호탄의 밝은 빛은 금속 마그네슘과 산소 기체의 반응 결과이다. (b) 알루미늄과 브로민 기체는 격렬하게 반응하여 브로민화 알루미늄을 생성한다. (c) 철과 산소 기체의 느린 반응에 의해 녹이 생긴다. (a) Orso/Shutterstock; (b) Charles D. Winters/SCIENCE SOURCE; (c) Jeff Zenner Photography/Shutterstock

> **O_2와의 반응**
> 대부분의 금속은 산소와 반응하여 새로운 화합물을 생성한다. 이러한 반응에서 금속은 전자를 잃는다. **산화**라는 용어는 이러한 반응에서 발생하지만, 그 의미는 더 넓다. 원자가 전자를 잃는 반응에서는, 그 원자가 산화되었다고 말한다.

금속과 비금속 사이의 반응은 **산화-환원 반응(oxidation-reduction reaction)**의 예다. 원자가 **산화**되면 전자를 잃는다. 원자가 **환원**되면 전자를 얻는다. 산화-환원 반응은 14장에서 더 자세히 탐구할 것이다.

이러한 유형의 반응 예를 몇 가지 살펴보자. 먼저 알아볼 반응은 칼슘 원소와 황이 반응하여 황화 칼슘을 생성하는 반응이다. 칼슘은 전자 두 개를 잃어 Ca^{2+}를 생성한다. 반면에 황은 전자 두 개를 얻어 황화 이온(S^{2-})을 생성한다. 이 반응은 아래에서와 같이 Lewis 기호를 사용하거나 화학 반응식을 사용하여 설명할 수 있다.

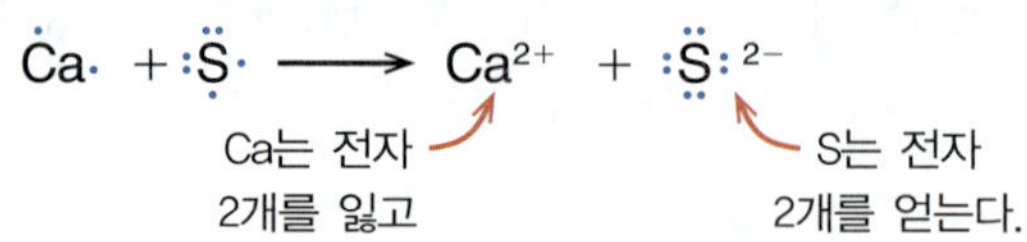

$$Ca + S \rightarrow CaS$$

또 다른 예를 생각해 보자. 마그네슘 금속은 염소 기체와 반응하여 염화 마그네슘을 생성한다(그림 6.12).

금속 원자(Mg)는 전자 2개를 잃는다. 반면에 각각의 염소 원자(Cl)는 전자 1개를 얻는다. 이 반응에서 공유 결합이 깨지고, 이온이 생성된다.

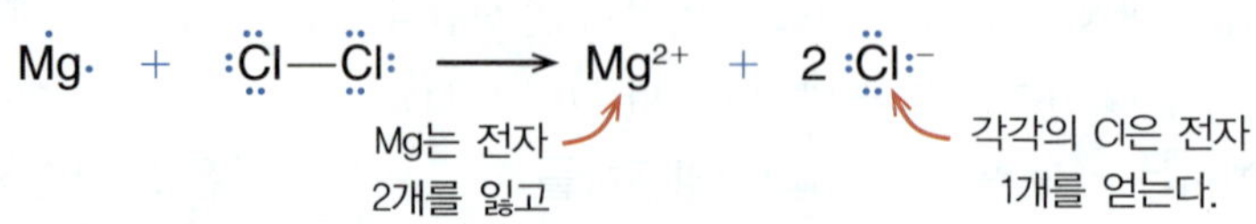

$$Mg + Cl_2 \rightarrow MgCl_2$$

그렇다면 금속과 비금속 반응에서 생성될 화합물을 어떻게 예측할 수 있을까? 5장에서 기

Charles D. Winters/Science Source

그림 6.12 마그네슘은 염소 기체와 격렬하게 반응한다.

억할 것은, 금속과 비금속이 매우 안정한 이온을 생성한다는 것이다. 일반적으로 이온의 전하를 알면 이온 결합 화합물을 예측할 수 있다. 이온 결합 화합물은 이들 반응의 결과이다. 이 과정은 다음 두 예제에 설명되어 있다.

많은 금속–비금속 반응은 일반적으로 이온을 생성한다.

예제 6.8 금속과 비금속의 반응에서 생성물 예측하기

알루미늄 금속이 염소 기체와 반응하면 어떤 화합물이 생성되는가? 이 반응의 균형 반응식을 쓰시오.

알루미늄이 생성하는 이온은 +3이고, 염화 이온의 전하는 −1임을 알고 있다. 따라서 생성된 화합물의 화학식은 $AlCl_3$여야 한다. 불균형 반응식을 다음과 같이 쓸 수 있다.

$$Al + Cl_2 \rightarrow AlCl_3$$ 균형이 맞지 않음

반응식의 균형을 맞추려면, 계수를 추가하여 반응식의 좌변과 우변에 있는 원자의 수와 종류가 같도록 한다. 이는 다음과 같다.

$$2\ Al + 3\ Cl_2 \rightarrow 2\ AlCl_3$$ 균형이 맞음

예제 6.9 금속과 비금속의 반응에서 생성물 예측하기

주석 금속이 브로민과 반응할 때, 주석은 주석(IV) 이온으로 산화된다. 반면에 브로민은 환원되어 브로민화 이온을 생성한다. 이 반응의 균형 반응식을 쓰시오.

문제에 의하면, 주석(IV) 이온이 생성되었다. 따라서 생성된 중성 화합물의 화학식은 $SnBr_4$가 될 것이다. 불균형 반응식을 다음과 같이 쓸 수 있다.

$$Sn + Br_2 \rightarrow SnBr_4$$ 균형이 맞지 않음

반응식의 균형을 맞추려면, 브로민 앞에 계수만 추가하면 된다. 따라서 최종 균형 반응식은 다음과 같다.

$$Sn + 2\ Br_2 \rightarrow SnBr_4$$ 균형이 맞음

도전 문제

7. 아연 금속이 브로민 기체와 반응하면 어떤 화학종이 산화되는가? 어떤 화학종이 환원되는가?

8. 다음 반응의 생성물을 예측하시오.

a. 포타슘과 황의 반응

b. 은과 산소의 반응

6.4 연소 반응

Funny Solution Studio/Shutterstock

그림 6.13 석탄과 천연가스의 연소로, 우리가 사용하는 전기의 대부분이 생성된다. 또한 가솔린의 연소는 우리가 사용하는 수송의 대부분에 동력을 제공한다.

Chepko Danil Vitalevich/Shutterstock

그림 6.14 가스 난로는 메테인 기체를 연소하여 열을 생성한다.

일반적으로 많은 반응에는 산소 원소가 있다. 산소는 지구 대기의 주요 구성 원소이고, 산소는 거의 모든 다른 원소 및 많은 화합물과 반응한다. 금속과 비금속은 모두 산소와 반응한다. 예를 들어 산소가 주석(금속)과, 그리고 탄소(비금속) 및 황(비금속)과 반응하는 방식을 고려해 보자.

$$Sn + O_2 \rightarrow SnO_2$$
$$C + O_2 \rightarrow CO_2$$
$$S + O_2 \rightarrow SO_2$$

첫 번째 생성물인 산화 주석(IV)은 이온 결합 화합물이다. 그러나 다른 두 생성물(이산화 탄소와 이산화 황)은 공유 결합을 가진 분자 화합물이다. 그러나 세 원소 모두 산소와 반응하는 방식은 비슷하다. 이들 각 반응은 많은 양의 열을 방출하고 산화 화합물을 생성한다. 산소에 대한 이러한 빠르고 발열적인 반응은 **연소 반응(combustion)**으로 불린다.

가장 중요한 연소 반응 일부에는 **탄화수소**(hydrocarbon)라고 하는, 수소와 탄소로 구성된 화합물이 있다. 이러한 반응이 중요한 이유는 화석 연료(예: 석탄, 석유, 천연가스)의 주성분이 탄화수소이기 때문이다(표 6.2). 전 세계적으로 사용되는 에너지의 대부분이 화석 연료의 연소 반응으로 생성된다(그림 6.13).

탄화수소가 산소와 반응하면 두 가지 주요 생성물인 이산화 탄소와 물을 생성한다. 예를 들어 메테인(CH_4)은 천연가스의 주성분이다(그림 6.14).

표 6.2 일반적인 탄화수소

화학식	이름	용도
CH_4	메테인	천연가스
C_2H_2	아세틸렌	절단 및 용접을 위한 토치
C_2H_4	에틸렌	플라스틱 제조
C_3H_8	프로페인	천연가스 성분, 가열 및 전원에 사용
C_4H_{10}	뷰테인	라이터 기름
C_6H_6	벤젠	용매; 많은 제약 화합물의 전구체
C_8H_{18}	옥테인	휘발유의 성분

메테인의 연소 반응이 따르는 균형 반응식은 다음과 같다.

$$CH_4 + 2\,O_2 \rightarrow CO_2 + 2\,H_2O$$

마찬가지로 옥테인(C_8H_{18})은 가솔린의 핵심 성분이다. 또한 이 화합물은 산소와 반응하여 이산화 탄소와 물을 생성한다.

$$2\ C_8H_{18} + 25\ O_2 \rightarrow 16\ CO_2 + 18\ H_2O$$

비금속 원소는 산소와 반응하여 여러 가지 화합물을 생성하는 경우가 많다. 예를 들어 황 원소를 연소하면 몇 가지 다른 산화물이 생성된다. 이산화 황(SO_2)과 삼산화 황(SO_3)이 그것이다. 일반적으로 **황 산화물**(sulfur oxide, SO_x)로 불리는 이들 화합물은 유독 기체로 산성비와 같은 환경 문제를 야기한다. 석탄은 탄화수소 화합물 외에도 소량의 황을 함유하고 있다. 따라서 석탄을 연소하면 대기 중으로 황 산화물을 방출한다(그림 6.15).

탄화수소가 연소하면 이산화 탄소와 물을 생성한다.

그림 6.15 산소는 황과 반응하여 황 산화물이라고 하는 일련의 화합물을 생성한다. 석탄에는 소량의 황이 존재한다. 따라서 석탄을 연료로 연소시키면 황 산화물이 생성된다.

예제 6.10 연소 반응의 생성물 예측하기

프로페인 기체의 연소에 대한 균형 반응식을 작성하시오. 프로페인은 일반 연료로, 가정용 난방, 조리 등에 사용된다. 프로페인의 화학식은 C_3H_8이다.

탄화수소는 산소와 반응하여 이산화 탄소와 물을 생성한다. 먼저 이 반응의 불균형 반응식을 다음과 같이 쓸 수 있다.

$$C_3H_8 + O_2 \rightarrow CO_2 + H_2O$$

그런 다음, 반응식의 균형을 맞추면, 최종 답은 다음과 같다.

$$C_3H_8 + 5\ O_2 \rightarrow 3\ CO_2 + 4\ H_2O$$

연소 반응의 균형 맞추기의 다른 예는 이 장 앞부분의 예제 6.6을 참조하시오.

도전 문제

9. 마그네슘의 연소를 나타내는 균형 반응식을 쓰시오.

10. C_5H_{12}의 연소를 나타내는 균형 반응식을 쓰시오.

6.5 수용액 내 반응

해리 나타내기: 분자 반응식과 이온 반응식

이온 결합 화합물은 물에 녹으면 해리된다.

5장에서는 다양한 화합물이 물에 용해되었을 때 그 화합물의 거동을 설명하였다(5.6절). 상기할 것은 이온 결합 화합물이 물에 녹으면 양이온과 음이온으로 해리된다는 것이다. 즉 화합물을 구성하는 이온들은 물 분자에 의해 해리되고, 둘러싸여 있다(그림 6.16). 이러한 거동으로 서로 다른 이온들이 서로 다른 방식으로 반응할 수 있다.

용액에서 일어나는 화학 과정을 설명할 때는 두 가지의 다른 반응식을 사용한다. **분자 반응식(molecular equation)**에서는 이온들을 결합한 화합물로서 쓴다. **이온 반응식(ionic equation)**에서는 해리된 이온들을 별개의 화학종으로 나타낸다. 예를 들면 브로민화 포타슘은 물에서 해리된다. 우리는 이것을 분자 반응식(파란색으로 표시) 또는 이온 반응식(빨간색으로 표시)으로 쓸 수 있다.

분자 반응식: $KBr\ (s) \rightarrow KBr\ (aq)$

이온 반응식: $KBr\ (s) \rightarrow K^{+}\ (aq) + Br^{-}\ (aq)$

5장에서 다루었던 일반적인 이온들의 이름, 기호, 전하를 기억하는가? 그렇지 않다면, 그림 5.9의 목록으로 돌아가서 복습해야 한다. 앞으로 나올 절에서 광범위하게 사용될 것이기 때문이다.

마찬가지로, 용액에서의 질산 마그네슘의 해리를 나타낼 수 있다. 이 예제에서는 $Mg(NO_3)_2$가 해리되어 마그네슘 이온 1개와 질산 이온 2개를 생성한다.

분자 반응식: $Mg(NO_3)_2\ (s) \rightarrow Mg(NO_3)_2\ (aq)$

이온 반응식: $Mg(NO_3)_2\ (s) \rightarrow Mg^{2+}\ (aq) + 2\ NO_3^{-}\ (aq)$

주목할 것은, 이온 반응식은 해리된 (수용성) 이온만 분리해서 나타낸다. 그러나 고체 이온 결합 화합물은 해리되지 않은 형태로 나타낸다.

예제 6.11 이온 반응식 쓰기

이온 반응식을 써서 고체 황산 포타슘이 물에 녹았을 때 어떻게 해리되는지를 보이시오. 상 기호를 포함시키시오.

황산 포타슘의 화학식은 K_2SO_4이다. 물에 용해되면, 이 화합물은 구성 성분인 포타슘 이온과 황산 이온으로 해리된다. 이것을 반응식으로 쓰면 다음과 같다.

그림 6.16 이온 결합 화합물이 물에 녹으면 양이온과 음이온으로 해리된다.

$$K_2SO_4\,(s) \rightarrow 2\,K^+\,(aq) + SO_4^{2-}\,(aq)$$

포타슘 이온 두 개가 화합물의 일부이기 때문에, 반응물에 첨자가 보인다. 그러나 화합물이 해리되면 포타슘 이온도 분리된다. 두 개의 수용성 이온은 더 이상 함께 있지 않기 때문에, 생성물에 계수로 표시된다.

도전 문제

11. 이온 반응식을 써서, 다음 두 가지 변화를 나타내시오.

a. 고체 탄산수소 암모늄이 물에 녹는다.

b. 질산 알루미늄이 물에 용해된다.

용해도 규칙 및 침전 반응

이온성 고체가 모두 물에 녹는 것은 아니다. 많은 이온 결합 화합물은 불용성이다. 어떤 화합물이 수용성인지, 아닌지를 결정하는 것은 무엇인가?

이 질문에 답하기 위해 에너지 변화에 대해 생각해 보자. 에너지 변화는 이온 고체가 물에서 해리될 때 발생한다(그림 6.17). 이온 격자에서 이온을 안정화시키는 것은 자신들을 에워싸고 있는 반대 전하의 이온들이다. 그들이 해리될 때, 이온은 물 분자에 의해 안정된다. 어떤 상황이 에너지 관점에서 더 유리한가? 이 질문의 답은 어떤 화합물이 용해될지, 아닐지를 결정해 준다.

전하가 +1 또는 −1인 이온은 일반적으로 가용성이다.

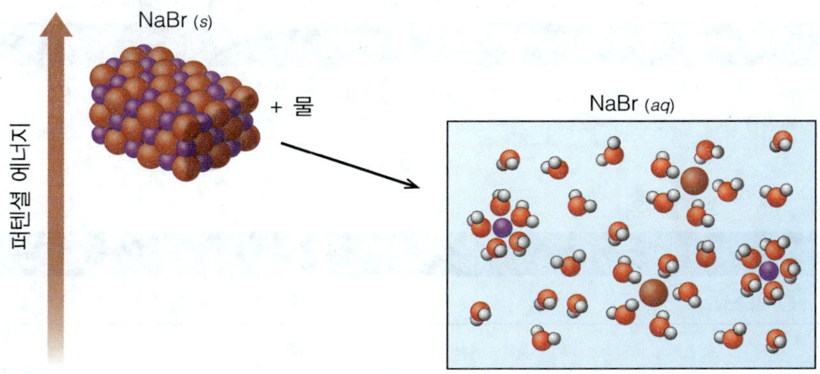

그림 6.17 브로민화 소듐은 물에 녹는다. 이온과 물 사이의 상호 작용으로 얻는 에너지 이득이 격자 이온들 사이의 에너지 이득보다 크기 때문이다.

이온 결합 화합물의 용해도를 결정하는 요인으로는 이온의 전하, 이온의 크기, 쌓음 방식 등이 있다. 이온들이 서로 강하게 결합할수록 이온이 물에 녹을 가능성은 감소한다. 예를 들면 이온의 전하가 클수록 이온은 반대 전하 이온에 더 단단히 붙는다. 그 결과 2개 또는 3개의 전하를 가진 이온들로 구성된 화합물은 물에 불용성인 경향이 있다. 산화 철(Ⅲ)(Fe_2O_3), 황화 납(Ⅱ)(PbS), 탄산 바륨($BaCO_3$)은 모두 물에 불용성이다.

이온들이 서로 결합하는 방식은 예측하기 어려울 수 있다. 또한 이온 결합 화합물은 놀라울 정도로 안정적인 경우가 많다. 예를 들어 할로젠화 이온(Cl^-, Br^-, I^-)이 있는 이온 결합 화합물은 거의 항상 수용성이다. 그러나 Ag^+나 Pb^{2+}와 결합하면 불용성이다.

일반적인 이온 결합 화합물의 용해도를 그림 6.18과 표 6.3에 요약하였다. 다음과 같은 몇 가지 핵심 동향을 주목해야 한다.

Aquir/Shutterstock

한 직장을 떠나 다른 직장으로 재취업을 생각해 본 적이 있는가? 이 때에는 고려해야 할 요인들이 많다. 급여는? 시간은? 직장에서의 즐거움과 보람은? 이와 마찬가지로, 용해도를 결정하는 것은 경쟁 인자들이다. 어느 것이 더 안정적일까? 이온 격자들일까? 아니면 물 분자에 의해 둘러싸인 해리된 이온들일까? 이 질문의 답은 화합물마다 다르다.

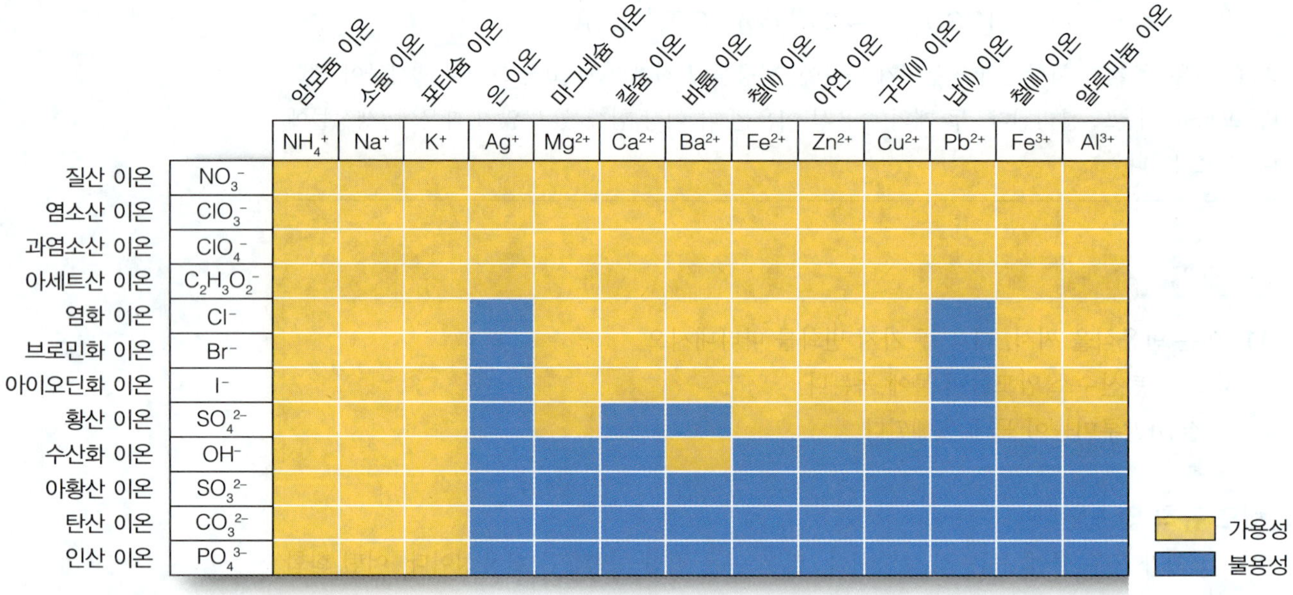

그림 6.18 용해도 규칙의 그래프법이 여기에 제시되어 있다. 알칼리 금속, NH_4^+, NO_3^-, ClO_3^-, ClO_4^-, $C_2H_3O_2^-$를 포함하는 화합물은 항상 가용성이다.

Photo by openfoodfacts-contributors with additional modifications by keragui per Open Food Facts

수산화 마그네슘은 일반적인 위산과다 치료제다. 수산화 마그네슘은 물에 불용성이다. 따라서 혼합물은 희고 우윳빛을 띤다. 이 때문에 **마그네시아 우유**라는 이름도 있다.

표 6.3 용해도 규칙

다음 이온들이 있는 화합물은 거의 언제나 가용성이다.	
알칼리 금속 이온	Li^+, Na^+, K^+, Rb^+
암모늄 이온	NH_4^+
−1 산소산 음이온	NO_3^-, ClO_3^-, ClO_4^-, $C_2H_3O_2^-$
다음 이온들이 있는 화합물은 일반적으로 가용성이다.	
할로젠화 이온 (Pb^{2+}, Ag^+ 제외)	F^-, Cl^-, Br^-, I^-
황산 이온 (Ba^{2+}, Ca^{2+}, Pb^{2+}, Ag^+ 제외)	SO_4^{2-}
불용성	
대부분의 다른 이온들	

1. 알칼리 금속(Li^+, Na^+, K^+, Rb^+), 암모늄(NH_4^+), 거대 산소산 음이온인 질산 이온(NO_3^-), 염소산 이온(ClO_3^-), 과염소산 이온(ClO_4^-), 아세트산 이온($C_2H_3O_2^-$)은 거의 항상 가용성이다.
2. Cl^-, Br^-, I^-를 포함한 화합물은 가용성이다. Ag^+나 Pb^{2+}에 결합된 경우는 예외로 불용성이다.
3. SO_4^{2-}를 포함한 화합물은 일반적으로 가용성이다. Ba^{2+}, Ca^{2+}, Pb^{2+}, Ag^+에 결합된 경우는 예외로 불용성이다.
4. 대부분의 다른 이온 결합 화합물은 불용성이다.

이 지침은 화합물의 수용성 여부를 판단하는 데 도움이 된다. 그러나 많은 화합물은 약간 용해된다. 즉 몇 가지 이온은 용해되지만, 대부분의 이온성 고체는 용해되지 않는다는 뜻이다. 일부 응용에서는 여기에 제시된 용해도보다 더 정확한 용해도를 알아야 할 필요가 있을 수 있다. 용해도는 온도에 따라서도 달라진다. 실온에서 불용성인 이온 결합 화합물이 더 높은 온도에서는 꽤 잘 용해된다.

예제 6.12 이온 결합 화합물의 용해도 예측하기

그림 6.18과 표 6.3의 정보를 사용하여, 다음 화합물이 물에서 가용성인지 불용성인지를 말하시오.

a. Na_3PO_4 **b.** $AlCl_3$ **c.** $CaCO_3$

먼저, 인산 소듐(Na_3PO_4)으로 시작하자. 주목할 것은 Na^+가 항상 가용성인 이온 목록에 있다는 것이다. 인산염은 일반적으로 수용성 이온이 아니지만, 이 화합물은 용해된다. 소듐을 함유하고 있기 때문이다.

염화 알루미늄의 경우도 이와 유사하다. 염화물은 거의 항상 용해된다. 따라서 $AlCl_3$는 수용성이다.

마지막으로, 탄산 칼슘($CaCO_3$)을 살펴보자. 이들 이온 중 어느 것도 가용성이나 보통 가용성으로 목록에 나와 있지 않다. 따라서 이 화합물은 불용성이다.

도전 문제

12. 표 6.3을 사용하여, 다음 화합물이 물에서 가용성인지 불용성인지를 말하시오.

a. $NaC_2H_3O_2$ b. $FeCl_3$ c. $CaSO_4$ d. $AlPO_4$

13. CsF와 $BaCrO_4$ 중 수용성이 더 큰 화합물은 어느 것인가? 그 이유는?

이온 결합 화합물의 용해도가 다르면 극적인 반응을 일으키는 경우도 있다. 예를 들어 수용성 질산 납(II)과 수용성 아이오딘화 소듐은 모두 무색 용액이다. 그러나 이들 용액을 결합하면 노란색 고체가 바로 생성된다(그림 6.19). 노란색 고체는 아이오딘화 납(II)이다.

이 반응의 다른 생성물인 질산 소듐은 용액에 남아 있다. 따라서 다음 반응식을 사용하여 이 반응을 설명한다.

$$Pb(NO_3)_2\,(aq) + 2\,NaI\,(aq) \rightarrow 2\,NaNO_3\,(aq) + PbI_2\,(s)$$

그림 6.19 아이오딘화 납(II)은 물에서 불용성이다. 녹은 Pb^{2+}가 들어 있는 용액을 녹은 I^-가 들어 있는 용액과 결합시키면, PbI_2가 즉시 노란색 고체로 생성된다.

두 수용액이 결합하여 고체(불용성) 생성물을 생성하는 이런 종류의 반응을 **침전 반응(precipitation reaction)**이라고 한다. 이 반응에서 생성된 고체 생성물이 **침전(precipitate)**이다. 침전 반응의 반응식에서 침전은 화학식 뒤에 (*s*)라 표기하면 된다. 용액에 남아 있는 화합물에는 (*aq*)라 표기하면 된다. 침전 반응은 이중 치환 반응의 예다.

이 반응을 이온 반응식의 관점에서 생각하면 도움이 된다. 용액이 혼합되기 전에 각 용액은 다음과 같다.

질산 납(II) 용액: $Pb^{2+}\,(aq) + 2\,NO_3^-\,(aq)$

아이오딘화 소듐 용액: $Na^+\,(aq) + I^-\,(aq)$

이들 용액을 결합하면 네 가지 이온 모두 용액에 존재한다. 그러나 납 이온과 아이오딘화 이온이 서로 부딪히면(그림 6.20), 결합되어 고체(침전)가 되어 용액 밑으로 가라앉는다.

이것을 이온 반응식으로 쓸 수 있다. 모두 이온으로만 표시되기 때문에, 이것을 **완전 이온 반응식(complete ionic equation)**이라고 하는데, 다음과 같다.

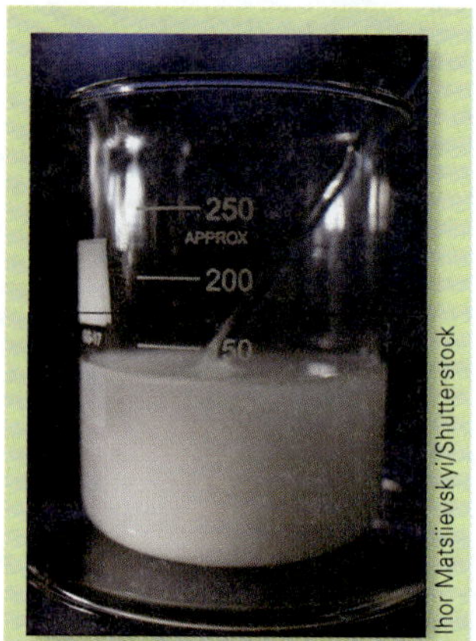

종종 침전은 뚜렷이 구별되는 고체를 생성하지만, 어떤 때는 '뿌연' 혼합물로도 나타난다.

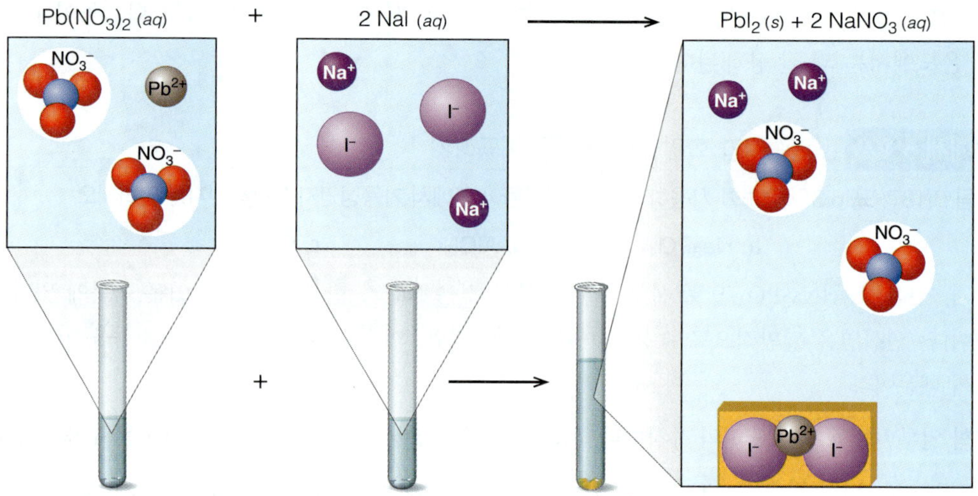

그림 6.20 침전 반응의 원동력은 고체 생성이다. 양이온과 음이온이 용액 밖으로 침전하면, 나머지 두 이온은 함께 용액 안에 남게 된다.

$$Pb^{2+}(aq) + 2\ NO_3^-(aq) + 2\ Na^+(aq) + 2\ I^-(aq) \rightarrow 2\ Na^+(aq) + 2\ NO_3^-(aq) + PbI_2(s)$$

침전 반응은 이중 치환 반응이다.

침전 반응의 원동력은 고체 생성이다. 이온 반응식에서 주목할 것은 질산염 이온과 소듐 이온은 실제로 반응하지 않는다는 것이다. 그것들은 반응물에는 존재하나 생성물에서도 변하지 않고 그대로 존재한다. 다른 이온들(Pb^{2+}와 I^-, 반응식에서 빨간색으로 표시)이 용액 밑으로 가라앉았기 때문에, 소듐 이온과 질산 이온은 함께 짝을 이룬다. 소듐 이온과 질산염 이온은 반응에서 변하지 않았기 때문에 **구경꾼 이온(spectator ion)**이다.

이온들이 결합하여 불용성 화합물을 생성할 때, 침전 반응이 일어난다.

침전 반응을 **알짜 이온 반응식(net ionic equation)**으로 나타내는 것이 도움이 되는 경우가 있다. 이러한 유형의 반응식에서는 구경꾼 이온은 생략하고, 침전에 직접 관련된 이온만을 포함시킨다(그림 6.21). 반응 예제의 경우, 알짜 이온 반응식은 다음과 같다.

$$Pb^{2+}(aq) + 2\ I^-(aq) \rightarrow PbI_2(s)$$

분자 반응식
에는 중성 화합물을 나타낸다.

$$Pb(NO_3)_2\ (aq) + 2\ KCl\ (aq) \longrightarrow PbCl_2\ (s) + 2\ KNO_3\ (aq)$$

완전 이온 반응식
에는 존재하는 모든 이온을 나타낸다.

$$Pb^{2+}\ (aq) + 2\ NO_3^-\ (aq) + 2\ K^+\ (aq) + 2\ Cl^-\ (aq) \longrightarrow PbCl_2\ (s) + 2\ K^+\ (aq) + 2\ NO_3^-\ (aq)$$

알짜 이온 반응식
에는 구경꾼 이온을 생략한다. 반응하는 이온들만 나타낸다.

$$Pb^{2+}\ (aq) + 2\ Cl^-\ (aq) \longrightarrow PbCl_2\ (s)$$

그림 6.21 세 가지 유형의 반응식을 사용하여 수용성 반응을 설명한다.

용해도 규칙을 사용하면 침전 반응을 예측할 수 있다.

용해도 규칙은 침전 반응 예측의 핵심이다. 양이온과 음이온이 결합하여 불용성 생성물을 생성할 수 있다면, 침전 반응이 일어나는 것이다. 그림 6.22에는 침전 반응의 몇 가지 예가 더 있다. 이러한 반응의 생성물이 무엇인지 말할 수 있는가?

$AgNO_3\,(aq) + KBr\,(aq)$ $Cu(NO_3)_2\,(aq) + 2\,NaOH\,(aq)$ $Pb(NO_3)_2\,(aq) + Na_2SO_4\,(aq)$

그림 6.22 표시된 각 반응에서 침전이 생성된다. 각 예에서 생성된 고체가 무엇인지 말할 수 있는가?

예제 6.13 침전 반응 예측하기

균형 반응식을 써서, 수용성 아세트산 은과 수용성 염화 바륨의 반응을 보이시오. 상 기호를 포함시키시오.

이 문제를 해결하려면, 존재하는 이온을 먼저 식별해야 한다.

아세트산 은 용액: $Ag^+\,(aq) + C_2H_3O_2^-\,(aq)$

염화 바륨 용액: $Ba^{2+}\,(aq) + 2\,Cl^-\,(aq)$

용해도(표 6.3)에 따르면, 은 이온과 염화 이온으로부터 생성되는 화합물은 불용성이다. 따라서 생성물 중 하나가 AgCl (*s*)이다. 이것을 완전 이온 반응식으로 쓰면 다음과 같다.

$$2\,Ag^+\,(aq) + 2\,C_2H_3O_2^-\,(aq) + Ba^{2+}\,(aq) + 2\,Cl^-\,(aq) \rightarrow Ba^{2+}\,(aq) + 2\,C_2H_3O_2^-\,(aq) + 2\,AgCl\,(s)$$

구경꾼 이온을 제거함으로써 알짜 이온 반응식으로 나타낼 수 있다. 다음과 같다.

$$Ag^+\,(aq) + Cl^-\,(aq) \rightarrow AgCl\,(s)$$

균형 분자 반응식으로 쓰면 다음과 같다.

$$2\,AgC_2H_3O_2\,(aq) + BaCl_2\,(aq) \rightarrow Ba(C_2H_3O_2)_2\,(aq) + 2\,AgCl\,(s)$$

이 반응을 실험실에서 시도하면, 염화 은이 흰색 침전으로 생성된다(그림 6.23).

그림 6.23 은 이온과 염화 이온은 결합하여 흰색 침전을 생성한다.

예제 6.14 침전 반응 예측하기와 균형 맞추기

균형 분자 반응식을 써서, 염화 칼슘과 인산 소듐의 침전 반응을 나타내시오. 상 기호를 포함시키시오.

이 문제를 해결하기 위해, 먼저 두 반응물의 실험식을 쓰면 다음과 같다.

$$CaCl_2 + Na_3PO_4$$

이 이온 결합 화합물들은 모두 수용성이다. 따라서 해리된 이온으로 용액에 존재한다. 표 6.3에 기초하면, 칼슘 이온과 인산염 이온은 불용성 고체를 생성한다. 이 화합물의 화학식은 $Ca_3(PO_4)_2$이다.

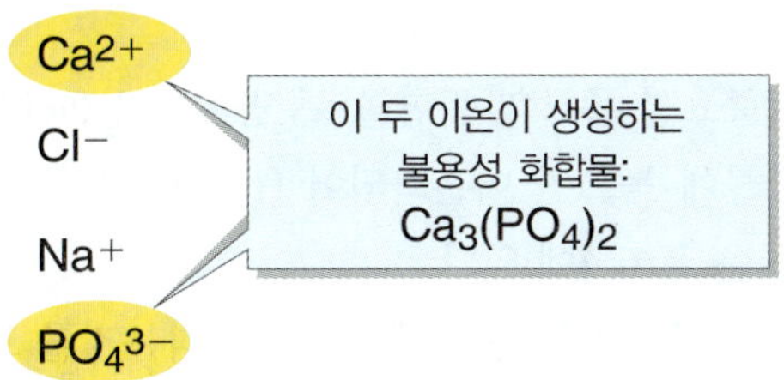

나머지 두 이온(소듐 이온과 염화 이온)은 용액 속에 남아 있다. 이 반응을 불균형 반응식으로 설명할 수 있으며, 침전을 고체로 표시하면 다음과 같다.

$$CaCl_2\,(aq) + Na_3PO_4\,(aq) \rightarrow Ca_3\,(PO_4)_2\,(s) + NaCl\,(aq)$$ 균형이 맞지 않음

마지막으로, 이 반응식의 균형을 맞춘다. 좌변과 우변에 위치한 이온들의 균형을 맞추면 된다.

$$3\,CaCl_2\,(aq) + 2\,Na_3PO_4\,(aq) \rightarrow Ca_3(PO_4)_2\,(s) + 6\,NaCl\,(aq)$$ 균형이 맞음

이 문제 해결의 또 다른 접근법은 침전 반응이 이중 치환 반응임을 인식하는 것이다. 침전 반응이 일어나려면, 양이온–음이온 쌍이 상호 교환되어야 한다. 이온의 전하를 명심하고, 전체 전하가 0이 되도록 실험식을 써야 한다. 이 경우, 음이온들의 위치를 상호 교환하여 인산 칼슘과 염화 소듐을 만든다.

$$3\,CaCl_2\,(aq) + 2\,Na_3PO_4\,(aq) \rightarrow 3\,Ca_3(PO_4)_2\,(s) + 6\,NaCl\,(aq)$$

음이온들의 위치를 '상호 교환' 한다.

표 6.3을 다시 참조하면, 이 두 생성물 중 하나인 인산 칼슘이 불용성 고체라는 것을 알 수 있다.

이 접근법은 문제를 더 간단히 만들 수는 있다. 반면에 기억할 게 있다. 생성된 두 화합물 중 하나가 불용성이 아니라면, 침전 반응은 일어날 수 없다는 것이다. 두 생성물 중 하나가 불용성이 아니라면, 모든 이온은 물에 용해된 상태로 남는다. 따라서 어떠한 반응도 일어나지 않는다.

도전 문제

14. 완전 이온 반응식을 써서, 수용성 질산 바륨과 수용성 인산 바륨이 반응하여 인산 바륨과 질산 소듐을 생성하는 것을 보이시오. 상 기호를 포함시키시오.

15. 표 6.3을 참조하여, 다음 반응에서 생성된 침전을 말하시오. 또한 반응의 균형을 맞추시오.

$$KOH\,(aq) + Pb(NO_3)_2\,(aq) \rightarrow$$

$$FeCl_2\,(aq) + Li_2S\,(aq) \rightarrow$$

$$MgBr_2\,(aq) + K_3PO_4\,(aq) \rightarrow$$

16. 다음 결합 중 어느 것에서 침전 반응이 일어나지 않는가?

a. 아이오딘화 암모늄이 아세트산 은과 결합된다.

b. 염화 포타슘이 수산화 소듐과 결합된다.

c. 황산 아연이 염화 칼슘과 결합된다.

산–염기 중화 반응

산과 염기

5장에서 소개한 것은 매우 중요한 종류의 화합물로, 명칭은 **산**(acid)이다. 기억할 것이 있다. 산은 공유 결합 화합물로, 물에 녹으면 이온화되어 H^+ 이온과 안정한 음이온을 내놓는다는 것이다. 일반적인 산의 목록은 표 6.4에 있다.

이온 반응식을 사용하여, 어떻게 산이 물속에서 이온화하는지를 보여 주는 경우가 많다. 예

를 들면 수용성 염산(HCl)과 수용성 질산(HNO_3)은 다음과 같이 이온화한다.

$$HCl\ (aq) \rightarrow H^+\ (aq) + Cl^-\ (aq)$$
$$HNO_3\ (aq) \rightarrow H^+\ (aq) + NO_3^-\ (aq)$$

염기(base)란 수용액에서 수산화 이온(OH^-)을 내놓는 화합물이다. 많은 일반적인 염기에는 가용성 수산화 금속(표 6.5)이 있다. 물에서 이 화합물들은 해리하여 금속 양이온과 수산화 음이온을 내놓는다. 예로 수산화 소듐은 물에서 해리하여 소듐 이온과 수산화 이온을 내놓는다.

$$NaOH\ (s) \rightarrow Na^+\ (aq) + OH^-\ (aq)$$

표 6.4 일반적인 산

화학식	이름
HF	플루오린화 수소산
HCl	염산
HBr	브로민화 수소산
HI	아이오딘화 수소산
H_2CO_3	탄산
HNO_3	질산
HNO_2	아질산
H_2SO_4	황산
H_3PO_4	인산
$HC_2H_3O_2$	아세트산

표 6.5 일반적인 수산화 염기

화학식	이름
LiOH	수산화 리튬
NaOH	수산화 소듐
KOH	수산화 포타슘
$Ba(OH)_2$	수산화 바륨

수용액에서 산은 H^+ 이온을 내놓고, 염기는 OH^- 이온을 내놓는다.

중화 반응

산과 염기는 **중화 반응(neutralization reaction)**을 겪는다. 이러한 반응에서 산의 H^+는 염기의 OH^-와 결합하여 물을 생성한다. 이것을 알짜 이온 반응식으로 나타내면 다음과 같다.

$$H^+\ (aq) + OH^-\ (aq) \rightarrow H_2O\ (l)$$

예를 들면 염산은 수산화 소듐과 반응한다. 이것을 분자 반응식이나 완전 이온 반응식으로 쓸 수 있다.

화학자들은 이온 결합 화합물을 **염**이라고 부르는 경우가 많다.

$$HCl\ (aq) + NaOH\ (aq) \rightarrow H_2O\ (l) + NaCl\ (aq)$$
$$H^+\ (aq) + Cl^-\ (aq) + Na^+\ (aq) + OH^-\ (aq) \rightarrow H_2O\ (l) + Na^+\ (aq) + Cl^-\ (aq)$$

구경꾼 이온인 Na^+와 Cl^-가 결합되어 이온 결합 화합물을 생성한다. 마찬가지로, 질산이 수산화 리튬과 반응하면 다음과 같다.

$$HNO_3\ (aq) + LiOH\ (aq) \rightarrow H_2O\ (l) + LiNO_3\ (aq)$$

물 생성이 중화 반응의 원동력이다.

다시, 산성의 H^+는 염기의 OH^-와 반응하여 물을 생성한다. 나머지 이온들은 함께 $LiNO_3$로 끝난다. 구경꾼 이온으로부터 생성되는 이온 결합 화합물을 **염**(salt)이라고 한다.

일반적으로 다음 식은 산을 수산화 염기로 중화시키는 방법이다.

$$\text{산} + \text{염기} \longrightarrow \text{염} + \text{물}$$

침전 반응과 마찬가지로, 산-염기 중화도 이중 치환 반응이다. H^+와 OH^-는 결합하여 물을 생성하고, 다른 두 이온은 결합하여 염을 생성한다. 반응의 원동력은 물 생성이다. 염은 다른 두 이온으로부터 생성된다.

산-염기 중화 반응은 이중 치환 반응이다. H^+와 OH^-는 결합하여 물(HOH)을 생성하고, 두 구경꾼 이온은 결합하여 염을 생성한다.
$HCl + NaOH \rightarrow HOH + NaCl$

예제 6.15 산-염기 중화 반응의 생성물 예측하기

황산과 수산화 소듐의 반응을 균형 반응식으로 나타내시오. 상 기호를 포함하시오.

불균형 반응식을 쓰는 것으로 이 반응을 시작한다. 한 가지 생성물은 물이다. 또한 다른 생성물은 이온 결합 화합물로, 구경꾼 이온에 의해 생성된 것이다.

$$H_2SO_4 + NaOH \rightarrow H_2O + Na_2SO_4 \qquad \text{불균형}$$

중화 반응의 균형을 맞추는 간단한 방법은 결합하는 H^+ 이온의 수와 OH^- 이온의 수의 균형을 맞추는 것이다. H_2SO_4는 2개의 H^+ 이온을 내놓는다. 따라서 2개의 OH^- 이온이 있어야만 2개의 H^+ 이온을 중화시킬 수 있고, 2개의 물 분자가 생성될 것이다. 상 기호를 추가하면 균형 식이 되고, 다음과 같다.

$$H_2SO_4\,(aq) + 2\,NaOH\,(aq) \rightarrow 2\,H_2O\,(l) + Na_2SO_4\,(aq) \qquad \text{균형이 맞음}$$

도전 문제

17. 다음 중화 반응의 생성물을 예측하시오. 반응식의 균형을 맞추시오.

$$HBr + NaOH \rightarrow$$
$$HClO_4\,(aq) + Ba(OH)_2\,(aq) \rightarrow$$
$$H_3PO_4\,(aq) + KOH\,(aq) \rightarrow$$

18. 다음 중화 반응의 완전 이온 반응식과 알짜 이온 반응식을 쓰시오.

$$LiOH\,(aq) + HNO_3\,(aq) \rightarrow LiNO_3\,(aq) + H_2O\,(l)$$

캡스톤 질문

때로는 간단한 화학 반응이 어떤 물질의 구성에 대한 정보를 제공할 수 있다. 예를 들어 미지의 알칼리 토금속이 있다고 가정하자. 그 금속이 마그네슘, 칼슘, 바륨 중 하나라는 것을 알고 있다. 이 금속과 염산을 결합하면 만들어지는 것은 수소 기체와 이온 결합 화합물이다. 이온 결합 화합물의 구성은 금속 양이온과 염화 음이온이다. (a) 세 개의 균형 반응식을 써서, 가능한 반응을 각각 보이시오. (b) 이들 반응을 합성 반응, 분해 반응, 단일 치환 반응, 이중 치환 반응으로 분류하시오. (c) 그림 6.24의 단순화된 용해도 표를 사용하여, 일련의 시험을 고안하여 3개의 다른 금속 양이온을 구별하시오. (d) 이전 장의 개념을 사용하여, 세 금속을 구별할 수 있는 다른 방법을 생각할 수 있는가?

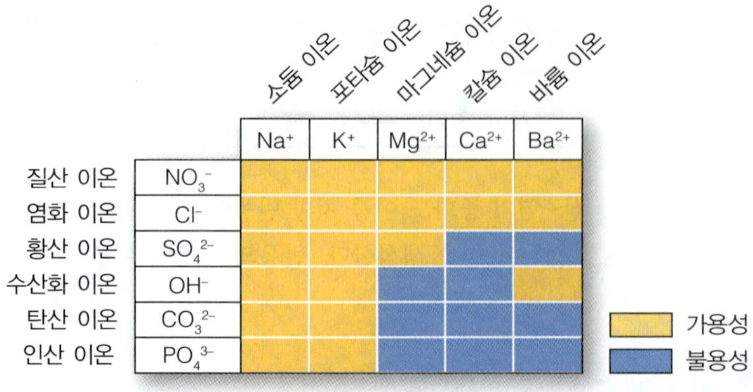

그림 6.24 이 단순화된 용해성 표를 바탕으로 마그네슘, 칼슘, 바륨 이온을 포함한 화합물들을 어떻게 구별할 수 있겠는가?

요약

과학자들은 화학 변화 또는 화학 반응을 설명할 때 화학 반응식을 사용한다. 화학 반응식에서 화살표 왼쪽에는 반응 전 존재하는 물질(반응물)이, 화살표의 오른쪽에는 반응 후 존재하는 물질(생성물)이 위치한다.

원자는 화학 반응에서 생성되거나 파괴되지 않는다. 이것을 반영하기 위해 균형 반응식을 쓴다. 반응식의 균형을 맞추는 방법은 동일한 수의 원자와 동일한 종류의 원자가 반응물 및 생성물에 있도록 하면 된다. 반응식 균형 맞추기는 시행착오를 수반하는 경우가 많다. 따라서 연습을 해야 효율적으로 수행할 수 있다. 화학 반응식을 표기할 때, 각 원소나 화합물 다음에 괄호를 치고, 그 괄호 안에 반응물과 생성물의 상(phase)을 나타낸다.

화학 반응의 종류도 많고, 화학 반응을 묶는 방법도 다양하다. 분해 반응, 합성 반응, 단일 치환 반응, 이중 치환 반응으로 많은 반응을 분류할 수 있다. 이러한 분류의 기반은 반응물과 생성물의 수와 종류이다.

또한 화학적 거동 양식별로 반응을 분류한다. 이 장에서 살펴볼 반응의 4가지 광범위한 종류는 다음과 같다. 금속–비금속 반응, 연소 반응, 침전 반응, 산–염기 중화 반응(표 6.6).

산화–환원 반응은 전자의 득실을 수반한다. 전자를 잃는 원자나 이온은 산화된다. 전자를 얻는 화학종은 환원된다. 이 반응에서 금속과 비금속은 결합하여 이온 결합 화합물을 생성한다.

많은 원소들은 산소와 반응하여 산화물을 생성한다. 마찬가지로, 탄화수소는 산소와 반응하여 이산화 탄소와 물을 생성한다. 탄화수소는 수소와 탄소로 구성된 화합물이다. 총체적으로 산소와의 반응을 **연소 반응**이라고 한다.

이온 결합 화합물이 물에 녹으면, 이온들은 **해리** 과정에서 분리된다. 모든 이온 결합 화합물이 물에 녹는 것은 아니다. 용해도 규칙은 광범위한 지침을 제공하여 화합물의 수용성 여부를 결정할 수 있다.

침전 반응은 두 수용액이 결합하여 불용성 생성물을 생성할 때 일어난다. 불용성 생성물(침전)은 용액에서 떨어져 나가고, 다른 이온들(구경꾼 이온)은 용액 안에 남아 있게 된다. 일반적으로 침전 반응을 설명할 때는 이온 반응식을 사용한다. 완전 이온 반응식에서는 존재하는 모든 이온을 보여 준다. 반면에 알짜 이온 반응식에서는 핵심 반응에 직접 관여하는 이온들만 보여 준다.

산은 공유 결합 화합물로, 물에서 이온화하여 수소 양이온(H^+)과 그에 상응하는 음이온을 내놓는다. 염기는 물에 녹았을 때 수산화 이온(OH^-)을 내놓는 화합물이다. 가장 흔한 염기로는 수산화 금속이 있다. 산과 염기가 결합하면 중화 반응을 일으킨다. 중화 반응에서는 산의 H^+와 염기의 OH^-가 반응하여 물을 생성한다. 침전 반응과 마찬가지로, 산–염기 반응도 이중 치환 반응의 예다.

표 6.6 화학적 거동 양식

반응 유형	분류	반응물	생성물
금속–비금속 반응	결합	금속 + 비금속	이온 결합 화합물
연소 반응		원소 + 산소 탄화수소 + 산소	산화물 $CO_2 + H_2O$
침전 반응	이중 치환	두 가지 가용성 화합물	불용성 화합물(침전)
산–염기 중화 반응	이중 치환	산 + 염기	물 + 염

마야의 석회 순환

이 장의 시작은 Palenque의 위대한 마야 유적이었다. 이제는 화학 반응을 폭넓게 이해했으므로, 마야인이 자신들의 사원과 궁전의 건축 재료인 석고 반죽(plaster)을 만들 때 사용한 구체적인 과정을 다시 한번 살펴보자(그림 6.25).

석회(lime) 생산의 첫 번째 단계는 가열이다. 약 900 ℃ 이상에서 탄산 칼슘은 분해되어 산화 칼슘과 이산화 탄소를 생성한다.

$$CaCO_3\,(s) \rightarrow CaO\,(s) + CO_2\,(g)$$

산화 칼슘은 미세한 백색 가루로, 보통 **생석회**(quicklime)라고 한다. 그런 다음, 산화 칼슘을 물과 혼합하여 수산화 칼슘을 생성한다. 수산화 칼슘은 **소석회**(slaked lime)라고도 한다.

$$CaO\,(s) + H_2O\,(l) \rightarrow Ca(OH)_2\,(s)$$

소석회는 종종 다른 물질과 혼합된다. 다른 물질로는 화산재와 같은 것이 사용되며, 전체 구조를 강화하는 역할을 한다. 이 회반죽(lime plaster)이 마르면, 공기 중의 이산화 탄소와 반응하여 탄산 칼슘으로 돌아간다.

$$Ca(OH)_2\,(s) + CO_2\,(g) \rightarrow CaCO_3\,(s) + H_2O\,(l)$$

이러한 세 단계 과정을 **석회 순환**(lime cycle)이라고 한다. 그런데 이것이 마야 도시들의 쇠퇴와 어떤 관계가 있을까?

Palenque에 있는 상형 문자로 된 증거에 따르면, 주요 건축 프로젝트가 완료된 것은 인구가 감소하기 직전이었음을 알 수 있다. 이 프로젝트에 필요한 충분한 석회를 생산하기 위해, 마야인이 필요로 한 것은 엄청난 양의 장작이었다. 마야인은 장작을 얻기 위해 유카탄 정글의 거대한 목초들을 제거했다. 많은 고고학자의 믿음은 이러한 삼림 벌채가 물 공급을 해치고, 대가뭄을 조장했다는 것이다. 이러한 가뭄으로 인하여 인구가 감소하고, 궁극적으로는 도시들의 포기로 이어졌을지도 모른다. 몇 년 후 정글은 천천히 다시 자라났고, 고대 구조물을 능가했다.

그림 6.25 석회 순환을 통해 자연 석회석($CaCO_3$)이 CaO로 변환된 후 $Ca(OH)_2$로 변환된다. $Ca(OH)_2$는 경화되기 전에 성형하여 단단한 $CaCO_3$를 재구성할 수 있다.

Tatyana Zay/Shutterstock; RHJPhtotoandilustration/Shutterstock; Chaiyaporn BaoKaew/Shutterstock; Vladimir Korostyshevskiy/Shutterstock

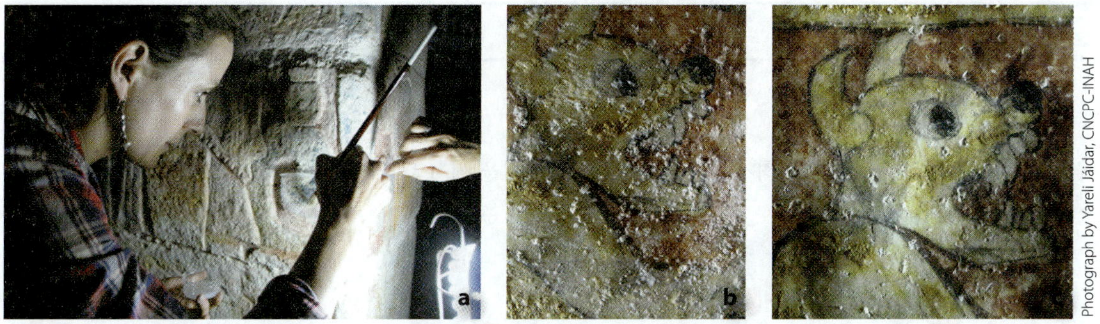

그림 6.26 (a) Yareli Jáidar 박사는 마야 건축물에 나노라임 코팅을 적용했다. (b) 이 사진이 보여 주는 것은 재규어 그림으로, 시간이 지남에 따라 퇴화된 것이다. (c) 동일한 그림으로, 복원 후의 모습이다.

오늘날, Yareli Jáidar와 같은 고고학 보존가들은 고고학적 보물과 예술적 보물을 보존하기 위해 일한다(그림 6.26). 그녀가 사용한 재료는 **나노라임**(nanolime)이라고 하는 현대적인 재료다. 나노라임은 수산화 칼슘의 아주 작은 입자로 구성되어 있다. 이 입자의 지름은 100나노미터이다. 환경 보존 운동가들이 석고 구조물에 나노라임을 입히면, 작은 석회 입자가 페인트 표면을 뚫고 들어가 모공과 균열을 메운다. 석회가 마르면, 고대의 석회와 융합되어 구조물을 밀폐시키므로, 더 이상 손상되지 않는다.

주요 용어

6.1 화학 반응식

화학 반응식: 화학 변화를 기호로 표현한 것. 이러한 반응식은 반응물, 생성물, 이들을 구분하는 화살표로 구성된다.

반응물: 화학 변화의 시작 물질로, 화학 반응식의 왼쪽에 표시된다.

생성물: 화학 변화에서 생성된 화합물로, 화학 반응식의 오른쪽에 표시된다.

첨자: 화학식에서 아래 첨자의 수가 나타내는 것은 존재하는 각 원자나 이온의 수이다.

계수: 화학 반응식에서 각 반응물 또는 생성물 앞에 쓰여 있는 숫자로, 반응의 구성 요소가 소모되거나 생성되는 비(ratio)를 나타낸다.

균형 반응식: 반응물 및 생성물의 경우, 원자의 수와 종류가 동일한 화학 반응식

6.2 반응의 분류

분해: 반응물 하나가 둘 이상의 생성물을 생성하는 반응

합성: 두 반응물이 반응하여 생성물 하나를 생성하는 반응. **결합 반응**이라고도 한다.

단일 치환: 한 원소가 화합물의 다른 원소를 치환하는 반응

이중 치환: 어떤 반응에서 두 개의 화합물이 양이온–음이온 쌍을 교환하여 두 가지 새로운 화합물을 생성하는 반응

6.3 금속과 비금속 간의 반응

산화–환원 반응: 어떤 화학 변화에서 한 화학종은 전자를 잃고(산화), 다른 화학종은 전자를 얻는(환원) 반응

산화: 전자를 잃음

환원: 전자를 얻음

6.4 연소 반응

연소: 산소 기체가 원소 또는 화합물과 결합하여 산화물을 생성하는 반응

6.5 수용액 내 반응

분자 반응식: 모든 화학종이 중성의 화합물로 쓰여 있는 화학 반응식

이온 반응식: 해리된 이온을 독립된 화학종으로서 보여 주는 화학 반응식

침전 반응: 두 수용액이 결합하여 불용성 생성물을 생성하는 화학 변화의 유형

침전: 두 용액이 결합하여 생성된 고체 생성물

완전 이온 반응식: 용액에 존재하는 모든 이온을 나타낸 반응식

구경꾼 이온: 용액에는 존재하지만, 화학 변화에는 직접 관여하지 않는 이온

알짜 이온 반응식: 화학 변화에 직접 관여하는 이온들만 나타낸 반응식. 구경꾼 이온은 생략된다.

염기: 수용액에서 수산화 이온을 내놓는 화합물. 앞으로의 장에서, 염기는 양성자(H^+) 받개로 더 정의될 것이다.

중화 반응: 산과 염기가 결합하여 물과 이온 결합 화합물(**염**이라 함)을 생성하는 반응

추가 문제

6.1 화학 반응식

19. 균형 반응식을 써서 그림의 반응을 나타내시오(계수를 최저 정수비로 쓰시오).

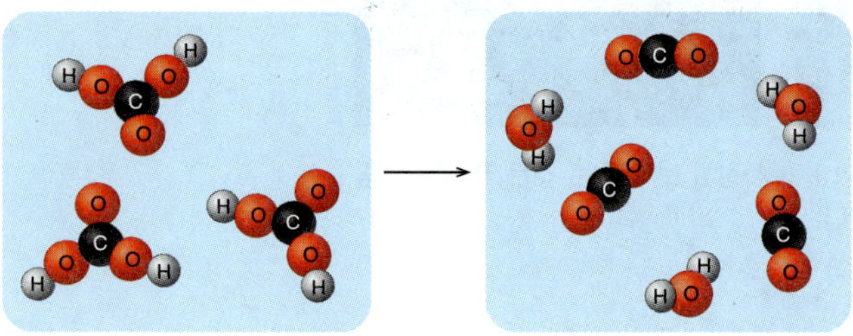

20. 균형 반응식을 써서 그림의 반응을 나타내시오(계수를 최저 정수비로 쓰시오).

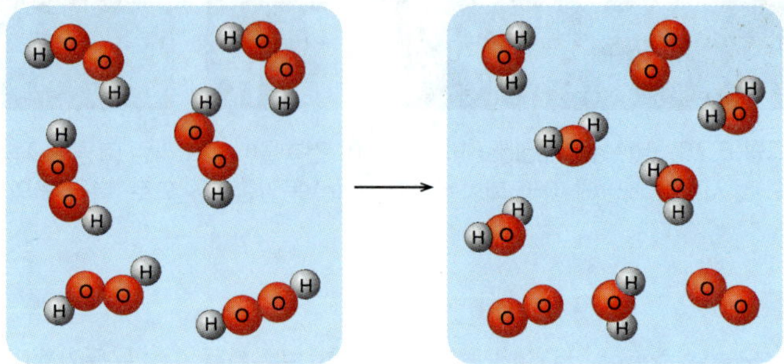

21. 균형 반응식을 써서 그림의 반응을 나타내시오(계수를 최저 정수비로 쓰시오).

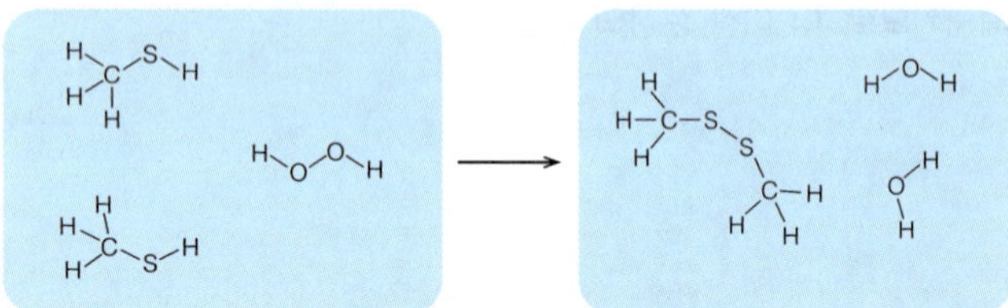

22. 균형 반응식을 써서 그림의 반응을 나타내시오(계수를 최저 정수비로 쓰시오).

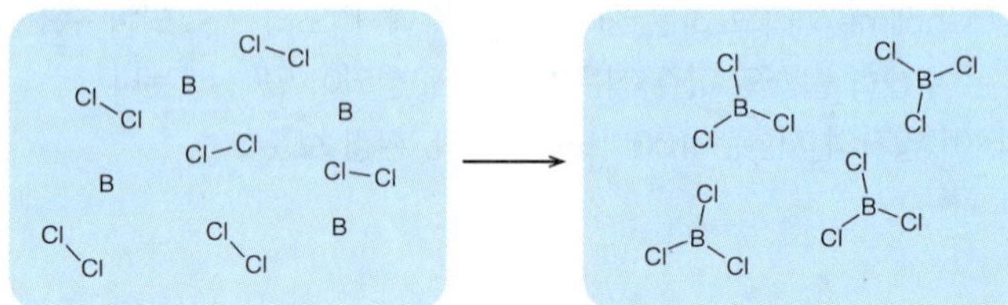

23. 다음 각 변화를 화학 반응식을 사용하여 설명하시오.

a. 수소 분자 1개가 브로민 분자 1개와 반응하여 브로민화 수소 분자 2개를 생성한다.

b. 소듐 원자 2개가 플루오린 분자 1개와 반응하여 플루오린화 소듐 분자 2개를 생성한다.

24. 화학 반응식을 사용하여 다음 각 변화를 설명하시오.

a. 한 단위의 수산화 칼슘이 반응하여 한 단위의 산화 칼슘과 한 단위의 물 분자를 생성한다.

b. 철 원자 4개가 산소 분자 3개와 반응하여 두 단위의 산화 철(III)을 생성한다.

25. 다음 반응에서 A 30 단위가 반응할 때 몇 단위의 C가 생성되는가?

$$2\ A + B \rightarrow C$$

26. 다음 반응에서 몇 단위의 B가 있어야 D 40 단위가 생성되는가?

$$A + 2\ B \rightarrow C + D$$

27. 다음 균형 반응식은 수소 기체와 염소 기체의 반응을 나타낸 것이다. 이 반응식을 기초로 할 때,

$$H_2 + Cl_2 \rightarrow 2\ HCl$$

a. H_2 분자 30개로부터 생성되는 HCl 분자는 몇 개인가?

b. Cl_2 분자 몇 개가 있어야 HCl 분자 12개가 생성되는가?

28. 다음 균형 반응식은 칼슘과 산소가 반응하여 산화 칼슘을 생성하는 반응을 나타낸 것이다. 이 반응식을 기초로 할 때,

$$2\ Ca + O_2 \rightarrow 2\ CaO$$

a. 칼슘 원자 18개와 반응하는 산소 분자는 몇 개인가?

b. 칼슘 원자 30개가 15개의 산소 분자와 반응한다면, 몇 단위의 산화 칼슘이 생성되는가?

29. 알루미늄과 염소 기체의 반응은 다음과 같다. 이 반응식을 기초로 할 때,

$$2\ Al + 3\ Cl_2 \rightarrow 2\ AlCl_3$$

a. 알루미늄 원자 10개가 반응하는 데 필요한 염소 기체의 분자는 몇 개인가?

b. 알루미늄 원자 10개로부터 생성되는 $AlCl_3$ 단위는 몇 개인가?

30. 브로민화 수소산(HBr)과 수산화 바륨의 반응은 다음과 같다. 이 반응식을 기초로 할 때,

$$2\ HBr + Ba(OH)_2 \rightarrow BaBr_2 + 2\ H_2O$$

a. 수산화 바륨 5 단위가 이런 식으로 반응한다면, 물 분자가 몇 개 생성되겠는가?

b. $BaBr_2$ 40 단위를 생성하는 데 필요한 HBr 분자는 몇 개인가?

31. 다음 각 반응식의 균형을 맞추시오.
a. $PCl_3 + F_2 \rightarrow PF_3 + Cl_2$
b. $SO_2 + O_2 \rightarrow SO_3$
c. $B + F_2 \rightarrow BF_3$

32. 다음 각 반응식의 균형을 맞추시오.
a. $Zn + HCl \rightarrow ZnCl_2 + H_2$
b. $Li + CuCl_2 \rightarrow LiCl + Cu$
c. $C_3H_4O + H_2 \rightarrow C_3H_8O$

33. 다음 각 반응식의 균형을 맞추시오.
a. $PCl_3 + H_2O \rightarrow H_3PO_3 + HCl$
b. $O_2 + H_2S \rightarrow SO_2 + H_2O$
c. $HCl + MnO_2 \rightarrow MnCl_2 + 2H_2O + Cl_2$

34. 다음 각 반응식의 균형을 맞추시오.
a. $TiCl_4 + H_2O \rightarrow TiO_2 + HCl$
b. $VCl_3 \rightarrow VCl_2 + VCl_4$
c. $Cr_2O_3 + Al \rightarrow Al_2O_3 + Cr$

35. 이온의 균형을 맞춤으로써, 다음 반응식의 균형을 맞추시오.
a. $Hg(NO_3)_2 + KCl \rightarrow KNO_3 + HgCl_2$
b. $MgBr_2 + NaOH \rightarrow NaBr + Mg(OH)_2$
c. $AgC_2H_3O_2 + BaCl_2 \rightarrow AgCl + Ba(C_2H_3O_2)_2$

36. 이온의 균형을 맞춤으로써, 다음 반응식의 균형을 맞추시오.
a. $Cr(NO_3)_2 + KOH \rightarrow KNO_3 + Cr(OH)_2$
b. $(NH_4)_2CO_3 + Ba(C_2H_3O_2)_2 \rightarrow NH_4C_2H_3O_2 + BaCO_3$
c. $AgC_2H_3O_2 + BaCl_2 \rightarrow AgCl + Ba(C_2H_3O_2)_2$

37. 다음 각 반응식의 균형을 맞추시오. 이 반응식의 경우에서 이원자 분자의 경우, 분수 계수를 쓰고 나서 나중에 정수로 바꾸는 것이 도움이 될 수 있는 것이 있다.
a. $N_2 + H_2 \rightarrow NH_3$
b. $C_2H_6 + O_2 \rightarrow CO_2 + H_2O$
c. $HCl + Al \rightarrow AlCl_3 + H_2$

38. 다음 각 반응식의 균형을 맞추시오. 이 반응식의 경우에서 이원자 분자의 경우, 분수 계수를 쓰고 나서 나중에 정수로 바꾸는 것이 도움이 될 수 있는 것이 있다.
a. $P + Cl_2 \rightarrow PCl_5$
b. $IrF_5 + H_2 \rightarrow IrF_4 + HF$
c. $C_5H_{10} + O_2 \rightarrow CO_2 + H_2O$

39. 다음 각 반응식의 균형을 맞추시오.
a. $Na + O_2 \rightarrow Na_2O$
b. $Pb(NO_3)_2 + KCl \rightarrow PbCl_2 + KNO_3$
c. $C_2H_2 + O_2 \rightarrow CO_2 + H_2O$

40. 다음 각 반응식의 균형을 맞추시오.
a. $NaOCl + HCl \rightarrow Cl_2 + NaCl + H_2O$
b. $AgC_2H_3O_2 + MgCl_2 \rightarrow AgCl + Mg(C_2H_3O_2)_2$
c. $N_2H_6 + O_2 \rightarrow NO_2 + H_2O$

41. 균형 반응식을 써서 다음 각 화학 변화를 설명하시오. 상 기호를 포함시키시오.
a. 아연 금속이 수용성 염화 구리(II)와 반응하여 구리 금속과 수용성 염화 아연을 생성한다.
b. 프로페인 기체(C_3H_8)가 산소 분자와 반응하여 이산화 탄소와 수증기를 생성한다.
c. 고체 철이 염소 기체와 반응하여 고체 염화 철(II)을 생성한다.

42. 균형 반응식을 써서 다음 각 화학 변화를 설명하시오. 상 기호를 포함시키시오.
a. 칼슘 금속이 물에서 가열되면 수산화 칼슘과 수소 기체가 생성된다.
b. 고체 마그네슘이 연소(산소와 반응)하면 고체 산화 마그네슘이 생성된다.
c. 수용성 질산 은은 수용성 염화 소듐과 반응하여 고체 염화 은과 수용성 질산 소듐을 생성한다.

43. 다음 각 반응에서의 반응물의 이름과 상을 말하시오.
a. $2\,HCl(aq) + Na_2CO_3(s) \rightarrow 2\,NaCl(aq) + CO_2(g) + H_2O(l)$
b. $Fe(s) + 2\,HNO_3(aq) \rightarrow Fe(NO_3)_2(aq) + H_2(g)$
c. $ZnCl_2(aq) + Pb(ClO_4)_2(aq) \rightarrow PbCl_2(s) + Zn(ClO_4)_2(aq)$

44. 다음 각 반응에서의 반응물의 이름과 상을 말하시오.
a. $P(s) + Cl_2(g) \rightarrow PCl_3(g)$
b. $Na_2SO_4(aq) + BaBr_2(aq) \rightarrow BaSO_4(s) + 2\,NaBr(aq)$
c. $Cr(s) + 2\,HCl(aq) \rightarrow CrCl_2(aq) + H_2(g)$

6.2 반응의 분류

45. 다음 각 화학 반응을 합성 반응, 분해 반응, 단일 치환 반응, 이중 치환 반응으로 분류하시오.
a. $2\,NH_3 \rightarrow N_2 + 3\,H_2$
b. $CaO + H_2O \rightarrow Ca(OH)_2$
c. $AgNO_3(aq) + KBr(aq) \rightarrow KNO_3(aq) + AgBr(s)$

46. 다음 각 화학 반응을 합성 반응, 분해 반응, 단일 치환 반응, 이중 치환 반응으로 분류하시오.
a. $Sn + 2\,Br_2 \rightarrow SnBr_4$
b. $2\,HBr + Sn \rightarrow SnBr_2 + H_2$
c. $HBr + NaOH \rightarrow NaBr + H_2O$

47. 다음 각 화학 반응을 합성 반응, 분해 반응, 단일 치환 반응, 이중 치환 반응으로 분류하시오.

a. $Ca + O_2 \rightarrow 2\ CaO$
b. $Co\ (s) + 2\ HCl\ (aq) \rightarrow CoCl_2\ (aq) + H_2\ (g)$
c. $PbNO_3\ (aq) + 2\ KBr\ (aq) \rightarrow 2\ KNO_3\ (aq) + PbBr_2\ (s)$

48. 다음 각 화학 반응을 합성 반응, 분해 반응, 단일 치환 반응, 이중 치환 반응으로 분류하시오.

a. $K_2SO_4\ (aq) + Pb(C_2H_3O_2)_2\ (aq) \rightarrow 2\ KC_2H_3O_2\ (aq) + PbSO_4\ (s)$
b. $2\ Zn + O_2 \rightarrow 2\ ZnO$
c. $PCl_5 \rightarrow PCl_3 + Cl_2$

6.3 금속과 비금속 간의 반응

49. 금속과 비금속이 반응할 때 어떤 종류의 화합물이 생성되는가?

50. 산화란 무엇인가? 금속과 비금속 중 어느 것이 더 쉽게 산화하는가?

51. 다음 반응에서 산화되는 원소와 환원되는 원소를 말하시오.

a. $2\ Mg + O_2 \rightarrow 2\ MgO$
b. $Fe + S \rightarrow FeS$
c. $Br_2 + Ca \rightarrow CaBr_2$

52. 다음 반응에서 산화되는 원소와 환원되는 원소를 말하시오.

a. $2\ Cu + O_2 \rightarrow 2\ CuO$
b. $S + Hg \rightarrow HgS$
c. $Sn + 2\ Cl_2 \rightarrow SnCl_4$

53. 다음 반응의 생성물을 예측하고, 반응식의 균형을 맞추시오.

a. $Be + Cl_2 \rightarrow$
b. $K + Cl_2 \rightarrow$
c. $Co\ (s) + Cl_2\ (g) \rightarrow$
d. $Cu\ (s) + O_2\ (g) \rightarrow$

54. 다음 반응의 생성물을 예측하고, 반응식의 균형을 맞추시오.

a. $Ca + O_2 \rightarrow$
b. $Sr + Br_2 \rightarrow$
c. $Pb\ (s) + O_2\ (g) \rightarrow$
d. $Cr\ (s) + O_2\ (g) \rightarrow$

6.4 연소 반응

55. 연소 반응에 항상 관여하는 원소는 무엇인가?

56. 다음 각 원소는 연소 반응에서 산소와 반응한다. 이들 반응의 생성물이 이온 결합 화합물인지, 공유 결합 화합물인지를 말하시오.

a. 마그네슘 b. 칼슘 c. 탄소 d. 질소

57. 탄화수소란 무엇인가? 탄화수소가 연소하면 어떤 생성물이 생성되는가?

58. 석탄과 같은 화석 연료는 주로 탄화수소를 함유하고 있지만, 소량의 다른 원소(예를 들면 황)도 함유하고 있다. 탄화수소가 연소할 때 생성되는 생성물은 무엇인가? 황이 연소할 때 생성되는 생성물은 무엇인가?

59. 다음 연소 반응의 생성물을 예측하고, 반응식의 균형을 맞추시오.

a. $Mg + O_2 \rightarrow$
b. $C_2H_4 + O_2 \rightarrow$
c. $C_4H_{10}\ (g) + O_2\ (g) \rightarrow$

60. 다음 연소 반응의 생성물을 예측하고, 반응식의 균형을 맞추시오.

a. $Zn + O_2 \rightarrow$
b. $C_5H_{12} + O_2 \rightarrow$
c. $C_8H_{18}\ (l) + O_2\ (g) \rightarrow$

61. 다음 각 반응의 균형 반응식을 쓰시오.

a. C_2H_2의 연소
b. C_4H_8의 연소
c. C_9H_{18}의 연소

62. 다음 각 반응의 균형 반응식을 쓰시오.

a. CH_4의 연소
b. C_3H_8의 연소
c. C_5H_{10}의 연소

6.5 수용액 내 반응

63. 다음 각 분자 반응식은 이온 결합 화합물이 물에 용해되는 것을 나타낸 것이다. 각 반응식을 이온 반응식으로 다시 작성하여 이온화 과정을 나타내시오.

a. $KCl\ (s) \rightarrow KCl\ (aq)$
b. $Li_2SO_4\ (s) \rightarrow Li_2SO_4\ (aq)$
c. $(NH_4)_2CO_3\ (s) \rightarrow (NH_4)_2CO_3\ (aq)$

64. 다음 각 분자 반응식은 이온 결합 화합물이 물에 용해되는 것을 나타낸 것이다. 각 반응식을 이온 반응식으로 다시 작성하여 이온화 과정을 나타내시오.

a. $CaBr_2\ (s) \rightarrow CaBr_2\ (aq)$
b. $LiNO_3\ (s) \rightarrow LiNO_3\ (aq)$
c. $Cu(ClO_4)_2\ (s) \rightarrow Cu(ClO_4)_2\ (aq)$

65. 이온 반응식을 쓰고, 각 고체가 물에 용해될 때 그 해리를 나타내시오.

a. 탄산수소 소듐 **b.** 염화 알루미늄
c. 아염소산 크로뮴(III)

66. 이온 반응식을 쓰고, 각 고체가 물에 용해될 때 그 해리를 나타내시오.

a. 사이안화 암모늄 **b.** 브로민화 주석(IV)
c. 염소산 코발트(II)

67. 6.5절에 있는 일반 용해도 규칙을 사용하여, 다음 각 화합물이 가용성인지 불용성인지를 말하시오.

a. 암모늄 이온을 포함하는 이온 결합 화합물
b. +2 양이온과 −3 음이온을 포함하는 이온 결합 화합물
c. 질산 이온을 포함한 이온 결합 화합물

68. 6.5절에 있는 일반 용해도 규칙을 사용하여, 다음 각 화합물이 가용성인지 불용성인지를 말하시오.

a. 알칼리 토금속과 산화 이온으로 구성된 이온 결합 화합물
b. 전이 금속 이온과 아세트산 이온을 포함하는 이온 결합 화합물
c. 은 이온과 할로젠화 이온을 포함하는 이온 결합 화합물

69. 6.5절에 있는 일반 용해도 규칙을 사용하여, 다음 각 화합물이 가용성인지 불용성인지를 말하시오.

a. 암모늄 이온과 염화 이온으로 구성된 이온 결합 화합물
b. 전이 금속 이온과 인산 이온을 포함하는 이온 결합 화합물
c. 전이 금속 양이온과 과염소산 음이온으로 구성된 이온 결합 화합물

70. 6.5절에 있는 일반 용해도 규칙을 사용하여, 다음 각 화합물이 가용성인지 불용성인지를 말하시오.

a. 알칼리 토금속과 황화 이온으로 구성된 이온 결합 화합물
b. 알루미늄 양이온과 할로젠화 음이온을 포함한 이온 결합 화합물
c. 납(II) 양이온과 할로젠화 이온을 포함하는 이온 결합 화합물

71. 일반 용해도 규칙이나 표 6.3을 참조하여, 다음 각 화합물이 수용성인지 불용성인지를 말하시오.

a. LiOH **b.** K_2S
c. $CaSO_4$ **d.** 황산 아연
e. 질산 구리(II) **f.** $Fe(C_2H_3O_2)_3$

72. 일반 용해도 규칙이나 표 6.3을 참조하여, 다음 각 화합물이 수용성인지 불용성인지를 말하시오.

a. NH_4OH **b.** $BaCl_2$
c. $FePO_4$ **d.** 염화 철(II)
e. 염화 납(II) **f.** 황화 알루미늄

73. 일반적으로 다음 중 어느 것이 물에 더 잘 녹을 것으로 예상하는가?

+1 양이온과 −2 음이온을 가진 염
+2 양이온과 −2 음이온을 가진 염

74. 다음 중 어느 것이 더 잘 용해될 것으로 예상하는가? 그 이유는?

아질산 포타슘(KNO_2) 산화 알루미늄(Al_2O_3)

75. 다음 반응식은 침전 반응을 나타낸다. 이들을 완전 이온 반응식으로 다시 쓰시오.

a. $AgNO_3(aq) + KCl(aq) \rightarrow KNO_3(aq) + AgCl(s)$
b. $Ba(ClO_4)_2(aq) + K_2SO_4(aq) \rightarrow BaSO_4(s) + 2\ KClO_4(aq)$

76. 다음 반응식은 침전 반응을 나타낸다. 이들을 완전 이온 반응식으로 다시 쓰시오.

a. $MgBr_2(aq) + Pb(ClO_3)_2(aq) \rightarrow PbBr_2(s) + Mg(ClO_3)_2(aq)$
b. $K_3PO_4(aq) + AlCl_3(aq) \rightarrow 3\ KCl(aq) + AlPO_4(s)$

77. 다음 이온 반응식에서 구경꾼 이온을 말하시오.

$$Ca^{2+}(aq) + 2\ NO_3^-(aq) + 2\ Cs^+(aq) + CO_3^{2-}(aq) \rightarrow CaCO_3(s) + 2\ Cs^+(aq) + 2\ NO_3^-(aq)$$

78. 다음 이온 반응식에서 구경꾼 이온을 말하시오.

$$2\ NH_4^+(aq) + S^{2-}(aq) + Zn^{2+}(aq) + 2\ ClO_3^-(aq) \rightarrow 2\ NH_4^+(aq) + 2\ ClO_3^-(aq) + ZnS(s)$$

79. 다음 반응식에서 구경꾼 이온을 말하고, 이 반응식을 알짜 이온 반응식으로 다시 쓰시오.

$$Na^+(aq) + Br^-(aq) + Ag^+(aq) + NO_3^-(aq) \rightarrow AgBr(s) + Na^+(aq) + NO_3^-(aq)$$

80. 다음 반응식에서 구경꾼 이온을 말하고, 이 반응식을 알짜 이온 반응식으로 다시 쓰시오.

$$Fe^{2+}(aq) + 2\ NO_3^-(aq) + 2\ K^+(aq) + 2\ OH^-(aq) \rightarrow Fe(OH)_2(s) + 2\ K^+(aq) + 2\ NO_3^-(aq)$$

81. 수산화 포타슘과 염화 철의 수용액은 다음과 같이 침전 반응으로 불용성 수산화 철(II)을 생성한다.

$$2\ KOH\,(aq) + FeCl_2\,(aq) \rightarrow 2\ KCl\,(aq) + Fe(OH)_2\,(s)$$

a. 이 반응식을 이온 반응식으로 다시 쓰시오.
b. 이 반응식에서 구경꾼 이온은 무엇인가?
c. 구경꾼 이온을 제거하고, 이것을 알짜 이온 반응식으로 다시 쓰시오.
d. 이 반응의 원동력은 무엇인가?

82. 질산 은과 브로민화 포타슘의 수용액은 다음과 같이 침전 반응으로 불용성 브로민화 은을 생성한다.

$$AgNO_3\,(aq) + KBr\,(aq) \rightarrow KNO_3\,(aq) + AgBr\,(s)$$

a. 이 반응식을 이온 반응식으로 다시 쓰시오.
b. 이 반응식에서 구경꾼 이온은 무엇인가?
c. 구경꾼 이온을 제거하고, 이것을 알짜 이온 반응식으로 다시 쓰시오.
d. 이 반응의 원동력은 무엇인가?

83. 다음 각 반응의 결과, 생성물은 수용성 생성물 1개와 침전물 1개였다. 각 반응을 완결하고 균형을 맞추시오. 그런 다음, 상(phase)을 표시하여, 생성물이 수용성인지 고체인지를 나타내시오.

a. $KCl\,(aq) + Pb(NO_3)_2\,(aq) \rightarrow$
b. $KOH\,(aq) + FeCl_3\,(aq) \rightarrow$
c. $BaCl_2\,(aq) + K_3PO_4\,(aq) \rightarrow$

84. 다음 각 반응의 결과, 생성물은 수용성 생성물 1개와 침전물 1개였다. 각 반응을 완결하고 균형을 맞추시오. 그런 다음, 상(phase)을 표시하여, 생성물이 수용성인지 고체인지를 나타내시오.

a. $K_2SO_4\,(aq) + FeBr_3\,(aq) \rightarrow$
b. $ZnCl_2\,(aq) + AgC_2H_3O_2\,(aq) \rightarrow$
c. $Pb(C_2H_3O_2)_2\,(aq) + MgBr_2\,(aq) \rightarrow$

85. 다음 침전 반응의 균형 반응식을 쓰시오. 또한 상(phase) 기호를 포함시켜 불용성 생성물을 나타내시오. 만약 침전물이 없다면, '침전 없음'이라 쓰시오.

a. 아세트산 철(III)과 황화 바륨이 반응한다.
b. 인산 포타슘과 황산 구리(II)가 반응한다.
c. 아이오딘화 칼슘과 아세트산 암모늄이 반응한다.
d. 황산 철(II)과 수산화 바륨이 반응한다.

86. 다음 침전 반응의 균형 반응식을 쓰시오. 또한 상(phase) 기호를 포함시켜 불용성 생성물을 나타내시오. 만약 침전물이 없다면, '침전 없음'이라 쓰시오.

a. 염화 소듐과 질산 은이 반응한다.
b. 질산 납(II)과 아이오딘화 소듐이 반응한다.
c. 인산 암모늄과 염화 알루미늄이 반응한다.
d. 수산화 바륨과 염화 철(III)이 반응한다.

87. 분자 반응식, 완전 이온 반응식, 알짜 이온 반응식을 쓰고, 다음 침전 반응을 설명하시오. 상(phase) 기호를 포함시키시오.

a. 수용성 아이오딘화 리튬과 질산 은의 반응
b. 수용성 아세트산 납(II)과 수용성 황산 아연의 반응
c. 수용성 아이오딘화 칼슘과 수용성 질산 납(II)의 반응

88. 분자 반응식, 완전 이온 반응식, 알짜 이온 반응식을 쓰고, 다음 침전 반응을 설명하시오. 상(phase) 기호를 포함시키시오.

a. 수용성 질산 납(II)과 수용성 브로민화 소듐의 반응
b. 수용성 과염소산 철(II)과 수용성 탄산 소듐의 반응
c. 수용성 황산 알루미늄과 수용성 질산 납(IV)의 반응

89. 산과 염기의 차이점은 무엇인가?

90. 산-염기 중화 반응의 일반적인 생성물 두 가지는 무엇인가?

91. 이온 반응식을 써서 다음 각 산의 해리를 나타내시오.

a. HCl
b. HNO_3

92. 이온 반응식을 써서 다음 각 산의 해리를 나타내시오.

a. HBr
b. HNO_2

93. 다음 중화 반응의 균형을 맞추시오.

a. $H_2SO_4 + NaOH \rightarrow Na_2SO_4 + H_2O$
b. $HNO_3 + Al(OH)_3 \rightarrow Al(NO_3)_3 + H_2O$
c. $H_2SO_4 + Cr(OH)_3 \rightarrow Cr_2(SO_4)_3 + H_2O$

94. 다음 중화 반응의 균형을 맞추시오.

a. $HNO_3 + Ba(OH)_2 \rightarrow Ba(NO_3)_2 + H_2O$
b. $HF + Ba(OH)_2 \rightarrow BaF_2 + H_2O$
c. $NaOH + H_3PO_4 \rightarrow Na_3PO_4 + H_2O$

95. 다음 중화 반응의 생성물을 나타내시오. 필요한 경우, 반응식의 균형을 맞추시오.

a. $HCl + KOH \rightarrow$
b. $H_2SO_4 + 2\ LiOH \rightarrow$
c. $Ba(OH)_2\,(aq) + 2\ HNO_2\,(aq) \rightarrow$

96. 다음 중화 반응의 생성물을 나타내시오. 필요한 경우, 반응식의 균형을 맞추시오.

a. $HBr + NaOH \rightarrow$
b. $H_3PO_4\,(aq) + 3\ KOH\,(aq) \rightarrow$
c. $Ba(OH)_2 + H_2SO_4 \rightarrow$

97. 균형 맞춘 완전 이온 반응식을 써서, 수산화 소듐과 아이오딘화 수소산의 반응을 나타내시오.

98. 균형 맞춘 완전 이온 반응식을 써서, 황산과 수산화 포타슘의 중화 반응을 나타내시오.

99. 이중 치환 반응의 알짜 이온 반응식을 쓰시오. 이 반응에서 아이오딘화 납(II)은 침전물이다.

100. 산과 수산화 염기의 중화 반응에 대한 알짜 이온 반응식을 쓰시오.

종합 문제

101. 다음 반응을 합성 반응, 분해 반응, 단일 치환 반응, 이중 치환 반응, 침전 반응, 산-염기 중화 반응, 산화-환원 반응, 연소 반응 중 하나로 분류하시오. 일부 반응은 둘 이상의 반응으로 분류될 수 있다.

a. $Hg(l) + S(s) \rightarrow HgS(s)$
b. $Fe(s) + Cu(C_2H_3O_2)_2(aq) \rightarrow Cu(s) + Fe(C_2H_3O_2)_2(aq)$
c. $Pb(NO_3)_2(aq) + 2\ KI(aq) \rightarrow PbI_2(s) + 2\ KNO_3(aq)$
d. $2\ K(s) + 2\ H_2O(l) \rightarrow 2\ KOH(aq) + H_2(g)$
e. $H_2SO_4(aq) + Ba(OH)_2(aq) \rightarrow 2\ H_2O(l) + BaSO_4(s)$
f. $C_8H_{16}(l) + 12\ O_2(g) \rightarrow 8\ CO_2(g) + 16\ H_2O(g)$

102. 다음 반응을 합성 반응, 분해 반응, 단일 치환 반응, 이중 치환 반응, 침전 반응, 산-염기 중화 반응, 산화-환원 반응, 연소 반응 중 하나로 분류하시오. 일부 반응은 둘 이상의 반응으로 분류될 수 있다.

a. $Fe(s) + 2\ AgC_2H_3O_2(aq) \rightarrow Fe(C_2H_3O_2)_2(aq) + 2\ Ag(s)$
b. $AgNO_3(aq) + KCl(aq) \rightarrow AgCl(s) + KNO_3(aq)$
c. $HBr(aq) + KOH(aq) \rightarrow KBr(aq) + H_2O(l)$
d. $2\ C_2H_2(g) + 5\ O_2(g) \rightarrow 4\ CO_2(g) + 2\ H_2O(g)$
e. $Fe(s) + 2\ HCl(aq) \rightarrow FeCl_2(aq) + H_2(g)$
f. $2\ K(s) + Br_2(g) \rightarrow 2\ KBr(s)$

103. 다음 반응은 이 장에서 소개된 모든 반응 유형에서 끌어낸 반응들이다. 생성물을 예측하고, 각 반응식의 균형을 맞추시오.

a. $AgC_2H_3O_2(aq) + NaCl(aq) \rightarrow$
b. $Na(s) + Cl_2(g) \rightarrow$
c. $HCl(aq) + Ba(OH)_2(aq) \rightarrow$
d. $C_{10}H_{20}(l) + O_2(g) \rightarrow$

104. 다음 반응은 이 장에서 소개된 모든 반응 유형에서 끌어낸 반응들이다. 생성물을 예측하고, 각 반응식의 균형을 맞추시오.

a. $Co(s) + Br_2(l) \rightarrow$
b. $MgBr_2(aq) + K_3PO_4(aq) \rightarrow$
c. $Mg(s) + O_2(g) \rightarrow$
d. $LiOH(aq) + H_3PO_4(aq) \rightarrow$

질량의 화학량론

CHAPTER 7

그림 7.1 (a) 제약회사에서는 의약품을 생산할 때, 이처럼 스테인리스강으로 된 대형 반응 용기를 사용한다. (계속)

공정의 개발

"준비됐나요?"

Jared Fennell 박사가 다시 한번 방을 둘러본다. 몇 명의 기술자가 여러 대의 컴퓨터 모니터 앞에 앉아 동의한다. 그들 옆에는 화학자와 기술자들로 구성된 팀이 걱정스럽게 지켜보고 있다. 깨끗한 방의 중앙에는 거대한 스테인리스 용기가 놓여 있다. 사실 컨테이너의 대부분은 콘크리트 바닥에 있고, 상단만 실내에 있다. 파이프, 호스, 센서가 용기의 상단으로 들어간다.

Jared 박사가 심호흡을 한다. "좋아", "갑시다" 그가 말했다. 그 팀은 이 순간을 위해 몇 달을 일해 왔다. 이 행위의 모든 세부 사항을 논의하고 기록하고 예행 연습을 했다. 모든 이가 자신의 역할을 알고 있다.

조작자 중 한 명이 조작 패널에 명령을 입력한다. 천천히 용기가 채워지기 시작한다. 연구팀은 앞으로 48시간 동안 거대한 화학 반응을 추적 관찰할 것이다. 모든 일이 계획대로 진행되어야 한다. 팀의 안전, 프로젝트의 성공, 백만 달러 투자가 그것에 달려 있다.

Jared 박사는 매우 도전적인 직업을 가지고 있다. 그는 공정 화학자로, 근무처는 제약회사 Eli Lilly다. 이 회사는 본사가 Indiana에 있고, 당뇨병, 암, 뇌 기능 및 기타 질환의 약들을 생산한다. 공정 화학자는 재료를 대규모로 제조하는 기술을 개발한다. 예를 들어 Jared 박사와 그의 팀이 최근에 맡은 임무는 신약 제조였다. 신약 개발 화학자들이 생산한 것은 약 25 g의 화합물이었다. Jared 박사의 과업은 반응 규모를 10만 g까지 확장시키는 것이었다.

반응 규모만이 문제는 아니다. Jared 박사 팀은 인간이 소비하는 의약품을 생산하므로, 제조 공정이 매번 같은 방식으로 작동해야 한다. 모든 세부 사항을 주의 깊게 고려해야 한다. 즉 각각의 반응물을 얼마나 첨가해야 하는가?

그림 7.1 (계속) (b) Eli Lilly와 같은 제약회사는 다량의 필수 약품을 생산한다. (c) 공정 화학자가 실험실에서 대규모 반응을 준비한다. (d) 작업자가 제조 반응이 시작되기 전에 반응 용기를 살핀다. (a) noomcpkstic/Shutterstock; (b)Melinda Fawver/Shutterstock; (c) LightField Studios/Shutterstock; (d) TRMK/Shutterstock

반응에서의 최적 온도는 몇 도인가? 시약을 어떻게 혼합해야 하는가? 반응의 지속 시간은? 이 반응들이 다른 물질들을 생성하는가? 그렇다면 어떻게 제거할 수 있는가? Jared 박사와 그의 팀은 생산하는 모든 배치가 정확히 동일하다는 것을 확신할 때까지 테스트하고 다시 테스트한다(그림 7.1).

제조에 있어 화학은 다음의 간단한 질문으로 시작한다. "얼마만큼인가?" 예를 들어 생성물이 얼마나 필요한가? 반응물이 얼마나 있어야 하는가? 사실, 이 질문의 중요성은 제조를 넘어 화학의 모든 측면에 적용된다. 숨을 쉴 때, 몸은 얼마만큼의 산소를 필요로 하는가? 차를 운전하는 동안, 1갤런의 휘발유를 태운다면, 얼마만큼의 이산화 탄소가 배출될 것인가? 커다란 팬케이크를 아침식사로 준비하고 있다면, 20명이 먹으려면 얼마만큼의 믹스가 필요한가? 이 질문들은 매우 다른 상황에 적용되고 있지만, 각 질문은 기본 화학 질문인 '얼마만큼인가?'와 관련되어 있다.

이번 장에서는 이 질문을 다룰 것이다. 원자와 화합물의 질량이 우리 주변 세계와 어떻게 연관되어 있는지를 배우고, 또한 어떻게 이러한 관계를 사용하여 실험실, 공장, 주방에서 일어나는 화학을 이해할 수 있는지를 알아볼 것이다.

학습 목표

이 장을 완료하고 실습 문제를 풀고 나면, 수행할 수 있는 것은 다음과 같다.

7.1 화학식량과 조성 퍼센트

- 화합물의 화학식량을 계산할 수 있다.
- 화합물 내 원소의 조성 퍼센트(질량으로)를 계산할 수 있다.
- 화학자들이 화학식량과 조성 퍼센트를 측정하는 방법을 폭넓게 설명할 수 있다.

7.2 원자량을 대규모 질량과 연결하는 방법: 몰 개념

- 몰 개념을 사용하여 원자 규모의 질량을 실험실 규모의 질량과 관련지을 수 있다.
- 그램, 몰, 원자 또는 분자를 서로 변환할 수 있다.

7.3 균형 반응식에서의 몰 개념

- 몰 개념을 적용하여 화학량론 문제, 즉 화학 변화에서 반응물과 생성물의 양과 관련된 문제를 해결할 수 있다.
- 화학 반응에서 한계 시약과 과량 시약을 확인할 수 있다.

7.4 이론적 수득량과 퍼센트 수득률

- 이론적 수득량, 실제 수득량, 퍼센트 수득률을 구분할 수 있다.
- 실제 수득량이 이론적 수득량보다 작도록 만드는 화학적 현상 및 물리적 현상을 설명할 수 있다.
- 이론적 수득량 및 실제 수득량을 사용하여 화학 반응의 퍼센트 수득률을 정확하게 계산할 수 있다.

7.1 화학식량과 조성 퍼센트

화학식량

원소와 화합물의 질량은 화학에서 중요한 역할을 한다. 화학자들은 질량을 사용하여 미지 화합물을 확인하고, 화학 반응을 이해하고 예측한다. 3장에서 보았듯이, 주기율표는 각 원소의 원자에 대한 평균 질량을 보여 준다. 화합물을 다룰 때, 이러한 원자량을 사용하여 단일 분자 또는 화학식 단위의 질량을 계산한다. 이것을 **화학식량(formula mass)**이라고 한다. 예를 들어 물 분자의 화학식량은 얼마인가? 알고 있듯이, 물 분자(H_2O)에는 수소 원자 두 개와 산소 원자 한 개가 있다. 따라서 주기율표(그림 7.2)의 질량을 사용하여 물의 질량을 계산하면 다음과 같다.

$$H_2O\text{의 화학식량} = 2(1.01\ \text{u}) + 1(16.00\ \text{u}) = 18.02\ \text{u}$$

화학식량을 구하는 방법은 주기율표에 주어진 질량을 사용하여 각 원자의 수와 종류를 합산하면 된다. 화학자들은 종종 화학식량을 **분자량**(molecular mass 또는 molecular weight)이라고 한다.

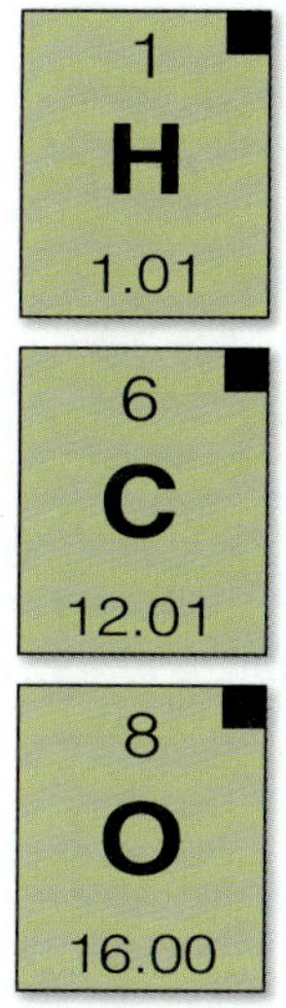

그림 7.2 주기율표의 평균 원자량을 사용하여 화학식량을 계산한다.

원자의 질량을 측정하는 단위는 원자량 단위(atomic mass units)로, 약자로는 u 또는 amu를 사용한다는 것을 기억하라.

예제 7.1 화합물의 화학식량 계산

탄산 포타슘(K_2CO_3)은 일반적인 연수제다. 이 화합물의 화학식량은 얼마인가?

이 문제를 해결하기 위해, 화학식 단위에 존재하는 각 원자의 원자량을 합한다.

$$K_2CO_3\text{의 화학식량} = 2(39.10\ \text{u}) + 1(12.01\ \text{u}) + 3(16.00\ \text{u}) = 138.21\ \text{u}$$

도전 문제

1. 다음 각 화합물의 화학식량을 구하시오.

a. H_2CO **b.** Na_2CO_3 c. 질산 리튬 d. 브로민화 철(II)

조성 퍼센트

화학자들은 때로는 화합물 내 각 원소의 백분율로 화합물을 설명한다. 이것을 화합물의 **조성 퍼센트(percent composition)**라고 한다. 조성 퍼센트를 계산하는 방법은 화합물 내 한 원소의 질량을 화합물의 총 질량으로 나눈 다음, 백분율로 변환하면 된다.

$$\text{한 원소의 조성 퍼센트} = \frac{\text{한 원소의 질량}}{\text{전체 화합물의 질량}} \times 100\%$$

예제 7.2와 7.3은 이를 설명한다.

예제 7.2 화합물의 조성 퍼센트 구하기

옥테인은 가솔린의 성분으로, 분자식은 C_8H_{18}이다. 옥테인에서 탄소와 수소의 조성 퍼센트를 구하시오.

이 문제를 해결하기 위해, 화학식 내 탄소 원자들과 수소 원자들의 질량을 구하면 다음과 같다.

$$탄소의\ 질량 = 질량(C_8) = 8(12.01\,u) = 96.08\,u$$
$$수소의\ 질량 = 질량(H_{18}) = 18(1.01\,u) = 18.18\,u$$

다음으로, 화합물의 총 화학식량을 구하면 다음과 같다.

$$C_8H_{18}의\ 화학식량 = 8(12.01\,u) + 18(1.01\,u) = 114.26\,u$$

각 원소의 질량 백분율은 해당 원소의 질량을 총 화학식량으로 나눈 값을 백분율로 표시한 값이다.

$$탄소의\ 백분율 = \frac{탄소의\ 질량}{총\ 화학식량} \times 100\% = \frac{96.08\,u}{114.26\,u} \times 100\% = 84.09\%$$

$$수소의\ 백분율 = \frac{수소의\ 질량}{총\ 화학식량} \times 100\% = \frac{18.18\,u}{114.26\,u} \times 100\% = 15.91\%$$

예제 7.3 조성 퍼센트 사용하기

이산화 규소(SiO_2)는 유리의 주요 성분이다. 이 화합물에는 질량 백분율로 규소 46.75%와 산소 53.25%가 들어 있다. 2.32 kg의 SiO_2 시료 내 규소의 질량은 얼마인가?

2.32 kg의 시료 내 규소의 질량을 구하려면, 총 시료의 질량에 규소의 조성 퍼센트를 소수로 바꾼 값을 곱한다.

$$Si의\ 질량 = 총\ 질량 \times \%\ 규소$$
$$= 2.32\,kg \times 0.4675 = 1.08\,kg$$

도전 문제

2. 아세트아미노펜은 일반적인 진통제다. 이 화합물의 분자식은 $C_8H_9NO_2$이다. 이 화합물 내 탄소, 수소, 질소, 산소의 질량 백분율을 구하시오.
3. 설탕은 공유 화합물로, 화학식이 $C_{12}H_{22}O_{11}$이다. 설탕 내 탄소의 질량 백분율을 구하시오. 2.00 kg의 설탕에 존재하는 탄소의 질량을 구하시오.

화학자가 화학식량과 조성 퍼센트를 구하는 방법

예제 7.2에서 화합물의 화학식으로 시작해서 그 화합물의 화학식량과 조성 퍼센트를 계산했다. 그러나 화학자들은 반대 상황을 맞닥뜨리기도 한다. 화학자들은 새로운 화합물–아마도 흥미로운 약효가 있는 천연물–을 만난다. 그러면 그것의 구조와 조성을 결정해야 한다. 화학식량과 조성 퍼센트는 모두 미지 화합물을 식별하는 데 중요하다. 이 절에서는 어떻게 화학자들이 이러한 중요한 성질들을 측정하는가를 간단히 살펴볼 것이다.

매년 Birmingham에 있는 Alabama 대학의 과학자 팀은 남극 주변의 바다에서 해면체를 수집하고 연구한다. 이 해면체에서 발견된 몇몇 화합물은 암세포의 성장을 막는다. 화학자들은 화학식, 조성 퍼센트를 사용하여 이 화합물들의 구조를 결정하는 데 도움을 주었다.

Antarctica Bound, Flickr

질량 분석

화학자들은 **질량 분석법(mass spectrometry)**이라고 하는 기술을 사용하여 화합물의 질량을 측정한다. 질량 분석기는 세 가지 필수 구성 요소(이온화실, 전기장, 검출기)를 포함한다(그림 7.3).

이온화실은 중성 분자를 이온으로 변환시킨다(종종 전자를 제거함으로써). 그 후 이온은 가속화되어 전기장으로 들어간다. 전기장은 전하를 띤 입자의 경로를 휘게 만든다. 가벼운 입자

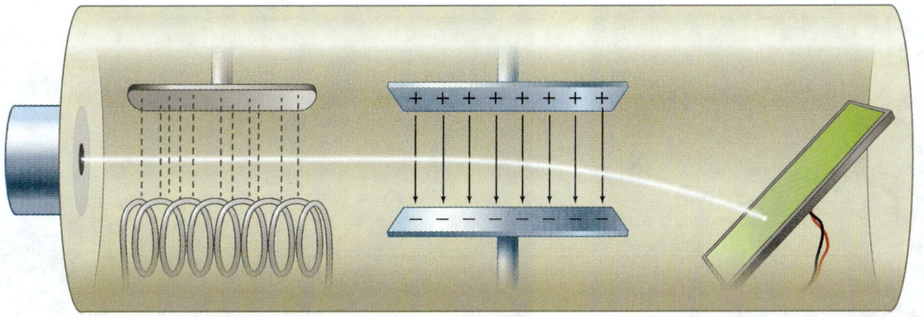

그림 7.3 질량 분석기에서 분자는 이온화실을 통과한 후 전기장으로 이동한다. 전하를 띤 분자의 경로는 전기장을 통과하며 휘어진다. 질량 분석기가 분자가 전기장을 통과할 때 분자의 경로가 얼마나 급격하게 변하는지를 기초로 하여 분자의 질량을 계산한다.

는 무거운 입자보다 더 급격하게 휘어진다. 전기장을 빠져나간 후 입자가 검출기에 충돌한다. 질량 분석기는 전기장의 크기, 입자의 전하, 입자가 검출기에 부딪히는 정확한 지점을 기초로 화합물의 질량을 계산한다.

질량 분석법은 화학 분석에서 늘 사용된다(그림 7.4). 예를 들면 법의학자들은 질량 분석법을 사용하여 위험하거나 불법적인 물질을 감시하고 있다. 그림 7.5는 1달러 지폐에서 추출한 어떤 시료의 질량 스펙트럼을 나타낸 것이다. 코카인($C_{17}H_{22}NO_4$)의 화학식량은 304.2 u이다. 이 질량에서 신호가 나타난다는 것은 지폐 표면에 코카인이 존재한다는 것이다.

그림 7.4 법의학자가 질량 분석기를 사용하여 혼합물을 분석하고 있다.

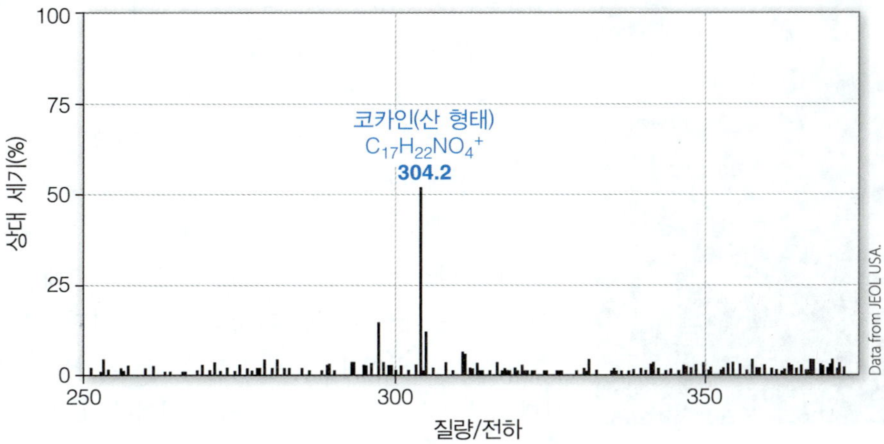

그림 7.5 이 질량 스펙트럼은 1달러 지폐의 표면에서 추출한 것이다. 304.2에서 피크가 나타난다는 것은 코카인이 존재한다는 것이다.

원소 분석

화학자들은 **원소 분석(elemental analysis)**이라고 하는 기술을 통해 조성 퍼센트를 측정한다. 이 기술은 연소 반응을 사용하여 화합물을 더 단순한 생성물(이산화 탄소, 물 등)로 변환시킨

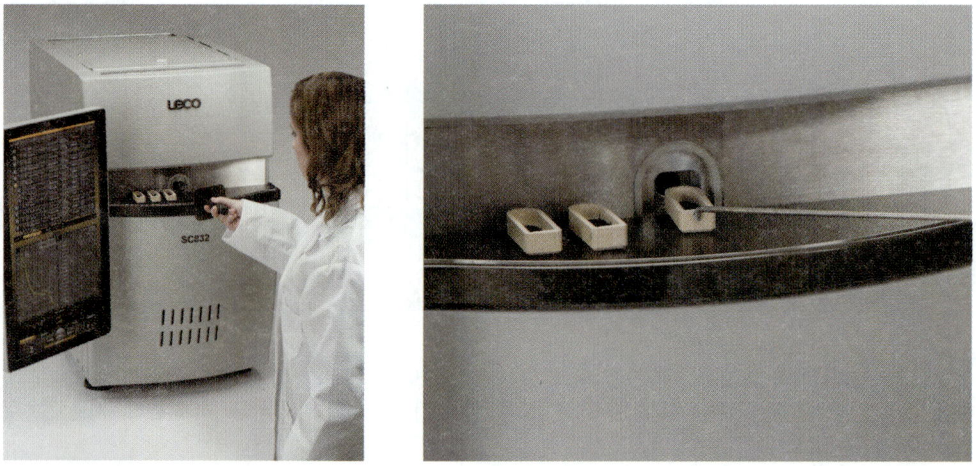

Courtesy LECO Corporation

a b

그림 7.6 원소 분석은 연소를 이용하여 화합물 내 여러 원소의 퍼센트를 분리하여 측정한다. (a) 화학자가 시료를 준비하는 장면, (b) 시료가 연소실로 미끄러져 들어가는 모습

다. 각 생성물의 질량은 시료 내 각 원소의 백분율을 의미한다(그림 7.6). 화학자들은 원소 분석과 질량 분석법을 조합하여 미지 화합물의 조성 퍼센트, 분자식을 결정할 수 있다.

7.2 원자량을 대규모 질량과 연결하는 방법: 몰 개념

Avogadro 수와 몰

지금까지는 원자의 질량과 분자의 질량을 표현할 때 원자 질량 단위(amu)를 사용했다. 이러한 측정은 화학식량이나 조성 퍼센트를 계산하는 데는 유용하지만, 다음과 같은 문제가 발생한다. 즉 원자량 단위는 엄청나게 작아서 ($1\ u = 1.66 \times 10^{-24}$ g), 실험실 측정에서는 유용하지 않다. 그렇다면 이러한 질량을 g, kg, ton과 같은 더 큰 양과 어떻게 연관시킬 수 있을까? 더 큰 양의 단위는 실험실이나 공장에서 측정할 수 있는 단위다(그림 7.7).

Cergios/Shutterstock

그림 7.7 제조자들은 그림에서와 같은 대규모 회분식 반응조(batch reactor)를 사용한다. 몇몇 원자 사이의 반응을 이러한 규모의 반응과 연관시키는 것이 중요하다.

이 질문에 답하기 위해 사용할 양은 **몰(mole**, 줄여서 **mol)**이다. 몰은 품목의 개수로, **다스**(dozen)란 용어와 비슷하다. **다스**는 품목에 관계없이 단순히 12개를 의미한다. 만약 12개의 행성을 가지고 있다면, 1다스의 행성을 가지고 있는 것이다. 12개의 이쑤시개를 가지고 있다면, 1다스의 이쑤시개를 가지고 있는 것이다. 12개의 도넛을 가지고 있다면, 1다스의 도넛을 가지고 있는 것이다. 무엇을 측정하는지는 중요하지 않다. 즉 **다스**란 용어는 12개를 의미한다.

다스라는 용어와 마찬가지로, 몰은 존재하는 단위의 개수를 기술한다. **1몰은 6.02×10^{23}개의 품목**이다. 6.02×10^{23}개의 도넛이 있다면, 도넛 1몰이 있는 것이다. 6.02×10^{23}개의 탄소 원자가 있다면, 탄소 원자 1몰이 있는 것이다. 6.02×10^{23} 개의 산소 분자가 있다면,

그림 7.8 몰 개념은 원자 개수를 g수와 연결시킨다. (a) 탄소 원자 1개의 평균 질량은 12.01 u이다. (b) 탄소 1몰의 질량은 12.01 g이다.

산소 분자 1몰이 있는 것이다. 1몰에 들어 있는 입자의 수(6.02×10^{23}개)를 **Avogadro 수(Avogadro's number)**라고 한다.

> $1몰 = 6.02\times10^{23}$개

몰 개념의 위력은 원자와 화합물의 질량을 그램 단위로 표현할 수 있다는 것이다(그림 7.8). 작동 방식은 다음과 같다. 탄소 원자의 질량은 12.01 원자량 단위이다. 탄소 1몰의 질량은 12.01 g이다. 실험실에서 탄소 원자 1개를 측정할 수는 없다. 그러나 12.01 g은 측정할 수 있다. 따라서 원자량은 다음 두 방법 중 한 가지를 사용하여 설명할 수 있다. 즉 원자적 단위에서 탄소의 질량을 12.01 u라고 하거나, 실험적 단위에서 탄소의 질량을 1몰당 12.01 g이라고 할 수 있다. 질량을 1몰당 g 단위로 표현할 때, 그것을 **몰질량(molar mass)**이라고 한다.

> 질량은 원자 질량 단위(u) 또는 1몰당 그램(g/mol)으로 나타낸다.

또 다른 예가 있다. CO_2 분자 1개의 질량은 44.01 u이고, CO_2 분자 1개의 질량은 44.01 g이다. 따라서 이산화 탄소의 **몰질량**은 44.01 g/mol이다. 몰을 사용하면 원자 세계를 실험실에서 측정할 수 있는 척도와 연결할 수 있다.

그램수, 몰수, 입자 수 사이의 변환

화학에서는 종종 g과 mol을 상호 변환해야 한다. 이를 위해 몰질량을 환산 인자로서 사용한다. 예를 들면 시료 305 g에 존재하는 염화 소듐의 몰수는 얼마인가? NaCl의 화학식량에 기초하여 NaCl 58.44 g = NaCl 1몰임을 알고 있다. 이를 환산 인자로 사용하면 다음과 같다.

$$305\ \text{g NaCl} \times \frac{1\ \text{mole NaCl}}{58.44\ \text{g NaCl}} = 5.22\ \text{moles NaCl}$$

종종 몰수를 g수로 변환해야 한다. 예를 들면 NaCl 1.20몰이 들어 있는 용액을 제조하려면 NaCl 몇 g이 필요한가? 이 예제에서는 몰질량을 환산 인자로 다시 사용한다.

> 몰질량을 사용하여 g수와 몰수를 상호 변환한다.

$$1.20\ \text{moles NaCl} \times \frac{58.44\ \text{g NaCl}}{1\ \text{mole NaCl}} = 70.1\ \text{grams NaCl}$$

환산 인자를 쓸 때는 소거하려는 단위(g 또는 몰)는 아래에, 원하는 단위는 위에 표시한다.

이 개념은 매우 중요하다. 따라서 이 계산을 편안하게 할 수 있을 때까지 연습해야 한다. 예제 7.4와 7.5에서 이 개념을 좀 더 설명한다.

예제 7.4 g수를 몰수로 변환하기

산화 알루미늄(Al_2O_3) 57.3 g에는 산화 알루미늄 몇 몰이 존재하는가?

먼저 Al_2O_3의 화학식량을 계산하고, Al_2O_3 101.96 g = Al_2O_3 1몰임을 확인한다. 이 관계를 환산 인자로 사용한다. 소거하려는 단위(몰)는 아래에, 원하는 단위(g)는 위에 표시한다. 정확한 개수의 유효 숫자로 반올림하면, 최종 답은 Al_2O_3 0.562몰이 된다.

$$57.3 \text{ g } Al_2O_3 \times \frac{1 \text{ mole } Al_2O_3}{101.96 \text{ g } Al_2O_3} = 0.562 \text{ moles } Al_2O_3$$

예제 7.5 몰수를 g수로 변환하기

어떤 시료에 0.281몰의 황산 포타슘(K_2SO_4)이 들어 있다. 이 시료 내 황산 포타슘의 질량은 몇 g인가?

예제 7.4에서와 같이, 몰질량을 사용하여 g수와 몰수를 상호 전환한다. 먼저 K_2SO_4의 몰질량이 174.26 g/mol이다. 이전처럼, 몰에서 g으로 바꾸고 싶기 때문에, 몰질량을 환산 인자로 사용한다. 따라서 g이 위, 몰이 아래인 환산 인자를 쓴다. 정확한 개수의 유효 숫자로 반올림하면, 최종 답은 49.0 g의 K_2SO_4가 된다.

$$0.281 \text{ moles } K_2SO_4 \times \frac{174.26 \text{ g } K_2SO_4}{1 \text{ mole } K_2SO_4} = 49.0 \text{ g } K_2SO_4$$

도전 문제

4. 다음 양을 g에서 몰로 변환하시오.

- **a.** 은 22.7 g
- **b.** 질산 소듐 43.6 g
- **c.** 삼브로민화 붕소 974.3 g

5. 다음 각각의 질량(g)을 구하시오.

- **a.** 6.20몰의 규소
- **b.** 5.3몰의 브로민(Br_2) 분자
- **c.** 1.83몰의 탄산 암모늄

Avogadro 수를 사용하여 몰수와 입자 수를 상호 변환한다.

우리는 1몰의 입자 수를 알고 있으므로 원자, 분자의 입자 수와 몰수를 상호 변환할 수 있다. 이를 위해 **Avogadro 수**를 환산 인자로 사용한다. 예를 들어 4.20몰의 금에 있는 원자 수는 얼마인가? 이 문제를 해결하기 위해, 금의 몰수에 Avogadro 수를 곱한다.

$$4.20 \text{ moles Au} \times \frac{6.02 \times 10^{23} \text{ atoms}}{1 \text{ mole}} = 2.53 \times 10^{24} \text{ atoms Au}$$

몰 개념 덕분에, 원자의 개수와 g 단위의 질량을 직접 연관시킬 수 있다. 예를 들어 보자. 2.53×10^{23}개의 철의 질량은 몇 g인가? 이 문제를 해결하기 위해, 원자 수로부터 시작해서 몰로 변환하고, 마지막으로 g으로 변환한다.

그림 7.9 g과 원자 수 또는 분자 수를 상호 변환하려면 반드시 몰을 거쳐야 한다.

$$2.53 \times 10^{23}\ \cancel{\text{atoms Fe}} \times \frac{1\ \cancel{\text{mole Fe}}}{6.02 \times 10^{23}\ \cancel{\text{atoms Fe}}} \times \frac{55.85\ \text{grams Fe}}{1\ \cancel{\text{mole Fe}}} = 23.5\ \text{grams Fe}$$

이러한 문제에서 주목할 것은 **Avogadro 수를 사용하여 몰과 원자 수를 상호 변환하고, 몰질량을 사용하여 몰과 g을 상호 변환한다**는 것이다. g을 원자 수와 연관시키려면 먼저 몰로 변환해야 한다(그림 7.9).

예제 7.6 g수를 분자 수로 변환하기

어떤 화학자가 42,300 g의 삼산화 황(SO_3)이 들어 있는 시료를 가지고 있다. 이 시료에 존재하는 SO_3의 분자는 몇 개인가?

이 문제를 해결하기 위해 먼저 g에서 몰로 변환한 다음(이전 예제에서와 같이), 분자 수로 변환해야 한다. g에서 몰로 변환하기 위해 SO_3의 몰질량(80.06 g/mol)을 환산 인자로 사용한다. 그런 다음, Avogadro 수를 사용하여 몰수를 분자 수로 변환한다. 3개의 유효 숫자로 반올림하면, 이 질량은 3.18×10^{26}개의 SO_3 분자에 해당한다.

$$42{,}300\ \cancel{\text{g SO}_3} \times \frac{1\ \cancel{\text{mole}}\ \text{SO}_3}{80.06\ \cancel{\text{g SO}_3}} \times \frac{6.02 \times 10^{23}\ \text{molecules}}{1\ \cancel{\text{mole}}}$$
$$= 3.18 \times 10^{26}\ \text{SO}_3\ \text{molecules}$$

도전 문제

6. 어떤 시료에 타이타늄이 0.0623몰 들어 있다. 이 시료에 존재하는 타이타늄 원자는 몇 개인가? 이 시료의 질량은 몇 g인가?

7. 다음 각각의 질량을 g으로 구하시오.

a. 1.83×10^{24}개의 철 원자 **b.** 3.21×10^{21}개의 CH_4 분자

8. CS_2 시료 15.83 g에 있는 분자는 몇 개인가?

7.3 균형 반응식에서의 몰 개념

6장에서 논의한 수소와 산소 사이의 폭발적 반응은 다음과 같다.

$$2\,H_2 + O_2 \rightarrow 2\,H_2O$$

이 반응식을 다음 두 방법 중 하나로 읽을 수 있다. 첫째, **분자적** 관점에서 해석할 수 있다. 즉 수소 분자 2개가 산소 분자 한 개와 반응한다. 그런데 이 반응식을 몰비로도 해석할 수 있다. 즉 수소 2몰이 산소 1몰과 반응한다(그림 7.10).

1937년에 비행선 Hindenburg에서 불이 나서 뉴저지 상공에서 폭발하여 탑승자 36명이 사망했다. 비행선에 수소 기체가 가득 차서, 그 수소가 공기 중의 산소 기체와 폭발적으로 반응한 것이었다.

Everett Collection/Shutterstock

균형 반응식이 제공하는 정보는 원자수 비와 몰비다.

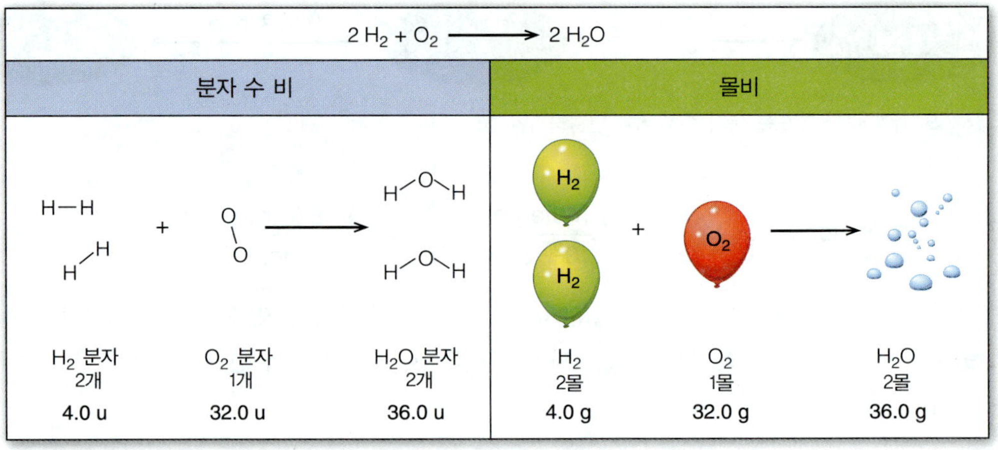

그림 7.10 균형 반응식은 반응에 관여하는 분자들의 분자 수 비와 몰비를 나타낸다.

화학량론 문제

균형 반응식은 반응 내 물질들의 몰수를 관련짓는다. 따라서 균형 반응식을 사용하여 한 반응물이나 생성물의 양을 반응식 내 다른 화학종의 양과 관련지을 수 있다. 예를 들어 그림 7.11은 반응에 관한 일련의 질문을 제기한다. 각 질문에 답할 수 있는지 확인하고 나서, 이어지는 설명을 살펴보자.

그림 7.11 몰을 사용하면, 화학반응식 내 물질들의 양을 관련지을 수 있다. 주어진 반응식과 양으로부터, 이러한 질문의 답을 알아낼 수 있는가?

235 g의 철이 다음과 같이 반응한다면...

$$Fe\,(s) + 2\,HCl\,(aq) \longrightarrow FeCl_2\,(aq) + H_2\,(g)$$

반응하는 철의 몰수는 얼마인가?	필요한 HCl의 몰수는 얼마인가?
생성되는 염화 철(II)의 몰수는 얼마인가?	생성되는 염화 철(II)의 g수는 얼마인가?

다음은 네 가지 질문의 해결 방법이다.

1. **반응하는 철의 몰수는 얼마인가?** 이 질문에 답하기 위해서는 철의 단위를 g에서 몰로 변환해야 한다. 이전처럼 철의 몰질량(55.85 g/mol)을 환산 인자로 사용한다.

$$235\text{ g }\cancel{\text{Fe}} \times \frac{1\text{ mole Fe}}{55.85\text{ g }\cancel{\text{Fe}}} = 4.21\text{ moles Fe}$$

균형 반응식의 계수를 사용하여 화합물들의 몰수를 상호 변환한다.

2. **철과 반응하는 데 필요한 HCl의 몰수는 얼마인가?** 균형 반응식에 기초하면, Fe 1몰당 HCl 2몰이 필요하다. 이것은 Fe가 4.21몰 있으므로 Cl은 그 두 배인 8.42몰이 필요하다는 것을 의미한다. 보다 공식적으로, 이 문제를 단위 환산으로 해결할 수 있다.

$$4.21\ \cancel{\text{moles Fe}} \times \frac{2\text{ moles HCl}}{1\ \cancel{\text{mole Fe}}} = 8.42\text{ moles of HCl}$$

주목할 것은 다음 방법이다. 균형 반응식으로부터 환산 인자(2 mole HCl/1 mole Fe)를 만들었다. 한 물질의 몰수와 다른 물질의 몰수를 관련지을 때는 균형 반응식의 계수를 환산 인자로 사용한다.

3. **이 반응에서 생성되는 염화 철(II)의 몰수는 얼마인가?** 균형 반응식에서는 Fe 1몰당 $FeCl_2$ 1몰이다. 따라서 생성되는 $FeCl_2$의 몰수는 반응하는 철의 몰수(4.21 몰)와 동일하다. 다시 이것을 더 공식적으로 수행할 수 있다. 방법은 균형 반응식으로부터 환산 인자 (1 mole $FeCl_2$/1 mole Fe)를 작성하는 것이다.

$$4.21\ \cancel{\text{moles Fe}} \times \frac{1\ \text{mole FeCl}_2}{1\ \cancel{\text{mole Fe}}} = 4.21\ \text{moles of FeCl}_2$$

4. **이 반응에서 생성되는 염화 철(II)의 g수는 얼마인가?** 이 마지막 질문에서는 $FeCl_2$의 몰수를 $FeCl_2$의 g수로 변환해야 한다. g과 몰을 상호 변환할 때는 항상 문제 내 물질의 몰질량을 사용한다. 주기율표의 질량을 기초로 하면, $FeCl_2$의 몰질량은 126.75 g/mol이다. $FeCl_2$ 4.21몰이라는 것을 알기 때문에(3번 질문에서), 다음과 같이 최종 문제를 설정할 수 있다.

$$4.21\ \cancel{\text{moles FeCl}_2} \times \frac{126.75\ \text{g FeCl}_2}{1\ \cancel{\text{mole FeCl}_2}} = 534\ \text{g of FeCl}_2$$

이러한 유형의 문제를 **화학량론 문제(stoichiometry problem)**라고 한다. 이 문제들은 한 물질의 양을 사용하여 소모되거나 생성되는 다른 물질의 양을 구한다. 이 양들은 균형 반응식에 따른다. 일단 Fe의 몰수를 구하면(문항 1), 이 값을 HCl의 몰수와, $FeCl_2$의 몰수 및 g수와 관련지을 수 있었다. 균형 반응식에서 한 물질의 g수나 몰수가 주어지면, 반응식 내 다른 물질의 몰수나 g수를 구할 수 있다. 예제 7.7과 7.8에서 이 개념을 좀 더 설명한다.

예제 7.7 균형 반응식을 사용하여 몰 관련짓기

마그네슘이 연소하면 산소와 결합하여 새로운 화합물(MgO)을 생성한다. 이 반응의 균형 반응식은 아래와 같다. 만약 이 반응이 산소 3.0몰을 소모한다면, 몇 몰의 MgO가 생성될까? 몇 g의 MgO가 생성될까?

$$2\ \text{Mg}\ (s) + \text{O}_2\ (g) \rightarrow 2\ \text{MgO}\ (s)$$

이 문제의 첫 번째 부분에 접근하는 방법에는 두 가지가 있다. 한 가지 방법은 육안 검사이다. 균형 반응식으로 알 수 있는 것은 산소 기체 1몰이 산화 마그네슘 2몰을 생성한다는 것이다. 이러한 비에 따라 산소 기체 3.0몰은 MgO 6.0몰을 생성한다.

간단한 비의 경우는 이러한 종류의 육안 검사가 매우 유용하다. 그러나 문제를 해결하는 두 번째 방법은 균형 반응식을 사용하여 환산 인자를 만들어 푸는 것이다. 산소 기체 3.0몰로 시작하여, 여기에 환산 인자를 곱한다. 환산 인자는 산소 기체 1몰당 MgO 2몰을 나타낸다.

$$3.0\ \cancel{\text{moles O}_2} \times \frac{2\ \text{moles MgO}}{1\ \cancel{\text{mole O}_2}} = 6.0\ \text{moles MgO}$$

일단 MgO의 몰수가 구해지면, MgO의 몰질량(40.31 g/mol)을 사용하여 몰을 g으로 변환한다. 계산기에 나온 답은 241.9 g이다. 그런데 두 개의 유효 숫자로 답해야 한다. 따라서 반올림하면 답이 240 g이 된다.

$$6.0\ \cancel{\text{moles MgO}} \times \frac{40.31\ \text{g MgO}}{1\ \cancel{\text{mole MgO}}} = 240\ \text{g MgO}$$

내가 살고 있는 곳은 Kentucky 서부의 옥수수 마을이다. 작은 지방 공항에서 비행기를 타고, 시카고 O'Hare까지만 간다. 원하는 곳이면 어디든지 갈 수 있지만, 반드시 시카고를 통과해야 한다. O'Hare처럼, 몰(mole)도 많은 계산에서 여행의 허브 공항이다. 한 물질을 다른 물질과 관련짓고 싶다면, 반드시 몰을 통과해야 한다.

MrDDK/Shutterstock

균형 반응식 내 한 물질의 양과 다른 물질의 양을 연관지을 수 있다.

예제 7.8 균형 반응식을 사용하여 그램과 몰을 관련짓기

소듐 금속은 아래 균형 반응식에 나타낸 바와 같이, 물과 격렬하게 반응한다. 11.0 g의 소듐과 물의 반응에 의해 생성되는 H_2 기체의 몰수는?

$$2\ Na\ (s) + 2\ H_2O\ (l) \rightarrow 2\ NaOH\ (aq) + H_2\ (g)$$

소듐의 g수를 주고, 이 양을 H_2의 몰수와 관련지으라는 것이다. 이 문제를 해결하기 위해서는 먼저 소듐의 g수를 소듐의 몰수로 변환한 다음, 소듐의 몰수를 수소 몰수와 관련지어야 한다. 도표로 전략을 나타내면 다음과 같다.

$$\text{Na g수} \Rightarrow \text{Na 몰수} \Rightarrow H_2\ \text{몰수}$$

소듐의 g수를 소듐의 몰수로 바꾸기 위해, 소듐의 몰질량(22.99 g/mol)을 사용한다. 소듐 몰수를 H_2 몰수로 변환하기 위해, 균형 반응식을 사용하여 이 두 화학종을 관련짓는다(1몰의 H_2/2몰의 Na). 이 과정을 두 개의 개별 단계로 작성하면 다음과 같다.

1단계: Na의 g수를 Na의 몰수로 변환하기

$$11.0\ \cancel{g\ Na} \times \frac{1\ mol\ Na}{22.99\ \cancel{g\ Na}} = 0.478\ mol\ Na$$

2단계: Na의 몰수와 H_2의 몰수 관련짓기

$$0.478\ \cancel{mol\ Na} \times \frac{1\ mol\ H_2}{2\ \cancel{mol\ Na}} = 0.239\ mol\ H_2$$

단순하게 두 단계를 다음과 같이 나란히 쓸 수도 있다.

$$11.0\ \cancel{g\ Na} \times \frac{1\ \cancel{mol\ Na}}{22.99\ \cancel{g\ Na}} \times \frac{1\ mol\ H_2}{2\ \cancel{mol\ Na}} = 0.239\ mol\ H_2$$

도전 문제

9. 리튬 금속은 아래에 나타낸 반응식에 따라 질소 기체와 반응한다. 이 반응식을 기초로, 리튬 12.0몰과 반응하는 데 필요한 N_2는 몇 몰인가? 이 반응에서 생성되는 Li_3N의 몰수는 얼마인가? 생성되는 Li_3N의 g수는 얼마인가?

$$6\ Li\ (s) + N_2\ (g) \rightarrow 2\ Li_3N\ (s)$$

10. 이산화 황은 아래에 표시된 균형 반응식에 따라 산소 기체와 반응한다.

$$2\ SO_2\ (g) + O_2\ (g) \rightarrow 2\ SO_3\ (g)$$

SO_3 40몰을 생성하는 데 필요한 SO_2는 몇 몰인가? 필요한 O_2는 몇 몰인가?

그램 대 그램의 문제

화학량론 문제 중 일반적 유형의 하나는 그램 대 그램의 문제다. 이러한 유형의 문제에서는 한 반응물 또는 생성물의 질량(g 단위)을 주고, 다른 반응물 또는 생성물의 질량(g 단위)을 구하라는 것이다. 균형 반응식은 양을 몰(mole)로 연관시킨다. 따라서 몰로 변환하여 이 문제를 해결해야 한다. 물질 A의 g수와 물질 B의 g수에 관련된 모든 질문의 경우, 전략은 A의 g수를 A의 몰수로, 그다음 B의 몰수로, 마지막으로 B의 g수로 변환하는 것이다. 이 접근 방식을 그림 7.12에 도식적으로 나타내었다. 예제 7.9에서는 이 전략을 사용하여 이러한 유형의 문제 해결 방법을 설명한다.

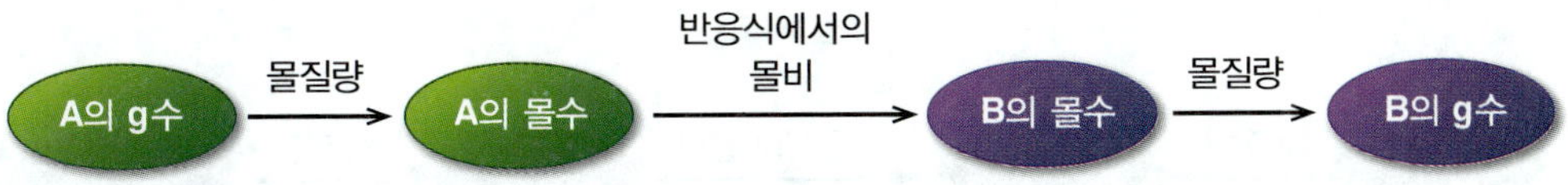

그림 7.12 이러한 전략을 사용하여 그램 대 그램 화학량론 문제를 해결한다.

예제 7.9 그램 대 그램의 변환

Bunsen 버너로 가열하면, $MgCO_3$는 분해되어 아래 반응식에 나타낸 바와 같이, MgO와 CO_2가 된다. 5.24 g의 $MgCO_3$가 이러한 방식으로 가열된다면, 몇 g의 MgO가 생성될 수 있는가?

$$MgCO_3\,(s) \rightarrow MgO\,(s) + CO_2\,(g)$$

이 문제를 해결하기 위해서는 먼저, $MgCO_3$의 g수를 $MgCO_3$의 몰수로 변환해야 한다. 다음으로, 균형 반응식을 사용하여 $MgCO_3$의 몰수와 MgO의 몰수를 관련짓는다. 마지막으로, MgO의 몰수를 g수로 변환한다. 한 번에 하나씩 변환하거나, 다음과 같이 변환들을 함께 묶을 수 있다.

$$5.24\ \text{g MgCO}_3 \times \frac{1\ \text{mole MgCO}_3}{84.32\ \text{g MgCO}_3} \times \frac{1\ \text{mole MgO}}{1\ \text{mole MgCO}_3} \times \frac{40.31\ \text{g MgO}}{1\ \text{mole MgO}} = 2.51\ \text{g MgO}$$

$MgCO_3$ g수로 시작	$MgCO_3$ 몰수로 변환	MgO 몰수로 변환	MgO g수로 변환

도전 문제

11. 구리와 브로민이 반응하여 브로민화 구리(I)를 생성하는 반응을 고려해 보자.

$$2\ Cu\,(s) + Br_2\,(l) \rightarrow 2\ CuBr\,(s)$$

이 반응에서 24.6 g의 구리가 반응하면, 몇 g의 브로민화 구리(I)가 생성되는가? 이 양의 구리와 반응하는 데 필요한 브로민은 몇 g인가?

화학량론 문제의 해결 방안

많은 사람에게 있어 화학량론 문제는 엄청나게 보일 수 있다. 너무 걱정할 필요는 없다. 충분히 할 수 있다! 이러한 문제를 해결하는 열쇠는 간단한 패턴을 인식한 다음, 매번 그 패턴을 따르는 것이다. 이러한 문제는 세 가지 유형의 변환에만 의존하며, 각 환산 인자는 각 변환 유형의 환산 인자이다.

변환 유형	환산 인자
1. 한 물질의 g수와 몰수	몰질량
2. 한 물질의 몰수와 입자 수	Avogadro 수
3. 두 가지 다른 물질의 몰수	균형 반응식에서의 몰비

일단 변환을 이해하면, 출발지와 도착지를 파악해야 한다. 화학량론 문제는 한 화합물(A)의 양을 제공하고, A를 다른 화합물(B)의 양과 관련지으라는 것이다. 이러한 문제를 해결할 수 있는 방법은 그림 7.13에 표시된 '몰 지도(mole map)'를 사용하는 것이다. 다른 지도와 마찬가지로, 이 지도는 어디에 있는지, 어디로 가고 있는지, 어떻게 가야 하는지를 알려 준다. 예를 들어 어떻게 화합물 A의 g수에서 화합물 B의 입자 수를 얻을 수 있을까? 몰 지도를 보면

Connecticut 남부에서 I-95번 도로를 따라 운전한다면, Norwalk에서 New Haven까지 어떻게 가나? 지도에 따르면, Bridgeport를 통과해야 한다. 그림 7.13에 유사한 지도가 있다. 화학량론 문제를 해결하기 위한 지도이다. 시작점과 도착점은 어디든 가능하다. 그냥 지도만 따라가면 된다. 대부분의 화학량론 문제의 경우, 지도에 의하면 몰을 통과해야 한다.

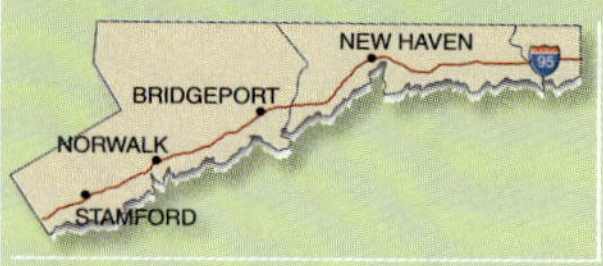

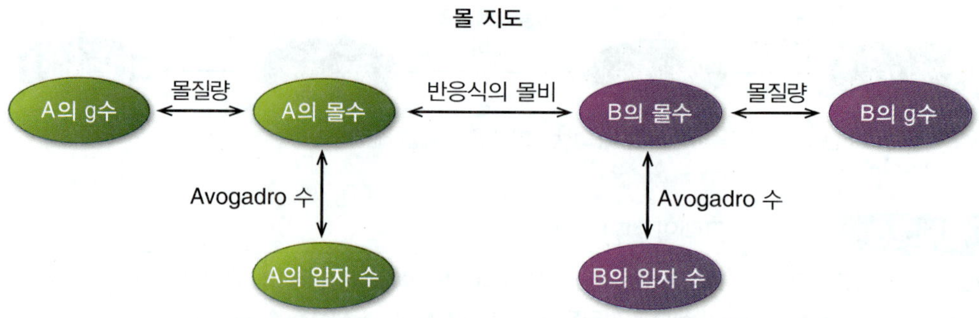

그림 7.13 '몰 지도'는 g수, 몰수, 원자 수(또는 분자 수)를 물어보는 화학량론 문제의 해결 전략을 나타낸 것이다.

세 단계가 필요하다는 것을 알 수 있다. 즉 A의 g수로 시작해서, A의 몰수로 변환하고, B의 몰수 변환을 거쳐, 마지막으로 B의 입자 수로 변환해야 한다. 예제 7.10과 7.11은 이러한 유형의 문제를 설명한다.

예제 7.10 화학량론 문제의 해결 방안

아래 반응식에서와 같이, 아연 금속은 수용성 염화 구리(II)와 반응한다. 3.0×10^{21}개의 아연 원자가 반응하면 생성되는 $ZnCl_2$는 몇 g인가? 필요한 변환 순서를 표시하고 나서, 숫자 답을 계산하시오.

$$Zn\ (s) + CuCl_2\ (aq) \rightarrow ZnCl_2\ (aq) + Cu\ (s)$$

그림 7.12의 지도를 보면서 이 문제를 해결할 수 있다. Zn의 원자 수를 알고 있고, $ZnCl_2$의 질량을 구하라는 것이다. 지도에서 A를 Zn으로, B를 $ZnCl_2$로 치환하면, 다음 경로를 통해 계산을 수행할 수 있다.

$$\text{Zn의 원자 수} \Rightarrow \text{Zn의 몰수} \Rightarrow ZnCl_2\text{의 몰수} \Rightarrow ZnCl_2\text{의 g수}$$

이제, 환산 인자를 구성하여 Zn 원자 수를 $ZnCl_2$의 g수로 이동한다.

$$3.0 \times 10^{21}\ \text{atoms Zn} \times \frac{1\ \text{mole Zn}}{6.02 \times 10^{23}\ \text{atoms Zn}} \times \frac{1\ \text{mole}\ ZnCl_2}{1\ \text{mole Zn}} \times \frac{136.28\ \text{g}\ ZnCl_2}{1\ \text{mole}\ ZnCl_2} = 0.68\ \text{g}\ ZnCl_2$$

유효 숫자를 맞추어 반올림하면, 이 반응은 0.68 g의 $ZnCl_2$를 생성할 수 있다.

예제 7.11 화학량론 문제의 해결 방안

아래 반응식에서와 같이, 알루미늄 금속은 질산(HNO_3)과 반응한다. 이 반응이 알루미늄 5.20몰을 소모한다면, 몇 g의 H_2를 생성하는가?

$$2\ Al\ (s) + 6\ HNO_3\ (aq) \rightarrow 2\ Al(NO_3)_3\ (aq) + 3\ H_2\ (g)$$

이 예제는 Al의 몰수를 주고 H_2의 g수를 구하라는 문제다. 그림 7.12에 있는 지도에 따라 이 문제의 전략을 작성할 수 있고, 다음과 같다.

$$\text{Al의 몰수} \Rightarrow H_2\text{의 몰수} \Rightarrow H_2\text{의 g수}$$

이제 경로가 정해졌으니 변환할 수 있다.

$$5.20\ \text{moles Al} \times \frac{3\ \text{moles}\ H_2}{2\ \text{moles Al}} \times \frac{2.02\ \text{g}\ H_2}{1\ \text{mole}\ H_2} = 15.8\ \text{g}\ H_2$$

도전 문제

12. 다음 균형 반응식에서와 같이, 철은 산소 기체와 반응한다. 철 82.1 g과 반응하는 데 필요한 산소는 몇 몰인가?

$$4\ Fe\ (s) + 3\ O_2\ (g) \rightarrow 2\ Fe_2O_3\ (s)$$

13. 다음 반응식에서와 같이, 탄산 칼슘을 가열하면 분해되어 산화 칼슘과 이산화 탄소가 생성된다. 71.5 g의 CaO를 생성하는 데 필요한 $CaCO_3$는 몇 몰인가?

$$CaCO_3\ (s) \rightarrow CaO\ (s) + CO_2\ (g)$$

한계 시약의 계산

더 진행하기 전에, 잠시 샌드위치를 만들어보자. 샌드위치를 만드는 '레시피'는 다음과 같다.

빵 2조각 + 칠면조 고기 1조각 + 치즈 1조각 → 샌드위치 1개

이제 칠면조 고기 18조각, 치즈 15조각, 빵 80조각이 있다고 상상해 보자. 이 레시피를 이용하면, 샌드위치를 몇 개나 만들 수 있는가?

샌드위치 15개라고 답했다면, 맞다. 빵 80조각으로는 샌드위치 40개를 만들 수 있다. 칠면조 18조각으로는 샌드위치 18개를 만들 수 있다. 그러나 치즈 15조각으로는 샌드위치 15개를 만들 수 있다. 치즈가 먼저 떨어지므로, 만들 수 있는 샌드위치 수는 치즈가 **제한한다**.

이러한 상황은 화학에서나 요리에서나 흔히 볼 수 있는 현상이다. 예를 들어 아래 반응에 나타낸 천연가스의 연소를 생각해 보자.

$$CH_4\ (g) + 2\ O_2\ (g) \rightarrow CO_2\ (g) + 2\ H_2O\ (g)$$

CH_4보다 O_2가 더 많다면, 반응은 어떻게 되는가? CH_4가 모두 소모될 때까지 반응이 일어날 것이다. 그러나 O_2는 여전히 남아 있을 것이다(그림 7.14). 산소가 과량 있기 때문에 O_2를 **과량 시약(excess reagent)**이라고 한다. 반면에, 존재하는 CH_4의 양은 이 반응의 생성물인 CO_2와 물의 양을 제한한다. 먼저 소모되는 화합물을 **한계 시약(limiting reagent)**이라고 한다. 한계 시약은 반응에서 만들어지는 생성물의 양을 결정한다.

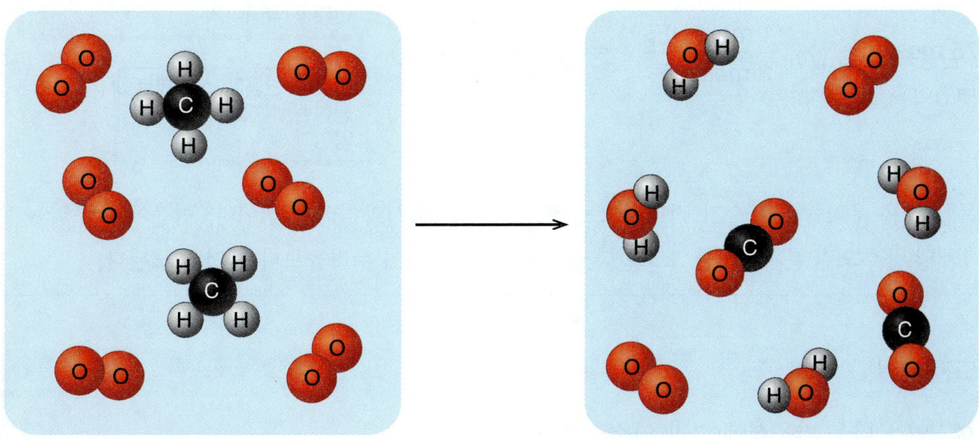

그림 7.14 한계 시약(CH_4)은 완전히 소모되지만, 과량 시약(O_2)은 완전히 소모되지 않는다.

한계 시약이란 최소량의 생성물을 생성할 수 있는 시약이다.

샌드위치 예시와 같이, 반응물의 양은 다양하게 주어진다. 한계 시약을 알려면, 반응물 각각이 생성할 수 있는 생성물의 양을 계산한다. 그러면 최소량의 생성물을 생성할 수 있는 반응물이 바로 한계 시약이다. 예제 7.12와 7.13이 이러한 생각을 설명한다.

예제 7.12 한계 시약 찾기

다음 반응식에서와 같이, 포타슘은 염소 기체와 격렬하게 반응하여 염화 포타슘을 생성한다. 만약 포타슘 1.2몰이 염소 기체 15몰과 결합된다면, 생성되는 염화 포타슘의 몰수는 얼마인가? 어떤 시약이 한계 시약인가?

$$2\,K\,(s) + Cl_2\,(g) \rightarrow 2\,KCl\,(s)$$

이 문제를 해결하기 위해, 포타슘의 유효량과 염소의 유효량으로부터 생성될 수 있는 염화 포타슘의 양이 얼마인지를 결정해야 한다.

$$1.2\ \cancel{\text{mol K}} \times \frac{2\ \text{mol KCl}}{2\ \cancel{\text{mol K}}} = 1.2\ \text{mol KCl}$$

$$15\ \cancel{\text{mol Cl}_2} \times \frac{2\ \text{mol KCl}}{1\ \cancel{\text{mol Cl}_2}} = 30\ \text{mol KCl}$$

포타슘에서 생성되는 KCl의 양이 더 적다. 따라서 K가 한계 시약이다.

포타슘이 생성되는 KCl의 양을 제한한다. 따라서 포타슘이 한계 시약이다. 충분한 염소로 다량의 KCl을 생성할 수는 있다. 그러나 포타슘이 한계 시약이므로, 생성물의 양은 1.2몰이다.

예제 7.13 한계 시약 찾기

우라늄은 플루오린 기체와 반응한다. 반응식은 다음과 같다. 우라늄 30몰이 F_2 75몰과 반응하면 UF_6 몇 몰이 생성되겠는가?

$$U + 3\,F_2 \rightarrow UF_6$$

한계 시약을 찾기 위해, 우라늄에서 생성될 수 있는 UF_6의 양과 플루오린으로부터 생성될 수 있는 UF_6의 양을 계산한다.

$$30\ \cancel{\text{moles U}} \times \frac{1\ \text{mole UF}_6}{1\ \cancel{\text{mole U}}} = 30\ \text{moles UF}_6$$

$$75\ \cancel{\text{moles F}_2} \times \frac{1\ \text{mole UF}_6}{3\ \cancel{\text{moles F}_2}} = 25\ \text{moles UF}_6$$

플루오린 기체에서 생성될 수 있는 UF_6의 양이 더 적다. 따라서 F_2가 한계 시약이다.

이것이 반응에서 실제로 생성될 수 있는 UF_6의 양이다.

주목할 것은 우라늄의 몰수가 적더라도 플루오린이 한계 시약이라는 점이다. 반응에서 우라늄 원자 1개당 플루오린 분자 3개를 소모한다. 따라서 플루오린이 우라늄보다 먼저 소모된다.

도전 문제

14. 인은 다음 반응식에 따라 염소 기체와 반응한다.

$$2\ P\ (s) + 3\ Cl_2\ (g) \rightarrow 2\ PCl_3\ (l)$$

인 25.0몰이 염소 기체 50.0몰과 반응할 때, 한계 시약은 어느 것인가? 또한 생성되는 PCl_3의 몰수를 구하시오.

남은 양 구하기

이전 절에서는 화학 반응을 샌드위치 레시피를 사용하여 비유했다.

빵 2조각 + 칠면조 고기 1조각 + 치즈 1조각 → 샌드위치 1개

이 반응식을 바탕으로 칠면조 고기 18조각, 치즈 15조각, 빵 80조각이 있다면, 샌드위치 15개를 만들 수 있다고 말했다. 치즈가 한계 시약이다. 그런데 또 다른 질문이 있다. 샌드위치를 다 만들고 나면, 남는 칠면조와 빵은 각각 몇 조각인가? 앞으로 진행하기 전에, 잠시 시간을 갖고 이것을 알아내기를 추천한다.

이 문제를 해결하기 위해 먼저 파악할 것은 각 반응물의 사용량이다. 균형 반응식 내의 비에 따라 샌드위치 만들기를 다음과 같이 요약할 수 있었다.

맛있는 샌드위치

Sergey Peterman/Shutterstock

소모: 빵 30조각, 칠면조 15조각, 치즈 15조각
생성: 샌드위치 15개

남은 양을 구하기 위해, 처음 양에서 사용량을 뺀다.

빵: 80조각 − 30조각 = 50조각 남음
칠면조: 18조각 − 15조각 = 3조각 남음
치즈: 15조각 − 15조각 = 0조각 남음 (한계 시약)

화학 반응도 동일한 방식으로 작동한다. 반응에 사용된 반응물의 양을 사용 가능한 양에서 빼면, 남은 반응물의 양을 결정할 수 있다. 한계 시약은 화학 반응에서 완전히 소모되지만, 과량 시약은 항상 남아 있게 된다. 예제 7.14는 이러한 생각을 설명한 것이다.

예제 7.14 남은 몰수 구하기

산–염기 중화 반응에서, 어떤 화학자가 HCl 15몰과 NaOH 20몰을 합했다. 이 반응에서 생성된 H_2O는 몇 몰인가? 또한 남은 과량 시약은 몇 몰인가?

이 문제를 해결하기 위해, 먼저 반응의 균형 반응식을 작성한다.

$$HCl\ (aq) + NaOH\ (aq) \rightarrow NaCl\ (aq) + H_2O\ (l)$$

NaOH로는 물 20몰을 생성할 수 있다. 그러나 HCl로는 물 15몰을 생성할 수 있다. 따라서 HCl은 한계 시약이고, 반응에서 물 15몰이 생성된다.

남아 있는 NaOH는 몇 몰인가? NaOH 20몰로 시작했고, 반응에서 15몰을 소모했다. 따라서 5몰이 남는다.

때로는 각 화학종의 초기 몰수, 소모된 몰수와 생성된 몰수, 각 화학종의 최종 몰수를 표를 만들어 나타내면 도움이 된다.

	HCl	+ NaOH	→	NaCl	+ H_2O	
초기 몰수:	15 moles	20 moles		--	--	
− 소모된 몰수:	−15 moles	−15 moles		+15 moles	+15 moles	+ 생성된 몰수
= 최종 몰수:	0 moles	5 moles		15 moles	15 moles	= 최종 몰수

한계 시약은 소모된다...

...반면에, 과량 시약의 일부가 남는다.

생성물의 양은 한계 시약에 의해서 결정된다.

예제 7.15 남은 질량 구하기

다음 반응에서 보는 바와 같이, 칼슘 금속은 물과 반응한다. 칼슘 3.04 g이 물 10.0 g과 반응할 때, 한계 시약은 어느 것인가? 남아 있을 과량 시약의 질량은 얼마인가?

$$Ca\ (s) + 2\ H_2O\ (l) \rightarrow Ca(OH)_2\ (s) + H_2\ (g)$$

한계 시약을 식별하기 위해서 먼저 파악해야 할 것은 최소 몰수의 생성물이다.

칼슘이 한계 시약이다...

$$3.04\text{ g Ca} \times \frac{1\text{ mole Ca}}{40.08\text{ g Ca}} \times \frac{1\text{ mole Ca(OH)}_2}{1\text{ mole Ca}} = 0.0758\text{ mol Ca(OH)}_2$$

이것이 이 반응에서 생성될 수 있는 $Ca(OH)_2$의 양이다.

...물이 과량 시약이다.

$$10.0\text{ g H}_2\text{O} \times \frac{1\text{ mole H}_2\text{O}}{18.02\text{ g H}_2\text{O}} \times \frac{1\text{ mole Ca(OH)}_2}{2\text{ moles H}_2\text{O}} = 0.277\text{ mol Ca(OH)}_2$$

Ca가 생성하는 $Ca(OH)_2$가 최소 몰수다. 따라서 Ca가 한계 시약이다. 이것은 H_2O가 과량 시약임을 의미한다. 이 반응에서 소모되는 H_2O의 질량을 구하기 위해 또 다른 화학량론 계산을 수행할 수 있다.

$$3.04\text{ g Ca} \times \frac{1\text{ mol Ca}}{40.08\text{ g Ca}} \times \frac{2\text{ mol H}_2\text{O}}{1\text{ mol Ca}} \times \frac{18.02\text{ g H}_2\text{O}}{1\text{ mol H}_2\text{O}} = 2.73\text{ g H}_2\text{O}$$

마지막으로, 남은 물의 양을 파악하는 방법이 있다. 초기 양에서 소모된 물의 양을 빼면 된다. 유효 숫자에 맞추어 반올림하면, 도달하는 최종 답은 7.3 g의 H_2O가 남는다.

$$10.0\text{ g H}_2\text{O} - 2.73\text{ g H}_2\text{O} = 7.3\text{ g H}_2\text{O}$$

도전 문제

15. 보강 철제 실린더에 수소 20.0몰과 산소 12.0몰이 채워져 있다. 혼합물이 실린더 내부에서 폭발하여 다음과 같은 반응이 발생한다.

$$2\ H_2\ (g) + O_2\ (g) \rightarrow 2\ H_2O\ (g)$$

이 반응의 한계 시약은 무엇인가? 반응이 일어난 후 실린더에 존재하는 수소, 산소, 물의 몰수와 g수를 계산하시오.

7.4 이론적 수득량과 퍼센트 수득률

이 장의 첫머리에 기술된 공정 화학자와 같은 많은 화학자들은 화학 반응을 통해 귀중한 새로운 물질을 만든다. 이러한 유형의 반응을 수행할 때 생성물의 **이론적 수득량(theoretical yield)**을 계산하는 경우가 많다. 이론적 수득량이란 반응물의 양과 균형 반응식에 기초하여 계산한 생성물의 양이다.

화학량론 문제는 반응의 이론적 수득량을 예측한다.

그러나 실제로는 이론적 수득량보다 적게 얻는 경우가 많다. 화학자가 실험에서 실제로 분리한 생성물의 양을 **실제 수득량(actual yield)**이라고 한다. 반응의 효율성을 **퍼센트 수득률(percent yield)**로 보고하며, 다음과 같이 계산한다.

$$\text{퍼센트 수득률} = \frac{\text{실제 수득량}}{\text{이론적 수득량}} \times 100\%$$

퍼센트 수득률은 100%보다 훨씬 더 작은 경우가 많다. 이런 데는 다음과 같은 몇 가지 이유가 있다. 재료의 일부가 컨테이너 벽에 부착되는 경우가 있다(케이크를 만든 적이 있다면, 반죽 전부를 팬에 넣는 것은 불가능하다는 것을 알고 있을 것이다. 화학 반응에서도 마찬가지다). 종종 경쟁 반응이 반응에서 원하지 않는 부산물을 생성한다. 다른 경우로는 생성물이 정제 과정에서 없어지는 경우가 있다. 퍼센트 수득률은 얼마나 효율적으로 반응이 일어나는가에 대한 척도다.

화학 제조의 규모와 비용 때문에 산업 화학자들은 열심히 노력하여 반응의 퍼센트 수득률을 최적화한다. 1%라도 퍼센트 수득률에 변화가 있다면, 비용을 대폭 절감하고 수익을 높일 수 있다.

예를 들어 어떤 화학자 팀이 어떤 반응을 실행했는데 이론적 수득량이 240 g이라고 가정하자. 그런데 반응이 완료된 후 그들이 분리한 것은 180 g뿐이었다. 이 경우, 반응의 퍼센트 수득률은 75%이다. 계산은 다음과 같다.

$$\text{퍼센트 수득률} = \frac{\text{실제 수득량}}{\text{이론적 수득량}} \times 100\% = \frac{180\ \cancel{g}}{240\ \cancel{g}} \times 100\% = 75\%$$

예제 7.16은 이론적 수득량, 실제 수득량, 퍼센트 수득률 사이의 관계를 설명한 것이다.

예제 7.16 이론적 수득량과 퍼센트 수득률 구하기

육플루오린화 황(SF_6)이 널리 사용되는 곳은 전력 산업이다. SF_6는 다음 반응을 통해 생성된다.

$$S\,(s) + 3\,F_2\,(g) \rightarrow SF_6\,(g)$$

어떤 제조자가 120.0 kg의 황과 과량의 플루오린 기체를 반응시켰다. 이 변환의 경우, 이론적으로 가능한 SF_6의 질량은 얼마인가? 반응이 완료된 후 제조자가 얻은 SF_6의 양은 480.2 kg이다. 이 공정의 퍼센트 수득률은 얼마였나?

이론적 수득량은 균형 반응식과 사용된 반응물의 양에 기초하여 계산한 생성물의 양이다. 이것은 화학량론 문제다. 이전 예제에서와 같이, 몰수를 중심점으로 하여 반응물과 생성물의 질량을 관련지어야 한다.

$$120{,}000\ \cancel{g\ S} \times \frac{1\ \cancel{mole\ S}}{32.06\ \cancel{g\ S}} \times \frac{1\ \cancel{mole\ SF_6}}{1\ \cancel{mole\ S}} \times \frac{146.06\ g\ SF_6}{1\ \cancel{mole\ SF_6}}$$

$$= 546{,}700\ g \text{ or } 546.7\ kg\ SF_6$$

이 반응의 이론적 수득량은 546.7 kg이다. 실제 수득량은 480.2 kg이다. 이것으로 퍼센트 수득률을 계산하면 다음과 같다.

$$\text{퍼센트 수득률} = \frac{\text{실제 수득량}}{\text{이론적 수득량}} \times 100\%$$

$$= \frac{480.2\ \cancel{\text{kg}}}{546.7\ \cancel{\text{kg}}} \times 100\% = 87.84\%$$

도전 문제

16. 어떤 화학자가 5.25 g의 $MgCO_3$로 다음 반응을 수행했다. 반응이 완료된 후 2.37 g의 MgO를 얻었다.

$$MgCO_3\ (s) \rightarrow MgO\ (s) + CO_2\ (g)$$

a. 이 반응에서 산화 마그네슘(MgO)의 이론적 수득량은 얼마였는가?

b. 퍼센트 수득률은 얼마였는가?

캡스톤 질문

여러분은 식품 향료 회사의 화학자 팀의 일원으로서 *n*-아세트산 뷰틸($C_6H_{12}O_2$)−사과, 배, 바나나에서 자연적으로 발생하는 달콤한 향이 나는 식품 첨가제−을 생산해야 한다(그림 7.15). 연구팀은 아세트산($HC_2H_3O_2$)과 *n*-뷰틸 알코올($C_4H_{10}O$)의 반응으로부터 이 화합물을 제조할 계획을 세웠다.

$$HC_2H_3O_2\ (l) + C_4H_{10}O\ (l) \rightarrow C_6H_{12}O_2\ (l) + H_2O\ (l)$$

a. 표의 데이터를 이용하여 아세트산 200.0 L와 완전히 반응하는 데 필요한 *n*-뷰틸 알코올의 부피와 양을 계산하시오.

b. 화학자들은 이 반응에서 과량의 *n*-뷰틸 알코올을 사용하는 경우가 많다. 이 시약을 850.0 L로 시작하면, 반응이 완료된 후 남는 부피는 얼마인가?

c. 이 반응에서 *n*-아세트산 뷰틸의 이론적 수득량은 얼마인가? 답을 g, kg, L 단위로 보고하시오.

d. 이 과정을 완료하고, 생성물을 정제한 후 분리하여 *n*-아세트산 뷰틸 434.9 L를 얻었다. 이 반응의 퍼센트 수득률을 계산하시오.

이름	화학식	끓는점	몰질량	밀도
아세트산	$HC_2H_3O_2$	119 °C	60.06 g/mol	1.049 g/mL
n-뷰틸 알코올	$C_4H_{10}O$	118 °C	74.14 g/mol	0.810 g/mL
n-아세트산 뷰틸	$C_6H_{12}O_2$	126 °C	116.18 g/mol	0.883 g/mL
물	H_2O	100 °C	18.02 g/mol	1.00 g/mL

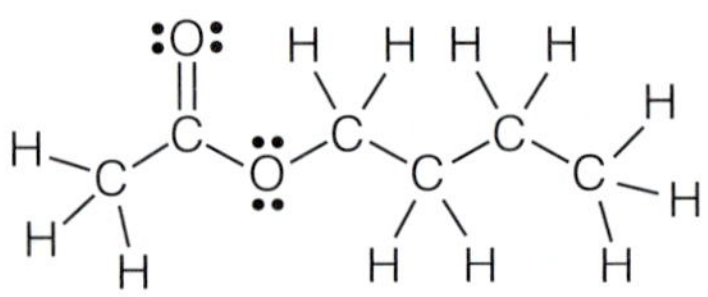

Carlos Aranguiz/Shutterstock

그림 7.15 *n*-아세트산 뷰틸($C_6H_{12}O_2$)은 향기로운 물질로, 많은 종류의 과일에서 자연적으로 나온다. *n*-아세트산 뷰틸은 인공 과일 향료에 흔히 사용된다.

요약

화학이 종종 다루는 질문은 '얼마만큼인가?'이다. 화학 반응을 실험할 때, 화학자들은 사용하는 반응물의 양이 얼마인지와 예상되는 생성물의 양이 얼마인지를 알아야 한다. 이 장에서 알아본 것은 원자량과, 실험실이나 공장에서 측정할 수 있는 질량을 어떻게 관련짓느냐이다.

화합물을 기술하는 방법에는 화학식량이 있다. 화학식량은 분자 또는 화학식 단위 내 원자들의 질량을 합한 값이다. 과학자들은 대개 질량 분석법을 사용하여 화학식량을 실험적으로 결정한다.

화합물을 설명하는 방법에는 화합물의 조성 퍼센트도 있다. 과학자들은 원소 분석이라고 하는 기술을 이용하여 조성 퍼센트를 결정한다.

몰 개념 덕분에 원자와 분자의 질량을 실험실 규모로 측정할 수 있는 질량과 연결할 수 있다. Avogadro 수(6.02×10^{23})는 1몰의 입자 수다. 물질 1몰의 질량(g 단위)과 그 물질의 원자량이나 분자량(amu 단위)의 수치는 같다. 즉 어떤 화학 물질의 질량을 나타낼 수 있는 단위는 amu나 g/mol이다. 질량의 측정 단위가 g/mol인 것을 몰질량이라고 한다.

몰 개념 덕분에 화학 반응식을 이용하여 큰 양을 연결할 수 있다. 몰로 변환시킴으로써 화학 반응과 관련된 모든 물질의 양과, 반응에서 소모/생성된 모든 다른 물질의 양을 서로 관련지을 수 있다.

화학 물질을 정확한 비(ratio)로 혼합할 수 없는 경우가 많다. 따라서 반응물 하나는 과량이 될 것이다. 한계 시약은 반응에서 생성될 수 있는 생성물의 양을 결정한다.

화학자들은 일반적으로 이론적 수득량과 퍼센트 수득률로 반응을 설명한다. 이론적 수득량은 반응이 완전히 진행된 경우에 생성되는 물질의 양이다. 그러나 실제로는 경쟁 반응이나 용기 간의 불완전한 이동, 기타 문제 때문에 물질이 손실될 수 있다. 퍼센트 수득률은 실제 수득량이 이론적 수득량과 얼마나 밀접하게 일치하는지를 보여 주는 지표다. 퍼센트 수득률은 실험실이나 산업 환경에서 작업할 때 매우 중요하다.

공정의 개발(계속)

이 장의 시작에서, Jared Fennell 박사를 소개했다. 그는 제약회사 Eli Lilly의 공정 화학자로, 대규모 제조를 위해, 화학 반응을 최적화하는 일을 한다. 공정 화학은 제약 연구의 초기 단계와 많이 다르다. 약물 개발 프로젝트의 초기 단계에서 과학자들이 확인하고자 하는 것은 화합물이 유용한 의학적 성질을 가졌는가이다. 화학자들은 많은 화합물을 제조하고 시험하여, 서로 다른 구조가 생체계에서 어떻게 작용하는지를 연구한다. 화학자들은 퍼센트 수득률에 대해 크게 걱정하지 않는다. 단지 적은 양의 화합물을 필요로 하고, 좋은 수득률이 때로는 화합물을 빨리 얻는 것보다 덜 중요하기 때문이다. 그러나 화합물이 실험실 테스트에서 동물 테스트로, 궁극적으로는 인간의 실험으로 이동하기 때문에 점점 더 많은 화합물이 필요하다. 또한 화합물의 순도가 중요하다. 여기가 공정 화학자가 있는 곳이다.

Elli Lilly 팀은 최근 공정 화학자들이 직면하는 과제에 대한 통찰력을 제공하는 결과를 발표하였다. 그들의 프로젝트 목표는 전도유망한 신약의 제조였다. 마지막 단계 중 하나에는 두 분자를 결합시키는 반응이 있다. 방법은 새로운 결합을 질소 원자에 만드는 것이다(그림 7.16). 초기 및 중간 단계에서, 화학자들은 25 g의 화합물을 생산했고, 공정팀은 100,000 g을 생산해야 했다.

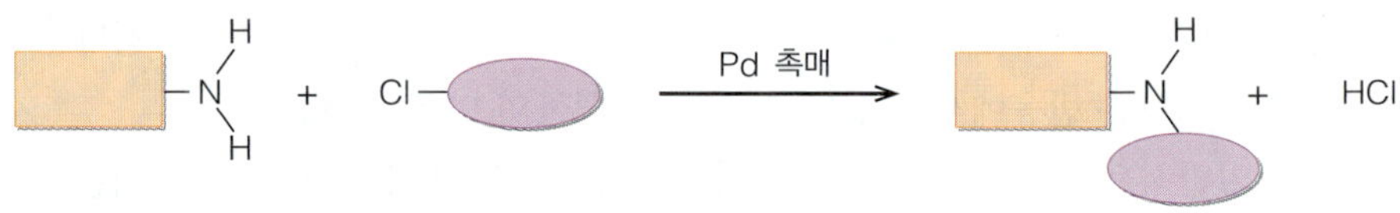

그림 7.16 결합 생성 반응을 나타낸 단순도. 음영 영역이 나타내는 것은 분자의 나머지 부분이다.

화학자들은 이 반응이 일어나도록 팔라듐(Pd) 화합물을 촉매로 사용하였다. 촉매는 반응이 더 빨리 일어나도록 도와주지만, 반응에는 참여하지 않는다. 팔라듐은 매우 비싸고, 반응이 완료된 후에는 생성물과 분리해야 한다. 게다가 촉매는 산소와 느리게 반응했다. 이로 인해 두 가지 문제가 발생했다. 첫째는 유해 가능성이 있는 부산물이 생성된 것이고, 둘째는 혼합물에 존재하는 미량의 산소 때문에 촉매 기능이 실패할 수 있다는 것이다. 그 결과, 수득률이 매우 낮아지고, 회사에는 수십만 달러의 손실을 입힐 수 있다.

공정 팀은 그 문제 해결에 착수했다. 그들은 반응에서 사용된 시간, 온도, 반응물의 양, 촉매의 양, 혼합 기술 등을 조심스럽게 테스트했다. 그들은 부산물을 확인했다. 그들은 심지어 그 반응에서 산소 농도를 모니터하는 독특한 방법을 개발했고, 그것들이 해로운 한계점 이하를 유지하도록 했다.

마침내 몇 달간의 테스트와 계획 끝에 대규모 실행의 시간이 왔다. 이 중추적인 실험에는 150 kg의 시작 물질이 필요했다. 그 가격은 거의 1백만 달러였다. 모든 것이 정상이어야만 했다. 팀 전체가 모였다. 공정의 각 단계마다 리허설을 했다. 반응이 시작됐다. 이후 48시간 동안 팀은 예상치 못한 변화를 지켜보면서 각 단계를 모니터링했다. 그 힘든 과정이 끝날 때, 그들은 성공으로 보상을 받았다. 그들은 87%의 수득률로 순수 생성물을 분리했다. 어려운 반응치고는 매우 좋은 수득률이었다.

주요 용어

7.1 화학식량과 조성 퍼센트

화학식량: 분자 또는 실험식 단위의 질량

조성 퍼센트: 화합물 내 각 원소의 백분율(질량 기준)

질량 분석: 분자의 질량을 측정하는 데 사용되는 기법

원소 분석: 물질의 조성 퍼센트를 결정하는 데 사용되는 기법

7.2 원자량을 대규모 질량 단위로 연결하는 방법: 몰 개념

몰: 6.02×10^{23}개로 구성된 양

Avogadro 수: 1몰의 입자 수. 즉 6.02×10^{23}개

몰질량: 분자 또는 화합물의 화학식량. g/mol 단위로 표현

7.3 균형 반응식에서의 몰 개념

화학량론 문제: 균형 반응식을 사용하여 화학 반응에서 한 반응물 또는 생성물의 양을 다른 양과 관련짓는 문제

과량 시약: 화학 반응에서 다른 시약보다 화학량론적 양이 더 많이 존재하는 시약. 과량 시약은 완전히 소모되지 않는다.

한계 시약: 화학 반응에서 완전히 소모되는 시약으로, 생성물의 양을 제한하는 시약

7.4 이론적 수득량과 퍼센트 수득률

이론적 수득량: 화학 반응에서 생성될 수 있는 생성물의 양으로, 균형 반응식과 존재하는 반응물의 양에 기초하여 얻은 값

실제 수득량: 화학자가 실험으로부터 실제로 구한 양

퍼센트 수득률: 반응의 효율성을 측정한 값. 실제 수득량을 이론적 수득량으로 나눈 값으로, 백분율로 표시함

추가 문제

7.1 화학식량과 조성 퍼센트

17. 다음 각 화합물의 화학식량을 계산하시오.

a. $BaSO_4$
b. K_2S
c. $C_6H_{12}O_6$
d. $FeCl_3$

18. 다음 각 화합물의 화학식량을 계산하시오.

a. $NaNO_2$
b. PCl_3
c. UF_6
d. $Mg_3(PO_4)_2$

19. 다음 각 화합물에서 산소의 질량 백분율을 구하시오.

a. 포도당($C_6H_{12}O_6$)
b. 에탄올(C_2H_6O)
c. 아목시실린($C_{16}H_{19}N_3O_5S$)

20. 다음 각 화합물에서 질소의 질량 백분율을 구하시오.

a. 요소(CH_4N_6)
b. 질산(HNO_3)
c. 과염소산 암모늄(NH_4ClO_4)

21. 아스피린($C_9H_8O_4$)에서 탄소, 수소, 산소의 질량 백분율을 구하시오.

22. 아세트아미노펜($C_8H_9NO_2$)에서 탄소, 수소, 질소, 산소의 질량 백분율을 구하시오.

23. 질산 은에서 은의 질량 백분율을 구하시오. 이 화합물 시료 100.0 g에 들어 있는 은의 질량은 얼마인가?

24. 산화 철(III)에서 철의 질량 백분율을 구하시오. 이 화합물 시료 314.5 g에 들어 있는 철의 질량은 얼마인가?

25. 화합물의 화학식량을 측정하는 데 일반적으로 사용되는 기술은 무엇인가?

26. 화합물의 조성 퍼센트를 측정하는 데 일반적으로 사용되는 기술은 무엇인가?

27. 미지의 폭발물의 질량 스펙트럼(아래 그림에 나타낸)은 미지 물질의 화학식량이 227 u라는 것을 알려 준다. 이 질량에 해당하는 분자식은 다음 중 어느 것인가?

a. 나이트로글리세린($C_3H_5N_3O_9$)
b. 질산 메틸(CH_3NO_3)
c. 이질산 에틸렌 글리콜($C_2H_4N_2O_6$)
d. 트라이나이트로톨루엔($C_7H_5N_3O_6$)

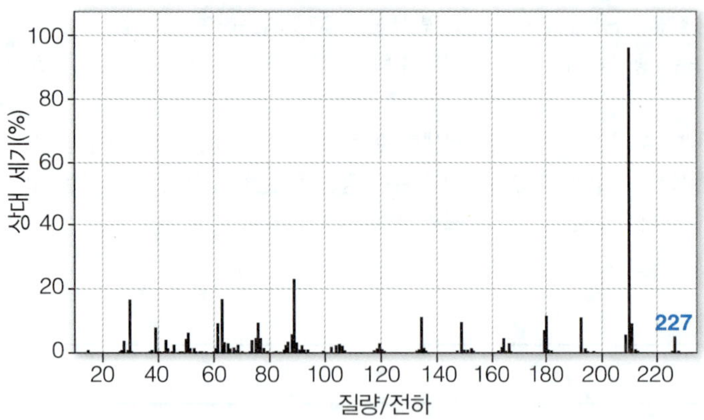

28. 불법 의약품의 질량 스펙트럼은 다음과 같다. 질량이 369 u임을 나타내는 피크는 다음 중 어느 화합물에 해당하는가?

a. 코카인($C_{17}H_{21}NO_4$)
b. 메탐페타민($C_{10}H_{15}N$)
c. 테트라하이드로칸나비놀($C_{21}H_{30}O_2$)
d. 헤로인($C_{21}H_{23}NO_5$)

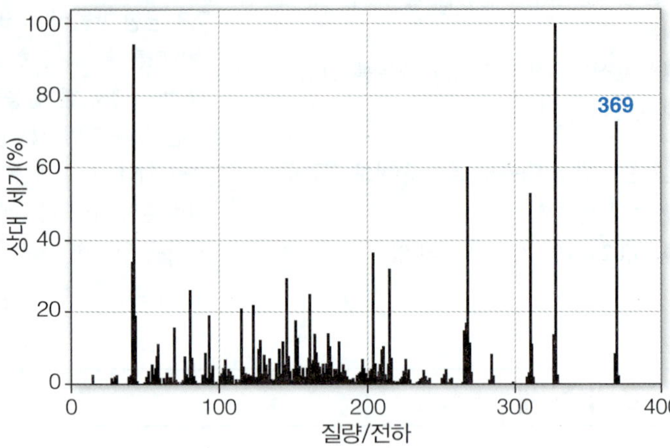

29. 과학수사연구소가 탄소, 수소, 질소를 포함하고 있는 소량의 물질을 분석하였다. 이 화합물은 헤로인이거나 모르핀으로 추측된다. 헤로인은 중독성이 강한 마약으로, 화학식이 $C_{21}H_{23}NO_5$이다. 모르핀도 관련 화합물로, 화학식이 $C_{17}H_{19}NO_3$이다. 원소 분석을 수행한 후, 시료에 질량으로 71.6%의 탄소, 6.7%의 수소가 들어 있음이 밝혀졌다. 이 증거가 뒷받침하는 결론은 무엇인가?

30. 과학수사연구소가 탄소, 수소, 질소를 포함하고 있는 소량의 물질을 분석하였다. 이 화합물은 필로폰이거나 메틸렌다이옥시피로발레론(MDPV)으로 추측된다. 필로폰은 중독성이 강한 마약으로, 화학식이 $C_{10}H_{15}N$이다. MDPV도 관련 화합물로, 화학식이 $C_{16}H_{21}NO_3$이다. 원소 분석을 수행한 후, 시료에 질량으로 69.8%의 탄소, 7.7%의 수소가 들어 있음이 밝혀졌다. 이 증거가 뒷받침하는 결론은 무엇인가?

7.2 원자량을 대규모 질량과 연결하는 방법: 몰 개념

31. 다음 각 물질 1몰에 있는 g수를 계산하시오.

a. 프로페인(C_3H_8)
b. 염화 칼슘($CaCl_2$)
c. 에틸렌 글리콜(C_2H_6O)
d. 슈크로스($C_{12}H_{22}O_{11}$)

32. 다음 각 물질 1몰에 있는 g수를 계산하시오.

a. 뷰테인(C_4H_{10})
b. 브로민화 마그네슘($MgBr_2$)
c. 요소(CH_4N_2O)
d. 탄산수소 포타슘($KHCO_3$)

33. 화학자는 원소와 화합물의 질량을 표현할 때 amu(u)나 g/mol을 사용한다. 다음 각 상황에 적합한 접근 방식은 무엇인가?

a. 14.2몰의 화합물을 측정해야 할 때
b. 질량 분광계로 측정한 단일 분자의 질량을 보고해야 할 때

34. 화학자는 원소와 화합물의 질량을 표현할 때 amu(u)나 g/mol을 사용한다. 다음 각 상황에 적합한 접근 방식은 무엇인가?

a. 반응물의 양을 계산해서 200 L 산업용 반응 용기에 가해야 할 때
b. 단일 단백질 분자의 질량을 계산해야 할 때

35. 다음 각 물질의 g수를 계산하시오.

a. 15.2몰의 KCl
b. 0.319몰의 $MgSO_4$
c. 41.3몰의 네온

36. 다음 각 물질의 g수를 계산하시오.

a. 1.10몰의 질산 철(II)
b. 0.201몰의 인산 소듐
c. 1.132×10^{-3}몰의 $PtCl_4$

37. 다음 각 물질의 g수를 계산하시오.

a. 1.50몰의 금
b. 24.3몰의 BF_3
c. 0.131몰의 헬륨

38. 다음 각 물질의 g수를 계산하시오.

a. 1.29몰의 염화 코발트(II)
b. 11.1몰의 탄산 포타슘
c. 4.922×10^{-2}몰의 $CuCl_2$

39. 다음 각 물질의 몰수를 계산하시오.
a. 182.5 g의 Mg
b. 29.3 g의 Cl_2
c. 304.1 g의 Pb

40. 다음 각 물질의 몰수를 계산하시오.
a. 32.3 g의 NaCl
b. 11.6 g의 CO_2
c. 508.3 g의 C_2H_2

41. 다음 각 물질의 몰수를 계산하시오.
a. 12.6 g의 Fe
b. 22.4 g의 LiF
c. 1.9 mg의 Br_2

42. 다음 각 물질의 몰수를 계산하시오.
a. 123.5 g의 KClO
b. 17.3 g의 H_2
c. 11.6 mg의 $Ca(ClO_4)_2$

43. 다음 각각을 원자의 몰수로 바꾸시오.
a. 23.4 g의 소듐 금속
b. 18.2 g의 인
c. 192.3 g의 탄소

44. 다음 각각을 원자의 몰수로 바꾸시오.
a. 18.7 g의 칼슘 금속
b. 51.9 g의 텔루륨(Te)
c. 178.4 g의 우라늄(U)

45. 다음 각각을 분자의 몰수로 바꾸시오.
a. 11.3 g의 H_2O
b. 77.3 g의 PCl_3
c. 129.4 kg의 CO_2

46. 다음 각각을 분자의 몰수로 바꾸시오.
a. 55.2 g의 O_2
b. 68.2 g의 CH_4
c. 31.2 kg의 SO_2

47. 다음 각 문제를 푸시오.
a. 2.0몰의 HCl에는 몇 개의 HCl 분자가 있는가?
b. 0.12몰의 금에는 몇 개의 금 원자가 있는가?
c. 140.2 g의 아연 금속에는 몇 개의 원자가 있는가?

48. 다음 각 문제를 푸시오.
a. 3.0몰의 HBr에는 몇 개의 HBr 분자가 있는가?
b. 0.032몰의 은에는 몇 개의 은 원자가 있는가?
c. 109.4 g의 헬륨에는 몇 개의 원자가 있는가?

49. 15.3 g의 원소 구리 시료에는 몇 몰의 구리가 있는가? 이 시료에는 몇 개의 구리 원자가 있는가?

50. 201.5 g의 염소 기체(Cl_2) 시료에는 몇 몰이 있는가? 이 시료에는 몇 개의 Cl_2 분자가 있는가?

51. 어떤 시료에 들어 있는 물의 양이 205.2몰이다. 이 시료에 존재하는 물 분자는 몇 개인가? 이 시료의 질량은 몇 g인가?

52. 어떤 방에 들어 있는 산소 기체의 양은 19.4몰이다. 이 방에 존재하는 O_2 분자는 몇 개인가? 이 양의 산소 질량은 몇 g인가?

53. 아연 원자 3.192×10^{22}개의 질량은 몇 g인가?

54. 바나듐 원자 1.191×10^{24}개의 질량은 몇 g인가?

55. 수소 기체 분자 1.372×10^{23}개의 질량은 몇 g인가?

56. 이산화 황 분자 1.314×10^{24}개의 질량은 몇 g인가?

57. 슈크로스(설탕)의 몰질량은 342.30 g/mol이다. 5파운드의 설탕 봉지에는 몇 개의 슈크로스 분자가 있는가? (1파운드 = 453.6 g)

58. 메탄올(CH_4O)은 몰질량이 32.04 g/mol이고, 밀도가 0.791 g/mL이다. 500 mL의 메탄올 병에는 몇 개의 분자가 있는가?

7.3 균형 반응식에서의 몰 개념

59. 다음과 같이, 납과 산소 기체는 결합하여 산화 납(IV)을 생성한다. 이 방식으로 20몰의 Pb가 산소와 반응하면 몇 몰의 O_2가 소모되는가? 몇 몰의 PbO_2가 생성되는가?

$$Pb\,(s) + O_2\,(g) \rightarrow PbO_2\,(s)$$

60. 다음과 같이, 리튬과 브로민은 결합하여 브로민화 리튬을 생성한다. 이 방식으로 30몰의 리튬이 브로민과 반응하면 몇 몰의 Br_2가 소모되는가? 몇 몰의 LiBr이 생성되는가?

$$2\,Li\,(s) + Br_2\,(l) \rightarrow 2\,LiBr\,(s)$$

61. 다음 균형 반응식에서 보는 바와 같이, 아연 금속은 염산과 반응한다. 이 방식으로 3.0몰의 Zn이 반응하면 몇 몰의 HCl이 소모되는가? 몇 몰의 $ZnCl_2$와 H_2가 생성되는가?

$$Zn\,(s) + 2\,HCl\,(aq) \rightarrow ZnCl_2\,(aq) + H_2\,(g)$$

62. 다음 반응식에서 보는 바와 같이, 주석 금속은 질산 은 용액과 반응한다. 이 방식으로 5.0몰의 주석이 반응하면 몇 몰의 $AgNO_3$가 소모되는가? 몇 몰의 $Sn(NO_3)_2$와 Ag가 생성되는가?

$$Sn\,(s) + 2\,AgNO_3\,(aq) \rightarrow Sn(NO_3)_2\,(aq) + 2\,Ag\,(s)$$

63. 포타슘 금속은 다음 균형 반응식에 따라 물과 반응한다.

$$2\ K\ (s) + 2\ H_2O\ (l) \rightarrow 2\ KOH\ (aq) + H_2\ (g)$$

a. 1몰의 포타슘이 이러한 방식으로 반응한다면, 몇 몰의 물이 소모되는가?
b. 포타슘의 1몰이 이러한 방식으로 반응한다면, 몇 몰의 H_2가 생성되는가?
c. H_2 14.0몰을 생성하는 데 필요한 포타슘은 몇 몰인가?
d. 3,014.2몰의 H_2O가 소모될 때 생성되는 KOH는 몇 몰인가?

64. 원소 붕소는 다음 균형 반응식에 따라 플루오린 기체와 반응한다.

$$2\ B\ (s) + 3\ F_2\ (g) \rightarrow 2\ BF_3\ (g)$$

a. 10몰의 붕소가 소모된다고 할 때, 생성되는 BF_3는 몇 몰인가?
b. 10몰의 붕소와 반응하는 데 필요한 F_2는 몇 몰인가?
c. 60몰의 BF_3를 생성하는 데 필요한 F_2는 몇 몰인가?
d. 18몰의 F_2와 반응하는 데 필요한 B는 몇 몰인가?

65. 아래 반응식에서 보는 바와 같이, 아연은 염산과 반응하여 염화 아연과 수소 기체를 생성한다.

$$Zn\ (s) + 2\ HCl\ (aq) \rightarrow ZnCl_2\ (aq) + H_2\ (g)$$

이러한 방식으로 14.2 g의 아연이 반응한다면,

a. 몇 몰의 아연이 소모되는가?
b. 몇 몰의 HCl이 소모되는가?
c. 몇 몰의 $ZnCl_2$가 생성되는가?
d. 몇 g의 $ZnCl_2$가 생성되는가?

66. 아래 반응식에서 보는 바와 같이, 수용액에서 아이오딘화 소듐과 질산 납(II)이 반응하여 고체 아이오딘화 납(II)과 수용성 질산 소듐이 생성되었다. 한 실험에서, 8.34 g의 PbI_2가 생성된 것으로 밝혀졌다.

$$2\ NaI\ (aq) + Pb(NO_3)_2\ (aq) \rightarrow PbI_2\ (s) + 2\ NaNO_3\ (aq)$$

이 반응을 기초로 할 때

a. 몇 몰의 PbI_2가 생성되는가?
b. 몇 몰의 $NaNO_3$가 생성되는가?
c. 몇 몰의 NaI가 소모되는가?
d. 몇 g의 NaI가 소모되는가?

67. 다음 균형 반응식에 따라 브로민화 구리(I)는 마그네슘 금속과 반응한다.

$$2\ CuBr\ (aq) + Mg\ (s) \rightarrow 2\ Cu\ (s) + MgBr_2\ (aq)$$

이러한 방식으로 0.253몰의 마그네슘이 반응한다면,

a. 몇 g의 CuBr가 소모되는가?
b. 몇 g의 Cu가 생성되는가?
c. 몇 g의 $MgBr_2$가 생성되는가?

68. 다음 반응식에 따라 질산 은은 염화 칼슘과 반응한다.

$$2\ AgNO_3\ (aq) + CaCl_2\ (aq) \rightarrow Ca(NO_3)_2\ (aq) + 2\ AgCl\ (s)$$

이 반응에서 0.403몰의 AgCl이 생성된다면,

a. 몇 g의 $Ca(NO_3)_2$가 생성되는가?
b. 몇 g의 $AgNO_3$가 소모되는가?
c. 몇 g의 $CaCl_2$가 소모되는가?

69. 철 금속과 브로민화 구리(II)의 반응은 다음 균형 반응식과 같다. 23.6 g의 철 금속이 반응하면 몇 g의 브로민화 철(II)이 생성되는가?

$$CuBr_2\ (aq) + Fe\ (s) \rightarrow Cu\ (s) + FeBr_2\ (aq)$$

70. 황산과 수산화 포타슘의 반응은 다음 균형 반응식과 같다. 19.07 g의 KOH가 과량의 황산과 반응하면 몇 g의 물이 생성되는가?

$$H_2SO_4\ (aq) + 2\ KOH\ (aq) \rightarrow 2\ H_2O\ (aq) + K_2SO_4\ (aq)$$

71. 다음 반응식에서 보는 바와 같이, 질산은 암모니아와 반응하여 질산 암모늄을 생성한다. 1000 g의 NH_4NO_3가 생성되는 데 필요한 NH_3는 몇 g인가?

$$HNO_3\ (aq) + NH_3\ (aq) \rightarrow NH_4NO_3\ (aq)$$

72. 다음 반응식에서 보는 바와 같이, 물은 삼산화 황과 반응하여 황산을 생성한다. 500 g의 H_2SO_4가 생성되는 데 필요한 SO_3는 몇 g인가?

$$H_2O\ (l) + SO_3\ (g) \rightarrow H_2SO_4\ (aq)$$

73. 아래 반응식에서 보는 바와 같이, 칼슘은 산소 기체와 반응한다. 15.0 g의 산소 기체가 반응하면, 몇 g의 산화 칼슘이 생성되는가?

$$2\ Ca\ (s) + O_2\ (g) \rightarrow 2\ CaO\ (s)$$

74. 아래 반응식에서 보는 바와 같이, 고온에서 질소 기체와 수소 기체가 반응하여 암모니아를 생성한다. 200.0 g의 질소 기체가 반응하는 데 필요한 수소 기체는 몇 g인가?

$$N_2\ (g) + 3\ H_2\ (g) \rightarrow 2\ NH_3\ (g)$$

75. 아래 반응식에서 보는 바와 같이, 탄산 칼슘을 가열하면 분해되어 산화 칼슘과 이산화 탄소가 생성된다. 150.0 g의 $CaCO_3$가 이렇게 반응한다면, 몇 g의 CaO와 CO_2가 생성되는가?

$$CaCO_3\ (s) \rightarrow CaO\ (s) + CO_2\ (g)$$

76. 아래 반응식에서 보는 바와 같이, 과산화 수소(H_2O_2)는 분해되어 물과 산소 기체를 생성한다. 이 방식으로 10.0 g의 H_2O_2가 반응한다면, 몇 g의 H_2O와 O_2가 생성되는가?

$$2\ H_2O_2\ (aq) \rightarrow 2\ H_2O\ (l) + O_2\ (g)$$

77. 다음에 나타낸 바와 같이, 수산화 포타슘은 염화 철(II)과 반응한다. 이 반응에서 3.1몰의 KOH가 소모된다면, 몇 g의 $Fe(OH)_2$가 생성되는가?

$$2\ KOH\ (aq) + FeCl_2\ (aq) \rightarrow 2\ KCl\ (aq) + Fe(OH)_2\ (s)$$

78. 다음에 나타낸 바와 같이, 플루오린화 수소산은 수산화 마그네슘을 중화시킨다. 0.4 g의 HF가 반응하는 데 필요한 $Mg(OH)_2$는 몇 몰인가?

$$2\ HF\ (aq) + Mg(OH)_2\ (aq) \rightarrow MgF_2\ (aq) + 2\ H_2O\ (l)$$

79. 다음에 나타낸 바와 같이, 금속 주석은 염소 기체와 반응한다.

$$Sn\ (s) + 2\ Cl_2\ (g) \rightarrow SnCl_4\ (s)$$

이러한 방식으로 0.253몰의 주석이 반응한다면

a. 몇 g의 Cl_2가 소모되는가?
b. 몇 몰의 Cl_2가 소모되는가?
c. 몇 g의 $SnCl_4$가 생성되는가?

80. 다음 균형 반응식은 프로페인 기체(C_3H_8)의 연소를 나타낸 것이다.

$$C_3H_8\ (g) + 5\ O_2\ (g) \rightarrow 3\ CO_2\ (g) + 4\ H_2O\ (g)$$

이러한 방식으로 100.0 g의 C_3H_8가 반응한다면,

a. 몇 몰의 O_2가 소모되는가?
b. 몇 g의 CO_2가 생성되는가?
c. 몇 몰의 H_2O가 생성되는가?

81. 다음은 이산화 황과 산소 기체의 반응을 균형 반응식과 분자 모형으로 나타낸 것이다. 이 그림에서는 어느 것이 과량 시약인가? 어느 것이 한계 시약인가?

$$2\ SO_2 + O_2 \rightarrow 2\ SO_3$$

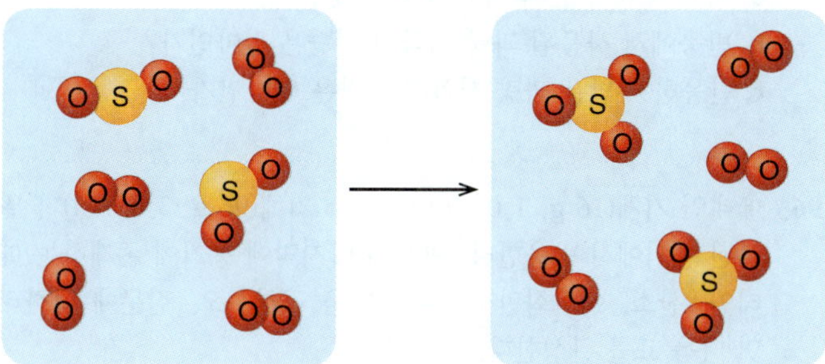

82. 다음은 붕소와 염소 기체의 반응을 균형 반응식과 분자 모형으로 나타낸 것이다. 이 그림에서는 어느 것이 과량 시약인가? 어느 것이 한계 시약인가?

$$2\ B + 3\ Cl_2 \rightarrow 2\ BCl_3$$

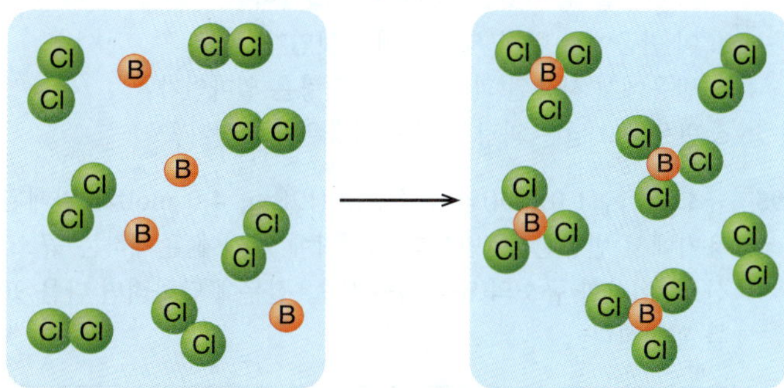

83. 다음과 같은 일반적인 반응을 고려해 보자.

$$3\ A + B \rightarrow C + D$$

이 반응의 초기 반응물이 8.0몰의 A와 3.0몰의 B라면,

a. 이 반응의 한계 시약은 무엇인가?
b. 몇 몰의 C가 이 반응에서 생성되는가?

84. 다음과 같은 일반적인 반응을 고려해 보자.

$$A + 2\ B \rightarrow C + D$$

이 반응의 초기 반응물이 A 3.0몰과 B 5.0몰이라면,

a. 이 반응의 한계 시약은 무엇인가?
b. 몇 몰의 C가 이 반응에서 생성되는가?

85. 다음 반응식에서 보는 바와 같이, 산화 칼슘은 물과 반응하여 수산화 칼슘을 생성한다.

$$CaO\ (s) + H_2O\ (l) \rightarrow Ca(OH)_2\ (s)$$

산화 칼슘 봉지를 호수에 떨어뜨린다면, 어떤 시약이 한계 시약이 될 것 같은가?

86. 에탄올은 라이터 기름의 일반적인 성분으로, 바베큐 그릴에서 숯을 점화하는 데 사용된다. 다음은 에탄올의 연소 반응이다.

$$2\ C_2H_6O\ (l) + 6\ O_2\ (g) \rightarrow 4\ CO_2\ (g) + 6\ H_2O\ (g)$$

라이터 기름을 오픈 그릴에서 숯에 바른 후 점화하면, 어떤 시약이 한계 시약이 될 것 같은가? 그 이유는?

87. 철과 황은 다음 반응식에 따라 반응한다.

$$Fe\ (s) + S\ (s) \rightarrow FeS\ (s)$$

0.10몰의 철이 0.13몰의 황과 결합할 경우, 어떤 것이 한계 시약인가? 몇 몰의 황화 철(II)이 이 반응에서 생성될 수 있는가?

88. 구리와 브로민은 다음 반응식에 따라 반응한다.

$$Cu\ (s) + Br_2\ (l) \rightarrow CuBr_2\ (s)$$

0.39몰의 구리와 0.25몰의 브로민이 결합된 경우, 어떤 것이 한계 시약인가? 몇 몰의 브로민화 구리(II)가 이 반응에서 생성될 수 있는가?

89. 포타슘은 물과 적극적으로 반응하며, 반응식은 다음과 같다. 0.20 g의 포타슘이 15.0 g의 물에 첨가되는 경우, 어떤 것이 한계 시약인가? 이 반응에서 생성되는 KOH의 질량은 얼마인가?

$$2\ K\ (s) + 2\ H_2O\ (l) \rightarrow 2\ KOH\ (aq) + H_2\ (g)$$

90. 포스젠($COCl_2$)은 암모니아(NH_3)와 반응하며, 반응식은 다음과 같다. 1.2 g의 $COCl_2$가 10.5 g의 NH_3에 첨가되는 경우, 어떤 것이 한계 시약인가? 이 반응에서 생성되는 CH_4N_2O의 질량은 얼마인가?

$$COCl_2\ (g) + 2\ NH_3\ (g) \rightarrow CH_4N_2O\ (g) + 2\ HCl\ (g)$$

91. 다음 반응식과 같이, 소듐 금속은 아이오딘과 반응하여 아이오딘화 소듐을 생성한다.

$$2\ Na\ (s) + I_2\ (s) \rightarrow 2\ NaI\ (s)$$

10.0몰의 소듐이 6.0몰의 I_2와 결합된다면,

a. 한계 시약은 어느 것인가?
b. 반응에서 사용된 과량 시약의 질량은 얼마인가?
c. 반응하고 남은 과량 시약의 질량은 얼마인가?

92. 다음 반응식과 같이, 알루미늄 금속은 염소와 반응하여 염화 알루미늄을 생성한다.

$$2\ Al\ (s) + 3\ Cl_2\ (g) \rightarrow 2\ AlCl_3\ (s)$$

12.0몰의 알루미늄이 15.0몰의 Cl_2와 결합하면,

a. 한계 시약은 어느 것인가?
b. 반응에서 사용된 과량 시약의 질량은 얼마인가?
c. 반응하고 남은 과량 시약의 질량은 얼마인가?

93. 다음 반응식과 같이, 염화 싸이오닐(thionyl chloride, $SOCl_2$)은 물과 격렬하게 반응한다.

$$H_2O\ (l) + SOCl_2\ (g) \rightarrow SO_2\ (g) + 2\ HCl\ (aq)$$

20.0 g의 물과 50.0 g의 $SOCl_2$이 결합하면,

a. 이 반응에서 한계 시약은 어느 것인가?
b. 반응에서 사용된 과량 시약의 질량은 얼마인가?
c. 반응하고 남은 과량 시약의 질량은 얼마인가?

94. 다음 반응식과 같이, 삼염화 인은 물과 반응한다.

$$PCl_3\ (l) + 3\ H_2O\ (l) \rightarrow H_3PO_3\ (aq) + 3\ HCl\ (aq)$$

60.0 g의 물과 137.3 g의 PCl_3가 결합하면,

a. 이 반응에서 한계 시약은 어느 것인가?
b. 반응에서 사용된 과량 시약의 질량은 얼마인가?
c. 반응하고 남은 과량 시약의 질량은 얼마인가?

95. 규소(28 g, 1.0 mol)와 산소 기체(128 g, 4.0 mol)가 밀폐된 용기에서 반응한다. 반응의 마지막에 용기에 존재하는 규소, 산소, 이산화 규소의 양을 구하시오. 질문에 답하려면 다음 표를 완성한다.

	Si +	O_2	→	SiO_2
초기 몰수	1.0 mol	4.0 mol		0 mol
변화	−1.0 mol			
남은 몰수				
남은 g수				

96. 메테인 기체(16 g, 1.0 mol)와 산소 기체(96 g, 3.0 mol)가 밀봉된 용기에서 반응한다. 반응의 마지막에 용기에 존재하는 메테인, 산소, 이산화탄소, 물의 양을 구하시오. 질문에 답하려면 다음 표를 완성한다.

	CH_4 +	$2\ O_2$	→	CO_2 +	$2\ H_2O$
초기 몰수	1.0 mol	3.0 mol		0 mol	0 mol
변화	−1.0 mol				
남은 몰수					
남은 g수					

97. 다음 반응은 인산(H_3PO_4)과 수산화 포타슘(KOH)의 중화 반응을 나타낸 것이다.

$$H_3PO_4\ (aq) + 3\ KOH\ (aq) \rightarrow K_3PO_4\ (aq) + 3\ H_2O\ (l)$$

96.3 g의 H_3PO_4와 150.0 g의 KOH가 결합하면,

a. 이 반응에서 한계 시약은 어느 것인가?
b. 이 반응에서 생성될 수 있는 물의 질량은 얼마인가?
c. 이 반응에서 반응하고 남은 과량 시약의 질량은 얼마인가?

98. 다음 반응식은 에틸렌과 분자 브로민의 반응을 나타낸 것이다.

$$C_2H_4\ (g) + Br_2\ (l) \rightarrow C_2H_4Br_2\ (l)$$

32.0 g의 C_2H_4와 172.0 g의 Br_2가 결합하면,

a. 이 반응에서 한계 시약은 어느 것인가?
b. 이 반응에서 생성될 수 있는 $C_2H_4Br_2$의 질량은 얼마인가?
c. 이 반응에서 반응하고 남은 과량 시약의 질량은 얼마인가?

7.4 이론적 수득량과 퍼센트 수득률

99. 퍼센트 수득률이 100% 미만인 원인 중 가장 일반적인 것 두 가지는 무엇인가?

100. 반응이 일어날 때, 퍼센트 수득률이 100%를 초과할 수 있는가? 가능한 경우와 불가능한 경우, 각각의 이유는?

101. 사용된 반응물의 양을 기준으로 하여, 어떤 화학자가 계산한 어떤 반응의 수득량이 210.3 g이었다. 그런데 정제된 생성물을 분리하고 나서, 화학자는 194.1 g의 생성물만 남았다는 것을 알았다. 이 반응의 퍼센트 수득률은 얼마인가?

102. 사용된 반응물의 양을 기준으로 하여, 어떤 화학자가 계산한 어떤 반응의 수득량이 210.3 g이었다. 그런데 정제된 생성물을 분리하고 나서, 화학자는 45.1g의 생성물만 남았다는 것을 알았다. 이 반응의 퍼센트 수득률은 얼마인가?

103. 다음과 같은 일반적인 반응을 고려해 보자.

$$A + 2\,B \rightarrow C + D$$

이 반응의 초기 반응물이 A 1.5몰과 B 4.0몰이라면,

a. 이 반응의 한계 시약은 어느 것인가?

b. 화합물 D의 이론적 수득량은 몰 단위로 얼마인가?

c. 1.2몰의 화합물 D가 분리되었다면, 이 반응에서 D의 퍼센트 수득률은 얼마인가?

104. 다음과 같은 일반적인 반응을 고려해 보자.

$$A + 2\,B \rightarrow C + 2\,D$$

이 반응의 초기 반응물이 A 2.5몰과 B 4.0몰이라면,

a. 이 반응의 한계 시약은 어느 것인가?

b. 화합물 C의 이론적 수득량은 몰 단위로 얼마인가?

c. 1.6몰의 화합물 C가 분리되었다면, 이 반응에서 C의 퍼센트 수득률은 얼마인가?

105. 어떤 화학자가 수행한 다음 반응의 초기 반응물은 C_6H_6 14.2 g과 과량의 Br_2였다.

$$C_6H_6\,(l) + Br_2\,(l) \rightarrow C_6H_5Br\,(g) + HBr\,(g)$$

a. 이 반응의 이론적 수득량은 얼마인가?

b. 화학자가 실제로 16.3 g의 C_6H_5Br을 분리하였다면, 이 반응의 퍼센트 수득률은 얼마인가?

106. 어떤 화학자가 수행한 다음 반응의 초기 반응물은 2.10 g의 NaBr과 3.25 g의 $Pb(NO_3)_2$였다.

$$2\,NaBr\,(aq) + Pb(NO_3)_2\,(aq) \rightarrow PbBr_2\,(s) + 2\,NaNO_3\,(aq)$$

a. 어느 반응물이 한계 시약인가?

b. 이 반응에서 $PbBr_2$의 이론적 수득량은 얼마인가?

c. 화학자가 실제로 3.5 g의 $PbBr_2$를 분리하였다면, 이 반응의 퍼센트 수득률은 얼마인가?

107. 어떤 화학자가 수행한 다음 반응의 초기 반응물은 4.20 g의 $MgCl_2$와 3.43 g의 Na_3PO_4였다. 반응이 완료된 후 2.14 g의 $Mg_3(PO_4)_2$를 흰색 고체로 분리하였다.

$$3\,MgCl_2\,(aq) + 2\,Na_3PO_4\,(aq) \rightarrow Mg_3(PO_4)_2\,(s) + 6\,NaCl\,(aq)$$

a. 어느 반응물이 한계 시약인가?

b. 이 반응에서 $Mg_3(PO_4)_2$의 이론적 수득량은 얼마인가?

c. 이 반응에서 $Mg_3(PO_4)_2$의 퍼센트 수득률은 얼마인가?

108. 어떤 화학자가 첫 번째 물 비커에는 0.401 g의 $AgNO_3$를, 두 번째 물 비커에는 0.253 g의 $MgCl_2$를 녹였다. 그리고나서 두 가지 용액을 합쳐서 흰색 침전 AgCl을 만들었다. AgCl을 분리하고 나서, AgCl의 질량이 0.292 g임을 알았다. 다음은 이 반응의 균형 반응식이다.

$$2\,AgNO_3\,(aq) + MgCl_2\,(aq) \rightarrow 2\,AgCl\,(s) + Mg(NO_3)_2\,(aq)$$

a. 어느 반응물이 한계 시약인가?

b. 이 반응에서 AgCl의 이론적 수득량은 얼마인가?

c. 이 반응에서 AgCl의 퍼센트 수득률은 얼마인가?

도전 과제

109. 재를 분석하여 캠프파이어에 사용되는 목재의 종류를 결정하는 것이 가능한지를 알아보기 위해 일련의 실험을 하고 있다. 실험실에서, 500 g의 히코리 나무 칩의 무게를 쟀다. 그런 다음 모의 모닥불에서 나무를 태운다. 재를 모으고 나서 37 g의 재만이 남았다는 것을 알았다. 이러한 발견은 질량 보존 법칙과 상충되는가? 이 발견을 어떻게 설명할 수 있는가?

110. 서로 다른 화학 반응에서 질량 변화를 알아보는 일련의 실험을 하고 있다. 각 반응마다 물에 녹인 두 화합물을 별도의 시험관(A와 B로 표시)에 담는다. 반응 전에 두 시험관의 질량을 측정하고, 그다음에 시험관의 내용물을 합한다. 정성적 변화를 관찰하고, 반응 후 두 시험관의 질량을 측정한다. 관찰 결과는 다음과 같다.

실험	A 시험관 수용액	B 시험관 수용액	관찰	반응 전 질량	반응 후 질량
1	염화 소듐	브로민화 포타슘	관찰되지 않음	20.07 g	20.06 g
2	질산 납(II)	아이오딘화 소듐	노란색 침전	17.84 g	17.81 g
3	질산 소듐	염화 소듐	흰색 침전	20.44 g	20.42 g
4	탄산 소듐	염산	기포 생성	18.51 g	16.92 g

실험 1, 2, 3에서는 질량 보존 법칙을 따르는 것 같다. 그러나 실험 4에서는 질량 감소를 볼 수 있다. 이러한 관찰에 근거해서, 이 반응에서 질량이 감소한 것으로 보이는 이유를 설명하시오.

111. 석탄은 세계의 주요 에너지원이다. 석탄의 주성분은 탄소와 수소이지만, 소량의 황도 존재한다. 따라서 다음 반응을 통해 SO_2와 같은 오염 물질을 생성한다.

$$S\,(s) + O_2\,(g) \rightarrow SO_2\,(g)$$

석탄 시료에는 질량으로 1.35 %의 황이 들어 있는 것으로 밝혀졌다. 1250 kg의 석탄을 연소하면, 생성되는 SO_2의 질량은 이론적으로 얼마인가?

에너지

CHAPTER 8

그림 8.1 (a) 1973년의 석유 부족으로 인해, 연료로서의 에탄올 사용이 새로운 관심을 불러일으켰다. (계속)

옥수수 에탄올 논쟁

옥수수를 사용하여 자동차를 움직이는 것이 현명할까?

지난 10년 동안 이 문제는 점점 더 긴박해지고 점점 더 뜨거워지고 있다. 문제의 핵심에는 간단한 화합물인 에탄올과, 에탄올을 둘러싼 상충되는 이해 관계가 있다.

기록된 역사를 통해 사람들은 밀이나 옥수수 같은 곡물로부터 에탄올(**에틸 알코올** 또는 간단히 **알코올**이라고도 함)을 생산해 왔다. 대부분의 사람은 알코올을 음료수로 생각하는 반면, 이 무색의 액체는 쉽게 타서 연료로 사용될 수 있다. Henry Ford의 자동차, 오리지널 모델 T는 휘발유나 에탄올로 작동될 수 있었다.

몇 년 동안 가솔린(휘발유)은 에탄올보다 훨씬 저렴했다. 따라서 가솔린은 자동차가 선택한 연료가 되었다. 그러나 1970년대에는 상황이 바뀌기 시작했다. 가솔린은 원유에서 생산되고, 많은 전문가가 원유 공급이 줄어들 것을 우려하고 있었다. 보다 시급한 것은 OPEC라고 불리는 산유국들의 동맹이 나머지 국가들의 석유 가격과 공급을 통제했다는 점이다. 1973년 10월에 있었던 무력 시위로, OPEC은 미국과 몇몇 동맹국에 대한 석유의 수송을 막았다. 1974년 초에 봉쇄가 끝날 때까지, 엄청난 가솔린 부족이 미국을 괴롭혔다(그림 8.1).

이러한 요인들로 인해, 태양 에너지와 풍력 에너지 및 식물에서 직접 생산하는 바이오 연료와 같은 재생 가능한 연료에 대한 관심이 급증하였다. 1978년에 미국 정부는 농부들의 에탄올용 옥수수 생산을 장려하기 위해 보조금(금전적 보상)을 제공하기 시작했다. 이것으로 회사들은 서서히 소량의 에탄올이 포함되어 있는 가솔린 혼합물을 생산하기 시작했다.

2005년과 2007년에 미국 의회는 재생 연료 표준(RFS: Renewable Fuel Standard)을 제정하는 두 가지 법안을 통

그림 8.1 (계속) (b) 에탄올은 무색 액체로, 쉽게 연소된다. (c) 수천 년 동안, 사람들은 알코올 음료로 사용하기 위해 곡물로부터 에탄올을 생산해 왔다. 이 과정에는 화학 반응(발효)이 있고, 그다음으로 증류라고 하는 기술을 이용한 정제가 있다. 정제에서 사용하는 기술을 증류라고 한다. 이 사진은 밀주(moonshine)를 만들 때 지금도 여전히 사용하는 방법을 간단히 나타낸 것이다. 밀주는 에탄올과 물을 주성분으로 하는 혼합물이다. (d) 이와 같은 산업용 증류주 공장에서는 옥수수로부터 대량의 에탄올을 생산한다. (e) 오늘날 대부분의 차량은 가솔린/에탄올 혼합물을 사용한다.
(a) Everett Collection/Shutterstock; (b) Satirus/Shutterstock; (c) Brian Stansberry(photographer), CC BY 3.0, Wikimedia Commons; (d) Jim Parkin/Shutterstock; (e) Mr.choppers, CC BY SA 3.0, Wikimedia Commons

과시켰다. 이 법안들은 석유 회사들로 하여금 재생 가능한 연료(특히 에탄올)와 가솔린을 혼합하도록 했다. 새로운 규제는 에탄올 생산에 사용되는 옥수수의 양을 극적으로 증가시켰다. 오늘날 미국에서 재배되는 옥수수의 약 40%는 연료용 에탄올을 생산하는 데 사용된다.

모든 사람이 이러한 변화에 만족한 것은 아니다. 수요 증가로 인해 옥수수 가격이 2005년과 2008년 사이에 두 배가 되었다. 또한 농부들이 가축의 먹이를 옥수수에 의존하기 때문에 육류와 유제품의 가격이 급격히 상승했다.

RFS 지지자들은 이 표준이 외국의 석유 공급원에 대한 의존도를 낮추고, 농촌 사회에 일자리를 제공한다고 말한다. 정책을 비판하는 사람들은 이 정책이 옥수수를 생산하는 몇몇 주에만 돈을 쏟아 붓는 반면에, 전체 국민에게는 과도한 재정적 부담을 준다고 주장한다. 어떤 사람들은 에탄올이 공기의 질을 향상시키는 청정 연소 연료라고 주장한다. 또 다른 사람들은 에탄올 생산이 실제로 환경을 해친다고 반박한다. 누가 옳은가?

이러한 문제의 답은 복잡하다. 따라서 몇 가지 간단한 질문부터 시작하자. 에탄올은 실제로 얼마나 잘 작동하나? 1갤런의 에탄올이 1갤런의 가솔린과 같은 양의 에너지를 생산하나? 더 나은 연비를 얻을 수 있는 것은 순수 가솔린의 경우인가, 에탄올과 혼합한 경우인가? 이러한 질문에 답하려면, 에탄올이나 가솔린의 연소에 수반되는 에너지 변화를 조사해야 한다.

이번 장에서는 에너지와 화학 반응의 관계를 살펴볼 것이다. 과학자들이 가솔린이나 에탄올과 같은 연료에 저장된 에너지를 측정하는 방법을 알아볼 것이다. 7장에서 학습한 화학량론 규칙을 사용하여 에너지 변화를 예측하는 방법을 알아볼 것이다. 마지막으로, 에탄올/가솔린 논쟁으로 돌아가서, "어느 것이 더 나은가?"라는 질문에 답할 것이다.

학습 목표

이 장을 완료하고 실습 문제를 풀고 나면, 수행할 수 있는 것은 다음과 같다.

8.1 에너지, 일, 열

- 열, 일, 총 에너지 변화의 관계를 설명할 수 있다.
- 물리 변화 또는 화학 변화에 수반되는 계와 주위 사이의 에너지 교환을 설명할 수 있다.

8.2 열에너지와 온도

- 열과 온도의 차이를 설명할 수 있다.
- 열량계를 사용하여 에너지 변화를 구할 수 있다.
- 계의 열용량 또는 비열을 적용하여 열에너지와 온도 관련 문제를 해결할 수 있다.

8.3 열에너지와 화학 반응

- 열량값과 반응 엔탈피를 사용하여 화학 반응에서 흡수되거나 방출되는 열을 계산할 수 있다.

8.1 에너지, 일, 열

대부분의 물리 변화와 화학 변화는 에너지의 변화와 온도의 변화를 동반한다. 모닥불은 타면서 에너지를 방출한다. 얼음덩어리가 녹을 때, 그 주변의 물은 더 차가워진다. 우리 몸이 음식을 분해할 때, 우리는 화학 결합에 저장된 에너지를 흡수한다(그림 8.2). 이러한 변화를 완전히 설명하기 위해서는 에너지의 변화도 설명해야 한다. 에너지 변화와 온도 변화를 연구하는 분야를 **열역학(thermodynamics)**이라고 한다. **열화학**(thermochemistry)이란 특히 화학 변화를 다루는 이 분야의 일부다.

Clara_Sh/Shutterstock

그림 8.2 겨울 야영객들은 불타는 나무의 열에너지에 의존하여 몸을 따뜻하게 하고, 눈을 녹여 식수로 만들고, 음식을 요리한다. 대부분의 물리 변화와 화학 변화에는 열과 온도의 변화가 따른다.

우리는 1장에서 먼저 에너지를 논의하였다. 기억할 것이 있다. **에너지(energy)**란 일을 할 수 있는 능력, 즉 변화를 가져올 수 있는 능력이라는 것이다. 에너지는 **퍼텐셜 에너지(potential energy**, 저장된 에너지)와 **운동 에너지(kinetic energy**, 운동의 에너지)를 포함한 몇 가지 형태를 갖는다.

에너지의 변화는 **열**과 **일**의 두 가지 형태로 일어난다. 어떤 물질이 **열에너지(heat energy**, 열)를 흡수하면, 물질 내부의 입자가 진동하거나 더 빨리 움직인다. 물질을 가열하면, 물질 구성 입자의 운동 에너지가 증가한다. **일(work)**은 한 형태에서 다른 형태의 에너지로의 에너지 전달이다. 일에는 물체를 움직이는 힘이 있는 경우가 많다.

열에너지에는 물질 내 입자의 운동 에너지가 있다.

에너지, 열, 일을 **부**와 **소비**로 유추하여 생각하면 도움이 된다(그림 8.3). 부를 갖는다는 것은 무엇을 의미하나? 부는 돈을 쓸 수 있는 능력을 뜻한다. 소비란 무엇인가? 소비는 한 사람에게서 다른 사람에게로 돈의 전달이다. 예를 들어 내가 돈이 있다면, 나는 능력이 있는 것이다. 핫도그나 콜라 같은 것에 돈을 소비할 수 있는 능력이 있는 것이다. 배가 고프면, 나는 핫

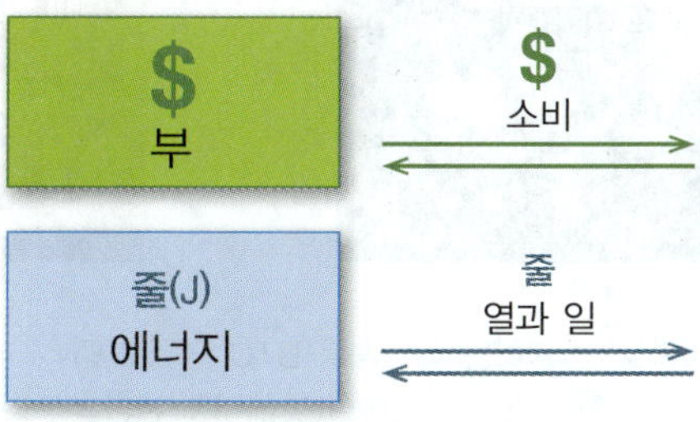

그림 8.3 소비가 부의 이동인 것처럼, 열과 일은 에너지의 이동이다. 열과 일의 단위는 에너지의 단위와 같다.

에너지 변화는 열이나 일을 통해서 일어난다.

도그를 파는 사람에게 내 돈을 송금할 수 있다고 보는 것이다. 이제 내게 핫도그를 판 사람에게는 부(wealth)가 있다(나는 점심을 먹었지만).

소비가 한 사람에서 다른 사람으로 부를 전달하는 것과 마찬가지로, 열과 일도 한 물체나 물질에서 다른 물체나 물질로 에너지를 전달한다.

부를 설명하기 위해, 어떤 형태의 돈(예: 달러)을 사용한다. 즉 소비를 설명하려면, 달러를 사용하여 동일한 방식으로 설명하는 것이 좋다. 마찬가지로 열과 일의 단위는 에너지의 단위와 같다.

에너지의 단위

1줄(joule)은 1 kg의 질량을 1 m/s²의 가속도로 1 m 거리를 움직이는 데 필요한 에너지로 정의된다.

표 8.1은 에너지의 일반적인 단위 몇 가지를 보여 준다. 에너지의 표준 단위는 **줄(J, joule)**이다. 기타 일반적인 측정 단위로는 **BTU**(British thermal unit, 영국 열 단위), **킬로와트시**(kWh), **칼로리**(cal) 등이 있다. 그림 8.4를 참조하라. 영양학에서는 킬로칼로리를 종종 **칼로리**(Calorie)라고 부른다. 여기서 문자 *C*는 종종 대문자로 쓴다. 대부분의 과학자는 애매모호함을 피하려고 한다. 따라서 대문자 *C* 영양 칼로리보다는 **킬로칼로리**(kcal)라는 용어를 사용한다.

표 8.1 일반적인 에너지 단위

1줄 = 1 $kg{\cdot}m^2/s^2$
1칼로리 = 4.184 J
1,000칼로리 = 1 kcal = 1킬로칼로리
1 BTU(영국 열 단위) = 1,055 J
1킬로와트시(kWh) = 3.6×10^6 J

예제 8.1 에너지 단위 환산하기

초코바에 저장된 화학 에너지는 212.0킬로칼로리이다. 이 에너지는 J 단위와 kJ 단위로 각각 얼마인가?

먼저, 킬로칼로리를 칼로리로 환산한 다음, 표 8.1에 제시된 관계를 이용하여 칼로리 및 J과 관련된 환산 인자를 곱한다. 따라서 답은 887,000 J 또는 887.0 kJ이다.

$$212.0\ \cancel{kcal} \times \frac{1{,}000\ \cancel{cal}}{1\ \cancel{kcal}} \times \frac{4.184\ J}{1\ \cancel{cal}} = 887{,}000\ J = 887.0\ kJ$$

도전 문제

1. 1 g의 가솔린이 연소될 때 방출하는 퍼텐셜 에너지는 47.3 kJ이다. 이 값을 칼로리로 환산하시오.

a b c

그림 8.4 에너지 측정 단위는 다양하다. (a) 어떤 회사는 자사의 공간 히터가 방출하는 에너지를 BTU 단위로 광고하고 있다. (b) 전기 계량기는 종종 킬로와트시(kWh) 단위로 에너지를 측정한다. (c) 식품은 종종 에너지 함량을 Cal(kcal를 의미함)로 나타낸다.

화학 변화에 따른 열과 일

물리 변화 또는 화학 변화에 수반되는 에너지 변화는 열과 일의 형태로 일어난다. 예를 들어 가솔린 엔진의 피스톤을 생각해 보자(그림 8.5). 가솔린이 연소할 때, 가솔린은 에너지를 방출한다. 이 에너지는 피스톤의 기체를 팽창시켜, 실린더를 위로 밀어 올리고 엔진을 회전시킨다. 결국 방출된 에너지가 피스톤에 일을 했다.

에너지 전달의 두 가지 형태는 열과 일이다.

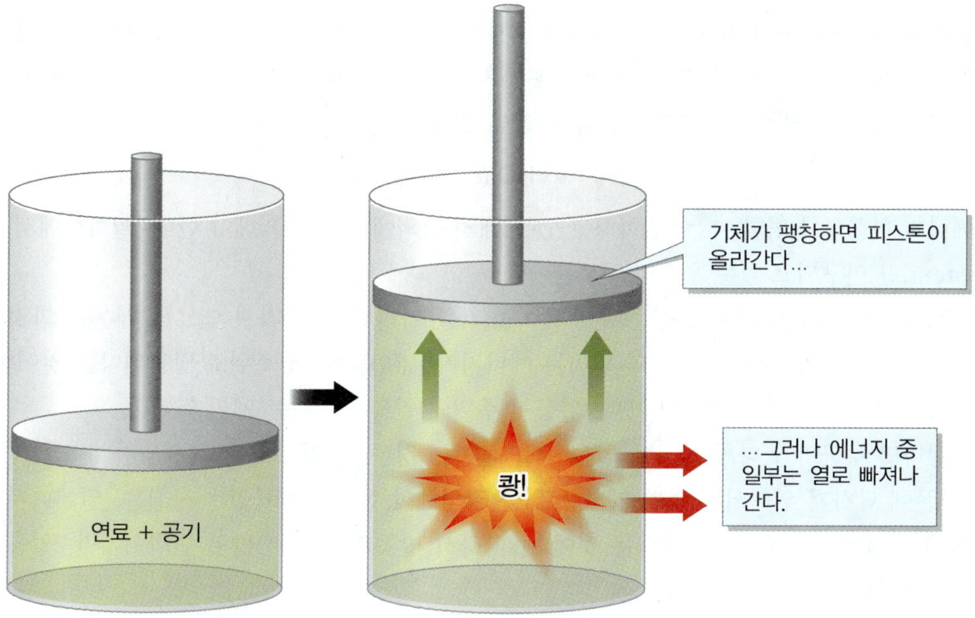

그림 8.5 피스톤 내 연료 혼합물이 폭발함에 따라 열과 일이 발생한다.

그러나 에너지 모두가 피스톤에 일로 전달되는 것은 아니다. 에너지의 일부는 열로서 주위로 빠져나간다. 가솔린에서 방출되는 총 에너지(ΔE)는 열(q)과 일(w)의 합으로, 다음과 같다.

$$\Delta E = q + w$$

과학자가 사용하는 그리스 문자 델타(Δ)는 변화를 나타낸다. E는 에너지(energy)를 의미하며, ΔE는 에너지의 변화를 의미한다.

따라서 다음과 같은 질문을 해보자. 피스톤을 용접해서 막은 다음, 가솔린을 점화하면 어떻게 되나?(집에서 이것을 하면 안 된다.) 피스톤 챔버가 폭발하지 않는다고 가정하면, 반응에서 나오는 모든 에너지는 열로 방출될 것이다. 피스톤이 움직이지 않았다. 따라서 에너지가 운동으로 전혀 변화되지 않았다. 즉 일을 하지 않은 것이다. 열과 일의 양은 변할 수 있다. 그러나 방출되는 에너지의 총량은 같다.

이와 같은 엔진은 가솔린의 퍼텐셜 에너지를 일과 열로 변환시킨다. 자동차 디자이너들의 피나는 노력과 경쟁으로 인해 엔진은 가능한 한 효율적으로 작동한다. 즉 일로서 전달되는 에너지양은 최대화하고, 열로서 잃는 에너지양은 최소화한다.

예제 8.2 총 에너지 변화 측정하기

프로페인 시료 소량이 연소하여 이산화 탄소와 수증기를 생성하였다. 고온의 기체 혼합물이 팽창하면서 20.0 kJ의 열을 방출했고, 31.0 kJ의 일로 피스톤을 밀었다. 이 반응에서 방출되는 에너지의 총량은 얼마인가?

그 변화는 열의 형태로 20.0 kJ, 일의 형태로 31.0 kJ의 에너지를 방출했다. 방출되는 총 에너지양은 열과 일의 합으로 51.0 kJ이다.

$$\text{방출된 에너지} = q + w = 20.0\ \text{kJ} + 31.0\ \text{kJ} = 51.0\ \text{kJ}$$

흡열 변화와 발열 변화

피스톤 내 반응을 화학적 관점에서 살펴보자. 가솔린은 산소와 반응하여 이산화 탄소와 물을 생성한다. 또한 많은 양의 에너지를 방출한다. 이러한 반응을 **발열 변화(exothermic change)**라고 한다. 즉 열에너지를 방출한다는 뜻이다. 실제로 우리는 종종 '에너지'를 반응 생성물에 포함시킨다.

$$2\ C_8H_{18}\ (l) + 25\ O_2\ (g) \rightarrow 16\ CO_2\ (g) + 18\ H_2O\ (g) + \text{에너지}$$

반대로 **흡열 변화(endothermic change)**는 에너지를 흡수한다. 흡열 변화를 설명할 때 반응 물질로서의 에너지를 보여 주는 경우도 많다. 예를 들어 얼음조각이 녹을 때, 얼음은 에너지를 흡수하여 고체 얼음을 액체로 바꾼다. 이것을 반응식으로 표현하면 다음과 같이 쓸 수 있다.

$$\text{에너지} + H_2O\ (s) \rightarrow H_2O\ (l)$$

계: 연구 중인 우주의 부분

에너지 변화를 설명할 때는, 변화하고 있는 계의 정의에 매우 주의해야 한다. 열화학에서 **계(system)**란 연구되고 있는 우주의 일부분이다.

주위(surroundings)라는 용어는 우주의 나머지를 가리킨다. 따라서 연료를 태우는 과정이 발열 과정이라고 말할 때, 이 말의 의미는 에너지가 계(연료)에서 주위로 방출된다는 것이다. 녹는 얼음조각의 예에서 얼음이 계다. 얼음이 주위의 열을 흡수하는 계인 것이다.

그렇다면 누군가가 다친 발목에 얼음 팩을 붙이는 경우, 열의 흐름은 흡열일까, 발열일까? 이 질문에 답하기 위해서는 먼저 계와 주위를 정의해야 한다. 알고 있는 사실은, 열에너지가 발목에서 얼음으로 흘러들어간다는 것이다. 따라서 발목의 경우는 발열 변화이지만, 얼음의 경우는 흡열 변화이다(그림 8.6).

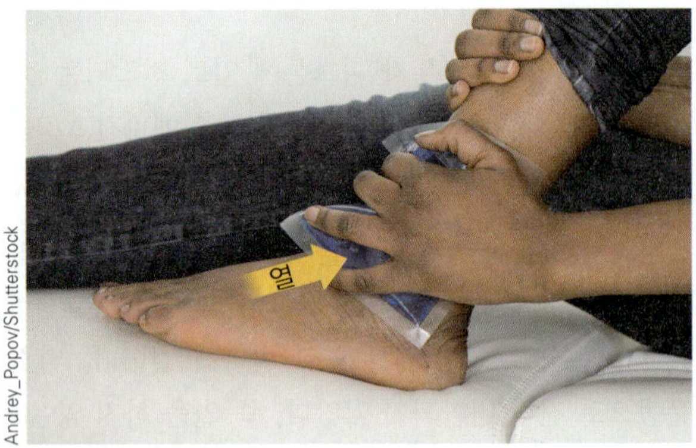

Andrey_Popov/Shutterstock

그림 8.6 얼음 팩은 종종 삔 발목의 첫 번째 치료다. 열에너지는 발목에서 얼음으로 흘러나간다. 이러한 변화는 발목의 관점에서는 발열이지만, 얼음의 관점에서는 흡열이다.

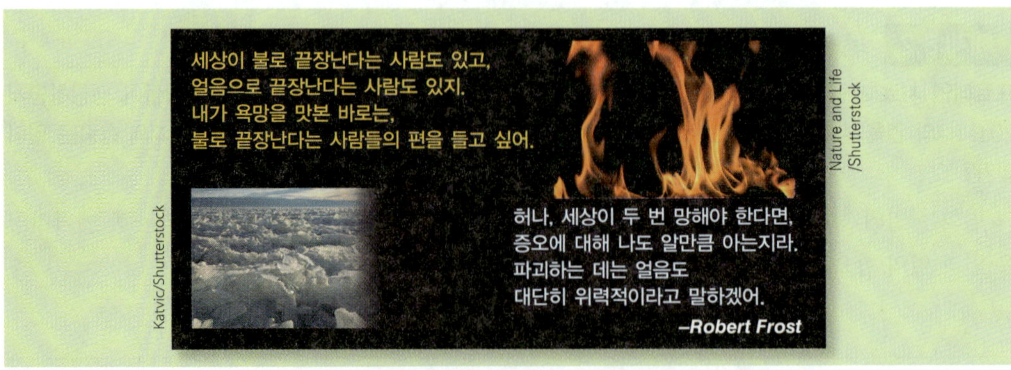

에너지 변화를 설명할 때는 연구 중인 계의 관점에서 에너지 흐름의 방향을 보여줄 수 있도록 매우 주의해야 한다. 발열 반응에서는 계가 열에너지를 잃는다. 따라서 그 계의 에너지 변화는 음이 된다. 반면에, 계가 열을 얻는다면(흡열 반응), 에너지 변화의 부호는 양이 된다.

흡열: $+q$
발열: $-q$

마찬가지로 계가 주위에 일할 경우(예: 기체가 피스톤을 위로 밀어 올릴 때), 그 계의 w 부호는 음이다. 주위가 계에 일할 경우(계의 에너지를 증가시키는 경우), w의 부호는 양이다(그림 8.7).

a b

그림 8.7 q와 w의 부호는 연구 중인 계에 따라 달라진다. (a) 가솔린이 폭발하면 주위로 열을 방출하고, 주위의 공기를 밀어낸다. 가솔린이 계인 경우, q와 w는 모두 음이다. (b) 열은 모닥불에서 커피포트로 이동한다. 열 변화 q는 포트 안의 물의 경우는 양(+)이지만, 불속 나무의 경우는 음(−)이다.

예제 8.3 화학 반응식의 에너지 변화 표현하기

염화 암모늄은 용해되면 주위로부터 열을 흡수한다. 이 변화의 화학식을 쓰시오. 화학식에 에너지를 포함시키시오.

이 경우, 계(염화 암모늄)는 용해하면서 주위로부터 열을 흡수한다. 이것은 흡열 변화이다. 열에너지가 있어야 반응이 일어난다. 따라서 '에너지'를 반응물로 쓸 수 있다.

$$\text{에너지} + NH_4Cl\,(s) \rightarrow NH_4Cl\,(aq)$$

도전 문제

2. 다음 각 변화가 흡열인지, 발열인지 설명하시오. 괄호 안에 주어진 계를 기준으로 생각하시오.

a. 물이 끓어 증기로 전환된다. (계: 물)

b. 산과 염기가 반응하여 열을 방출한다. (계: 산 분자와 염기 분자)

c. 벽난로에서 통나무를 태운다. (계: 통나무)

3. 결빙은 발열 과정이다. 액체가 응고되면 주위로 열을 방출한다. 물이 어는 과정의 반응식을 쓰시오. 화학 반응식에 에너지를 포함시키시오.

에너지 보존 법칙

지금까지 살펴본 각 예에서 에너지는 계와 주위 사이에서 움직였다. 이러한 에너지 이동이 이끄는 핵심 아이디어를 일반적으로 에너지 보존 법칙(**law of conservation of energy**)이라고 한다.

에너지 보존 법칙은 열역학 제1법칙이라고도 한다.

에너지는 생성될 수도 파괴될 수도 없다.

물리 변화 또는 화학 변화에서, 에너지는 한 계에서 다른 계로 전달되지만, 우주의 총 에너

txking/Shutterstock

그림 8.8 보드게임 모노폴리에서는 선수들이 돈을 벌거나 잃을 수 있다. 그러나 게임에서의 총 금액의 합계에는 변화가 없다. 마찬가지로 화학계도 에너지를 얻거나 잃을 수도 있다. 그러나 우주의 총 에너지에는 변화가 없다.

지는 일정하게 유지된다. 계에서 흘러나오는 에너지는 주위로 흐르고, 그 반대도 마찬가지이다. 수학적으로 계의 에너지 변화($\Delta E_{계}$)는 주위의 에너지 변화($\Delta E_{주위}$)와 크기는 같고 부호는 반대다.

$$(\Delta E_{계}) = -(\Delta E_{주위})$$

유사한 예로, 고전 보드게임 모노폴리(Monopoly)를 생각해 보자(그림 8.8). 경기 초반에는 플레이 머니를 모든 선수에게 나눠 준다. 경기가 진행될수록 선수들은 부동산을 사고팔게 된다. 다른 사람의 사유지에 착륙하게 되면, 그들에게 임대료를 지불한다. 자신의 부는 줄어들고, 다른 선수의 부는 같은 액수만큼 증가한다. **그러나 게임의 총 금액은 변하지 않는다.** 게임이 끝나면 게임 상자에는 시작할 때와 동일한 액수의 돈이 들어 있다.

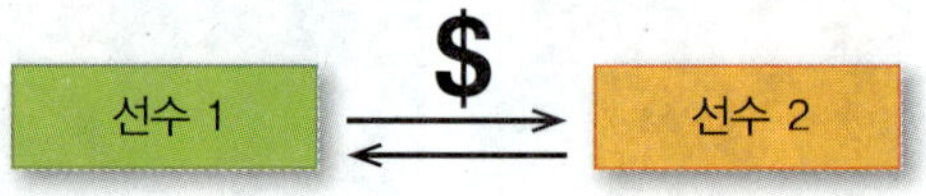

에너지 보존도 마찬가지다. 에너지는 계와 주위 사이에서 앞뒤로 전달될 수 있다. 그러나 총 에너지 양은 일정하다.

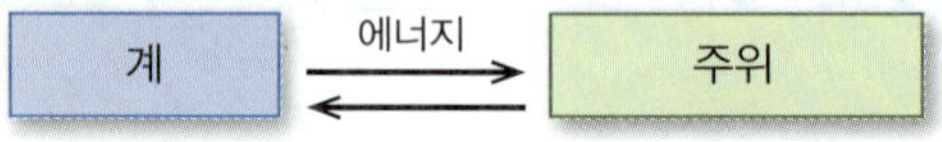

16장에서는 핵반응을 탐구할 것이다. 그리고 에너지 보존 법칙이 우주에 대한 완전한 설명이 아니라는 것을 알게 될 것이다. 그러나 핵이 아닌 물리 변화와 화학 변화의 경우에는 이 법칙이 적용된다.

예제 8.4 에너지 보존 법칙 사용하기

어떤 화학 반응은 200 J의 열에너지를 주위로 방출한다. 계(화학 반응)의 에너지 변화와 주위의 에너지 변화를 쓰시오.

계는 에너지를 잃는다. 따라서 이 변화를 −200 J로 쓸 수 있다. 에너지 보존 법칙에 근거하면, 계가 잃는 에너지는 주위가 얻는 에너지다. 따라서 주위의 에너지 변화는 +200 J이 된다. 주목할 것은 이들 값은 크기는 같고 부호는 반대라는 것이다.

도전 문제

4. 뷰테인 기체 시료가 연소하면 55.0 J의 열을 방출하고, 23.0 J의 일을 한다. 화학계의 총 에너지 변화는 얼마인가? 주위의 총 에너지 변화는 얼마인가? 옳은 부호를 답에 포함시키시오.

8.2 열에너지와 온도

Tobias1900/Shutterstock

그림 8.9 스푼의 물과 냄비의 물은 같은 온도이다. 그러나 냄비의 물이 더 많기 때문에 열에너지가 더 많아 음식을 요리할 수 있다.

우리는 일반적으로 **열**과 **온도**라는 단어를 사용하여 우리 주변의 세계를 설명한다. 에너지 변화의 영향을 탐구할 때는 이들 용어의 차이를 이해하는 것이 중요하다. **열**(heat)이란 한 물질이나 물체에서 다른 물질이나 물체로 전달되는 **총** 운동 에너지를 말한다. **온도(temperature)**는 물질 내 입자의 **평균** 운동 에너지의 척도이다.

예를 들어 끓는 물 한 스푼과 끓는 물 한 냄비(그림 8.9)가 있다고 가정하자. 둘 다 같은 온도, 즉 같은 평균 운동 에너지를 가지고 있다. 어느 것을 사용해서 음식을 요리할 수 있을까?

물론 냄비다! 냄비에는 더 많은 양의 물이 들어 있다. 따라서 더 많은 양의 열에너지를 사용할 수 있어 음식을 요리할 수 있다.

비열과 열용량

열과 온도의 정확한 관계는 각 물질마다 고유하다. 예를 들어 1,000칼로리의 열에너지를 물 1 kg에 가하면, 온도가 섭씨 1도만큼만 상승한다. 하지만 같은 양의 열에너지를 1 kg의 철에 가하면, 온도가 거의 10배나 증가한다. 이에 대한 이유는 명확하지 않다. 반면에 열, 온도, 다른 물질들의 성분 사이의 관계는 잘 알려져 있고, 매우 중요하다.

과학자들은 열, 질량, 온도의 관계를 설명할 때 **비열(specific heat**, 종종 **비열용량**(specific heat capacity)이라고도 함)이라는 용어를 사용한다. 비열은 **물질 1 g의 온도를 섭씨 1도 높이는 데 필요한 열량**이다. 수학적으로 쓰면, 이 관계는 다음과 같이 표현될 수 있다.

열에너지와 온도의 관계는 물질에 따라 다르다.

$$\text{비열} = \frac{\text{열}}{(\text{질량}) \times (\text{온도 변화})}$$

또는

$$s = \frac{q}{m\Delta T}$$

열용량과 관련이 있는 것은 열, 질량, 온도 변화다.

또는 재배열하면 다음과 같다.

$$q = ms\Delta T$$

여기서 q는 열량, m은 질량, s는 비열, ΔT는 온도 변화이다. 몇 가지 일반적인 물질의 비열이 표 8.2에 있다. 예제 8.5는 이 반응식을 기반으로 한다.

1칼로리(4.184 J)는 1 g의 물을 섭씨 1도 상승시키는 데 필요한 열량이다. 즉 물의 비열 = 1 cal/g·°C = 4.184 J/g·°C이다.

표 8.2 여러 물질의 비열

	물질	비열 (J/g·°C)
기체	공기(건조)	1.01
액체	물(액체)	4.184
	에탄올	2.597
	기름(석유)	1.74
	가솔린	2.2
고체	유리(석영)	0.70
	콘크리트	0.880
	얼음	2.10
	모래	0.799
	알루미늄	0.897
	크로뮴	0.449
	금	0.129
	철	0.449
	납	0.130
	니켈	0.444
	아연	0.388
	강철	0.50

PhotoAdventure Studio /Shutterstock

물의 비열을 표 8.2에 있는 다른 물질의 비열과 비교하라. 물의 비열이 얼마나 큰지 눈치챘는가? 이 절묘한 사실은 인간의 삶에 필수적이다. 우리 몸은 매우 좁은 온도 범위(약 27~ 43°C)를 필요로 하지만, 훨씬 더 춥거나 다소 따뜻한 환경에서도 생존할 수 있다. 이것의 부분적인 이유는 물의 비열이 체온을 조절하는 데 도움을 주기 때문이다. 따라서 단기적인 극한 온도에도 덜 민감하게 되는 것이다.

예제 8.5 계산에서 비열 사용하기

120.0 g의 물의 온도를 5.0°C 올리는 데 필요한 열은 몇 kJ인가?

앞에서 설명한 관계를 사용하여, 이 질문에 답할 수 있다. 유효 숫자 두 자리로 반올림하여 얻은 답은 2,500 J 또는 2.5 kJ이다.

$$q = ms\Delta T = (120.0\ \cancel{g})\left(4.184\ \frac{J}{\cancel{g}\cdot{}^\circ\cancel{C}}\right)(5.0\ {}^\circ\cancel{C}) = 2{,}500\ J = 2.5\ kJ$$

과학자와 기술자가 때로는 열–온도 관계를 결정해야 하는 경우가 둘 있다. 많은 물질을 함유하고 있는 물체의 열–온도 관계 또는 질량을 측정하기 어려운 물체의 열–온도 관계다. 이러한 상황에서는 **열용량**이라고 하는 비교적 간단한 척도가 사용된다. **열용량(heat capacity**, 문자 C로 표시)은 질량에 관계 없이 물체의 온도를 높이는 데 필요한 열량으로 정의된다.

$$\text{열용량} = \frac{\text{열}}{\text{온도 변화}}$$

또는

$$C = \frac{q}{\Delta T}$$

열용량 계산에는 질량이 포함되지 않는다.

열용량은 여러 상황에서 유용한 도구이다. 예를 들어 어떤 화학 공장의 작업자 팀이 강철 원자로의 온도를 높여야 한다고 가정하자. 원자로는 수산화 소듐으로 채워져 있다. 원자로에 있는 모든 다른 구성 성분의 비열을 계산하는 것은 너무 복잡하다. 대신 그들은 전체 장치(원자로 용기 및 용액)의 열용량을 사용하여 온도 변화를 예측한다. 예제 8.6은 이러한 유형의 계산을 설명한 것이다.

예제 8.6 계산에서 열용량 사용하기

화학 공장에 있는 물로 가득 채운 대형 반응 용기의 열용량이 5.41×10^5 kJ/°C이다. 이 전체 용기를 25.0 °C에서 48.2°C로 가열하는 데 필요한 열은 몇 kJ인가?

초기 온도와 최종 온도의 값으로부터, 이 반응의 온도 변화(ΔT)를 구할 수 있다.

$$\Delta T = T_{\text{최종}} - T_{\text{초기}} = 48.2\ {}^\circ C - 25.0\ {}^\circ C = 23.2\ {}^\circ C$$

열용량 식을 재정렬하고 숫자 값을 대입하면, 이 변화에는 1.26×10^7 kJ의 열이 필요하다는 것을 알 수 있다.

$$q = C\Delta T = \left(5.41 \times 10^5\ \frac{kJ}{{}^\circ\cancel{C}}\right)(23.2\ {}^\circ\cancel{C}) = 1.26 \times 10^7\ kJ$$

도전 문제

5. 425 J의 열이 100.0 g의 크로뮴 덩어리로 흐르면, 크로뮴 덩어리의 온도는 얼마나 상승하는가? 크로뮴의 비열은 0.449 J/g·°C이다.

6. 제조 공장에 있는 물로 가득 채운 반응 용기의 열용량이 28,400 kJ/°C이다. 1.41×10^5 kJ의 열을 가하면 용기의 온도는 몇 도 변하겠는가?

열계량법: 열 흐름 측정하기

과학자와 기술자는 종종 한 곳에서 다른 곳으로 전달되는 열량을 측정할 필요가 있다. 열 흐름을 측정하는 실험을 **열계량법(calorimetry)** 실험이라고 한다. 가장 일반적인 열계량법 두 가지는 **커피 컵 열계량법**과 **통 열계량법**이다.

커피 컵 열계량법

커피 컵 열계량법(coffee cup calorimetry)은 들리는 그대로다. 이 방법에서는 물을 단열 컵(스티로폼 커피 컵이 좋다)에 넣는다. 컵에는 코르크 뚜껑과 온도계가 위치한다(그림 8.10). 연구 중인 계는 커피 컵 내부이다. 계에서는 반응이나 변화가 일어날 수 있다. 스티로폼은 매우 좋은 단열재다. 따라서 변화와 관련된 거의 모든 열은 물에 의해 흡수되거나 방출된다. 물의 온도 변화를 측정함으로써 계가 얻거나 잃은 열량을 구할 수 있다.

그림 8.10 간단한 커피 컵 열량계

예를 들어 철 덩어리의 비열을 측정하고자 한다면, 철 덩어리를 가열한 다음, 열량계에 넣는다. 뜨거운 철을 차가운 물에 넣으면, 열은 철에서 물로 전달된다. 에너지 보존 법칙에 따르면, 컵 안의 총 에너지는 보존된다. 따라서 금속이 잃은 열량은 물이 얻은 열량과 같다. 즉 다음과 같이 쓸 수 있다.

$$q_{물} = -q_{금속}$$

이 반응식에서 마이너스 부호는 금속이 에너지를 잃고 있다는 것을 나타낸다. 이러한 유형의 실험을 그림 8.11에 나타냈다. $q = ms\Delta T$이다. 따라서 다음과 같이 쓸 수 있다.

$$m_w s_w \Delta T_w = -m_m s_m \Delta T_m$$

여기서 첨자 'm'은 금속, 'w'는 물이다. 이제 이 식을 다시 정리하면 금속의 비열을 구할 수 있다.

$$s_m = -\frac{m_w s_w \Delta T_w}{m_m \Delta T_m}$$

예제 8.7은 이러한 유형의 문제다.

예제 8.7 커피 컵 열계량법으로 비열 구하기

니켈의 비열을 구하기 위해, 어떤 화학자가 26.0 g의 시료를 100.0°C로 가열한 다음, 커피 컵 열량계에 넣었다. 열량계에는 초기 온도 20.0°C인 52.1 g의 물이 들어 있다. 시간이 지난 후 금속과 물이 도달한 온도는 모두 24.0°C로 동일했다. 금속의 비열은 얼마인가?

이 문제를 해결하려면, 먼저 금속과 물의 온도 변화를 구해야 한다.

$$\Delta T_{금속} = T_{최종} - T_{초기} = 24.0\ °C - 100.0\ °C = -76.0\ °C$$
$$\Delta T_{물} = T_{최종} - T_{초기} = 24.0\ °C - 20.0\ °C = 4.0\ °C$$

다음으로, 비열을 구하는 식을 사용한다. 물의 비열(s_w)은 4.184 J/g·°C이다. 식을 다시 정리하면, 금속의 비열을 구할 수 있다.

$$s_m = -\frac{m_w s_w \Delta T_w}{m_m \Delta T_m} = -\frac{(52.1\ \cancel{g})\left(4.184\ \frac{J}{\cancel{g}\cdot\cancel{°C}}\right)(4.0\ \cancel{°C})}{(26.0\ g)(-76.0\ °C)}$$

$$s_m = 0.44\ J/g\cdot°C$$

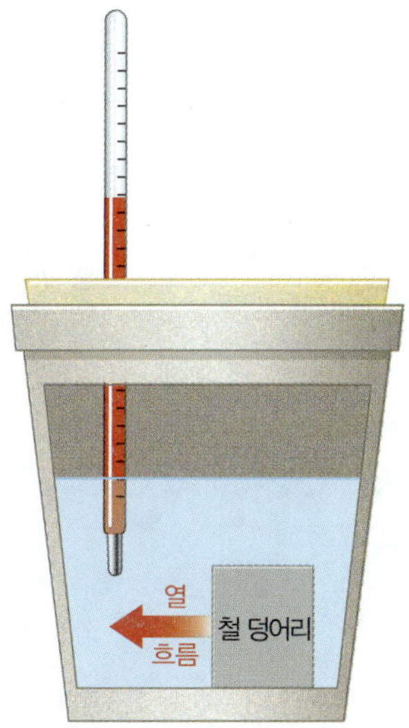

그림 8.11 금속의 비열은 커피 컵 열량계를 사용하여 측정할 수 있다. 뜨거운 금속 시료를 물에 넣으면 수온이 상승한다. 물의 질량, 비열, 온도 변화를 이용하여 물이 얻은 열량을 구할 수 있다. 이 양은 금속이 방출한 열량과 크기가 같다.

도전 문제

7. 미지 금속의 비열을 구하기 위해, 어떤 화학자가 50.0 g의 금속 덩어리를 100.0℃로 가열한다. 그런 다음, 커피 컵 열량계에 넣는다. 열량계에는 초기 온도 24.8℃인 50.0 g의 물이 들어 있다. 금속을 물에 넣은 후, 금속과 물이 도달한 온도는 모두 51.2℃로 동일하다. 미지 금속의 열량은 얼마인가?

커피 컵 열량계는 많은 물리 변화와 화학 변화의 경우, 열에너지의 득실을 측정하는 데 사용된다. 예를 들어 많은 '즉석 냉찜질 팩'에는 염화 암모늄이 들어 있다. 이 화합물이 물에 녹으면 주위로부터 열을 흡수한다. 흡열 반응을 다음과 같이 쓸 수 있다.

$$\text{열} + NH_4Cl\,(s) \rightarrow NH_4Cl\,(aq)$$

염화 암모늄을 물에 녹이면 온도가 얼마나 떨어지나? 물론 이것은 NH_4Cl의 양과 사용하는 물의 양에 달려 있다. 그러나 커피 컵 열계량법 실험을 통해 NH_4Cl이 얻은 열량을 측정할 수 있다. 커피 컵에 알고 있는 양의 물을 채운다. 다음으로, 알고 있는 양의 NH_4Cl을 첨가하고, 신속하게 열량계를 덮는다. 이제 일어나는 온도 변화를 측정한다. 물(수용액)이 잃은 열량과 고체가 얻은 열량은 같다. 따라서 다음과 같이 쓸 수 있다.

$$q_{\text{고체}} = -q_{aq}$$

$q = ms\Delta T$이다. 따라서 식은 다음과 같이 된다.

$$q_{\text{고체}} = -m_{aq}s_{aq}\Delta T_{aq}$$

예제 8.8에는 이러한 유형의 계산이 있다.

예제 8.8 커피 컵 열계량법으로 반응열 구하기

10.4 g의 NH_4Cl 시료가 커피 컵 열량계에 들어 있는 100.0 g의 물과 결합되어 수온이 6.20℃ 감소하였다. 이 결과로 보아, 얼마만큼의 열에너지가 있어야 NH_4Cl 시료를 녹이는가? NH_4Cl의 용해열을 kJ/mol 단위로 계산하시오.

이 예에서 염화 암모늄은 녹으면서 열에너지를 흡수한다. 고체가 얻은 열량과 수용액에서 잃은 열량은 같다. 이 문제는 비열 식을 사용하여 푼다. 다음과 같다.

$$q_{\text{고체}} = -m_{aq}s_{aq}\Delta T_{aq}$$

최종 용액의 질량(m_{aq})에는 물과 용해된 염화 암모늄(110.4 g)이 모두 포함한다. 용액은 대부분 물이다. 따라서 용액의 비열은 물의 비열(4.184J/g·℃)과 거의 동일할 것이다. 따라서 풀기 위하여 값들을 식에 대입하면 다음과 같다.

$$q_{\text{고체}} = -(110.4\ \cancel{g})\left(4.184\ \frac{J}{\cancel{g}\cdot\cancel{^\circ C}}\right)(-6.20\ \cancel{^\circ C}) = 2{,}860\ J = 2.86\ kJ$$

마지막으로는 용해열을 kJ/mol 단위로 구하라는 것이다. 따라서 10.4 g의 NH_4Cl을 g에서 몰로 변환하는 것으로부터 시작하면 다음과 같다.

$$10.4\ g\ \cancel{NH_4Cl} \times \frac{1\ mole\ NH_4Cl}{53.49\ g\ \cancel{NH_4Cl}} = 0.194\ moles\ NH_4Cl$$

이제, 용해열을 kJ/mol 단위로 구하기 위해 흡수된 열을 NH_4Cl의 몰수로 나눈다.

$$용해열 = \frac{2.86\ \text{kJ}}{0.194\ \text{mol NH}_4\text{Cl}} = 14.7\ \text{kJ/mol}$$

도전 문제

8. 어떤 화학자가 커피 컵 열량계를 50.0 g의 물로 채웠다. 그런 다음, KOH(5.21g) 시료를 넣고, KOH 모두가 용해될 때까지 혼합물을 저어주었다. KOH를 혼합하자, 온도가 24.0℃에서 46.4℃로 올라갔다. 이 결과로 보아, KOH가 방출하는 열에너지는 얼마인가? KOH의 용해열을 kcal/mol 단위로 계산하시오.

통 열계량법

통 열계량법(bomb calorimetry)은 들리는 그대로가 아니다. 폭탄(Bomb)과 무관하기 때문이다. 통 열계량법은 연료의 반응열과 기타 고에너지 화학 변화의 반응열을 측정한다. 통 열계량법에서는 시료 물질을 무거운 강철 용기에 넣는다. 이 컨테이너 외부에는 두 번째 컨테이너가 있다. 여기에는 물이 채워져 있고, 온도계가 장착되어 있다(그림 8.12). 한 쌍의 점화용 와이어가 시료를 폭발시킨다. 생성된 기체는 팽창할 수 없다. 따라서 모든 에너지가 열로서 열량계로 방출된다. 열량계의 열용량(joules/℃)을 사용하면, 반응에서 생성되는 에너지양을 구할 수 있다.

통 열량계를 사용하여 본 장의 시작에 있는 중요한 질문에 답할 수 있다. 즉 에탄올은 좋은 연료인가? 에탄올 1갤런이 가솔린 1갤런과 동일한 에너지를 제공하는가?

통 열량계에서는 밀폐된 용기 내부에서 반응이 일어난다.

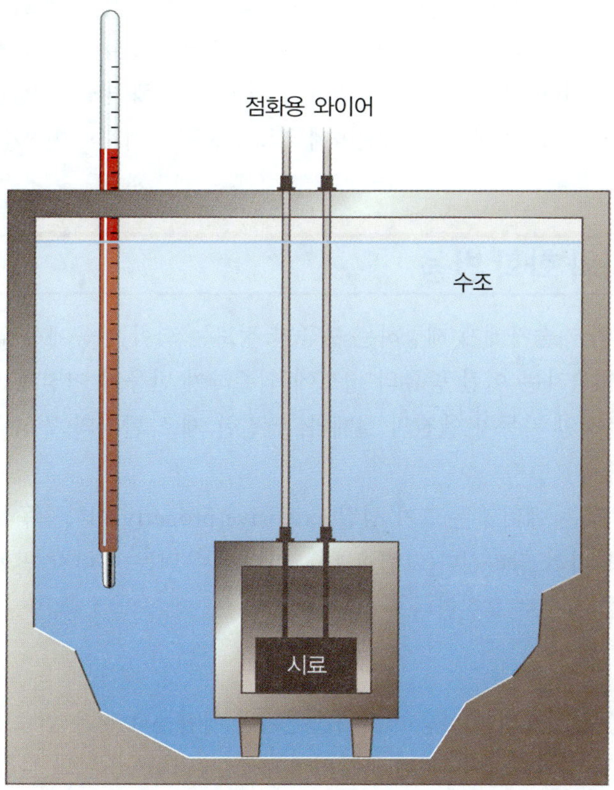

그림 8.12 통 열량계에는 수조에 둘러싸인 밀폐된 시료실이 있다. 시료가 폭발하면 열이 시료실에서 수조로 흐른다.

커피 컵 열계량법에서는 반응이 **일정한 압력**에서 일어난다. 반면에, 통 열계량법에서는 반응이 **일정한 부피**에서 일어난다.

통 열계량법으로는 연료뿐만 아니라 식품의 에너지 함량을 측정할 수 있다. 예를 들어 아래와 같은 밀크셰이크는 산소와 반응할 때 약 380 영양칼로리(1,600 kJ)를 방출한다.

Andrej Maculskij/Shutterstock

이 질문을 확인하려면 소량의 에탄올과 과량의 산소를 통 열량계 내부에 넣는다. 그런 다음, 용기 내부의 시료를 점화하고, 열량계의 온도가 얼마나 상승되는지를 측정한다. 이 온도 변화를 이용하여 에탄올 1 g당 에너지를 줄(joule) 단위로 구할 수 있다. 가솔린으로 실험을 반복한 다음, 두 실험의 결과를 비교할 수 있다. 예제 8.9와 도전 문제 9의 데이터를 보고, 어떻게 결과들이 비교되는지를 살펴보자.

예제 8.9 통 열계량법으로 반응열 구하기

어떤 화학자가 20.0 g의 에탄올 시료를 통 열량계 내부에 넣었다. 열량계의 알려진 열용량은 28.72 kJ/°C이다. 에탄올이 점화되자 열량계의 온도가 22.04°C에서 42.74°C로 상승했다. 에탄올은 열을 얼마나 방출했는가? 방출된 에너지를 kJ/g 단위로 계산하시오.

초기 온도와 최종 온도로부터 열량계의 온도 변화(ΔT)가 20.70°C임을 알 수 있다. 통 열량계의 열용량을 사용하면, 이 반응에서 방출되는 열을 다음과 같이 구할 수 있다.

$$q = C\Delta T = \left(28.72\ \frac{\text{kJ}}{\cancel{^\circ\text{C}}}\right)(20.70\ \cancel{^\circ\text{C}}) = 594.5\ \text{kJ}$$

또한 이 결과를 에탄올 1 g당 방출된 kJ로 표현할 수 있다.

$$\frac{\text{방출된 열}}{\text{연료의 g수}} = \frac{594.5\ \text{kJ}}{20.0\ \text{g}} = 29.7\ \text{kJ/g}$$

이어지는 도전 문제 9는 가솔린에 대한 이 문제를 반복한다. 이 연습 문제를 풀고, 그 후에 두 연료의 결과들을 비교해 보기를 권한다.

도전 문제

9. 어떤 화학자가 20.0 g의 가솔린 시료를 사용하여 예제 8.9의 실험을 반복하였더니, 온도가 22.02°C에서 54.41°C로 상승하였다. 가솔린에 의해 방출된 에너지를 kJ/g 단위로 계산하시오. 이것은 예제 8.9의 에탄올에 의해 방출된 에너지와 어떻게 비교되는가?

8.3 열에너지와 화학 반응

열계량법이 과학자와 기술자에게 제공하는 귀중한 정보는 화학 반응에서 얻거나 잃은 에너지양이다. 과학자와 기술자는 이런 종류의 정보에 의존하여 반응이 어떻게 일어나는지 이해하는 것에서부터 효율적인 자동차 엔진의 설계와, 안전한 제조 환경의 조성에 이르기까지의 많은 문제를 해결한다.

반응에서 얻거나 잃는 에너지는 **크기 성질**(extensive property)이다. 즉 물질이 관여되어 있는 양이 얼마인지에 따라 달라진다(그림 8.13). 따라서 우리는 에너지 변화를 반응에 관여하는 물질의 양에 관한 함수로 표현한다.

열량값

앞에서 화학자가 통 열계량법을 사용하여 가솔린이나 에탄올과 같은 연료에 저장된 에너지를 어떻게 측정하는지를 살펴보았다. 어떤 물질의 **열량값(fuel value)**은 그 물질의 연소에 의해 생

Kurdyukova Olga/Shutterstock

Christian Roberts-Olsen/Shutterstock

그림 8.13 화학 반응에서 방출되는 에너지는 반응하는 물질의 양에 따라 달라진다. 작은 모닥불은 거대한 산불보다는 훨씬 적은 열을 방출한다.

성될 수 있는 에너지양이다. 열량값은 주로 단위 질량당 에너지(예: kJ/g)로 표현된다. 표 8.3에 몇 가지 일반 연료의 열량값을 수록하였다. 열량값이 클수록, 연소 시 더 많은 에너지를 방출한다.

표 8.3 일반적인 연소 연료의 열량값

연료	열량값 (kJ/g)
메테인	55.5
천연가스	54.0
프로페인	50.3
뷰테인	49.5
가솔린	46.5
무연탄	34.6
에탄올	29.7
목재(참나무)	18.9

화학 및 물리학 CRC 핸드북의 데이터, 92판. (Boca Raton, FL: CRC Press, 2011).

예제 8.10 열량값 사용하기

표 8.3의 데이터를 바탕으로 할 때, 무연탄 2.50 kg이 연소할 때 방출되는 에너지(kJ)는 얼마인가? 참나무 2.50 kg이 연소할 때 방출되는 에너지는 얼마인가?

이러한 질문에 답하기 위해, 먼저 각 화학종의 질량을 kg에서 g으로 변환한다. 그런 다음, 열량값을 사용하여 g에서 kJ의 에너지로 변환시킨다. 유효 숫자 3자리로 반올림하면, 무연탄으로부터는 86,500 kJ의 에너지를, 참나무로부터는 47,300 kJ의 에너지를 얻는다.

$$2.50\ \text{kg coal} \times \frac{1{,}000\ \text{g}}{1\ \text{kg}} \times \frac{34.6\ \text{kJ}}{\text{g coal}} = 86{,}500\ \text{kJ}\ (\text{무연탄으로부터의 에너지})$$

$$2.50\ \text{kg oak} \times \frac{1{,}000\ \text{g}}{1\ \text{kg}} \times \frac{18.9\ \text{kJ}}{\text{g oak}} = 47{,}300\ \text{kJ}\ (\text{참나무로부터의 에너지})$$

도전 문제

10. 표 8.3에 근거로 할 때, 다음 중 에너지를 더 많이 방출하는 것은 어느 것인가?

천연가스 1.0 kg의 연소　　　무연탄 3.0 kg의 연소

반응 엔탈피

에너지 변화의 가장 중요한 척도 중 하나는 ΔH_{rxn} 기호로 표현되는 **반응 엔탈피(reaction enthalpy)**이다. 반응 엔탈피는 일정한 압력에서 화학 반응으로 흡수되거나 방출되는 열에너지의 양이다.

화학자들은 종종 화학 반응과 함께 ΔH_{rxn}을 쓴다. 예를 들어 에탄올의 연소를 고려해 보자.

$$C_2H_6O\ (l) + 3\ O_2\ (g) \rightarrow 2\ CO_2\ (g) + 3\ H_2O\ (g) \qquad \Delta H_{rxn} = -1{,}368\ \text{kJ}$$

발열 반응의 경우, ΔH_{rxn}의 부호는 음(−)이다.

주목할 것은 ΔH_{rxn}의 부호가 음이라는 사실이다. 즉 열이 계(반응)에서 방출된다. 따라서 발열 반응이다.

ΔH_{rxn}은 균형 반응식의 몰수당 열 에너지 변화량이다.

반응 엔탈피는 열 변화를 반응물 및 생성물의 몰수와 관련짓는다. 위의 반응식이 의미하는 것은 1몰의 C_2H_6O가 연소할 때 방출하는 열이 1,368 kJ이라는 것이다. ΔH_{rxn}은 각 반응물 또는 생성물의 몰수, 즉 균형 반응식의 계수와 관련이 있다. 이 반응식의 경우, 쓸 수 있는 환산 인자는 다음과 같다.

$$\frac{-1{,}368\ \text{kJ}}{1\ \text{mol}\ C_2H_6O} \quad \text{또는} \quad \frac{-1{,}368\ \text{kJ}}{3\ \text{mol}\ O_2} \quad \text{또는} \quad \frac{-1{,}368\ \text{kJ}}{2\ \text{mol}\ CO_2} \quad \text{또는} \quad \frac{-1{,}368\ \text{kJ}}{3\ \text{mol}\ H_2O}$$

반응의 엔탈피는 반응의 열 변화를 반응하는 물질의 양과 관련지어 준다. 예제 8.11과 예제 8.12는 이 중요한 계산을 보여 준다.

예제 8.11 반응 엔탈피로 열에너지 변화 예측하기

에탄올(C_2H_6O) 연소의 반응 엔탈피는 다음 반응식에서와 같이 −1,368 kJ/mol이다. 789.0 g의 에탄올 연소로 방출되는 열은 얼마인가?

$$C_2H_6O\,(l) + 3\,O_2\,(g) \rightarrow 2\,CO_2\,(g) + 3\,H_2O\,(g) \qquad \Delta H_{rxn} = -1{,}368\ \text{kJ}$$

이 문제에는 에탄올의 g수가 주어졌다. ΔH_{rxn}은 에탄올 1몰당 에너지와 관련이 있다. 이 문제를 해결하려면 먼저 에탄올의 몰로 변환한 다음, kJ의 에너지로 변환해야 한다.

$$C_2H_6O\text{의 g수} \Rightarrow C_2H_6O\text{의 몰수} \Rightarrow \text{kJ의 에너지}$$

g에서 몰로 변환하려면 C_2H_6O의 몰질량(46.08 g/mol)을 사용한다. 그런 다음, 환산 인자를 사용한다. 환산 인자는 ΔH_{rxn}를 C_2H_6O의 몰수와 관련지어 준다.

$$789.0\ \text{g}\ C_2H_2O \times \frac{1\ \text{mol}\ C_2H_6O}{46.08\ \text{g}\ C_2H_6O} \times \frac{-1{,}368\ \text{kJ}}{1\ \text{mol}\ C_2H_6O} = -2.342 \times 10^4\ \text{kJ}$$

이 답의 음수 값이 의미하는 것은 이 반응이 일어날 때 이만큼의 열이 주위로 방출된다는 것이다.

예제 8.12 반응 엔탈피로 열에너지 변화 예측하기

많은 제조업자들은 다음 반응에서와 같이 메테인 기체로부터 수소 기체를 생산한다. 이 반응은 흡열 반응으로, ΔH_{rxn} = 206.1 kJ이다. 1.00 kg의 수소 기체를 생산하려면 열에너지가 얼마나 필요한가?

$$CH_4\,(g) + H_2O\,(g) \rightarrow CO\,(g) + 3\,H_2(g) \qquad \Delta H_{rxn} = 206.1\ \text{kJ}$$

이 문제를 해결하려면 수소의 질량을 몰로, 마지막으로 kJ의 에너지로 변환시켜야 한다.

JeniFoto/Shutterstock

잠시, 부와 소비를 유추해 보자. 지금 현재, 당신이 가진 총 순자산은 얼마인가? 말하자면, 당신이 가진 모든 재산의 가치는 얼마인가? 이 질문에 정확히 답하기는 어렵다. 하지만 오늘 점심에 얼마를 썼는지 물어본다면, 아마 훨씬 더 정확하게 말해 줄 수 있을 것이다. 전체 부를 측정하는 것은 어렵다. 그러나 부의 변화를 측정하기는 쉽다.

에너지 변화도 마찬가지다. 우리는 모든 다른 형태의 퍼텐셜 에너지와 함께 계의 총 에너지를 거의 알지 못한다. 그러나 일어나는 에너지 변화는 쉽게 측정할 수 있다. 이러한 에너지 변화가 물리적 성질과 화학적 성질들을 움직인다. 이러한 성질들을 우리 주변의 세계에서 관찰할 수 있다.

$$\text{kg의 } H_2 \Rightarrow \text{g의 } H_2 \Rightarrow \text{몰의 } H_2 \Rightarrow \text{kJ의 에너지}$$

이전처럼, H_2의 몰질량을 사용하여 g을 몰로 변환시킨 다음, 균형 반응식의 환산 인자를 사용하여 몰을 kJ로 변환시킨다.

$$1.00 \text{ kg } H_2 \times \frac{1{,}000 \text{ g}}{1 \text{ kg}} \times \frac{1 \text{ mol } H_2}{2.02 \text{ g } H_2} \times \frac{206.1 \text{ kJ}}{3 \text{ mol } H_2} = 3.40 \times 10^4 \text{ kJ}$$

주목할 것은 마지막 환산 인자로, 3몰의 H_2와 kJ의 에너지를 관련지었다. ΔH_{rxn}과 관련된 환산 인자를 쓸 때, 균형 반응식의 계수가 나타내는 것은 존재하는 몰수다.

상변화나 수용액의 생성과 같은 물리 변화에도 엔탈피 변화(ΔH)가 수반된다. 예를 들어 다음 두 식은 녹음 및 응고의 엔탈피 변화를 설명한다.

녹음: $H_2O\,(s) \rightarrow H_2O\,(l)$ $\qquad \Delta H = 6.0 \text{ kJ}$

응고: $H_2O\,(l) \rightarrow H_2O\,(s)$ $\qquad \Delta H = -6.0 \text{ kJ}$

마찬가지로, 용액 생성의 ΔH를 설명할 수 있다.

$KOH\,(s) \rightarrow KOH\,(aq)$ $\qquad \Delta H = -57.7 \text{ kJ}$

$NH_4Cl\,(s) \rightarrow NH_4Cl\,(aq)$ $\qquad \Delta H = 14.0 \text{ kJ}$

예제 8.13에서는 엔탈피를 사용하여 물리 변화를 설명하는 것을 보여 준다.

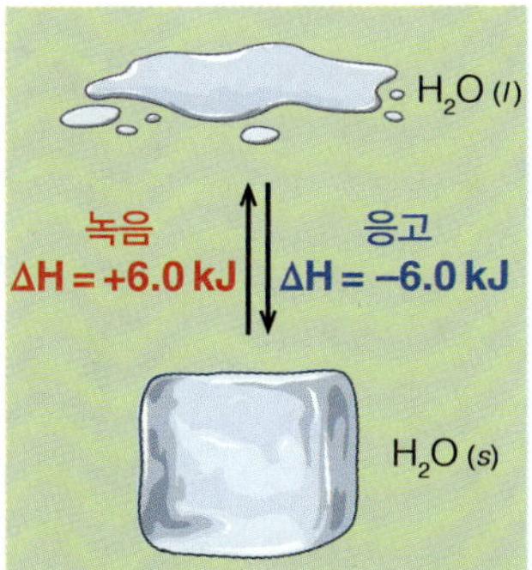

주목할 것은 얼음이 녹을 때 흡수되는 에너지와, 얼음이 얼 때 내놓는 에너지는 부호가 반대라는 것이다.

예제 8.13 엔탈피를 사용하여 물리 변화 설명하기

질산 소듐이 물에 녹는 것은 흡열 과정이다. 200.0 g의 질산 소듐이 물에 녹을 때 엔탈피 변화는 얼마인가?

$NaNO_3\,(s) \rightarrow NaNO_3\,(aq)$ $\qquad \Delta H = 21.7 \text{ kJ}$

이전처럼, 이 문제를 푸는 방법은 g을 몰로 변환한 다음, ΔH를 환산 인자로 사용하는 것이다.

$$200.0 \text{ g } NaNO_3 \times \frac{1 \text{ mol } NaNO_3}{85.00 \text{ g } NaNO_3} \times \frac{21.7 \text{ kJ}}{1 \text{ mol } NaNO_3} = 51.1 \text{ kJ}$$

도전 문제

11. 아세틸렌(C_2H_2)은 수소 기체와 반응하며, 다음에 표시된 결합 반응으로 일어난다. 501.6 g의 H_2가 과량의 아세틸렌과 반응할 경우, 열에너지가 얼마나 방출되는가?

$C_2H_2\,(g) + 2\,H_2\,(g) \rightarrow C_2H_6\,(g)$ $\qquad \Delta H_{rxn} = -311.5 \text{ kJ}$

12. 어떤 회사에서는 5.02×10^3 kJ의 열에너지가 있어야 제조 공정이 돌아간다. 프로페인 연소의 반응 엔탈피는 −2,202 kJ/mol이다. 이 정도의 열에너지를 생성하려면 프로페인 몇 kg이 필요한가?

$C_3H_8\,(s) + 5\,O_2\,(g) \rightarrow 3\,CO_2\,(g) + 4\,H_2O\,(g)$ $\qquad \Delta H_{rxn} = -2{,}202 \text{ kJ}$

캡스톤 질문

어떤 식품 과학 회사에서 일할 때, 에너지 함량을 분석할 필요가 있었다. 분석 대상은 설탕 대체물로, 분자식은 $C_5H_{12}O_5$이다. 이 공정의 일부로 일련의 통 열계량법 실험을 했다. 각 실험에서 감미료 시료를 열량계에 넣은 다음, 감미료가 연소될 때의 온도 변화를 측정했다. 열량계의 열용량은 4.371 kJ/°C이다. (a) 이 화합물의 연소 반응에 대한 균형 반응식을 쓰시오. (b) 아래 표의 데이터를 이용하여 각 반응에서 발생하는 열에너지를 구하시오. (c) 이 감미료의 열량값을 kJ/g, kcal/g, kJ/mol 단위로 답하시오. 유효 숫자를 맞추어 답하시오.

시료	질량	온도 변화(열량계)	$q_{반응}$
1	1.018 g	7.11 °C	
2	0.989 g	6.86 °C	
3	0.954 g	6.67 °C	
4	1.053 g	7.29 °C	
5	1.104 g	7.69 °C	

요약

이 장에서는 에너지와 변화의 관계를 살펴보았다. 물리 변화 또는 화학 변화가 일어날 때는 한 지점이나 계에서 다른 지점이나 계로 에너지가 이동된다. 에너지 이동은 일이나 열의 형태로 일어난다.

에너지 변화를 설명할 때는 연구 중인 계를 정의하는 것이 중요하다. 흡열 반응에서는 계가 주위로부터 열에너지를 얻는다. 반면에, 발열 반응에서는 계가 주위로 에너지를 내놓는다. 에너지 보존 법칙은 에너지가 생성되는 것도 파괴되는 것도 아니고, 한 형태에서 다른 형태로 이동하는 것이라고 한다.

열과 온도는 밀접한 관계가 있다. 열에너지는 한 물질이나 물체에서 다른 물질이나 물체로 이동하는 **총** 운동 에너지를 말한다. 온도는 물질 내 분자의 **평균** 운동 에너지의 척도다. 열에너지의 득실에 의해 생기는 온도 변화는 물질마다 다르다. 어떤 물질의 경우, 비열(**비열 용량**이라고도 함)은 물질 1 g을 섭씨 1도 상승시키는 데 필요한 열량이다. 유사한 용어는 **열용량**이다. 이것은 물체의 온도를 섭씨 1도 높이는 데 필요한 열량이다. 열용량은 온도 변화가 중요한 보다 크고 복잡한 물체에 유용하다.

과학자들이 열 변화를 측정할 때 사용하는 기술은 열계량법이다. 이 기술의 일반적인 형태 두 가지는 커피 컵 열계량법과 통 열계량법이다. 이들 연구에는 일반적으로 단열 용기가 포함된다. 이 단열 용기에는 물과 연구 중인 계가 들어 있다. 물리 변화 또는 화학 변화가 일어날 때, 물의 온도는 변한다. 따라서 물의 비열과 단열 용기의 열용량을 이용하면, 계가 얻거나 잃는 열을 측정할 수 있다.

화학 반응에서 흡수되거나 방출되는 에너지양은 크기 성질(extensive property)이며, 이것은 물질의 양에 따라 달라지는 성질이다. 반응 에너지의 일반 측정 값 두 가지는 열량값과 반응 엔탈피다. 열량값은 연소 반응에서 서로 다른 연료에 의해 방출되는 에너지양이다. 반응 엔탈피(ΔH_{rxn})는 일정한 압력 반응에서의 열 변화와, 반응과 관련된 각 물질의 양(몰수)의 관계를 제공한다. 엔탈피 변화는 물리 변화를 설명하는 데에도 유용하다. 물리 변화의 예로는 상변화와 용액의 생성이 있다.

가솔린과 에탄올 - 어느 연료가 더 좋은가?

이 장의 시작 부분에서, 생각한 질문은 다음과 같다. 에탄올과 가솔린 중에서 어느 것이 더 나은 연료인가? 이 장의 개념을 사용하면 1갤런의 에탄올과 1갤런의 가솔린의 연소로부터 이용 가능한 에너지를 측정하고 비교할 수 있다.

가솔린은 주로 탄소와 수소로 이루어진 화합물의 혼합물이다. 가솔린의 주요 성분은 옥테인(C_8H_{18})이다. 열계량법 실험을 통해 과학자들이 신중하게 측정한 것은 에탄올과 옥테인의 연소 반응 엔탈피다. 이 두 화합물 각각 1몰을 연소시킨 반응의 ΔH_{rxn}을 비교해 보자.

$$\text{에탄올: } C_2H_6O + 3\,O_2 \rightarrow 2\,CO_2 + 3\,H_2O \qquad \Delta H_{rxn} = -1{,}368\text{ kJ}$$

$$\text{옥테인: } C_8H_{18} + \frac{25}{2}\,O_2 \rightarrow 8\,CO_2 + 9\,H_2O \qquad \Delta H_{rxn} = -5{,}470\text{ kJ}$$

주목할 것은 산소에 분수 계수를 사용했다는 것이다. 이것은 균형 반응식의 전통 형식은 아니다. 그런데 이렇게 쓰는 이유는 각 반응의 ΔH가 1몰의 연료에 의해 방출되는 에너지이기 때문이다.

각 ΔH_{rxn}을 몰질량으로 나누고 절댓값을 취하면, 이들 화합물의 kJ/g 단위의 열량값을 얻을 수 있다.

$$\text{에탄올의 열량값(kJ/g)} = \left|\frac{-1{,}367\text{ kJ/mol}}{46.08\text{ g/mol}}\right| = 29.69\text{ kJ/g}$$

$$\text{옥테인의 열량값(kJ/g)} = \left|\frac{-5{,}470\text{ kJ/mol}}{114.26\text{ g/mol}}\right| = 47.87\text{ kJ/g}$$

마지막으로, 에탄올과 옥테인 밀도를 사용하여 이 결과를 kJ/gram에서 kJ/gallon으로 변환할 수 있다.

$$\text{에탄올의 열량값} = \frac{29.69\text{ kJ}}{\text{g}} \times \frac{0.789\text{ g}}{\text{mL}} \times \frac{3{,}785\text{ mL}}{\text{gallon}} = 88{,}700\text{ kJ/gallon}$$

$$\text{옥테인의 열량값} = \frac{47.87\text{ kJ}}{\text{g}} \times \frac{0.703\text{ g}}{\text{mL}} \times \frac{3{,}785\text{ mL}}{\text{gallon}} = 127{,}000\text{ kJ/gallon}$$

따라서 1갤런의 옥테인이 1갤런의 에탄올보다 화학적 퍼텐셜 에너지를 43% 더 가지고 있다. 이 때문에 에탄올 차량이 가솔린 차량보다 더 많은 갤런의 연료가 필요하다. 미국 정부 웹사이트(fueleconomy.gov)에 따르면, E15 혼합물(에탄올 함유량 약 15%)이 가솔린을 100% 함유한 연료보다 갤런당 마일리지가 4~5% 작다.

주요 용어

8.1 에너지, 일, 열

열역학: 에너지와 온도 변화를 다루는 과학 분야

에너지: 일을 할 수 있는 능력

퍼텐셜 에너지: 저장된 에너지

운동 에너지: 운동의 에너지. 물체가 더 빨리 움직일수록 더 큰 운동 에너지를 가진다.

열에너지: 물질 내 입자들의 운동 에너지를 포함한 운동 에너지의 형태. 열에너지는 특히 한 물질에서 다른 물질로 전달되는 총 운동 에너지를 말한다.

일: 한 형태의 에너지에서 다른 형태의 에너지로의 이동

줄(J): 에너지의 표준 단위. $1\ \text{J} = 1\ \text{kg} \cdot \text{m}^2/\text{s}^2$

발열 변화: 에너지를 주위로 방출하는 물리 변화 또는 화학 변화

흡열 변화: 에너지를 주위에서 흡수하는 물리 변화 또는 화학 변화

계: 열역학에서 연구 중인 우주의 일부

주위: 열역학에서 연구 중인 계를 제외한 모든 것

에너지 보존 법칙: 물리 변화 또는 화학 변화에서 우주의 총 에너지는 일정하게 유지된다.

8.2 열에너지와 온도

온도: 물질 내 분자가 가진 평균 운동 에너지의 척도

비열: 물질 1 g의 온도를 섭씨 1도 올리는 데 필요한 열량. 때로는 **비열용량**이라고도 함.

열용량: 주어진 물체의 온도를 높이는 데 필요한 열량

열계량법: 열 변화를 측정하는 데 사용되는 실험 기법

커피 컵 열계량법: 열 변화 측정 기법으로, 스티로폼 커피 컵과 같은 절연 용기를 사용하여 열 변화를 측정한다.

통 열계량법: 열 변화 측정 기법으로, 밀폐된 용기를 사용하여 열 변화를 측정한다. 일반적으로 고에너지 반응을 측정하는 데 사용된다.

8.3 열에너지와 화학 반응

열량값: 특정 물질의 연소 반응에서 방출될 수 있는 열에너지양

반응 엔탈피(ΔH_{rxn}): 일정한 압력의 화학 반응에서 흡수되거나 방출되는 열에너지양

추가 문제

8.1 에너지, 일, 열

13. 에너지, 일, 열의 관계는?

14. 퍼텐셜 에너지와 운동 에너지의 차이점은 무엇인가?

15. 다음 각 물체에는 퍼텐셜 에너지가 있다. 에너지가 어떻게 방출될 수 있겠는가?
- **a.** 절벽 꼭대기에 위치한 모루
- **b.** 스파게티 한 접시
- **c.** 팽팽하게 당겨진 활줄
- **d.** 다이너마이트 한 개

16. 다음 각각에는 퍼텐셜 에너지가 있다. 에너지가 어떻게 방출될 수 있겠는가?
- **a.** 아세틸렌과 같은 가연성 기체
- **b.** 고열량 점심 식사
- **c.** 나뭇가지에 달린 사과
- **d.** 댐으로 생성된 호수의 물

17. 표 8.1을 참조하여, 다음 에너지 변환을 구하시오.
- **a.** 12.8킬로와트시(kWh)를 줄(J)로
- **b.** 259.3킬로칼로리를 J로
- **c.** 300 kWh를 영국 열 단위(BTU)로

18. 표 8.1을 참조하여, 다음 에너지 변환을 구하시오.
- **a.** 14.8 kJ을 킬로칼로리로
- **b.** 25,000 BTU를 kWh로
- **c.** 28.3 kWh를 J로

19. 최신형 냉장고의 추정되는 연간 사용량은 722 kWh다. 이 에너지 소비량은 BTU 단위로 얼마인가? kJ 단위로 얼마인가?

20. 2012년, 미국 가정의 평균 사용량은 10,837 kWh다. 이 에너지 소비량은 BTU 단위로 얼마인가? kJ 단위로 얼마인가?

21. 바나나의 평균 에너지 함량은 약 105 kcal이다. 이 값은 몇 J인가?

22. 젤리 도넛의 영양가는 약 925 kJ이다. 이 값은 몇 킬로칼로리인가?

23. 에너지 전달의 두 가지 방법은 무엇인가?

24. 열에너지와 운동 에너지는 어떻게 관련되어 있는가?

25. 다음 화학 반응을 고려해 보자. 이 변화는 흡열 반응인가, 발열 반응인가? 반응물과 생성물 중 어느 것의 퍼텐셜 에너지가 더 높은가?

$$CH_4\,(g) + 2\,O_2\,(g) \rightarrow CO_2\,(g) + 2\,H_2O\,(g) + \text{열에너지}$$

26. 다음 화학 반응을 고려해 보자. 이 변화는 흡열 반응인가, 발열 반응인가? 반응물과 생성물 중 어느 것의 퍼텐셜 에너지가 더 높은가?

$$\text{열에너지} + Cu(OH)_2\,(s) \rightarrow CuO\,(s) + H_2O\,(g)$$

27. 다음 각 반응을 흡열 반응과 발열 반응으로 구분하시오.

a. 열 + $H_2O\,(l) \rightarrow H_2O\,(g)$
b. $H_2O\,(g) \rightarrow H_2O\,(l)$ + 열
c. $K_2CO_3\,(s) \rightarrow K_2CO_3\,(aq)$ + 열
d. 열 + $NH_4Cl\,(s) \rightarrow NH_4Cl\,(aq)$

28. 다음 각 반응을 흡열 반응과 발열 반응으로 구분하시오.

a. $C_3H_8 + 5\,O_2 \rightarrow 3\,CO_2 + 4\,H_2O$ + 에너지
b. 에너지 + $Zn(OH)_2 \rightarrow ZnO + H_2O$
c. $KOH\,(s) \rightarrow KOH\,(aq)$ + 열
d. $NaOH\,(aq) + HCl\,(aq) \rightarrow NaCl\,(aq) + H_2O\,(l)$ + 열

29. 다음 각 반응의 균형 반응식을 쓰시오. 반응물 또는 생성물에 열을 적절하게 표시하시오.

a. 액체 물이 얼어 얼음을 생성한다(발열).
b. 마그네슘과 산소가 결합하여 산화 마그네슘을 생성한다(발열).
c. 수산화 칼슘이 산화 칼슘과 물을 생성한다(흡열).

30. 다음 각 반응의 균형 반응식을 쓰시오. 반응물 또는 생성물에 열을 적절하게 표시하시오.

a. 이산화 탄소가 고체에서 기체로 변한다(흡열).
b. 고체 탄소가 산소 기체와 반응하여 이산화 탄소를 생성한다(발열).
c. 고체 포타슘이 염소 기체와 반응하여 고체 염화 포타슘을 생성한다(발열).

31. 다음 각 반응을 흡열 반응이나 발열 반응으로 표현하시오. 주어진 기준틀을 사용하시오.

a. 호수의 물이 열을 대기로 방출하여 얼음을 생성한다. (계: 물)
b. 양초에 들어 있는 왁스가 탄다. (계: 양초)
c. 불로 손을 따뜻하게 한다. (계: 손)

32. 다음 각 반응을 흡열 반응이나 발열 반응으로 표현하시오. 주어진 기준틀을 사용하시오.

a. 수류탄이 폭발하여 불덩이를 만든다. (계: 수류탄)
b. 스토브로 가열하여 물을 끓인다. (계: 스토브)
c. 스토브로 가열하여 물을 끓인다. (계: 물)

33. 많은 이온 결합 화합물이 용해될 때 열을 방출한다. 예를 들면 황산 칼슘과 물을 섞을 때, 물의 온도는 10℃까지 상승한다. 황산 칼슘이 계라면, 주위를 구성하는 것은 무엇인가? 이 반응은 흡열 반응인가, 발열 반응인가?

34. 염화 암모늄의 일반 용도는 아이스팩이다. 이 화합물이 녹으면, 물의 온도가 급격히 떨어진다. 염화 암모늄이 계라면, 주위를 구성하는 것은 무엇인가? 이 반응은 흡열 반응인가, 발열 반응인가?

35. 미국 인디애나에서 추운 12월 어느 날, 한 소년이 어리석게도 용기를 내서 깃대에 자신의 혀를 대었다. 차가운 깃대가 혀에 있는 습기를 재빨리 얼려서, 혀가 깃대에 달라붙었다. 다음 변화를 흡열 반응이나 발열 반응으로 표현하시오.

a. 소년이 계인 경우
b. 깃대가 계인 경우

36. 한 남자가 햄버거를 숯불 그릴 위에 올려놓는다. 숯이 타면서 열이 햄버거를 굽는다. 다음 각 반응을 흡열 반응이나 발열 반응으로 표현하시오.

a. 숯이 계인 경우
b. 버거가 계인 경우

37. 다음 상황의 경우, 전체 에너지 변화를 구하시오.

a. 어떤 기체가 20 kJ의 열을 흡수하고 30 kJ의 일을 했다.
b. 어떤 기체가 30 kJ의 열을 방출하고 45 kJ의 일을 그 주위에 했다.

38. 다음 상황의 경우, 전체 에너지 변화를 구하시오.

a. 어떤 기체가 53.2 kJ의 열을 방출하고 23.7 kJ의 일을 그 주위에 했다.
b. 어떤 기체가 15.7 kJ의 열을 흡수하고 42.3 kJ의 일을 했다.

39. 소형 엔진 내에서 가솔린의 연소로 방출된 에너지가 47.0 kJ이다. 시료가 15.0 kJ의 일을 엔진에 한다면, 열로 손실되는 에너지는 얼마인가?

40. 에탄올 시료가 반응하여 42.1 kJ의 에너지를 방출한다. 25.0 kJ의 열을 방출할 경우, 얼마만큼의 일을 주위에 하는가?

41. 한 군사 단체가 고에너지 화학 폭발물을 지하에서 시험했다. 폭발물이 터지면서 주변 지반이 흔들렸다. 퍼텐셜 에너지가 폭발로 방출되었다. 그런데 그것은 어디로 갔나? 우주의 전체 에너지는 변화했는가?

42. 광부들이 석탄을 캐는 곳은 웨스트버지니아의 산이다. 석탄은 뉴욕에 있는 발전소로 보내지고, 그곳에서 연소되어 전기를 생산한다. 다음 셋의 관계는 무엇인가?

석탄에 저장된 화학 에너지, 방출된 열, 생산되는 전기

43. 얼린 물 한 병을 물로 채워진 냉각기에 떨어뜨렸다. 병 안의 물이 녹으면서 주위 물로부터 흡수한 열에너지가 182,000 J이다. 그 결과, 물의 온도는 어떻게 되나? 병 안의 얼음이 계라면, 이 변화는 흡열 반응인가, 발열 반응인가? 다음 표를 사용하여 답하시오.

	계: 얼음 병	주위: 냉각기에 채워진 물
변화	+82,000 J	
결과	얼음이 녹고, 온도 상승	
열 흡수? 열 방출?		

44. 어떤 대장장이가 빨갛게 달아오른 쇠막대를 큰 물통에 담근다. 철이 식으면서 138 kJ의 열에너지를 주위인 물로 방출한다. 그 결과, 물의 온도는 어떻게 되는가? 철이 계라면, 이 변화는 흡열 반응인가, 흡열 반응인가? 다음 표를 사용하여 답하시오.

	계: 철 막대	주위: 물통 속의 물
변화	−138 kJ	
결과	철 냉각	
열 흡수? 열 방출?		

8.2 열에너지와 온도

45. 열과 온도의 차이는 무엇인가?

46. 물 냄비가 난로 위에서 가열된다. 온도가 증가함에 따라 액체 내 분자들의 움직임은 어떻게 변하는가?

47. 물체의 비열과 열용량의 차이는 무엇인가?

48. 통 열량계에는 내부 통을 둘러싸고 있는 강철통, 단열재, 물이 있다. 온도 변화를 측정할 때, 이 열량계의 비열과 열용량 중 어느 것을 사용하는 것이 더 합리적인가?

49. 아연의 비열은 0.39 J/g·°C, 철의 비열은 0.45 J/g·°C이다. 각 금속 시료 100 g이 100°C에서 실온(25°C)으로 냉각될 경우, 어느 시료가 더 많은 열에너지를 방출하는가?

50. 물 한 스푼의 온도는 20 J의 에너지가 가해질 때마다 1도씩 증가한다. 물로 가득 찬 욕조의 온도는 7.5×10^4 J의 에너지가 가해질 때마다 1도씩 증가한다. 어느 쪽의 열용량이 더 큰가? 수저의 물인가, 욕조의 물인가? 어느 쪽의 비열이 더 높은가?

51. 한 기술자가 금속 합금의 열 특성을 실험하고 있다. 그녀는 50.0 g 시료를 사용하여, 485 J의 열에너지를 합금에 가하면 4.10°C의 온도 변화가 생긴다는 것을 알았다 이 합금의 비열은 얼마인가?

52. 어떤 화학자가 미지 금속 시료 230.0 g의 특성을 실험하고 있다. 그는 1,217 J의 열이 금속의 온도를 5.88°C 높인다는 사실을 알아 내었다. 이 금속의 비열은 얼마인가?

53. 알루미늄의 비열은 0.91 J/g·°C이다. 4,000 g의 알루미늄 한 장이 흡수하는 에너지가 28,000 J이라면, 온도는 얼마나 상승할까?

54. 주석의 비열은 0.21 J/g·°C이다. 3.2 kg의 주석 한 장이 흡수하는 에너지가 8.4 kJ이라면, 온도는 얼마나 상승할까?

55. 금의 비열은 0.031 cal/g·°C이다. 100.0 g의 골드바의 온도를 15°C 높이려면 몇 칼로리의 열이 필요한가?

56. 철의 비열은 0.108 cal/g·°C이다. 2.1 kg의 철 막대가 180°C에서 25°C로 냉각될 경우, 방출되는 열은 얼마인가?

57. 산업용 반응 용기는 흡수된 에너지 1 kJ당 0.061°C의 온도 변화가 있다는 것이 알려져 있다. 이 용기의 열용량은 kJ/°C 단위로 얼마인가?

58. 어떤 보일러는 25°C에서 200°C로 가열하는 데 15,000 kJ가 필요하다. 이 계의 열용량은 kJ/°C 단위로 얼마인가?

59. 통 열량계는 열 변화 측정에 사용되는 장치이다. 통 열량계 한 모델의 열용량은 14.5 kJ/°C이다. 이 열량계의 온도를 25.3°C에서 33.7°C로 올리려면 열이 얼마나 필요한가?

60. 어떤 화학 공장에 있는, 물로 채워진 대형 반응 용기의 열용량은 540,000 kJ/°C이다. 이 전체 용기를 25°C에서 65°C로 가열하려면 몇 kJ의 열이 필요한가? 이 경우 필요한 에너지는 kWh 단위로 얼마인가?

61. 어떤 산업용 반응 용기의 열용량이 6.13×10^3 kJ/°C이다. 7,702 MJ의 열이 계에 가해지면, 온도가 얼마나 변할까?

62. 어떤 단열 반응 용기의 열용량이 105.32 kJ/°C이고, 초기 온도가 24.3°C이다. 1,000 kJ의 열에너지가 계에 가해지면, 반응 용기는 몇 도에 도달하겠는가?

63. 어떤 집이 화강암으로 지어졌다. 주방 조리대의 열용량은 158.2 kJ/℃이다. 뜨거운 물 냄비를 조리대에 놓았더니 8,000 J의 열에너지가 조리대로 전달되었다. 이때 조리대의 온도는 얼마나 변하나?

64. 어떤 집은 콘크리트 바닥으로 지어져서 집을 시원하게 유지할 수 있다. 질량이 15,000 kg인 콘크리트 슬라브의 온도를 65 ℉에서 75 ℉로 올리는 데 필요한 열은 몇 kJ인가? 콘크리트의 비열은 0.880 kJ/kg·℃이다. 이 경우 kWh 단위로 얼마의 에너지가 필요한가?

65. 커피 컵 열계량법과 통 열계량법은 어떻게 다른가?

66. 통 열계량법에서는 열량계가 밀폐되어 반응 과정에 의해서는 어떤 일도 할 수 없다. 이러한 관점에서 통 열계량법 실험에서 방출된 열은 총 에너지 변화와 어떻게 비교되는가?

67. 한 학생이 뜨거운 금속 덩어리를 150.0 g의 물이 들어 있는 커피 컵 열량계에 넣었다. 물의 온도 23.7℃에서 32.1℃로 상승했다. 물이 흡수한 열은 얼마인가? 금속이 흡수한 열은 얼마인가? 칼로리 단위로 답하시오.

68. 한 학생이 뜨거운 금속 덩어리를 171.0 g의 물이 들어 있는 커피 컵 열량계에 넣었다. 물의 온도가 23.3℃에서 42.5℃까지 상승했다. 물이 흡수한 열은 얼마인가? 금속이 잃은 열은 얼마인가? 칼로리 단위로 답하시오.

69. 커피 컵 열계량법 실험에서, 뜨거운 금속 덩어리를 100.0 g의 물이 들어 있는 커피 컵 열량계에 넣었다. 물의 온도가 23.1℃에서 31.5℃로 상승했다. 이 실험의 $q_{금속}$와 $q_{물}$를 계산하시오.

70. 열계량법 실험에서, 어떤 반응이 100.0 g의 수용액에서 일어났다. 용액의 온도가 22.8℃에서 15.5℃로 떨어졌다. 이 실험의 $q_{반응}$과 $q_{용액}$를 계산하시오. 용액의 비열과 순수한 물의 비열이 동일하다고 가정하라.

71. 어떤 화학자가 열계량법 실험을 했다. 대상은 미지의 금속이었다. 시료의 질량은 24.4 g이다. 화학자는 금속을 100℃까지 가열한 다음, 커피 컵 열량계에 넣었다. 열량계에는 108.5 g의 물이 들어 있고, 초기 온도는 21.3℃이다. 시간이 흐른 후, 금속과 물이 도달한 온도는 25.0℃였다.
   a. 물이 흡수한 열은 얼마인가?
   b. 금속이 방출한 열은 얼마인가?
   c. 금속의 비열은 얼마인가?
   d. 표 8.4에 근거하여, 다음 중 미지의 금속으로 가능성이 가장 높은 것은?
      알루미늄, 납, 니켈, 주석

72. 어떤 화학자가 열계량법 실험을 했다. 대상은 미지의 금속이었다. 시료의 질량은 52.4 g이다. 화학자는 금속을 100℃까지 가열한 다음, 커피 컵 열량계에 넣었다. 열량계에는 95.4 g의 물이 들어 있다. 물의 온도가 21.9℃에서 23.2℃로 상승했다.
   a. 물이 흡수한 열은 얼마인가?
   b. 금속이 방출한 열은 얼마인가?
   c. 금속의 비열은 얼마인가?
   d. 표 8.4에 근거하여, 다음 중 미지의 금속으로 가능성이 가장 높은 것은?
      알루미늄, 납, 니켈, 주석

표 8.4 여러 금속의 비열

물질	비열(cal/g·℃)
알루미늄	0.220
철	0.108
타이타늄	0.125
납	0.031
니켈	0.104
주석	0.054

73. 어떤 화학자가 커피 컵 열량계에서 11.6 g의 KOH 시료를 100.0 g의 물에 녹였다. 그 결과, 수온이 25.5℃까지 상승했다. 이를 근거로 할 때, KOH 시료를 녹이려면 열에너지가 얼마나 필요한가? KOH의 용해열을 kJ/mol 단위로 계산하시오(용액의 비열은 4.184 J/g·℃라고 가정한다).

74. 커피 컵 열량계에서 20.8 g의 CsBr 시료를 115.0 g의 물과 결합했을 때, 수온이 4.47℃만큼 감소하였다. 이를 근거로 할 때, CsBr이 용해되려면 열에너지가 얼마나 필요한가? CsBr의 용해열을 kJ/mol 단위로 계산하시오(용액의 비열은 4.184 J/g·℃라고 가정한다).

75. 제트 연료의 시료를 통 열량계에서 실험했다. 폭발 전 열량계의 온도는 22.31°C이다. 연료가 방출하는 열이 558.1 kJ이고, 열량계의 열용량이 13.12 kJ/°C일 때, 열량계의 최종 온도를 구하시오.

76. 숯 시료를 통 열량계에서 소각했다. 폭발 전 열량계의 온도는 22.56°C이다. 연료가 방출하는 열이 33.58 kJ이고, 열량계의 열용량이 13.12 kJ/°C일 때, 열량계의 최종 온도를 구하시오.

77. 1.0 g의 캔디바 시료를 통 열량계에 넣었다. 통 열량계의 열용량은 3.54 kcal/°C이다. 시료는 완전 연소되었고, 그 결과 열량계의 온도가 1.36°C 상승하였다. 몇 kcal의 에너지가 캔디바에 저장되었는가?

78. 2.0 g의 도넛 시료를 통 열량계에 넣었다. 통 열량계의 열용량은 3.54 kcal/°C이다. 시료는 완전 연소되었고, 그 결과 열량계의 온도가 2.02°C 상승하였다. 몇 kcal의 에너지가 도넛 시료에 저장되었는가?

8.3 열에너지와 화학 반응

79. 합성 연료 혼합물을 통 열량계로 실험하였다. 80.10 g의 시료가 28,096 kJ의 에너지를 방출한 것이 확인되었다. 이 혼합물의 열량값은 kJ/g 단위로 얼마인가?

80. 15.0 g의 석탄 시료를 통 열량계로 실험하였다. 연소 시 시료가 방출한 열은 334.5 kJ이다. 이 시료의 열량값은 kJ/g 단위로 얼마인가?

81. 표 8.3의 데이터를 사용하여, 다음 각 화합물의 연소에 의해 방출되는 에너지를 계산하시오.

a. 100.0 g의 메테인

b. 15.0 mL의 가솔린(가솔린의 밀도 = 0.70 g/mL)

82. 표 8.3의 데이터를 사용하여, 다음 각 화합물의 연소에 의해 방출되는 에너지를 계산하시오.

a. 10.0 kg의 프로페인

b. 18.0 mL의 에탄올 시료(에탄올의 밀도 = 0.79 g/mL)

83. 몇 g의 프로페인을 연소해야 30,000 BTU의 열에너지를 생산하는가? 표 8.1 및 8.3을 참조하여, 적절한 환산 인자 및 열량값을 사용하시오. 3개의 유효 숫자로 답하시오.

84. 몇 g의 메테인을 연소해야 15,000 BTU의 열에너지를 생산하는가? 표 8.1 및 8.3을 참조하여, 적절한 환산 인자 및 열량값을 사용하시오. 3개의 유효 숫자로 답하시오.

85. 최근에 과학자들은 농작물 잔여물을 재생 가능한 연료로 사용하는 것을 연구해 왔다. 그러한 한 실험에서 21.05 g의 건조 옥수수 줄기 시료를 통 열량계(그림 8.14) 내부에 넣었다. 열량계의 열용량은 28.72 kJ/°C이다. 줄기들을 연소시켰을 때, 열량계의 온도는 24.10°C에서 36.93°C로 상승했다. 옥수수 줄기를 연소시킬 때 방출되는 열은 얼마인가? 옥수수 줄기의 열량값은 kJ/g 단위로 얼마인가?

86. 최근에 과학자들은 지팽이풀(switchgrass)을 재생 가능한 연료로 사용하는 것을 연구해 왔다. 그러한 한 실험에서 53.18 g의 마른 지팽이풀 시료(그림 8.15)를 통 열량계 내부에 넣었다. 열량계의 열용량은 30.31 kJ/°C이다. 시료를 연소시켰을 때 열량계의 온도가 24.35°C에서 55.95°C로 상승했다. 시료를 연소시킬 때 방출되는 열은 얼마인가? 시료의 열량값은 kJ/g 단위로 얼마인가?

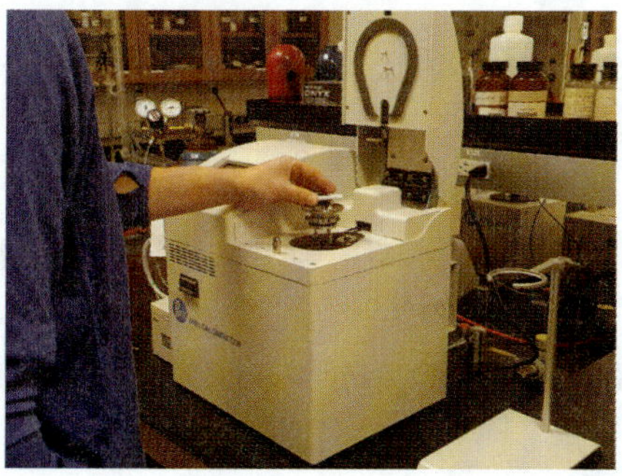

그림 8.14 과학자들은 이와 같은 통 열량계를 사용하여 다른 물질들의 열량값을 측정한다.

그림 8.15 지팽이풀은 구황식물로, 많은 곳에서 쉽게 자란다. 과학자들은 지팽이풀을 재생 가능한 연료로 사용하는 것을 연구해 왔다.

87. 표시된 반응 엔탈피 데이터를 사용하여, 다음 각 상황에서 방출되는 열량을 구하시오.

$$2\ Ca\ (s) + O_2\ (g) \rightarrow 2\ CaO\ (s) \quad \Delta H_{rxn} = -1{,}269.8\ kJ$$

a. 칼슘이 3몰의 O_2와 반응하는 경우
b. 8몰의 칼슘이 O_2와 반응하는 경우
c. 칼슘과 산소가 반응하여 1몰의 CaO를 생성하는 경우

88. 표시된 반응 엔탈피 데이터를 사용하여, 다음 각 상황에서 방출되는 열량을 구하시오.

$$2\ K\ (s) + Cl_2\ (g) \rightarrow 2\ KCl\ (s) \quad \Delta H_{rxn} = -873.0\ kJ$$

a. 포타슘이 염소 5몰과 반응하는 경우
b. 10몰의 포타슘이 염소와 반응하는 경우
c. 포타슘과 염소가 반응하여 0.4몰의 KCl을 생성하는 경우

89. 표시된 반응 엔탈피 데이터를 사용하여, 다음 각 상황의 열 변화를 구하시오.

$$Sn\ (s) + 2\ Cl_2\ (g) \rightarrow SnCl_4\ (s) \quad \Delta H_{rxn} = -511.3\ kJ$$

a. 23.13 g의 주석이 염소 기체와 반응하는 경우
b. 주석이 18.68 g의 염소 기체와 반응하는 경우
c. 주석과 염소가 반응하여 11.83 g의 염화 주석(IV)을 생성하는 경우

90. 표시된 반응 엔탈피 데이터를 사용하여, 다음 각 상황의 열 변화를 구하시오.

$$MgCO_3\ (s) \rightarrow MgO\ (s) + CO_2\ (g) \quad \Delta H_{rxn} = +100.7\ kJ$$

a. 18.19 g의 $MgCO_3$가 분해되어 MgO와 CO_2를 생성하는 경우
b. $MgCO_3$가 분해되어 139.1 g의 고체 MgO를 생성하는 경우
c. $MgCO_3$가 분해되어 12.1 g의 CO_2 기체를 생성하는 경우

91. 메테인은 천연가스의 주성분이다. 다음에 주어진 반응 엔탈피를 사용하여, 1 kg의 메테인의 연소시킬 때 생성되는 열에너지를 구하시오.

$$CH_4\ (g) + 2\ O_2\ (g) \rightarrow CO_2\ (g) + 2\ H_2O\ (l) \quad \Delta H_{rxn} = -861.3\ kJ$$

92. 산화 칼슘은 시멘트 혼합물의 주성분이다. 제조업자들은 수산화 칼슘의 분해를 통해 이 화합물을 생성한다. 반응 엔탈피를 사용하여, 이 과정으로 1 kg의 산화 칼슘을 생산하는 데 필요한 에너지를 구하시오.

$$Ca(OH)_2\ (s) \rightarrow H_2O\ (g) + CaO\ (s) \quad \Delta H_{rxn} = +108.5\ kJ$$

93. 다음에 나타낸 산-염기 중화 반응은 발열 과정이다. 이 과정에서 방출되는 열이 218.5 kJ이라면, 몇 g의 NaOH가 중화되는가?

$$HBr\ (aq) + NaOH\ (aq) \rightarrow NaBr\ (aq) + H_2O\ (l) \quad \Delta H_{rxn} = -55.8\ kJ$$

94. 다음에 나타낸 산-염기 중화 반응은 발열 과정이다. 이 과정에서 방출되는 열이 119.0 kJ이라면, 몇 g의 HBr이 중화되는가?

$$HBr\ (aq) + KOH\ (aq) \rightarrow KBr\ (aq) + H_2O\ (l) \quad \Delta H_{rxn} = -55.8\ kJ$$

95. 수산화 소듐은 아래에서와 같이 발열 과정으로 물에 녹는다. 139.8 g의 NaOH가 물에 녹을 경우, 방출되는 열을 구하시오.

$$NaOH\ (s) \rightarrow NaOH\ (aq) \quad \Delta H_{rxn} = -44.0\ kJ$$

96. 증기가 응축되어 액체 물이 될 때는 주위로 열을 방출한다. 100.0 g의 증기가 액체 상태로 돌아올 때 방출되는 열을 구하시오.

$$H_2O\ (g) \rightarrow H_2O\ (l) \quad \Delta H_{rxn} = -40.67\ kJ$$

97. 테르밋 반응은 알루미늄과 산화 철(III)의 반응으로, 강한 열을 생성하는 데 쓰인다(그림 8.16). 다음 반응 엔탈피를 근거로 할 때, 이 반응에 의해 1,000,000 kJ의 열이 생성되는 데 필요한 알루미늄은 몇 g인가? 3개의 유효 숫자로 답하시오.

$$2\ Al\ (s) + Fe_2O_3\ (s) \rightarrow Al_2O_3\ (s) + 2\ Fe\ (s) \quad \Delta H_{rxn} = -851.5\ kJ$$

98. 뷰테인(C_4H_{10})은 여러 휴대용 라이터에 사용되는 연료이다(그림 8.17). 다음 반응 엔탈피를 근거로 할 때, 이 반응에 의해 1,000 kJ의 열이 생성되는 데 필요한 뷰테인은 몇 g인가? 3개의 유효 숫자로 답하시오.

$$2\ C_4H_{10}\ (g) + 13\ O_2\ (g) \rightarrow 8\ CO_2\ (g) + 10\ H_2O\ (l) \quad \Delta H_{rxn} = -5{,}755\ kJ$$

그림 8.16 테르밋 반응은 강한 열을 발생시킨다.

그림 8.17 이와 같은 휴대용 라이터는 뷰테인 연료를 사용한다.

99. 마그네슘은 아래에서와 같이 발열 과정으로 산소와 반응한다. 30.18 g의 마그네슘이 통 열량계에서 반응할 경우, 상승하는 온도는 얼마인가? 통 열량계의 열용량은 38.33 kJ/℃이다.

$$2\ Mg\ (s) + O_2\ (g) \rightarrow 2\ MgO\ (s) \qquad \Delta H_{rxn} = -1,203.2\ kJ$$

100. 어떤 화학 제품 제조업자가 중화시켜야 했던 것이 있다. 25.2 kg의 수산화 소듐이 있는 혼합물과 과량의 염산과의 반응이다. 화학 공학자들이 추정하기로는 단열 반응 용기가 일단 채워지면, 반응 용기의 열용량은 318.5 kJ/℃이라는 것이다. 이 데이터를 근거로 할 때, 이 반응으로 방출되는 열량을 구하시오. 중화의 시작 온도가 30.0℃라면, 반응 용기는 얼마나 뜨거워질까?

$$HCl\ (aq) + NaOH\ (aq) \rightarrow NaCl\ (aq) + H_2O\ (l) \qquad \Delta H_{rxn} = -55.8\ kJ$$

공유 결합과 공유 결합 분자

CHAPTER 9

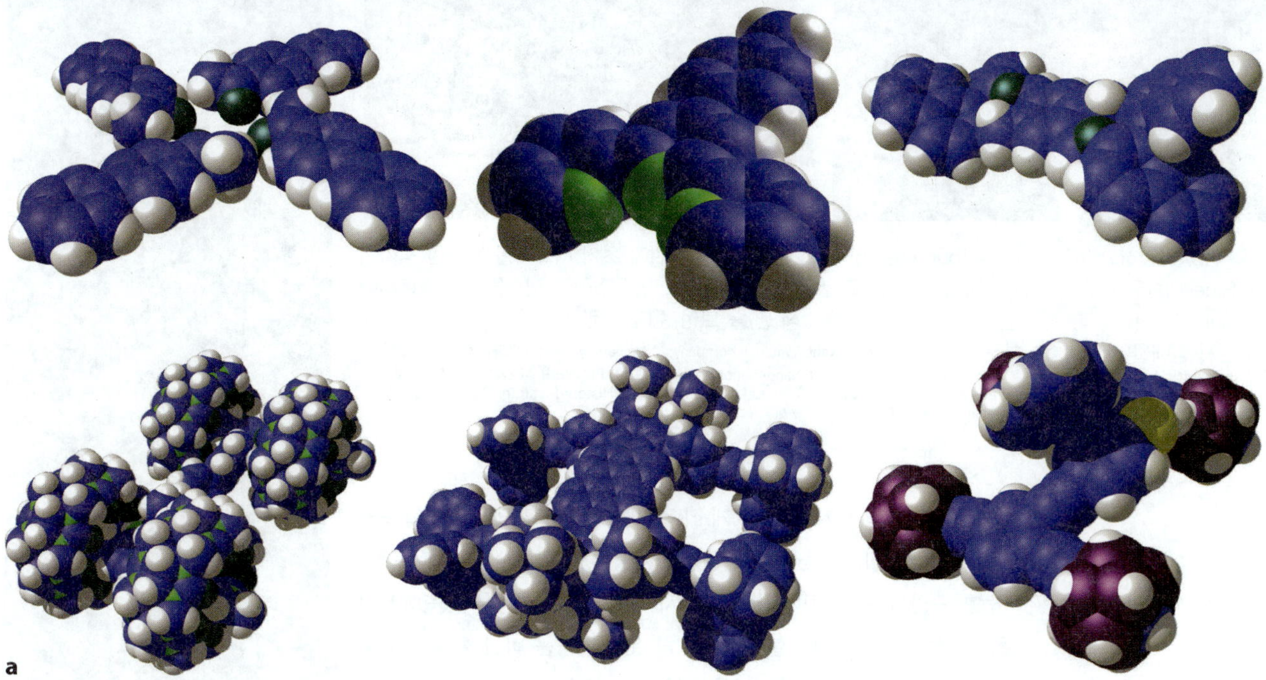

그림 9.1 (a) 제1회 나노카 레이스에는 단일 분자 나노카가 등장했다. 이 자동차는 서로 다른 6개의 연구팀이 만들었다. (계속)

최단 레이스

2017년 4월, 6개 팀이 역사상 가장 짧은 경주에 참가했다. 트랙의 길이는 육안으로 보기에는 너무나 작은 100나노미터에 불과했다. 또한 경주에 참가하는 각 자동차는 분자 한 개로 구성되었다. 과학자들은 이 작은 자동차를 **나노카**(nanocar)라고 부른다(그림 9.1).

이 아이디어의 개척자는 Rice 대학의 화학 및 재료과학 교수인 James Tour 박사였다. 자연이 구조를 만드는 방식에서 영감을 받은 Tour 박사는 분자 수준의 기계를 만들기 시작했다. 2005년 보도에 의하면, Tour 박사 팀은 최초의 나노카를 만들어, 이 단일 분자가 매끄러운 금 표면에서 굴러갈 수 있음을 보여 주었다. 그 후 몇 년 동안, 그들은 자동차가 앞으로 나아갈 수 있도록 빛에너지를 변환하는 '모터'를 사용하여 자동차에 동력을 공급하는 방법을 배웠다. 그들은 물속에서 스스로를 추진할 수 있는 단일 분자 잠수함을 만들었다. 그들은 심지어 한 곳에서 다른 곳으로 작은 화물을 운송하는 '나노 트럭'과 '나노 기차'를 만들었다.

Tour 박사는 기술이 발전하는 데는 몇 세기가 걸릴지 모르지만, 결국에는 작은 기계를 사용하여 대형 구조물을 만들게 될 것으로 믿고 있다. "현재, 우리는 분자 운동을 제어하는 법을 배우고 있다." Tour 박사의 이야기다.

Tour 박사의 획기적인 아이디어가 인기를 끌고 있다. 2017년에는 여러 연구 팀이 프랑스 Toulouse에서 만나서 사상 첫 나노카 레이스를 펼쳤다. 믿을 수 없을 정도로 매우 작은 코스는 **주사 터널 현미경**(scanning tunneling microscope)이라고 하는 기기 내부의 매끄러운 금 표면 위에 있다. 단일 원자는 표면에 장애물과 결승선을 표시했다. '운전자들'은 이 기구를 사용하여 장애물을 지나 결승선을 가로질러 자동차들을 안내했다.

그림 9.1 (계속) (b) 강연하고 있는 James Tour 교수 (c) 이 그림은 금 표면 위에 초기 나노카를 재현한 작가의 그림이다. (d) Rice 대학의 나노카는 금 표면이 아닌 은 표면으로 달렸다. 나노카를 조정한 학생들은 오스트리아 Graz 대학의 Grill 연구진이었다. 이 그림의 상단은 나노카(빨간색 원)를 보여 준다. 파란색 원은 자동차가 통과해야 하는 단일 원자 장애물이다. (a) © Technical University Dresden, Nano-Windmill company; © University of Basel, Swiss Nano Dragster; © Mana-NIMS, Nano-vehicle MANANIMS team; © Ohio University, Ohio Bobcat Nano-Wagon Team; © G. RAPENNE/P. ABEILHOU/CEMES-CNRS Nanomobile-Club; © Rice University, Nano-car team; All Images provided by CNRS Photo Library; (b)Science History Institute, CC BY-SA 3.0, Wikimedia Commons; (c) James M. Tour Group / Rice University; (d) © L. Grill (University of Graz)

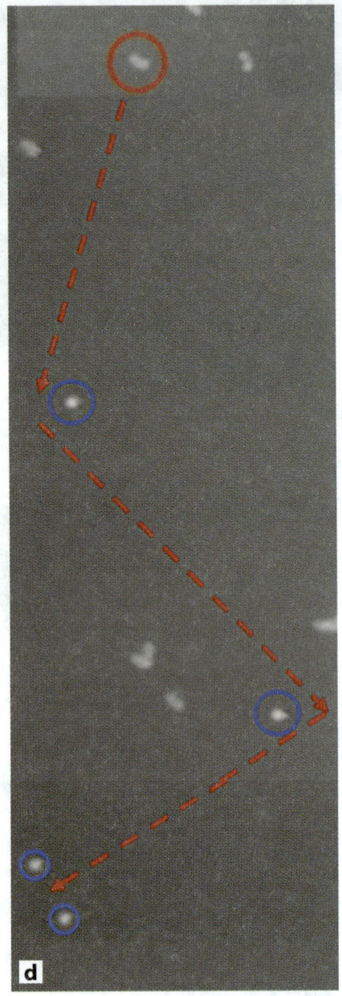

그렇다면 이 작은 기기는 어떻게 작동할까? 이 질문의 답은 분자의 **모양**(shape)에서 시작된다. 원자들이 결합하여 공유 결합을 생성할 때는 예측 가능한 모양의 구조를 만든다. Tour 박사 팀은 이러한 현상을 이용했다. 그들은 마치 그것들이 레고 블록인 것처럼, 분자 차량용 바퀴, 차축, 심지어 모터까지 만들어 내어 화학 반응을 사용하여 원자들의 그룹을 연결시켰다.

실제로, 분자 모양은 물과 같은 단순한 구조에서부터 생물의 복잡한 기계에 이르기까지 모든 공유 화합물의 특성에 영향을 미친다. 이 장에서는 어떻게 원자들이 공유 결합을 통해 전자를 공유하는지, 어떻게 전자 배열이 분자의 모양을 결정하는지를 살펴볼 것이다. 또한 전하가 분자와 이온에 걸쳐 확산되는 방식을 고려하고, 모양과 전하 분포가 다른 화합물의 거동에 미치는 영향을 간단히 소개할 것이다.

이 장의 개념은 매우 중요하다. 결합, 모양, 전하는 화학의 근본적인 측면과 우리 주변 세계에서 볼 수 있는 특성 사이의 연결 고리다. 따라서 나노카 안전벨트를 매자. 출발!

➔ 학습 목표

이 장을 완료하고 실습 문제를 풀고 나면, 수행할 수 있는 것은 다음과 같다.

9.1 공유 결합 분자
- 단일 결합, 이중 결합, 삼중 결합, 고립 전자쌍, 채워진 옥텟, 확장된 옥텟을 포함한 공유 결합 구조의 전자 배열을 설명할 수 있다.
- 간단한 분자의 Lewis 구조를 그릴 수 있다.

9.2 분자와 전하
- 형식 전하를 계산할 수 있고, 형식 전하를 다원자 이온의 전체 전하와 관련 지을 수 있다.
- 다원자 이온의 Lewis 구조식을 그릴 수 있다.
- 공명 구조를 사용하여 결합과 전하 분포를 설명할 수 있다.

9.3 분자의 모양
- VSEPR 모형을 적용하여 2개, 3개, 4개의 전하 세트를 갖는 분자의 기하 구조와 전자의 기하 구조를 예측할 수 있다.

9.4 극성 결합과 극성 분자
- 주기율표에 걸쳐 전기 음성도의 경향을 설명할 수 있다.
- 전기 음성도 차를 이용하여 공유 결합, 극성 공유 결합, 이온 결합을 구별할 수 있다.
- 극성 공유 결합과 분자 모양을 결합하여 분자 쌍극자를 평가할 수 있다.

9.1 공유 결합 분자

공유 결합 구조 나타내기

화학 결합을 처음 접한 것은 5장에서였다. 기억할 것은 화학 결합에는 **이온 결합**과 **공유 결합**의 두 가지 넓은 분류가 있다는 것이다. 이온 결합은 반대 전하를 띤 이온들 간의 인력에서 비롯된다. 공유 결합에서는 두 원자가 전자를 공유한다.

공유 결합은 비금속 원자들 사이에서 발생한다. 이들 원자는 전자를 공유함으로써 자신들의 원자가 준위를 채울 수 있어서 **옥텟 규칙**(octet rule)을 충족시킬 수 있다. 옥텟 규칙에 따르면, 원자는 완전히 채워진 *s* 오비탈과 *p* 오비탈에 의해서 안정화된다는 것을 기억하라. 이것은 원자가 껍질에 있는 8개의 전자에 해당한다.

옥텟 규칙: 원자는 원자가 준위에 있는 8개의 전자에 의해 안정화된다.

예를 들어 염소 기체(Cl_2)를 고려해 보자. 각 중성 염소 원자의 원자가 전자는 7개다. 두 개의 전자로 결합을 생성함으로써 두 염소 원자는 자신들의 원자가 준위를 채운다. **Lewis 구조식**(Lewis structure)에서는 두 개의 공유된 전자를 점선을 사용하여 나타낸다.

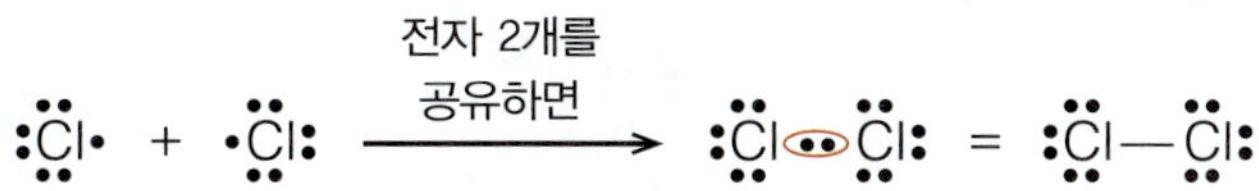

때때로 원자들은 두 개의 전자쌍을 공유한다. 이것을 **이중 결합**(double bond)이라고 한다. 이중 결합의 예로는 산소 분자(O_2)가 있다. 각각의 산소 원자에 있는 원자가 전자 수는 6개다. 따라서 전자가 2개 더 있어야 옥텟 규칙을 충족시킨다.

이중 결합에서는 원자가 두 개의 전자쌍을 공유한다.

마찬가지로, 원자는 공유 **삼중 결합**(triple bond)을 만들고자 세 개의 전자쌍을 공유할 수 있다. 이런 종류의 삼중 결합이 질소 기체의 분자에서 일어난다. 각 질소 원자의 원자가 전자는 5개다. 따라서 전자가 3개 더 있어야 원자가를 채울 수 있다. 그 결과, 질소 원자는 삼중 결합을 생성한다.

방금 설명한 Lewis 구조에서는 비공유 원자가 전자도 보여 주었다. 비공유 전자는 결합을 생성하지는 않지만 분자의 모양에 영향을 미친다.

전자들은 반대 스핀과 짝을 이루므로, 일반적으로 비공유 전자들을 쌍으로 표현한다. 예를 들면 염소 분자의 Lewis 구조에서 각각의 염소 원자에는 4개의 전자쌍이 있다. 전자쌍 한 개는 공유 결합을 생성하고, 나머지 세 개의 전자쌍은 공유되지 않는다. 화학자들은 비공유 원자가 전자 쌍을 **고립 전자쌍(lone pair)**이라고 한다(그림 9.2). 옥텟은 전자쌍 4개로 생각할 수 있다.

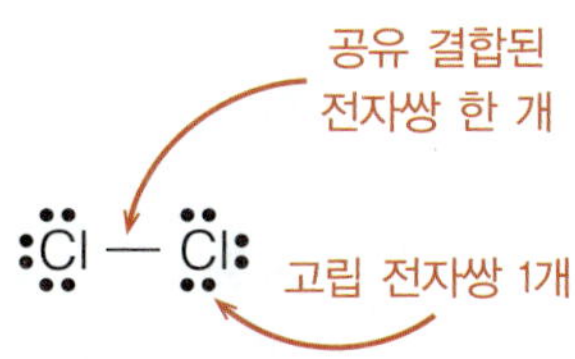

그림 9.2 이 그림은 염소 분자의 Lewis 구조를 나타낸 것이다. 두 원자 사이의 점선은 두 개의 전자로 된 공유 결합을 나타낸다. 비공유 전자쌍을 **고립 전자쌍**이라고 한다.

옥텟에는 4개의 전자쌍이 있다.

대부분의 공유 결합 분자와 다원자 이온에서는 모든 원자가 옥텟 규칙을 따른다. 예로 이산화 탄소(CO_2)의 Lewis 구조를 생각해 보자.

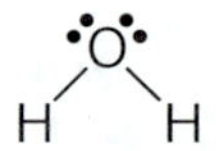

그림 9.3 물 분자에서 산소 원자의 원자가 준위는 8개의 전자로, 각 수소 원자의 원자가 준위는 2개의 전자로 채워진다.

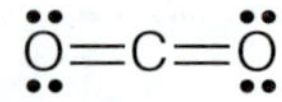

이 분자에서 탄소 원자는 4개의 공유 결합을 형성한다. 이것은 탄소 원자 주위에 8개의 원자가 전자가 있음을 의미한다. 각 산소 원자에는 2개의 공유 결합과 2개의 고립 전자쌍이 있다. 각각의 산소 원자도 원자가 전자가 8개 있다. 따라서 탄소 원자와 산소 원자는 모두 옥텟 규칙을 충족시킨다.

수소는 원자가를 채우는 데 단 2개의 전자가 필요하다.

그림 9.3은 물의 Lewis 구조를 나타낸 것이다. 주목할 것은 산소 원자가 8개의 원자가 전자(완전한 옥텟)에 둘러싸여 있다는 것이다. 각 수소 원자에는 오직 2개의 전자(공유 결합)가 있다. 2개의 전자가 있어야만 에너지 준위 1을 채운다. 따라서 이 구조에서 각 수소 원자도 완전한 원자가 준위가 있다.

예제 9.1 Lewis 구조에서 원자가 전자 식별하기

요소(CH_4N_2O)는 공유 결합 화합물로, 소변의 주요 성분이다. 요소의 Lewis 구조는 다음과 같다. 탄소, 수소, 질소, 산소 원자 주변의 공유 결합 수와 고립 전자쌍 수를 말하시오. 이 원자들은 옥텟 규칙을 충족시키는가?

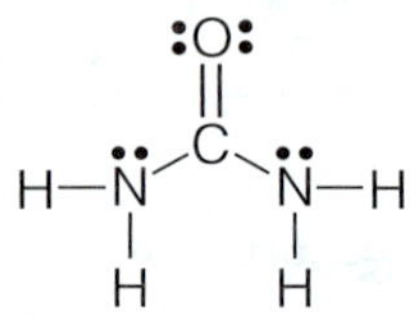

이 분자의 탄소 원자에는 4개의 공유 결합(2개의 단일 결합과 1개의 이중 결합)이 있다. 이 배열은 8개의 원자가 전자에 해당하며, 옥텟 규칙을 충족한다. 두 개의 질소 원자는 각각 3개의 공유 결합과 1개의 고립 전자쌍을 가지고 있다. 이것 역시 전자가 8개 있다. 산소 원자에도 8개의 원자가 전자(2개의 공유 결합과 2개의 고립 전자쌍)가 있다. 따라서 탄소, 질소, 산소 원자는 모두 옥텟 규칙을 충족한다.

각 수소 원자는 원자가 껍질에 오직 두 개의 전자가 있다. 에너지 준위 1은 오직 2개의 전자만 가지기 때문에, 수소 원자도 채워진 원자가 준위가 있다. 다음 표에는 이러한 일반적인 결합 양식이 요약되어 있다.

원자	공유 결합	고립 전자쌍	원자가 전자
C	4	0	8
N	3	1	8
O	2	2	8
H	1	0	2

도전 문제

1. 하이포염소산(HClO)의 Lewis 구조식이 아래에 있다. 각 원자 주위에 있는 공유 결합 수와 고립 전자쌍 수를 말하시오. 원자들은 옥텟 규칙을 충족시키는가?

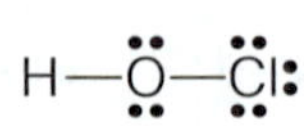

옥텟 규칙의 예외

대부분의 공유 결합 분자는 옥텟 규칙을 따르지만 몇몇 예외도 있다. 예를 들어 붕소 원자는 불완전한 원자가 준위를 가진 공유 결합 화합물을 생성한다(그림 9.4).

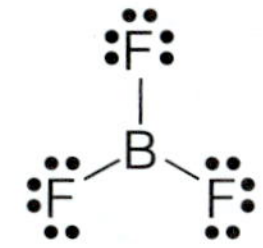

그림 9.4 많은 붕소 화합물에는 불완전한 원자가 준위가 있다.

더 일반적인 예외는 더 큰 원소에서 발생한다. 주기율표의 3~7주기에 있는 비금속은 때때로 결합을 형성하여, 8개를 초과하는 전자가 있는 **확장된 옥텟(expanded octet)**을 형성한다. 이것이 가능한 이유는 더 높은 에너지 준위의 *d* 오비탈이 여분의 전자를 수용할 수 있기 때문이다. 확장된 옥텟을 가진 원자들에는 종종 5~6개의 공유 결합이 있다.

3~7주기의 원자들은 전자가 8개를 초과하는 **확장된 옥텟**을 형성할 수 있다.

예를 들어 인은 보통 염소와 반응하여 두 가지 화합물(PCl_3와 PCl_5)을 생성한다(그림 9.5). 첫 번째 화합물(PCl_3)은 옥텟 규칙을 준수한다. 두 번째 화합물(PCl_5)에서는 인 원자에 10개의 원자가 전자를 가진 확장된 옥텟이 있다.

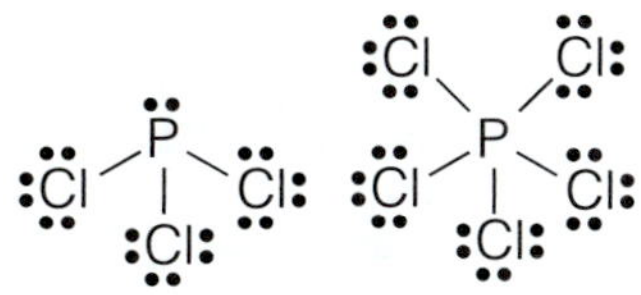

그림 9.5 PCl_3는 옥텟 규칙을 따른다. PCl_5의 인 원자에는 원자가 전자가 10개인 확장된 옥텟이 있다.

Lewis 구조 그리기

공유 결합 화합물이 어떻게 작용하는지를 이해하기 위해서는 종종 그들의 구조를 이해할 필요가 있다. 다음 4단계 과정은 분자식으로부터 Lewis 구조를 그리는 데 도움을 줄 것이다(그림 9.6).

1. **모든 원자가 전자를 더한다.** 주기율표를 사용하여 각 원자의 원자가 전자 수를 결정한다. 기억할 것은 족 수(1A~8A)가 주족 원소의 원자가 전자 수를 알려 준다는 것이다(그림 9.7).
2. 단일 결합을 사용하여 **구조식 틀을 짠다.** 일반적으로 주기율표에서 왼쪽 아래에 가까이에 위치한 원자가 중심 원자다. 수소는 두 개의 전자만을 수용할 수 있다. 따라서 수소는 결코 중심 원자가 아니다.
3. **바깥 원자의 옥텟을 먼저 채운다.** 고립 전자쌍을 바깥 원자에 추가하여 원자의 원자가 준위를 완성한다.
4. **중심 원자의 옥텟을 완성한다.** 바깥 원자의 옥텟을 채운 후, 나머지 전자들을 중심 원자 위에 놓는다. 이러한 전자들은 중심 원자의 옥텟을 채우기에 충분할 수도 있고, 심지어는 옥텟을 확장시킬 수도 있다. 중심 원자가 적어도 8개의 전자를 가지고 있지 않다면, 이중 결합 또는 삼중 결합을 사용하여 옥텟을 채운다.

예제 9.2와 9.3은 이 중요한 기술을 설명한다.

> 1. 전자 수를 더한다.
> 2. 구조식 틀을 짠다.
> 3. 바깥 원자의 옥텟을 채운다.
> 4. 중심 원자의 옥텟을 채운다.

그림 9.6 위의 단계에 따라 Lewis 구조를 그린다.

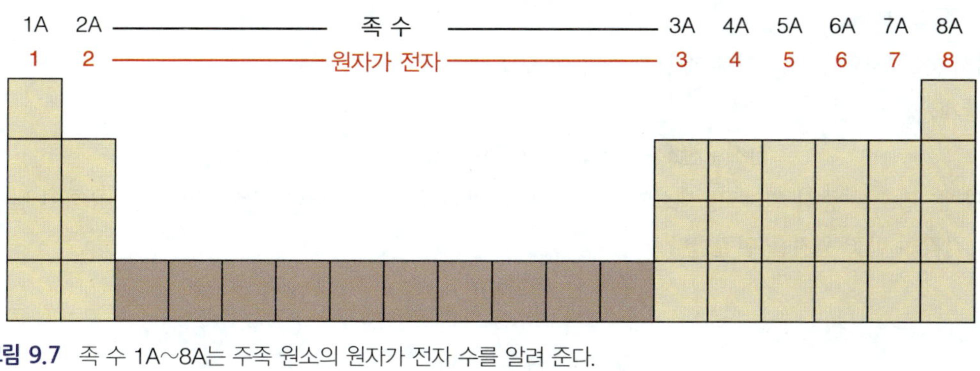

그림 9.7 족 수 1A~8A는 주족 원소의 원자가 전자 수를 알려 준다.

예제 9.2 Lewis 구조 그리기

삼염화 질소(NCl_3)의 Lewis 구조를 그리시오.

이 문제는 4단계 과정을 주의깊게 따라 하면 풀 수 있다.

1단계: 모든 원자가 전자를 더한다. 주기율표에서 질소 원자의 원자가 전자는 5개, 각 염소 원자의 원자가 전자는 7개임을 알 수 있다. 이 정보를 바탕으로 할 때, 이 구조에는 총 26개의 원자가 전자가 있다.

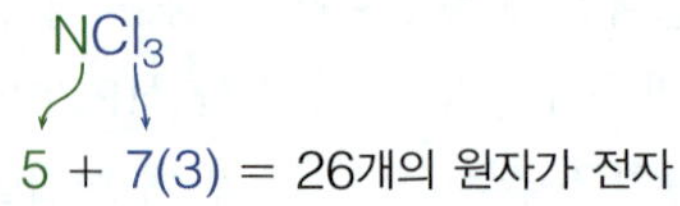

2단계: 구조식 틀을 짠다. 주기율표상 질소가 염소의 왼쪽에 있기 때문에, 질소를 중심 원자로 그린다. 중심 질소 원자를 바깥 염소 원자와 단일 결합(점선으로 나타낸)으로 연결한다.

3단계: 바깥 원자의 옥텟을 먼저 채운다. 공유 결합은 각각 2개의 전자를 나타낸다. 바깥 원자의 옥텟을 완성하기 위하여 6개의 전자를 각 염소에 추가해야 한다.

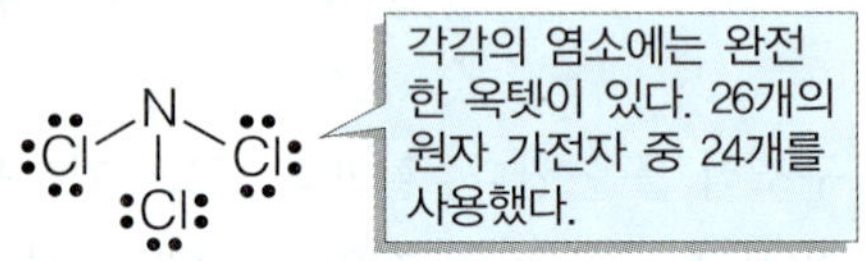

4단계: 중심 원자의 옥텟을 완성한다. 26개의 원자가 전자 중 24개를 사용하여 염소 원자 주위의 옥텟을 완성하였다. 이제 나머지 2개의 전자를 중심 원자 위에 그린다.

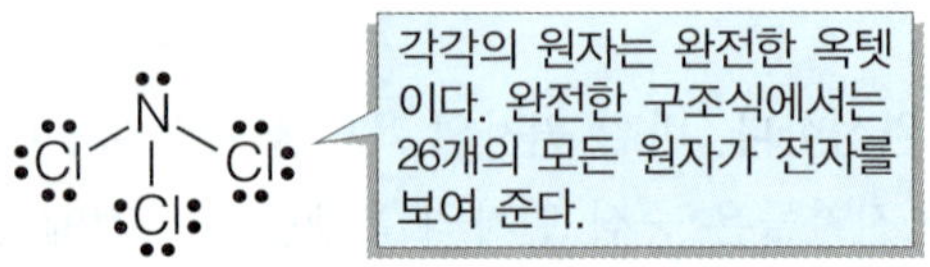

주목할 것은 이 Lewis 구조에서 26개의 모든 원자가 전자를 설명했고, 각각의 원자에는 채워진 옥텟이 있다.

예제 9.3 Lewis 구조 그리기

폼알데하이드(CH_2O)는 기체다. 주된 용도는 플라스틱 제조의 전구 물질이다. 폼알데하이드 분자의 Lewis 구조를 그리시오.

예제 9.2에서와 같이, 4단계 과정을 따라 이 구조를 그려 보자.

1단계:

$$\text{탄소} + \text{산소} + \text{수소 2개} = 4 + 6 + 1(2) = 12\text{개의 원자가 전자}$$

2단계: 탄소를 중심 원자로, 산소와 수소 원자를 바깥 원자로 그린다. 단일 결합을 사용하여 탄소와 각각의 바깥 원자를 연결한다.

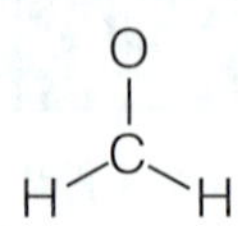

3단계: 바깥 원자 주위에 옥텟을 그린다. 수소는 1주기 원소다. 따라서 수소의 원자가는 탄소와의 단일 결합에 의해 채워진다. 산소 원자 주위에 6개의 전자를 더 그려 넣어 산소의 옥텟을 완성한다.

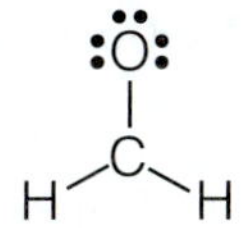

4단계: 이제, 중심 원자의 옥텟을 채워야 한다. 그런데 바깥 원자의 옥텟을 완성하는 데 원자가 전자 12개를 모두 사용하였다. 따라서 바깥 원자와 중심 탄소 원자 사이에 전자쌍 한 개를 공유할 필요가 있다. 이를 달성하기 위하여, 산소로부터 두 개의 전자를 아래로 이동하여 탄소에 이중 결합을 만든다. 그 결과, 두 원자는 모두 채워진 옥텟을 가지게 된다.

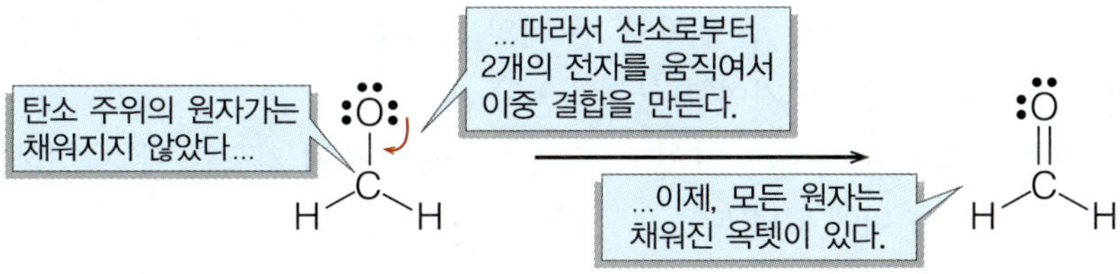

도전 문제

2. 다음 분자의 Lewis 구조를 그리시오.

a. NH_3 **b.** SF_6 **c.** CS_2

3. 다음 분자의 Lewis 구조를 그리시오.

a. $SiCl_4$ **b.** HCN **c.** HNO

9.2 분자와 전하

다원자 이온과 형식 전하

5장에서 다원자 이온을 도입했다. **다원자 이온**은 전체 전하를 가진 원자 집합을 말한다(5.2절 참조). 이온 전체에 걸친 이러한 전하의 분포는 많은 화학적 성질에 영향을 미친다. 공유 결합을 잘 이해했으므로, 다원자 이온 중 일반적인 8개의 구조를 살펴보자(그림 9.8). 대부분의 이

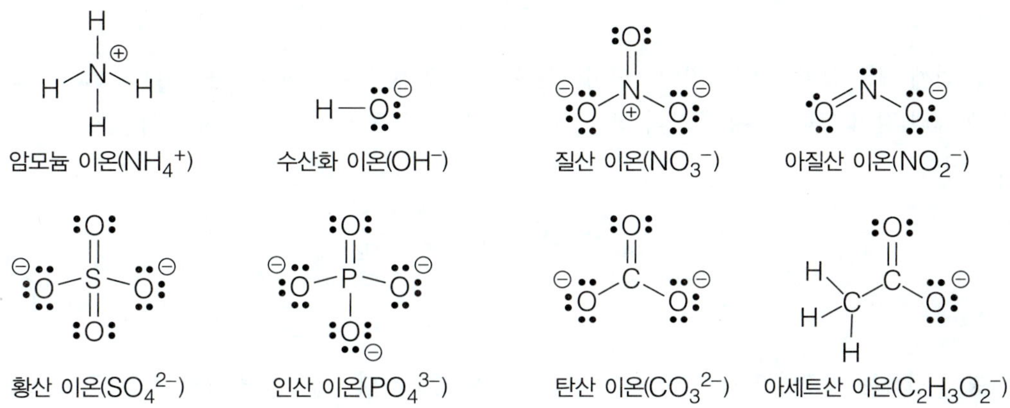

그림 9.8 일반적인 다원자 이온 8개의 Lewis 구조

온은 옥텟 규칙을 따른다. 그러나 두 이온(황산 이온과 인산 이온)에는 확장된 옥텟이 있다.

그림 9.8에서 주목할 것은 각 다원자 이온에는 양전하 또는 음전하를 가진 원자가 적어도 하나가 있다는 것이다. 이들 전하를 **형식 전하(formal charge)**라고 한다. 그것들은 분자나 다원자 이온 안에서 전하 자리(charged site)를 찾을 수 있게 해준다. 형식 전하가 원자의 전하를 나타내는 완벽한 지표는 아니지만, 분자 또는 이온의 전체 전하를 추적하는 데 좋은 도구이다. 다음 식을 사용하면, 모든 원자의 형식 전하를 계산할 수 있다.

형식 전하(FC) = 중성 원자의 원자가 전자 − 공유 결합 수 − 비공유 전자 수

형식 전하는 결합된 원자 주변의 총 전자 전하를 추정한다. 형식 전하에서는 원자가 전자를 균등하게 공유한다고 가정한다. 두 원자가 두 개의 전자를 공유하므로, 각각의 공유 결합은 하나의 전자에 해당하는 전하에 기여한다(그림 9.9).

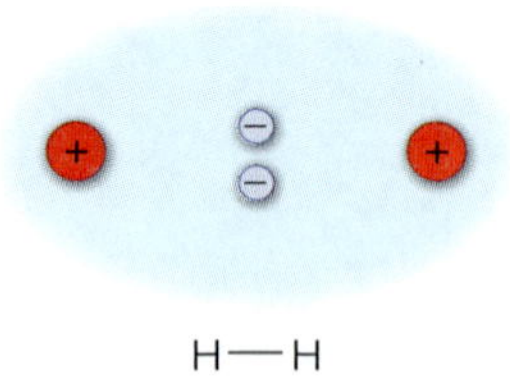

그림 9.9 공유 결합에서는 두 전자의 전하가 두 원자에 분산된다. 결과적으로, 각각의 핵은 전자 1개의 유효 전하를 느낀다.

예를 들어 수산화 이온의 전하는 −1이다. 다음 Lewis 구조에 기초할 때, 음전하는 산소 원자 위에 있나, 수소 원자 위에 있나?

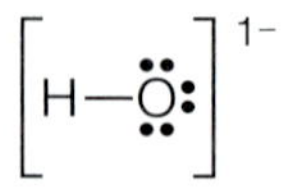

이에 답하기 위해, 각 원자의 형식 전하를 계산한다. 수소 원자부터 시작하자. 중성인 수소 원자에는 전자가 한 개 있다. 수소 분자에는 1개의 공유 결합과 0개의 비공유 전자가 있다. 따라서 형식 전하는 0이다. 근거는 다음과 같다.

형식 전하(수소) = 1 − 1 − 0 = 0

1: 원자가 전자, 1: 공유 결합, 0: 비공유 전자

이제, 산소 원자의 형식 전하를 살펴보자. 중성인 산소 원자의 원자가 전자는 6개다. OH^- 이온의 산소에는 6개의 비공유 전자와 1개의 공유 결합이 있다. 따라서 전자가 과량이므로, 전체는 음전하가 된다. 근거는 다음과 같다.

형식 전하(산소) = 6 − 1 − 6 = −1

수산화 이온의 Lewis 구조를 그릴 때는 마이너스 전하를 산소 원자 가까이에 나타낸다.

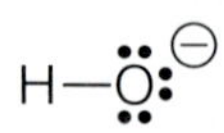

원자들의 형식 전하를 합하면, 그 분자나 이온의 전체 전하가 된다.

두 번째 예를 살펴보겠다. 싸이오사이안산 이온(SCN^-)의 총 전하량은 −1이다. Lewis 구조를 아래와 같이 그리면, 황 원자의 형식 전하는 −1, 탄소 원자와 질소 원자의 형식 전하는 모두 0이다.

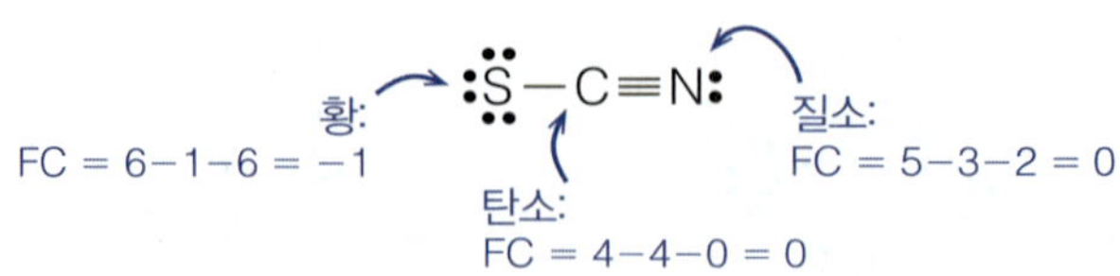

형식 전하는 강력한 도구이며, 특히 생화학에서 중요하다. 생명에 중요한 두 가지 원소는 산소와 질소(종종 형식 전하가 달라진다)다. 공유 결합할 때, 중성인 산소 원자에는 2개의 결

합과 4개의 비공유 전자가 있다. 산소 원자에 3개의 결합과 2개의 비공유 전자가 있다면, 산소 원자의 형식 전하는 +1이 될 것이다. 반면에, 산소 원자에 1개의 결합과 6개의 비공유 전자가 있다면, 산소 원자의 형식 전하는 −1이 될 것이다(그림 9.10).

질소도 비슷하다. 즉 중성인 질소 원자에는 3개의 결합과 2개의 비공유 전자가 있어, 형식 전하는 0이다. 반면에, 하나의 결합을 얻으면, 형식 전하는 +1, 하나의 결합을 잃으면, 형식 전하는 −1이다.

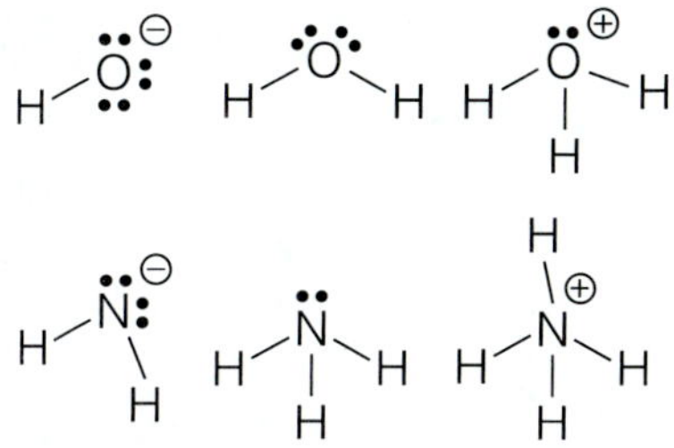

그림 9.10 산소와 질소는 둘 다 형식 전하가 서로 다른 화학종을 형성한다.

예제 9.4 형식 전하 계산하기

자동차 에어백에는 아자이드화 소듐(NaN_3)이 들어 있다. 전하를 제외한 아자이드화 이온의 Lewis 구조는 다음과 같다. 이 구조에 있는 각 원자의 형식 전하를 계산하시오. 아자이드화 이온의 전체 전하는 얼마인가?

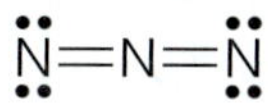

질소는 5A족에 있다. 따라서 중성인 질소 원자의 원자가 전자는 5개다. 중심 질소 원자에는 4개의 공유 결합과 0개의 비공유 전자가 있다. 따라서 질소 원자의 형식 전하는 +1이다.

$$\text{형식 전하 (중심 N)} = 5 - 4 - 0 = +1$$

두 바깥 질소 원자에는 각각 2개의 공유 결합과 4개의 비공유 전자가 있다. 따라서 이들 원자의 형식 전하는 각각 −1이다.

$$\text{형식 전하 (바깥 N)} = 5 - 2 - 4 = -1$$

따라서 이 이온 내 원자들의 형식 전하는 아래에서 보는 바와 같이 −1, +1, −1이다. 이를 바탕으로 하면, 이온의 총 전하량은 −1이다. 따라서 아자이드화 이온의 정확한 화학식은 N_3^-이다.

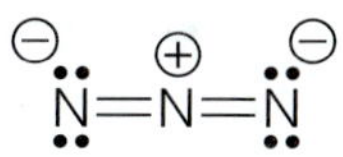

도전 문제

4. 다음 구조들에서 각 원자의 형식 전하를 계산하시오.

a.  **b.** 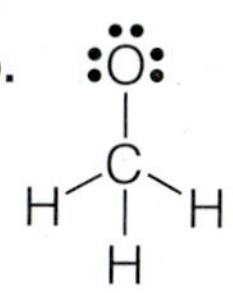 **c.** 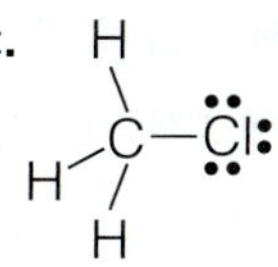 **d.** 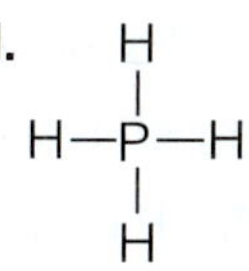

5. 단백질은 인체의 거의 모든 기능에 영향을 미치는 큰 분자이다. 단백질은 아미노산이라고 하는 더 작은 구성 요소로 이루어져 있다. 가장 간단한 아미노산은 글리신이다. 물에서 글리신 분자에 있는 두 원자에는 형식 전하가 있다. 아래에 보이는 글리신의 구조에는 모든 결합이 그려져 있다. 그러나 비결합 원자가 전자들은 빠져 있다. 누락된 원자가 전자를 그리고, 형식 전하가 0이 아닌 두 곳을 찾으시오. 이 두 곳의 형식 전하를 계산하시오.

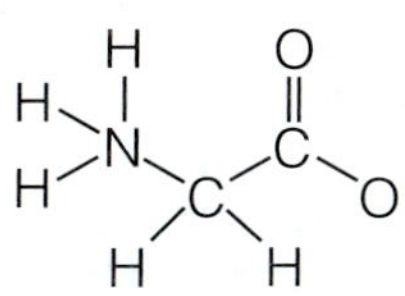

다원자 이온의 Lewis 구조 그리기

다원자 이온의 Lewis 구조 그리기는 중성 분자의 Lewis 구조를 그리는 것과 비슷하다. 그런데 존재하는 원자가 전자의 수를 결정하려면, 반드시 이온의 전하를 고려해야 한다. 이온에 음전하가 있는 경우라면, 이것은 여분의 전자가 존재함을 의미한다.

예를 들어 수산화 이온에 존재하는 원자가 전자는 몇 개인가? 수산화 이온의 화학식은 OH^-이다. 산소의 원자가 전자는 6개, 수소의 원자가 전자는 1개다. 전하(−1)는 전자가 한 개 더 있음을 의미한다.

총 전자 = **6** (산소) + **1** (수소) + **1** (전하) = **8**개의 원자가 전자

예제 9.5는 이것을 더 자세히 보여 준다.

예제 9.5 다원자 이온의 Lewis 구조 그리기

아질산 이온(NO_2^-)의 Lewis 구조를 그리시오. 0이 아닌 형식 전하를 모두 나타내시오.

이 문제는 앞에서 설명한 단계들을 주의 깊게 따라 하면 풀 수 있다.

1단계: 모든 원자가 전자를 더한다. 주기율표로부터 질소 원자의 원자가 전자는 5개, 각 산소 원자의 원자가 전자는 6개임을 알 수 있다. 이온의 전하가 −1이므로, 이 이온에 전자가 한 개 더 있다. 따라서 이 이온의 총 원자가 전자는 18개이다.

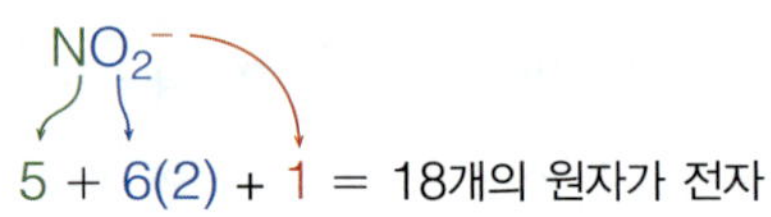

2단계: 구조식 틀을 짠다. 질소가 주기율표에서 산소 왼쪽에 있으므로, 질소를 중심 원자로 그린다.

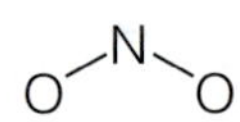

3단계: 중심 원자가 아닌 바깥 원자의 옥텟을 먼저 채운다. 각 산소 원자 주위에 전자를 배치하는 데 사용된 전자는 가용한 18개 중 16개이다.

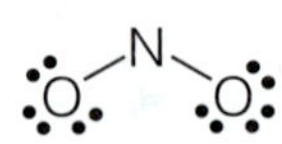

4단계: 중심 원자의 옥텟을 채운다. 아래에 나타낸 것처럼, 나머지 두 개의 전자를 중심 원자 위에 그린다. 이 구조는 질소 원자의 채워진 옥텟에서 전자 2개가 모자라는 구조다. 옥텟을 채우려면 두 개의 전자를 산소 원자 하나로부터 이동시켜 이중 결합을 질소와 산소 사이에 만들어야 한다.

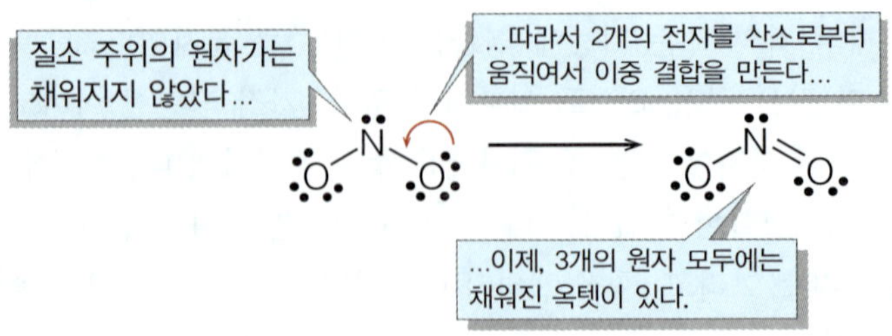

형식 전하를 나타낸다. 그려진 것처럼, 왼쪽에 위치한 산소 원자의 형식 전하는 −1이다. 따라서 이것을 −1 전하로 나타내면 최종 답이 된다.

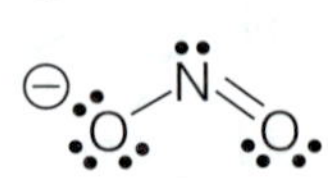

도전 문제

6. 메틸싸이올산 음이온(CH_3S^-)의 Lewis 구조를 그리시오. 탄소가 중심 원자다. 0이 아닌 형식 전하를 나타내시오.

최우수 Lewis 구조 선택하기

형식 전하는 Lewis 구조식이 2개 이상 가능할 때 최우수 Lewis 구조(the best Lewis structures)를 식별하는 데 유용하다. 예를 들어 포스젠($COCl_2$)의 구조를 그려 보자. 포스젠(phosgene)은 매우 독성이 강한 기체로, 제1차 세계대전에서 화학 무기로 사용되었다. 앞에서 설명한 단계를 따라 하면, 이 화합물의 Lewis 구조를 그릴 수 있다. 이 분자의 원자가 전자는 총 24개다. 탄소 원자를 중심에 놓고 바깥 원자들의 옥텟을 채우면, 다음과 같은 구조가 얻어진다.

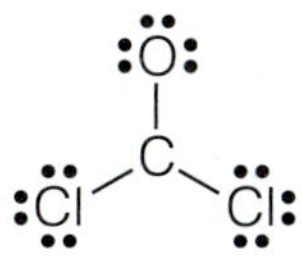

이제, 중심 원자의 옥텟을 채워야 한다. 아래에 나타낸 바와 같이, 산소 원자에 이중 결합을 하거나 염소 원자 중 하나에 이중 결합을 할 수 있다. 어느 구조가 더 정확한가?

일반적으로 최우수 Lewis 구조는 모든 원자의 전하값을 최소화하는 구조이거나, 전하값이 0인 구조이다. 포스젠의 최우수 구조는 모든 원자의 형식 전하가 0이기 때문에, 산소에는 이중 결합이, 두 염소에는 단일 결합이 있는 구조이다.

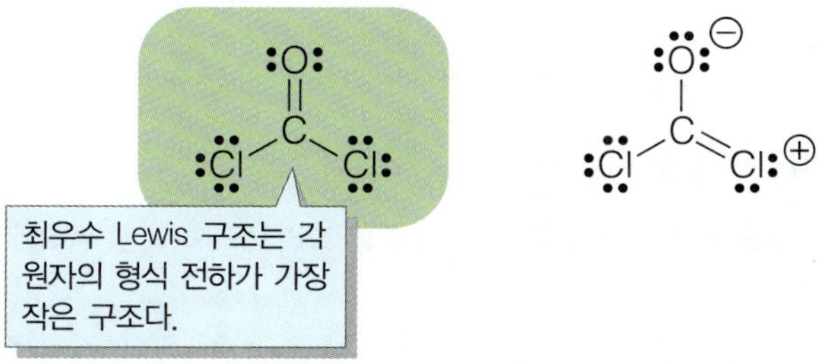

공명 구조

Lewis 구조와 형식 전하는 유용한 도구지만, 항상 분자 구조의 완전한 그림을 주는 것은 아니다. 예를 들어 아질산 이온(NO_2^-)의 Lewis 구조에는 하나의 산소 원자에 이중 결합이 1개, 다른 하나의 산소 원자에 단일 결합이 1개 존재한다. 이중 결합은 단일 결합보다 짧다. 따라서 질소–산소 결합들의 길이가 서로 다를 수 있다(그림 9.11).

그러나 실제로는 두 결합의 길이가 같다. 게다가 음전하가 두 산소 사이에서 균등하게 공유된다. 따라서 각 원자에는 약 1.5의 전하가 있게 된다. 이것을 어떻게 설명할 수 있을까?

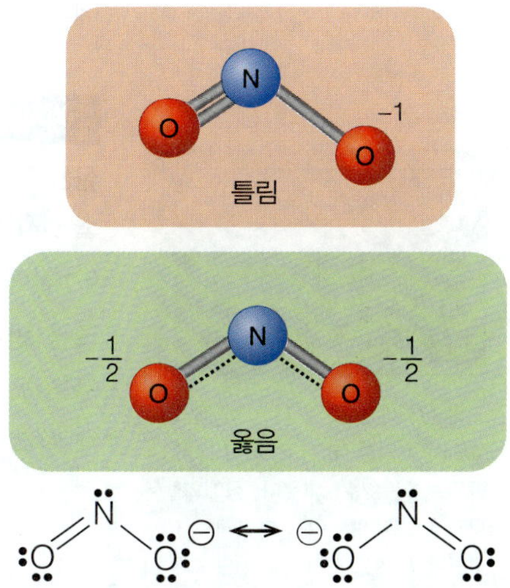

그림 9.11 아질산 이온에서는 두 산소 원자의 길이가 같고, 음전하는 두 산소 원자 사이에 균등하게 공유된다. 이 배열을 공명 구조로 표현한다.

아질산 이온의 실상은 Lewis 구조 하나로는 보여주기 어렵다. 전자 구조를 더 잘 설명하기 위해 일련의 Lewis 구조들을 그린다. 이것을 **공명 구조(resonance structure)**라고 한다. 공명 구조는 전자들이 분자나 이온 위에 분포되는 방식을 나타낸다. 그림 9.11은 아질산 이온의 Lewis 구조 두 가지를 나타낸 것이다. 두 구조 자체는 어느 것도 완전히 정확하지 않다. 그러나 두 구조의 **평균**은 두 산소 원자 사이에서 음전하가 공유된다는 진리를 전달한다. 화학자들은 양쪽머리 화살표(double-headed arrow)를 사용하여 공명 구조를 나타낸다(그림 9.12).

그림 9.12 화학자들은 양쪽머리 화살표를 사용하여 공명 구조를 나타낸다.

공명 구조에는 고립 전자쌍은 물론 2차 공유 결합, 3차 공유 결합이 있다.

일반적으로, 여러 원자에 전하를 분산시키는 이온은 그렇지 않은 이온보다 안정하다. 대부분의 비금속 산소 음이온(질산 이온, 아질산 이온, 인산 이온, 황산 이온, 탄산 이온, 아세트산 이온을 포함한)의 경우, 공명 구조를 그릴 수 있다. 또한 공명 구조들은 모두 상당히 안정하다. 이들 공명 구조에서는 바깥에 위치한 산소 원자가 이온의 음전하를 공유한다(그림 9.13).

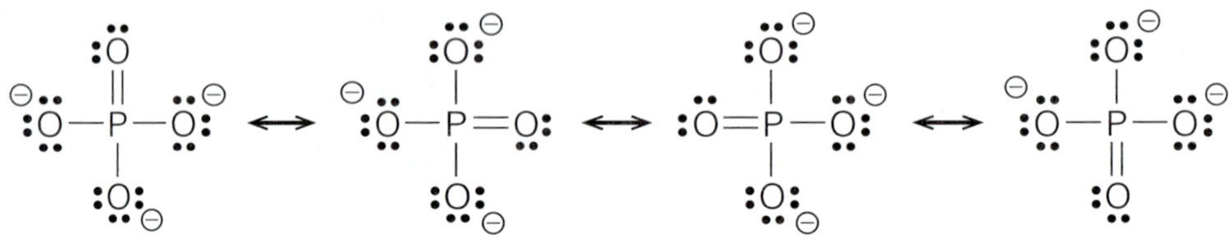

그림 9.13 인산 이온의 주요 공명 구조는 4가지이다.

공명 구조를 그릴 때, 원자 사이의 첫 번째 결합(즉 단일 결합)은 변하지 않는다. 공명 구조는 원자 사이에서 완전히 결합을 끊거나 결합을 생성하지는 않는다. 공명 구조는 두 번째(또는 세 번째) 공유 결합의 변화와 고립 전자쌍 수의 변화를 포함한다. 이 개념을 설명한 것이 예제 9.6이다.

예제 9.6 공명 구조에서 전하 분포 평가

질산 이온(NO_3^-)에는 세 가지 주요 공명 구조가 있다. 각 구조를 그리시오. 이러한 구조에 기초할 때, 각 산소 원자의 평균 전하는 얼마인가?

9.1절에 주어진 단계에 따라, 아래의 왼쪽 구조에서 보는 바와 같이, 질산 이온의 단일 Lewis 구조를 먼저 그릴 수 있다. 이 구조에서 3개의 산소 원자 중 하나에는 이중 결합이 있다. 다른 공명 구조를 그리기 위해서 전자를 이동시키면 이중 결합이 다른 산소 원자에 놓인다. 이들 구조 사이에 양쪽머리 화살표를 사용하여 이들이 공명 구조임을 나타낸다.

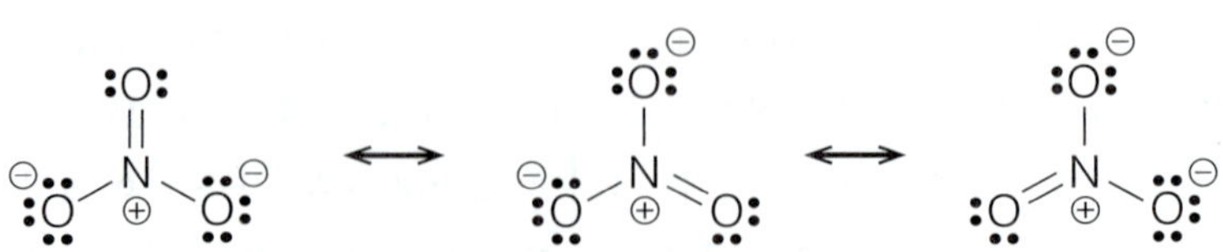

이 구조에서 주목할 것은 원자들 사이의 첫 번째 결합이 변하지 않는다는 것이다. 유일한 변화가 있

Volodymyr Burdiak/Shutterstock

고대 우화에는 몇몇 시각 장애인이 코끼리의 다른 부분(코, 배, 다리)을 만지는 이야기가 나온다. 장애인들 각각은 코끼리를 각각 다르게 – 어떤이는 뱀, 또 어떤 이는 벽, 또 다른 이는 나무라고–묘사하고 있다. 마찬가지로, 각 공명 구조는 부분적인 설명이다. 즉 실제 결합은 이러한 개별 그림들을 합성한 것이다.

다면, 두 번째 결합과 비공유 전자들이다. 질산 이온의 실제 구조는 이들 세 가지 구조의 평균이다. 공명 구조의 3개의 산소 중 2개의 산소가 음전하를 가진다. 이를 바탕으로, 각 산소 원자의 전하가 대략 $-\frac{2}{3}$이라고 말할 수 있다.

도전 문제

7. 탄산 이온의 공명 구조에는 아래와 같이 형식 전하가 있다. 이러한 구조에 기초해서, 각 산소 원자의 평균 전하를 구하시오.

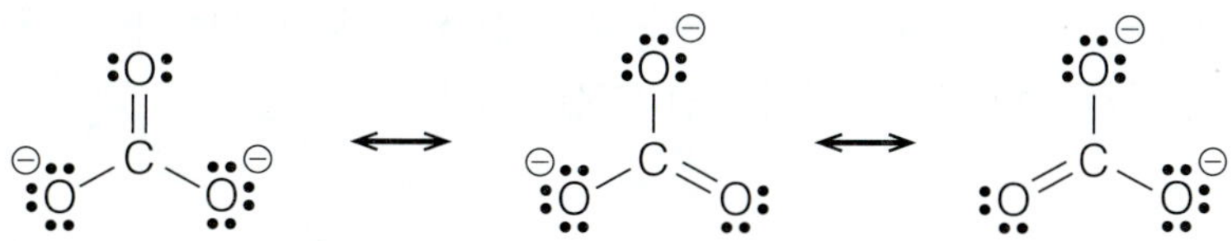

8. 폼산 이온의 화학식은 CHO_2^-(C가 중심 원자)이다. 폼산 이온의 두 가지 공명 구조를 그리시오. 형식 전하를 나타내시오.

9.3 분자의 모양

분자의 모양은 분자의 성질에 결정적으로 영향을 미친다. 이 장의 첫머리에서 논의한 나노카가 이것의 극적인 예다. 그러나 분자의 모양은 다른 많은 성질에 더 미묘한 방식으로 영향을 미친다. 예를 들어 우리가 숨을 쉴 때(그림 9.14), 우리 몸은 두 가지 화합물(이산화 탄소(CO_2)와 물(H_2O))을 배출한다. 이 둘은 모두 작고 단순한 분자다. 그런데 CO_2는 실온에서 기체고, 물은 액체다. 왜 차이가 생기나? 다음 쪽에서부터 보듯이, 각 분자의 모양은 분자의 성질들을 결정하는 데 큰 역할을 한다.

Brilliant Eye/Shutterstock

그림 9.14 우리는 숨을 쉴 때 이산화 탄소와 물을 배출한다. 이 분자들의 성질을 부분적으로 결정하는 것은 그들의 모양이다.

다행히도, Lewis 구조를 이용하여 분자의 모양을 예측할 수 있다. 이를 위해 **원자가 껍질 전자쌍 반발(VSEPR: valance shell electron pair repulsion) 모형(model)**이라고 하는 접근 방식을 사용한다. VSEPR 모형은 전자들이 서로를 밀어낸다는 생각에 기초하고, 따라서 전자들이 차지하는 영역은 가능한 한 멀리 떨어져 있는 영역이다. 이 개념으로부터, 상당히 제한되었지만 일련의 가능한 기하 구조가 나타난다.

기하 구조는 두 가지 방법으로 설명할 수 있다. 첫 번째는 **전자의 기하 구조(electronic geometry)**다. 이 구조는 전자가 중심 원자의 주위에 배열된 구조다. 두 번째 접근법은 **분자의 기하 구조(molecular geometry)**다. 이 구조는 분자 내 **원자**의 배열을 설명한다(그림 9.15). 분자의 기하 구조(때로는 단순히 **모양**)는 전자의 기하 구조에 따라 다르지만, 분자의 기하 구조

전자의 기하 구조
중심 원자 주위의 전자 배열

분자의 기하 구조
원자가 배열된 모양

그림 9.15 전자의 기하 구조가 고려하는 것은 중심 원자 주위의 모든 전자다. 반면에, 분자의 기하 구조가 고려하는 것은 원자의 배열뿐이다.

VSEPR 모형에서 단일 결합, 이중 결합, 삼중 결합은 모두 1개의 전자 세트로 간주한다.

가 고려하는 것은 원자의 위치뿐이다.

2개의 전자 세트. 먼저, 간단한 분자인 사이안화 수소로 시작하자. 그림 9.16은 이 분자의 Lewis 구조를 보여 준다. 중심 탄소 원자 주위에는 2개의 전자 '세트'가 있다. 즉 한 세트는 수소 원자(녹색 형광펜으로 표시)에 결합된 세트이고, 한 세트는 질소 원자(주황색 형광펜으로 표시)에 결합된 세트이다. VSEPR 모형에서는 삼중 결합을 1개의 전자 '세트'로 간주한다. 왜냐하면 이러한 전자들 모두가 탄소 원자와 질소 원자 사이의 영역을 차지하기 때문이다. 2개의 전자 '세트'(주황색과 녹색)는 서로를 밀어낸다. 그리하여 그들은 가능한 한 서로 멀리 떨어질 것이다. 이 말은 탄소 원자의 서로 반대쪽에 위치함을 의미한다. 따라서 중심 탄소 주위에 있는 전자의 기하 구조는 **선형(linear)**이다. 즉 녹색 세트와 주황색 세트 사이의 결합각은 180°이다. 그 결과 분자의 기하 구조(원자의 배열)도 선형이다.

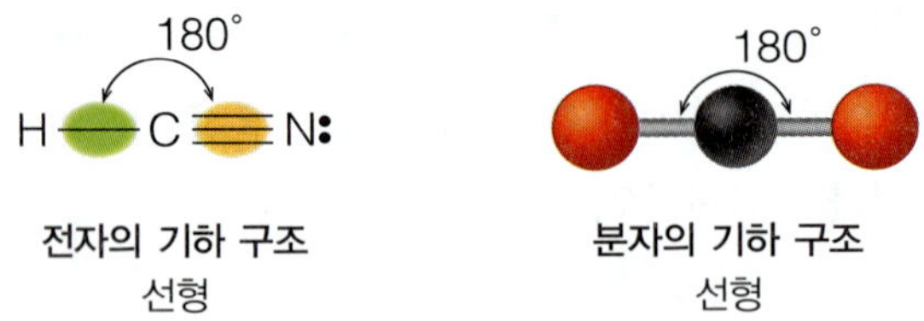

그림 9.16 사이안화 수소의 전자의 기하 구조와 분자의 기하 구조는 선형이다. 단순하게, 분자의 기하 구조에서는 중심 원자는 검은색, 모든 바깥 원자는 빨간색을 사용한다. 또한 이 그림은 단일 결합, 이중 결합, 삼중 결합을 단일 전자 세트로 나타낸다.

또 다른 분자인 이산화 탄소(CO_2)를 생각해 보자. 다음에 표시된 세 가지 기하 구조 중 어느 것이 가장 안정할까?

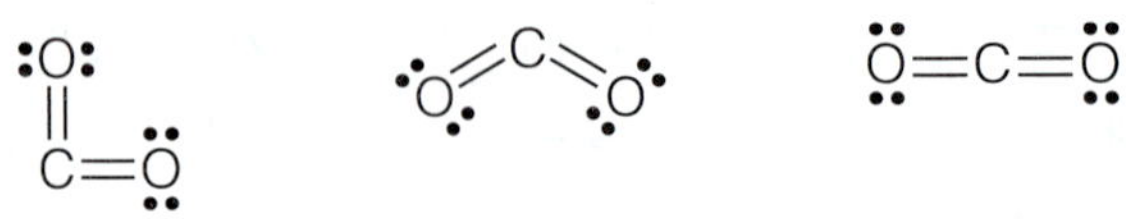

a b c

이제, 고려해야 할 것은 중심 원자 주위의 전자 세트 수다. 첫 번째 예와 마찬가지로, 이 분자에는 중심 탄소 원자 주위에 2개의 전자 세트만 있다(각 이중 결합은 1세트로 계산함). 따라서 가장 안정적인 배열은 전자를 가능한 한 서로 멀리 떨어뜨리는 배열이다. 즉 c에 표시된 기하 구조다. 중심 원자에 2개의 전자 세트만 있을 때는 언제나 원자 주위의 전자의 기하 구조 및 분자의 기하 구조는 모두 선형이고, 결합각은 180°이다.

3개의 전자 세트. 다음으로 중심 원자 주위에 3개의 전자 세트가 있는 분자를 조사해 보자. 예를 들면 폼알데하이드(CH_2O)이다(그림 9.17). 이전처럼, 이 3개의 전자 세트도 서로를 밀

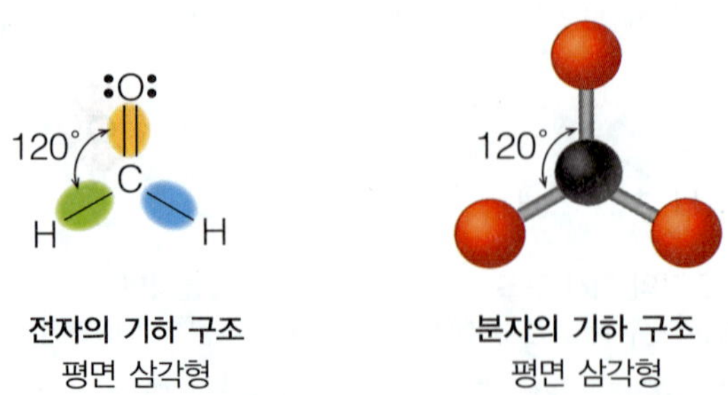

그림 9.17 폼알데하이드의 전자의 기하 구조 및 분자의 기하 구조(CH_2O)는 평면 삼각형이다.

어내고 가능한 한 멀리 서로를 밀어낸다. 이 경우, 전자가 채택하는 기하 구조는 **평면 삼각형(trigonal planar)**이다. 평면 삼각형 기하 구조에서는 분자가 평평하며 각 전자 세트가 120° 로 떨어져 있다.

그림 9.18에 나타낸 아질산 이온 역시 중심 원자 주위에 3개의 전자 세트–산소 원자의 이중 결합(녹색), 다른 산소 원자의 단일 결합(파란색), 고립 전자쌍(주황색)–가 있다. 고립 전자쌍은 결합된 전자 세트보다 더 많은 공간을 차지한다. 따라서 분자의 기하 구조를 예측할 때는 이것을 고려해야 한다. 3개의 전자 세트가 채택하는 기하 구조는 평면 삼각형이다.

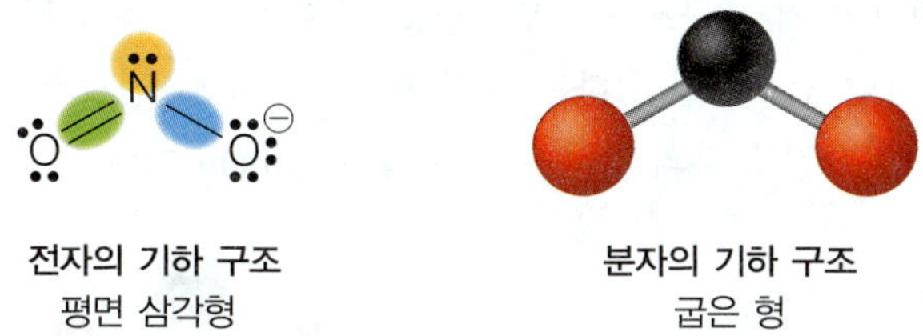

그림 9.18 아질산 이온은 평면 삼각형의 전자 기하 구조(3개의 그늘진 구름으로 표현)를 갖는다. 반면에 원자의 배열만을 고려하는 분자의 기하 구조는 굽은 형이다.

메테인 기체(CH_4)는 천연가스의 주성분이다. 이 화합물의 구조는 사면체 구조이다(아래의 그림 9.20 참조).

이 예에서는 전자의 기하 구조와 분자의 기하 구조가 같지 않다. 전자의 기하 구조는 평면 삼각형이지만, 3개의 전자 세트 중 2개만 원자에 연결되어 있다. 따라서 분자의 기하 구조는 **굽은 형**이라 표현하는 것이 낫다.

4개의 전자 세트. 마지막으로, 중심 원자 주위에 4개의 전자 세트가 있는 분자(CH_4와 같은)를 생각해 보자. 이 분자는 어떤 모양을 하고 있을까? 처음으로 십자가 모양을 생각할 수 있다. 십자가 모양의 예로는 + 기호나 문자 *x*를 들 수 있다. 이 기하 구조에서 전자 세트의 분리각은 단지 90°이다. 삼차원의 기하 구조를 채택하면, 전자 세트 사이에 더 많은 공간이 생긴다. **사면체 기하 구조(tetrahedral geometry)**에서 전자 세트는 109.5°로 분리되어 있다. 사면체 기하 구조는 그림 9.19와 9.20에서 보는 바와 같이, 두 개의 가지가 옆으로 꺾인 X자형으로 생각할 수 있다.

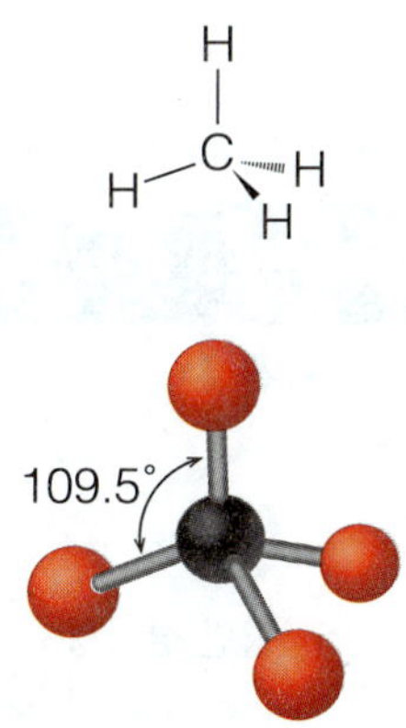

그림 9.20 메테인(CH_4)의 전자 기하 구조와 분자의 기하 구조는 사면체다.

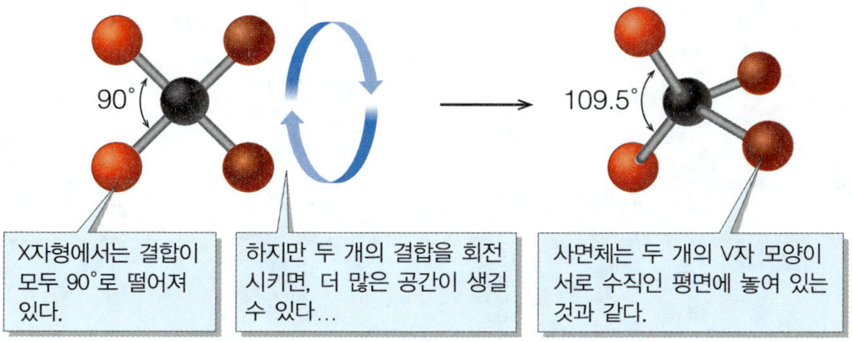

그림 9.19 X자형에서 사면체형으로 이동하면, 전자 세트 사이에 더 많은 공간이 존재하게 된다.

사면체 전자의 기하 구조는 1개가 넘는 분자의 기하 구조로도 이어질 수 있다. 예를 들어 그림 9.21에 있는 암모니아 구조를 살펴보자. 중심 원자 주위에 4개의 전자 세트가 있으므로, 암모니아가 가진 전자의 기하 구조는 사면체다. 그러나 원자만을 생각한다면, 분자의 모양은 피라미드이다. 따라서 암모니아 분자의 기하 구조는 **삼각 피라미드**(trigonal pyramidal)이다.

사면체의 기하 구조(그림 9.20)는 삼차원 부피를 차지한다. 이 모양을 명확하게 보여주기 위해, 화학자들은 결합을 그릴 때 종종 쐐기선과 점선을 사용한다. 쐐기선은 원자가 관찰자 쪽으로 나오고 있음을 나타내며, 점선은 원자가 관찰자로부터 멀어지고 있음을 나타낸다.

각 전자의 기하 구조는 한 가지 이상의 분자 기하 구조를 만들어 낸다.

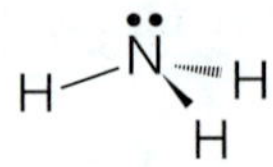

전자의 기하 구조
사면체

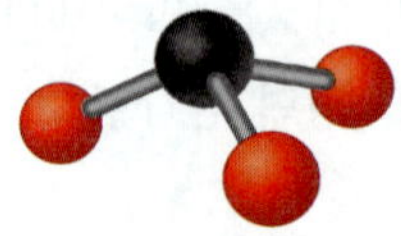

분자의 기하 구조
삼각 피라미드

그림 9.21 암모니아 분자의 중심 질소 원자에는 3개의 결합 전자 세트와 1개의 고립 전자쌍이 있다. 따라서 분자의 기하 구조는 삼각 피라미드다.

물 분자가 가진 전자의 기하 구조도 사면체다(그림 9.22). 주목할 것은 물 분자에는 2개의 결합 세트와 2개의 고립 전자쌍이 있다는 것이다. 2개의 고립 전자쌍은 수소 원자들을 서로 밀어낸다. 따라서 물이 가진 분자의 기하 구조는 **굽은 형**(bent)이다.

전자의 기하 구조
사면체

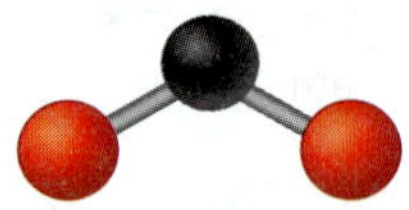

분자의 기하 구조
굽은 형

그림 9.22 물 분자의 산소 원자에는 2개의 결합 전자 세트와 2개의 고립 전자쌍이 있다. 따라서 물의 분자 기하 구조는 굽은 형이다.

5개 및 6개의 전자 세트. 확장된 옥텟을 가진 원자에는 주위에 5~6개의 전자 세트가 있다. 그러나 여기에서는 이러한 기하 구조를 자세히는 설명하지 않을 것이다. 중요한 기하 구조 3가지–선형, 평면 삼각형, 사면체–는 화학에서 만나는 모양의 대부분을 설명해 준다. 이러한 기하 구조들이 표 9.1에 요약되어 있다.

표 9.1 전자의 기하 구조와 분자의 기하 구조

전자 세트	전자의 기하 구조	모형	결합 세트	비결합 세트 (고립 전자쌍)	분자의 기하 구조	예
2	선형		2	0	선형	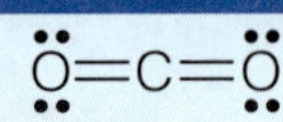
3	평면 삼각형	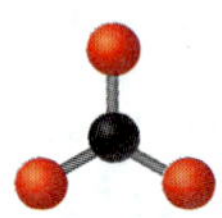	3	0	평면 삼각형	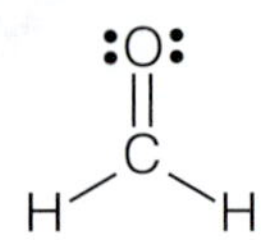
			2	1	굽은 형	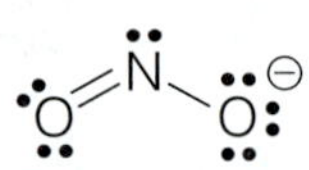
4	사면체	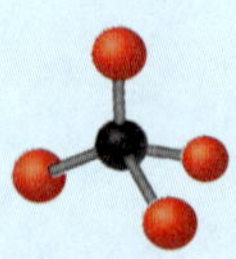	4	0	사면체	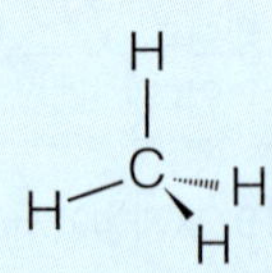
			3	1	삼각 피라미드	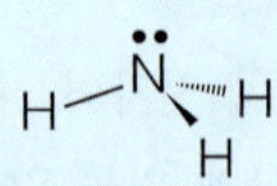
			2	2	굽은 형	

이러한 기하 구조는 **한 중심 원자** 주위의 모양만을 설명한다는 것을 기억하라. 골격을 따라 여러 개의 원자가 있는 분자의 경우, 각 원자의 기하 구조를 고려해야 한다. 예를 들어 다음 분자를 살펴보자.

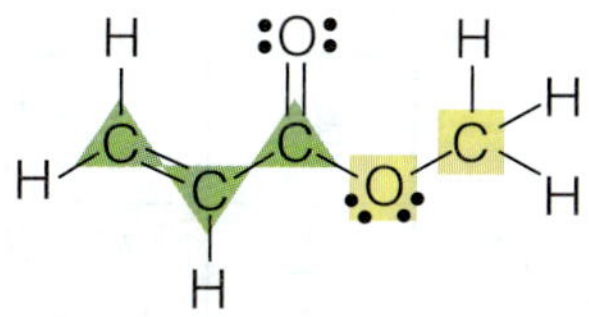

녹색 형광펜으로 강조 표시된 원자들은 각각 3개의 전자 세트로 둘러싸여 있으므로, 전자의 기하 구조는 평면 삼각형이다. 노란색 형광펜으로 강조 표시된 원자들은 4개의 전자 세트로 둘러싸여 있으므로, 전자의 기하 구조는 사면체다. 주변 원자(다른 원자 하나에만 연결된 원자)는 강조 표시되지 않는다는 것을 주목하라. 즉 중심 원자들만이 분자의 기하 구조에 영향을 미친다. 따라서 다른 원자 하나에만 결합된 원자의 기하 구조는 고려하지 않는다.

예제 9.7 분자의 분자 기하 구조와 전자 기하 구조 결정하기

황화수소(H_2S)는 달걀이 썩을 때 나는 악취가 심한 기체다. 이 화합물의 Lewis 구조를 그리시오. 이 화합물이 가진 전자의 기하 구조는 무엇인가? 분자의 기하 구조는 무엇인가?

이 문제를 해결하기 위해서는 H_2S의 Lewis 구조를 먼저 그려야 한다. 올바르게 그려진 구조는 황 원자에 수소 원자와의 2개의 결합과 2개의 고립 전자쌍이 있음을 볼 수 있다.

이 분자는 중심 원자 주위에 4개의 전자 세트가 있다. 따라서 전자의 기하 구조는 사면체다. 그러나 분자의 기하 구조–3개 원자의 배열–는 굽은 형이다.

예제 9.8 분자의 분자 기하 구조와 전자 기하 구조 결정하기

탄산 리튬은 조울증을 치료하는 데 널리 사용되는 간단한 이온 결합 화합물이다. 탄산 이온의 분자 기하 구조는 무엇인가?

이온의 Lewis 구조식을 그리는 데 9.1절의 4단계 기법을 사용하라.

이 질문이 Lewis 구조를 명시적으로 요구하지는 않지만, 문제를 해결하는 데 Lewis 구조가 필수적이다. 탄산 이온의 Lewis 구조는 다음과 같다.

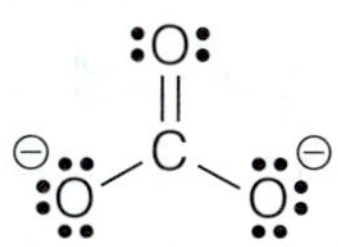

이 구조를 바탕으로 알 수 있는 것은 중심 탄소 원자 주위에 3개의 전자 세트가 있다는 것과, 따라서 전자의 기하 구조가 평면 삼각형이라는 것이다. 3개의 전자 세트 모두가 원자에 결합되어 있으므로, 분자의 기하 구조도 평면 삼각형이다.

도전 문제

9. 이황화 탄소의 Lewis 구조를 그리시오. 중심 원자 주위의 전자 기하 구조는 무엇인가?

10. 살리실산은 버드나무 껍질에서 발견되어 수세기 동안 항염증제 및 해열제로 사용되었다. 아래의 살리실산 구조를 사용하여, 전자의 기하 구조 및 분자의 기하 구조를 번호가 매겨진 원자 각각에 표시하시오. 첫 번째의 것을 예로 답했다.

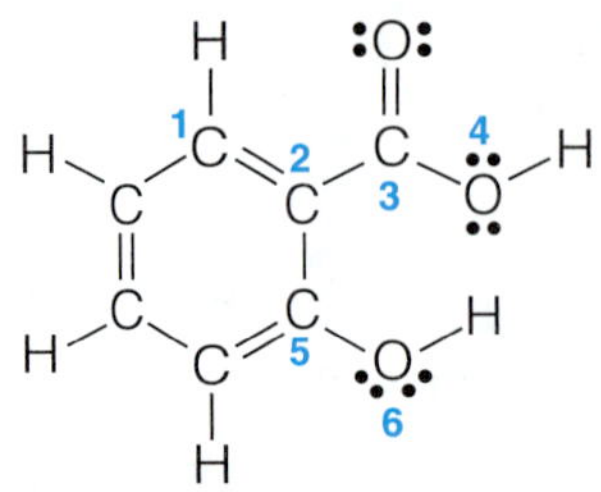

원자	전자의 기하 구조	분자의 기하 구조
1	평면 삼각형	평면 삼각형
2		
3		
4		
5		
6		

9.4 극성 결합과 극성 분자

전기 음성도와 극성 공유 결합

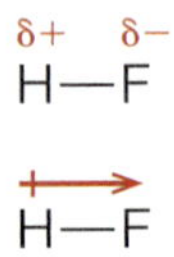

그림 9.23 극성 공유 결합을 나타내는 방법에는 두 가지가 있다.

> 극성 공유 결합은 두 사람이 침대를 같이 쓸 때, 한 사람이 담요를 독차지하는 것과 같다. 담요를 조금 더 많이 차지하는 사람은 약간 더 따뜻할 것이다. 물론 덜 차지하는 사람은 약간 더 추울 것이다. 그들은 담요를 공유하고는 있지만, 균등하게 쓰고 있지는 않다.

Public Domain, Wikimedia Commons

그림 9.24 Linus Pauling(1901~1994)은 전기 음성도 척도를 개발하여 이온 결합과 공유 결합의 개념을 발전시키는 데 도움을 주었다. 그는 1954년에 노벨 화학상을, 1962년에 노벨 평화상을 받았다.

지금까지는 공유 결합을 두 원자 사이에 '공유되는' 전자로 설명해 왔다. 그러나 전자는 종종 균등하게 공유되지 않는다. 예를 들어 플루오린화 수소 분자를 생각해 보자(그림 9.23). 플루오린은 수소보다 전자를 더 강하게 끌어당긴다. 따라서 전자는 평균적으로 수소보다는 플루오린에 더 가깝게 위치한다. 결과적으로, 플루오린 원자는 작은 음전하를 갖는다. 반면에, 수소 원자는 작은 양의 전하를 갖는다. 이것을 표기하는 방법은 양이온 위에는 $\delta+$를, 음이온 위에는 $\delta-$를 쓰면 된다. $\delta+$는 '델타 플러스'로, $\delta-$는 '델타 마이너스'로 읽는다. 그리스어 소문자 델타는 수학에서 일반적으로 사용되며, 미소 증가량을 나타낸다.

다른 방법으로, 이러한 극성을 나타낼 수 있다. 방법은 화살표가 전자가 끌리는 방향을 가리키도록 그린다. 또한 화살표 뒷부분에는 양(+)의 끝을 나타내는 작은 십자가를 그린다. 이러한 유형의 결합을 **극성 공유 결합(polar covalent bond)**이라고 한다.

어떤 결합이 극성 공유 결합인지 어떻게 확인할 수 있는가? 이를 위해 사용하는 성질이 **전기 음성도(electronegativity)**이다. 이를 처음으로 설명한 사람은 미국의 위대한 과학자 Linus Pauling(그림 9.24)이다. 전기 음성도는 원자들이 얼마나 강하게 결합 전자를 끌어당기는지를 측정하는 척도이다. 원소의 전기 음성도는 표 9.2에 나와 있다. 이 표는 화학 결합을 이해하는 데 있어 가장 중요한 아이디어 중 하나여서 자세히 살펴볼 가치가 있다.

주목할 것은 전기 음성도는 일반적으로 주기율표에서 왼쪽에서 오른쪽으로 갈수록 증가한다는 것이다. 이러한 패턴은 이온 결합을 통해 이미 알고 있는 것–금속은 쉽게 전자를 잃는 경향이 있는 반면에, 비금속은 전자를 당기거나 얻는 경향이 있다–과 일치한다.

전기 음성도는 주기율표의 족에서 위로 올라갈수록 증가한다. 예를 들어 아이오딘의 값은 2.5인 반면에, 그 위의 원소인 브로민, 염소, 플루오린의 값은 점점 값이 더 커진다. 플루오린은 전기 음성도 값이 최대이다. 이는 플루오린이 전자를 가장 강하게 끌어당긴다는 의미이다. 왼쪽 아래에 위치한 세슘과 프랑슘은 전기 음성도 값이 가장 작다. 이는 세슘과 프랑슘이 전자를 가장 약하게 끌어당긴다는 의미이다.

표 9.2 Pauling의 전기 음성도 표

							H 2.1										
Li 1.0	Be 1.5											B 2.0	C 2.5	N 3.0	O 3.5	F 4.0	
Na 0.9	Mg 1.2											Al 1.5	Si 1.8	P 2.1	S 2.5	Cl 3.0	
K 0.8	Ca 1.0	Sc 1.3	Ti 1.5	V 1.6	Cr 1.6	Mn 1.5	Fe 1.8	Co 1.8	Ni 1.8	Cu 1.9	Zn 1.7	Ga 1.6	Ge 1.8	As 2.0	Se 2.4	Br 2.8	
R 0.8	Sr 1.0	Y 1.2	Zr 1.4	Nb 1.6	Mo 1.8	Tc 1.9	Ru 2.2	Rh 2.2	Pd 2.2	Ag 1.9	Cd 1.7	In 1.7	Sn 1.8	Sb 1.9	Te 2.2	I 2.5	
Cs 0.7	Ba 0.9	La 1.1	Hf 1.3	Ta 1.5	W 1.7	Re 1.9	Os 2.2	Ir 2.2	Pt 2.2	Au 2.4	Hg 1.9	Tl 1.8	Pb 1.8	Bi 1.9	Po 2.0	At 2.2	
Fr 0.7	Ra 0.9																

표 9.2에는 비활성 기체가 없다. 전기 음성도는 원자가 어떤 결합에서 전자를 얼마나 강하게 끌어당기는지를 측정한 것이다. 비활성 기체는 일반적으로 화합물을 생성하지 않기 때문에, 전기 음성도 값이 없다.

금속 원자가 비금속 원자와 결합하는 경우, 전기 음성도가 큰 비금속이 금속으로부터 전자를 끌어당긴다. 이 결과 양이온, 음이온, 이온 결합이 형성된다.

극성 공유 결합은 순수 이온 결합과 순수 공유 결합 사이에 있다. 사실, 100%의 공유성(전기 음성도가 동일한 두 원자)과 100%의 이온성 사이에는 그림 9.25에서 보듯, 연속성이 있다. 결합이 얼마나 공유성인지, 이온성인지는 두 원소의 전기 음성도 차를 측정함으로써 알 수 있다(표 9.2 참조).

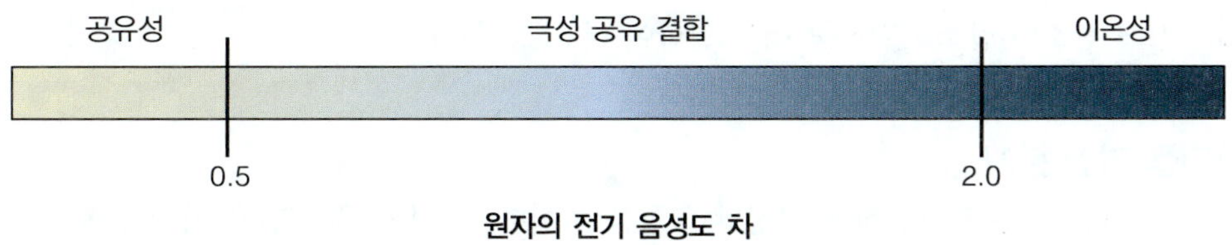

그림 9.25 두 결합 원자의 전기 음성도 차를 구함으로써 결합을 분류할 수 있다.

어느 개도 밧줄을 놓지 않을 것이다. 그러나 큰 개가 밧줄을 훨씬 더 세게 잡고 있다. 극성 공유 결합의 또 다른 예다.

일반적으로, 결합을 분류하면 다음과 같다.

- **공유성**: 전기 음성도 차가 0.5 미만일 때
- **극성 공유 결합**: 전기 음성도 차가 0.5~2.0일 때
- **이온성**: 전기 음성도 차가 2.0보다 클 때

전기 음성도는 어떤 결합의 전하 분포 방식을 이해하는 데 도움이 된다. 극성 공유 결합에서는 전기 음성도가 큰 원소일수록 전자 공유 값이 더 크므로 약간의 음전하를 가진다. 나중에 살펴보겠지만, 이러한 간단한 규칙에 의해 설명되는 극성과 전하의 차이는 물질의 화학적 성질과 물리적 성질에 큰 영향을 미친다.

예제 9.9 결합의 극성 결정하기

C—O 결합과 F—S 결합 중 어느 것이 더 극성인가? 두 결합의 극성 방향을 나타내시오.

결합의 극성을 결정하기 위해서는 전기 음성도 표(표 9.2)를 사용한다. 탄소의 전기 음성도는 2.5이고, 산소의 전기 음성도는 3.5이다. 이 값들의 차는 1.0이다. 따라서 극성 공유 결합이다.

마찬가지로, F(4.0)와 S(2.5)의 차는 1.5이다. 따라서 이 결합 역시 극성 공유 결합이다. 이 경우 차가 조금 더 크다. 따라서 F—S 결합이 C—O 결합보다 극성이 더 크다.

전기 음성도가 큰 원자는 약한 음전하가 있으며, 전기 음성도가 작은 원자는 약한 양전하가 있다. 이 두 결합의 극성은 화살표 규약을 사용하거나, $\delta+/\delta-$ 규약을 사용하여 나타낼 수 있다.

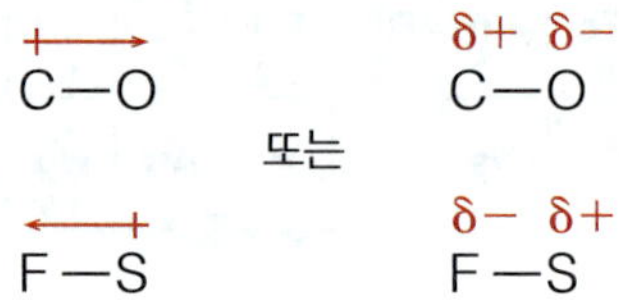

도전 문제

11. 이들 원자 사이의 전기 음성도 차를 찾아 결합을 공유 결합, 극성 공유 결합, 이온 결합으로 설명하시오.

a. C—O **b.** N—H **c.** Na—Cl **d.** Fe — Cl **e.** C — H

12. $\delta+$와 $\delta-$의 기호나 화살표를 사용하여 각 결합에 대한 결합 극성의 방향을 나타내시오.

a. O—H **b.** Zn—S **c.** C—Li

13. 탄소-산소와 탄소-질소 중 어느 결합이 더 극성인가?

Rich Carey/Shutterstock

그림 9.26 물의 특별한 성질은 물의 모양과 결합의 극성에 기인한다.

쌍극자를 가진 분자

극성 공유 결합은 분자의 성질에 엄청난 영향을 미친다. 극성 공유 결합을 가진 분자는 종종 **분자 쌍극자**(**molecular dipole**, **알짜 쌍극자** 또는 단순히 **쌍극자**라고도 함)이라고 하는 전체적인 극성을 나타낸다. 쌍극자를 가진 분자는 한쪽 끝에 약한 양전하가 있다. 반면에, 다른 쪽 끝에는 약한 음전하가 있다. 한 예로, 우주에서 가장 중요한 분자 중 하나인 물을 생각해 보자. 물의 성질은 독특하게도 생명을 지탱할 수 있게 해준다(그림 9.26). 이러한 성질의 대부분은 물 분자의 쌍극자(극성)에 기인한다(그림 9.27).

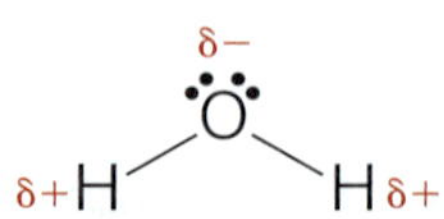

그림 9.27 물의 모양과 결합의 극성 때문에, 물 분자에는 쌍극자가 있다. 분자의 한쪽은 약간의 양전하이고, 다른 쪽은 약간의 음전하이다.

분자 쌍극자는 극성 공유 결합과 분자의 모양에 기인한다.

물의 쌍극자는 물의 극성 공유 결합과 물의 모양에 의한 것이다. 이전 절에서, 산소 원자에 있는 두 개의 고립 전자쌍 때문에, 물의 기하 구조가 굽은 형임을 알았다. 그리고 산소가 수소보다 전기 음성도가 크기 때문에, 분자의 산소 쪽은 약한 음전하를 띠고, 수소 쪽은 약한 양전하를 띤다.

알짜 쌍극자를 가진 분자 식별하기

분자의 극성은 분자의 모양과 결합의 극성에 달려 있다. 어떤 분자 내 모든 극성 공유 결합의 효과를 합하면, 분자의 알짜 쌍극자를 구할 수 있다. 이것은 그림을 그려 육안으로 수행되는 경우가 많다.

이것이 어떻게 작용하는지 알아보기 위해 두 분자(물과 이산화 탄소)를 비교해 보자. 그림 9.28은 이들 분자 내 극성 공유 결합의 방향을 나타낸 것이다. 물 분자에서는 극성 공유 결합이 전자 밀도를 산소 원자 쪽으로 끌어당긴다. 이 분자의 알짜 쌍극자를 구하려면 각 극성 공유 결합의 끌어당김을 더한다.

CO_2 분자에도 극성 공유 결합이 있다. 그러나 분자의 기하 구조가 선형이어서 두 극성 공유 결합이 반대 방향에서 끌어당긴다. 그 결과, 분자의 알짜 쌍극자는 없게 된다.

분자에 알짜 쌍극자가 있는지, 없는지를 알려면, 먼저 전기 음성도 표(표 9.2 참조)를 사용하여 극성 공유 결합을 식별한다. 그런 다음 분자의 모양에 따라 극성 결합의 끌어당김이 서로 더해지는지, 서로 상쇄되는지를 구한다. 그림 9.29에 설명되어 있는 세 가지 예를 더 살펴보자. 첫 번째 분자인 CH_4는 알짜 쌍극자가 없다. 탄소와 수소의 전기 음성도가 매우 유사하기 때문에 CH_4의 결합은 무극성이다. 두 번째 분자인 BCl_3에는 극성 결합이 있다. 그런데 3개의 염소 원자의 대칭적 끌어당김이 서로를 상쇄시킨다. 따라서 전체 쌍극자는 존재하지 않는다. 세 번째 분자인 CH_2F_2는 2개의 탄소–플루오린 결합이 극성이며, 만들어지는 알짜 쌍극자의 방향은 2개의 플루오린 원자 쪽이다.

극성 결합이 합해져서 알짜 분자 쌍극자가 생긴다.

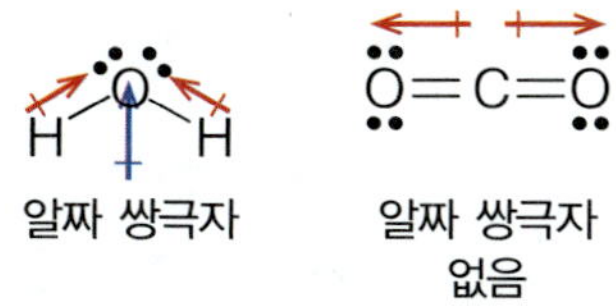

그림 9.28 물 분자에서는 극성 공유 결합이 전자를 산소 원자 쪽으로 끌어당겨 알짜 쌍극자를 생성한다. 반면에, 이산화 탄소에서는 전자를 반대 방향으로 끌어당긴다. 따라서 분자는 알짜 쌍극자가 없게 된다. 즉 양의 끝과 음의 끝을 가지고 있지 않다.

그림 9.29 알짜 쌍극자를 결정할 수 있는 방법은 극성 결합들의 끌어당김을 합해 보는 것이다. 개별 결합 쌍극자는 빨간색으로 표시하였고, 알짜 쌍극자는 파란색으로 표시하였다.

예제 9.10 분자 쌍극자 식별하기

이염화 황에는 알짜 쌍극자가 있는가? Lewis 구조를 그려서 답하시오.

이 질문에 답하기 위해서는 이 화합물의 정확한 Lewis 구조를 먼저 그려야 한다. 9.1절의 규칙을 사용하여 Lewis 구조를 그리면 다음과 같다.

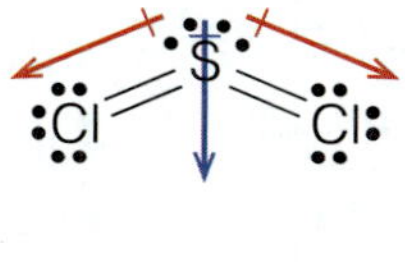

중심 황 원자에는 4개의 전자 세트가 있다. 그 결과 전자의 기하 구조는 사면체이고, 분자의 기하 구조는 굽은 형이다. 전기 음성도 차 때문에 황–염소 결합(빨간 화살표로 표시)은 극성이다. 또한 분자의 기하 구조는 굽은 형이므로, 이 극성 결합들이 합쳐져서 작은 알짜 쌍극자(파란색 화살표로 표시)를 형성한다. 분자의 염소 쪽은 약간의 음(−)전하를, 분자의 황 쪽은 약간의 양(+)전하를 띤다.

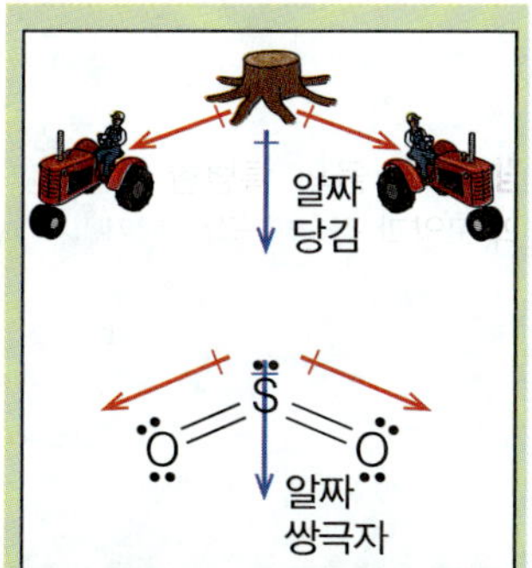

두 대의 트랙터가 그루터기를 서로 다른 방향으로 당긴다고 상상해 보자. 그루터기의 알짜 당김을 구하는 방법은 두 트랙터의 끌어당김을 합하면 된다. 마찬가지로, 알짜 쌍극자를 구하는 방법은 각 극성 공유 결합의 끌어당김을 합하는 것이다.

도전 문제

14. 다음 분자들의 Lewis 구조식을 그리시오. 분자에 알짜 쌍극자가 있는지를 말하시오.

a. HCN **b.** CS_2 **c.** SiF_4

쌍극자가 성질에 미치는 영향 – 미리 보기

분자의 모양과 극성은 분자의 거동에 영향을 미친다. 예로 이산화 탄소와 물의 성질을 비교해 보자. 두 분자는 크기가 거의 같으며 둘 다 극성 공유 결합이 있다. 그러나 모양이 다르기 때문에, 물은 알짜 쌍극자가 있지만 이산화 탄소는 알짜 쌍극자가 없다(그림 9.28 참조).

물 분자는 쌍극자 때문에 서로에 대한 인력이 존재한다. 따라서 분자들이 가까이 붙어 있다(그림 9.30). 물은 분자들 사이의 인력으로 인해 실온에서 액체이다. 물은 전하를 띤 입자(이온)들이 극성인 물 분자에 끌리기 때문에 많은 이온 결합 화합물을 용해시킬 수 있다.

반면에, 이산화 탄소는 실온에서 기체다. 이산화탄소 분자는 알짜 쌍극자가 없기 때문에, 이산화탄소 분자들은 물 분자와는 달리 단단히 붙어 있지 않다.

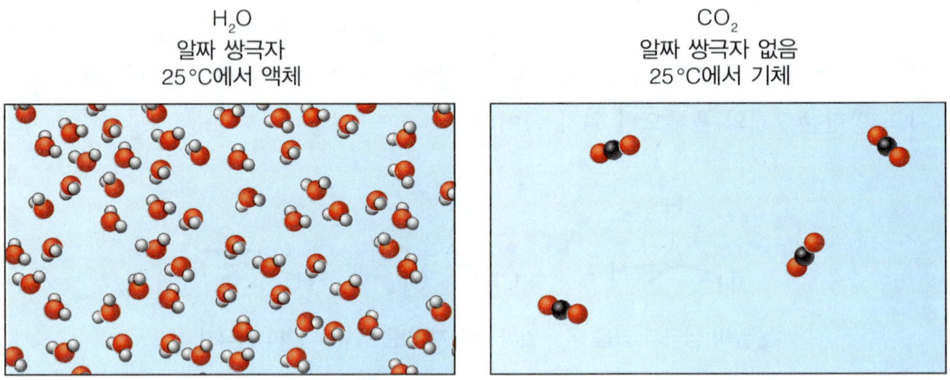

그림 9.30 물은 알짜 쌍극자 때문에, 분자는 서로 밀착되어 실온에서 액체가 된다. 이산화 탄소는 알짜 쌍극자가 없고, 실온에서 기체다.

앞으로 이러한 아이디어를 보다 자세히 살펴볼 것이다. 또한 분자의 모양과 극성이, 분자가 주변 환경과 상호 작용하는 방법을 어떻게 결정하는지 알아볼 것이다.

캡스톤 질문

그림 9.31은 알리신–마늘에서 발견되는 톡 쏘는 물질–의 분자 구조를 나타낸 것이다. 알리신은 **포도상 구균**(*Staphylococcus aureus*)과 같은 세균의 성장을 억제하는 물질이다.

번호가 매겨진 각 원자의 전자 기하 구조와 분자 기하 구조를 파악하여 이 물질을 분석하시오. 표 9.2의 전기 음성도를 사용하여 극성 공유 결합을 식별하고, 극성의 방향을 표시하시오.

구조를 사용하여 이 화합물의 분자식, 몰질량, 황의 질량 조성 퍼센트를 구하시오. 생물학적 연구 결과, mL당 28 μg의 알리신이 들어 있는 수용액이 세균 성장을 억제하는 것으로 밝혀졌다. 이 양을 용액 리터당 알리신의 몰수로 나타내시오.

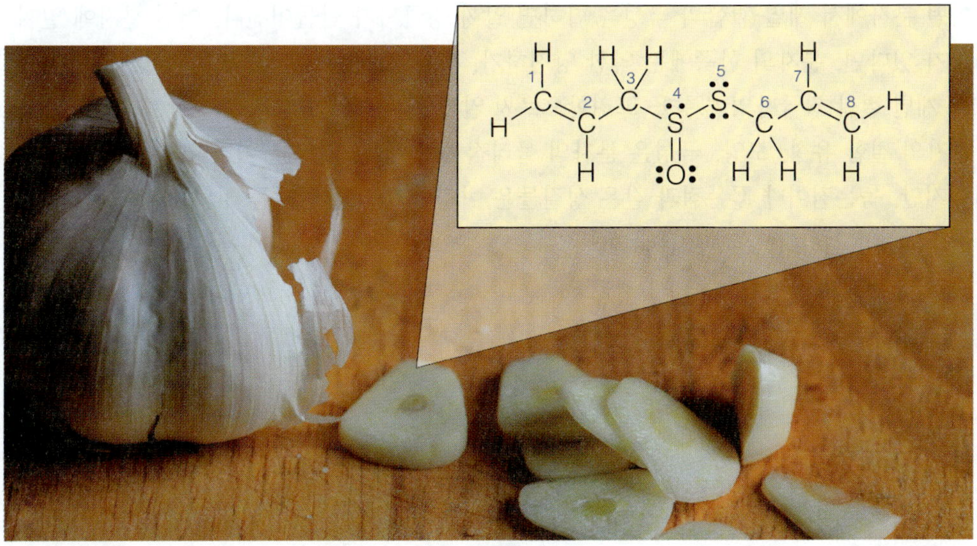

Yegor Larin/Shutterstock

그림 9.31 이 그림은 마늘에서 발견되는 자극성 물질인 알리신의 분자 구조를 나타낸 것이다.

요약

이 장에서는 공유 결합 분자의 결합, 모양, 극성을 살펴보았다. 공유 결합에서는 두 비금속 원자가 전자를 공유한다. 원자는 전자 2개(단일 결합), 4개(이중 결합), 6개(삼중 결합)를 공유할 수 있다. 일반적으로 Lewis 구조식을 사용하여 공유 결합 분자를 나타낸다.

대부분의 공유 결합 구조에서는 원자들이 원자가 준위에 8개의 전자를 가짐으로써 옥텟 규칙을 충족시킨다. 1주기 원소인 수소는 원자가 준위에 단지 2개의 전자를 수용할 수 있다. 주기율표상의 3주기에서 7주기까지의 원자에는 종종 확장된 옥텟(8개보다 많은 전자가 있는)이 있다.

다원자 이온은 공유 결합되어 있고 전체 전하를 갖는 원자들의 집합이다. 다원자 이온에서는 형식 전하를 사용하여 원자의 전하를 나타낸다. 형식 전하가 전하 분포의 완벽한 지표는 아니다. 반면에, 형식 전하는 분자나 이온의 총 전하뿐만 아니라 총 전자 수에 대한 정보를 얻어 내는 도구로 사용된다. Lewis 구조식 하나로 어떤 분자와 이온이 전자를 공유하는 방식을 충분히 설명할 수 없는 경우도 있다. 공명 구조는 Lewis 구조들의 집합으로, 분자나 이온에 걸쳐 있는 전자의 분포를 함께 기술할 수 있다.

분자의 모양은 분자의 거동에 있어 매우 중요하다. 분자의 기하 구조는 분자 내 원자의 배열을 설명한다. 관련된 용어에는 **전자의 기하 구조**가 있다. 이것은 결합된 원자 주위의 전자 배열이다. 원자가 껍질 전자쌍 반발(VSEPR: valance shell electron pair repulsion) 모형을 사용하면 대부분의 화합물이 가진 전자의 기하 구조를 예측할 수 있다. 가장 일반적인 전자의 기하 구조 세 가지는 선형, 평면 삼각형, 사면체다. 이들은 중심 원자 주위에 각각 2, 3, 4개의 전자 세트가 있다. 분자의 기하 구조는 전자 기하 구조의 함수이다.

물질의 거동을 정의하는 또 다른 요소는 결합의 극성이다. Pauling의 전기 음성도 표는 원자가 결합된 전자를 얼마나 세게 끌어당기는지를 정의한다. 두 원자의 전기 음성도를 비교함으로써 그 원자들 사이의 결합이 공유 결합인지, 극성 공유 결합인지, 이온 결합인지를 예측할 수 있다.

어떤 분자에서 개별 결합의 극성을 합하면 알짜 쌍극자가 만들어진다. 어떤 분자에 알짜 쌍극자가 있다면, 분자의 한쪽에는 약한 양전하가, 다른 쪽에는 약한 음전하가 있다. 분자의 모양과 개별 결합 쌍극자의 방향을 고려함으로써 알짜 쌍극자의 방향을 추정할 수 있다.

분자의 결합 유형, 모양, 극성은 분자의 물리적 성질에 큰 영향을 미친다. 다음 장에서 보게 되겠지만, 녹는점이나 끓는점과 같은 성질들은 이러한 중요한 인자들에 의존한다.

나노카 제조

이 장의 시작 부분에 James Tour 박사를 소개했다. 그는 Rice 대학의 화학자로, 첫 번째 '나노카'의 개발자이다. 나노카는 단일 분자 차량으로, 매끄러운 금 표면을 가로질러 스스로 전진할 수 있다. 이 장의 논의를 통해 분자 모양에 대해 더 많이 이해했으므로, Rice 대학 팀이 어떻게 그들의 분자 자동차를 디자인했는지를 자세히 살펴보자(그림 9.32).

바퀴를 만들기 위해, James Tour 팀은 공 모양 구조가 필요했다. 다행히도, 몇몇 분자가 이런 형태의 모양을 가지고 있었다. 그들은 첫 나노카의 바퀴로 **풀러렌**(fullerene)이라고 하는 분자를 사용했다. 이 매력적인 분자는 완벽한 구를 이루는 60개의 탄소 원자로 구성되어 있다(그림 9.32b). 풀러렌 바퀴는 금 표면 위에서 멋지게 굴렀지만, Tour 박사 팀이 광 구동 모터를 추가하면서 문제가 생겼다. 이러한 문제를 피하기 위해서, 그들은 바퀴 디자인을 바꿔야만 했다. 아다만테인(adamantane)은 분자식은 $C_{10}H_{16}$인 또 다른 공 모양의 분자이다. 연구팀은 아다만테인 바퀴도 금 표면에서 부드럽게 굴렀지만, 풀러렌 바퀴에서의 문제점을 일으키지는 않았다는 것을 알아냈다.

Tour 박사 팀은 축(axle)을 제작하기 위해 삼중 결합으로 연결된 탄소 2개를 사용했다. 각 탄소의 기하 구조는 선형으로, 직선 축을 생성한다(그림 9.32c). 단일 결합이 바퀴와 축을 연결한다. 원자들은 단일 결합을 중심 축으로 자유롭게 회전할 수 있기 때문에 바퀴가 회전할 수 있다.

마지막으로, Tour 박사 팀은 모터를 설계했다. 일부 이중 결합은 빛을 흡수하면 모양이 바뀐다(그림 9.32d, e). 나노카는 이러한 모양 변화를 이용하여 외륜(paddle-wheel)을 회전시킨다. 외륜은 분자를 표면을 가로질러 밀어 낸다.

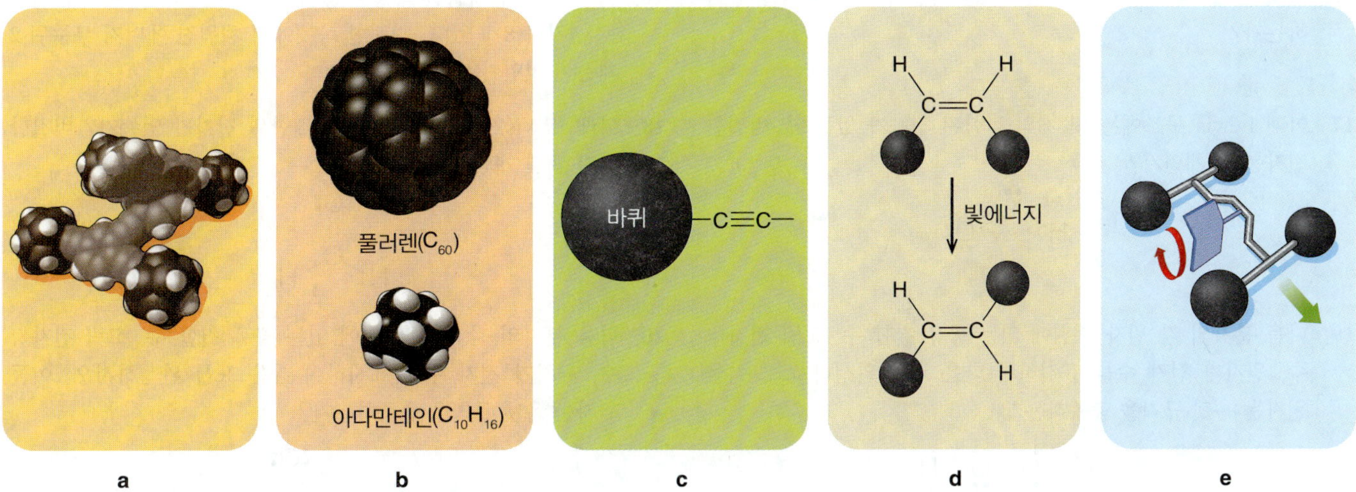

그림 9.32 (a) 완전한 나노카의 구성은 4개의 바퀴, 2개의 축, 차대, 외륜형 모터이다. (b) Tour 박사 팀의 첫 번째 나노카에는 풀러렌 분자가 바퀴로 사용되었다. 새로운 디자인에서는 아다만테인 분자를 사용한다. (c) 탄소–탄소 삼중 결합은 선형이어서 차축으로 완벽하다. (d) 외륜 모터는 빛을 흡수하면 모양이 바뀌는 탄소–탄소 이중 결합에 의해 구동된다. (e) 이 그림은 나노카를 단순하게 표현한 것이다.

주요 용어

9.1 공유 결합 분자

고립 전자쌍: 비공유 원자가 전자쌍

확장 옥텟: 원자의 원자가 전자가 10개 또는 12개인 결합 배열. 이것은 주기율표의 3~7 주기의 원소에서만 가능하다.

9.2 분자와 전하

형식 전하: 분자 또는 이온에서 전하 자리(charged site)를 식별하는 방법. 원자의 형식 전하는 비결합 상태에 있는 중성 원자의 원자가 전자 수에서 공유 결합 수를 빼고, 다시 비공유 전자 수를 뺀 값이다.

공명 구조: 분자나 이온 주위에 전자가 어떻게 분포되어 있는지를 나타낸 Lewis 구조들의 집합. Lewis 구조 하나로는 구조를 적절하게 묘사할 수 없을 때 공명 구조를 사용한다.

9.3 분자의 모양

원자가 껍질 전자쌍 반발(VSEPR: valance shell electron pair repulsion) 모형: 중심 원자 주위의 전자 세트의 수에 기초하여 분자의 기하 구조를 예측하는 방법이다.

전자의 기하 구조: 중심 원자 주위에 있는 전자들의 배열을 설명

분자의 기하 구조: 분자 내 원자들의 배열을 설명. 분자 모양

선형: 2개의 원자 또는 2개의 전자 세트가 180°의 각도로 떨어져 있는 기하 구조

평면 삼각형: 3개의 원자 또는 3개의 전자 세트가 120°의 각도로 떨어져 있는 기하 구조

사면체: 4개의 원자 또는 4개의 전자 세트가 109.5°의 각도로 떨어져 있는 기하 구조

9.4 극성 결합과 극성 분자

극성 공유 결합: 전자를 균등하게 공유하지 않는 공유 결합. 이런 종류의 결합에서는 한 원자는 약한 양전하를, 다른 원자는 약한 음전하를 띤다.

전기 음성도: 원자가 결합 전자를 얼마나 세게 잡아당기는지를 측정하는 척도

분자 쌍극자: 분자의 양끝이 약한 양전하와 약한 음전하를 갖는 전체 극성. 일명 **알짜 쌍극자** 또는 단순히 **쌍극자**라고 한다.

추가 문제

9.1 공유 결합 분자

15. 옥텟 규칙이란 무엇인가? 비금속은 어떻게 옥텟 규칙을 충족하는가?

16. 어떤 원자에 채워진 옥텟이 있다면, 그 원자의 원자가 준위에는 전자가 8개 있다. 완전한 옥텟에서 채워진 에너지 부준위 2개는 무엇인가?

17. 아래 Lewis 구조에는 몇 개의 결합된 전자가 있는가? 비결합 전자는 몇 개인가?

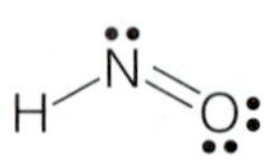

18. 아래 Lewis 구조에는 몇 개의 결합된 전자가 있는가? 비결합 전자는 몇 개인가?

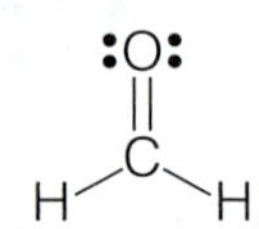

19. 다음 분자의 각 원자 주위에 있는 공유 결합 수, 고립 전자쌍 수, 원자가 전자 수를 표시하여 다음 표를 완성하시오. 이들 원자는 옥텟 규칙을 충족하는가?

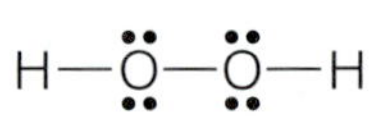

원자	공유 결합	고립 전자쌍	원자가 전자
H			
O			
O			
H			

20. 다음 분자의 각 원자 주위에 있는 공유 결합 수, 고립 전자쌍 수, 원자가 전자 수를 표시하여 다음 표를 완성하시오. 이들 원자는 옥텟 규칙을 충족하는가?

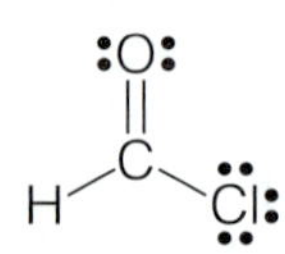

원자	공유 결합	고립 전자쌍	원자가 전자
C			
O			
Cl			
H			

21. 다음 구조의 중심 원자에는 불완전한 옥텟, 완전한 옥텟, 확장된 옥텟 중 어느 것이 있는지 말하시오.

a.
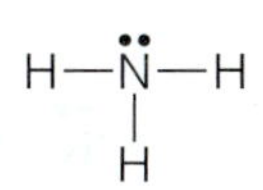

b.
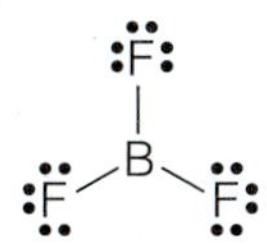

c.
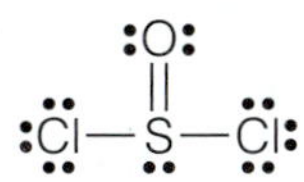

22. 다음 구조의 중심 원자에는 불완전한 옥텟, 완전한 옥텟, 확장된 옥텟 중 어느 것이 있는지 말하시오.

a.
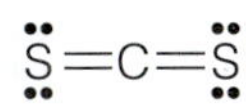

b.
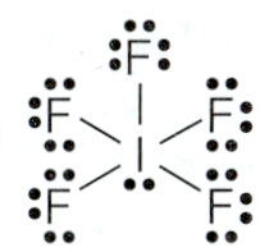

c.
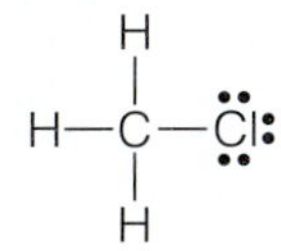

23. 다음 중 어떤 원소가 일반적으로 불완전한 옥텟을 가진 화합물을 생성하는가?
붕소, 탄소, 질소, 산소

24. 다음 중 어떤 원소가 확장된 옥텟을 가진 화합물을 절대로 생성하지 않는가? 그 이유는 무엇인가?
질소, 황, 아이오딘

25. 다음 분자에 있는 원자가 전자의 총 수를 구하시오.
a. HCl b. NH_3 c. PCl_3 d. CH_3Cl

26. 다음 분자에 있는 원자가 전자의 총 수를 구하시오.
a. N_2 b. C_2H_2 c. SF_6 d. C_2H_4SO

27. 다음 분자에 있는 원자가 전자의 총 수를 구하시오.
a. PCl_5 b. HBr c. H_2SO_4 d. HNO_3

28. 다음 분자에 있는 원자가 전자의 총 수를 구하시오.
a. BBr_3 b. $HCSN$ c. C_2H_4 d. $C_6H_{12}O_6$

29. 다음 각 분자의 Lewis 구조를 그리시오.
a. H_2 b. Cl_2 c. HCl

30. 다음 각 분자의 Lewis 구조를 그리시오.
a. HBr b. H_2O c. CCl_4

31. 다음 각 분자의 Lewis 구조를 그리시오.
a. N_2 b. HNO(질소가 중심 원자)
c. SCl_2

32. 다음 각 분자의 Lewis 구조를 그리시오.
a. CO_2 b. PCl_3 c. HCN(탄소가 중심 원자)

33. 다음 각 분자의 Lewis 구조를 그리시오.
a. $BrCl$ b. SiF_4 c. CS_2

34. 다음 각 분자의 Lewis 구조를 그리시오.
a. SeF_4 b. PBr_3 c. CH_2Cl_2(탄소가 중심 원자)

9.2 분자와 전하

35. 탄산 이온(아래 구조)의 총 전하량은 −2다. 다음 구조에서 각 원자의 형식 전하를 계산하시오.

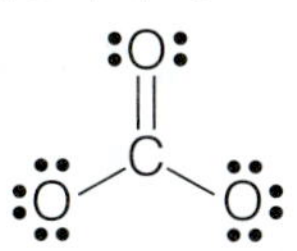

36. 황산 이온(아래 구조)의 총 전하량은 −2다. 다음 구조에서 각 원자의 형식 전하를 계산하시오.

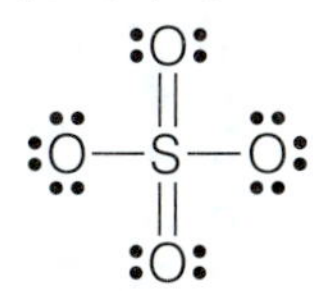

37. 다음 각 구조에서 질소 원자의 형식 전하를 계산하시오.

a.
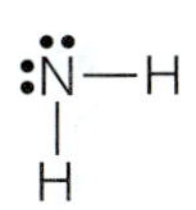

b.
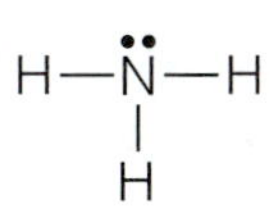

c.
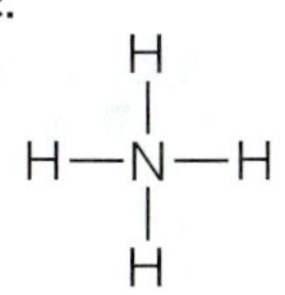

38. 다음 각 구조에서 황 원자의 형식 전하를 계산하시오.

a.
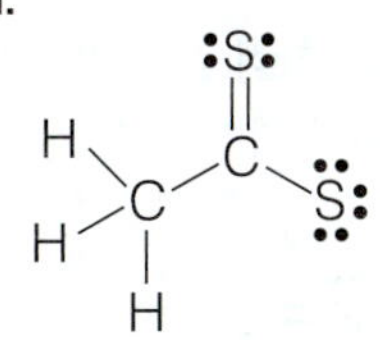

b.
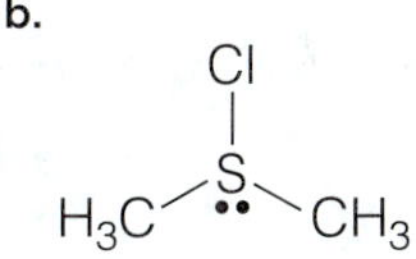

c.
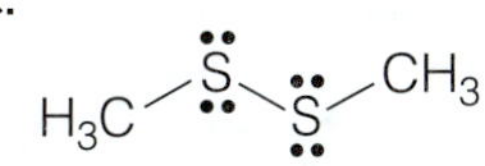

39. 다음 원자들 각각의 형식 전하를 계산하시오.
a. 1개의 공유 결합과 3개의 고립 전자쌍을 가진 산소 원자
b. 2개의 공유 결합과 2개의 고립 전자쌍을 가진 산소 원자
c. 3개의 공유 결합과 1개의 고립 전자쌍을 가진 산소 원자

40. 다음 원자들 각각의 형식 전하를 계산하시오.
a. 2개의 공유 결합과 2개의 고립 전자쌍을 가진 질소 원자
b. 3개의 공유 결합과 1개의 고립 전자쌍을 가진 질소 원자
c. 4개의 공유 결합을 가진 질소 원자

41. 다음 각 Lewis 구조에서, 한 원자는 형식 전하가 0이 아니다. 그 원자를 찾아 전하를 나타내시오.

a.

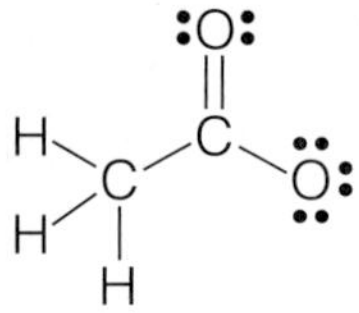

b.

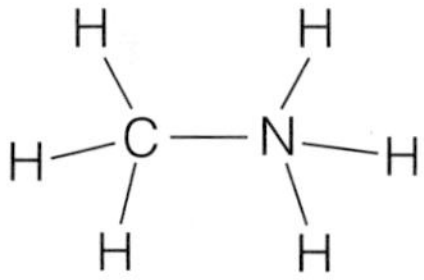

c.

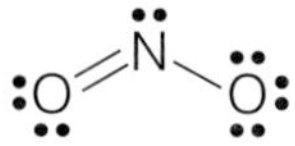

42. 다음 각 Lewis 구조에서, 두 원자는 형식 전하가 0이 아니다. 그 원자들을 찾아 전하를 나타내시오.

a.

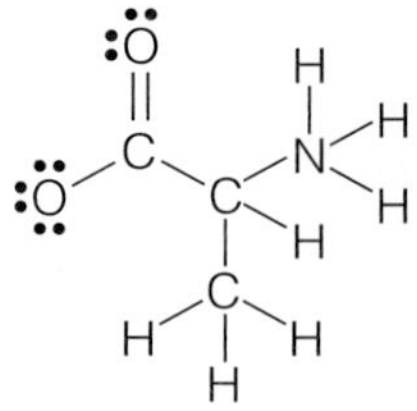

b.

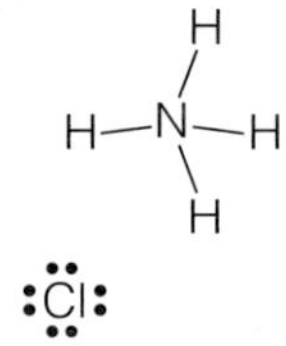

c.

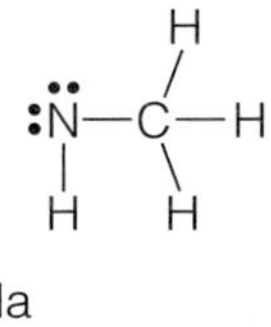

43. 다음 각 이온에 있는 원자가 전자의 총 수를 구하시오.

a. NH_4^+ **b.** SO_3^{2-} **c.** BH_4^- **d.** OH^-

44. 다음 각 이온에 있는 원자가 전자의 총 수를 구하시오.

a. H_3O^+ **b.** PO_4^{3-} **c.** IO_3^- **d.** N_3^-

45. 다음 각 이온의 Lewis 구조식을 그리시오. 형식 전하를 나타내시오.

a. NH_4^+ **b.** NO_2^- **c.** NO_3^-

46. 다음 각 이온의 Lewis 구조식을 그리시오. 형식 전하를 나타내시오.

a. BH_4^- **b.** IO^- **c.** ICl_4^-

47. 다음 각 분자의 Lewis 구조식을 그리시오. 형식 전하를 나타내시오.

a. SO **b.** SO_2 **c.** PF_5

48. 다음 각 이온의 Lewis 구조식을 그리시오. 형식 전하를 나타내시오.

a. BrO^- **b.** CN^- **c.** PH_4^+

49. 다음 각 산소 음이온의 Lewis 구조식을 그리시오. 형식 전하를 나타내시오.

a. SO_4^{2-} **b.** SO_3^{2-} **c.** ClO_3^-

50. 다음 각 산소 음이온의 Lewis 구조식을 그리시오. 형식 전하를 나타내시오.

a. PO_4^{3-} **b.** BrO_2^- **c.** BrO_4^-

51. 다음 구조에서 모든 원자의 형식 전하는 0이다. 빠진 전자를 그려 넣어 Lewis 구조를 완성하시오.

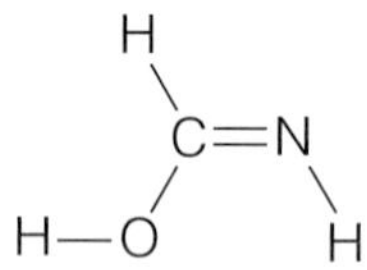

52. 다음 구조에서는 형식 전하는 있지만, 비공유 전자는 없다. 원자가 전자를 더 그려 넣어 Lewis 구조를 완성하시오.

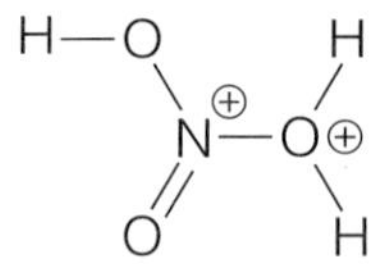

53. 공명 구조란 무엇인가? 화학자들은 공명 구조를 어떻게 나타내는가?

54. 공명 구조를 그릴 때 다음 중 변하지 않는 것은? (있는 대로 모두 고르시오.)

a. 전자의 총 수

b. 고립 전자쌍의 위치

c. 두 번째 결합의 위치와 세 번째 결합의 위치

d. 첫 번째 결합의 위치

55. 싸이오사이안산 이온(SCN^-)은 다음과 같이 두 가지 공명 구조로 그릴 수 있다. 두 형태의 각 원자가 가진 형식 전하를 계산하시오.

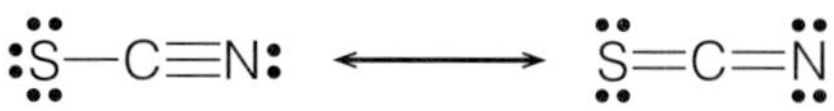

56. 싸이오폼산 이온($CHSO^-$)은 두 가지 중요한 공명 구조가 있다. 첫 번째 공명 구조를 아래에 표시하였다. 구조 a~d 중에서 두 번째 공명 구조로 옳은 것은 어느 것인가? 나머지 구조의 경우, 이 이온의 정확한 공명 구조가 아닌 이유를 말하시오.

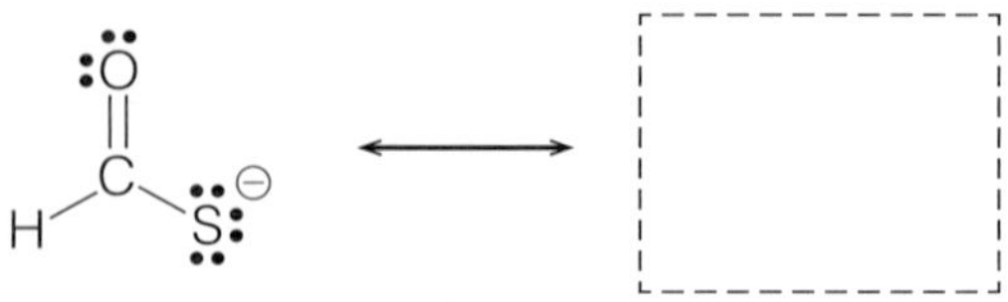

공명 구조 1 공명 구조 2

a.

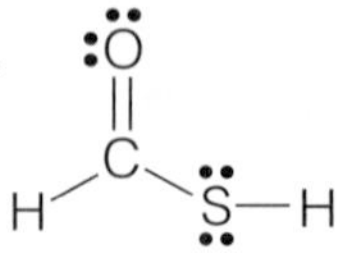

b.

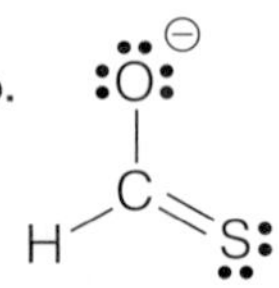

c.

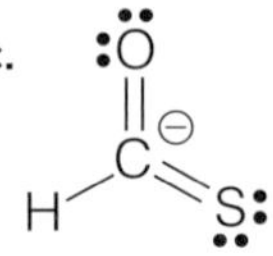

d.

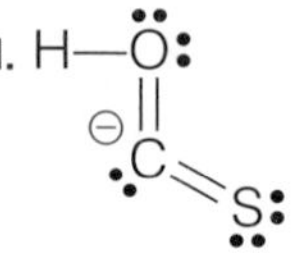

57. 형식 전하를 포함한 염소산 이온의 공명 구조식은 다음과 같다. 이러한 구조를 기초로 할 때, 각 산소 원자의 평균 전하는 얼마인가?

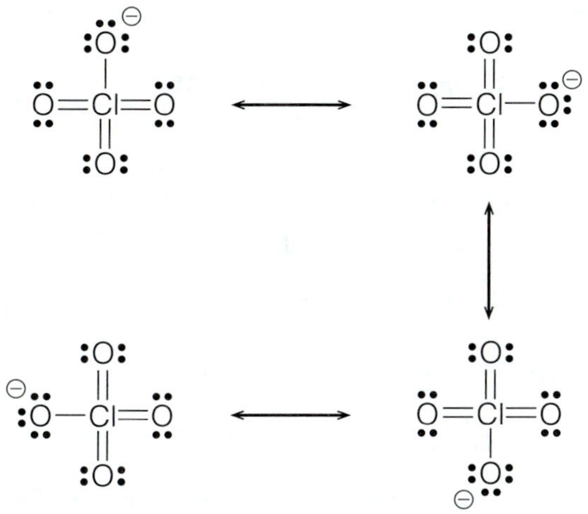

58. 형식 전하를 포함한 아황산 이온의 공명 구조식은 다음과 같다. 이러한 구조를 기초로 할 때, 각 산소 원자의 평균 전하는 얼마인가?

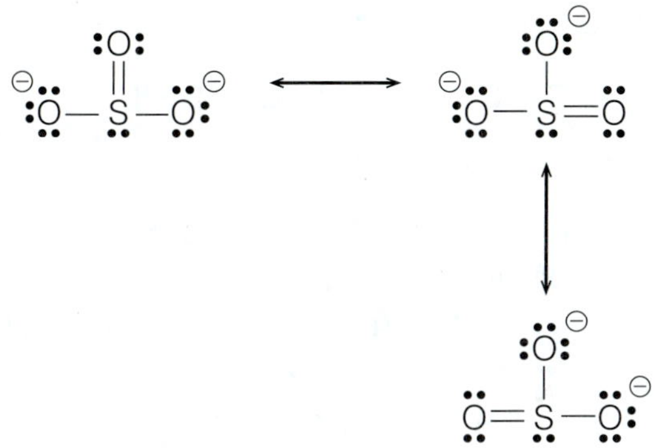

59. 다음 구조들은 탄산수소 이온(HCO_3^-)의 결합만을 나타낸 것이다. 전자와 전하를 추가하여 공명 구조를 완성하시오. 또한 이 이온에서 음전하가 어떻게 퍼져나가는지를 보이시오.

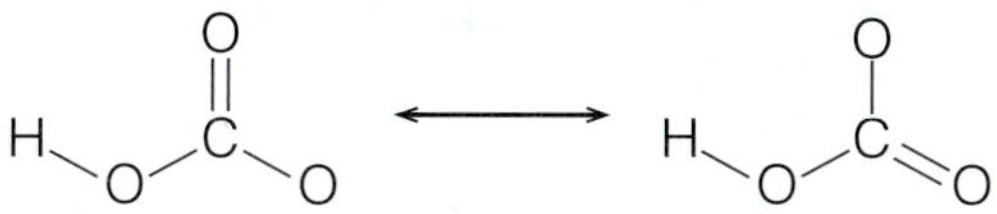

60. 다음 구조들은 아황산 이온(HSO_4^-)의 결합만을 나타낸 것이다. 전자와 전하를 추가하여 공명 구조를 완성하시오. 또한 이 이온에서 음전하가 어떻게 퍼져나가는지를 보이시오.

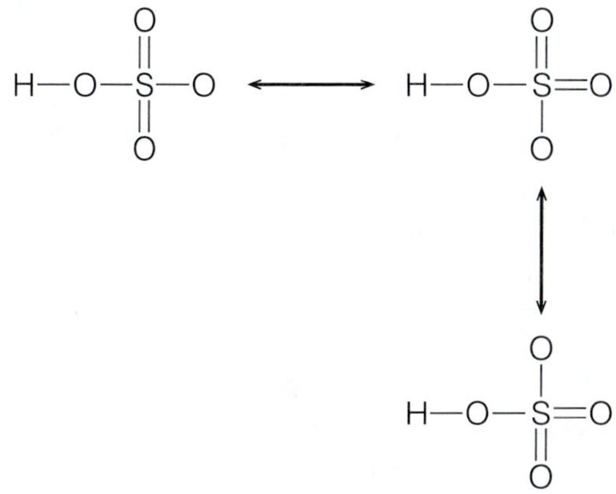

9.3 분자의 모양

61. 다음 각각에 대해 중심 원자 주위에 존재하는 전자의 기하 구조와 결합각을 나타내시오.

a. 전하 세트가 4개인 원자

b. 전하 세트가 2개인 원자

c. 전하 세트가 3개인 원자

62. 원자 주위에 대한 전자의 기하 구조와 분자의 기하 구조의 차이점은 무엇인가?

63. 다음 각 분자나 이온에 대해 VSEPR 모형을 사용하여 전하 세트 수를 표시하고, 강조 표시된 원자 주위에 대한 전자의 기하 구조를 말하시오.

a. 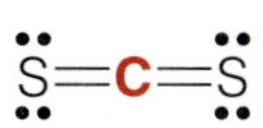

b. 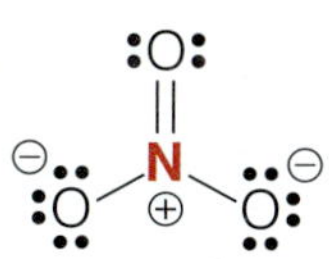

c. 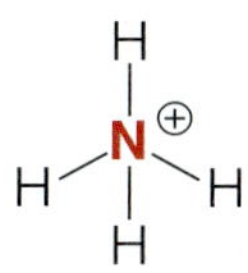

64. 다음 각 분자에 대해 VSEPR 모형을 사용하여 전하 세트 수를 표시하고, 강조 표시된 원자 주위에 대한 전자의 기하 구조를 말하시오.

a. 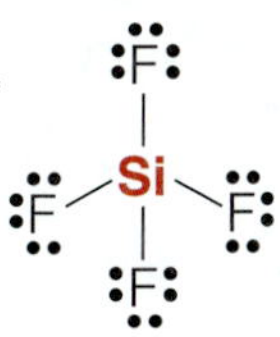

b. 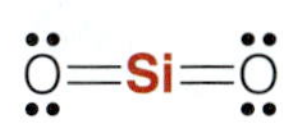

c. 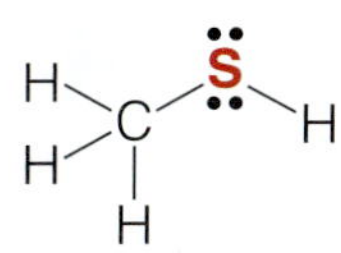

65. 다음 각 분자에 대해 VSEPR 모형을 사용하여 전하 세트 수를 표시하고, 강조 표시된 원자 주위에 대한 전자의 기하 구조를 말하시오.

a. 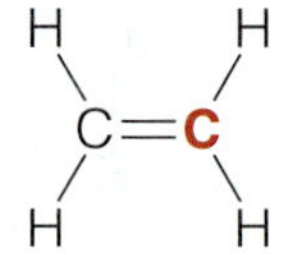

b. 

c. 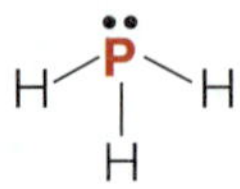

66. 다음 각 분자나 이온에 대해 VSEPR 모형을 사용하여 전하 세트 수를 표시하고, 강조 표시된 원자 주위에 대한 전자의 기하 구조를 말하시오.

a. 

b. 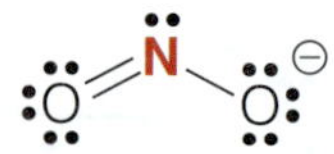

c. 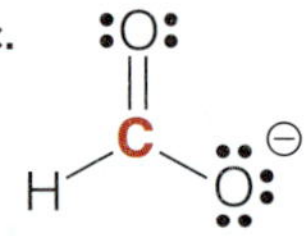

67. 다음 각 구조에 대해 중심 원자 주위에 대한 전자의 기하 구조와 분자의 기하 구조를 설명하시오.

a. 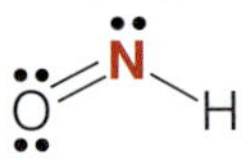

b. 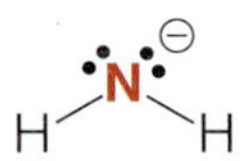

c. 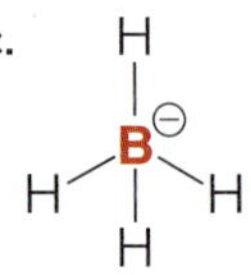

68. 다음 각 구조에 대해 중심 원자 주위에 대한 전자의 기하 구조와 분자의 기하 구조를 설명하시오.

a. 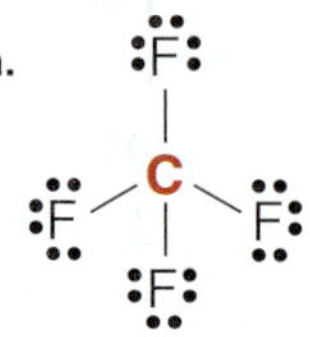

b. 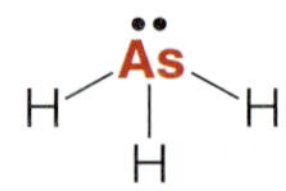

c. 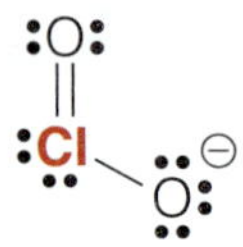

69. 다음 각 구조에 대해 중심 원자 주위에 대한 전자의 기하 구조와 분자의 기하 구조를 설명하시오.

a. 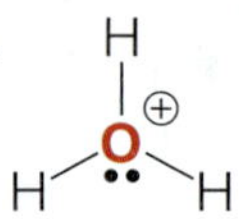

b. 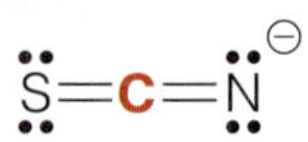

c. 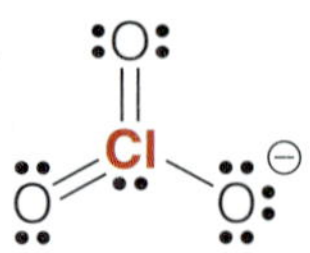

70. 다음 각 구조에 대해 중심 원자 주위에 대한 전자의 기하 구조와 분자의 기하 구조를 설명하시오.

a. 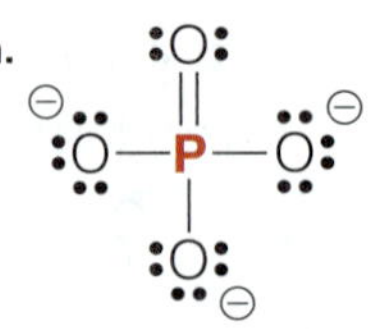

b. 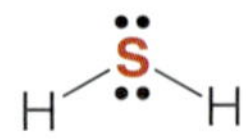

c. 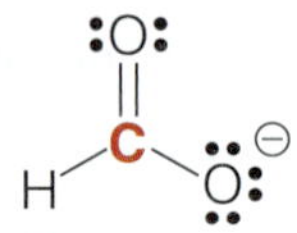

71. 다음 분자들의 Lewis 구조를 그리시오. 또한 중심 원자 주위에 대한 전자의 기하 구조를 설명하시오.

a. 삼염화 붕소(BCl_3)
b. 삼염화 인(PCl_3)
c. 이산화 탄소(CO_2)

72. 다음 분자들의 Lewis 구조를 그리시오. 또한 중심 원자 주위에 대한 전자의 기하 구조를 설명하시오.

a. 사염화 탄소(CCl_4)
b. 삼염화 질소(NCl_3)
c. 이황화 탄소(CS_2)

73. 다음 분자들의 Lewis 구조를 그리시오. 또한 중심 원자 주위에 대한 전자의 기하 구조를 설명하시오.

a. 사염화 규소($SiCl_4$)
b. 삼산화 황(SO_3)

74. 다음 분자들의 Lewis 구조를 그리시오. 또한 중심 원자 주위에 대한 전자의 기하 구조를 설명하시오.

a. 사이안화 수소(HCN)(C가 중심 원자)
b. 하이포아염소산(HOCl) (O가 중심 원자)

75. 다음 두 이온의 Lewis 구조를 그리시오. 각 이온의 중심 원자 주위에 대한 전자의 기하 구조와 분자의 기하 구조를 설명하시오.

a. 황산 이온
b. 아황산 이온

76. 브로민의 산소산 음이온에는 4가지(하이포브로민산 이온, 아브로민산 이온, 브로민산 이온, 과브로민산 이온)가 있다. 다음 각 이온의 Lewis 구조를 그리시오. 각 브로민 원자 주위에 대한 전자의 기하 구조와 분자의 기하 구조를 설명하시오.

77. 강조 표시된 원자 주위에 대한 전자의 기하 구조를 말하시오.

a. 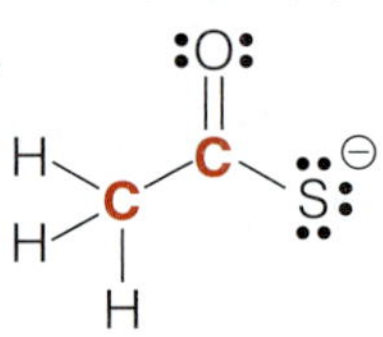

b. 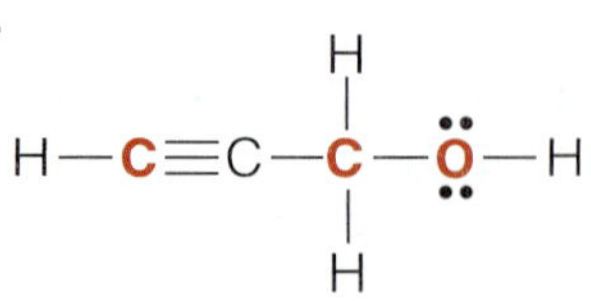

78. 강조 표시된 원자 주위에 대한 전자의 기하 구조를 말하시오.

a. 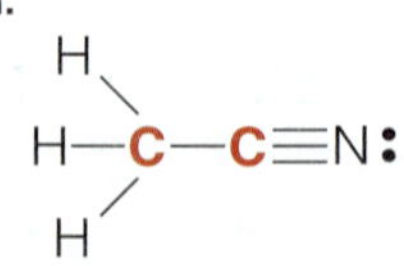

b. 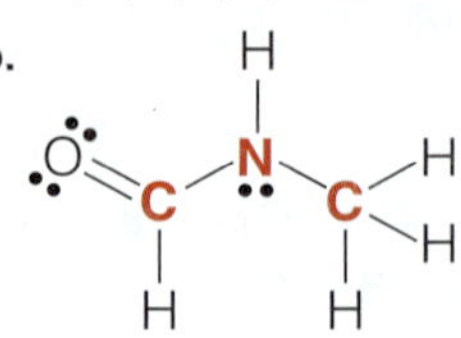

79. 아미노산은 자연 발생적으로 생기는 화합물로, 많은 중요한 생물 분자의 구성 요소이다. 주요 아미노산 중 하나는 아스파라진(asparagine)으로, 다음과 같다. 다음 분자 내 강조 표시된 각 원자 주위에 대한 전자의 기하 구조는 무엇인가?

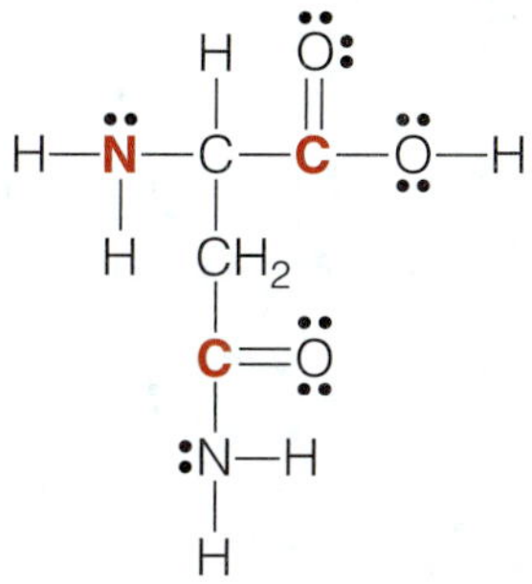

80. 아미노산은 자연 발생적으로 생기는 화합물로, 많은 중요한 생물 분자의 구성 요소이다. 주요 아미노산 중 하나는 시스테인(cysteine)으로, 다음과 같다. 다음 분자 내 강조 표시된 각 원자 주위에 대한 전자의 기하 구조는 무엇인가?

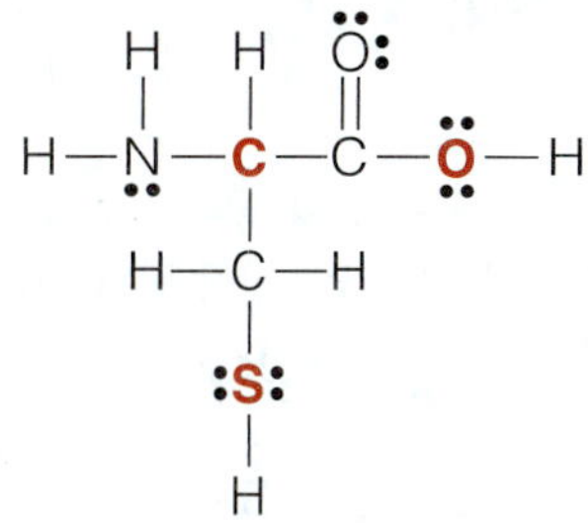

9.4 극성 결합과 극성 분자

81. 주기율표를 지침으로 사용하여, 다음 각 조합에서 전기 음성도가 더 큰 원자를 말하시오.

a. Br과 Cl **b.** Si와 C **c.** N과 O **d.** K와 Ca

82. 주기율표를 지침으로 사용하여, 다음 각 조합에서 전기 음성도가 더 큰 원자를 말하시오.

a. C와 N **b.** N과 P **c.** Ge와 Si **d.** Mg와 Na

83. 주기율표를 지침으로 사용하여, 다음 원자들을 전기 음성도가 큰 것에서 작은 것의 순으로 나열하시오.

a. Ca, O, Si, Ti **b.** I, Cs, Br, O **c.** K, In, N, F

84. 주기율표를 지침으로 사용하여, 다음 원자들을 전기 음성도가 큰 것에서 작은 것의 순으로 나열하시오.

a. Sc, Fe, N, F **b.** Po, Fr, Os, S **c.** Ga, N, Al, O

85. Pauling의 전기 음성도 표(표 9.2)를 사용하여, 다음 각 결합을 공유 결합, 극성 공유 결합, 이온 결합으로 구분하시오.

a. C−P **b.** Ca−O **c.** Al−Cl **d.** N−H

86. Pauling의 전기 음성도 표(표 9.2)를 사용하여, 다음 각 결합을 공유 결합, 극성 공유 결합, 이온 결합으로 구분하시오.

a. C−Cu **b.** Cs−Br **c.** P−Nd **d.** C−S

87. Pauling의 전기 음성도 표(표 9.2)를 사용하여, 다음 각 결합 중 어느 결합이 더 극성인지를 말하시오.

a. C−S와 C−O **b.** Ca−Cl과 Ni−Cl **c.** Ag−S와 W−S

88. Pauling의 전기 음성도 표(표 9.2)를 사용하여, 다음 각 결합 중 어느 결합이 덜 극성인지를 말하시오.

a. Se−Cl과 Ti−Ge **b.** H−N과 H−O **c.** Ca−N과 Si−F

89. $\delta+/\delta-$ 표기법을 사용하여, 다음 각 극성 공유 결합에서 양의 끝과 음의 끝을 나타내시오.

a. N–H **b.** O–H **c.** P–Cl

90. $\delta+/\delta-$ 표기법을 사용하여, 다음 각 극성 공유 결합에서 양의 끝과 음의 끝을 나타내시오.

a. Br–Si **b.** H–Cl **c.** Cl–C

91. 화살표 표기법을 사용하여, 다음 각 극성 공유 결합에서 양의 끝과 음의 끝을 나타내시오.

a. Sn–Cl **b.** S–Ge **c.** I–Cl

92. 화살표 표기법을 사용하여, 다음 각 극성 공유 결합에서 양의 끝과 음의 끝을 나타내시오.

a. Al–Br **b.** F–Cl **c.** Si–O

93. 다음에 표시된 각 Lewis 구조식에는 극성 공유 결합이 하나 있다. 그 결합을 말하시오. 또한 $\delta+/\delta-$ 표기법 또는 화살표 표기법을 사용하여 극성의 방향을 나타내시오.

a. 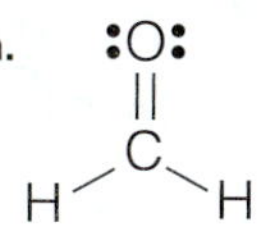 **b.**  **c.** 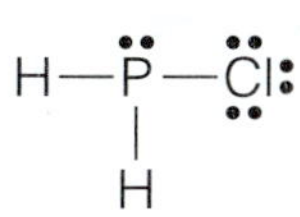

94. 다음에 표시된 각 Lewis 구조식에는 극성 공유 결합이 하나 있다. 그 결합을 말하시오. 또한 $\delta+/\delta-$ 표기법 또는 화살표 표기법을 사용하여 극성의 방향을 나타내시오.

a. 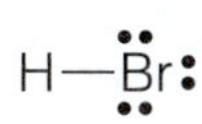 **b.** 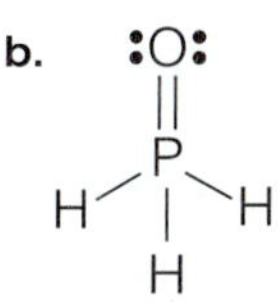 **c.** 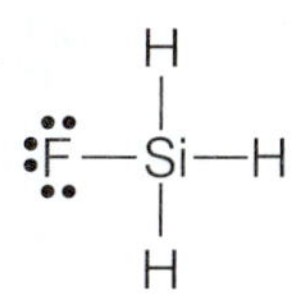

95. 기호 ⟼를 사용하여 다음 각 분자의 극성 결합 방향을 나타내시오.

a.
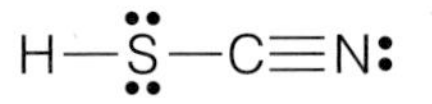

b.
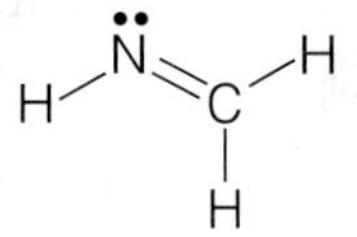

96. 기호 ⟼를 사용하여 다음 각 분자의 극성 결합 방향을 나타내시오.

a.
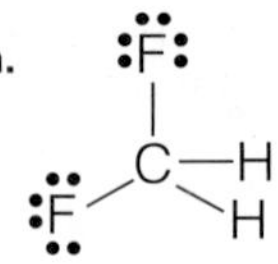

b.
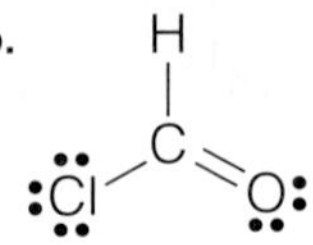

97. 다음 각 분자나 이온에는 알짜 쌍극자가 있다. 개별 결합의 극성 방향과 알짜 쌍극자의 극성 방향을 나타내시오.

a.
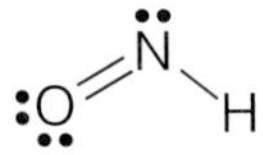

b.
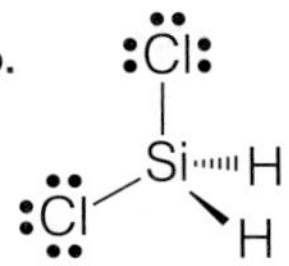

c.
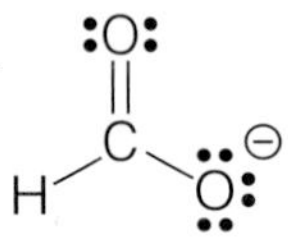

98. 다음 각 분자에는 알짜 쌍극자가 있다. 개별 결합의 극성 방향과 알짜 쌍극자의 극성 방향을 나타내시오.

a.
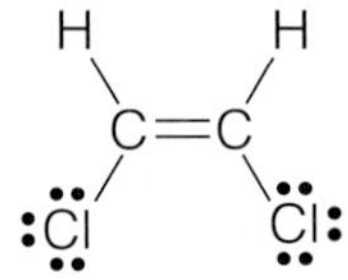

b.
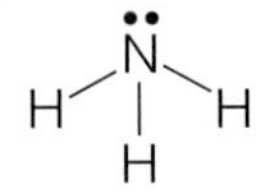

c.

99. 다음 각 분자의 Lewis 구조식을 그리시오. 극성 공유 결합을 확인하고, 분자에 알짜 쌍극자가 있는지를 말하시오. 또한 알짜 쌍극자 방향을 나타내시오.

a. Cl_2 b. HCN c. PF_3

100. 다음 각 분자의 Lewis 구조식을 그리시오. 극성 공유 결합을 확인하고, 분자에 알짜 쌍극자가 있는지를 말하시오. 또한 알짜 쌍극자 방향을 나타내시오.

a. BCl_3 b. FCl c. SCl_2

101. 다음 각 분자의 Lewis 구조식을 그리시오. 극성 공유 결합을 확인하고, 분자에 알짜 쌍극자가 있는지를 말하시오. 또한 알짜 쌍극자 방향을 나타내시오.

a. CS_2 b. SF_2 c. $SOCl_2$

102. 다음 각 분자의 Lewis 구조식을 그리시오. 극성 공유 결합을 확인하고, 분자에 알짜 쌍극자가 있는지를 말하시오. 또한 알짜 쌍극자 방향을 나타내시오.

a. NCl_3 b. PH_2Cl c. CHF_3

도전 과제

103. 아스피린의 구조식은 다음과 같다. 이 분자에서 전자의 기하 구조가 사면체인 원자는 몇 개인가? 전자의 기하 구조가 평면 삼각형인 원자는 몇 개인가? 극성 공유 결합은 몇 개 존재하는가? 이들 결합의 극성 방향을 나타내시오.

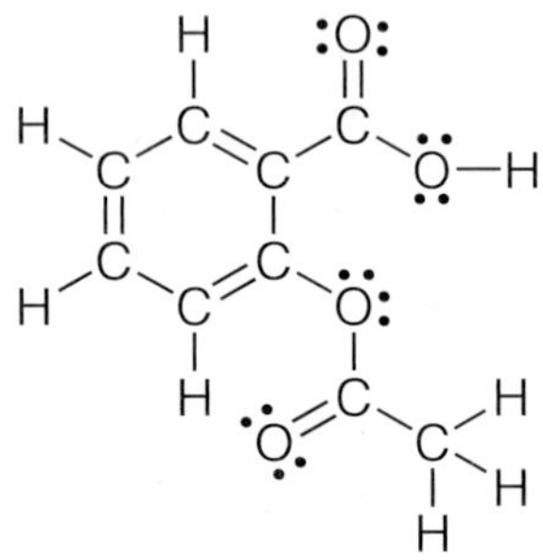

104. 다음은 파킨슨병을 치료하는 데 사용되는 레보도파(levodopa)의 구조식이다. 이 분자에서 전자의 기하 구조가 사면체인 원자는 몇 개인가? 전자의 기하 구조가 평면 삼각형인 원자는 몇 개인가? 극성 공유 결합은 몇 개 존재하는가? 이들 결합의 극성 방향을 나타내시오.

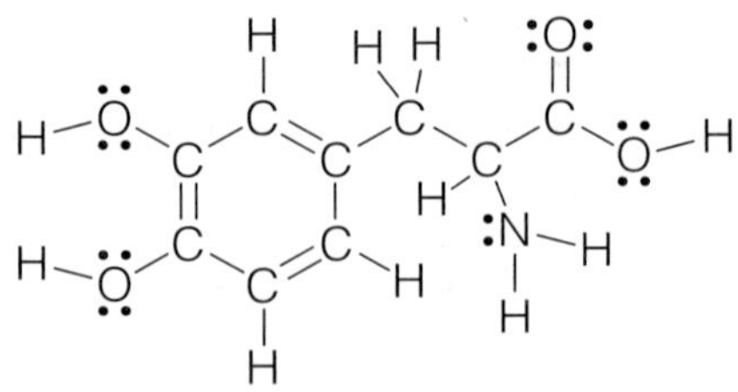

고체, 액체, 기체

CHAPTER 10

그림 10.1 (a) 석탄은 화석 연료의 고체 형태이며, 채굴해야 한다. (계속)

North Dakota 붐

2006년에 지질학자들은 서부 North Dakota에서 엄청난 양의 석유와 천연가스를 발견했다. 이 발견으로 인한 영향은 엄청났다. 세계 경제의 많은 부분이 비틀거리는 동안, North Dakota는 수천 개의 일자리와 엄청난 부를 창출하며 호황을 누렸다. 2006년에는 North Dakota의 1인당 국민소득이 미국 내 40위였지만, 2013년에는 2위로 올랐다.

석탄, 석유, 천연가스를 총칭하여 **화석 연료**라고 한다. 주로 탄소와 수소로 구성된 이 연료들은 오랜 시간 동안 식물과 동물의 물질이 부패하면서 형성된다. 화석 연료는 핵에너지와 함께 산업화된 세계의 노동력이다. 매년, 화석 연료는 미국에서 사용되는 에너지의 80% 이상을 생산한다.

화석 연료 중에서 천연가스는 중요성이 꾸준히 증가하고 있다. North Dakota와 Montana에서 산출되는 석유와 가스의 과잉이 연료비를 낮추었고, 이로 인해 다시 다른 생필품의 가격이 낮아졌다. 가스 요금과 식료품 구입 비용이 더 낮아진 것은 2006년의 대규모 발견으로 인해서다. 또한 모든 화석 연료가 이산화 탄소를 생산하지만, 천연가스는 석탄이나 석유보다 더 깨끗하고 효율적으로 연소된다. 그 결과, 에너지 소비의 환경적 영향을 감소시킨다. 천연가스의 주용도는 난방이다. 또한 버스, 택시, 배달 트럭과 같은 많은 차량의 연료가 액체 가솔린에서 천연가스로 전환되었다.

화석 연료를 종류별로 수집하고 운송하는 데에는 나름의 어려움이 있다. 고체인 석탄을 채굴해야 하고, 그다음에는 배나 기차로 운반해야 한다. 회사는 유정에서 석유(액체)와 천연가스를 추출하고, 종종 대규모 파이프라인을 통해 이러한 상품을 운송한다(그림 10.1).

그림 10.1 (계속) (b) 석유는 화석 연료의 액체 형태다. (c) 가동 중인 유정. (d) 작업자가 천연가스 라인을 관리하고 있다. (e) 많은 신형 버스가 천연가스로 운행 중이다. 천연가스는 가솔린보다 더 깨끗하게 연소된다. (a) Vyacheslav Svetlichnyy/Shutterstock; (b) Ronald Plett/Shutterstock; (c) DrewMauck/Shutterstock; (d) ZoranOrcik/Shutterstock; (e) Pectus Solentis, CC BY SA 2.0 KR, Wikimedia Commons

천연가스를 안전하게 취급하고 운반하는 것은 특히 어려울 수 있다. 작업자들이 천연가스를 다룰 때는 특별한 안전 지침을 따라야 한다. 실제로, 의료에서부터 기계 작업, 레스토랑 관리에 이르기까지, 압축가스를 사용하는 작업이 많이 있다. 기체가 어떻게 거동하는지를 이해하는 것은 거의 모든 분야에서 도움이 될 것이다.

이번 장에서는 물질의 성질을 고체, 액체, 기체의 세 가지 상으로 살펴볼 것이다. 고체와 액체로부터 시작하여 화학 결합이 물질의 구조와 성질에 어떤 영향을 미치는지를 탐구한다. 그런 다음, 기체로 관심을 돌릴 것이다. 기체의 압력과 부피가 온도에 따라, 존재하는 기체의 양에 따라 어떻게 달라지는지를 알아볼 것이다. 연소 반응이나 맥주 생산과 같은, 기체를 포함하는 화학 과정을 탐구할 것이다.

이번 장 끝에서는 천연가스를 안전하게 보관하고 운반해야 하는 도전 과제로 돌아갈 것이다. 또한 과학자와 기술자로 하여금, 이 문제에 대해 생각하는 방식을 바꾸게 하고, 미래를 위한 흥미로운 기회를 열어가게 할 새로운 발견들을 살펴볼 것이다.

학습 목표

이 장을 완료하고 실습 문제를 풀고 나면, 수행할 수 있는 것은 다음과 같다.

10.1 입자 간 상호작용

- 고체, 액체, 기체에 들어 있는 입자들의 운동을 설명할 수 있다.

10.2 고체와 액체

- 이온, 금속, 분자, 고분자, 공유성 그물 구조 물질에 들어 있는 입자들의 결합과 배열을 설명할 수 있다.
- 다른 유형의 분자간 힘을 설명할 수 있다. 또한 분자간 힘의 차이와 녹는점 및 끓는점을 관련지을 수 있다.

10.3 기체 설명하기

- 이상 기체의 주요 특징을 설명할 수 있다.
- 액체 기압계를 사용하여 압력을 구하는 방법을 설명할 수 있다.

10.4 기체 법칙

- 통합 기체 법칙을 적용하여 기체의 압력, 부피, 온도 변화를 관련지을 수 있다.
- 이상 기체 법칙을 사용하여 기체의 압력, 부피, 몰수, 온도를 관련지을 수 있다.
- 기체의 온도, 부피, 압력과 원자 운동이나 분자 운동을 관련지을 수 있다.

10.5 확산과 분출

- 주어진 온도에서, 크고 작은 기체 입자의 운동을 설명할 수 있다. 또한 이러한 개념을 확산과 분출의 원리에 적용할 수 있다.

10.6 기체의 화학량론

- 화학량론 원리를 적용하여 기체의 반응과 관련된 문제를 해결할 수 있다.

10.1 입자 간 상호작용

1장에서는 **물질의** 세 가지 **상태**(**물질의 상**이라고도 함)–고체, 액체, 기체–를 논의했다. 또한 거시적 성질이 원자 또는 분자 수준에서 그들 구조의 함수라는 것을 알았다. 고체에서는 입자들이 서로 가깝게 붙어 있다. 각 원자는 그 주변에 있는 원자에 의해 고정된 위치에 있게 된다. 액체에서는 입자들이 서로 가까이 있지만, 고정된 위치에 있지 않고 서로 자유롭게 움직인다. 기체에서는 입자들이 서로 독립적으로 움직인다. 그들은 서로 멀리 떨어져 있어서, 움직일 때 다른 기체 입자들과의 상호작용을 거의 또는 전혀 하지 않는다.

이러한 개념을 표 10.1에 요약했다.

표 10.1 물질의 상태

	원자/분자 배열	거시적 성질
고체	입자들이 가까이 붙어 있고 고정된 장소에 있게 된다.	정해진 모양과 부피
액체	입자들이 서로 가까이 있지만 서로 자유롭게 움직인다.	정해진 부피 용기의 모양을 취함
기체	입자들이 멀리 떨어져 있고, 상호작용이 거의 없다.	용기의 모양과 부피를 취함

물질의 녹는점과 끓는점은 입자가 서로 결합하는 힘에 따라 달라진다. 끌어당기는 힘이 강할수록 상전이 온도가 높아진다.

물질의 한 상태에서 다른 상태로 전환되는 것을 **상 변화**(phase change)라고 한다. 예를 들어 물에서 일어나는 상 변화를 살펴보자. 얼음에서는 물 분자들이 서로 꽉 붙어 있다(그림 10.2). 열을 얼음에 가하면, 고체 내 분자들의 진동이 더 빨라진다. 계속해서 열을 가하면, 분자들이 자신을 제자리에 고정시키는 힘을 극복할 수 있을 정도의 충분한 에너지를 얻게 된다. 따라서 분자들이 견고한 틀로부터 벗어나 서로 자유롭게 움직이기 시작한다. 얼음이 녹는다. 이것은 고체에서 액체로의 상 변화이다. 액체 물을 가열하면, 분자들이 점점 더 빨리 움직여

그림 10.2 이 사진이 담은 것은 물의 세 가지 상(phase), 즉 고체 얼음, 액체 물, 기체 증기이다. 각 상 변화가 일어나기 위해서는 물 분자 사이의 끌어당기는 힘을 극복할 수 있는 열에너지가 필요하다.

액체상에서 벗어나 기체상으로 진입하기 시작한다. 기체상의 입자들은 자유롭게 움직이며 서로 거의 상호작용하지 않는다.

끌어당기는 힘이 강한 물질은 녹는점과 끓는점이 높다.

화합물이 고체에서 액체로, 또는 액체에서 기체로 변화하기 위해서는 끌어당기는 힘을 극복할 수 있는 충분한 운동 에너지가 있어야 한다. 입자 간의 힘이 강할수록 상을 바꾸는 데 필요한 에너지가 커진다. 입자 사이의 힘이 매우 강한 물질은 녹는점과 끓는점이 높다. 상전이 온도를 사용하면, 물질들을 함께 유지하는 힘을 이해할 수 있고 비교할 수 있다.

도전 문제

1. 메테인, 암모니아, 물은 모두 분자를 형성하는 공유 결합 화합물이다. 다음에 표시된 녹는점을 기초하여 볼 때, 가장 강한 분자 간 인력을 나타내는 화합물은 어느 것인가? 가장 약한 인력을 나타내는 화합물은 어느 것인가?

물질	화학식	녹는점
메테인	CH_4	−182 °C
암모니아	NH_3	−78 °C
물	H_2O	0 °C

10.2 고체와 액체

고체와 액체에서는 끌어당기는 힘이 입자들을 서로 가깝게 유지시킨다. 이러한 힘은 물질의 종류에 따라 다르다. 이 절에서는 고체와 액체 내에서 입자가 배열될 수 있는 다양한 방법과 입자의 고유한 구조에서 비롯되는 성질들을 살펴볼 것이다.

그림 10.3 이온 결합 화합물은 양전하와 음전하가 번갈아 가며 배열된 격자를 형성한다.

이온 결합 물질

이온 결합 화합물에 관해 처음 이야기한 것은 5장이었다. 이러한 이온 결합 화합물에는 양이온과 음이온이 **격자**(lattice)라고 하는 단단한 골격 구조에 서로 빽빽하게 쌓여 있다(그림 10.3). 이온들 사이의 상호작용은 매우 강하기 때문에, 엄청난 양의 에너지가 있어야 격자를 붕괴시킬 수 있다. 결과적으로, 대부분의 이온 결합 화합물은 녹는점이 매우 높다(표 10.2).

표 10.2 이온 결합 화합물의 녹는점

화합물	녹는점 (°C)
NaCl	801
KCl	770
$MgCl_2$	714
CaO	2,572
Al_2O_3	2,072

Love Silhouette/Shutterstock

그림 10.4 금속은 원자들의 밀착 배열로 채워진다.

금속 결합 물질

원소 금속 및 금속 혼합물인 합금은 일반적으로 밀접하게 채워진 원자들의 정렬된 격자를 생성한다(그림 10.4). 금속 원자는 외부 전자를 느슨하게 잡고, 그 전자는 한 원자에서 다음 원

그림 10.5 작업자가 녹은(액체) 철을 틀에 붓고 있다.

표 10.3 일반적인 금속의 녹는점

원소	녹는점 (℃)
납	327
알루미늄	660
금	1,064
구리	1,085
철	1,538

자로 쉽게 이동한다. 이러한 특성 때문에, 금속은 전기가 잘 통하는 전도체다.

원자들은 금속 고체 안에서 서로 가까이 붙어 있기는 하지만, 중성 금속 원자들은 이온 결합 화합물에서 반대로 하전된 이온들만큼 서로 단단하게 결합하지는 않는다. 이 때문에 금속 격자는 이온 격자처럼 단단하지 않고 금속 고체의 모양도 쉽게 변형된다. 금속은 **전성**(malleability)이 있어서 두드려서 다양한 모양을 만들 수 있고, **연성**(ductility)이 있어서 철사 같은 선으로 뽑을 수 있다.

금속의 녹는점은 중간 온도에서부터 높은 온도까지 있다(표 10.3). 철, 알루미늄, 구리와 같은 금속은 녹여서 유용한 모양으로 만든다(그림 10.5).

분자 물질

기억할 것은 분자는 공유 결합에 의해 함께 유지되는 별개의 원자 단위라는 것이다. 분자 내 공유 결합은 매우 강하지만, **분자간 힘(intermolecular force)**이라고 하는 개별 분자들 사이의 힘은 훨씬 더 약하다(그림 10.6). 그 결과, 분자 화합물은 이온 결합 화합물보다 녹는점과 끓는점이 낮다.

공유 결합은 비금속 사이에서 생성된다는 것을 기억하라.

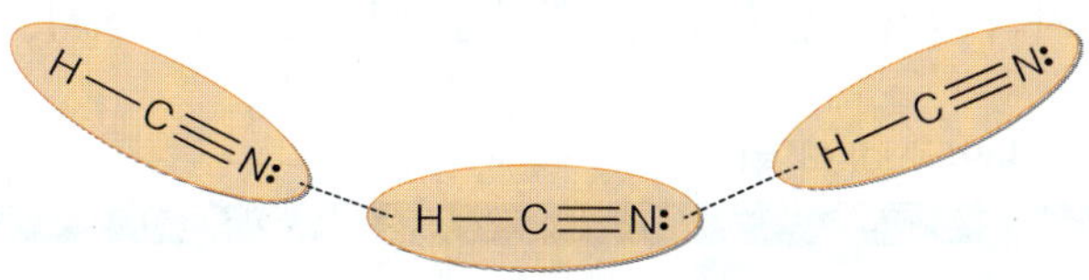

그림 10.6 분자 사이의 힘(점선으로 표시)은 분자 내 공유 결합보다 약하다.

분자간 힘의 세기는 분자의 구조에 따라 매우 다양하다. 그 결과, 분자 재료의 물리적 성질은 놀랄 만큼 다양하다. 일반적으로, 분자간 힘은 **쌍극자–쌍극자 상호작용**, **수소 결합**, **분산력**의 세 가지로 구분한다.

쌍극자–쌍극자 상호작용

9장에서 보았듯이, 많은 분자들에는 극성 공유 결합이 있다. 모양에 따라 극성 결합이 있는 분자에는 **알짜 쌍극자**(net dipole)가 있다. 따라서 분자의 양 끝에는 약한 양전하와 약한 음전하가 있다(그림 10.7). 만약 어떤 화합물에 알짜 쌍극자가 있다면, 그 화합물의 분자들은 양극과 음극의 인력 때문에 함께 '달라붙는' 경향이 있다(그림 10.8). 이러한 유형의 상호작용을 **쌍극자–쌍극자 상호작용(dipole-dipole interaction)**이라고 한다.

분자내 : 분자간
접두사 intra-와 inter-를 사용할 때는 주의한다. intra-는 '내'를, inter-는 '간(사이)'을 의미한다. 따라서 '분자내 힘(intramolecular force)'은 강한 공유 결합이다. 반면에, '분자간 힘(intermolecular force)'은 서로 다른 분자 사이의 약한 힘이다.

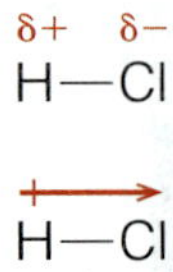

그림 10.7 극성 공유 결합과 분자 쌍극자를 나타내는 방법은 δ+ 기호와 δ− 기호를 사용하거나, 양의 끝에는 십자가가 있고 음의 끝에는 화살촉이 있는 기호를 사용한다는 것을 상기하라.

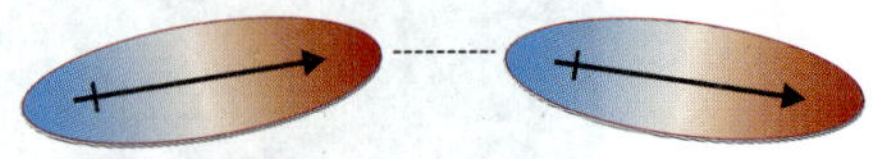

그림 10.8 알짜 쌍극자를 가진 분자에는 양의 끝과 음의 끝 사이에 인력이 있다.

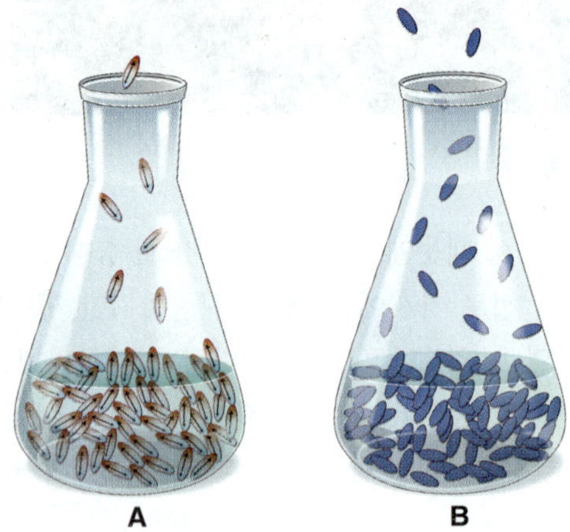

그림 10.9 A 플라스크에 있는 분자들은 쌍극자 때문에 더 단단하게 밀착되어 있다. 따라서 분자들이 기체상으로 빠져나가려면 더 많은 에너지가 있어야 한다. 결과적으로, 쌍극자를 가진 분자는 그렇지 않은 분자보다 녹는점이 더 높은 경향이 있다.

극성 공유 결합에서는 전기 음성도가 큰 원자가 약한 음전하를 띤다.

극성 분자는 무극성 분자에 비해 녹는점과 끓는점이 높은 경향이 있다.

쌍극자–쌍극자 상호작용은 물질의 녹는점과 끓는점에 영향을 준다. 이를 설명하기 위해 그림 10.9에 있는 분자들을 생각해 보자. A 플라스크에 있는 분자들에는 분자 쌍극자가 있다. 반면에 B 플라스크에 있는 분자들은 그렇지 않다.

쌍극자 분자는 그들 사이의 끌어당기는 힘 때문에, 더 많은 열에너지가 있어야 그것들을 떼어낼 수 있다. 결과적으로, 쌍극자 분자는 무극성 분자보다 녹는점과 끓는점이 높다.

이러한 효과의 예가 표 10.4에 나와 있다. 이산화 탄소(CO_2)는 알짜 쌍극자가 없고, 이산화 황(SO_2)은 알짜 쌍극자가 작다(굽은 형이기 때문이다). 또한 아세토나이트릴(CH_3CN)은 알짜 쌍극자가 크다. 쌍극자의 크기가 클수록 끓는점이 높다는 것을 주목하라.

쌍극자–쌍극자 상호작용은 자석 사이의 상호작용과 유사하다. 반대쪽 끝이 서로에게 끌리고, 결국 서로 붙는 경향이 있다.

표 10.4 쌍극자가 큰 분자가 끓는점이 더 높다.

	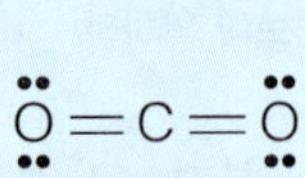 이산화 탄소	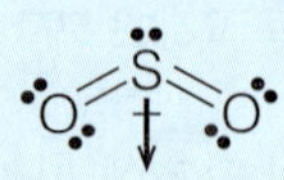 이산화 황	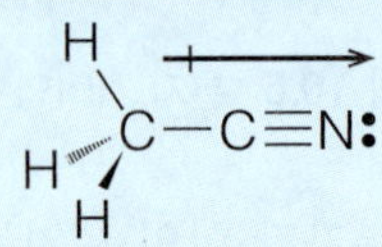 아세토나이트릴
기하 구조	선형	굽은 형	선형
쌍극자	0	작다	크다
끓는점	−79℃*	−10℃	+82℃

*이산화 탄소는 이 온도에서 승화(고체에서 기체로 직접 전이)한다.

녹는점과 끓는점은 분자간 힘의 세기를 비교하는 편리한 방법이다. 그러나 비교할 때 주의해야 할 것은 다음과 같다. 무거운 분자가 가벼운 분자보다 녹는점과 끓는점이 높은 경향이 있다. 따라서 화학식량이 비슷한 화합물들끼리 비교하는 것이 가장 좋다.

표 10.5 메테인, 사이안화 수소, 물의 성질 비교

	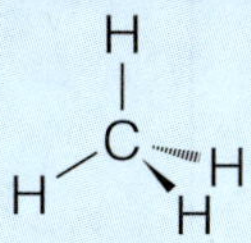 메테인	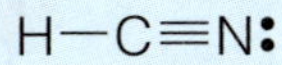 사이안화 수소	 물
화학식량	16.0 u	27.0 u	18.0 u
쌍극자 세기*	0	2.98	1.85
끓는점	−162℃	+26℃	+100℃

*이 수치는 각 쌍극자가 가진 상대적인 크기다.

수소 결합

수소 결합은 쌍극자–쌍극자 상호작용보다 강하다.

표 10.5에 있는 작은 화합물 3개를 살펴보자. 첫 번째 화합물인 메테인(CH_4)에는 쌍극자가 없다. 이 때문에 CH_4 분자는 상호작용이 매우 약하다. 그 결과, 끓는점이 매우 낮다(−162℃). 두 번째 화합물인 사이안화 수소에는 큰 쌍극자가 있다. 예상대로 끓는점(+26℃)이 상당히 높다. 그러나 세 번째 화합물인 물은 놀랍다. 물은 사이안화 수소보다 쌍극자의 크기는 작지만, 끓는점은 훨씬 높다.

이 놀라운 관찰은 **수소 결합(hydrogen bonding)**이라고 하는 특별히 강한 유형의 분자간 힘에서 비롯된다. 수소 결합은 H−F, H−O, H−N 결합이 있는 분자들 사이에서만 생기는 특별한 쌍극자–쌍극자 상호작용이다. 물은 매우 강한 수소 결합 효과를 보인다.

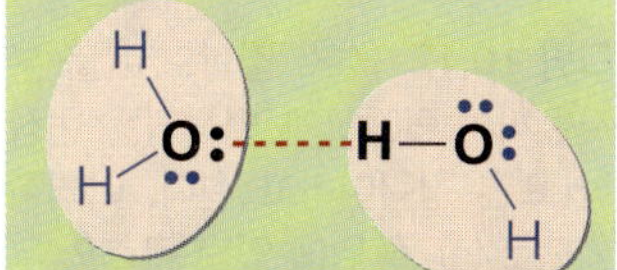

수소 결합이 형성되려면 수소 원자가 전기 음성도가 더 큰 원소(F, O, N) 중 하나와 공유 결합으로 결합되어 있어야 한다. 또한 인접한 분자에 있는 F, O, N 원자의 전자에 끌려야 한다.

수소 결합 효과의 원인은 무엇인가? 수소 원자는 전자가 하나뿐이라는 것을 기억하라. 수소가 전기 음성도가 더 큰 원소(F, O, N)에 결합할 때는, 이 하나의 전자가 끌어당겨져서 양의 핵이 노출된 상태로 남겨진다(그림 10.10). 이렇게 '벌거벗은' 양전하는 다른 분자들의 음전하를 끌어당긴다. 작고 전기 음성도가 더 큰 원소(F, O, N)를 가진 이웃 분자들이 수소 원자의 노출된 양전하에 매우 가까워질 수 있다. 거의 공유 결합에 가깝다. 그 결과, 비정상적으로 강한 분자간 힘이 발생한다.

물에는 2개의 O−H 결합이 있다. 따라서 물 분자들을 서로 밀착되도록 만드는 다중 수소 결합 상호작용이 일어난다(그림 10.11). 그 결과, 물의 녹는점과 끓는점은 다른 작은 분자보다 훨씬 더 높아진다. 물 분자 사이의 상호작용은 충분히 강력하여, 곤충들이 물 표면–각 분

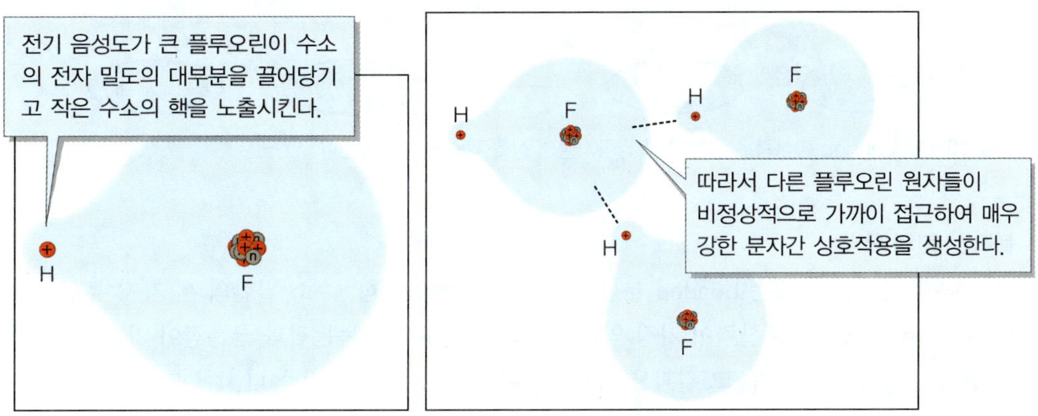

그림 10.10 수소 결합은 수소가 전기 음성도가 큰 원소인 F, O, N에 결합될 때 만들어진다.

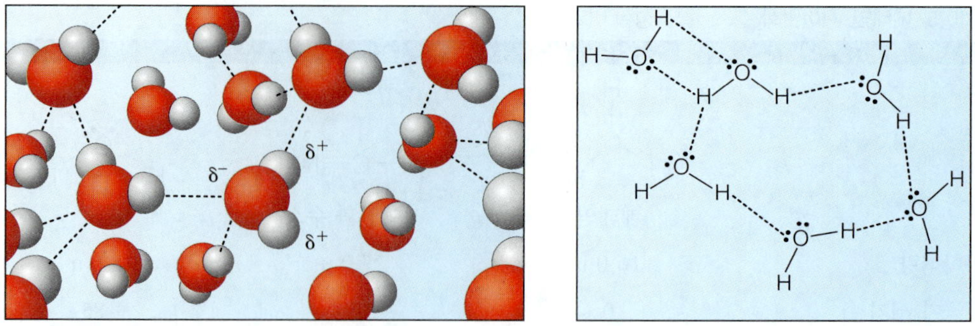

그림 10.11 물 분자는 공간 채움 모형(왼쪽)과 Lewis 구조(오른쪽)에서처럼 수소 결합에 의해 단단히 결합되어 있다.

wiklander/Shutterstock
Kuttelvaserova Stuchelova/Shutterstock
Setta Sornnoi

그림 10.12 수소 결합으로 물 분자들끼리 단단하게 밀착되는 현상을 표면 장력이라고 한다. 이러한 힘으로 (a) 물 위에 있는 곤충의 무게를 지탱할 수 있고, (b) 공기 중에서나 (c) 왁스 처리된 표면에서 물방울을 형성할 수 있다.

자들 사이에서 끌어당기는 힘에 의해서 지지받는– 위를 걸을 수 있다. 물이 공기 중에 물방울을 형성하거나 왁스 처리된 표면에 구슬을 형성하는 경향도 물 분자들이 서로 강하게 끌어당기는 인력으로 인해 생긴다(그림 10.12). 수소 결합은 물 분자가 상호작용하는 기본 방식에서부터 단백질과 DNA와 같은 거대한 생물학적 분자의 모양에 이르기까지, 생명의 화학에서 중요한 역할을 한다.

London 분산력

그렇다면 공유 결합 화합물에 쌍극자가 없는 경우는 어떨까? 언뜻 보면, 쌍극자가 없는 공유 결합 화합물 사이에는 인력이 없을 것으로 예상할 수 있다. 그러나 이것은 사실이 아니다. 쌍극자가 없는 분자들조차도 상호 간에 약한 인력을 보인다(그림 10.13). 이렇게 끌어당기는 힘을 **London 분산력(London dispersion force**, 때로는 단순히 **분산력** 또는 **London 힘**이라고도 함)이라고 한다. London 분산력은 쌍극자–쌍극자 힘과 관련이 있지만, 그 크기는 훨씬 작다.

전자들은 두 원자 사이에 균등하게 공유되더라도 끊임없이 움직인다. 이러한 움직임은 **순간 쌍극자**(instantaneous dipole)라고 하는, 작고 수명이 짧은 양전하와 음전하의 영역을 만든다. 이처럼 빠르게 변화하는 쌍극자는 주변 분자에도 파급 효과를 생성한다. 즉 약간의 음전하가 한 분자에 쌓이면, 전자 밀도는 이웃한 분자로 밀리게 된다. 그 결과, 두 번째 분자의 쌍극자와 두 분자 사이에 순간적인 인력이 생긴다(그림 10.14).

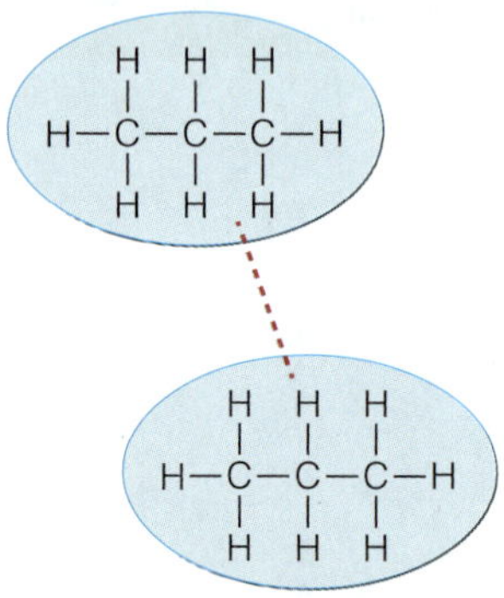

그림 10.13 프로페인(C_3H_8) 분자에는 알짜 쌍극자가 없지만 London 분산력으로 서로가 약하게 끌린다.

London 분산력은 가장 약한 분자 간 힘이다.

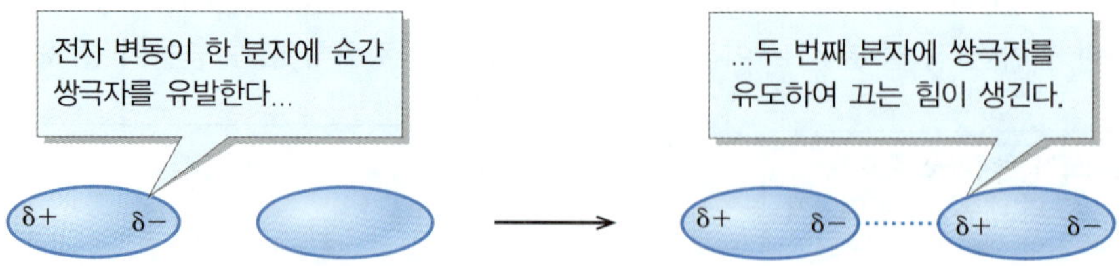

그림 10.14 London 분산력은 작은 순간 쌍극자들의 상호작용에 의해 생긴다.

분자간 힘의 요약

요약하면, 분자간 힘에는 London 분산력, 쌍극자–쌍극자 힘, 수소 결합의 세 가지 유형이 있다(표 10.6). 이들 중 분산력이 가장 약하며, 그 결과 분자의 녹는점과 끓는점이 가장 낮다. 수소 결합이 가장 강력하며, 그 결과 분자의 녹는점과 끓는점이 가장 높다.

별들은 항상 하늘에 있지만, 별들의 희미한 빛은 종종 달빛이나 태양의 밝은 빛에 의해 가려진다. 같은 방식으로, London 분산력은 항상 존재한다. 그러나 쌍극자–쌍극자 상호작용 또는 수소 결합 상호작용이 있는 분자에서는 그 영향이 미미하다.

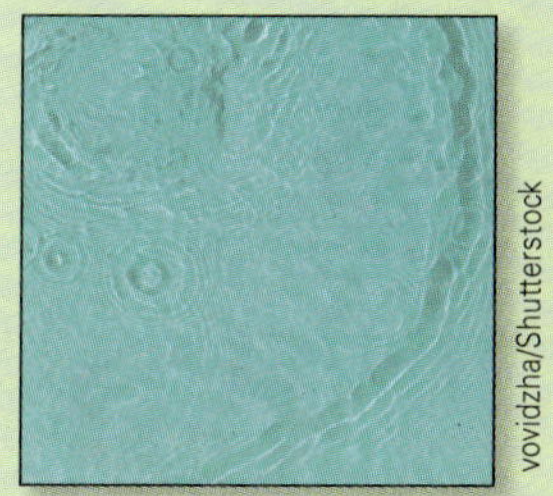

순간 쌍극자는 수영장 표면의 잔물결과 같다. 평균적으로 수영장의 표면은 평평하지만, 잔물결이 물을 평평하지 않게 만든다. 한순간, 수영장의 한 부분에는 다른 부분보다 물이 더 많다. 마찬가지로, 전자 운동에 의해 야기되는 '잔물결'이 인접한 분자들 사이에서 약한 인력을 만들어 내는 것이다.

표 10.6 분자간 힘의 유형

유형	설명	세기
수소 결합	H—F, H—O, H—N 결합이 있는 분자	가장 강함
쌍극자–쌍극자 힘	알짜 쌍극자가 있는 분자	
London 분산력	모든 공유 결합 분자	가장 약함

예제 10.1 화합물의 성질 예측하기

다음 세 가지 화합물 LiCl, CH_3F, CH_3OH를 이온 결합, 금속 결합, 공유 결합 화합물로 분류하시오. 끓는점이 가장 높은 화합물은 어느 것이고, 가장 낮은 화합물은 어느 것인지를 각각 예측하시오.

첫 번째 화합물 LiCl에는 금속과 비금속이 모두 있다. 따라서 이것은 이온 결합 화합물이다. 그러므로 녹는점과 끓는점이 높다.

다른 화합물인 CH_3F와 CH_3OH는 모두 비금속 원자로 구성되어 있다. 따라서 공유 결합 분자 화합물이다. 이들 화합물의 상대적 끓는점을 예측하려면 Lewis 구조를 그리고, 어떤 극성 결합이 존재하는지를 고려해야 한다.

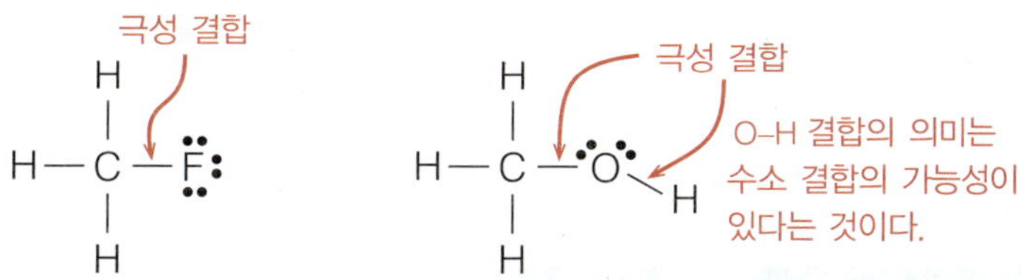

F와 O는 C나 H보다 훨씬 더 전기 음성도가 크다. 따라서 이 두 분자에는 극성 결합과 전체 쌍극자가 있다. 그런데 CH_3OH에는 O—H 결합이 있다. 이것은 CH_3OH 분자들이 서로 수소 결합을 생성할 수 있음을 의미하며, 그 결과 끓는점이 더 높다.

이 분석에 따르면, 이온 결합 화합물인 LiCl의 끓는점이 가장 높을 것으로 예상된다. 다음으로 끓는점이 높은 화합물은 수소 결합을 생성할 수 있는 화합물(CH_3OH), 그다음이 쌍극자–쌍극자 상호작용이 있는 화합물(CH_3F)이다.

도전 문제

2. 다음을 이온 결합성 고체, 금속 결합성 고체, 공유 결합성 고체로 분류하시오.

a. 질산 포타슘 **b.** 삼브로민화 인 **c.** 크로뮴

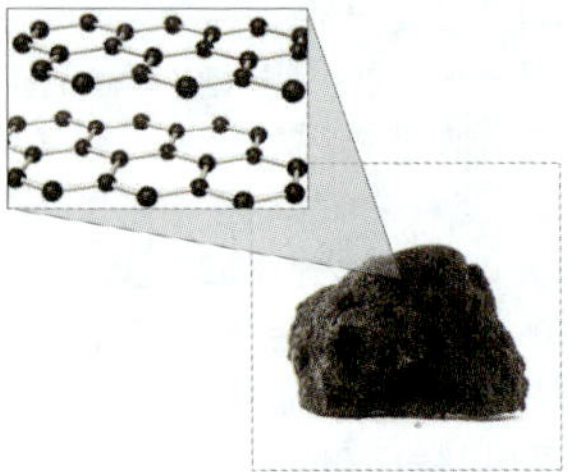

그림 10.15 다이아몬드와 흑연은 모두 탄소의 공유성 그물 구조이다. 다이아몬드에서 각각의 탄소는 사면체 기하 구조이다. 흑연에서 탄소는 평면 삼각형 기하 구조이다.

3. 다음 중 어느 화합물의 녹는점이 가장 높을 것으로 예상되는가? 그 이유는?
   a. 헥세인(C_6H_{14})　　b. 플루오린화 소듐(NaF)
4. 극성에 기초할 때, 다음 중 어느 화합물의 녹는점이 가장 높을 것으로 예상되는가?
   a. 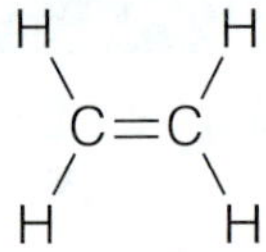　　b. 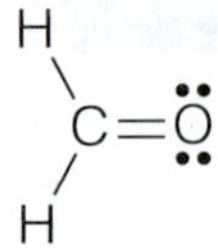

공유성 그물 구조와 고분자

일부 화합물에는 공유 결합이 있지만, 앞에서 설명한 분자성 고체와는 현저하게 다르다. 예를 들면 원소 탄소가 존재하는 두 형태는 **다이아몬드**와 **흑연**이다. 이 두 가지는 모두 **공유성 그물 구조(covalent network)**의 예다. 이것은 연결된 공유 결합의 격자로, 하나의 거대한 분자를 형성한다(그림 10.15). 다이아몬드에서 각 탄소 원자는 4개의 단일 결합과 사면체 기하 구조를 가지고 있다. 단일 결합은 삼차원에서 무한히 반복된다. 그 결과, 가장 단단하고 내구성이 뛰어난 물질로 단단한 구조를 생성한다. 흑연에서 각각의 탄소 원자는 평면 삼각형 기하 구조를 가진다. 원자들은 2차원 '판(sheet)'으로 배열되어 있어서 서로 쉽게 미끄러진다. 그 결과, 흑연은 더 부드러워서 대부분의 연필에서 필기 재료로 사용된다.

고분자(polymer)는 긴 사슬의 공유 결합 원자들이 있는 화합물이다. 셀룰로스(목재의 구조 성분), 녹말(쌀과 감자와 같은 많은 주요 식품의 주성분), 단백질 등을 비롯한 자연 발생 고분자들이 많이 있다. 폴리에틸렌, 폴리염화바이닐(PVC)과 같은 **플라스틱**(plastics)은 합성 고분자이다(그림 10.16).

고분자는 서로 결합된 작은 반복 단위로 이루어져 있다. 예로 그림 10.17은 폴리염화바이닐의 구조를 나타낸 것이다. 각각의 작은 단위는 긴 사슬에 있는 단일 연결 고리이다. 15장에서 고분자를 더 자세히 논의할 것이다.

그림 10.16 폴리에틸렌은 일반적으로 수축 포장 랩과 같은 일회용 플라스틱으로 사용된다. 폴리염화바이닐, 즉 PVC는 일반적으로 배관 설비에 사용된다.

화석 연료는 연료원으로 사용되는 것 외에도 대부분의 플라스틱을 만드는 데 초기 반응물로 사용된다.

플라스틱, 즉 고분자는 공유 결합의 긴 사슬로 구성되어 있다.

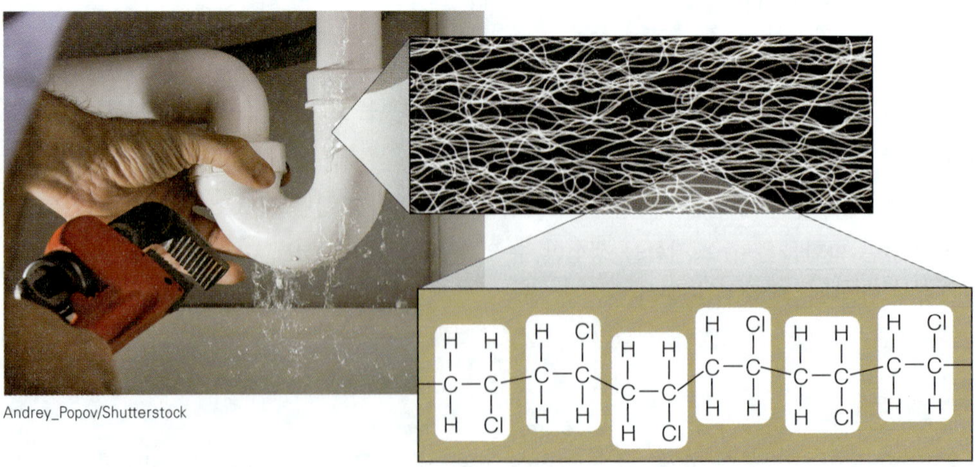

그림 10.17 PVC와 같은 고분자는 긴 사슬로 이어진 작은 반복 단위로 이루어져 있다. PVC 사슬이 가진 각 '연결 고리'의 화학식은 C_2H_3Cl이다.

10.3 기체 설명하기

앞 절에서는 고체와 액체의 성질이 입자 사이의 인력에 따라 어떻게 달라지는지를 알았다. 이 장의 나머지 부분에서는 관심을 기체로 돌릴 것이다. 기체에서는 입자들이 서로 멀리 떨어져 있다. 입자들은 자유롭게 움직이고, 주변의 입자들과는 거의 상호작용하지 않는다. 기체 입자는 직선으로 이동한다. 그러다가 다른 입자나 용기의 벽과 충돌하면 튕겨 나온다(그림 10.18).

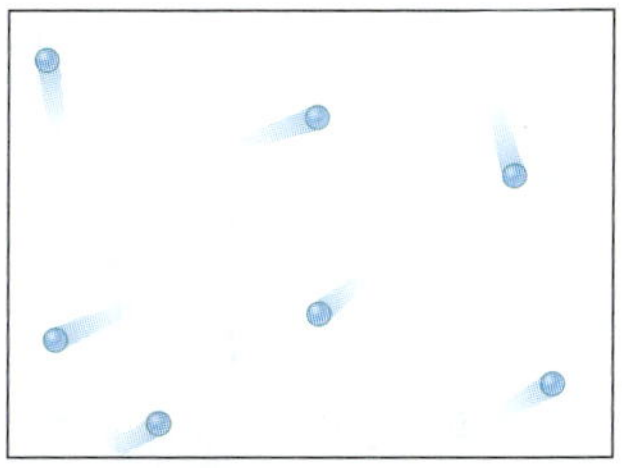

그림 10.18 기체는 입자가 자유롭게 움직이고 상호작용이 거의 없는 상태이다.

기체를 설명할 때는 **이상 기체**처럼 거동한다고 가정하는 경우가 많다. **이상 기체(ideal gas)**는 주요 특성이 두 가지 있다.

1. 입자의 부피는 용기의 부피보다 훨씬 작다.
2. 입자들 사이에는 인력이 작용하지 않는다. 입자들이 서로를 지나칠 때, 입자들의 속도가 줄지 않는다. 입자들이 충돌하면, 당구공처럼 서로 튕겨 나온다.

기체가 이런 식으로 행동할 때는 기체의 온도, 기체의 부피, 기체가 가하는 압력 사이의 관계를 이용하여 입자들의 거동을 수학적으로 예측할 수 있다.

일반적으로 기체를 나타낼 때는 기체가 가하는 압력을 사용한다.

압력

일반적으로 기체는 주위에 가하는 **압력(pressure)**으로 나타낸다. 압력은 입자들이 주변의 모든 것에 작용하는 '밀기(push)'라고 생각할 수 있다. 예를 들어 그림 10.18에 나타낸 기체를 생각해 보자. 입자들은 상자 둘레를 자유롭게 움직인다. 입자들은 움직일 때 용기의 벽과 충돌한다. 결국, 이런 작은 충돌들이 모여 더 큰 밀기(push)를 만들어 낸다. 이것이 바로 용기에 가해지는 압력이다(그림 10.19).

VDB Photos/Shutterstock

그림 10.19 시골에 있는 이러한 프로페인 탱크 내부의 기체는 탱크의 벽에 압력을 가한다.

정식으로, 압력은 가해진 힘을 힘을 받은 면적으로 나눈 값으로 정의한다.

$$\text{압력} = \frac{\text{힘}}{\text{면적}}$$

다음 절에서 보듯이, 기체의 압력은 부피, 온도, 존재하는 기체의 양에 따라 달라진다.

압력의 측정

기체의 압력은 정상적인 우리 삶의 일부다. 지구의 대기는 생명체에 필수적인 압력을 가한다. 대기압의 미묘한 변화로 인하여 바람과 날씨 패턴이 변한다(그림 10.20). 타이어에 공기 압력을 가하면, 차량이 부드럽게 굴러간다. 농구공이 튕기는 것은 농구공 내부의 압축 공기에 의한 것이다. 에어컨 시스템은 서로 다른 압력하에서의 기체의 압축과 팽창에 의존한다. 에어공구(pneumatic tools)에서는 압축 공기를 사용하여 강력한 힘을 만들어 낸다(그림 10.21).

Minerva Studio/Shutterstock

그림 10.20 토네이도는 고기압 지역과 저기압 지역이 만날 때 발생한다.

기압계(barometer)는 기압을 측정하는 장치다. 고전적인 기압계를 그림 10.22에 나타내었다. 이 장치에서는 긴 관에 액체(일반적으로 수은)를 채운 다음, 액체 저장고를 뒤집는다. 중력이 액체를 아래로 끌어당기므로, 관 윗부분에 진공이 생기게 된다. 동시에 바깥 공기로부터의 압력이 액체를 관 안으로 밀어 올린다. 기압이 높을수록 액체가 관 안으로 밀려 들어간다. 대기의 압력을 측정하는 방법은 관 내 수은의 높이를 측정하면 된다. 이러한 이유로, 대기압을 나타낼 때의 단위는 **mm Hg**(또는 torr)이다. 해수면에서 평균 대기압은 760 mm Hg 또는 760 torr이다. 이를 **표준 압력**(standard pressure)라고 한다.

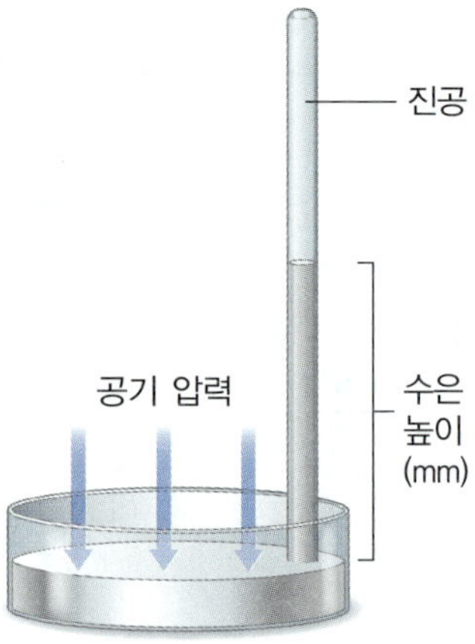

그림 10.22 간단한 기압계가 대기 압력 측정에 이용된다.

그림 10.21 타이어에서 에어컨 시스템 및 에어 공구에 이르기까지, 압축 기체는 여러 유용한 목적으로 사용된다.

1 torr = 1 mm Hg

빨대에서 공기를 빼내면 빨대 내부의 기압이 낮아진다. 외부 압력이 내부 압력보다 높아서 액체가 빨대 속으로 밀려 올라간다. 기압계도 같은 방식으로 작동한다.

왜 기압계에는 물이나 기름처럼 독성이 덜한 액체를 사용하지 않고 수은을 사용하는가? 수은이 물보다 밀도가 13배 이상 높기 때문이다. 대기압은 수은 기둥 760 mm(0.76 m)를 공기 중으로 밀어 넣기에 충분하다. 만약 기압계에 물을 사용한다면, 기둥의 높이는 33피트(10미터)가 넘어야 할 것이다. 물론 압력계의 디자인도 다양하다. 이러한 압력계의 모양과 스타일은 용도에 따라 다르다(그림 10.23).

실용성 때문에, 압축 기체의 **게이지 압력(gauge pressure)**을 참조하는 경우가 많다. 게이지 압력은 압축 기체의 압력과 대기 압력의 차이다. 예를 들어 공기 압축기의 게이지가 0으로 표

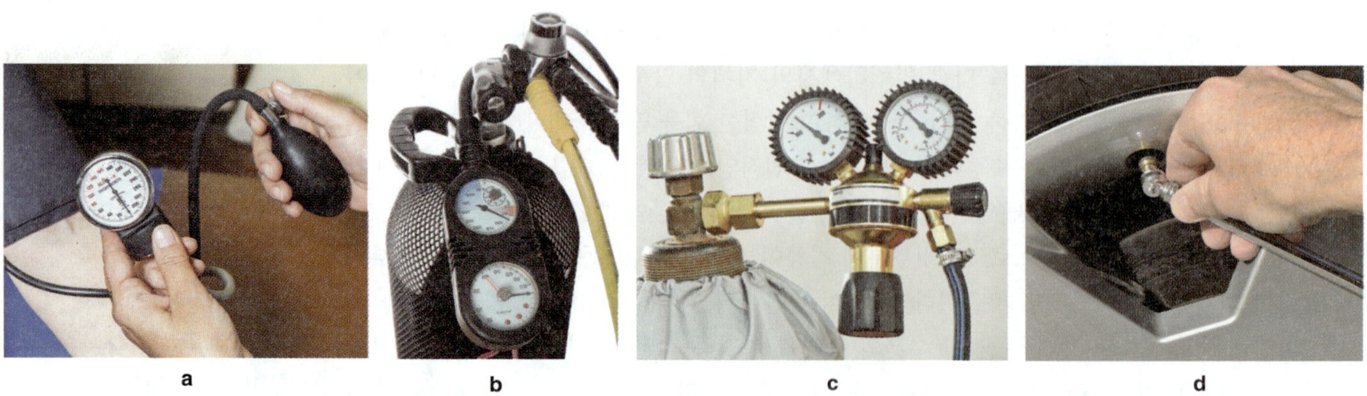

그림 10.23 (a) 혈압 측정용, (b) 용접 아세틸렌 탱크용, (c) 스쿠버 다이빙 조절 장치용, (d) 타이어 공기압 측정용을 포함한 압력계의 다양한 용도 (a) Fotosr52/Shutterstock; (b) Sergiy Zavgorodny/Shutterstock; (c) Dmitry Kalinovsky/Shutterstock; (d) Mark Herreid/Shutterstock

시된 경우, 그것이 실린더 내부가 진공(공기가 없음)임을 뜻하는 것은 아니다. 그것은 실린더 내부의 기압이 바깥 공기의 압력과 같다는 것을 의미한다. 이 장의 문제의 경우, 주어진 압력은 게이지 압력이 아니라 절대 압력이라고 가정하기 바란다.

기체 압력을 설명하는 데에는 다양한 단위를 사용할 수 있다. 일반적인 단위는 해수면에서의 표준 공기압을 기준으로 한 **기압(atmosphere, atm)**이다. 1기압은 760 mm Hg(29.92인치 Hg)로 정의된다. 미국에서는 압력을 **제곱인치당 파운드**(psi: pounds per square inch) 단위로 설명하는 경우가 꽤 있다. 농구공의 게이지 압력은 약 8 psi인 반면, 자동차 타이어의 게이지 압력은 대개 30~40 psi이다. 다른 일반적인 압력 단위로는 **킬로파스칼**(kPa)과 **bar**가 있다. 이러한 단위들 사이의 관계식은 표 10.7에 요약되어 있다.

표 10.7 일반적인 압력 변환

1기압 = 760 mm Hg(torr)
1기압 = 101.3 kPa
1기압 = 14.70 psi
1기압 = 1.013 bar

도전 문제

5. 타이어의 최대 권장 압력은 276 kPa이다. 이 압력은 psi 단위로 얼마인가?

6. 표 10.7에 주어진 관계식을 사용하여 다음 변환을 완결하시오.

a. 2.4기압을 psi로

b. 0.892 kPa을 기압으로

c. 1,500 kPa을 psi로

10.4 기체 법칙

이상 기체의 압력, 부피, 온도는 **기체 법칙(gas law)**이라고 하는 간단한 수학적 관계를 통해 서로 관련되어 있다. 이러한 관계는 공기, 질소, 산소, 헬륨, 아세틸렌, 이산화 탄소를 포함한 일반적인 기체를 설명하는 데 매우 유용하다.

과학 법칙은 관찰된 거동을 나타내지만 그 거동이 일어나는 이유는 설명하지 않는다. 기체 법칙은 이것을 설명해 주는 한 예다.

Boyle 법칙

Boyle 법칙(Boyle's law)은 기체의 압력과 부피 사이의 관계를 설명한다. Boyle 법칙에 따르면, 기체의 압력과 부피는 반비례한다. 즉 부피(V)가 증가하면 압력(P)이 낮아지고, 그 역도 성립한다(그림 10.24). 온도가 변하지 않는 한, **기체의 압력과 부피의 곱은 일정하다.**

$$PV = \text{일정}$$

Boyle 법칙은 압력이나 부피가 변할 때, 다른 하나가 어떻게 변할지를 구하고 싶을 때 유용하다. PV는 일정하기 때문에 다음과 같이 말할 수 있다.

$$P_1V_1 = P_2V_2$$

여기서 P_1과 V_1은 초기 압력과 부피이고, P_2와 V_2는 최종 압력과 부피이다.

Boyle 법칙을 사용할 때는 어떤 압력 단위도 어떤 부피 단위도 사용할 수 있다. 예제 10.2는 이러한 유형의 문제를 설명한다.

WIROJE PATHI/Shutterstock

그림 10.24 한 소방관이 공기탱크를 등에 메고 있다. 공기는 작은 부피로 압축되어 있어서 고압이다.

예제 10.2 Boyle 법칙 사용하기

상용 압축기는 150 psi의 압력에서 2.8 L의 공기를 저장한다. 이 공기를 팽창시켜 압력이 15 psi가 된다면, 공기가 차지하는 부피는 얼마인가?

이 예제에서는 압력이 감소된 후 공기의 부피를 구하고자 한다. P_1은 150 psi이고, P_2는 15 psi이다. V_1은 2.8 L이고, V_2를 구하고자 한다. 이 문제를 해결하기 위해 위의 식을 다시 써서 V_2에 대해 정리하고 난 다음, 압력 및 부피 양을 대입하면 다음과 같다.

$$V_2 = \frac{P_1V_1}{P_2} = \frac{(150\ \cancel{\text{psi}})(2.8\text{L})}{15\ \cancel{\text{psi}}} = 28\ \text{L}$$

이 문제를 풀 때 주의할 것은 압력 단위가 소거된다는 사실이다. 중요한 것은 P_1과 P_2의 단위가 동일한지를 확인하는 것이다. V_1과 V_2의 단위도 동일할 것이다.

도전 문제

7. 어떤 풍선의 부피가 2.5 L이고, 압력이 1.0 bar이다. 풍선 주위의 압력이 0.80 bar로 감소하면, 풍선의 새로운 부피는 얼마인가?

Charles 법칙

Charles 법칙(Charles's law)에 따르면, 일정한 압력에서 기체의 부피는 온도에 정비례한다. 온도가 올라가면 부피가 커진다. 온도가 내려가면 부피는 작아진다. 수학적으로 이것을 다음 식으로 나타낼 수 있다.

$$V \propto T$$

여기서 ∝ 기호는 '비례'를 의미한다. 또한 위의 식은 다음과 같이 쓸 수 있다.

$$\frac{V}{T} = 일정$$

Charles 법칙을 사용하여 절대 영도 찾기

19세기 중반에 William Thomson(후에 Kelvin 경 칭호를 받음)은 여러 기체 시료의 부피 대 온도의 도표를 비교하였다. 이것은 그림 10.25의 그래프와 유사했다. Thomson은 극저온에

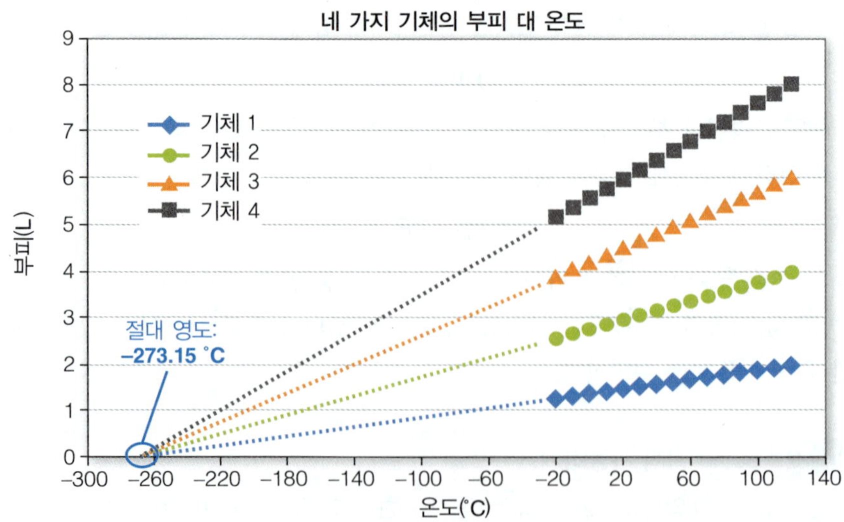

그림 10.25 절대 영도는 기체의 부피-온도 관계를 부피 0으로 외삽(extrapolating)하여 계산한다.

서의 기체 압력을 측정할 수 없었지만, 부피가 선형적으로 계속 감소한다면, 동일한 온도에서 모든 기체의 부피가 0에 도달한다는 것을 관찰하였다. 이 온도는 −273.15°C로, 가능한 최저 온도인 **절대 영도(absolute zero)**이다. 온도는 물질 내 입자의 운동 에너지를 측정하는 것이라는 것을 기억하라. 절대 영도에서 물질 내 입자들의 운동 에너지는 0이다.

켈빈 온도 척도에서는 절대 영도 값이 0 K다. 켈빈 1도는 섭씨 1도와 크기가 같다. 섭씨 눈금과 켈빈 척도를 상호 변환할 때 사용하는 관계식은 다음과 같다.

$$K = °C + 273.15$$

Charles 법칙을 이용하여 부피–온도 문제 해결하기

일반적으로 Charles 법칙을 사용하여 온도가 변하면 기체의 부피가 어떻게 변하는지를 예측할 수 있다. V/T 값은 일정하므로, Charles 법칙을 다음과 같이 쓸 수 있다.

$$\frac{V_1}{T_1} = \frac{V_2}{T_2}$$

여기서 V_1과 T_1는 초기 부피 및 온도이고, V_2와 T_2는 최종 부피 및 온도이다.

Charles 법칙 문제를 다룰 때는 부피 단위를 어떤 단위라도 사용할 수 있다. 그러나 **온도의 단위는 Kelvin 온도를 사용해야 한다**. 기체의 법칙 문제에서, 섭씨 온도를 사용하면 틀린 답이 나올 것이다. 예제 10.3에서는 이러한 유형의 문제를 보여 준다.

기체 법칙 문제의 경우, 온도의 단위는 Kelvin 온도로 해야 한다.

예제 10.3 Charles 법칙 사용하기

어떤 풍선의 부피가 실온(25°C)에서 3.2 L이다. 풍선 안의 기체를 100°C까지 가열했다. 풍선의 새로운 부피는 얼마인가?

이 예에서는 온도가 상승한 후 풍선의 부피를 구하고자 한다. V_1은 3.2 L이다. V_2를 구하기 전에 온도를 켈빈 척도로 변환해야 한다.

$$T_1 = 25\ °C + 273 = 298\ K$$

$$T_2 = 100\ °C + 273 = 373\ K$$

이 계산에서 주목할 것은 섭씨 온도가 도까지만 주어졌기 때문에, 273.15를 273으로 반올림했다는 것이다. 마지막으로, 식을 다시 써서 V_2에 대해 정리하고 나서 값들을 대입하면 풀 수 있다.

$$V_2 = \frac{V_1 T_2}{T_1} = \frac{(3.2\ L)(373\ \cancel{K})}{298\ \cancel{K}} = 4.0\ L$$

도전 문제

8. 어떤 기체가 25°C에서 15.2 L의 부피를 차지한다. 이 기체가 팽창하여 부피가 30.4 L가 되는 온도는 몇 도인가? 켈빈 온도와 섭씨 온도로 답하시오.

통합 기체 법칙

많은 상황에서 기체의 압력, 부피, 온도는 모두 함께 변한다. 예를 들면 에어컨 시스템은 기체의 압축과 팽창에 의존한다. 기체의 압력과 부피가 변함에 따라 온도도 변한다. 이와 같은 상황에서는 **통합 기체 법칙(combined gas law)**이라고 하는 수학적 관계를 사용한다.

$$\frac{P_1V_1}{T_1} = \frac{P_2V_2}{T_2}$$

통합 기체 법칙의 용도는 Boyle 법칙 또는 Charles 법칙 문제를 푸는 것이다.

Boyle 법칙과 Charles 법칙에서처럼, 압력과 부피의 단위는 어느 것이라도 사용할 수 있다. 그러나 온도는 반드시 Kelvin 온도로 표현되어야 한다. 예제 10.4와 10.5는 통합 기체 법칙의 사용을 보여 준다.

예제 10.4 통합 기체 법칙 사용하기

온도 280 K, 압력 200 kPa, 부피 25.8 L의 기체가 압력이 350 kPa로 증가하여 15.8 L로 압축되었다. 새로운 조건에서 기체의 온도는 얼마인가?

이 예에서는 P_1, V_1, T_1, P_2, V_2가 주어졌다. 구해야 할 것은 T_2다. 통합 기체 법칙 식을 재정렬하고 값들을 대입하면 답을 구할 수 있다.

$$T_2 = \frac{P_2V_2T_1}{P_1V_1} = \frac{(350\ \cancel{\text{kPa}})(15.8\ \cancel{\text{L}})(280\ \text{K})}{(200\ \cancel{\text{kPa}})(25.8\ \cancel{\text{L}})} = 300\ \text{K}$$

예제 10.5 통합 기체 법칙 사용하기

일정한 압력 조건에서 수소 기체 시료는 처음에 88°C, 1.62 L에서 냉각되어 최종 부피가 942 mL가 되었다. 그것의 최종 온도는 몇 도인가?

이 예제에서는 압력이 일정하므로 $P_1 = P_2$이다. 따라서 식에서 소거될 수 있다. 또한 V_1은 L 단위로 주어져 있지만, V_2는 mL 단위라는 것을 주목하라. 소거되려면 단위가 같아야 한다. 따라서 V_2를 0.942 L로 표현하자. 온도를 K로 변환하고 값을 식에 대입하면, 얻어지는 답은 210 K다.

$$T_2 = \frac{\cancel{P_2}V_2T_1}{\cancel{P_1}V_1} = \frac{(0.942\ \cancel{\text{L}})(361\ \text{K})}{(1.62\ \cancel{\text{L}})} = 210\ \text{K}$$

도전 문제

9. 온도가 −30°C인 추운 Iowa 주 아침에, 트럭 타이어는 45.0psi의 압력으로 팽창한다. 그 후 온도가 +33°C가 될 때까지 트럭을 남쪽으로 운전하였다. 타이어에 공기가 전혀 손실되지 않은 경우, 타이어가 예열된 후 타이어의 압력은 얼마인가?

Avogadro 법칙

Avogadro 법칙(Avogadro's law)은 압력과 온도가 일정한 경우, 기체의 부피는 존재하는 기체의 몰수에 비례한다는 것이다. 존재하는 기체가 많을수록 차지하는 부피도 증가한다. 수학적으로는 다음과 같다.

$$V \propto n$$

여기서 n은 기체의 몰수다.

1몰의 기체가 차지하는 정확한 부피는 온도와 압력에 따라 달라진다. 0°C(273 K), 1기압을 **표준 온도 압력**(standard temperature and pressure), 즉 STP라고 한다. STP에서 1몰의 기체가 차지하는 부피는 22.4 L이다(그림 10.26).

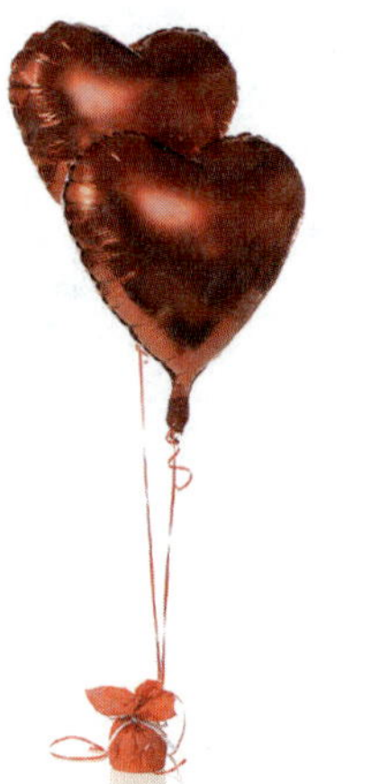

glenda/Shutterstock

그림 10.26 표준 온도 압력(STP)에서 1몰의 기체가 차지하는 부피는 22.4 L로, 이 대형 풍선 크기다.

도전 문제

10. STP에서 1몰의 기체가 차지하는 부피는 22.4 L다. 동일한 온도와 압력에서, 5몰의 기체가 차지하는 부피는 얼마인가?

이상 기체 법칙

지금까지 설명한 기체 법칙은 기체의 다른 성질들과 연결시켜 준다. 이 모든 것들을 **이상 기체 법칙(ideal gas law)**을 사용하여 함께 연결할 수 있다. 이 매우 유용한 법칙은 존재하는 기체의 양을 압력, 부피, 온도와 연결시켜 준다. 보통 다음과 같이 이상 기체 법칙을 쓴다.

$$PV = nRT$$

여기서 P는 압력, V는 부피, T는 온도, n은 기체 몰수이며, R은 **기체 상수**(gas constant)라고 하는 상수로, 그 값은 0.0821 L · atm/mol · K이다.

이상 기체 법칙을 사용할 때 중요한 것은 온도를 켈빈으로 표시하고, 부피와 압력 단위가 기체 상수에 포함된 단위(예: L와 atm)와 일치하는지를 확인하는 것이다. 예제 10.6과 10.7은 이 이상 기체 법칙을 설명한다.

기억할 것은 이상 기체에서는 입자들이 전혀 상호작용하지 않는다는 것이다. 실제 기체는 어느 정도 상호작용을 한다. 그러나 대부분의 일반적인 기체는 거의 이상적으로 거동한다.

예제 10.6 이상 기체 법칙 사용하기

1.00몰의 기체가 0.00°C, 1.00기압에서 차지하는 부피는 얼마인가?

이 문제를 해결하기 위해, 이상 기체 방정식을 V에 대해 다시 정리하고 난 다음, 다음 값들을 대입한다.

$$V = \frac{nRT}{P} = \frac{(1.00\ \cancel{\text{mol}})\left(0.0821\dfrac{\text{L}\cdot\cancel{\text{atm}}}{\cancel{\text{mol}}\cdot\cancel{\text{K}}}\right)(273.15\ \cancel{\text{K}})}{(1.00\ \cancel{\text{atm}})} = 22.4\ \text{L}$$

위의 풀이에서, L를 제외한 모든 단위가 소거된다는 것에 유의하라. 따라서 주어지는 답의 단위는 L이다. 이 문제는 표준 온도 압력(STP)에 해당한다.

예제 10.7 이상 기체 법칙 사용하기

휴대용 산소 탱크는 22°C의 온도에서 부피가 2.40 L, 압력이 243 psi이다. 이 실린더에는 산소 몇 몰이 존재하는가? 산소의 질량은 g 단위로는 얼마인가?

이 문제를 해결하려면, 먼저 온도를 켈빈 척도로 변환해야 한다(22°C = 295 K). 단위를 기체 상수의 단위와 맞추려면, 압력도 변환해야 한다(243 psi = 16.5 atm). 이상 기체 방정식을 사용하면, 몰수를 구할 수 있다.

$$n = \frac{PV}{RT} = \frac{(16.5\ \cancel{\text{atm}})(2.40\ \cancel{\text{L}})}{\left(0.0821\dfrac{\cancel{\text{L}}\cdot\cancel{\text{atm}}}{\text{mol}\cdot\cancel{\text{K}}}\right)(295\ \cancel{\text{K}})} = 1.64\ \text{mol}$$

일단 산소의 몰수를 알게 되면, 7장에서의 설명한 바와 같이, 산소의 g수로 변환할 수 있다.

$$1.64\ \cancel{\text{mol}} \times \frac{32.00\ \text{g O}_2}{1\ \cancel{\text{mol}}} = 52.5\ \text{g O}_2$$

도전 문제

11. 1.20몰의 수소 기체가 121 kPa의 압력에서 28.1 L의 부피를 차지하는 온도는 몇 도인가?

12. 72°F의 온도에서 부피가 50 m^3인 방의 압력이 750 torr이다. 방을 차지하는 기체는 몇 몰인가?

기체의 혼합물

흔히 접하는 기체에는 몇 가지 구성 성분이 들어 있다. 예를 들어 공기는 약 78%의 질소, 21%의 산소로 이루어진, 기체의 혼합물이다. 나머지 1%는 아르곤, 이산화 탄소, 수증기, 기타 미량 성분들의 혼합물이다(그림 10.27).

Dai Yim/Shutterstock

그림 10.27 공기는 질소, 산소, 아르곤, 이산화 탄소, 기타 미량 기체들의 혼합물이다.

다행히, 압력과 부피는 기체의 종류가 아닌 존재하는 기체의 양에 따라 달라진다. 산소 기체 1몰의 압력과 부피, 질소 기체 1몰의 압력과 부피, 이산화 탄소 기체 1몰의 압력과 부피는 모두 같다.

모든 부분 압력을 합하면 전체 압력이 된다.

기체 혼합물을 논의할 때, 때로는 존재하는 기체의 **부분 압력(partial pressure)**을 사용한다. 부분 압력은 혼합물 내 한 기체에 의한 압력이다. 부분 압력을 합산하여 혼합물의 전체 압력을 구할 수 있다. 예제 10.8에서는 이것을 다룬다.

예제 10.8 기체 혼합물에서 부분 압력 사용하기

40.0 L 실린더가 온도 400 K에서 5.00몰의 질소, 2.00몰의 산소, 3.00몰의 이산화 탄소로 채워져 있다면, 실린더 내부의 압력은 얼마인가?

두 가지 접근법으로 이 문제를 풀 수 있다. 첫 번째는 개별 기체에 의해 생성되는 압력을 계산하는 것이다. 질소, 산소, 이산화 탄소의 부분 압력(P_{N_2}, P_{O_2}, P_{CO_2})은 다음과 같이 계산된다.

$$P_{N_2} = \frac{nRT}{V} = \frac{(5.00\ \cancel{mol})\left(0.0821\frac{\cancel{L}\cdot atm}{\cancel{mol}\cdot \cancel{K}}\right)(400\ \cancel{K})}{(40.0\ \cancel{L})} = 4.11\ atm$$

$$P_{O_2} = \frac{nRT}{V} = \frac{(2.00\ \cancel{\text{mol}})\left(0.0821\dfrac{\cancel{\text{L}}\cdot\text{atm}}{\cancel{\text{mol}}\cdot\cancel{\text{K}}}\right)(400\ \cancel{\text{K}})}{(40.0\ \cancel{\text{L}})} = 1.64\ \text{atm}$$

$$P_{CO_2} = \frac{nRT}{V} = \frac{(3.00\ \cancel{\text{mol}})\left(0.0821\dfrac{\cancel{\text{L}}\cdot\text{atm}}{\cancel{\text{mol}}\cdot\cancel{\text{K}}}\right)(400\ \cancel{\text{K}})}{(40.0\ \cancel{\text{L}})} = 2.46\ \text{atm}$$

이 작업이 끝나면, 부분 압력을 합산하여 전체 압력을 구할 수 있다.

$$P_{total} = P_{N_2} + P_{O_2} + P_{CO_2} = 4.11\ \text{atm} + 1.64\ \text{atm} + 2.46\ \text{atm} = 8.21\ \text{atm}$$

이 문제의 두 번째 접근법은 계산을 단순화시켜 준다. 전체 압력은 기체의 몰수(기체의 종류가 아닌)에 따라 달라진다. 따라서 존재하는 전체 몰수를 구한 다음, 이 값에 기초하여 압력을 계산할 수 있다.

N_2 5.00몰 + O_2 2.00몰 + CO_2 3.00몰 = 전체 10.00몰

$$P_{total} = \frac{nRT}{V} = \frac{(10.00\ \cancel{\text{mol}})\left(0.0821\dfrac{\cancel{\text{L}}\cdot\text{atm}}{\cancel{\text{mol}}\cdot\cancel{\text{K}}}\right)(400\ \cancel{\text{K}})}{(40.0\ \cancel{\text{L}})} = 8.21\ \text{atm}$$

도전 문제

13. 공기 시료에는 0.3%(몰 퍼센트로)의 수증기가 있다. 전체 공기 압력이 765 torr일 경우, 물의 부분 압력은 얼마인가?

14. 300 K의 온도에서 24 L 실린더에 150.0 g의 NH_3 기체와 600.0 g의 아르곤 기체가 들어 있다. 실린더 내부의 압력은 얼마인가?

15. 바다를 걷는 동안 심호흡을 했다. 폐활량이 5.0 L, 온도가 87°F, 압력이 765 torr라고 할 때, 흡입한 공기의 몰수를 계산하시오. 공기는 약 21%(몰 퍼센트로)의 산소로 구성되어 있다. 호흡한 산소는 몇 g인가?

분자 관점에서 본 기체 법칙

앞 절에서는 기체가 어떻게 거동하는지를 수학적 관계식을 이용하여 설명했다. 원자 또는 분자 수준에서 기체를 생각함으로써, 이러한 수학적 관계식이 왜 그러한지를 이해하기 시작할 수 있었다. 또한 다른 상황에 처한 기체의 거동도 예측할 수 있었다. 이제 용기의 입자와, 입자가 가하는 압력 사이의 관계에 관한 세 가지 질문을 해 보자.

압력은 온도와 함께 증가한다.

Alex Sipeta/Shutterstock

그림 10.28 추운 아침에 자전거 타이어의 압력은 어떻게 되는가? 왜 그런가? 타이어에 기체 입자를 더 주입하면, 압력은 어떻게 되는가?

1. **기체의 온도가 오르면 압력은 어떻게 변하는가?** 더 높은 온도에서, 입자들의 운동은 더 빨라진다. 더 빨리 움직이는 입자들은 더 많은 힘으로 주위와 충돌하고, 더 많은 압력을 가한다. 반면에, 온도가 내려가면 압력은 떨어진다. 이것이 추운 아침에 때로 타이어가 펑크 나는 이유이다(그림 10.28).
2. **부피가 증가하면 기체의 압력은 어떻게 되는가?** 용기의 부피가 증가하면, 입자들은 용기의 벽에 도달하기 전에 더 멀리 이동해야 한다. 그 결과, 입자들이 용기와 충돌하는 횟수가 줄어들게 된다. 따라서 부피가 증가하면 압력이 감소한다.

기체의 양을 늘리면 압력이 증가한다.

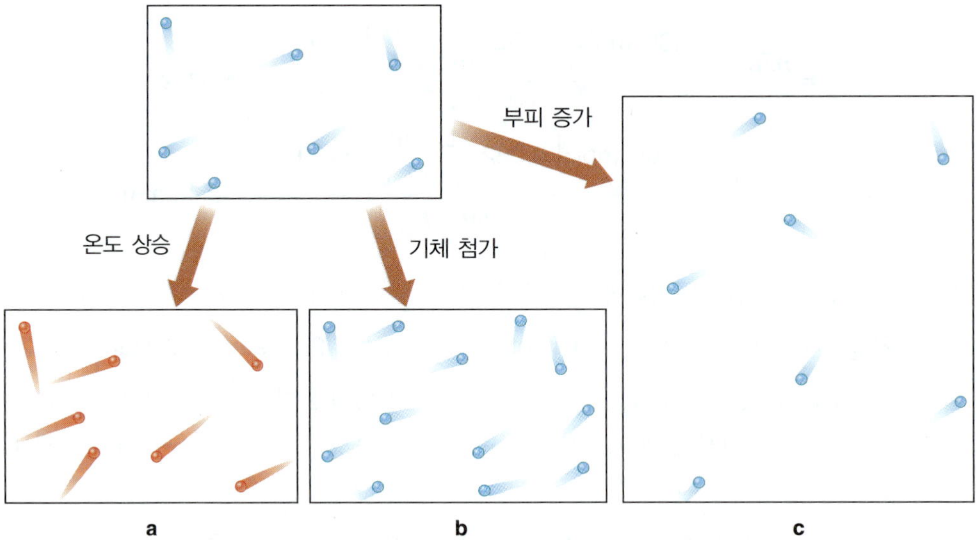

그림 10.29 온도, 부피, 입자 수가 변함에 따라 압력은 어떻게 변하는가? (a) 온도를 높이면 압력이 높아진다. (b) 입자 수를 늘리면 압력이 높아진다. (c) 부피를 늘리면 압력이 낮아진다.

3. **용기 안의 입자 수가 증가하면 기체의 압력은 어떻게 되는가?** 타이어에 공기를 넣어본 적이 있다면, 존재하는 기체의 양을 늘리면 압력이 증가한다는 것을 알 것이다. 분자 수준에서 기체 입자 수가 많아진다는 것은 입자가 용기 측면에 더 자주 부딪혀 압력이 증가한다는 의미이다. 압력의 온도, 입자 수, 용기의 부피에 대한 의존도는 그림 10.29에 나와 있다.

도전 문제

16. 다음 변화들은 기체의 압력에 어떤 영향을 미치는가?

a. 온도 감소

b. 부피 감소

c. 기체 양 감소

10.5 확산과 분출

확산(diffusion)은 입자들이 무작위 운동을 통해 퍼지는 현상이다. 확산은 액체 또는 기체의 상태를 나타낼 수 있지만, 그 원리는 동일하다. 즉 입자들은 무작위로 움직이고, 움직임에 따라 입자들은 고농도의 영역에서 저농도의 영역으로 서서히 퍼진다. 예를 들어 높은 굴뚝에서 나온 기체들은 대기 중으로 확산된다(그림 10.30). 가벼운 입자가 무거운 입자보다 더 빠르게 움직이기 때문에, 가벼운 기체가 무거운 기체보다 더 빨리 확산된다.

Mars0hod/Superstock

그림 10.30 기체는 고농도 지역에서 저농도 지역으로 퍼진다. 이 과정을 **확산**이라고 한다.

분출(effusion)은 기체가 용기에서 빠져나가는 과정이다. 확산과 마찬가지로, 분출은 기체 입자의 속도에 따라 달라진다. 예를 들어 그림 10.31은 하나는 헬륨으로 채워져 있고, 다른 하나는 공기로 채워져 있는 두 개의 용기를 나타낸 것이다. 각 용기에는 작은 구멍이 하나 있어서 기체가 빠져나갈 수 있다. 헬륨 입자들은 더 작으므로 더 빠르게 움직인다. 따라서 용기 벽과의 충돌은 더 자주 일어난다. 그 결과, 구멍에 부딪힐 가능성이 높아지며, 용기로부터 더 빨리 누출된다.

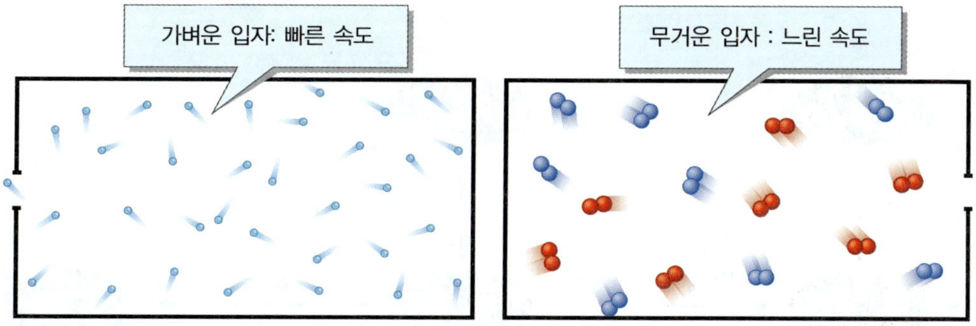

그림 10.31 가벼운 기체일수록 움직임이 빠르기 때문에, 용기에서 빠져나가는 속도가 더 빨라진다.

풍선이 공기를 잃는 방식에서 분출의 원리를 알 수 있다. 만약 각각의 고무풍선을 헬륨, 질소, 아르곤으로 채우면, 가장 가벼운 기체인 헬륨으로 채워진 풍선이 가장 빨리 바람이 빠지는 반면, 가장 무거운 기체인 아르곤으로 채워진 풍선이 가장 느리게 바람이 빠지는 것을 볼 수 있다(그림 10.32). 이러한 이유로 헬륨 풍선은 일반적으로 무겁고 구멍이 많지 않은 물질로 만들어진다.

기체가 가벼울수록 확산 속도와 분출 속도가 더 빠르다.

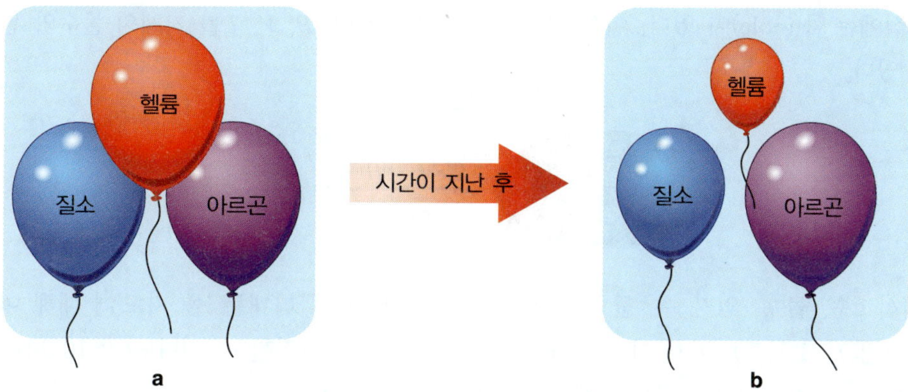

그림 10.32 (a) 풍선을 서로 다른 기체로 채우면, (b) 가장 가벼운 기체가 들어 있는 풍선이 가장 빨리 바람이 빠진다.

도전 문제

17. 기체 용기 4개가 공기 중에 동시에 개방되었다. 용기에는 이산화 탄소(CO_2), 메테인(CH_4), 프로페인(C_3H_8), 이황화 탄소(CS_2)가 각각 들어 있다. 이 기체들 중 어느 것이 공기와 가장 빨리 섞일까? 어느 것이 가장 느리게 섞일까?

10.6 기체의 화학량론

기체 압력이 급격히 변하면 폭발이 일어날 수도 있다. 이러한 변화는 화학 반응에서 기체가 생성되거나 소모될 때 일어난다. 기체가 관련된 반응을 안전하게 수행하기 위해서는 기체가 얼마나 생성되거나 소모되는지를 알아야 한다. 예를 들어 맥주와 빵을 만드는 데 사용되는 발효 과정(그림 10.33)에서는 포도당이 반응하여 에탄올과 이산화 탄소 기체를 생성한다.

$$C_6H_{12}O_6\,(s) \rightarrow 2\ C_2H_6O\,(l) + 2\ CO_2\ (g)$$

이 발효 반응에서 포도당 1 kg이 반응하면, 몇 g의 이산화 탄소가 생성되는가?

이 질문에 답하려면 7장에서 다룬 화학량론과 기체 법칙을 결합해야 한다. 이러한 두 개념

Caio Cassoli/Shutterstock

그림 10.33 구리로 된 비등 및 발효 탱크는 Massachusetts 주의 Boston에 있는 Samuel Adams Brewhouse의 것이다. 발효 반응에서는 이산화 탄소 기체가 생성되기 때문에, 양조업자들은 반드시 탱크 내 기체 압력을 모니터링해야 한다.

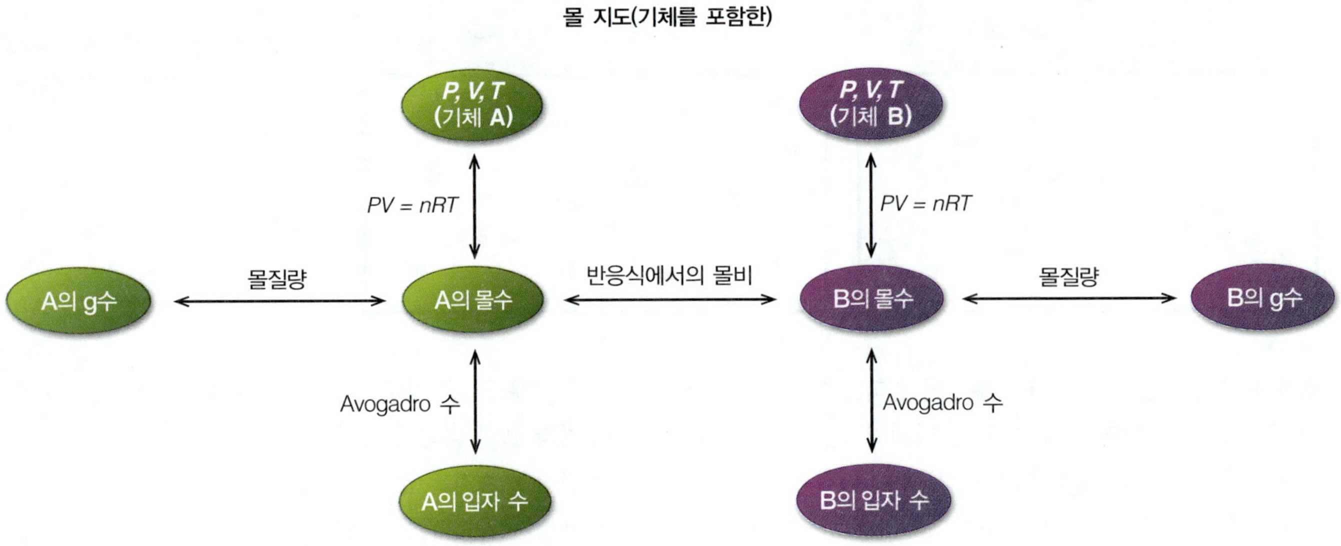

그림 10.34 몰(mole)은 단위 변환을 위한 중심 허브이다.

의 중심에는 몰(mole)이 있다. 이상 기체 법칙을 사용하면, *P*, *V*, *T*를 기체의 몰수와 관련지을 수 있다.

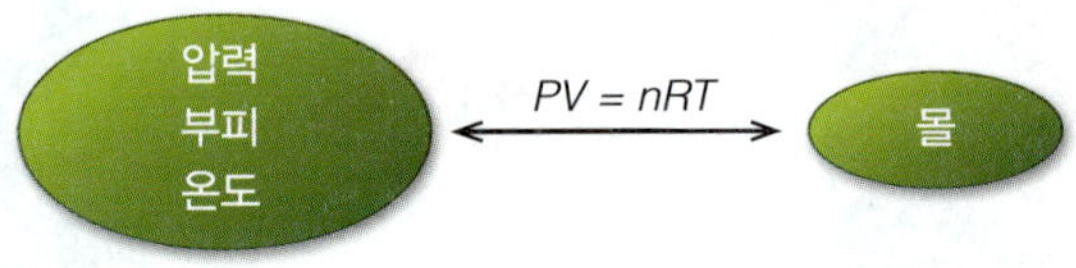

7장에서 g수, 몰수, 입자 수, 균형 반응식 사이의 관계를 나타내는 '몰 지도'에 대해 이야기했다(그림 7.13 참조). 이제 이 지도를 기체도 포함하도록 확장할 수 있다(그림 10.34). 예제 10.9와 10.10은 이러한 문제들을 해결하는 방법을 보여 준다.

예제 10.9 기체의 화학량론

포도당의 발효 반응에서 1 kg의 포도당이 반응하면 몇 몰의 이산화 탄소를 생성되는가? 반응이 밀폐된 용기에서 일어나고, 21 ℃에서 기체가 차지하는 부피가 8.10 L라고 할 때, 용기 내 이산화 탄소 기체의 압력을 구하시오.

$$C_6H_{12}O_6\,(s) \rightarrow 2\,C_2H_6O\,(l) + 2\,CO_2\,(g)$$

이 문제를 해결하려면 먼저, 포도당의 g수를 이산화 탄소의 몰수와 관련짓는다.

$$\mathbf{C_6H_{12}O_6\text{의 g수} \rightarrow C_6H_{12}O_6\text{의 몰수} \rightarrow CO_2\text{의 몰수}}$$

1 kg(1,000 g)의 포도당에서 시작하자.

$$1{,}000\ \text{g}\ C_6H_{12}O_6 \times \frac{1\ \text{mole}\ C_6H_{12}O_6}{180.18\ \text{g}\ C_6H_{12}O_6} \times \frac{2\ \text{moles}\ CO_2}{1\ \text{mole}\ C_6H_{12}O_6} = 11.10\text{몰의}\ CO_2$$

일단 이산화 탄소의 몰수를 구했으니, 이상 기체 방정식을 사용하여 압력을 구한다. 반드시 온도를 K로 변환한 후에 풀면 다음과 같다.

$$P = \frac{nRT}{V} = \frac{(11.10\ \text{mol}\ CO_2)\left(0.0821\frac{\text{L}\cdot\text{atm}}{\text{mol}\cdot\text{K}}\right)(294\ \text{K})}{(8.10\ \text{L})} = 33.1\ \text{atm의}\ CO_2$$

33.1 atm의 압력은 폭발의 위험성이 있다. 이러한 위험을 방지하기 위해, 양조업자는 생성된 CO_2 중 일부를 주의하며 방출하고, 발효 용기 내부의 압력을 모니터링해야 한다.

이 예제에서는 먼저, 균형 반응식을 사용하여 몰수를 구했다. 그다음 이상 기체 법칙을 사용하여 몰수를 압력으로 변환시켰다. 다른 문제에서는 기체의 압력과 부피를 주고, 그것을 다른 시약과 연관시키도록 요청받을 수 있다. 이 경우, 먼저 이상 기체 법칙을 사용하여 몰로 변환한 다음, 화학량론 문제를 해결한다. 예제 10.10은 이 과정을 보여 준다.

예제 10.10 기체의 화학량론

천연가스는 아래 나타낸 반응식에 따라 공기 중에서 깨끗이 연소된다(그림 10.35).

$$CH_4\ (g) + 2\ O_2\ (g) \rightarrow CO_2\ (g) + 2\ H_2O\ (g)$$

1.00기압, 290 K에서 13.1 L의 CH_4가 연소할 경우, 생성되는 이산화 탄소 기체의 질량은 얼마인가?

이 질문에서는 기체의 압력과 부피가 주어졌다. 첫 번째 단계는 이상 기체 방정식을 사용하여 이것을 몰로 변환하는 것이다.

$$n = \frac{PV}{RT} = \frac{(1.00\ \text{atm})(13.1\ \text{L})}{\left(0.0821\frac{\text{L}\cdot\text{atm}}{\text{mol}\cdot\text{K}}\right)(290\ \text{K})} = 0.550\ \text{mol}\ CH_4$$

Vereshchagin Dmitry /Shutterstock

그림 10.35 천연가스 레인지 특유의 청색 불꽃

일단 CH_4의 몰수만 있다면, 균형 반응식을 사용하여 이것을 CO_2의 몰수와 연관시킬 수 있다. 그런 다음, CO_2의 몰수를 CO_2의 g수로 변환시킬 수 있다.

$$0.550\ \text{moles}\ CH_4 \times \frac{1\ \text{mole}\ CO_2}{1\ \text{mole}\ CH_4} \times \frac{44.01\ \text{g}\ CO_2}{1\ \text{mole}\ CO_2} = 24.2\ \text{g}\ CO_2$$

이러한 문제들은 여러 단계를 포함한다. 따라서 그것들을 능숙하게 다루는 데는 시간이 좀 걸릴 것이다. 다음 문제들을 풀어보길 권한다.

도전 문제

18. 탄산 음료에서 이산화 탄소는 물과 반응하여 탄산을 생성한다. 탄산은 음료에 톡 쏘는 맛을 준다. 이것과 균형을 이루는 것은 많은 양의 설탕이다. 탄산은 시간이 지나면 다음 반응식에서 보는 바와 같이, 다시 이산화 탄소와 물로 전환된다. 1.0기압의 압력과 298 K의 온도에서 CO_2 2.0 L를 생성하는 데 필요한 H_2CO_3의 질량은 얼마인가?

$$H_2CO_3\ (aq) \rightarrow H_2O\ (l) + CO_2\ (g)$$

19. 에어백에는 고체 연료가 들어 있다. 고체 연료는 매우 빠르게 반응하여 많은 양의 기체를 생성한다. 에어백은 일반적으로 여러 반응을 동시에 사용한다. 그중 하나는 아

$$2\ NaN_3\ (s) \rightarrow 2\ Na\ (s) + 3\ N_2\ (g)$$

온도가 350 K, 압력이 1.2 atm이라면, 이 반응에서 NaN_3 15 g의 분해로 생성되는 기체의 부피는 얼마인가?

20. 아세틸렌 토치는 다음 반응을 이용하여 매우 높은 온도에서 연소한다.

$$2\ C_2H_2\ (g) + 5\ O_2\ (g) \rightarrow 4\ CO_2\ (g) + 2\ H_2O\ (g)$$

표준 온도 압력에서, 절대 압력이 80 psi, 온도가 20℃인 4.8 L 실린더에 들어 있는 아세틸렌과 완전히 반응하는 데 필요한 산소 기체의 부피는 얼마인가?

supergenijalac/Shutterstock

그림 10.36 이와 같은 배송 트럭처럼, 많은 대형 차량들이 압축 천연가스로 운행되고 있다.

캡스톤 질문

이 장의 시작에서 화석 연료–석탄, 석유, 천연가스–를 소개했다. 많은 대형 차량들은 액체 가솔린 대신 압축 천연가스를 사용한다(그림 10.36). 천연가스의 주요 구성 성분은 메테인(CH_4)이다. 다음 반응식은 메테인의 연소 반응을 나타낸 것이다.

$$CH_4\ (g) + 2\ O_2\ (g) \rightarrow 2\ H_2O\ (g) + CO_2\ (g)$$

아래 표를 이용하여, 이 반응에 있는 각 물질의 Lewis 구조식을 그리고, CH_4, CO_2, H_2O의 전자 기하 구조 및 분자 기하 구조를 결정하시오. 액체 CH_4와 액체 H_2O에서의 분자간 힘의 유형을 비교하시오. 분자간 힘이 더 강한 것은 어느 물질인가? 분자간 힘이 끓는점에 어떻게 영향을 미치는가?

메테인의 열량값은 55.5 kJ/g이다. 5000 psi, 298 K에서 1.00 L 실린더에 들어 있는 순수 메테인 기체가 완전히 연소하면, 에너지가 얼마나 방출될까? 이 반응에서 생성되는 이산화 탄소의 질량은 얼마일까?

물질	질량(g/mol)	끓는점	Lewis 구조	전자 기하 구조	분자 기하 구조
CH_4	16.0	−162 °C			
O_2	32.0	−183 °C			
CO_2	44.0	—*			
H_2O	18.0	100 °C			

*표준 대기압에서, CO_2는 −79 °C에서 승화(고체에서 기체로의 변환)된다.

요약

이 장에서는 고체, 액체, 기체의 구조와 성질을 알아보았다. 고체에서는 입자들이 고정된 위치에서 서로 가깝게 붙어 있다. 액체에서는 입자들이 서로 가까이 있지만, 고정된 위치에 붙잡혀 있지는 않다. 기체에서는 입자들이 멀리 떨어져 있고, 주변의 입자들과 거의 또는 전혀 상호작용을 하지 않는다. 물질의 녹는점과 끓는점은 입자들이 얼마나 강하게 결합되어 있느냐에 달려 있다.

물질의 성질은 구성 성분과 구조에 따라 달라진다. 이온 결합 화합물은 각 입자가 주변 입자를 강하게 끌어당겨서 견고한 격자를 생성한다. 이온 결합 화합물은 녹는점과 끓는점이 매우 높다. 금속 물질에서는 원자들이 서로 가깝게 붙어 있고, 전자는 여러 원자들 사이에서 느슨하게 공유되어 있다. 이러한 구조는 강한 상호작용을 일으킨다. 그러나 이온 결합 화합물처럼 단단한 구조는 아니다.

분자 화합물에는 분자라고 하는 원자들의 개별 집단이 있다. 원자들은 공유 결합으로 연결되어 있다. 분자 화합물의 물리적 성질은 분자 간 상호작용에 의존한다. 분자간 힘의 세 가지 주요 유형에는 London 분산력, 쌍극자–쌍극자 상호작용, 수소 결합이 있다. 분산력은 가장 약한 상호작용인 반면, 수소 결합은 가장 강한 결합이다. 분자 화합물의 녹는점과 끓는점은 일반적으로 이온 결합 화합물보다 낮다.

다이아몬드나 흑연과 같은 일부 물질들은 작은 분자가 아닌 광범위한 공유성 그물 구조를 형성한다. 고분자는 긴 사슬의 공유 결합이 있는 화합물이다. 플라스틱은 합성 고분자이다.

기체에는 고정된 형태도 고정된 부피도 없다. 이상 기체에서는 입자들이 서로 상호작용하지 않고, 용기 부피 중 무시할 정도의 아주 작은 부분을 차지한다.

기체는 일반적으로 압력으로 측정된다. 기압계는 기압을 측정하는 장치다. 압력은 기압, torr(mm Hg라고도 함), psi, bar, kPa 등을 포함한 여러 다른 단위로 측정된다.

Boyle 법칙에 따르면, 일정한 온도에서 이상 기체의 압력과 부피의 곱은 일정하다. 즉 압력이 증가하면 부피가 감소하고, 그 역도 성립한다.

Charles 법칙에 따르면, 일정한 압력에서 기체의 부피는 온도에 정비례한다. 기체의 부피를 0으로 외삽함으로써 가능한 최저 온도인 절대 영도를 알 수 있다. 이 온도에서 입자들의 운동에너지는 없다. Kelvin 온도 척도로 물질의 절대 온도를 측정한다. 절대 영도 값은 0 K다. 기체 법칙을 다룰 때는 온도를 반드시 Kelvin 척도로 변환해야 한다.

통합 기체 법칙이란 Charles 법칙과 Boyle 법칙을 기체의 압력, 부피, 온도와 관련된 단일 법칙으로 통합한 것이다. 이 법칙을 가장 일반적으로 표현하면 다음과 같다.

$$\frac{P_1V_1}{T_1} = \frac{P_2V_2}{T_2}$$

여기서 P, V, T는 압력, 부피, 온도를 나타내고, 아래 첨자는 초기 및 최종 조건을 나타낸다.

Avogadro 법칙에 따르면, 일정한 압력에서 기체의 부피는 존재하는 몰수에 비례한다. 표준 온도 압력(STP)에서 기체 1몰이 차지하는 부피는 22.4 L이다.

이상 기체 법칙은 P, V, T와 존재하는 기체 몰수의 관계를 설명한다. 그 관계를 식으로 표현하면 다음과 같다.

$$PV = nRT$$

여기서 n은 기체의 몰수, 기체 상수 R은 0.0821 L·atm/mol·K이다.

기체 혼합물의 경우, 각 구성 성분은 계의 전체 압력에 기여한다. 계의 전체 압력은 존재하는 기체의 부분 압력을 단순히 합한 것이다.

기체 법칙에 기술된 관계식은 기체를 분자 수준에서 생각해 보면 이해할 수 있다. 용기 내부의 압력은 기체와 용기 벽의 충돌로 발생한다. 따라서 기체의 양이 증가함에 따라 벽에 부딪히는 입자가 더 많아지므로 압력의 증가가 일어난다, 온도가 올라감에 따라 입자가 더 자주 그리고 더 많은 에너지로 벽에 부딪히므로 압력의 증가가 일어난다. 부피가 감소함에 따라 입자가 더 자주 벽에 부딪히므로 압력의 증가가 일어난다.

확산은 기체 입자의 운동과 같은 무작위 운동을 통해 입자가 퍼지는 현상이다. 가벼운 기체 입자들이 무거운 입자들보다 더 빠르게 움직이므로, 가벼운 기체 입자들의 확산 속도가 더 빠르다. 관련 용어인 **분출**은 기체가 용기로부터 빠져나가는 것을 말한다. 입자가 작을수록 더 빠르게 움직이므로, 작은 입자가 무거운 입자보다 더 빨리 분출된다.

7장에서 살펴본 바와 같이, 균형 반응식을 사용하여 반응에서 소모되거나 생성되는 g수와 몰수를 예측할 수 있다. 화학량론과 이상 기체 법칙을 결합함으로써, 기체 관련 반응에 수반되는 압력의 변화와 부피의 변화를 예측할 수 있다.

기체 저장소 다시 생각하기

압축가스는 현대 생활의 일부이다. 탄산음료에서 에어컨까지, 기계 작업에서 건강 관리에 이르기까지, 압축가스는 우리 주위에 널려 있다. 그러나 압축가스는 다루기 힘들 수 있다. 압축가스는 압력이 높기 때문에, 기체 실린더에는 무거운 강철 벽이 있어야 한다. 기체 실린더는 운반하기가 어려울 수 있어서 잠재적으로 위험하다. 기체 실린더가 파열되면, 용기 내부의 압력으로 미사일처럼 실린더를 발사할 수 있다.

Omar Yaghi 박사는 California 대학교 Berkeley 캠퍼스의 화학자이다(그림 10.37). 지난 20년 동안 그가 연구한 것은 기체 저장 방식을 바꿀 수 있는 잠재력이 있는 화합물인 **금속-유기 골격체**(MOF: metal-organic framework)라고 하는 화합물들이다.

Yaghi 박사는 요르단 출신으로, 15세 때 미국에 왔다. 그는 영어를 거의 할 줄 몰랐지만, New York 주 Albany 근처에 있는 지역 대학의 수업에 등록했다. 그의 능력과 노력은 성과를 거두었고, Illinois 대학교 화학과에서 결국 박사 학위를 받았다. Yaghi 박사는 말한다. "저는 화학의 아름다움에 끌렸습니다. 제가 꼭 세상을 바꾸고 싶진 않았습니다. – 단지, 저는 과학에 대한 호기심과 열정에 이끌렸을 뿐입니다."

Yaghi 박사가 만든 MOF 화합물은 아름다우면서도 매우 유용하다. 이 물질들은 스펀지나 벌집처럼 작은 구멍이 많이 있지만 훨씬 작다. 보통 기체는 주변 환경과 거의 상호작용하지 않고 용기 주위를 자유롭게 움직인다. MOF는 기체를 작은 구멍 안에 가둘 수 있다(그림 10.37e). 결과적으로 자유 입자가 적게 존재하여 기체의 압력이 감소한다. MOF가 들어 있는 실린더에 기체를 넣는 경우라면, 빈 실린더에 기체를 넣는 경우보다 압력이 낮다.

MOF 기술 덕분에 기체 저장에 대한 관심이 급증하고 있다. 예를 들면 여러 회사에서 개발하고 있는 것은 천연가스 구동 자동차의 연료 탱크용 MOF이다. 이 기술을 사용하는 차량은 더 많은 연료를 안전하게 저장할 수 있다. 따라서 연료 주유 횟수가 줄어들었다.

그림 10.37 (a) 기체의 운송 및 저장에는 무거운 강철 용기가 필요하다. (b) Yaghi 박사는 UC Berkeley의 화학자로, 연구 분야는 기체 저장이다. (c) 스펀지는 다공성 물질의 한 예다. 이 구조의 빈 공간은 다른 재료들을 가둘 수 있다. (d) MOF라고 하는 Yaghi의 화합물에는 작은 구멍이 있다. (e) 이러한 구멍은 기체 입자를 가두어 자유 입자들의 수를 줄이고 용기 내 압력을 감소시킬 수 있다. 이 사진은 CH_4 분자가 MOF에 갇힌 모습을 나타내고 있다. (f) Yaghi 박사가 MOF 메테인 연료 탱크로 작동하는 차량의 운전대에 앉아 있다.

(a) Tricky_Shark/Shutterstock; (b) Omar M. Yaghi Research group at University of California Berkeley; (c) Bozena Fulawka/Shutterstock; (d-f) Omar M. Yaghi Research group at University of California Berkeley

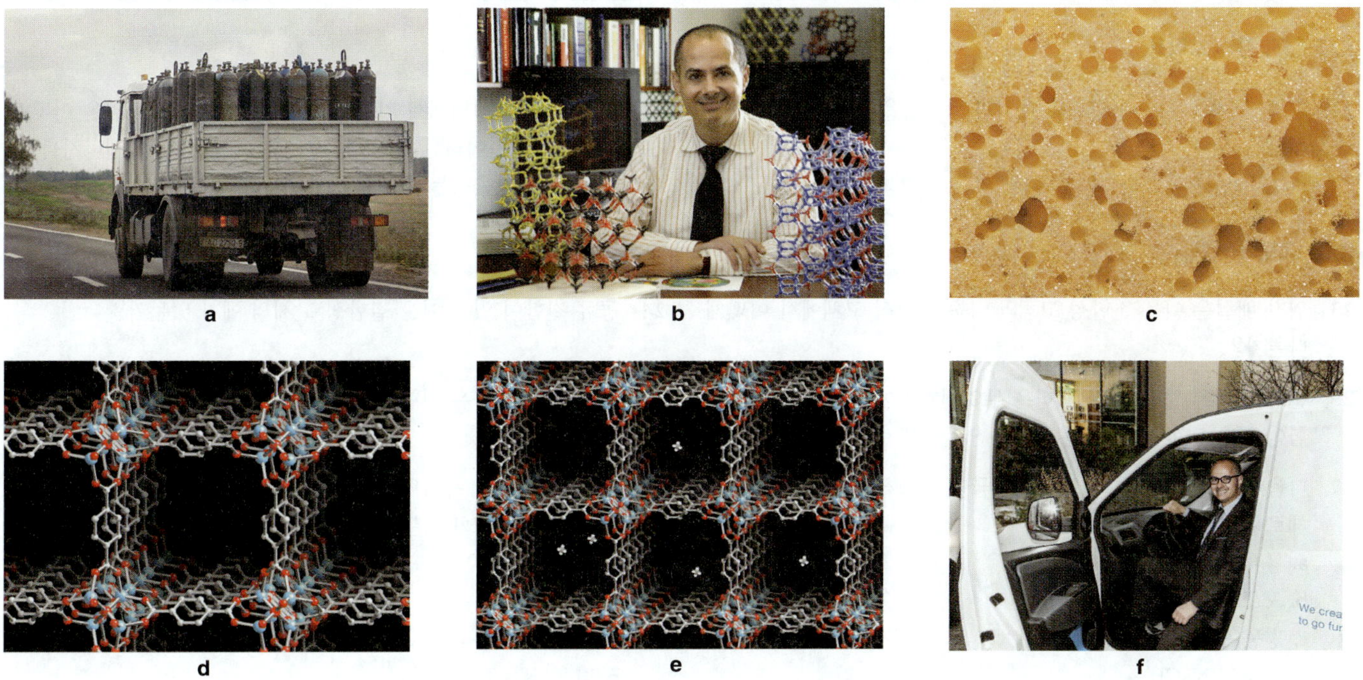

주요 용어

10.2 고체와 액체

분자간 힘: 분자 사이에 생기는 인력이나 반발력

쌍극자-쌍극자 상호작용: 알짜 쌍극자가 있는 두 분자 사이의 분자간 힘

수소 결합: H−F, H−O, H−N 결합이 있는 분자들 사이에서 발생하는 매우 강한 쌍극자-쌍극자 상호작용

London 분산력: 순간 쌍극자(instantaneous dipole)라고 하는 전하 밀도의 변동으로 생기는 분자간 힘

공유성 그물 구조: 공유 결합이 2차원 또는 3차원적으로 길게 연속 배열되어 생성된 매우 큰 단일 분자

고분자: 공유 결합된 원자들의 긴 사슬로 이루어진 화합물

10.3 기체 설명하기

이상 기체: 입자의 부피가 용기의 부피보다 훨씬 작고 입자 간 상호 인력이 없는 기체

압력: 물체가 가하는 힘을 물체가 가해지는 면적으로 나눈 값. 기체의 경우, 압력은 기체가 주변에 가하는 힘을 나타낸다.

기압계: 기압을 측정하는 장치

수은주 밀리미터(mm Hg): 기체 압력의 측정값. 이 단위는 대기압이 기압계의 수은 기둥을 밀어낼 수 있는 높이에서 유래되었다. 1 mm Hg = 1 torr

게이지 압력: 압축된 기체 압력과 대기 압력의 차이

기압(atm): 기체 압력 단위. 1 atm = 760 mm Hg

10.4 기체 법칙

기체 법칙: 기체의 압력, 부피, 온도 사이의 수학적 관계

Boyle 법칙: 이상 기체의 압력과 부피는 반비례한다. 일정한 온도에서 PV의 곱은 일정하다.

Charles 법칙: 이상 기체의 부피는 그것의 온도에 정비례한다. V와 T 사이의 관계는 일정한 압력에서 일정하다.

절대 영도: 도달 가능한 최저 온도. 해당하는 온도는 0 K, 즉 −273.15℃. 이 온도에서 어떤 물질의 입자들이 가진 운동 에너지는 0이다.

통합 기체 법칙: Boyle 법칙과 Charles 법칙을 결합한 법칙. 이상 기체의 경우 PV/T의 값이 일정하다. 일반적으로 식으로 표현하면 $P_1V_1/T_1 = P_2V_2/T_2$이다. 여기서 아래 첨자 1과 2가 나타내는 조건은 서로 다르다.

Avogadro 법칙: 압력과 온도가 일정하다면, 기체의 부피는 존재하는 기체의 몰수에 비례한다.

이상 기체 법칙: 이상 기체의 압력, 부피, 온도, 몰수 사이의 관계. 일반적으로 식으로 표현하면 $PV = nRT$이다. 여기서 R은 기체 상수다.

부분 압력: 어떤 혼합물 내 기체 하나가 나타내는 압력

10.5 확산과 분출

확산: 무작위 운동을 통한 입자의 확산. 가벼운 기체는 무거운 기체보다 더 빨리 확산된다.

분출: 기체가 용기에서 빠져나가는 과정. 가벼운 기체는 무거운 기체보다 더 빠르게 분출된다.

추가 문제

10.1 입자 간 상호작용

21. 고체, 액체, 기체 내 입자의 배열과 움직임을 설명하시오.

22. 어떤 물질이 액체에서 기체로 변할 때 입자의 움직임은 어떻게 변화하는가? 이러한 전환 과정에서, 그 물질은 열에너지를 흡수하는가, 방출하는가?

10.2 고체와 액체

23. 입자 배열은 이온 결합성 고체와 금속 결합성 고체에서 어떻게 다른가?

24. 공유 결합이 있는 이온 결합성 고체의 예가 있는가?

25. 분자 고체에 있는 **분자내** 힘은 무엇인가? 어떤 유형의 **분자간** 힘이 공유 결합 고체에 존재할 수 있는가?

26. 어떤 종류의 공유 결합이 있어야 분자간 수소 결합이 생성되는가?

27. 다음 각각을 이온 결합성 고체, 금속 결합성 고체, 분자성 고체로 분류하시오.

a. 플루오린화 칼슘
b. 포도당($C_6H_{12}O_6$)
c. 청동(구리와 주석의 합금)
d. 식탁염(NaCl)

28. 다음의 성질이 광범위하게 설명하는 것을 이온 결합성 고체, 금속 결합성 고체, 분자성 고체로 분류하시오. 일부 성질은 둘 이상으로 설명할 수도 있다.

a. 높은 녹는점
b. 전성
c. 낮은 끓는점
d. 원자의 그물 구조 내 느슨하게 공유된 전자들

29. 다음 네 가지 화합물의 화학식량은 매우 유사하다. 그것들을 이온 결합 화합물과 공유 결합 화합물로 분류하시오. 다음 중 어느 화합물의 끓는점이 최고이고, 최저인지를 예측하시오.

a. LiF b. H_2O c. N_2 d. HCl

30. 다음 네 가지 화합물의 화학식량은 매우 유사하다. 그것들을 이온 결합 화합물과 공유 결합 화합물로 분류하시오. 다음 중 어느 화합물의 끓는점이 최고이고, 최저인지를 예측하시오.

a. Li_2S b. HF c. CH_3F d. O_2

31. 프로페인(C_3H_8)의 Lewis 구조는 다음과 같다. 액체 프로페인에서 가장 강한 형태의 분자간 힘은 무엇인가?

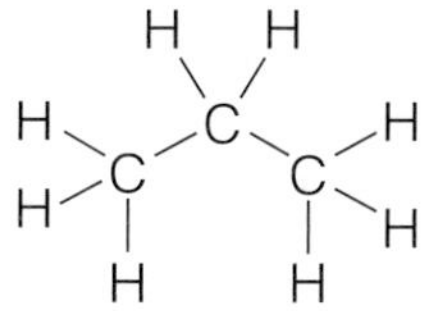

32. 메틸아민(CH_3NH_2)의 Lewis 구조는 다음과 같다. 액체 메틸아민에서 가장 강한 형태의 분자간 힘은 무엇인가?

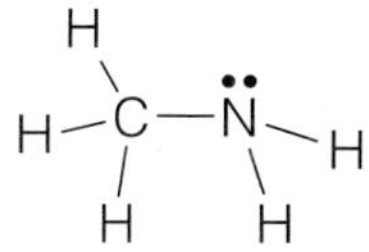

33. 폼알데하이드의 Lewis 구조는 다음과 같다. 액체 폼알데하이드에서 가장 강한 형태의 분자간 힘은 무엇인가? 분자 두 개를 그리고, 점선(그림 10.6에서처럼)을 사용하여, 한 분자의 양의 영역이 다른 분자의 음의 영역과 상호 작용함을 보이시오.

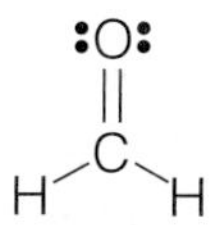

34. 암모니아(NH_3)의 Lewis 구조는 다음과 같다. 액체 암모니아에서 가장 강한 형태의 분자간 힘은 무엇인가? 분자 두 개를 그리고, 점선(그림 10.6에서처럼)을 사용하여, 한 분자의 양의 영역이 다른 분자의 음의 영역과 상호 작용함을 보이시오.

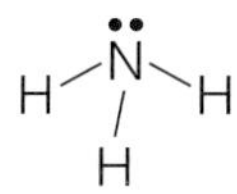

35. 다음 각 분자의 Lewis 구조를 그리시오. 각 분자에 알짜 쌍극자가 있는지, 없는지를 결정하시오. 또한 각각 순수한 물질인 분자들 사이에 작용하는 가장 강한 분자간 힘을 말하시오.

a. CH_4 b. CH_2F_2 c. HNO (N이 중심 원자)

36. 다음 각 분자의 Lewis 구조를 그리시오. 각 분자에 알짜 쌍극자가 있는지, 없는지를 결정하시오. 또한 각각 순수한 물질인 분자들 사이에 작용하는 가장 강한 분자간 힘을 말하시오.

a. HCN b. HOCl (O가 중심 원자) c. CS_2

37. 메탄올(CH_3OH)은 수소 결합을 형성한다. 메탄올 분자 두 개의 Lewis 구조를 그리고, 점선을 사용하여 수소 결합이 만들어질 수 있음을 보이시오.

38. 메탄올(CH_3OH)은 분자 사이에 수소 결합을 형성할 수 있어서 물에 쉽게 용해된다. 메탄올 분자와 물 분자를 그리고, 두 분자 사이의 수소 결합 상호 작용을 보이시오.

39. 고분자란 무엇인가? 고분자와 분자 고체는 어떻게 다른가?

40. 공유성 그물 구조는 분자성 고체와 어떻게 다른가?

10.3 기체 설명하기

41. 기체 내 입자들의 운동을 설명하시오.

42. 어떤 기체가 이상 기체로 간주되는 두 가지 기준은 무엇인가?

43. 용기의 압력이 용기 내부의 입자와 용기 외부의 입자로부터 어떻게 발생하는지를 설명하시오.

44. 밀폐 용기 내부의 압력이 용기 외부의 압력보다 훨씬 크면 어떻게 되나? 용기 외부의 압력이 용기 내부의 압력보다 훨씬 크면 어떻게 되나?

45. 빨대로 음료를 마실 때에는 그림 10.38에서와 같이, 입 안의 압력을 달리함으로써 빨대 안 액체의 높이를 조절할 수 있다. 입 안의 압력이 바깥의 기압보다 낮으면 어떻게 될까? 입 안의 압력이 바깥의 기압보다 높으면 어떻게 될까?

46. 인간이 진공 상태에서는 생존할 수 없다는 사실을 무시하면, 우주의 진공 상태에서 빨대로 마시는 것이 가능할까? 이유는? 아니라면 이유는?

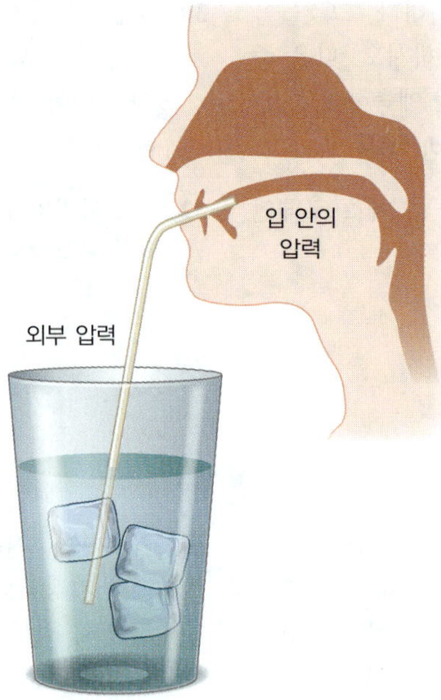

그림 10.38 빨대는 압력계와 같다.

47. 기압계에 표시된 압력을 측정하시오. 이 압력은 표준 대기압보다 높은가, 낮은가? (단, 1인치=25.4 mm)

48. 기압계에 표시된 압력을 측정하시오. 이 압력은 표준 대기압보다 높은가, 낮은가? (단, 1인치=25.4 mm)

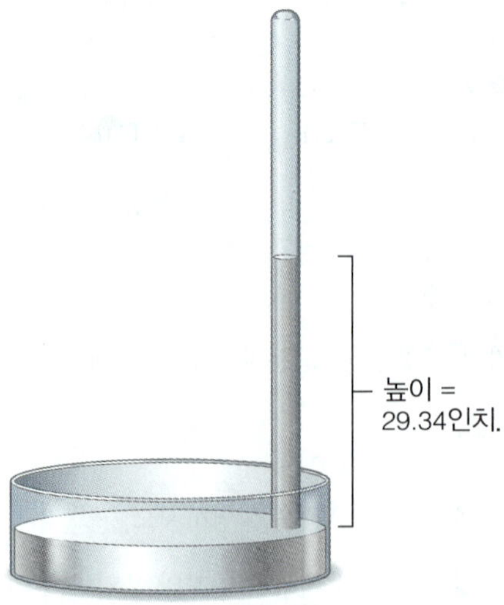

49. 1992년 8월에 허리케인 앤드류가 마이애미 지역을 강타하여 23명이 사망하고, 25,000채 이상의 가옥이 파괴되었다. 허리케인이 상륙했을 때, 태풍의 눈이 가리키는 압력은 922밀리바였다. 이 압력은 몇 torr인가? 이 압력은 표준 기압보다 높은가, 낮은가?

50. 2013년 11월에 태풍 하이옌이 필리핀 섬을 강타해 6,000명 이상이 사망했다. 한 지점에서 폭풍의 눈이 가리키는 압력은 26.43인치 수은으로 측정되었다. 이 압력은 몇 torr인가? 이 압력은 몇 밀리바인가? 이 압력은 표준 기압보다 높은가, 낮은가?

51. 표준 대기압을 밀리바, torr, 인치 수은 단위로 표현하시오.

52. 표준 대기압을 mm Hg, 킬로파스칼, 바(bar)로 표현하시오.

53. 다음 압력을 변환하시오.
a. 698 mm Hg를 밀리바로
b. 3.2 atm을 torr로
c. 1.42 bar를 psi로

54. 다음 압력을 변환하시오.
a. 1.2 atm을 밀리바로
b. 32.41 psi를 torr로
c. 23.29인치 수은을 기압으로

55. 게이지 압력이란 압축가스와 대기압 사이의 압력 차이를 말한다. 대기압은 15.0 psi이고, 자전거 타이어의 게이지 압력을 110.0 psi로 팽창시킨다면, 타이어의 절대 압력은 얼마인가?

56. 게이지 압력이란 압축가스와 대기압 사이의 압력 차이를 말한다. 대기압은 15.0 psi이고, 자전거 타이어의 게이지 압력을 10.0 psi로 팽창시킨다면, 타이어의 절대 압력은 얼마인가?

10.4 기체 법칙

57. 기체의 부피가 감소하면 압력은 어떻게 변하는가? 온도가 내려가면 압력은 어떻게 변하는가?

58. 기체의 부피가 증가하면 압력은 어떻게 변하는가? 기체의 온도가 올라가면 압력은 어떻게 변하는가?

59. 초기 압력이 1.0기압, 부피가 4.3 L인 기체가 5.1기압으로 압축되었다. 이 기체의 새로운 부피는 얼마인가?

60. 초기 압력이 780 torr, 부피가 150 L인 기체가 32 L의 부피로 압축되었다. 압축된 기체의 압력은 얼마인가?

61. 압력이 15.0 psi인 풍선의 부피는 1.24 L이다. 압력이 떨어지면 풍선은 팽창할 것이다. 압력이 10.4 psi까지 감소하면 풍선의 부피는 얼마가 되겠는가?

62. 가압된 기체는 팽창할 수 있다. 초기에 기체가 300 psi의 압력에서 420 mL의 부피를 차지했다면, 압력이 150 psi로 낮아지면 얼마의 부피는 차지하겠는가?

63. 300.0 K의 온도에서 부피가 1.41 L인 풍선을 350.0 K로 가열했다. 이 풍선의 새로운 부피는 얼마인가?

64. 25°C의 온도에서 부피가 4,320 cm^3인 풍선을 95 °C로 가열했다. 이 풍선의 새로운 부피는 얼마인가?

65. 이상 기체가 일정한 압력에서 냉각되었다. 기체가 차지하는 부피는 273.15 K(0°C)의 온도에서 20.0 L였다. 몇 도에서 기체가 차지하는 부피가 10.0 L가 될까?

66. 어떤 기체가 차지하는 부피는 25°C에서 800.0 mL이다. 몇 도에서 기체가 차지하는 부피가 딱 절반이 될까?

67. 절대 영도란 무엇인가? 분자의 운동과 운동 에너지에 관련하여 절대 영도를 설명하시오.

68. 어떤 물질이 절대 영도에서 기체가 되는 것이 가능한가?

69. 30.0°C의 온도에서 어떤 기체의 압력이 900.0밀리바이다. 부피는 변하지 않고 온도가 80.0°C로 상승할 경우, 기체의 새로운 압력은 얼마인가?

70. 35°C의 온도에서 어떤 기체가 차지하는 부피는 43.0 L이다. 부피는 변하지 않고 온도가 120°C로 상승하는 경우, 기체의 새로운 압력은 얼마인가?

71. 0°C에서 어떤 기체 실린더의 압력이 22.4 psi이다. 몇 도에서 실린더 내부의 압력이 35.0 psi로 증가하겠는가?

72. 0°C에서 어떤 기체 탱크의 압력이 415 psi이다. 몇 도에서 탱크 내부의 압력이 600 psi로 증가하겠는가?

73. 25°C에서 피스톤 내부 기체의 초기 압력이 1.2 bar, 부피가 20.0 mL이다. 온도가 120°C로 상승하고 피스톤의 부피가 80 mL로 팽창할 경우, 피스톤 내부의 새로운 압력은 얼마인가?

74. 100°C에서 피스톤 내부 기체의 압력이 1.03 bar, 부피가 220 cm^3이다. 그런 다음, 기체가 실온(25.0°C)으로 냉각되어 기체의 부피가 180 cm^3로 떨어졌다. 이 새로운 조건에서 기체의 압력은 얼마인가?

75. 어떤 풍선 내 기체의 온도가 293 K, 부피가 2.40 L이다. 기체가 273 K로 냉각되어 압력이 790 mm Hg에서 750 mm Hg로 감소했다. 풍선의 새로운 부피는 얼마인가? 3개의 유효 숫자로 답하시오.

76. 에어컨 시스템에서는 압축가스가 팽창할 수 있고, 이러한 팽창이 냉각을 초래한다. 40°C 온도에서 압력이 8.0 bar, 부피가 5.00 mL인 기체가 2.0 bar의 압력에서 부피가 15.0 mL로 팽창하였다. 기체가 팽창한 후의 온도는 얼마인가?

77. 표준 온도 압력에서의 기체 2몰의 부피를 계산하시오.

78. 표준 온도 압력에서의 기체 3.5몰의 부피를 계산하시오.

79. STP에서 부피가 5.0 m^3인 실내를 채우는 기체의 몰수는 얼마인가? (1 m^3 = 1,000 L)

80. STP에서 부피가 1.2 m^3인 탱크를 채우는 기체의 몰수는 얼마인가? (1 m^3 = 1,000 L)

81. 온도가 400.0 K, 부피가 3.5 L인 2.31몰 기체의 압력은 얼마인가?

82. 온도가 360.0 K, 부피가 5.02 L인 12.5몰 기체의 압력은 얼마인가?

83. 몇 도에서 4.0몰의 기체가 1.0기압의 압력하에서 120.3 L의 부피를 차지하는가?

84. 몇 도에서 1.3몰의 기체가 1.2기압의 압력하에서 108.4 L의 부피를 차지하는가?

85. 280 K의 온도에서 20.0 L의 부피를 차지하는 헬륨 기체 80.0 g이 기체 실린더에 들어 있다. 실린더 내부의 압력은 얼마인가?

86. 0°C의 온도에서 부피가 800 mL인 아르곤 기체 14.0몰의 압력은 얼마인가?

87. 73°F, 238.0 psi에서 질소 기체 2몰이 차지하는 부피는 얼마인가?

88. 70°F에서 최대 압력이 350.0 psi인 아르곤 기체 150몰을 저장하는 데 필요한 부피는 얼마인가?

89. 280 K의 온도에서 20.0 L의 부피를 차지하는 이산화 탄소 기체 80.0 g이 기체 실린더에 들어 있다. 실린더 내부의 압력은 얼마인가?

90. 압력이 180.0 psi를 초과하기 전에, 30°C의 온도에서 12.0 L 실린더에 저장할 수 있는 헬륨 기체는 몇 그램인가?

91. 이산화 탄소 실린더 1.0 L의 압력이 8.0기압, 온도가 373 K이다. 이 실린더에 들어 있는 CO_2 분자는 몇 개인가?

92. 398 K에서 0.0023 L의 부피를 차지하는 1.5×10^{21}개의 헬륨 원자가 나타내는 압력은 얼마인가?

93. 기체 실린더에 미지의 기체가 들어 있다. 1.0기압, 298 K에서 1.90 g의 기체 시료가 차지하는 부피가 2.30 L인 것으로 밝혀졌다.

a. 1.90 g 시료에는 몇 몰이 있는가?

b. 이 기체의 화학식량은 몇 g/mol인가?

c. 화학식량에 기초하여 기체가 무엇인지 다음 중 하나로 말하시오.

헬륨, 네온, 아르곤, 질소, 산소, 이산화 탄소

94. 298 K의 기체 실린더에 10 L의 부피를 차지하는 미지의 기체가 들어 있다. 48.0 g의 기체가 실린더에서 방출되면, 기체의 압력은 53.9 psi(3.67기압)만큼 떨어진다. 탱크에서 방출된 기체의 개수는 얼마인가? 이 기체의 화학식량은 몇 g/mol인가? 기체가 무엇인지 다음 중 하나로 말하시오.

헬륨, 네온, 아르곤, 질소, 산소, 이산화 탄소

95. **부분 압력**이라는 용어의 의미는 무엇인가?

96. 어떤 기체 혼합물에는 몰비로 산소 50%, 질소 30%, 이산화 탄소 20%가 있다. 전체 압력이 1.0기압일 경우, 시료 내 산소, 질소, 이산화 탄소의 부분 압력은 얼마인가?

97. 어떤 기체 혼합물에는 몰비로 메테인 40%, 산소 60%가 있다. 전체 압력이 45 psi일 경우, 시료 내 메테인과 산소의 부분 압력은 얼마인가?

98. 어떤 기체 실린더에 100.0몰의 질소 기체와 25.0몰의 산소 기체가 들어 있다. 실린더의 전체 압력은 214.2 psi이다. 실린더 내 산소의 부분 압력을 계산하시오.

99. 어떤 기체 실린더 24.0 L에 8.0몰의 질소 기체와 2.0몰의 산소 기체가 들어 있다. 실린더 내부의 온도가 0°C라면, 실린더 내부의 전체 압력은 얼마인가?

100. 어떤 풍선에 10.9 g의 N_2, 9.6 g의 O_2, 2.2 g의 CO_2, 0.04 g의 Ar이 채워져 있다. 풍선 내부의 압력은 1.05 bar이고, 온도는 70°F이다. 이 풍선의 부피는 얼마인가?

101. 어떤 공기 시료에 0.5%의 수증기가 있다. 전체 공기 압력이 750 torr일 경우, 수증기의 부분 압력은 얼마인가?

102. 여러분이 지금 앉아 있는 방의 부피가 25,000 L, 온도가 72°F라고 상상해 보자. 전체 공기 압력은 750 mm Hg이고, 산소의 부분 압력은 전체 공기 압력의 21%이다. 방 안에 있는 산소는 몇 g인가?

103. 72°F 온도에서 질소 기체(N_2)와 산소 기체(O_2)의 혼합물은 압력이 1.0기압이다. 이 온도에서 어떤 종류의 분자가 더 빠르게 움직이나?

104. 기체가 용기에 가하는 압력은 기체와 용기 내벽의 충돌수에 따라 달라진다. 이러한 충돌수는 다음 조건에서 어떻게 변화하는가(진동수나 진폭)?

a. 온도를 일정하게 유지하고 부피를 감소시킨다.

b. 온도를 낮추고 부피를 감소시킨다.

c. 온도를 높이고 부피를 감소시킨다.

d. 온도와 부피를 모두 증가시킨다.

10.5 확산과 분출

105. 확산과 분출의 차이점은 무엇인가?

106. 네온으로 채워진 풍선과 아르곤으로 채워진 풍선이 있다면, 어떤 풍선이 더 빨리 쪼그라들까? 그 이유를 설명하시오.

10.6 기체의 화학량론

107. 아래 반응식에서와 같이, 포타슘 금속과 물이 반응하면 수소 기체를 생성한다. 5몰의 포타슘이 반응할 때 몇 몰의 수소 기체가 생성될 수 있는가? STP에서 몇 L의 수소 기체가 생성될 수 있는가?

$$2\,K\,(s) + 2\,H_2O\,(aq) \rightarrow 2\,KOH\,(aq) + H_2\,(g)$$

108. 아래 반응식에서와 같이, 수소와 산소는 폭발적으로 반응하여 물을 생성한다. 25℃, 1.0기압에서 수소 기체 1.5 L가 든 풍선이 과량의 산소가 반응하면, 몇 g의 물이 생성되겠는가?

$$2\,H_2\,(g) + O_2\,(g) \rightarrow 2\,H_2O\,(g)$$

109. 프로페인 기체(C_3H_8)는 아래 균형 반응식에 따라 산소와 반응한다.

$$C_3H_8\,(g) + 5\,O_2\,(g) \rightarrow 3\,CO_2\,(g) + 4\,H_2O\,(g)$$

a. 15.0몰의 프로페인으로부터 물 몇 몰이 생성될 수 있는가?

b. 15.0몰의 프로페인으로부터 이산화 탄소 몇 몰이 생성될 수 있는가?

c. STP에서, 15.0몰의 프로페인으로부터 몇 L의 CO_2가 생성될 수 있는가?

d. 이 반응에서 더 많은 몰수의 기체가 생성되는가, 소모되는가?

110. Born-Haber 공정을 사용하면, 질소 기체와 수소 기체로부터 암모니아(NH_3)를 만들 수 있다.

$$3\,H_2\,(g) + N_2\,(g) \rightarrow 2\,NH_3\,(g)$$

이 반응에서

a. 15몰의 수소와 반응하는 데 필요한 질소는 몇 몰인가?

b. 15몰의 수소로부터 생성될 수 있는 암모니아는 몇 몰인가?

c. 800 K와 4.00 atm에서, 15.0몰의 수소로부터 생성될 수 있는 암모니아는 몇 L인가?

d. 밀폐된 용기에서 이 반응이 오른쪽으로 진행되면 용기 내부의 압력은 증가하는가, 감소하는가? 그 이유를 말하시오.

111. 천연가스(CH_4)는 아래 반응식에서와 같이, 산소 중에서 연소된다. 298 K에서 2.1기압의 CH_4가 들어 있는 1.0 L의 실린더의 주된 용도는 휴대용 스토브이다.

$$CH_4\,(g) + 2\,O_2\,(g) \rightarrow CO_2\,(g) + 2\,H_2O\,(g)$$

a. 실린더에는 몇 몰의 CH_4가 들어 있었는가?

b. 이 양의 CH_4와 반응하려면, 몇 몰의 산소 기체가 있어야 하는가?

c. 이 반응에서 생성되는 물은 몇 몰인가?

d. 이 반응에서 생성되는 이산화 탄소는 몇 g인가?

112. 음료를 탄산화하면 이산화 탄소가 물과 반응하여 탄산이 생성된다. 탄산은 청량음료에 쓴맛을 내는데, 이 쓴맛은 다량의 설탕과 균형을 이루게 된다. 시간이 지남에 따라 탄산은 이산화 탄소와 물로 다시 전환된다.

$$H_2CO_3\,(aq) \rightarrow H_2O\,(l) + CO_2\,(g)$$

이 반응에서, 표준 온도 압력에서 2.0 g의 H_2CO_3로부터 몇 L의 CO_2가 생성될 수 있는가? (표준 온도 압력은 273 K, 1.0 기압이다.)

113. 포도당 발효는 다음 반응을 통해 이루어진다.

$$C_6H_{12}O_6\,(aq) \rightarrow 2\,C_2H_6O\,(aq) + 2\,CO_2\,(g)$$

2.05 g의 $C_6H_{12}O_6$를 온도가 200℃이고, 부피가 5.0 L인 밀폐 용기에 넣었다. 이 반응이 끝나면, 용기 안의 이산화 탄소로부터 나오는 압력은 얼마인가?

114. 암모니아(NH_3)는 무색의 기체로, 악취가 난다. 암모니아의 응용 범위는 청소용품에서부터 비료까지다. 그것은 많은 공업용 화학 물질과 소비재 생산을 위한 구성 요소다. 예를 들어 질산 제조의 첫 단계에서는 암모니아 기체와 산소 기체가 반응하여 일산화 질소와 물을 생성한다. 반응식은 다음과 같다.

$$4\,NH_3\,(g) + 5\,O_2\,(g) \rightarrow 4\,NO\,(g) + 6\,H_2O\,(g)$$

a. 이러한 반응이 밀폐된 용기 안에서 일어나고 용기 내부의 온도가 일정하게 유지된다면, 용기 내부의 압력은 증가하는가, 감소하는가? 그 이유를 말하시오.

b. 170 g의 NH_3가 이렇게 반응한다면, H_2O 몇 g이 생성될 수 있는가?

c. 170 g의 NH_3가 이렇게 반응한다면, H_2O 몇 L가 생성될 수 있는가? 주어진 온도는 373 K, 압력은 1.00기압이다.

115. 옥테인은 가솔린의 성분으로, 다음 반응식에 따라 연소한다.

$$2\ C_8H_{18}\ (l) + 25\ O_2\ (g) \rightarrow 16\ CO_2\ (g) + 18\ H_2O\ (g)$$

옥테인은 화학식량이 114.26 g/mol이고, 밀도가 0.703 kg/L이다. 표준 온도 압력에서 1 L의 옥테인이 연소하면 몇 L의 이산화 탄소가 발생하는가?

116. 광합성을 하는 동안, 식물은 햇빛을 흡수하고, 이 에너지를 사용하여 이산화 탄소와 물을 단순 당과 산소로 바꾼다. 이 과정은 정확히 연소의 역순이며, 반응식은 다음과 같다.

$$6\ CO_2\ (g) + 6\ H_2O\ (l) \rightarrow C_6H_{12}O_6\ (s) + 6\ O_2\ (g)$$

25°C, 1.00 atm에서 1.00 kg의 $C_6H_{12}O_6$를 생성하려면, 몇 L의 이산화 탄소가 소모되는가?

도전 과제

117. 프로페인 기체는 아래 균형 반응식에 따라 산소와 반응한다.

$$C_3H_8\ (g) + 5\ O_2\ (g) \rightarrow 3\ CO_2\ (g) + 4\ H_2O\ (g)$$

공기 시료에 부피로 21%의 산소가 포함되어 있다고 가정하자. 다음 혼합물 중 어느 것이 프로페인과 산소가 거의 완전히 반응하여 거의 남기지 않고 반응하나?

a. 공기 50%와 프로페인 50%의 혼합물
b. 공기 74%와 프로페인 26%의 혼합물
c. 공기 82%와 프로페인 18%의 혼합물
d. 공기 96%와 프로페인 4%의 혼합물

118. 옥테인은 가솔린의 성분으로, 다음 반응식에 따라 연소한다.

$$2\ C_8H_{18}\ (l) + 25\ O_2\ (g) \rightarrow 16\ CO_2\ (g) + 18\ H_2O\ (g)$$

엔진 사이클에서는 3.2기압의 압력, 450 K의 피스톤 내부 온도에서 C_8H_{18} 0.030 g이 공기 0.30 L와 혼합된다. 스파크 플러그가 가솔린을 폭발시켜 폭발 반응이 일어난다. 이 엔진 사이클에서 생성될 수 있는 CO_2의 질량과 H_2O의 질량은 얼마인가? 공기에 21%의 산소가 포함되어 있다고 가정하자. 이 반응에서 압력을 증가시켜서 피스톤을 밀어내는 방법 두 가지는 무엇인가?

CHAPTER 11

용액

a

그림 11.1 (a) 좋은 커피를 만들기 위해서는 세세한 부분까지 세심한 주의가 필요하다. (계속)

완벽한 커피 한 잔

무엇이 정말 좋은 커피 한 잔을 만들까?

Aaron Blanco에게 이것은 단순한 문제가 아니다. 집착이다. Aaron은 Texas 주 San Antonio에 있는 브라운 커피 회사의 설립자이다. 지난 10년 동안, 그는 커피 제조 과정의 모든 면– 커피 식물 재배에서부터 콩을 굽고 갈아서 완벽한 컵을 만드는 것에 이르기까지–을 탐구해 왔다. 그는 놀라운 커피를 만든다(그림 11.1).

Aaron은 2005년에 사업을 시작했다. 그는 커피숍을 여는 것을 꿈꿨지만, 시작할 자금이 부족했다. 그래서 그는 대신 작은 오븐을 샀고, 갓 볶은 콩을 지역 음식점에 팔기 시작했다. 로스팅은 콩에 작은 모공을 만들어, 물이 내부에 있는 분자들에 도달해서 녹일 수 있게 한다. 로스팅은 또한 복잡한 분자를 더 간단하고 더 맛있는 구조로 분해한다. 그런데 이 작업은 제대로 수행되어야 한다. 즉 너무 적게 가열하면 맛이 제한되고, 너무 많이 가열하면 맛이 없어진다. Aaron은 가열 온도와 시간이 커피의 맛에 어떤 영향을 미치는지를 확인하기 위해, 과학적 방법에 따른 맛의 미묘한 차이를 구분해내고자 하였다.

몇 년 동안 로스팅한 끝에, 그는 드디어 첫 가게를 열었다. 그의 관심은 분쇄 및 추출 공정에 쏠렸다. 즉 콩을 얼마나 곱게 갈아야 하나? 물의 온도가 맛에 어떤 영향을 미치나? 커피 가루 1 g당 필요한 물의 부피는 얼마인가? 물과 커피 가루는 어떻게 섞여야 하나?

Aaron은 사업이 성장함에 따라 초심으로–콩 그 자체로– 돌아왔다. 농부들이 재배하는 열대 커피 식물에는 두 종류가 있다. 첫째, **커피 로부스타**(Coffea robusta)는 어느 고도에서나 잘 자라며, 대규모 농장과 기계화된 수확과정에 매우 적합하다. 로부스타 커피는 쓰지만 싸다. 둘째, **커피 아라비카**(Coffea arabica)는 더 부드럽고 맛있는 커피

그림 11.1 (계속) (b) Aaron Blanco는 커피 로스터와 함께 작업한다. (c) El Salvador의 나무 위에서 익은 커피 체리. (d) 햇볕에 말리는 커피콩. (e) 갓 갈아 만든 커피, 차 우릴 준비 완료 (a) FOOKPHOTO.COM/Shutterstock; (b) Nicholas Lundgaard, Flickr; (c) Guayo Fuentes/Shutterstock; (d) PANDECH/Shutterstock; (e) Tichakorn Malihorm/Shutterstock

를 생산한다. 그러나 높은 고도에서만 잘 자란다. 때문에 Aaron은 아라비카가 잘 자라는 아프리카의 고원지대와 중앙아메리카의 고원지대로 자주 여행을 갔다. Aaron은 해당 지역의 농부들과 만나 토양, 지역 날씨, 농사 기술의 미묘한 차이에 대해 이야기를 나눴다.

Aaron의 열정과 노력이 결실을 맺었다. 2015년에 Aaron은 세 번째 커피숍을 열었고, 그의 커피가 'San Antonio의 최고의 커피'로 인정받았다. 푸드 네트워크의 스타, Alton Brown은 이 커피를 '내 인생 최고의 커피 한잔'이라고 불렀다. 최고의 커피 원두를 찾기 위한 Aaron의 여행은 다큐멘터리 Coffee Hunting: Kenya에서도 소개되었다. "벼락 성공이 찾아오는 데 10년이 걸렸다."고 그는 말한다.

그러면 완벽한 커피 한 잔에 무엇이 들어갈까? Aaron은 아직도 자신이 모르는 것이 많다고 말할 것이다. 커피는 수백 가지 성분이 물에 녹은 복잡한 혼합물이다. 우리가 커피를 완전히 이해할 수는 없겠지만, 용액들이 어떻게 작용하는지를 이해하는 것으로 시작할 수는 있다. 물질은 어떻게 물에 녹나? 용액 내 존재하는 물질의 양을 어떻게 측정하나? 왜 화합물이 다르면 용해도도 다른가? 용액의 성질은 순수한 액체의 성질과 어떻게 다른가?

이 장에서는 이러한 질문들을 살펴볼 것이다. 우리는 용액의 구성 성분을 설명할 것이다. 또한 다른 물질들이 물에 녹을 때 어떻게 작용하는지를 볼 것이다. 우리는 용액에서 일어나는 화학 반응을 살펴볼 것이다. 또한 용액 내 반응의 화학량론 원칙을 적용할 것이다. 자, 커피 한 잔을 따르고, 시작합시다.

학습 목표

이 장을 완료하고 실습 문제를 풀고 나면, 수행할 수 있는 것은 다음과 같다.

11.1 농도 나타내기
- 용액 농도를 퍼센트, ppm, ppb, 몰농도로 계산할 수 있어야 한다.
- 몰, 부피, 몰농도를 상호 변환할 수 있어야 한다.
- 알려진 몰농도의 용액 제조를 정량적으로 기술할 수 있어야 한다.

11.2 전해질 용액
- 수용액에서 전해질의 거동과 비전해질의 거동을 기술할 수 있어야 한다.
- 용액 내 이온의 몰농도를 결정할 수 있어야 한다.
- 어는점, 끓는점, 삼투압의 변화를 용질 농도의 함수로서 정량적으로 기술할 수 있어야 한다.

11.3 용액 내 반응–복습 및 예습
- 수용액에서 일어나는 반응을 분자 반응식과 이온 반응식을 사용하여 기술할 수 있어야 한다.

11.4 용액의 화학량론
- 화학량론의 원리를 적용하여 용액 관련 문제들을 해결할 수 있어야 한다.

11.1 농도 나타내기

커피에 설탕을 넣으면 설탕이 **녹는다**(그림 11.2). 즉 설탕 입자가 커피 전체에 분산되어 균일 혼합물을 생성한다. 이런 종류의 혼합물을 **용액(solution)**이라고 한다. 용해되는 물질(예: 설탕)이 **용질(solute)**이다. 용질을 녹이는 액체가 **용매(solvent)**다.

용액에 존재하는 용질의 양을 **농도(concentration)**라고 한다. 용액에 소량의 용질이 있으면 **묽은**(dilute) 용액이라고 한다. 용액에 다량의 용질이 있다면 **진한**(concentrated) 용액이라고 한다. 용액에 최대량의 용질이 녹아 있으면 **포화**(saturated) 용액이다.

농도를 기술하는 방법에는 여러 가지가 있으며, 각각의 농도에는 각기 다른 용도가 있다. 이 절에서는 퍼센트, 분율, 몰농도의 3가지 일반적인 방법을 살펴볼 것이다.

그림 11.2 설탕이 뜨거운 커피에 용해된다. 용액에서는 용질 입자가 용매 전체에 고르게 분산된다.

퍼센트 농도

질량 백분율과 부피 백분율

용액을 종종 존재하는 용질의 백분율로 설명한다. 이를 위한 한 가지 방법은 **질량 백분율(percent by mass)**이다.

$$\text{질량 \%} = \frac{\text{용질의 질량}}{\text{용액의 질량}} \times 100\%$$

보다 일반적으로는 농도를 **부피 백분율(percent by volume)**로 나타낸다.

$$\text{부피 \%} = \frac{\text{용질의 부피}}{\text{용액의 부피}} \times 100\%$$

용질과 용매가 모두 액체일 때는 부피 백분율을 주로 사용한다. 예를 들어 난로 청소 지침서에는 5% (v/v) 표백제 용액을 사용하도록 나와 있다. 약어 (v/v)가 나타내듯, 용질과 용액을 모두 부피로 측정하는 것이다. 이 용액에서 용질이 차지하는 부피는 전체 용액 부피의 5%이다. 이 용액을 제조하는 방법은 표백제 5 mL에 충분한 물을 첨가하여 100 mL의 용액으로 만드는 것이다.

세척액은 부피 백분율로 제조되는 경우가 많다.

예제 11.1 퍼센트 농도 사용하기

세척액에는 2% (v/v)의 암모니아 수용액이 들어 있다. 이 용액 10 L를 만드는 데 필요한 암모니아의 부피는 얼마인가?

이 문제를 해결하려면, 용액의 부피와 목표 백분율을 부피 백분율 식에 대입한다.

$$2\% = \frac{\text{용질의 부피}}{\text{용액 10 L}} \times 100\%$$

$$0.02 = \frac{\text{용질의 부피}}{\text{용액 10 L}}$$

$$\text{용질의 부피} = 0.2\text{ L 또는 200 mL}$$

도전 문제

1. 어떤 화학자가 5.0 kg의 물에 1.0 kg의 소금을 첨가하여 용액을 만들었다. 이 용액에 들어 있는 소금의 질량 백분율은 얼마인가?

2. 일반 맥주의 알코올 함량은 4.2% (v/v)이다. 16온스 맥주 한 병에 담긴 알코올의 부피(온스와 mL로)를 구하시오.

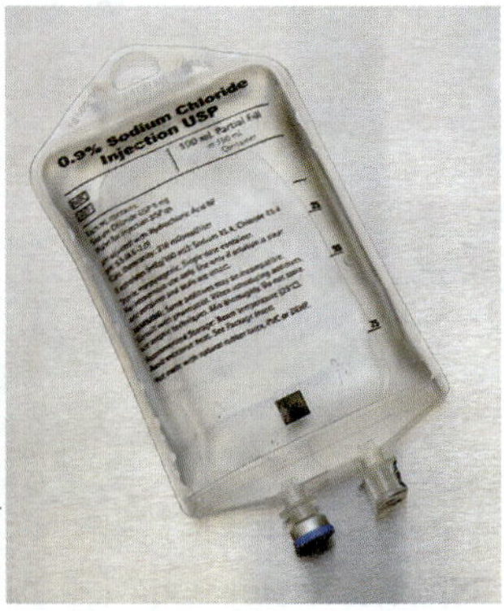

AlteredR/Shutterstock

그림 11.3 일반 식염수는 링거 팩에 사용된다. 그 농도는 0.9% (m/v)이다.

수용액의 경우, 질량/부피 %란 100 mL당 용질의 g수를 말한다.

질량/부피 백분율

용질이 고체일 때는 농도를 주로 **질량/부피 퍼센트(mass/volume percent)**로 나타낸다.

$$\text{질량/부피 \%} = \frac{\text{용질의 질량}}{\text{용액의 부피}} \times 100\%$$

이것을 '% (m/v)'라고 쓰는데, 자주 사용하는 단위는 g/mL이다. 예를 들어 정맥 주사용 식염수의 농도는 0.9% (m/v)이다. 이것은 용액 100 mL당 소금이 0.9 g 존재한다는 의미이다(그림 11.3).

바닷물의 염분 농도는 일반 식염수보다 높다. 일반적으로 바닷물의 염분 농도는 약 3.5% (m/v)이다. 이는 여전히 포화 농도와는 거리가 멀다. 중동 사해의 염분 농도는 약 34% (m/v)이다. 그림 11.4를 참조하라.

NickolayV/Shutterstock

그림 11.4 사해를 따라 소금이 퇴적되어 있다. 사해의 염분 농도는 약 34% (m/v)이다.

예제 11.2 퍼센트 농도 사용하기

일반 식염수의 농도는 0.90% NaCl(g/mL)이다. 일반 식염수 0.50 L를 만드는 데 필요한 염화 소듐은 몇 g인가?

퍼센트(백분율)는 백(100)의 분율(fraction)임을 기억하라. 따라서 용액이 0.90% (g/mL)라면, 100 mL당 0.90 g 또는 L당 9.0 g이 있음을 의미한다.

$$0.90\%\ (\text{g/mL}) = \frac{0.90\ \text{g}}{100\ \text{mL}} = \frac{9.0\ \text{g}}{\text{L}}$$

필요한 NaCl의 전체 질량을 구하기 위해, 필요한 용액의 부피에 곱할 것은 부피에 대한 g의 비다. 따라서 최종 답은 4.5 g의 NaCl이 된다.

$$0.50\ \cancel{\text{L}} \times \frac{9.0\ \text{g NaCl}}{\cancel{\text{L}}} = 4.5\ \text{g NaCl}$$

이 문제에 대한 또 다른 접근 방식은 비례식을 설정하는 것이다.

$$\frac{9.0 \text{ g NaCl}}{1 \text{ L}} = \frac{x}{0.50 \text{ L}}$$

$$x = 4.5 \text{ g NaCl}$$

도전 문제

3. 15.0% KCl (m/v) 용액 100 mL에 존재하는 염화 포타슘의 질량은 얼마인가? 이 용액을 3.0% (m/v)로 묽게 하려면 물을 얼마나 더 넣어야 하는가?

매우 묽은 용액: ppm과 ppb 단위

깨끗한 물은 지극히 중요하다. 급수 내에 독성 물질이 있다면, 매우 묽은 양으로 존재하는 경우라 하더라도 광범위한 건강 문제를 야기하거나 생태계에 급격한 영향을 미칠 수 있다. 예를 들면 제약 화합물, 화장품, 살충제, 플라스틱 용기의 구성 성분이 강, 개울, 저수지로 유입되어, 이것들을 마시는 야생동물과 인간을 위험에 빠뜨린다(그림 11.5). 그래서 정부 기관과 감시 단체는 호수와 개울 내 오염 물질 수치를 면밀히 감시한다. 표 11.1은 식수 내 화학 오염

Chatchawal Phumkaew/Shutterstock

그림 11.5 물을 모니터링하는 것은 사람과 생태계의 건강을 보호하는 데 도움이 된다. 이 화학자는 오염 물질을 분석하기 위하여 개울에서 물 시료를 수집하고 있다.

표 11.1 미국 식수에서 모니터링되는 오염 물질들

오염 물질	원천	건강 영향	식수의 최대 농도(mg/L)
폴리염화비페닐(PCB)	매립지 유출 사고	생식 및 신경계 장애, 암 위험 증가	5×10^{-4}
다이옥신(2,3,7,8-TCDD)	폐기물 소각 배출, 화학 공장 배출	생식 장애, 암 위험 증가	3×10^{-8}
질산염	비료 사용 유출, 정화조 유출, 하수구 침식, 자연 퇴적물 침식	6개월 미만 영유아의 중병	10
수은	자연 퇴적물의 침식, 정유 및 공장 배출, 매립지 및 농작물 유출	신장 손상	2×10^{-3}
아트라진	제초제 유출	심혈관 및 생식 문제	3×10^{-3}

출처: 미국 환경 보호청(www.epa.gov)의 데이터

물질들의 최대 허용 수준을 요약해 놓은 것이다.

매우 묽은 농도는 주로 **백만분의 일(ppm)** 또는 **십억분의 일(ppb)**의 단위로 나타낸다. 예를 들면 연못에 용액 백만 g당 질산염이 1 g 들어 있다면, 그 농도를 백만분의 1 또는 1 ppm으로 설명한다. 수학적으로 ppm을 계산할 때 사용하는 식은 다음과 같다.

$$\text{농도(ppm)} = \frac{\text{용질의 질량}}{\text{용액의 질량}} \times 10^6$$

10억분의 1, 즉 ppb를 사용하여 더 작은 농도를 나타낸다. 관계식도 비슷하다.

$$\text{농도(ppb)} = \frac{\text{용질의 질량}}{\text{용액의 질량}} \times 10^9$$

묽은 수용액의 경우,
1 mg/L = 1 ppm
1 μg/L = 1 ppb

ppm 또는 ppb 계산할 때에는 어떠한 질량의 단위도 사용할 수 있지만, 용질 및 용액의 단위는 반드시 같아야 한다. 정의에 따르면, 4°C에서 순수한 물 1 L의 질량은 정확히 1 kg이다. 이러한 조건에서 1 ppm은 용액 1 L당 **1 mg**의 용질을 의미한다. 마찬가지로 1 ppb는 용액 1 L당 **1 μg**의 용질을 의미한다. 예제 11.3은 이 원리를 보여 준다.

1 μg = 10^{-6} g이므로, 45 μg은 45 × 10^{-6} g으로 쓸 수 있다. 이것은 적절한 과학적 표기법은 아니지만, 간단히 μg을 g으로 변환할 수 있는 방법이다.

예제 11.3 ppm 농도와 ppb 농도

프탈레이트는 플라스틱의 유연성과 내구성을 증가시키는 화합물의 한 부류이다. 이 화합물들은 서서히 플라스틱 제품으로부터 빠져나와 수로를 오염시킬 수 있다. 최근 연구에서 과학자들은 유럽의 한 폐수 처리 공장에서 추출한 시료에 용액 1 L당 약 45 μg의 프탈레이트가 들어 있었다는 것을 알아내었다. 이 화합물의 농도는 ppm 단위로, ppb 단위로 얼마인가? (용액의 밀도는 4°C에서 순수한 물의 밀도와 같다고 가정하라.)

이 문제를 해결하기 위해 용액의 질량과 용질의 질량을 모두 g 단위로 표현해 보자. 45 μg = 45 × 10^{-6} g이고, 물 1 L의 질량은 1 kg, 즉 1,000 g이다.

$$\text{농도(ppm)} = \frac{45 \times 10^{-6}\ \cancel{\text{g}}}{1{,}000\ \cancel{\text{g}}} \times 10^6 = 0.045\ \text{ppm}$$

$$\text{농도(ppb)} = \frac{45 \times 10^{-6}\ \cancel{\text{g}}}{1{,}000\ \cancel{\text{g}}} \times 10^9 = 45\ \text{ppb}$$

따라서 수용액 1 L당 45 μg의 용질은 45 ppb다.

도전 문제

4. 1999년에 과학자들은 New Jersey 주 Atlantic City 근처 쓰레기장의 지하수에서 다이아제팜(발륨)의 농도가 40 ppb였다고 보고하였다. 이 농도에서, 이 폐수 100 L의 시료에 존재하는 다이아제팜은 몇 mg인가?

5. 0.500 kg의 물 시료에 14.3 μg의 오염 물질이 들어 있다. 오염 물질의 농도는 ppb로 얼마인가? % g/mL 단위로는 얼마인가?

몰농도

많은 일반적인 측정의 경우, 용질의 질량이나 부피에 기초한 농도가 유용하다. 그러나 화학 반응을 설명할 때에는 흔히 소모되거나 생성되는 물질의 **몰**(mole)수에 관심을 갖는다. 이런 경우, 농도를 몰로 빠르게 변환하는 것이 도움이 된다. 이러한 이유로, 화학자들이 종종 사용하는 농도가 용액 1 L당 용질의 몰수인 **몰농도(molarity, M)**이다.

$$몰농도(M) = \frac{용질의\ 몰수}{용액의\ L수}$$

일반적으로 이것을 축약된 형태로 쓰면 다음과 같다.

$$M = \frac{몰수}{V}$$

여기서 V는 부피로, 단위는 L이다.

몰농도 식을 통해, 농도와 부피가 주어지면 존재하는 몰수를 구할 수 있다. 몰농도는 몰/L이므로, 식을 다시 정렬하면 몰수를 구할 수 있다.

$$몰수 = MV$$

예제 11.4와 예제 11.5는 이것을 설명한다.

sulit.photos/Shutterstock

산이나 염기를 포함한 수용액 제조 시, 성분과 농도를 모두 라벨링(labelling) 해놓는 것이 중요하다.

예제 11.4 몰농도 계산하기

어떤 수용액 9.41 L에는 412.3 g의 염화 포타슘이 녹아 있다. 이 용액의 몰농도는 얼마인가?

이 문제를 해결하려면, 먼저 KCl의 양을 g에서 몰로 변환해야 한다. KCl의 몰질량은 74.55 g/mol이다. 따라서 다음과 같이 쓸 수 있다.

$$412.3\ \cancel{g\ KCl} \times \frac{1\ mol\ KCl}{74.55\ \cancel{g\ KCl}} = 5.531\ moles\ KCl$$

이제, 몰농도를 구할 수 있다.

$$몰농도 = \frac{용질의\ 몰수}{용액의\ L수} = \frac{5.531\ mol\ KCl}{9.41\ L} = 0.588\ M\ KCl$$

예제 11.5 몰농도와 부피로부터 몰수 구하기

6.0 M HCl 시료 250 mL에 들어 있는 HCl의 몰수는 얼마인가?

이 질문에 답하려면, 먼저 부피를 L로 변환한다(250 mL = 0.250 L). 그런 다음, 앞에 주어진 관계식을 사용하여 풀면 다음과 같다.

$$몰수 = MV = \left(6.0\frac{mol}{\cancel{L}}\right)(0.250\ \cancel{L}) = 1.5\ moles$$

몰농도는 농도를 설명하는 데 있어 중요하고 유용한 도구이다. 계속하기 전에 다음 문제를 풀어보길 추천한다.

도전 문제

6. 어떤 용액 2.4 L에는 염화 칼슘 23.9 g이 들어 있다. 이 용액에 들어 있는 염화 칼슘의 몰농도는 얼마인가?

7. 1.2 M $AgNO_3$ 수용액 15.0 mL에 존재하는 질산 은은 몇 몰인가?

알려진 몰농도의 용액 제조하기

질문은 다음과 같다. 1.0몰의 설탕을 1.0 L의 물에 녹인다면, 1.0 M 용액이 될까? 꼭 그렇지는 않다. 설탕도 공간을 차지한다. 따라서 혼합 후 용액의 부피는 1.0 L를 조금 초과할 것이다. 용액은 거의 1.0 M이지만, 정확히는 아니다. 그렇다면 어떻게 정확한 몰농도의 용액을 제조할 수 있을까? 화학자들은 보통 아래 3단계 절차를 사용한다(그림 11.6).

1. 원하는 용질의 양을 측정하여 부피 플라스크(이 플라스크는 부피 정밀 측정용으로 목이 길고 가늘다)에 넣는다.
2. 플라스크에 용매를 일부 채우고, 용질이 완전히 녹을 때까지 섞는다.
3. 정확한 부피에 도달할 때까지 용매를 천천히 첨가하여 용액을 묽힌다.

이 절차를 따름으로써 용질의 양과 용액의 부피가 모두 정확하게 측정되는 것을 알 수 있다.

그림 11.6 정확한 알려진 농도로 용액을 제조하는 방법. (a) 정확한 용질의 양을 측정한다. (b) 부피 플라스크를 부분적으로 채우고, 고체가 녹을 때까지 섞는다. (c) 정확한 부피까지 천천히 용매를 채워넣는다.

도전 문제

8. 법의학 연구실에서 작업할 때, 1.40 M 수산화 소듐 수용액 2.00 L를 제조할 필요가 생겼다. 이를 위해 몇 g의 수산화 소듐이 있어야 하나? 용액 제조 방법을 설명하시오.

자유아카데미

그림 11.7 오렌지주스 2잔. 두 잔 모두에는 같은 양의 오렌지 원액이 있지만, 오른쪽 주스는 물을 더 넣어 묽게 만들었다.

묽은 용액 제조하기

많은 실험실에서는 산이나 염기와 같은 일반적인 화학 물질을 진한 용액으로 저장하고 있다. 이렇게 하면 공간을 절약할 수 있는 반면, 화학자들은 일상적으로 사용하기 위해 더 묽은 용액이 필요한 경우가 많다. 예를 들면 1.0 M HCl 수용액이 필요한 경우, 12.0 M의 진한 용액으로부터 어떻게 제조하나?

화학자들이 묽은 용액을 제조하는 방법은 진한 용액에 용매를 더 혼합하는 것이다(그림 11.7). 이렇게 하면 용액의 부피는 증가하지만, 용질의 몰수는 **변하지 않는다.** 즉 처음(진한) 용액에 들어 있는 용질의 몰수는 나중(묽은) 용액에 들어 있는 몰수와 같다.

$$\text{처음 몰수} = \text{나중 몰수}$$

용질의 몰수는 몰농도에 부피를 곱한 값과 같다. 따라서 처음 용액과 나중 용액의 몰농도와 부피를 기반으로 이 식을 다시 쓸 수 있다.

$$M_iV_i = M_fV_f$$

여기서 M_i와 V_i는 처음 몰농도와 처음 부피, M_f와 V_f는 나중 몰농도와 나중 부피다.

MV = 몰수

이 관계식을 사용하면, 목표 농도의 묽은 용액을 만들 수 있다. 이는 예제 11.6과 11.7에 설명된 바와 같다.

예제 11.6 묽은 용액 만들기

10.0 M 수산화 포타슘 용액 25.0 mL가 있다. 여기에 물을 가하여 묽은 용액 500.0 mL를 만들고자 한다. 나중 용액의 몰농도를 구하시오.

이 문제를 해결하기 위해, MV(몰농도와 부피) 식을 재정렬하여 나중 몰농도(M_f)에 대해 식을 쓴다. 여기에 값을 대입하면 다음과 같다.

$$M_f = \frac{M_iV_i}{V_f} = \frac{(10.0\ \text{M})(25.0\ \cancel{\text{mL}})}{500.0\ \cancel{\text{mL}}} = 0.500\ \text{M KOH}$$

몰수를 구하기 위해서 부피를 mL에서 L로 변환해야 하지만, 단위들이 서로 소거되기 때문에 부피 단위를 변환하지 않았다는 것을 유의하라.

산성 용액을 희석할 때는 물을 산에 넣는 것이 아니라 적은 양의 산을 천천히 물에 넣는 것이 좋다. 이렇게 해야 용액의 과열과, 뜨겁고 진한 산이 튀는 것을 막을 수 있다.

예제 11.7 묽은 용액 만들기

12.0 M의 진한 HCl 용액으로부터 1.0 M HCl 수용액 180 mL를 제조해야 한다. 진한 HCl 몇 mL가 필요한가?

이 예제에서, 진한 용액의 초기 부피 V_i를 구해야 한다. 관계식을 재정렬하여 V_i를 구하면 다음과 같다.

$$V_i = \frac{M_fV_f}{M_i} = \frac{(1.0\ \cancel{\text{M}})(180\ \text{mL})}{12.0\ \cancel{\text{M}}} = \text{진한 HCl 15 mL}$$

몰농도의 단위들은 소거되어 부피의 단위를 mL에서 L로 변환할 필요가 없다는 것을 유의하라. V_f 부피의 단위로 mL를 사용했다. 따라서 V_i 부피의 단위 또한 mL로 계산된다.

대괄호를 사용하여 농도를 나타내기

화학자들은 때로 대괄호를 사용하여 용질의 농도를 나타낸다. 예를 들어 시료 내 H_2SO_4의 농도를 나타내기 위해 $[H_2SO_4]$라고 쓴다. 이것은 '황산의 농도'를 의미한다. 질산 소듐의 농도가 1.3몰농도라고 말하고 싶다면, $[NaNO_3] = 1.3$ M이라고 쓰면 된다.

도전 문제

9. 7.80 M $MgBr_2$ 용액 30.0 mL가 있다. $[MgBr_2] = 0.50$ M로 묽히고자 한다. 시료를 몇 mL까지 희석해야 하는가?

11.2 전해질 용액

전해질 용액을 복습하려면 5.6절 및 6.5절을 참조하라.

앞 장에서는 물에 있는 이온 결합 화합물 용액에 대해 논의하였다. 기억할 것은 이온 결합 화합물이 물에 녹으면 그림 11.8에서와 같이 **해리**(dissociation), 즉 양이온과 음이온으로 분리된다는 것이다. 이러한 화합물들은 물의 전기 전도도를 증가시킨다. 이 용액을 보통 **전해질 용액(electrolyte solution)**이라고 한다.

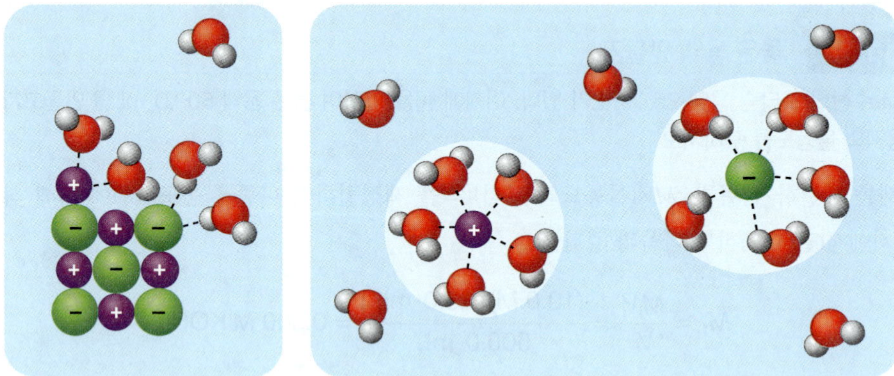

그림 11.8 (a) 이온성 고체가 녹으면 물 분자가 이온들을 고체로부터 떼어내 용액으로 끌어당긴다. (b) 용액에서 양이온은 물 분자의 부분 음전하 말단으로 둘러싸여 있다. 반면에 음이온은 물 분자의 부분 양전하 말단으로 둘러싸여 있다.

공유 결합 화합물은 일반적으로 물에서 이온화되지 않는다. 이에 대한 예외가 수소와 약한 극성 공유 결합을 하는 화합물인 **산**(acid)에서 일어난다. 물에서 이들 결합은 깨져 H^+ 양이온과 음이온성 짝이온을 생성한다.

때로는 해리 또는 이온화 과정을 **이온 반응식**(ionic equation)을 이용하여 나타낸다. 예를 들어 고체 KBr과 기체 브로민화 수소는 둘 다 물에 녹아 이온을 생성한다. 이것을 분자 반응식이나 이온 반응식으로 쓸 수 있다.

분자 반응식: $KBr\ (s) \rightarrow KBr\ (aq)$
$HBr\ (g) \rightarrow HBr\ (aq)$

이온 반응식: $KBr\ (s) \rightarrow K^+\ (aq) + Br^-\ (aq)$
$HBr\ (g) \rightarrow H^+\ (aq) + Br^-\ (aq)$

전해질 농도

1몰의 염화 마그네슘($MgCl_2$)을 충분한 물에 녹여 1리터의 용액을 만들었다고 가정하자. $MgCl_2$의 농도는 1.0 M이다. 그러나 염화 마그네슘은 이온 결합 화합물이어서 물에 녹아 해리된다.

$$MgCl_2\ (s) \rightarrow Mg^{2+}\ (aq) + 2Cl^-\ (aq)$$

1몰/L	→	1몰/L	+ 2몰/L
$MgCl_2$		Mg^{2+}	Cl^-

주목할 것은 고체가 해리될 때 마그네슘 이온 1몰당 염화 이온 2몰이 생성된다는 것이다.

따라서 용액 내 염화 이온의 농도는 마그네슘 이온 농도의 두 배다. 이 용액을 1.0 M 농도의 $MgCl_2$를 가진 것으로 설명할 수 있다. 또는 1.0 M 농도의 Mg^{2+} 이온과 2.0 M 농도의 Cl^- 이온을 가진 것으로도 설명할 수 있다. 두 가지 설명 모두 옳다.

두 번째 예를 들어 보자. 3.5 M 황산 리튬 용액에 들어 있는 리튬 이온과 황산 이온의 농도는 얼마인가? 이온 결합 화합물은 용액에서 분리된다는 것을 기억하고 있어야 한다.

$$Li_2SO_4\,(s) \rightarrow 2\,Li^+\,(aq) + SO_4^{2-}\,(aq)$$

황산 리튬 1몰당 리튬 이온 2몰이 있다는 것에 주목하라. 결과적으로 리튬 이온의 농도는 2×3.5 M, 즉 7.0 M이다. 황산 리튬 1몰에는 단 1몰의 황산 이온이 있으므로, 황산 이온의 농도는 3.5 M이다.

Timolina/Shutterstock

구운 치즈 샌드위치는 두 조각의 빵과 한 조각의 치즈로 만들어진다. 식탁에 있는 모든 사람에게 샌드위치 한 개가 있다면, 모든 사람이 한 조각의 치즈와 두 조각의 빵을 가지고 있다고도 말할 수 있다.

예제 11.8 이온 농도 결정하기

이온 반응식을 써서 인산 암모늄이 물에 녹을 때 생성된 이온들을 나타내시오. 0.928 M 인산 암모늄 용액에 들어 있는 암모늄 이온과 인산 이온의 농도는 얼마인가?

인산 암모늄의 화학식은 $(NH_4)_3PO_4$이다. 이 화합물은 물에 녹아 해리되어 화합물 1단위당 암모늄 이온 3개와 인산 이온 1개를 생성한다.

$$(NH_4)_3PO_4(s) \rightarrow 3\,NH_4^+\,(aq) + PO_4^{3-}\,(aq)$$

화합물 1단위당 암모늄 이온 3개가 생성된다. 따라서 암모늄 이온 농도는 처음 화합물의 3배다.

$$[NH_4^+] = 3 \times 0.928\text{ M} = 2.78\text{ M}$$

화합물 1단위당 1단위의 인산 이온이 생성된다. 따라서 인산 이온 농도는 원래 화합물의 농도와 같다.

$$[PO_4^{3-}] = 1 \times 0.928\text{ M} = 0.928\text{ M}$$

도전 문제

10. 다음 용액에서 해리된 각 이온의 농도를 구하시오.

a. 5.0 M $AlBr_3$ 수용액 **b.** 2.4 M K_2CO_3 수용액 **c.** 7.3 M NH_4Cl 수용액

11. 1.0 M $NaNO_3$ 수용액 0.50 L와 3.2 M $Fe(NO_3)_2$ 수용액 2.40 L를 혼합할 경우, 혼합 용액에 들어 있는 질산 이온은 몇 몰인가? 혼합 용액에 들어 있는 질산 이온의 몰 농도는 얼마인가?

총괄성

총괄성(colligative property)이란 용액에 녹은 입자의 유형에 따라 달라지지 않고, 녹은 입자의 수에 따라 달라지는 용액의 특성이다. 총괄성에는 일반적이고 중요한 3가지–어는점 내림, 끓는점 오름, 삼투압–가 있다.

Krasula/Shutterstock

그림 11.9 눈보라가 칠 때, 소금을 실은 트럭이 도로에 염을 뿌리고 있다. 소금은 물의 어는점을 낮추어 도로 결빙을 막는다.

어는점 내림

날씨가 추워지면, 소금이 실린 트럭을 흔히 볼 수 있다. 이 트럭은 염(salt)을 뿌려 얼음과 눈을 녹인다(그림 11.9). 이것이 유효한 것은 염을 포함한 수용액이 순수한 물보다 어는점이 더

총괄성은 용액에 용해된 입자의 수에 따라 달라진다.

낮기 때문이다. 일반적으로 용질(또는 오염 물질)이 있으면, 액체의 어는점이 낮아진다. 수용액의 이러한 성질을 **어는점 내림(freezing point depression)**이라고 한다.

온도가 낮아지는 정도는 녹은 입자들의 전체 농도에 따라 달라진다. 녹은 입자가 많을수록 어는점은 낮아진다.

그림 11.10은 설탕, 염화 소듐, 염화 칼슘이 들어 있는 물의 어는점을 나타낸 것이다. 각 화합물의 경우, 첨가된 용질의 양이 많아질수록 용액의 어는점이 낮아진다. 그러나 어는점의 변화는 용질에 따라 달라진다. 즉 어는점이 가장 크게 낮아지는 것은 염화 칼슘이고, 가장 작게 낮아지는 것은 설탕이다. 왜 그럴까?

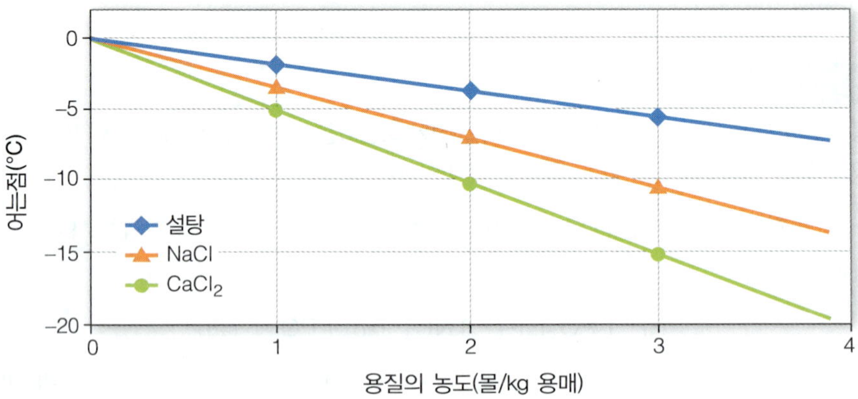

그림 11.10 다양한 농도의 설탕, 염화 소듐, 염화 칼슘 용액의 어는점 비교

Sandra Schramm/Shutterstock

어는점과 녹는점은 동일하다. 이 온도에서 고체와 액체의 상호 변환이 일어난다.

총괄성은 입자의 종류가 아니라 수에 따라 달라진다. 설탕은 비전해질이다. 따라서 이온으로 해리되지 않는다(그림 5.21 참조). 그러므로 1몰의 설탕이 물에 녹으면 1몰의 용질 입자가 존재한다. 그러나 염화 소듐과 염화 칼슘은 모두 전해질이다. 1몰의 염화 소듐은 해리되어 **2몰**의 녹은 입자를 제공한다.

$$NaCl\,(s) \rightarrow Na^{+}\,(aq) + Cl^{-}\,(aq)$$

1몰	→	1몰	+	1몰
NaCl		Na^+		Cl^-

마찬가지로, 1몰의 염화 칼슘은 해리되어 **3몰**의 녹은 입자를 제공한다.

$$CaCl_2\,(s) \rightarrow Ca^{2+}\,(aq) + 2Cl^{-}\,(aq)$$

1몰	→	1몰	+	2몰
$CaCl_2$		Ca^{2+}		Cl^-

vasylshepella/Shutterstock

파스타를 만들 때, 사람들은 물에 소금을 약간 넣는다. 녹은 고체가 물의 끓는점을 높이기는 하지만, 소량의 소금은 눈에 띄는 만큼의 차이를 만들지는 못한다.

염화 칼슘은 더 많은 입자로 해리된다. 따라서 같은 농도에서 설탕이나 염화 소듐보다 물의 어는점을 더 많이 떨어뜨린다. 염화 칼슘이 염화 소듐보다 더 효과적으로 어는점을 떨어뜨려서, 도로 결빙을 녹일 때 선호된다.

끓는점 오름

고체가 녹아 있으면, 액체의 끓는점을 높일 수 있다. 이러한 성질을 통상 **끓는점 오름(boiling point elevation)**이라고 한다. 어는점 내림과 마찬가지로, 이 성질은 존재하는 용질 입자의 수(종류가 아니라)에 따라 달라진다.

그림 11.11 에틸렌 글리콜과 물의 혼합물은 엔진 냉각수로 사용된다. 이 혼합물은 순수한 물보다 어는점이 더 낮고, 끓는점이 더 높다.

어는점 내림과 끓는점 오름을 모두 나타내는 중요한 한 예는 엔진 냉각수로 혼합물을 사용하는 것이다(그림 11.11). 자동차는 액체 냉각수가 있어야만 엔진의 과도한 열을 배출할 수 있다. 반면, 냉각수 라인에 순수한 물을 사용할 경우에는 위험하다. 물은 얼면 팽창하기 때문에, 추운 날씨에는 수도선이 터질 수 있기 때문이다. 이를 방지하기 위해 에틸렌 글리콜(보통 **부동액**(antifreeze)이라고 하는)을 물과 혼합한다. 40%(질량으로) 에틸렌 글리콜 용액의 어는점은 −45℃이다. 또한 에틸렌 글리콜/물 혼합물은 순수한 물보다 끓는점이 높다. 이렇게 하면, 냉각수 라인 내부의 기체 압력이 낮아져서 냉각수가 쉽게 빠져나가지 않고도 엔진이 뜨거운 상태에서도 잘 작동할 수 있다.

예제 11.9 총괄성의 경향 식별하기

3.0 M Na_2CO_3 용액과 2.0 M $AlCl_3$ 용액 중 어느 용액의 어는점이 더 낮은가?

이 문제를 해결하려면, 각 용액에 존재하는 이온의 총 몰수를 알아야 한다. 용액 1 L당 3.0몰의 탄산 소듐이 해리되므로, 총 9.0몰의 이온을 제공한다.

$$Na_2CO_3\,(aq) \rightarrow 2\,Na^+\,(aq) + CO_3^{2-}\,(aq)$$

3몰/L → 6몰/L + 3몰/L
(총 이온 농도: 9몰/L)

마찬가지로 용액 1 L당 4.0몰의 $AlCl_3$ 용액이 해리되므로, 2.0 M $AlCl_3$ 용액의 경우는 총 8.0몰의 이온을 제공한다.

$$AlCl_3\,(aq) \rightarrow Al^{3+}\,(aq) + 3\,Cl^-\,(aq)$$

2몰/L → 2몰/L + 6몰/L
(총 이온 농도: 8몰/L)

Na_2CO_3 용액이 용해된 이온의 농도가 더 크다. 따라서 Na_2CO_3 용액이 $AlCl_3$ 용액보다 어는점이 낮다.

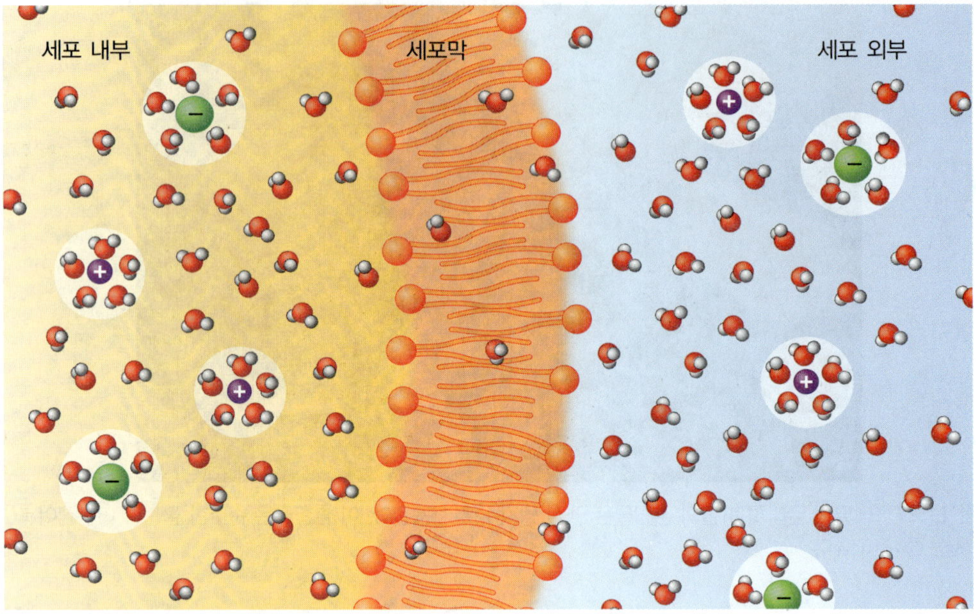

그림 11.12 물 분자는 반투막(예: 세포막)을 통과할 수 있지만, 용해된 이온(예: Na^+와 Cl^-)은 이론적으로 반투막을 통과할 수 없다.

도전 문제

12. 다음 용액 중 어는점이 가장 낮은 것은 어느 것인가? 어는점이 가장 높은 것은 어느 것인가?

a. 2.0 M $MgSO_4$ 수용액 **b.** 2.0 M K_2CO_3 수용액 **c.** 3.2 M NH_4Cl 수용액

삼투압

세포막은 **지질 이중층**(lipid bilayer)이라고 하는, 분자의 얇은 두 층으로 이루어져 있다. 이 세포막은 세포를 둘러싸서 세포의 내용물을 제자리에 고정시킨다. 지질 이중층은 **반투막**(semipermeable membrane)이다. 이것은 물은 막을 앞뒤로 통과할 수 있지만, 대부분의 분자와 이온은 통과할 수 없다는 의미이다(그림 11.12).

막 양쪽의 용액의 용질 농도가 같은 경우라면, 물은 막을 통해 양쪽 방향으로 균일하게 흐른다. 그러나 막 용액의 용질 농도가 한쪽이 더 높은 경우라면, 물은 농도가 더 높은 쪽으로 이동할 것이다. 물이 더 진한 용액 쪽으로 이동하는 이러한 경향을 **삼투압(osmotic pressure)**이라고 한다.

이러한 성질은 실험실에서 합성 막의 양쪽에 순수한 물과 소금물 용액을 놓음으로써 확인할 수 있다(그림 11.13). 시간이 지남에 따라 물은 농도가 더 높은 쪽으로 이동하고, 그 결과 소금물 용액의 부피가 증가한다.

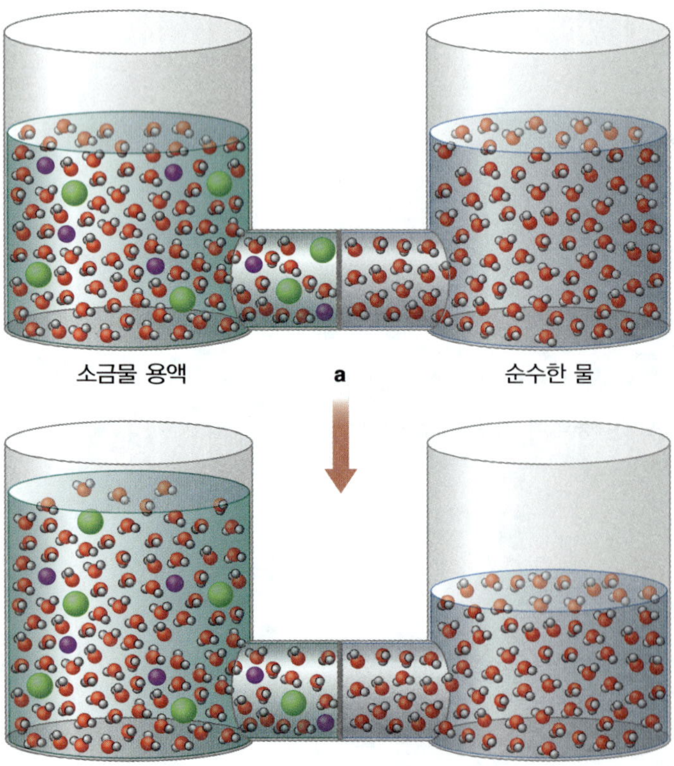

그림 11.13 (a) 순수한 물과 소금물 용액이 반투막으로 분리되어 있다. (b) 물 분자는 막을 통해 용질 쪽으로 흐른다.

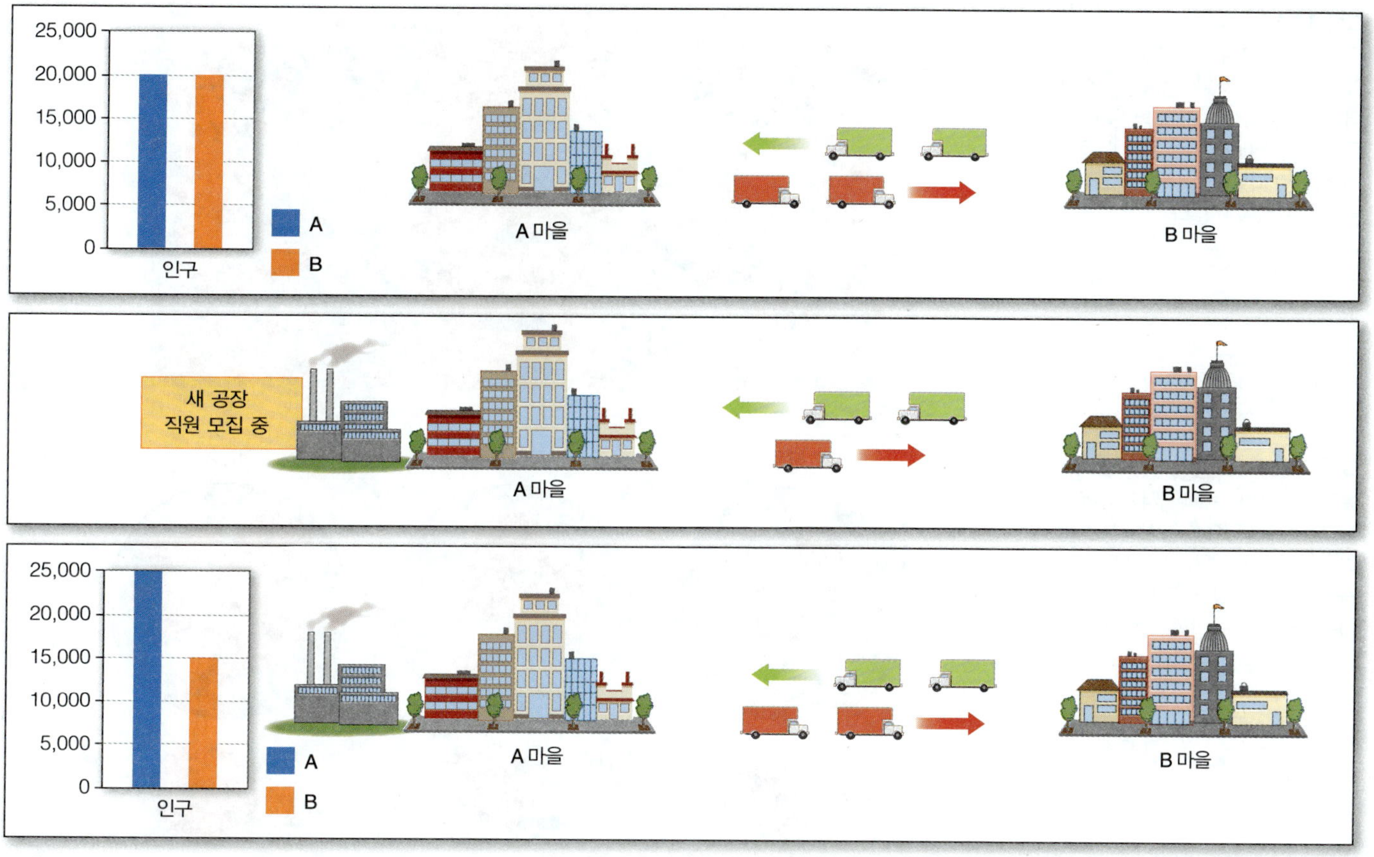

그림 11.14 사람들이 왔다갔다 하는 두 마을의 관점에서 삼투압에 대해 생각해 볼 수 있다. 위 그림: 이 두 마을의 인구는 같고, 사람들은 두 마을 사이를 자유롭게 오간다. 중간 그림: A 마을에 새 공장이 들어섰다. 갑자기 A 마을을 떠나는 사람들은 줄었지만, 사람들이 B 마을을 떠나 A 마을로 계속해서 이사를 온다. 아래 그림: 그 결과, A 마을의 인구는 증가한다. 반면에 B 마을의 인구는 감소한다. 따라서 각 마을로 오가는 사람들의 수는 균형을 이루게 된다.

물은 왜 이렇게 이동할까? 이러한 성질을 이해하는 데 도움이 되도록 비유를 들어 보자. 인구가 같은 두 마을을 상상해 보자(그림 11.14). 두 마을 모두 환경이 좋고, 사람들은 직장 근처에서 살기를 좋아한다. 직업이 있는 사람들은 그대로 머무는 반면, 직업이 없는 사람들은 마을을 왔다갔다 할 수 있다.

마을의 크기가 같고 각 마을의 일자리 수가 같다면, 같은 수의 사람이 마을 A와 B 사이에서 각 방향으로 이동할 것이다. 그러나 새 공장이 A 마을에 들어서면 어떻게 될까? 갑자기 더 많은 사람이 A 마을에서 일자리를 가진다. 따라서 B 마을로 이사하는 사람은 거의 없을 것이다. 반면에 B 마을 사람들은 여전히 A 마을로 이사를 간다. 그 결과, A 마을의 인구는 증가하고, B 마을의 인구는 감소한다.

일자리가 사람들을 마을에 머물게 하는 것과 마찬가지로, 용질 이온은 물 분자와 강하게 상호작용 한다. 그 결과, 그들이 막을 통과하여 이동하는 것을 막는다. 용액의 농도가 더 진할수록 더 적은 '일자리 없는' 물 분자가 막을 통과하여 이동한다. 결과적으로, 두 용액이 막에 의해 분리되어 있는 경우라면, 언제나 물은 더 많은 이온을 가진 용액 쪽으로, 즉 고농도 쪽으로 알짜 이동할 것이다(그림 11.15).

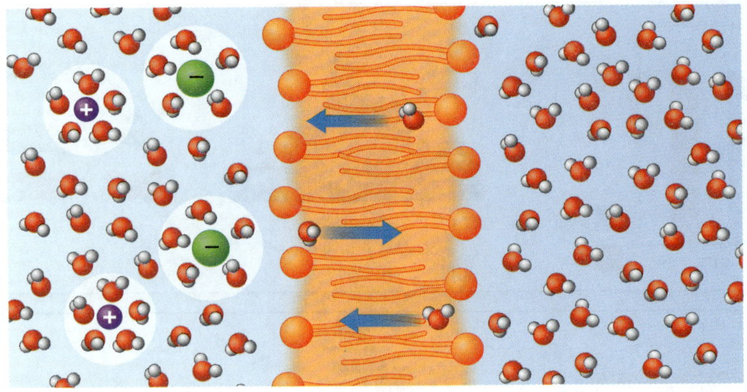

그림 11.15 물은 이온(녹색 공 및 보라색 공) 주위로 모이기 때문에 왼쪽에는 '자유' 물 분자 수가 더 적다. 결과적으로, 물의 알짜 이동은 오른쪽에서 왼쪽으로 이동하게 될 것이다. 따라서 양쪽 자유 물 분자는 균형을 이룬다.

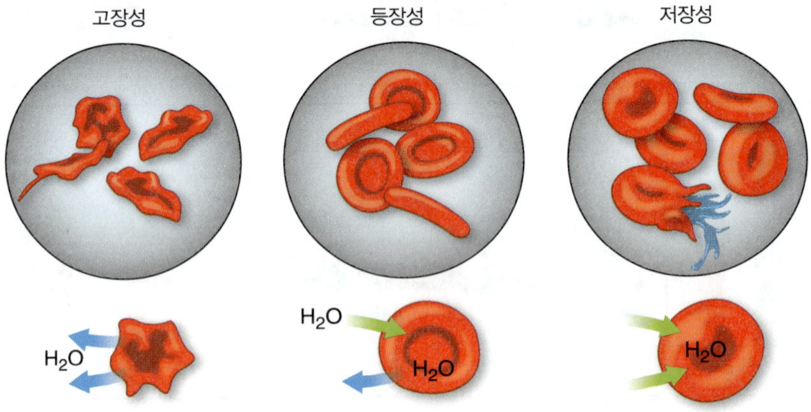

그림 11.16 고장성 용액에서는 물이 세포 밖으로 빠져나가 세포가 쪼그라진다. 저장성 용액에서는 물이 세포 안으로 들어가, 세포가 부풀고 터질 수 있다. 등장성 용액에서는 물이 세포 안팎으로 같은 속도로 드나든다.

인간의 세포와 동물의 세포는 용질 농도와 삼투압에 매우 민감하다. 예를 들어 세포가 용질 농도가 낮은 용액(**저장성**(hypotonic) 용액 또는 저삼투압 용액)에 위치하는 경우, 물이 세포 안으로 이동한다. 그 결과, 세포들이 부풀어 오르고 터질 수 있다.

반면에, 세포가 고농도(**고장성**(hypertonic) 용액 또는 고삼투압 용액)에 위치하는 경우, 물이 세포 밖으로 흘러나온다. 그 결과, 세포들은 쪼그라들어 건포도처럼 된다. 이상적인 것은 세포 외부의 용액은 **등장성**(isotonic)이다. 즉 농도가 세포 내부의 농도와 같은 경우이다(그림 11.16).

이 원칙의 중요한 응용은 정맥 주사(IV) 수액이다(그림 11.17). 병원에서는 링거액을 사용하여 환자의 수분을 유지하거나 약을 투여한다. 그러나 순수한 물을 정맥 주사에 사용하는 것은 치명적일 수 있다. 그 결과 발생하는 저장성 혈류가 적혈구를 부풀게 하고 터지게 할 수 있기 때문이다.

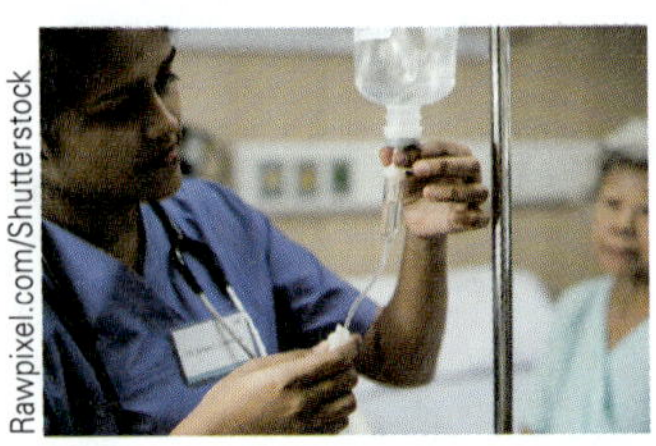

Rawpixel.com/Shutterstock

그림 11.17 정상 식염수와 세포의 삼투압은 등장성이다.

예제 11.10 삼투압

1.0 M NaCl 수용액과 1.0 M $CaCl_2$ 수용액이 그림과 같이 반투막으로 분리되어 있다. 어떤 용액의 삼투압이 더 높은가? 물이 흐르는 방향은 NaCl 용액 쪽인가, $CaCl_2$ 용액 쪽인가?

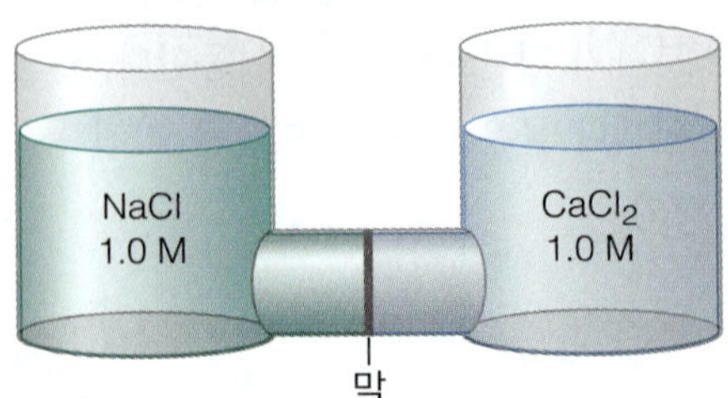

예제 11.9에서와 같이, 이 문제를 해결하기 위한 열쇠는 용해된 이온의 총 농도를 식별하는 것이다.

1.0 M NaCl: $[Na^+] = 1.0\ M$ $[Cl^-] = 1.0\ M$. 총 이온 농도: [2.0 M]

1.0 M $CaCl_2$: $[Ca^{2+}] = 1.0\ M$ $[Cl^-] = 2.0\ M$. 총 이온 농도: [3.0 M]

$CaCl_2$ 용액의 총 이온 농도가 더 높다. 따라서 삼투압이 더 높다. 물이 흐르는 방향은 $CaCl_2$ 용액 쪽이다.

도전 문제

13. 1.0 M 아세트산 마그네슘 용액과 2.0 M 아세트산 소듐 용액 중 어느 용액의 삼투압이 더 높은가?

11.3 용액 내 반응–복습 및 예습

6장에서는 수용액에서 발생하는 일반적인 유형의 반응을 살펴보았다. 다음 단계로 넘어가기 전에 이러한 반응 유형을 간략히 복습하고, 용액에서 발생하는 다른 유형의 반응(금속 치환 반응)을 미리 살펴보자.

그림 11.18 은 이온과 염화 이온이 결합하면 흰색 침전이 생성된다.

침전 반응

침전 반응(precipitation reaction)에서는 두 용액이 합해져서 하나의 고체 생성물이 생성된다. 예를 들어 질산 은 수용액이 염화 포타슘 수용액과 반응하면 흰색 고체인 염화 은이 생성된다(그림 11.18).

$$AgNO_3\ (aq) + KCl\ (aq) \rightarrow AgCl\ (s) + KNO_3\ (aq)$$

이 반응의 원동력은 침전물 생성에 기인한다. 이온 반응식을 사용하여 이 반응을 표현할 수도 있다.

$$Ag^+\ (aq) + NO_3^-\ (aq) + K^+\ (aq) + Cl^-\ (aq) \rightarrow AgCl\ (s) + K^+\ (aq) + NO_3^-\ (aq)$$

위의 반응식에서 침전 이온들과 침전물은 빨간색으로 나타내었다. 다른 이온인 포타슘 이온과 질산 이온은 변화가 없다. 이들을 **구경꾼 이온**(spectator ion)이라고 한다. 알짜 이온 반응식에는 구경꾼 이온이 없다. 즉 알짜 이온 반응식은 반응과 직접 관련된 이온만을 보여 준다. 이 반응의 알짜 이온 반응식은 다음과 같다.

$$Ag^+\ (aq) + Cl^-\ (aq) \rightarrow AgCl\ (s)$$

이온 용해도(표 6.3 참조)가 침전 생성 여부를 결정한다.

침전 반응은 생성된 생성물의 용해도에 따라 달라진다. 두 이온이 결합하여 물에 불용성인 생성물을 생성할 수 있다면, 침전 반응이 일어날 것이다. 많은 이온 결합 화합물의 용해도는 6장에 나와 있다(표 6.3과 그림 6.18 참조). 이것들은 침전 반응이 일어날지, 아닐지를 결정하는 데 유용한 참조 자료이다.

산–염기 중화 반응

산-염기 중화 반응(acid-base neutralization reaction)에서는 산이 수산화 염기와 결합하여 물과 이온 결합 화합물(**염**(salt)이라고 함)을 생성한다. 예를 들어 염산이 수산화 마그네슘과 반응하면 물과 염화 마그네슘이 생성된다.

$$2\ HCl\ (aq) + Mg(OH)_2\ (aq) \rightarrow 2\ H_2O\ (l) + MgCl_2\ (aq)$$

중화 반응의 원동력은 물의 생성이다. 중화 반응과 침전 반응은 모두 이중 치환 반응의 예다. 산의 다른 반응들은 12장에서 논의할 것이다.

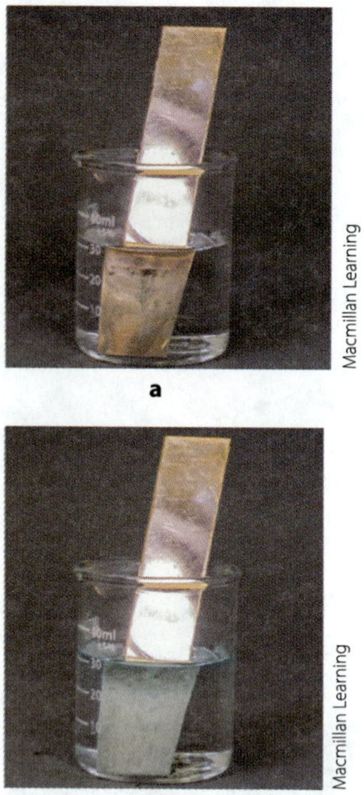

그림 11.19 (a) 구리 원소를 질산 은 용액에 넣으면, (b) 금속 치환 반응이 일어나, 은 원소가 구리 표면에 코팅된다.

금속 치환 반응

금속 치환 반응(metal displacement reaction)에서는 한 금속의 이온이 있는 용액이 원소 형태의 다른 금속과 반응한다. 예를 들면 구리 금속이 질산 은과 반응하면 질산 구리와 은 원소가 생성된다(그림 11.19).

분자 반응식: $Cu\ (s) + 2\ AgNO_3\ (aq) \rightarrow Cu(NO_3)_2\ (aq) + 2\ Ag\ (s)$

알짜 이온 반응식: $Cu\ (s) + 2\ Ag^+\ (aq) \rightarrow Cu^{2+}\ (aq) + 2\ Ag\ (s)$

이러한 반응들은 단일 치환 반응의 예다. 이러한 단일 치환 반응은 14장에서 좀 더 자세히 설명할 것이다.

도전 문제

14. 다음 반응의 생성물을 예측하시오. 필요하면 표 6.3과 그림 6.18을 참조하시오.

$$Pb(NO_3)_2\ (aq) + MgCl_2\ (aq) \rightarrow$$

$$H_3PO_4\ (aq) + 3\ NaOH\ (aq) \rightarrow$$

11.4 용액의 화학량론

7장에서는 균형 반응식을 사용하여 '얼마나?'라는 질문에 답했다. 대부분의 화학량론 문제에서 첫 번째 단계는 주어진 양을 몰로 변환하는 것이다. 용액을 다룰 때 일반적으로 알고 있는 것은 용액의 농도와 부피다. 이것으로부터 존재하는 용질의 몰수를 구할 수 있다.

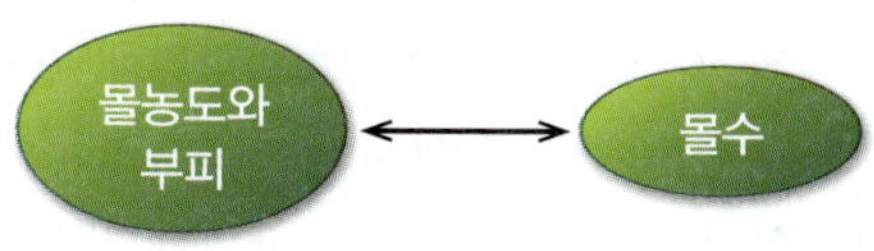

이 작업을 일단 완료하면, 화학 반응에서 소모되거나 생성되는 화학종의 몰수를 예측할 수 있다. 예제 11.11을 먼저 살펴보자.

예제 11.11 용액의 화학량론

은과 염화 이온은 다음 알짜 이온 반응식과 같이 반응한다. 이 반응에 기초하면, 0.0023 M 염화 이온을 포함한 용액 10.0 mL가 과량의 Ag^+와 반응할 때, 생성되는 AgCl 침전은 몇 g인가?

$$Ag^+\ (aq) + Cl^-\ (aq) \rightarrow AgCl\ (s)$$

이 문제에서는 염화 이온의 부피와 몰농도가 주어졌다. 문제를 해결하려면, 먼저 존재하는 염화 이온의 몰수를 구해야 한다.

$$\text{부피(염화 이온)} = 10.0\ mL = 0.0100\ L$$

$$\text{몰수(염화 이온)} = MV = \left(0.0023\ \frac{\text{mol}}{\cancel{\text{L}}}\right)(0.0100\ \cancel{\text{L}}) = 2.3 \times 10^{-5}\ \text{moles Cl}^-$$

일단 Cl^-의 몰수가 구해지면 AgCl의 몰수, 그다음 균형 반응식을 이용하여 AgCl의 g수를 연관시킬 수 있다.

$$2.3 \times 10^{-5}\ \cancel{\text{mol Cl}^-} \times \frac{1\ \cancel{\text{mole AgCl}}}{1\ \cancel{\text{mole Cl}^-}} \times \frac{143.32\ \text{g AgCl}}{1\ \cancel{\text{mole AgCl}}} = 3.3 \times 10^{-3}\ \text{g AgCl}$$

도전 문제

15. 칼슘 이온과 탄산염 이온은 침전 반응으로 결합한다. 알짜 이온 반응식은 다음과 같다. 0.0015 M Ca^{2+}를 포함한 용액 25.0 mL가 과량의 탄산염과 반응할 경우, 몇 g의 $CaCO_3$가 생성되는가?

$$Ca^{2+}(aq) + CO_3^{2-}(aq) \rightarrow CaCO_3(s)$$

중량 분석

용액의 이온 농도를 구하기 위해 화학자들이 사용하는 기술에는 **중량 분석(gravimetric analysis)**이 있다. 이 기술에서는 침전의 질량을 사용하여 반응물의 농도를 결정할 수 있다.

예를 들어 어떤 화학자가 용액 내 아이오딘화 이온의 농도를 구해야 한다고 가정하자. 어떻게 구할 수 있을까? 아이오딘화 이온이 납(II) 이온과 반응하여 불용성 침전인 아이오딘화 납을 생성한다는 것을 참고삼자.

$$Pb^{2+}(aq) + 2\,I^-(aq) \rightarrow PbI_2(s)$$

즉, 소량의 I^- 미지 용액을 취하여 과량의 Pb^{2+} 용액과 혼합하면, 침전물이 형성된다. 이제 그 침전물을 거른 다음, 건조시킨다. 침전물의 질량으로부터 수용액 상에 존재하는 아이오딘화 이온의 몰수를 구할 수 있고, 이로부터 초기 용액의 농도를 구할 수 있다. 관련되어, 그림 11.20과 예제 11.12를 참고하라.

그림 11.20 중량 분석의 4단계 절차

예제 11.12 중량 분석

용액 내 황산 이온(SO_4^{2-})의 농도는 염화 바륨과의 침전 반응을 이용하여 구할 수 있다. 이 반응의 알짜 이온 반응식은 다음과 같다.

$$Ba^{2+}(aq) + SO_4^{2-}(aq) \rightarrow BaSO_4(s)$$

황산 소듐 수용액이 든 대형 통 안의 황산 이온 농도를 측정해야 하는 과제가 주어졌다고 하자. 통에서 0.200 L의 시료를 측정하여 과량의 염화 바륨과 반응시킨다. 반응 결과, $BaSO_4$가 침전으로 생성된다. 이것을 주의 깊게 거르고 건조시킨다. $BaSO_4$ 침전의 질량은 0.309 g이다. 통 안의 황산 이온 농도는 몇 M인가?

이 문제는 $BaSO_4$의 질량 값을 주고 통 안의 SO_4^{2-}의 농도를 계산하는 문제다. 이를 위해 $BaSO_4$의 g수를 몰수로 변환시킨 다음, SO_4^{2-}의 몰수와 관련짓고, 그다음에 농도를 구해야 한다.

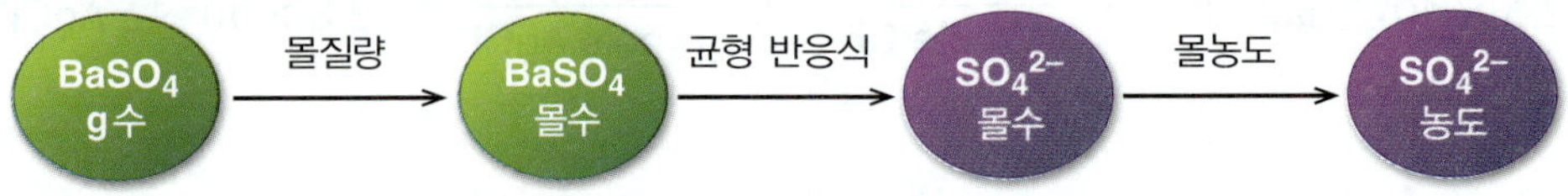

먼저 $BaSO_4$의 g수를 몰수로 변환시킨 다음, SO_4^{2-}의 몰수로 변환시킨다.

$$0.309 \text{ g BaSO}_4 \times \frac{1 \text{ mole BaSO}_4}{233.39 \text{ g BaSO}_4} \times \frac{1 \text{ mole SO}_4^{2-}}{1 \text{ mole BaSO}_4} = 1.32 \times 10^{-3} \text{ moles SO}_4^{2-}$$

이것은 0.200 L 시료에 존재하는 황산 이온의 몰수이다. 따라서 이제 몰농도를 계산할 수 있다.

$$\text{몰농도(M)} = \frac{1.32 \times 10^{-3} \text{ mol}}{0.200 \text{ L}} = 6.60 \times 10^{-3} \text{ M}$$

도전 문제

16. 물 시료 내 납(II)의 농도를 구하는 방법은 납(II) 이온과 크로뮴산 칼륨(K_2CrO_4) 용액을 침전 반응시켜 보는 것이다. 반응식은 다음과 같다.

$$Pb^{2+}(aq) + K_2CrO_4(aq) \rightarrow PbCrO_4(s) + 2\,K^+(aq)$$

제조 공정의 폐기물 내의 납(II) 농도를 구하는 것이 해결해야 할 과제이다. 따라서 폐기물 내 1.00 L의 시료를 과량의 K_2CrO_4와 반응시켰다. 그 결과, 침전의 질량이 34.1 mg이었다. 폐수 내 Pb^{2+}의 농도는 얼마인가?

고급 화학량론 문제

여러 장에 걸쳐 화학량론을 탐구하면서 양과 관련된 다양한 정보를 얻기 위한 전략을 개발했다. 몰은 이러한 변환의 모든 중심에 있다. 화학의 대부분 문제에는 몰수로의 변환 과정이 한 단계 이상 포함된다.

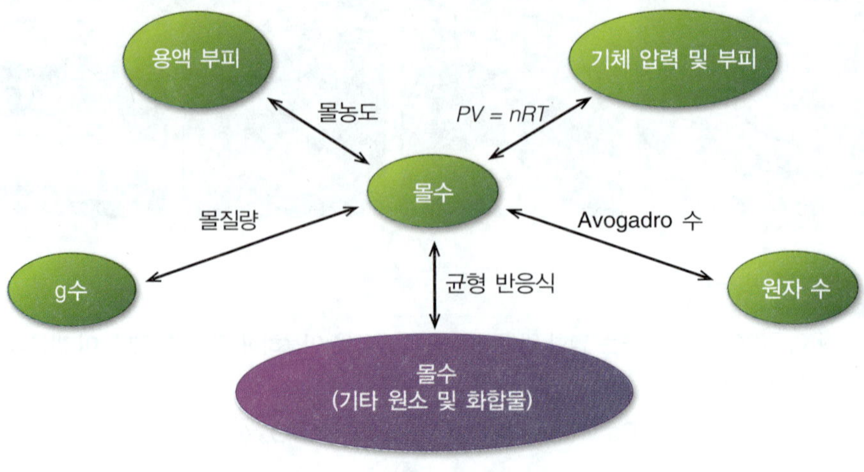

그림 11.21 몰수는 대부분의 화학 계산에 필수적이다.

그림 11.21은 광범위한 문제들을 해결하기 위한 지도이다. 예를 들어 고체 탄산수소 소듐($NaHCO_3$, 베이킹소다)을 HCl 수용액에 넣으면 다음과 같은 반응이 일어난다.

$$NaHCO_3\,(s) + HCl\,(aq) \rightarrow NaCl\,(aq) + H_2O\,(l) + CO_2\,(g)$$

이 반응식으로부터 다양한 질문이 가능하다. 그 예는 아래와 같다.

1. $NaHCO_3$의 몰수로부터 생성되는 H_2O는 몇 몰인가?
2. HCl의 몰농도와 부피로부터 시작해서 생성되는 CO_2는 몇 g인가?
3. $NaHCO_3$ 2.5 g과 반응하는 데 필요한 1.0 M HCl의 부피는 얼마인가?
4. 이 반응으로, 표준 온도 압력에서 30.5 g의 NaCl이 생성될 경우, 생성되는 CO_2 기체의 부피는 얼마인가?
5. H_2O 200 mL가 생성될 경우, 소모되는 HCl은 몇 몰인가?

이러한 각각의 질문은 그림 11.21의 도표를 사용하면 해결할 수 있다. 예제 11.13은 위와 유사한 문제이다.

예제 11.13 고급 화학량론 문제

아래 반응식에 나타낸 바와 같이, 칼슘 금속은 브로민화 수소산 수용액과 반응하여 브로민화 칼슘과 수소 기체를 생성한다. 298 K의 온도, 1.20 atm의 압력에서 수소 기체 200.0 L를 생성하는 데 필요한 2.50 M HBr 수용액의 부피는 얼마인가?

$$Ca\,(s) + 2\,HBr\,(aq) \rightarrow CaBr_2\,(aq) + H_2\,(g)$$

H_2 기체의 부피를 주고, 이것을 HBr 수용액의 부피와 연관시키라는 문제이다. 그림 11.21의 몰 지도를 기반으로 볼 때, 이 문제를 해결하는 방법은 다음과 같아야 한다.

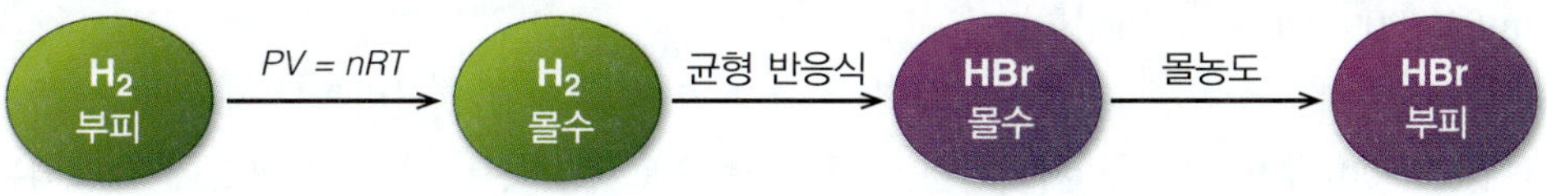

첫 번째 단계에서는 10장에서 다룬 이상 기체 법칙이 필요하다.

$$n = \frac{PV}{RT} = \frac{(1.20\ \cancel{atm})(200.0\ \cancel{L}\ H_2)}{\left(0.0821\frac{\cancel{L}\cdot\cancel{atm}}{mol\cdot\cancel{K}}\right)(298\ \cancel{K})} = 9.81\ mol\ H_2$$

위에서 설명한 경로를 따라 이 값을 HBr의 몰수와 연관시키면, 도달하는 최종 답은 7.85 L이다.

$$9.81\ \cancel{moles\ H_2} \times \frac{2\ \cancel{moles\ HBr}}{1\ \cancel{mole\ H_2}} \times \frac{1\ L}{2.50\ \cancel{mole\ HBr}} = 7.85\ L\text{의 HBr 수용액}$$

도전 문제

17. 다음에 나타낸 바와 같이, 인산 암모늄은 염화 바륨과 반응하여 흰색 침전을 생성한다.

$$2\,(NH_4)_3PO_4\,(aq) + 3\,BaCl_2\,(aq) \rightarrow 6\,NH_4Cl\,(aq) + Ba_3(PO_4)_2\,(s)$$

a. 2.10 M $BaCl_2$ 수용액 96.2 mL와 완전히 반응하는 데 필요한 인산 암모늄은 몇 몰인가?

b. 이 반응에서 생성되는 인산 바륨은 몇 g인가?

18. 염산 수용액은 아연 금속과 반응한다. 반응은 다음과 같다.

$$2\,HCl\,(aq) + Zn\,(s) \rightarrow ZnCl_2\,(aq) + H_2\,(g)$$

3.4 M HCl 수용액 15.0 mL가 과량의 아연과 반응할 경우,

a. 생성되는 $ZnCl_2$는 몇 몰인가?

b. 생성되는 H_2 기체는 몇 g인가?

c. 반응이 표준 온도 압력(273 K, 1.0 atm)에서 일어난다면, 생성되는 H_2 기체의 부피는 얼마인가?

캡스톤 질문

과학자들은 폐수의 오염 물질을 분석함으로써 한 지역사회의 마약 사용(합법 및 불법)에 대해 많은 것을 알아냈다. New York 주의 최근 연구에서, 화학자들은 코티닌의 농도를 측정했다. 코티닌은 니코틴의 유도체로, 간에서 생성되고 흡연자의 소변으로 배출된다(그림 11.22). 화학자들은 폐수 내 코티닌의 평균 농도가 1.43 μg/L라는 것을 알아냈다.

a. 코티닌은 물에 약간 녹는다. 그림 11.22의 분자구조를 사용하여 이 물질에 존재하는 극성 공유 결합을 식별하시오. 몇 개의 물 분자를 구조 주위에 그려서, 물이 어떻게 이 분자와 수소 결합을 형성하는지를 보이시오.

b. 본 연구에서 코티닌 농도를 ppm, ppb, 몰농도로 표현하시오. 폐수의 밀도는 1.0 g/mL(1,000 g/L)라고 가정한다.

c. 이러한 측정을 수행한 폐수 처리 공장은 10만 명의 주민에게 서비스를 제공하고, 하루에 83,000 m^3의 폐수를 처리한다. 이를 바탕으로 할 때, 매일 처리 공장에 유입되는 코티닌의 질량은 얼마인가? 답을 g 단위로 보고하시오.

d. 인간이 소비하는 니코틴의 17%가 코티닌으로 배설된다고 할 때, 이 지역사회의 일일 총 니코틴 소비량을 추산하시오. 담배 한 개비의 니코틴 복용량이 1.6 mg이라고 할 때, 이 지역사회에서 하루에 소비되는 복용량을 추산하시오.

a

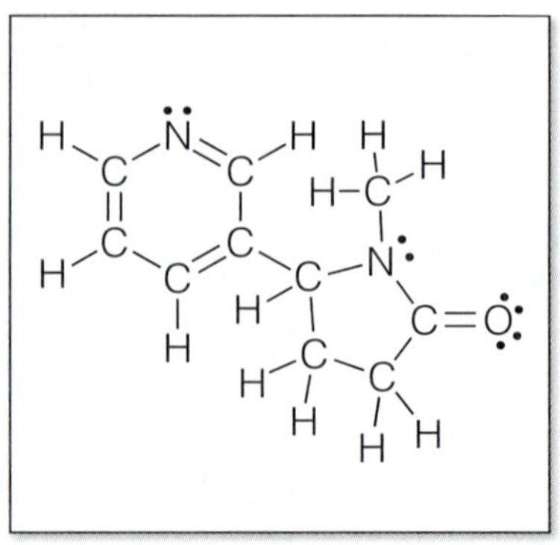

b

그림 11.22 (a) 폐수 처리장에서는 도시 하수로부터 유입된 고체와 용해된 불순물을 제거한다. 과학자들은 이와 같은 폐수 처리장에 유입되는 오염물을 분석함으로써 많은 공중 보건 정보를 얻을 수 있다. (b) 흡연자의 소변에서 발견되는, 니코틴의 유도체인 코티닌의 구조

요약

모든 용액의 주요 특성은 농도, 즉 용액에 존재하는 용질의 양에 기인한다. 농도는 백분율, ppm, ppb, 몰농도 등을 포함한 다양한 단위로 측정된다. 몰농도는 용액 1 L당 용질의 몰수로 정의된다. 몰농도는 부피와 몰을 쉽게 연관시킬 수 있기 때문에 특히 유용하다.

이온 결합 화합물이 물에 녹으면 양이온과 음이온으로 해리된다. 이온 결합 화합물의 수용액은 전도성이 있기 때문에, 수용성 이온 결합 화합물을 **전해질**이라고 한다. 전해질이 해리될 때, 개별 이온들의 농도는 이온 결합 화합물의 전체 농도보다 클 수 있다. 대부분의 공유 결합 화합물은 비전해질이다. 비전해질은 물에서 해리되지 않는다.

총괄성은 존재하는 용질의 종류가 아닌 용질의 수량에만 의존하는 용액의 성질이다. 총괄성에는 어는점 내림, 끓는점 오름, 삼투압이 있다.

다양한 화학 반응에는 수용액이 관여한다. 여기에는 침전 반응, 산-염기 중화 반응, 금속 치환 반응이 있다.

수용액과 관련된 문제를 해결하기 위해 화학량론 원칙을 확장할 수 있다. 용액의 부피와 몰농도가 주어질 때, 용액이나 반응에 존재하는 몰수를 구할 수 있다. 앞 장에서 언급한 바와 같이, 어떤 반응물 또는 생성물의 몰수를 반응의 다른 구성 성분의 몰수와 연관시킬 수 있다. 몰수로부터 그램수, 원자 수, 기체의 압력/부피 측정 단위, 그리고 다른 것으로 변환시킬 수 있다.

놀라운 커피–집중력의 중요성

글쓴이: Aaron Blanco, 브라운 커피 사장, Texas 주 San Antonio 소재

측정 가능한 것은 모두 발전할 수 있다. 이것은 스페셜티 커피의 세계에서도 명백하다.

수십 년 동안, 대부분의 미국인들은 이미 갈아서 캔에 넣은 커피를 구입했다. 스푼을 잡고 필터에 커피를 적당량 넣고, 물을 수도꼭지에서 적당히 넣으세요. 해치를 닫고 스위치를 켠 다음, 짜잔 ~!

"커피"

"Joe"

"그냥 평범한 커피 한잔."

레스토랑과 간이식당에서 제공되는 대부분의 커피는 똑같이 평범했었다. 하지만 지난 10여 년 동안, 커피는 르네상스를 경험해 왔다. 사람들이 커피 추출 기술에 더 과학적인 접근 방식을 취했기 때문이다. 맛의 핵심은 풍미와 강도의 교차점에 있으며, 이를 측정하는 방법 또한 중요하다. 특정 장소의 특정 커피는 어떤 맛일까? 그 맛은 얼마나 강렬한가? 이러한 품질은 **강도**(strength)와 **추출 수율**(extraction yield)의 두 가지 매개 변수의 관점에서 고려할 수 있다(그림 11.23).

먼저, 강도에 대해 이야기하면, 커피 강도의 측정 단위는 총 용존 고체(TDS: total dissolved solid)다. 이것은 일반적으로 백분율(m/v) 또는 용액 1 mL당 용질의 g수로 나타낸다. 일반적으로 TDS는 0.8%에서 1.6% 사이 값이다. TDS가 높을수록 커피 한 잔은 '진하다'. 하지만 강도에는 아무 맛도 없다. 그것은 강도를 측정한 것일 뿐이다. 컵 안에서 매우 묽거나 매우 진하거나, 그 사이에 어딘가에 있는 최적의 지점을 발견할 수 있다.

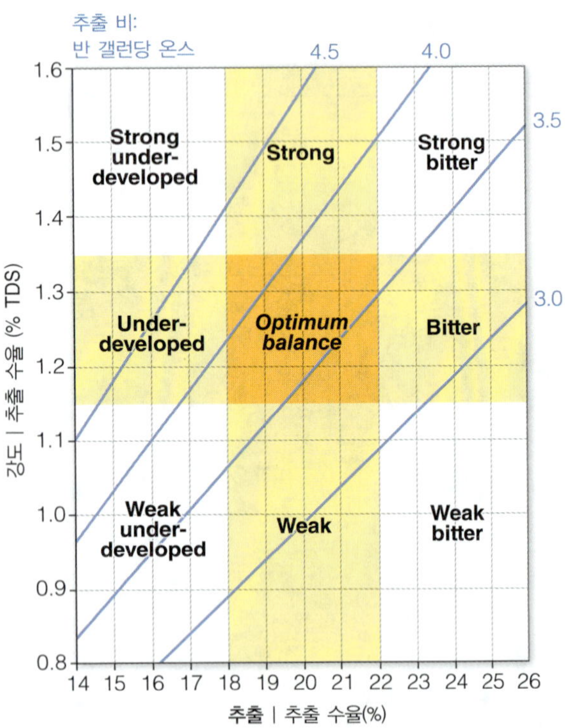

그림 11.23 강도(TDS: 총 용존 고체)와 풍미(추출 효모)는 모두 커피의 품질에 영향을 미친다.

두 번째 매개 변수인 추출 수율은 커피의 맛에 영향을 미친다. 커피콩 질량의 약 30%는 물에 녹는다. 그런데 어떤 화합물은 다른 것보다 더 잘 녹는다. 너무 적은 양의 커피를 추출하는 경우라면, 가장 잘 녹는 화합물이 우세하고, 그 맛은 단순하고 싱겁다. 추출 수율이 높아지면, 맛이 복잡해진다. 그러나 커피가 너무 많이 추출되면, 커피는 쓴맛을 낼 수 있다.

많은 요인이 TDS와 추출 수율에 영향을 미친다. 그 요인에는 갈아 놓은 커피 가루의 크기와 균일성, 커피 추출에 사용되는 물의 온도(물이 뜨거울수록 더 효율적인 용매), 외부 교반(젓기), 신선도 등이 있다.

역사적으로, 미국인 대부분의 취향은 TDS가 1.15~1.35%, 추출 수율은 18~22% 정도에서 나타났다.(그림 11.23 참조). 그러나 맛은 변한다. 1950년대에 개발된 이 도표는 저품질 커피가 일반적이었던 시대에 만들어졌다. 그 당시 사람들은 최적의 분쇄 및 추출 장비를 사용하지 않았고, 종종 거대한 캔에서 꺼낸 오래된 커피를 사용했다.

나는 개인적으로 일반 필터 커피의 경우, TDS는 1.4~1.45%, 추출 수율은 22~23%인 커피를 선호한다. 에스프레소는 훨씬 더 진해서, TDS는 10.5~11%, 추출 수율은 24~25%이다. 기술이 각 변수를 분리하고 개선하는 데 도움이 됨에 따라, 커피의 추출 수율을 26~28%로 일관되게 높일 수 있을 것으로 기대하고 있다. 그러나 맛이 과학을 따를 것인지, 아니면 오래된 커피 시음 습관을 바꾸기가 어려울 것인지는 시간만이 답할 수 있다.

주요 용어

11.1 농도 나타내기

용액: 균일 혼합물. 용액은 보통 액체다.

용질: 용액에 용해된 물질

용매: 용액의 주성분

농도: 용액에 존재하는 용질의 양

질량 백분율: 농도의 척도. 용질의 질량을 용액의 총 질량으로 나누고 백분율로 나타냄

부피 백분율: 농도의 척도. 용질의 부피를 용액의 총 부피로 나누고 백분율로 나타냄

질량/부피 백분율: 농도의 척도. 용질의 질량을 용액의 총 부피로 나누고 백분율로 나타냄. 측정 단위는 용액의 mL당 용질의 g임

ppm(parts per million): 묽은 용액에 사용되는 농도의 척도. 1 ppm = 용액 100만 g당 1 g의 용질이 있는 용액, 또는 용액 1 L당 1 mg의 용질이 있는 용액

ppb(parts per billion): 매우 묽은 용액에 사용되는 농도의 측정값. 1 ppb = 용액 10억 g당 1 g의 용질이 있는 용액, 또는 용액 1 L당 1 μg의 용질이 있는 용액

몰농도(M): 농도의 척도. 용액의 리터당 용질의 몰수로 정의

11.2 전해질 용액

전해질 용액: 해리된 이온을 포함하는 수용액. 이러한 유형의 용액은 순수한 물보다 더 높은 전도성을 나타낸다.

총괄성: 용해된 입자의 종류가 아니라, 용액에 용해된 입자의 수에 따라 달라지는 성질

어는점 내림: 물의 총괄성. 수용액에 용질이 존재하면 어는점이 순수한 물의 어는점보다 낮아진다.

끓는점 오름: 물의 총괄성. 수용액에 용질이 존재하면 끓는점이 순수한 물의 끓는점보다 높아진다.

삼투압: 물이 고농도의 용질 쪽으로 이동하는 경향. 살아 있는 세포의 내부 및 외부 농도의 불균형으로 세포가 팽창할 수도 수축할 수도 있다.

11.3 용액 내 반응 – 복습 및 예습

금속 치환 반응: 한 금속의 이온이 원소 형태의 다른 금속과 반응하는 반응

11.4 용액의 화학량론

중량 분석: 침전물의 질량을 이용하여 반응물의 농도를 결정하는 기법

추가 문제

11.1 농도 나타내기

19. 질산 포타슘 0.0025 g이 포함된 용액이 2.0 L의 물에 녹아 있다. 20℃에서 물 1 L에 이 화합물 300 g 이상이 녹을 수 있다. 이 용액에서 용매와 용질을 구분하시오. 이 용액은 묽은 용액, 진한 용액, 포화 용액 중 어느 것으로 가장 잘 설명되나?

20. 진한 용액과 포화 용액의 차이점은 무엇인가?

21. 염화 칼슘 40.0 g이 들어 있는 용액이 물 100 g에 녹아 있다. 이 용액에서 염화 칼슘의 질량 백분율은 얼마인가?

22. 질량으로 12%의 염화 소듐 용액을 만들고자 한다. 이 용액 2.0 kg을 만드는 데 필요한 염화 소듐은 얼마인가?

23. 세척 용액은 20% (v/v)의 세척제를 물에 혼합해야 한다. 이 용액 4.0 L를 만드는 데 필요한 물과 세척제는 얼마인가?

24. 부동액은 에틸렌 글리콜과 물의 혼합물이다. 에틸렌 글리콜이 20% (v/v)인 부동액 8.0 L를 만드는 데 필요한 에틸렌 글리콜의 부피는 얼마인가?

25. 와인에는 일반적으로 약 12% (v/v)의 알코올이 들어 있다. 200 mL 와인 한 잔에 들어 있는 알코올의 부피는 얼마인가?

26. 다음 술 중 알코올 도수가 가장 높은 것은?

a. 알코올이 4.5% (v/v)인 맥주 12온스 두 잔

b. 알코올이 12% (v/v)인 와인 8온스 한 잔

c. 알코올이 40% (v/v)인 위스키 1.5온스 한 잔

27. 다음 용액의 질량(g/mL) 백분율을 계산하시오.

a. 1,000 mL 용액에 52.0 g의 탄산 포타슘이 들어 있는 수용액

b. 녹은 설탕 2.0 kg이 들어 있는 부피 1.0 L의 포화 설탕 용액

c. 28.4 g의 소금이 150 mL 용액에 용해된 용액

28. 8.0% (g/mL) 질산 소듐 용액 40갤런에 들어 있는 질산 소듐은 몇 g인가?

29. 5% (m/v 또는 g/mL) 염화 소듐 수용액 4.0 L를 만들고자 한다. 이 용액을 제조하는 데 필요한 염화 소듐의 질량은 얼마인가?

30. 0.4% (g/mL) 탄산 암모늄 수용액 15.0 L를 만들고자 한다. 이 용액을 제조하는 데 필요한 탄산 암모늄의 질량은 얼마인가?

31. 다음 농도를 ppm 단위로 나타내시오.
a. 물 1 kg당 5.0 mg
b. 물 1 kg당 5.0 μg
c. 물 1 kg당 5.0 ng

32. 다음 농도를 ppb 단위로 나타내시오.
a. 물 1 kg당 8.0 mg
b. 물 1 kg당 8.0 μg
c. 물 1 kg당 8.0 ng

33. 어떤 강물의 용존 산소량이 10 ppm으로 밝혀졌다. 물의 밀도를 1.0 g/mL로 가정한다면, 강물 1 L에 들어 있는 산소는 몇 mg인가?

34. 어떤 호수에 녹아 있는 질산염의 양이 8.0 ppm으로 밝혀졌다. 물의 밀도를 1.0 g/mL로 가정한다면, 호수 1 L에 녹아 있는 질산염의 질량은 얼마인가?

35. 미국 Mississippi 계곡의 수로에는 일반적으로 물 1 L당 0.03 mg의 용존 인이 들어 있다. 물의 밀도를 1.0 g/mL로 가정한다면, 이 농도는 ppm 단위로 얼마인가?

36. 트리아진(triazine)은 제초제로 흔히 사용되는 화합물로, 수로에 침출될 수 있다. 1.0 L의 호수 물 시료에 8.0 μg의 트리아진이 들어 있는 것으로 밝혀졌다. 트리아진 농도는 ppm 단위로 얼마인가?

37. 플루오린은 일반적으로 뼈 건강을 증진시키기 위해 식수에 첨가된다. 아주 적은 양의 플루오린화물은 이로운 반면, 많은 양의 플루오린화물은 해롭거나 치명적일 수 있다. 치약을 삼키면 안 된다. 미국 환경보호국(EPA)은 식수 내 플루오린의 최대 농도(MCL: maximum concentration level)를 현재 4.0 mg/L로 설정하고 있다. 이 농도는 ppm 단위로 얼마인가? 이 농도는 % (g/mL) 단위로 얼마인가?

38. 비소는 독성이 매우 강한 금속이다. 비소는 천연 침전물의 침식 또는 농업 및 산업 용도의 폐기물로 급수에 유입된다. EPA는 식수 내 비소의 최대 농도를 0.010 mg/L로 설정했다. 물의 밀도가 1.0 g/mL인 경우, 비소의 최대 농도는 ppm 단위로 얼마인가? ppb 단위로 얼마인가?

39. 폴리염소화비페닐(PCB)은 20세기 중반까지 플라스틱 첨가제, 유압액, 윤활유 등으로 흔히 사용되었다. 그러나 유독성 효과 때문에, 그 후로 사용이 금지되었다. Georgia 주 사바나 강 주변의 최근 연구가 보여 준 PCB 수치는 침전물 1 g당 5 ng이었다. 이 농도는 ppm 단위로 얼마인가? ppb 단위로 얼마인가?

40. 수은은 독성이 매우 강한 금속으로, 신경 손상을 일으킬 수 있다. 미국 환경보호국(EPA)은 식수 내 수은의 최대 농도(MCL)를 L당 2.0×10^{-6} g으로 설정했다. 이 농도는 ppm 단위로 얼마인가?

41. 테트라클로로에틸렌은 공장이나 세탁소에서 급수로 종종 배출된다. EPA는 식수 내 테트라클로로에틸렌의 최대 농도(MCL)를 5 ng/L로 간주했다. 이 농도는 ppm 단위로 얼마인가? ppb 단위로 얼마인가?

42. 강의 오염 물질 농도가 0.0025% m/v로 밝혀졌다. 강물의 밀도가 1.03 g/mL일 경우, 이 오염 물질의 농도는 ppm 단위로 얼마인가?

43. 다음 각 용액의 몰농도를 계산하시오.
a. 아이오딘화 포타슘 48.3 g이 들어 있는 2.20 L의 용액
b. 이산화 탄소 12.1 g이 녹아 있는 4.9 L의 용액
c. 아세트산 마그네슘 93.1 g이 있는 500 mL의 용액

44. 다음 각 용액의 몰농도를 계산하시오.
a. 설탕($C_{12}H_{22}O_{11}$) 2.3 kg이 녹아 있는 55.0 L의 용액
b. 플루오린화 소듐 1.27 g이 녹아 있는 892 mL의 용액
c. 아세트산 암모늄 2.53 g이 녹아 있는 170.2 mL의 용액

45. 다음 값을 구하시오.
a. 5.0 M NaOH 용액 2.0 L에 들어 있는 NaOH의 몰수
b. 1.5 M KCl 용액 800 mL에 들어 있는 KCl의 몰수
c. 1.0 M Na_2CO_3 용액 300 μL에 들어 있는 Na_2CO_3의 몰수

46. 다음 각 값을 구하시오.
a. 0.47 M $Ba(OH)_2$ 시료 400 mL에 들어 있는 수산화 바륨의 몰수
b. 1.4 M 인산 포타슘 용액 350 mL에 들어 있는 K_3PO_4의 g수
c. 5.0 M $BeCl_2$ 수용액이 들어 있는, 꽉 채워진 45갤런의 드럼 내 $BeCl_2$의 kg수

47. 어떤 화학자가 1.0 M KOH 수용액을 사용하여 14.30 mol의 수산화 포타슘을 산성 용액에 첨가하고자 한다. 몇 L의 KOH 용액을 첨가해야 하나?

48. 3.5 M HCl 수용액 몇 mL에 0.025 mol의 염산이 들어 있나?

49. 제약 실험실에서 작업 중 1.00 M NaCl 용액 3.0 L를 제조하려고 한다. 이 용액을 제조하는 데 필요한 NaCl의 질량은 얼마인가? 그다음 어떻게 용액을 제조하나?

50. FDA(미국 식품의약국) 실험실에서 새로운 일을 막 시작했다. 1.50 M $KMnO_4$ 수용액을 준비하라는 요청을 받았다. 이 용액 500 mL를 제조하는 데 필요한 $KMnO_4$의 질량은 얼마일까? 그다음 어떻게 용액을 제조할지를 설명하시오.

51. 12.0 M HCl 용액을 처음 부피 25 mL에서 나중 부피 800 mL로 희석했다. HCl 용액의 새로운 농도는 얼마인가?

52. 4.80 M $FeCl_2$ 용액 150 mL를 충분한 물로 희석하여 부피가 3.40 L가 되었다. 이 용액의 새로운 농도는 얼마인가? 이 용액에 들어 있는 $FeCl_2$는 몇 몰인가?

53. 0.100 M $CuSO_4$ 수용액 100 mL를 제조해야 한다. 5.0 M $CuSO_4$ 수용액 원액으로부터 이 용액을 제조하는 방법을 설명하시오.

54. 0.100 M 아세트산 소듐 수용액 300 mL를 제조해야 한다. 이 용액을 제조하는 방법을 설명하시오.
a. 고체 아세트산 소듐으로부터
b. 6.0 M $NaC_2H_3O_2$ 수용액 원액으로부터

11.2 전해질 용액

55. 다음 각 화학종이 전해질인지, 아닌지를 나타내시오.
a. KCl
b. $FeBr_3$
c. C_2HO
d. CH_5N

56. 다음 각각이 전해질인지, 아닌지를 나타내시오.
a. 물에 잘 녹는 이온 결합 화합물
b. 물에 잘 녹는 비이온성 화합물
c. 염화 마그네슘 용액
d. 비산성 공유 결합 화합물인 아세톤 용액

57. 물에서 브로민화 포타슘 결정의 해리를 그리시오.

58. 물에서 질산 소듐 결정의 해리를 그리시오.

59. 다음 반응식을 이온 반응식으로 다시 쓰시오.
a. $Ba(OH)_2\,(s) \rightarrow Ba(OH)_2\,(aq)$
b. $(NH_4)_2SO_4\,(s) \rightarrow (NH_4)_2SO_4\,(aq)$

60. 다음 반응식을 이온 반응식으로 다시 쓰시오.
a. $Mg(NO_3)_2\,(s) \rightarrow Mg(NO_3)_2\,(aq)$
b. $(NH_4)_2CO_3\,(s) \rightarrow (NH_4)_2CO_3\,(aq)$

61. 다음 이온성 고체의 해리를 나타내는 이온 반응식을 쓰시오.
a. $MgBr_2$ **b.** $AlCl_3$ **c.** $Ca(NO_3)_2$

62. 다음 이온성 고체의 해리를 나타내는 이온 반응식을 쓰시오.
a. CsBr **b.** $(NH_4)_3PO_4$ **c.** K_3PO_4

63. 다음 각 농도를 구하시오.
a. 1 M NaOH 수용액에서의 $[OH^-]$
b. 2 M $MgCl_2$ 수용액에서의 $[Cl^-]$
c. 3 M $FeBr_3$ 수용액에서의 $[Br^-]$

64. 다음 각 용액에 존재하는 소듐 이온의 농도를 구하시오.
a. 0.60 M NaCl 수용액
b. 0.60 M Na_2CO_3 수용액
c. 0.60 M Na_3PO_4 수용액

65. 다음 각 용액에 존재하는 모든 이온의 농도를 구하시오.
a. 2.0 M Li_2S 수용액
b. 0.7 M Li_3PO_4 수용액
c. 1.3×10^{-4} M $Mg(NO_2)_2$ 수용액

66. 다음 각 용액에 존재하는 모든 이온의 농도를 구하시오.
a. 3.0 M LiCl 수용액
b. 0.70 M $Fe(NO_3)_2$ 수용액
c. 1.7×10^{-4} M NH_4Cl 수용액

67. 2.30 M $MgCl_2$ 수용액 400.0 mL에 존재하는 염화 이온의 몰수를 구하시오.

68. 1.20 M $(NH_4)_2SO_4$ 수용액 350.0 mL에 존재하는 황산 이온의 몰수를 구하시오.

69. 1.3 M NaCl 수용액 300 mL를 2.5 M $CaCl_2$ 수용액 500 mL와 혼합했다. 혼합 용액에 존재하는 염화 이온은 몇 몰인가? 혼합 용액에 존재하는 염화 이온의 몰농도는 얼마인가?

70. 1.0 M HBr 수용액 2.10 L를 3.0 M $BeBr_2$ 수용액 1.25 L와 혼합했다. 혼합 용액에 존재하는 브로민화 이온은 몇 몰인가? 혼합 용액에 존재하는 브로민화 이온의 몰농도는 얼마인가?

71. 1.2 M $MgSO_4$ 수용액 400 mL와 2.7 M K_2SO_4 수용액 550 mL를 혼합한 경우, 혼합 용액에 존재하는 마그네슘 이온, 포타슘 이온, 황산 이온의 농도를 구하시오.

72. 12.0 M KNO_3 0.040 L를 2.5 M $Ca(NO_3)_2$ 90 mL와 혼합한 경우, 혼합 용액에 존재하는 포타슘 이온, 칼슘 이온, 질산 이온의 농도를 구하시오.

73. 총괄성이란 무엇인가?

74. 용액에 용질을 더 첨가하는 경우,

a. 어는점은 어떻게 변하는가?

b. 녹는점은 어떻게 변하는가?

c. 끓는점은 어떻게 변하는가?

d. 삼투압은 어떻게 변하는가?

75. 1.0 M $MgCl_2$ 용액과 1.0 M KBr 용액 중 어는점이 더 낮은 것은 어느 것인가? 답을 설명하시오.

76. 2.0 M CsBr 용액과 2.0 M $Ca(NO_2)_2$ 용액 중 끓는점이 더 높은 것은 어느 것인가? 답을 설명하시오.

77. 2.0 M $NaNO_3$ 수용액과 1.5 M $AlCl_3$ 수용액 사이에서,

a. 어는점이 더 낮은 것은 어느 것인가?

b. 끓는점이 더 높은 것은 어느 것인가?

c. 삼투압이 더 높은 것은 어느 것인가?

78. 1.1 M K_2CO_3 수용액과 1.5 M CH_4O 수용액(비전해질) 사이에서,

a. 어는점이 더 낮은 것은 어느 것인가?

b. 끓는점이 더 높은 것은 어느 것인가?

c. 삼투압이 더 높은 것은 어느 것인가?

79. 아래 그림에서와 같이 3.0 M NaCl 수용액과 1.0 M Na_2SO_4 수용액이 반투막으로 분리되어 있다. 어느 용액의 삼투압이 더 높은가? 어느 쪽으로 물이 흐를까? NaCl 용액 쪽인가, Na_2SO_4 용액 쪽인가?

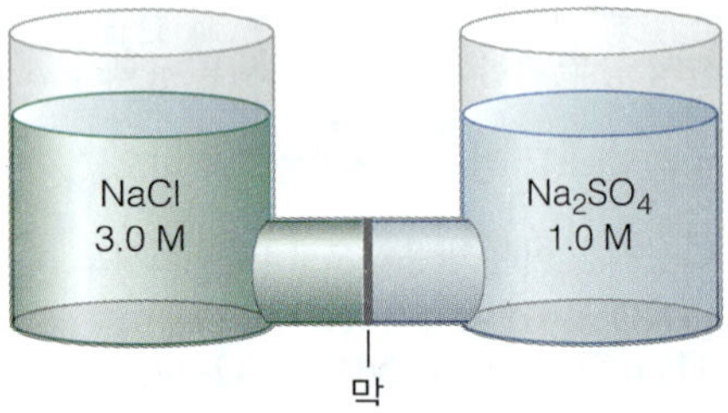

80. 어떤 화학자가 각각의 부피가 1.00 L인 두 수용액을 제조했다. 첫 번째 용액에는 황산 암모늄 51.35 g이 들어 있다. 두 번째 용액에는 염화 소듐 73.25 g이 들어 있다. 각 용액에 존재하는 전체 이온의 농도를 구하시오. 어느 용액의 삼투압이 더 높은가?

81. 정상 식염수는 농도가 0.90% (g/mL)인 염화 소듐 수용액이다. 이 농도를 몰농도로 나타내고, 다음 각 용액의 삼투압이 일반 식염수와 비교할 때 저장성, 등장성, 고장성 중 어느 것인지를 말하시오.

a. 1.0 M KCl 수용액

b. 0.5 M K_2SO_4 수용액

c. 4.3 M NH_4Cl 수용액

d. 0.30 M 설탕 수용액

82. 다음 그림에 나타낸 바와 같이, 물 분자는 용질의 농도가 낮은 영역(오른쪽)에서 용질의 농도가 높은 영역(왼쪽)으로 이동한다. 물 분자는 어느 방향으로 이동해야 하는지를 '알고' 있을까? 만약 그렇지 않다면, 물 분자가 용질의 농도가 높은 쪽으로 이동하는 것을 어떻게 설명할 수 있을까?

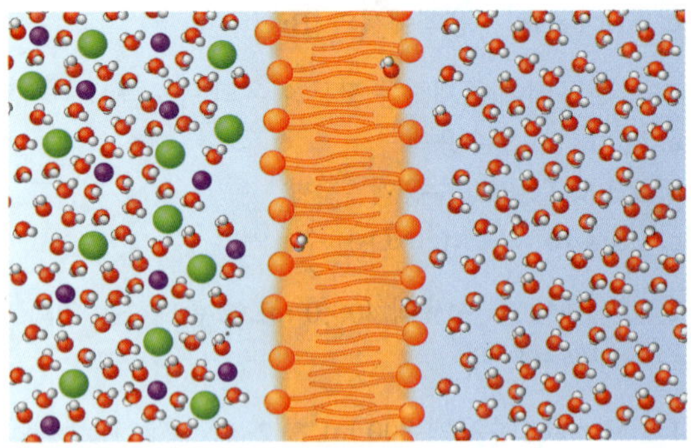

11.3 용액 내 반응 – 복습 및 예습

83. 침전 반응의 원동력은 무엇인가?

84. 중화 반응의 원동력은 무엇인가?

85. 이 침전 반응을 완전 이온 반응식으로 쓴 다음, 알짜 이온 반응식으로 쓰시오.

$$CaBr_2\,(aq) + Pb(NO_3)_2\,(aq) \rightarrow PbBr_2\,(s) + Ca(NO_3)_2\,(aq)$$

86. 이 중화 반응을 완전 이온 반응식으로 쓴 다음, 알짜 이온 반응식으로 쓰시오.

$$Ca(OH)_2\,(aq) + 2\,HBr\,(aq) \rightarrow CaBr_2\,(aq) + 2\,H_2O\,(l)$$

87. 다음 각 반응을 침전, 중화, 금속 치환으로 구분하시오.

a. $Mg\ (s) + NiCl_2\ (aq) \rightarrow Ni\ (s) + MgCl_2\ (aq)$
b. $Mg(OH)_2\ (aq) + H_2SO_4\ (aq) \rightarrow MgSO_4\ (aq) + 2\ H_2O\ (l)$
c. $MgCl_2\ (aq) + Pb(C_2H_3O_2)_2\ (aq) \rightarrow Mg(C_2H_3O_2)_2\ (aq) + PbCl_2\ (s)$

88. 다음 각 반응을 침전, 중화, 금속 치환으로 구분하시오.

a. $Ba(OH)_2\ (aq) + FeCl_2\ (s) \rightarrow BaCl_2\ (aq) + Fe(OH)_2\ (s)$
b. $Ba(OH)_2\ (aq) + 2\ HCl\ (aq) \rightarrow BaCl_2\ (aq) + 2\ H_2O\ (l)$
c. $3\ Ba\ (s) + 2\ Al(NO_3)_3\ (aq) \rightarrow 3\ Ba(NO_3)_2\ (aq) + 2\ Al\ (s)$

89. 다음 반응은 수용액에서 일어난다. 각 반응을 완성하고, 균형을 맞추시오.

a. $FeCl_3\ (aq) + ZnSO_4\ (aq) \rightarrow$
b. $HBr\ (aq) + LiOH\ (aq) \rightarrow$

90. 다음 반응은 수용액에서 일어난다. 각 반응을 완성하고, 균형을 맞추시오.

a. $KOH\ (aq) + H_2SO_4\ (aq) \rightarrow$
b. $Ba(OH)_2\ (aq) + CuBr_2\ (aq) \rightarrow$

91. 염소산 은 수용액과 염화 마그네슘 수용액이 결합되었을 때 일어나는 침전 반응을 균형 반응식을 써서 나타내시오.

92. 질산과 수산화 바륨 수용액이 결합되었을 때 일어나는 중화 반응을 균형 반응식을 써서 나타내시오.

11.4 용액의 화학량론

93. 다음 반응식에 나타낸 것처럼, 질산 마그네슘은 물에서 해리된다. $[Mg(NO_3)_2] = 1.93$ M인 용액 2.47 L에 존재하는 질산 이온은 몇 몰인가?

$$Mg(NO_3)_2\ (s) \rightarrow Mg^{2+}\ (aq) + 2\ NO_3^-\ (aq)$$

94. 다음 반응식에 나타낸 것처럼, 인산 포타슘은 물에서 해리된다. 1.30 M 인산 포타슘 수용액 25.0 mL에 존재하는 포타슘 이온은 몇 몰인가?

$$K_3PO_4\ (s) \rightarrow 3\ K^+\ (aq) + PO_4^{3-}\ (aq)$$

95. 아래 반응식에서와 같이, 알루미늄은 질산과 반응한다. 12.0 M HNO_3 100 mL와 완전히 반응하는 데 필요한 알루미늄은 몇 몰인가?

$$2\ Al\ (s) + 6\ HNO_3\ (aq) \rightarrow 2\ Al(NO_3)_3\ (aq) + 3\ H_2\ (g)$$

96. 탄산은 다음 식에 따라 분해한다. 1.3 M H_2CO_3 용액 100 mL에서 생성될 수 있는 CO_2는 몇 몰인가?

$$H_2CO_3\ (aq) \rightarrow H_2O\ (l) + CO_2\ (g)$$

97. 주석 금속은 다음 식에 따라 브로민화 수소산과 반응한다. 1.3 M HBr 용액 500 mL를 과량의 주석에 첨가하면 생성될 수 있는 H_2 기체는 몇 몰인가?

$$Sn\ (s) + 2\ HBr\ (aq) \rightarrow SnBr_2\ (aq) + H_2\ (g)$$

98. 수산화 포타슘과 염화 철(II)은 다음과 같은 침전 반응에서 결합된다. 3.4 M KOH 0.520 L와 과량의 $FeCl_2$가 반응하면 생성될 수 있는 수산화 철(II)은 몇 몰인가?

$$2\ KOH\ (aq) + FeCl_2\ (aq) \rightarrow 2\ KCl\ (aq) + Fe(OH)_2\ (s)$$

99. 소듐은 다음 반응식에 따라 물과 격렬하게 반응한다.

$$2\ Na\ (s) + 2\ H_2O\ (l) \rightarrow 2\ NaOH\ (aq) + H_2\ (g)$$

소듐 금속 0.50 g이 물 2.0 L에 첨가된다면, 생성되는 NaOH의 몰수는 얼마인가? 혼합 용액의 부피도 2.0 L라고 가정할 때, 혼합 용액 내 NaOH의 몰농도는 얼마인가?

100. 아연은 다음 반응식에 따라 염산과 반응한다.

$$Zn\ (s) + 2\ HCl\ (aq) \rightarrow ZnCl_2\ (aq) + H_2\ (g)$$

아연 금속 0.50 g이 과량의 HCl 수용액에 첨가된다면, 생성되는 $ZnCl_2$의 몰수는 얼마인가? 혼합 용액의 부피가 0.750 L인 경우, 혼합 용액 내 $ZnCl_2$의 몰농도는 얼마인가?

101. 아연 금속은 다음 반응식에 따라 염화 구리(II)와 반응한다.

$$Zn\ (s) + CuCl_2\ (aq) \rightarrow ZnCl_2\ (aq) + Cu\ (s)$$

이 반응에서 1.20 M $CuCl_2$ 500 mL가 과량의 아연과 반응하면, 생성되는 구리 금속의 질량은 얼마인가?

102. 마그네슘 금속은 다음 반응식에 따라 질산 은 수용액과 반응한다.

$$Mg\ (s) + 2\ AgNO_3\ (aq) \rightarrow Mg(NO_3)_2\ (aq) + 2\ Ag\ (s)$$

이 반응에서 1.30 M $AgNO_3$ 수용액 691 mL가 과량의 마그네슘과 반응하면 생성되는 은 금속의 질량은 얼마인가?

103. 브로민화 이온의 농도는 다음 반응식을 이용하여 중량 분석을 통해 결정할 수 있다.

$$Ag^+\ (aq) + Br^-\ (aq) \rightarrow AgBr\ (s)$$

브로민화 이온이 있는 수용액 0.500 L가 과량의 Ag^+와 반응했다. 이 반응에서 생성된 AgBr 침전물의 질량이 0.0035 g이라면, 용액에 있었던 Br^-는 몇 몰인가? 용액 내 Br^-의 몰농도는 얼마였는가?

104. 물속의 수은(II) 이온의 농도는 다음 반응식을 이용하여 중량 분석을 통해 결정할 수 있다

$$Hg^{2+}\ (aq) + H_2S\ (aq) \rightarrow HgS\ (s) + 2\ H^+\ (aq)$$

어떤 화학자가 수용액 시료 400.0 mL와 과량의 H_2S를 결합시켜, 그 결과 황화 수은 침전물 12.09 mg이 생성되었다. 처음 시료에 있었던 수은은 몇 몰인가? 처음 시료에 있었던 Hg^{2+}의 몰농도는 얼마인가?

105. 시료에 있는 칼슘의 농도는 크로뮴산 이온(CrO_4^{2-})을 사용하여 침전에 의해 결정할 수 있다.

$$Ca^{2+}(aq) + CrO_4^{2-}(aq) \rightarrow CaCrO_4(s)$$

어떤 화학자가 농도를 모르는 칼슘 용액 0.250 L를 과량의 크로뮴산 암모늄과 결합시켰다. 이 결과 생긴 침전은 크로뮴산 칼슘이다. 이 침전의 질량은 314.1 mg이었다. 초기 시료에 있었던 Ca^{2+}의 몰농도는 얼마인가?

106. 물속의 납(II) 이온의 농도는 다음 반응식을 이용하여 중량 분석을 통해 결정할 수 있다

$$Pb^{2+}(aq) + SO_4^{2-}(aq) \rightarrow PbSO_4(s)$$

어떤 화학자가 농도를 모르는 납(II) 용액 0.150 L를 과량의 황산 소듐 용액과 반응시켰다. 그 결과 생긴 침전물의 질량이 0.00215 g으로 밝혀졌다. 초기 시료에 있었던 Pb^{2+}의 질량은 얼마인가? 원래 시료의 몰농도는 얼마였나?

도전 과제

107. 염산은 다음 반응식에 따라 수산화 포타슘과 반응한다.

$$HCl(aq) + KOH(aq) \rightarrow H_2O(l) + K_2SO_4(aq)$$

1.35 M HCl 0.25 L와 정확히 반응하는 데 필요한 3.34 M KOH의 부피는 얼마인가?

108. 철은 다음 반응식에 나타낸 바와 같이 염산과 반응하여 염화철(II) 수용액을 생성한다.

$$Fe(s) + 2\,HCl(aq) \rightarrow H_2(g) + FeCl_2(aq)$$

Fe 20.2 g이 2.1 M HCl 수용액 100.0 mL와 반응하면, 몇 몰의 H_2가 생성될까?

109. 홍합 껍데기의 주성분은 탄산 칼슘이다. 탄산 칼슘은 칼슘 이온과 물에 녹은 CO_2를 반응시키면 생성된다. 전체 반응을 설명하면 다음과 같다.

$$Ca^{2+}(aq) + CO_2(aq) + H_2O(l) \rightarrow CaCO_3(s) + 2H^+(aq)$$

2017년에 과학자들이 Kentucky 호수에서 홍합의 개체수가 급격하게 증가한 것을 관찰하였다. 2012년과 2018년 사이에, Kentucky 호수의 칼슘 이온 수치가 16.0 ppm에서 40.0 ppm으로 증가했다. 과학자들은 이러한 증가의 주요 원인이 도로 제빙에 사용된 염화 칼슘 때문이라고 의심하고 있다.

a. 염화 칼슘은 전해질인가?

b. 스케치를 하여, 물에 녹은 $CaCl_2$의 화학식 단위 하나를 보이시오. 여러분의 스케치는 10^{-15}개의 물 분자를 보여주고 극성 물 분자가 칼슘 이온 및 염화 이온과 상호작용하는 방식을 묘사해야 한다.

c. 40.0 ppm 수용액에서 1 L당 칼슘 이온의 질량은 얼마인가?

d. 위의 반응식을 바탕으로 할 때, 인체에서 생성되는 $CaCO_3$의 최대량은 얼마인가? 이때 칼슘의 농도가 40.0 ppm인 물의 부피는 1.0×10^7 L이다.

산과 염기

CHAPTER 12

그림 12.1 (a) 코카나무의 잎은 코카인의 원료이다. (계속)

코카인: 파괴 및 복구

코카인은 중앙아메리카와 남아메리카에서 자라는 코카나무 잎에서 생산되는 자연 발생 각성제이다(그림 12.1). 우리가 한낮에 커피를 마시듯이, 이 지역의 주민들은 긴 근무일 동안 에너지를 공급하기 위해 코카 잎을 씹는다. 그 전통은 수천 년 전으로 거슬러 올라간다.

그런데 1800년대 후반부터 제약회사들은 새로운 의약품을 찾기 위해 이 지역을 탐사하기 시작했다. 그들은 전통적으로 내려오는 추출법으로 코카 잎에서 코카인을 추출했다. 그들은 이 화합물을 염산으로 처리하면, 취급과 배송이 쉽고 장기간 안정되는 흰색 결정 분말이 생성된다는 사실을 발견했다.

처음에는 이 물질의 위험성을 잘 이해하지 못했다. 코카인은 미국과 유럽에서 흥분제로 판매되었다. Arthur Conan Doyle 경의 유명한 Sherlock Holmes 이야기에서, 이 뛰어난 탐정은 코카인을 가끔 사용했다. 코카인은 심지어 오리지널 코카콜라® 청량음료의 중요한 향료였다(1904년 코카인이 제조법에서 사라졌지만, 코카 잎에서 추출한 다른 추출물이 콜라 향료에 여전히 사용된다).

코카인 남용은 1960년대와 1970년대까지는 드물었다. 그 당시 로큰롤 시대에는 주로 부유한 계층에서 코카인 사용이 급증했다. 그 후 1980년대 중반, 마약상들은 분말 코카인을 '크랙'이라고 하는, 분말이 아닌 형태로 바꾸기 시작했다. 이 형태를 화학자들은 **유리 염기**(free base) 형태라고 하는데, 이것은 엄청난 중독성을 가지고 있었다. 그 후 몇 년 동안 수많은 사람들의 인생이 코카인 크랙의 사용으로 망가졌다.

Susan Hurley 박사는 이러한 피해를 직접 목격했다. 그녀는 약물 남용 상담사로 일하는 동안, 사람들이 중독을 극복하도록 도왔다. "나는 크랙의 매우 강한 중독성 때문에 몹시 놀랐습니다."라고 박사는 말한다. "사람들이 처음으로 크랙을 사용하게 되면 크랙이 그들의 삶을 장악해 버립니다. 크랙 중독자들은 월급 전부를 사용하여 크랙을 구입할 것입니다. 공과금을 내지도, 식료품을 사지도, 가족을 돌보지도 않습니다."

그림 12.1 (계속) (b) 볼리비아 여성이 코카 잎을 씹고 있다. (c) Coca-Cola®의 초기 제조법에서는 코카 잎 추출물에 의한 두뇌 강장 효과와 더불어 두통 완화 효과까지 언급하고 있다. 1904년에 제조사는 코카인을 청량음료에서 뺐다. (d) '크랙' 형태의 코카인은 보통, 작고 단단한 조각으로 존재한다.

(a) Bram Smits/Shutterstock; (b) dani3315/Shutterstock; (c) Public Domain, Wikimedia Commons; (d) BakalaeroZz Photography/Shutterstock

분말 코카인과 크랙 코카인은 둘 다 높은 도취감을 준다. 그러나 그 강도와 지속 시간은 매우 다르다. 분말 코카인은 온화한 황홀경을 만들어 내고, 수 시간 지속된다. Hurley 박사는 "분말 코카인 사용자는 정상적으로 파티, 일, 수술 등을 할 수 있다."고 말한다. 반면 크랙 사용자는 강렬한 황홀경을 경험하지만, 이는 단 몇 분간만 지속된다. 쾌감이 높아(그 뒤로는 비참하게 낮아지기에), 크랙 사용자로 하여금 마약을 과용하게 만든다. 중독자들은 식사를 거르고 며칠 동안 잠을 자지 않고, 돈이나 물품이 다 소모되거나 배고픔과 피로로 의식을 잃을 때까지 계속 사용하게 된다.

마약 사용자를 회복시키기 위한 치료 전략도 다르다. 분말 코카인은 부유층에서 더 흔하다. 또한 그 영향이 덜 쇠약하게 만들기 때문에, 많은 중독자들이 가족과 친구들의 도움을 받으며 치료를 받는다. 그러나 크랙은 대단히 파괴적이다. Hurley 박사의 치료를 받는 많은 크랙 중독자들은 직장, 가족, 집을 잃었다. 그러나 희망이 없는 것은 아니다. Hurley 박사와 같은 상담자들이 하는 매우 중요한 일을 통해, 모든 유형의 중독자들은 새로운 기회를 찾아낼 수 있고, 중독 없는 삶을 발견할 수 있다.

그렇다면 분말 코카인과 크랙 코카인의 차이점은 무엇일까? 그리고 왜 그들의 성질은 그렇게 엄청나게 다를까? 두 가지 약물 형태의 차이를 이해하기 위해서는 두 개의 연관된 화합물, 즉 **산**과 **염기**를 먼저 이해해야 한다. 이 장에서는 산과 염기의 구조와 특성을 알아볼 것이다. 이 화합물들은 우리 주위에 모두 존재하며, 우리의 삶에 필수적이다. 앞으로 보게 되겠지만, 산과 염기(예 : 두 가지 형태의 코카인처럼)의 화학적 차이는 작지만 화합물의 거동에 큰 영향을 미칠 수 있다. 즉 미묘한 변화가 큰 영향을 미칠 수 있다.

학습 목표

이 장을 완료하고 실습 문제를 풀고 나면, 수행할 수 있는 것은 다음과 같다.

12.1 산과 염기의 서론
- 산과 염기를 정의할 수 있다. 이때 Arrhenius 정의와 Brønsted-Lowry 정의를 사용한다.
- 수용액에서의 산 이온화 과정과 염기 해리 과정을 기술할 수 있다.

12.2 산-염기의 평형 반응
- 강산과 약산의 차이를 설명할 수 있다.
- 화학 평형에서 산, 염기, 짝산, 짝염기를 분간할 수 있다.

12.3 산과 염기를 포함하는 반응
- 금속과 산이 반응하여 금속 이온과 수소 기체를 생성하는 반응을 예측할 수 있다.
- 산-염기 중화 반응의 생성물을 예측할 수 있다.

12.4 산과 염기의 농도
- 산이나 염기를 수용액에 첨가하는 것이 수용액의 H^+와 OH^-의 농도에 어떤 영향을 미치는가를 설명할 수 있다.
- 수용액의 pH, pOH, $[H^+]$, $[OH^-]$의 값들을 관련시킬 수 있다.

12.5 산과 염기의 농도 측정하기
- 산과 염기 용액에 대한 일반적인 지시약을 알 수 있다.
- 적정 실험의 데이터를 적용하여 미지의 산이나 염기의 농도를 구할 수 있다.

12.6 완충 용액의 pH와 생물학적 pH
- 완충 용액이 용액의 pH를 어떻게 안정화시킬 수 있는지를 설명할 수 있다.

12.1 산과 염기의 서론

산성(acidic)이라는 용어를 잠시 생각해 보면, 부식성이 강한 물질이 그려진다. 이들은 옷과 피부, 심지어 금속까지 부식시킨다. 그런데 산성이라고 말하는 것들에는 탄산음료, 오렌지, 바비큐 소스 같은 먹거리도 있다. 부식성이 강한 물질과 무해한 맛의 일반 먹거리, 이 둘의 차이는 무엇인가? 다음 절에서 알 수 있듯이, 두 가지 요소, 즉 산의 세기와 산의 농도가 산의 특성을 결정한다. 이 두 가지를 모두 신중하게 검토할 것이다.

염기는 본질적으로 산의 반의어다. 산처럼 염기도 배수구 클리너처럼 매우 강하거나 베이킹 소다처럼 꽤 순할 수 있다. 많은 가정용품들의 성질은 산성 아니면 염기성이다(그림 12.2). 염기와 산은 서로 중화하여 강력한 부식 특성을 없애고, 물과 단순 이온 결합 화합물을 생성한다.

이번 장에서는 산과 염기의 화학적 성질을 살펴보고, 산과 염기의 세기와 농도의 관점에서 설명할 것이다. 산과 염기의 반응을 살펴보고, 중화 반응을 실험실 분석에서 어떻게 사용할 수 있는지를 알아볼 것이다. 먼저 알게 될 것은 산-염기의 거동이 우리 주변에 널려 있다는 것이다. 즉 모든 호흡에, 모든 음료에, 말 그대로 우리 몸의 모든 섬유질에 있다.

Courtesy of Kevin Revell

그림 12.2 많은 일반 가정용품들의 성질은 산성 아니면 염기성이다.

표 12.1 일반적인 산과 염기

화학식	이름
산	
HF	플루오린화 수소산
HCl	염산
HBr	브로민화 수소산
HI	아이오딘화 수소산
H_2CO_3	탄산
HNO_3	질산
HNO_2	아질산
H_2SO_4	황산
H_3PO_4	인산
$HC_2H_3O_2$	아세트산
염기	
NaOH	수산화 소듐
KOH	수산화 포타슘
$Mg(OH)_2$	수산화 마그네슘
$Ca(OH)_2$	수산화 칼슘

Arrhenius 정의

이제 시작을 산 염기의 고전적 정의인 **Arrhenius 정의(Arrhenius definition)**로부터 하자.

- **산(acid)**은 물에서 H^+ 이온을 내놓는 화합물이다.
- **염기(base)**는 물에서 OH^- 이온을 내놓는 화합물이다.

앞의 장들에서 기억할 것이 있다. 수용액에서 이온으로 분리되는 화합물을 **전해질**(electrolyte)이라고 한다는 사실이다. 산과 염기가 이 범주에 속한다. 표 12.1에는 일반적인 산과 염기의 이름과 화학식이 일부 나와 있다.

대부분의 산에서 수소 원자가 결합되는 것은 전기 음성도가 큰 원소(예: 산소나 할로젠)이다. 수용액에서 이러한 화합물들은 이온화되어 H^+ 양이온과 그에 상응하는 음이온을 생성한다. 예를 들면 염산은 이온화되어 H^+와 Cl^-를 생성한다.

$$HCl\ (aq) \rightarrow H^+\ (aq) + Cl^-\ (aq)$$

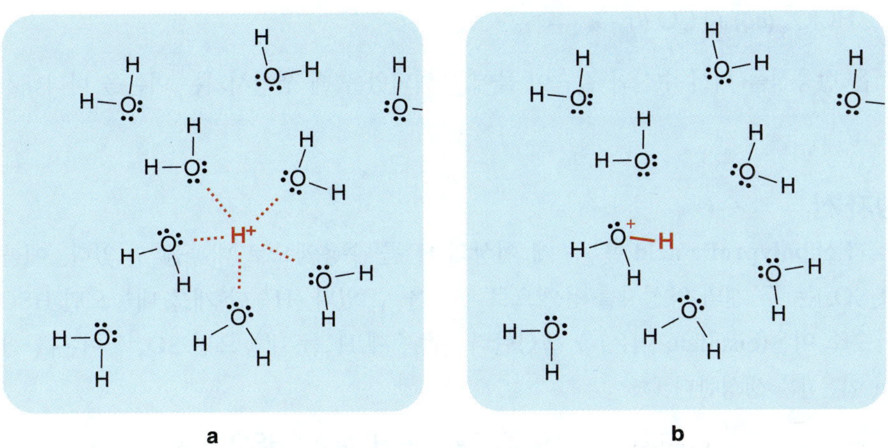

그림 12.3 산이 물에 용해될 때 H^+의 표현 방법은 두 가지다. (a) 홀로 있거나(H^+), (b) 물 분자에 결합되어 있는 경우(H_3O^+)이다. 두 기호 모두 맞으며, 자주 사용된다.

수용액에서 H^+ 이온은 물 분자에 의해 안정화된다. 이를 두 가지 방법으로 나타낼 수 있다. 종종 H^+ 이온을 아무 것도 결합하지 않은 양이온으로 나타낼 수 있다. 이것은 여러 물 분자에 대해서, 강하지만 순간적으로 끄는 힘을 가진다(그림 12.3). 다른 경우는 H^+가 물 분자 한 개에 부착되어 H_3O^+를 생성한 경우다. H_3O^+의 명칭은 **하이드로늄 이온(hydronium ion)**이다.

$$HCl\ (aq) + H_2O\ (l) \rightarrow H_3O^+\ (aq) + Cl^-\ (aq)$$

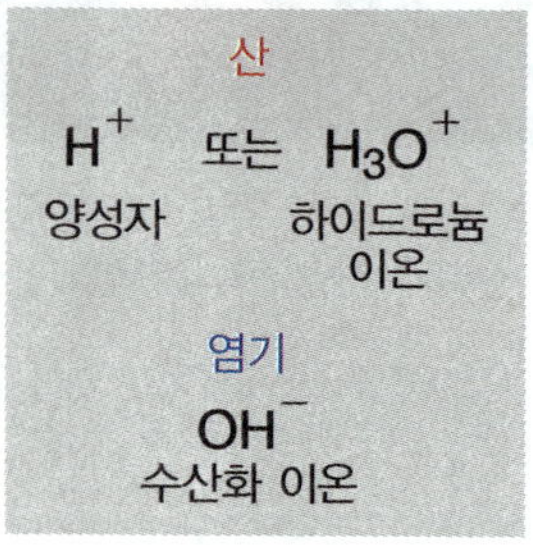

그림 12.4 산성 및 염기성 용액에는 이러한 이온들이 있다.

두 형태의 산성 반응식의 의미는 같다. 즉 수용액에서 H^+는 염화 이온으로부터 분리되고 주변의 물 분자에 의해 안정화된다. H^+ 양이온은 양성자 하나로만 구성되어 있기 때문에, 종종 단순하게 양성자로 언급된다. 또한 H^+를 얻거나 잃는 과정을 각각 **양성자화**(protonation)와 **탈양성자화**(deprotonation)라고 한다. 예를 들어 H_2O 분자가 '양성자화'하여 하이드로늄 이온을 생성한다고 말할 수 있다(그림 12.4).

산의 두 번째 예는 질산(HNO_3)이다. 다시 말하지만, 산은 수용액에서 H^+를 방출한다. 이것을 두 가지 방법으로 나타내면 다음과 같다.

물 미포함 : $HNO_3\ (aq) \rightarrow H^+\ (aq) + NO_3^-\ (aq)$

물 포함: $HNO_3\ (aq) + H_2O\ (l) \rightarrow H_3O^+\ (aq) + NO_3^-\ (aq)$

수용성 H^+ 이온은 H_3O^+로도 표현된다.

염기는 물에서 해리되어 수산화 이온(OH^-)을 생성한다. 일반적인 염기의 대부분은 금속 수산화물이다. 이들은 해리되어 금속 양이온과 수산화 음이온을 생성한다. 예를 들면 수산화 포타슘과 수산화 마그네슘은 물에서 해리된다. 다음과 같다.

산과 염기를 논할 때, **양성자**란 H^+ 이온을 말한다.

$$KOH\ (s) \rightarrow K^+\ (aq) + OH^-\ (aq)$$

$$Mg(OH)_2\ (s) \rightarrow Mg^{2+}\ (aq) + 2\ OH^-\ (aq)$$

이러한 종류의 일반적인 염기가 많이 있다. 예를 들면 수산화 소듐(NaOH), 수산화 리튬(LiOH), 수산화 칼슘[$Ca(OH)_2$] 등이다.

도전 문제

1. 다음 반응식을 완결하여, 이러한 산이 수용액에서 생성시키는 이온을 나타내시오.

$HBr\ (aq) + H_2O\ (l) \rightarrow$

$HClO_4\ (aq) + H_2O\ (l) \rightarrow$

2. 이온 반응식을 써서 수산화 칼슘이 물에 용해되었을 때 생성시키는 이온을 나타내시오.

다양성자 산

다양성자 산(polyprotic acid)은 두 개 이상의 H^+를 수용액으로 내놓을 수 있다. 예를 들면 황산(H_2SO_4)는 두 개의 양성자를 용액으로 내놓을 수 있다. H^+ 한 개를 내놓으면 HSO_4^- 이온[황산수소 이온(bisulfate 이온)]을 생성한다. 두 번째 H^+를 내놓으면 SO_4^{2-} 이온[황산 이온(sulfate 이온)]을 생성한다.

gresei/Shutterstock

커피와 차는 모두 약산성이다. **탄닌**이라는 화합물 때문이다. 또한 이런 화합물들로 인해, 이들 음료의 색은 어두운 색을 띤다.

1차 이온화: $H_2SO_4\ (aq) \rightarrow H^+\ (aq) + HSO_4^-\ (aq)$

2차 이온화: $HSO_4^-\ (aq) \rightarrow H^+\ (aq) + SO_4^{2-}\ (aq)$

양성자 한 개만을 용액에 내놓을 수 있는 산은 **일양성자 산**(monoprotic acid)이다. 염산(HCl), 브로민화 수소산(HBr), 질산(HNO_3)은 모두 일양성자 산의 예다. **이양성자 산**(diprotic acid, 예: 황산(H_2SO_4), 탄산(H_2CO_3))은 양성자를 두 개 내놓을 수 있다. **삼양성자 산**[(triprotic acid, 예: 인산(H_3PO_4))은 양성자를 세 개 내놓을 수 있다.

도전 문제

3. 다음의 2차 및 3차 반응을 완결하여, 인산이 해리하여 첫 번째, 두 번째, 세 번째 양성자를 잃는 것을 나타내시오.

1차 이온화: $H_3PO_4\,(aq) \rightarrow H^+\,(aq) + H_2PO_4^-\,(aq)$

2차 이온화: $H_2PO_4^-\,(aq) \rightarrow$

3차 이온화:

Brønsted-Lowry 정의

산과 염기의 Arrhenius 설명은 유용하지만, 물에서 일어나는 반응으로 한정된다. 그러나 물에서 산이나 염기로 작용하는 화합물은 다른 용매에서도 매우 유사한 반응을 보인다. 예를 들어 아래의 두 반응을 생각해 보자. 두 반응의 공통점은 무엇인가?

$$HCl + H_2O \rightarrow H_3O^+ + Cl^-$$
$$HCl + H_3N \rightarrow H_4N^+ + Cl^-$$

두 예에서, HCl 분자는 H^+를 다른 화학종으로 전달하여 양이온과 음이온을 생성한다. 양이온은 H_3O^+와 H_4N^+이고, 염화 음이온은 Cl^-이다. 우리는 첫 번째 반응에서 HCl을 산이라고 설명한다. 그렇다면 두 번째 반응에서는 왜 아닌가? Arrhenius 정의는 너무 제한적이다. 산과 염기의 확장된 설명이 **Brønsted-Lowry 정의(Brønsted-Lowry definition)**다. 이 정의에 따르면,

- **산**은 H^+ 이온을 내놓는 화합물이다.
- **염기**는 H^+ 이온을 받아들이는 화합물이다.

두 반응에서 HCl은 산이다. 따라서 H^+를 염기에 준다. 물과 암모니아(NH_3)는 염기다. 따라서 산으로부터 H^+를 받는다. 이러한 반응을 구조적으로 나타낸 것이 그림 12.5이다.

산은 양성자 주개이고, 염기는 양성자 받개이다.

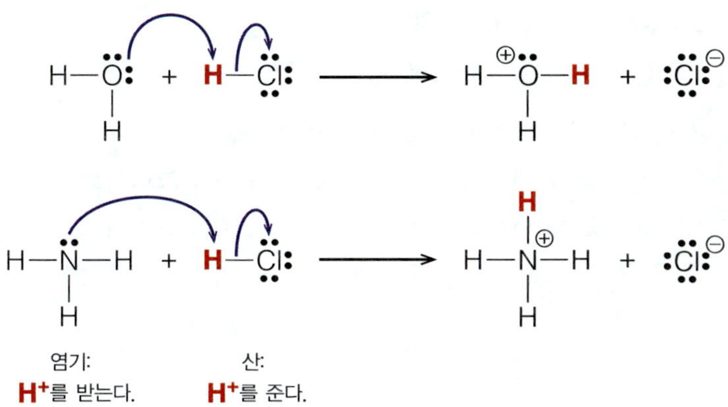

그림 12.5 HCl과 H_2O의 반응과, HCl과 NH_3의 반응은 유사하게 일어난다. 파란색 화살표가 나타내는 것은 전자 이동이다. 즉 산소와 질소 원자는 전자를 주어 H^+와 새로운 결합을 생성한다. 이런 일이 일어날 때, H–Cl 결합의 전자는 염소 원자로 이동하여 염화 이온을 생성한다.

Charles Brutlag/Shutterstock

암모니아(NH_3)는 약염기 물질이며, 비료로 흔히 사용된다.

Brønsted-Lowry 산-염기 반응의 또 다른 예를 살펴보자. 아래의 반응에서는 암모니아와 물이 산-염기 반응으로 결합한다. 어떤 화합물이 산으로 작용하는가? 어떤 화합물이 염기로 작용하는가?

$$NH_3\,(aq) + H_2O\,(l) \rightarrow NH_4^+\,(aq) + OH^-\,(aq)$$

이 예에서 NH_3는 H^+를 얻어 NH_4^+를 생성한다. 즉 NH_3가 염기다. 반면에 H_2O는 H^+를 잃어 OH^-를 생성한다. 따라서 물은 이 반응에서 산으로 작용한다. 또한 주목할 것이 있다. 이 반응에서 암모니아는 물과 결합하여 수산화 이온을 생성한다는 것이다. Brønsted-Lowry 정의에서 염기인 물질(H^+ 받개)은 Arrhenius 정의에서도 염기(수용액에서 수산화 이온을 생성)로 작용한다. 그림 12.6은 산-염기 정의를 요약한 것이다.

산
- 물에서 H^+ 또는 H_3O^+를 생성함
- 양성자(H^+) 주개

염기
- 물에서 OH^-를 생성함
- 양성자(H^+) 받개

그림 12.6 산–염기 정의

예제 12.1 산과 염기 식별하기

다음 반응에서 산과 염기를 식별하시오.

$$H_2S\,(aq) + H_2O\,(l) \rightarrow HS^-\,(aq) + H_3O^+\,(aq)$$

이 반응에는 표 12.1에 있는 친숙한 산과 염기가 없다. 그러나 일어나는 변화로부터 산과 염기를 여전히 식별할 수 있다. 주목할 것이 있다. 반응물에서 생성물로 변할 때 H_2O는 H^+를 받아 H_3O^+가 된다는 것이다. 따라서 H_2O가 양성자 받개, 즉 염기다. 마찬가지로 반응물에서 생성물로 변할 때, H_2S는 수소 이온과 +1의 전하를 잃고 HS^-가 된다. 따라서 H_2S가 양성자 주개, 즉 산이다.

도전 문제

4. 다음 반응에서 산과 염기를 식별하시오.

$$HCl + C_2H_6O \rightarrow C_2H_6OH^+ + Cl^-$$

$$HNO_2 + CH_5N \rightarrow NO_2^- + CH_6N^+$$

5. 물(H_2O)은 산의 역할도 염기의 역할도 할 수 있다.

a. 물이 산으로 작용할 때 생성되는 이온의 Lewis 구조를 그리시오.

b. 물이 염기로 작용할 때 생성되는 이온의 Lewis 구조를 그리시오.

12.2 산-염기의 평형 반응

강산(strong acid)은 물에서 완전히 이온화된다. 앞에서 언급한 산의 예(HCl과 HNO_3)는 둘 다 강산이다. 실제로 일반적인 강산은 7개뿐이다. 이를 표 12.2에 표시했다.

표 12.2 일반적인 강산

화학식	이름
HCl	염산
HBr	브로민화 수소산
HI	아이오딘화 수소산
HNO_3	질산
H_2SO_4	황산
$HClO_4$	과염소산
$HClO_3$	염소산

대부분의 산은 물에서 부분적으로만 이온화된다. 즉 **약산(weak acid)**이다. 예를 들면 플루오린화 수소산(HF)은 약산이다. 용액에서는 HF의 약 2%만이 이온으로 분해된다. 즉 나머지 98%는 온전한 상태로 유지된다.

$$\underset{98\%}{HF\,(aq)} + H_2O\,(l) \rightleftharpoons H_3O^+\,(aq) + \underset{2\%}{F^-\,(aq)}$$

약산의 이온화는 **평형 반응(equilibrium reaction)**의 한 예다. 이러한 유형의 반응은 정방향과 역방향에서 모두 일어난다. 플루오린화 수소산은 이온화되어 H_3O^+와 F^-를 생성할 수 있다. 그러나 이온들은 결합하여 HF를 다시 생성할 수도 있다. 이 움직임을 나타내기 위해 **평형 화살표**($\rightleftharpoons$)를 사용한다. 이것이 나타내는 것은 양방향 반응이다. 평형 개념은 13장에서 더 자세히 다룰 것이다.

이 평형의 정반응과 역반응을 좀 더 자세히 살펴보자(그림 12.7). 정반응(왼쪽에서 오른쪽으로 읽음)에서, HF는 H^+를 물 분자에 준다. 따라서 HF는 산이며, H_2O는 염기다. 역반응은 어떠한가? 오른쪽에서 왼쪽으로 변할 때, 하이드로늄(H_3O^+)은 H^+를 플루오린화 이온에 다시 준다. 역반응에서 H_3O^+는 산이고, F^-는 염기다. 산-염기 평형을 설명할 때, 화학 반응식의 오른쪽에 있는 산과 염기를 **짝산(conjugate acid)**, **짝염기(conjugate base)**라고 한다.

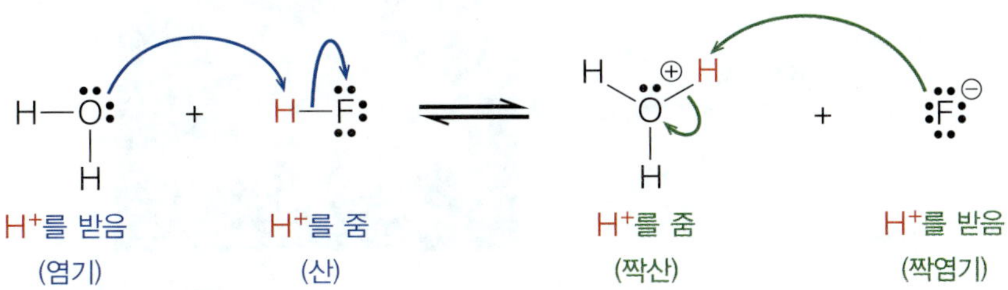

그림 12.7 정반응(파란색 화살표)에서 HF는 산이고, H_2O는 염기다. 역반응(녹색 화살표)에서 H_3O^+는 산이고, F^-는 염기다.

다른 예를 살펴보자. 트라이클로로아세트산(trichloroacetic acid, $HC_2Cl_3O_2$)은 약산이다. 물에서 이 산의 이온화는 다음과 같이 쓸 수 있다.

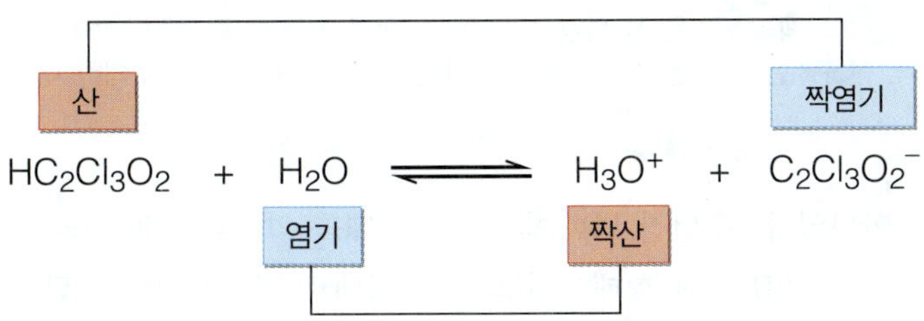

정방향에서는 $HC_2Cl_3O_2$가 H^+를 내놓는다. 따라서 산이다. 역방향에서는 $C_2Cl_3O_2^-$가 H^+를 받는다. 따라서 이는 짝염기다. 마찬가지로 H_2O는 정방향에서는 염기이지만, 역방향에서

H_3O^+는 산이다.

산과 짝염기의 유일한 차이는 H^+임을 유의하라. **산의 형태에는 H^+가 있고, 염기의 형태에는 그렇지 않다.** 이 때문에 산과 짝염기를 **산-염기쌍**(acid-base pair)이라고 한다. 염기와 짝산도 마찬가지로 한 쌍이다. 둘 사이의 유일한 차이는 H^+이다.

위의 산-염기 평형에서, 강아지는 산이다. 그렇다면 짝염기 강아지를 식별할 수 있을까? 물론이다. 짝염기는 산과 동일하지만, H^+는 없다.

코카인의 유리 염기 형태는 이온으로 된 산 형태보다 녹는점과 끓는점이 훨씬 낮다. 그래서 코로 흡입하지 않고 흡연할 수 있는 것이다. 코카인이 폐를 통해 체내에 들어오면 뇌까지 더 빨리 도달한다. 따라서 더 빠르고 더 강력한 극치를 얻을 수 있다.

합법적이거나 불법적인 많은 약물 분자들이 산-염기 반응을 한다. 예를 들면 약물 제조자들은 일반적으로 코카인을 산의 형태로 운반한다. 이를 **산성 염** 형태 또는 **분말** 형태라고 한다(그림 12.8). 1980년대에 마약 거래상들은 산 코카인을 염기로 처리하기 시작했다. 이러한 산-염기 반응은 코카인을 짝염기(**유리 염기**라고도 함)로 변환시킨다. 이 짝염기는 일반적으로 **크랙**(crack)으로 알려져 있다.

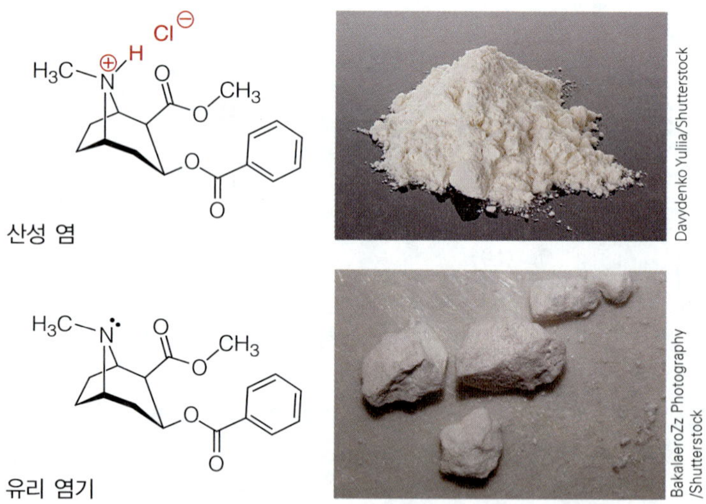

그림 12.8 분말 코카인과 크랙 코카인은 산-짝염기 쌍이다. 주목할 점은 그들 사이의 차이는 H^+(반대 이온, Cl^-)의 존재 유무라는 점이다. 선 구조는 탄소 원자를 보여 주는 간단한 방법이다. 선 구조에 대한 자세한 내용은 15.3절을 참조하면 된다.

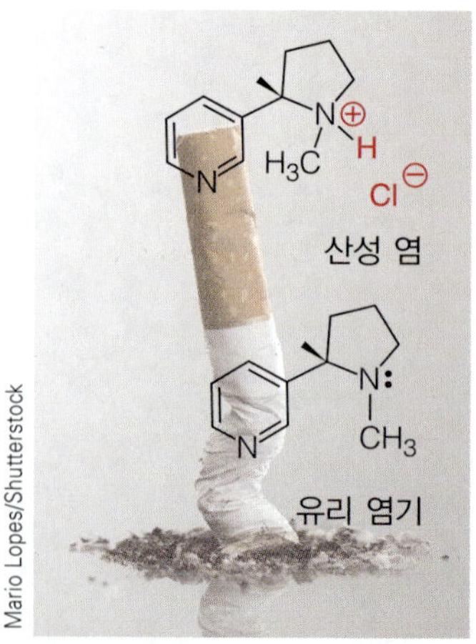

그림 12.9 니코틴은 코카인과 마찬가지로 산성 염 또는 유리 염기로 존재한다.

새로운 묘책은 아니었다. 수년간 담배회사들은 담배를 암모니아로 처리해 왔다. 암모니아는 염기이기 때문에 니코틴을 산 형태에서 짝염기 형태로 변환시킨다(그림 12.9). 이러한 관행은 흡연 시 니코틴 섭취를 증가시켜 중독을 조장하고 담배 소비를 증가시킨다.

예제 12.2 산-염기 평형의 성분

다음 평형 반응에서 산-염기쌍을 식별하시오.

$$HBr + CH_4O \rightleftharpoons CH_5O^+ + Br^-$$

산-염기쌍을 식별하는 비결은 그들에게 H^+가 있든 없든, 그들이 동일한 화학종이라는 사실을 깨닫는 것이다. 정반응에서 주목할 점은 HBr이 H^+를 주고, Br^-는 홀로 남겨진다는 점이다. 따라서 HBr은 산이고, Br^-는 짝염기다. 또한 CH_4O는 염기다. 짝산은 같은 화학종이지만 H^+가 붙어 있다. 따라서 CH_4O와 CH_5O^+는 염기/짝산 쌍이다.

도전 문제

6. 다음 반응에서 산, 염기, 짝산, 짝염기를 구분하여 그림에 표시하시오.

짝염기는 염기성인가?

HF와 물의 반응을 한 번 더 살펴보자.

$$HF\ (aq) + H_2O\ (l) \rightleftharpoons H_3O^+\ (aq) + F^-\ (aq)$$

이 평형에서 HF는 산이고, F^-는 짝염기라고 말한다. 이것은 F^-가 염기라는 것을 의미하는가? 정말로 그렇다. 플루오린화 이온 용액에서, 이온은 약염기로 작용하여 물에서 H^+를 제거하고 수산화 이온을 생성한다.

$$F^-\ (aq) + H_2O\ (l) \rightleftharpoons OH^-\ (aq) + HF\ (aq)$$

이 반응식의 좌변에 F^-를 썼기 때문에, F^-는 염기이고, HF는 짝산이다.

다른 예를 살펴보자. 하이포염소산(HClO)은 약산이다. 따라서 그것의 짝염기(ClO^-)는 염기성이다. 두 가지 반응을 작성할 수 있다. 이들은 산과 짝염기가 물과 어떻게 반응하는지를 보여 준다.

약산의 짝은 염기다.

약염기의 짝은 산이다.

HClO의 산 반응: $HClO\ (aq) + H_2O\ (l) \rightleftharpoons H_3O^+\ (aq) + ClO^-\ (aq)$

ClO^-의 염기 반응: $ClO^-\ (aq) + H_2O\ (l) \rightleftharpoons OH^-\ (aq) + HClO\ (aq)$

일반적으로 **약산의 짝염기는 염기성이고, 약염기의 짝산은 산성이다.**

도전 문제

7. 탄산(H_2CO_3)은 약산성이다. 두 개의 평형 반응식을 작성하여, 하나는 물에서 H_2CO_3의 산 반응을 나타내고, 다른 하나는 물에서 HCO_3^-의 염기 반응을 나타내시오.

8. 하이포브로민산 이온(BrO^-)은 약염기다. 두 개의 평형 반응식을 작성하여, 하나는 물에서 BrO^-의 반응을 나타내고, 다른 하나는 물에서 그 짝산의 반응을 나타내시오.

12.3 산과 염기를 포함하는 반응

중화 반응

중화 반응은 6.5절에서 소개되었다. 다른 예는 해당 절을 참조하라.

산-염기 중화 반응(neutralization reaction)은 6장에서 소개되었다. 중화 반응에서, 산과 염기는 반응하여 물과 이온 결합 화합물을 생성한다. 이온 결합 화합물은 보통 **염**(salt)이라고 한다.

산 + 염기 → 물 + 염

예를 들면 플루오린화 수소산은 수산화 소듐과 반응한다.

$$HF\ (aq) + NaOH\ (aq) \rightarrow H_2O\ (l) + NaF\ (aq)$$

산의 H^+는 염기의 OH^-와 결합하여 물을 생성한다. 나머지 이온들은 결국 NaF로 합쳐진다. 마찬가지로 과염소산은 수산화 포타슘과 반응한다.

$$HClO_4\ (aq) + KOH\ (aq) \rightarrow H_2O\ (l) + KClO_4\ (aq)$$

산의 H^+는 염기의 OH^-와 반응하여 물을 생성한다. 나머지 이온들은 결합하여 염을 생성한다.

무엇이 중화 반응이 일어나도록 하는가? 이 질문을 이해하려면, 반응을 완전 이온 반응식으로 다시 쓰는 것이 도움이 된다.

$$H^+\ (aq) + ClO_4^-\ (aq) + K^+\ (aq) + OH^-\ (aq) \rightarrow H_2O\ (l) + K^+\ (aq) + ClO_4^-\ (aq)$$

물 생성 반응은 중화 반응의 추진력이다.

주목할 점은 이 반응에서 K^+ 이온과 ClO_4^- 이온은 변화가 없다는 점이다. 즉 그들은 구경꾼 이온이다. 중화 반응의 알짜 이온 반응은 H^+와 OH^-로부터 물을 생성하는 반응이다. 물의 생성이 중화 반응을 일으킨다.

$$H^+\ (aq) + OH^-\ (aq) \rightarrow H_2O\ (l)$$

예제 12.3 산-염기 중화 반응으로부터 생성물 예측하기

균형 반응식을 써서 질산과 수산화 칼슘의 반응을 나타내시오.

이 반응에서는 산의 H^+와 염기의 OH^-가 결합하여 물을 생성한다.

나머지 이온 Ca^{2+}과 NO_3^-는 이온 결합 화합물($Ca(NO_3)_2$)을 생성한다.

$$HNO_3\ (aq) + Ca(OH)_2\ (aq) \rightarrow H_2O\ (l) + Ca(NO_3)_2\ (aq) \qquad \text{균형이 맞지 않음}$$

중화 반응의 균형을 맞추는 간단한 방법은 결합하는 H^+ 이온의 수와 OH^- 이온의 수의 균형을 맞추는 것이다. $Ca(OH)_2$에는 수산화 이온이 두 개 있다. 따라서 두 개의 수소 이온(즉 두 개의 HNO_3 분자)이 있어야 OH^-와 반응한다. 이러면 두 개의 물 분자가 생성되고, 균형이 맞추어진다.

$$2\ HNO_3\ (aq) + Ca(OH)_2\ (aq) \rightarrow 2\ H_2O\ (l) + Ca(NO_3)_2\ (aq) \qquad \text{균형이 맞음}$$

도전 문제

9. 다음 중화 반응의 생성물을 예측하시오. 반응식이 균형을 이루는지를 확인하시오.

$$HBr\ (aq) + NaOH\ (aq) \rightarrow$$

$$HNO_2\ (aq) + Al(OH)_3\ (aq) \rightarrow$$

$$H_2SO_4\ (aq) + Mg(OH)_2\ (aq) \rightarrow$$

10. 다음 중화 반응의 완전 이온 반응식과 알짜 이온 반응식을 쓰시오.

$$Ba(OH)_2\ (aq) + 2\ HNO_3\ (aq) \rightarrow Ba(NO_3)_2\ (aq) + 2\ H_2O\ (l)$$

산과 금속의 반응

대부분의 금속은 산과 반응하여 금속 양이온과 수소 기체를 생성한다(그림 12.10). 예를 들면 철 금속은 브로민화 수소산(HBr)과 반응하여 브로민화 철(II)과 수소 기체를 생성한다. 이것을 분자 반응식이나 알짜 이온 반응식으로 쓸 수 있다.

분자 반응식: $Fe\ (s) + 2\ HBr\ (aq) \rightarrow FeBr_2\ (aq) + H_2\ (g)$

알짜 이온 반응식: $Fe\ (s) + 2\ H^+\ (aq) \rightarrow Fe^{2+}\ (aq) + H_2\ (g)$

마찬가지로 알루미늄은 질산과 반응하여 질산 알루미늄과 수소 기체를 생성한다.

분자식: $2\ Al\ (s) + 6\ HNO_3\ (aq) \rightarrow 2\ Al(NO_3)_3\ (aq) + 3\ H_2\ (g)$

알짜 이온 반응식: $2\ Al\ (s) + 6\ H^+\ (aq) \rightarrow 2\ Al^{3+}\ (aq) + 3\ H_2\ (g)$

금속과 산의 반응은 단일 치환 반응이다. 반응물은 한 원소(금속)로 시작하여 다른 원소(수소)를 생성한다.

귀금속(은, 금, 백금)은 산과 반응하지 않는다. 이러한 귀금속에 '귀'가 붙은 이유는 희귀하고, 아름답고, 내구성이 강하기 때문이다. 귀금속은 보통 금속과 달리 쉽게 파괴되거나 쉽게 화학적으로 변화되지 않는다.

이 잉카 조각상의 금은 변화되지 않고 수세기 동안 견디어 왔다.

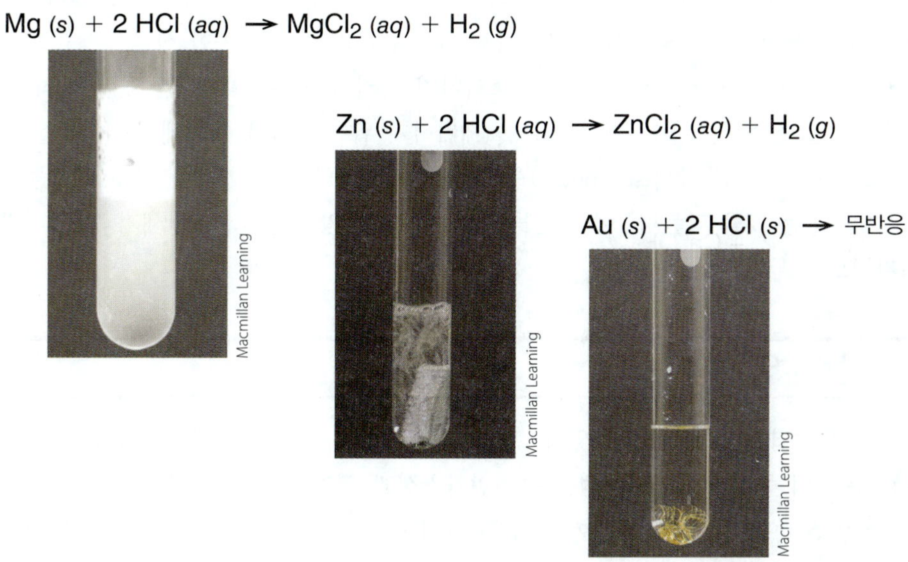

그림 12.10 대부분의 금속들은 산과 반응하여 금속 양이온과 수소 기체를 생성한다. 그러나 금, 은, 백금과 같은 귀금속은 그렇지 않다.

도전 문제

11. 포타슘, 칼슘, 알루미늄은 모두 산과 반응한다. 다음 반응을 완결하고, 균형을 맞춰서 생성물을 보이시오.

$$K\ (s) + HBr\ (aq) \rightarrow$$

$$Ca\ (s) + H_2SO_4\ (aq) \rightarrow$$

$$Al\ (s) + HNO_3\ (aq) \rightarrow$$

Thanamat Somwan/Shutterstock

그림 12.11 탄산음료에 녹아 있는 CO_2는 탄산을 생성하여 탄산음료의 톡 쏘는 맛을 낸다.

비금속 산화물들은 물과 반응하여 산을 생성한다.

그림 12.12 이 동상이 침식된 원인은 산성비이다.

비금속 산화물로부터 산의 생성

이름에서 알 수 있듯이, **비금속 산화물(nonmetal oxide)**이란 한 개 이상의 산소 원자에 공유 결합된 비금속이 있는 화합물 또는 이온이다. 많은 비금속 산화물들은 물과 반응하여 산을 생성한다. 예를 들면 이산화 탄소는 물과 가역적으로 반응하여 탄산을 생성한다.

$$CO_2\ (g) + H_2O\ (l) \rightleftharpoons H_2CO_3\ (aq)$$

맥주나 소다수와 같은 탄산음료에 녹아 있는 CO_2는 이러한 반응을 통해 탄산을 생성한다(그림 12.11). 12.6절에서 알게 되겠지만, 이 반응은 이산화 탄소가 혈액에 용해될 때도 발생한다. 이것은 혈액의 산-염기 평형을 조절하는 데 도움이 된다.

황 산화물과 질소 산화물도 물과 반응하여 산성 화합물을 생성한다. 예를 들어 삼산화 황은 반응하여 황산을 생성한다. 반면에 오산화 이질소는 반응하여 질산을 생성한다.

$$SO_3\ (g) + H_2O\ (l) \rightarrow H_2SO_4\ (aq)$$

$$N_2O_5\ (g) + H_2O\ (l) \rightarrow 2\ HNO_3\ (aq)$$

이러한 반응이 중요한 것은 석탄이나 석유와 같은 화석 연료에서 황과 질소가 흔하기 때문이다. 이러한 '더러운 연료'를 태우면 생성되는 것이 황 산화물(일명 SO_x 배출물)과 질소 산화물(일명 NO_x 배출물)이다. 이러한 산화물은 공기 중의 수분과 결합되어 **산성비(acid rain)**가 된다. 고도로 산업화된 지역에서는 산성비가 침식을 가속화한다. 또한 식물과 동물의 생명에 해롭다(그림 12.12). 산성비의 영향을 최소화하기 위해서 대부분의 선진국들은 화석 연료 방출에서 나오는 질소 산화물과 황 산화물을 제거하기 위한 전략을 개발해 왔다. 예를 들면 화력 발전소에서는 '집진 장치(scrubbers)'를 사용하여 SO_x와 NO_x 기체를 가두어 그들이 대기 중으로 방출되는 것을 막는다. 이 기술들이 완벽하지는 않지만, 지난 반세기 동안 대기의 질을 획기적으로 개선했다.

12.4 산과 염기의 농도

강산성 용액은 납을 용해시킬 수 있다. 그러나 버팔로 윙 소스나 코카콜라와 같은 약산성 용액은 아주 맛이 좋다. 둘의 차이점은 무엇인가? 산과 염기의 세기를 어떻게 측정할 수 있을까? 이러한 질문에 답하려면 순수한 물과 두 가지 화학종인 H^+와 OH^-로부터 시작해야 한다. 이들은 산과 염기를 정의하는 화학종이다.

수용액에서 H^+와 OH^-의 농도

순수한 물에는 항상 미량의 H^+와 OH^-가 있다. 액체 형태로 물 분자는 끊임없이 서로 충돌한다. 이러한 충돌의 결과로 극히 일부분에서는 H^+가 어떤 물 분자에서 다른 물 분자로 이동한다. 다음과 같다.

$$H_2O\ (l) + H_2O\ (l) \rightleftharpoons H_3O^+\ (aq) + OH^-\ (aq)$$

이 과정을 물의 자동 이온화(self-ionization) 반응이라고 한다. 이를 간단하게 물 분자 하나로 보여 주기도 한다. 즉 다음과 같이 물 분자 한 개가 두 개의 이온으로 분해된다.

$$H_2O\ (l) \rightleftharpoons H^+\ (aq) + OH^-\ (aq)$$

순수한 물에서는 물 분자 5억 6천만 개당 한 개가 이온화된다. 따라서 순수한 물에서의 H^+와 OH^-의 농도는 둘 다 1.0×10^{-7} M이다. 수학적으로, 순수한 물속에서는 다음과 같다.

$$[H^+][OH^-] = 1.0 \times 10^{-14}$$

젖은 시멘트에서는 산화 칼슘이 물과 반응하여 수산화 칼슘[$Ca(OH)_2$]을 생성한다. 젖은 시멘트는 염기다.

산을 순수한 물에 넣으면 어떻게 될까? 갑자기 H^+의 농도가 상승한다. 이렇게 과량의 H^+는 존재하는 소량의 OH^-와 반응하여 $[OH^-]$는 감소한다. 반면에 과량의 염기를 가하면 반전이 일어난다. 즉 $[OH^-]$가 상승하고, $[H^+]$는 감소한다. OH^-와 H^+의 농도는 마치 시소와 같다. 한쪽이 올라가면 다른 쪽이 내려간다(그림 12.13).

그림 12.13 $[H^+]$와 $[OH^-]$는 시소의 양쪽 끝과 같다. 한쪽이 올라가면, 다른 한쪽은 그만큼 내려간다.

흥미롭게도, $[H^+]$와 $[OH^-]$가 바뀌어도 **두 농도의 곱은 일정하게 유지된다**. 25℃에 가까운 액체 물의 경우, $[H^+]$와 $[OH^-]$의 곱은 언제나 1.0×10^{-14}이다. 따라서 다음과 같이 쓸 수 있는 것이다.

$$[H^+][OH^-] = 1.0 \times 10^{-14}$$

$[H^+]$의 의미는 'H^+의 농도'임을 기억하라.

수학 복습하기: 지수 표기법 및 과학적 표기법

$[H^+]$와 $[OH^-]$의 값은 일반적으로 과학적 표기법 또는 **지수 표기법**(exponential notation)으로 나타낸다. 이들 표기법을 앞으로 꽤 많이 사용할 예정이다. 따라서 잠깐 복습하고 가면 도움이 될 것이다.

과학적 표기법과 지수 표기법이 유사한 점은 둘 다 10의 지수를 포함한다는 것이다. 차이점은, 과학적 표기법에서는 **계수** 곱하기 승수(10의 지수)를 사용한다는 것이고, 지수 표기법에서는 10의 지수가 정수가 아니어도 되고, 또한 계수를 사용하지 않는다는 것이다(그림 12.14). 지수 표기법의 지수 값은 항상 적절하게 작성된 과학적 표기법의 한 단위 내에 있다.

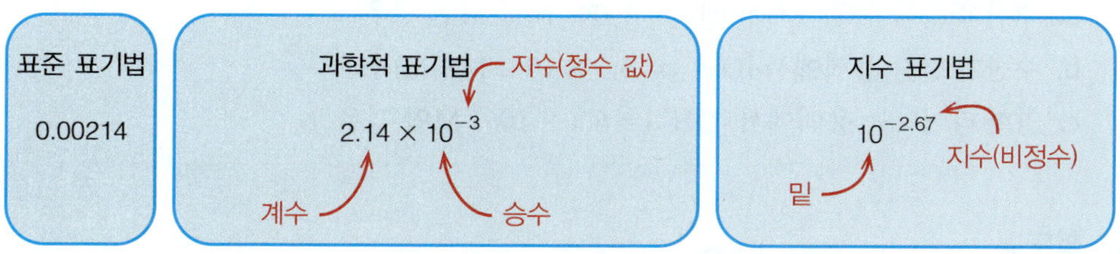

그림 12.14 과학적 표기법에서 사용하는 것은 계수, 승수, 정수인 지수이다. 지수 표기법에서는 계수가 없으며, 지수가 정수가 아닐 수도 있다. 여기에 표시된 세 가지 양식이 나타내는 값은 동일하다.

기억할 것이 있다. 지수의 곱셈에서, 항상 지수끼리는 더한다는 점이다. 수학적으로 이것을 나타내는 일반 방정식은 다음과 같다.

$$x^m x^n = x^{(m+n)}$$

물에서 $[H^+][OH^-] = 10^{-14}$이다.

예를 들면 5^2과 5^7의 곱은 다음과 같다.

$$(5^2)(5^7) = 5^9$$

$[H^+][OH^-] = 10^{-14}$이기 때문에, 농도를 10의 지수로 표현하는 경우, 두 지수를 더하면 항상 −14라는 의미다.

표 12.3 강산성 용액에서부터 강염기성 용액까지의 $[H^+]$ 및 $[OH^-]$

	$[H^+]$ (mol/L)	$[OH^-]$ (mol/L)
강산성	1×10^{0}	1×10^{-14}
	1×10^{-1}	1×10^{-13}
	1×10^{-3}	1×10^{-11}
약산성	1×10^{-5}	1×10^{-9}
중성	1×10^{-7}	1×10^{-7}
약염기성	1×10^{-9}	1×10^{-5}
	1×10^{-11}	1×10^{-3}
	1×10^{-13}	1×10^{-1}
강염기성	1×10^{-14}	1×10^{0}

$[OH^-]$와 $[H^+]$의 연결

표 12.3이 보여 주고 있는 것은 H^+ 농도와 OH^- 농도이다. 범위는 강한 산성 용액에서 강한 염기성 용액까지다. $[H^+]$와 $[OH^-]$의 곱은 항상 1.0×10^{-14}임을 주목하라. 중화점에서 두 화학종의 농도는 각각 1.0×10^{-7} M이다. $[H^+]$는 산성 용액에서는 1.0×10^{-7} M보다는 크지만, 염기성 용액에서는 1.0×10^{-7} M보다는 작다.

예제 12.4 $[H^+]$와 $[OH^-]$의 연관성

어떤 수용액에서 H^+의 농도는 1.0×10^{-6} M이다. OH^-의 농도는 얼마인가? 이 용액은 산성인가, 염기성인가?

$[H^+]$와 $[OH^-]$ 사이의 관계식으로부터 시작하고, $[H^+]$에 값을 대입하면 다음과 같다.

$$[H^+][OH^-] = 1.0\times10^{-14}$$

$$(1.0\times10^{-6})[OH^-] = 1.0\times10^{-14}$$

이 방정식을 정리하여 풀면, 구한 값은 $[OH^-] = 1.0\times10^{-8}$ M이다.

$$[OH^-] = \frac{1.0\times10^{-14}}{1.0\times10^{-6}} = 1.0\times10^{-8}\ \text{M}$$

이 예제에서는 $[H^+] = 1.0\times10^{-6}$ M이다. 이 값은 중성인 물에서의 값보다 큰 양이다(기억할 것은 중성인 물에서는 $[H^+] = [OH^-] = 1.0\times10^{-7}$ M이다). 따라서 이 용액은 산성이다.

도전 문제

12. 다음 각 용액의 H^+ 농도를 구하시오. 용액이 산성, 염기, 중성 중 어느 것인지 말하시오.

a. 수산화 소듐 용액에서 $[OH^-] = 1.0\times10^{-4}$ M인 경우

b. 수산화 칼슘 용액에서 $[OH^-] = 4.3\times10^{-7}$ M인 경우

c. 염화 타이타늄 용액에서 $[OH^-] = 6.1\times10^{-9}$ M인 경우

pH 척도

표 12.3에서 보았듯이, 용액의 산도나 염기도는 H^+나 OH^-의 농도에 따라 달라진다. 이러한 농도들은 매우 다양하다. 일반적으로 1.0(즉 1.0×10^{0}) 몰농도에서 0.00000000000001(즉 1×10^{-14}) 몰농도까지 분포한다. 이렇게 매우 다양한 농도를 설명하기 위해, 화학자들은 **pH**

척도(**pH scale**)를 사용한다. 용액의 pH는 H^+ 농도의 음의 로그로 정의된다.

$$pH = -\log[H^+]$$

어떤 숫자의 로그 값이 지수로 정의될 때는 언제인가? 어떤 숫자가 10을 밑으로 하는 지수 표기법으로 표현될 때다(표 12.4). 예를 들면 10^{18}의 로그 값은 18이다. $10^{-2.3}$의 로그 값은 −2.3이다. 100의 로그 값은 얼마인가? $100 = 10^2$이므로, 100의 로그 값은 2다.

pH 척도와 H^+ 농도의 로그 값의 부호는 서로 반대다. 이는 $[H^+]$가 일반적으로 작고, 지수는 음수이기 때문이다. 음의 로그를 취하면 양의 수가 나온다. 따라서

- $[H^+] = 10^{-7}$ M일 경우, pH는 7이다.
- $[H^+] = 10^{-13}$ M일 경우, pH는 13이다.

중성 수용액의 경우, $[H^+] = [OH^-] = 10^{-7}$ M이다. 이를 기준으로, **pH 척도의 중화점은 7이다.** 산성 용액의 pH 값은 7보다 작고, 염기성 용액의 pH 값은 7보다 크다(표 12.5).

pOH 측정도 가능하다. pOH는 OH^- 농도의 음의 로그로 정의된다. $[H^+]$와 $[OH^-]$의 곱은 10^{-14}이므로, 방정식의 양변에 음의 로그를 취하면 또 다른 유용한 관계를 제공한다. 즉 다음과 같다.

$$pH + pOH = 14$$

표 12.4 로그 표기법

값	지수 표기법	로그
1,000.	10^3	3
100.	10^2	2
10.	10^1	1
1.	10^0	0
0.1	10^{-1}	−1
0.01	10^{-2}	−2
0.001	10^{-3}	−3

pH 7은 중성이다. pH 값이 작을수록 산성이며, pH 값이 클수록 염기성이다.

표 12.5 pH와 pOH 값을 더하면 항상 14이다.

	$[H^+]$ (mol/L)	pH	$[OH^-]$ (mol/L)	pOH
강산성	1×10^0	0	1×10^{-14}	14
	1×10^{-1}	1	1×10^{-13}	13
	1×10^{-3}	3	1×10^{-11}	11
약산성	1×10^{-5}	5	1×10^{-9}	9
중성	1×10^{-7}	7	1×10^{-7}	7
약염기성	1×10^{-9}	9	1×10^{-5}	5
	1×10^{-11}	11	1×10^{-3}	3
	1×10^{-13}	13	1×10^{-1}	1
강염기성	1×10^{-14}	14	1×10^0	0

그러나 pOH는 거의 사용되지 않는다. pH를 사용하면 산성 용액과 염기성 용액을 모두 설명할 수 있기 때문에, 대부분 pOH를 사용할 필요는 없다. 다음으로 넘어가기 전에, 수용액에서 pH, pOH, 이온 농도 사이의 변환 예제를 다음에서 살펴보길 바란다.

예제 12.5 $[H^+]$로부터 pH 구하기

어떤 화학자가 용액의 산도를 측정하여 $[H^+] = 0.01$ M임을 알아냈다. 이 용액의 pH는 얼마인가? 이 용액은 산성인가, 염기성인가?

이 문제를 해결하기 위해서 먼저, 농도를 과학적 표기법으로 변환하고, 그다음에 지수 표기법으로 변환하면 다음과 같다.

$$[H^+] = \overbrace{0.01\ M}^{\text{표준 표기법}} = \overbrace{1.0 \times 10^{-2}\ M}^{\text{과학적 표기법}} = \overbrace{10^{-2}\ M}^{\text{지수 표기법}}$$

이제는 지수 표기법에서 pH로 변환할 수 있다.

$$pH = -\log[H^+] = -\log(10^{-2}) = 2$$

pH가 7보다 작다. 따라서 용액은 산성이다.

예제 12.6 $[H^+]$로부터 pH 구하기

어떤 염산 수용액의 $[H^+]$가 0.0030 M로 밝혀졌다. 이 용액의 pH는 얼마인가?

추정해 보기: 계산기를 사용하기 전에, 로그의 정의를 사용하여 대략적인 값을 알아보자. 0.0030 M은 0.001, 즉 10^{-3}보다 약간 크다는 것을 알고 있다. 또한 0.01, 즉 10^{-2}보다는 작다. 이에 비추어 지수 값은 −2와 −3 사이에 있다. 따라서 pH는 2와 3 사이에 있다(그림 12.15).

로그 값을 추정해 볼 수 있다면, 그것은 매우 유용하다. 농도를 빠르게 추정하면 오답을 배제할 수 있다. 또한 추정해 보기는 문제를 정확하게 처리했는지를 확인하는 빠른 방법이다. 만약 일이 늦어진다면, 파티에서 해보는 것도 재미있다.

계산기: pH를 계산하기 위해서 먼저 log[0.0030] 값을 구한 다음, 그 값의 음수를 구하면 다음과 같다.

$$pH = -\log[H^+] = -\log(0.0030) = 2.52$$

학생들이 pH 문제에 직면하는 가장 일반적인 문제 중 하나는 숫자를 계산기에 정확하게 입력하는 것이다. 계산기마다 이러한 문제에 대한 데이터를 입력하는 방법이 조금씩 다르다. 이 절에 있는 각 예제 문제에 특정 계산기를 사용하여 얻은 답변이, 여기에 나열된 답변과 일치하는지를 확인하는 것이 좋다.

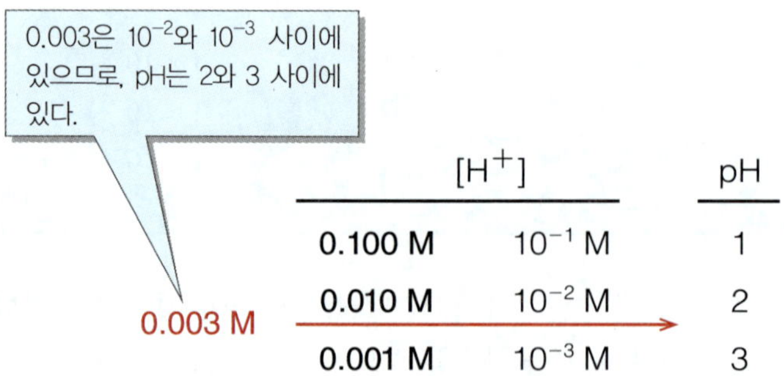

그림 12.15 pH가 말해 주는 것은 무엇인가? 소수점과 첫 번째 0이 아닌 자리 사이에 공백이 몇 개인지를 말해 준다. 따라서 연습을 좀 한다면 계산기 없이도 pH 값을 추정할 수 있다.

도전 문제

13. 어떤 용액의 $[H^+]$가 10^{-4} M이면, pH는 얼마인가? 이 용액은 산성인가, 염기인가?

14. 어떤 용액의 pH는 9.3이다. 이 용액은 산성인가, 염기성인가? 이 용액의 pOH는 얼마인가?

예제 12.7 pH로부터 $[H^+]$와 $[OH^-]$ 구하기

탄산음료는 상당히 산성으로 pH가 보통 약 3이다. 이 pH에서 $[H^+]$와 $[OH^-]$는 얼마인가?

pH = 3이므로, 이것은 $[H^+] = 10^{-3}$ M, 즉 0.001 M을 의미한다.

다음은 $[OH^-]$를 구하자. $[H^+][OH^-] = 10^{-14}$임을 알고 있다. 따라서 다음과 같다.

$$[OH^-] = \frac{10^{-14}}{[H^+]} = \frac{10^{-14}}{10^{-3}} = 10^{-11}\text{ M}$$

또한 pOH를 사용하여 이 문제를 해결할 수도 있다. pH = 3이므로 pOH는 11이어야 한다. 따라서 $[OH^-] = 10^{-11}$ M이다.

예제 12.8 pH로부터 $[H^+]$ 구하기

pH가 9.43인 수용액의 $[H^+]$는 얼마인가?

다시 pH의 정의를 사용하면, $[H^+] = 10^{-9.43}$ M이다. 일반적으로 이것을 계산기에 입력할 때는 10^−9.43 또는 −9.43의 역로그로 입력한다. 이 계산은 다음과 같이 답해야 한다.

$$10^{-9.43} = 3.7 \times 10^{-10}\text{ M}$$

이 질문에 답하면서 주목할 것이 있다. 지수 표기법($10^{-9.43}$)에서 과학적 표기법(3.7×10^{10})으로 이동했다는 점이다.

도전 문제

15. 어떤 용액의 하이드로늄 이온의 농도가 0.00001 M이면, pH는 얼마인가? pOH는 얼마인가?

16. 베이킹 소다를 물에 녹인 용액의 pH는 8.3이다. 이 용액의 $[H^+]$는 얼마인가?

17. 어떤 용액의 H^+ 농도는 0.041 M이다. 이 용액은 강산인가, 강염기인가? 계산기를 사용하지 말고, 이 용액의 pH를 추정하시오. 그런 다음, 계산기로 답을 확인하시오.

12.5 산과 염기의 농도 측정

실험실에서 pH 결정하기

우리는 종종 수용액의 pH를 결정할 필요가 있다. 이를 위한 한 가지 방법은 **pH 지시약(pH indicator)**을 사용하는 것이다. pH 지시약은 pH에 따라 색이 변하는 화합물이다. 따라서 색깔의 변화는 용액의 대략적인 pH를 나타낸다. 몇 가지 일반적인 지시약을 그림 12.16에 나타내었다.

가장 오래되었으면서도 일반적인 지시약 중 하나가 **리트머스(litmus)**이다. 리트머스는 염기가 존재하면 파랗게 되고, 산이 존재하면 빨갛게 된다. 화학자들은 종종 산/염기 검사에 리트머스 종이를 사용한다. 리트머스 종이는 리트머스로 사전 처리된 작은 종잇조각이다. 종이는 빨강이나 파랑으로 되어 있고, pH에 따라 색은 변하거나 그대로 유지된다.

리트머스 종이가 조금 더 발전된 형태가 **pH 시험지(pH paper)**다. pH 시험지는 지시약이

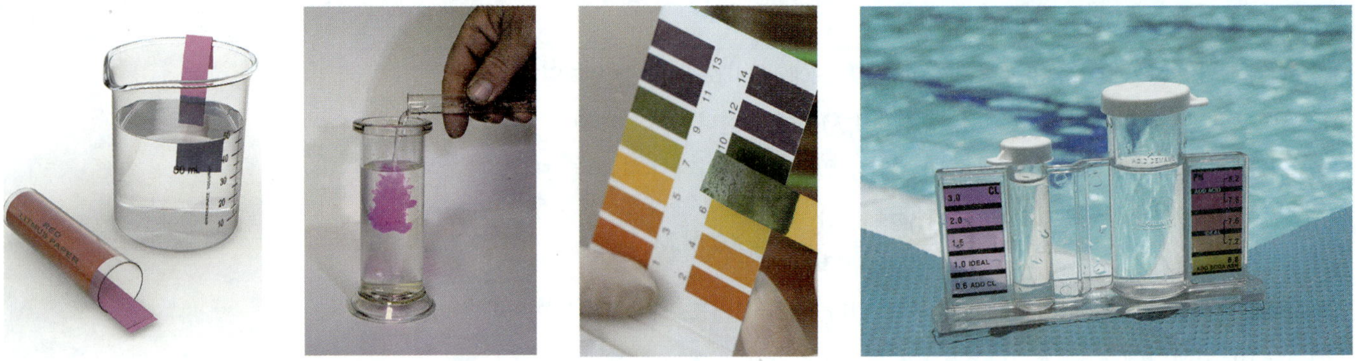

a b c d

그림 12.16 pH 지시약은 용액의 pH에 따라 색상이 변한다. (a) 리트머스는 염기에서 파랗게 변한다. (b) 페놀프탈레인은 산성에서는 무색이지만, 염기에서는 분홍색이다. (c) pH 시험지에는 지시약이 혼합되어 있다. 화학자가 사용하는 색 스펙트럼으로 대략의 pH를 측정할 수 있다. (d) 수영장의 테스트 키트도 pH 지시약을 사용한다. (a) Ajamal/Shutterstock; (b) Kim Christensen/Shutterstock; (c) H_Ko/Shutterstock; (d) Luis Echeverri Urrea/Shutterstock

혼합된 것으로, 짙은 빨강에서 짙은 파랑에 이르는 일련의 색상을 제공한다. pH 시험지는 용액이 산성인지 염기성인지를 단순히 나타내기보다는, pH를 가장 가까운 정수로 추정할 수 있게 해 준다.

세 번째 일반적인 지시약은 **페놀프탈레인(phenolphthalein)**이라고 하는 화합물이다. 산성 용액에서 페놀프탈레인은 무색이다. 염기성 용액에서 페놀프탈레인은 연분홍색이다.

보다 정밀한 pH 측정을 위해, 화학자는 **pH 미터(pH meter)**라는 분석 기기를 사용한다(그림 12.17).

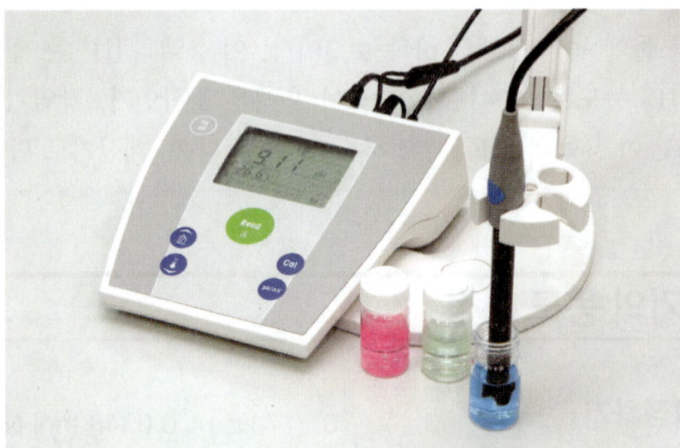

photong/Shutterstock

그림 12.17 pH 미터는 단순한 화학 지시약보다 용액의 pH를 더 정확하게 측정한다.

산-염기 적정

적정(titration)이란 산 또는 염기의 농도를 정확하게 결정하는 데 사용되는 분석 기술이다. 그 방법은 중화가 일어나는 데 필요한 부피를 측정하면 된다. 예를 들면 염산 용액의 농도를 결정하기 위해서는 염산 용액을 수산화 소듐으로 중화시킨다. 반응식은 다음과 같다.

적정을 사용하면 미지 산의 몰농도나 미지 염기의 몰농도를 결정할 수 있다.

$$HCl\ (aq) + NaOH\ (aq) \rightarrow NaCl\ (aq) + H_2O\ (l)$$

적정을 수행하기 위하여, 다음 네 가지 단계를 따른다.

1. 이미 농도를 알고 있는 염기성 용액을 준비한다.
2. 작은 양의 산의 부피를 정확하게 측정한다. 산을 삼각 플라스크에 넣고 페놀프탈레인 지시약을 1~2방울 떨어뜨린다(페놀프탈레인 지시약은 산성 용액에서는 무색이지만, 염기성 용액에서는 분홍색을 띤다는 점을 기억하라).
3. 알고 있는 농도의 염기성 용액으로 뷰렛을 채운다. **뷰렛**(buret)은 부피 표시가 있는 긴 분배관이다(그림 12.18). 뷰렛의 초기 부피를 측정한다.
4. 염기를 산에 첨가한 다음, 삼각 플라스크를 가끔씩 휘저어 용액을 혼합한다. 염기가 가해질수록 분홍색이 생기기 시작하다가 사라진다. 희미한 분홍색이 남을 때까지 염기를 천천히 한 방울씩 가한다(그림 12.19). 이때가 충분한 염기를 가해서 산을 중화시킨 지점이다. 이제 가한 염기의 부피를 측정한다.

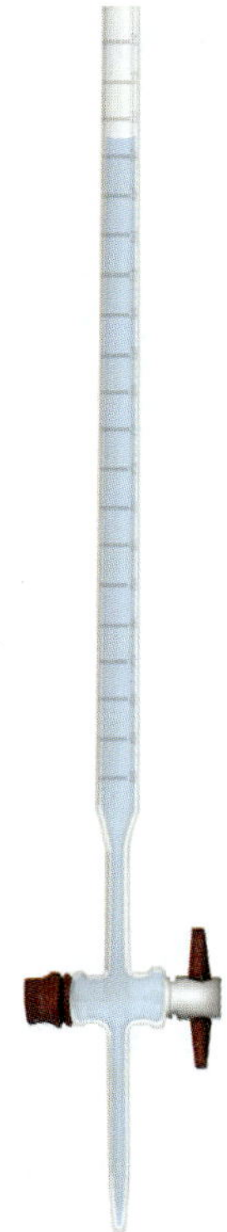

그림 12.18 적정에는 긴 관을 사용하는데, 여기에는 부피 표시가 있다. 이것을 뷰렛이라고 한다.

적정이 완료되면 미지 농도 용액의 농도를 계산할 수 있다. 우리의 시작은 염기의 부피와 몰농도를 이용하여 염기의 몰수를 찾는 것이다. 균형 반응식을 사용하여 염기의 몰수를 산의 몰수와 연관시킨다. 산의 몰수와 부피로부터 산의 몰농도를 결정할 수 있다.

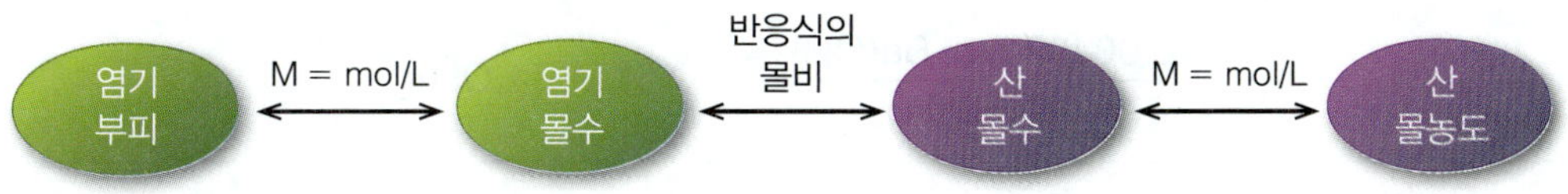

다음 예제는 이 과정을 설명해 준다.

예제 12.9 미지 농도인 산의 적정

25.0 mL의 HCl 시료는 17.4 mL의 2.00 M NaOH와 반응에 의해 중화된다. HCl의 농도는 얼마인가?

이 문제는 염기의 부피와 몰농도를 주고 HCl의 농도를 구하라는 문제이다. 반응의 균형 반응식을 먼저 쓰고 시작한다.

$$\text{HCl}\ (aq) + \text{NaOH}\ (aq) \rightarrow \text{NaCl}\ (aq) + \text{H}_2\text{O}\ (l)$$

먼저 염기의 몰수를 구한다. 몰농도와 몰수를 상호 변환할 때 부피의 단위가 리터인지를 확인해야 한다.

$$\text{NaOH의 몰수} = MV = \left(2.00\,\frac{\text{mol}}{\cancel{\text{L}}}\right)(0.0174\,\cancel{\text{L}}) = 0.0348\ \text{mol NaOH}$$

그런 다음 염기의 몰수와 산의 몰수를 연관시켜 균형 반응식을 사용하면 다음과 같다.

$$0.0348\ \cancel{\text{mol NaOH}} \times \frac{1\ \text{mol HCl}}{1\ \cancel{\text{mol NaOH}}} = 0.0348\ \text{mol HCl}$$

마지막으로 산의 몰수를 산 용액의 부피(리터 단위)로 나누어 몰농도를 구한다.

$$\frac{0.0348\ \text{mol HCl}}{0.0250\ \text{L}} = 1.39\ \text{M HCl}$$

그림 12.19 산-염기 적정. 용액이 분홍색이 될 때까지 염기를 천천히 용액에 가한다.

예제 12.10 미지 농도인 염기의 적정

30.0 mL의 $Ba(OH)_2$ 시료 용액을 0.400 M HCl 용액으로 중화시킨다고 하자. 22.6 mL의 HCl이 있어야 중화가 완료된다면, $Ba(OH)_2$ 용액의 농도는 얼마인가?

다시 중화 반응의 균형 반응식을 쓰고 시작하면 다음과 같다.

$$2\,HCl\,(aq) + Ba(OH)_2\,(aq) \rightarrow BaCl_2\,(aq) + 2\,H_2O\,(l)$$

이 예제에서는 산의 부피와 몰농도를 알고 있다. 따라서 염기의 농도를 구할 필요가 있다. 푸는 방법은 앞 예제에서와 동일하다. 산으로 시작해서 염기를 구한다는 점만 다르다.

$$\text{HCl의 몰수} = MV = \left(0.400\,\frac{\text{mol}}{\cancel{\text{L}}}\right)(0.0226\,\cancel{\text{L}}) = 0.00904\ \text{mol HCl}$$

$$0.00904\,\cancel{\text{mol HCl}} \times \frac{1\ \text{mol Ba(OH)}_2}{2\,\cancel{\text{mol HCl}}} = 0.00452\ \text{mol Ba(OH)}_2$$

$$\frac{0.00452\ \text{mol Ba(OH)}_2}{0.0300\ \text{L}} = 0.151\ \text{M Ba(OH)}_2$$

도전 문제

18. 질산(HNO_3)을 함유한 용액의 분석 방법은 적정이다. 19.5 mL의 1.50 M NaOH 용액이 있어야 50.0 mL의 산을 중화시킬 수 있었다. 질산 용액의 농도는 얼마인가?

예제 12.11 중화 반응에서 부피 예측하기

어떤 화학자가 0.600 L의 3.0 M H_2SO_4 수용액을 완전히 중화시키려고 한다. 중화하는 데 필요한 0.80 M KOH 수용액의 부피는 얼마인가? 그 화학자가 5.0 L의 KOH 수용액을 산 용액에 첨가하면, 그 결과 용액은 산성, 염기성, 중성 중 어느 것인가?

이 문제를 해결하기 위해서 중화의 균형 반응식을 쓰는 것으로부터 시작한다.

$$H_2SO_4\,(aq) + 2\,KOH\,(aq) \rightarrow K_2SO_4\,(aq) + 2\,H_2O\,(l)$$

H_2SO_4의 부피와 몰농도를 사용하면 산의 몰수를 구할 수 있다.

$$\text{H}_2\text{SO}_4\text{의 몰수} = MV = \left(3.0\,\frac{\text{mol}}{\cancel{\text{L}}}\right)(0.600\,\cancel{\text{L}}) = 1.8\ \text{mol H}_2\text{SO}_4$$

그런 다음, 균형 반응식을 사용하여 필요한 KOH의 몰수를 구한다. 마지막으로 KOH 용액의 몰농도를 사용하여 몰수를 부피로 변환한다.

$$1.8\,\cancel{\text{mol H}_2\text{SO}_4} \times \frac{2\,\cancel{\text{mol KOH}}}{1\,\cancel{\text{mol H}_2\text{SO}_4}} \times \frac{1\ \text{L solution}}{0.80\,\cancel{\text{mol KOH}}} = 4.5\ \text{L solution}$$

따라서 4.5 L의 염기성 용액이 있어야 산을 중화시킨다. 그 화학자가 5.0 L의 염기를 첨가하면 염기가 초과 시약이 될 것이다. 따라서 최종 용액은 염기성이 될 것이다.

도전 문제

19. 200 mL의 6.0 M HBr을 완전히 중화시키는 데 필요한 2.4 M NaOH 수용액의 부피는 얼마인가?

20. 페놀프탈레인 한 방울을 10.0 mL의 1.0 M H_2SO_4 용액에 첨가한다. 용액을 8.2 mL의 0.70 M NaOH와 혼합한다. 반응이 완료된 후 용액은 산성, 염기성, 중성 중 어느 것인가? 그때 지시약은 무슨 색인가?

12.6 완충 용액의 pH와 생물학적 pH

세포는 피부, 근육, 혈액, 기관을 구성한다. 이러한 세포가 제대로 기능하기 위해서는 매우 좁은 pH 범위 내에서 유지되어야 한다. 세포 내부의 액체는 약 6.8의 pH를 유지한다. 반면에 혈류가 유지하는 pH는 7.4에 가깝다. 혈류 및 세포 내부에 존재하는 산성 및 염기성 화합물의 수를 고려할 때, 우리 몸은 어떻게 이 범위 내에서 머물 수 있을까?

우리 몸은 **완충(buffer)** 시스템을 사용하여 pH를 건강한 수준으로 유지시킨다. 완충 용액이란 산성 성분과 염기성 성분의 혼합물을 포함하는 용액으로, pH 변화에 저항하는 용액이다. 완충 용액이 없는 경우에는 적은 양의 산이나 염기를 가해도 용액의 pH에 큰 영향을 미칠 수 있다. 그러나 완충 용액에서는 같은 양의 산이나 염기를 가해도 훨씬 더 작은 pH 변화가 일어난다(그림 12.20).

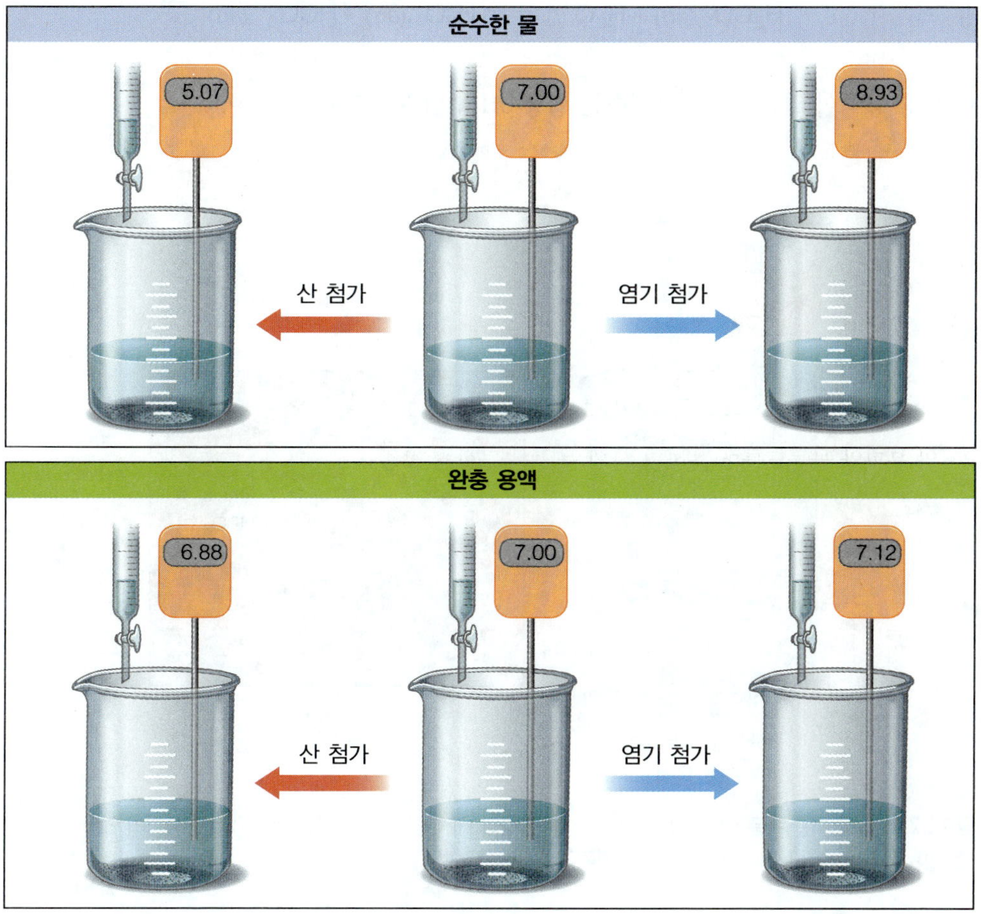

그림 12.20 물에 산이나 염기를 첨가하면 물의 pH가 급격히 변한다. 그러나 완충 용액은 pH 변화에 저항한다.

완충 용액은 어떻게 작동하는가? 완충 용액은 다음 두 가지 조합 중 하나이다.

- 약산과 그 짝염기의 혼합물, 또는
- 약염기와 그 짝산의 혼합물

이 두 조합에 포함된 화학종은 모두 다량 존재해야 한다. 예를 들면 동물 세포가 가지고 있는 완충 용액은 $H_2PO_4^-$(약산)와 HPO_4^{2-}(그 짝염기)로 구성된 완충 용액이다. 산이 세포에 첨가되면 H^+는 그 짝염기와 반응한다. 염기가 세포에 첨가되면, OH^-는 산이 중화시킨다. $H_2PO_4^-$ 대 HPO_4^{2-}의 비는 달라질 것이다. 그러나 존재하는 H^+와 OH^-의 양은 아주 약간만 변화한다. 이를 보여 주는 것이 그림 12.21이다.

화학적으로 이 완충 용액을 나타내는 데 사용하는 평형은 다음과 같다.

$$H_2PO_4^- + H_2O \rightleftharpoons H_3O^+ + HPO_4^{2-}$$

산은 과량의 OH^-를 소모한다.

짝염기는 과량의 H^+를 소모한다.

완충 용액은 두 명의 경비원이 반대 방향을 보고 있는 것으로 생각할 수 있다. 즉 한 경비원은 산의 유입을 막고, 다른 경비원은 염기의 유입을 막아 준다.

혈류 및 세포 사이의 유체는 다른 완충 시스템을 사용한다. 그 완충 시스템은 탄산과 그 짝염기인 탄산수소 이온에 기초한다. 이산화 탄소가 혈류에서 용해되면, 이산화 탄소는 물과 반응하여 탄산을 생성한다. 탄산은 부분적으로 이온화되어 탄산수소 이온(HCO_3^-)을 생성한다.

$$\underset{\text{탄산}}{H_2CO_3\,(aq)} + H_2O\,(l) \rightleftharpoons H_3O^+\,(aq) + \underset{\text{탄산수소 이온}}{HCO_3^-\,(aq)}$$

이 완충 용액이 일반적으로 유지하는 혈중 pH의 범위는 7.35~7.45이다.

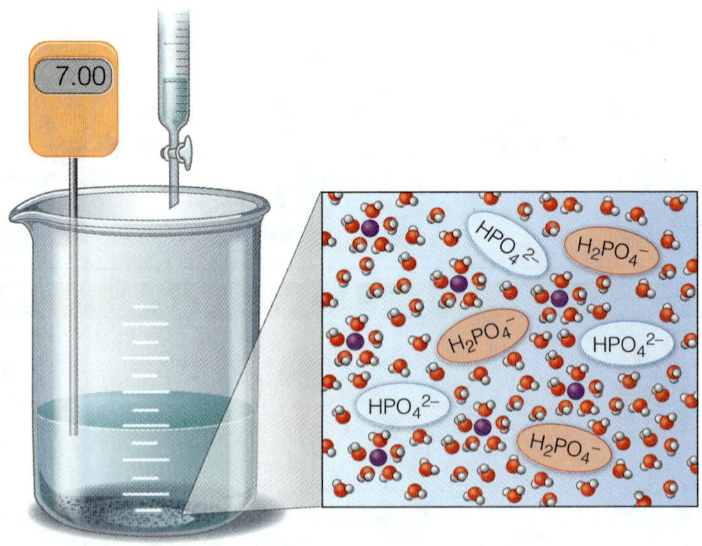

$H_2PO_4^-/HPO_4^{2-}$
완충 용액

그림 12.21 인산염 완충 용액은 $H_2PO_4^-$(약산, 붉은색)와 HPO_4^{2-}(그 짝염기, 파란색)로 구성되어 있다. 염기를 가하면 산이 염기를 중화시킨다. 산을 가하면 염기가 산을 소모한다.

서로 반대 방향을 주시하고 있는 두 마리의 경비견에 가까이 다가가는 것은 어려운 일이다. 우리가 어느 쪽으로 접근하든, 개 두 마리 중 한 마리가 우리를 발견할 것이기 때문이다. 완충 용액의 경우도 마찬가지로, 산은 외부에서 유입된 염기를 중화시키고, 짝염기는 외부에서 유입된 산을 중화시킨다.

특정 조건들은 혈액의 pH를 요동치게 할 수 있다. 예로 과호흡(그림 12.22)은 어떤 사람이 비정상적으로 빨리 호흡하여, 몸이 필요로 하는 것보다 더 많은 산소를 흡입하는 상태를 말한다. 이런 상태는 보통 극심한 스트레스나 공황에 의해 발생한다. 또한 과호흡은 혈류 내 용존 CO_2 수치를 떨어지게 만든다. 이것은 결국 혈류에 존재하는 H_2CO_3의 양을 감소시켜 혈액의 pH를 빠르게 상승하게 만든다. 이 상황은 다른 증상을 일으킬 수 있지만, 일반적으로 정상적인 호흡이 회복된 후 균형을 잡을 수 있다.

완충 용액에 과부하를 일으키는 것이 가능하다. 예를 들어 과량의 산을 인산 완충 용액에 가한다면, 결국 모든 염기가 소모될 것이다. 이때 용액의 pH는 급격히 변화할 것이다.

완충 용액을 특정 pH 값으로 조정할 수 있다. 완충 용액의 pH는 산과 짝염기의 특정한 조합에 따라 달라지고, 용액에 존재하는 각 성분의 농도비에 따라 달라진다.

그림 12.22 과호흡은 종종 스트레스에 의해 발생한다. 또한 과호흡으로 인해 혈액의 pH는 급격하게 상승한다.

도전 문제

21. 보통 완충 용액은 시트르산과 그 짝염기인 시트르산 이온으로부터 제조한다. 다음 중 가장 효과적인 완충 용액은 어느 것인가?

a. 0.01 M 시트르산과 0.01 M 시트르산 이온

b. 1.0 M 시트르산과 1.0 M 시트르산 이온

c. 1.0 M 시트르산과 0.01 M 시트르산 이온

d. 0.01 M 시트르산과 1.0 M 시트르산 이온

22. 완충 용액에는 하이포염소산(HClO)과 하이포염소산 이온(ClO^-)의 혼합물이 있다. H^+를 이 완충 용액에 가하면 어떤 반응이 일어날까? OH^-를 완충 용액에 가하면 어떤 반응이 일어날까?

그림 12.23 식초는 아세트산의 수용액이다. 일반적으로 요리에 사용된다. 표준 증류 화이트 식초는 시판용이 5%(m/v) 용액이다.

캡스톤 질문

식초는 아세트산의 수용액이다. 아세트산은 일양성자성 약산이며, 화학식은 $HC_2H_3O_2$이다. 이 산의 구조는 그림 12.23에 있다. 산소 원자에 붙어 있는 수소가 산성 수소이다. 식초의 이온화는 다음과 같다.

$$HC_2H_3O_2\,(aq) \rightleftharpoons H^+\,(aq) + C_2H_3O_2^-\,(aq)$$

a. 아세트산의 짝염기에 대한 Lewis 구조를 그리고, 적절한 형식 전하를 포함시키시오. 이 이온의 이름은 무엇인가?

b. 아세트산과 그 짝염기는 모두 물에 쉽게 용해된다. 두 화학종 주변의 물을 그리고, 점선을 사용하여 물과 용해된 화학종 사이에서 수소 결합이 형성될 수 있음을 보이시오.

c. 증류된 화이트 식초의 농도는 용액 100 mL당 5.0%(m/v) 또는 5.0 g의 아세트산이다. 이 용액 내 아세트산의 몰농도는 얼마인가?

d. pH 미터를 사용하여 어떤 화학자가 결정한 5.0% 식초 용액의 pH는 2.42였다. 이 용액 내 H^+의 몰농도는 얼마인가?

e. c번과 d번의 정답에 근거할 때, 아세트산의 몇 퍼센트가 수용액에서 이온화되는가?

요약

산과 염기는 우리 주위에 널려 있다. 산과 염기는 공기, 물, 생활 시스템에 매우 중요하다. Arrhenius 정의에서 산은 물에서 H^+ 이온을 생성한다. H^+ 이온은 하이드로늄 이온(H_3O^+)으로도 표현될 수 있다. 염기는 물에서 OH^- 이온을 생성한다.

산과 염기의 Brønsted-Lowry 정의는 보다 광범위하다. 따라서 수용액이 아닌 반응도 설명할 수 있다. Brønsted-Lowry의 산은 화학 반응에서 H^+(**양성자**)를 내놓는 화합물이다. 반대로 Brønsted-Lowry 염기는 H^+를 받아들이는 화합물이다.

일반적으로 강산은 7개가 있다. 따라서 나머지 모든 산들은 약산이다. 강산은 물에서 완전히 이온화된다. 그러나 약산은 부분적으로만 이온화된다. 약산과 약염기는 양성자(즉 H^+ 이온)를 평형 반응에서 교환한다. 평형 반응은 정방향과 역방향으로 모두 일어난다. 평형 반응은 반대 방향을 향하고 있는 두 개의 화살표($\rightleftharpoons$)를 사용하여 나타낸다.

산–염기 평형 반응의 좌변에서 양성자 주개는 산이고, 양성자 받개는 염기다. 반응식의 우변에서의 양성자 주개와 양성자 받개를 각각 **짝산** 및 **짝염기**라고 한다. 어떤 화합물이 양성자(산)를 준다면, 역반응에서는 양성자를 다시 얻을 것이다. 그 결과 산과 그 짝염기는 H^+ 1개만 다르다.

산과 염기는 중화 반응에서 서로 반응한다. 산은 염기와 반응하여 물과 **염**(이온 결합 화합물)을 생성한다. 또한 산은 많은 금속과 반응하여 금속 양이온과 수소 기체를 생성한다. 비금속 산화물은 종종 물과 반응하여 산성 화합물을 생성한다.

순수한 물은 자동 이온화 반응을 일으켜 미량의 H^+ 이온과 OH^- 이온을 생성한다. 이들 이온은 심지어 순수한 물에서도 항상 존재한다. 25℃에서, H^+ 몰농도와 OH^- 몰농도의 곱은 10^{-14}이다. 즉 $[H^+][OH^-] = 1.0 \times 10^{-14}$.

산성 용액은 H^+의 농도가 OH^-의 농도보다 크다. 염기성 용액에서는 그 반대이다. 산성 용액 또는 염기성 용액의 H^+ 농도는 pH 척도를 사용하여 측정한다. pH란 H^+ 농도의 음의 로그이다. 중성 용액에서는 $[H^+] = [OH^-] = 1.0 \times 10^{-7}$ M이다. 따라서 중성 용액의 pH는 7이다. 산성 용액의 pH는 작고, 염기성 용액의 pH는 크다.

지시약이란 주변의 pH에 따라 색이 변하는 화합물이다. 두 가지 일반적인 지시약은 리트머스와 페놀프탈레인이다. 리트머스는 염기성 용액에서는 파란색으로 변하고, 산성 용액에서는 빨간색으로 변한다. 페놀프탈레인은 산성 물질에서는 무색이고, 염기에서는 연분홍색으로 변한다. 지시약을 조합하면 pH 시험지를 만들 수 있다. **pH 미터**라고 하는 계측 기기는 단순 지시약보다 pH를 더 정확하게 측정한다.

적정이란 산성 용액 또는 염기성 용액의 농도를 측정하는 분석 기술이다. 이 기술에서 화학자들은 지시약을 사용하여 미지의 산(또는 염기)과 반응하는 데 필요한, 정확한 염기(또는 산)의 양을 결정한다.

생체 시스템은 완충 용액을 이용하여 세포의 pH와 세포간 유체(예: 혈액)의 pH를 좁은 pH 범위 내에서 유지시킨다. 완충 용액은 고농도의 약산과 그 짝염기(또는 약염기와 그 짝산)를 사용한다. 완충 용액에서 산성 성분은 과량의 염기를 중화하며, 염기성 성분은 과량의 산을 중화한다. 몸의 세포에서는 $H_2PO_4^-$와 HPO_4^{2-}의 혼합물을 사용하고, 혈류에서는 H_2CO_3와 HCO_3^-의 혼합물을 사용한다.

마약과의 전쟁, 과거와 지금

1986년에 미국은 크랙 코카인에 대한 공포에 휩싸였다. 전국적으로 이 강력한 중독성 약물에 의해 수많은 생명들이 파괴되었다. '크랙 전염병'으로 절도, 폭력 범죄, 갱단 활동이 급증했다. 사태가 걷잡을 수 없이 번지고 있는 것 같았다.

의회는 이와 관련해서, 1986년에 마약 남용 방지법을 통과시켰다. 법안에 포함된 것은 코카인과 마리화나를 포함한 마약 소지 및 밀매에 대한 의무적 실형 판결과, 특히 크랙에 대한 가혹할 만큼 무거운 형량이었다(그림 12.24).

법에 따르면, 500그램의 분말 코카인을 소지한 경우에는 최소 5년의 징역형을, 단 5그램의 크랙에도 같은 형량을 선고하도록 되어 있다. 그 후 몇 년 동안 100:1의 비율은 불공평하다는 비난을 많이 받았다. 1995년에 이 격차가 '흑인과 백인 연방 피고인에 대한 형량 차이가 커지는 주요 원인'이라고 미국 양형위원회가 보고했다. 인종적 불평등 외에도 양형 지침은 낮은 수준의 범죄자들을 과도하게 대상으로 했다. 주요 마약 밀매업자들은 분말 형태의 안정성 때문에 거의 항상 코카인을 산성염 형태로 수입한다. 지역 판매상들은 코카인을 크랙 형태로 전환했지만, 이 소규모 판매상들은 더 가혹한 처벌을 받게 되었다.

마약 남용 방지법 시행 이후 수십 년 동안, 법에 내재된 문제들이 분명해졌고, 정책 입안자들은 고군분투해서 보다 정당한 선고 지침을 마련했다. 마침내 2010년에 공정 선고 법안이 상원에서 만장일치로 통과되었고, 대통령에 의해 법으로 제정되었다. 이 법안은 코카인 양형의 차이를 좁혔고, 하급 범죄자에 대한 최소 양형을 없앴다.

Rebekah Zemansky/Shutterstock

그림 12.24 1986년의 마약 남용 방지법으로 수감 비율이 급증하였다.

주요 용어

12.1 산과 염기의 서론

Arrhenius 정의: 물에서 H^+ 이온 또는 H_3O^+ 이온을 내놓는 화합물을 산, 물에서 OH^- 이온을 내놓는 화합물을 염기로 설명한다.

산: 물에서 H^+ 또는 H_3O^+ 이온을 내놓는 화합물(Arrhenius 정의); H^+ 이온을 내놓는 화합물(Brønsted-Lowry 정의)

염기: 물에서 OH^- 이온을 내놓는 화합물(Arrhenius 정의); H^+ 이온을 받아들이는 화합물(Brønsted-Lowry 정의)

하이드로늄 이온: H_3O^+(산성 수용액에서 형성된 이온)

다양성자 산: 두 개 이상의 H^+를 수용액에 내놓을 수 있는 산

Brønsted-Lowry 정의: 산은 H^+ 이온을 내놓는 화합물, 염기는 H^+ 이온을 받아들이는 화합물

12.2 산-염기의 평형 반응

강산: 물에서 완전히 이온화하는 산

약산: 물에서 부분적으로만 이온화하는 산

평형 반응: 정방향과 역방향으로 모두 일어나는 반응

짝산: 산-염기 평형의 화학 반응식에서 오른쪽에 있는 산; 염기가 H^+와 반응할 때 생성되는 산

짝염기: 산-염기 평형의 화학 반응식에서 오른쪽에 있는 염기; 산이 H^+를 내놓을 때 생성되는 염기

12.3 산과 염기를 포함하는 반응

중화 반응: 산과 염기가 결합하여 물과 이온 결합 화합물(**염**이라고 함)을 생성하는 반응

비금속 산화물: 하나 이상의 산소 원자에 공유 결합된 비금속을 포함하는 화합물 또는 이온

산성비: 비금속 산화물들이 대기 중의 수분과 결합하여 빗방울이 산성을 띠게 되는 현상

12.4 산과 염기의 농도

자동 이온화: 물 분자가 H^+ 이온과 OH^- 이온을 생성하는 과정

pH 척도: 수용액에서 산이나 염기의 상대적인 농도를 나타내는 척도. pH는 H^+ 농도의 음의 로그로 정의된다.

12.5 산과 염기의 농도 측정하기

pH 지시약: pH에 따라 색이 변하는 화합물. 색 변화가 용액의 대략적인 pH를 가리킨다.

리트머스: 염기성에서는 파란색으로 변하고, 산성에서는 빨간색으로 변하는 pH 지시약

pH 시험지: 지시약이 혼합되어 있는 시험지로, 이것을 사용하면 색상을 기준으로 pH를 추정할 수 있다.

페놀프탈레인: pH 지시약으로, 염기성에서는 연분홍색, 산성에서는 무색

적정: 산이나 염기의 농도를 정밀하게 측정할 수 있는 분석 기술. 방법은 중화하는 데 필요한 부피를 측정한다.

12.6 완충 용액의 pH와 생물학적 pH

완충 용액: 산성 성분과 염기성 성분의 혼합물이 들어 있는 용액으로, pH 변화에 저항성을 가진다.

추가 문제

12.1 산과 염기의 서론

23. 다음 산 해리 반응을 완결하시오.

a. $HBr\ (aq) \rightarrow$ ________ $+ Br^-\ (aq)$
b. $HBr\ (aq) + H_2O\ (l) \rightarrow$ ________ $+ Br^-\ (aq)$
c. $H_2SO_4\ (aq) \rightarrow$ ________ $+ HSO_4^-\ (aq)$
d. $H_2CO_3\ (aq) + H_2O\ (l) \rightarrow H_3O^+\ (aq) +$ ________

24. 다음 산 해리 반응을 완결하시오.

a. $HNO_3\ (aq) \rightarrow$ ________ $+ NO_3^-\ (aq)$
b. $HNO_3\ (aq) + H_2O\ (l) \rightarrow$ ________ $+ NO_3^-\ (aq)$
c. $HClO_4\ (aq) \rightarrow$ ________ $+ ClO_4^-\ (aq)$
d. $H_3PO_4\ (aq) \rightarrow H^+\ (aq) +$ ________

25. 다음과 같은 염기 해리 반응을 완결하시오.

a. $NaOH\ (s) \rightarrow Na^+\ (aq) +$ ________
b. $Ca(OH)_2\ (s) \rightarrow$ ________ $+ 2\ OH^-\ (aq)$

26. 다음과 같은 염기 해리 반응을 완결하시오.

a. $CsOH\ (s) \rightarrow$ ________ $+$ ________
b. ________ $\rightarrow Ba^{2+}\ (aq) + 2\ OH^-\ (aq)$

27. 이온 반응식을 써서 물에서 다음 산의 해리를 나타내시오.

a. HCl　b. HNO_3　c. $HClO_4$

28. 이온 반응식을 써서 물에서 다음 산의 해리를 나타내시오.

a. HBr　b. HI　c. H_2SO_4

29. 이온 반응식을 써서 물에서 다음 염기의 해리를 나타내시오.

a. NaOH　b. $Mg(OH)_2$　c. CsOH

30. 이온 반응식을 써서 물에서 다음 염기의 해리를 나타내시오.

a. KOH　b. $Ca(OH)_2$　c. $Ba(OH)_2$

31. 다음 산을 일양성자 산, 이양성자 산, 삼양성자 산으로 구분하여 말하시오.

a. H_2CO_3　b. HCl　c. $HClO_4$　d. H_2SO_4

32. 다음 산을 일양성자 산, 이양성자 산, 삼양성자 산으로 구분하여 말하시오.

a. H_3PO_4　b. HBr　c. HNO_3　d. $H_2C_2O_4$

33. 산과 염기의 Arrhenius 정의와 Brønsted-Lowry 정의의 차이점을 말하시오.

34. Arrhenius 정의의 산-염기가 Brønsted-Lowry 정의의 산-염기가 될 수 있을까? Brønsted-Lowry 정의의 산-염기가 Arrhenius 정의의 산-염기가 될 수 있을까?

35. 그림을 그려서 물에서 HBr의 해리를 나타내시오. 해리를 $H^+(aq)$나 $H_3O^+(aq)$로 표시하는 것이 합리적인 이유를 설명하시오.

36. Arrhenius 정의에 따르면, 염기는 수용액에서 수산화 이온(OH^-)을 내놓는 것이다. 암모니아(NH_3)는 해리되어 OH^-를 생성하지는 않지만, 여전히 Arrhenius 염기다. 왜 그런가? 화학 반응식을 써서 그 답을 설명하시오.

37. 다음 반응에서 산과 염기를 구분하여 말하시오.

a. $KOH\ (aq) + HF\ (aq) \rightarrow KF\ (aq) + H_2O\ (l)$

b. $HBr\ (aq) + H_2O\ (l) \rightarrow H_3O^+\ (aq) + Br^-\ (aq)$

c. $H_3N\ (aq) + H_2SO_4\ (aq) \rightarrow H_4N^+\ (aq) + HSO_4^-\ (aq)$

38. 다음 반응에서 산과 염기를 구분하여 말하시오.

a. $H_2O\ (l) + HCl\ (aq) \rightarrow H_3O^+\ (aq) + Cl^-\ (aq)$

b. $NH_4^+\ (aq) + H_2O\ (l) \rightarrow NH_3\ (aq) + H_3O^+\ (aq)$

c. $HNO_3\ (aq) + CH_3NH_2\ (aq) \rightarrow NO_3^-\ (aq) + CH_3NH_3^+\ (aq)$

12.2 산-염기 평형 반응

39. 강산과 약산의 차이점은 무엇인가?

40. 다음 두 산–염기 반응식을 생각해 보자. 첫 번째 식에는 화살표가 한 개 있고, 두 번째 식에는 화살표가 두 개 있는 이유는? 다른 화살표의 의미는 무엇인가?

$$HNO_3\ (aq) + H_2O\ (l) \rightarrow H_3O^+\ (aq) + NO_3^-\ (aq)$$

$$HNO_2\ (aq) + H_2O\ (l) \rightleftharpoons H_3O^+\ (aq) + NO_2^-\ (aq)$$

41. 다음 각 산의 분자식을 쓰시오. 그중 강산이 아닌 것은?

a. 염산 **b.** 브로민화 수소산

c. 황산 **d.** 인산

42. 다음 각 산의 분자식을 쓰시오. 이들 중 강산이 아닌 것은?

a. 아이오딘화 수소산 **b.** 질산

c. 탄산 **d.** 과염소산

43. 다음 화합물을 강산 또는 약산으로 구분하여 말하시오.

a. H_3PO_4 **b.** H_2CO_3 **c.** HSO_4^- **d.** HNO_3

44. 다음 화합물을 강산 또는 약산으로 구분하여 말하시오.

a. HCl **b.** HF **c.** $HClO_4$ **d.** HCN

45. 평형이란 무엇인가?

46. 다음 중 어느 것이 평형의 예인가?

a. 웅덩이의 깊은 끝과 얕은 끝 사이에 흐르는 물

b. 두 마을 사이를 왔다 갔다 하는 사람들

c. 폭포 위를 흐르는 물

d. 집의 다른 방들 사이를 왔다 갔다 하는 산소 기체

e. 타서 이산화 탄소와 물을 생성하는 양초

47. 암모니아(NH_3)는 산과 염기의 역할을 모두 할 수 있다.

a. 암모니아의 짝산에 대한 Lewis 구조를 그리시오.

b. 암모니아의 짝염기에 대한 Lewis 구조를 그리시오.

48. 메틸 알코올의 분자식은 CH_4O다. 이 화합물은 산과 염기로 모두 작용할 수 있다.

a. 메틸 알코올의 짝산에 대한 Lewis 구조를 그리시오.

b. 메틸 알코올의 짝염기에 대한 Lewis 구조를 그리시오.

49. 다음과 같은 물에서 약산의 산-염기 평형에서 산에는 (A), 염기에는 (B), 짝산에는 (CA), 짝염기에는 (CB)의 라벨을 붙이시오.

a. $HClO_2\ (aq) + H_2O\ (l) \rightleftharpoons H_3O^+\ (aq) + ClO_2^-\ (aq)$

b. $H_2CO_3\ (aq) + H_2O\ (l) \rightleftharpoons H_3O^+\ (aq) + HCO_3^-\ (aq)$

c. $H_2O\ (l) + CH_3NH_3^+\ (aq) \rightleftharpoons CH_3NH_2\ (aq) + H_3O^+\ (aq)$

50. 다음과 같은 산-염기 평형에서 산에는 (A), 염기에는 (B), 짝산에는 (CA), 짝염기에는 (CB)의 라벨을 붙이시오.

a. $CH_3CO_2H\ (aq) + H_2O\ (l) \rightleftharpoons H_3O^+\ (aq) + CH_3CO_2^-\ (aq)$

b. $H_2O\ (l) + H_2O\ (l) \rightleftharpoons H_3O^+\ (aq) + OH^-\ (aq)$

c. $HNO_2\ (aq) + HCl\ (aq) \rightleftharpoons H_2NO_2^+\ (aq) + Cl^-\ (aq)$

51. 다음 산-염기 평형에서 산에는 (A), 염기에는 (B), 짝산에는 (CA), 짝염기에는 (CB)의 라벨을 붙이시오.

a. $HCl\ (g) + CH_3OH\ (g) \rightleftharpoons CH_3OH_2^+\ (g) + Cl^-\ (g)$
b. $CH_3OH + PBr_3 \rightleftharpoons CH_3O^- + HPBr_3^+$
c. $H_2S\ (g) + HF\ (aq) \rightleftharpoons H_3S^+\ (aq) + F^-\ (aq)$

52. 다음 산-염기 평형에서 산에는 (A), 염기에는 (B), 짝산에는 (CA), 짝염기에는 (CB)의 라벨을 붙이시오.

a. $H_3CN + HF \rightleftharpoons H_4CN^+ + F^-$
b. $C_2H_6O\ (l) + HCl\ (aq) \rightleftharpoons C_2H_7O^+\ (aq) + Cl^-\ (aq)$
c. $CH_3O^-\ (aq) + H_2O\ (l) \rightleftharpoons CH_3OH\ (aq) + OH^-\ (aq)$

53. HF는 약산이다. 다음 반응식에서 누락된 화학종을 채우고, HF의 산성 거동 및 F^-의 염기성 거동을 나타내시오.

$HF\ (aq) + H_2O\ (l) \rightleftharpoons$ ________

$F^-\ (aq) + H_2O\ (l) \rightleftharpoons$ ________

54. HCN은 약산이다. 다음 반응식에서 누락된 화학종을 채우고, HCN의 산성 및 CN^-의 염기성을 나타내시오.

________ $(aq) + H_2O\ (l) \rightleftharpoons H_3O^+\ (aq) + CN^-\ (aq)$

________ $(aq) +$ ______ $(l) \rightleftharpoons OH^-\ (aq) + HCN\ (aq)$

55. 다음 산-염기 반응을 완결하여 누락된 화학종을 나타내시오.

$H_2CO_3\ (aq) + H_2O\ (l) \rightleftharpoons H_3O^+\ (aq) +$ ________ (aq)
$HNO_2\ (aq) + H_2O\ (l) \rightleftharpoons$ ________ + ________
$NO_2^-\ (aq) + H_2O\ (l) \rightleftharpoons$ ________ + ________

56. 다음 산-염기 반응을 완결하여 누락된 화학종을 나타내시오.

$HClO_3\ (aq) + H_2O\ (l) \rightleftharpoons H_3O^+\ (aq) +$ ________ (aq)
$HF\ (aq) + H_2O\ (aq) \rightleftharpoons$ ________ + ________
$N_3^-\ (aq) + H_2O\ (l) \rightleftharpoons$ ________ + ________

57. 다음 산-염기 반응을 완결하여 누락된 화학종을 나타내시오.

$H_3PO_4\ (aq) + H_2O\ (l) \rightleftharpoons H_3O^+\ (aq) +$ ________ (aq)

$H_2PO_4^-\ (aq) + H_2O\ (l) \rightleftharpoons H_3O^+\ (aq)$ ________ (aq)

________ $+ H_2O\ (l) \rightleftharpoons H_3O^+\ (aq) + PO_4^{3-}\ (aq)$

58. 다음 산-염기 반응을 완결하여 누락된 화학종을 나타내시오.

$H_2SO_3\ (aq) + H_2O\ (l) \rightleftharpoons H_3O^+\ (aq) +$ ________ (aq)

________ $+ H_2O\ (l) \rightleftharpoons H_3O^+\ (aq) + SO_3^{2-}\ (aq)$

59. 하이포염소산(HClO)은 약산이다. 이 산의 짝염기는 하이포염소산 이온(ClO^-)이다.

a. 균형 반응식을 써서 HClO와 물의 반응을 나타내시오.
b. 균형 반응식을 써서 ClO^-와 물의 반응을 나타내시오.

60. 메틸아민(CH_3NH_2)은 약염기성 화합물이다. 이 화합물의 짝산은 $CH_3NH_3^+$이다.

a. 균형 반응식을 써서 CH_3NH_2와 물의 반응을 나타내시오.
b. 균형 반응식을 써서 $CH_3NH_3^+$와 물의 반응을 나타내시오.

61. 종종 산-염기 반응에서 생성물이 단 하나만 있는 경우도 있다. 예를 들면 화합물 메틸아민(CH_5N)은 HCl과 반응하여 고체 생성물 하나를 생성한다. 이 반응에서 짝산과 짝염기는 무엇인가? (**힌트**: 생성물을 중성 화합물이 아닌 이온으로 쓰시오.)

$$HCl\ (g) + CH_5N\ (g) \rightarrow CH_6NCl\ (s)$$

62. 종종 산–염기 반응에서 생성물이 단 하나만 있는 경우도 있다. 예를 들어 기체상에서 암모니아는 플루오린화 수소산과 반응하여 고체 플루오린화 암모늄을 생성한다. 이 반응에서 짝산과 짝염기는 어느 것인가? (**힌트**: 이온 반응식으로 쓰시오.)

$$NH_3\ (g) + HF\ (g) \rightarrow NH_4F\ (s)$$

63. 물은 산과 염기의 역할을 모두 할 수 있다. 물 분자의 짝산과 짝염기를 그리시오.

64. 암모니아(NH_3)는 산과 염기의 역할을 동시에 할 수 있다. 암모니아 분자의 짝산과 짝염기를 그리시오.

65. 트라이클로로아세트산($HC_2Cl_3O_2$)은 약산으로, 사마귀 치료와 문신 제거에 사용된다. 아래에 보이는 트라이클로로아세트산의 산-염기 평형에서 산에는 (A), 염기에는 (B), 짝산에는 (CA), 짝염기에는 (CB)의 라벨을 붙이시오.

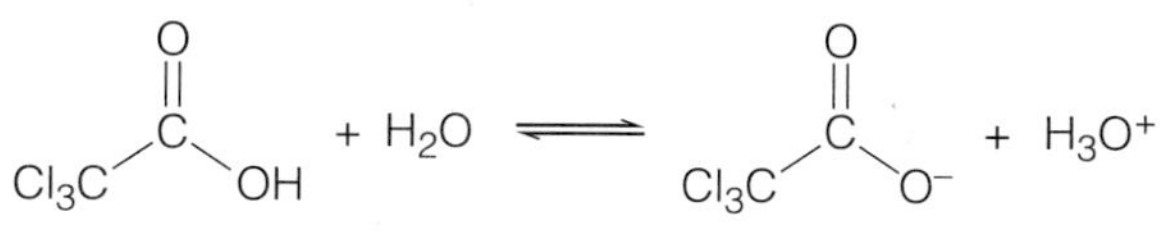

66. 나프록센 소듐은 소염 진통제 알리브®의 활성 성분이다. 수용액에서 이 화합물은 산-염기 평형 반응을 보인다. 이 반응에서 산에는 (A), 염기에는 (B), 짝산에는 (CA), 짝염기에는 (CB)의 라벨을 붙이시오.

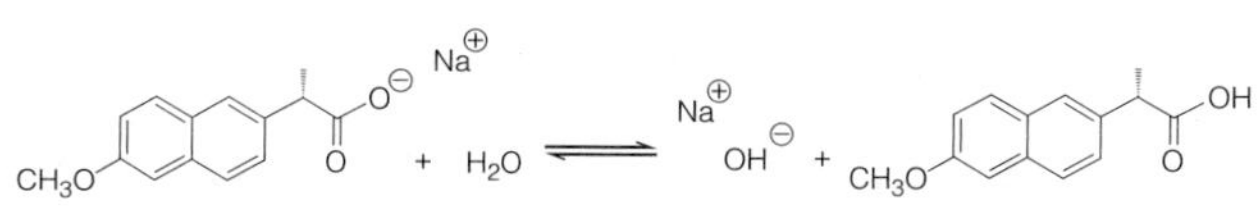

12.3 산과 염기를 포함하는 반응

67. 비금속 산화물은 종종 물과 반응하여 산을 생성한다. 다음 중 비금속 산화물은?

a. CO_2　　b. BaO　　c. NH_3　　d. SO_3

68. 다음 반응을 완결하여 물과 비금속 산화물로부터 탄산과 황산이 생성되는 것을 보이시오.

______ $+ H_2O\ (l) \rightleftharpoons H_2CO_3\ (aq)$

______ $+ H_2O\ (l) \rightleftharpoons H_2SO_4\ (aq)$

69. 다음 금속 각각은 염산과 반응하여 금속 염화물과 수소 기체를 생성한다. 반응을 완결하고 균형을 맞춰서 생성물을 나타내시오.

a. $Sn\ (s) + HCl\ (aq) \rightarrow$
b. $Li\ (s) + HCl\ (aq) \rightarrow$
c. $Fe\ (s) + HCl\ (aq) \rightarrow$
d. $Al\ (s) + HCl\ (aq) \rightarrow$

70. 다음 금속 각각은 질산과 반응하여 금속 질산화물과 수소 기체를 생성한다. 반응을 완결하고 균형을 맞춰서 생성물을 나타내시오.

a. $Zn\ (s) + HNO_3\ (aq) \rightarrow$
b. $Pb\ (s) + HNO_3\ (aq) \rightarrow$
c. $Na\ (s) + HNO_3\ (aq) \rightarrow$
d. $Al\ (s) + HNO_3\ (aq) \rightarrow$

71. 다음 반응을 완결하고 균형을 맞추시오. 금속 중 하나는 반응하지 않는다.

a. $Be\ (s) + HF\ (aq) \rightarrow$
b. $Sr\ (s) + H_2SO_4\ (aq) \rightarrow$
c. $Au\ (s) + HNO_3\ (aq) \rightarrow$

72. 다음 반응을 완결하고 균형을 맞추시오. 금속 중 하나는 반응하지 않는다.

a. $Ni\ (s) + HNO_3\ (aq) \rightarrow$
b. $Pt\ (s) + HClO_4\ (aq) \rightarrow$
c. $Ba\ (s) + HBr\ (aq) \rightarrow$

73. 다음 산-염기 중화 반응의 생성물을 나타내시오.

a. $HCl + NaOH \rightarrow$
b. $2\ HBr + Mg(OH)_2 \rightarrow$
c. $3\ HNO_3 + Al(OH)_3 \rightarrow$

74. 다음 산-염기 중화 반응의 생성물을 나타내시오.

a. $HBr + KOH \rightarrow$
b. $H_2SO_4 + 2\ NaOH \rightarrow$
c. $4\ HNO_3 + Ti(OH)_4 \rightarrow$

75. 다음 산-염기 중화 반응을 완결하고 균형을 맞추시오.

a. $HCl\ (aq) + Ca(OH)_2\ (s) \rightarrow$
b. $Mg(OH)_2\ (aq) + H_2SO_4\ (aq) \rightarrow$
c. $Al(OH)_3\ (s) + HF\ (aq) \rightarrow$

76. 다음 산-염기 중화 반응을 완결하고 균형을 맞추시오.

a. $CsOH\ (aq) + HBr\ (aq) \rightarrow$
b. $HBr\ (aq) + Fe(OH)_2\ (s) \rightarrow$
c. $H_3PO_4\ (aq) + KOH\ (aq) \rightarrow$

77. 다음 중화 반응의 완전 이온 반응식과 알짜 이온 반응식을 쓰시오.

$$Mg(OH)_2\ (aq) + 2\ HNO_3\ (aq) \rightarrow Mg(NO_3)_2\ (aq) + 2\ H_2O\ (l)$$

78. 다음 중화 반응의 완전 이온 반응식과 알짜 이온 반응식을 쓰시오.

$$H_2SO_4\ (aq) + 2\ KOH\ (aq) \rightarrow K_2SO_4\ (aq) + 2\ H_2O\ (l)$$

79. 시트르산의 화학식은 $H_3C_6H_5O_7$이다. 이것은 삼양성자 산이다. 즉 3개의 H^+ 이온을 잃을 수 있다. 또한 시트르산 음이온의 전하는 $-3(C_6H_5O_7^{3-})$이다. 균형 반응식을 써서 시트르산과 수산화 소듐이 반응하여 시트르산 소듐과 물을 생성하는 반응을 나타내시오.

80. 인산의 화학식은 H_3PO_4이다. 이것은 삼양성자 산이다. 즉 3개의 H^+ 이온을 잃을 수 있다. 또한 인산 음이온의 전하는 $-3(PO_4^{3-})$이다. 균형 반응식을 써서 인산과 수산화 포타슘이 반응하여 인산 포타슘과 물을 생성함을 보이시오.

81. 비금속 산화물은 종종 물과 반응하여 산을 생성한다. 균형 반응식을 써서 기체인 삼산화 황과 물이 반응하여 수용성 황산을 생성함을 보이시오

82. 균형 반응식을 써서 이산화 탄소와 물이 반응하여 수용성 탄산을 생성함을 보이시오.

12.4 산과 염기의 농도

83. 물의 자동 이온화 반응은 다음과 같다. 이 반응에서 물 분자 하나는 산으로 작용하고, 다른 하나는 염기로 작용한다. 이 반응에서 짝산 및 짝염기의 라벨을 붙이시오.

$$\underset{\text{산}}{H_2O\ (l)} + \underset{\text{염기}}{H_2O\ (l)} \rightleftharpoons H_3O^+\ (aq) + OH^-\ (aq)$$

84. H^+ 농도와 OH^- 농도는 어떻게 변화하는가?

a. 물에 산이 첨가되었을 때
b. 물에 염기가 첨가되었을 때

85. 다음 각 상황에서 H^+ 이온의 농도를 구하시오.

a. $[OH^-] = 1.0 \times 10^{-12}$ M인 강산성 용액
b. $[OH^-] = 5.23 \times 10^{-9}$ M인 약산성 용액
c. $[OH^-] = 4.28 \times 10^{-5}$ M인 염기성 용액

86. 다음 각 상황에서 $[OH^-]$를 구하시오.

a. $[H^+] = 1.0 \times 10^{-2}$ M인 강산성 용액
b. $[H^+] = 1.0 \times 10^{-7}$ M인 중성 용액
c. $[H^+] = 4.28 \times 10^{-11}$ M인 염기성 용액

87. 다음 각각의 pH를 계산하시오. 용액이 산성, 염기성, 중성인지를 구분하여 말하시오.

a. $[H^+] = 1.0 \times 10^{-3}$ M
b. $[H^+] = 1.0 \times 10^{-7}$ M
c. $[H^+] = 5.23 \times 10^{-11}$ M

88. 다음 각각의 pH를 계산하시오. 용액이 산성, 염기성, 중성인지를 구분하여 말하시오.

a. $[H^+] = 1.0 \times 10^{-8}$ M
b. $[H^+] = 2.5 \times 10^{-12}$ M
c. $[H^+] = 6.91 \times 10^{-5}$ M

89. 다음 각각의 pH를 계산하시오. 용액이 산성, 염기성, 중성인지를 구분하여 말하시오.

a. $[OH^-] = 1.0 \times 10^{-7}$ M
b. $[OH^-] = 1.0 \times 10^{-9}$ M
c. $[OH^-] = 1.26 \times 10^{-2}$ M

90. 다음 각각의 pH를 계산하시오. 용액이 산성, 염기성, 중성인지를 구분하여 말하시오.

a. $[OH^-] = 1.0 \times 10^{-3}$ M
b. $[OH^-] = 1.0 \times 10^{-7}$ M
c. $[OH^-] = 8.21 \times 10^{-11}$ M

91. 각 용액의 pH 및 pOH를 표시하여 다음 표를 완성하시오.

	$[H^+]$	$[OH^-]$	pH	pOH
용액 A	1.0×10^{-5}		5	
용액 B		1.0×10^{-3}		3
용액 C	1.0×10^{-9}			
용액 D			8	

92. 각 용액의 pH 및 pOH를 표시하여 다음 표를 완성하시오.

	$[H^+]$	$[OH^-]$	pH	pOH
용액 A	1.0×10^{-8}		8	
용액 B		1.0×10^{-3}	11	
용액 C	1.0×10^{-10}			
용액 D				6

93. 각 용액이 산성, 염기성, 중성인지를 구분하여 말하시오.

a. pH 7.0인 수용액
b. pH 8.2인 수용성 표백제 용액
c. pH 6.1인 인산 일소듐 용액
d. $[H^+] = 1.5 \times 10^{-5}$ M인 용액
e. $[H^+] = 5.2 \times 10^{-10}$ M인 용액

94. 각 용액이 산성, 염기성, 중성인지를 구분하여 말하시오.

a. 수산화 이온 농도가 하이드로늄 이온의 농도보다 큰 수용액
b. pH 5.2인 식초 수용액
c. $[OH^-] = 5.2 \times 10^{-2}$ M인 용액
d. $-\log [H^+]$ 값이 7.0인 용액
e. pOH가 4.0인 용액

95. 다음 각 용액의 하이드로늄 이온 농도를 구하시오.

a. pH가 4.2인 용액
b. pH가 11.3인 용액
c. pOH가 6.7인 용액
d. pOH가 3.66인 용액

96. 다음 각 용액의 수산화 이온 농도를 구하시오.

a. pOH가 4.7인 용액
b. pOH가 10.3인 용액
c. pH가 6.2인 용액
d. pH가 13.4인 용액

97. 묽은 탄산수소 소듐 용액의 $[H^+] = 1.3 \times 10^{-8}$ M이다. 계산기를 사용하지 않고, 이 pH가 가까운 정수 값은 얼마인가? 그 근거는? pH를 추정한 다음, 계산기를 사용하여 답을 말하시오.

98. 용액의 하이드로늄 이온 농도는 4.1×10^{-11} M이다. 계산기를 사용하지 않고, 이 pH가 가까운 정수 값은 얼마인가? 그 근거는? pH를 추정한 다음, 계산기를 사용하여 답을 말하시오.

99. 0.010 M HCl 용액과 0.010 M HF 용액 중 어느 것의 pH가 더 낮은가? 그 근거는?

100. 1.0×10^{-4} M HCl 용액과 1.0×10^{-4} M H_2SO_4 용액 중 어느 것의 pH가 더 낮은가? 그 근거는?

12.5 산과 염기의 농도 측정하기

101. 리트머스 종이, pH 시험지, pH 미터 중 어느 것이 가장 정확하게 pH를 판독할 수 있는가? 가장 정밀하지 않은 것은 어느 것인가?

102. 산성 용액과 염기성 용액 모두에서 리트머스 색과 페놀프탈레인의 색을 설명하시오.

103. 다음 각 용액에서 지시약의 색을 설명하시오.

a. pH 3.0에서의 리트머스
b. pH 9.3에서의 리트머스
c. $[H^+] = 1.5 \times 10^{-4}$ M인 용액에서의 페놀프탈레인
d. $[H^+] = 1.5 \times 10^{-10}$ M인 용액에서의 페놀프탈레인

104. 다음 각 용액에서 지시약의 색을 설명하시오.

a. pH 12.1에서의 페놀프탈레인
b. pH 9.3에서의 페놀프탈레인
c. pOH 3.4인 용액에서의 리트머스
d. $[OH^-] = 1.0 \times 10^{-2}$ M인 용액에서의 리트머스

105. 분석 실험실에서 실험할 때면, 수산화 소듐 용액의 몰농도를 구할 때가 있다. 이 작업을 수행하는 방법을 적정을 사용하여 설명하시오.

106. 염산 시료를 사용하여 예상치 못한 결과를 얻었다. 이때 적정을 사용하여 이 용액의 농도를 측정하도록 요청받았다. 그렇다면 이 과정을 어떻게 진행할 것인지 설명하시오.

107. 적정 실험에서 25.0 mL의 질산 용액을 중화시키는 데 1.50 M 수산화 소듐 28.3 mL가 소모되었다. 질산 용액의 몰농도는 얼마인가?

108. 적정 실험에서 85.3 mL의 2.00 M KOH를 중화시키는 데 염산 용액 20.0 mL가 소모되었다. HCl 용액의 몰농도는 얼마인가?

109. 적정 실험에서 두 방울의 페놀프탈레인을 25.0 mL의 NaOH 수용액에 첨가하니 연분홍색으로 변했다. 3.05 M의 염산 용액을 5.2 mL 첨가하니 무색으로 변하였다. 염기성 용액의 초기 농도는 얼마인가?

110. 수산화 세슘 용액을 적정을 통해 분석했다. 그 결과 0.0824 L의 1.50 M 질산 수용액을 중화하는 데 0.0250 L의 염기성 용액이 소모되었다. 염기성 용액의 초기 농도는 얼마인가?

111. 어떤 적정 실험에서 12.42 mL의 0.105 M 수산화 소듐 용액을 중화시키는 데 5.00 mL의 황산 시료가 소모되었다. 이 중화 반응의 균형 반응식을 쓰시오. 또한 황산 용액의 농도는 얼마인가?

112. 어떤 적정 실험에서 15.3 mL의 0.010 M 염산 용액을 중화시키는 데 0.500 L의 수산화 바륨 용액이 소모되었다. 이 중화 반응의 균형 반응식을 쓰시오. 또한 수산화 바륨 용액의 농도는 얼마인가?

113. 5.0 M NaOH 수용액의 부피가 얼마나 소모되어야 0.100 L의 5.32 M HI 용액을 완전히 중화시킬까?

114. 1.4 M KOH 수용액의 부피가 얼마나 소모되어야 0.500 L의 4.23 M H_2SO_4 용액을 완전히 중화시킬까?

115. 다음 각 용액에서 지시약의 색을 설명하시오.
a. 산성 용액 속에서의 리트머스
b. $[OH^-] > [H_3O^+]$인 용액에서의 페놀프탈레인
c. $[H^+] = 0.0043$ M인 용액에서의 페놀프탈레인
d. pH가 3인 용액에서의 리트머스

116. 다음 각 용액에서 지시약의 색을 설명하시오.
a. 염기성 용액에서의 리트머스
b. $[OH^-] < [H_3O^+]$인 용액에서의 페놀프탈레인
c. $[H^+] = 3.2 \times 10^{-11}$ M인 용액에서의 페놀프탈레인
d. pH 9.4인 용액에서의 리트머스

117. 페놀프탈레인 한 방울을 0.042 M HBr 용액 10.0 mL에 첨가했다. 용액을 11.7 mL의 0.70 M NaOH와 혼합했다. 반응이 완료된 후 용액은 산성, 염기성, 중성 중 어느 것인가? 그 지시약은 무슨 색인가?

118. 4.0 mL의 0.014 M HBr 수용액이 1.0 mL의 0.010 M $Ba(OH)_2$와 반응한 경우, 용액은 산성, 염기성, 중성 중 어느 것인가? 남아 있는 과량의 생성물은 몇 몰인가?

12.6 완충 용액의 pH와 생물학적 pH

119. 완충 용액이란 무엇인가?

120. 완충 용액의 두 가지 구성 요소는 무엇인가? 이러한 구성 요소들이 과량의 산과 염기를 어떻게 중화하는가?

121. 어떤 완충 시스템이 동물 세포 안에서 발견되는가? 이 완충 용액 안에 있는 산과 짝염기의 화학종은 무엇인가?

122. 어떤 완충 시스템이 혈류의 pH를 조절하는 데 사용되는가? 이 완충 용액 안에 있는 산과 짝염기의 화학종은 무엇인가?

123. 아세트산과 아세트산 소듐을 혼합하면 효과적인 완충 용액이 만들어진다. 다음은 이 두 화학종의 평형 반응식이다.

$$HC_2H_3O_2\,(aq) + H_2O\,(l) \rightleftharpoons C_2H_3O_2^-\,(aq) + H_3O^+\,(aq)$$

a. 산을 이 완충 용액에 첨가한다면, 어떤 반응이 일어날까?
b. 염기를 이 완충 용액에 첨가한다면, 어떤 반응이 일어날까?

124. 혈류에서 발견되는 탄산/탄산수소염 완충 용액은 다음과 같은 반응식으로 설명된다.

$$H_2CO_3\,(aq) + H_2O\,(l) \rightleftharpoons HCO_3^-\,(aq) + H_3O^+\,(aq)$$

a. 산을 이 완충 용액에 첨가한다면, 어떤 반응이 일어날까?
b. 염기를 이 완충 용액에 첨가한다면, 어떤 반응이 일어날까?

도전 과제

125. 1.21 M HCl 100.0 mL와 1.06 M NaOH 50.0 mL를 반응시키면 몇 몰의 HCl 용액이 반응하지 않고 남을까? 최종 용액의 H^+ 농도는 얼마인가? 최종 용액의 pH는 얼마인가?

126. 알부테롤은 일반적으로 호흡기 치료에 사용된다. 알부테롤은 유리 염기 형태에서 산 염 형태로 변환될 수 있다. 그 방법은 HCl과 반응하는 것이다. 이는 아래의 반응과 같다. 500.0 g의 알부테롤과 완전히 반응하는 데 필요한 0.100 M HCl의 부피를 계산하시오.

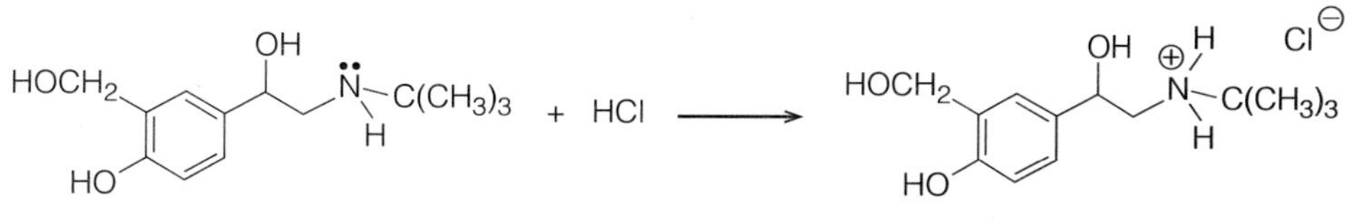

알부테롤(염기)
화학식: $C_{13}H_{21}NO_3$
몰질량: 239.34 g/mol

알부테롤(HCl 염)

반응 속도와 평형

CHAPTER 13

그림 13.1 (a) 오늘날 세계에는 그 어느 때보다도 훨씬 더 많은 사람들이 있다. (계속)

Haber-Bosch법

1800년 이전에는 세계 인구가 10억 명이 채 되지 않았다. 그러나 19세기의 새벽이 전환점이었다. 즉 과학과 의학의 발전으로 유아 사망률은 줄어들고 수명은 늘어난 것이다. 더 많은 사람들이 태어나고 있었고, 젊어서 죽는 이의 수는 줄어들고 있었다. 따라서 인구가 증가하기 시작했다. 오늘날 세계에는 8배 많은 인구가 있으며, 그 수는 계속 증가하고 있다(그림 13.1).

많은 사람들에게 있어 인구 급증은 악몽과도 같은 시나리오였다. 어떻게 세계가 충분한 식량을 재배하여 인구를 따라잡을 수 있을까? 대량 기아가 일어날까? 미래의 전쟁은 식량을 둘러싼 충돌이 될까?

다행스럽게도 이러한 시나리오는 발생하지 않았다. 이는 기술 혁신에 힘입은 바가 크다. 기술 혁신으로 농업이 변화되었고, 세계 식량 생산 능력이 배가되었기 때문이다. 오늘날 추정되는 바로는 세계 인구의 3분의 1이 식량을 가지고 있는 것은 이 기술 때문이다. Haber-Bosch법이라 하는 돌파구는 질소 비료의 대량 생산을 가능하게 했다.

질소는 우리 몸에서 네 번째로 흔한 원소(탄소, 수소, 산소 다음)이다. 질소 원자가 있는 곳은 근육 조직의 모든 부분과 DNA의 모든 부분이다. 우리가 얻는 질소는 식단에서, 즉 식물로부터 온다. 대기 중에 질소가 풍부함에도 불구하고, N_2 기체는 불활성이며 식물이 질소를 직접 흡수할 수 없다. 대신 질소를 토양에서 추출한다. 토양에서는 작지만 중요한 미생물이 **질소 고정**이라고 하는 과정을 수행한다. 즉 대기 중의 질소를 사용 가능한 암모니아(또는 짝산인 암모늄 이온)로 전환한다. 문제는 미생물들이 제한된 양의 '고정' 질소를 생산한다는 것과, 토양의 질소 양이 작물이 얼마나 잘 자랄 수 있는지를 제한한다는 것이다.

그림 13.1 (계속) (b) 이 그래프는 1800년 이후 세계 인구의 급격한 증가를 보여 준다. (c) 암모니아 비료는 작물의 성장을 촉진한다. (d) 오늘날 농부들은 그 어느 때보다도 에이커당 훨씬 더 많은 양의 식량을 생산한다. (e) Fritz Haber는 공정을 개발하여 암모니아를 생산하였다. (a) Thomas La Mela/Shutterstock; (c) oticki/Shutterstock; (d) Courtesy of Kevin Revell; (e) Photographisches Institut der ETH Zürich, CC BY SA 4.0, Wikimedia Commons

1900년대 초, 독일 과학자 Fritz Haber는 질소 기체로부터 암모니아를 생산하는 문제와 씨름했다. 이론적으로 반응은 쉬워야 한다. 즉 질소와 수소가 결합하여 암모니아를 생성한다. 다음과 같다.

$$N_2\,(g) + 3\,H_2\,(g) \rightarrow 2\,NH_3\,(g)$$

실제로는 훨씬 더 힘들었다. 암모니아는 안정적인 생성물이지만 실온에서는 반응이 일어나지 않기 때문이다. 또한 열을 가했을 때, 그 반응은 아주 적은 양의 암모니아만을 생성하고 거의 반응하지 않은 질소와 수소는 남겨놓았다. 왜 이 반응은 효과가 없을까?

Haber는 **에너지** 변화를 분석하여 이 반응을 조절했다. 게다가 Haber는 이것이 **평형**임을 인식했다. 즉 평형이란 정방향과 역방향의 양방향으로 일어나는 반응이다. 이렇게 밀접하게 관련된 두 개념인 에너지와 평형을 분석함으로써, Haber는 새로운 공정을 개발하여 많은 양의 암모니아를 생산했다.

Haber 공정은 농업의 면모를 변화시켰다. 오늘날 농부들은 1900년에 비해 에이커당 4배나 더 많은 식량을 재배할 수 있어 증가하는 인구의 요구를 더 잘 처리할 수 있게 되었다. 우리 몸 안의 질소의 80%가 한때는 암모니아였으며, Haber-Bosch법을 통해 생성되었다고 추정되었다.

이번 장에서는 질소 문제를 해결하는 데 필수적인 개념을 살펴보겠다. 어떻게 에너지 변화가 화학 반응을 일으키는지를 볼 것이다. 또한 이러한 변화들이 얼마나 빨리 일어나는지를 결정하게 될 것이다. 이 개념을 바탕으로, 우리의 관심을 평형 반응으로 돌릴 것이다. 균형에 대한 설명을 수학적으로뿐만 아니라 개념적으로 할 것이다. 마지막으로, 우리가 알아볼 것은 어떻게 Haber가 질소 문제를 극복할 수 있으며, 세계에 그렇게 깊은 영향을 줄 수 있었는가이다.

학습 목표

이 장을 완료하고 실습 문제를 풀고 나면, 수행할 수 있는 것은 다음과 같다.

13.1 반응 속도

- 농도와 온도가 반응 속도에 미치는 영향을 설명할 수 있다.
- 화학 반응에 수반되는 에너지 변화를 반응 도표를 사용하여 설명할 수 있다.
- 활성화 에너지와 반응 속도 사이의 관계를 설명할 수 있다.

13.2 평형 반응

- 평형을 양방향 반응 속도로 설명할 수 있다.
- 반응 에너지 도표를 참조하여 평형이 선호하는 것이 반응물인지, 생성물인지를 예측할 수 있다.

13.3 평형식

- 용액, 고체, 기체가 포함된 평형의 경우, 평형식을 작성할 수 있다.
- 평형 상수 K의 크기를 평형 농도와 연관시킬 수 있다.

13.4 Le Chatelier 원리

- Le Chatelier 원리를 적용하여 반응물이나 생성물의 첨가 또는 제거가 평형에 어떤 영향을 미치는지를 설명할 수 있다.
- 온도 변화와 압력 변화가 평형에 미치는 영향을 설명할 수 있다.

13.1 반응 속도

로켓 연료의 폭발과 같은 반응들은 매우 빠르게 일어난다. 철이 천천히 녹스는 것과 같은 반응들은 훨씬 더 느리게 일어난다(그림 13.2). 화학 반응의 속도를 그 반응의 **반응 속도(reaction rate)**라고 한다. 반응마다 그 속도가 다른 이유를 이해하기 위해서는 그 반응이 어떻게 일어나는가를 보다 주의 깊게 살펴봐야 한다.

화학 반응은 원자나 분자가 충돌할 때 일어난다. 예를 들어 HF와 물이 반응하여 하이드로늄과 플루오린화 이온을 생성하는 반응을 생각해 보자.

$$\mathrm{HF}\,(aq) + \mathrm{H_2O}\,(l) \rightarrow \mathrm{F^-}\,(aq) + \mathrm{H_3O^+}\,(aq)$$

이 반응이 일어나려면 HF 분자와 H_2O 분자가 서로 충돌해야 한다. 그러나 모든 충돌마다 반응을 일으키는 것은 아니다. 분자들의 충돌 조건에는 두 가지가 있다. 하나는 충분한 에너지, 다른 하나는 재배열이 일어날 수 있는 방향이다(그림 13.3).

충돌 메커니즘과 화학 반응 속도에 영향을 미치는 세 가지 주요 요인은 농도, 온도, 에너지 변화이다. 이들 각각을 다음 절에서 논의할 것이다.

Jason and Bonnie Grower/Shutterstock

Bodan Konovalenko/Shutterstock

그림 13.2 화학 반응이 다르면, 일어나는 반응 속도도 다르다. 즉 어떤 것들은 매우 빠른 반면에, 어떤 것들은 훨씬 더 느리게 일어난다.

농도와 온도가 반응 속도에 어떻게 영향을 미치는가

화학 반응은 분자의 충돌을 요구하기 때문에, 반응 속도가 부분적으로 의존하는 것은 얼마나 자주 충돌이 일어나는가이다. 분자가 더 자주 충돌하면 반응이 일어나는 속도도 더 빨라진다.

충돌 횟수를 늘리는 한 가지 방법이 있다. 반응물의 농도를 높이는 것이다. 우리는 이것을

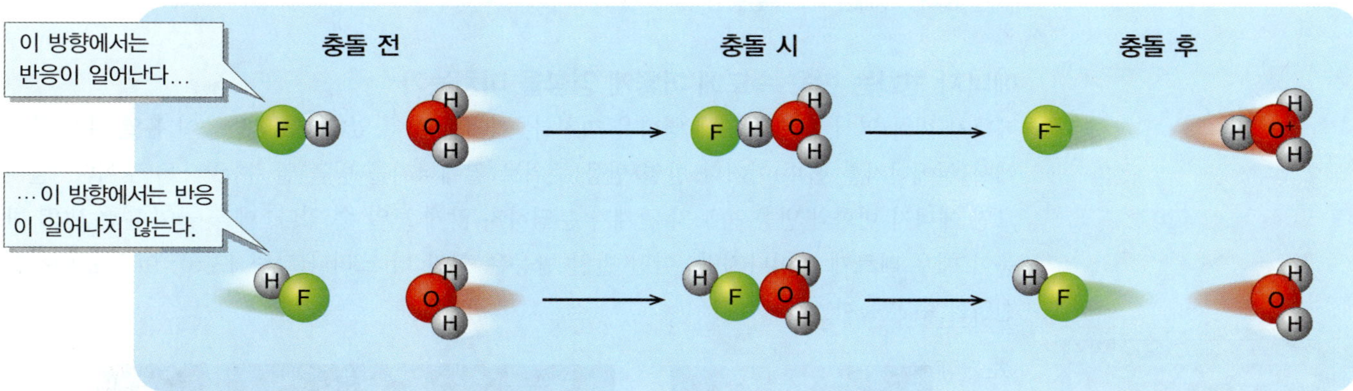

그림 13.3 화학 반응이 일어날 때는 원자나 분자가 충돌할 때다. 반응이 일어나기 위해서는 분자들이 서로에 대해 올바른 방향을 향해야 한다.

zsolt_uveges/Shutterstock

야구 배트가 공을 칠 때, 그 결과가 달라지는 두 가지 조건이 있다. 배트와 공이 충돌하는 각도와 에너지다. 이와 같은 방식으로, 분자 충돌의 각도와 에너지가 그 결과를 결정한다. 모든 안타가 홈런이 아닌 것처럼, 모든 충돌의 결과가 반응으로 나타나는 것은 아니다.

반응이 일어날 때는 원자나 분자가 충돌할 때다.

농도를 높이면 반응 속도가 증가한다.

온도를 높이면 반응 속도가 증가한다.

실험적으로 볼 수 있다. 방법은 금속(예: 아연)과 염산을 반응시키는 것이다(그림 13.4). 묽은 산은 아연과 천천히 반응하며, 점차적으로 소량의 수소 기포를 생성한다. 이와는 대조적으로 진한 산은 격렬한 반응을 보이며, 많은 양의 수소 기체를 빠르게 생성한다.

반응 속도를 높이는 두 번째 방법은 온도를 높이는 것이다. 기억할 것이 있다. 더 높은 온도에서 분자가 더 빨리 움직인다는 것이다. 반응이 고체, 액체, 기체, 어디에서 일어나든지, 온도가 높으면 분자들이 더 자주 충돌함을 의미한다(그림 13.5). 이것은 온도가 높으면 입자가 충돌할 때 더 강력하게 충돌하며, 따라서 분자가 재배열될 가능성이 더 높아짐을 의미한다.

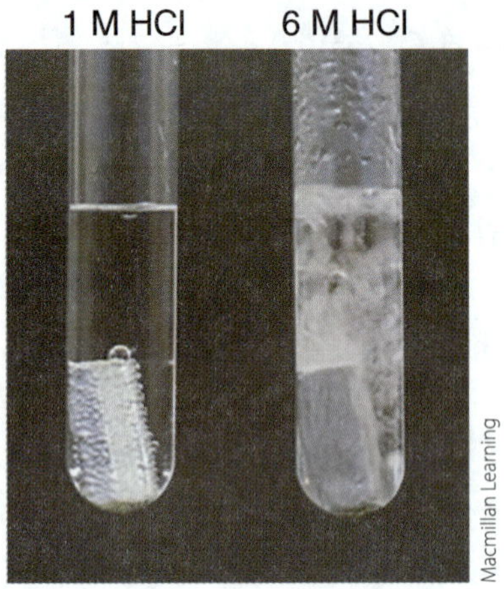

그림 13.4 농도를 높이면 반응 속도가 증가한다. 따라서 아연은 1 M HCl과는 천천히 반응하지만, 6 M HCl과는 빠르게 반응한다.

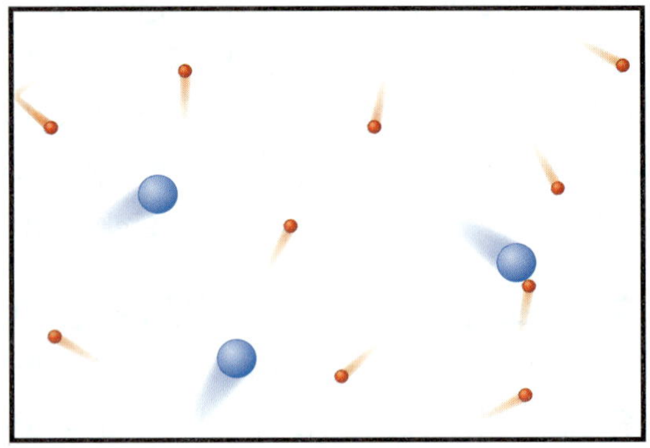

그림 13.5 온도가 높아지면 기체 내 분자의 속도가 증가한다. 분자들이 더 빨리 움직일수록 분자들은 더 자주 충돌한다.

에너지 변화는 반응 속도에 어떻게 영향을 미치는가

에너지 변화 역시 반응 속도에 영향을 미친다. 기억할 것이 있다. 화학 반응이 **흡열 반응**(주위에서 열에너지를 흡수)이거나 **발열 반응**(주위로 열에너지를 방출)일 수 있다는 것이다. 얼핏 보면 에너지 변화와 반응 속도의 관계가 분명하지 않게 보일 수 있다. 예를 들어 많은 발열 반응이 매우 빠르게 일어나지만, 어떤 발열 반응은 훨씬 더 느리다(그림 13.6). 어떻게 이것을 설명할 수 있을까?

음식을 냉장고에 보관하면 음식을 상하게 만드는 화학 반응이 느려진다.

a b

그림 13.6 반응 속도는 화합물마다 다르다. (a) 마그네슘과 염소 사이의 반응은 발열 반응이다. 두 원소는 즉각적이고 격렬하게 반응한다. (b) 나무와 산소의 반응도 발열 반응이지만, 열이 먼저 첨가되지 않는 한, 이 반응은 매우 느리게 일어난다.

화학에서 에너지 변화를 나타내기: 반응 에너지 도표

에너지 변화와 반응 속도 사이의 관계를 이해하려면, 반응이 일어나게 하거나 일어나지 못하게 하는 에너지 인자를 시각화하는 것은 도움이 된다. 이러한 형태의 그림을 **반응 에너지 도표(reaction energy diagram)**라고 한다. 이것이 나타내는 것은 화학 반응에 수반되는 에너지 변화다.

첫 데이트 기억나는가? 아니면 첫 이별은? 그것이 여러분을 더 안정된 곳으로 데려다준다 해도, 결합의 생성과 해리는 언제나 불안정한 고에너지 전이(high-energy transition)와 관련이 있다.

예를 들면 그림 13.7의 반응 에너지 도표는 염산과 수산화물이 반응하는 경우이다. 즉

$$HCl\,(aq) + OH^-\,(aq) \rightarrow Cl^-\,(aq) + H_2O\,(l) \qquad \Delta H^\circ = -55.8\ \text{kJ/mol}$$

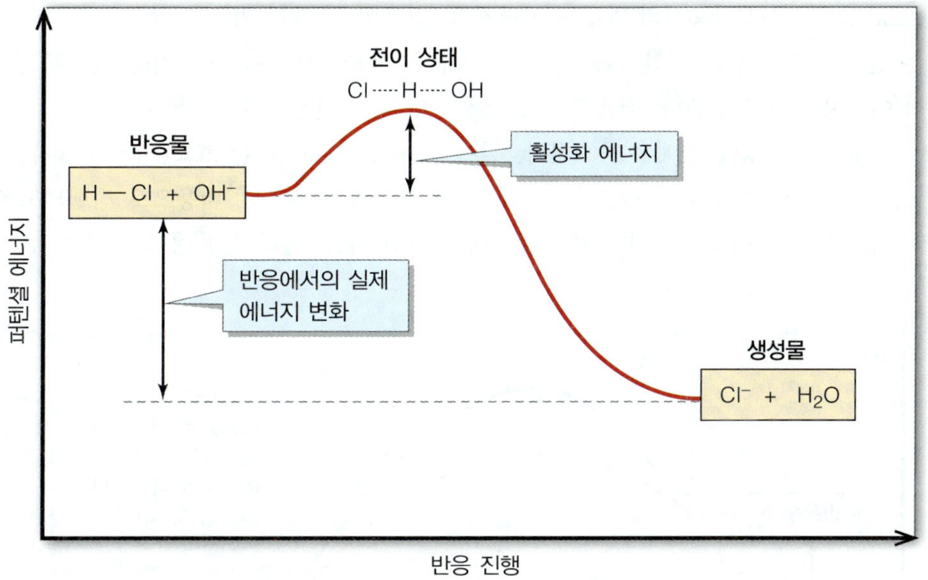

그림 13.7 반응 에너지 도표가 보여주는 것은 반응이 진행됨에 따라 변하는 에너지 변화다.

우리가 아는 반응은 발열 반응인데, 발열 반응의 엔탈피 값의 부호는 음(−)이다. 그런데 이러한 발열 반응도 에너지가 **있어야** 변화가 일어나는가? 일어나는 반응을 주의 깊게 생각해 보자. 수산화물이 염화물에서 수소를 빼내려면, 수소 이온이 OH와 Cl 사이에서 당겨지는 순간이 있어야 하지만, 어느 쪽에도 완전히 결합하지 않는다. 이러한 순간적인 상태를 **전이 상태(transition state)**라고 한다. 전이 상태의 에너지는 반응물이나 생성물의 에너지보다 더 높다.

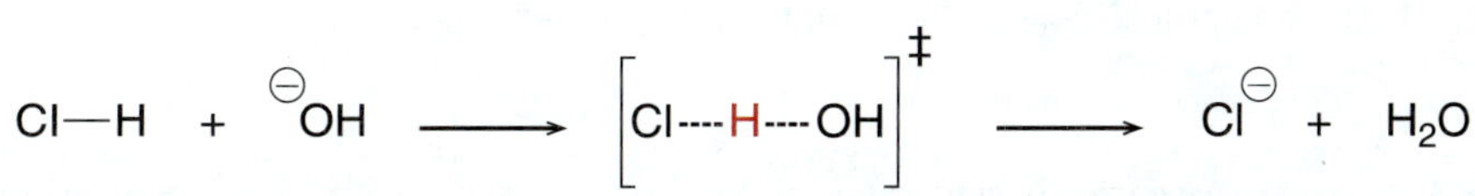

전이 상태란 화학 반응이 일어나는 동안에 존재하는 원자의 에너지 배열 중 가장 높은 상태이다. 이러한 배열은 단지 순간적인 상태다. 그러나 이 상태가 결정하는 것은 반응이 반드시 극복해야 할 에너지 '언덕'이다. 이 에너지 장벽을 **활성화 에너지(activation energy)**라고 한다. 농도와 함께 활성화 에너지가 결정하는 것은 반응이 얼마나 빨리 일어나는가이다. 어떤 반응이 더 안정한 생성물을 생성하더라도, 활성화 에너지가 너무 높으면 그 반응은 일어나지 않는다.

반응 속도를 결정하는 것은 농도와 활성화 에너지다.

이 아이디어가 역시 설명해 주는 것은 왜 에너지가 있어야 반응이 일어나는가이다. 예를 들어 숯과 산소의 연소 반응은 발열 반응이다. 그러나 성냥을 붙이거나 라이터 액체를 첨가하기 전까지는 반응이 일어나지 않는다(그림 13.8). 그러나 이 성냥이 열의 형태로 활성화 에너지를 제공하면 반응이 개시된다. 그 후에는 연소에 의해 방출되는 열이 반응을 지속시킬 수 있게 해주는 것이다.

대체로 활성화 에너지가 약 40 kJ/mol(또는 10 kcal/mol) 미만인 반응은 실온에서 일어난다. 또한 활성화 에너지가 높은 반응은 가열해 주어야 반응이 일어난다.

photopixel/Shutterstock

그림 13.8 성냥은 충분한 열을 제공함으로써 활성화 에너지를 극복하고 발열 반응이 개시되도록 해 준다.

촉매

촉매(catalyst)란 균형 반응식의 일부는 아니지만, 반응이 더 빨리 가도록 만드는 화학종이다. 촉매는 반응의 전이 상태를 안정화시킨다. 촉매는 반응물에서 생성물로 이동하는 데 필요한 **활성화 에너지를 낮추어 준다.** 결과적으로 반응은 더 빨리 진행될 수 있다(그림 13.9).

촉매는 다양한 환경에서 매우 중요하다. 살아 있는 생물 내에서는 **효소**(enzyme)라는 화합물이 촉매로 작용하여 복잡한 반응을 빠르게 그리고 최소 에너지의 비용으로 진행되도록 한다. 제조업자들은 촉매를 사용하여 제품 생산에 필요한 시간, 에너지, 비용을 줄이고 있다.

15장에서는 특정 촉매를 논의할 것이다. 이 촉매의 용도는 의약품에서부터 플라스틱에 이르기까지 모든 것을 만드는 것이다.

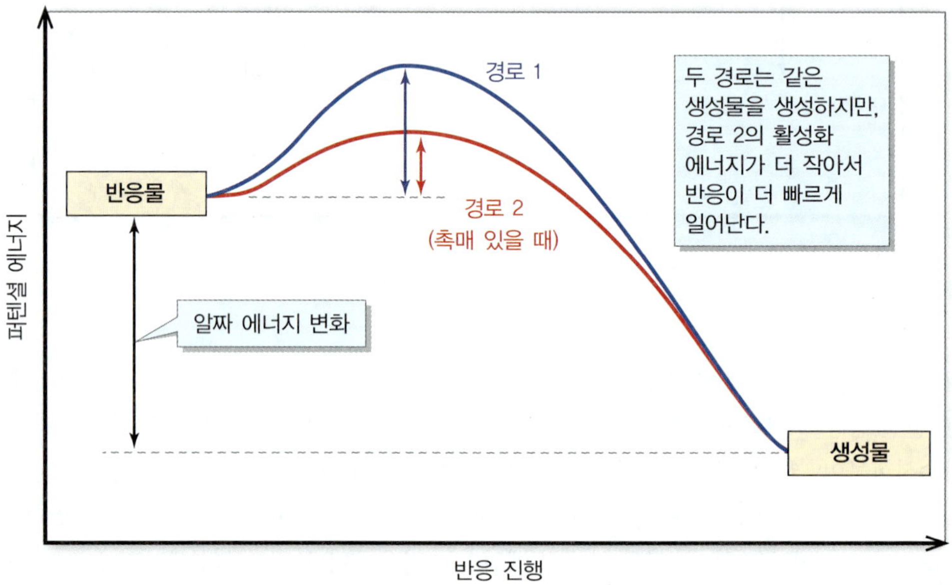

그림 13.9 촉매는 활성화 에너지를 감소시켜 반응이 더 빨리 일어나도록 해준다.

Rido/Shutterstock

창업하고 싶었던 적이 있었나요? 그렇다면 초기 투자에 대해 생각해 보았을 것이다. 예를 들어 식당을 개업하려면 우선 건물을 짓거나 임대하고, 허가를 확보하고, 직원을 고용하고, 메뉴를 개발해야 한다. 이를 위한 비용은 비즈니스를 시작하기 위한 활성화 에너지라고 할 수 있다. 사업이 얼마나 수익을 낼 수 있는지에 관계없이, 활성화 장벽을 극복할 수 있는 자원을 확보하지 못하면 사업을 시작할 수 없기 때문이다. 마찬가지로 활성화 에너지가 너무 높은 경우에는 발열 반응조차도 일어나지 않는다.

예제 13.1 반응 에너지 도표의 해석

화합물 A가 화합물 B로 변환되는 간단한 반응을 고려해 보자. 주어진 에너지 도표를 기초로 할 때, 이 반응은 흡열 반응인가, 발열 반응인가? 이 반응의 활성화 에너지와 알짜 에너지 변화를 모두 구하시오.

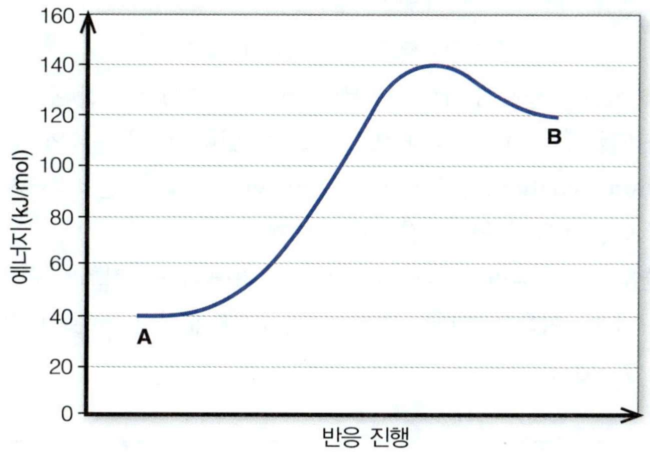

반응 도표가 보여 주는 것은 반응 관련 물질의 에너지다. 생성물의 에너지가 반응물의 에너지보다 높기 때문에, 반응은 흡열 반응이다.

활성화 에너지는 반응이 일어나기 위해서 극복해야 할 에너지 장벽이다. 반응물의 에너지는 40 kJ/mol이며, 전이 상태의 에너지는 140 kJ/mol이다. 따라서

$$\text{활성화 에너지} = 140\ \text{kJ/mol} - 40\ \text{kJ/mol} = 100\ \text{kJ/mol}$$

활성화 에너지가 40 kJ/mol보다 크기 때문에, 이 반응은 가열 없이는 일어나지 않을 것이다. 이 반응의 알짜 에너지 변화는 반응물과 생성물 사이의 에너지 차이다.

$$\text{알짜 에너지 변화} = E_{\text{생성물}} - E_{\text{반응물}} = 120\ \text{kJ/mol} - 40\ \text{kJ/mol} = 80\ \text{kJ/mol}$$

도전 문제

1. 아래에 그려진 두 반응을 비교하시오. 각 반응의 알짜 에너지 변화는 얼마인가? 어느 쪽이 더 발열적인가? 농도와 온도가 동일하다고 가정할 때, 어느 쪽 반응이 더 빨리 일어날까?

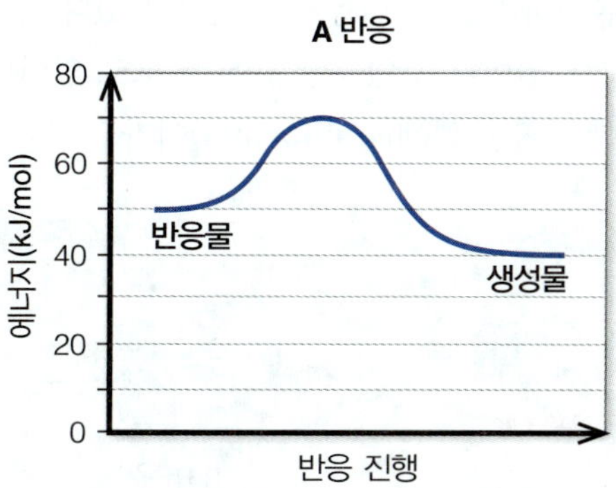

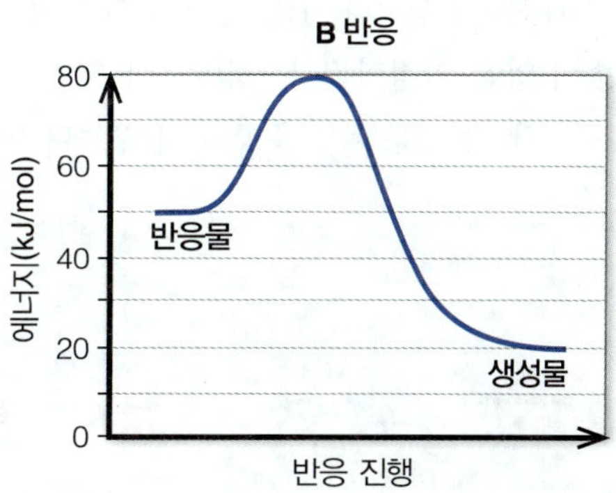

13.2 평형 반응

많은 반응은 **가역적**이다. 즉 정방향과 역방향의 양방향에서 반응이 일어날 수 있다. 예를 들어 HF가 물에서 어떻게 반응하는지를 생각해 보자.

$$HF\,(aq) \rightleftharpoons H^+\,(aq) + F^-\,(aq)$$

반응은 정방향(산이 이온화하여 H^+와 F^-를 생성하는 방향)으로 갈 수 있지만, 역방향(이온들이 결합하여 HF를 재생성하는 방향)으로도 갈 수 있다. 이런 종류의 정반응과 역반응을 **평형 반응(equilibrium reaction)**이라고 한다. 평형 반응의 화학 반응식에서는 이중 화살표($\rightleftharpoons$)를 사용하여 반응이 양방향으로 진행됨을 보여 준다.

평형에서는 정반응과 역반응이 동일한 속도로 일어난다. 따라서 반응물과 생성물의 농도는 변하지 않는다.

순수한 HF가 물에서 해리되면 어떻게 되는지를 고려해 보자. 최초의 순간에는 큰 농도의 HF만 존재하며 H^+나 F^- 이온은 하나도 없다. 그러나 HF 분자가 이온화되기 시작하면 H^+와 F^- 이온의 농도는 증가한다(그림 13.10).

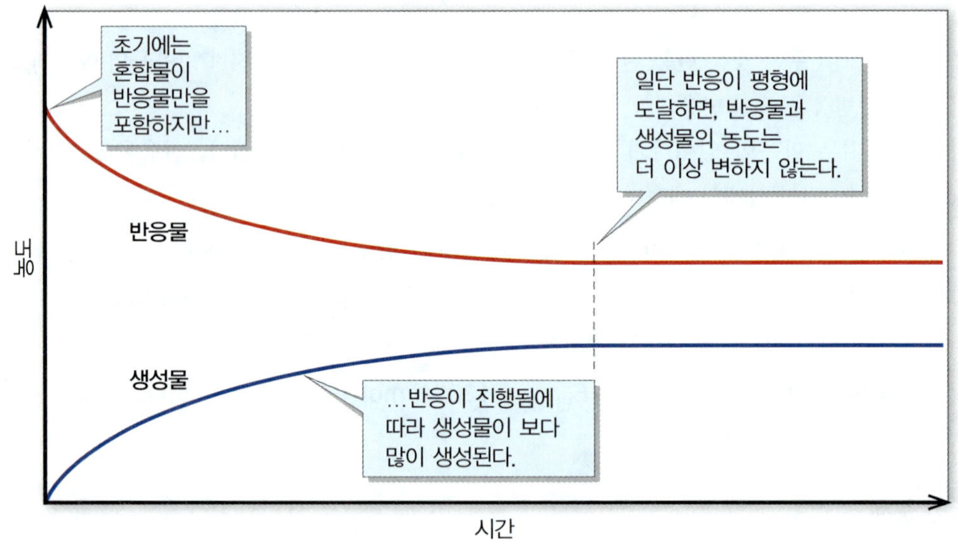

그림 13.10 이 그래프가 보여 주는 것은 반응물과 생성물의 농도가 평형 반응에서 어떻게 변하는가이다. 일단 반응이 평형에 도달하면, 반응물과 생성물의 농도는 더 이상 변하지 않는다.

평형에서는 정방향 반응의 속도와 역방향 반응의 속도가 동일하다.

이온들의 농도가 높아지면 이온들이 용액 속에서 서로 마주치기 시작하고, 결국 그들은 반응하여 HF를 생성한다. HF 분자가 계속해서 이온화하지만, 역반응도 일어나고 있다. 곧 각 화학종의 양은 안정화된다. 정반응과 역반응이 모두 일어나고 있지만 같은 속도로 일어나고 있기 때문에 각 성분의 양은 변하지 않는다. 이러한 상황을 **평형(equilibrium)**이라고 한다.

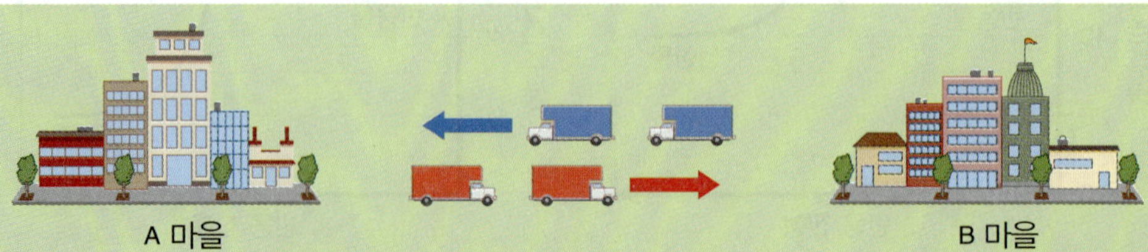

두 개의 마을 A와 B가 다른 모든 마을과 격리되어 있다고 상상해 보자. 마을이 평형을 이루면, 각 방향으로 이동하는 인구수가 같아, 전체 마을 인구는 변하지 않는다.

일부 평형 반응은 반응물을 선호하고, 일부 평형 반응은 생성물을 선호한다. 예를 들어 기억할 것이 있다. HF는 약산이라는 것이다. 이것은 평형에서 반응물(HF)이 생성물(H^+와 F^-)보다 훨씬 더 많다는 것을 의미한다.

$$\underset{98\%}{HF\ (aq)} \rightleftharpoons \underset{2\%}{H^+\ (aq) + F^-\ (aq)}$$

우리는 평형 반응을 반응 에너지 도표(그림 13.11)를 사용하여 분석할 수 있다. 이 반응에서는 활성화 에너지 언덕이 충분히 낮아서 반응물이 언덕을 넘어 생성물을 생성할 수 있다. 그러나 생성물도 역방향으로 언덕을 넘을 수 있다.

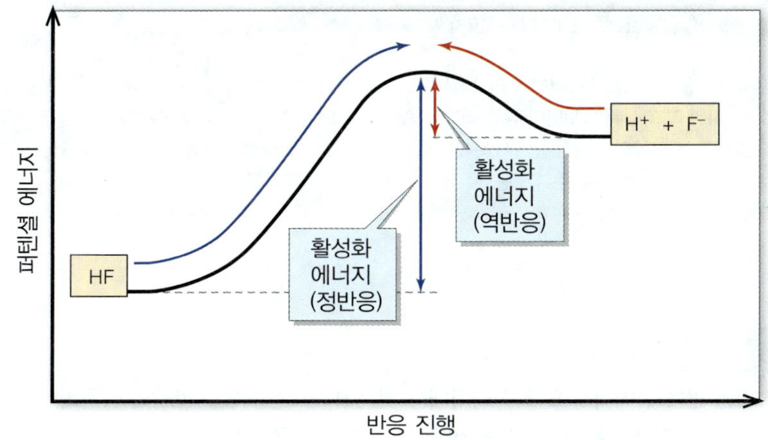

그림 13.11 평형 반응에서는 반응이 정방향과 역방향 모두로 진행한다.

이 에너지 도표에서는 반응물의 에너지가 생성물의 에너지보다 낮다. 일반적으로 **에너지가 낮은 평형 쪽의 농도는 커지고, 에너지가 높은 쪽의 농도는 작아질 것이다**(그림 13.12). 따라서 이 반응에서는 HF의 98%가 산성 형태로 존재하며, 2%만이 짝염기(F^-)로서 존재한다.

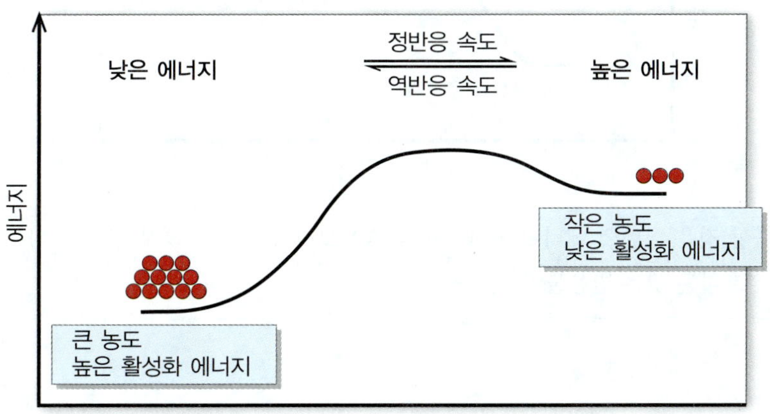

그림 13.12 평형에서는 에너지가 낮은 화학종의 농도가 크다. 그러나 정반응과 역반응의 속도는 동일하다.

기억할 것이 있다. 반응 속도를 결정하는 두 가지는 농도와 활성화 에너지다. 평형의 저에너지(low-energy) 쪽의 농도가 더 크고, 활성화 에너지도 높다. 고에너지(high-energy) 쪽의 농도가 더 작고, 활성화 에너지도 낮다. 농도와 활성화 에너지의 균형이 정반응과 역반응을 같은 속도로 일어나도록 한다.

일반적으로 평형이 선호하는 것은 저에너지 화학종이다.

영국 축구계에서는 상위 20개 팀이 프리미어 리그에서 경기를 치른다. 이 리그 아래에는 72개의 팀인 풋볼 리그가 있다. 각 시즌이 끝나면 하위 리그 상위 3개 팀이 상위 리그로 승격되고, 하위 리그 하위 3개 팀은 하위 리그로 강등된다. 이것이 평형의 한 예다. 즉 두 방향의 비율이 같기 때문에, 각 리그의 팀 수는 변하지 않는다. 또한 팀 수가 적은 프리미어 리그와 마찬가지로, 화학 평형에서 에너지 준위가 높을수록 화학종의 농도는 낮아진다.

예제 13.2 에너지 도표 및 평형의 위치

아래에 제시된 평형 반응과 에너지 도표가 나타내는 것은 아세트산($HC_2H_3O_2$)의 이온화이다. 평형에서, 용액 내 반응물(왼쪽)의 농도가 높은가, 생성물(오른쪽)의 농도가 높은가?

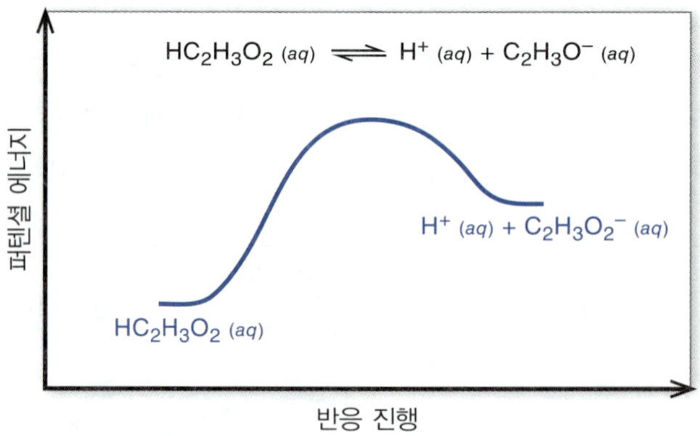

그림에서 주목할 것은 퍼텐셜 에너지가 생성물의 경우보다 반응물의 경우가 더 낮다는 것이다. 따라서 평형이 선호하는 것은 반응물이다.

예제 13.3 정방향과 역방향의 활성화 에너지 구하기

평형 반응의 에너지 도표가 다음 그림에 있다. 정반응의 활성화 에너지는 얼마인가? 역반응의 활성화 에너지는 얼마인가? 이 평형이 선호하는 것은 반응물인가, 생성물인가?

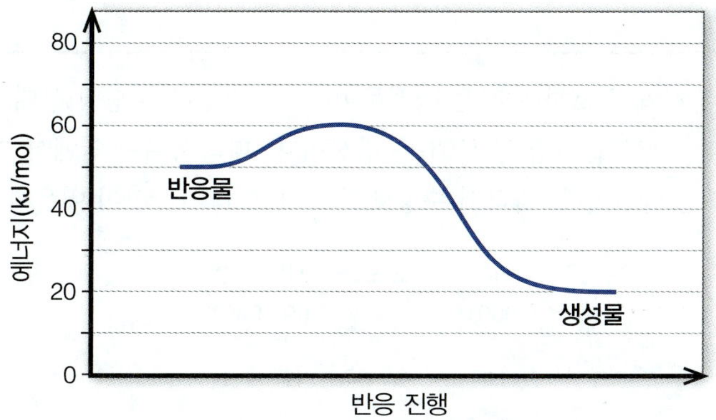

이 반응에서 반응물의 에너지는 50 kJ/mol이다. 또한 전이 상태의 에너지는 60 kJ/mol이다. 따라서 정반응의 활성화 에너지는 10 kJ/mol이다.

$$\begin{aligned}\text{활성화 에너지(정반응)} &= \text{에너지(전이 상태)} - \text{에너지(반응물)}\\ &= 60\ \text{kJ/mol} - 50\ \text{kJ/mol} = 10\ \text{kJ/mol}\end{aligned}$$

생성물의 에너지는 20 kJ/mol이다. 다시 해보자. 전이 상태의 에너지는 60 kJ/mol이다. 또한 역반응의 활성화 에너지는 40 kJ/mol이다. 따라서

$$\begin{aligned}\text{활성화 에너지(역반응)} &= \text{에너지(전이 상태)} - \text{에너지(생성물)}\\ &= 60\ \text{kJ/mol} - 20\ \text{kJ/mol} = 40\ \text{kJ/mol}\end{aligned}$$

생성물의 에너지가 반응물의 에너지보다 낮기 때문에, 평형에서 생성물의 농도가 반응물의 농도보다 높을 것이다.

도전 문제

2. 다음 평형은 약간 흡열적이다.

$$C_6H_6OH\,(aq) \rightleftharpoons H^+\,(aq) + C_6H_5O^-\,(aq)$$

평형에서 반응물의 농도가 높은가, 생성물의 농도가 높은가?

3. 화학 반응의 에너지 프로필은 아래와 같다. 이 반응의 경우, 정반응의 활성화 에너지는 얼마인가? 역반응의 활성화 에너지는 얼마인가? 실온에서 반응물과 생성물은 평형에 도달할 것인가?

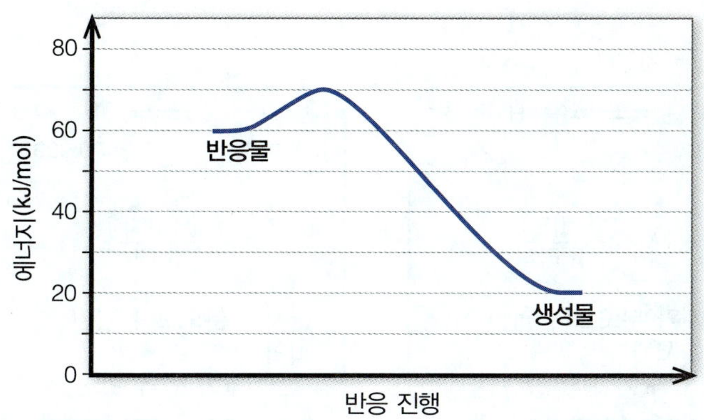

13.3 평형식

어떤 평형 상태가 강하게 선호하는 것은 생성물이다. 반면에 다른 평형 상태가 강하게 선호하는 것은 반응물이다. 예를 들어 염산(HCl)은 강산이다. 따라서 수용액에서 거의 완전히 이온화한다. 반면에 HF는 약산이다. 따라서 수용액에서 약 2%의 HF만이 이온화한다.

$$\underset{0.0001\%}{\mathrm{HCl}} \rightleftharpoons \underset{99.9999\%}{\mathrm{H^+ + Cl^-}}$$

$$\underset{98\%}{\mathrm{HF}} \rightleftharpoons \underset{2\%}{\mathrm{H^+ + F^-}}$$

화학자들이 평형을 설명할 때, 평형이 왼쪽으로 치우치는지, 오른쪽으로 치우치는지를 기술할 필요가 종종 있다. 이를 위해 방정식을 쓴다. 이를 **평형식(equilibrium expression)**이라고 한다. 평형식이 나타내는 것은 평형에 있는 반응물과 생성물 사이의 균형이다. 어떻게 평형식이 기능하는지 알기 위해 일반 화학 반응식으로 시작하자. 여기서 A와 B는 반응물이고, C와 D는 생성물이며, 소문자는 각 화학종의 계수이다.

$$aA + bB \rightleftharpoons cC + dD$$

[A]가 의미하는 것은 'A의 농도'이다.

이 반응식의 평형식은 다음과 같이 쓸 수 있다.

$$K = \frac{[C]^c[D]^d}{[A]^a[B]^b}$$

간단히 말해서, 평형식이 나타내는 것은 반응물 농도 분의 생성물의 농도다.

$$K = \frac{\text{생성물}}{\text{반응물}}$$

각 화학종에 붙은 대괄호가 의미하는 것은 해당 화학종의 농도다. 용액의 경우, 화학종의 농도는 몰농도(molarity, moles/L)로 표현한다. 이 방정식에서 ***K***는 반응의 **평형 상수(equilibrium constant)**다. K 값이 매우 중요한 이유는, **평형이 선호하는 것이 반응물(왼쪽)인지, 생성물(오른쪽)인지를 알려 주기 때문이다.**

예를 들어 HCl의 이온화가 강하게 선호하는 것은 생성물이다. 따라서 평형 상수 값이 크다(실제로 이 평형은 너무 완전하게 선호하는 것이 생성물이기 때문에, 하나의 화살표만으로 작성된다). 반면에 HF 평형의 K 값은 작다. 평형이 선호하는 것이 반응물이기 때문이다(그림 13.13). 평형 상수는 단위가 없다.

K가 크면, 평형이 선호하는 것은 생성물이다. K가 작으면, 평형이 선호하는 것은 반응물이다.

예제 13.4와 예제 13.5는 평형식의 사용을 보여 준다.

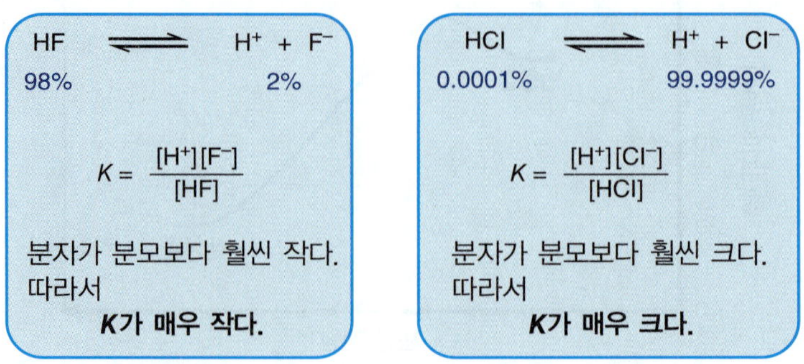

그림 13.13 생성물을 선호하는 평형의 K 값은 매우 크다. 반면에 반응물을 선호하는 평형의 K 값은 작다.

평형 상수가 나타내는 것은 반응식의 왼쪽과 오른쪽의 균형이다.

예제 13.4 평형식 작성하기

분자 브로민이 가열되면, 결합이 깨지고 개별적인 브로민 원자를 생성한다. 역반응에서는 이 원자들이 재결합하여 분자 브로민을 생성한다. 다음 반응의 평형식을 작성하시오.

$$Br_2 \rightleftharpoons 2\ Br$$

평형식을 작성할 때는 생성물은 분자에 놓고, 반응물은 분모에 놓는다. 각 화학종의 농도에 대한 지수는 화학종의 계수가 된다. 따라서 평형식은 다음과 같다.

$$K = \frac{[Br]^2}{[Br_2]}$$

이 예제에서는 평형 상수 K 값을 모른다. K 값을 구하기 위해서는 각 성분의 평형 농도를 알아야 한다. 예제 13.5는 이 과정을 보여 준다.

예제 13.5 평형 상수 값 구하기

아질산은 아래 평형 반응에서 보는 바와 같이 물에서 이온화한다. 평형에서 수용성 아질산 용액의 농도는 다음과 같다.

$$[H^+] = 0.0140\ M,\ [NO_2^-] = 0.0140\ M,\ [HNO_2] = 0.493\ M$$

이 평형의 K 값은 얼마인가? 이 평형은 오른쪽으로 이동하는가, 왼쪽으로 이동하는가?

$$HNO_2\ (aq) \rightleftharpoons H^+\ (aq) + NO_2^-\ (aq)$$

먼저, 유의할 것이 있다. HNO_2의 평형 농도가 생성물의 농도보다 훨씬 높다는 점이다. 따라서 평형이 왼쪽에 놓이므로 K 값이 작아질 것으로 예상할 수 있다.

K 값을 구하기 위해서는 평형식을 설정하고 풀면 된다. 즉 다음과 같다.

$$K = \frac{[H^+][NO_2^-]}{[HNO_2]} = \frac{(0.0140\ M)(0.0140\ M)}{0.493\ M} = 3.98 \times 10^{-4}$$

실제로 매우 작은 K 값의 의미는 평형이 왼쪽으로 멀리 떨어져 있다는 것이다. 유의할 것이 있다. K 값은 단위가 없다는 것이다.

도전 문제

4. 다음 반응의 평형식을 쓰시오.

$$AlCl_3\ (aq) + Cl^-\ (aq) \rightleftharpoons AlCl_4^-\ (aq)$$

$$Zn^{2+}\ (aq) + 4\ NH_3\ (aq) \rightleftharpoons [Zn(NH_3)_4]^{2+}\ (aq)$$

5. 아세트산의 이온화는 아래의 평형에 나타나 있다. 물에서 아세트산 용액 내 화학종들의 농도는 다음과 같다.

$$[H^+] = 0.0040\ M,\ [C_2H_3O_2^-] = 0.0040\ M,\ [HC_2H_3O_2] = 0.889\ M$$

이 평형의 K 값은 얼마인가? 이것은 강산인가, 약산인가?

$$HC_2H_3O_2\ (aq) \rightleftharpoons H^+\ (aq) + C_2H_3O_2^-\ (aq)$$

용매를 포함하는 평형식

일부 상황에서는 평형식을 쓸 때 특별한 규칙이 적용된다. 이들 중 세 가지 중요한 상황이 있다. 평형이 용매, 고체, 기체를 포함할 때다.

화학 평형이 순수한 액체나 용매와 관련된 경우, 이 화학종들은 평형식에 포함되지 않는다. 일반적으로 용매의 양은 다른 화학종보다 훨씬 많기 때문에, 용매의 농도는 크게 변하지 않는다. 이러한 이유로 평형식에 용매를 포함시키지 않는다. 용매의 농도는 평형 상수 K의 일부로 간주된다. 예를 들어 물에서 HF의 이온화를 쓰는 방법은 두 가지다. 즉

$$HF\ (aq) \rightleftharpoons H^+\ (aq) + F^-\ (aq) \qquad K = \frac{[H^+][F^-]}{[HF]}$$

이거나, 또는 다음과 같다.

$$HF\ (aq) + H_2O\ (l) \rightleftharpoons H_3O^+\ (aq) + F^-\ (aq) \qquad K = \frac{[H_3O^+][F^-]}{[HF]}$$

용매는 평형식에 포함되지 않는다.

물은 용매이기 때문에 평형식에 물의 농도를 포함시키지 않는다. 따라서 평형식을 어떻게 표기하는지와 상관없이 K 값은 같다. 이러한 형태의 평형식이 특히 중요한 경우는 산과 염기의 거동을 나타낼 때다.

예제 13.6 용매가 포함된 경우 평형식 쓰기

암모니아가 물에 용해되면 적은 양의 수산화물과 암모늄 이온을 생성하며, 평형은 다음과 같다. 이 반응의 평형식을 작성하시오.

$$NH_3\ (aq) + H_2O\ (l) \rightleftharpoons OH^-\ (aq) + NH_4^+\ (aq)$$

물은 이 반응에서 용매이기 때문에 평형식에는 포함되지 않는다.

$$K = \frac{[OH^-][NH_4^+]}{[NH_3]}$$

예제 13.7 수용성 산의 농도 구하기

사이안화 수소산(HCN)은 물에 용해되어 H_3O^+와 CN^-를 생성한다. 평형은 다음과 같다. 이 반응의 평형 상수는 4.9×10^{-10}이다. $[H_3O^+]$와 $[CN^-]$가 모두 7.3×10^{-6} M이면, 용액 내 HCN의 농도는 얼마인가?

$$HCN\ (aq) + H_2O\ (l) \rightleftharpoons H_3O^+\ (aq) + CN^-\ (aq)$$

이전처럼, 물을 평형식에 포함시키지 않는다. 즉

$$K = \frac{[H_3O^+][CN^-]}{[HCN]}$$

우리가 알고 있는 값들은 K, $[H_3O^+]$, $[CN^-]$이다. 따라서 방정식을 재정렬하고 [HCN]에 대해 푼 다음, 위에 주어진 값을 대입한다. 이렇게 구한 HCN의 농도는 다음과 같다.

$$[HCN] = \frac{[H_3O^+][CN^-]}{K} = \frac{(7.3\times10^{-6}\ M)(7.3\times10^{-6}\ M)}{4.9\times10^{-10}} = 0.11\ M$$

도전 문제

6. 다음 평형이 물속에서 일어난다. 각각의 평형식을 쓰시오.
   a. $CrO_4\ (aq) + H_2O\ (l) \rightleftharpoons HCrO_4^+\ (aq) + OH^-\ (aq)$
   b. $2\ H_2O\ (l) \rightleftharpoons H_3O^+\ (aq) + OH^-\ (aq)$
   c. $NH_4^+\ (aq) + H_2O\ (l) \rightleftharpoons NH_3\ (aq) + H_3O^+\ (aq)$
7. 완충 용액에 어떤 약산과 그 짝염기의 혼합물이 들어 있다. 어떤 화학자가 아세트산 완충 용액을 제조했다. 이때 평형에서 $[HC_2H_3O_2]$ = 0.100 M, $[C_2H_3O_2^-]$ = 0.200 M이다. 아래의 평형 데이터를 기초로, 이 용액 내 H_3O^+의 농도를 구하시오.

$$HC_2H_3O_2\ (aq) + H_2O\ (l) \rightleftharpoons H_3O^+\ (aq) + C_2H_3O_2^-\ (aq) \qquad K = 1.8\times10^{-5}$$

고체를 포함하는 평형식

고체를 포함하는 평형은 매우 흔하다. 예를 들어 한 주전자의 스윗 티(sweet tea) 만들기를 생각해 보자. 적당량의 설탕이 차(tea) 안에 녹는다. 그러나 설탕을 너무 많이 넣으면 더 이상 설탕이 녹을 수 없는 포화점에 이르게 된다. 이런 일이 일어날 때, 녹지 않은 설탕은 주전자 바닥에 가라앉는다(그림 13.14).

Courtesy of Kevin Revell

그림 13.14 일단 한 주전자의 스윗 티(sweet tea)가 포화된 경우라면, 설탕을 더 넣어도 단맛은 변하지 않는다. 존재하는 고체의 양이 평형에 영향을 미치지 않는다.

이렇게 맛있는 상황에서는 설탕과 수용액은 평형을 이룬다. 즉 어떤 설탕은 고체 형태로 있고, 어떤 설탕은 용해된다. 각각의 설탕 분자는 용액 안팎으로 이동이 가능하다.

$$C_{12}H_{22}O_{11}\,(s) \rightleftharpoons C_{12}H_{22}O_{11}\,(aq)$$

잠시 생각해 보자. 일단 용액이 포화되었을 때 설탕을 더 넣으면, 차를 더 달게 만들 수 있을까? 아니다. 설탕을 더 넣으면, 설탕은 주전자 바닥으로 그냥 떨어진다. 고체 설탕을 추가해도 용해된 설탕의 농도를 바꾸지는 못한다.

이를 통해 다음과 같은 중요한 일반 법칙에 도달하게 된다. 즉 평형에 고체가 있을 때, 존재하는 고체의 양은 다른 성분의 농도에 영향을 미치지 않는다. 따라서 **고체상(solid phase)인 물질은 평형식에 포함되지 않는다.**

고체는 평형식에 포함되지 않는다.

Ihor Matsiievskyi/Shutterstock

그림 13.15 이 포화 용액의 바닥에는 용해되지 않은 고체가 있다.

용해도곱

우리는 고체가 포함된 평형을 실험실에서 종종 마주친다. 예를 들어 어떤 화학자가 고체 수산화 칼슘을 물과 섞는다고 가정하자. 고체의 일부는 용해되지만 전부 용해되는 것은 아니다. 용액이 평형에 도달하면, 과량의 고체는 용기 바닥에 가라앉는다(그림 13.15). 이 평형을 다음과 같이 쓸 수 있다.

$$Ca(OH)_2\,(s) \rightleftharpoons Ca^{2+}\,(aq) + 2\,OH^-\,(aq)$$

이 반응식의 평형식은 어떻게 쓸 것인가? $Ca(OH)_2$는 고체이므로 평형식에 포함시키지 않는다. 그 대신 분모에 1을 대입한다.

$$K = \frac{[\text{생성물}]}{[\text{반응물}]} = \frac{[Ca^{2+}][OH^-]^2}{1} = [Ca^{2+}][OH^-]^2$$

이 식에서 평형 상수(K)가 알려주는 것은 용액에서 용해될 수 있는 칼슘 이온과 수산화 이온의 양이다. 이온 결합 화합물 용액의 평형 상수를 **용해도곱(solubility product)**이라고 한다. 용해도곱 상수는 종종 K_{sp}로 표기된다.

> 6장에서는 용해도 규칙을 사용하여 화합물을 '가용성'과 '불용성'으로 광범위하게 분류했다. 이러한 규칙들이 도움이 되지만, 많은 화합물들은 아주 조금 녹는다. 용해도곱을 이용하면, 광범위한 용해도 규칙을 사용할 때보다도 훨씬 더 정확하게 용액의 구성을 예측할 수 있다.

다른 평형식과 마찬가지로, K_{sp} 값이 작다는 것의 의미는 평형이 왼쪽으로 치우쳐 있다는 것이다. K_{sp} 값이 작을수록 화합물의 용해도는 낮다. 몇 가지 일반적인 화합물의 용해도곱이 표 13.1에 나와 있다.

표 13.1 25°C에서 이온 결합 화합물의 용해도곱

할로젠화 은	K_{sp}	할로젠화 납(II)	K_{sp}
AgCl	1.77×10^{-10}	$PbCl_2$	1.70×10^{-5}
AgBr	5.35×10^{-13}	$PbBr_2$	6.60×10^{-6}
AgI	8.52×10^{-17}	PbI_2	9.8×10^{-9}
수산화물	**K_{sp}**	**탄산염**	**K_{sp}**
$Ca(OH)_2$	5.02×10^{-6}	$BaCO_3$	2.58×10^{-9}
$Mg(OH)_2$	5.61×10^{-12}	$FeCO_3$	3.13×10^{-11}
$Fe(OH)_2$	4.87×10^{-17}	$MgCO_3$	6.82×10^{-6}
$Fe(OH)_3$	2.79×10^{-39}	$ZnCO_3$	1.46×10^{-10}

용해도곱은 일반적으로 약간 녹는 화합물에만 사용된다. 용해도가 큰 화합물의 용해도를 나타내는 일반적인 단위는 몰/리터 또는 그램/리터이다.

예제 13.8 용해도곱 구하기

25°C 탄산 망가니즈 포화 용액에서 $[Mn^{2+}]$와 $[CO_3^{2-}]$는 모두 4.37×10^{-6} M이다. 평형식을 작성하고, 이 화합물의 K_{sp} 값을 계산하시오.

이 화합물의 용해도 평형식을 작성하는 것으로부터 시작하자.

$$MnCO_3\,(s) \rightleftharpoons Mn^{2+}\,(aq) + CO_3^{2-}\,(aq)$$

이를 기반으로 다음과 같은 평형식을 쓸 수 있다.

$$K_{sp} = [Mn^{2+}][CO_3^{2-}]$$

각 이온의 농도를 대입하면, 얻어지는 K_{sp} 값은 1.91×10^{-11}이다.

$$K_{sp} = [Mn^{2+}][CO_3^{2-}] = (4.37 \times 10^{-6}\ M)(4.37 \times 10^{-6}\ M) = 1.91 \times 10^{-11}$$

예제 13.9 용해도곱으로 농도 구하기

황산 바륨의 용해도곱은 1.08×10^{-10}이다. 황산 바륨이 순수한 물에 용해된 경우, 바륨 이온의 농도는 얼마인가?

이 화합물의 용해도 평형을 작성하는 것에서부터 시작하자.

$$BaSO_4\ (s) \rightleftharpoons Ba^{2+}\ (aq) + SO_4^{2-}\ (aq)$$

황산 바륨이 해리되면 황산 바륨 1개당 1개의 바륨 이온과 1개의 황산염을 생성한다. 따라서 두 이온의 농도가 동일한 것임에 틀림없다. 미지 농도를 x라 하면 다음과 같다.

$$x = [Ba^{2+}] = [SO_4^{2-}]$$

이제 x를 두 이온의 농도로 치환하고, 문제에서 주어진 K_{sp}의 값을 대입해 보자. 양변에 제곱근을 취하면, $x = 1.04 \times 10^{-5}$이 구해진다. 따라서 $[Ba^{2+}] = 1.04 \times 10^{-5}$ M이다.

$$K_{sp} = [Ba^{2+}][SO_4^{2-}]$$
$$1.08 \times 10^{-10} = x^2$$
$$\sqrt{1.08 \times 10^{-10}} = x$$
$$1.04 \times 10^{-5}\ M = x = [Ba^{2+}]$$

도전 문제

8. 다음 용해도 평형의 평형식을 각각 작성하시오.

a. $NaCl\ (s) \rightleftharpoons Na^+\ (aq) + Cl^-\ (aq)$

b. $MgBr_2\ (s) \rightleftharpoons Mg^{2+}\ (aq) + 2\ Br^-\ (aq)$

c. $Fe(OH)_3\ (s) \rightleftharpoons Fe^{3+}\ (aq) + 3\ OH^-\ (aq)$

9. 아래에 보이는 세 가지 화합물의 용해도곱은 다음과 같다. 주어진 K_{sp} 값에 기초했을 때, 어느 화합물이 가장 잘 용해되는가? 또한 어느 화합물이 가장 용해가 안 되는가?

a. $BaSO_4\ (s) \rightleftharpoons Ba^{2+}\ (aq) + SO_4^{2-}\ (aq)$ $K_{sp} = 1.1 \times 10^{-10}$

b. $LiF\ (s) \rightleftharpoons Li^+\ (aq) + F^-\ (aq)$ $K_{sp} = 3.8 \times 10^{-3}$

c. $Ni(OH)_2\ (s) \rightleftharpoons Ni^{2+}\ (aq) + 2\ OH^-\ (aq)$ $K_{sp} = 2.0 \times 10^{-15}$

기체가 있는 평형식

많은 평형은 기체를 포함한다. 기체의 평형식은 수용액의 평형식과 동일하다. 다만 다른 점은 몰농도보다는 기체의 부분 압력을 사용한다는 것이다. 예를 들면 고온에서 Br_2 기체와 Cl_2 기체가 반응하면 BrCl을 생성한다. 이 반응의 평형과 평형식을 쓰면 다음과 같다. 여기서 P_{Br_2}, P_{Cl_2}, P_{BrCl}은 각 기체의 부분 압력을 나타낸다.

$$Br_2\,(g) + Cl_2\,(g) \rightleftharpoons 2\,BrCl\,(g) \qquad K = \frac{P_{BrCl}{}^2}{P_{Br_2}P_{Cl_2}}$$

예제 13.10 평형식을 이용하여 기체 압력 구하기

수소 기체를 제조하는 일반적인 방법은 메테인과 증기의 혼합물을 가열하여 수소와 일산화 탄소를 생성하는 것이다. 이는 아래 평형과 같다. 다음의 평형 데이터로부터 평형 혼합물 내 CO의 부분 압력을 구하시오(단, P_{CH_4} = 1.0 atm, P_{H_2O} = 1.0 atm, P_{H_2} = 0.10 atm이다).

$$CH_4\,(g) + H_2O\,(g) \rightleftharpoons 3\,H_2\,(g) + CO\,(g) \qquad K = 1.5 \times 10^{-6}$$

이 문제를 해결하기 위해서 부분 압력을 사용하여 평형식을 쓴다.

$$K = \frac{P_{H_2}{}^3 P_{CO}}{P_{CH_4}P_{H_2O}}$$

CO의 압력을 구하기 위해서 식을 재정렬하고 위에서 주어진 값을 대입한다. 이러한 조건하에서 1.5×10^{-3} atm의 CO가 존재한다는 것을 알게 되었다.

$$P_{CO} = \frac{KP_{CH_4}P_{H_2O}}{P_{H_2}{}^3} = \frac{(1.5 \times 10^{-6})(1.0\text{ atm})(1.0\text{ atm})}{(0.10\text{ atm})^3} = 1.5 \times 10^{-3}\text{ atm}$$

도전 문제

10. 암모니아는 중요한 비료, 세정제, 많은 질소 함유 제품의 원료이다. 암모니아는 일반적으로 질소와 수소의 기체상 반응(gas-phase reaction)을 통해 제조된다.

$$N_2\,(g) + 3\,H_2\,(g) \rightleftharpoons 2\,NH_3\,(g)$$

600°C와 고압에서, 이 반응의 평형 상수 K는 1.5×10^{-3}이다. 기체 혼합물이 평형에서 부분 압력 10.0기압의 H_2와 부분 압력이 83.0기압인 N_2를 포함하는 경우, 혼합물 내 암모니아의 부분 압력을 구하시오.

13.4 Le Chatelier 원리

이 장의 시작에서 암모니아(NH_3)를 소개했다. 암모니아는 세계의 식량 공급에 필수적으로 중요한 화합물이다. 약 400°C 이상에서, 암모니아는 질소 기체와 수소 기체가 가역적으로 결합하여 생성된다.

$$N_2\,(g) + 3\,H_2\,(g) \rightleftharpoons 2\,NH_3\,(g)$$

그러나 문제가 있다. 온도가 높을 때, 이 반응의 평형이 강하게 선호하는 것은 반응물이다. 이는 매우 중요한 질문을 제기한다. 즉 평형 반응을 조절하는 것이 가능한가? 평형을 한 방향으로, 아니면 다른 방향으로 추진할 수 있을까?

다행스럽게도 가능하다. 방법을 이해하기 위해서 또 다른 간단한 평형부터 시작해 보자. 두 개의 수조를 상상해 보자. 이 둘은 바닥을 따라 흐르는 파이프에 의해 연결되어 있다(그림

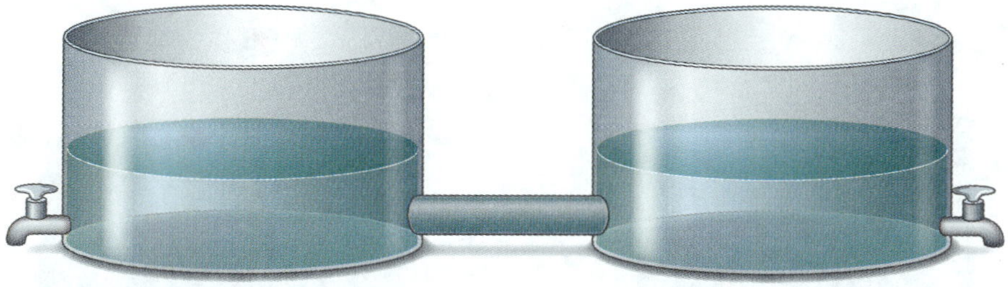

그림 13.16 한쪽 수조에 물을 더 넣으면 어떻게 되는가? 물을 제거하면?

13.16). 물이 두 수조 사이를 왔다갔다할 수 있기 때문에, 이것은 평형계이다. 왼쪽 수조에 물을 더 넣으면 어떻게 되는가? 물은 오른쪽으로 흐르며, 두 수조가 수평이 될 때까지 오른쪽 수조의 수위가 상승한다. 왼쪽 수조에서 물을 빼면 어떻게 되는가? 물은 왼쪽 수조 쪽으로 흐를 것이고, 다시 두 수조는 수평이 될 것이다. 평형에서 두 수조의 물 높이가 언제나 같을 것이라는 것을 직관적으로 알 것이다.

동일한 아이디어를 화학계에 적용하면 다음과 같다. **농도, 온도, 압력, 다른 주요 인자에서 어떤 변화가 일어나면, 평형이 이동하여 그 변화를 최소화시키고 새로운 평형이 만들어진다.** 이러한 아이디어를 **Le Chatelier 원리(Le Chatelier's principle)**라고 한다. 다음 절에서는 이 중요한 개념을 자세히 살펴보겠다.

평형과 농도

농도의 변화는 평형을 오른쪽이나 왼쪽으로 밀어낼 수 있다. 예를 들어 HF와 물의 평형을 고려해 보자.

$$HF\ (aq) + H_2O\ (l) \rightleftharpoons H_3O^+\ (aq) + F^-\ (aq)$$

이 혼합물에 HF를 더 첨가하면 어떻게 되는가? 첨가되는 HF는 물과 반응하여 더 많은 F^-를 생성하고, 마침내 HF와 F^-의 수준이 다시 평형에 도달한다. 수조의 비유와 마찬가지로, 한쪽의 농도를 높이면 반대쪽의 농도도 증가한다. 마찬가지로 농도를 낮추는 것도 양쪽에 영향을 미치게 된다.

또 다른 유용한 예는 물의 증발이다. 실온에서 물은 액체상과 기체상 사이에서 상호 변환된다. 즉 다음과 같다.

$$H_2O\ (l) \rightleftharpoons H_2O\ (g)$$

부분적으로 물이 채워진 밀폐 용기를 상상해 보자(그림 13.17). 용기 내부에는 액체상과 기체상의 물 분자가 있다. 물 분자들이 끊임없이 움직이고 있다. 어떤 분자들은 액체에서 기체로 이동하는 반면, 다른 분자들은 기체에서 액체로 이동한다. 평형에서 양방향으로 움직이는 분자의 수는 같다.

하지만 수조에서 뚜껑을 벗기면 어떻게 될까? 이렇게 하면 증기상의 분자들이 액체로부터 떠나게 된다. 따라서 계는 결코 평형에 도달하지 못한다. 예상할 수 있듯이, 물은 액체가 남지 않을 때까지 계속해서 증발할 것이다.

일반적으로 평형에 무언가를 첨가하면, 그것은 평형을 반대쪽으로 밀어낸다. 반면에 우리

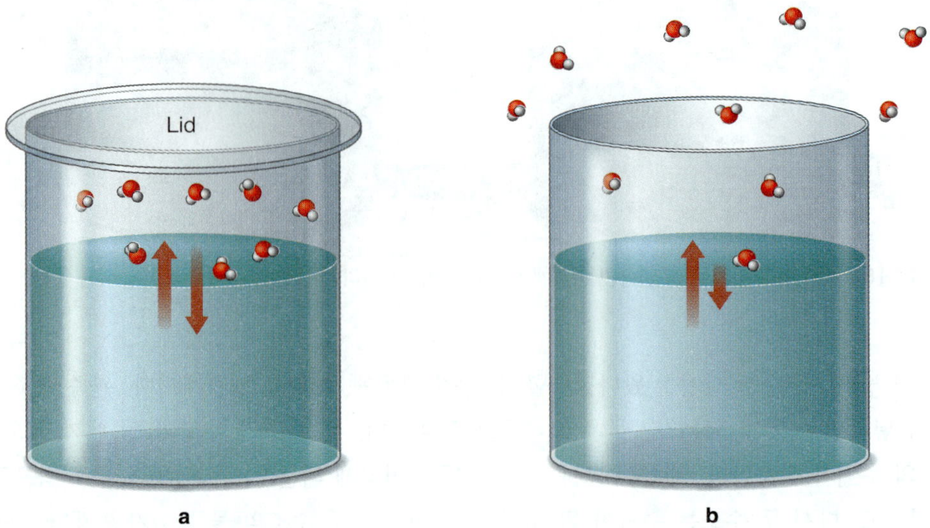

그림 13.17 물 분자는 액체상과 기체상 사이에서 상호 이동할 수 있다. (a) 평형에서는 같은 수의 분자가 액체와 기체 사이에서 상호 이동한다. (b) 뚜껑을 벗기면 수증기가 액체에서 빠져나간다. 따라서 이 계는 평형에 도달할 수 없고, 결국 물이 전부 증발한다.

평형에 첨가하면 평형을 반대쪽으로 밀어낸다.

가 무언가를 제거하면, 그것이 제거된 쪽으로 평형을 끌어당긴다. 그림 13.18에서 다시 보이는 Le Chatelier 수조의 예는 이 개념을 이해하고 기억하는 좋은 방법이다.

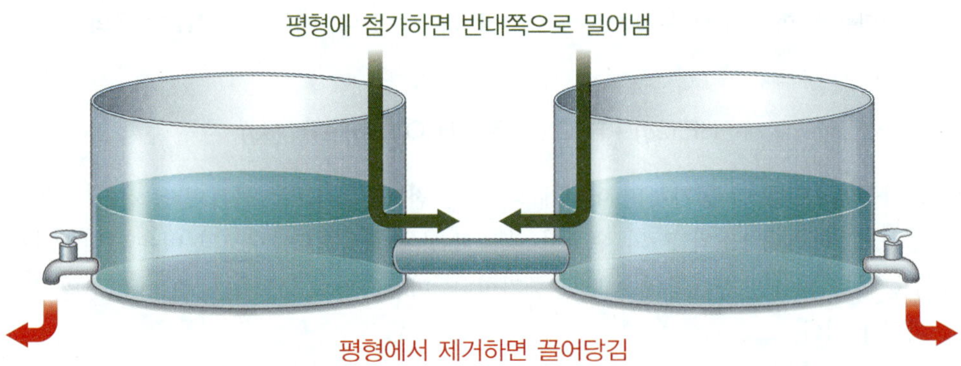

그림 13.18 Le Chatelier 원리에 의하면, 평형에 첨가하면 반대쪽으로 밀어내고, 평형에서 제거하면 끌어당긴다.

예제 13.11 Le Chatelier 원리를 이용하여 평형 변화 예측하기

어떤 반응 용기에는 다음 화합물들이 평형에서 존재하고 있다.

$$CH_3CO_2H + CH_3OH \rightleftharpoons CH_3CO_2CH_3 + H_2O$$

a. 물을 첨가하면 이 평형은 왼쪽으로 이동하는가, 오른쪽으로 이동하는가?

b. 혼합물에 CH_3OH를 첨가하면 어떤 효과가 있는가?

우리가 무언가를 평형에 첨가할 때마다 그 반응은 반대쪽으로 이동한다. 평형이 회복될 때까지 물을 첨가하면, 평형이 반응식의 물로부터 멀어지게 이동한다. 즉 평형을 왼쪽으로 밀어낸다. 반면에 CH_3OH를 첨가하면 균형을 오른쪽으로 밀어낼 것이다.

도전 문제

11. 소다수와 같은 탄산음료는 가압된 이산화 탄소로 포장된다. 이산화 탄소는 평형 상태의 물과 반응하여 탄산(H_2CO_3)을 생성한다. 탄산은 약산으로, 탄산음료에 톡 쏘는 맛을 준다. 탄산수 뚜껑을 열면 이산화 탄소가 빠져나간다. CO_2를 제거하면 소다 내 H_2CO_3 농도에 어떻게 영향을 미치는가?

$$CO_2\,(g) + H_2O\,(l) \rightleftharpoons H_2CO_3\,(aq)$$

평형과 온도

가열하면 평형은 고에너지 쪽으로 이동한다.

Le Chatelier 원리는 온도 변화에도 적용된다. 예를 들어 물의 증발을 다음과 같이 쓸 수 있다.

$$\text{열} + H_2O\,(l) \rightleftharpoons H_2O\,(g)$$

물의 증발은 흡열적 변화이다. 즉 열이 첨가되고 있다. 물을 가열하면 평형을 움직여 오른쪽으로, 즉 기체 쪽으로 평형을 이동시킨다. 반면에 계를 냉각시켜 열을 제거하면 평형이 왼쪽으로, 즉 액체 쪽으로 평형을 이동시킨다.

이 원리의 또 다른 예는 N_2O_4와 NO_2 사이의 기체상 평형 반응이다. N_2O_4는 무색이다. 그러나 기체상에서 이 화합물은 갈색인 NO_2와 평형을 이룬다. 또한 반응은 흡열적이다. 따라서 평형을 다음과 같이 쓸 수 있다.

$$\text{열} + \underset{\text{무색}}{N_2O_4\,(g)} \rightleftharpoons \underset{\text{갈색}}{2\,NO_2\,(g)}$$

그림 13.19는 온도가 이 평형에 미치는 영향을 보여 주는 것이다. 혼합물을 가열하면 갈색의 NO_2 쪽으로 평형이 이동한다. 혼합물을 냉각시키면 무색의 N_2O_4 쪽으로 평형이 이동한다.

그림 13.19 N_2O_4와 NO_2가 평형에서 존재한다. 보이는 다섯 개의 용기에는 이들이 같은 양이 들어 있다. 혼합물을 가열하면 갈색의 NO_2 쪽으로 평형이 이동한다. 혼합물을 냉각시키면 무색의 N_2O_4 쪽으로 평형이 이동한다.

평형과 압력

화학계(chemical system)의 압력도 평형에 영향을 줄 수 있다. 기억할 것이 있다. 기체 분자가 주위(surroundings)에 압력을 가한다는 것이다. 따라서 기체의 양을 늘리면 압력이 증가한다. 기체 분자를 생성하는 변화의 경우, 다음과 같이 균형 반응식에 압력을 포함시킬 수도 있다.

$$NH_3\,(l) \rightleftharpoons NH_3\,(g) + \text{압력}$$

다시 Le Chatelier 원리를 적용시켜 보자. 압력을 가하면 액체 쪽으로 평형이 이동한다. 압력을 제거하면 기체 쪽으로 평형이 이동한다. 이 아이디어는 실용적으로 많이 응용되고 있다. 예를 들어 암모니아 제조업자들은 고압을 사용하여 암모니아를 액체 형태로 만든 다음, 저장 및 운반이 용이하게 만든다(그림 13.20).

Fritz Haber는 이 중요한 개념을 사용하여 암모니아를 합성했다. 기억할 것이 있다. 암모니아의 생성은 질소 및 수소와의 평형 속에서 이루어진다는 것이다.

$$\underbrace{N_2\,(g) + 3\,H_2\,(g)}_{\text{4몰의 기체}} \rightleftharpoons \underbrace{2\,NH_3\,(g)}_{\text{2몰의 기체}}$$

압력을 가하면 기체의 몰수가 작은 쪽으로 평형이 이동한다.

반응식의 왼쪽에는 4몰의 기체가 있고, 오른쪽에는 2몰의 기체만 있다. Haber가 알아낸 것은 고압이 기체의 몰수가 작은 쪽, 즉 암모니아 쪽으로 평형을 이동시켰다는 것이다. 일반적

Tomas Pavelka/Shutterstock

그림 13.20 고압에서 암모니아는 액체다. 따라서 압력을 낮추면 기체상으로 평형이 이동한다.

으로 **화학계에 압력을 증가시키면, 기체의 몰수가 작은 쪽으로 평형이 이동한다.**

암모니아 문제와 Haber-Bosch법

$$N_2\,(g) + 3\,H_2\,(g) \rightleftharpoons 2\,NH_3\,(g) + \text{열}$$

질소로부터 암모니아를 합성한 것은 중대한 도전을 제기하였다. 비록 반응이 발열 반응일지라도, 활성화 에너지가 너무 높아서 반응이 실온에서 일어날 수 없다. 혼합물을 가열하면 반응이 일어난다. 그러나 그것은 반응물 쪽으로 평형을 이동시킨다. 따라서 고온에서는 생성물이 생성되지 않는다.

Fritz Haber는 세 가지 기술을 사용하여 이 문제를 해결했다. 첫째, 철 촉매를 사용하여 활성화 에너지를 낮추었다. 둘째, 고압에서 반응을 진행했다. 반응물의 기체 몰수보다 생성물의 기체 몰수가 작기 때문에, 고압은 평형을 생성물 쪽으로 밀어낸다. 셋째, 혼합물에서 암모니아를 제거했다. 암모니아를 제거하면 생성물이 생성되는 쪽으로 반응을 밀어낸다. 오늘날 암모니아를 제조하는 데 의존하는 것은 이 세 가지 기술 모두다.

예제 13.12 Le Chatelier 원리를 이용하여 평형 변화 예측하기

염화 나이트로실(nitrosyl chloride, NOCl)은 독성 기체로, 일산화 질소 및 염소 기체와 평형을 이룬다. 이는 다음 반응식에서 볼 수 있다.

$$2\,NO\,(g) + Cl_2\,(g) \rightleftharpoons 2\,NOCl\,(g) \qquad \Delta H = -75.54\ \text{kJ/mol}$$

이 정보를 기반으로, 다음 변화가 평형을 왼쪽으로 이동시킬지, 오른쪽으로 이동시킬지를 결정하시오.

a. 혼합물에 Cl_2 첨가
b. 온도 상승
c. 압력 증가

무엇인가를 평형에 첨가하면 그때마다 평형을 반대쪽으로 밀어낸다. Cl_2를 첨가하면 평형이 오른쪽으로 이동한다. 따라서 NOCl의 양도 증가할 것이다.

주목할 것이 있다. 이 반응의 ΔH 값이 음수라는 것이다. 이것의 의미는 반응이 발열 반응이라는 것이다. 다르게 말하면, 열을 이러한 반응의 생성물이라고 말할 수 있다.

$$2\,NO\,(g) + Cl_2\,(g) \rightleftharpoons 2\,NOCl\,(g) + \text{열}$$

따라서 이 반응의 온도를 높이면 평형은 왼쪽으로 이동해야 한다.

마지막으로 주목할 것이 있다. 반응물은 3몰의 기체인 반면에, 생성물은 단지 2몰의 기체라는 것이다. 따라서 압력이 증가하면 평형이 생성물 쪽으로 이동할 것이다. 그 이유는 그 쪽의 기체 몰수가 작기 때문이다.

도전 문제

12. Haber-Bosch법은 질소와 수소로부터 암모니아를 만드는 방법으로, 이 장의 시작에서 소개되었다. 다음 각 변화가 암모니아 생성량을 증가시킬지, 감소시킬지를 말하시오.

$$N_2\,(g) + 3\,H_2\,(g) \rightleftharpoons 2\,NH_3\,(g) + \text{열}$$

a. 혼합물에 N_2 첨가

b. 혼합물에서 NH_3 제거

c. 혼합물에 NH_3 첨가

d. 촉매 첨가

e. 300°C에서 400°C로 반응 온도 상승

캡스톤 질문

생물학자들은 생명계에서 일어나는 화학 반응을 연구할 때 종종 완충 용액을 사용하여 세포 내부의 pH와 삼투압을 모방한다(그림 13.21). 일반 완충 용액은 인산이수소 이온($H_2PO_4^-$)과 그 짝염기로 구성된다. 이 산–염기쌍의 평형 반응은 다음과 같다.

$$H_2PO_4^-\,(aq) + H_2O\,(l) \rightleftharpoons H_3O^+\,(aq) + HPO_4^{2-}\,(aq) \qquad K = 6.31 \times 10^{-8}$$

새로운 항균 화합물의 효과를 연구하기 위해, 생물학자가 제조하는 완충 용액의 농도는 $[H_2PO_4^-]$와 $[HPO_4^{2-}]$가 모두 0.200 M이다. 이 반응식의 평형식을 쓴 다음, $[H_3O^+]$에 대해 풀고 pH를 구한다.

생물학자는 pH를 인간 세포 내부의 액체와 일치시키기 위해 소량의 수산화 소듐을 첨가하는데, 수산화 소듐은 산의 일부를 짝염기로 변환시킨다. 이 반응 후 새로운 농도는 $[H_2PO_4^-]$ = 0.155 M, $[HPO_4^{2-}]$ = 0.109 M이다. 염기를 첨가한 후 새로운 $[H_3O^+]$와 pH 값은 얼마인가? 아래 표를 사용하여 이 정보를 요약하시오.

수산화 소듐을 첨가하면 평형이 $H_2PO_4^-$로 이동하는가, HPO_4^{2-}로 이동하는가? Le Chatelier 원리를 이용하여 이러한 평형의 이동을 설명하시오.

	$[H_2PO_4^-]$	$[HPO_4^{2-}]$	$[H_3O^+]$	pH
염기 첨가 전	0.200 M	0.200 M		
염기 첨가 후	0.155 M	0.245 M		

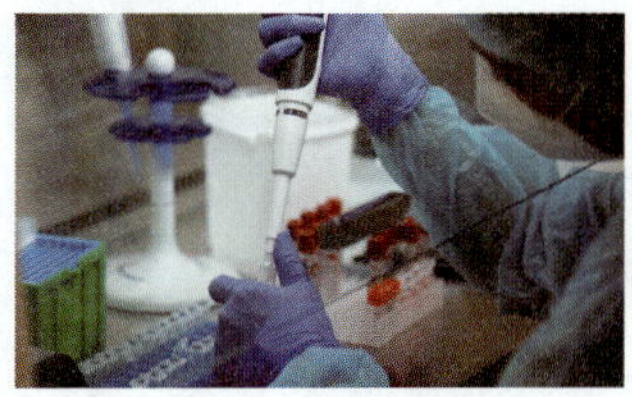

Drotyk Roman/Shutterstock

그림 13.21 생물학자들은 완충 용액을 사용하여 생명계에서 일어나는 반응을 연구한다.

요약

이 장에서 우리가 알아본 아이디어들은 에너지, 반응 속도, 평형 반응을 연결해 준다. 반응 속도를 결정하는 것은 분자 충돌의 에너지와 빈도이다. 반응 속도가 증가할 때는 농도나 온도가 증가할 때다.

반응 속도의 또 다른 결정 인자는 반응에 수반되는 특정 에너지 변화다. 우리는 일반적으로 반응 에너지 도표를 사용하여 이러한 에너지 변화를 보여 준다. 이러한 도표는 일반적으로 활성화 에너지라고 하는 에너지 장벽을 보여 준다. 반응이 일어나기 위해서는 물질들이 에너지 장벽을 극복해야 한다. 반응 속도를 결정하는 것은 활성화 에너지다. 촉매란 반응의 활성화 에너지를 낮추는 물질로, 반응이 좀 더 빠르게 일어날 수 있게 해주고, 반응이 더 낮은 온도에서도 일어날 수 있게 해 준다.

평형 반응은 정방향 및 역방향의 양방향으로 모두 진행될 수 있다. 어떤 계가 평형을 이룰 때 정반응과 역반응의 속도는 같다.

우리는 평형식을 사용하여 평형 반응을 나타낸다. 평형 상수(K)는 평형이 왼쪽 또는 오른쪽으로 얼마나 치우치는지를 나타낸다. K가 크면 생성물을 선호한다는 뜻이고, K가 작으면 반응물을 선호한다는 의미다. 평형식을 쓸 때 용매, 순수 액체, 순수 고체는 포함되지 않는다. 평형식을 쓸 때 농도를 사용한다. 기체상 반응의 경우는 부분 압력을 사용하여 평형식을 작성할 수 있다.

Le Chatelier 원리란 농도, 온도, 압력, 그 밖의 핵심 인자의 변화가 일어날 때 평형이 이동하여 그 변화를 최소화하고 새로운 평형에 이른다는 것이다. 화학자들은 일반적으로 Le Chatelier 원리를 이용하여 원하는 생성물이 만들어지도록 평형 반응을 조절한다.

기적과 괴물: Fritz Haber의 잔혹한 아이러니

본래 인간은 선과 악의 능력을 둘 다 가지고 있다. 우리들 대부분은 두 가지 극단 사이에서 살고 있다. 우리는 성자도 아니고 소시오패스도 아니다. 우리의 삶은 사랑, 노력, 창조적 충동으로 물들지만 과거 실수의 잔해로 얼룩지고, 이기적이고 파괴적인 욕망으로 얼룩져 있다. 바오로 성자는 초기 기독교 교회에 보낸 편지에 이렇게 썼다. "내가 사랑하는 선은 내가 한 게 아니다. 그러나 내가 싫어하는 악은 바로 내가 한 것이다."

Fritz Haber의 삶처럼 명암의 대비가 극명한 경우는 거의 없다(그림 13.22). 그가 만든 공정은 암모니아 생산을 위한 것으로, 세계의 식량 공급을 크게 증가시켰고, 그는 1918년 노벨 화학상을 받았다. 하지만 더 많은 이야기가 있다.

Haber가 전성기에 있었던 시기는 유럽에서 제1차 세계대전이 발발했을 때다. 애국 독일인인 Haber는 자신의 과학적인 능력을 전쟁 노력에 열심히 적용했다. 그때는 참호전의 시대였다. 독일은 길고도 비용이 많이 드는 참호전에 갇혀 있었다. Haber는 기체의 사용을 제안했다. 적의 참호를 제거하기 위해서다. Haber는 독일군과 긴밀히 협력하면서 1915년 4월에 전쟁터에서 염소 기체로 실행하는 일을 감독하였다(그림 13.23). Haber의 아내는 Haber의 화학 무기 작업에 반대했다. 그리고 한 달 후에 자살했다. 아내의 자살에도 불구하고, Haber는 화학전에 계속 노력을 기울였다. 또한 전장에서 사용할 수 있는 여러 다른 기체를 개발하고 시험했다.

제1차 세계대전이 끝난 후, Haber는 베를린의 카이저 빌헬름 물리 화학 및 전기 화학 연구소 소장을 맡아 다시 활동을 시작했다. 그는 놀라운 발전 시대의 위대한 과학자들과 긴밀히 협력했다. 그는 결정 격자의 안정성을 이해하는 모델을 개발하는 것을 도왔다. 그는 Albert Einstein의 좋은 친구이자 이웃이었다.

Einstein과 마찬가지로 Haber는 유대인이었고, 1930년대 나치당의 등장으로 그의 임기는 끝났다. 1933년에 그는 독일을 떠났고, 3개월 후에 죽었다. 마지막 끔찍한 아이러니가 있다. 그가 살충제로 개발한 기체 혼합물 중 하나가 변형되어 수용소에서 수백만 명의 유태인을 살해하는 데 사용되었고, 그 중에는 Haber의 가까운 친척들도 포함되어 있었다.

역사는 어떻게 Fritz Haber를 기억해야 하는가? 그는 화학전의 아버지다. 화학전은 현대의 공포 중 하나다. 그러나 Haber의 질소 고정법은 수십억 명의 사람들을 먹여 살리는 데 도움을 주었고, 역대 가장 중요한 과학적 발견 중 하나다. 그가 남긴 유산은 인간 본성의 강점과 약점을 보여 주는 증거다. 또한 과학의 힘은 지혜와 품위와 결합되어야 한다는 것을 일깨워준다.

Bundesarchiv, Bild 183-S13651, CC BY SA 3.0, Wikimedia Commons

그림 13.22 Fritz Haber(1868~1934)는 암모니아 생산의 비밀을 밝혀냈다. 그러나 그는 화학 무기의 아버지로도 기억된다.

Everett Collection/Shutterstock

그림 13.23 제1차 세계대전에서 독일 병사들은 방독면을 쓰고 화학 무기에 노출되는 것을 막았다.

주요 용어

13.1 반응 속도

반응 속도: 화학 반응이 일어나는 속도

반응 에너지 도표: 화학 반응에 수반되는 에너지 변화를 나타낸 도표

전이 상태: 화학 반응 동안에 일어나는 원자의 최고 에너지 배열

활성화 에너지: 반응의 에너지 장벽; 이 에너지는 반응이 얼마나 빠르게 일어나는지를 결정한다.

촉매: 균형 반응식의 일부는 아니지만 반응이 더 빨리 진행되게 만들어주는 화학종

13.2 평형 반응

평형 반응: 정방향과 역방향으로 모두 일어나는 반응

평형: 정반응과 역반응이 같은 속도로 일어나는 상태. 따라서 반응물과 생성물의 농도는 변하지 않는다.

13.3 평형식

평형식: 평형에서 반응물과 생성물 사이의 균형을 설명하는 반응식

평형 상수(K): 반응이 평형일 때 반응물에 대한 생성물의 비

용해도곱(K_{sp}): 약간 녹는 이온 결합 화합물 용액의 평형 상수

13.4 Le Chatelier 원리

Le Chatelier 원리: 농도, 온도, 압력, 또는 다른 주요 인자에서 어떤 변화가 일어날 때, 평형은 그 변화를 최소화하고자 이동하여 새로운 평형을 이룬다.

추가 문제

13.1 반응 속도

13. 분자 충돌은 어떻게 화학 반응 속도와 관련이 있는가?

14. 모든 분자 충돌이 화학 반응을 일으키는가? 반응이 일어나는지를 결정하는 데 역할을 하는 다른 인자들은 무엇인가?

15. 화학자가 반응을 더 느리게 만들기 위해 취할 수 있는 두 단계는 무엇인가?

16. 약 1300°C 이상의 온도에서, 질소와 산소 기체는 빠르게 반응하여 일산화 질소와 같은 질소 산화물을 생성한다. 이를 간략히 표현하면 다음과 같다.

$$N_2\,(g) + O_2\,(g) \rightarrow 2\ NO\,(g)$$

왜 이 반응은 실온이 아닌 고온에서 일어나는가? 상승된 온도가 어떻게 기체 분자 사이에 일어나는 충돌에 영향을 주는가?

17. 어떤 화학자가 철을 브로민화 철로 바꾸기를 원하여 이용한 반응은 다음과 같다.

$$Fe\,(s) + 2\ HBr\,(aq) \rightarrow FeBr_2\,(aq) + H_2\,(g)$$

작은 철 조각들을 실온에서 0.2 M HBr 수용액에 섞고, 반응이 천천히 진행되는 것을 발견했다. 이때 반응 속도를 높일 수 있는 두 가지 방법을 나열하시오.

18. 어류를 관찰하는 어떤 생물학자가 분석을 위해 조직 시료를 수집했다. 그런데 조직 시료가 공기 중의 산소와 반응하면서 분해되어 악취 나는 부산물을 생성했다. 생물학자는 어떻게 이런 반응이 일어나는 것을 늦추거나 멈추게 할 수 있을까?

19. 반응 에너지 도표란 무엇인가? 이러한 유형의 도표로 어떤 정보를 알 수 있는가?

20. 어떤 반응의 활성화 에너지와 알짜 에너지 변화의 차이점은 무엇인가?

21. 전이 상태란 무엇인가? 에너지 도표에서 전이 상태를 어떻게 식별할 수 있는가?

22. 반응 속도를 결정하는 에너지 인자는 무엇인가?

23. 어떤 단일 단계 반응의 활성화 에너지가 +80.0 kJ/mol, 알짜 에너지 변화가 +30.0 kJ/mol이다. 이 반응의 에너지 도표를 만드시오.

24. 어떤 단일 단계 반응이 가진 전이 상태의 에너지 변화가 +5.0 kJ/mol, 알짜 에너지 변화가 −18.0 kJ/mol이다. 이 반응의 에너지 도표를 만드시오.

25. 어떤 단일 단계 반응의 활성화 에너지가 +20.0 kJ/mol, 알짜 에너지 변화가 +5.0 kJ/mol이다. 이 반응은 흡열 반응인가, 발열 반응인가? 실온에서 반응이 일어날까?

26. 어떤 단일 단계 반응의 활성화 에너지가 +7.5 kJ/mol, 알짜 에너지 변화가 −30.2 kJ/mol이다. 이 반응은 흡열 반응인가, 발열 반응인가? 실온에서 반응이 일어날까?

27. 다음 각 반응이 흡열 반응인지, 발열 반응인지를 말하시오. 또한 각 반응의 활성화 에너지와 알짜 에너지 변화를 구하시오.

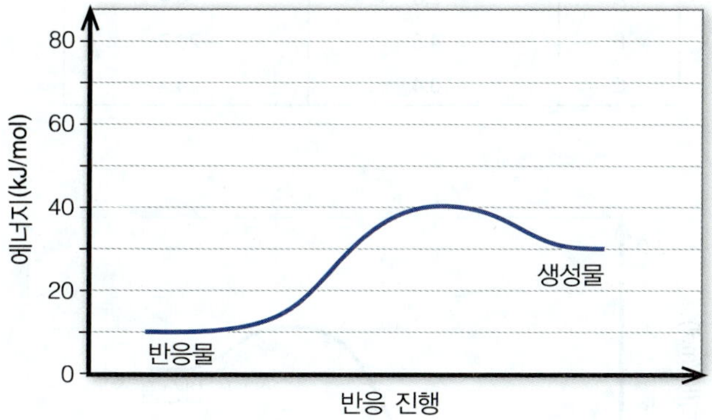

a

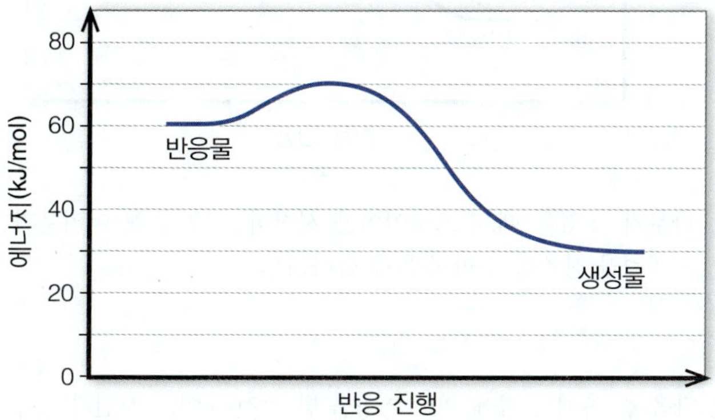

b

28. 다음 각 반응은 흡열 반응인지, 발열 반응인지를 말하시오. 또한 각 반응의 활성화 에너지와 알짜 에너지 변화를 구하시오.

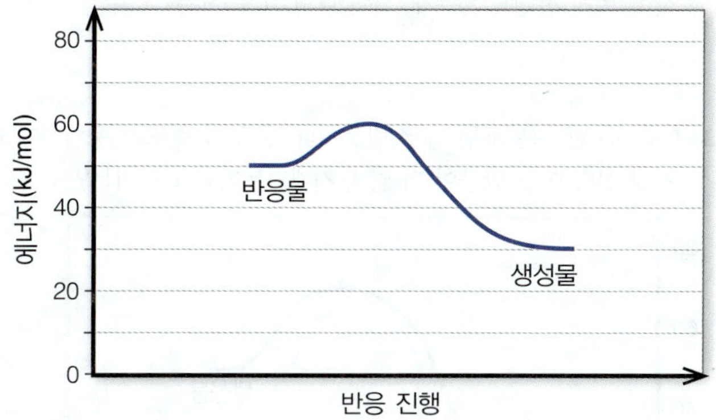

a

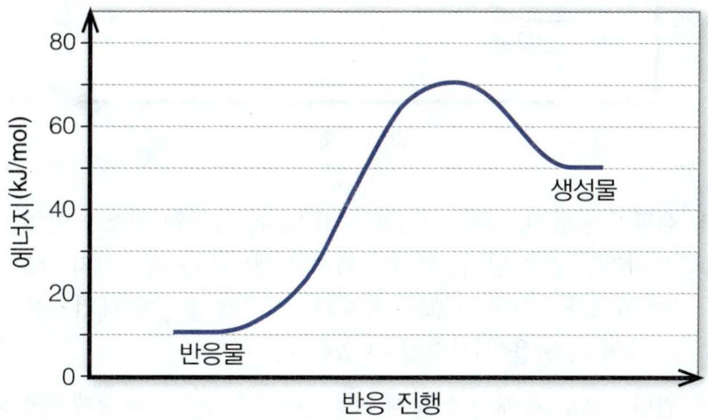

b

29. 다음 각 반응 도표에서 활성화 에너지와 알짜 에너지 변화를 구하시오.

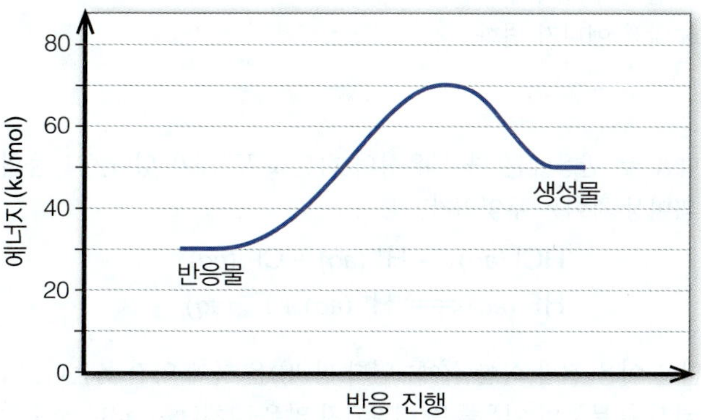

a

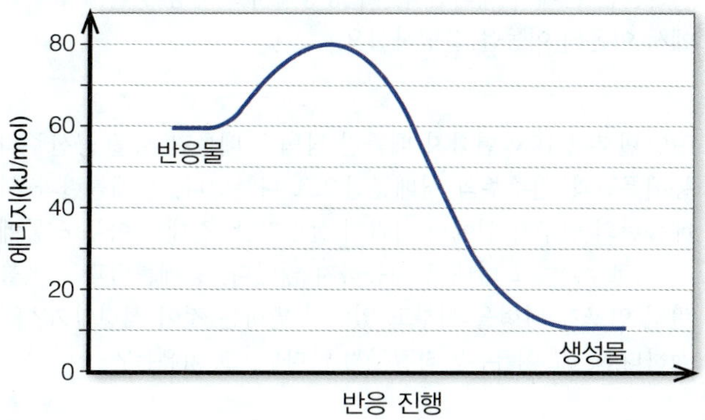

b

30. 다음 각 반응 도표에서 활성화 에너지와 알짜 에너지 변화를 구하시오.

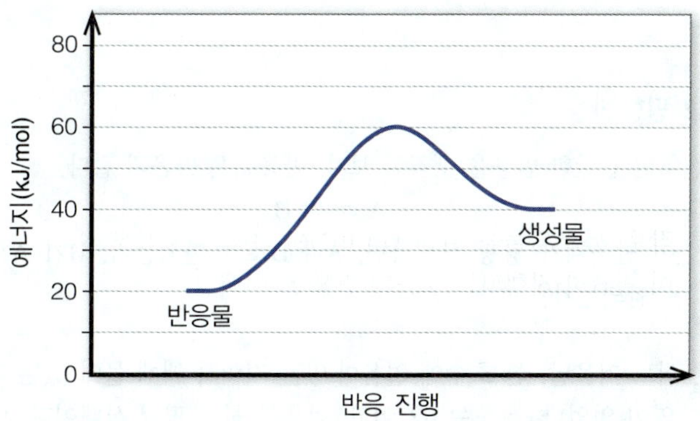

a

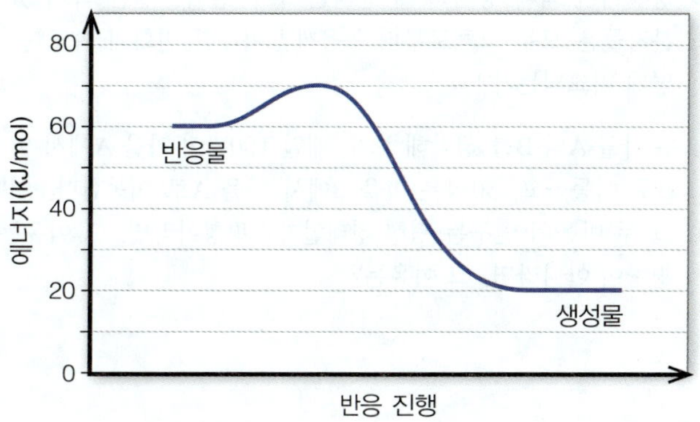

b

31. 세 가지 반응의 에너지 표는 다음과 같다. 동일한 농도와 동일한 온도에서 세 가지 반응이 나란히 진행되면, 어느 반응이 가장 빠르게 진행되겠는가? 그렇다면 그 근거는?

반응	활성화 에너지 (킬로칼로리/몰)	알짜 에너지 변화 (킬로칼로리/몰)
A	2.8	−8.4
B	4.8	−20.7
C	10.4	+4.2

32. 다음 두 반응은 모두 흡열 반응이다. 온도와 농도가 동일하다고 가정하면, 어느 반응이 더 빨리 진행되는가? 그 근거는?

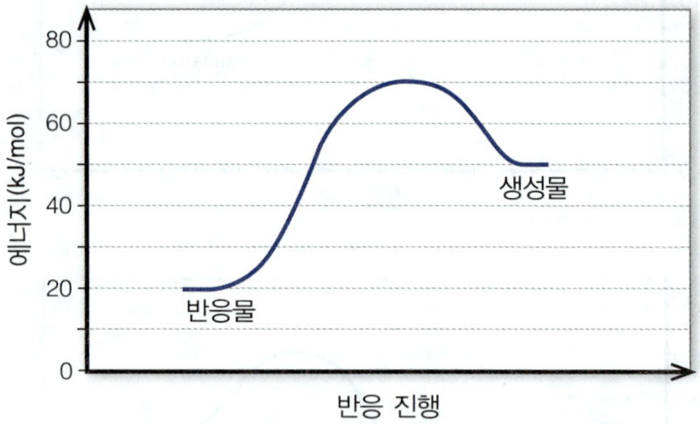

a

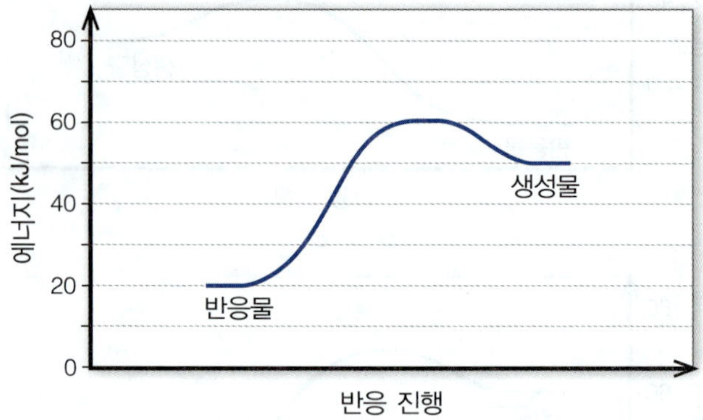

b

33. 캠핑하는 동안, 불을 지필 필요가 있다. 나무의 연소가 발열 반응이라는 것을 안다. 그러나 활성화 에너지를 극복하지 않고서는 연소가 시작되지 않을 것이다. 어떻게 활성화 에너지를 극복하여 이 반응이 시작될 수 있을까?

34. 나무가 젖었을 때 캠프파이어를 시작하는 것이 왜 어려운가? 표 8.2를 참조하여 이 질문에 답하시오.

35. 일반적으로 촉매는 어떻게 작용하는가? 촉매는 어떻게 반응의 알짜 에너지 변화에 영향을 미치는가? 촉매는 어떻게 활성화 에너지에 영향을 미치는가?

36. 다음 중 촉매 첨가에 의해 영향을 받는 것은 어느 것인가?
a. 반응물의 에너지
b. 생성물의 에너지
c. 전이 상태의 에너지
d. 활성화 에너지
e. 알짜 에너지 변화

13.2 평형 반응

37. 어떤 간단한 반응을 생각해 보자. 반응식은 다음과 같다.

$$A \rightleftharpoons B$$

이 반응계가 평형 상태라면, A가 B로 변환되는가, B가 A로 변환되는가?

38. 다음 두 반응에는 다른 유형의 화살표 두 개가 있다. 그 둘의 의미상 차이는 무엇인가?

$$HCl\ (aq) \rightarrow H^+\ (aq) + Cl^-\ (aq)$$
$$HF\ (aq) \rightleftharpoons H^+\ (aq) + F^-\ (aq)$$

39. 어느 겨울날, 한 호수에 얼음이 있는 지역과 액체 물이 있는 지역이 있었다. 온도는 0°C이고, 얼음과 물은 평형 상태이다. 이 상황에서 액체 상태의 물 분자는 모두 얼까? 얼음 속에 있는 분자들은 모두 고체로부터 녹을까? 이러한 변화의 속도는 어떻게 비교되는가?

40. 많은 이온 결합 화합물(예: 염화 납(II))은 물에 약간 녹는다. 따라서 대부분의 이온들은 해리되지 않은 고체다. 그러나 소수의 이온들은 물에서 해리된다. 이 평형에서 고체상과 액체상 사이에서 이온의 이동을 설명하시오.

41. 두 마을 A와 B를 생각해 보자. 매일 100명이 마을 A에서 마을 B로 이동하고, 50명은 마을 B에서 마을 A로 이동한다. 이때 그 두 마을의 인구는 평형 상태인가? 평형이라면, 그 이유는? 평형이 아니라면, 그 이유는?

42. 1961년부터 1989년까지 베를린 장벽은 베를린 시를 공산주의 동베를린과 민주주의 서베를린으로 나누었다. 동베를린과 서베를린의 인구가 옆에서 나란히 살았지만, 절대로 아무도 동에서 서로 혹은 그 반대로 이동하지 않았다. 동베를린과 서베를린의 인구가 평형을 이루고 있다고 말하는 것이 적절할까? 적절하다면, 그 이유는? 적절하지 않다면, 그 이유는?

43. 다음 반응은 평형을 나타내는가? 그 근거는?

$$CH_4\,(g) + 2\,O_2\,(g) \rightarrow CO_2\,(g) + 2\,H_2O\,(g)$$

44. 다음 반응은 평형을 나타내는가? 그 근거는?

$$N_2\,(g) + 3\,H_2\,(g) \rightleftharpoons 2\,NH_3\,(g)$$

45. 다음 반응은 흡열 반응이다. 평형에서 반응물의 농도가 높은가, 생성물의 농도가 높은가?

$$N_2O_4\,(g) \rightleftharpoons 2\,NO_2\,(g)$$

46. 다음 반응은 약한 발열 반응이다. 평형에서 반응물의 농도가 높은가, 생성물의 농도가 높은가?

$$2\,HI\,(g) \rightleftharpoons H_2\,(g) + I_2\,(g)$$

47. 트라이플루오로아세트산($HC_2F_3O_2$)은 물에서 이온화된다. 이 반응을 나타내는 것은 아래의 평형 반응과 에너지 도표이다. 반응물의 에너지 준위와 생성물의 에너지 준위는 거의 같다. 평형에서 반응물과 생성물의 균형을 설명하시오.

$$HC_2F_3O_2\,(aq) + H_2O\,(l) \rightleftharpoons H_3O^+\,(aq) + C_2F_3O_2^-\,(aq)$$

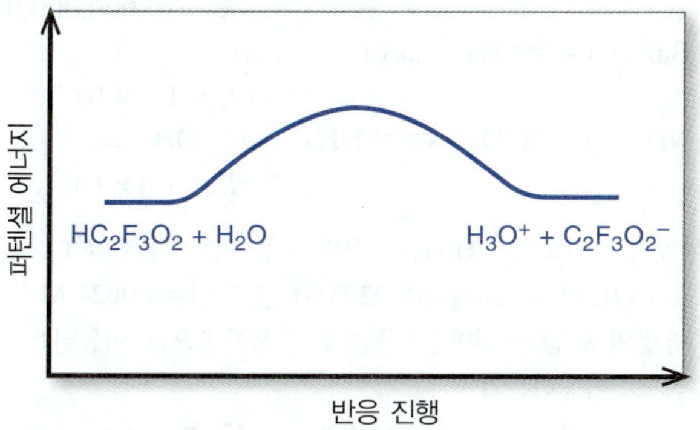

48. 붕산($B(OH)_3$)은 물에서 비정상적인 평형을 겪는다. 아래에는 평형 반응과 반응 도표가 있다. 평형에서 반응물(왼쪽)의 농도가 높을 것인가, 생성물(오른쪽)의 농도가 높을 것인가?

$$B(OH)_3\,(aq) + H_2O\,(l) \rightleftharpoons B(OH)_4^-\,(aq) + H^+\,(aq)$$

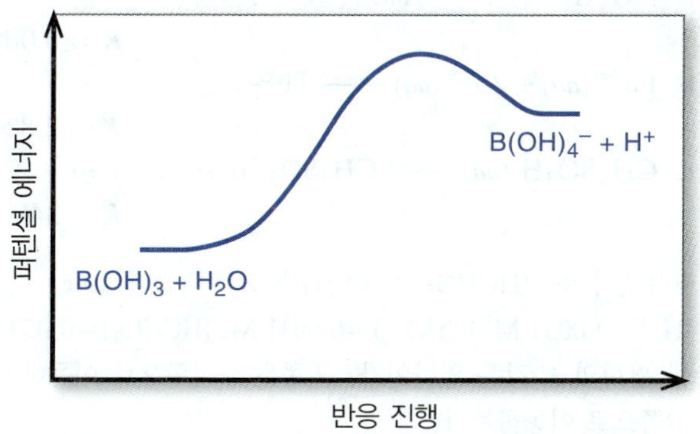

49. 아래의 반응 도표를 고려해 보자. 이 반응에서 정반응의 활성화 에너지는 얼마인가? 역반응의 활성화 에너지는 얼마인가?

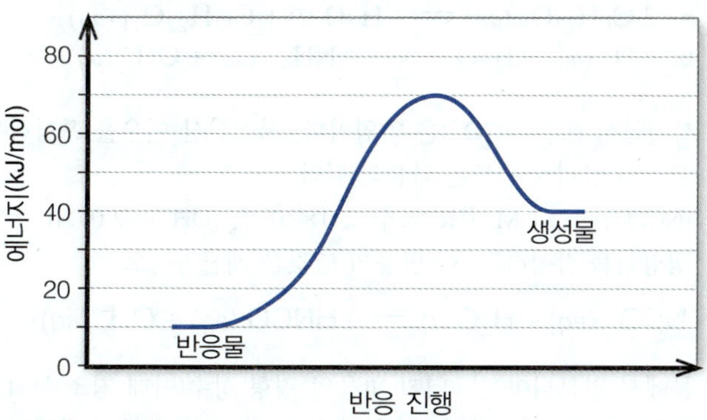

50. 아래의 반응 도표를 고려해 보자. 이 반응에서 정반응의 활성화 에너지는 얼마인가? 역반응의 활성화 에너지는 얼마인가?

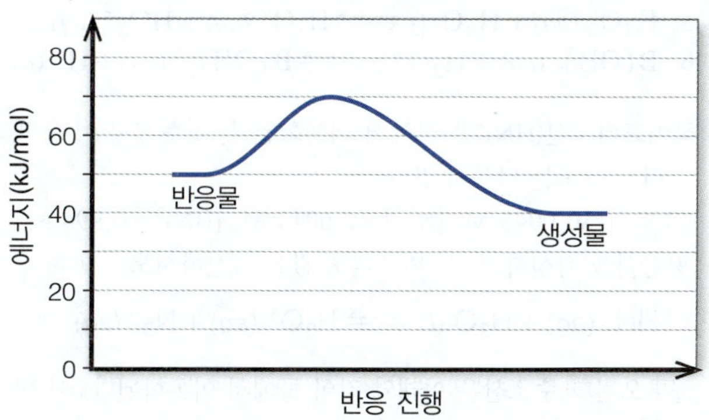

51. 반응물과 생성물 사이의 평형은 에너지 도표에 표시된 것처럼 비촉매 경로(1)나 촉매 경로(2)를 통해 진행될 수 있다. 촉매는 평형에 어떤 영향을 미치는가?

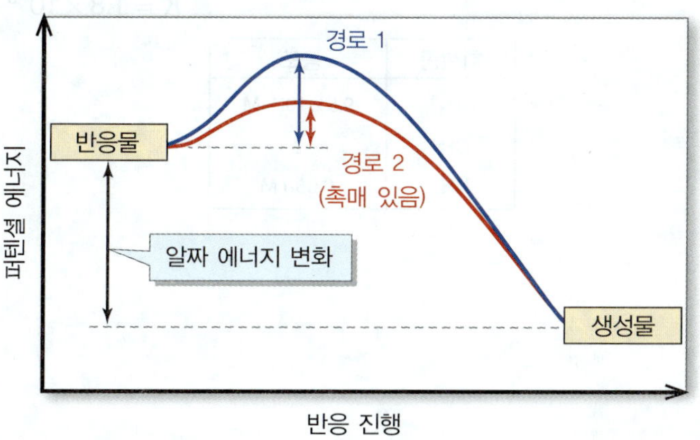

52. 다음의 각 요인이 평형의 오른쪽 이동 또는 왼쪽 이동에 영향을 미치는지, 아닌지를 나타내시오.

a. 반응의 알짜 에너지 변화

b. 촉매의 존재

c. 반응의 활성화 에너지

13.3 평형식

53. 다음 반응식의 평형식을 작성하시오.

a. $A + 2B \rightleftharpoons C$

b. $3A + B \rightleftharpoons C + 2D$

54. 다음 반응식의 평형식을 작성하시오.

a. $A + B \rightleftharpoons 2C$

b. $2A \rightleftharpoons B$

55. 다음 반응식의 평형식을 작성하시오.

a. $HNO_2\,(aq) \rightleftharpoons H^+\,(aq) + NO_2^-\,(aq)$

b. $Cr^{3+}\,(aq) + 4\,OH^-\,(aq) \rightleftharpoons [Cr(OH)_4]^-\,(aq)$

56. 다음 반응식의 평형식을 작성하시오.

a. $HBrO_2\,(aq) \rightleftharpoons H^+\,(aq) + BrO_2^-\,(aq)$

b. $Ag^+\,(aq) + 2CN^-\,(aq) \rightleftharpoons [Ag(CN)_2]^-\,(aq)$

57. 다음 각 반응의 경우 평형 상수를 사용하여 반응이 반응물(왼쪽)을 선호하는지, 생성물(오른쪽)을 선호하는지를 결정하시오.

a. $NH_4HS\,(g) \rightleftharpoons H_2S\,(g) + NH_3\,(g)$ $K = 0.00012$

b. $Pb^{2+}\,(aq) + 2\,F^-\,(aq) \rightleftharpoons PbF_2\,(s)$ $K = 2.8 \times 10^8$

c. $CH_3SO_3H\,(aq) \rightleftharpoons CH_3SO_3^-\,(aq) + H^+\,(aq)$ $K = 340$

58. 다음 각 반응의 경우 평형 상수를 사용하여 반응이 반응물(왼쪽)을 선호하는지, 생성물(오른쪽)을 선호하는지를 결정하시오.

a. $HClO_4\,(aq) \rightleftharpoons H^+\,(aq) + ClO_4^-\,(aq)$ $K = 10{,}000{,}000{,}000$

b. $BaF_2\,(s) \rightleftharpoons Ba^{2+}\,(aq) + 2\,F^-\,(aq)$ $K = 1.7 \times 10^{-6}$

c. $NH_3\,(aq) + H_2O\,(l) \rightleftharpoons NH_4^+\,(aq) + OH^-\,(aq)$ $K = 1.8 \times 10^{-5}$

59. 평형에서 폼산($HCHO_2$) 수용액의 농도는 다음과 같다.
$[H^+] = 0.0031$ M, $[CHO_2^-] = 0.0031$ M, $[HCHO_2] = 0.0535$ M
이 평형의 K 값은 얼마인가? 평형은 오른쪽으로 이동하는가, 왼쪽으로 이동하는가?

$$HCHO_2\,(aq) \rightleftharpoons H^+\,(aq) + CHO_2^-\,(aq)$$

60. 평형에서 아이오딘산(HIO_3) 수용액의 농도는 다음과 같다.
$[H^+] = 0.0203$ M, $[IO_3] = 0.0203$ M, $[HIO_3] = 0.0024$ M
이 평형의 K 값은 얼마인가? 평형은 오른쪽으로 이동하는가, 왼쪽으로 이동하는가?

$$HIO_3\,(aq) \rightleftharpoons H^+\,(aq) + IO_3^-\,(aq)$$

61. 다음 반응식의 평형식을 작성하시오.

a. $H_2O_2\,(aq) + H_2O\,(l) \rightleftharpoons H_3O^+\,(aq) + HO_2^-\,(aq)$

b. $B(OH)_3\,(aq) + H_2O\,(l) \rightleftharpoons B(OH)_4^-\,(aq) + H^+\,(aq)$

62. 다음 반응식의 평형식을 작성하시오.

a. $2\,C_6H_{12}O_6\,(aq) \rightleftharpoons H_2O\,(l) + C_{12}H_{22}O_{11}\,(aq)$

b. $NH_3\,(aq) + H_2O\,(l) \rightleftharpoons NH_4^+\,(aq) + OH^-\,(aq)$

63. 하이드라조산(HN_3)은 물에서 이온화된다. 평형에서 이 용액의 알려진 농도는 다음과 같다.
$[H_3O^+] = 0.0043$ M, $[N_3^-] = 0.0043$ M, $[HN_3] = 0.994$ M
평형식을 작성하고, 이 반응의 K 값을 계산하시오.

$$HN_3\,(aq) + H_2O\,(l) \rightleftharpoons H_3O^+\,(aq) + N_3^-\,(aq)$$

64. 사이안산 이온(NCO^-)은 약염기다. 사이안산 이온을 포함하는 용액의 알려진 농도는 다음과 같다.
$[NCO^-] = 0.14$ M, $[HCNO] = 2.0 \times 10^{-16}$, $[OH^-] = 2.0 \times 10^{-6}$ M
평형식을 작성하고, 이 반응의 K 값을 계산하시오.

$$NCO^-\,(aq) + H_2O\,(l) \rightleftharpoons HNCO\,(aq) + OH^-\,(aq)$$

65. 플루오린화 수소산은 아래와 같이 물에서 이온화된다. 이 반응의 평형 상수는 6.8×10^{-14}이다. 아래 표의 값을 고려하여 다음 용액에서의 HF 농도를 구하시오.

$$HF\,(aq) \rightleftharpoons H^+\,(aq) + F^-\,(aq) \qquad K = 6.8 \times 10^{-4}$$

화학종	농도
H^+	1.0×10^{-5} M
F^-	1.0×10^{-5} M
HF	?

66. 물에서 암모니아 산-염기 반응의 평형 상수(아래 참조)는 1.8×10^{-5} M이다. 아래 표의 값을 고려하여 다음 용액에서의 OH^- 농도를 구하시오.

$$NH_3\,(aq) + H_2O\,(l) \rightleftharpoons NH_4^+\,(aq) + OH^-\,(aq) \qquad K = 1.8 \times 10^{-5}$$

화학종	농도
NH_4^+	9.5×10^{-4} M
OH^-	?
NH_3	0.050 M

67. 질산은 아래 평형 반응식에서와 같이 물과 반응한다. 이 반응의 평형 상수는 4.5×10^{-4}이다. 어떤 화학자가 아질산과 질산 포타슘을 사용하여 수용액을 제조하였고, 농도는 다음과 같았다. $[HNO_2] = 0.050$ M, $[NO_2^-] = 0.035$ M
이 용액에서 H_3O^+의 농도는 얼마인가?

$$HNO_2\,(aq) + H_2O\,(l) \rightleftharpoons H_3O^+\,(aq) + NO_2^-\,(aq)$$

68. 하이포아염소산은 아래 평형 반응식에서와 같이 물과 반응한다. 이 반응의 평형 상수는 3.0×10^{-8}이다. 어떤 화학자가 하이포염산과 하이포염산 소듐을 사용하여 수용액을 준비하였다. $[HClO] = 0.100$ M, $[ClO^-] = 0.0025$ M일 경우, 이 용액에서 H_3O^+의 농도는 얼마인가?

$$HClO\,(aq) + H_2O\,(l) \rightleftharpoons H_3O^+\,(aq) + ClO^-\,(aq)$$

69. 다음 각각의 경우 평형식을 쓰시오.

a. $PbI_2\,(s) \rightleftharpoons Pb^{2+}\,(aq) + 2\,I^-\,(aq)$

b. $Fe^{3+}\,(aq) + 3\,OH^-\,(aq) \rightleftharpoons Fe(OH)_3\,(s)$

70. 다음 각각의 경우 평형식을 쓰시오.

a. $Ca(OH)_2\,(s) \rightleftharpoons Ca^{2+}\,(aq) + 2\,OH^-\,(aq)$

b. $Ag^+\,(aq) + 3\,Cl^-\,(aq) \rightleftharpoons AgCl\,(s)$

71. 용해도곱이란 무엇인가? 작은 용해도곱이 나타내는 것은 무엇인가?

72. 용해도곱은 보통 주어진 온도(예: 25℃)에서 보고된다. 온도가 올라가면 용해도곱은 어떻게 변한다고 생각하는가?

73. 25℃의 탄산 카드뮴 포화 용액에서 $[Cd^{2+}]$와 $[CO_3^{2-}]$의 농도는 모두 1.0×10^{-6}이다. 평형식을 작성하고, 이 화합물의 K_{sp} 값을 계산하시오.

74. 플루오린화 바륨의 포화 용액에서 농도는 다음과 같았다.
$[Ba^{2+}] = 3.58 \times 10^{-3}$ M, $[F^-] = 7.16 \times 10^{-3}$ M
평형식을 작성하고, 이 화합물의 K_{sp} 값을 계산하시오.

75. 25℃에서 염화 은의 용해도곱은 1.77×10^{-10}이다. 염화 은과 순수한 물을 섞는다면, 용액 중 은 이온의 농도는 얼마인가?

76. 25℃에서 탄산 철(II)의 용해도곱은 3.13×10^{-11}이다. 어떤 화학자가 탄산 철(II)과 순수한 물을 섞는다면, 철(II) 이온의 평형 농도는 얼마일까?

77. 표 13.1의 데이터를 이용하여, PbI_2가 25℃에서 순수한 물과 혼합되었을 때 용액에서 Pb^{2+}와 I^-의 최대 농도를 구하시오.

78. 표 13.1의 데이터를 이용하여, $PbCl_2$가 25℃에서 순수한 물과 혼합되었을 때 용액에서 Pb^{2+}와 Cl^-의 최대 농도를 구하시오.

79. 각 기체의 부분 압력을 이용하여 다음 기체상 평형의 평형식을 쓰시오.

a. $N_2O_4\,(g) \rightleftharpoons 2\,NO_2\,(g)$

b. $4\,HCl\,(g) + O_2\,(g) \rightleftharpoons 2\,Cl_2\,(g) + 2\,H_2O\,(g)$

80. 각 기체의 부분 압력을 이용하여 다음 기체상 평형의 평형식을 쓰시오.

a. $PCl_3\,(g) + Cl_2\,(g) \rightleftharpoons PCl_5\,(g)$

b. $H_2\,(g) + I_2\,(g) \rightleftharpoons 2\,HI\,(g)$

81. 25℃에서 NO_2와 N_2O_4는 아래에서 보는 바와 같이 평형을 이룬다. $P_{NO_2} = 1.5$ atm인 경우, NO_2의 평형 압력을 구하시오.

$$2\,NO_2\,(g) \rightleftharpoons N_2O_4\,(g) \qquad K = 7.0$$

82. 25℃에서 기체 ClF는 아래에서 보는 바와 같이 염소 및 플루오린 원소와 평형을 이룬다. $P_{ClF} = 1.3$ atm일 경우 두 원소 기체의 압력을 구하시오($P_{Cl_2} = P_{F_2}$로 가정하라).

$$2\,ClF\,(g) \rightleftharpoons Cl_2\,(g) + F_2\,(g) \qquad K = 2.9 \times 10^{-11}$$

13.4 Le Chatelier 원리

83. Le Chatelier 원리란 무엇인가?

84. 그림과 같이 수은으로 채워진 U자형 관을 고려해 보자. 왼쪽 관에 수은이 첨가되면 관 내부 수은은 왼쪽으로 이동하는가, 오른쪽으로 이동하는가, 아니면 아무런 변화도 보이지 않는가?

85. 평형 A + B $\rightleftharpoons$ C의 경우, 주어진 다음 각 변화가 평형을 오른쪽으로 이동시킬 것인가, 왼쪽으로 이동시킬 것인가?

a. 혼합물에 화합물 A 첨가

b. 혼합물에서 화합물 B 제거

c. 혼합물에 화합물 C 첨가

d. 혼합물에서 화합물 C 제거

86. 평형 D + E $\rightleftharpoons$ F + G의 경우, 주어진 다음 각 변화가 평형을 오른쪽으로 이동시킬 것인가, 왼쪽으로 이동시킬 것인가?

a. 혼합물에서 화합물 D 제거

b. 혼합물에 화합물 E 첨가

c. 혼합물에 화합물 F 첨가

d. 혼합물에서 화합물 G 제거

87. 고온에서 브로민과 염소 기체는 반응하여 BrCl을 생성한다. 이는 다음과 같다.

$$Br_2\,(g) + Cl_2\,(g) \rightleftharpoons 2\,BrCl\,(g)$$

다음 변화는 어떻게 이 평형에 영향을 미칠까?

a. 혼합물에 Br_2 첨가
b. 혼합물에서 Cl_2 제거
c. 혼합물에서 BrCl 제거
d. 촉매 첨가

88. 수용액에서 단순당(또는 단당류)은 결합하여 이당류를 생성한다. 이는 다음과 같다.

$$2\,C_6H_{12}O_6\,(aq) \rightleftharpoons H_2O\,(l) + C_{12}H_{22}O_{11}\,(aq)$$

단순당 이당류

물의 첨가는 어떻게 이 평형에 영향을 미칠까? 물의 제거는 어떻게 이 평형에 영향을 미칠까?

89. 메탄올(CH_3OH)은 아래에 보이는 바와 같이 HI와 가역적으로 반응한다.

$$CH_3OH + HI \rightleftharpoons CH_3I + H_2O$$

Le Chatelier 원리를 기초로 하면 CH_3I가 더 많이 생성되는 것은 물이 용매일 때인가, 메탄올이 용매일 때인가?

90. 아세트산 메틸($C_3H_6O_2$)은 손톱 광택제로 흔히 사용되는 화합물이다. 아세트산 메틸은 물과 결합하면 아래 평형에 따라 서서히 분해된다. 아세트산 메틸을 분해하고 싶다면, 어떤 용매가 더 나은 선택일까? 물일까, 메탄올일까? 그 이유는?

$$C_3H_6O_2 + H_2O \rightleftharpoons C_2H_3O_2H + CH_3OH$$

아세트산 메틸 아세트산 메탄올

91. 하이드록실아민(NH_2OH)은 약염기다. 이는 다음 평형에서 보는 바와 같다. 더 많은 OH^-를 첨가하면 이 평형이 왼쪽으로 이동할까, 오른쪽으로 이동할까?

$$NH_2OH\,(aq) + H_2O\,(l) \rightleftharpoons NH_3OH^+\,(aq) + OH^-\,(aq)$$
$$K = 6.6 \times 10^{-9}$$

92. 염화 납(II)은 물에 약간 녹는다. 이는 다음 평형에서 보는 바와 같다. Cl^- 이온을 용액에 더 첨가하면 $[Pb^{2+}]$가 증가할까, 감소할까?

$$PbCl_2\,(s) \rightleftharpoons Pb^{2+}\,(aq) + 2\,Cl^-\,(aq)$$
$$K = 5.9 \times 10^{-5}$$

93. 평형에서 물 분자는 액체상과 기체상 사이를 왔다갔다 한다. 이를 나타내면 다음과 같다. 열을 더 첨가하면 평형이 왼쪽으로 이동하는가, 오른쪽으로 이동하는가? 열을 제거하면 어떻게 되는가?

$$\text{열} + H_2O\,(l) \rightleftharpoons H_2O\,(g)$$

94. 실온에서 수산화 바륨은 물에 약간만 용해된다. 아래 평형을 기초로, 용액을 가열하면 용해도 변화는 어떻게 되는가?

$$\text{열} + Ba(OH)_2\,(s) \rightleftharpoons Ba^{2+}\,(aq) + 2\,OH^-\,(aq)$$

95. 아래 표시된 평형과 반응 엔탈피를 고려해 보자. 이 혼합물을 가열하면 평형이 왼쪽으로 이동하는가, 오른쪽으로 이동하는가?

$$NH_4^+\,(aq) + OH^-\,(aq) \rightleftharpoons NH_3\,(aq) + H_2O\,(l)$$
$$\Delta H^\circ = -2.8\ \text{kJ/mol}$$

96. 아래 표시된 평형과 반응 엔탈피를 고려해 보자. 이 혼합물을 가열하면 평형이 왼쪽으로 이동하는가, 오른쪽으로 이동하는가?

$$AgCl\,(s) \rightleftharpoons Ag^+\,(aq) + Cl^-\,(aq)$$
$$\Delta H^\circ = +65.1\ \text{kJ/mol}$$

97. 가열하면 아래에서와 같이 PCl_3과 Cl_2가 결합하여 평형의 PCl_5를 생성한다. 이 계의 압력을 높이면 평형이 왼쪽으로 이동하는가, 오른쪽으로 이동하는가?

$$PCl_3\,(g) + Cl_2\,(g) \rightleftharpoons PCl_5\,(g)$$

98. 가열하면 수소 기체와 아이오딘 기체가 결합하여 평형의 아이오딘화 수소를 생성한다. 이 계의 압력을 높이면 평형이 왼쪽으로 이동하는가, 오른쪽으로 이동하는가, 아니면 아무런 변화가 없는가?

$$H_2\,(g) + I_2\,(g) \rightleftharpoons 2\,HI\,(g)$$

99. 메탄올(CH_3OH) 밀폐 용기에는 평형의 액체와 기체가 둘 다 있다.

$$CH_3OH\,(l) \rightleftharpoons CH_3OH\,(g)$$
$$\Delta H^\circ = +376.1\ \text{kJ/mol}$$

다음 변화로 평형이 왼쪽으로 이동하는가, 오른쪽으로 이동하는가?

a. $CH_3OH(g)$가 빠져나갈 수 있도록 용기 열기
b. 용기 내 압력 증가
c. 온도 상승

100. 염화 은은 약간 녹는 화합물이다. 염화 은은 해리하여 이온을 생성한다. 다음 평형에 표시된 것과 같다.

$$AgCl\,(s) \rightleftharpoons Ag^+\,(aq) + Cl^-\,(aq)$$
$$\Delta H^\circ = +65.1\ \text{kJ/mol}$$

다음 변화로 평형이 왼쪽으로 이동하는가, 오른쪽으로 이동하는가?

a. Cl^- 첨가
b. Ag^+ 이온 제거
c. 온도 상승

도전 과제

101. 어떤 화학자가 하이포염소산 1.00 M 용액을 제조했다. 이 약산은 아래에서와 같이 용액에서 이온화한다.

$$HClO\ (aq) \rightleftharpoons H^+\ (aq) + ClO^-\ (aq)$$

$$K = 1.8 \times 10^{-8}$$

약산성 용액의 pH를 결정하기 위해, 화학자들은 종종 아래 표처럼 표를 작성하고, 다음 세 가지를 요약한다.

각 화학종의 초기 농도, 각 화학종의 농도 변화, 평형 농도

다음 표에서 농도의 변화는 미지수 x로 표시된다. K가 매우 작기 때문에, HClO의 농도는 크게 변하지 않는다고 가정할 수 있다. 다음 표를 기반으로 평형식을 작성하고, 이 용액에 있는 H^+와 ClO^-의 농도를 구하시오. 마지막으로 이 용액의 pH를 계산하시오.

	[HClO]	$[H^+]$	$[ClO^-]$
초기	1.00 M	–	–
변화	$-x$	$+x$	$+x$
평형	~ 1.00 M	x	x

102. 완충 용액은 산이나 염기가 첨가되었을 때 pH의 변화에 저항한다. 일반적인 완충 용액은 아세트산과 아세트산 소듐으로 구성되어 있다. 이러한 산–짝염기 쌍의 평형 반응은 다음과 같다.

$$HC_2H_3O_2\ (aq) + H_2O\ (l) \rightleftharpoons H_3O^+\ (aq) + C_2H_3O_2^-\ (aq)$$

$$K = 1.75 \times 10^{-5}$$

어떤 화학자가 준비한 완충 용액은 $[HC_2H_3O_2]$와 $[C_2H_3O_2]$로, 모두 0.200 M이다. 그런 다음 염기를 첨가하여 용액의 pH를 4.76에서 최종값 5.20으로 올렸다. 이때 첨가하는 염기는 아세트산을 아세트산 이온으로 변환시킨다. 아래의 표를 지침으로 사용하여 평형식을 작성하고 풀고, 최종 용액에 있는 $HC_2H_3O_2$와 $C_2H_3O_2^-$의 농도를 구하시오.

	[HClO]	$[ClO^-]$
초기	0.200	0.200
변화	$-x$	$+x$
평형	$0.200 - x$	$0.200 + x$

산화-환원 반응

CHAPTER 14

그림 14.1 (a) 배터리는 현대 생활에서 흔하지만 꼭 필요한 부분이다. (계속)

Volta의 경이로운 업적

1800년에 세상이 바뀌었다. 이탈리아의 과학자 Alessandro Volta는 전기의 본질을 이해하기 위해 연구하고 있었다. Volta는 이 연구의 일환으로 다른 금속들 사이의 전기적 상호 작용을 연구하기 시작했다. Volta는 판지(cardboard) 사이의 양면에 다른 금속(예를 들면 아연과 구리)으로 된 금속 판들이 올려진 기둥을 준비해서 묽은 황산이나 소금물에 담그면 전류가 발생하는 것을 발견했다. Volta는 자신의 발명품을 'Volta 파일'이라고 불렀다. 그러나 오늘날 우리가 알고 있는 Volta 파일의 명칭은 **전기 화학 전지** 또는 더 간단하게 **배터리**다(그림 14.1).

Volta의 발명품은 간단히 재현할 수 있었다. 물론 여러분도 식탁에서도 할 수 있다. 그래서 많은 과학자들도 빠르게 Volta의 선례를 따랐다. Volta가 자신의 발견을 발표하고 나서 몇 주 후, 영국의 두 과학자 William Nicholson과 Anthony Carlisle은 그들 자신의 Volta 파일을 만들었다. 또한 전류를 사용하여 물을 수소와 산소로 분리하는 데 사용하였다. 다른 과학자들도 Volta의 디자인을 개선하여 오래 지속되는 배터리를 생산해 냈다. 그것들은 오늘날 우리가 사용하고 있는 많은 배터리와 유사하다.

불과 몇 년 만에 또 다른 영국의 과학자 Humphry Davy가 London의 왕립연구소에서 대용량 배터리를 만들었다. 이러한 배터리를 이용한 실험을 통해 Davy는 우리에게 친숙한 원소인 소듐, 포타슘, 바륨, 칼슘, 마그네슘, 붕소를 발견했다.

Volta 배터리가 과학자들에게 제공한 것은 두 가지였다. 하나는 제어된 전기 공급원, 또 하나는 전기와 전하 입자의 움직임을 이전보다 더 신중하게 연구할 수 있는 방법이다. 이러한 발전을 통해 Michael Faraday의 전기 발전기와 Thomas Edison의 전구와 같은 중요한 물건들이 많이 발명되었다. 결국 근대 시대를 도입하는 데 Volta는 결

그림 14.1 (앞에서 계속) (b) 최초의 배터리인 Volta 파일은 구리판과 아연판으로 구성되었고, 이들은 묽은 산에 적신 판지로 분리되어 있다. (c) Giuseppe Bertini가 그린 그림을 기초로 만든 이 사진에서, 1801년 Volta는 프랑스 황제 Napoleon Bonaparte에게 자신이 만든 배터리를 보여 주고 있다. (d) Volta 배터리와 유사한 배터리들은 집에서도 만들 수 있다. 재료는 알루미늄 포일, 아연 와셔, 구리 동전이고, 두꺼운 종이나 판지를 소금물이나 식초에 담그면 된다. 전기 전위 에너지를 측정하는 도구는 전류계 또는 간단히 꼬마전구면 된다. (e) 생활 속의 화학과 현대의 에너지 응용은 모두 산화-환원 반응에 의한 것이다. (a) DimaBerlin/Shutterstock; (b) BeBa/Iberfoto/The Image Works; (c) Mike Licht, Flickr; (d) Menno van der Haven/Shutterstock; (e) Vaclav Volrab/Shutterstock

정적인 역할을 했다.

오늘날 진화된 배터리는 스마트폰, 컴퓨터, 전동 도구, 심지어 자동차에 이르기까지 생활 곳곳에서 사용된다. 그런데 그들은 실제로 어떻게 작동할까?

하나의 물질에서 다른 물질로 전자가 이동하는 전류는 배터리에서 일어나는 **산화-환원 반응**(oxidation-reduction reaction)에 의해서 생성된다. 산화-환원 반응은 생명체의 화학 작용에 에너지를 공급한다. 식물은 이런 종류의 반응을 사용하여 태양 에너지를 저장한다. 숨을 쉴 때마다 우리의 몸은 산화-환원 반응을 이용하여 연료를 에너지로 전환시킨다. 이러한 반응들은 또한 우리 주변 세계를 작동시킨다. 화석 연료에서 태양 전지, 배터리에 이르기까지, 우리는 산화-환원 반응에 의존하여 우리가 하는 거의 모든 일에 에너지를 공급한다.

이 장에서는 산화-환원 과정을 자세히 살펴볼 것이다. 다양한 유형의 산화-환원 반응을 살펴볼 것이고, 이러한 반응들을 설명하는 다양한 방식을 알아볼 것이다. 또한 이러한 반응으로 인해 발생하는 몇 가지 응용도 살펴볼 것이다. 배터리가 어떻게 제조되는지를 알아볼 것이며, 산화-환원 화학의 유용하고 중요한 응용들을 탐구할 것이다.

학습 목표

이 장을 완료하고 실습 문제를 풀고 나면, 수행할 수 있는 것은 다음과 같다.

14.1 산화와 환원
- 이온 및 분자 속 원자들의 산화수를 결정할 수 있다.
- 화학 반응에서 산화 또는 환원된 화학종을 식별할 수 있다.

14.2 산화-환원 반응의 유형
- 금속과 비금속 사이에서 일어나는 산화-환원 반응을 설명할 수 있다.
- 연소 반응의 생성물을 예측할 수 있다.
- 활동도 서열을 사용하여 금속 치환 반응의 생성물을 예측할 수 있다.
- 금속과 물의 반응 또는 금속과 산의 반응 생성물을 예측할 수 있다.

14.3 반쪽 반응과 배터리
- 반쪽 반응을 사용하여 화학 변화에서의 전자 이동을 설명할 수 있다.
- 전기 화학 전지의 주요 구성 요소를 설명할 수 있다.

14.4 산화-환원 반응식 균형 맞추기
- 전하 균형 맞추기와 반쪽 반응 균형 맞추기에 의하여 산화-환원 반응식의 균형을 맞출 수 있다.

14.5 산화-환원 반응의 다른 응용
- 전기 도금을 사용하여 어떻게 표면을 코팅할 수 있는지를 설명할 수 있다.
- 수소 연료 전지의 기본 특성을 설명할 수 있다.

14.1 산화와 환원

배터리의 발명은 세상을 변화시켰다. Volta의 발견으로 전자 이동을 수반하는 화학 과정을 연구하는 분야인 **전기 화학(electrochemistry)** 분야가 시작되었다. 전기 화학을 이해하기 위해서 우리는 반응의 한 종류인 **산화-환원 반응(oxidation-reduction reaction)**에서 시작해야 한다(종종 **redox 반응**이라고 단순화시켜 부른다).

6장에서 산화-환원 반응을 간략히 살펴보았다. 이런 종류의 반응에서 한 화학종은 전자를 잃고, 다른 화학종은 전자를 얻는다. 전자를 잃는 것을 **산화(oxidation)**라고 한다. 어떤 화학종이 전자를 잃었을 때 **산화되었다**고 말한다. 전자를 얻는 것을 **환원(reduction)**이라고 한다. 어떤 화학종이 전자를 얻으면 **환원되었다**고 말한다.

전자는 음성이다. 따라서 원자가 전자를 얻으면 전하는 **감소한다**.

가장 단순한 산화-환원 반응은 금속과 비금속의 반응이다. 예를 들면 마그네슘은 산소와 반응하여 산화 마그네슘을 생성한다.

$$2\ Mg\ (s) + O_2\ (g) \rightarrow 2\ MgO\ (s)$$

이 반응에서 각각의 마그네슘 원자는 두 개의 전자를 잃고 Mg^{2+}를 생성한다. 각각의 산소 원자는 두 개의 전자를 얻어 O^{2-}를 생성한다. 마그네슘은 산화되는 반면, 산소는 환원된다.

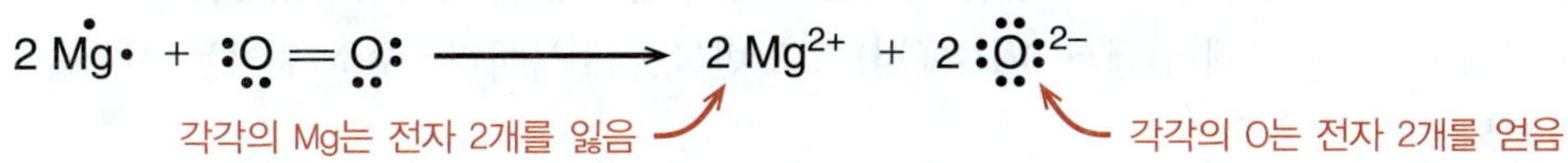

산소는 이 반응에서 마그네슘을 산화시킨다. 다른 원자로부터 전자를 끌어내는 화학종을 **산화제**(oxidizing agent)라고 한다. 마찬가지로 전자를 잃는 화학종을 **환원제**(reducing agent)라고 한다.

산화제는 전자를 얻고, 환원제는 전자를 잃는다.

산화수라는 셈틀의 도움으로 전자 변화를 추적할 수 있다.

산화수

간단한 형태인 단원자 이온을 다룰 때는 전자의 잃거나 얻음을 쉽게 결정할 수 있다. 그러나 많은 산화-환원 반응은 다원자 이온이나 다원자 중성 분자를 포함한다. 이 경우 각각의 원자에서 일어나는 변화를 결정하기가 더 어려울 수 있다. 예를 들어 금속 소듐과 물의 반응을 생각해 보자. 이온 반응식으로 쓰면 다음과 같다.

$$2\ Na\ (s) + 2\ H_2O\ (l) \rightarrow 2\ Na^+\ (aq) + 2\ OH^-\ (aq) + H_2\ (g)$$

이 반응에서 소듐은 산화된다(소듐이 전자를 잃는다). 그렇다면 어떤 원자가 전자를 얻는가? 처음 봤을 때 이 질문에 대답하기 어려울 수도 있다.

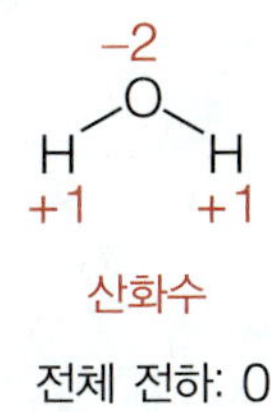

그림 14.2 화합물이나 다원자 이온의 산화수를 합하여 전체 전하를 구한다.

과학자들은 산화-환원 반응의 전자 변화를 추적기 위하여 **산화수(oxidation number)**를 이용한다. 산화수가 원자의 실제 전하를 반드시 반영하는 것은 아니다. 오히려 산화수는 전체 전자 변화를 설명해 주는 셈틀이다. 다음 규칙을 사용하여 원자에 산화수를 할당한다.

1. 원소 형태인 모든 화학종의 산화수는 0이다.
2. 단원자 이온의 경우 산화수는 이온의 전하이다.
3. 다원자 이온의 경우 원자들의 산화수를 더하면 이온의 전체 전하가 되어야 한다. 중성 화합물의 경우 원자들의 산화수를 더하면 0이 되어야 한다(그림 14.2).
4. 분자 또는 다원자 이온 내 원자의 경우(표 14.1):

표 14.1 분자 또는 다원자 이온을 구성하는 원자의 산화수

원자	산화수
F	−1
O	−2
Cl, Br, I	−1*
H	+1 또는 −1

*O 또는 F에 결합되지 않은 경우

a. 플루오린의 산화수는 −1이다.
b. 산소의 산화수는 −2이다.
c. 산소나 플루오린과 결합하지 않은 하부 할로젠(Cl, Br, I)의 산화수는 −1이다.
d. 비금속과 결합한 수소의 산화수는 +1이다.
e. 금속과 결합한 수소의 산화수는 −1이다.

원소 형태의 산화수는 0이다.

중성 화합물이나 다원자 이온의 경우, 산화수를 더하면 총 전하량이 되어야만 한다.

산화수가 어떻게 작용하는지 알아보기 위해서 금속 소듐과 물의 반응을 분석해 보자. 존재하는 각 원자의 산화수를 구하는 것에서 시작한다. Na와 H_2는 모두 원소 형태이기 때문에 산화수는 0이다. 단원자 소듐 이온인 Na^+의 경우 산화수는 전하(+1)와 같다. H_2O와 OH^-의 경우 산소에는 −2를, 수소에는 +1을 할당한다.

$$\overset{0}{2\,\text{Na}}\,(s) + 2\,\overset{+1}{\underset{}{\text{H}_2}}\overset{-2}{\text{O}}\,(l) \longrightarrow 2\,\overset{+1}{\text{Na}^+}\,(aq) + 2\,\overset{-2}{\text{O}}\overset{+1}{\text{H}^-}\,(aq) + \overset{0}{\text{H}_2}\,(g)$$

Na는 산화되고...

...H는 환원된다.

소듐의 산화수는 0에서 +1로 변한다. 이것은 소듐이 전자를 잃어 산화되었음을 의미한다. 수소의 산화수는 +1(물에서)에서 0(H_2에서)으로 변함을 주목하라. 수소 원자는 전자를 얻어서 환원되었다.

몇 번의 연습만 거치면 산화수 계산을 능숙하게 해낼 수 있을 것이다. 예제 14.1, 14.2와 도전 문제, 장 뒤의 추가 문제들을 풀어보길 권한다.

예제 14.1 분자와 다원자 이온에서 산화수 구하기

다음 세 가지 화학종에서 황의 산화수를 구하시오.

S^{2-}, $SOCl_2$, HSO_4^-

단원자 이온의 경우 산화수는 간단하게 전하이다. 즉 S^{2-}에서 황의 산화수는 −2이다.

$SOCl_2$는 중성 화합물이기 때문에 산화수의 총합은 0이 되어야 한다. 표 14.1의 규칙에 따르면, 산소의 산화수는 −2다. 이 화합물에서 염소 원자는 황과 결합되어 있고, 각 염소 원자의 산화수는 −1이다. 따라서 황의 산화수는 +4이어야 한다. 방정식을 세우면 도움이 될 수 있으며 여기서 미지수 x는 황의 산화수이다.

$$\text{S} + \text{O} + 2\,\text{Cl}$$
$$x + (-2) + 2(-1) = 0$$
$$x = +4$$

아황산 이온(HSO_4^-)의 전체 전하량은 −1이기 때문에 산화수를 모두 합하면 −1이 되어야 한다. 위에 주어진 규칙에 따르면, 산소의 산화수는 −2, 수소의 산화수는 +1이다. 이는 황의 산화수가 +6이어야 함을 의미한다. 다시 이것을 방정식으로 만들 수 있다.

$$\text{H} + \text{S} + 4\,\text{O}$$
$$+1 + x + 4(-2) = -1$$
$$x = +6$$

예제 14.2 반응에서 산화수 구하기

다음 반응에서 각 원자의 산화수를 구하시오. 산화된 화학종과 환원된 화학종을 확인하시오.

$$CH_4\,(g) + 2\,O_2\,(g) \rightarrow CO_2\,(g) + 2\,H_2O\,(g)$$

산화수 규칙에 따라 O_2에 있는 산소(원소 형태의 산소)의 산화수는 0이다. 화합물 CO_2와 H_2O에서 산소의 산화수는 −2이다. CH_4와 H_2O에서 각 수소의 산화수는 +1이다. 이제 남은 원자는 탄소뿐이다. CH_4에서 탄소의 산화수 값은 −4이어야 한다. CO_2에서 탄소의 산화수 값은 +4여야 한다.

$$\overset{-4}{C}\overset{4(+1)}{H_4}\,(g) + 2\,\overset{2(0)}{O_2}\,(g) \longrightarrow \overset{+4}{C}\overset{2(-2)}{O_2}\,(g) + 2\,\overset{2(+1)}{H_2}\overset{-2}{O}\,(g)$$

이 반응에서 O는 환원된 반면 C는 산화된다.

어떤 물질이 산소와 반응하면 산화수가 증가한다. 그 물질은 산화되었다.

도전 문제

1. 다음 각 화학종에서 황의 산화수를 구하시오.

   a. S_8 **b.** H_2S **c.** H_2S_2 **d.** SO_3^{2-}

2. 다음 각 반응에서 산화된 원자와 환원된 원자를 말하시오.

   a. $4\,Fe\,(s) + 3\,O_2\,(g) \rightarrow 2\,Fe_2O_3\,(s)$

   b. $Mg\,(s) + Br_2\,(g) \rightarrow MgBr_2\,(s)$

   c. $2\,HCl\,(aq) + Zn\,(s) \rightarrow ZnCl_2\,(aq) + H_2\,(g)$

   d. $8\,H^+\,(aq) + MnO_4^-\,(aq) + 5\,Fe^{2+}\,(aq) \rightarrow 5\,Fe^{3+}\,(aq) + Mn^{2+}\,(aq) + 4\,H_2O\,(l)$

14.2 산화-환원 반응의 유형

산화-환원 반응은 여러 가지 형태를 취한다. 이 절에서는 앞에서 본 적이 있는 몇 가지 반응을 간략히 검토한 다음, 몇 가지 새로운 유형의 산화-환원 반응을 살펴볼 것이다.

그림 14.3 녹은 산화 철(III) 화합물로, 철 금속과 산소 기체의 산화-환원 반응에 의해 생성된다.

금속과 비금속의 반응

금속과 비금속 간의 반응을 6장에서 다루었다. 금속과 비금속이 반응하면 이온 결합 화합물을 생성한다는 점을 기억해야 한다(그림 14.3). 이러한 반응에서 금속은 산화되어 양이온을 생성하고, 비금속은 환원되어 음이온을 생성한다. 다음 세 가지 반응은 이러한 유형의 변화를 보여 준다.

$$4\,Fe\,(s) + 3\,O_2\,(g) \rightarrow 2\,Fe_2O_3\,(s)$$

$$Zn\,(s) + Cl_2\,(g) \rightarrow ZnCl_2\,(s)$$

$$2\,Ag\,(s) + F_2\,(g) \rightarrow 2\,AgF\,(s)$$

Albert Russ/Shutterstock

그림 14.4 광물은 이온 결합 화합물이며, 암석 생성에서 발견된다. 많은 광물은 금속 산화물이다. 이 그림은 석석(cassiterite) 광물이며 구성 성분은 산화 주석(IV)이다.

연소 반응

연소(combustion) 반응은 산소 분자와 관련된 반응이다. 대부분의 원소는 산소와 반응하여

산화물(oxide)을 생성한다(그림 14.4). 이러한 반응에서 산소는 환원되고, 다른 원소는 산화된다.

$$2\ Zn\ (s) + O_2\ (g) \rightarrow 2\ ZnO\ (s)$$
$$Si\ (s) + O_2\ (g) \rightarrow SiO_2\ (s)$$
$$2\ S\ (s) + 3\ O_2\ (g) \rightarrow 2\ SO_3\ (g)$$

연소 반응에 대한 자세한 내용은 6.4절을 참조하라.

화합물은 산소와도 반응한다. 가장 중요한 연소 반응의 일부는 탄소와 수소로 구성된 화합물인 탄화수소가 관련되어 있다(그림 14.5). 연소 반응에서 탄화수소는 반응하여 두 가지 화합물, 즉 이산화 탄소와 물을 생성한다. 예를 들어 다음 두 반응은 아세틸렌(C_2H_2)과 프로페인(C_3H_8)의 연소를 설명한다.

$$2\ C_2H_2\ (g) + 5\ O_2\ (g) \rightarrow 4\ CO_2\ (g) + 2\ H_2O\ (g)$$
$$C_3H_8\ (g) + 5\ O_2\ (g) \rightarrow 3\ CO_2\ (g) + 4\ H_2O\ (g)$$

Alina Vasilescu/Shutterstock

그림 14.5 아세틸렌 토치의 희고 뜨거운 불꽃은 아세틸렌과 산소의 반응 결과이다.

Sergey Uryadnikov/Shutterstock

사람을 포함한 동물은 산소 기체로 호흡하며 탄소, 수소와 결합하여 이산화 탄소와 물뿐만 아니라 에너지도 생성한다. 대체로 이 과정은 **세포 호흡**(cellular respiration)이라고 부르며 연소 반응과 같다.

금속 치환 반응

금속 치환 반응(metal displacement reaction)에서 금속 원소는 금속 이온과 반응한다. 예를 들어 그림 14.6과 같이 황산 구리(II) 수용액과 아연 금속과의 반응을 생각해 보자. 구리(II) 이온 수용액은 푸른색이다. 그러나 아연 막대를 용액에 담그면 다음과 같은 몇 가지 변화를 관찰할 수 있다. 용액의 푸른색이 희미해진다. 아연 막대가 녹기 시작하고 구리 금속이 비커의 바닥과 아연 막대에 침전된다.

GIPhotoStock/Science Source

그림 14.6 아연 금속과 구리(II) 이온 수용액의 반응은 금속 치환 반응이다.

이 반응에서 아연 금속은 산화된다. 즉 전자를 잃고 Zn^{2+} 이온이 된다. 동시에 구리(II) 이온은 환원된다. 즉 전자를 얻어 구리 원소가 된다. 용액 속의 음이온인 황산 이온은 구경꾼 이온이다. 이 단일 치환 반응을 알짜 이온 반응식 또는 완전한 분자 반응식으로 설명할 수 있다.

알짜 이온 반응식: $Zn\,(s) + Cu^{2+}\,(aq) \rightarrow Zn^{2+}\,(aq) + Cu\,(s)$

분자 반응식: $Zn\,(s) + CuSO_4\,(aq) \rightarrow ZnSO_4\,(aq) + Cu\,(s)$

금속 치환 반응은 단일 치환 반응이다.

이러한 유형의 반응은 많이 있다(그림 14.7). 예를 들어 칼슘 금속은 철(II) 이온과 반응하여 칼슘 이온과 철 금속을 생성한다.

알짜 이온 반응식: $Ca\,(s) + Fe^{2+}\,(aq) \rightarrow Ca^{2+}\,(aq) + Fe\,(s)$

분자 반응식: $Ca\,(s) + FeCl_2\,(aq) \rightarrow CaCl_2\,(aq) + Fe\,(s)$

마찬가지로 마그네슘 금속은 알루미늄 이온과 반응하여 마그네슘 이온과 알루미늄 금속을 생성한다.

알짜 이온 반응식: $2\,Al^{3+}\,(aq) + 3\,Mg\,(s) \rightarrow 3\,Mg^{2+}\,(aq) + 2\,Al\,(s)$

분자 반응식: $2\,Al(NO_3)_3\,(aq) + 3\,Mg\,(s) \rightarrow 3\,Mg(NO_3)_2\,(aq) + 2\,Al\,(s)$

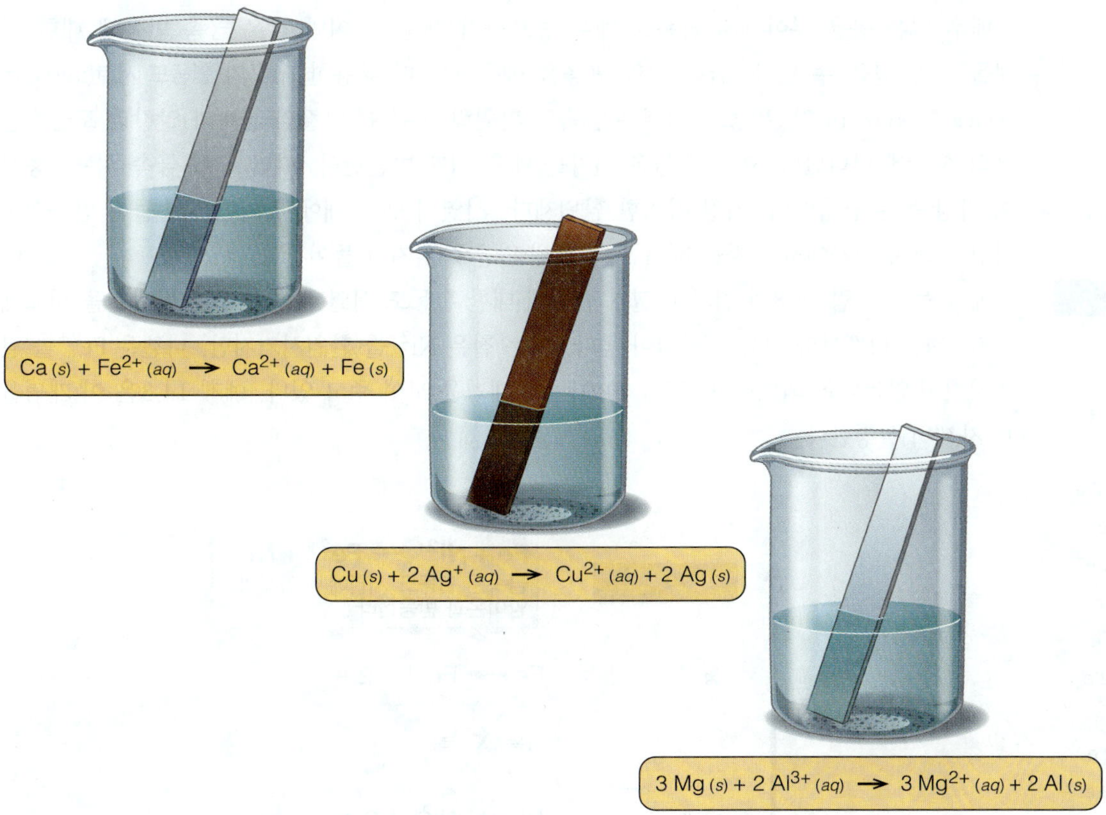

그림 14.7 많은 금속과 이온의 조합에서 금속 치환 반응이 일어난다.

활동도 서열

그러면 산화-환원이 언제 일어날지 어떻게 알 수 있을까? 예를 들어 철못을 염화 니켈(II) 용액에 넣는다면 반응이 일어날까? 반대로 니켈 나사를 염화 철(II) 용액에 넣으면 반응이 일어날까? 이러한 질문에 답하기 위해 두 가지 병행 실험을 수행할 수 있다(그림 14.8). 이렇게 하여 알아낸 결과는 철은 니켈 이온과 반응하지만, 반대 반응은 일어나지 않는다는 것이다.

$$Fe\ (s) + Ni^{2+}\ (aq) \rightarrow Fe^{2+}\ (aq) + Ni\ (s)$$

$$Fe^{2+}\ (aq) + Ni\ (s) \rightarrow \text{무반응}$$

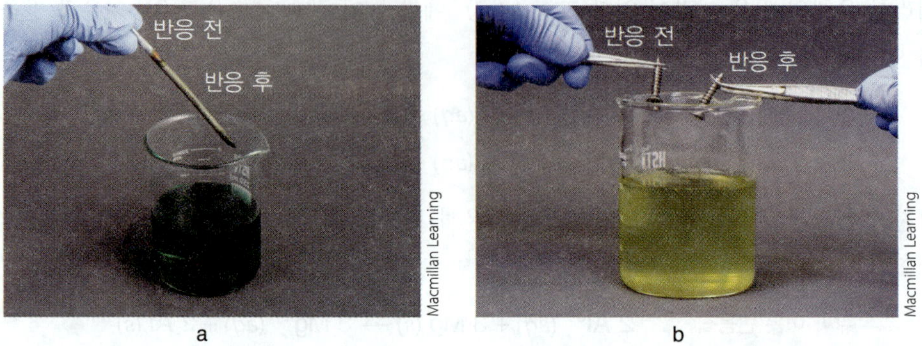

그림 14.8 (a) 철못은 염화 니켈(II) 용액에서 반응한다. 그러나 (b) 니켈 나사는 염화 철(II) 용액에서 반응하지 않는다.

매우 많은 응용 분야에서 금속은 매우 중요하기 때문에, 이와 같은 금속 반응에 대한 정보를 쉽게 얻을 수 있다. 금속 치환 반응을 예측하는 데 유용한 도구가 **활동도 서열(activity series)**이다(표 14.2). 활동도 서열은 금속의 환원력 순위다. 알칼리 금속과 알칼리 토금속은 표의 상단에 나타난다. 이 금속들은 전자를 매우 쉽게 방출한다. 따라서 이 금속들은 반응성이 가장 높은 금속이며, 가장 강력한 환원제다. 서열의 맨 아래에 위치한 금속들은 반응성이 가장 낮으며 원자에서 전자를 제거할 때 훨씬 많은 에너지가 들어간다.

예를 들어 그림 14.8의 철과 니켈의 반응에 대한 활동도 서열 정보와 우리의 관찰을 비교해 보자. 철은 니켈보다 활동도 서열이 높다. 이는 철은 Ni^{2+}를 환원시키지만, 니켈은 Fe^{2+}를 환원시키지 않는다는 의미이다. 그림 14.9는 이 개념을 보여 주고 있다. 예제 14.3은 이 개념을 더 자세히 설명한다.

표 14.2 활동도 서열

(환원력 ↑)

원소	반쪽 반응
리튬	$Li \rightarrow Li^{+} + e^{-}$
포타슘	$K \rightarrow K^{+} + e^{-}$
바륨	$Ba \rightarrow Ba^{2+} + 2\,e^{-}$
칼슘	$Ca \rightarrow Ca^{2+} + 2\,e^{-}$
마그네슘	$Mg \rightarrow Mg^{2+} + 2\,e^{-}$
알루미늄	$Al \rightarrow Al^{3+} + 3\,e^{-}$
아연	$Zn \rightarrow Zn^{2+} + 2\,e^{-}$
크로뮴	$Cr \rightarrow Cr^{3+} + 3\,e^{-}$
철	$Fe \rightarrow Fe^{2+} + 2\,e^{-}$
코발트	$Co \rightarrow Co^{2+} + 2\,e^{-}$
니켈	$Ni \rightarrow Ni^{2+} + 2\,e^{-}$
주석	$Sn \rightarrow Sn^{2+} + 2\,e^{-}$
납	$Pb \rightarrow Pb^{2+} + 2\,e^{-}$
수소	$H_2 \rightarrow 2\,H^{+} + 2\,e^{-}$
구리	$Cu \rightarrow Cu^{2+} + 2\,e^{-}$
은	$Ag \rightarrow Ag^{+} + e^{-}$
백금	$Pt \rightarrow Pt^{2+} + 2\,e^{-}$
금	$Au \rightarrow Au^{+} + e^{-}$

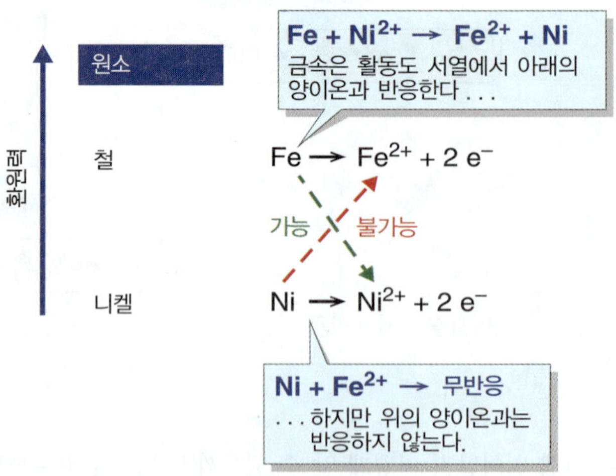

그림 14.9 금속은 활동도 서열상 자신보다 아래에 위치한 양이온과 반응할 수 있다.

활동도 서열상 맨 아래에 위치한 금속들은 귀금속이다. 금과 백금 같은 원소들이 가치 있는 것으로 평가되는 것은 절묘한 아름다움뿐만 아니라 내구성까지 있기 때문이다. 철과 같은 금속들은 시간이 지남에 따라 산화되는 반면(녹이 슨다) 금과 백금 같은 금속은 기본적인 형태와 아름다움을 그대로 유지한다.

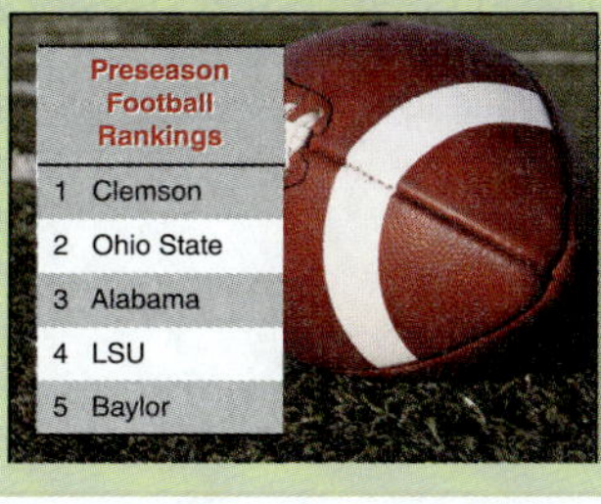

활동도 서열은 대학 미식축구 순위와 유사하다. 즉 상위권 팀들이 하위권 팀들을 이길 것으로 예상된다. 마찬가지로 활동도 서열상 높은 곳에 위치하는 금속은 그보다 낮은 곳에 위치하는 양이온을 환원시킬 것이다.

예제 14.3 금속 치환 반응 예측하기

표 14.2의 활동도 서열에 기초하면, 다음 중 어떤 금속이 염화 니켈(II) 수용액과 반응할 것인가?

금, 주석, 아연

일어나는 반응에 대한 균형 맞춘 분자 반응식을 쓰시오.

표 14.2를 조사하면 알 수 있는 사실은 활동도 서열상 Zn은 Ni^{2+} 위에 있고, Sn과 Au는 모두 Ni^{2+} 아래에 있다는 것이다. 이 순위를 바탕으로 하면, Zn이 Ni^{2+}와 반응할 유일한 원소이다. 이 반응에 대한 균형 맞춘 분자 반응식을 다음과 같이 쓸 수 있다.

$$Zn\,(s) + NiCl_2\,(aq) \rightarrow ZnCl_2\,(aq) + Ni\,(s) \qquad \text{균형 맞음}$$

도전 문제

3. 활동도 서열에 기초하면, 다음 중 어떤 원소가 철(II)을 원소 철로 환원시킬 수 있는가?

a. 칼슘 **b.** 마그네슘 **c.** 크로뮴 **d.** 은

4. 다음 각 반응을 완성하고 균형을 맞추시오. 반응이 일어나지 않으면, 이를 표시하시오.

a. $Zn\,(s) + MgSO_4\,(aq) \rightarrow$

b. $Co\,(s) + NiCl_2\,(aq) \rightarrow$

그림 14.10 아연 금속은 염산과 반응하여 염화 아연과 수소 기체를 생성한다. 기포는 이 반응에서 생성된 수소 기체다.

금속과 산, 금속과 물의 반응

대부분의 금속은 산과 반응하여 금속 양이온과 수소 기체를 생성한다. 예를 들어 아연 금속은 염산과 반응하여 염화 아연과 수소 기체를 생성한다(그림 14.10). 이것을 분자 반응식 또는 알짜 이온 반응식으로 쓸 수 있다.

분자 반응식: $$Zn\,(s) + 2\,HCl\,(aq) \rightarrow ZnCl_2\,(aq) + H_2\,(g)$$

알짜 이온 반응식: $$Zn\,(s) + 2\,H^+\,(aq) \rightarrow Zn^{2+}\,(aq) + H_2\,(g)$$

마찬가지로 마그네슘은 질산과 반응하여 질산 마그네슘과 수소 기체를 생성한다.

분자 반응식: $Mg\ (s) + 2\ HNO_3\ (aq) \rightarrow Mg(NO_3)_2\ (aq) + H_2\ (g)$

알짜 이온 반응식: $Mg\ (s) + 2\ H^+\ (aq) \rightarrow Mg^{2+}\ (aq) + H_2\ (g)$

모든 금속이 산과 반응하는 것은 아니다. 귀금속(은, 금, 백금)은 산과 반응하지 않는다. 이러한 관찰에 기초하여 화학자들은 표 14.2의 활동도 서열에 H^+를 끼워 넣었다. 활동도 서열상 H^+ 위의 금속은 산과 반응하지만, H^+ 아래의 금속은 산과 반응하지 않는다.

귀금속은 산과 반응하지 않는다.

활동도가 높은 금속은 물과 반응한다. 이러한 반응은 산과의 반응과 유사하다. 금속은 산화되어 양이온으로 되는 반면에, H^+는 환원되어 수소 기체를 생성한다는 점에서 유사하다. 예를 들어 소듐과 포타슘은 모두 물과 격렬하게 반응하여 금속 수산화물과 수소 기체를 생성한다(그림 14.11).

$$2\ Na\ (s) + 2\ H_2O\ (l) \rightarrow 2\ NaOH\ (aq) + H_2\ (g)$$

$$2\ K\ (s) + 2\ H_2O\ (l) \rightarrow 2\ KOH\ (aq) + H_2\ (g)$$

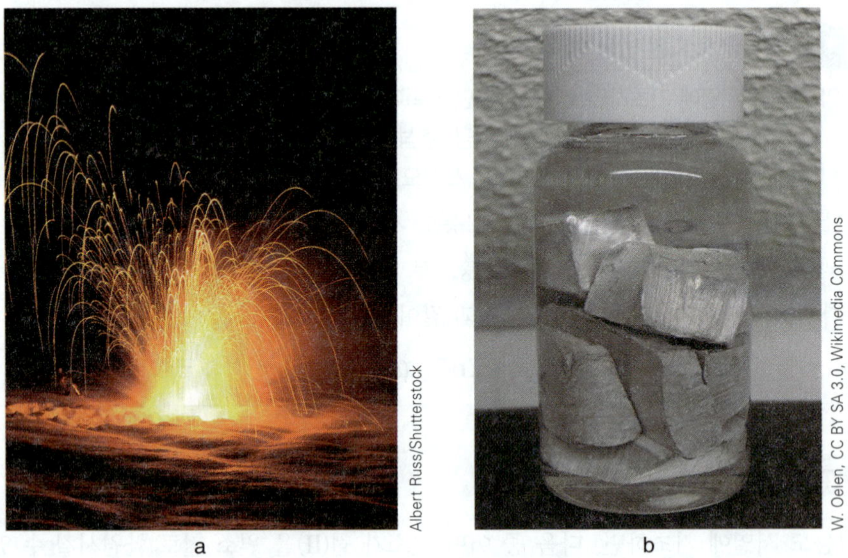

그림 14.11 (a) 소듐 및 포타슘과 같은 알칼리 금속은 물과 격렬하게 반응한다. (b) 물과 반응을 막기 위해, 이러한 원소들은 일반적으로 기름 층 아래에 저장한다.

일반적으로 알칼리 금속은 물과 격렬하게 반응한다. 알칼리 토금속도 물과 반응하지만, 그 반응은 더 느리게 일어난다. 칼슘과 같은 몇몇 알칼리 토금속은 상온에서 물과 천천히 반응한다. 마그네슘과 같은 다른 알칼리 토금속들은 가열해야 물과의 반응이 일어난다. 이러한 경향을 요약한 것이 표 14.3이다.

알칼리 금속은 물과 격렬하게 반응하고, 알칼리 토금속은 물과 천천히 반응한다.

소듐, 포타슘 및 기타 알칼리 금속은 반응성이 매우 높기 때문에 습기와 접촉하지 않도록 주의해서 보관해야 한다. 화학자들은 이 금속들이 물이나 공기에 노출되는 것을 막기 위해서 종종 이 금속들을 기름 아래에 저장한다.

표 14.3 금속과 산의 반응성 및 금속과 물의 반응성

	물과 격렬하게 반응	물 또는 증기와 반응	산과 반응
알칼리 금속 (Li, Na, K)	✓	✓	✓
알칼리 토금속 (Mg, Ca, Ba)		✓	✓
대부분의 전이 금속* (Fe, Co, Ni)			✓
귀금속 (Cu, Au, Ag, Pt)			

*반응성이 가장 높은 전이 금속들(예: Zn)도 증기와 반응한다.

예제 14.4 활동도 서열로 산-금속 반응 예측하기

알루미늄 금속은 염산과 반응할까? 만약 그렇다면, 균형 분자 반응식을 써서 이 반응을 설명하시오.

표 14.2에서 보는 바와 같이, Al이 H^+보다 활동도 서열이 높기 때문에 이러한 반응이 일어날 수 있음을 알 수 있다. 알루미늄은 +3가 양이온을 생성하기 때문에 염화 알루미늄의 화학식은 $AlCl_3$ 이다. 반응식의 균형을 맞추고 나면 다음과 같은 답에 도달한다.

$$2\ Al\ (s) + 6\ HCl\ (aq) \rightarrow 2\ AlCl_3\ (aq) + 3\ H_2\ (g)$$ 균형 맞음

도전 문제

5. 활동도 서열(표 14.2)을 사용하여 다음 금속들이 산과 반응할지, 아닐지를 말하시오.

a. 금 **b.** 니켈 **c.** 백금 **d.** 크로뮴

6. 표 14.2와 14.3의 정보를 사용하여 다음 각 반응을 완성하고 균형을 맞추시오. 또한 반응이 일어나지 않는다면, 이를 나타내시오.

a. $Zn\ (s) + HBr\ (aq) \rightarrow$ **b.** $Co\ (s) + HNO_3\ (aq) \rightarrow$

c. $Ag\ (s) + HCl\ (aq) \rightarrow$ **d.** $Li\ (s) + H_2O\ (l) \rightarrow$

14.3 반쪽 반응과 배터리

반쪽 반응

산화-환원 반응은 두 개의 구별되는 부분에서 일어난다. 한쪽에서는 원자나 이온이 전자를 얻는다(환원). 다른 쪽에서는 원자나 이온이 전자를 잃는다(산화). 우리는 종종 이 두 개의 분리된 과정을 **반쪽 반응(half-reaction)**으로 쓴다. 반쪽 반응은 전자가 어디에서 왔는지를 나타내지 않고 환원을 보여 주거나 전자가 어디로 갔는지를 나타내지 않고 산화를 보여 준다.

예로 아연 금속과 구리(II) 이온의 반응을 다시 살펴보자. 이 과정은 두 개의 반쪽 반응으로 쓸 수 있다. 한 반쪽 반응에서는 아연이 산화된다. 다른 반쪽 반응에서는 구리(II)가 환원된다. 아래의 반응에서 기호 e^-는 전자를 나타낸다.

반쪽 반응은 e^-를 사용하여 반응물 또는 생성물의 전자를 나타낸다.

산화 반쪽 반응: $Zn\ (s) \rightarrow Zn^{2+}\ (aq) + 2\ e^-$

환원 반쪽 반응: $2\ e^- + Cu^{2+}\ (aq) \rightarrow Cu\ (s)$

알짜 이온 반응식: $\cancel{2\ e^-} + Cu^{2+}\ (aq) + Zn\ (s) \rightarrow Cu\ (s) + Zn^{2+}\ (aq) + \cancel{2\ e^-}$

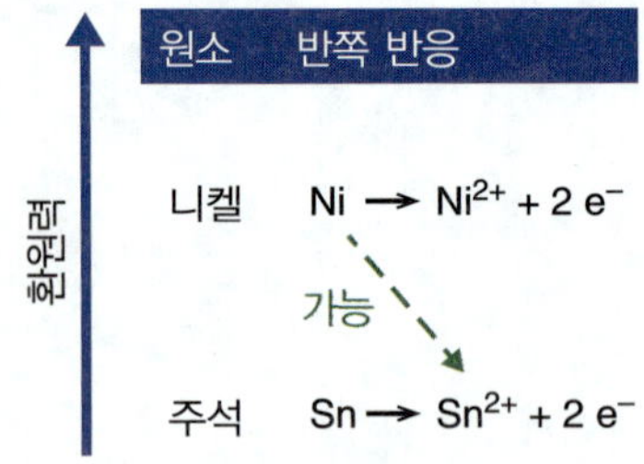

그림 14.12 활동도 서열상 니켈은 주석 위에 있다. 니켈과 주석이 반응하면 니켈은 산화되고, Sn^{2+}는 환원된다.

아연에 의해 방출된 두 전자가 구리(II)에 의해 소비됨을 주목하라. 두 개의 반쪽 반응을 합쳐서 알짜 이온 반응식을 만들 수 있다. 두 개의 전자가 반응물 쪽과 생성물 쪽에서 나타나기 때문에 그것들을 소거할 수 있다.

활동도 서열(표 14.2 참조)은 실제로 반쪽 반응의 서열이다. 활동도 서열을 사용하여 화학 변화의 산화 반쪽 반응과 환원 반쪽 반응을 쓸 수 있다. 예를 들어 니켈 금속과 주석(II) 이온의 반응을 생각해 보자. 그림 14.12에서 보듯, 니켈은 활동도 서열상 주석 위에 있다. 니켈의 산화에 대한 반쪽 반응은 활동도 서열상 나타나는 것과 동일한 방식으로 쓴다.

$$\text{산화 반쪽 반응:}\quad Ni\,(s) \rightarrow Ni^{2+}\,(aq) + 2\,e^-$$

또 다른 반쪽 반응은 Sn^{2+}의 환원이다. 활동도 서열은 산화로 나와 있기 때문에 반응물과 생성물을 역전시켜야 반응이 환원으로 나타난다.

$$\text{환원 반쪽 반응:}\quad 2\,e^- + Sn^{2+}\,(aq) \rightarrow Sn\,(s)$$

일반적으로 활동도 서열로부터 반쪽 반응을 작성할 때, 위쪽 반쪽 반응은 정방향으로 진행하며, 아래쪽 반쪽 반응은 역방향으로 진행한다. 어떤 경우에는 반쪽 반응의 균형을 맞춰야만 정확한 균형 반응식을 만들 수 있다. 이 과정을 14.4절에서 더 자세히 살펴볼 것이다.

Alex Kravtsov/Shutterstock

두 명의 미식축구 선수가 충돌하면 강한 힘을 내는 선수는 계속 앞으로 나아가는 반면 힘을 덜 내는 선수는 뒤로 쳐진다. 마찬가지로 활동도 서열상 환원력이 더 큰 금속의 반쪽 반응은 정방향으로 진행된다(산화). 환원력이 더 작은 금속의 반쪽 반응은 역으로 된다(환원).

예제 14.5 반쪽 반응 쓰기

아래에 표시된 산화-환원 반응의 알짜 이온 반응식을 적으시오. 그런 다음, 일어나는 산화/환원 반쪽 반응을 쓰시오.

$$SnCl_2\,(aq) + Fe\,(s) \rightarrow FeCl_2\,(aq) + Sn\,(s)$$

먼저, 완전한 이온 반응식을 쓰는 것이다.

$$Sn^{2+}\,(aq) + 2\,Cl^-\,(aq) + Fe\,(s) \rightarrow Fe^{2+}\,(aq) + 2\,Cl^-\,(aq) + Sn\,(s)$$

Cl^-는 구경꾼 이온이다. 따라서 반응식에서 Cl^-를 제거하면 알짜 이온 반응식이 된다.

$$Sn^{2+}\,(aq) + Fe\,(s) \rightarrow Fe^{2+}\,(aq) + Sn\,(s)$$

다음으로, 반응을 산화/환원 반쪽 반응으로 분리한다. 철은 Fe에서 Fe^{2+}로 산화되며 두 개의 전자를 잃는다는 의미다. 주석은 Sn^{2+}에서 Sn으로 환원되며 두 개의 전자를 얻는다. 두 개의 반쪽 반응을 다음과 같이 쓸 수 있다.

$$\text{산화:}\quad Fe\,(s) \rightarrow Fe^{2+}\,(aq) + 2\,e^-$$
$$\text{환원:}\quad 2\,e^- + Sn^{2+}\,(aq) \rightarrow Sn\,(s)$$

두 개의 반쪽 반응을 서로 합하면 알짜 이온 반응식이 된다. 이들 두 개의 반응이 활동도 서열상 어느 위치에 있는지에도 유의하라. 철은 활동도 서열에서 상단에 위치한다. 철은 이 반응에서 산화된다. 주석은 활동도 서열에서 하단에 위치하며 주석은 환원된다.

예제 14.6 반쪽 반응 쓰기

아연이 질산과 반응하여 질산 아연과 수소 기체를 생성할 때 일어나는 산화/환원 반쪽 반응을 나타내시오.

먼저, 이 반응의 균형 반응식을 쓴다. 아연은 +2가 양이온을 생성하며 질산 아연의 화학식은 $Zn(NO_3)_2$이 된다. 이는 균형 반응식으로 이어진다.

$$Zn\,(s) + 2\,HNO_3\,(aq) \rightarrow Zn(NO_3)_2\,(aq) + H_2\,(g)$$

해리된 이온을 쓰고 구경꾼 이온(NO_3^-)을 제거하면 다음과 같은 알짜 이온 반응식을 얻는다.

$$Zn\,(s) + 2\,H^+\,(aq) \rightarrow Zn^{2+}\,(aq) + H_2\,(g)$$

아연은 Zn에서 Zn^{2+}로 산화되어 두 개의 전자를 잃는다. H^+ 이온은 환원된다. 아래에서와 같이 H^+ 이온 2개에 전자 2개를 추가하면 H_2 기체가 발생한다.

산화: $Zn\,(s) \rightarrow Zn^{2+}\,(aq) + 2\,e^-$

환원: $2\,e^- + 2\,H^+\,(aq) \rightarrow H_2\,(g)$

도전 문제

7. 다음의 화학 변화 각각에 대해 반쪽 반응을 쓰시오.

a. $Ca\,(s) + Cl_2\,(aq) \rightarrow Ca^{2+}\,(aq) + 2\,Cl^-\,(aq)$

b. $Al\,(s) + Cr(NO_3)_3\,(aq) \rightarrow Al(NO_3)_3\,(aq) + Cr\,(s)$

8. 두 개의 반쪽 반응을 써서 칼슘과 염산이 반응하여 염화 칼슘과 수소 기체를 생성하는 반응을 설명하기 위한 두 개의 반쪽 반응을 적으시오.

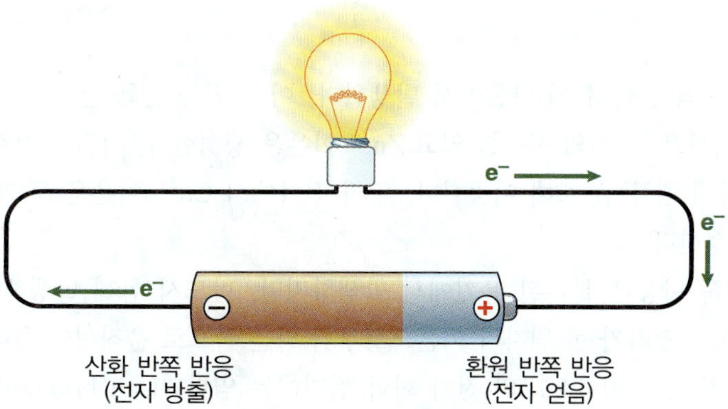

그림 14.13 배터리는 산화-환원 반응에 의해 작동한다. 이때 산화-환원 반응의 반쪽 반응은 분리된 곳에서 일어난다. 두 곳 사이의 전자의 흐름은 전류를 생성한다.

배터리

배터리(battery, **전기 화학 전지**라고도 함)는 한쪽에서는 산화가 일어나고 다른 쪽에서는 환원이 일어나는 화학 반응에 의해 작동한다. 반응이 일어나려면 전자가 산화 자리에서 환원 자리로 이동해야 하며 그 결과 전류가 발생한다(그림 14.13). 반쪽 반응을 사용하여 각 자리에서 일어나는 변화를 나타낸다.

그림 14.14가 나타내는 것은 전형적인 전기 화학 전지다. 전지는 두 개의 칸(이 경우 두 개의 비커)으로 구성된다. 한 비커에는 구리 막대가 황산 구리(II) 용액에 담겨 있다. 다른 비커에는 아연 막대가 황산 아연 용액에 담겨 있다. 이 두 막대를 전선으로 연결하면 전류가 발생한다. 구리 막대와 아연 막대를 **전극(electrode)**이라고 한다. 전극은 산화/환원 반쪽 반응이 일어나는 곳이다. 산화가 일어나는 전극이 **산화 전극**(anode), 환원이 일어나는 전극이 **환원 전극**(cathode)이다.

환원은 환원 전극에서 일어나며, 산화는 산화 전극에서 일어난다.

그림 14.14 전기 화학 전지에서, 산화는 한 칸에서 일어나며, 환원은 다른 칸에서 일어난다. 두 반쪽 반응 사이의 전자 이동은 전류를 생성한다. 염다리는 두 용액 사이의 전하 균형을 맞춘다.

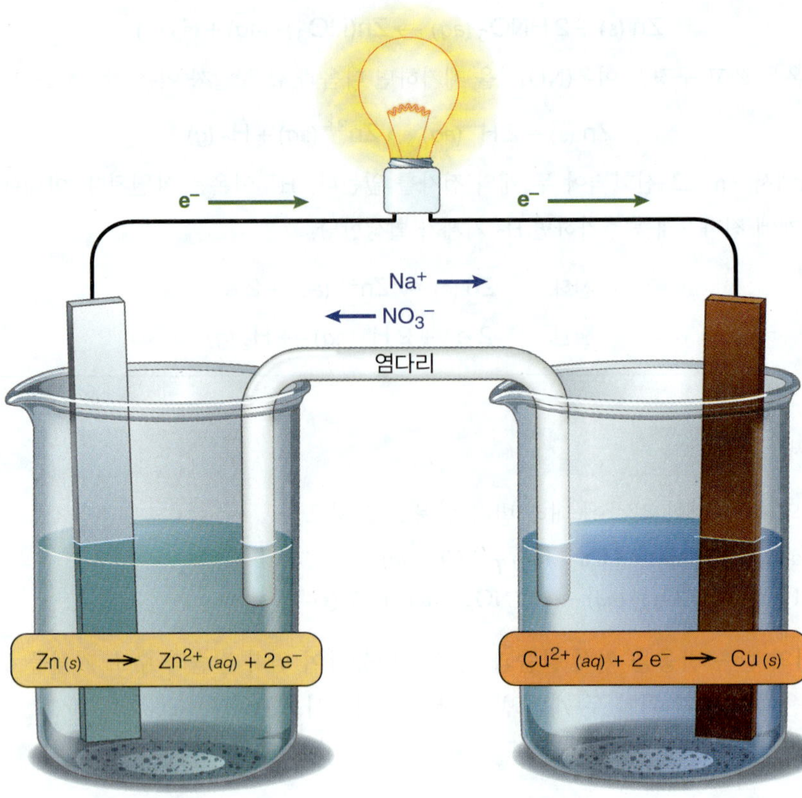

전류는 두 전극의 산화-환원 반응에서 발생한다. 아연 전극(산화 전극)에서 산화가 일어난다. 즉 아연 원자들은 두 개의 전자를 잃고 Zn^{2+} 이온을 생성한다. 이러한 전자들은 전선을 통해 구리 전극(환원 전극)을 향해 이동한다. 구리 전극에서 Cu^{2+} 이온은 두 개의 전자를 얻어 구리 원소를 형성한다.

산화/환원 반쪽 반응은 분리된 용기에서 발생하지만, 반드시 함께 발생해야 한다. 반응이 일어나기 위해서는 전자가 한 원자나 이온으로부터 다른 쪽으로 움직여야 한다.

주목할 것이 있다. 그림 14.14의 전기 화학 전지에는 **염다리**(salt bridge)라고 하는 U자형 관도 포함되어 있다. 이 염다리는 전지의 기능에 필수적이다. 염다리에는 질산 소듐과 같은 이온 결합 화합물이 들어 있다. 전자가 산화 전극에서 환원 전극으로 이동함에 따라, 산화 전지는 (+)전하를 형성하는 반면 환원 전극은 (−)전하를 형성한다. 염다리는 전하 균형을 맞출 수 있는 구경꾼 이온을 제공한다. 예를 들어 염다리에 질산 소듐이 있다면, 소듐 양이온이 음전하를 향해 이동하는 반면 질산 이온은 양전하를 향해 이동한다. 만약 염다리가 없다면, 전극에 전하가 쌓여 전자의 흐름을 제한한다. 따라서 염다리가 있어야만 전지가 작동한다.

배터리에 저장된 에너지의 양은 환원 전극과 산화 전극에서 일어나는 특정 화학 반응에 의존한다. 과학자들은 전위 에너지의 양을 **전압**(voltage)으로 설명한다. 전위 에너지의 단위는 **볼트**(V)이다.

Jr images/Shutterstock

배터리는 형태, 크기, 퍼텐셜 에너지가 크게 다르지만, 모두 산화-환원 반응에 의존하여 전류를 생성한다.

예제 14.7 전기 화학 전지의 전자 흐름 방향 예측

화학자가 전기 화학 전지를 그림과 같이 조립했다. 전지의 한쪽에는 철 전극이 질산 철(II) 수용액에 담겨 있다. 전지의 다른 쪽에는 마그네슘 전극이 질산 마그네슘 수용액에 담겨 있다. 활동도 서열을 사용하여, 산화가 일어나는 전극(산화 전극)과 환원이 일어나는 전극(환원 전극)을 식별하시오. 반쪽 반응을 써서 각 전극에서 발생하는 변화를 설명하시오.

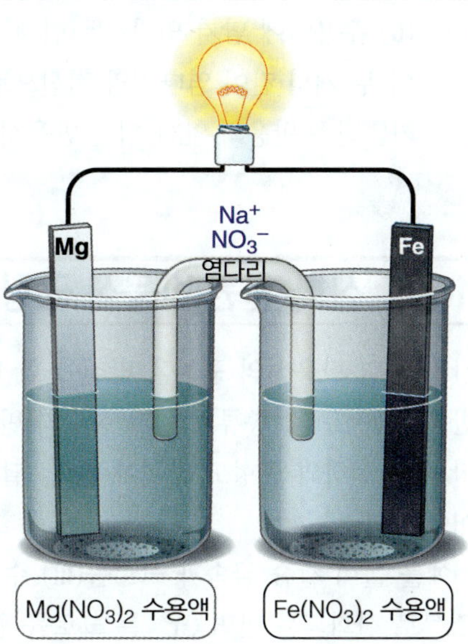

염다리는 환원 전극과 산화 전극 사이의 전하 균형을 맞춘다.

활동도 서열상 마그네슘이 철보다 상단에 위치하기 때문에, Mg가 Fe^{2+}와 반응한다는 것을 알 수 있다.

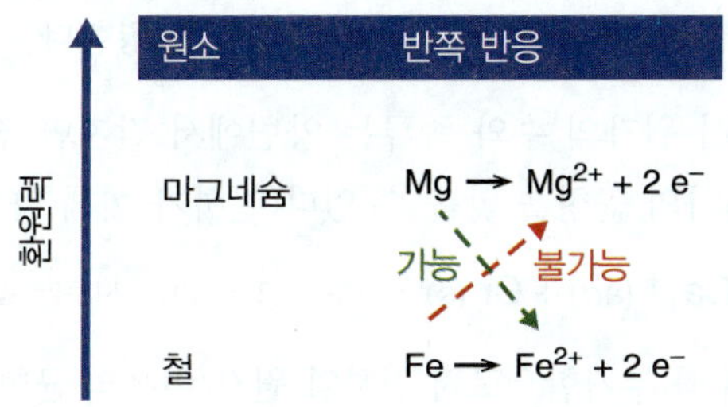

따라서 산화는 마그네슘 전극에서 일어나는 반면 환원은 철 전극에서 일어난다. 활동도 서열에서 두 개의 반쪽 반응을 얻을 수 있다. 활동도 서열에서 상단에 위치하는 반응은 산화 반응(써 있는 대로)으로 진행된다. 활동도 서열에서 하단에 위치하는 반응은 환원 반쪽 반응으로 나타내기 위하여 반응물과 생성물을 반대로 뒤집어야 한다.

산화: $Mg\ (s) \rightarrow Mg^{2+}\ (aq) + 2\ e^-$

환원: $2\ e^- + Fe^{2+}\ (aq) \rightarrow Fe\ (s)$

또한 이 과정을 알짜 이온 반응으로 다음과 같이 설명할 수 있다.

$$Fe^{2+}\ (aq) + Mg\ (s) \rightarrow Fe\ (s) + Mg^{2+}\ (aq)$$

산화 전극에서 산화가 일어나기 때문에, 마그네슘 막대는 산화 전극이고, 철 막대는 환원 전극이다.

도전 문제

9. 어떤 배터리에 염화 아연 수용액에 담긴 아연 산화 전극과 염화 백금(II) 수용액에 담긴 백금 환원 전극이 있다. 이 전지의 산화 전극과 환원 전극에서 일어나는 반쪽 반응은 무엇인가?

10. 어떤 전기 화학 전지에 두 개의 칸이 있다. 첫 번째 칸에는 니켈 전극이 황산 니켈(II) 수용액에 담겨 있다. 두 번째 칸에는 아연 전극이 황산 아연 수용액에 담겨 있다. 이 두 개의 칸이 염다리와 전선으로 연결되어 있다면, 전자는 어느 방향으로 흐르겠는가? 반쪽 반응과 알짜 이온 반응식을 써서 이 화학 반응을 설명하시오.

14.4 산화-환원 반응식 균형 맞추기

산화-환원 반응식의 경우, 원자와 전하의 균형을 둘 다 맞춰주어야 한다.

산화-환원 반응식의 균형을 맞춰야 할 때도 있다. 다른 균형 반응식과 마찬가지로 산화-환원 반응식에서도 각 종류의 원자 총수가 반응식의 양쪽에서 같아야 한다. 산화-환원 반응을 설명할 때는 전하의 균형도 맞춰야 한다. 달리 말하면, **산화에서 잃은 전자의 수만큼 환원에서 얻어야 한다.**

예를 들어 칼슘 금속과 크로뮴(III) 수용액의 반응을 생각해 보자. 이 반응에서 칼슘 원소는 Ca^{2+}로 산화되는 반면 Cr^{3+}는 크로뮴 원소로 환원된다. 불균형 반응식을 작성하여 이 변화를 설명할 수 있다.

$$Ca\,(s) + Cr^{3+}\,(aq) \rightarrow Ca^{2+}\,(aq) + Cr\,(s)$$ 균형 맞지 않음(전하가 같지 않음)

어떻게 균형을 맞춰야 할까? 두 가지 접근 방식을 아래에 설명한다.

제1 접근 방식. 이 반응식에서 원자의 수와 종류는 양변에서 같지만 전하는 그렇지 않다. 이온에 계수를 추가함으로써 전하의 균형을 맞출 수 있다(전하가 이제 양변에서 +6이 된다).

$$Ca\,(s) + 2\,Cr^{3+}\,(aq) \rightarrow 3\,Ca^{2+}\,(aq) + Cr\,(s)$$ 균형 맞지 않음(전하는 같지만, 원자의 수가 같지 않음)

그런 다음, 원소 형태에 계수를 추가함으로써 전하와 원자/이온의 균형을 이루도록 해야 한다.

$$3\,Ca\,(s) + 2\,Cr^{3+}\,(aq) \rightarrow 3\,Ca^{2+}\,(aq) + 2\,Cr\,(s)$$ 균형 맞음

제2 접근 방식. 이 문제를 해결하는 또 다른 방법은 동일한 수의 전자가 산화에서 방출되고, 환원에서 얻도록 하는 것이다. 먼저 두 개의 불균형 반쪽 반응을 작성한다.

산화: $Ca \rightarrow Ca^{2+} + 2\,e^-$

환원: $3\,e^- + Cr^{3+} \rightarrow Cr$

산화에서는 두 개의 전자를 방출하지만, 환원에서는 세 개의 전자가 필요하다. 산화-환원 반응이 균형을 이루려면, 산화에서 잃은 전자가 환원에서 얻은 전자와 같아야 한다. 전자 수를 같게 만들기 위해, 산화의 각 화학종에 인자 3을 곱하고, 환원의 각 화학종에 인자 2를 곱한다. 이제 산화에서는 6개의 전자를 잃고, 환원에서는 6개의 전자를 얻는다.

산화: $(Ca \longrightarrow Ca^{2+} + 2\,e^-) \times 3$ ⟶ $3\,Ca \longrightarrow 3\,Ca^{2+} + 6\,e^-$

환원: $(3\,e^- + Cr^{3+} \longrightarrow Cr) \times 2$ ⟶ $6\,e^- + 2\,Cr^{3+} \longrightarrow 2\,Cr$

산화와 환원에서의 전자 수가 같아야 한다.

마지막으로 산화 및 환원 반쪽 반응을 함께 더하여 알짜 이온 반응을 얻는다. 반응식의 좌변과 우변에 존재하는 전자 수가 같기 때문에 양변의 전자를 소거할 수 있고, 정확하게 균형을 맞춘 알짜 이온 반응식이 남게 된다.

산화 반쪽 반응: $3\,Ca \rightarrow 3\,Ca^{2+} + 6\,e^-$

환원 반쪽 반응: $6\,e^- + 2\,Cr^{3+} \rightarrow 2\,Cr$

알짜 이온 반응식: $\cancel{6e^-} + 3\,Ca\,(s) + 2\,Cr^{3+}\,(aq) \rightarrow 3\,Ca^{2+}\,(aq) + 2\,Cr\,(s) + \cancel{6e^-}$

예제 14.8은 이러한 유형의 또 다른 문제다.

예제 14.8 산화-환원 반응식 균형 맞추기

은 금속은 질산 백금(II)과 단일 치환 반응을 일으켜서 질산 은과 백금 원소를 생성한다. 이 단일 치환 반응의 균형 알짜 이온 반응식을 쓰시오.

위에서 논의한 두 가지 접근 방식을 모두 사용하여 이 문제를 해결하자. 먼저 알짜 이온 반응식의 원자와 전하의 균형을 맞춘다. 질산 이온은 구경꾼 이온이므로 질산 이온은 포함시킬 필요가 없다. 따라서 이러한 반응과 관련되어 있는 다음 화학종들만 남게 된다.

$$Ag + Pt^{2+} \rightarrow Ag^+ + Pt \qquad \text{균형 맞지 않음}$$

이 경우, Ag^+ 앞에 계수 2를 넣어 전하의 균형을 맞출 수 있다. 그리고나서 Ag 원소 앞에 2를 넣어 원자 수와 종류의 균형을 맞춘다. 마지막으로 상 기호를 삽입하여 완전한 답을 만든다.

$$2\,Ag\,(s) + Pt^{2+}\,(aq) \rightarrow 2\,Ag^+\,(aq) + Pt\,(s) \qquad \text{균형 맞음}$$

다른 접근 방식은 산화와 환원에서 전자 흐름의 균형을 맞추는 것이다. 먼저 두 개의 반쪽 반응을 작성한다.

산화: $Ag \rightarrow Ag^+ + e^-$

환원: $2\,e^- + Pt^{2+} \rightarrow Pt$

각 반쪽 반응에서 전자의 균형을 맞추기 위해 산화 화학종에 2를 곱한다. 그런 다음 두 반쪽 반응을 합한다. 반응물과 생성물 양쪽에는 두 개의 전자가 있다. 따라서 전자들을 소거하면 균형 반응식이 남게 된다.

산화 반쪽 반응: $2\,Ag \rightarrow 2\,Ag^+ + 2\,e^-$

환원 반쪽 반응: $2\,e^- + Pt^{2+} \rightarrow Pt$

알짜 이온 반응식: $\cancel{2e^-} + 2\,Ag\,(s) + Pt^{2+}\,(aq) \rightarrow 2\,Ag^+\,(aq) + Pt\,(s) + \cancel{2e^-}$

도전 문제

11. 바륨 원소는 염화 코발트(II) 용액과 반응하여 염화 바륨과 코발트 원소를 생성한다. 반쪽 반응을 작성하여 이 변화의 산화 및 환원 성분을 표시하시오.

12. 알루미늄 원소는 염화 철(II) 용액과 반응하여 염화 알루미늄과 철 원소를 생성한다. 반쪽 반응, 알짜 이온 반응식, 분자 반응식을 사용하여 이 변화를 설명하시오.

14.5 산화-환원 반응의 다른 응용

전기 도금

전기 도금(electroplating)이란 금, 은, 구리, 크로뮴 등의 금속의 얇은 층을 다른 물질의 외부 표면에 입히는 기술이다. 예를 들어 '크롬' 모터사이클 부품은 보통 강철로 구성되는데 세 개의 얇은 외부 층으로 보호되고 미화된다. 세 개의 얇은 외부 층은 첫 번째로 구리, 다음에는 니켈, 마지막으로 크로뮴이다(그림 14.15).

Vahe 3D/Shutterstock

그림 14.15 모터사이클의 눈부신 크롬 표면은 각각의 강철 부품을 전기 도금하여 만들어진다. 부품은 구리, 니켈, 크로뮴의 얇은 층으로 코팅되어 있다.

역사적으로, 페니는 거의 완전히 구리로 만들어졌다. 하지만 구리의 가격 상승 때문에, 1983년에 미국 조폐국은 아연 페니의 표면에 얇은 구리를 전기 도금하기 시작했다.

전기 도금은 전기 화학 전지에서 일어나는 것과 실제로 매우 유사하다. 전기 화학 전지에서는 산화-환원 반응이 전류를 생성한다. 전기 도금에서는 그 반대가 일어난다. 전류가 산화-환원 반응이 일어나게 한다. 그림 14.16은 철 파이프에 니켈 코팅을 적용하는 과정을 설명한 것이다. 이 파이프는 해리된 니켈(II) 이온이 포함된 수용액에 담겨 있다. 니켈 전극도 용액에 담겨 있다. 그런 다음 두 전극(파이프와 니켈)을 배터리에 연결한다. 배터리의 전위 에너지가 산화-환원 반응이 일어나도록 만든다. 환원은 파이프 표면에서 일어난다. 니켈(II) 이온은 니켈 원소로 환원되기 때문에, 니켈이 금속 표면에 부착된다. 다른 전극에서는 니켈 원자가 산화되어 니켈(II) 이온을 형성하고 용액에 용해되어 이온의 양을 보충한다.

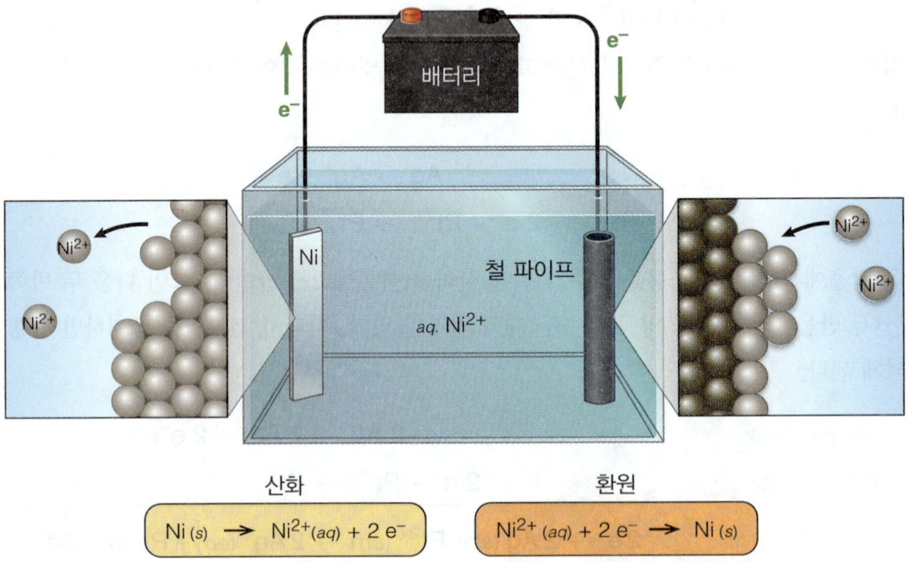

그림 14.16 전기 도금은 전위 에너지(전압)를 사용하여 산화-환원 반응이 일어나게 만든다. 니켈 전기 도금 장치에서, 니켈은 왼쪽 전극에서 산화되고, 오른쪽 전극에서 환원되어 얇은 니켈층을 형성한다.

Public Domain, PICRYL

Volta가 배터리를 발명한 데 이어, 영국의 과학자 Humphry Davy는 전기 도금에 사용된 것과 유사한 기술을 사용하여 많은 주족 금속(main-group metal)을 발견했다. 두 전극을 이온 결합 화합물이 포함된 용액에 담금으로써 금속 이온을 자신의 원소 형태로 환원시킬 수 있었다.

Dnn87, CC BY SA 3.0, Wikimedia Commons

소듐

Dnn87, CC BY SA 3.0, Wikimedia Commons

포타슘

Bjoern Wylezich/Shutterstock

칼슘

연료 전지

지난 수십 년 동안 **연료 전지(fuel cell)**는 에너지를 저장하고 방출하는, 흥미롭고 새로운 접근법으로 떠올랐다. 연료 전지는 산화 반쪽 반응과 환원 반쪽 반응을 분리시킴으로써 연소 반응의 퍼텐셜 에너지를 전기 에너지로 직접 변환한다(그림 14.17). 가장 일반적인 연료 전지는 수소와 산소가 반응하는 발열 반응과 관계가 있다.

$$2\,H_2\,(g) + O_2\,(g) \rightarrow 2\,H_2O\,(l)$$

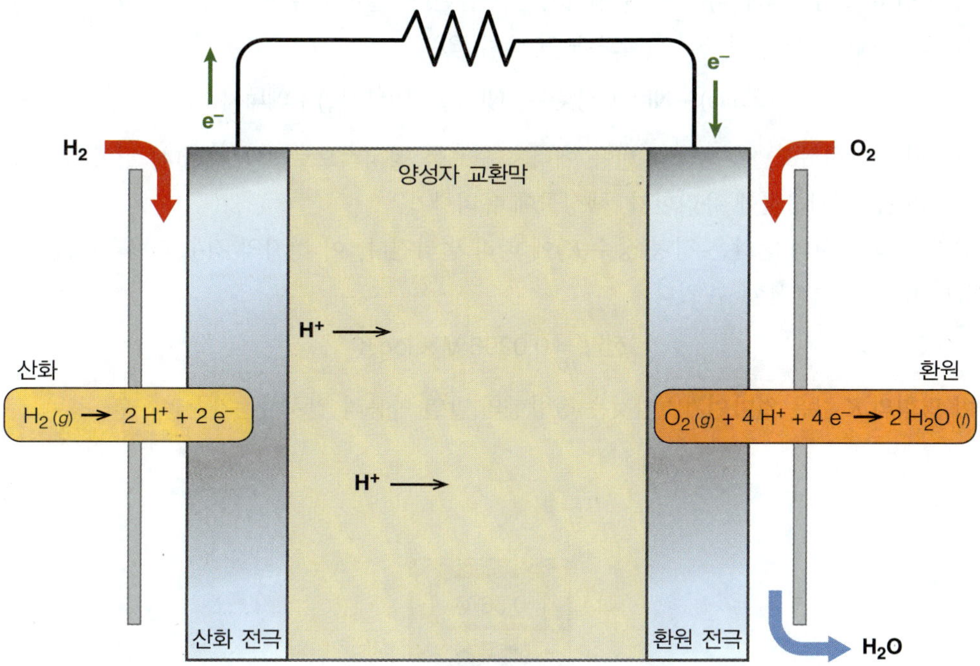

그림 14.17 수소 연료 전지는 수소의 연소를 두 개의 반쪽 반응으로 나누고, 전자 이동을 이용하여 전류를 생성한다.

수소 연료 전지는 두 개의 전극으로 구성되어 있으며, 이들은 **양성자 교환막**(proton exchange membrane)이라고 하는 물질로 분리되어 있다. H^+ 이온은 막을 통해 흐르지만, 전자는 흐르지 않는다. 산화 전극에서 H_2가 산화되어 H^+ 이온이 된다.

산-염기 화학에서, 우리가 일반적으로, H^+ 이온을 **양성자**라고 부르는 것을 기억하라.

$$\text{산화:}\quad H_2\,(g) \rightarrow 2\,H^+ + 2\,e^-$$

환원 전극에서 산소가 환원되며, 전자와 H^+ 이온이 반응하여 물을 생성한다.

$$\text{환원:}\quad O_2\,(g) + 4\,H^+ + 4\,e^- \rightarrow 2\,H_2O\,(l)$$

양성자 교환막이 H^+ 이온만이 막을 통해 쉽게 흐르도록 하기 때문에, 전자는 반응이 일어나기 위해 외부 경로를 통해 이동해야 한다. 그 결과 전류가 발생한다.

연료 전지는 우주 여행에 사용하기 위하여 NASA에서 개발하였다. 최근에는 디자인 개선으로 인해 연료 전지가 많은 전력 용도로 유력한 대안이 되고 있다. 2016년에 현대 자동차는 수소 연료 전지로 구동되는 첫 양산차를 내놨다(그림 14.18).

그림 14.18 2016년에 현대 자동차는 수소 연료 전지로 구동되는 최초의 양산차인 투싼을 출시했다.

캡스톤 질문

그림 14.19는 전기 화학 전지로, 아연 전극이 1.0 M Zn^{2+} 수용액에, 니켈 전극이 1.0 M Ni^{2+} 수용액에 담겨 있는 구성이다. 이 전지의 전위 에너지(전압)는 0.53 V이다. 이와 같은 전기 화학 전지를 설명할 때 종종 그 반응을 정방향으로만 설명한다.

$$Zn\,(s) + Ni^{2+}\,(aq) \rightarrow Ni\,(s) + Zn^{2+}\,(aq)$$

그러나 많은 산화-환원 반응이 가역적이다. 예를 들어 배터리를 재충전하면 반응의 방향이 역전되고 시스템에 다시 전기 에너지가 공급된다. 실제로 위의 반응식을 평형으로 다시 쓰고, 에너지를 정반응의 산물로 보여 줄 수 있다.

$$Zn\,(s) + Ni^{2+}\,(aq) \rightleftharpoons Ni\,(s) + Zn^{2+}\,(aq) + \text{에너지}$$

평형식을 작성하고, 이 반응의 반응 에너지 도표를 정성적으로 스케치한다. 평형 상태에서 이 반응은 반응물에 유리한가, 생성물에 유리한가?

전기 화학 전지의 전압은 평형 상수(K)에 따라 달라진다. 이 전지의 경우 다음의 식을 사용하여 전압을 계산할 수 있다.

$$\text{전압} = 0.0296\ \text{V} \times \log K$$

이 평형의 K 값은 얼마인가? 이것은 정방향의 발열 반응과 일치하는가?

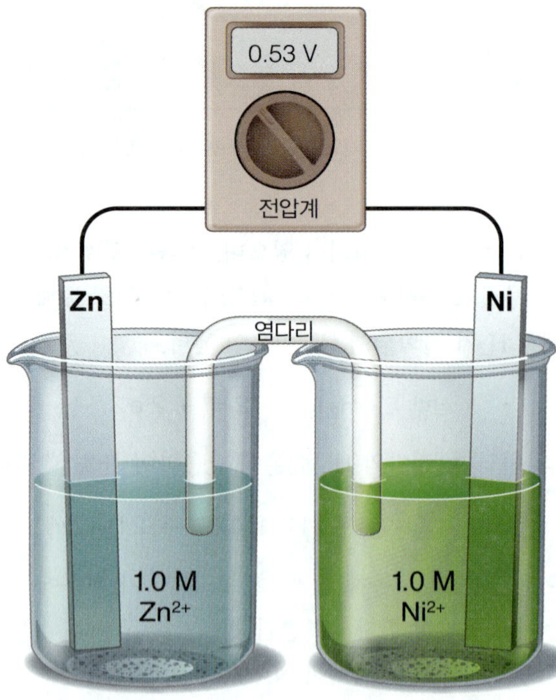

그림 14.19 이 전기 화학 전지에는 아연 전극과 니켈 전극이 각각 1.0 M Zn^{2+}와 Ni^{2+} 용액에 담겨 있다.

요약

산화-환원 반응은 전자의 득실과 관계된다. 전자를 잃는 원자, 분자, 이온은 산화되며 전자를 얻는 화학종은 환원된다. 산화-환원 반응은 전기 화학 분야의 중심이며 전자 이동과 관계된 화학 과정에 관한 학문이다.

산화-환원 반응에는 여러 종류가 있다. 금속과 비금속은 산화-환원 반응에서 결합하여 이온 결합 화합물을 생성한다. 금속과 비금속은 모두 산소와 반응하여 산화물이라고 하는 새로운 화합물을 생성하는 연소 반응을 겪는다. 이러한 반응은 종종 열이나 빛과 같은 많은 에너지를 방출한다. 탄화수소(수소와 탄소로 구성된 화합물)는 화석 연료로 사용되기 때문에 화합물의 중요한 종류이다. 탄화수소의 연소 반응은 이산화 탄소와 물의 두 가지 생성물을 생성한다.

금속 치환 반응은 또 다른 일반적인 종류의 산화-환원 반응이다. 이러한 반응에서 금속 원소는 일반적으로 수용액에서 금속 이온과 반응한다. 금속 원소는 산화되어 이온이 되는 반면에 이온은 환원되어 원소 형태로 된다. 이러한 반응은 단일 치환 반응의 예다. 어떤 금속들은 다른 금속들보다 더 활동적이거나 더 강하게 환원한다. 활동도 서열은 금속의 환원력에 의한 금속의 순위로서 금속과 이온의 어떤 조합이 반응할지를 예측하게 해 준다.

대부분의 금속은 산과 반응하여 금속 이온과 수소 기체를 생성한다. 가장 활동적인 금속은 물과 비슷한 반응이 일어난다.

때로는 산화-환원 반응을 산화 반쪽 반응과 환원 반쪽 반응으로 적는 것이 도움이 된다. 산화-환원 반응의 균형을 맞추려면, 산화 반쪽 반응에서 손실된 전자 수와 환원 반쪽 반응에서 얻은 전자 수가 같아야 한다. 달리 표현하면, 균형 산화-환원 반응은 존재하는 원자의 수와 종류뿐만 아니라 전체적인 전하의 균형을 맞춰주어야 한다.

배터리(전기 화학 전지라고도 함)는 산화-환원 반응을 통해 전류를 생성하는 장치로, 두 개의 반쪽 반응이 서로 다른 장소에서 발생한다. 간단한 전기 화학 전지에는 두 개의 전극이 있고, 염다리로 연결되어 있다.

배터리는 전기 화학 분야의 많은 중요한 응용 분야 중 하나일 뿐이다. 전기 화학 분야의 관련 기술은 전기 도금으로 전위 에너지를 사용하여 크로뮴, 니켈, 금과 같은 금속의 얇은 층으로 물질을 코팅하는 것이다.

전기 화학의 또 다른 중요한 용도는 연료 전지다. 이러한 장치는 산화 반쪽 반응과 환원 반쪽 반응을 분리함으로써 연소 반응의 에너지를 직접 전기 에너지로 변환한다. 연료 전지는 미래의 운송 산업에 큰 영향을 미칠 수 있는 잠재력을 갖고 있다.

충전:
배터리의 현재와 미래

그림 14.20 전기톱은 휴대성이 뛰어나고 매우 강력해야 한다. 이 전기톱은 리튬 이온 배터리로 작동한다.

전기톱은 놀라운 도구이다(그림 14.20). 좋은 톱이 있으면, 쓰러진 나무를 한 시간 안에 장작더미로 만들 수 있다. 하지만 전기톱으로 일하기가 어려울 수 있다. 전기톱이 무겁고 위험하기 때문이다. 대부분 전기톱의 작은 가솔린 엔진은 가스와 기름을 혼합해야 하고, 시동 걸기가 매우 어려운 것으로 악명 높다. 그러나 배터리 기술이 최근에 발전한 덕분에, 이 모든 것이 바뀔 준비가 되어 있다.

전기톱에 전원을 공급하기 위해서는 배터리가 매우 강해야 하고 가벼워야 한다. 전기톱은 꽤 긴 시간 동안 지속되어야 하며, 충전할 수 있어야 한다. 수 년 동안 배터리는 이러한 요구 사항을 충족시킬 수 없었다. 그러나 **리튬 이온 배터리**(lithium-ion battery)라고 하는 신세대 배터리는 다른 제품뿐만 아니라 전기톱 시장도 변화시켰다.

리튬 이온 배터리는 노트북 컴퓨터와 기타 휴대용 전자 장치에서 10년 이상 사용되어 왔다. Volta의 원조 Volta 파일처럼, 이 배터리들은 산화-환원 반응을 기반으로 한다. 그러나 혁신적인 신소재와 혁신적인 디자인이 성능을 극대화했다. 또한 초기 배터리와는 달리, 리튬 이온 배터리는 재충전이 가능하다.

그림 14.21은 이렇게 주목할 만한 장치의 구조를 보여 준다. 이런 종류의 배터리에서는 전자가 흑연판에 저장된다. 리튬 이온은 판 사이를 자유롭게 이동할 수 있어서 전체 전하량의 균형을 맞출 수 있다. 두 전극이 연결되면, 전자는 회로를 통해 흑연판으로부터 산화 금속 표면(예: $Mn_2O_4^{2-}$)으로 흐른다. 그 결과 알짜 환원은 다음과 같다.

$$Mn_2O_4^- + e^- \rightarrow Mn_2O_4^{2-}$$

전자가 회로를 통과하는 동안, 리튬 이온은 다공성 막을 통과하여 $Mn_2O_4^{2-}$ 뼈대로 이동한다. 이렇게 하여 전체 전하의 균형을 유지한다. 또한 흑연판에 여분 전자의 공급이 고갈될 때까지 전류가 지속될 수 있다.

배터리를 재충전하면 전자가 금속 산화물 표면으로부터 흑연 표면으로 다시 밀려난다. 이 과정에서 금속이 산화되고, 반면에 흑연이 환원된다. 일단 전자가 흑연 표면으로 뒤로 밀리면, 배터리는 재충전된다. 배터리를 다시 끼우면 바로 사용할 수 있다.

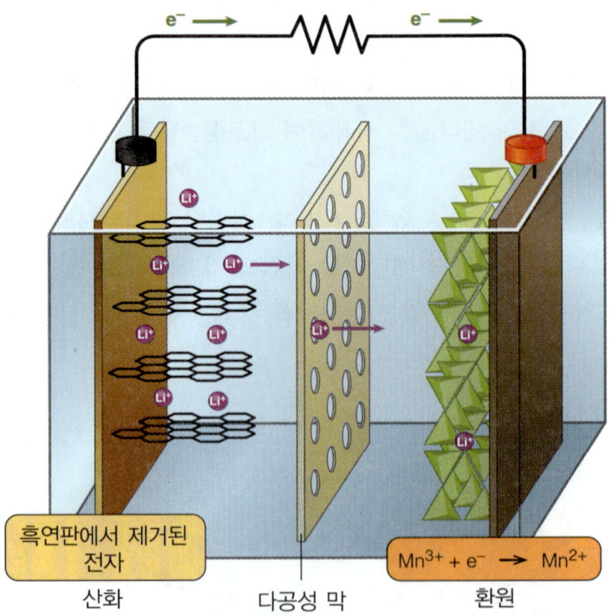

그림 14.21 리튬 이온 배터리에서, 전자는 흑연판에 저장된다. 리튬 이온은 판 사이에 위치하며, 전체 전하의 균형을 유지한다. 배터리를 사용할 때, 전자는 회로를 통해 흐르는 반면 리튬 이온은 다공성 막을 통해 흐른다. 배터리를 재충전하면 전자와 리튬 이온이 흑연판으로 다시 밀어 넣어진다.

주요 용어

14.1 산화와 환원

전기 화학: 전자 이동을 포함하는 화학 과정에 대한 학문

산화-환원 반응: 한 화학종이 전자를 잃는(산화) 반면 다른 화학종은 전자를 얻는(환원) 화학 변화

산화: 전자 잃음

환원: 전자 얻음

산화수: 산화-환원 반응의 전자 변화를 추적하기 위한 셈틀

14.2 산화-환원 반응의 유형

연소: 산소 기체가 원소 또는 화합물과 결합하여 산화물을 생성하는 반응

금속 치환 반응: 두 금속 사이의 반응으로, 한 금속이 이온 형태로 산화되는 반면에, 다른 금속 이온은 원소 형태로 환원된다.

활동도 서열: 금속을 환원력으로 나열한 표. 금속 치환 반응이 일어날지 예측하는 데 사용된다.

14.3 반쪽 반응과 배터리

반쪽 반응: 반응의 환원 성분 또는 산화 성분만을 보여 주는 화학 반응식

배터리: 산화-환원 반응을 통해 전류를 생성하는 장치로, 두 개의 반쪽 반응이 분리된 장소에서 일어나며 전기 화학 전지라고도 한다.

전극: 전기 화학 전지 및 관련 장치에서 산화 또는 환원 반쪽 반응이 발생하는 곳

14.5 산화-환원 반응의 다른 응용

전기 도금: 전위 에너지(예: 배터리에서처럼)를 사용하여, 금, 은, 구리, 크로뮴과 같은 금속의 얇은 층을 다른 물질의 표면에 생성시키는 기술

연료 전지: 산화 반쪽 반응과 환원 반쪽 반응을 분리함으로써 연소 반응의 에너지를 전기 에너지로 직접 변환시키는 장치

추가 문제

14.1 산화와 환원

13. 다음 각 변화에서 원소 또는 이온의 산화 또는 환원 여부를 결정하시오.
- a. 은 원자가 전자를 잃고 Ag^+ 양이온을 생성한다.
- b. 플루오린 원자가 전자를 얻어 플루오린화 이온을 생성한다.
- c. 산소가 반응하여 산화 이온을 생성한다.
- d. 주석이 반응하여 주석(IV) 이온을 생성한다.

14. 다음 각 변화에서 원소 또는 이온의 산화 또는 환원 여부를 결정하시오.
- a. 수소 원소가 수소 이온(H^+)을 생성한다.
- b. 수소 원소가 수소 음이온(H^-)을 생성한다.
- c. 황이 반응하여 황화 이온을 생성한다.
- d. 마그네슘이 반응하여 마그네슘 이온을 생성한다.

15. 과학자들은 왜 산화수를 사용하는가?

16. 9장에서 형식 전하 개념을 검토했다. 산화수는 형식 전하와 어떻게 다른가?

17. 다음 각 화합물에서 금속 이온의 산화수를 구하시오.
a. $CoBr_2$ b. CuI c. PbO_2 d. K_2S

18. 다음 각 화합물에서 금속 이온의 산화수를 구하시오.
a. $NaBr$ b. $PtCl_4$ c. $NiCl_2$ d. AlF_3

19. 다음 화합물에서 각 원소의 산화수를 구하시오.
a. $CuCl$ b. $CuCl_2$ c. SiO_2 d. H_2O

20. 다음 화합물에서 각 원소의 산화수를 구하시오.
a. $TiCl_4$ b. H_2CO c. H_2CO_3 d. $SiBr_4$

21. 다음 화합물에서 각 원소의 산화수를 구하시오.
a. $BeBr_2$ b. BBr_3 c. NH_3 d. LiH

22. 다음 화합물에서 각 원소의 산화수를 구하시오.
a. PCl_3 b. PCl_5 c. $POCl_3$ d. PH_3

23. 다음 이온에서 각 원소의 산화수를 구하시오.
a. Pb^{2+} b. Br^- c. BrO^- d. H_2N^-

24. 다음 이온에서 각 원소의 산화수를 구하시오.
a. Mg^{2+} b. ClO_2^- c. ClO_3^- d. ClO_4^-

25. 다음 이온에서 각 원소의 산화수를 구하시오.
a. Cr^{3+} b. CO_3^{2-} c. IO_3^- d. BF_4^-

26. 다음 이온에서 각 원소의 산화수를 구하시오.
a. NH_4^+ b. NO_2^- c. HCO_3^- d. CCl_3^-

27. 다음 반응에서 산화되는 원소와 환원되는 원소를 말하시오.
- a. $2\ Mg\ (s) + O_2\ (g) \rightarrow 2\ MgO\ (s)$
- b. $Fe\ (s) + S\ (s) \rightarrow FeS\ (s)$
- c. $Br_2\ (l) + Ca\ (s) \rightarrow CaBr_2\ (s)$

28. 다음 반응에서 산화되는 원소와 환원되는 원소를 말하시오.
- a. $2\ Cu\ (s) + O_2\ (g) \rightarrow 2\ CuO\ (s)$
- b. $S\ (s) + Hg\ (l) \rightarrow HgS\ (s)$
- c. $Sn\ (s) + 2\ Cl_2\ (g) \rightarrow SnCl_4\ (s)$

29. 다음 반응에서 산화되는 화학종과 환원되는 화학종을 말하시오.
   a. $2\ H_2\ (g) + O_2\ (g) \rightarrow 2\ H_2O\ (g)$
   b. $H_2CO\ (aq) + O_2\ (g) \rightarrow H_2CO_3\ (aq)$
   c. $H_2S_2\ (g) + H_2\ (g) \rightarrow 2\ H_2S\ (g)$

30. 다음 반응에서 산화되는 화학종과 환원되는 화학종을 말하시오.
   a. $2\ NaN_3\ (s) \rightarrow 2\ Na\ (s) + 3\ N_2\ (g)$
   b. $Mg\ (s) + CuBr_2\ (aq) \rightarrow MgBr_2\ (aq) + Cu\ (s)$
   c. $Ni\ (s) + 2\ HCl\ (aq) \rightarrow NiCl_2\ (aq) + H_2\ (g)$

31. 다음 반응에서 산화제를 말하시오.
   a. $2\ Mg\ (s) + O_2\ (g) \rightarrow 2\ MgO\ (s)$
   b. $CH_4\ (g) + 2\ O_2\ (g) \rightarrow CO_2\ (g) + 2\ H_2O\ (g)$
   c. $Sn\ (s) + 2\ F_2\ (g) \rightarrow SnF_4\ (s)$

32. 다음 반응에서 환원제를 말하시오.
   a. $H_2\ (g) + Cl_2\ (g) \rightarrow 2\ HCl\ (g)$
   b. $2\ Na\ (s) + 2\ H_2O\ (l) \rightarrow 2\ NaOH\ (aq) + H_2\ (g)$
   c. $Ca\ (s) + FeCl_2\ (aq) \rightarrow CaCl_2\ (aq) + Fe\ (s)$

33. 다음 반응에서 환원제를 말하시오.
   a. $Ca\ (s) + 2\ H_2O\ (l) \rightarrow Ca(OH)_2\ (aq) + H_2\ (g)$
   b. $F_2\ (g) + Be\ (s) \rightarrow BeF_2\ (s)$
   c. $S\ (s) + O_2\ (g) + H_2O\ (g) \rightarrow H_2SO_3\ (g)$

34. 다음 반응에서 산화제를 말하시오.
   a. $Si\ (s) + O_2\ (g) \rightarrow SiO_2\ (s)$
   b. $O_2\ (g) + 4\ Ag\ (s) \rightarrow 2\ Ag_2O\ (s)$
   c. $2\ H_2S\ (aq) + H_2O_2\ (aq) \rightarrow H_2S_2\ (aq) + 2\ H_2O\ (l)$

14.2 산화-환원 반응의 유형

35. 금속과 비금속이 반응하면 어떤 종류의 화합물이 생성되는가?

36. 금속과 비금속이 반응할 때 산화되는 화학종은? 환원되는 화학종은?

37. 분자 반응식을 작성하여 다음 산화-환원 반응을 설명하시오. 상 기호를 포함시키고, 각 반응에서 산화 및 환원되는 화학종을 말하시오.
   a. 고체 철 금속은 염소 기체와 반응하여 고체 염화 철(II)를 생성한다.
   b. 액체 수은은 산소 기체와 반응하여 고체 산화 수은(II)를 생성한다.

38. 분자 반응식을 작성하여 다음 산화-환원 반응을 설명하시오. 상 기호를 포함시키고, 각 반응에서 산화 및 환원되는 화학종을 말하시오.
   a. 고체 칼슘 금속은 액체 브로민과 반응하여 고체 브로민화 칼슘을 생성한다.
   b. 고체 코발트는 아이오딘과 반응하여 아이오딘화 코발트(II) 수용액을 생성한다.

39. 다음 반응의 생성물을 예측하고, 반응식의 균형을 맞추시오.
   a. $Be\ (s) + Cl_2\ (g) \rightarrow$
   b. $K\ (s) + Cl_2\ (g) \rightarrow$
   c. $Co\ (s) + Cl_2\ (g) \rightarrow$
   d. $Cu\ (s) + O_2\ (g) \rightarrow$

40. 다음 반응의 생성물을 예측하고, 반응식의 균형을 맞추시오.
   a. $Ca\ (s) + O_2\ (g) \rightarrow$
   b. $Sr\ (s) + Br_2\ (l) \rightarrow$
   c. $Pb\ (s) + O_2\ (g) \rightarrow$
   d. $Al\ (s) + O_2\ (g) \rightarrow$

41. 연소에 항상 관여하는 원소는 무엇인가?

42. 탄화수소란 무엇인가? 탄화수소의 연소로 항상 발생하는 두 가지 생성물은 무엇인가?

43. 다음 연소 반응의 결과를 예측하고, 반응식의 균형을 맞추시오.
   a. $Mg\ (s) + O_2\ (g) \rightarrow$
   b. $C_2H_4\ (g) + O_2\ (g) \rightarrow$
   c. $C_4H_{10}\ (g) + O_2\ (g) \rightarrow$

44. 다음 연소 반응의 생성물을 예측하고, 반응식의 균형을 맞추시오.
   a. $Zn\ (s) + O_2\ (g) \rightarrow$
   b. $C_5H_{12}\ (l) + O_2\ (g) \rightarrow$
   c. $C_8H_{18}\ (l) + O_2\ (g) \rightarrow$

45. 분자 반응식을 작성하여 다음 화학 반응을 설명하시오. 상 기호를 포함시키시오.
   a. 고체 코발트는 염화 주석(II) 수용액과 반응하여 염화 코발트(II) 수용액과 고체 주석을 생성한다.
   b. 질산 금 수용액은 은 금속과 반응하여 고체 금 금속과 질산 은 수용액을 생성한다.

46. 분자 반응식을 작성하여 다음 화학 반응을 설명하시오. 상 기호를 포함시키시오.
   a. 바륨 금속을 아세트산 철(II) 수용액에 떨어뜨리면 고체 철과 아세트산 바륨 수용액이 생성된다.
   b. 염화 니켈 수용액은 아연 금속과 반응하여 염화 아연 수용액과 고체 니켈을 생성한다.

47. 염화 니켈은 물에 용해될 때 녹색 용액을 생성한다(그림 14.22). 알루미늄 조각을 용액에 넣으면 녹색이 흐려지기 시작하고, 알루미늄 표면에서 코팅이 관찰된다. 왜 색이 흐려지는가? 알루미늄 위의 코팅은 무엇인가?

Macmillan Learning

그림 14.22 염화 니켈은 물에서 녹색 용액을 생성한다.

48. 구리선을 질산 은 용액에 넣으면, 그 선에 천천히 은 층이 만들어진다(그림 14.23). 이 반응에서 산화되는 것은 무엇인가? 환원되는 것은 무엇인가? 만약 모든 은이 반응할 경우, 용액에 남아 있는 이온은 무엇인가? 용액이 파란색인 이유는?

ggw/Shutterstock

그림 14.23 구리선을 질산 은 용액에 넣을 때 변화가 일어난다.

49. 다음 금속 치환 반응을 완전 이온 반응식과 알짜 이온 반응식으로 다시 쓰시오.

a. $Mg\ (s) + Cu(NO_3)_2\ (aq) \rightarrow Mg(NO_3)_2\ (aq) + Cu\ (s)$
b. $Al\ (s) + CrCl_3\ (aq) \rightarrow AlCl_3\ (aq) + Cr\ (s)$
c. $2\ Cr\ (s) + 3\ PtBr_2\ (aq) \rightarrow 3\ Pt\ (s) + 2\ CrBr_3\ (aq)$

50. 다음 금속 치환 반응을 완전 이온 반응식과 알짜 이온 반응식으로 다시 쓰시오.

a. $Ni\ (s) + SnSO_4\ (aq) \rightarrow NiSO_4\ (aq) + Sn\ (s)$
b. $2\ Al\ (s) + 3\ CuSO_4\ (aq) \rightarrow 3\ Cu\ (s) + Al_2(SO_4)_3\ (aq)$
c. $Al\ (s) + 3\ AgNO_3\ (aq) \rightarrow Al(NO_3)_3\ (aq) + 3\ Ag\ (s)$

51. 다음 완전 이온 반응식은 금속 치환 반응을 나타낸다. 분자 반응식으로 다시 쓰시오.

a. $Mg\ (s) + Pb^{2+}\ (aq) + 2\ NO_3^-\ (aq) \rightarrow Mg^{2+}\ (aq) + 2\ NO_3^-\ (aq) + Pb\ (s)$
b. $2\ Al\ (s) + 3\ Pt^{2+}\ (aq) + 6\ Br^-\ (aq) \rightarrow 3\ Pt\ (s) + 2\ Al^{3+}\ (aq) + 6\ Br^-\ (aq)$

52. 다음 완전 이온 반응식은 금속 치환 반응을 나타낸다. 분자 반응식으로 다시 쓰시오.

a. $Fe\ (s) + 2\ Au^+\ (aq) + 2\ F^-\ (aq) \rightarrow Fe^{2+}\ (aq) + 2\ F^-\ (aq) + 2\ Au\ (s)$
b. $2\ Cr\ (s) + 3\ Ni^{2+}\ (aq) + 6\ ClO_4^-\ (aq) \rightarrow 2\ Cr^{3+}\ (aq) + 6\ ClO_4^-\ (aq) + 3\ Ni\ (s)$

53. 활동도 서열(표 14.2)에 기초하여 볼 때, 다음 중 어느 금속이 구리(II)를 구리 원소로 환원시킬 수 있는가?

a. 알루미늄 b. 칼슘 c. 백금 d. 금

54. 활동도 서열(표 14.2)에 기초하여 볼 때, 다음 중 어느 금속이 크로뮴(III)을 크로뮴 원소로 환원시킬 수 있는가?

a. 리튬 b. 은 c. 니켈 d. 주석

55. 활동도 서열(표 14.2)에 기초하여 볼 때, 다음 중 어느 이온이 알루미늄 원소에 의해 환원될 수 있는가?

a. K^+ b. Mg^{2+} c. Fe^{2+} d. Pb^{2+}

56. 활동도 서열(표 14.2)에 기초하여 볼 때, 다음 중 어느 이온이 철 원소에 의해 환원될 수 있는가?

a. Mg^{2+} b. Ni^{2+} c. Co^{2+} d. Cu^{2+}

57. 활동도 서열(표 14.2)에 기초하여 볼 때, 다음 반응이 자발적으로 일어나는지, 아닌지를 말하시오.

a. $Zn^{2+}\ (aq) + Mg\ (s) \rightarrow Zn\ (s) + Mg^{2+}\ (aq)$
b. $Fe\ (s) + Sn^{2+}\ (aq) \rightarrow Sn\ (s) + Fe^{2+}\ (aq)$
c. $3\ Ag\ (s) + Al^{3+}\ (aq) \rightarrow 3\ Ag^+\ (aq) + Al\ (s)$
d. $Cr\ (s) + 3\ LiCl\ (aq) \rightarrow 3\ Li\ (s) + CrCl_3\ (aq)$

58. 활동도 서열(표 14.2)에 기초하여 볼 때, 다음 반응이 자발적으로 일어나는지, 아닌지를 말하시오.

a. $Ca^{2+}\ (aq) + Ni\ (s) \rightarrow Ca\ (s) + Ni^{2+}\ (aq)$
b. $Ba\ (s) + Cu^{2+}\ (aq) \rightarrow Ba^{2+}\ (aq) + Cu\ (s)$
c. $2\ Au\ (s) + Zn^{2+}\ (aq) \rightarrow 2\ Au^+\ (aq) + Zn\ (s)$
d. $Pb\ (s) + 2\ KNO_3\ (aq) \rightarrow 2\ K\ (s) + Pb(NO_3)_2\ (aq)$

59. 활동도 서열(표 14.2)을 사용하여 다음 반응을 각각 완성하시오. 또한 반응이 일어나지 않는다면, 그것을 말하시오.

a. $Sn^{2+}\ (aq) + Ni\ (s) \rightarrow$
b. $Ni\ (s) + Fe^{2+}\ (aq) \rightarrow$
c. $Co\ (s) + Pb(C_2H_3O_2)_2\ (aq) \rightarrow$

60. 활동도 서열(표 14.2)을 사용하여 다음 반응을 각각 완성하시오. 또한 반응이 일어나지 않는다면, 그것을 말하시오.

a. $Zn^{2+}\ (aq) + Mg\ (s) \rightarrow$
b. $Zn\ (s) + Mg^{2+}\ (aq) \rightarrow$
c. $Ba\ (s) + Cu(NO_3)_2\ (aq) \rightarrow$

61. 다음 금속들 중 물과의 반응에 의해 산화되는 것은?

a. Li b. Na c. Ca d. Cu

62. 다음 금속들 중 물과의 반응에 의해 산화되는 것은?

a. V b. Pt c. In d. K

63. 다음 반응식을 완결하여 각 원소가 물과 어떻게 반응하는지를 보이시오.
   a. $Na\ (s) + H_2O\ (l) \rightarrow$
   b. $K\ (s) + H_2O\ (l) \rightarrow$
   c. $Ca\ (s) + H_2O\ (l) \rightarrow$

64. 다음 각 반응은 액체 물과 천천히 반응하지만, 물을 수증기로 가열하면 훨씬 더 빨리 반응한다. 반응을 완결하여 생성물을 나타내시오.
   a. $Mg\ (s) + H_2O\ (g) \rightarrow$
   b. $Zn\ (s) + H_2O\ (g) \rightarrow$
   c. $Al\ (s) + H_2O\ (g) \rightarrow$

65. 다음 금속들 중 산과의 반응에 의해 산화되는 것은?
   a. 알루미늄 b. 리튬 c. 니켈 d. 백금

66. 다음 금속들 중 산과의 반응에 의해 산화되는 것은?
   a. 아연 b. 은 c. 금 d. 철

67. 다음 반응식을 완결하고 균형을 맞추어, 각 원소가 염산과 어떻게 반응하는지를 보이시오.
   a. $Mg\ (s) + HCl\ (aq) \rightarrow$
   b. $Zn\ (s) + HCl\ (aq) \rightarrow$
   c. $Fe\ (s) + HCl\ (aq) \rightarrow$

68. 다음 반응식을 완결하고 균형을 맞추어, 각 원소가 질산과 어떻게 반응하는지를 보이시오.
   a. $Ni\ (s) + HNO_3\ (aq) \rightarrow$
   b. $Co\ (s) + HNO_3\ (aq) \rightarrow$
   c. $Al\ (s) + HNO_3\ (aq) \rightarrow$

69. 알짜 이온 반응식을 써서 다음 상황에서 일어나는 화학 반응을 나타내시오. 어떤 경우에는 반응이 일어나지 않는다.
   a. 칼슘 금속을 철(II) 수용액과 반응시킨다.
   b. 칼슘 금속을 산성 수용액과 반응시킨다.
   c. 철(II) 이온을 포함하는 용액을 구리 금속과 반응시킨다.
   d. 철(II) 이온을 포함하는 용액을 아연 금속과 반응시킨다.

70. 알짜 이온 반응식을 써서 다음 상황에서 일어나는 화학 반응을 나타내시오. 어떤 경우에는 반응이 일어나지 않는다.
   a. 백금 금속을 산성 수용액과 반응시킨다.
   b. 알루미늄 금속을 산성 수용액과 반응시킨다.
   c. 니켈(II) 이온을 포함하는 용액을 알루미늄 금속과 반응시킨다.
   d. 주석(II) 이온을 포함하는 용액을 크로뮴 금속과 반응시킨다.

14.3 반쪽 반응과 배터리

71. 다음 각 금속 치환 반응에 대한 두 개의 반쪽 반응을 쓰시오.
   a. $Mg\ (s) + CoBr_2\ (aq) \rightarrow MgBr_2\ (aq) + Co\ (s)$
   b. $Cu\ (s) + 2\ AuCl\ (aq) \rightarrow CuCl_2\ (aq) + 2\ Au\ (s)$

72. 다음 각 금속 치환 반응에 대한 두 개의 반쪽 반응을 쓰시오.
   a. $Fe\ (s) + SnI_2\ (aq) \rightarrow FeI_2\ (aq) + Sn\ (s)$
   b. $3\ Ba\ (s) + 2\ AlCl_3\ (aq) \rightarrow 3\ BaCl_2\ (aq) + 2\ Al\ (s)$

73. 활동도 서열(표 14.2)을 지침으로 하여, 철 금속과 코발트(II) 이온의 반응을 나타내는 두 개의 반쪽 반응을 쓰시오.

74. 활동도 서열(표 14.2)을 지침으로 하여, Zn^{2+}와 Mg의 반응을 나타내는 두 개의 반쪽 반응을 쓰시오.

75. 다음 금속 치환 반응에 대한 두 개의 반쪽 반응을 쓰시오.
   a. 니켈 원소가 은 이온과 반응하여 니켈(II) 이온과 은 원소를 생성한다.
   b. 아연이 염화 코발트(II) 용액과 반응하여 염화 아연과 코발트 원소를 생성한다.

76. 다음 각 금속 치환 반응에 대한 두 개의 반쪽 반응을 쓰시오.
   a. 알루미늄 원소가 주석(II) 이온과 반응하여 주석 원소와 알루미늄 이온을 생성한다.
   b. 납이 황산 구리(II) 용액과 반응하여 황산 납(II)과 구리 원소를 생성한다.

77. 전기 화학 전지에서 산화 전극, 환원 전극, 염다리의 역할은 무엇인가?

78. 전기 화학 전지의 염다리에는 소듐 이온과 질산 이온이 포함되어 있다. 산화-환원 반응이 일어날 때 어떤 이온들이 환원 전극 쪽으로 흐르는가? 산화 전극 쪽으로 흐르는 이온은?

79. 어떤 화학자가 그림 14.24와 같은 전기 화학 전지를 조립했다. 전지의 한쪽에는 아연 전극이 있고, 전극은 질산 아연 수용액에 담겨 있다. 전지의 다른 쪽에는 철 전극이 있고, 전극은 질산 철(II) 수용액에 담겨 있다. 이 반응에서 아연은 산화 전극이고, 철은 환원 전극이다. 각 전극에서 일어나는 반쪽 반응을 반응식으로 나타내시오.

80. 어떤 화학자가 그림 14.25와 같은 전기 화학 전지를 조립했다. 전지의 한쪽에는 은 전극이 있고, 전극은 질산 은 수용액에 담겨 있다. 전지의 다른 쪽에는 아연 전극이 있고, 전극은 질산 아연 수용액에 담겨 있다. 이 반응에서 아연은 산화 전극이고, 은은 환원 전극이다. 각 전극에서 일어나는 반쪽 반응을 반응식으로 나타내시오.

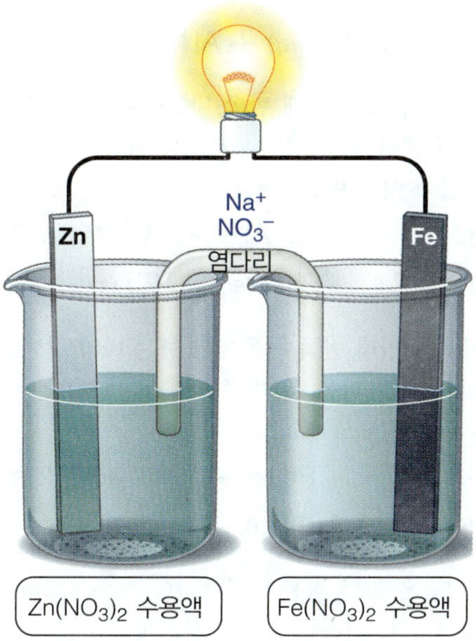

그림 14.24 이 전기 화학 전지에는 아연 전극과 철 전극이 있다.

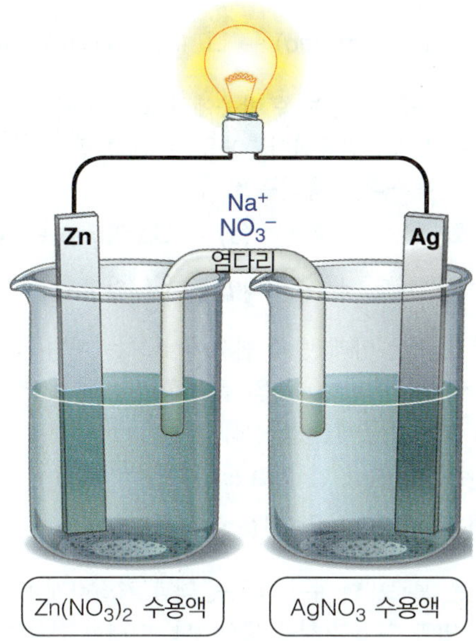

그림 14.25 이 전기 화학 전지에는 아연 전극과 은 전극이 있다.

81. 그림 14.26의 전기 화학 전지를 **표준 전기 화학 전지**라고 한다. 이러한 유형의 전지에서, 용해된 이온 농도는 각 용액에서 1.0 M이다. 만약 Cu^{2+} 용액을 순수한 물로 대체한다면, 전기 화학 전지는 여전히 전류를 만들까? 만약 Zn^{2+} 용액을 순수한 물로 대체한다면 어떨까?

82. 전기 화학 전지가 한동안 작동하면 전극의 모양이 바뀐다. 예를 들어 표준 구리-아연 전지(예: 그림 14.27에 표시된 전지)가 한동안 실행된 후에는 아연 양극이 훨씬 작아지는 반면 구리 음극은 훨씬 커진다. 동시에 구리 용액의 파란색은 희미해진다. 이 세 가지 관찰을 어떻게 설명할 수 있을까?

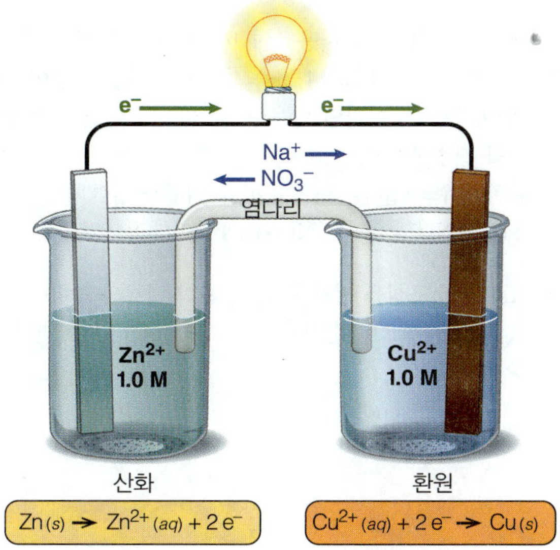

그림 14.26 표준 전기 화학 전지에는 1.0 M의 용해된 이온이 들어 있다.

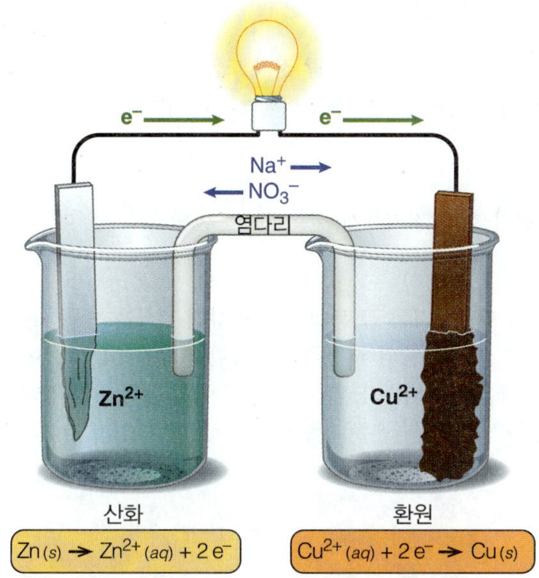

그림 14.27 이 아연-구리 전기 화학 전지는 거의 고갈된다. 산화 전극은 거의 사라지는 반면에 환원 전극은 훨씬 더 커진다. 왜 이런 일이 일어날까?

14.4 산화-환원 반응식 균형 맞추기

83. 알루미늄 금속과 은 이온 수용액의 반응을 나타내는 이온 반응식의 균형을 맞추시오.

$$Al\ (s) + Ag^+\ (aq) \rightarrow Al^{3+}\ (aq) + Ag\ (s)$$

84. 철(II) 이온 수용액과 크로뮴 금속의 반응을 나타내는 이온 반응식의 균형을 맞추시오.

$$Fe^{2+}\ (aq) + Cr\ (s) \rightarrow Cr^{3+}\ (aq) + Fe\ (s)$$

85. 리튬 금속과 묽은 산의 반응을 나타내는 이온 반응식의 균형을 맞추시오.

$$Li\ (s) + H^+\ (aq) \rightarrow Li^+\ (aq) + H_2\ (g)$$

86. 알루미늄과 산의 반응을 나타내는 이온 반응식의 균형을 맞추시오.

$$Al\ (s) + H^+\ (aq) \rightarrow Al^{3+}\ (aq) + H_2\ (g)$$

87. 칼슘 금속은 아래 반쪽 반응에서 보는 바와 같이 염화 크로뮴(III) 수용액과 반응한다. 다음 두 반쪽 반응을 바탕으로 하여 균형 알짜 이온 반응식을 쓰시오.

산화: $Ca\ (s) \rightarrow Ca^{2+}\ (aq) + 2\ e^-$

환원: $3\ e^- + Cr^{3+}\ (aq) \rightarrow Cr\ (s)$

88. 알루미늄 금속은 아래 반쪽 반응에서 보는 바와 같이 염화 납(II) 수용액과 반응한다. 다음 두 반쪽 반응을 바탕으로 하여 균형 알짜 이온 반응식을 쓰시오.

산화: $Al\ (s) \rightarrow Al^{3+}\ (aq) + 3\ e^-$

환원: $2\ e^- + Pb^{2+}\ (aq) \rightarrow Pb\ (s)$

89. 바륨 금속은 아래 반쪽 반응에서 보는 바와 같이 염화 철(II) 수용액과 반응한다. 다음 두 반쪽 반응을 바탕으로 하여 균형 알짜 이온 반응식을 쓰시오.

산화: $Ba\ (s) \rightarrow Ba^{2+}\ (aq) + 2\ e^-$

환원: $3\ e^- + Fe^{3+}\ (aq) \rightarrow Fe\ (s)$

90. 납 금속은 아래 반쪽 반응에서 보는 바와 같이 질산 금 수용액과 반응한다. 다음 두 반쪽 반응을 바탕으로 하여 균형 알짜 이온 반응식을 쓰시오.

산화: $Pb\ (s) \rightarrow Pb^{2+}\ (aq) + 2\ e^-$

환원: $e^- + Au^+\ (aq) \rightarrow Au\ (s)$

91. 아연은 브로민화 수소산 수용액과 격렬하게 반응하여 브로민화 아연과 수소 기체를 생성한다. 이러한 변화의 산화 반쪽 반응과 환원 반쪽 반응을 쓰시오. 균형 알짜 이온 반응식을 써서 이 반응을 설명하시오.

92. 알루미늄은 진한 질산과 반응하여 질산 알루미늄과 수소 기체를 생성한다. 이러한 변화의 산화 반쪽 반응과 환원 반쪽 반응을 쓰시오. 균형 알짜 이온 반응식을 써서 이 반응을 설명하시오.

93. 크로뮴 원소는 질산 납(II) 수용액과 단일 치환 반응에서 반응한다. 이러한 변화의 산화 반쪽 반응과 환원 반쪽 반응을 쓰시오. 균형 완전 이온 반응식을 써서 이 변화를 설명하시오.

94. 알루미늄 금속은 브로민화 니켈(II) 수용액과 단일 치환 반응에서 반응한다. 이러한 변화의 산화 반쪽 반응과 환원 반쪽 반응을 쓰시오. 균형 완전 이온 반응식을 써서 이 변화를 설명하시오.

14.5 산화-환원 반응의 다른 응용

95. 전기 도금이란 무엇인가? 전기 도금은 전기 화학 전지(즉 배터리)에서 일어나는 반응과 어떻게 다른가?

96. 전기 도금은 배터리를 사용하여 비자발적 반응이 일어나도록 만든다. 활동도 서열(표 14.2)을 사용하여 다음 반응이 자발적으로 일어나는지, 아니면 반응이 일어나는 데 전기 전압이 필요한지를 결정하시오.

a. $Zn^{2+}\ (aq) + Mg\ (s) \rightarrow Zn\ (s) + Mg^{2+}\ (aq)$

b. $Fe\ (s) + Ni^{2+}\ (aq) \rightarrow Ni\ (s) + Fe^{2+}\ (aq)$

97. 어떤 제조업자는 금 용액과 아연 상대 전극을 사용하여 보석에 금을 도금하기 위해 전류를 이용한다(그림 14.28). 이 반응에서 금은 산화되는가, 환원되는가? 이 반응의 산화 전극은 무엇인가? 환원 전극은 무엇인가?

98. 그림 14.28의 구성을 생각해 보자. 만약 전류의 방향이 반대가 되어 전자가 아연으로 흘러가 니켈 고리로부터 멀어진다면, 어떤 일이 일어날까?

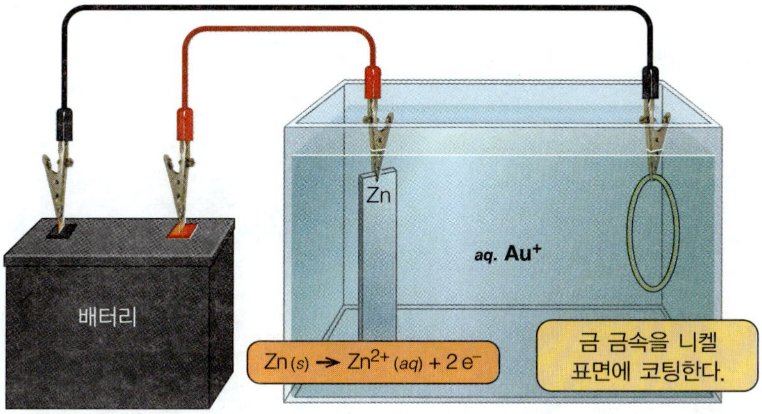

그림 14.28 여기에 표시된 것과 같은 장치를 사용하여 보석에 금도금을 할 수 있다.

99. 연료 전지란 무엇인가? 연료 전지의 주요 구성 요소는 무엇인가?

100. 수소 연료 전지에서 일어나는 전체 반응은 무엇인가? 어떤 반쪽 반응이 연료 전지의 산화 전극과 환원 전극에서 일어나는가?

도전 과제

101. 다음 산화-환원 반응을 합성 반응, 분해 반응, 단일 치환 반응, 연소 반응으로 분류하시오.

a. $Hg\ (l) + S\ (s) \rightarrow HgS\ (s)$

b. $Fe\ (s) + Cu(C_2H_3O_2)_2\ (aq) \rightarrow Cu\ (s) + Fe(C_2H_3O_2)_2\ (aq)$

c. $C_8H_{16}\ (l) + 12\ O_2\ (g) \rightarrow 8\ CO_2\ (g) + 8\ H_2O\ (g)$

102. 다음 산화-환원 반응을 합성 반응, 분해 반응, 단일 치환 반응, 연소 반응으로 분류하시오.

a. $Fe\ (s) + 2\ AgC_2H_3O_2\ (aq) \rightarrow Fe(C_2H_3O_2)_2\ (aq) + 2\ Ag\ (s)$

b. $Fe\ (s) + 2\ HCl\ (aq) \rightarrow FeCl_2\ (aq) + H_2\ (g)$

c. $2\ K\ (s) + Br_2\ (g) \rightarrow 2\ KBr\ (s)$

103. 동물은 **세포 호흡**이라고 하는 과정을 통해서 포도당을 에너지로 변환한다. 여기에 표시된 세포 호흡에 대한 반응식을 기반으로, 반응물과 생성물 모두에서 각 원자의 산화 상태를 식별하시오. 이 반응에서 산화되는 원소는 무엇인가? 환원되는 원소는 무엇인가?

$$C_6H_{12}O_6\ (s) + 6\ O_2\ (g) \rightarrow 6\ CO_2\ (g) + 6\ H_2O\ (l) + \text{에너지}$$

104. 15장에서는 녹색 식물이 태양으로부터 에너지를 화학 결합에 저장하기 위해 사용하는 광합성 과정을 조사할 것이다. 여기에 표시된 광합성에 대한 반응식에 기초하여, 반응물과 생성물에 있는 각 원자의 산화 상태를 말하시오. 이 반응에서 산화되는 원소는 무엇인가? 환원되는 원소는 무엇인가?

$$\text{에너지} + 6\ CO_2\ (g) + 6\ H_2O\ (l) \rightarrow C_6H_{12}O_6\ (s) + 6\ O_2\ (g)$$

105. 철 금속과 질산 수용액의 반응을 균형 반응식을 써서 나타내시오. 25.35 g의 철이 1.20 M 질산 500.0 mL와 반응한다면, 몇 그램의 질산 철(II)을 생성할 수 있는가?

106. 단일 치환 반응에서 1.63 g의 아연과 완전히 반응하는 데 필요한 1.0 M 질산 금의 부피를 구하시오. 이 반응으로 생성되는 금의 질량을 계산하시오.

유기화학 및 생체 분자

CHAPTER 15

그림 15.1 (a) 미국 화학자 협회(AIC)에서 금메달을 받은 Robert Grubbs 교수의 모습 (계속)

새로운 결합의 생성: Grubbs 촉매

어렸을 때, Robert Grubbs는 모든 것을 하나로 묶는 것을 좋아했다. 학교 선생님이자 디젤 정비공의 아들인 그가 매료된 것은 사물이 어떻게 만들어졌는가였다. 대부분의 아이들이 사탕에 돈을 쓰는 동안, 그는 못을 사서 나무 조각들을 연결했다. 그는 성장함에 따라 건축과 기계학에 대한 관심도 커졌다. 그는 아버지와 함께 삼촌들의 농장에서 차량 수리, 배관 설치, 집짓기 등의 일을 했다.

1961년에 Robert는 켄터키 집을 떠나 Florida 대학교에 농화학 전공으로 입학했다. 그가 재빨리 찾은 일자리는 동물 영양 실험실이었다. 그곳의 일은 끔찍한 작업–대변의 잔해를 분석하는– 이었다.

다행히도, 한 친구가 캠퍼스의 화학 실험실에서 일했기에, Robert는 밤마다 그를 도와주기 시작했다. 화학 실험실에서의 일은 그의 일상적인 일보다 냄새가 덜 났고, 그는 그 일이 매력적인 일임을 알았다. 후에 그는 "새로운 분자를 만드는 일은 집을 짓는 것보다 훨씬 더 재미있었다."고 말했다. 어린 시절, 농장에서 직접 손으로 해 본 기술들이 큰 도움이 되었고, 그는 실험실에서도 뛰어났다. 그는 6년 후, Columbia 대학교에서 화학 박사 학위를 받았다.

젊은 Grubbs 박사는 금속 원자가 탄소와 상호작용하는 방식에 매료되었다. 그는 새로운 금속-탄소 구조를 연구하고, 새로운 패턴의 화학 반응을 찾아냈다. 그는 자신의 관심사를 갈고 닦으면서, 전이 금속인 루테늄에 집중하기 시작했다. 그는 루테늄을 포함한 화합물이 새로운 탄소-탄소 결합의 형성에 촉매 작용을 할 수 있다는 것을 발견하였다. 이제 Grubbs는 금속 못을 사용하여 판자를 연결하지 않고, 금속 원자를 사용하여 탄소 원자를 연결했다(그림 15.1). Grubbs 교수는 처음 수년 동안은 Michigan 주에서, 그다음 수년 동안은 Caltech에서 탄소-탄소 결합을 생성하는 이러한 반응을 끊임없이 연구했다. 또한 기술을 개선하고 새로운 용도를 탐색했다. 오늘날, Grubbs 교수팀이 개발한 루테늄 촉매('Grubbs 촉매'라 함)는 매우 다양한 물질을 생산한다. 이에는 의약품, 개인용 피부 관리 제품, 자동

그림 15.1 (계속) (b) Grubbs 촉매 중 하나의 분자 구조는 위와 같다. (c) 이 콤바인의 내구성 있는 플라스틱을 만들 때 Grubbs 촉매를 사용하였다. (d) 인도네시아에 있는 이 공장에서는 Grubbs 촉매를 사용하여 팜유와 같은 재생 가능한 자원에서 세척제, 윤활제, 고분자, 개인용 피부 관리 제품을 생산한다. (e) Grubbs 교수는 2005년에 스웨덴 왕으로부터 노벨상을 받았다. (a) Science History Institute, CC BY-SA 3.0, Wikimedia Commons; (c) smereka/Shutterstock; (d) Courtesy of Elevance Eenewable Sciences, Inc.; (e) © The Nobel Foundation 2005, Photo: Hans Mehlin

차 윤활유, 심지어 John Deere 트랙터의 튼튼한 플라스틱까지 있다. 2005년에 Grubbs 교수는 탄소–탄소 결합을 만드는 새로운 접근법을 개발한 공로로 노벨 화학상을 공동 수상했다.

탄소 결합이 왜 그렇게 중요한가? 다음 쪽에서 볼 수 있듯이, 탄소는 식물과 동물의 모든 생명체를 위한 틀을 제공한다. 자연은 탄소를 수소, 질소, 산소, 그리고 소수의 다른 원소들과 결합시킴으로써 메테인 기체처럼 작고 단순한 분자로부터 단백질처럼 거대하고 복잡한 구조에 이르기까지 광범위한 화합물의 배열을 생성한다.

또한 우리는 자연을 모방할 수 있다. 화학자들은 화석 연료의 단순한 탄소 화합물로부터 시작해서, Grubbs 교수가 개발한 것과 같은 반응들을 사용하여 혁신적인 구조와 흥미로운 새로운 성질을 가진 새로운 화합물을 합성한다.

이번 장에서는 놀랍도록 다양한 탄소 기반 화합물을 살펴볼 것이다. 또한 앞 장에서 다룬 탄소와 다른 비금속 원자들이 결합하는 방식을 재검토할 것이다. 친숙한 분자의 결합 패턴을 탐구할 것이며, 다양한 화합물에서 일어나는 간단한 반응을 관찰할 것이다. 마지막으로, 살아 있는 유기체에서 일어나는 화학을 알아볼 것이며, 자연이 구조를 만들고, 에너지를 저장하고, 심지어 정보를 저장하고 복사하는 멋진 방법들도 발견할 것이다. 탄소의 화학, 즉 생명체의 화학은 숨 막힐 정도로 놀랍다.

학습 목표

이 장을 완료하고 실습 문제를 풀고 나면, 수행할 수 있는 것은 다음과 같다.

15.1 유기화학과 탄소 순환
- 대기, 육지, 바다, 식물, 동물 생물 사이에서 일어나는 탄소의 교환을 폭넓게 설명할 수 있어야 한다.

15.2 탄소와 다른 비금속이 만든 공유 결합
- 비금속 화합물의 중성 공유 결합 구조식을 그릴 수 있어야 한다.
- 주어진 분자식에 대해 이성질체인 화합물을 식별할 수 있어야 하고, 이성질체를 그릴 수 있어야 한다.

15.3 공유 결합 화합물의 구조식 그리기
- 분자 구조에 대한 Lewis 구조식, 축약 구조식, 뼈대 구조식을 상호 변환할 수 있어야 한다.

15.4 주요 작용기
- 주요 작용기의 구조식과 이름을 말할 수 있어야 한다.
- 에터, 에스터, 아마이드를 생성하는 축합 반응의 생성물을 말할 수 있어야 한다.

15.5 고분자와 플라스틱
- 합성 고분자의 구조적 특징을 정성적으로 기술할 수 있어야 한다.

15.6 생체 분자–서론
- 탄수화물, 단백질, DNA를 포함한 생체 분자의 주요 구조적 특징과 기능을 말할 수 있어야 한다.

15.1 유기화학과 탄소 순환

유기화학(organic chemistry)은 탄소를 포함한 분자의 화학이다. **유기**(organic)라는 말은 살아 있는 유기체를 가리킨다. 식물이든 동물이든 모든 생명체는 탄소를 포함한 분자들로 이루어져 있다. 또한 지구상의 많은 탄소는 육지, 바다, 대기 중 어디에서 발견되든 상관없이, 지구 역사의 어느 시점에서나 식물이나 동물의 일부였다.

탄소 순환(carbon cycle)은 지구의 탄소가 암석, 퇴적물, 물, 대기, 식물, 동물 사이에서 어떻게 이동하는지를 설명한다(그림 15.2). 탄소 순환의 중심에는 두 가지 주요 반응이 있다. 첫 번째는 **광합성(photosynthesis)**이다. 광합성은 녹색 식물을 사용하여 태양 에너지를 수확하는 순서이다. 광합성 과정에서는 식물들이 대기 중의 이산화 탄소와 토양에서 나오는 물을 결합하여 산소 기체와 포도당($C_6H_{12}O_6$)과 같은 새로운 화합물을 생성한다. 포도당의 구성 성분은 탄소, 수소, 산소이다. 두 번째 반응은 첫 번째 반응의 역반응이다. 즉 동물과 식물은 산소와 탄소 화합물을 결합하여 이산화 탄소와 물을 생성하고 에너지를 방출한다. 이 과정을 **세포 호흡(cellular respiration)**이라고 한다.

광합성: 에너지 $+ 6\,CO_2 + 6\,H_2O \rightarrow C_6H_{12}O_6 + 6\,O_2$

세포 호흡: $C_6H_{12}O_6 + 6\,O_2 \rightarrow 6\,CO_2 + 6\,H_2O +$ 에너지

유의할 것은 세포 호흡 반응과 연소 반응이 동일하다는 것이다. 몸이 열량을 '태운다'고 말할 때, 이것은 꽤 정확한 표현이다. 연소와 세포 호흡은 모두 산소를 소모하고 이산화 탄소와 물을 생성한다.

동식물이 죽으면, 복잡한 탄소 구조가 분해되기 시작한다. 화석 연료–석탄, 석유, 천연가스–는 오랜 기간 동안 동식물이 부패하여 생성된 것이다(그림 15.3). 화석 연료에는 주로 탄소와 수소로 이루어진 화합물의 혼합물이 들어 있다.

Dzmitry Sarmont/Shutterstock

그림 15.2 광합성은 대기 중의 CO_2를 생명체 내에서 더 큰 탄소 기반 분자로 변환시킨다. 연소와 세포 호흡에서는 그 과정이 반대이다.

YegoroV/Shutterstock

그림 15.3 이러한 암석이 생성될 때 생긴 검은 선은 동식물이 점진적으로 부패하면서 생성된 석탄이다.

Belight/Shutterstock

그림 15.4 많은 해양 생물들이 만든 단단한 껍데기의 성분은 탄산 칼슘이다.

탄소는 수중 생물의 중심이기도 하다. 바다는 대기와 이산화 탄소를 교환한다. 물에서 이산화 탄소는 반응하여 탄산을 생성하고, 그다음 탄산수소 이온을 생성한다.

$$CO_2\,(aq) + H_2O\,(l) \rightleftharpoons H_2CO_3\,(aq)$$

$$H_2CO_3\,(aq) \rightleftharpoons H^+\,(aq) + HCO_3^-\,(aq)$$

많은 생명체가 물에 용해된 탄산수소 이온으로부터 단단한 탄산 칼슘 껍데기를 만든다(그림 15.4). 이러한 껍데기들은 시간이 지남에 따라 해저에 축적되었다가 점차 분해되어 탄소가 풍부한 퇴적물을 생성한다.

탄소 순환은 복잡한 춤이다. 즉 지구의 구성 성분, 기후, 경제적 자원, 천연자원을 조절하는 평형의 종합 세트이다. 이 장에서는 탄소의 화학—탄소는 어떻게 결합하나? 어떤 종류의 탄소 구조가 우리의 삶에 가장 중요할까? 또한 탄소 화합물의 구조는 그들의 특성에 어떻게 영향을 미치나?—에 초점을 맞출 것이다.

15.2 탄소와 다른 비금속이 만든 공유 결합

옥텟 규칙: 원자가 안정하려면 원자가 준위에 8개의 전자가 있어야 한다.

5장에서는 화학 결합을 살펴보았다. 비금속 원자(그림 15.5)는 공유 결합을 통해 전자를 '공유'함으로써 결합한다는 것을 기억하라. 공유 결합은 비금속들의 원자가 준위를 8개의 전자로 채울 수 있게 함으로써 **옥텟 규칙**(octet rule)을 충족시킨다.

원자가 형성하는 공유 결합의 개수는 그 원자가 준위를 완성하는 데 필요한 전자의 개수에 따라 다르다. 예를 들어 수소는 원자가 준위를 완성하는 데 전자가 1개만 필요하고, 따라서 수소는 공유 결합 한 개를 형성한다. 할로젠(F, Cl, Br, I)도 원자가 준위를 완성하는 데 전자가 1개 필요하고, 따라서 할로젠도 공유 결합 1개만을 형성한다. 산소와 황은 전자가 2개 있어야 하고, 따라서 산소와 황은 보통 결합 2개를 형성한다. 질소와 인은 전자가 3개 있어야 하고, 따라서 질소와 인은 보통 결합 3개를 형성한다. 마지막으로, 탄소는 원자가 준위를 채우려면 전자가 4개 있어야 하고, 따라서 탄소는 결합 4개를 형성한다. 표 15.1은 중성 원자에 필요한 결합을 요약한 것이다.

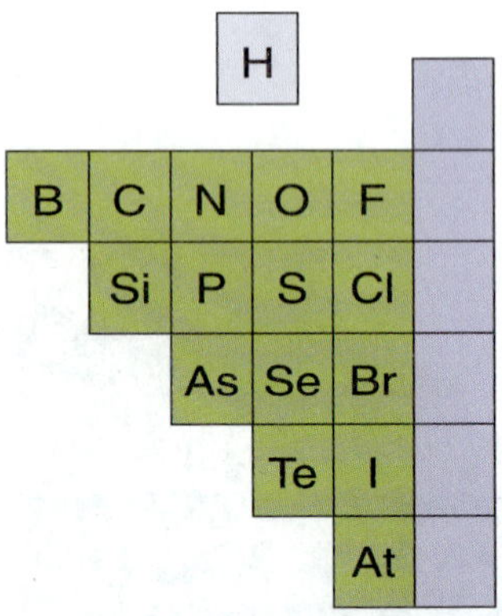

그림 15.5 비금속은 공유 결합을 형성한다.

생체 조직은 주로 탄소, 수소, 질소, 산소의 4가지 원자로 구성되어 있다. 이 4개의 원자는 위에 주어진 간단한 결합 규칙을 사용하여, 화합물, 모양, 성질의 무한한 조합을 만들어 낼 수 있다. 예로 그림 15.6에 있는 3가지의 작은 분자들을 생각해 보자. 각 분자는 구조가 다르므로 성질이 다르다. 그러나 각 분자는 동일한 기본 규칙—4개의 탄소 결합, 3개의 질소 결합, 2개의 산소 결합, 1개의 수소 결합—을 따른다.

표 15.1 중성 원자 내 공유 결합

원자	원자가 전자 수	필요한 전자 수	형성된 공유 결합 수
H	1	1	1
C	4	4	4
N	5	3	3
O	6	2	2
F	7	1	1

공유 결합에 대한 자세한 내용은 9장을 참조하라.

그림 15.6 이들 3가지 작은 분자는 C, H, N, O로 이루어져 있다.

그림 15.6의 구조식에는 단일 공유 결합만 있다. 그러나 이중 결합(전자쌍 2개)과 삼중 결합(전자쌍 3개)도 가능하다는 것을 기억하라. 예를 들어 그림 15.7은 화학 제조의 원료 물질로 일반적으로 사용되는 4가지 간단한 분자를 나타낸 것이다. 이들 각 구조식에는 이중 결합이나 삼중 결합이 있지만, 기본 결합 규칙을 만족한다는 점을 주목하라.

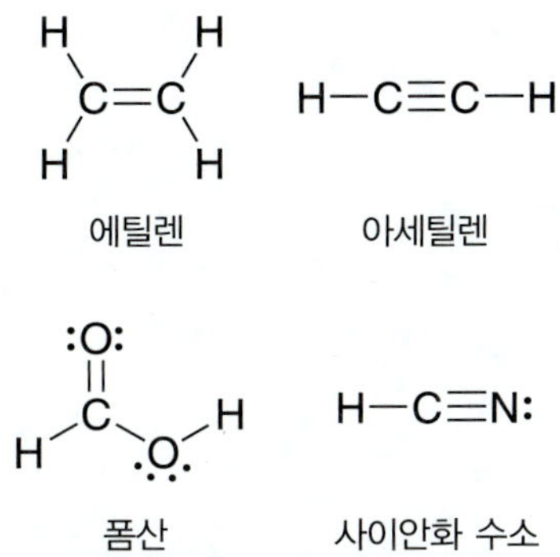

그림 15.7 이 일반적인 공업용 화학 물질들에는 모두 이중 결합이나 삼중 결합이 있다.

대부분의 분자에는 공유 결합이 많이 있다. 원자의 개수가 증가함에 따라 원자를 결합하는 가능한 방법들이 많이 생겨난다. 예를 들어 분자식이 C_3H_7Cl인 분자에는 다른 결합 배열이 2개 있다.

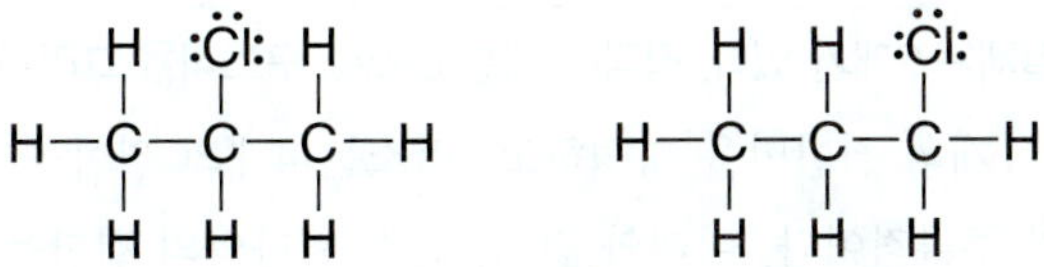

왼쪽 구조에서는 염소가 중심 탄소 원자에 붙어 있다. 오른쪽 구조에서는 염소가 끝 쪽 탄소 중 하나에 붙어 있다. 분자식은 같지만 결합 순서가 다른 화합물을 **이성질체(isomer)**라고 한다. 이성질체는 구조가 다르기 때문에 물리적 성질이 다르다. 예로 두 C_3H_7Cl 이성질체의 녹는점과 끓는점은 서로 다르다.

이성질체는 물리적 성질이 다르다.

이성질체를 구별할 때에는 원자의 연결 방식에 주의를 기울여야 한다. 분자는 여러 다른 모양(**형태**(conformation)라고 함)으로 그려질 수 있고, 많은 다른 관점에서 그려질 수 있다. 예를 들어 그림 15.8에 표시된 각 구조는 동일한 분자를 나타낸 것이다. 즉 3개의 탄소 원자가 한 줄로 있고, 그 끝 탄소에 염소가 붙어 있다. 분자들은 다른 형태—뱀처럼 감겨 있거나 풀려 있거나—로 배열될 수 있지만 원자의 배열 순서는 같다. 따라서 그들은 이성질체가 아니고 같은 분자의 다른 형태이다.

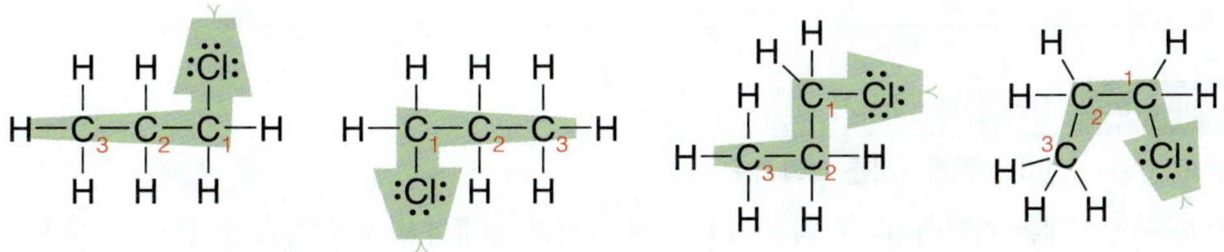

그림 15.8 많은 분자들이 뱀처럼 다른 모양으로 감겨 있다. 이 4가지 구조는 모두 같은 분자를 나타낸다.

사람들처럼, 대부분의 분자들은 다른 모양으로 접힐 수 있다. 이성질체를 그릴 때 중요한 것은 연결에 초점을 맞추는 것이다. 분자는 다른 방식으로 그려질 수 있지만, 여전히 연결은 동일하다.

탄소는 4개의 결합을 형성할 수 있기 때문에 대부분의 유기 구조에서 주골격을 구성한다. 예를 들어 가솔린의 성분인 옥테인의 구조를 생각해 보자(그림 15.9). 이 분자의 구조는 탄소 원자의 배열에 기초한다.

그림 15.9 탄소는 옥테인의 구조에서 주골격을 구성한다.

예제 15.1 이성질체 그리기

분자식이 $C_2H_4F_2$인 이성질체는 2개가 있다. 각각에 대한 Lewis 구조식을 그리시오.

수소와 플루오린은 모두 1개의 결합만을 형성하고, 탄소는 4개의 결합을 형성한다. 이로 인해 탄소 원자들은 이 분자들의 주골격이다. 아래와 같이, 탄소 원자와의 결합을 나타내기 위해 선을 사용하여 탄소로만 이루어진 골격을 그릴 수 있다.

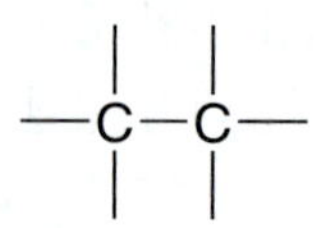

6개의 주변 공간은 수소 원자나 플루오린 원자가 차지한다. 이것들을 정렬할 수 있는 방법은 두 가지다. 즉 한 배열에서는 각 탄소 원자 하나에 플루오린 원자 한 개가 붙어 있다. 또 다른 배열에서는 2개의 플루오린 원자가 모두 동일한 탄소 원자에 붙어 있다.

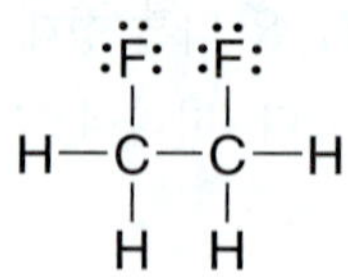

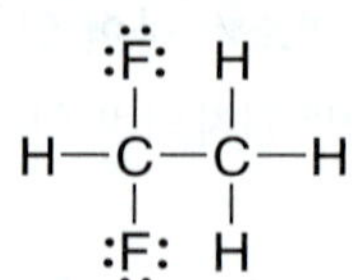

예제 15.2 이성질체 그리기

분자식이 C_5H_{12}인 이성질체 3개를 그리시오.

첫 번째 이성질체는 간단하다. 즉 다음에 나타낸 것처럼, 5개의 탄소 원자를 한 줄로 그린다. 구조를 눈에 잘 띄게 하려면, 탄소 원자에 번호를 매기는 것이 좋다.

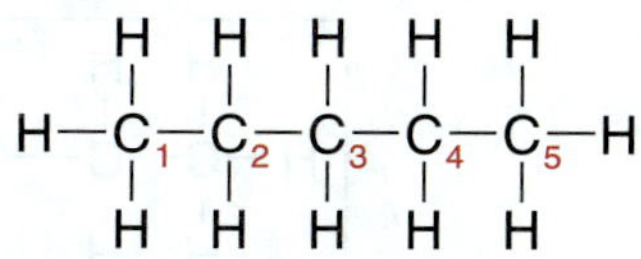

다른 이성질체를 그리려면, 결합 배열을 다르게 만들어야 한다. 5번 탄소를 떼어 내어 다른 원자에 연결한다. 떼어낸 5번 탄소를 1번 탄소에 연결하면, 5개가 연속되는 동일한 구조가 나온다. 그러나 2번 탄소나 3번 탄소에 연결하면, 새로운 구조를 얻을 수 있다.

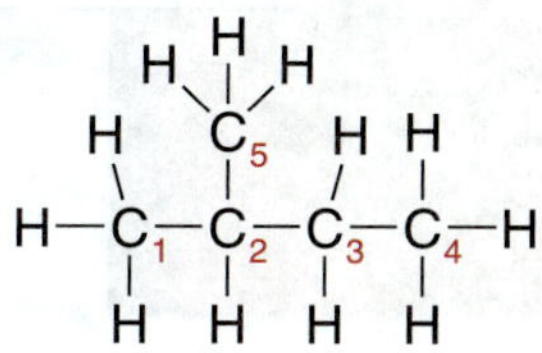

다음으로 4번 탄소를 떼어 내어 다른 원자에 연결한다. 위의 구조에서 1번 탄소(또는 5번 탄소)에 붙이면 같은 배열을 얻게 된다. 즉 4개가 연속되고, 2번 탄소 원자에 가지가 있는 배열이 된다. 그러나 2번 탄소에 붙이면 다른 구조를 얻을 수 있다.

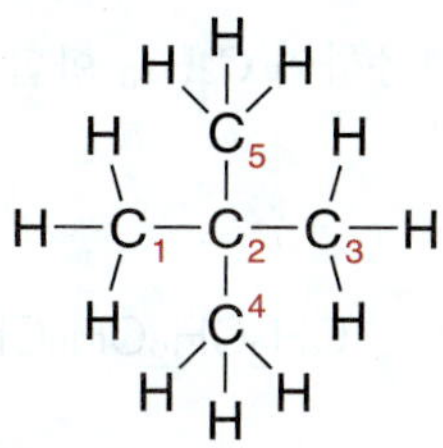

이 원자들의 경우, 세 가지 조합이 가능하다. 다른 구조식들을 그린 경우라면, 여기에 표시된 것들과 비교해 보라. 구조식에 원자당 결합의 개수가 정확하게 있다면, 다른 모양으로 그려지더라도 위에 표시된 구조 중 하나와 일치한다.

도전 문제

1. 분자식이 C_4H_9F인 이성질체는 4개가 있다. 각 구조식을 그리시오.

15.3 공유 결합 화합물의 구조식 그리기

Lewis 구조식은 작은 분자를 기술하는 데는 믿을 수 없을 정도로 유용하다. 그러나 큰 분자의 경우는 번거롭다. 예로 1장에서 소개한 항암제 택솔(Taxol)에는 113개의 원자가 있다. 그러나 이것도 여전히 작다. 이 장의 후반부에서 만나는 분자들에는 수천 심지어 수십억 개의 원자가 있다. 따라서 큰 분자의 경우, 더 간단하고 명쾌한 방법이 있어야 구조식을 표현할 수 있다.

첫 번째 단순화는 비결합 전자는 나타내지 않고 Lewis 구조를 그리는 것이다. 예를 들어 알코올 음료에 들어 있는 '알코올'은 에틸 알코올(**에탄올**)이다. 그림 15.10은 이 분자의 완전한 Lewis 구조식과, 비결합 원자가 전자(존재하는 것으로 알고 있는)가 그려져 있지 않은 단순화된 구조식을 나타낸 것이다. 분자 그리기 연습을 계속하면, 단순화된 구조식의 추론된 의미에 더 익숙해질 것이다.

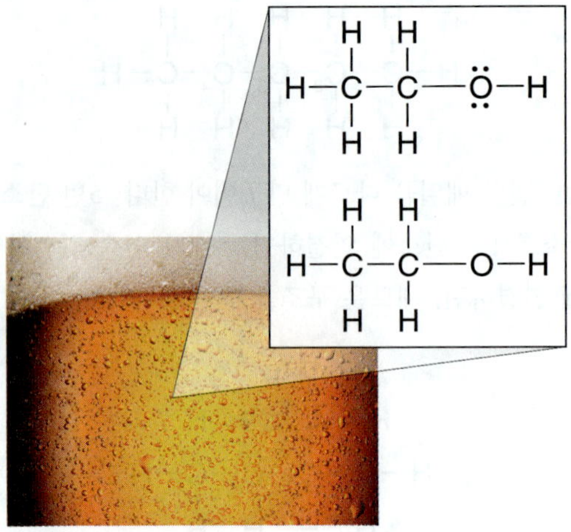

Valentyn Volkov/Shutterstock

그림 15.10 맥주에 들어 있는 알코올의 화학식은 C_2H_6O이다. 전체 Lewis 구조식(위)에서는 모든 비공유 전자가 표시되어 있다. 단순화된 구조(아래)에서는 비결합 전자는 그려져 있지 않지만, 그 구조로부터 유추된다.

축약 구조식

과학자들은 원자가 어떻게 연결되어 있는지를 나타내는 데 **축약 구조식(condensed structure)**을 사용한다. 축약 구조식에서는 대부분의 공유 결합이 표시되지 않지만, 원자는 연결 순서에 따라 나열된다. 예로 축약 구조식을 사용하여 C_4H_{10} 화합물을 나타낼 수 있다.

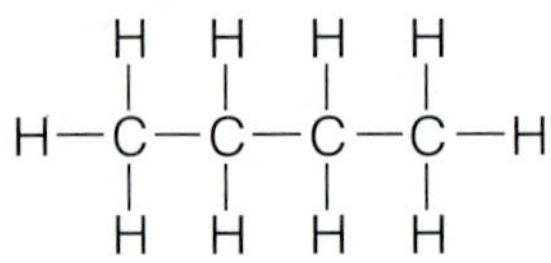

$$= \quad CH_3CH_2CH_2CH_3 \quad \text{또는} \quad CH_3(CH_2)_2CH_3$$

Lewis 구조식 　　　　 축약 구조식

다음은 두 번째 예다. 이 경우는 더 큰 작용기($-NH_2$기)가 왼쪽에서 두 번째 탄소에 연결되어 있는 것을 표시하기 위해 괄호를 사용한다.

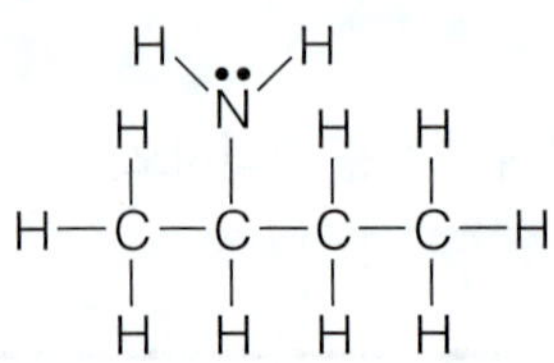

$$= \quad CH_3CH(NH_2)CH_2CH_3$$

화학자들은 때때로 Lewis 구조식을 단순화하기 위해 부분적으로 축약 구조식을 사용한다. 아래 분자에서는 대부분의 C−H 결합을 축약 형태로 나타내었지만, 다른 모든 결합은 명확하게 그렸다.

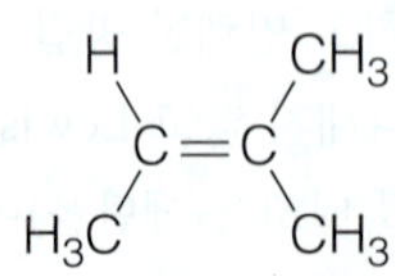

예제 15.3 다른 방식의 구조식 나타내기

이러한 축약 구조식으로부터, 각각의 결합은 나타내지만 비공유 전자는 나타내지 않는 단순화된 Lewis 구조를 그리시오.

$CH_3OCH(CH_3)_2$ $HOCH_2CH(CH_3)NHCH_2CH_2OH$

이 두 분자의 경우, 다음과 같이 완전히 확장된 구조식을 그릴 수 있다.

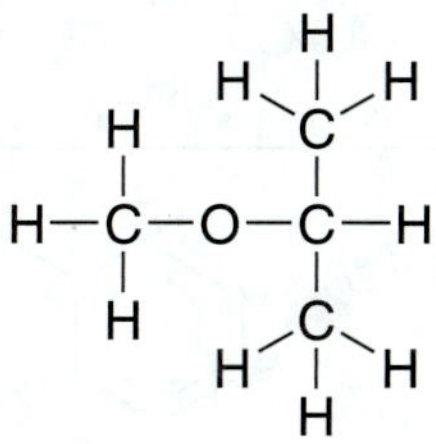

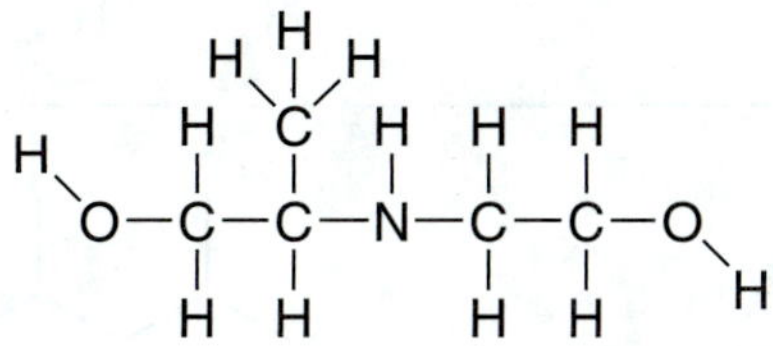

산소 원자나 질소 원자의 비공유 원자가 전자를 명시적으로 그리지는 않았지만, 이 원자들에는 비공유 전자가 있다는 것을 기억하라.

도전 문제

2. 다음 각 Lewis 구조식에 대해 축약 구조식을 쓰시오.

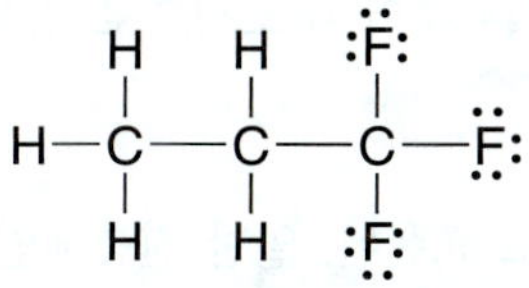

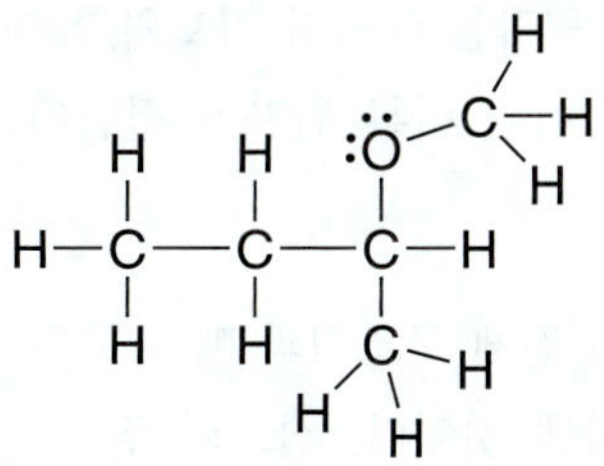

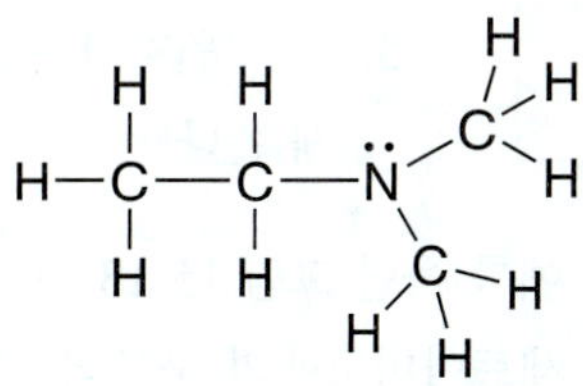

뼈대 구조식

축약 구조식은 Lewis 구조식보다는 덜 거추장스럽지만, 여전히 꽤 작은 분자들에게 가장 유용하다. 많은 분자의 구조식은 더 크고 더 복잡하다. 또한 일부 배열은 축약 구조식을 사용하여 표현하기가 어렵다. 이러한 배열에는 고리 구조식(cyclic structure)이 있다. 이러한 경우 화학자들은 그림 15.11과 같이, **뼈대 구조식(skeletal structure)**이라고 하는 단순 그리기 기법을 사용한다. 탄소와 수소만이 있는 분자의 경우, 뼈대 구조식 그리기에 대한 세 가지 규칙이 있다.

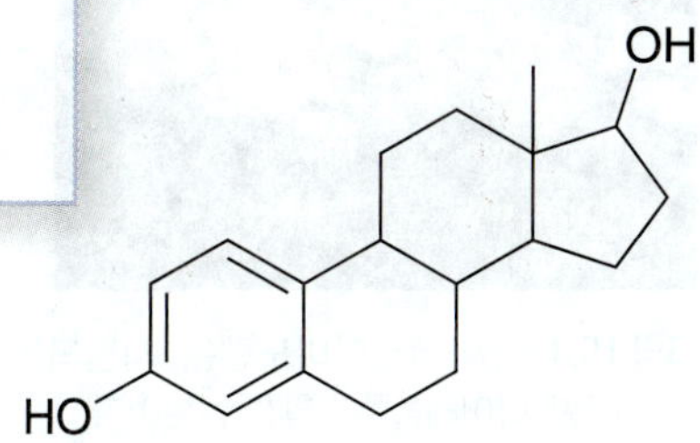

에스트로젠

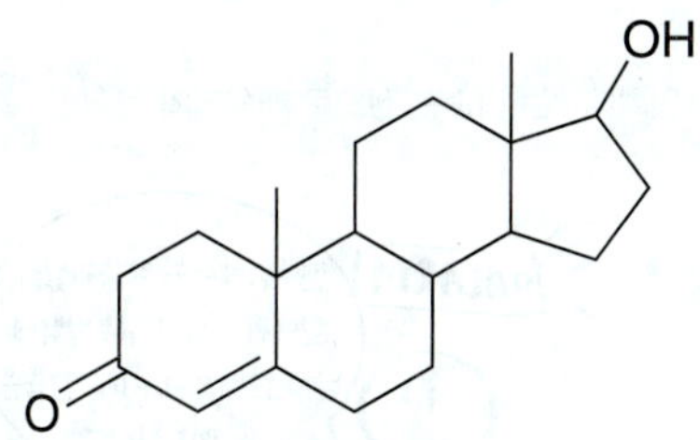

테스토스테론

그림 15.11 복잡한 구조의 경우, 화학자는 주로 뼈대 구조식을 사용한다. 그림의 구조식은 사람의 여성 성 호르몬과 남성 성 호르몬이다. 두 구조식은 매우 유사하며, 고리가 각각 4개이다. 위쪽 구조식은 **에스트로젠**이라고 하는, 여러 밀접한 관련성이 있는 구조식 중 하나다.

1. 탄소 골격은 선 구조식을 사용하여 나타낸다. 선의 각 꼭짓점(모서리)과 선의 각 끝점은 탄소 원자를 나타낸다.
2. 탄소에 결합된 수소 원자들은 그리지는 않지만, 존재하는 선의 수로 추론한다.
3. 이중 결합과 삼중 결합은 각각 2개, 3개의 선으로 나타낸다.

예를 들면 그림 15.12는 원유에서 발견되는 두 물질의 구조를 나타낸 것이다. 그들 각각은 탄소와 수소만 있다. Lewis 구조식은 복잡하고 읽기 어렵지만, 뼈대 구조식은 각 배열을 명확하고 우아하게 묘사한다. 뼈대 구조가 수소와 탄소 이외의 원자를 포함하는 경

화합물 이름	2,4-다이메틸헥세인	톨루엔
Lewis 구조식	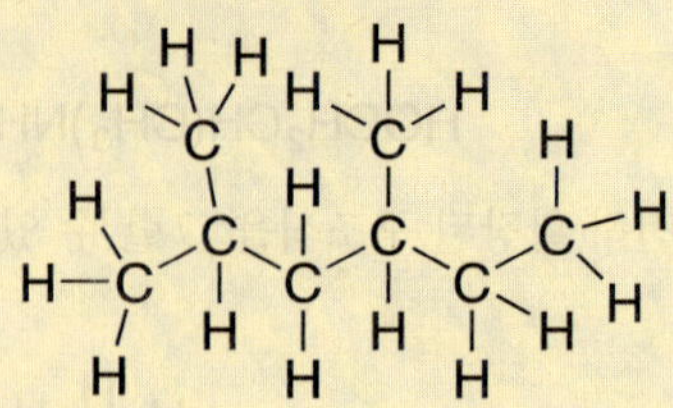	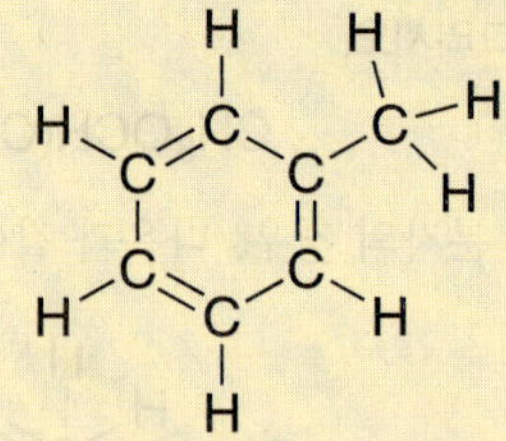
뼈대 구조식	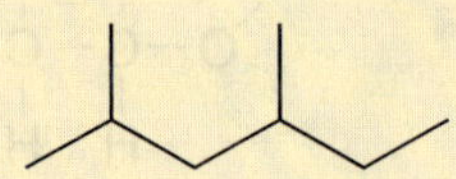	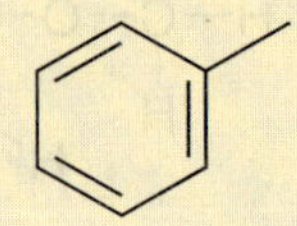

그림 15.12 원유의 이러한 두 가지 성분 물질은 탄소와 수소만을 가지고 있다. 뼈대 구조를 사용하면, 원자들이 어떻게 연결되어 있는지를 더 쉽게 알 수 있다.

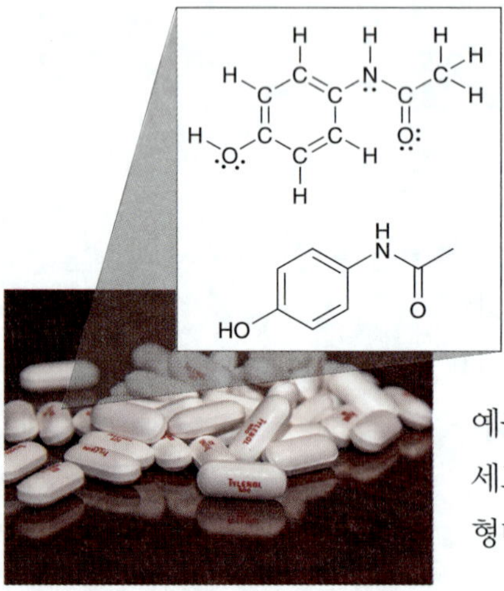

Arne Beruldsen/Shutterstock

그림 15.13 아세트아미노펜은 시판되는 진통제 타이레놀®의 활성 성분이다.

우, 두 가지 다른 규칙이 적용된다.

4. 탄소와 수소가 아닌 원자들은 원자 기호와 함께 나타낸다.
5. 수소 원자가 탄소가 아닌 다른 원자에 결합된 경우는 축약 구조식으로 명확하게 쓴다.

예를 들면 그림 15.13은 Lewis 전체 구조식과 뼈대 구조식으로 표현된, 일반 진통제인 아세트아미노펜의 구조식을 나타낸 것이다. 산소와 질소에 붙어 있는 수소 원자는 축약된 형태로 나타내지만, 탄소에 붙어 있는 수소 원자는 그렇지 않다는 것을 주목하라.

만화에서는 단순한 선으로 캐릭터와 움직임, 그리고 감정을 표현한다. 이와 유사하게 선 구조식은 매우 간단한 방법으로 풍부한 구조적 의미를 전달한다.

예제 15.4 뼈대 구조식과 Lewis 구조식 사이의 변환

다음은 시판되는 진통제 이부프로펜(ibuprofen)의 구조를 나타낸 것이다. 완전한 Lewis 구조식을 사용하여 이 분자를 다시 그리시오.

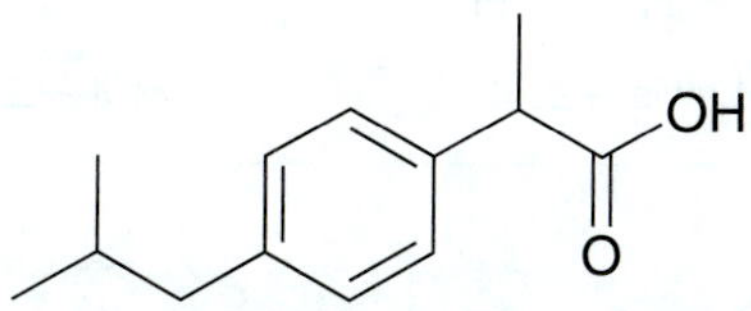

이 구조에서는 각 끝점과 꼭짓점이 탄소 원자로 정확히 원자 표시가 되어 있지 않다. 탄소 원자를 시각화하는 유용한 방법 하나는 각 끝점에 (빨간) 점을 그리는 것이다. 그다음 각 탄소 원자에는 4개의 결합이 있어야 하므로, 결합이 4개가 아닌 점이라면 수소를 붙여야 한다. 이제, 각각의 (빨간) 점에 '정확한 개수의' 수소를 그린다.

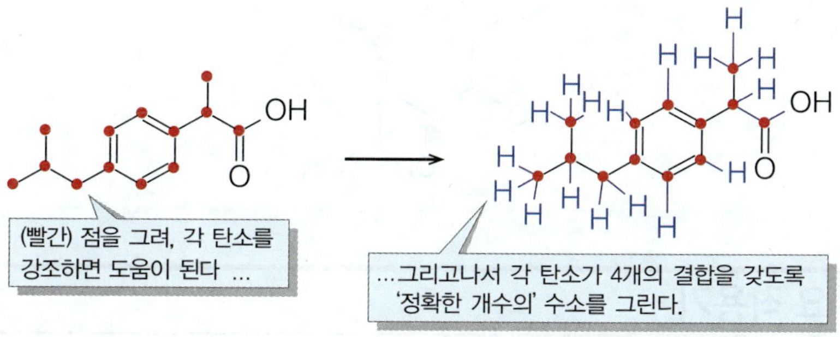

마지막으로, 각 탄소 자리에 C라 쓰고, 각 산소 원자에 비공유 전자를 포함시켜 구조를 다시 그릴 수 있다.

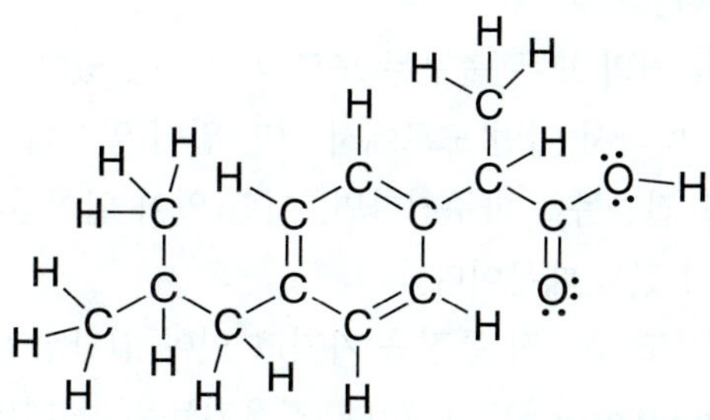

예제 15.5 뼈대 구조식, 축약 구조식, Lewis 구조식 사이의 변환

식품 제조업자들은 포장된 음식들이 촉촉하게 유지되도록 하기 위해 종종 프로필렌 글리콜을 첨가한다. 프로필렌 글리콜의 축약 구조식은 $CH_2(OH)CH(OH)CH_3$이다. 이 화합물의 Lewis 구조식과 뼈대 구조식을 그리시오.

구조식의 앞부분에 화학식 $CH_2(OH)$가 있다. 이것은 첫 번째 탄소에 두 개의 수소가 결합되어 있다는 것을 의미한다. 괄호 안의 (OH)는 탄소가 산소에 붙어 있고, 그 산소에 다른 수소가 붙어 있다는 것이다. 두 번째 탄소에는 H 1개와 OH 1개가 붙어 있다. 마지막으로, 세 번째 탄소는 수소 3개와 연결되어 있다. 완전한 Lewis 구조식과 그에 상응하는 뼈대 구조식을 그리면 다음과 같다.

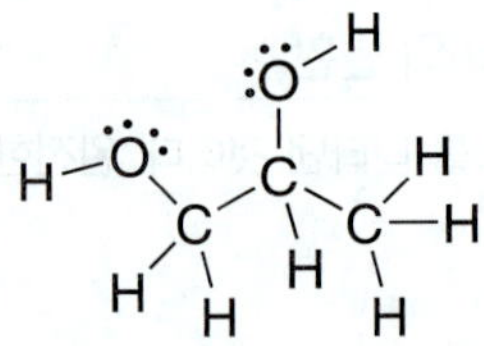

Lewis 구조식

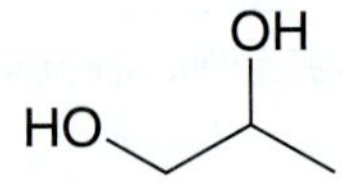

뼈대 구조식

도전 문제

3. 알파-글루코시데이스 억제제라고 하는 화합물은 당뇨병 치료에 사용된다. 2015년에 프랑스 과학자 팀은 Grubbs 촉매를 이용한 새로운 알파-글루코시데이스 억제제의 제법을 보고했다. 다음의 뼈대 구조식으로 보아, 이 화합물의 분자식은 무엇인가? 이 구조식을 완전한 Lewis 구조식으로 다시 그리시오.

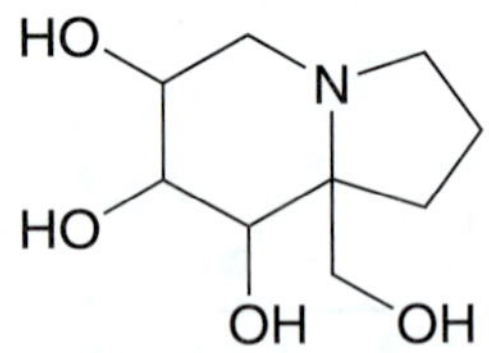

15.4 주요 작용기

미국 횡단 운전을 상상해 보자. 콜로라도 시골을 지나 서쪽으로 가다 보면, 1마일 전방에 출구 표지판이 보인다. 배가 고프니 우측 차선으로 이동하여 나갈 준비를 하자. 우측 차선으로 이동하는지는 어떻게 알았나?

대답은 간단하다. 미국의 거의 모든 출구는 도로의 우측에 있다. 여러분은 전에 다른 도로에서 운전해 본 적이 있다. 따라서 이번 도로에서 어떤 일이 일어날지 알 수 있다. 마찬가지로 정지 표지판, 신호등, 철도 건널목을 마주친다면, 어떤 일이 일어날지 알 수 있다. 이러한 구조적 특징을 이전에 본 적이 있기 때문이다.

거의 같은 방식으로, 분자도 구조적 특징을 가지고 있어 일관성 있게 작용한다. 이러한 구조적 특징을 **작용기(functional group)**라고 한다. 작용기는 분자 내의 작은 원자 집단으로, 분자가 고유한 방식으로 거동하게 만든다. 이러한 행동 양식은 분자의 물리적 · 화학적 성질을 예측할 수 있게 해준다. 일반적인 작용기를 살펴볼 것이다.

탄화수소 작용기

알케인과 사이클로알케인

탄화수소(hydrocarbon)란 탄소와 수소만 있는 화합물이다. **알케인(alkane)**은 단일 결합만 있는 탄화수소다. 가장 간단한 알케인인 CH_4는 천연가스의 주성분이다. 더 큰 알케인도 연료로 사용된다. 예를 들면 뷰테인(C_4H_{10})은 라이터의 연료이고, 6, 7, 8개의 탄소 원자가 있는 알케인들은 모두 가솔린의 성분이다. 알케인이 클수록 연소 속도가 더 느리다. 등유와, 양초에 들어 있는 왁스는 비교적 큰 알케인으로 이루어져 있다(그림 15.14).

알케인에는 C와 H만 들어 있고, 모두 단일 결합이다.

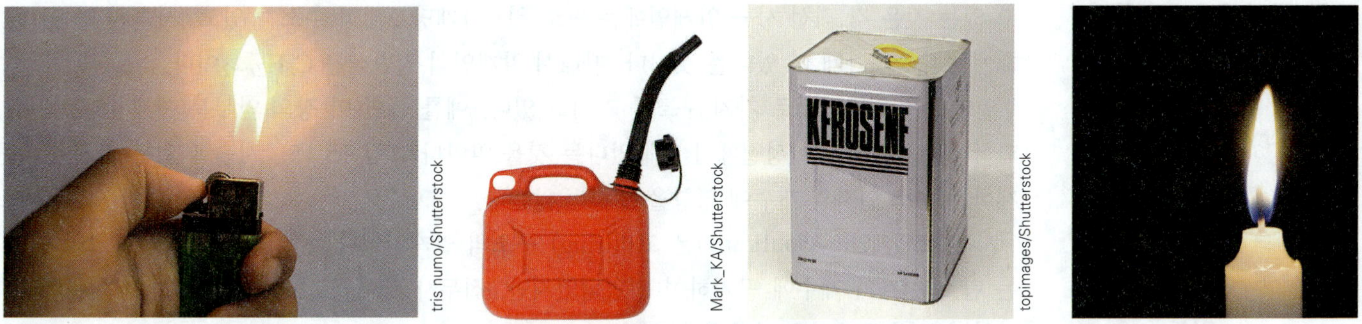

tris numo/Shutterstock Mark_KA/Shutterstock topimages/Shutterstock amphaiwan/Shutterstock

그림 15.14 알케인은 일반적으로 연소 연료로 쓰인다. 라이터 기름, 가솔린, 등유, 양초 왁스는 모두 알케인으로 이루어져 있다.

화학자들은 사슬의 탄소 수를 기준으로 알케인의 이름을 붙인다. 각 알케인의 이름은 탄소의 수를 나타내는 접두사를 사용한다. 알케인의 접미사 **−ane**은 구조에 단일 결합만 있다는 것을 나타낸다. 직선 사슬 알케인의 이름과 구조식이 표 15.2에 나와 있다. 이 표를 보고 알

표 15.2 C_1에서 C_{10}까지의 알케인

화학식	Lewis 구조식	축약 구조식	이름
CH_4	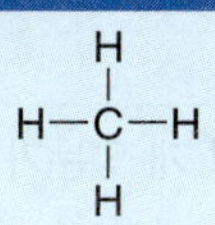	CH_4	메테인 (Methane)
C_2H_6	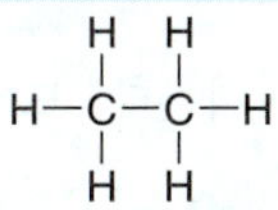	CH_3CH_3	에테인 (Ethane)
C_3H_8	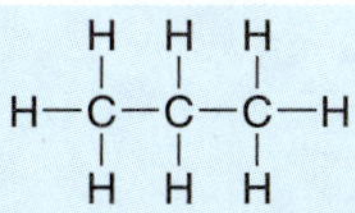	$CH_3CH_2CH_3$	프로페인 (Propane)
C_4H_{10}	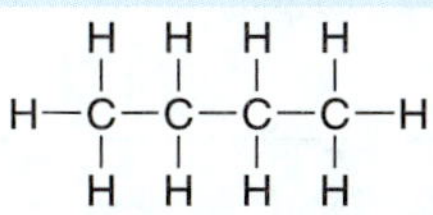	$CH_3(CH_2)_2CH_3$	뷰테인 (Butane)
C_5H_{12}	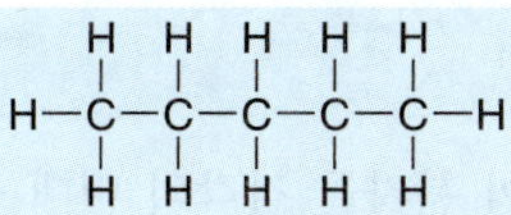	$CH_3(CH_2)_3CH_3$	펜테인 (Pentane)
C_6H_{14}	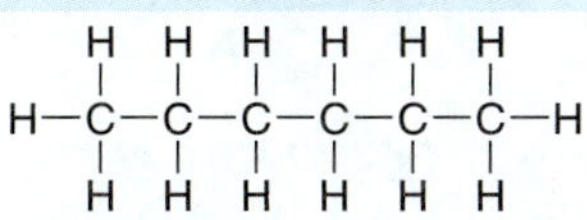	$CH_3(CH_2)_4CH_3$	헥세인 (Hexane)
C_7H_{16}	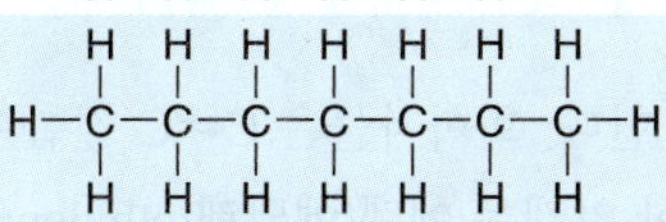	$CH_3(CH_2)_5CH_3$	헵테인 (Heptane)
C_8H_{18}	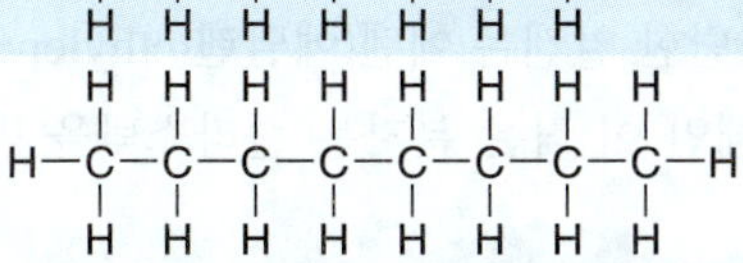	$CH_3(CH_2)_6CH_3$	옥테인 (Octane)
C_9H_{20}	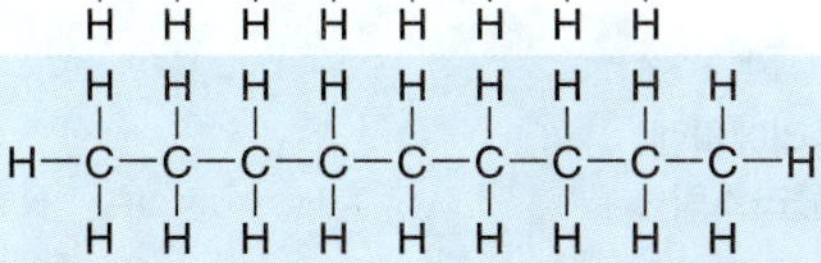	$CH_3(CH_2)_7CH_3$	노네인 (Nonane)
$C_{10}H_{22}$	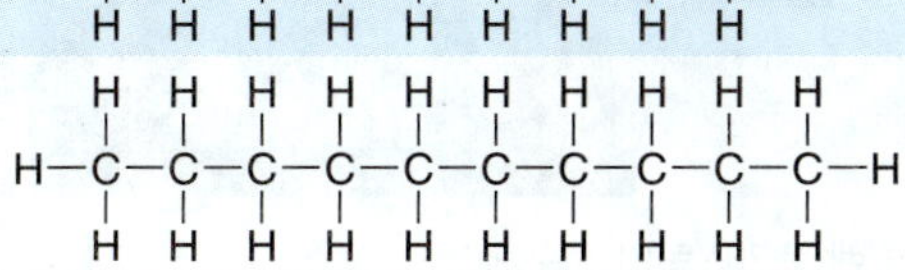	$CH_3(CH_2)_8CH_3$	데케인 (Decane)

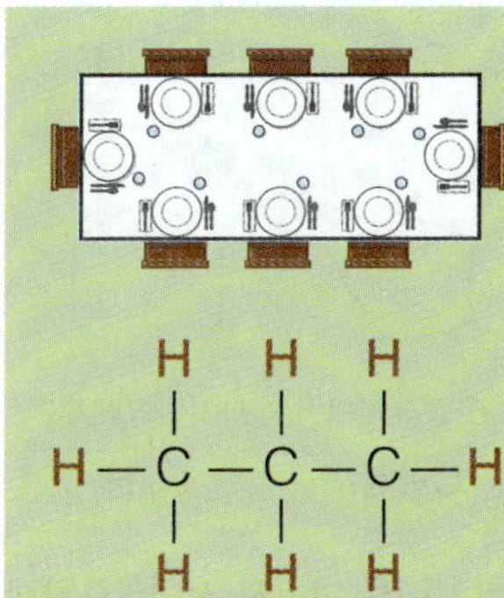

식탁에서, 좌석이 서로 마주보고 있고, 나머지 두 좌석은 테이블의 양쪽 끝에 있다. 마찬가지로, 직선 알케인에는 탄소 1개당 수소 원자가 2개씩 있고, 양쪽 끝의 탄소에는 각각 1개의 수소 원자가 더 있다. 이 구조식의 일반식은 C_nH_{2n+2}이다.

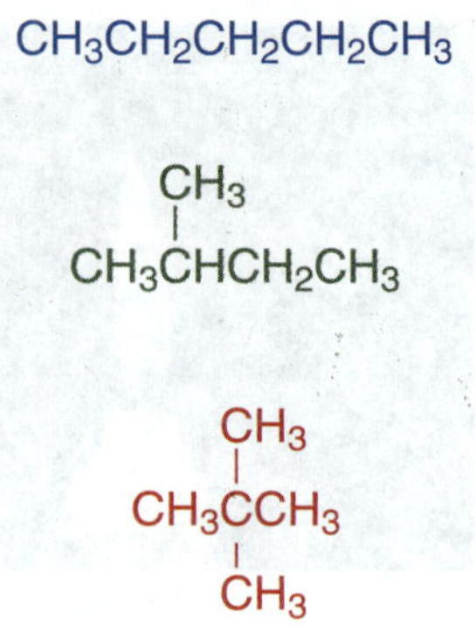

그림 15.15 3가지 이성질체의 화학식은 C_5H_{12}이다.

수 있는 것은 각 직선 사슬 알케인에는 탄소 원자 1개당 2개의 수소가 있고, 사슬의 양 끝 탄소에는 수소가 1개 더 있다는 것이다. 따라서 알케인의 일반식은 C_nH_{2n+2}이다.

알케인은 일반적으로 가지 구조를 가지고 있다. 예를 들면 이 장의 앞부분(예제 15.2)에서, 화학식 C_5H_{12}에는 이성질체가 3개 있다는 것을 알았다(그림 15.15). 사슬에 있는 가지가, 존재하는 수소 원자의 개수에 영향을 주지는 않는다.

사이클로알케인(cycloalkane)은 **고리**(ring) 구조의 알케인이다. 사이클로알케인은 고리에 있는 탄소 원자의 개수에 근거하여 명명되었지만, 접두사 **사이클로**(cyclo)를 알케인 이름에 추가하여 고리 구조임을 나타낸다(그림 15.16).

사이클로알케인의 분자식과 선형 알케인의 분자식은 다르다. 예를 들어 그림 15.17의 프로페인과 사이클로프로페인의 구조를 비교해 보라. 고리 구조는 직선 사슬 구조보다 수소 원자가 두 개 적다. 사이클로알케인의 일반식은 C_nH_{2n}이다.

알케인은 인화성이 있다. 즉 산소와 빠르게 반응한다. 그러나 그 외에는 꽤나 반응성이 없다. 유기 화학자들은 종종 알케인과 사이클로알케인 구조를 주요 작용기 중 하나가 아니라 유기 분자의 기초로 생각한다.

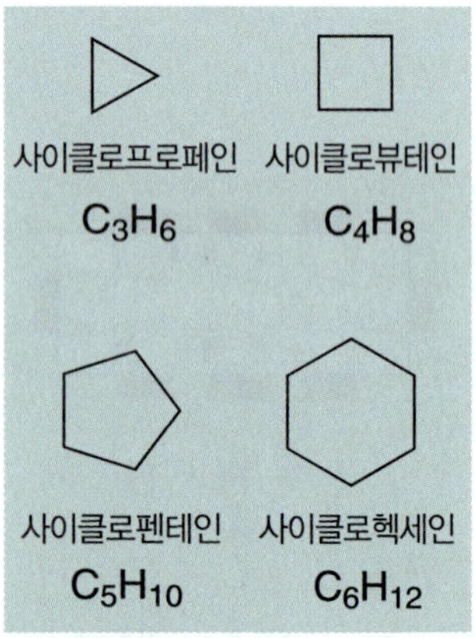

그림 15.16 4가지 사이클로알케인의 뼈대 구조식

예제 15.6 알케인과 사이클로알케인의 화학식

도데케인은 12개의 탄소 사슬이 있는 알케인이다. 도데케인에는 수소 원자가 몇 개 있는가? 사이클로도데케인에는 수소 원자가 몇 개 있는가?

선형 알케인(고리 없는 알케인)의 경우, 분자식은 일반식 C_nH_{2n+2}를 따른다. 도데카인의 경우, $n = 12$이다. 그러므로 수소 원자 수는 다음과 같다.

$$2n + 2 = 2(12) + 2 = 26 \text{ : 수소 원자 수}$$

따라서 도데케인의 분자식은 $C_{12}H_{26}$이다.

사이클로도데케인의 경우, 화학식은 C_nH_{2n}, 즉 $C_{12}H_{24}$이다.

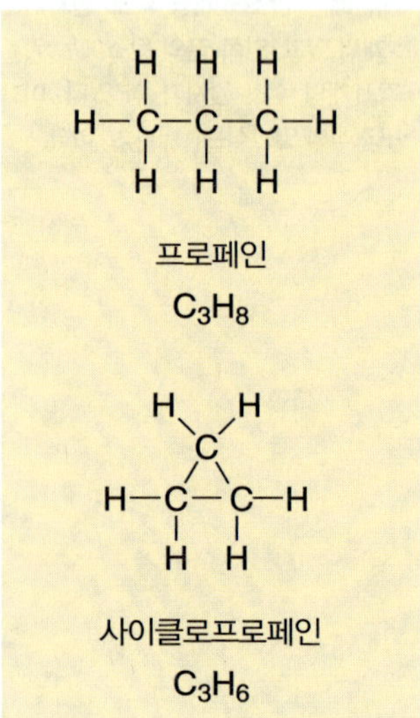

그림 15.17 선형 알케인은 일반식이 C_nH_{2n+2}이다. 사이클로알케인은 일반식이 C_nH_{2n}이다.

도전 문제

4. 헵테인과 사이클로헵테인의 분자식은 무엇인가? 이 분자들 각각의 뼈대 구조식을 그리시오.

알켄과 알카인

탄소-탄소 이중 결합을 **알켄(alkene)** 작용기라고 한다. 화학자들은 C=C 결합이 있는 단순한 분자에 대해서도 이 용어를 사용한다. 가장 간단한 알켄은 에텐(**에틸렌**(ethylene)이라고도 함)이며, 그림 15.18에 나와 있다. 실온에서 기체인 이 작은 분자는 플라스틱을 만드는 데 중요

그림 15.18 에틸렌은 폴리에틸렌 플라스틱의 전구체다.

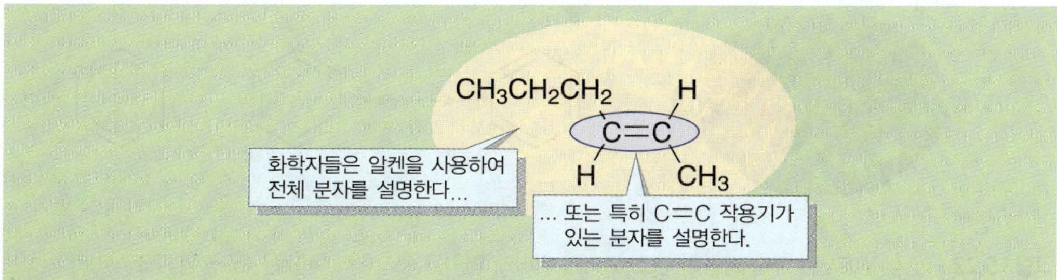

분자에 주요 작용기가 하나만 있는 경우라면, 작용기 이름을 사용하여 전체 분자를 설명하는 경우가 많다. 예를 들어 알켄은 특정 작용기(C=C 결합)나, 이 작용기가 있는 분자를 가리킨다.

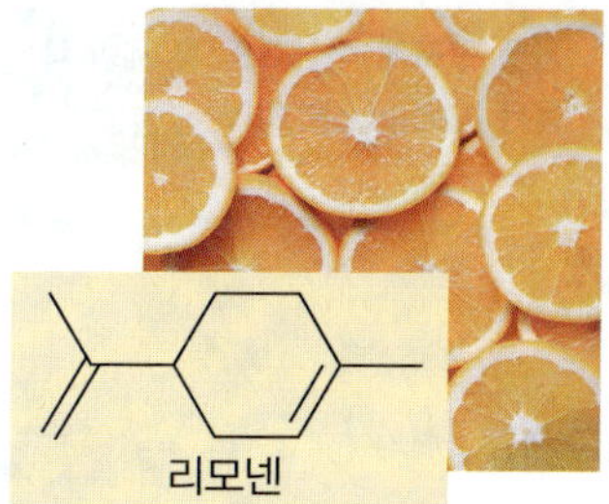

Alex Staroseltsev/Shutterstock

그림 15.19 리모넨은 감귤 오일의 주성분이며, 가정용 세척제로 널리 사용된다.

한 구축 단위이다(플라스틱은 15.5절에서 논의할 것이다). 더 큰 분자에도 알켄 작용기가 있다. 예로 리모넨(그림 15.19)은 감귤 오일의 주요 성분이며, 2개의 알켄 작용기가 있다.

알카인(alkyne)은 탄소–탄소 삼중 결합이 있는 탄화수소이다. **아세틸렌**(acetylene 또는 ethyne이라고도 함)이라고 하는 가장 간단한 알카인은 용접에 사용되는, 고온으로 타는 연소 연료이다(그림 15.20). 아세틸렌은 전도성 고분자를 만드는 전구체이기도 하다. 알카인을 포함하고 있는 화합물은 일부 자연적으로 생기지만, 알켄보다는 훨씬 덜 일반적이다.

탄화수소의 3가지 유형:
알케인–모든 단일 결합
알켄–이중 결합
알카인–삼중 결합

Bogdan VASILESCU/Shutterstock

그림 15.20 아세틸렌은 용접 토치용 연료로도, 전도성 고분자를 만드는 전구체로도 쓰인다.

방향족 화합물

그림 15.21에 있는 분자는 **벤젠(benzene)**으로 불린다. 이 간단한 고리 구조에는 6개의 탄소가 있으며, 일반적으로 고리 주위에 단일 결합과 이중 결합이 교대로 그려져 있다. 그러나 벤젠은 평범한 알켄이 아니다. 벤젠은 독특한 구조로 인해 특이하게도 안정된 분자다. 이중 결합에서 첫 번째 전자세트는 두 원자 사이의 공간을 차지한다. **파이 전자**(*pi* electron)라고 하는 두 번째 전자세트는 위와 아래의 공간을 차지한다. 고리 구조로 인해, 벤젠의 파이 전자는 실제로 6개의 탄소 원자 위 아래의 전체 영역을 차지한다(그림 15.22). 화학자들은 이러한 독특한 거동을 보여주기 위해서, 벤젠을 두 개의 분리된 Lewis 구조식(**공명 구조식**(resonance structure)이라고 함) 또는 가운데 원이 있는 6개 탄소 단일 뼈대 구조식으로 표현하기도 한다(그림 15.22).

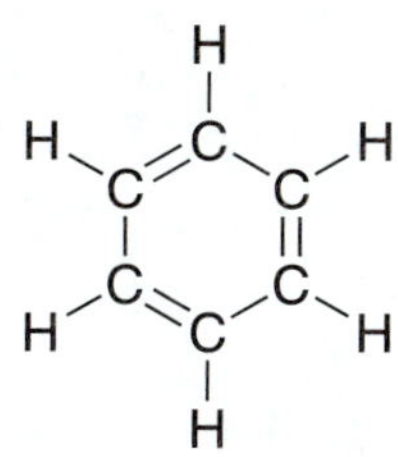

그림 15.21 벤젠은 탄소 6개가 단일 결합과 이중 결합이 교대로 있는 고리에 있다.

공명 구조에 대한 보다 자세한 내용은 9.2절을 참조하라.

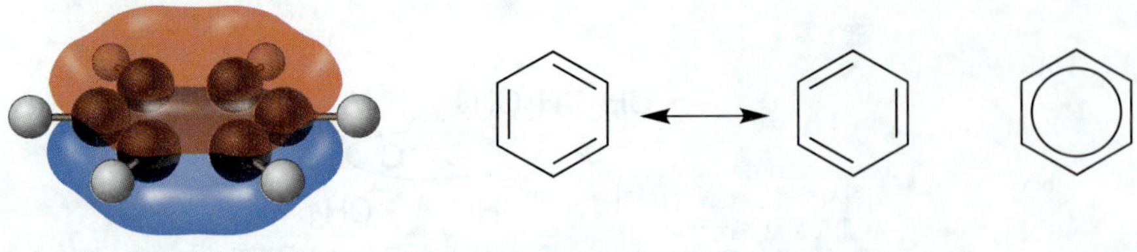

a b c

그림 15.22 (a) 벤젠에서는 전자 파동이 탄소 고리의 위아래 영역을 차지한다. 이것은 (b) 공명 구조식이라고 하는 2개의 분리된 구조 또는 (c) 고리 안에 원이 있는 단일 육원자 고리 구조로 나타내기도 한다.

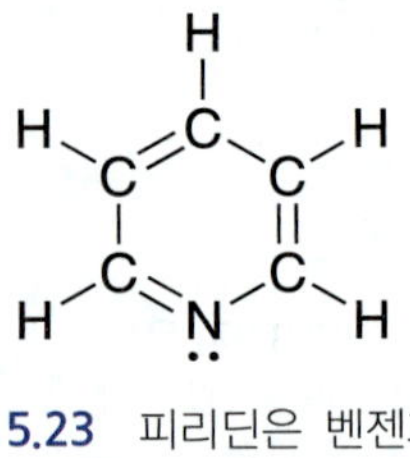

그림 15.23 피리딘은 벤젠과 유사하며 또한 방향족이다.

벤젠은 **방향족 고리(aromatic ring)**의 한 예인데, 방향족 고리는 단일 결합과 이중 결합이 교대로 있고, 일반적으로 단순 알켄보다 반응성이 작다. 벤젠에는 탄소와 수소만 있지만, 방향족 고리에는 다른 원자들이 있을 수 있다. 예를 들어 피리딘 분자(그림 15.23)는 구조적으로 벤젠과 매우 유사하며 방향족 거동을 보인다.

방향족 고리는 자연 발생 분자에도, 인간이 만든 분자에도 많이 존재한다. 예를 들어 폭약 TNT와 진통제인 아스피린에는 모두 벤젠 고리가 있다(그림 15.24). 그림 15.1로 돌아가 보면, Grubbs 촉매에도 벤젠 고리가 있음을 알 수 있다. 벤젠 자체는 매우 독성이 강하지만, 벤젠이 더 많은 복잡한 구조에서는 완벽하게 안전할 수도 있다. 벤젠 고리는 많은 종류의 분자에 있어 모양과 구조적 안정성을 준다.

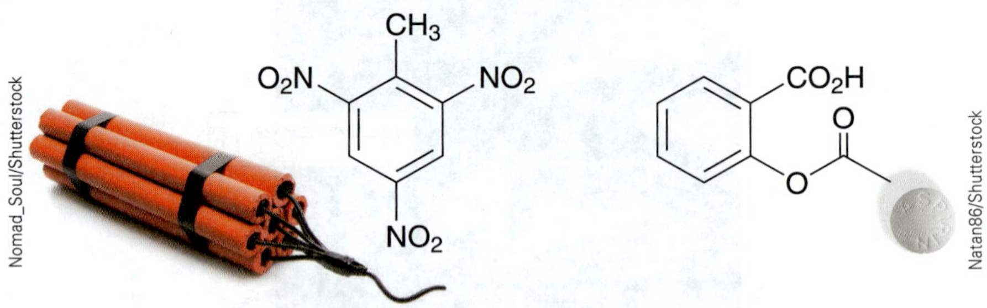

그림 15.24 TNT와 아스피린은 모두 구조식에 벤젠 고리가 있다.

도전 문제

5. 다음 분자에서 알켄, 알카인, 방향족 작용기를 식별하시오.

$CH_3CH_2CH{=}CH_2$

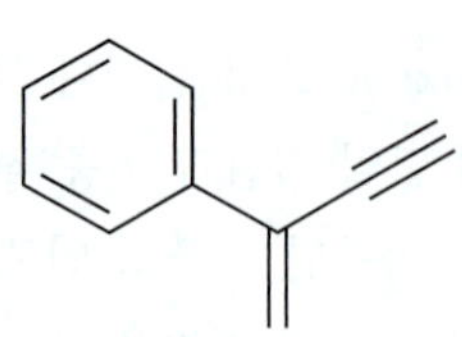

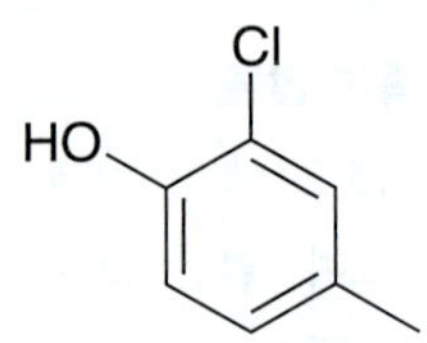

산소 포함 작용기

알코올과 에터

많은 유기 분자에는 산소가 있다. 가장 풍부한 작용기가 **알코올(alcohol)**기일 것이다. 알코올에서는 산소 원자가 탄소 원자와 수소 원자에 단독으로 결합되어 결합 순서가 C–O–H가 된다.

알코올과 물은 구조적으로 유사하다(그림 15.25). 이들 분자는 물과 그리고 다른 알코올 분자들과 강한 수소 결합을 생성한다. 그 결과, 작은 알코올은 물과 쉽게 섞인다. 일반적인 작은 알코올에는 에틸 알코올(맥주와 와인에 함유된 알코올), 아이소프로필 알코올(보통 **소독용 알코올**이라고 하는), 에틸렌 글리콜(부동액 혼합물을 제조하는 데 사용되는)을 포함해서 여러 가지가 있다. 알코올기가 있는 더 큰 분자에는 수백만 가지의 예가 있다.

에터(ether) 작용기는 탄소 원자 2개와 결합된 산소 원자로 이루어져 있다. 따라서 결합 순서는 C−O−C가 된다. 에터는 천연 분자에서 흔하며, 많은 제조 공정에서 중요한 용매다. 화학자들은 에터의 일반 제법으로, 두 알코올을 결합시켜 에터와 물을 만든다. 이것은 **축합 반응(condensation reaction)**−두 개의 작은 분자가 결합하여 물과 더 큰 분자를 생성하는 반응−의 한 예다.

예를 들어 다이에틸 에터는 일반적 용매이지만, 인화성이 매우 높은 용매이다. 다이에틸 에터는 에틸 알코올 두 분자가 반응하여 생성된다.

$$CH_3CH_2OH + HOCH_2CH_3 \rightarrow CH_3CH_2OCH_2CH_3 + H_2O$$

알코올 분자 2개 → 에터 물

이와 같은 축합 반응은 자연에서, 실험실 및 공장에서 일반적이다. 15.6절에서는 어떻게 자연이 축합 반응을 사용하여 단백질 및 당과 같은 분자들을 생성하는지를 살펴볼 것이다.

그림 15.25 알코올에는 C−O−H 결합이 있다.

축합 반응에서는 두 개의 분자가 결합하여 물과 더 큰 분자를 형성한다.

예제 15.7 축합 반응의 생성물 그리기

산업용 용매 MTBE는 에터를 생성하는 두 알코올의 축합 반응에 의해 생성된다. 아래에 나타낸 전구체를 고려하여, 이 생성물의 구조를 그리시오.

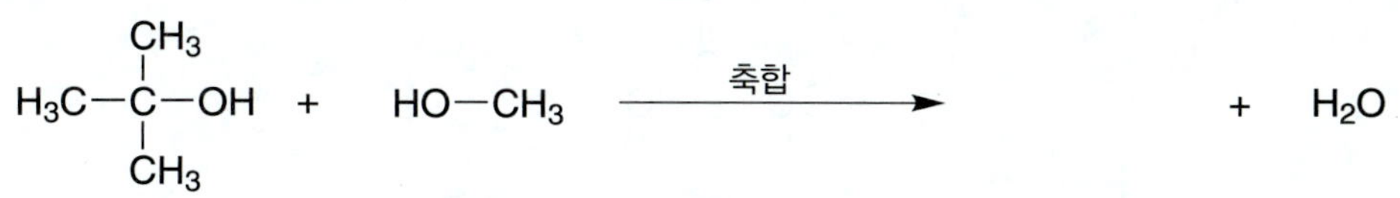

t-뷰틸 알코올 메틸 알코올 MTBE 물

축합 반응에서는 물이 제거되면서 두 분자가 결합한다. 이 반응에서는 한 알코올에서 OH를, 다른 알코올에서 H(산소 원자의)를 제거할 수 있다. OH에 붙어 있던 탄소 원자가 다른 분자의 산소 원자와 새로운 결합을 형성한다. 이 반응의 생성물은 다음과 같다.

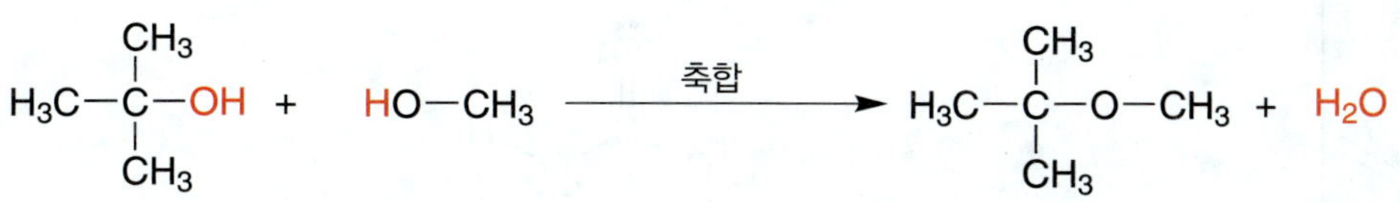

t-뷰틸 알코올 메틸 알코올 MTBE 물

카보닐기

알코올 작용기 다음으로 가장 일반적인 작용기는 **카보닐(carbonyl)**기일 것이다. 카보닐은 탄소−산소 이중 결합이다. 카보닐기의 거동은 주로 탄소 원자에 결합된 다른 두 원자에 달려 있다. 이러한 이유로 화학자들은 카보닐을 둘러싼 원자들을 포함하는 더 구체적인 작용기 이름을 사용한다.

알데하이드(aldehyde)에서 카보닐 탄소는 한쪽은 탄소 원자와, 다른 한쪽은 수소 원자와 결합한다.

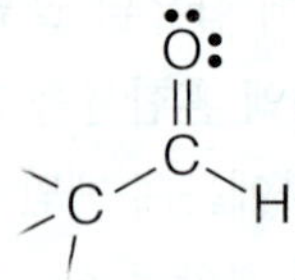

작은 알데하이드는 향기가 꽤 좋아서 주방에서 환영받는 첨가물이다. 예를 들어 계피와 바닐라의 주성분에는 다른 작용기 외에 알데하이드가 있다(그림 15.26).

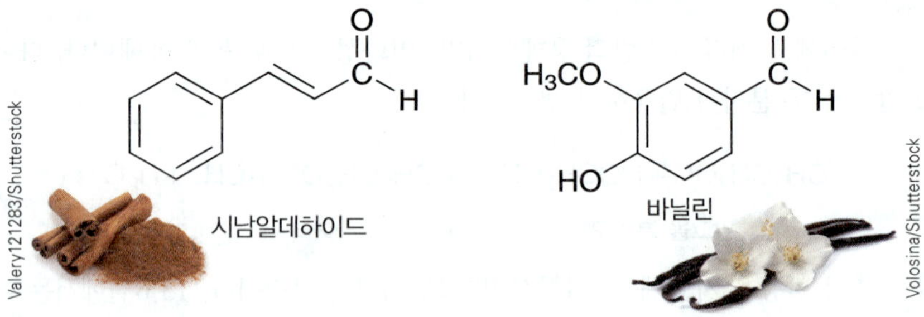

그림 15.26 계피와 바닐라의 활성 성분에는 알데하이드 작용기가 있다. 이 분자들에 존재하는 다른 작용기는 무엇인가?

케톤(ketone)에서는 카보닐 탄소가 양쪽의 탄소 원자와 결합하고 있다.

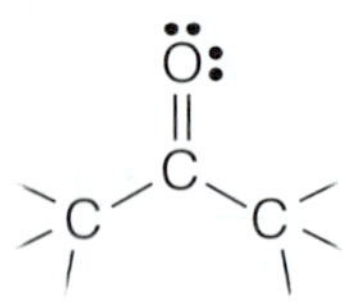

케톤은 알데하이드보다 안정하다. 가장 간단한 케톤은 **아세톤**(acetone: CH_3COCH_3)이다. 이 화합물은 일반적인 용매다. 케톤은 다양한 물질에서 발견된다. 예를 들어 카본(carvone)은 스피어민트 오일의 '박하' 성분이다(그림 15.27).

그림 15.27 카본은 스피어민트 오일에서 가장 맛있는 성분이다.

카복실산(carboxylic acid)에서는 카보닐이 알코올(OH)과 결합하고 있다.

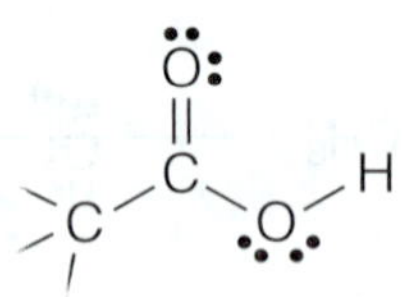

축약 구조식에서는 이 구조를 보통 $-COOH$나 $-CO_2H$로 나타낸다. 카복실산은 식물계와 동물계 전체에 존재한다. 예를 들어 '지방산'은 긴 탄소 꼬리가 있는 카복실산이다(그림 15.28). 이 산은 동물성 지방에 풍부하다. 식물성 기름도 지방산으로 이루어져 있고, 지방산은 세포 구조의 중요한 구성 성분이다.

이름에서 알 수 있듯이, 카복실산은 산성이다. 예를 들어 아세트산은 용액에서 이온화되어 H^+와 그 짝염기인 아세트산 이온을 생성한다.

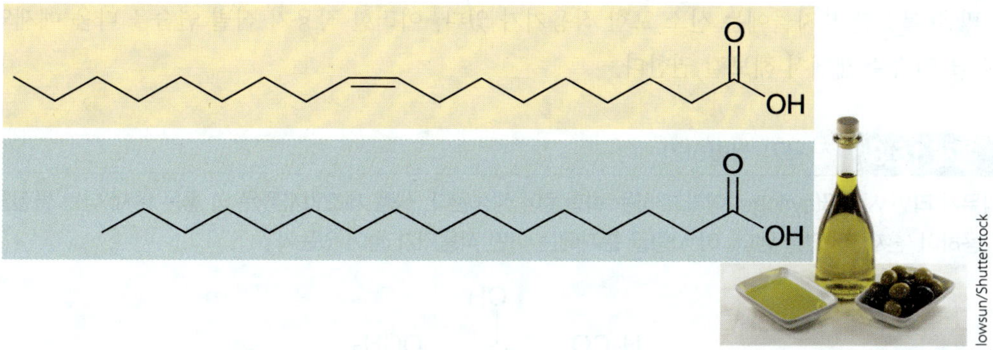

그림 15.28 식용유에는 지방산의 혼합물이 있다.

$$CH_3CO_2H\,(aq) \rightleftharpoons CH_3CO_2^-\,(aq) + H^+\,(aq)$$

식초는 아세트산을 물에 녹인 용액이다.

생물계의 pH 수준에서는 많은 양의 카복실산이 탈양성화된다(즉 평형은 산(−COOH)이 아닌 짝염기(−COO−) 쪽으로 놓여 있다). 카복실산의 짝염기는 **카복실산 이온**(carboxylate ion)으로 불린다. 카복실산 이온의 몇 가지 예를 15.6절에서 보게 될 것이다.

에스터(ester) 작용기는 O−H가 O−C 결합으로 대체된 것을 제외하면 카복실산기와 유사하다.

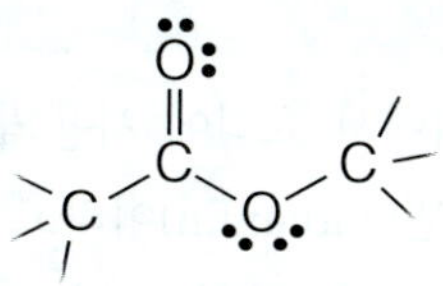

에스터는 일반적으로 카복실산과 알코올의 축합 반응으로 형성된다. 예를 들어 아세트산 에틸은 손톱 광택 제거제에 자주 사용되는 용매다. 이 에스터는 아세트산과 에틸 알코올의 축합 반응으로 만들어질 수 있다.

산소 포함 작용기의 요약

지금까지 이 절에서 알아본 6가지 주요 산소 포함 작용기는 알코올, 에터, 알데하이드, 케톤, 카복실산, 에스터이다. 그림 15.29에 이 6가지 구조가 요약되어 있다. 산소 포함 작용기들은 모두 우리 주변에 있다.

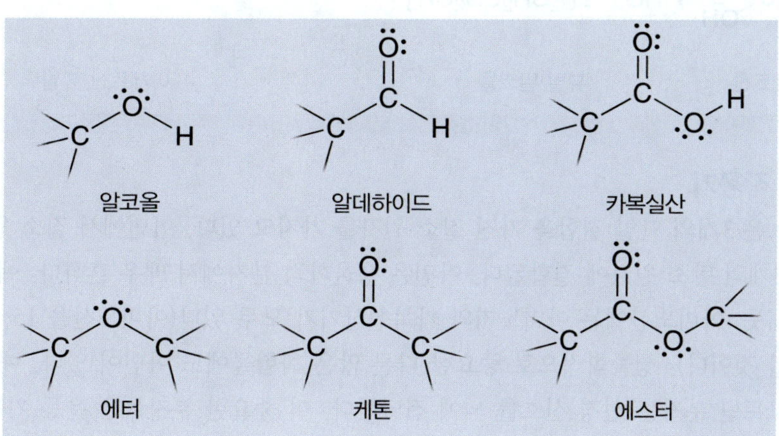

그림 15.29 산소 포함 작용기의 요약

많은 복잡한 분자들에는 산소 포함 작용기가 있다. 이러한 작용기 식별 연습을 다음 예제와 장 끝 연습 문제에서 해보길 권한다.

예제 15.8 작용기 식별하기

나무가 타면 시링골(syringol)이라고 하는 화합물이 생성된다. 식품 제조업자들은 이 좋은 냄새 나는 물질을 사용하여 '훈제 향' 맛을 낸다. 이 시링골 분자에는 어떤 작용기가 들어 있는가?

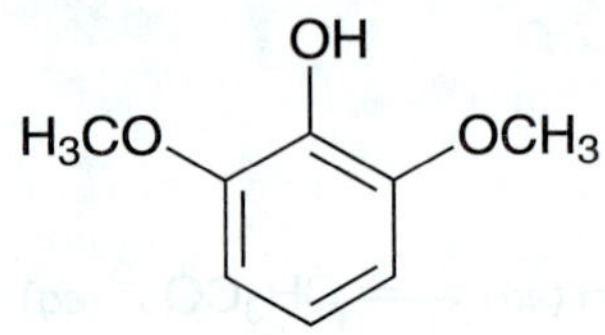

이 분자에는 3가지 주요 작용기, 즉 방향족 고리(벤젠), 알코올기(위쪽의 OH), 2개의 에터기가 있다. 왼쪽과 오른쪽의 산소 원자는 CH_3의 탄소 원자와 벤젠 고리의 탄소 원자에 모두 결합되어 있다.

도전 문제

6. 카레(Curry)는 동남아시아 전역에서 요리에 사용되는 맛있는 향신료 혼합물이다. 카레의 주요 성분 중 하나는 커큐민(curcumin)이라고 한다. 커큐민 분자는 아래에 있다. 이 분자에서 식별할 수 있는 작용기는 무엇인가?

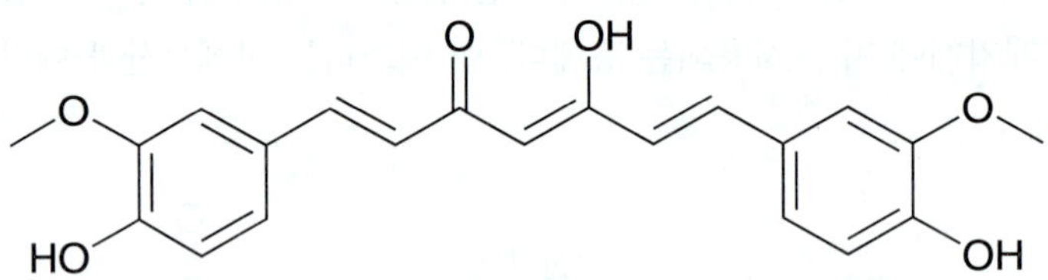

커큐민

7. 아세트산 뷰틸은 많은 과일에서 자연적으로 발생하는, 달콤한 냄새가 나는 화합물이다. 이 화합물은 카복실산(아세트산)과 알코올(뷰틸 알코올)을 축합하여 제조할 수 있다. 아래 반응물 구조에서 두 생성물(아세트산 뷰틸과 물)의 구조를 그리시오.

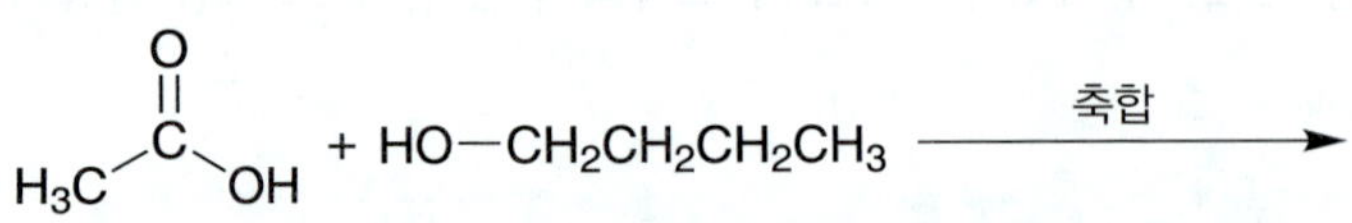

아세트산 뷰틸 알코올 아세트산 뷰틸 물

질소 포함 작용기

아민(amine)은 3개의 단일 결합을 가진 질소 원자를 가지고 있다. 아민에서 질소 원자는 1개, 2개, 또는 3개의 탄소 원자에 결합된다. 아민은 생물학적 분자에서 매우 흔하다. 예를 들어 이름이 나타내듯, 아미노산에는 아미노기와 카복실산기가 모두 있다(아미노산을 15.6절에서 자세히 알아볼 것이다). 생물학적으로 중요한 다른 많은 화합물에도 아민이 있다. 예를 들어 도파민과 세로토닌 분자는 신경 신호를 뇌에 전달한다. 이 중요한 분자들은 운동 기능, 감정 조절, 배고픔과 고통에 대한 인식 등에 매우 중요하다. 이 두 분자에는 모두 아민 작용기가 있다(그림 15.30).

아민은 약염기성 화합물이다. 암모니아는 물과 반응하여 암모늄 이온과 수산화 이온을 생성한다는 것을 기억하라.

$$NH_3\,(aq) + H_2O\,(l) \rightleftharpoons NH_4^+\,(aq) + OH^-\,(aq)$$

메틸 아민(CH_3NH_2)과 같은 아민은 물에서 매우 유사하게 반응한다.

$$CH_3NH_2\,(aq) + H_2O\,(l) \rightleftharpoons CH_3NH_3^+\,(aq) + OH^-\,(aq)$$

아마이드(amide)는 질소 포함 산과 에스터의 유사체다. 이러한 화합물에는 질소 원자와 결합한 카보닐이 있다.

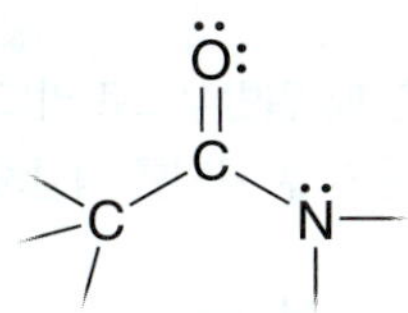

아마이드는 카복실산이나 에스터보다 반응성이 작다. 아마이드는 단백질 분자 내 구축 단위들 사이에서 연결 고리를 생성한다(15.6절에서 단백질을 논의할 것이다). 또한 아마이드는 살충제인 DEET, 고추의 매운맛을 내는 물질인 캡사이신 분자와 같은 여러 작은 분자에서도 발견된다(그림 15.31). 아마이드 결합은 나일론과 같은 물질에서도 핵심 결합을 이룬다.

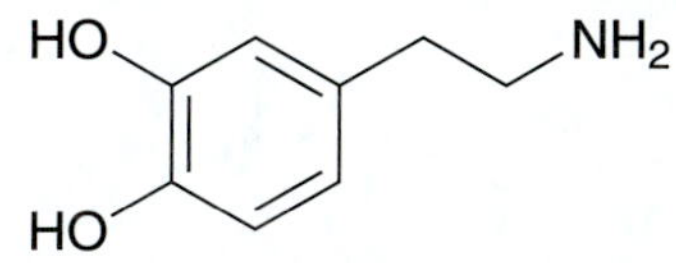

도파민

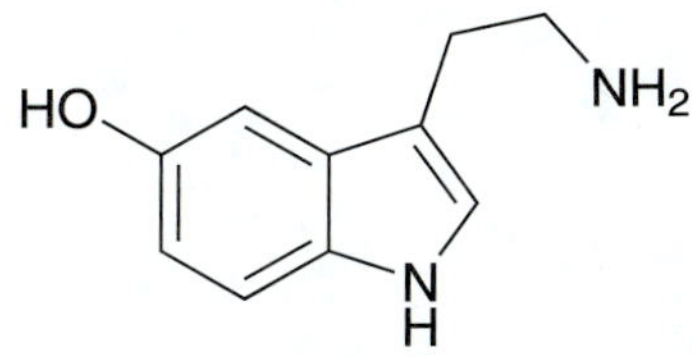

세로토닌

그림 15.30 도파민과 세로토닌은 뇌 기능을 조절한다. 두 물질은 모두 아민 작용기를 가지고 있다.

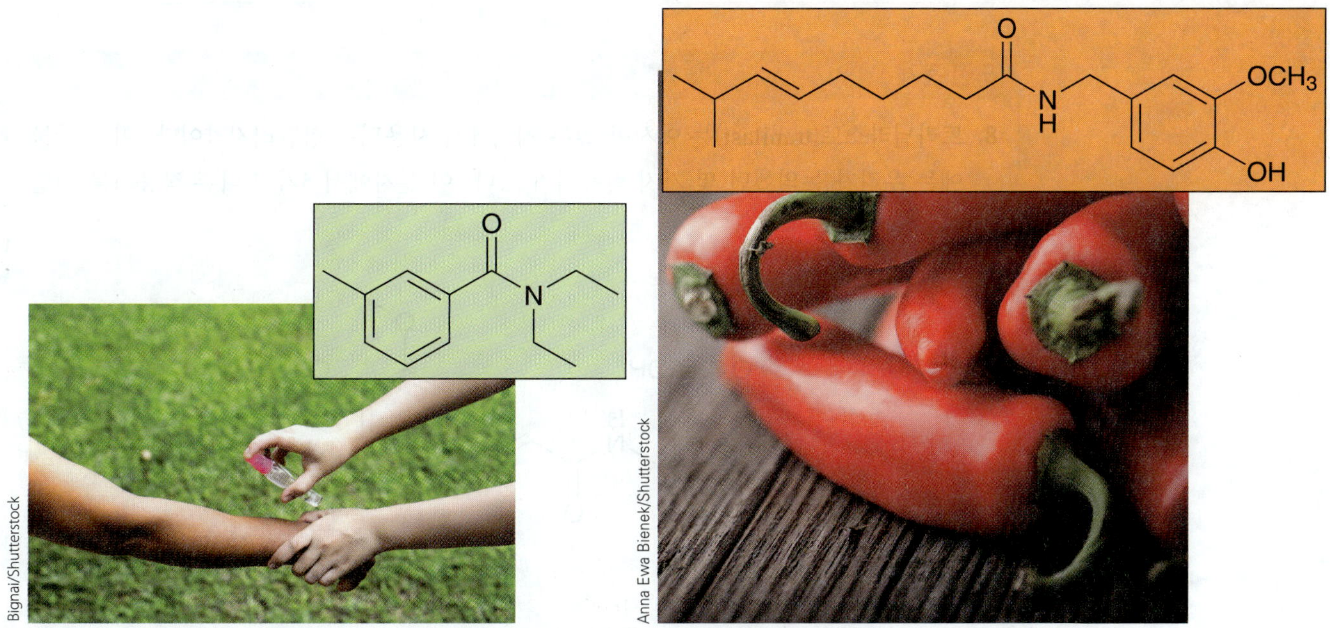

그림 15.31 살충제인 DEET와 매운맛을 내는 캡사이신에는 모두 아마이드 작용기가 있다.

마지막으로, **나이트릴(nitrile)** 작용기는 탄소–질소 삼중 결합으로 이루어져 있다. 가장 간단한 나이트릴(HCN)은 독성이 매우 강한 기체이다. 그러나 다른 작용기와 마찬가지로, 생물학적 영향은 완전한 분자의 그 구조에 따라 달라진다. 시탈로프램(그림 15.32)이란 물질은 우울증, 불안, 강박 장애 치료에 쓰인다. 시탈로프램에는 아민 작용기와 나이트릴 작용기가 모두 있다.

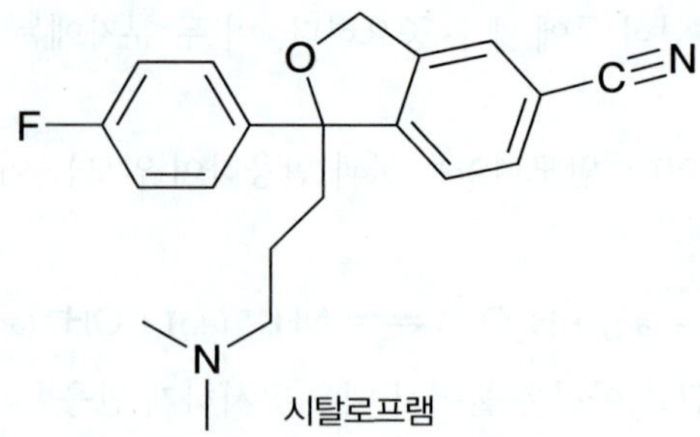

시탈로프램

그림 15.32 항우울제 시탈로프램에 있는 작용기로는 에터, 아민, 나이트릴이 있다.

예제 15.9 작용기 식별하기

치과의사들은 치료 전에 환자의 입을 마취할 때 일반적으로 리도카인을 사용한다. 리도카인의 구조는 아래와 같다. 리도카인에 존재하는 질소 포함 작용기 두 가지를 식별하고, 이름을 말하시오.

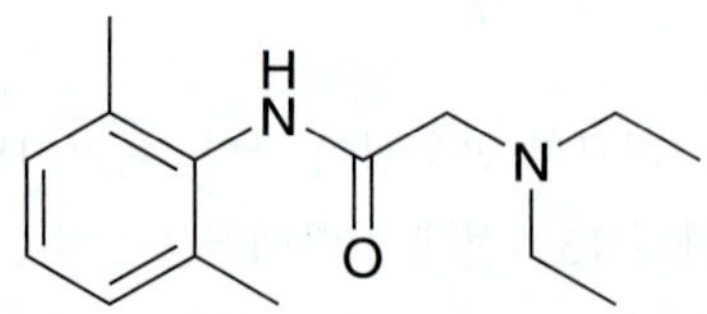

이 분자의 오른쪽에 있는 질소 원자는 3개의 탄소 원자와 결합하고 있다. 이것이 아민기이다. 분자의 왼쪽에 있는 질소 원자는 카보닐에 결합되어 있다. 이것이 아마이드기이다.

도전 문제

8. 트라닐라스트(tranilast)는 아시아 일부 지역에서 사용되는 항알러지약이다. 이 화합물에는 우리가 논의했던 몇 가지 작용기가 있다. 이 분자에서 5가지 다른 작용기를 식별할 수 있는가?

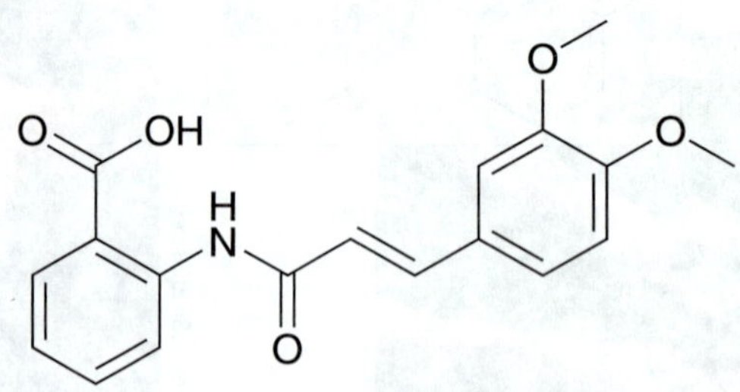

15.5 고분자와 플라스틱

고분자(polymer)는 단순한 반복 단위들이 서로 연결되어 공유 결합의 긴 사슬을 이룬 분자다. **생체 고분자**(biopolymer)는 자연적으로 생기는 고분자다. 매우 중요한 많은 천연 화합물이 고분자 구조를 가지고 있다. 나무는 생체 고분자여서 단단한 구조를 이룬다. 단백질도, 심지어 DNA도 생체 고분자다. 이러한 화합물의 구조를 다음 절에서 더 자세히 살펴볼 것이다.

플라스틱(plastic)은 합성 고분자이다. 플라스틱은 쓰레기봉지에서 자동차 부품, 물병에 이르기까지, 삶에서 없어서는 안 될 필수품이다. 플라스틱은 **단위체(monomer)**라고 하는 단순한 작은 분자에서 만들어지고, 이 단위체들이 결합하여 긴 사슬을 생성한 것이다. 화학자들은 고분자를 나타낼 때, 일반적으로 반복 단위의 구조를 그려 나타낸다. 즉 반복 단위 구조를 괄호로 묶고, 아래 첨자 *n*을 써서 이 단위가 반복됨을 나타낸다. 예를 들어 폴리프로필렌은 장난감, 가구, 주방 보관 용기 및 기타 여러 용도로 사용되는 일반적인 플라스틱이다(그림 15.33). 폴리프로필렌은 반복되는 탄소 3개 단위로 구성되어 있다. 폴리프로필렌의 구조는 다음과 같다.

폴리프로필렌

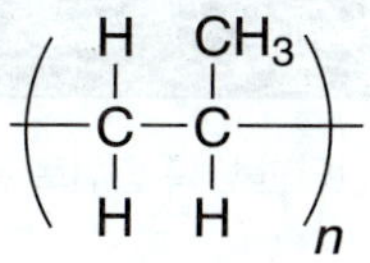

표 15.3 일반적인 단위체와 고분자

고분자	단위체	용도
폴리에틸렌 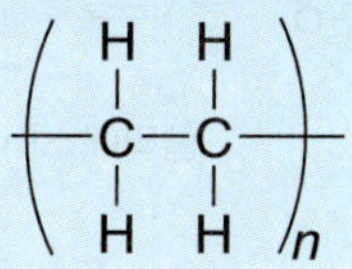	에틸렌 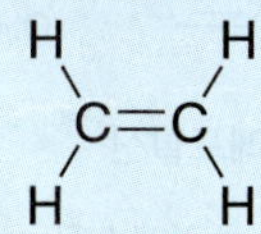	식료품 봉지, 포장지 등
폴리프로필렌 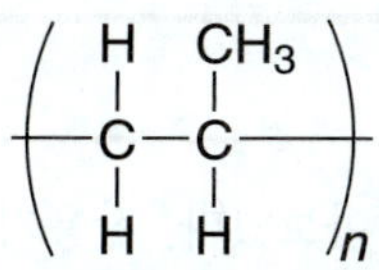	프로필렌 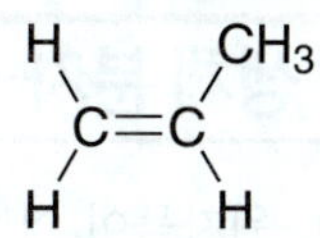	장난감, 가구, 직물, 병 등
폴리(염화 바이닐) 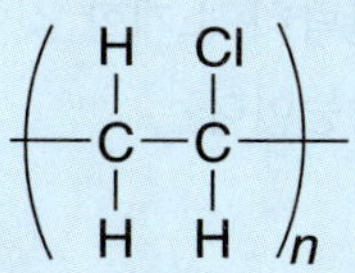	염화 바이닐 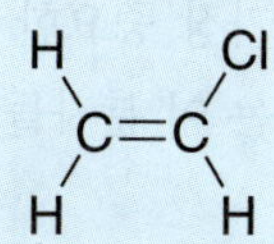	PVC 배관(배관)
폴리에틸렌 테레프탈레이트(폴리에스터) 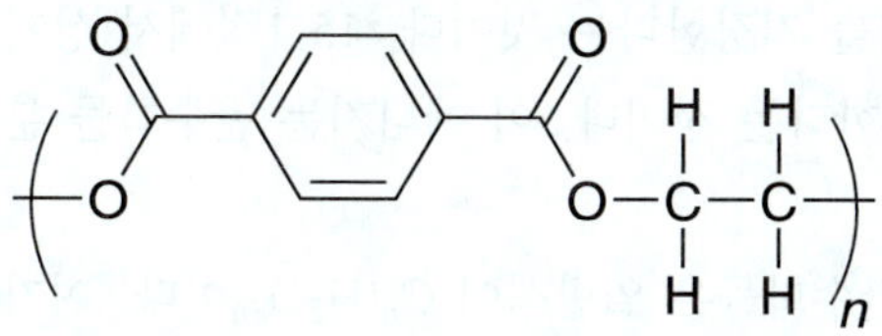	테레프탈산 + 에틸렌 글리콜 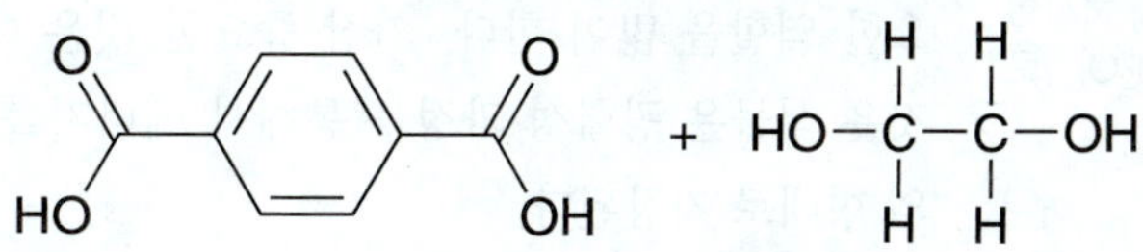	합성 섬유, 수지 등
폴리카보네이트 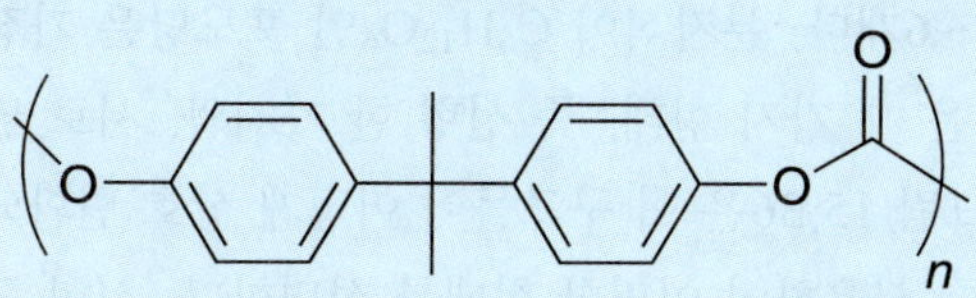	비스페놀 A + 포스젠 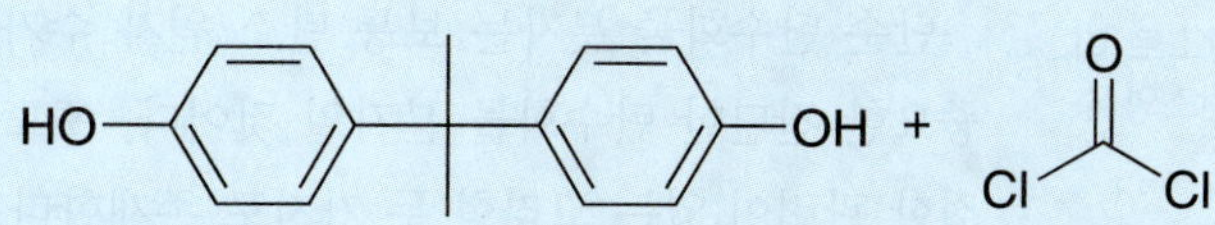	전자 부품, DVD, 자동차 전조등, 방탄유리 등

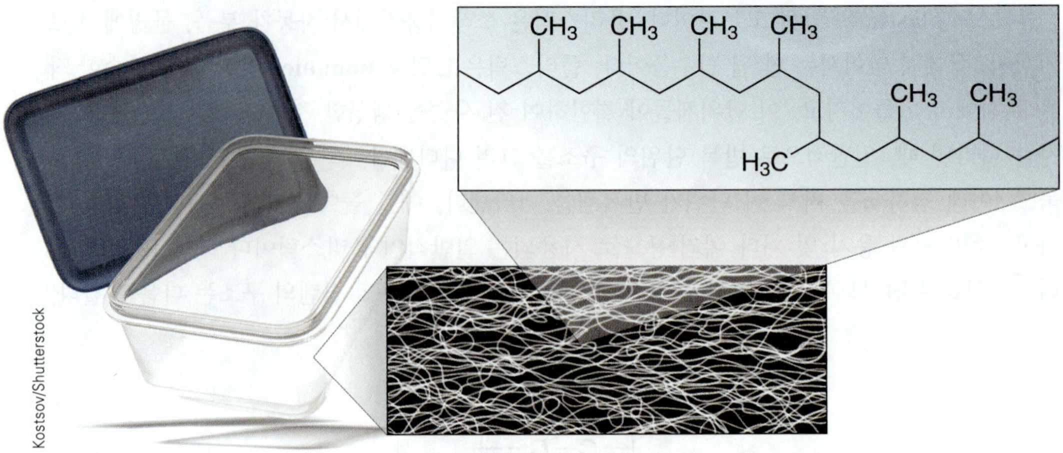

Kostsov/Shutterstock

그림 15.33 폴리프로필렌과 같은 플라스틱은 간단한 반복 단위로 된 긴 분자 사슬로 이루어져 있다.

폴리에스터는 카복실산(테레프탈산)이 2개 있는 분자와 알코올(에틸렌 글리콜)이 2개 있는 다른 분자가 축합 반응으로 결합하여 만들어진 고분자이다(그림 15.34) 이렇게 하여 에스터기로 연결된 반복 구조가 생성된다. 물은 이 반응의 부산물이다.

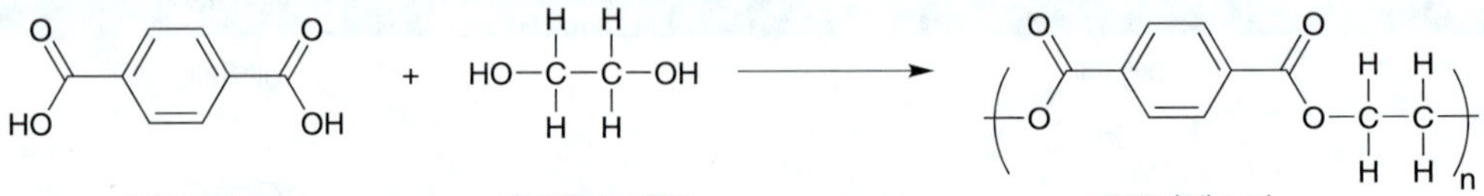

그림 15.34 폴리에스터는 축합 반응을 통해 만들어지는 고분자이다.

15.6 생체 분자-서론

지금까지, 원자들이 어떻게 결합하여 분자를 생성하는지를 알아보았다. 작용기라고 하는, 분자 내 원자들의 다른 배열이 물질의 전체 구조와 거동에 어떻게 기여하는지를 살펴보았다. 이 절에서는 가장 중요한 생물학적 분자 일부의 구조와 성질을 간략히 소개할 것이다. 생명체에서 생성되는 이 분자들에 있어 필수적인 것은 그들의 구조와 기능이다.

Dynamicfoto/Shutterstock

그림 15.35 식탁 위에 있는 설탕은 **슈크로스**(sucrose)라고 하는 화합물이다. 이 탄수화물은 분자식이 $C_{12}H_{22}O_{11}$이며, $C_{12}(H_2O)_{11}$로도 쓴다.

탄수화물

탄수화물(carbohydrate)은 C, H, O로 구성된 화합물이다. 이 분자는 식물과 동물의 삶에 중요한 역할을 많이 한다. 가장 중요한 것은 에너지를 저장한다는 것이다. 15.1절에서 상기할 것은 식물은 광합성 과정을 통해서 에너지를 저장한다는 점이다. 이 에너지는 탄수화물 분자의 형태로 저장된다.

탄수화물이란 용어는 '탄소와 물'을 의미한다. 탄수화물은 일반식이 $C_n(H_2O)_n$이다. 여기서 첨자 m과 n은 각각 탄소 원자 단위와 H_2O 단위의 수를 나타낸다(그림 15.35).

탄수화물은 탄소, 수소, 산소로 이루어져 있다. **탄화수소**는 탄소와 수소만으로 이루어져 있다.

단순 탄수화물 분자는 보통 탄소 원자 수가 3~6개다. 분자식이 $C_6H_{12}O_6$인 포도당은 가장 중요한 간단한 탄수화물 분자일 것이다. 포도당은 세 가지 형태, 즉 **선형** 한 가지와, 서로 밀접한 관련이 있는 **고리형** 두 가지로 존재한다. 그림 15.36은 이 구조들이 어떻게 상호 변환되는지를 명확히 하기 위해, 각 탄소 원자에 숫자를 사용하여 이러한 형태를 설명한다. 선형 구조에서는 포도당에 5개의 알코올기와 1개의 알데하이드기가 있다. 고리형으로 변환하기 위해, 5번 탄소의 알코올이 1번 탄소의 알데하이드와 반응하여 새로운 육원자 고리를 생성한다. **고리형**에서는 1번 탄소가 두 개의 산소 원자와 결합하여 새로운 에터 결합(ether linkage)을 이루고, 알코올기와 결합한다.

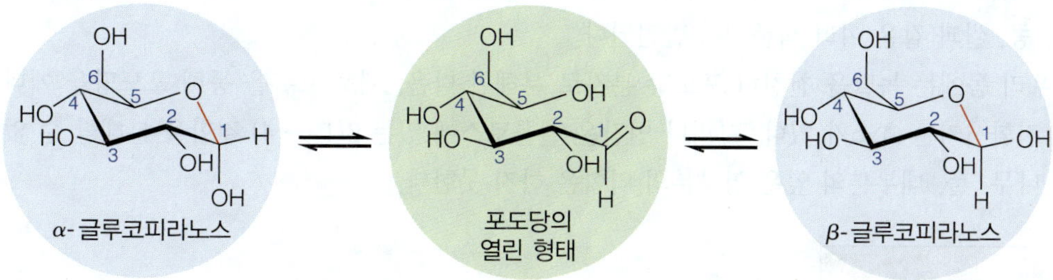

그림 15.36 포도당은 열린 형태(초록으로 표시)와 닫힌 형태 또는 고리형 사이에서 변환한다. 1번 탄소 위 원자 배열이 두 개의 닫힌 형태 사이의 유일한 차이이다. 이러한 뼈대 구조식에서 진한 선은 고리의 앞쪽임을 표시한 것이다. 즉 관찰자에게 가장 가까운 부분의 분자이다. 고리화 과정으로 생성된 결합은 빨간색으로 표시했다.

두 고리형은 1번 탄소 위 알코올의 위치만 다를 뿐이다. **알파형(α-글루코피라노스)**에서는 1번 탄소의 OH가 고리 아래쪽에 있다. **베타형(β-글루코피라노스)**에서는 1번 탄소의 OH가 고리 바깥을 향한다.

> 글루코피라노스의 알파형과 베타형은 밀접한 관련이 있는 화합물로, **기하 이성질체**(geometric isomer)라고 한다. 이 화합물들은 결합 순서는 동일하지만 공간 배열이 달라서, 성질이 약간 다르다.

탄수화물 분자는 축합 반응을 통해서 서로 연결되어 있다. 탄수화물 분자 2개의 결합으로 이루어진 분자는 **이당류(disaccharide)**이다. 예를 들면 그림 15.37은 2개의 글루코피라노스 분자로부터 말토스(보통 **맥아당**(malt sugar)이라고 하는)가 생성되는 것을 나타낸 것이다. 이 축합 반응에서는 두 알코올이 결합하여 에터 결합(ether linkage)을 만들고, 물이 빠진다. 단순당과 단순당 사이의 에터 결합을 **글리코사이드 결합**(glycosidic bond)이라고 한다.

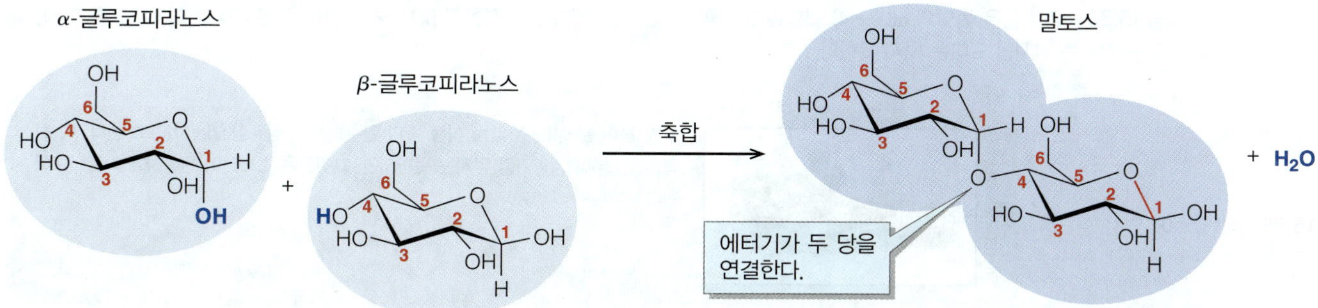

그림 15.37 말토스는 2개의 글루코피라노스 분자로부터 생성된 이당류이다.

글리코사이드 결합은 첫 번째 분자의 1번 탄소와 두 번째 분자의 4번 탄소 사이에 형성되어서 1,4-결합이라고 한다. −OH기가 알파 또는 베타 위치에 있을 수 있는 것과 동일한 방식으로, 글리코사이드 결합도 알파 또는 베타 위치에 생성된다. 이들을 **알파 결합**(Alpha-linkage) 및 **베타 결합**(beta-linkage)이라고 한다. 말토스 예에서는 1번 탄소의 알파 알코올이 두 번째 분자의 4번 탄소의 알코올과 연결된다. 이것을 α(1 → 4) 결합이라고 하고, '알파 1-4'라고 읽는다.

다당류는 자연적으로 생성되는 탄수화물의 고분자다.

다당류(polysaccharide)는 글리코사이드 결합으로 연결된 여러 개의 단순 탄수화물로 이루어진 자연 발생 고분자다. 두 가지 중요한 다당류는 셀룰로스와 녹말로, 전적으로 포도당 분자로부터 만들어진다(그림 15.38). 셀룰로스에서는 포도당 분자들이 β(1 → 4) 결합만으로 연결되어 있다. 식물은 셀룰로스를 만들어 단단한 세포벽에 사용한다. 녹말에서는 포도당 분자들이 α(1 → 4) 결합만으로 연결되어 있다. 이 물질은 셀룰로스보다 덜 단단하다. 녹말은 감자, 밀, 콩, 쌀과 같은 여러 식품에서 발견된다.

우리 몸에는 녹말을 천천히 포도당 분자로 분해한 다음, 세포 호흡을 통해 포도당을 에너지로 전환시키는 효소가 있다. 그러나 인간은 셀룰로스에 있는 β(1 → 4) 결합을 분해할 수 없어서 나무, 풀, 대부분의 잎은 영양분의 역할은 하지 못한다.

그림 15.38 우리 몸은 녹말의 α(1 → 4) 결합을 분해할 수 있지만, 셀룰로스 결합의 β(1 → 4) 결합은 분해할 수 없다. 그렇기 때문에 우리는 감자는 먹지만 도마는 먹지 못한다.

우리 몸이 분해할 수 없는 식품 속의 탄수화물을 섬유질(fiber)이라고 한다. 이 화합물들로부터 영양가를 얻지는 못하지만, 그것들은 소화관이 원활하게 작동하도록 한다.

아미노산과 단백질

단백질(protein)은 생명에 필수적인 커다란 분자이다. 일부 단백질은 **효소**(enzyme)로 작용한다. 따라서 그들은 매우 특정한 반응을 촉진시킨다. 다른 단백질들은 분자들을 운반한다. 단백질은 유전 암호 복제에 필수적이다. 또한 우리가 하는 모든 움직임—모든 근육의 수축—은 단백질 모양의 변화 때문에 일어난다.

단백질은 생체 고분자로, **아미노산(amino acid)**이라고 하는 구축 단위로 이루어져 있다. 간단한 반복 단위가 있는 대부분의 고분자와는 달리, 각 단백질에는 아미노산 기본 단위의 특정한 서열이 있다. 이러한 서열로 인해 단백질은 각각의 고유한 특성을 갖는다.

아미노산

20가지의 기본 아미노산이 있다(표 15.4). 각각의 아미노산에는 아민, 중심 탄소, 카복실산으로 이루어진 뼈대가 있다. 각 아미노산의 중심 탄소는 고유한 곁사슬(파란색으로 표시된)과

표 15.4 20가지 아미노산

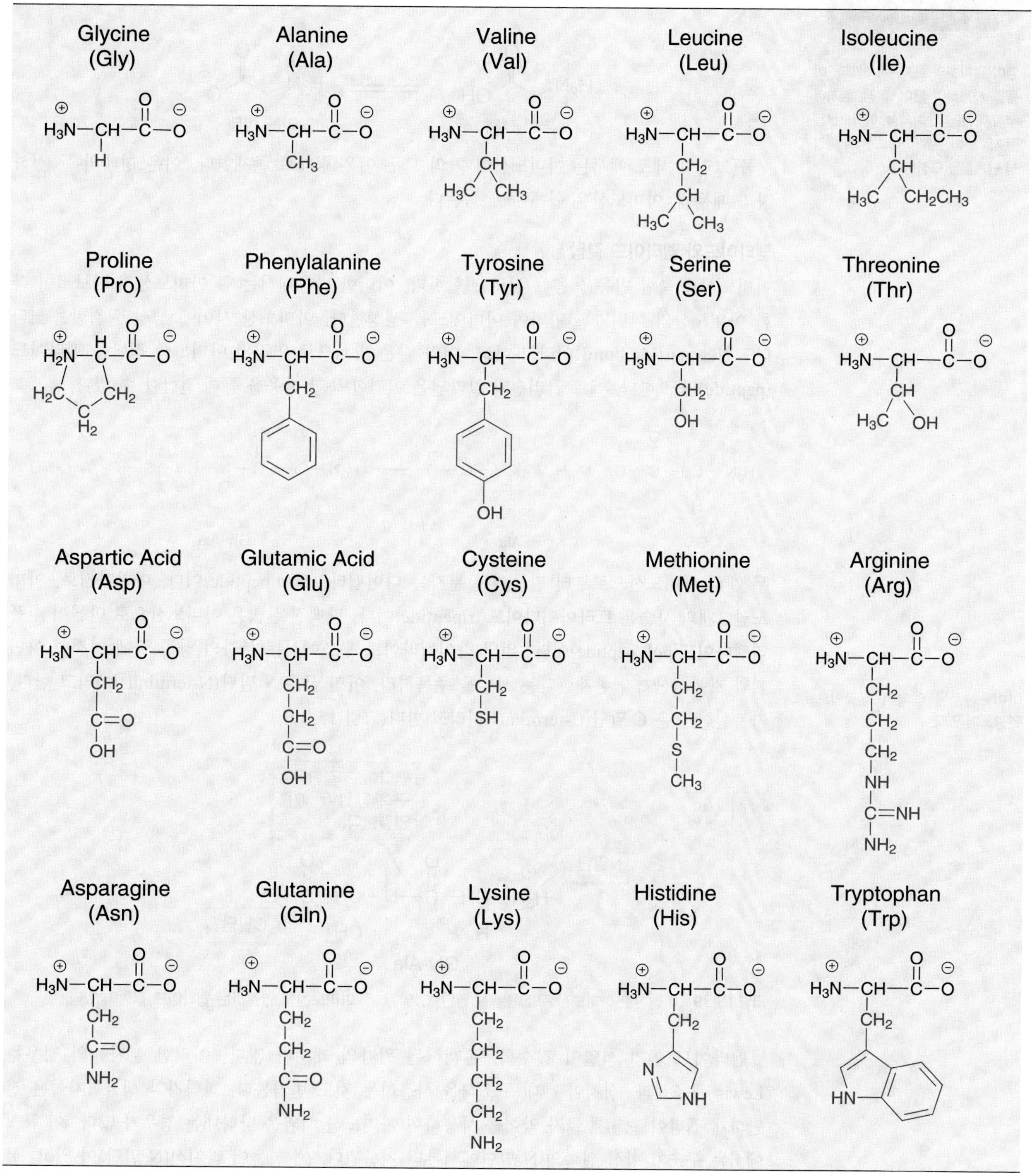

Markus Mainka/Shutterstock

영어 알파벳의 문자는 26개다. 이들을 사용하여 단어, 문장, 심지어 책까지 만든다. 이처럼, 아미노산은 '문자'다. 이 문자(아미노산)로 복잡한 단백질을 구성한다.

연결되어 있다.

아미노산은 다음 평형의 왼쪽과 같이, 중성 형태로 나타내는 경우가 많다. 그러나 아민은 염기성이고, 카복실산은 산성이므로, 아미노산은 내부 산–염기 반응을 통해 2개의 전하 자리(charged site)를 생성한다. 다음 반응식은 가장 간단한 아미노산(글리신)의 평형을 나타낸 것이다.

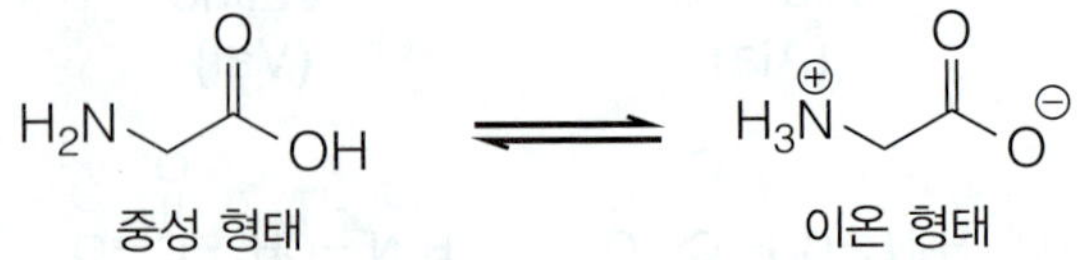

물(그리고 세포)에서는 아미노산이 거의 모두 이온 형태로 존재한다. 이온 형태의 두 전하 자리 때문에, 아미노산은 쉽게 물에 녹는다.

펩타이드와 펩타이드 결합

아미노산은 축합 반응을 통해 서로 결합한다. 이러한 반응에서는 한 아미노산의 카보닐이 다른 아미노산의 아민과 결합하여 아마이드를 생성한다. 아미노산 사이에 생성된 결합을 **펩타이드 결합(peptide bond)**이라고 하고, 이와 같은 방식으로 연결된 아미노산 집단을 **펩타이드**(peptide)라고 한다. 예로 글리신과 알라닌은 이러한 축합 반응을 통해 결합할 수 있다.

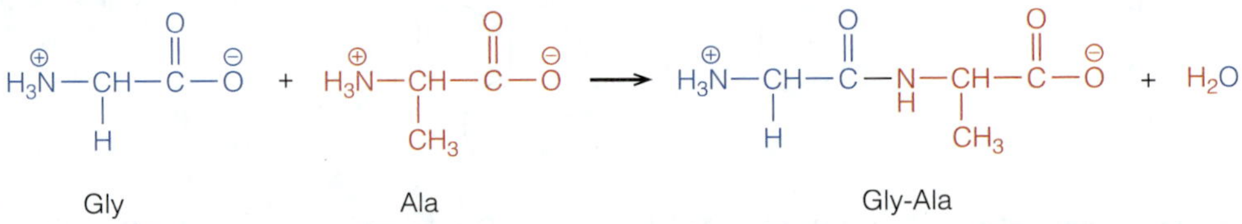

아미노산들은 펩타이드 결합으로 연결되어 있다.

두 개의 아미노산으로부터 만들어진 분자는 **다이펩타이드**(dipeptide)이다. 마찬가지로, 아미노산 3개의 사슬은 **트라이펩타이드**(tripeptide)이다. 단백질은 많은 아미노산으로 만들어진 **폴리펩타이드**(polypeptide)이다. 위의 다이펩타이드 구조에서는 분자의 양쪽 끝에 여전히 아민기와 카복실산기가 존재한다는 사실을 주목하라. 아민 끝은 **N 말단**(N-terminus)이라고 한다. 카복실산 끝은 **C 말단**(C-terminus)이라고 한다(그림 15.39).

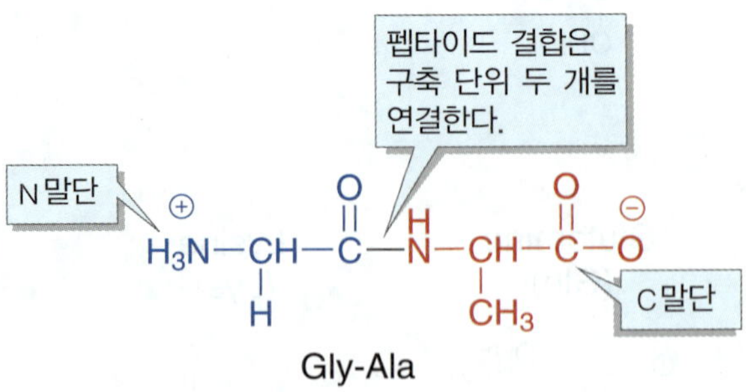

그림 15.39 이러한 2-아미노산 구조에는 N 말단, C 말단, 두 아미노산을 연결하는 펩타이드 결합이 있다.

펩타이드 염기 서열이 길수록, 존재하는 원자의 개수가 많다. 이러한 분자들의 경우는 Lewis 구조식과, 심지어 뼈대 구조식을 사용하는 것도 번거롭다. 화학자와 생물학자들은 간단하게 펩타이드를 세 글자 약어를 사용하여 아미노산 서열을 나타내는 경우가 많다. 이 규칙에서는 구조가 항상 왼쪽의 N 말단에서부터 기록된다. 예를 들어 라이신(N 말단)이 있고, 글루타민에 연결되어 있고, 트립토판(C 말단)에 연결되어 있는 트라이펩타이드를 생각해 보자. 이렇게 복잡한 구조를 Lys-Gln-Trp이라는 약어를 사용하여 나타낼 수 있다. 예제 15.10에서는 이러한 유형의 표현을 더 설명해 준다.

예제 15.10 펩타이드 사슬 그리기

Cys-Ala-Thr 트라이펩타이드를 그리시오.

표 15.4를 사용하여 세 가지 아미노산 구축 단위의 구조를 그렸다. 각 분자의 N 말단을 왼쪽에 배치시켰다.

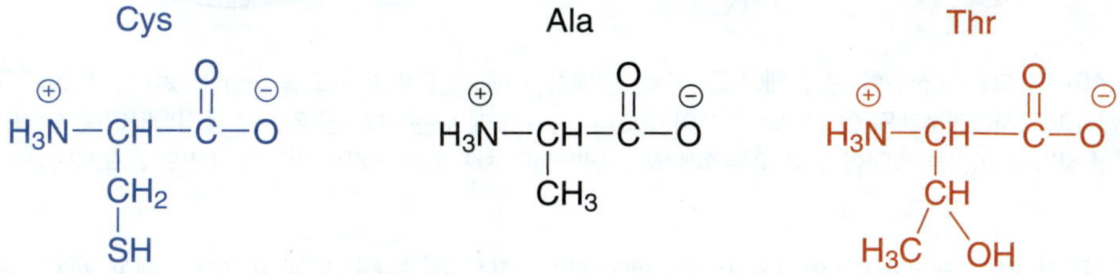

다음은 세 개의 구조를 연결한다. N은 왼쪽 구조의 C=O에 연결된다.

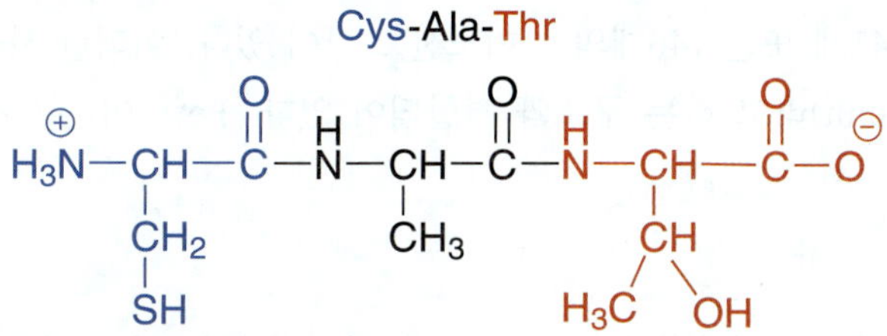

다시 말하지만, 서열에서 명명된 첫 번째 아미노산에는 N 말단이 있고, 마지막으로 명명된 아미노산에는 C 말단이 있다는 것을 주목하라.

도전 문제

9. Thr-Ala-Cys 트라이펩타이드의 구조를 그리시오. 이것은 예제 15.10에서 그린 Cys-Ala-Thr 트라이펩타이드와 어떻게 비교되는가?

10. 다음에 표시된 트라이펩타이드 서열을 세 글자 약어를 사용하여 나타내시오.

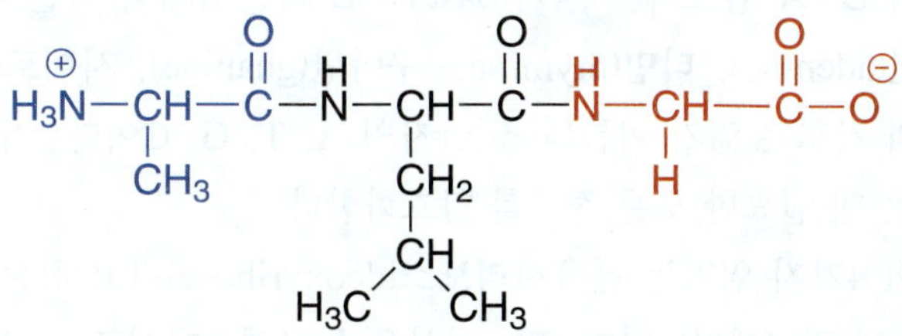

단백질은 펩타이드 결합으로 연결된 수백 또는 수천 개의 아미노산으로 만들어진다. 이 사슬에는 O−H 결합과 N−H 결합이 많이 있어서 사슬의 다른 부분과 강한 수소 결합을 한다. 따라서 단백질을 예측 가능한 특정 패턴으로 접히게 한다. 아미노산의 정확한 순서는 단백질 사슬이 접히는 방법을 결정하여 단백질의 모양을 결정한다. 그리고 단백질의 모양은 그것이 어떻게 기능할 수 있는지를 결정한다.

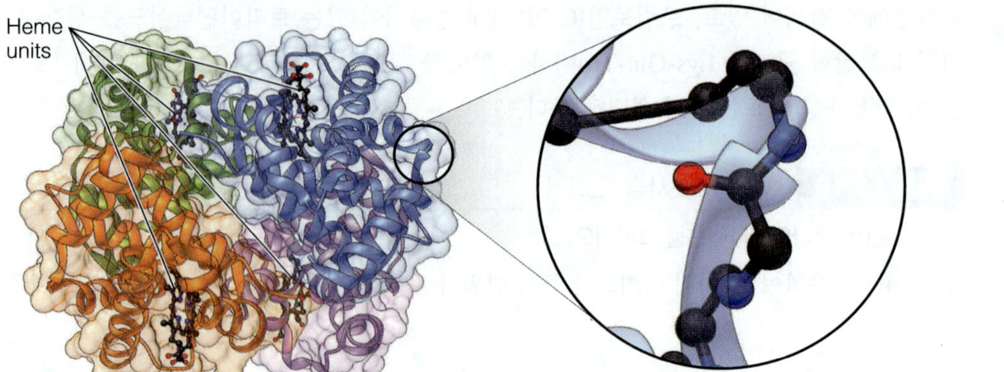

그림 15.40 이 그림은 산소를 몸 전체에 운반하는 단백질인 헤모글로빈의 구조를 나타낸 것이다. 복잡한 구조는 4개의 펩타이드 사슬과 4개의 헴 단위로 이루어져 있다. 이 구조에 있는 색을 띤 리본은 폴리펩타이드 사슬의 모양을 표시한 것이다. 이것을 확대한 것이 오른쪽에 있다. 단백질이 차지하는 공간은 반투명 표면으로 표시되었다.

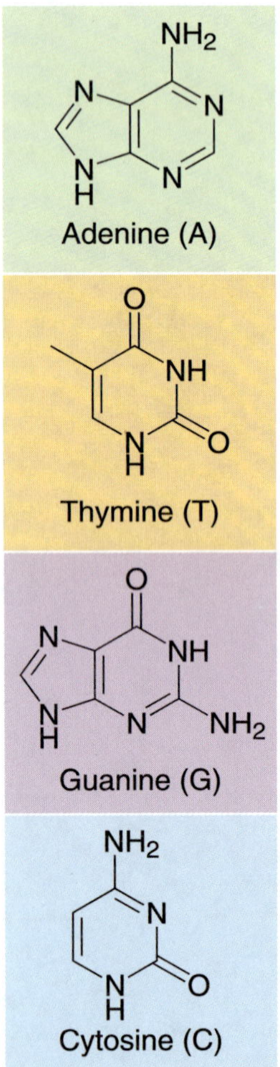

그림 15.41 이 4가지 구조는 유전자 암호를 DNA에 저장한다.

DNA 염기들은 쌍을 이룬다. 즉 T는 A와 짝을 이룬다. G는 C와 짝을 이룬다.

예를 들면 헤모글로빈(그림 15.40)은 폐로부터 혈류를 통해 신체의 모든 세포까지 산소를 운반하는 단백질이다. 헤모글로빈 단백질은 4개의 서로 다른 폴리펩타이드 사슬로 이루어져 있다. 각 사슬에는 141개 또는 146개의 아미노산 조각이 있다. 이러한 사슬들은 Fe^{2+} 이온이 있는 **헴 단위**(heme unit)라고 하는 구조와 결합되어 있다. Fe^{2+} 이온은 산소와 결합하여 몸 전체로 운반된다.

DNA

우리 모두는 하나의 세포로 시작한다. 그 세포에 내장되어 있는 것이 청사진, 즉 우리 몸의 모든 특징과 기능에 대한 암호이다. **유전체**(genome) 또는 간단히 **유전자**(gene)라고 하는 이 암호는 부모로부터 물려받는다. 우리가 성장함에 따라, 이 청사진이 복제된다. 우리 몸의 모든 세포(머리카락이나 피부의 긁힌 자국까지)에는 이 청사진이 빠짐없이 들어 있다.

식물과 동물은 **데옥시리보 핵산(DNA: deoxyribonucleic acid)**이라고 하는 고분자 분자에 유전 정보를 저장한다. 이 분자들은 거대하다. 즉 인간의 유전자 암호에는 60억 비트의 서로 다른 암호화된 정보가 들어 있다. 인간의 유전 정보는 **염색체**(chromosome)라고 하는 단 46개의 분자에 저장된다.

우리 염색체에서의 DNA 암호화는 **염기**(base)라고 하는 4개의 작은 분자로 이루어진다. 4가지 염기는 **아데닌**(adenine), **티민**(thymine), **구아닌**(guanine), **사이토신**(cytosine)이다(그림 15.41). 각 염기의 기호는 염기 이름의 첫 글자인 A, T, G, C이다. 이 4가지 염기는 살아 있는 유기체를 만드는 데 필요한 모든 정보를 암호화한다.

DNA 분자에서, 이 4가지 염기는 **데옥시리보스**(deoxyribose)라고 하는 단순 당과 인산 링커(phosphate linker)에 결합한다. 염기, 당, 인산은 **뉴클레오타이드**(nucleotide)−DNA 고분자에 있는 단일 단위체−를 생성한다(그림 15.42). 뉴클레오타이드는 축합 반응을 통해 서로 결합하여 당−인산 골격을 만든다(그림 15.43). DNA 한 가닥은 수백만 개의 뉴클레오타이드로 구성되어 있고, 각각의 뉴클레오타이드는 유전자 암호의 일부를 나타낸다.

이 멋진 정보 저장법은 놀랍다. 그리고 점점 더 좋아지고 있다. 우리의 몸은 DNA 청사진을 복제한다. 부분 복사본은 세포 내에서 이동하고, 세포가 분열할 때 마스터 청사진의 전체 복사본을 만들어 낸다. 이것의 작동 방식은 다음과 같다. 즉 각 염기는 다른 염기 중 하나와 단

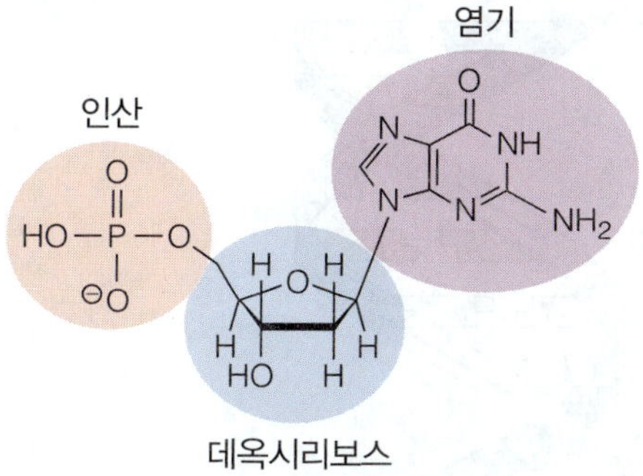

그림 15.42 단일 뉴클레오타이드에는 데옥시리보스와 인산 링커로 이루어진 골격과 연결되어 있는 염기가 있다.

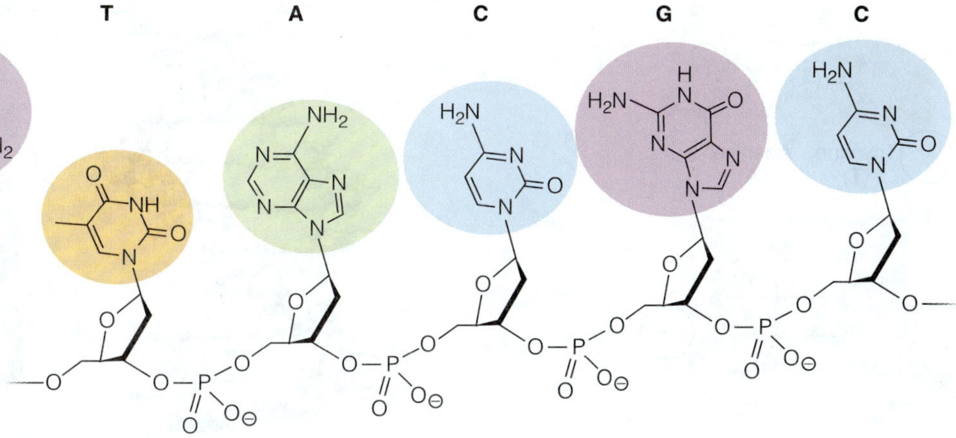

그림 15.43 인산 링커와 데옥시리보스는 DNA 가닥의 구조적 골격을 제공한다. 염기 서열은 우리 몸이 만들어지는 '암호'를 제공한다.

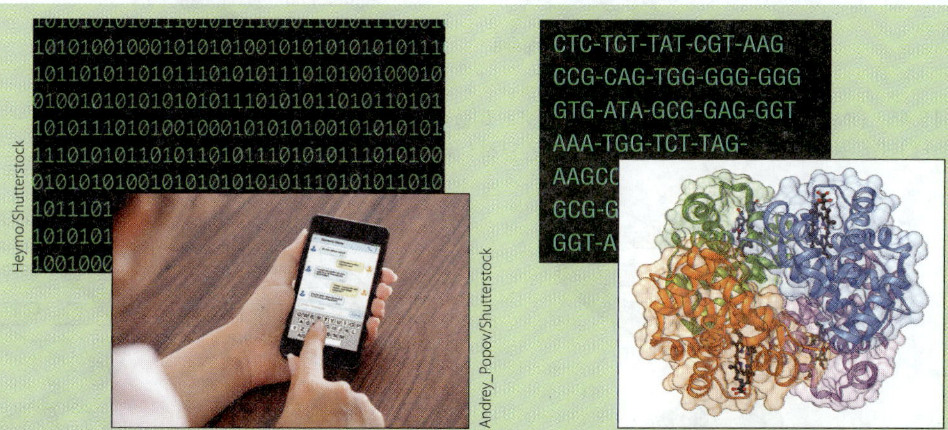

여러분은 문자 메시지를 보낼 때 문자를 사용하여 단어를 만든다. 그러면 전화기는 일련의 1과 0(이진 부호)을 사용하여 이러한 문자들을 저장한다. 문자가 단어의 구축 단위인 것처럼, 아미노산은 단백질의 구축 단위이다. 또한 휴대전화가 이진 부호로 문자를 저장하는 것처럼, DNA 암호가 신체의 모든 단백질에 대한 아미노산 서열을 저장한다.

단한 수소 결합에 의해 결합한다. 티민은 아데닌과 결합하고, 구아닌은 사이토신과 결합한다(그림 15.44). 완전한 DNA 분자에는 두 가닥이 있다. 한 가닥의 각 염기는 다른 가닥의 부합되는 염기와 특별히 짝을 이룬다. 이러한 수소 결합으로 인해, DNA는 **이중 나선**(double helix)이라고 하는 독특한 모양을 만든다. 즉 두 골격이 서로 뒤틀린 모양이고, 그 사이에 염기쌍들이 있다(그림 15.45).

두 가닥은 상보적인 쌍이고, 각각의 가닥은 완전한 유전 지침을 암호화한다. 따라서 이중 나선 구조는 세포들이 유전 암호를 복제할 수 있게 한다. 그림 15.46은 이것이 어떻게 작동하는지를 보여 준다. 즉 세포가 분열할 준비가 되었을 때, 효소(특정 기능을 담당하는 단백질)는 이중 나선 구조를 '풀기' 시작한다. 그런 다음 다른 효소들이 2개의 풀린 가닥에 맞는 염기로 두 개의 새로운 골격을 만든다. 완전히 풀리면, 동일한 이중 나선 구조 2개가 만들어진다.

세포가 청사진에 저장된 정보를 사용하기 위해, **리보핵산**(RNA: ribonucleic acid)이라는 관련 분자에 DNA 암호가 복사된다. RNA는 DNA로부터 세포의 다른 부분으로 정보 단편을 전달하며, 그곳에서 아미노산을 단백질로 조립하는 데 사용된다.

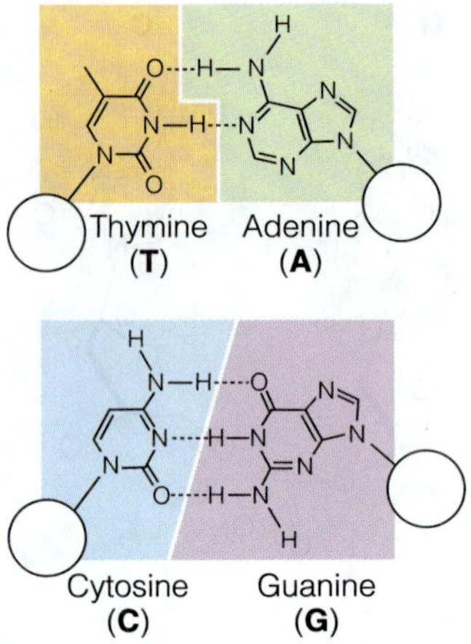

그림 15.44 DNA 분자에서 염기는 수소 결합을 통해 선택적으로 쌍을 이룬다. 즉 티민은 아데닌과 결합하고, 사이토신은 구아닌과 결합한다.

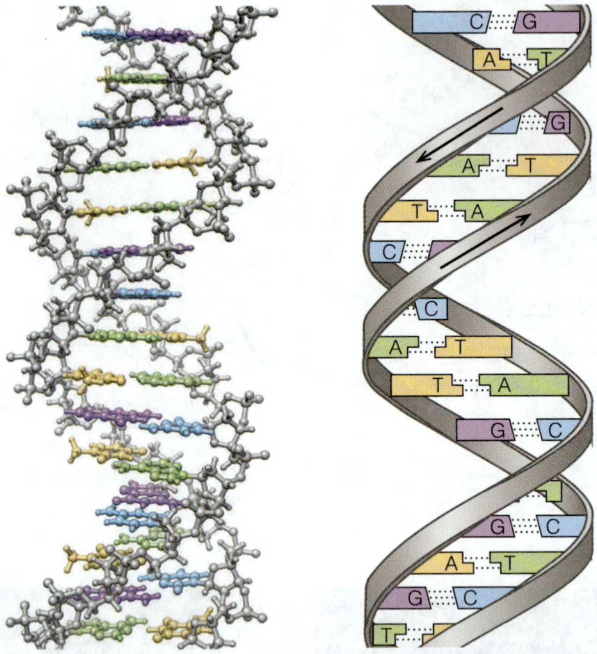

그림 15.45 DNA 분자에는 부합되는 두 가닥이 있다. 이들은 이중 나선으로 감겨 있다. 왼쪽 그림은 분자 구조를 자세히 나타낸 것이고, 오른쪽 그림은 분자 구조를 간단히 나타낸 것이다.

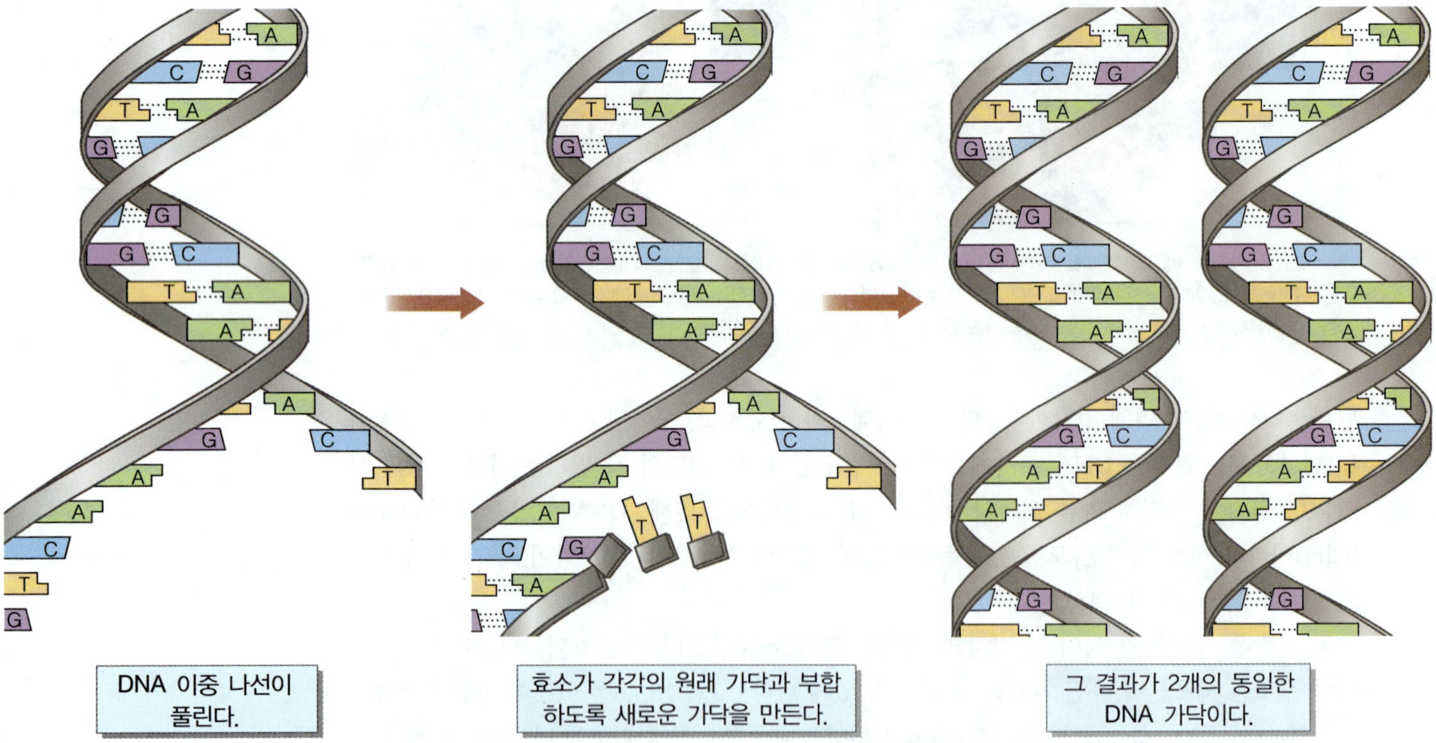

그림 15.46 DNA의 이중 나선 구조는 유전 암호의 복제를 가능하게 한다.

1984년에 미국 정부는 인간 게놈 프로젝트를 시작했다. 게놈 프로젝트는 인간 DNA 시료의 모든 염기쌍 지도 제작을 목표로, 전 세계 연구소가 참여하는 대규모 연구 노력이다. 2003년에 이 프로젝트 완료가 선언되었고, 2007년에 과학자들은 한 사람의 60억 개의 뉴클레오타이드 염기 서열 전체를 발표하였다. 오늘날 첨단 게놈 염기 서열화 기술은 훨씬 더 빨라지고 저렴해졌으며, 과학자들은 일상적으로 과거와 현재 살아 있는 생명체의 유전자 염기 서열을 분석한다.

캡스톤 질문

하이드록시클로로퀸(hydroxychloroquine)은 흔한 약물로, 말라리아, 루푸스, 관절염 및 그 밖의 질환을 치료하는 데 사용된다. 그것은 2020년에 코로나19(COVID-19) 전염병에 최초로 시도된 치료법 중 하나였다. 그림 15.47에 표시된 하이드록시클로로퀸의 뼈대 구조식을 사용하여, 다음 각 질문에 답하시오.

a. 이 분자의 완전한 Lewis 구조식(모든 수소와 고립 전자쌍을 나타낸)을 그리시오.
b. 이 분자의 분자식과 몰질량을 구하시오.
c. 이 분자에 존재하는 주요 작용기를 식별하시오.
d. 이 분자에서 사면체 전자 기하 구조를 가지는 원자는 몇 개인가? 평면 삼각형 전자 기하 구조를 가지는 원자는 몇 개인가?
e. 아래에 표시된 뼈대 구조식과 전기 음성도 값을 사용하여, 극성 공유 결합을 식별하시오. 이러한 결합의 극성 방향을 나타내시오.

H 2.1						
	B 2.0	C 2.5	N 3.0	O 3.5	F 4.0	
	Al 1.5	Si 1.78	P 2.1	S 2.5	Cl 3.0	

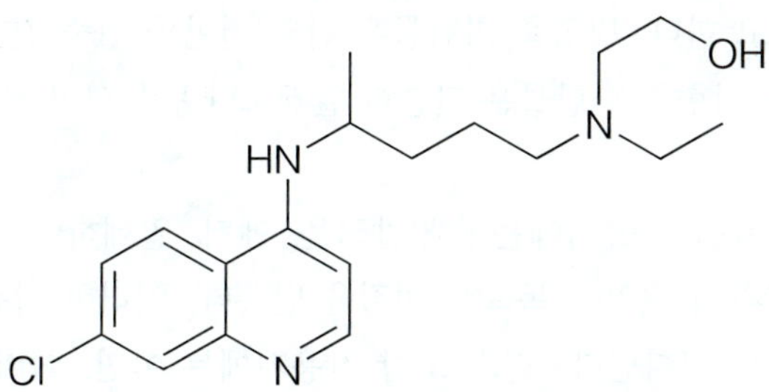

그림 15.47 이것은 항말라리아약인 하이드록시클로로퀸의 뼈대 구조식이다.

요약

탄소 화합물은 생명의 기초를 형성한다. 유기화학은 탄소를 기반으로 하는 화합물의 화학이다. 유기화학은 생명체의 화학에서 발견되지만, 다른 근원의 탄소 화합물에서도 있다.

탄소는 대기에(이산화 탄소로), 바다에(탄산수소 이온으로), 식물과 동물에, 심지어는 땅속 깊이 묻혀 있는 화석 연료에도 존재한다. 탄소 순환은 탄소가 광합성, 세포 호흡, 대기와 바다 간 이산화 탄소 교환과 같은 과정을 통해 다른 지역들 사이를 어떻게 이동하는지를 설명하는 모델이다.

유기화학은 공유 결합에서 시작된다. 비금속 원자가 만드는 공유 결합의 수는 그것의 원자가 전자 준위를 꽉 채우는 데 필요한 전자 수에 달려 있다. 수소는 일반적으로 한 개의 결합을 만들고, 산소는 2개, 질소는 3개, 탄소는 4개의 결합을 만든다. 모든 식물과 동물의 생명체는 주로 이들 4가지 원자로 이루어져 있다. 탄소는 공유 결합 4개를 만들 수 있어서, 대부분의 생물학적 분자의 골격을 만든다.

간단한 분자들을 표현할 때 Lewis 구조식을 사용하는 경우가 많다. 완전한 Lewis 구조식에는 결합 전자와 비결합 전자를 모두 나타낸다. 분자가 복잡해짐에 따라 Lewis 구조식도 빠르게 복잡해진다. 따라서 단순화된 구조식을 사용하여 결합 정보를 덜 복잡하게 전달한다. 단순화된 Lewis 구조식에서, 화학자들은 결합된 전자를 대시선으로 나타내지만, 비결합 전자는 나타내지 않는다. 축약 구조식에서는 원자를 결합된 순서대로 나열하고, 결합은 배열로부터 추론한다.

뼈대 구조식에서, 선은 탄소 사슬을 나타낸다. 달리 표식이 없으면, 뼈대 구조식의 각 꼭짓점이나 끝점은 탄소 원자를 나타낸다. 탄소에 결합된 수소 원자는 그리지 않는다. 따라서 수소 원자들은 구조로부터 추론해야 한다. 수소 원자가 산소나 질소와 같은 다른 원자들에 결합된 경우라면, 그 수소 원자들은 명백하게 나타난다. 과학자들은 이처럼 다른 그리기 스타일을 서로 섞어 사용하는 경우도 많다. 즉 뼈대 구조식과 축약 구조식을 둘 다 사용하여 구조를 나타낸다.

알케인과 사이클로알케인은 탄소와 수소로만 이루어져 있고, 결합이 모두 단일 결합이다. 대부분의 유기 분자에는 C—H 단일 결합 외에도 별개의 양식으로 거동하는 원자 또는 결합의 그룹들이 있다. 이러한 양식을 가진 원자와 결합을 **작용기**라고 한다. 탄소와 수소로만 이루어진 분자를 **탄화수소**라고 한다.

탄화수소 작용기는 몇 가지가 있다. 탄소-탄소 이중 결합을 **알켄**이라고 한다. 탄소-탄소 삼중 결합을 **알카인**이라고 한다. 방향족 화합물은 단일 결합과 이중 결합이 번갈아 나타나는 고리가 있는 화합물이다. 방향족 화합물은 단순한 알켄보다 반응성이 작다. 벤젠은 가장 흔한 방향족 화합물이다.

C, H, O가 들어 있는 주요 작용기에는 6개(알코올, 에터, 알데하이드, 케톤, 카복실산, 에스터)가 있다. 이러한 각각의 배열이 독특한 성질을 만든다. 이러한 작용기들은 천연 분자와 합성 분자에서 공통적으로 나타난다. 질소 포함 작용기에는 아민, 아마이드, 나이트릴 등이 있다.

알코올, 카복실산, 아민은 일반적으로 축합 반응을 일으킨다. 이러한 축합 반응에서는 2개의 작은 분자가 결합하여 물과 더 큰 분자를 만든다.

고분자는 단순 반복 단위로 구성된 긴 사슬의 분자이다. 생명계 내에서 생성되는 고분자는 **생체 고분자**라고 한다. 합성 고분자는 일반적으로 **플라스틱**이라고 한다.

본 장에서는 생체 분자의 주요 부류 몇 가지를 간략히 알아보았다. 탄수화물은 탄소, 수소, 산소로 이루어진 화합물이다. 식물은 광합성 과정을 통해서 탄수화물을 만든다. 단순 탄수화물은 글리코사이드 결합을 통해 서로 결합하는 경우가 많다. 셀룰로스와 녹말은 다당류의 2가지 예이다. 생체 고분자는 단순 탄수화물 단위체로부터 만들어진다.

단백질은 다양한 생물학적 기능을 수행하는 큰 화합물이다. 단백질은 **아미노산**이라고 하는 20가지의 구별되는 구축 단위로 이루어져 있다. 아미노산의 서열은 단백질이 어떻게 기능하는지를 결정하는 단백질의 모양을 결정하는 데 도움을 준다.

모든 생명체의 유전 정보는 DNA에 저장된다. DNA 분자들은 거대하고, **뉴클레오타이드**라고 하는 유전 암호의 단위로 구성되어 있다. 각 뉴클레오타이드에는 염기(특정 유전 정보를 전달하는 염기), 당, 인산 링커가 있다. DNA는 아데닌, 티민, 구아닌, 사이토신의 4가지 염기만을 사용한다. 이러한 염기들은 특정한 수소 결합 쌍을 생성한다. 즉 아데닌은 티민과 결합하고, 구아닌은 시토신과 결합한다. DNA 분자에는 당과 인산 골격이 각 염기쌍을 둘러싸고 있는 이중 나선 구조가 있다. 독특한 이중 나선 구조를 통해 DNA를 복제할 수 있고, **RNA**라고 하는 관련 분자들이 유전 암호의 단편을 세포 전체에 운반할 수 있게 한다. 세포는 DNA에 저장된 정보를 사용하여 단백질을 구성한다.

본 장은 간단한 개론이다. 탄소와 기타 비금속은 독특한 방식으로 결합하여 원자와 구조를 무한으로 결합할 수 있다. 이러한 구조는 매우 작은 분자에서부터 놀랄 만큼 큰 분자에 이르기까지 다양하다. 유기화학과 생화학의 연구는 한 사람이 이해하기에는 너무 풍부하고 방대하다. 그러나 이 지식의 바다는 몇 가지 간단한 규칙–산소와의 결합 2개, 질소와의 결합 3개, 탄소와 결합의 4개–을 중심으로 돌아간다.

촉매 작용 방식

Rawpixel.com/Shutterstock

그림 15.48 결혼식에서는 주례 목사가 신랑과 신부를 부부로 맺어 준다.

이 장의 첫머리에서 탄소–탄소 결합 생성에 사용하는 루테늄 촉매를 개발한, 노벨 화학상 수상자인 로버트 Grubbs 교수를 소개하였다. 그의 연구는 더 깨끗하고 안전한 방법들로 이어져서 의약품, 플라스틱, 윤활유, 많은 다른 가치 있는 제품들을 만들어 냈다. 그러면 촉매는 실제로 어떻게 작용할까?

촉매는 결혼식을 주례하는 목사와 같다. 주례자는 본인이 결혼하는 것은 아니지만, 신랑과 신부의 유대를 촉진시킨다. 상징적으로 목사는 신랑신부의 손을 함께 잡을 수도 있다(그림 15.48). 마찬가지로, 촉매는 새로운 화학 결합을 생성하도록 도와 줄 뿐, 전체 과정에서 변하지 않는다.

예를 들어 화학자는 그림 15.49a에서 보는 바와 같이, 루테늄 촉매를 사용하여 탄소–탄소 이중 결합이 있는 고리 구조를 만든다. 촉매는 반응물이나 생성물에는 없지만, 화살표 위에 써 있다는 것을 주목하라.

그림 15.49b는 루테늄 촉매가 작용하는 단계별 과정을 나타낸 것이다. 첫 번째 단계에서는 촉매(구조 1)가 탄소–탄소 이중 결합과 반응하여 사원자 고리(구조 2)를 생성한다. 이 고리는 그 후 깨지고, 새로운 탄소–루테늄 이중 결합(구조 3)이 생성된다. 루테늄이 새로운 사원자 고리(구조 4)를 형성한 다음, 더 큰 구조와의 결합을 풀고 새로운 이중 결합을 생성하는 것처럼, 이 주기가 반복된다. 새로운 결합이 생성되면, 촉매는 원래 상태로 돌아간다.

그림 15.49 (a) 이 반응은 루테늄 촉매를 사용한다. (b) 이 반응은 그림에 나타낸 바와 같이 단계별 과정으로 일어난다.

a

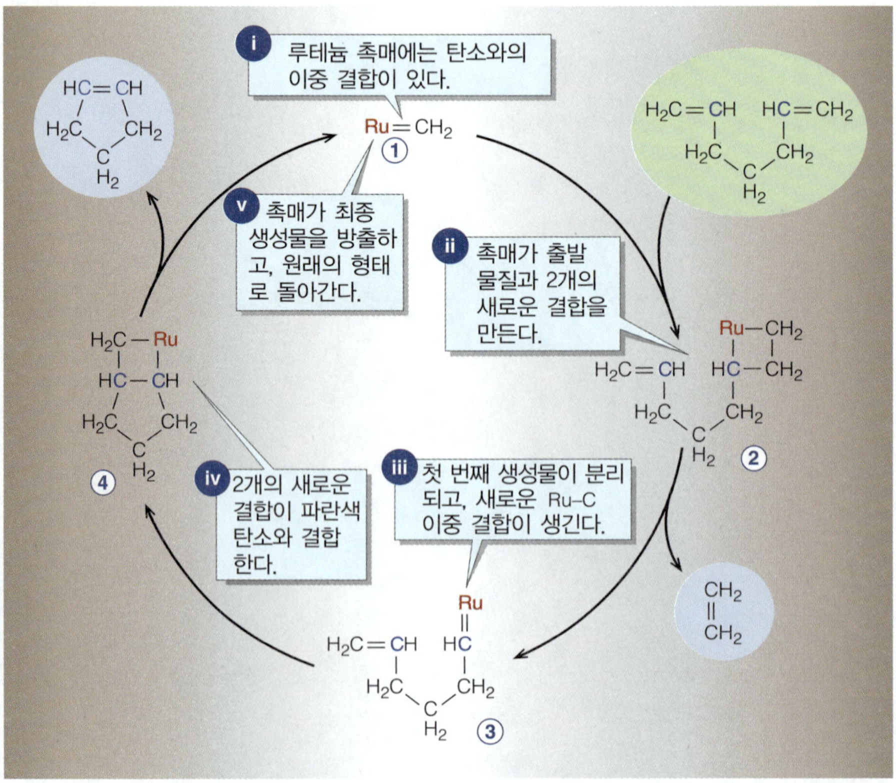

b

주요 용어

15.1 유기화학과 탄소 순환

유기화학: 탄소가 있는 분자들의 화학

탄소 순환: 지구의 탄소가 암석과 퇴적물, 물과 대기, 식물과 동물 사이에서 어떻게 이동하는가에 대한 설명

광합성: 녹색 식물이 태양 에너지를 얻는 일련의 화학 반응

세포 호흡: 동물들이 그들이 소모하는 물질의 화학 결합에 저장된 에너지를 방출하는 일련의 화학 반응

15.2 탄소와 다른 비금속이 만든 공유 결합

이성질체: 분자식은 같지만 결합 순서가 다른 화합물

15.3 공유 결합 화합물의 구조식 그리기

축약 구조식: 대부분의 공유 결합을 보여 주지는 않지만, 원자의 연결 순서대로 나열하여 화학 결합을 나타내는 방법

뼈대 구조식: 각 선분의 끝은 탄소를 나타내고, C—H 결합은 명시적으로 그리지 않고 추론하도록 화학 구조를 단순하게 표현한 것

15.4 주요 작용기

작용기: 고유한 방식으로 거동하는, 분자 내 원자들의 작은 그룹

탄화수소: 탄소와 수소만으로 이루어진 화합물

알케인: 단일 결합으로만 구성된 탄화수소

사이클로알케인: 고리 구조를 가진 알케인

알켄: 탄소-탄소 이중 결합으로 구성된 작용기, 또는 이 작용기를 포함하는 단순한 분자

알카인: 탄소-탄소 삼중 결합으로 구성된 작용기, 또는 이 작용기를 포함하는 단순한 분자

벤젠: 6개의 탄소 원자가 단일 결합과 이중 결합이 번갈아 있는 고리를 형성하며, 화학식이 C_6H_6인 매우 안정적인 화합물. 벤젠은 방향족 고리 화합물의 가장 간단한 예 중 하나이다.

방향족 고리: 단일 결합과 이중 결합을 번갈아 있는 고리 구조로, 일반적으로 단순 알켄보다 반응성이 작다.

알코올: 탄소 원자와 수소 원자에 단일 결합한 산소 원자로 이루어진 작용기로, 결합 순서는 C—O—H

에터: 두 탄소 원자에 단일 결합한 산소 원자로 이루어진 작용기로, 결합 순서는 C—O—C

축합 반응: 작은 분자 2개가 결합하여 물과 더 큰 분자를 생성하는 반응

카보닐: 탄소-산소 이중 결합으로 이루어진 작용기

알데하이드: 수소 원자와 연결된 카보닐로 이루어진 작용기

케톤: 두 개의 탄소 원자와 연결된 카보닐이 있는 작용기

카복실산: 알코올과 결합한 카보닐이 있는 작용기. 일반적으로 —COOH 축약식으로 표현된다.

에스터: 산소 원자와 결합한, 그리고 다른 탄소 원자와 결합한 카보닐이 있는 작용기

아민: 보통 수소 또는 탄소 원자와의 3개의 단일 결합이 있는 질소 원자로 이루어진 작용기

아마이드: 질소 원자와 결합한 카보닐기로 이루어진 작용기

나이트릴: 탄소-질소 삼중 결합으로 이루어진 작용기

15.5 고분자와 플라스틱

고분자: 단순 반복 단위가 긴 공유 결합 사슬로 서로 연결된 분자

플라스틱: 합성 고분자

단위체: 다른 분자들과 연결하여 고분자를 만들 수 있는 작은 분자

15.6 생체 분자-서론

탄수화물: 자연적으로 생성되는 분자로, 탄소, 수소, 산소로 이루어져 있고 일반식은 $C_m(H_2O)_n$

이당류: 축합 반응을 통해 서로 연결되어 있는, 2개의 단순 탄수화물로 이루어진 탄수화물

다당류: 많은 단순 탄수화물이 서로 연결되어 이루어진 탄수화물

단백질: 아미노산이라고 하는 구축 단위로 구성된 생체 고분자. 이런 종류의 분자는 생명체에서 다양한 기능을 한다.

아미노산: 아민 작용기와 카복실산 작용기가 모두 있는 작은 분자. 식물 세포와 동물 세포는 20가지의 기본 아미노산을 사용하여 단백질을 만든다.

펩타이드 결합: 두 아미노산을 서로 연결하는 탄소-질소 결합. 펩타이드 결합은 카복실산과 아민이 아마이드를 만드는 축합에 의해 만들어진다.

데옥시리보 핵산(DNA): 생명체의 유전 암호가 있는 거대한 분자

추가 문제

15.1 유기화학과 탄소 순환

11. 세포 호흡의 화학 생성물 2가지는 무엇인가?

12. 광합성의 화학 생성물 2가지는 무엇인가?

13. 광합성은 흡열 반응인가, 발열 반응인가? 세포 호흡은 흡열 반응인가, 발열 반응인가?

14. 어떻게 이산화 탄소가 물과 반응하여 탄산수소 이온을 생성하는지를 두 가지 화학 반응으로 쓰시오.

15. 대기 중의 이산화 탄소가 깊은 지하 속 석탄의 일부가 되는 탄소 순환의 경로를 기술하시오.

16. 다람쥐의 탄소 원자가 나무 속 탄소 원자의 일부가 되는 탄소 순환의 경로를 기술하시오.

17. 대기 중의 이산화 탄소가 해저의 침전물에 갇히게 되는 탄소 순환의 경로를 기술하시오.

18. 나무 속 탄소 원자가 대기 중 이산화 탄소의 일부가 되는 탄소 순환의 두 가지 다른 경로를 기술하시오.

15.2 탄소와 다른 비금속이 만든 공유 결합

19. 다음 각 비금속 원자가 전형적으로 생성하는 공유 결합의 수를 나타내시오.

a. C b. N c. O d. F

20. 다음 각 비금속 원자가 전형적으로 생성하는 공유 결합의 수를 나타내시오.

a. Si b. P c. S d. Cl

21. 다음 화합물의 적절한 Lewis 구조식을 그리시오.

a. CH_4 b. CCl_4 c. C_2H_5Cl

22. 다음 화합물의 적절한 Lewis 구조식을 그리시오.

a. CF_4 b. CH_2Cl_2 c. C_3H_8

23. 다음 화합물의 적절한 Lewis 구조를 그리시오. 필요한 경우, 이중 결합과 삼중 결합을 사용하시오.

a. C_2H_4 b. C_2H_4O c. C_2H_5N d. CHN

24. 다음 화합물의 적절한 Lewis 구조식을 그리시오. 필요한 경우, 이중 결합과 삼중 결합을 사용하시오.

a. C_2H_2 b. C_3H_4 c. CH_2O d. HNO

25. 다음 4개의 구조식 중 3개는 결합 순서가 동일하다. 다음 화합물 중 다른 것들과 같지 않은 것(즉 나머지 세 화합물의 이성질체)은 어느 것인가?

a. 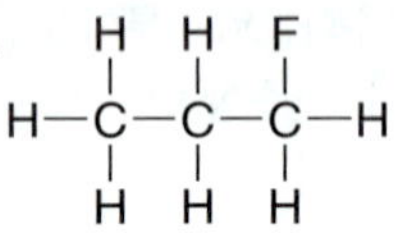

b. 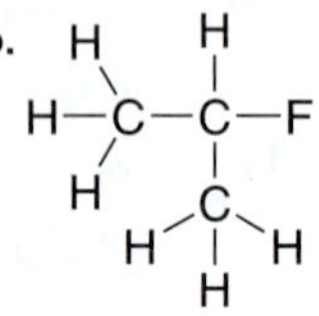

c. 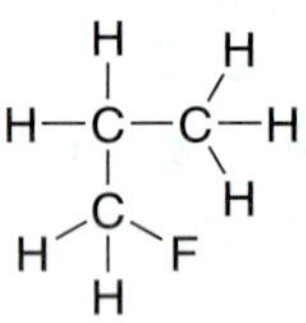

d. 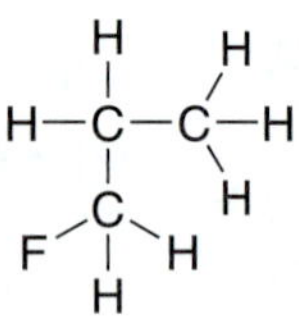

26. 다음 4개의 구조식 중 3개는 결합 순서가 동일하다. 다음 화합물 중 다른 것들과 같지 않은 것(즉 나머지 세 화합물의 이성질체)은 어느 것인가?

a. 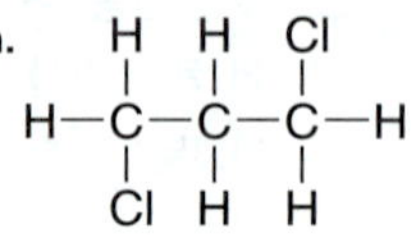

b. 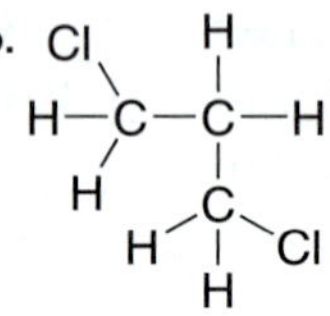

c. 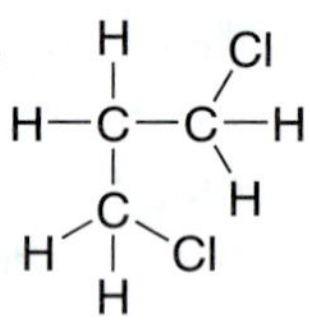

d. 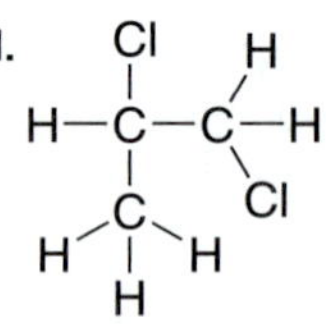

27. 분자식이 C_2H_6O인 2가지 이성질체가 있다. 이들 두 이성질체를 그리시오.

28. 화학식이 C_4H_9Br인 4가지 가능한 이성질체를 그리시오.

29. 분자식이 C_3H_8O인 3가지 가능한 이성질체를 그리시오.

30. 분자식이 C_3H_9N인 4가지 가능한 이성질체를 그리시오.

15.3 공유 결합 화합물의 구조식 그리기

31. 다음 축약 구조식을 Lewis 구조식으로 나타내시오.

a. $CH_3CH_2OCH_3$
b. $CH_3CH_2CH(CH_3)_2$
c. $CH_3(CH_2)_4CHCl_2$

32. 다음 축약 구조식을 Lewis 구조식으로 나타내시오.

a. $H_2NCH_2CH_2OH$
b. $CH_3CH(OH)CH_3$
c. $CH_3(CH_2)_2CHBrCH_3$

33. 다음 구조식을 축약 구조식으로 나타내시오.

a. 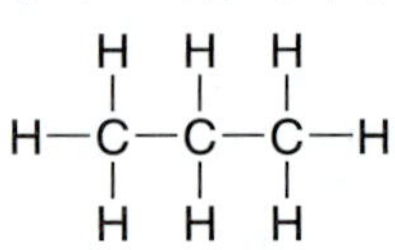

b. 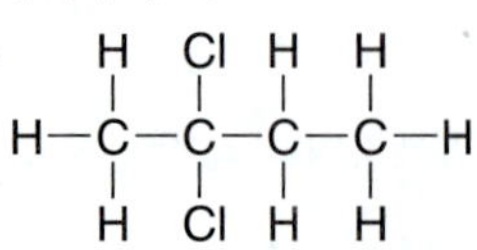

34. 다음 구조식을 축약 구조식으로 나타내시오.

a. 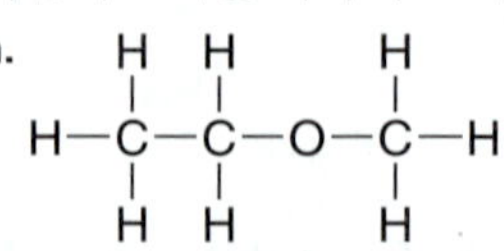

b. 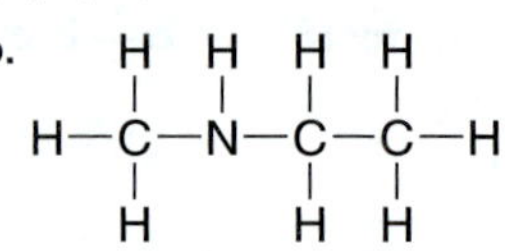

35. 다음 각 뼈대 구조식의 분자식을 쓰시오.

a. 

b. 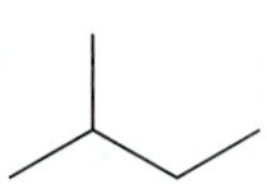

c. 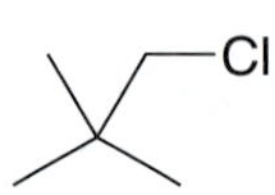

36. 다음 각 뼈대 구조식의 분자식을 쓰시오.

a. 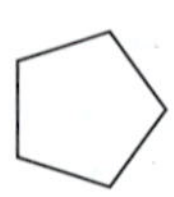

b. 

c. 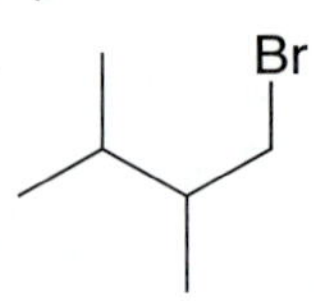

37. 다음 각 뼈대 구조식의 분자식을 쓰시오.

a. 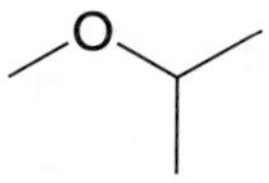 b. 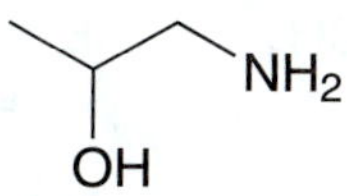 c. 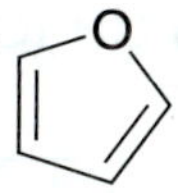

38. 다음 각 뼈대 구조식의 분자식을 쓰시오.

a. 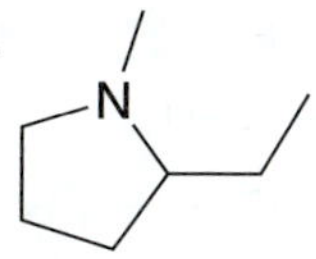 b.  c. 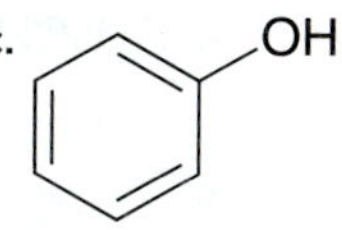

39. 다음 Lewis 구조식을 뼈대 구조식으로 그리시오.

a. 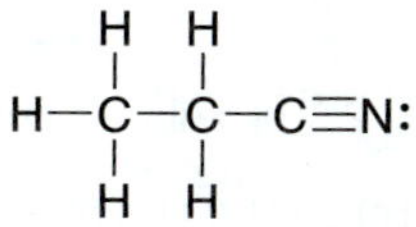 b. 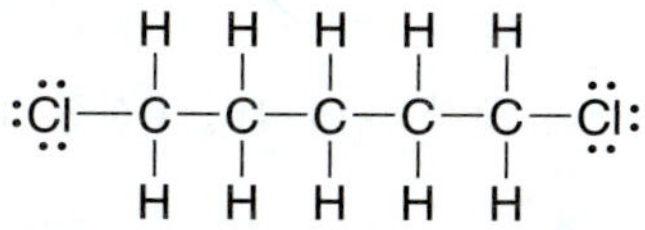

c. 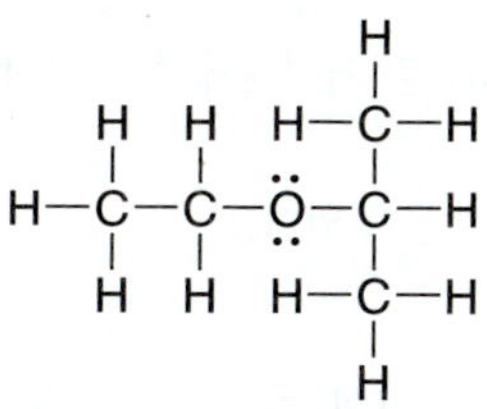

40. 다음 Lewis 구조식을 뼈대 구조식으로 그리시오.

a. 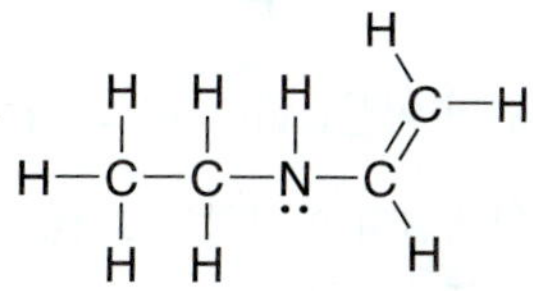 b. 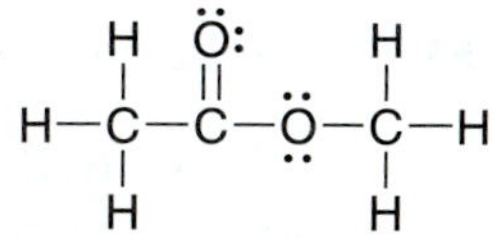

c. 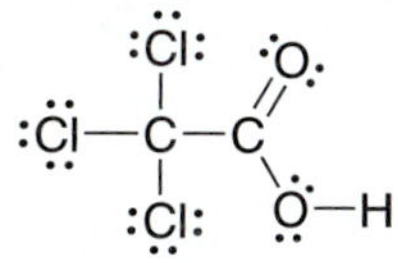

41. 다음 뼈대 구조식을 Lewis 구조식으로 그리시오.

a.  b. 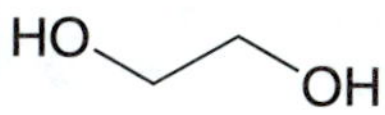 c. 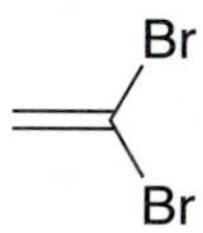

42. 다음 뼈대 구조식을 Lewis 구조식으로 그리시오.

a. 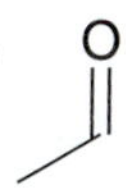 b. 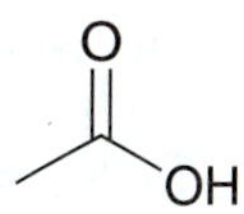 c. 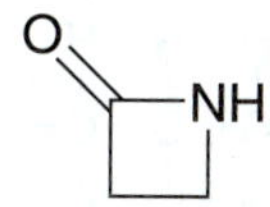

43. 다음 축약 구조식을 Lewis 구조식과 뼈대 구조식으로 그리시오.

a. $CH_3CH_2NHCH_3$
b. CH_2CHCH_2OH
c. CH_3CH_2CN

44. 다음 축약 구조식을 Lewis 구조식과 뼈대 구조식으로 그리시오.

a. CF_3CHCH_2
b. $(CH_3CH_2)_2NH$
c. $CHC(CH_2)_3Cl$

45. 다음 뼈대 구조식이 속하는 부류의 화합물을 페니실린이라고 한다. 페니실린은 최초로 널리 사용된 항생제다. 이 화합물의 분자식은 무엇인가?

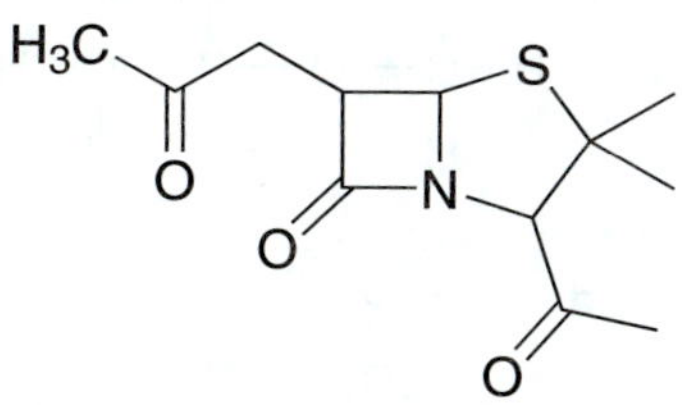

46. 니코틴은 중독성이 강한 물질로, 담배에서 발견된다. 니코틴의 뼈대 구조식은 다음과 같다. 이 화합물의 분자식은 무엇인가?

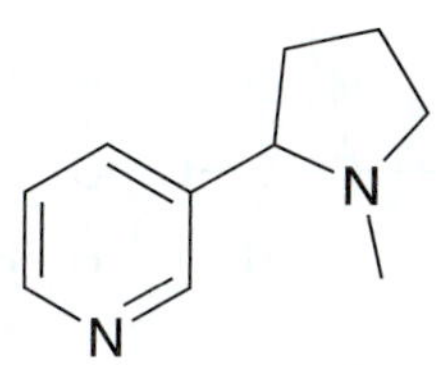

15.4 주요 작용기

47. 탄소 원자가 8개인 선형 알케인에는 수소 원자가 몇 개 있는가?

48. 탄소 원자가 12개인 선형 알케인에는 수소 원자가 몇 개 있는가?

49. 탄소 원자가 4개인 사이클로알케인에는 수소 원자가 몇 개 있는가?

50. 탄소 원자가 8개인 사이클로알케인에는 수소 원자가 몇 개 있는가?

51. 펜테인과 사이클로펜테인의 분자식은 무엇인가? 이들 각 분자의 뼈대 구조식을 그리시오.

52. 옥테인과 사이클로옥테인의 분자식은 무엇인가? 이들 각 분자의 뼈대 구조식을 그리시오.

53. 다음 각 알케인의 이름을 말하시오.

a. $CH_3CH_2CH_2CH_3$

b. 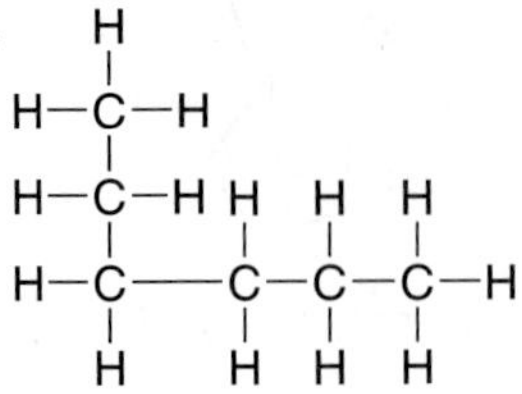

c. 

54. 다음 각 알케인 또는 사이클로알케인의 이름을 말하시오.

a. $CH_3(CH_2)_5CH_3$

b. 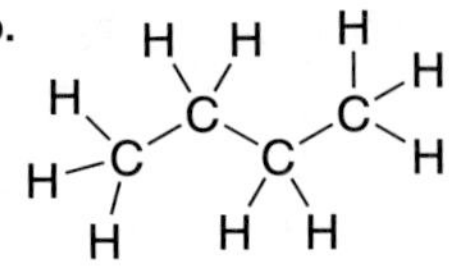

c. 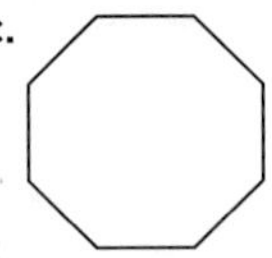

55. 화학식이 C_6H_{14}인 선형 알케인의 이성질체 3개를 그리시오.

56. 화학식이 C_7H_{16}인 선형 알케인의 이성질체 3개를 그리시오.

57. 화학식이 C_7H_{14}인 사이클로알케인의 이성질체 3개를 그리시오(**힌트**: 크기가 다른 고리로 시도해 보라).

58. 화학식이 C_8H_{16}인 사이클로알케인의 이성질체 3개를 그리시오(**힌트**: 크기가 다른 고리로 시도해 보라).

59. 어떤 화합물의 분자식은 C_3H_6이다. 다음 각 경우에 대해 이 화합물의 이성질체를 그리시오.

a. 이 화합물은 사이클로알케인이다.

b. 이 화합물은 알켄이다.

60. 다음 각 경우에 대해 화합물 C_5H_8의 이성질체를 그리시오.

a. 이 화합물은 알카인이다.

b. 이 화합물에는 고리 구조와 알켄이 있다.

61. 다음 탄화수소를 알케인, 알켄, 알카인, 방향족 화합물로 구분하시오.

a. 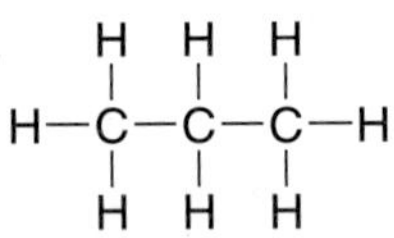

b. 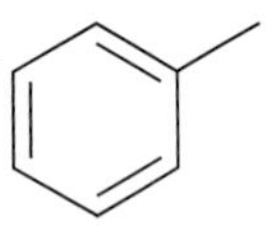

c. 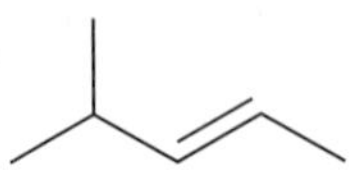

d. 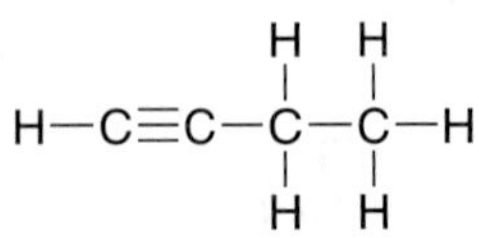

62. 다음 탄화수소를 알케인, 알켄, 알카인, 방향족 화합물로 구분하시오.

a. 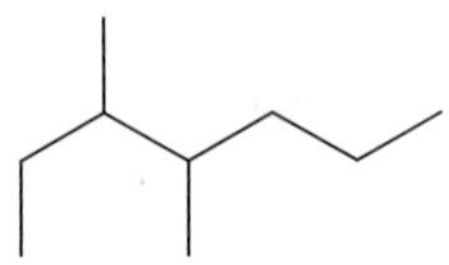

b. 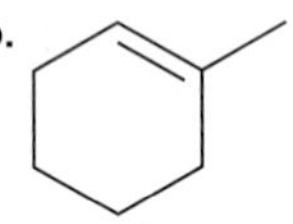

c. 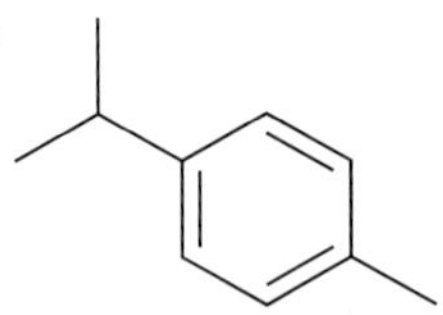

d. 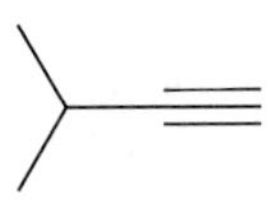

63. 다음과 같은 작은 분자에서 산소 포함 작용기를 식별하시오.

a. 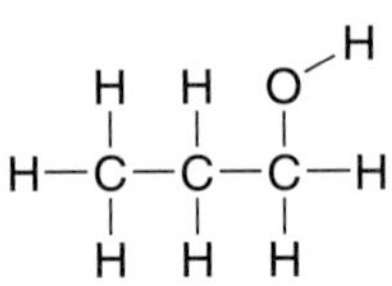

b. 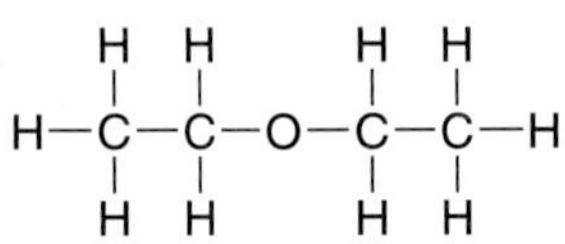

c. 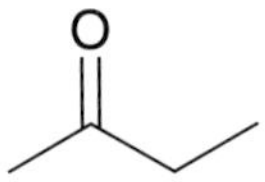

d. 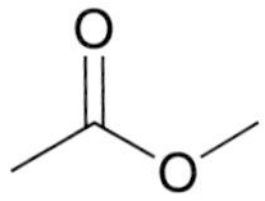

64. 다음과 같은 작은 분자에서 산소 포함 작용기를 식별하시오.

a. $CH_3CH_2CO_2H$

b. 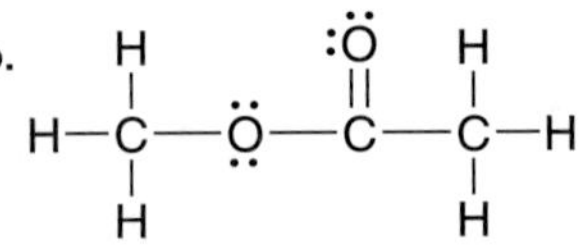

c. 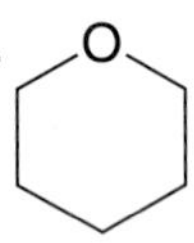

d. 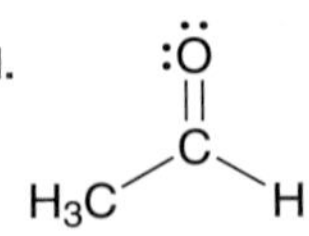

65. 화학식이 C_4H_8O이고, 다음 작용기가 포함된 구조식을 그리시오.

a. 알코올 작용기

b. 알데하이드 작용기

c. 케톤 작용기

d. 에터 작용기

66. 화학식이 $C_3H_6O_2$이고, 다음 작용기가 포함된 구조식을 그리시오.

a. 카복실산 작용기

b. 에스터 작용기

c. 케톤과 알코올 작용기 모두

67. 다음 구조식은 비타민 C로 더 잘 알려져 있는 아스코르브산의 구조식이다. 이 분자에 존재하는 주요 작용기를 식별하시오.

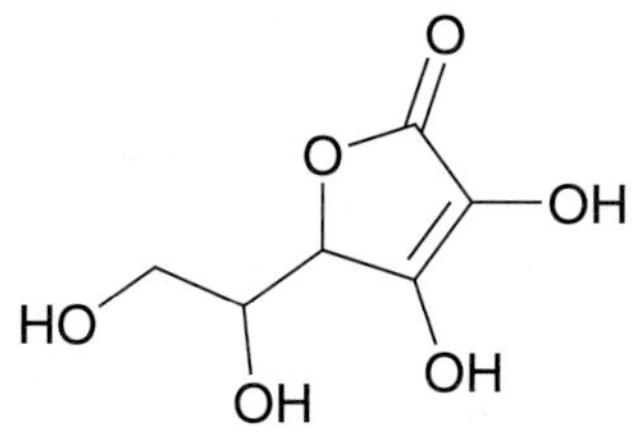

68. '에이전트 오렌지'는 베트남 전쟁에서 적의 위치를 위장했던 잎들을 제거하는 데 사용되었던 제초제다. 아래에 나타낸 화합물은 에이전트 오렌지 혼합물의 50%를 차지한다. 이 분자에 존재하는 주요 작용기를 식별하시오.

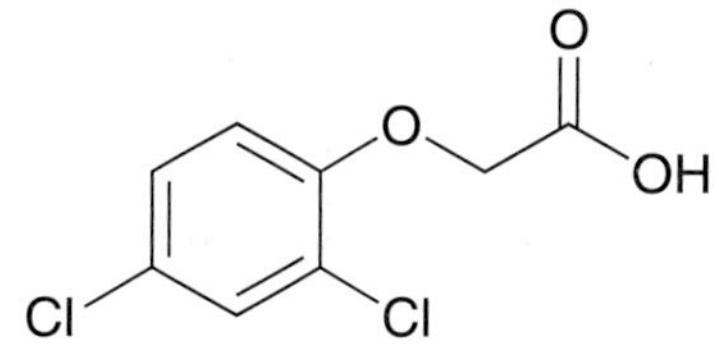

69. 다음과 같은 작은 분자에서 질소 포함 작용기를 식별하시오.

a.

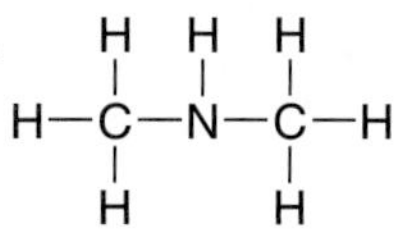

b.

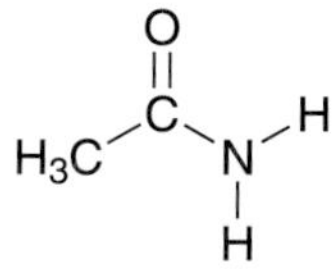

c.

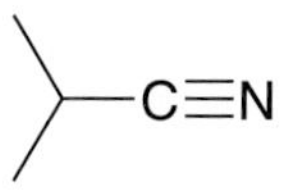

70. 다음과 같은 작은 분자에서 질소 포함 작용기를 식별하시오.

a.

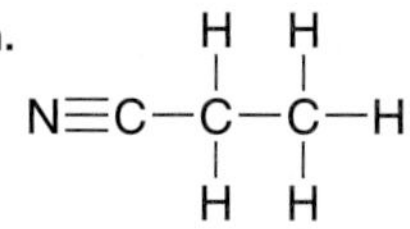

b.

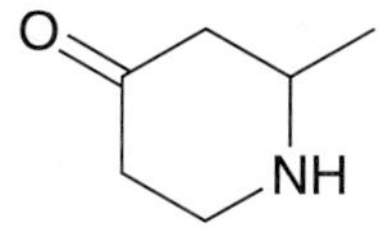

c.

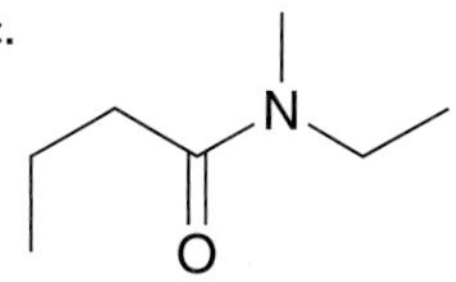

71. 알부테롤(albuterol)은 일반적으로 기관지염이나 천식과 같은 상태를 치료하는 데 호흡기 치료제에 사용된다. 이 분자에 존재하는 주요 작용기를 식별하시오.

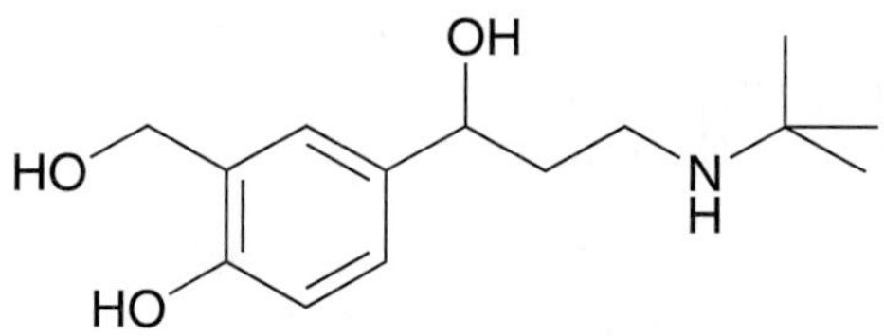

72. 스트리크닌(strychnine)은 악명 높은 독약이다. 이 자연적으로 생성되는 화합물은 특정 관목에서 추출되어 수 세기 동안 동물 해충 박멸에 사용되었다. 역사의 기록에 의하면, 스트리크닌 중독에 의한 살인 또는 살인 미수 사건이 많이 있다. 심지어는 이것이 알렉산더 대왕의 사인이었다고 가정한 사람들도 있었다. 이 화합물의 정교한 구조식은 아래와 같다. 이 독약에 존재하는 작용기는 무엇인가?

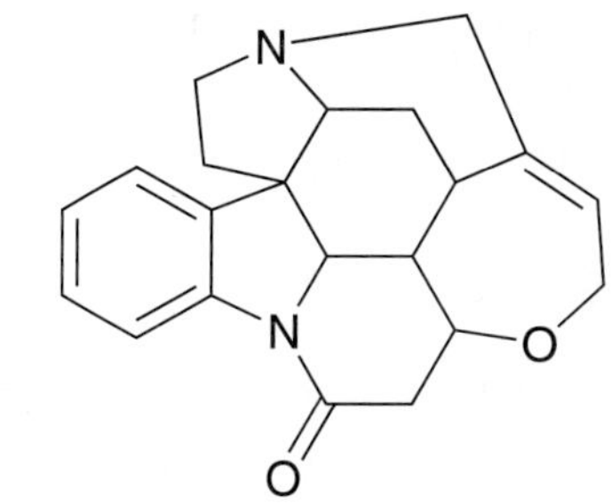

73. 다음 축합 반응에서 생성된 에터의 구조식을 그리시오.

$$CH_3CH_2CH_2OH \quad + \quad CH_3OH \xrightarrow{\text{산 촉매}} \boxed{\text{에터}} \quad + \quad H_2O$$

74. 이 축합 반응에서 생성된 에스터의 구조식을 그리시오.

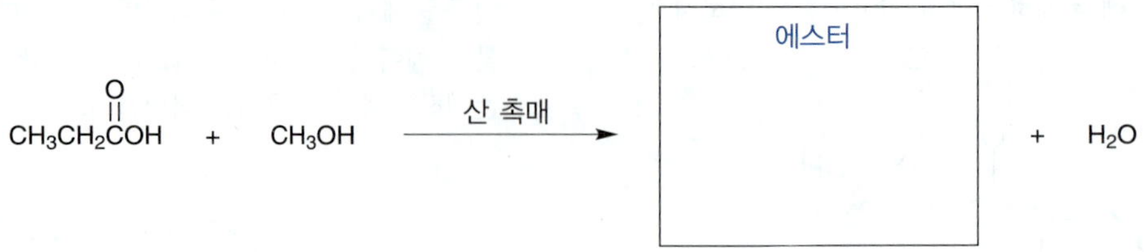

75. 이 축합 반응에서 생성된 아마이드의 구조식을 그리시오.

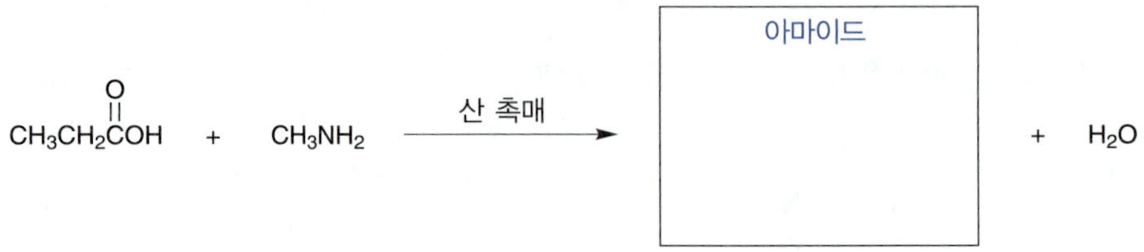

76. 이 축합 반응에서 생성된 아마이드의 구조식을 그리시오.

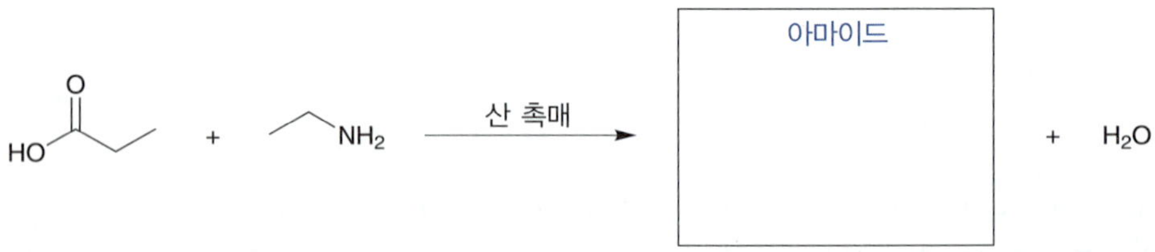

77. 이름에서 알 수 있듯이, 카복실산은 산이다. 이러한 산이 물과 혼합되었을 때 일어나는 산-염기 반응의 생성물을 보이시오.

a. $CH_3CO_2H + H_2O \rightleftharpoons$
b. $CH_3CH_2CO_2H + H_2O \rightleftharpoons$

78. 아민은 염기성 화합물이다. 이러한 아민이 물과 혼합되었을 때 일어나는 산-염기 반응의 생성물을 보이시오.

a. $CH_3NH_2 + H_2O \rightleftharpoons$
b. $(CH_3)_3N + H_2O \rightleftharpoons$

79. 다음 산-염기 반응의 생성물을 보이시오. 기억할 것은, 카복실산은 산이며, 아민은 염기라는 것이다.

a. $HCO_2H + NH_3 \rightleftharpoons$
b. $CH_3CO_2H + CH_3NH_2 \rightleftharpoons$

80. 다음 산-염기 반응의 생성물을 보이시오. 이들 반응에서 알코올은 산으로, 아민은 염기로 작용한다.

a. $CH_3NH_2 + CH_3OH \rightleftharpoons$
b. $CH_3CH_2OH + NH_3 \rightleftharpoons$

15.5 고분자와 플라스틱

81. 고분자란 무엇인가? 자연적으로 생성되는 고분자와 인간이 만든 합성 고분자의 두 가지 예를 제시하시오.

82. 다음 표에서 첫 번째 열은 고분자 구조의 일부를 나타낸 것이다. 두 번째 열에 고분자의 반복 단위를 괄호 안에 표시하시오. 첫 번째 것은 예시로서 행해졌다.

고분자의 일부 구조	식
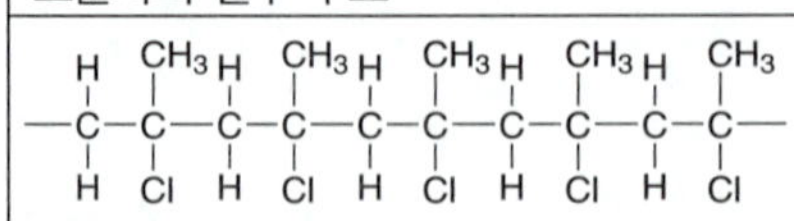	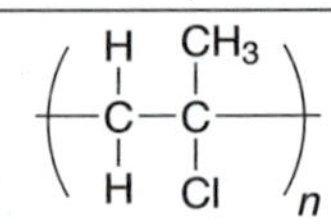
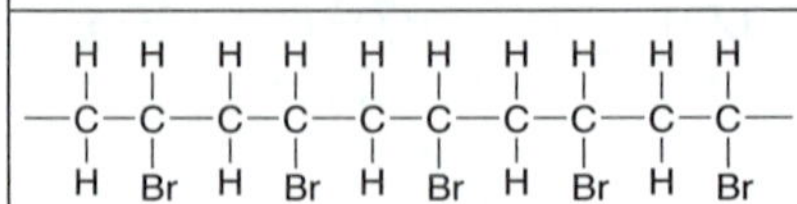	
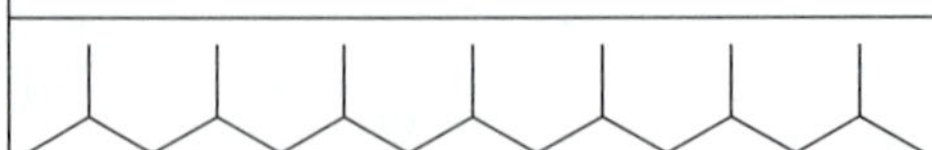	
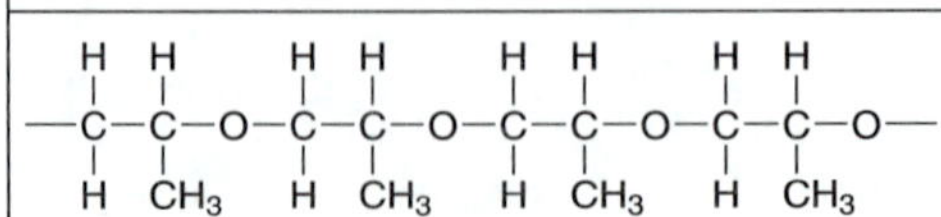	

15.6 생체 분자-서론

83. 탄수화물에 존재하는 세 가지 원소는 무엇인가?

84. 탄수화물의 생체 내 주요 기능은 무엇인가?

85. 알파-글루코피라노스와 베타-글루코피라노스의 차이점은 무엇인가?

86. 셀룰로스와 녹말의 주요 차이점은 무엇인가?

87. 슈크로스와 설탕은 2개의 단순당인 포도당과 과당이 축합 반응을 통해 결합하여 생성된 이당류이다. 아래 구조식에 축합되는 두 알코올을 형광펜으로 표시했다. 이 축합 반응으로 생성되는 설탕 분자의 구조를 그리시오.

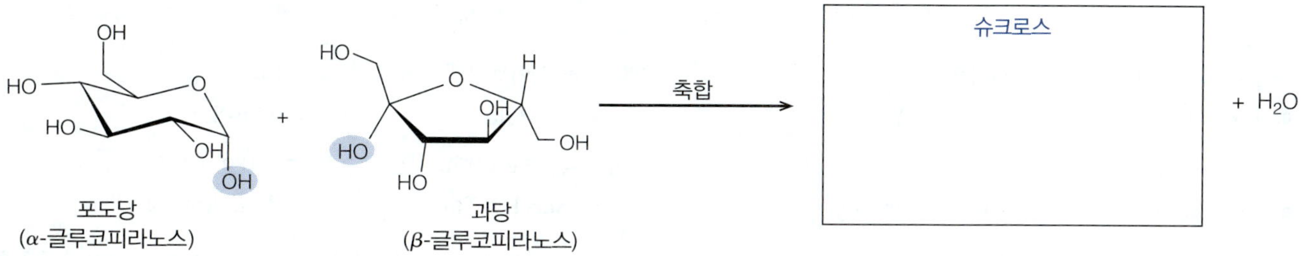

88. 젖당(lactose 또는 milk sugar)은 2개의 단순당인 갈락토스와 포도당이 축합 반응을 통해 결합하여 생성된 이당류이다. 아래 구조식에 축합된 두 알코올을 형광펜으로 표시했다. 이 축합 반응으로 생성되는 젖당 분자의 구조를 그리시오.

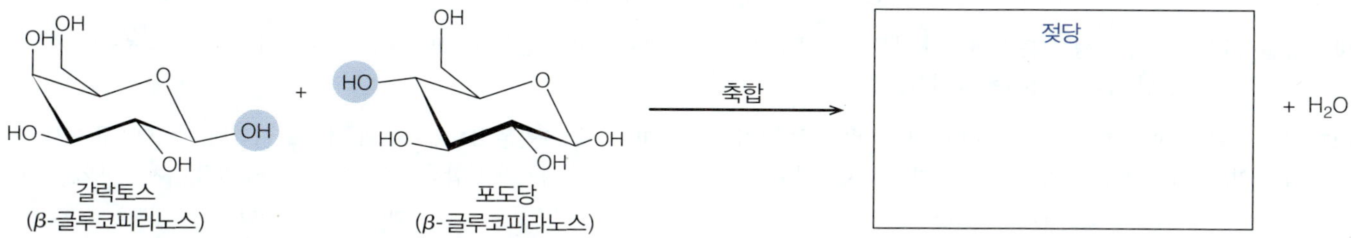

89. 단백질은 살아 있는 유기체에서 어떤 역할을 하는가?

90. 모든 아미노산에 존재하는 두 가지 작용기는 무엇인가?

91. 표 15.4의 아미노산 중 곁사슬에 벤젠 고리가 있는 아미노산은 몇 개인가?

92. 표 15.4의 아미노산 중 곁사슬에 2차 아민 작용기가 있는 아미노산은 몇 개인가?

93. 어떤 트라이펩타이드가 세린(serine, N 말단)을 포함하고, 프롤린과 연결되며, 아르지닌(arginine, C 말단)과 연결된다. 세 글자 아미노산 약어를 사용하여 이 구조를 나타내시오. 필요한 경우, 표 15.4를 참조하시오.

94. 어떤 트라이펩타이드가 글루탐산(glutamic acid)과 연결된 라이신(lysine, N 말단)을 포함하고 있으며, 아이소류신(isoleucine, C 말단)과 연결되어 있다. 세 글자 아미노산 약어를 사용하여 이 구조를 나타내시오. 필요한 경우, 표 15.4를 참조하시오.

95. 세 글자 아미노산 약어를 사용하여, 다음에 나타낸 트라이펩타이드 서열을 나타내시오.

a.

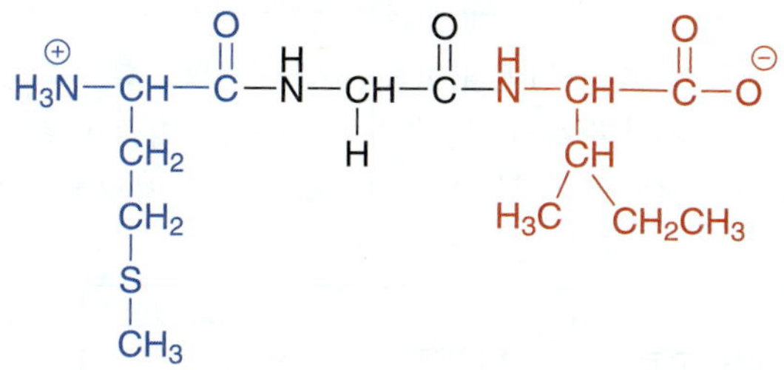

b.

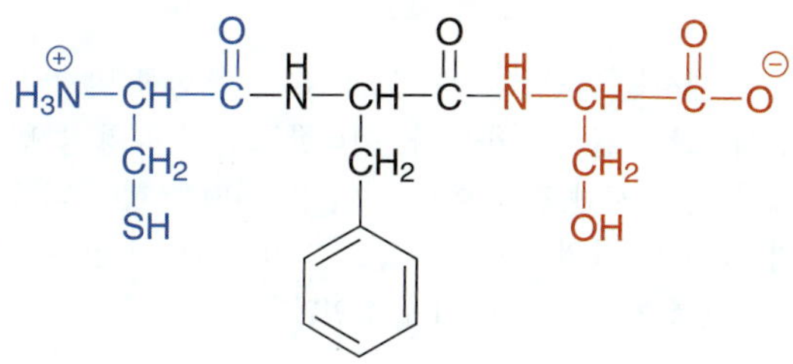

96. 세 글자 아미노산 약어를 사용하여, 다음에 나타낸 트라이펩타이드 서열을 나타내시오.

a.

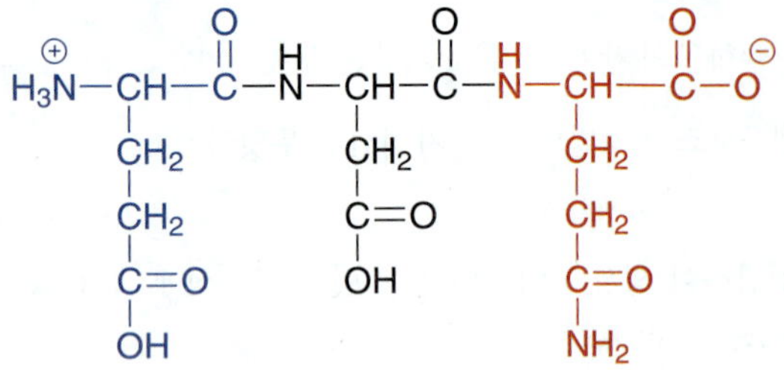

b.

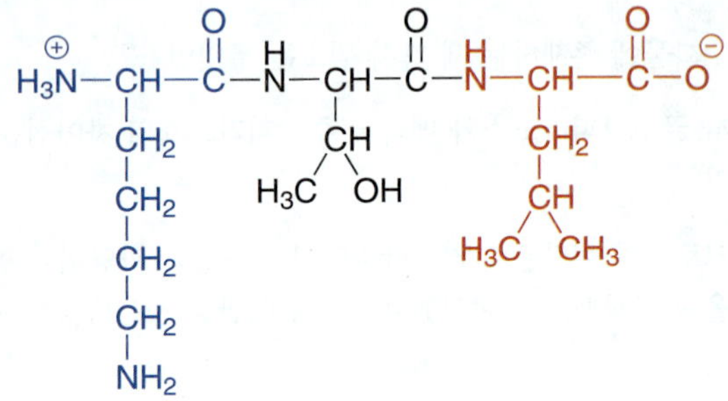

97. 다음 다이펩타이드 구조를 그리시오.

a. Cys-Thr b. Thr-Cys

98. 다음 다이펩타이드 구조를 그리시오.

a. Ser-Glu b. Glu-Ser

99. 다음 트라이펩타이드 구조를 그리시오.

a. Thr-Phe-Asp b. Lys-Gln-Gly

100. 다음 트라이펩타이드 구조를 그리시오.

a. Ser-Tyr-Thr b. Leu-Arg-Val

101. 어떤 종류의 상호작용이 펩타이드를 다른 모양으로 접히게 하는가?

102. 일반적으로 아미노산 서열은 단백질의 특성을 어떻게 결정하는가?

103. DNA가 유기체 내에서 중요한 이유는 무엇인가?

104. 뉴클레오타이드의 세 가지 구성 성분은 무엇인가?

105. 뉴클레오타이드의 구성 성분은 어떻게 다른 뉴클레오타이드와 연결되어 단일 가닥의 DNA를 생성하는가?

106. 이중 나선의 두 가닥 DNA는 어떻게 서로 결합되는가?

107. 다음 그림은 DNA 단편의 염기를 나타낸 것이다. 첫 번째 가닥의 염기와 부합하는 염기로 두 번째 가닥을 채우시오.

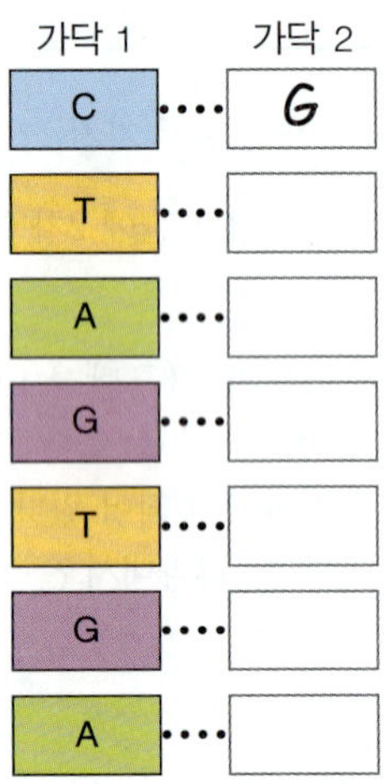

108. 다음 그림은 DNA 단편의 염기를 나타낸 것이다. 두 번째 가닥의 염기와 부합하는 염기로 첫 번째 가닥을 채우시오.

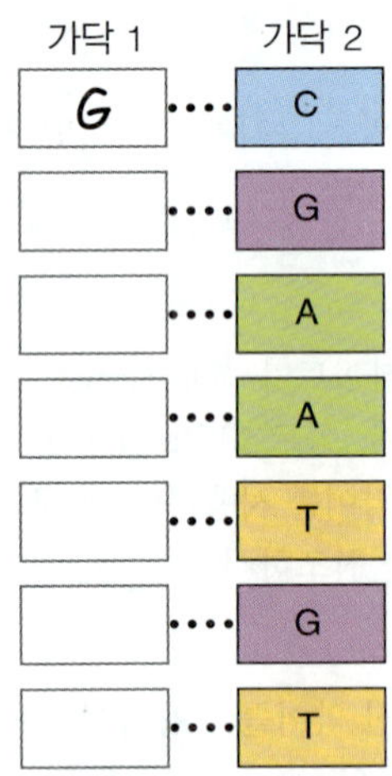

109. 이 장에서는 다당류, 단백질, DNA를 포함한 몇 가지 유형의 생체 고분자를 논의하였다. 이러한 고분자 유형 중 반복 단위체가 한 가지인 것은 어느 것인가? 어떤 유형에 다중 단위체가 있는가? 단위체 서열에 정보가 암호화되어 있는 여러 개의 단위체를 가진 것은 어떤 유형인가?

110. 셀룰로스, 녹말, 단백질, DNA는 모두 생체 고분자의 예이다. 다음 표에서 각각의 고분자가 만드는 단위체를 나열하고, 단위체가 서로 결합하는 데 사용되는 반응의 유형을 확인하고, 각 고분자의 기능을 설명하시오.

생체 고분자	단위체	단위체를 결합시키는 반응	기능
녹말		축합	
셀룰로스			
단백질			
DNA		뉴클레오타이드	

핵화학

CHAPTER 16

그림 16.1 (a) 2011년 3월 11일, 지진이 일본 북부를 강타했다. 지진이 유발한 쓰나미가 해안선을 강타했다. (계속)

후쿠시마

2011년 3월 11일, 지진이 일본 북부 도호쿠 지방을 강타했다. 일본 동부 해안에서 약 70 km 떨어진 지점에서 지진이 발생했고, 쓰나미가 발생했다. 쓰나미는 거대한 파도로, 높이가 40 m가 넘는다. 지진이 발생한 지 한 시간도 채 되지 않아, 쓰나미가 해안 지역을 강타하여 쓰나미의 진로에 있는 거의 모든 것이 파괴되고 15,000명 이상의 사람이 사망했다(그림 16.1).

해안을 따라 위치한 원자력 발전소는 지역을 위해 에너지를 생산했다. 그 발전소들은 지진을 견디도록 설계되었지만, 쓰나미에 대한 대비는 충분하지 못했다. 전력 시설 중 하나인 후쿠시마 Daiichi 발전소 주변으로 물이 차오르면서 새로운 재앙이 펼쳐지기 시작했다.

원전의 핵심은 **원자로 노심**(reactor core)이다. 원자 변화는 엄청난 양의 열에너지를 생성하는 노심에서 일어나지만, 그들은 매우 유독한 부산물도 생성한다. 원자력 발전소는 원자로 노심을 통해 냉각수를 지속적으로 펌프질한다. 노심과 냉각수는 모두 중앙 원자로 건물 내부에 밀폐되어 있다.

쓰나미가 후쿠시마 Daiichi를 덮치면서 급상승하는 물로 인해 냉각 펌프와 여러 백업 시스템의 전원이 차단되었다. 그러자 원자로 건물 내부에서 온도와 압력이 상승하기 시작했다. 기술자들은 냉각 시스템을 복구하기 위해 고군분투했고, 당국은 주변 도시들을 대피시켰다. 온도는 계속 상승했다. 증기와 수소 기체가 원자로 건물을 가득 채우기 시작했다. 초고온의 핵연료가 격납 용기를 통해 녹아내려, 건물의 기초에 깊숙이 길을 만들었다. 그런 다음, 원자로의 수소가 폭발하여 콘크리트 건물의 상부가 찢어지고, 독소가 공기 중으로 뿜어져 나왔다.

그림 16.1 (계속) (b) 지진의 진원지는 일본 해안에서 약 70 km 떨어진 곳이었다. (c) 후쿠시마 원자력 발전소의 사고 전 모습. 네 개의 네모난 건물 각각에 원자로 노심이 있었다. (d) 사고 후 응급구조대원들이 착용한 특수 보호 장구

(a) Douglas SprottFlickr; (b) Joe Moross, CC BY 4.0, Wikimedia Commons; (c) IAEA Imagebank, Flickr

유독성 연료를 냉각시키기 위해, 구조대원들은 구조물에 물을 가득 채웠다. 연료가 너무 뜨거워서, 사고 후 몇 주 동안, 건물에서 물이 끓어 나와 증기와 독성 물질이 대기로 방출되었다. 기초에 균열이 생겨서 오염수가 바다로 방출되었다. 9개월이 지나서야 연료가 마침내 냉각되었고, 독소 배출이 가라앉았다.

후쿠시마 사고는 전 세계를 공포에 떨게 했다. 도쿄에서는 수질 오염에 대한 보도가 이어지면서 생수 구매량이 폭증하기도 했다. 사고 발생 며칠 만에, 미국 식품의약국(FDA)은 일부 일본산 식품의 수입을 차단했다. 독일은 원전의 절반을 폐쇄했고, 장기 에너지 정책을 대폭 바꿨다.

사고 발생 7년이 지난 지금까지도, 후쿠시마 원전 주변의 오염은 여전히 문제이며, 많은 사람들이 집으로 돌아가지 못하고 있다. 그러나 후쿠시마 원전 사고의 세계적인 공포에도 불구하고, 방사선 노출로 인한 즉각적인 사망은 없었다. 사실, 극소수의 사람만이 병에 걸렸다.

후쿠시마 사건이 제기하는 중요한 질문은 많다. 핵에너지의 실제 위험은 무엇인가? 혜택은 어떤 것이 있나? 이러한 물질에 노출되는 수준은 어느 정도인가? 어떤 수준이 유해한가?

이번 장에서는 핵화학의 핵심 개념을 살펴볼 것이다. 원자 구조의 근본적인 변화가 어떻게 일어나는지와, 구조적 변화가 엄청난 에너지 변화를 동반하는 이유를 알아볼 것이다. 별들의 극적이고 거대한 반응으로부터 지구의 작고 점진적인 변화에 이르기까지, 우리 삶에 영향을 미치는 자연 발생의 많은 핵반응을 탐구할 것이다. 상업용 발전에서부터 의학, 고고학에 이르기까지 핵화학의 응용 분야와, 인간이 핵에 저장된 강력한 힘과 접촉할 때 발생하는 몇 가지 공중 보건 및 안전 문제를 살펴볼 것이다.

학습 목표

이 장을 완료하고 실습 문제를 풀고 나면, 수행할 수 있는 것은 다음과 같다.

16.1 핵 변화
- 균형 핵반응식을 써서 핵 변화를 설명할 수 있어야 한다.

16.2 방사능
- 다른 유형의 방사성 붕괴를 정의하고, 이러한 붕괴에 의해 생성된 생성물을 예측할 수 있어야 한다.
- 반감기를 사용하여 방사성 붕괴 속도를 설명할 수 있어야 한다.

16.3 방사선으로 작업하기
- 방사성 붕괴와 인체 노출의 측정법을 설명할 수 있어야 한다.
- 의학, 지질학, 고고학에서 방사성 핵종의 사용을 정성적으로 기술할 수 있어야 한다.

16.4 핵반응에서의 에너지 변화
- 핵 변화에서 물질과 에너지의 상호 변환을 설명할 수 있어야 한다.
- 질량 결손과 결합 에너지가 핵의 안정성과 어떤 관련이 있는지 설명할 수 있어야 한다.

16.5 원자력 발전: 핵분열과 핵융합
- 핵분열과 핵융합의 과정을 설명할 수 있어야 한다.
- 발전용 핵분열과 핵융합의 사용과 관련된 위험성, 이점, 기술적 과제를 광범위하게 설명할 수 있어야 한다.

16.1 핵 변화

3장에서 원자 구조를 처음 살펴보았다. 원자는 양성자와 중성자가 있는 매우 조밀한 핵으로 구성되어 있다는 것이다. 이 핵은 음전하를 띤 전자구름으로 둘러싸여 있음을 기억하라(그림 16.2).

거의 매일, 화학에는 전자가 있다. 즉 공유 결합과 이온 결합, 산-염기의 거동, 산화-환원 반응은 모두 전자 구조의 변화가 있다. 원자들은 전자를 얻거나 잃거나 공유할 수 있지만, 원자핵은 변하지 않는다.

핵화학(nuclear chemistry)은 다른 유형의 변화, 즉 원자핵과 관련된 변화를 설명한다. 핵 변화에는 엄청난 양의 에너지를 수반한다. 태양과 별이 만들어 내는 열, 지구 중심부의 고온, 원자폭탄의 파괴력은 원자핵의 변화로부터 발생한다. 우리 주변에서 발생하는 대부분의 화학 물질은 본질적으로 비핵성이지만, 핵 변화는 끊임없이 발생하며 지구 생명체에 필수적이다. 우리 주변에서 일어나는 화학의 대부분은 비핵이다.

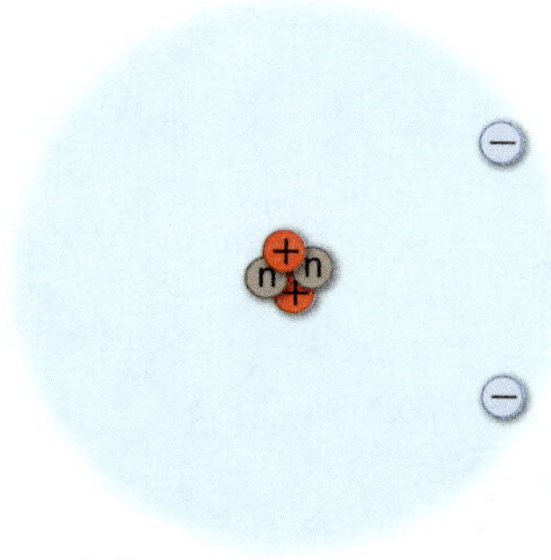

그림 16.2 핵은 양성자와 중성자로 구성된다. 원자핵은 전자구름으로 둘러싸여 있다.

핵-복습

원자는 원자핵에 있는 양성자와 중성자의 수로 정의된다. 양성자와 중성자를 총칭하여 **핵자(nucleon)**라고 한다. 양성자의 수가 **원자 번호**(atomic number)라는 것을 기억하라. 이 숫자는 원자에 독특한 성질을 부여한다. **질량수**(mass number)는 특정 원자핵에 있는 핵자 수(양성자 수와 중성자수의 합)이다. 원자 기호를 쓸 때는 원자 기호의 왼쪽 상단에 질량수를 표시한다. 원자 번호는 왼쪽 하단에 표시한다(그림 16.3).

핵자에는 양성자와 중성자가 있다.

특정한 수의 양성자와 중성자가 있는 원자 또는 핵을 **핵종(nuclide)**이라고 한다. 원자 번호가 같은 핵종을 **동위 원소(isotope)**라고 한다. 즉 동위 원소는 같은 종류의 원자이지만 질량수가 다르다. 예를 들어 리튬에는 ^{6}Li와 ^{7}Li의 두 핵종이 있다. 이 두 핵종이 동위 원소이다. 기호 ^{6}Li는 '리튬-6'으로 읽으며, 보통 리튬-6으로 쓰기도 한다. 이 장에서는 두 형태를 모두 사용하여 핵종을 나타낼 것이다.

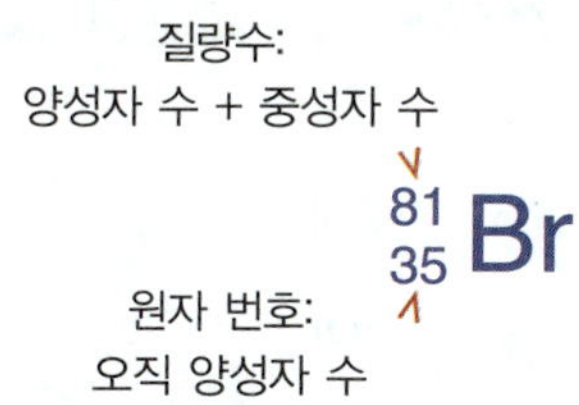

그림 16.3 질량수는 기호의 왼쪽 상단에, 원자 번호는 왼쪽 하단에 위치한다.

예제 16.1 동위 원소 식별하기

다음 핵종 중 $^{11}_{5}B$의 동위 원소는 어느 것인가?

a. 질량수가 11이고 원자 번호가 6인 핵종
b. 질량수가 10이고 원자 번호가 5인 핵종
c. 질량수가 12이고 원자 번호가 6인 핵종

동위 원소는 원자 번호는 같지만 질량수가 다르다. 따라서 답은 (b)이다.

핵반응

핵반응(nuclear reaction)에서는 원자핵의 구조가 변한다. 핵반응에는 여러 유형이 있다. 때때로 원자핵은 자발적으로 분해되어 에너지와 더 작은 입자를 방출한다. 더 큰 핵을 만드는 다른 반응도 있다. 예를 들면 대기권 상층부에서는 태양의 고에너지 입자가 산소와 질소와 충돌하여, 이 원자들을 다른 원소로 변환시킨다. 일부 실험실에서, 과학자들은 이 과정을 모방한다. 즉 고에너지 입자를 표적 원소에 발사하여 의학에서 사용할 새로운 핵종을 만든다. 태양의 열, 지구 중심부의 열, 원자력 발전소에서 생산되는 에너지는 모두 핵 변화로부터 발생한

핵종 및 동위 원소

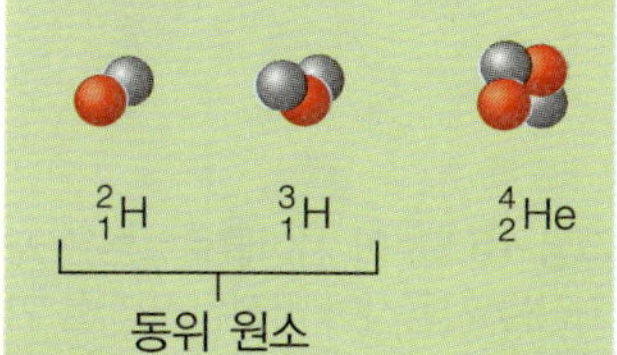

고유한 핵종 3가지를 나타낸 것이다. 원자 번호가 같은 두 개는 동위 원소이다.

핵반응식은 일반적으로 질량수와 원자 번호를 모두 나타낸다.

다. 이어지는 다음 절에서는 이러한 다양한 변화를 살펴볼 것이다.

우리는 종종 **핵반응식(nuclear equation)**을 사용하여 핵반응을 설명한다. 균형 핵반응식에서는 반응식의 양변의 총 질량수와 총 원자 번호 수가 같다. 예를 들어 비스무트-212는 천천히 분해되어 두 가지 새로운 핵종—탈륨-208과 헬륨-4—을 생성한다. 이 과정의 균형 핵반응식은 다음과 같이 쓸 수 있다.

$$^{212}_{83}\text{Bi} \rightarrow {}^{208}_{81}\text{Tl} + {}^{4}_{2}\text{He}$$

유의할 것이 있다. 이 핵반응식에서는 원자 번호의 총합(즉 총 양성자 수)이 반응식 좌변과 우변이 같다는 것이다. 마찬가지로, 질량수의 총합 또한 반응식의 양변에서 동일하다(그림 16.4).

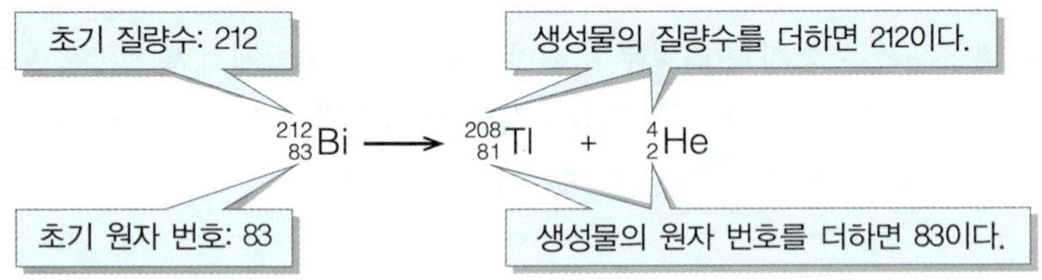

그림 16.4 균형 핵반응식에서는 질량수의 합과 원자 번호의 합이 반응식의 양변에서 동일하다.

표 16.1 아원자 입자의 핵 기호

입자	기호
양성자	$^{1}_{1}\text{p}$
중성자	$^{1}_{0}\text{n}$
전자	$^{0}_{-1}\text{e}$

많은 핵반응식에서 원자핵은 기본 원자 입자를 얻거나 잃는다. 이러한 경우, 양성자를 $^{1}_{1}\text{p}$ 기호를 사용하여 나타내고, 중성자를 $^{1}_{0}\text{n}$ 기호를 사용하여 나타내며, 전자를 $^{0}_{-1}\text{e}$ 기호를 사용하여 나타낸다(표 16.1). 예를 들어 일부 의료 검사에서는 인듐-111(^{111}In) 핵종을 사용한다. 과학자들은 **사이클로트론**(cyclotron)이라고 하는 장치를 이용하여 실험실에서 이 동위 원소를 만든다(그림 16.5). 이 장치는 자기장을 사용하여 양성자를 매우 빠른 속도로 가속시킨 다음, 카드뮴-111 핵에 충돌시킨다. 이 충돌의 결과가 인듐-111의 핵과 자유 중성자이다. 핵 변화를 다음 반응식을 사용하여 설명할 수 있다.

그림 16.5 이 사이클로트론은 자기장을 사용하여 하전된 입자를 가속시킨다. 이러한 고에너지 입자의 충돌로 핵반응이 일어나 의학적 응용에 사용되는 새로운 동위 원소가 생긴다.

$$^{1}_{1}p + ^{111}_{48}Cd \rightarrow ^{111}_{49}In + ^{1}_{0}n$$

핵반응식을 쓰면, 한 생성물로부터 다른 생성물을 예측할 수 있는 경우가 많다. 예제 16.2는 이러한 작업이 어떻게 수행되는지를 보여 준다.

예제 16.2 핵반응식 완성하기

몰리브데넘-100에 양성자가 충돌하면, 아래 반응식에서 보는 바와 같이, 새로운 핵종을 생성하고 두 개의 중성자를 방출한다. 확인되지 않은 생성물의 원자 번호, 질량수, 원자 기호를 구하시오.

$$^{1}_{1}p + ^{100}_{42}Mo \rightarrow ^{1}_{0}n + ^{1}_{0}n + \_\_\_\_\_$$

반응식 좌변의 질량수를 모두 합하면 101이다. 반응식 우변에 중성자(질량수가 1인)가 2개 있으므로, 미지의 질량수는 99여야 한다. 마찬가지로, 좌변의 원자 번호를 모두 합하면 43이다. 중성자는 원자 번호가 0이므로, 미지 생성물의 원자 번호는 43이어야 한다. 원자 번호 43에 해당하는 원소는 테크네튬(Tc)이다. 이를 바탕으로 완전한 균형 반응식을 쓸 수 있다.

$$^{1}_{1}p + ^{100}_{42}Mo \rightarrow ^{1}_{0}n + ^{1}_{0}n + ^{99}_{43}Tc$$

도전 문제

1. 지구 대기 상층부에서는 고에너지 중성자가 질소-14 핵과 충돌하여 탄소-14 핵을 생성하고 양성자 한 개를 방출한다. 균형 핵반응식을 사용하여 이 과정을 설명하시오.
2. 사이클로트론에서 양성자가 ^{127}I 핵과 충돌하면, 여러 개의 중성자와 함께 새로운 핵인 ^{123}Xe를 생성한다. 이 과정에서 방출되는 중성자는 몇 개인가? 균형 핵반응식을 써서 이 과정을 설명하시오.

16.2 방사능

가장 흔한 핵반응 중 일부는 **방사성 붕괴(radioactive decay)**다. 이러한 반응에서 원자핵은 자발적으로 더 안정적인 상태로 전환된다. 어떤 붕괴에서는 핵이 핵에서 입자를 방출한다. 또 다른 붕괴에서는 핵이 약간 이동하여 에너지를 방출한다. 핵으로부터 입자나 에너지가 자발적으로 방출되는 것을 **방사능(radioactivity)**이라고 한다. 이러한 반응에 의해 방출되는 에너지를 **방사선**(radiation)이라고 한다.

예를 들어 라듐 원소는 수천 년에 걸쳐 천천히 분해되어 새로운 원소인 라돈이 된다. 팝콘 알맹이가 터지는 것처럼, 라듐 원자들은 개별적으로 '펑'하며 라돈 원자로 변한다(그림 16.6). 원자가 붕괴할 때마다 물질은 소량의 에너지를 방출한다. 원자들이 매우 많이 존재한다. 따라서 라듐 시료는 수천 년에 걸쳐 이 에너지를 방출한다.

Felix Schier/Shutterstock

방사선이 황화 아연에 부딪히면, 화합물이 빛을 발하게 된다. 1900년대 초에 라듐이 발견된 후, 미량의 이 물질은 황화 아연과 결합하여 시계가 어둠 속에서 빛나도록 만들었다. 오늘날 시계 조명에 사용되는 기술은 훨씬 더 안전하다.

방사능의 발견은 3장에서 소개한 원자 구조의 발견과 밀접한 관련이 있다. 1897년에 Antoine Becquerel은 우라늄을 특정 물질(예: 황화 아연) 근처에 놓았더니, 그 물질이 빛을 발한다는 사실을 발견하였다. 그 후 몇 년 동안, Marie Curie와 그녀의 남편 Pierre(그림 16.7)는 광범위하게 연구하여, 방사성 물질을 분리하고 특성을 규명했다. 그들은 이 실험을 통해 라듐과 폴로늄 원소를 발견하였다. Marie Curie는 방사성 붕괴를 3가지 유형으로 분류

그림 16.6 이 광물에는 방사성 원소 라듐이 들어 있다. 라듐은 천천히 분해되어 새로운 원소를 생성하면서 입자와 에너지를 방출한다.

그림 16.7 Marie Curie와 Pierre Curie는 1903년에 노벨 물리학상을 공동 수상했다. 1906년에 Pierre가 비극적으로 죽은 후에도, Marie는 그들이 함께 하던 연구를 계속하여, 1911년에 노벨 화학상을 받았다.

할 수 있었고, 이를 **알파**(alpha)선, **베타**(beta)선, **감마**(gamma)선이라고 불렀다.

방사성 붕괴의 유형

알파 붕괴

알파 붕괴(*α* decay)에서는 원자핵이 두 개의 양성자와 두 개의 중성자로 이루어진 **알파 입자**(alpha particle)를 방출한다. 알파 입자는 헬륨 핵이다. 원자핵이 알파 입자를 방출하면, 질량수는 4 감소하고, 원자 번호는 2 감소한다.

예를 들어 $^{238}_{92}U$ 원자가 알파 붕괴를 하면(그림 16.8), 질량수가 4 감소하여 질량이 234인 새로운 핵종이 생성된다. 원자 번호가 2 감소하여 원자가 우라늄(원자 번호 92)에서 토륨(원자 번호 90)으로 변한다.

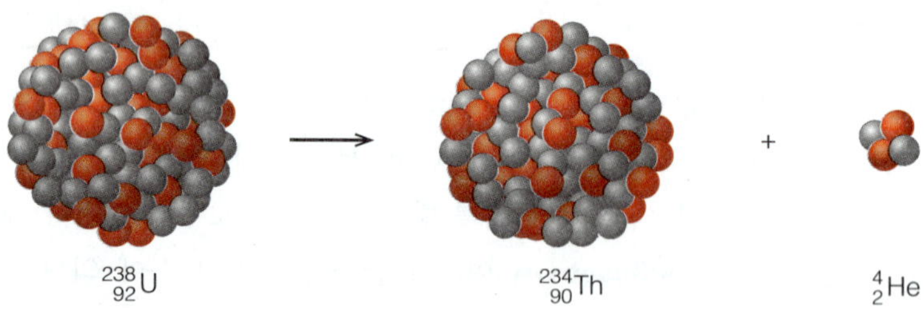

그림 16.8 알파 붕괴에서는 더 큰 원자핵이 2개의 양성자와 2개의 중성자를 방출하여, 더 작고 안정적인 원자핵을 생성한다.

알파 붕괴는 원자핵으로부터 $^{4}_{2}He$ 을 방출한다.

이 변화를 핵반응식을 사용하여 나타낼 수 있다.

$$^{238}_{92}U \rightarrow ^{234}_{90}Th + ^{4}_{2}He$$

이 핵반응식에서는 질량수 총합과 원자 번호 총합이 반응식의 양변에서 동일하다는 것을 주목하라.

예제 16.3 핵반응식 및 알파 붕괴

핵반응식을 써서 ^{210}Po 핵의 알파 붕괴를 보이시오.

폴로늄의 원자 번호는 84이다. 알파 붕괴 후에는 질량이 4 감소하고, 원자 번호가 2 감소한다. 생성된 원자핵은 질량수가 206, 원자 번호가 82이다. 주기율표에서 원자 번호 82는 납이라는 것을 알 수 있다. 따라서 다음과 같이 완전한 반응식을 쓸 수 있다.

$$^{210}_{84}Po \rightarrow ^{206}_{82}Pb + ^{4}_{2}He$$

베타 붕괴

베타 붕괴(*β* decay)에서는 중성자가 2개의 입자(양성자와 전자)로 붕괴된다(그림 16.9). 양성자는 핵에 남아 있는 반면에, 전자는 방출된다. 핵반응식에서는 이것을 다음과 같이 나타낸다.

$$^{1}_{0}n \rightarrow ^{1}_{1}p + ^{0}_{-1}e$$

그림 16.9 베타 붕괴에서는 중성자가 양성자와 전자로 변환된다.

이 반응식에서 총 질량수는 변하지 않고(작은 전자의 질량수는 0이다), 원자 번호의 총합도 일정하게 유지된다는 것을 주목하라. 중성 입자는 두 개의 입자(전하가 +1인 것과 전하가 −1인 것)로 나뉜다.

핵이 베타 붕괴를 하면, 전자는 핵 밖으로 나가지만 양성자는 남는다. 원자핵의 질량수는 변하지 않지만, 원자 번호는 1 증가한다. 예로 라듐-228이 베타 붕괴를 하면 악티늄-228이 생성된다.

베타 붕괴가 일어나면 원자 번호가 1 증가한다.

$$^{228}_{88}Ra \rightarrow ^{228}_{89}Ac + ^{0}_{-1}e$$

예제 16.4는 이러한 개념을 더 잘 설명한다.

예제 16.4 핵반응식과 베타 붕괴

핵반응식을 써서 탈륨-209의 베타 붕괴를 보이시오.

탈륨은 원자 번호가 81이다. 베타 붕괴는 원자 번호를 1 증가시키지만, 질량수는 변하지 않는다. 그 결과 원자 번호가 82(납)이고 질량수가 209인 핵이 생성된다. 완전한 반응식을 다음과 같이 쓸 수 있다.

$$^{209}_{81}Tl \rightarrow ^{209}_{82}Pb + ^{0}_{-1}e$$

감마 붕괴

감마(*γ*) 붕괴(decay)에서는 원자핵이 **감마선**(gamma ray)이라고 하는 전자기파의 형태로 에너지를 방출한다. 감마 붕괴는 입자가 방출되지 않아서 원자 번호나 질량수가 달라지지 않는다. 감마 붕괴는 핵 입자가 보다 안정한 배열을 형성하기 위해 배열을 조절하는 것으로 생각할 수 있다.

감마 붕괴가 일어나면 원자 번호와 질량수가 변하지 않는다.

방사성 붕괴 계열

방사성 핵은 여러 번 붕괴하여 안정한 동위 원소에 도달하는 경우가 많다. 이러한 붕괴는 일반적인 순서를 통해 일어난다. 이것을 **붕괴 계열(decay series)** 또는 **붕괴 사슬**(decay chain)이라고 한다. 예를 들어 라돈은 자연적으로 발생하는 기체로, 지하나 다른 저지대에 낮은 수준으로 축적된다. 라돈-218은 방사성 핵종이다. 시간이 지남에 따라 Rn 핵은 일련의 붕괴를 거

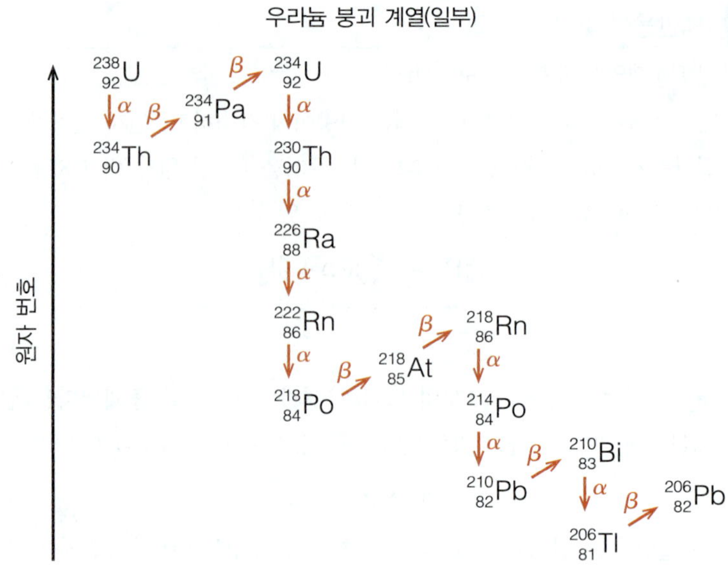

그림 16.10 우라늄 붕괴 계열은 우라늄-238에서 시작하여 납-206으로 끝난다. 이 그래프는 가능한 몇 가지 경로 중 하나를 나타낸 것이다.

치면서 여러 중간체를 형성하고, 결국 안정한 핵인 납-206에 도달한다. 이 일련의 붕괴를 다음과 같이 나타낼 수 있다.

$$^{218}_{86}Rn \xrightarrow{\alpha} {}^{214}_{84}Po \xrightarrow{\alpha} {}^{210}_{82}Pb \xrightarrow{\beta} {}^{210}_{83}Bi \xrightarrow{\alpha} {}^{206}_{81}Tl \xrightarrow{\beta} {}^{206}_{82}Pb$$

알파 붕괴가 일어나면 질량수가 4 감소하고, 전하가 2 감소한다.

...베타 붕괴가 일어나면 원자 번호가 1 증가한다.

A-photography/Shutterstock

1980년대에는 가정에서 라돈 검사가 시작되었다. 이러한 검사는 많은 지하실과 환기가 잘 되지 않는 구역에서 라돈의 수치가 증가했음을 보여주었다.

토륨(thorium), **우라늄**(uranium), **악티늄 계열**(actinium series)로 알려진 세 가지의 일반적인 붕괴 계열(그림 16.10)은 지구상에 존재하는 풍부한 방사성 핵종의 대부분을 차지한다. 나머지 자연 발생 방사성 핵종은 **우주 복사**(cosmic radiation)의 결과이다. 즉 태양과 다른 별의 고에너지 입자가 지구의 원소와 반응하여 새로운 방사성 핵종을 만들어 낸다.

예제 16.5 붕괴 계열로 생성물 예측하기

플루토늄-241은 방사성 물질로, 원자력 발전소에서 생성된다. 플루토늄-241은 시간이 지남에 따라 β, α, α, β, α, α 순서로 붕괴하여 라듐-225가 된다. 이러한 일련의 붕괴에서 어떤 중간체가 형성되는가?

각각의 알파 붕괴로 질량수가 4, 원자 번호가 2 감소된다. 베타 붕괴에서는 질량수는 변하지 않지만 원자 번호는 1 증가한다. 이를 바탕으로, 질량수와 원자 번호는 다음과 같이 변할 것으로 예상된다.

$$^{241}_{94}Pu \xrightarrow{\beta} {}^{241}_{95} \xrightarrow{\alpha} {}^{237}_{93} \xrightarrow{\alpha} {}^{233}_{91} \xrightarrow{\beta} {}^{233}_{92} \xrightarrow{\alpha} {}^{229}_{90} \xrightarrow{\alpha} {}^{225}_{88}$$

주기율표를 사용하여 각 원자 번호의 원자 기호를 식별할 수 있다. 따라서 붕괴 계열의 완전한 그림은 다음과 같다.

$$^{241}_{94}Pu \xrightarrow{\beta} {}^{241}_{95}Am \xrightarrow{\alpha} {}^{237}_{93}Np \xrightarrow{\alpha} {}^{233}_{91}Pa \xrightarrow{\beta} {}^{233}_{92}U \xrightarrow{\alpha} {}^{229}_{90}Th \xrightarrow{\alpha} {}^{225}_{88}Ra$$

도전 문제

3. 균형 반응식을 써서 다음 과정을 나타내시오.

a. ^{40}Ca의 알파 붕괴 **b.** ^{67}Cu의 베타 붕괴

4. 라듐-224는 α, α, α, β, α, β 순서로 붕괴된다. 이러한 붕괴 계열에서 어떤 중간체들이 형성되는가? 마지막으로 생성된 안정한 핵은 무엇인가?

반감기

방사성 붕괴는 다른 속도로 일어난다. 일부 방사성 핵종은 빠르게 붕괴한다. 그러나 다른 핵종들은 더 안정하여 몇 년, 몇 세기, 몇 천 년이 지나야 붕괴한다(표 16.2). 핵종의 **반감기(half-life)**란 방사성 물질 시료의 절반이 다른 것으로 붕괴하는 데 걸리는 시간이다(그림 16.11). 예를 들어 세슘-137의 반감기는 약 30년이다. 1.000 g의 Cs-137 시료가 주어진다면, 30년 후에도 0.500 g은 여전히 Cs-137로 존재할 것이고, 나머지는 붕괴되어 다른 물질을 형성했을 것이다. 60년(반감기 2회) 후에는 0.250 g의 Cs-137가 남게 될 것이다. 90년 후에는

표 16.2 일반적인 방사성 핵종의 반감기

핵종	반감기	발생/용도
^{3}H	12.3년	에너지(태양으로부터)
^{10}Be	138만 년	고고학/지질학
^{14}C	5,730년	고고학
^{60}Co	5.3년	방사선 치료
^{99m}Tc*	6.0시간	의료 영상 촬영
^{125}I	59일	방사선 치료
^{131}Cs	9.7일	방사선 치료
^{222}Rn	3.8일	^{238}U에서 자연 생성
^{238}U	45억 년	핵발전
^{239}Pu	24,000년	핵발전

*첨자 'm'은 이 핵종이 감마 붕괴를 거쳐 동일한 핵종의 보다 안정적인 형태인 ^{99}Tc를 형성한다는 것을 의미한다.

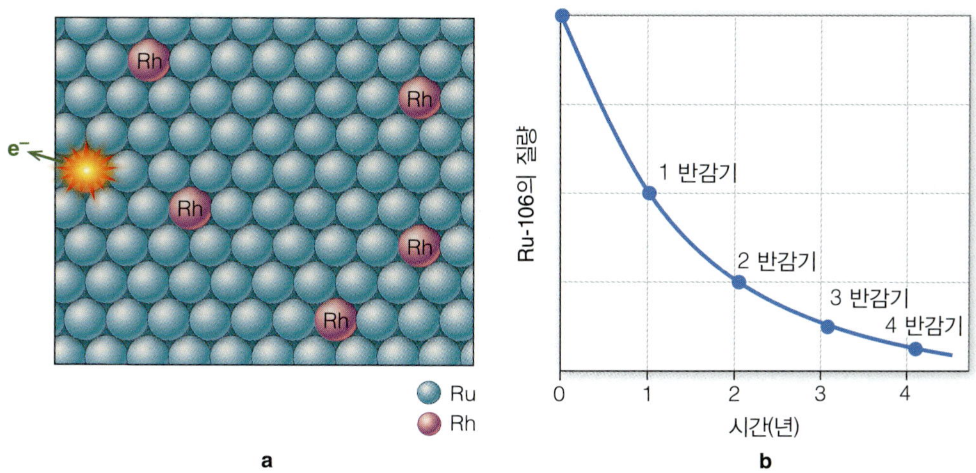

그림 16.11 핵종은 붕괴하면서 새로운 물질을 형성한다. (a) 루테늄(Ru)은 베타 붕괴를 통해 로듐(Rh)이 된다. (b) 반감기란 물질의 절반이 다른 물질로 붕괴하는 데 걸리는 시간이다. 루테늄-106의 반감기는 1년 남짓이다.

0.125 g이 될 것이다.

또 다른 예를 생각해 보자. 아이오딘-131은 후쿠시마 사고 당시 대기 중으로 방출된 방사성 핵종이다. 그러나 아이오딘-131의 반감기는 약 8일로 짧다. 이것은 최초로 방출된 지 8일 후에 아이오딘-131의 절반이 다른 것으로 붕괴되었다는 것을 의미한다. 수학적으로는 다음 식을 사용하여 반감기를 설명할 수 있다.

$$N_t = N_0\left(\frac{1}{2}\right)^{\frac{t}{t_{1/2}}}$$

여기서 N_t는 남아 있는 핵종의 양, N_0는 원래 존재하는 핵종의 양, t는 경과한 시간, $t_{1/2}$는 핵종의 반감기다. 이 식에서 양의 단위는 어떠한 측정 단위라도 사용할 수 있다. 그러나 경과한 시간과 반감기는 같은 단위를 사용해야 한다. 예제 16.6은 이 개념을 설명한다.

예제 16.6 반감기 사용하기

사마륨-153 EDTMP는 뼈암 치료에 사용되는 화합물의 일반명이다. 이 화합물에는 반감기가 2일인 사마륨-153이 들어 있다. 실험실에서 16.0 μg의 ^{153}Sm이 들어 있는 시료를 받았다면, 10일 후에는 몇 μg이 존재할까?

반감기마다 사마륨의 양은 반으로 감소한다. 10일이 지나면 5회의 반감기가 지나간다. 따라서 ^{153}Sm의 양은 5회에 걸쳐 각각 절반으로 줄어든다.

$$16.0\ \mu g \xrightarrow{1} 8.0\ \mu g \xrightarrow{2} 4.0\ \mu g \xrightarrow{3} 2.0\ \mu g \xrightarrow{4} 1.0\ \mu g \xrightarrow{5} 0.5\ \mu g$$

이를 바탕으로 할 때, 10일 후에는 0.5 μg의 ^{153}Sm이 존재할 것이다. 또한 위의 반감기 식을 사용하여 이 문제를 풀 수도 있다. 이 경우 $t = 10$일, $t_{1/2} = 2$일, $N_0 = 16.0$을 대입하면 다음과 같다.

$$N_t = N_0\left(\frac{1}{2}\right)^{\frac{1}{t_{1/2}}} = (16.0\ \mu g)\left(\frac{1}{2}\right)^{\frac{10\ \text{days}}{2\ \text{days}}} = (16.0\ \mu g)\left(\frac{1}{2}\right)^{5} = 0.5\ \mu g$$

이 약은 반감기가 너무 짧다. 따라서 의료 전문가들은 일반적으로 약이 생산된 지 약 48시간 이내에 약을 투여한다.

도전 문제

5. 코발트-58은 반감기가 71일인 방사성 동위 원소이다. 실험실에서 받은 시료에 20.0 μg의 ^{58}Co가 들어 있다면, 7개월(213일) 후에 남은 ^{58}Co의 양은 얼마인가?
6. 탄소-14의 반감기는 5,730년이다. 오늘 20 ng의 ^{14}C 시료가 있다면, 8,000년 후에는 얼마나 남을까? 반감기의 정의를 사용하여 답을 추정하시오. 그런 다음, 위의 반감기 식을 사용하여 더 정확한 답을 구하시오.

16.3 방사선으로 작업하기

방사선 노출이 건강에 미치는 영향

방사능 붕괴가 방출하는 에너지의 양은 엄청나다. 이 높은 에너지의 파동과 입자는 작은 총알처럼 인간 세포를 손상시킨다. 많은 양의 방사선에 노출되면 병에 걸리거나 사망에 이를 수 있다. 적은 양의 방사선이라도 장기간 노출되면, 종양이 생길 수 있다. 이 때문에 방사성 물질에 대한 노출을 제한하도록 주의해야 한다.

동시에 방사선은 우리 주위에 있다. 태양과 별은 끊임없이 방사선을 방출한다. 지구를 강타하는 대부분의 방사선은 대기에 흡수되지만, 일부는 여전히 우리에게 도달한다. 지구에도 천연 방사성 물질이 있다. 사실, 우리 주변의 모든 것—바위, 나무, 공기, 심지어 우리 몸—은 방사성 원소를 포함하고 있어, 이 유해한 광선을 방출한다. 방사선 노출의 위험은 노출되는 방사선의 양뿐만 아니라 방사선의 종류에 따라 다르다.

3가지 주요 방사선 부류—알파, 베타, 감마—는 특성이 매우 다르다. 알파 입자는 베타 입자보다 훨씬 더 무겁고, 생체 조직에 큰 해를 끼칠 수 있다. 그러나 이 입자들은 옷이나 심지어 종이 한 장으로도 쉽게 차단된다(그림 16.12와 16.13).

베타 방사선은 빠르게 움직이는 전자들로 이루어져 있어 옷과 생체 조직을 통과할 수 있다. 얇은 금속판이나 기타 단단한 물질은 대부분의 베타 방사선을 차단할 수 있다. 감마선은 차단하기가 가장 어렵다. 무거운 납 차폐물이 종종 감마선을 차단하는 데 사용된다. 그러나 질량이 없는 감마선도 알파 입자 또는 베타 입자보다는 손상이 적다.

아마도 방사선 안전에서 가장 중요한 요소로, 우리가 **얼마만큼의** 방사선 피폭을 경험하는지를 이해할 필요가 있을 것이다. 우리의 몸은 소량의 방사선을 쉽게 흡수할 수 있다. 사실, 방사성 물질은 전력, 의학, 심지어 고고학에 있어 매우 유용하다. 중요한 것은 방사선 피폭 양을 모니터링하고, 다양한 노출 수준이 건강에 미치는 영향을 이해하는 것이다.

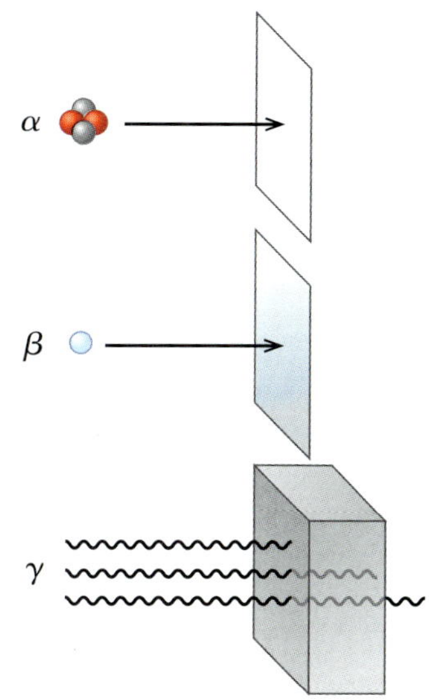

그림 16.12 알파 입자는 가장 해로운 방사선이지만, 차단하기도 가장 쉽다.

그림 16.13 고방사능 현장의 작업자는 보호 장비를 착용한다. 이 장비는 거의 모든 알파 입자와 대부분의 베타 입자로부터 작업자를 보호한다.

방사선 측정하기

방사선을 측정하는 장치는 많이 있다. 가장 일반적인 것 중 하나가 **Geiger 계수기(Geiger counter)**다. Geiger 계수기에는 헬륨과 같은 소량의 기체가 금속관 내부에 들어 있다. 이 금속관 안에는 (+)극과 (−)극이 들어 있다(그림 16.14). 알파선, 베타선, 감마선이 금속관에 들어오면, 기체 원자와 부딪혀 그 원자의 바깥 전자를 떨어져 나가게 한다. 이 이온화된 원자는 (−)극으로 이동하여 미약한 전류를 생성한다. 이 전류를 증폭시켜 '카운트(count)'로 측정하는 것이다. 계수기(counter)는 주어진 시간 동안 전극에 충돌하는 입자의 수를 측정한다. Geiger 계수기는 계수를 등록할 때마다 짤깍거리는 소리를 낸다. 이 소리는 사용자에게 방사선이 얼마나 존재하는지를 알려준다.

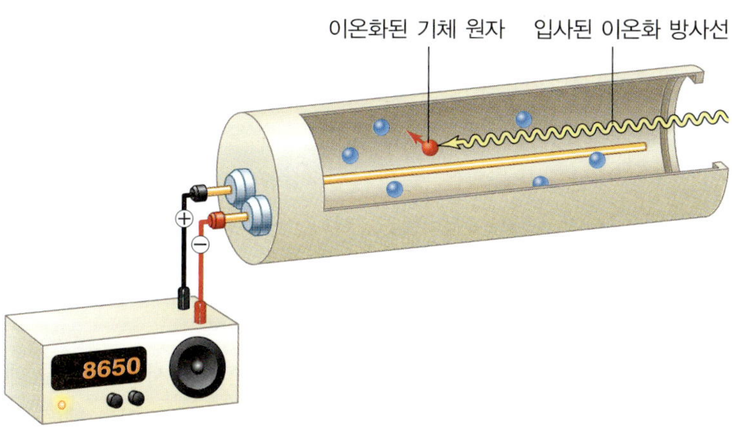

그림 16.14 Geiger 계수기에서는 입사된 방사선이 기체관 안의 원자를 이온화시킨다. 이온들이 전극을 향해 이동하면 그곳에 약간의 전류가 생긴다.

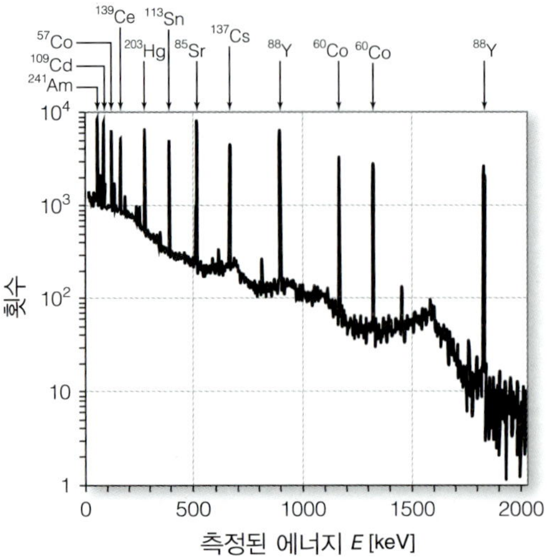

그림 16.15 반도체 계수기는 흡수된 방사선의 에너지를 측정하여 다른 핵종 붕괴를 구별할 수 있다.
Data from Claus Grupen, Introduction to Radiation Protection: Practical Knowledge for Handling Radioactive Sources (Berlin: Springer-Verlag, 2010).

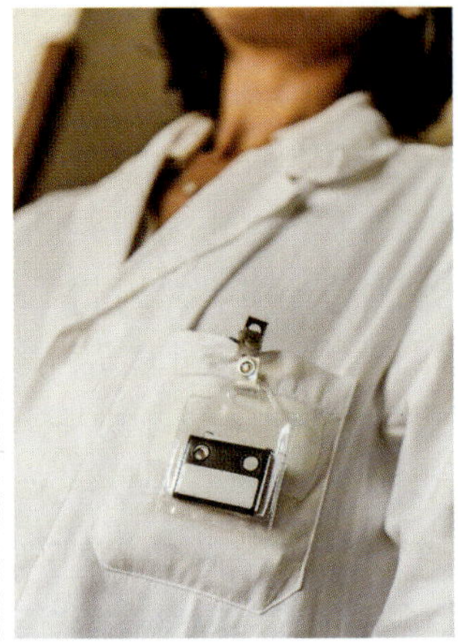

Dario Lo Presti/Shutterstock

그림 16.16 작업자가 개인 선량계를 착용하고 자신의 방사선 피폭 총량을 추적하는 모습

비슷한 장치로 **섬광 계수기(scintillation counter)**가 있다. 이러한 유형의 장치는 방사선이 부딪힐 때 작은 섬광을 생성하는 물질을 사용한다. 검출기는 플래시 수를 계산하고, 총 방사선 노출 수를 생성한다.

더 발전된 방사선 측정 장비로, **반도체 계수기(semiconductor counter)**가 있다. 이러한 유형의 검출기는 붕괴 횟수를 측정할 뿐만 아니라 붕괴를 생성한 핵종도 결정한다. 다른 핵종들이 붕괴할 때면, 고유한 에너지 신호를 만들어 낸다. 반도체 계수기는 흡수된 방사선의 다양한 에너지를 측정할 수 있어서, 어떤 핵종이 존재하는지를 식별할 수 있다(그림 16.15).

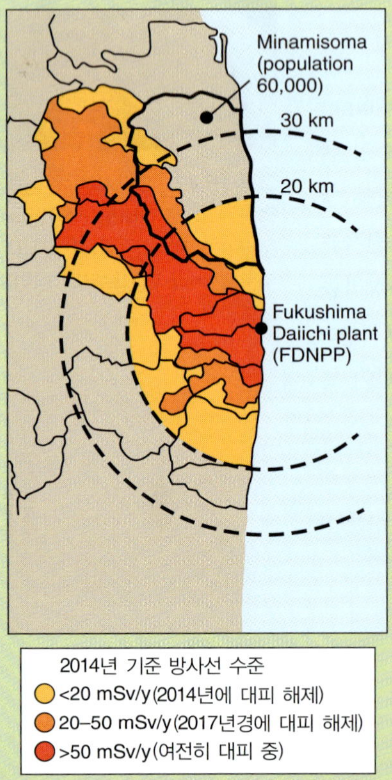

재난 발생 3년 후, 일본 연구원들은 후쿠시마 현장 주변의 방사선 수치에 대한 주요 연구를 발표했다. 많은 곳에서 방사선이 안전 수준(<20 mSv/yr)으로 감소했다. 그러나 원자로 주변의 다른 지역은 수년간 거주할 수 없을 것이다.

선량계(dosimeter)는 방사선 검출기로, 인체의 방사선 피폭 양을 측정한다. 방사선 위험이 큰 지역에서 일하는 사람들은 작업복에 선량계를 착용하여 유해한 방사선 노출을 모니터링하고 제한한다(그림 16.16).

일반 노출 수준

과학자들은 방사능과 방사선 노출을 측정하는 데 여러 가지 단위를 사용한다. 가장 간단한 단위인 **베크렐(Bq)**은 초당 발생하는 붕괴 횟수이다. 예를 들어 방사성 물질의 어떤 시료가 초당 300번의 붕괴를 거칠 수 있다면, 이 비율을 300 Bq로 표현한다.

베크렐은 물질이 얼마나 빨리 붕괴하는지를 설명하는 데 유용하다. 그러나 이 단위는 알파, 베타, 감마 붕괴를 구분하지는 않는다. 각각의 붕괴 유형마다 다른 에너지를 생산한다. 따라서 베크렐은 이러한 붕괴가 인간에게 어떤 영향을 미치는가에 대한 제한된 정보를 제공한다.

인간이 방사선에 노출되는 것(방사선 피폭)을 설명할 때, 과학자들이 일반적으로 사용하는 다른 단위는 **시버트(Sv)**이다. 1시버트(sievert)는 질량 1 kg당 1 J의 에너지다.

$$1\text{시버트(Sv)} = 1\ \text{J/kg}$$

시버트는 실제 흡수된 에너지의 양을 측정한다. 따라서 시버트가 베크렐보다 방사선 피폭에 대한 더 나은 지표이다. 시버트와 비슷한 단위는 **렘**(rem)이다.

표 16.3 방사선 피폭의 대략적인 수준*

내용	피폭	
	mSv	mrem
배경 방사선(우주선, 식품 중의 방사선, 공기 중의 라돈 등; 연간)	3	300
치과용 X선	0.005	0.5
비행기 비행(2시간)	0.01	1
유방 촬영	0.4	40
후쿠시마 원자로 현장 주변 방사선 피폭(2 km, 1개월)**	10.0	1,000
연간 한도		
미국 최대 연간 선량	50	5,000
암 위험 증가에 대한 명확한 연결(연간)	100	10,000
단기 한계		
응급 구조사의 단기 선량 한도	250	25,000
방사선 질환의 가능성 (단기 수준)	400	40,000
사망 가능성 (단기 수준)	2,000	200,000

*식단, 위치, 기타 요인에 따라 양이 달라진다.

**2015년 12월에 얻은 측정치를 기초로 함

시버트와 렘 단위는 인체의 방사선 피폭을 측정하는 단위다.

$$1\ \text{Sv} = 100\ \text{rem}$$

방사선 피폭의 영향은 노출된 생체 조직의 종류에 따라 다르다. 예를 들어 뼈는 방사선 손상에 덜 취약하다. 반면에 생식선이나 유방 조직과 같은 부드러운 조직은 더 취약하다. 방사선 피폭을 평가할 때, 의료 전문가가 이러한 차이를 고려하여 결정하는 것이 총 유효 선량이다.

많은 국가에는 사람들이 매년, 특히 직장에서 방사선에 얼마나 노출되어야 하는지에 대한 지침이 있다. 예를 들어 미국법은 총 유효 선량을 연간 50밀리시버트(mSv)로 제한할 것을 고용주에게 요구하고 있다(표 16.3).

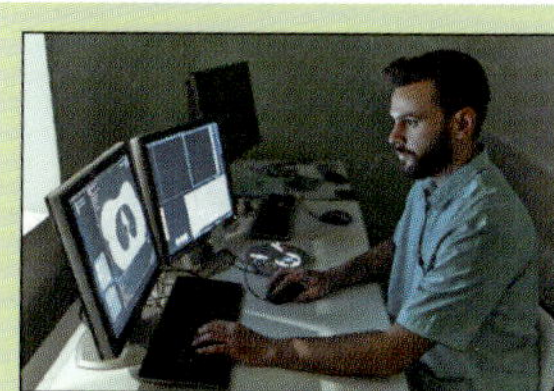

/Shutterstock

보건물리학자는 방사선이 건강에 미치는 영향을 연구한다. 의약품에서 광산에 이르는 산업에서는 방사성 물질에 대한 노출이 수반되므로, 이러한 안전 문제를 해결하도록 훈련된 전문가들에 대한 수요가 높다.

방사성 핵종의 용도

방사능에 노출되는 것을 제한하는 것이 중요하지만, 방사성 핵종은 의학에서부터 지질학 및 고고학에 이르기까지 다양한 분야에서 실용적으로 응용되고 있다. 이 절에서는 이러한 핵종의 응용 분야를 살펴볼 것이다.

의학에서의 사용

핵의학(**nuclear medicine**)은 방사성 핵종을 의학적 목적으로 사용하는 것을 다룬다. 핵의학의 두 가지 주요 응용 분야는 **영상**(imaging)과 **방사선 치료**(radiation therapy)다.

방사선 촬영 시, 환자는 방사성 핵종이 포함된 화합물을 복용한다. 이 물질은 체내를 이동하면서 감마선을 방출한다. 이 방사선을 검출하는 데 사용하는 것이 **섬광 카메라**(scintillation camera)이다. 이것은 감마 방사선의 강도에 따라 영상을 생성하는 기기이다. 예를 들어 의사는 방사선 영상을 사용하여 내과적 감염을 찾는다. 여기에는 환자의 백혈구에 인듐-111과 같은 방사성 동위 원소를 '표지(tagging)'하는 작업이 포함된다. 백혈구는 감염된 부위 주위에 모여 있다. 표지하면 감염 위치를 정확히 찾아내어 감마선 '신호(beacon)'를 제공한다(그림 16.17).

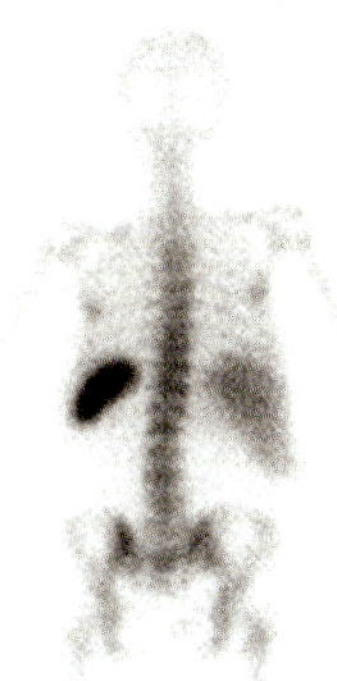

This research was originally published in JNMT. Love C and Palestro CJ. Radionuclide imaging of infection. J Nucl Med Technol. 2004;32:47-57. Figure 3. © SNMMI.

그림 16.17 흉곽의 검은 반점은 방사성 인듐으로 표지된 백혈구에서 방출된 감마선에 의해 생긴 것이다. 이와 같은 영상을 통해 의사들은 내과적 감염의 위치를 찾을 수 있다.

방사선 치료는 보편적인 암 치료법이다. 이 기술은 방사선의 파괴적인 특성을 사용하여 암

그림 16.18 Cs-131이 들어 있는 이러한 '씨앗'을 환자의 종양 부위 근처에 이식한다.

세포를 파괴한다. 이 기술의 변형 중 하나로, 의사들은 종양 부위 근처에 방사성 핵(Cs-131와 같은)이 들어 있는 '씨앗(seed)'을 이식한다(그림 16.18). 방사선 치료는 골치 아픈 기술이다. 비록 방사선 치료가 암세포를 파괴할 수 있지만, 주변의 건강한 세포도 손상시키고, 많은 환자들이 치료 과정 내내 방사선 질환과 싸우기 때문이다.

지질학과 고고학에서의 용도

방사성 핵은 예측 가능한 속도로 분해되기 때문에 고고학적 유물의 연대 측정과 지구 역사의 이해에 대한 '시계'로서 유용하다. 다양한 핵이 이러한 유형의 응용에서 많이 사용되는데, 여기서는 몇 가지 예만 살펴보겠다.

탄소-14로 동식물의 연대 측정하기

태양에서 나오는 고에너지 복사선이 대기권 상층부로 진입하면, 여러 가지 핵반응이 일어난다. 그러한 반응 중 하나에서, 중성자가 질소-14와 충돌하여 탄소-14와 양성자 한 개를 만들어 낸다. 지구 대기에서의 탄소 총량의 아주 작은 비율(원자 1조 개당 약 1.5개 원자)로 존재하는 것이 탄소-14이다.

$$^{1}_{0}n + ^{14}_{7}N \rightarrow ^{14}_{6}C + ^{1}_{1}p$$

탄소의 주요 동위 원소(^{12}C와 ^{13}C와)와는 달리, 탄소-14는 방사성 물질이고, 반감기가 약 5,730년이다. 식물들은 자라면서 탄소-14를 포함하고 있는 대기의 이산화 탄소를 흡수한다. 식물이 죽고 나면, 탄소-14가 붕괴하기 시작한다. 과학자들은 시료에 남아 있는 탄소-14의 양을 기초로 해서, 식물에서 추출한 물질의 나이(age)를 결정할 수 있다. 여기에는 식물 물질을 직접 또는 간접적으로 섭취하는 동물, 종이, 가죽, 심지어 고대 항아리에서 발견되는 음식 잔여물까지가 포함된다(그림 16.19).

그림 16.19 1948년에 한 젊은 목동이 이스라엘의 사해를 따라 있는 Qumran 근처의 동굴에서 두루마리 뭉치를 발견했다. 이사야서의 본문이 있던 두루마리는 탄소 연대 측정법으로 분석한 결과, 약 2,200년 전에 기록된 것으로 밝혀졌다.

로마 시대의 문서와 같이, 이미 알고 있는 시기의 물건의 연대를 측정함으로써 과학자들은 이러한 과정의 타당성을 확인했다. 그러나 탄소 연대 측정법으로는 지난 5만 년 동안 일어난 사건에 대해서만 신뢰할 수 있는 것으로 여겨졌다.

Be-10과 Al-26을 사용하여 노출 암석 표면의 연대 측정하기

석영은 암석의 일종으로, 실험식이 SiO_2이다. 고에너지 방사선이 석영을 때리면, 베릴륨-10과 알루미늄-26 방사성 핵종 소량이 생성된다. 석영이 지구 표면에 노출되면, 태양 복사에 의해 폭격을 받아, 이 핵종들이 점차로 축적된다. 석영이 땅에 묻히면 태양 복사가 차단되고, 동위 원소가 분해되기 시작한다. 지질학자들은 석영 표본에 존재하는 Be-10과 Al-26의 양을 이용하여 암석 표면이 얼마 동안 노출되었는지, 또는 얼마 동안 묻혀 있었는지를 결정한다. 지질학자는 이 기법으로 빙하의 움직임을 장기간에 걸쳐 추적할 수 있다(그림 16.20).

Wojciech Grzeda/Shutterstock

그림 16.20 소량의 Be-10과 Al-26이 특정 암석 내 석영 구조에 갇혀 있다면, 이것은 지질학자들이 결정하는 데 도움이 된다. 따라서 암석 표면이 얼마 동안 노출되었는지를 알 수 있다.

예제 16.7 방사성 탄소 연대 측정에서 반감기 사용하기

고대 도시를 발굴하는 어떤 고고학자가 항아리 안에서 곡물 시료를 발견했다. 탄소-14 분석 결과, 곡물의 ^{14}C 농도가 현대 곡물 양의 1/4이었다. 항아리 안에 있는 곡식의 나이는 얼마인가?

각 반감기는 방사성 동위 원소의 농도를 1/2로 감소시킨다. ^{14}C 양의 1/4만 존재하므로, 두 번의 반감기가 지났다.

$$\frac{1}{2} \times \frac{1}{2} = \frac{1}{4}$$

^{14}C의 반감기가 5,730년이다. 따라서 시료의 나이는 대략 11,460년 정도가 될 것이다.

도전 문제

7. 아이오딘-131은 베타 방출에 의해 붕괴되는데, 반감기는 약 8일이다. 아이오딘-129도 베타 방출에 의해 붕괴되지만, 반감기가 약 1600만 년이다. 이 동위 원소 중 어느 것이 방사선 위험이 더 큰가?

8. ^{14}C의 농도는 일반적으로 관찰된 붕괴 횟수로 측정된다. 살아 있는 식물의 ^{14}C 농도는 약 240 Bq/kg C이다. 나무 한 그루가 오늘 죽었다면, 세 번의 반감기가 지난 후 ^{14}C의 농도는 얼마일까?

16.4 핵반응에서의 에너지 변화

핵에서는 양전하를 띤 양성자와 전하를 띠지 않는 중성자가 단단히 뭉쳐 있다. 원자핵이 원자 질량의 대부분을 차지하지만, 부피는 원자 부피의 아주 작은 부분일 뿐이다(그림 16.21).

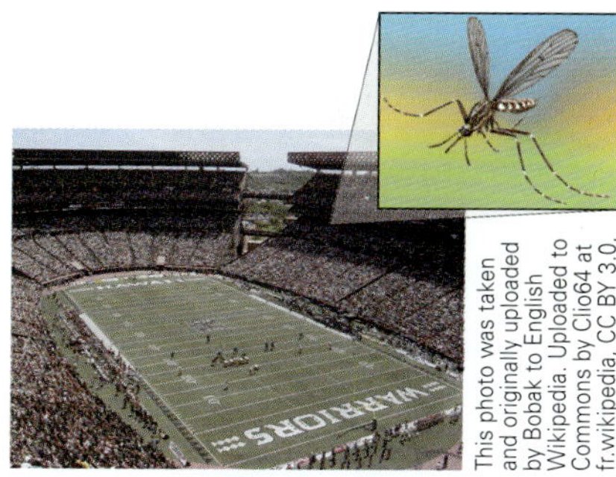

This photo was taken and originally uploaded by Bobak to English Wikipedia. Uploaded to Commons by Clio64 at fr.wikipedia, CC BY 3.0, Wikimedia Commons

그림 16.21 원자의 부피와 비교하면, 원자핵은 축구장 안에 있는 곤충만 한 크기다.

잠시 생각해 보자. 양전하를 띤 입자들은 서로 반발하지만, 핵에서는 이 입자들이 서로 단단히 뭉쳐 있다. 예를 들어 납의 단일 원자에는 82개의 양성자가 작은 핵 공간에 꽉 들어차 있다. 어떻게 이것이 가능한가?

하전 입자 사이의 반발력을 극복하는 또 다른 힘이 있다. 이것을 핵을 결속시키는 **핵력(nuclear force)**이라고 한다. 중력 및 하전 입자 사이의 인력과 반발과 같은, 다른 기본 힘들과 마찬가지로, 핵력의 본질은 잘 알려져 있지 않다. 그런데 중력에 의한 에너지 변화나 전하 사이의 인력에 의한 에너지 변화를 측정할 수 있는 것처럼, 핵에서 일어나는 에너지 변화를 측정할 수 있다. 이러한 에너지 변화를 이해하려면 물질의 본질에 대한 몇 가지 기본적인 가정을 재고해야 한다.

질량 결손, 결합 에너지, Einstein의 유명한 방정식

이 책의 앞부분에서 질량 보존 법칙을 소개했다. 이 법칙에 의하면, 화학 변화에서 총 질량은

표 16.4 아원자 입자

입자	질량(u)	전하	위치
양성자	1.007276	+ 1	핵
중성자	1.008664	없음	핵
전자	0.000549	−1	전자구름

질량 보존은 화학 변화에는 적용되지만, 핵 변화에는 적용되지 않는다.

변하지 않는다. 즉 화학 반응 이전의 질량과 이후의 질량이 같다는 것이다. 화학 반응에서는 원자의 수와 종류가 변하지 않는다. 전자의 배열만 바뀔 뿐이다.

질량 보존 법칙은 핵 변화에는 적용되지 않는다. 예를 들어 헬륨 핵에는 양성자 두 개와 중성자 두 개가 있다. 양성자와 중성자의 질량은 정확하게 측정되었고, 이를 표 16.4에 나열했다. 양성자와 중성자의 질량에 기초할 때, 헬륨 핵의 질량은 4.031880 amu(u)가 될 것으로 예상된다.

$$\begin{aligned}\text{He 핵의 예상 질량} &= 2(\text{양성자 질량}) + 2(\text{중성자 질량})\\ &= 2(1.007276\ \text{u}) + 2(1.008664\ \text{u})\\ &= 4.031880\ \text{u}\end{aligned}$$

그런데 헬륨 핵의 질량도 정확하게 측정되었다. 즉 4.001503 u이다. 실제 질량은 양성자와 중성자의 질량 합보다 약간 작다. 개별 입자의 질량과 완전한 핵의 질량의 차이를 **질량 결손(mass defect)**이라고 한다.

예상 질량:	4.031880 u
− 실제 질량:	4.001503 u
질량 결손:	0.030377 u

Public Domain, Wikemedia Commons

그림 16.22 Einstein의 발견은 물질과 에너지에 대한 사람들의 사고방식을 뒤흔들었다. Einstein의 방정식은 핵반응의 에너지 변화를 이해하는 데 중요하다.

그렇다면 질량 결손은 실제로 무엇을 의미하는가? 1905년에 Albert Einstein(그림 16.22)은 **질량-에너지 등가**(mass-energy equivalence) 개념을 소개하면서 이 질문에 답했다. 이 획기적인 개념은 질량이 에너지로 변환될 수 있고, 에너지가 질량으로 변환될 수 있다는 것이다. 이 둘의 관계는 Einstein의 유명한 다음 방정식에 있다.

$$E = mc^2$$

이 방정식에 의하면, 에너지(E)는 질량(m)에 광속(c)의 제곱을 곱한 것과 같다. 두 개의 양성자와 두 개의 중성자가 결합하여 헬륨 핵을 형성할 때, 질량의 작은 부분(질량 결손)이 실제로 에너지로 변환된다. **결합 에너지(binding energy)**라고 하는 이 에너지는 양성자와 중성자가 새로운 핵을 형성할 때 방출된다. 달리 말하면, 결합 에너지란 핵을 개별 입자로 분해하는 데 필요한 에너지다.

핵반응식의 경우, 질량 보존 법칙은 **물질과 에너지 보존 법칙(law of conservation of matter and energy)**이라고 하는 더 완전한 법칙으로 대체된다. 즉 **어떤 변화에서도 우주의 전체 물질과 에너지는 일정하게 유지된다는 것이다.**

발열 핵반응에서는 일부 질량이 에너지로 변환된다.

이번에는 Einstein의 방정식을 사용한 예를 다루지 않을 것이다. 그러나 핵반응은 항상 물질과 에너지의 전환을 수반한다는 것을 인식하는 것이 중요하다. 다음 절에서 볼 수 있듯이, 이러한 에너지 변화는 핵반응을 이해하고 활용하는 데 필수적이다.

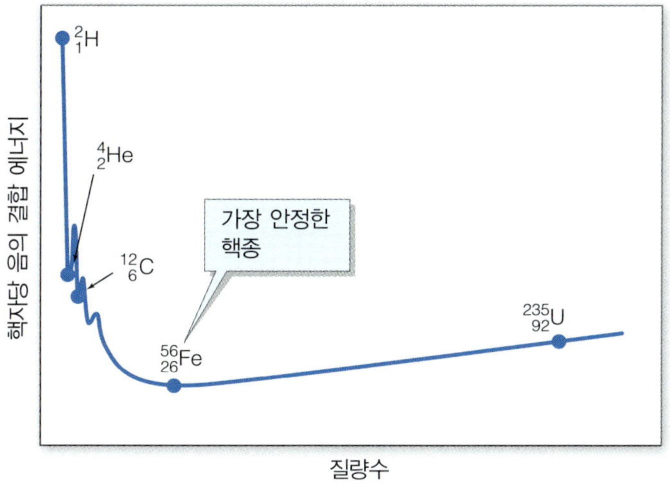

그림 16.23 가장 안정한 화합물이 핵자당 결합 에너지가 가장 높다. 이 그래프에서는 에너지 곡선의 맨 아래에 있는 가장 안정한 동위 원소가 음의 결합 에너지로 표시되어 있다.

핵종 안정성

모든 핵종에는 고유한 질량 결손이 있고, 따라서 고유한 결합 에너지가 있다. 일부 핵종은 위치 에너지가 더 높은 반면, 일부 핵종은 더 안정하다. 핵과학자들은 서로 다른 핵자의 안정성을 비교할 때 **핵자당 결합 에너지**(binding energy per nucleon)를 사용한다. 핵자당 결합 에너지가 클수록 핵은 더 안정하다. 가장 안정적인 원자핵은 ^{56}Fe이다. 이 크기에 가까운 핵은 안정한 경향이 있고, 매우 크거나 매우 작은 핵은 덜 안정하다(그림 16.23). 다음 절에서 볼 수 있듯이, 이러한 안정성의 차이가 고에너지 핵 변화의 가능성을 만들어 낸다.

핵종의 안정성 또한 양성자 대 중성자의 비에 따라 달라진다. 보다 작은 원자들은 핵에 있는 양성자와 중성자의 비가 1:1이다. 예를 들어 대부분의 탄소 원자에는 6개의 양성자와 6개의 중성자가 있다. 더 큰 원자에는 중성자가 양성자보다 더 많다. 그러나 그 비가 1:1보다 약간 더 높다(표 16.5). 그림 16.24에서 중성자-양성자 비가 좁은 범위만이 안정한 핵을 형성한다는 것을 주목하라.

표 16.5 양성자-중성자 비

원자	양성자	중성자
수소	1	0
헬륨	2	2
탄소	6	6
포타슘	19	20
철	26	30
금	79	118
납	82	126
우라늄	92	146

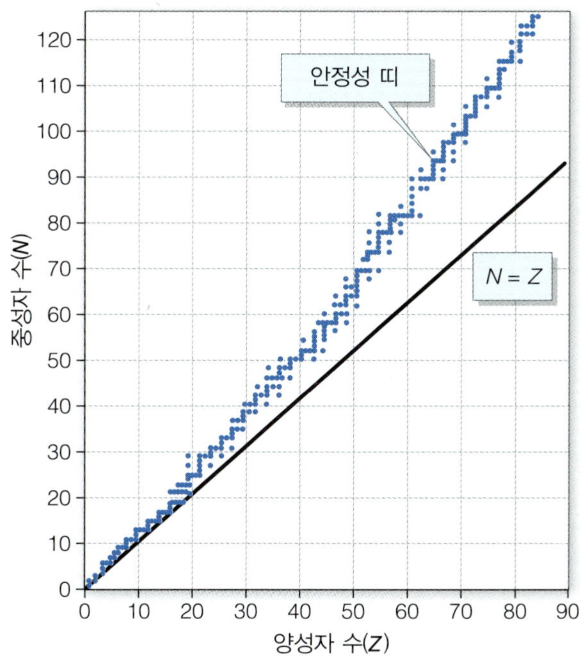

그림 16.24 대부분의 안정한 원자핵은 중성자가 양성자보다 약간 더 많다.

도전 문제

9. 폴로늄-210의 알파 붕괴(아래 그림 참조)의 경우, 엄청난 양의 에너지를 방출한다. 물질과 에너지 보존 법칙에 근거할 때, 질량이 더 큰 물질은 반응물인가, 생성물인가?

$$^{210}_{84}\text{Po} \rightarrow {}^{206}_{82}\text{Pb} + {}^{4}_{2}\text{He} + \text{에너지}$$

16.5 원자력 발전: 핵분열과 핵융합

핵분열

후쿠시마 원자로와 같은 원자력 발전소는 **핵분열(fission)**이라고 하는 과정에 의존하여 전력을 생산한다. 핵분열 반응에서는 큰 원자핵이 여러 개의 작은 원자핵으로 부서지면서 엄청난 양의 에너지를 방출한다. 소수의 핵종만이 핵분열 반응에 취약하다. 이들 중 가장 흔하고 중요한 것이 우라늄-235이다. 고에너지 중성자가 U-235 핵에 충돌하면, 우라늄은 더 작은 조각들로 조각난다(그림 16.25).

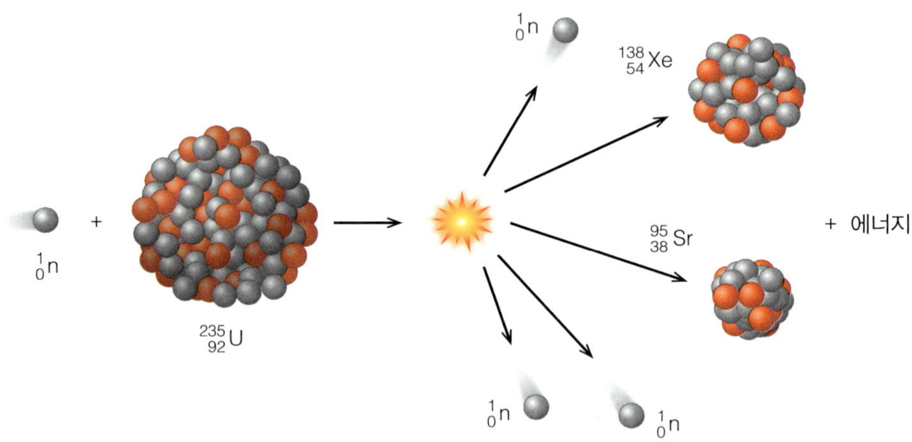

그림 16.25 핵분열 반응에서는 ^{235}U와 같은 무거운 핵이 작은 조각들로 부서져 엄청난 양의 에너지를 방출한다.

핵분열 반응은 다양한 생성물을 생성한다. 다음 핵반응식은 두 가지의 가능한 단편화(fragmentation)를 나타낸 것이다.

$$^{1}_{0}\text{n} + {}^{235}_{92}\text{U} \rightarrow {}^{138}_{54}\text{Xe} + {}^{95}_{38}\text{Sr} + 3\,{}^{1}_{0}\text{n}$$
$$\rightarrow {}^{144}_{56}\text{Ba} + {}^{90}_{36}\text{Kr} + 2\,{}^{1}_{0}\text{n}$$

우라늄 핵의 핵분열로 고에너지 중성자가 여러 개 생성된다. 만약 근처에 다른 U-235 원자가 충분히 있다면, 이 중성자들은 연쇄 반응을 일으켜 엄청난 양의 에너지를 방출한다.

각 핵분열이 여러 개의 중성자를 생성하므로, 핵분열 연쇄 반응에 관여하는 원자의 수는 급격하게 증가할 수 있다. 제2차 세계 대전 말, 일본에 투하된 원자폭탄의 엄청난 파괴력은 이러한 억제되지 않는 연쇄 반응에 의존한다(그림 16.26). 평화적인 응용을 위해, 핵 과학자들과 기술자들은 폭주하는 반응을 조심스럽게 제어한다. 폭주 반응을 피하기 위한 두 가지 핵심은 연료 구성 성분과 원자로 설계이다. 이러한 각각의 접근 방식을 다음에 논의할 것이다.

Everett Historical/Shutterstock

그림 16.26 제2차 세계 대전이 끝날 무렵, 무기화된 연쇄 핵반응으로 일본의 히로시마 시가 초토화되었다.

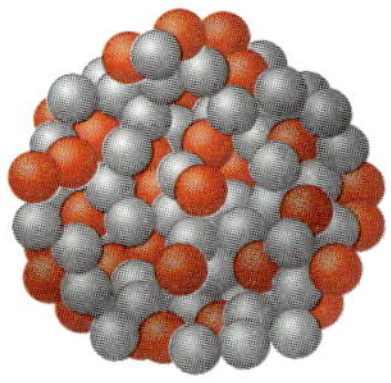

그림 16.27 우라늄-235는 핵분열을 일으키지만, 자연적으로 발생하는 우라늄의 0.7%에 불과하다.

그림 16.28 정제된 U_3O_8은 색이 밝아서 **옐로케이크**로 불린다.

우라늄 농축

자연적으로 발생하는 우라늄은 두 가지 주요 동위 원소로 이루어져 있다. 가벼운 동위 원소인 U-235만이 **핵분열성**(fissile)(즉 핵분열 반응을 일으킨다)이다. 무거운 동위 원소인 U-238은 핵분열 반응을 일으키지 않는다. 비핵분열성(non-fissile) U-238은 주요한 동위 원소다. 지구 우라늄의 99.3%가 U-238이다. 자연 발생 우라늄의 0.7%만이 핵분열성 U-235이다(그림 16.27).

평화로운 원자력 발전에는 약 5%의 농축 ^{235}U만이 필요하다. 핵무기에는 고도로 정제된 ^{235}U이 필요하다.

핵 연쇄 반응을 유지하기 위해, 과학자들은 시료 내 U-235의 성분 비율을 높이는 **농축**(enrichment) 과정을 통해 우라늄을 채취한다. 농축 과정의 작동 방식은 다음과 같다. 우라늄은 산화 우라늄(U_3O_8)으로 채굴된다. 정제된 U_3O_8은 색깔과 질감 때문에, **옐로케이크**(yellowcake) 우라늄이라고도 하는데(그림 16.28), 이것은 순수한 금속 우라늄으로 전환된 다음, 육플루오린화 우라늄(UF_6)으로 전환된다.

$$U_3O_8 \rightarrow 3\,U + 4\,O_2$$
$$U + 3\,F_2 \rightarrow UF_6$$

상온에서 액체인 UF_6는 끓는점(57℃)이 낮아서 쉽게 기체로 변한다. 그런 다음 UF_6 기체는 기체 원심 분리기를 통과한다(그림 16.29). 원심 분리기는 기체 시료를 회전시켜 무거운 $^{238}UF_6$는 가장자리로 밀어내고, 가벼운 $^{235}UF_6$는 가운데로 모은다. 이들은 질량 차이가 너무 작아서, 이 방식은 UF_6를 약간 농축시킬 뿐이다. 그러나 이 과정을 수천 번 반복하면, 과학자들은 마침내 고도로 정제된 $^{235}UF_6$를 얻을 수 있다. 이 물질은 다시 우라늄 원소로 전환될 수 있다.

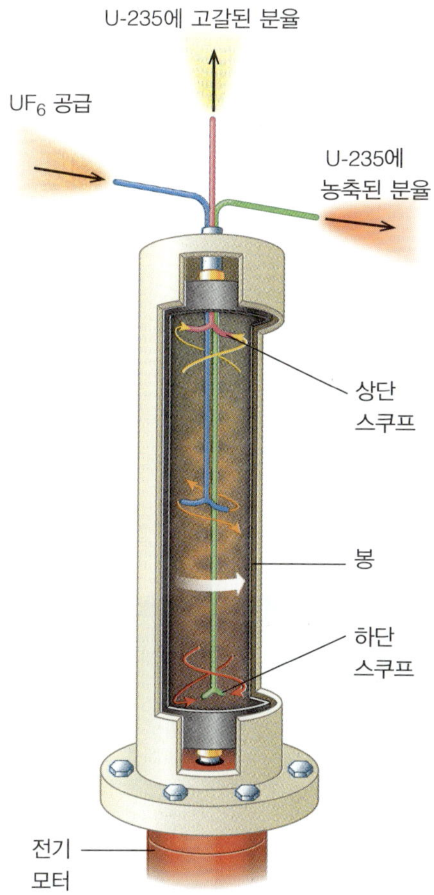

그림 16.29 기체 원심 분리기는 분자 질량을 기준으로 UF_6를 분리한다. 원심 분리기가 회전하면, 무거운 $^{238}UF_6$은 바깥쪽으로 밀려나고, 가벼운 $^{235}UF_6$은 가운데로 집중된다.

원자로는 고순도 우라늄-235를 사용하지 않는다. 원자로에 사용되는 연료봉에는 약 5%의 ^{235}U와 95%의 ^{238}U가 들어 있다. 과량의 우라늄-238은 두 가지 목적—첫째, 일부 중성자를 흡수하여 폭주 반응을 방지한다. 둘째, 중성자를 흡수한 후, 이 핵종은 두 번의 베타 붕괴를 거쳐 플루토늄을 생성한다—을 수행한다.

$$^{1}_{0}n + ^{238}_{92}U \rightarrow ^{239}_{92}U$$
$$^{239}_{92}U \xrightarrow{\beta} ^{239}_{93}Np + ^{0}_{-1}e$$
$$^{239}_{93}Np \xrightarrow{\beta} ^{239}_{94}Pu + ^{0}_{-1}e$$

플루토늄도 핵분열을 일으킨다. 따라서 U-238은 직접 핵분열을 일으키지는 않지만,

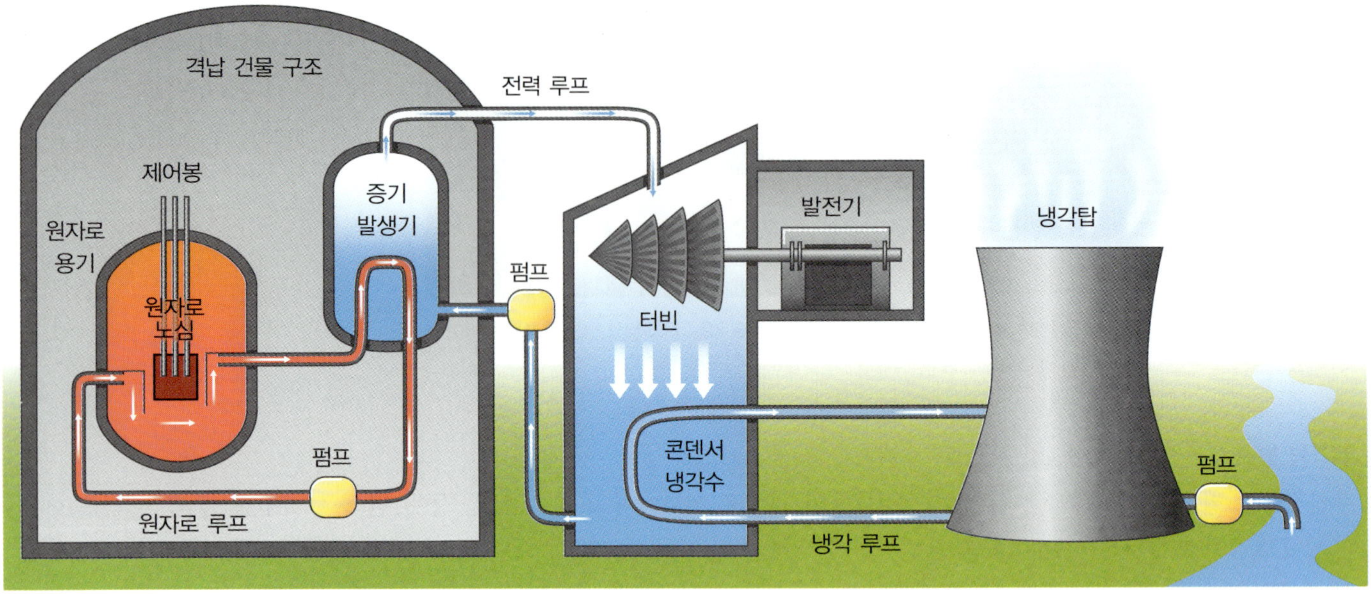

그림 16.30 원자로 설계도. 원자로 노심의 물은 전력 루프의 물을 가열하여 증기로 변환시켜, 터빈을 돌려 전기를 생산한다. 냉각 루프는 전력 루프 안의 물을 응축시켜 재활용할 수 있도록 한다. 과도한 열에너지는 대형 냉각탑을 통해 방출된다.

플루토늄 연료를 천천히 생산한다.

평화적 응용과는 대조적으로, 원자력의 무기화는 고도로 정제된 U-235 또는 Pu-239를 필요로 한다. 최근 몇 년 동안, 북한과 이란은 핵무기 프로그램을 공격적으로 개발해 왔다. 국제사회의 반대에도 불구하고, 이들 국가는 대규모 원심 분리기를 설치하여 농축 과정을 수행했다. 북한은 2009년에 핵보유국이 되었다. 아마도 핵무기의 확산은 앞으로 몇 년 동안 세계적인 관심사가 될 것이다.

핵분열 원자로 설계

핵분열 원자로는 전력으로 변환시킬 수 있는 열을 생성한다. 핵분열의 위험성 때문에, 원자로는 연쇄 반응을 면밀하게 조절하고 방사성 부산물을 분리하도록 설계되었다. 원자로에는 3가지의 별개 단계나 루프—원자로 루프, 전력 루프, 냉각 루프(그림 16.30)—가 있다.

원자로 루프에는 핵분열이 일어나는 원자로 노심이 있다. 원자로 노심은 물에 잠겨 있는데, 펌프가 이 물을 순환시켜 열에너지를 노심으로부터 멀리 운반한다. 일련의 흑연 **제어봉**(control rod)을 노심 안으로 내려 보내거나 위로 올릴 수 있다. 제어봉은 핵분열 반응에서 생성된 중성자를 흡수할 수 있다. 제어봉을 삽입하면 반응이 느려지고, 제어봉을 빼면 반응 속도가 빨라진다.

engel.ac/Shutterstock

그림 16.31 원자력 발전소의 냉각탑에서 증기를 대기로 방출하는 모습

원자로 루프의 물은 핵분열 과정에서 생성된 방사성 핵종으로 오염된다. 이 때문에 원자로 루프는 외부 환경과 완전히 차단되고, 강화된 **격납 건물 구조**(containment structure)에 수용된다. 격납 건물 내부에서는 원자로 루프가 전력 루프 내의 물과 접촉한다. 원자로 루프는 전력 루프의 물을 가열하여 증기로 변환시킨다. 증기가 터빈을 돌려 전류를 생산한다.

터빈을 통과한 후에는 증기가 냉각되고, 세 번째 루프, 즉 냉각 루프에서 물에 의해 응축된다. 이 물은 바다나 큰 강과 같은 가까운 수원에서 끌어온다. 냉각 루프에 의해 흡수된 과량의 열은 거대한 냉각탑을 통해 방출된다(그림 16.31). 냉각탑이 연기를 내뿜는 것처럼 보이지만,

냉각탑은 수증기만을 공기 중으로 방출한다.

주목할 것은 그림 16.30에서는 격납 건물 구조 내부의 물이 환경으로 방출되지 않는다는 것이다. 3개의 물 루프를 사용하면 방사성 물질이 환경으로 빠져나가는 것을 막을 수 있다.

핵분열 폐기물

핵분열 반응을 통해 전력을 생산하는 것에는 장점과 단점이 모두 있다. 한편, 핵분열 발전소는 일반적으로 독성 생성물을 환경으로 방출하지 않는다. 반면에, 핵분열 반응의 부산물은 방사능이 매우 높아 수천 년 동안 그대로 남아 있게 된다. 이러한 물질을 제거할 방법은 없다. 따라서 거대한 지하 동굴에 저장해야 한다(그림 16.32). 그리고 후쿠시마 참사가 보여주듯이, 끔찍한 환경적 결과를 초래하는 사고의 위험이 항상 존재한다.

josefkubes/Shutterstock

그림 16.32 사용 후의 핵연료가 지하 깊은 곳에 저장된 모습

핵융합

태양과 다른 별들에 의해 생성되는 에너지는 **핵융합(fusion)**이라고 하는 핵반응에서 발생한다. 핵융합에서는 두 개의 작은 원자핵(보통 수소 또는 헬륨)이 결합하여 더 큰 원자핵을 생성한다. 핵분열 반응과 마찬가지로, 핵융합 반응도 엄청난 양의 열에너지를 발생시킨다(그림 16.33). 태양에서 일어나는 두 가지 주요 반응은 다음 핵반응에서 나타난다.

$$^1_1H + ^2_1H \rightarrow ^3_2He$$
$$^3_2He + ^3_2He \rightarrow ^4_2He + 2\,^1_1H$$

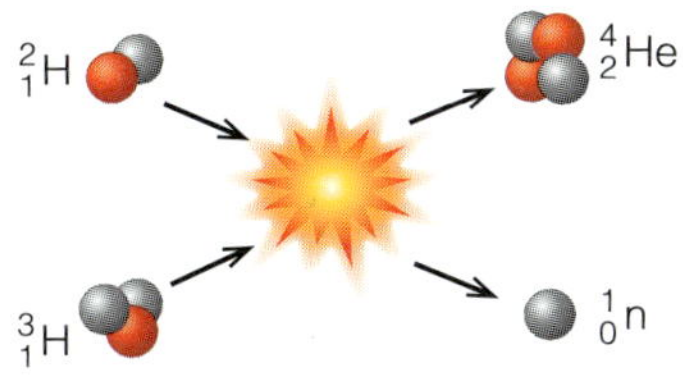

그림 16.33 핵융합 반응에서 두 개의 작은 핵이 결합하여 더 큰 핵을 생성한다.

지구에서 핵융합 복제

핵시대가 시작된 이래, 과학자들은 핵융합 에너지를 활용하여 지구에서 사용하는 꿈을 꾸어 왔다. 환경적 관점에서 보면, 핵융합 발전은 청정 에너지의 극치다. 연료 공급원(수소)은 거의 무한대이고, 생성물(헬륨)은 무해하다.

핵융합 반응에는 세 가지 조건이 필요하다. 첫째, **압력**(pressure)이 높아야 한다. 그래야 작은 핵종들이 작은 공간으로 압축된다. 둘째, **온도**(temperature)가 매우 높아야 한다(섭씨 1천만 도 이상). 셋째, **접촉 시간**(contact time)이 길어야 한다. 즉 압력과 온도가 충분히 오래 유지되어야 핵융합이 일어난다(그림 16.34). 가능한 핵융합 반응 중에서 가장 낮은 밀도와 온도를 필요로 하는 것 중 하나는 ^2_1H 핵종(**중수소**라고 함)과 ^3_1H 핵종(**삼중수소**라고 함)의 반응이다.

$$^2_1H + ^3_1H \rightarrow ^4_2H + ^1_0n$$

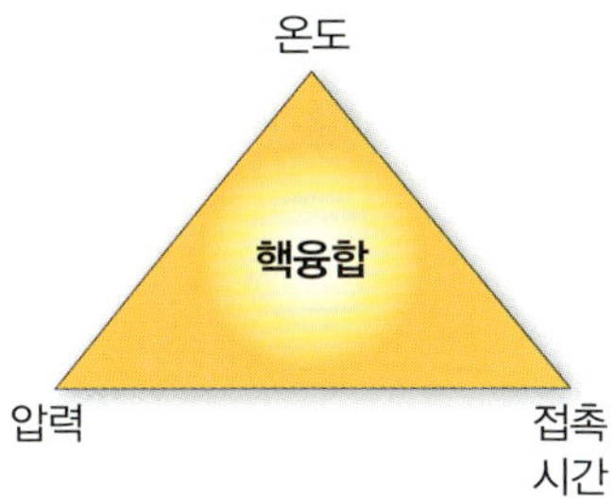

그림 16.34 핵융합이 일어나기 위해서는 3가지 핵심 매개 변수가 충족되어야 한다.

행성의 중심부에는 강한 중력이 원자를 단단히 붙들고 있어서 핵융합이 쉽게 일어난다. 지구에서 최소한 평화로운 목적을 위해서, 극도로 높은 온도와 압력의 요구 조건을 얻기는 매우 어려운 것으로 입증되었다.

1950년대와 1960년대까지 미국과 소련은 핵무기 목적의 핵융합 사용을 통달했다. **열핵무기**(thermonuclear weapon)는 **수소 폭탄**(hydrogen bomb)이라고도 하는데, 다음과 같은 파괴적인 2단계 폭발을 사용한다. 첫 번째 단계는 수소 연료를 작은 영역으로 압축시키는 핵분열 반응이다. 열, 압력, 접촉 시간이 두 번째 폭발, 즉 융합 반응을 시작한다. 그림 16.35는 히로시마에 투하된 핵분열 폭탄보다 500배 이상 강력한 수소 폭탄의 버섯구름을 보여 준다.

1961년에 소련은 지금까지 실험된 것 중 가장 강력한 수소 폭탄을 폭발시켜, 5천만 톤의 TNT에 해당하는 에너지를 방출했다.

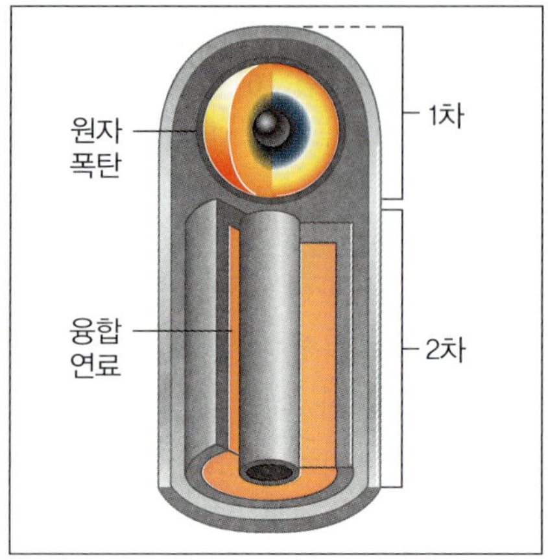

그림 16.35 이 버섯구름은 1952년 수소 폭탄 실험에 의해 발생한 것으로, 히로시마에 떨어진 폭탄보다 500배 이상 강력했다. 이러한 유형의 무기는 1차 핵분열 반응을 일으킨다. 이것은 충분한 에너지를 만들어 2차 핵융합 반응을 일으킨다.

우린 아직?

무기 기술의 발전에도 불구하고, 여러 세대의 과학자들이 핵융합 에너지를 평화적 목적으로 활용하고자 고군분투하였다. 핵심 과제는 **플라스마 봉입**(plasma containment)이다. **플라스마(plasma)**는 매우 높은 온도에서 생성되는 기체 같은 상태이며, 물질의 네 번째 상태로 여겨진다. 플라스마 상태에서는 전자가 그와 같이 에너지가 높아, 그 어떤 원자 궤도에도 존재하지 않는다. 그 결과 양전하와 음전하의 기체 '수프'가 존재한다.

플라스마는 너무 뜨거워서 어떠한 고체 구조에도 담을 수 없다. 따라서 플라스마는 **자기병**(magnetic bottle)이라고 하는 매우 강한 전자기장 내부에 갇혀 있어야 한다. 현재까지 가장 효과적인 자기병 디자인은 **토카막**(tokamak) 디자인으로, 1950년대에 소련이 개발한 것이다. 이 디자인에서는 그림 16.36에서 보는 바와 같이, 강력한 자기장이 도넛 모양의 경로를 생성하여 플라스마가 순환한다.

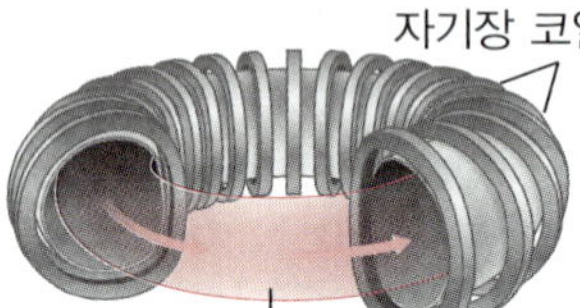

그림 16.36 토카막 디자인에서는 플라스마를 강력한 자기 코일 내부에 가둔다. 이 그림은 이러한 코일 내 플라스마의 움직임을 시뮬레이션한 것이다.

지난 70년 동안, 과학자들은 토카막 설계를 꾸준히 개선해 왔다. 플라스마 온도, 압력, 접촉 시간이 꾸준히 증가했다. 핵과학자들은 토카막 원자로 내에서의 핵융합 반응을 관찰해 왔다. 그러나 아직 **손익 분기점**(break-even point)에 도달하지는 못했다. 그러나 과학자들은 토카막 원자로에서 출력되는 에너지가 플라즈마 격리 용기에 전력을 공급하는 데 필요한 에너지를 초과하는 손익분기점에 아직 도달하지는 못했다.

그러나 그것은 곧 바뀔지도 모른다. 2013년에 과학자들은 거대한 **국제 핵 융합 실험로**(ITER: International Thermonuclear Experimental Reactor)를 프랑스 남부에 건설하기 시작했다. 핵과학자들은 2025년에 가동을 시작할 예정인 ITER이 손익 분기점을 10배—소비된 전력 50메가와트당 500메가와트의 전력을 생산하는)—이상 초과할 것으로 예상하고 있다(그림 16.37). 앞으로 이러한 국제적 노력으로 실제로 이 목표가 달성될 수 있을지 지켜보는 것은 흥미로울 것이다.

도전 문제

10. 처음에는, 핵을 깨는 것(분열)과 핵을 형성하는 것(융합)이 모두 그렇게 많은 에너지를 방출할 수 있다는 것이 놀랍게 보일 수 있다. 그림 16.23을 바탕으로 할 때, 핵분열과 핵융합 과정이 모두 에너지 관점에서 어떻게 유리한지를 설명할 수 있는가? 핵분열과 핵융합은 각각 언제 일어나는가?

ITER Organization

a

ITER Organization

b

그림 16.37 (a) 현재 프랑스 남부에 건설 중인 ITER 원자로. (b) 대형 원자로 건물을 건설하는 모습의 사진

캡스톤 질문

이탈리아 나폴리 주변 지역에는 **카타콤**(catacomb)이라고 하는 지하 무덤이 있다. 시기는 로마 제국 시대로 거슬러 올라가는 때다. 환상적인 예술 작품(그림 16.38)으로 장식된 카타콤은 인기 있는 관광지다. 그러나 지하 묘지에는 상당히 높은 수준의 라돈이 있다. 라돈은 자연적으로 발생하는 방사성 기체로, 암석에서 생성되고, 환기가 잘 되지 않는 지하 공간에 축적되는 기체다.

2013년에 한 연구팀이 San Gennaro Superiore 지하 묘지에서 라돈 농도를 측정하였다. 그들이 보고한 라돈 방출의 평균 농도(C_{Rn})는 463 Bq/m^{3}였다. 방사선의 유효 선량을 구하기 위해, 그들이 사용한 관계는 다음과 같다.

$$\text{유효 선량} = F \times C_{Rn} \times t$$

여기서 F는 선량 환산 계수로, 8.0×10^{-9} Sv · Bq^{-1} · m^3 · hr^{-1}이고, t는 사람이 방사선에 노출된 시간이다.

a. 이 관계식을 사용하여, 무덤을 1시간 동안 방문한 관광객과 카타콤에서 317시간/년을 보내는 여행가이드에 대한 유효 선량을 밀리시버트로 계산하시오.

b. 이탈리아 정부는 작업장 방사선 피폭 한계를 연간 3 mSv로 제한하였다. 여행자와 여행가이드의 피폭은 안전 한계(safety limit)와 어떻게 비교되나? 1년에 몇 시간을 카타콤에서 보내야 피폭 한계에 도달하기 전일까?

c. 방사성 핵종 ^{222}Rn은 ^{226}Ra가 방사성 붕괴를 거칠 때 형성된다. 이것은 어떤 종류의 붕괴인가? 이 반응의 균형 반응식을 쓰시오.

d. 라돈-222의 반감기는 3.8일이다. 라돈 기체 시료를 오늘 채취했다면, 19일 후에 남아 있는 라돈의 백분율은 얼마인가?

e. 라돈은 일반적으로 우라늄 붕괴 사슬의 다른 원소보다 더 위험하다. 그 이유는 라돈이 기체여서 폐로 흡입될 수 있는데, 폐에서는 방사성 붕괴로 더 많은 손상을 일으키기 때문이다. 중성 ^{222}Rn의 전자 배치를 쓰시오. 우라늄 계열의 다른 원소들은 모두 고체인데, 왜 이 물질은 실온에서 기체인가?

Dominik Matus, CC BY-SA 4.0, Wikimedia Commons

AlMare, CC BY SA 2.5, Wikimedia Commons

그림 16.38 이탈리아 나폴리 근처의 San Gennaro Superiore 카타콤은 로마 시대의 무덤으로, 초기 기독교 예술품으로 장식되어 있다. 카타콤은 인기 있는 관광지이지만, 가이드가 알고 있어야 할 것은 무덤 내부의 라돈 수치가 높다는 것이다.

요약

핵 변화는 우리 주변 어디에나 있다. 우리가 매일 관찰하는 대부분의 사건이 핵 변화와 무관하더라도, 이러한 핵 변화들은 우리가 존재함에 있어서 중요한 부분이다. 핵 변화는 태양의 핵융합에서부터 지구 상층 대기의 반응, 실험실과 발전소에서 생성되는 합성 변화에 이르기까지 다양한 환경에서 일어난다.

원자핵에서 일어나는 변화는 핵반응식을 사용하여 나타낸다. 원자의 정체성을 결정하는 것은 원자핵의 양성자 수다. 따라서 많은 핵 변화가 원자를 한 원소에서 다른 원소로 변환시킨다.

방사성 핵은 시간이 지남에 따라 분해되어 입자와 에너지를 방출하고 보다 안정적인 화학종을 생성한다. 방사성 붕괴에는 알파, 베타, 감마의 3가지 주요 유형이 있다. 알파 붕괴는 양성자 2개와 중성자 2개의 방출, 즉 헬륨 핵의 방출이다. 베타 붕괴는 핵에서 전자를 방출하는 것으로, 중성자를 양성자로 변환하는 과정이다. 감마 붕괴는 핵이 보다 안정적인 구성으로 이동함에 따라 에너지가 방출되는 것이다. 방사성 붕괴에 의해 방출되는 고에너지 입자와 에너지를 **방사선**이라고 한다.

일부 방사성 핵은 다른 핵보다 더 빨리 분해된다. 반감기는 핵붕괴 속도의 척도로, 방사성 시료의 절반이 다른 물질로 붕괴하는 데 걸리는 시간이다.

인간은 지속적으로 낮은 수준의 방사선에 노출된다. 반면에, 높은 수준의 방사선에 노출되면 유해하거나 치명적일 수 있다. 많은 국가에는 허용 가능한 노출 수준에 대한 지침이 있다.

방사성 물질은 약간의 위험을 수반하지만, 또한 많은 응용 분야에서 유용하다. 방사성 핵은 의료용 영상과 암 치료에 사용된다. 방사성 물질은 지질학 및 고고학에서 다양한 유물의 연대를 식별하는 데에도 사용된다. 탄소-14는 식물에서 추출한 물질의 연대를 측정하는 데 사용된다. Be-10과 Al-26은 암석 시료(특히 석영)가 대기에 얼마 동안 노출되었는지를 알아내는 데 사용된다.

핵 변화는 엄청난 양의 에너지를 수반한다. 양성자와 중성자가 결합하여 새로운 핵을 형성할 때, 질량의 일부가 에너지로 전환된다. 질량과 에너지의 관계는 Einstein의 유명한 방정식 $E = mc^2$에 따른다. 원자핵의 질량과 개별 입자의 질량의 차이가 질량 결손이며, 핵 변화에서 방출되는 에너지가 결합 에너지다.

핵분열은 우라늄이나 플루토늄과 같은 더 큰 핵이 더 작은 핵으로 분열되어 엄청난 양의 열에너지를 방출하는 과정이다. 원자력 발전소에서는 핵분열 과정을 이용한다. 핵융합은 수소와 헬륨과 같은 더 작은 원자핵이 결합하여 더 큰 원자핵을 형성하는 과정이다. 핵융합은 태양과 다른 별에 에너지를 공급한다.

핵융합 반응을 이용하여 에너지를 생산하는 것은 수년 동안 핵 과학자들의 주요 목표였다. 현재 유럽에서 건설 중인 대규모 핵융합로가 마침내 손익 분기점을 넘을 수 있을 것이다. 여기서 핵융합 반응에 의해 생산된 전력은 자기 격납 시스템이 필요로 하는 전력으로, 상용 전력을 생산하는 방향으로 나아간다.

미래의 에너지

이 장의 시작에서는 15,000명 이상의 목숨을 앗아갔고, 거의 30년 만에 가장 큰 핵 재앙인, 일본을 강타한 2011년의 지진과 쓰나미를 논의하였다. 노심 용해로 인해, 발전소 주변의 땅과 바다가 오염되었다. 후쿠시마 원전 주변의 대부분은 이제 사람이 살 수 없는 곳이 되었다.

후쿠시마 원전 사고는 전 세계를 공포에 떨게 했다. 그 후 몇 주 동안, 정책 전문가들은 세계 미래에서의 원자력 역할을 토론했다. 오늘날에도 그 미래는 불확실하다.

분명히, 세계는 많은 에너지를 필요로 한다. 지난 80년 동안, 세계의 에너지 소비는 꾸준히 증가해 왔다. 중국과 인도와 같은 주요 국가들이 지속적으로 발전함에 따라 전 세계의 권력 욕구는 커질 것이다. 그런데 그 힘은 어디에서 올까?

전통적인 답은 화석 연료였다. 석탄, 석유, 천연가스는 전 세계 에너지의 원동력이다(그림 16.39). 최근 발견된 석유와 천연가스는 우리가 앞으로 수년 동안, 충분한 화석 연료 에너지를 갖게 될 것을 보장한다. 그러나 화석 연료를 태우면 이산화 탄소가 발생하고, 많은 사람이 대기 중 증가하는 CO_2 수치의 영향을 걱정한다.

핵분열이 이 문제를 해결해 주지만 또 다른 문제를 만들어 낸다. 핵분열은 적은 양의 폐기물만 생산하지만, 생성되는 폐기물은 방사능이 높다. 이 폐기물은 대기 중으로 방출되지 않지만, 어딘가(일반적으로 안전한 지하 장소)에 저장되어야 한다. 핵폐기물을 없애는 방법은 없다. 또한 후쿠시마와 같은 사고가 발생할 경우, 환경적 영향은 치명적일 수 있다.

많은 사람이 태양열, 풍력, 수력, 지열 에너지와 같은 재생 가능한 에너지원의 장점을 내세운다. 그러나 이러한 공급원은 비싸고, 지리적으로 제한적이며, 현재 전 세계 에너지 수요의 극히 일부만을 공급하고 있다.

아마도 핵융합은 인류의 에너지 수요에 대한 장기적인 해결책을 제공할 것이다. 그러나 이 자원은 몇 년이 걸릴 것이다. 그때까지 세계는 에너지 문제와 계속해서 씨름할 것이다. 그것은 과학, 정치, 경제와의 복잡한 댄스다. 완벽한 답이란 없다.

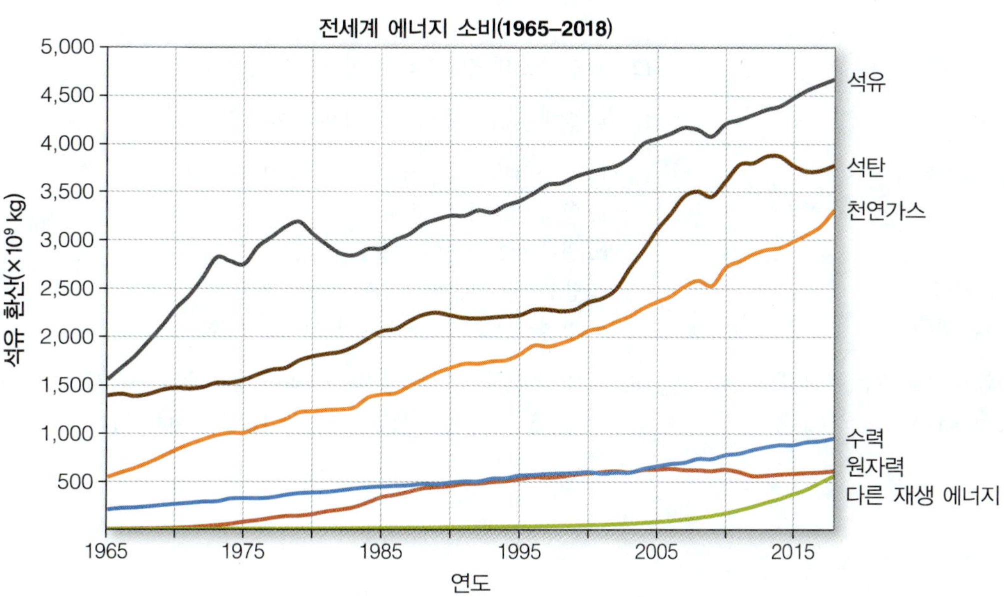

그림 16.39 전 세계 에너지 소비는 계속 증가하고 있다. 또한 화석 연료는 주요 에너지원이다. 수력 발전과 다른 재생 에너지가 지난 몇 년 동안 큰 영향을 미치고 있지만, 화석 연료가 대세다. 주목할 것은 후쿠시마 사고 이후로 원자력 에너지의 사용이 감소했다는 것이다.

주요 용어

16.1 핵 변화

핵화학: 원자핵의 성질과 변화를 연구하는 학문의 분야

핵자: 원자핵에 존재하는 입자로, 양성자 또는 중성자

핵종: 특정한 수의 양성자와 중성자가 있는 원자 또는 핵종

동위 원소: 원자 번호는 같지만 질량수가 다른 핵종

핵반응: 원자핵의 구조가 변하는 반응

핵반응식: 핵 변화를 설명하는 반응식. 균형 핵반응식에서는 총 질량수와 총 원자 수가 반응식 양변에서 동일하다.

16.2 방사능

방사성 붕괴: 핵이 더 안정한 상태로 자발적으로 전환되는 핵 변화. 붕괴에는 에너지의 방출과 때로는 질량의 방출이 있다.

방사능: 핵으로부터 입자 및/또는 에너지의 자발적 방출

알파(α) 붕괴: 원자핵이 양성자 2개와 중성자 2개로 구성된 알파 입자를 방출하는 방사성 붕괴

베타(β) 붕괴: 원자핵이 전자(베타 입자)를 방출하는 방사성 붕괴. 이 변화는 중성자를 양성자로 변화시킨다.

감마(γ) 붕괴: 원자핵이 에너지를 방출하지만, 입자는 방출하지 않는 방사성 붕괴

붕괴 계열: 자연적으로 발생하는 일련의 방사성 붕괴. 붕괴 사슬이라고도 함

반감기: 방사성 물질의 1/2이 붕괴하는 데 걸리는 시간

16.3 방사선으로 작업하기

Geiger 계수기: 알파선, 베타선, 감마선 방출을 포함한 방사선 측정 장치

섬광 계수기: 방사선 측정 장치. 섬광 계수기는 검출기에 충돌하는 복사 입자의 총 수와 파동의 총 수를 측정한다.

반도체 계수기: 방사선 측정 장치. 일부 반도체 계수기는 방사선의 에너지에 기초하여 다른 원소들의 붕괴를 구별할 수 있다.

선량계: 방사선 검출기로, 인체의 방사선 피폭 양을 측정함

베크렐(Bq): 특정 물질의 초당 발생하는 방사성 붕괴 횟수

시버트 (Sv): 인체 피폭 측정에 유용한 방사선 측정. 1 Sv = 질량 kg당 1 J의 에너지

핵의학: 의학적인 목적으로 방사성 핵을 사용하는 의학의 분야

16.4 핵반응에서의 에너지 변화

핵력: 핵자를 하나로 묶는 힘

질량 결손: 개별 입자의 질량과 완전한 핵의 질량 간 차이

결합 에너지: 양성자와 중성자가 결합하여 핵을 형성할 때 방출되는 에너지, 또는 핵을 구성 입자로 분해하는 데 필요한 에너지

물질과 에너지 보존 법칙: 어떤 변화에서도 우주의 전체 물질과 에너지는 일정하다.

16.5 원자력 발전: 핵분열과 핵융합

핵분열: 큰 핵이 여러 개의 작은 핵으로 조각나면서 많은 양의 에너지를 방출하는 핵 변화

핵융합: 두 개의 작은 원자핵(보통 수소 또는 헬륨)이 결합하여 더 큰 원자핵을 형성하는 핵 변화

플라스마: 기체 같은 상태로, 매우 높은 온도와 압력하에서 생성되고, 물질의 네 번째 상태로 간주됨. 이 상태에서는 전자는 단일 원자 궤도에 존재할 수 없게 된다.

추가 문제

6.1 핵 변화

11. 원자의 기본 정체성을 결정하는 아원자 입자는 무엇인가?

12. 원자 번호와 질량수의 차이점은 무엇인가?

13. 핵자와 핵종의 차이점은 무엇인가?

14. 핵종과 동위 원소의 차이점은 무엇인가?

15. 다음 각 핵종에 해당하는 원소를 식별하시오.
- **a.** 원자 번호가 15인 핵종
- **b.** 원자 번호가 37인 핵종
- **c.** 양성자가 6개, 중성자가 6개인 핵종
- **d.** 양성자가 9개, 중성자가 10개인 핵종

16. 다음 각 핵종에 해당하는 원소를 식별하시오.
- **a.** 원자 번호가 18인 핵종
- **b.** 원자 번호가 4인 핵종
- **c.** 양성자가 7개, 중성자가 8개인 핵종
- **d.** 양성자가 21개, 중성자가 24개인 핵종

17. 다음 각 핵종에 있는 양성자 수와 중성자 수를 구하시오.
a. $^{40}_{20}Ca$ **b.** $^{41}_{20}Ca$ **c.** ^{23}Na **d.** ^{52}Cr

18. 다음 각 핵종에 있는 양성자 수와 중성자 수를 구하시오.
a. $^{56}_{26}Fe$ **b.** $^{54}_{26}Fe$ **c.** ^{98}Tc **d.** ^{159}Tb

19. 다음 핵종의 원자 기호를 쓰시오. 원자 번호와 질량수도 쓰시오.
a. 양성자가 15개, 중성자가 17개인 핵종
b. 양성자가 4개, 중성자가 4개인 핵종
c. 양성자가 9개, 질량수가 19인 핵종
d. 원자 번호가 13, 질량수가 28인 핵종

20. 다음 핵종의 원자 기호를 쓰시오. 원자 번호와 질량수도 쓰시오.
a. 양성자가 31개, 중성자가 38개인 핵종
b. 양성자가 26개, 중성자가 30개인 핵종
c. 양성자가 46개, 질량수가 106인 핵종
d. 원자 번호가 16, 질량수가 32인 핵종

21. 다음 핵종의 원자 기호를 쓰시오. 원자 번호와 질량수도 쓰시오.
a. 헬륨-4
b. 탄소-14
c. 우라늄-235

22. 다음 핵종의 원자 기호를 쓰시오. 원자 번호와 질량수도 쓰시오.
a. 마그네슘-24
b. 규소-29
c. 이터븀-172

23. 다음 핵종이 탄소-12의 동위 원소인지, 아닌지를 나타내시오.
a. 원자 번호가 5, 질량수가 12인 핵종
b. 13개의 핵자 중 6개가 양전하인 핵종
c. 양성자가 8개, 중성자가 9개인 핵종
d. 양성자가 6개, 중성자가 8개인 핵종

24. 이들 핵종이 각각 ${}^{16}_{8}O$의 동위 원소인지, 아닌지를 나타내시오.
a. 원자 번호가 7, 질량수가 16인 핵종
b. 원자 번호가 8, 질량수가 17인 핵종
c. 핵자가 18개, 양성자가 8개인 핵종
d. 양성자가 8개, 중성자가 8개인 핵종

25. 다음 과정을 핵반응식을 작성하여 설명하시오.
사마륨-152가 중성자와 충돌하면 사마륨-153이 생성된다.

26. 다음 과정을 핵반응식을 작성하여 설명하시오.
토륨-232 핵이 분해되어 라듐-228과 헬륨-4를 생성한다.

27. 빠진 핵종을 채워, 각각의 핵반응식을 완성하시오.
a. ${}^{1}_{0}n + {}^{98}_{42}Mo \rightarrow$ ______
b. ${}^{222}_{86}Rn \rightarrow$ ______ $+ {}^{218}_{84}Po$
c. ${}^{235}_{92}U + {}^{1}_{0}n \rightarrow$ ______ $+ {}^{97}_{37}Rb + 2\,{}^{1}_{0}n$

28. 필요한 핵종을 찾아, 다음 각 핵반응식을 완성하시오.
a. ${}^{1}_{0}n + {}^{130}_{52}Te \rightarrow$ ______
b. ${}^{240}_{94}Pu \rightarrow {}^{4}_{2}He +$ ______
c. ${}^{235}_{92}U + {}^{1}_{0}n \rightarrow {}^{99}_{42}Mo +$ ______ $+ 2\,{}^{1}_{0}n$

29. 필요한 핵종을 찾아, 다음 각 핵반응식을 완성하시오.
a. ${}^{226}_{88}Ra \rightarrow {}^{4}_{2}He +$ ______
b. ${}^{1}_{1}p + {}^{111}_{48}Cd \rightarrow {}^{111}_{49}In +$ ______
c. ${}^{235}_{92}U + {}^{1}_{0}n \rightarrow {}^{156}_{62}Sm +$ ______ $+ 3\,{}^{1}_{0}n$

30. 필요한 핵종을 찾아, 다음 각 핵반응식을 완성하시오.
a. ${}^{214}_{84}Po \rightarrow$ ______ $+ {}^{210}_{82}Pb$
b. ${}^{1}_{1}p + {}^{100}_{42}Mo \rightarrow$ ______ $+ 2\,{}^{1}_{0}n$
c. ${}^{239}_{94}Pu + {}^{1}_{0}n \rightarrow$ ______ $+ {}^{140}_{54}Xe + 2\,{}^{1}_{0}n$

31. 팔라듐-103은 일반적으로 전립선암 치료에 사용된다. 이 동위 원소는 ${}^{102}Pd$를 빠르게 움직이는 중성자로 타격할 때 생성된다. 균형 핵반응식을 써서, 이 과정을 설명하시오.

32. 입자 가속기에서 양성자가 ${}^{111}_{48}Cd$와 충돌하면, 새로운 핵 ${}^{111}_{49}In$을 생성하고 중성자를 방출한다. 균형 핵반응식을 써서, 이 변화를 설명하시오.

33. 알파 입자가 입자 가속기에서 ${}^{121}_{51}Sb$와 충돌하면, 새로운 핵 ${}^{123}I$와 여러 개의 중성자를 생성한다. 이 과정에서 방출되는 중성자는 몇 개인가? 균형 핵반응식을 작성하여, 이 과정을 설명하시오.

34. 알파 입자가 입자 가속기에서 ${}^{109}_{47}Ag$와 충돌하면, 새로운 핵 ${}^{111}In$과 여러 개의 중성자를 생성한다. 이 과정에서 방출되는 중성자는 몇 개인가? 균형 핵반응식을 작성하여, 이 과정을 설명하시오.

35. 빠르게 움직이는 중성자가 ${}^{235}U$ 핵과 충돌했다. 원자핵은 조각나고 ${}^{155}Sm$, ${}^{78}Zn$, 3개의 중성자가 생성되었다. 균형 핵반응식을 사용하시오.

36. 태양에서 일어나는 반응 중 하나는 삼중수소(${}^{3}H$)와 중수소(${}^{2}H$)가 결합하여 ${}^{4}He$와 중성자를 생성하는 것이다. 이 변화를 설명하시오. 균형 핵반응식을 사용하여, 이 변화를 설명하시오.

16.2 방사능

37. 알파선, 베타선, 감마선의 차이점은 무엇인가?

38. 다음 각 항목을 알파 붕괴, 베타 붕괴, 감마 붕괴로 식별하시오.
a. 코발트-60 핵은 에너지를 방출하나, 질량은 변화가 없다.
b. 플루토늄-239는 헬륨 핵을 방출하여 우라늄-235를 생성한다.
c. 질소-16 핵은 전자를 방출하여 산소-16을 생성한다.

39. 다음 반응을 알파 붕괴, 베타 붕괴, 감마 붕괴로 식별하시오.
a. $^{201}_{79}\text{Au} \rightarrow {}^{201}_{80}\text{Hg} + {}^{0}_{-1}\text{e}$
b. $^{99m}_{42}\text{Mo} \rightarrow {}^{99}_{42}\text{Mo}$ + 에너지
c. $^{233}_{92}\text{U} \rightarrow {}^{4}_{2}\text{He} + {}^{229}_{90}\text{Th}$

40. 다음 반응을 알파 붕괴, 베타 붕괴, 감마 붕괴로 식별하시오.
a. $^{227}_{89}\text{Ac} \rightarrow {}^{223}_{87}\text{Fr} + {}^{4}_{2}\text{He}$
b. $^{227}_{89}\text{Ac} \rightarrow {}^{227}_{90}\text{Th} + {}^{0}_{-1}\text{e}$
c. $^{222}_{86}\text{Rn} \rightarrow {}^{222}_{86}\text{Rn}$ + 에너지

41. 다음과 같은 알파 붕괴로 만들어진 생성물을 나타내시오.
a. $^{226}_{88}\text{Ra} \xrightarrow{\alpha}$ b. $^{229}_{90}\text{Th} \xrightarrow{\alpha}$ c. $^{210}_{84}\text{Po} \xrightarrow{\alpha}$

42. 다음과 같은 알파 붕괴로 만들어진 생성물을 나타내시오.
a. $^{238}_{92}\text{U} \xrightarrow{\alpha}$ b. $^{241}_{95}\text{Am} \xrightarrow{\alpha}$ c. $^{223}_{87}\text{Fr} \xrightarrow{\alpha}$

43. 다음과 같은 베타 붕괴로 만들어진 생성물을 나타내시오.
a. $^{8}_{3}\text{Li} \xrightarrow{\beta}$ b. $^{25}_{11}\text{Na} \xrightarrow{\beta}$ c. $^{223}_{87}\text{Fr} \xrightarrow{\beta}$

44. 다음과 같은 베타 붕괴로 만들어진 생성물을 나타내시오.
a. $^{28}_{13}\text{Al} \xrightarrow{\beta}$ b. $^{207}_{81}\text{Tl} \xrightarrow{\beta}$ c. $^{231}_{90}\text{Th} \xrightarrow{\beta}$

45. 균형 반응식을 써서, 다음 과정을 나타내시오.
a. $^{231}_{90}\text{Th}$의 알파 붕괴
b. $^{228}_{89}\text{Ac}$의 베타 붕괴
c. $^{99m}_{43}\text{Tc}$의 감마 붕괴

46. 균형 반응식을 써서, 다음 과정을 나타내시오.
a. $^{232}_{90}\text{Th}$의 알파 붕괴
b. $^{120}_{48}\text{Cd}$의 베타 붕괴
c. $^{124m}_{54}\text{Xe}$의 감마 붕괴

47. 아스타틴-219는 때로는 일련의 α, β, β 붕괴를 거친다. 이 붕괴 계열에서는 어떤 원소가 생성되는가?

48. 폴로늄-218은 방사성 핵종으로, 때로는 β, β, α, α, β, β 경로를 거쳐 붕괴된다. 이 붕괴 계열에서 생성되는 핵종은 무엇인가?

49. 토륨-227은 방사성 동위 원소로, 때로는 α, α, α, β, α, β 경로를 거쳐 붕괴된다. 이 붕괴 계열에서 생성되는 핵종은 무엇인가? 이 붕괴로 어떤 안정한 핵이 생기는가?

50. 납-210은 방사성 동위 원소로, 때로는 β, α, β, β, β, α 경로를 거쳐 붕괴된다. 이 붕괴 계열에서 생성되는 핵종은 무엇인가? 이 붕괴로 어떤 안정한 핵이 생기는가?

16.3 방사선으로 작업하기

51. 알파 방사선이 감마 방사선보다 조직에 더 해로운 이유는 무엇인가? 우리가 감마선보다 알파선으로부터 더 쉽게 자신을 보호할 수 있는 이유는 무엇인가?

52. 방사선이 인체 조직에 얼마나 해로운지를 결정하는 두 가지 요인을 나열하시오.

53. 방사선 측정에 일반적으로 사용되는 세 가지 장치를 나열하시오.

54. Geiger 계수기와 섬광 계수기는 어떻게 유사하고, 어떻게 다른가?

55. 반도체 계수기는 기존 Geiger 계수기보다 어떤 장점이 있나?

56. 베크렐(Bq)과 시버트(Sv)는 둘 다 방사선 측정에 사용되지만, 매우 다른 상황에서 중요하다. 이 단위들의 차이점은 무엇인가? 그것들 각각은 언제 중요한가?

57. 다음 방사선 피폭 측정값을 rem으로 변환하시오.
a. 전신 CT 스캔에 대한 피폭(0.01275 Sv)
b. 벽돌집에서 1년 동안 살면서 피폭(0.0007 Sv)
c. 미국 대서양 연안의 해수면 근처에 사는 사람의 우주로부터의 방사선 피폭(0.41 mSv)

58. 다음 방사선 피폭 측정값을 밀리시버트(mSv)로 변환하시오.
a. 흉부 X선 피폭(10 mrem)
b. 석탄 화력 발전소에서 50마일 이내 거주 피폭(3×10^{-5} rem)
c. 매일 담배 한 갑 흡연으로 인한 피폭(36 mrem)

59. 일부 사람은 치과용 X선과 관련된 암 위험성을 걱정한다. X선이 내는 피폭 값은 0.005 mSv이다. 반면에 암 위험 증가에 대한 임계 피폭 값은 100 mSv이다. 다른 방사선 공급원을 무시한다면, 치과용 X선을 몇 번 찍어야 방사선 피폭 값이 암 위험의 임계값에 도달할까?

60. 보건당국은 50세 이상의 여성에게 2년마다 유방 조영 촬영(mammogram, 유방암 X선 검사)을 권장하고 있다. 그런데 X선 검사가 종양을 감지할 수도 있지만, 종양을 유발할 수도 있다. 유방 조영 촬영의 방사선 피폭 값은 40 mrem이고, 암 발생 위험 증가와 분명한 관련이 있는 연간 최저 피폭 값은 100 mSv이다. 다른 방사선 공급원을 무시한다면, 유방 조영 촬영을 1년에 몇 번 해야 방사선 피폭 값이 암 위험의 임계값에 도달할까?

61. 미국의 지침에 따르면, 기업은 근로자가 일하는 동안 연간 50 mSv 이상 노출할 수 없다. 비행기를 타는 사람들의 경우, 방사선 피폭 값은 시간당 0.005 mSv이다. 이런 비율이라면, 공중에서 1,200시간을 보내는 승무원의 연간 방사선 피폭 값은 얼마인가?

62. 일본 후쿠시마 시는 인구가 약 30만 명이고, 2011년 핵 용융 현장에서 북서쪽으로 약 60 km 떨어진 곳에 위치하고 있다. 2020년 4월에 이 도시의 방사선 측정값이 보여준 방사선 수준은 0.09 μSv/hr였다. 같은 날, 용융 현장에서 약 10 km 떨어진 곳의 측정값은 5.75 μSv/hr였다. 연간 100 mSv의 피폭 수준은 암 위험 증가와 관련이 있다. 측정된 수치에 근거할 때, 후쿠시마 시의 거주자는 암에 걸릴 위험이 높은가? 후쿠시마 시의 연간 피폭 수준과 현장에 더 가까운 곳의 피폭 수준을 비교해 보면 어떠한가?

63. 핵의학에서는 방사성 핵이 주로 영상 촬영 및 방사선 치료에 사용된다. 각 경우에 사용되는 핵의 예를 제시하고, 그 핵이 수행하는 역할을 간략하게 설명하시오.

64. 의학 영상에 사용되는 대부분의 방사성 동위 원소는 알파나 베타가 아닌 감마 방사체다. 그렇게 생각하는 이유는?

65. 지구의 대기에서 탄소-14는 어떻게 형성되는가? 과학자들은 어떻게 이 과정을 이용하여 식물의 나이를 결정할 수 있는가?

66. 탄소-14가 식물에 의해 흡수되더라도, 과학자들은 역시 탄소-14를 사용하여 뼈나 가죽과 같은 동물 유골의 나이를 결정한다. 과학자들은 이처럼 할 수 있는 이유는 무엇인가?

67. 과학자들은 탄소-14 붕괴 횟수를 측정하여 시료 내 탄소-14의 백분율을 결정한다. 살아 있는 식물 내 탄소-14는 약 240 Bq(즉 240회/초)의 속도로 붕괴된다. 반감기가 지나면, 붕괴 속도는 어떻게 될까? 반감기가 두 번 지난 후에는?

68. 어떤 가죽 시료를 탄소-14 연대 측정법으로 분석했다. 이 시료 내 ^{14}C 농도는 현대 가죽 시료의 약 1/16인 것으로 밝혀졌다. 시료의 나이는 대략 얼마인가? (단, ^{14}C의 반감기는 5,370년이다.)

69. 베릴륨-10과 알루미늄-26은 석영 암석(SiO_2)에서 어떻게 형성되는가? 지질학자들은 석영 내 이러한 동위 원소 농도로부터 어떤 정보를 캐낼 수 있는가?

70. 최근, 어떤 지질학자 팀이 남극의 Darling 산에서 나온 석영 암석의 베릴륨-10 수치를 측정했다(그림 16.40). 그들은 산 아래 더 깊은 곳에서 표본을 채취할수록 Be-10의 농도가 감소한다는 것을 발견하였다. 이러한 발견이 Darling 산의 얼음에 대해 제안하는 것은 무엇인가?

그림 16.40 남극 Darling 산의 조감도

16.4 핵반응에서의 에너지 변화

71. 원자핵의 질량 결손이란 무엇인가?

72. 화학 반응(전자를 잃거나 얻거나 공유하는 반응)은 질량 보존 법칙을 따른다. 핵반응(핵 구조의 변화를 수반하는 반응)은 그렇지 않다. 왜 그럴까?

73. 질량 결손과, 핵반응에서 방출되는 에너지 사이의 관계는 무엇인가?

74. 어떤 핵의 결합 에너지란 무엇인가?

75. 핵자당 결합 에너지 측면에서 가장 안정적인 핵은 ^{56}Fe이다. 이를 바탕으로, 이 핵보다 훨씬 가벼운 핵과 훨씬 무거운 핵에서 어떤 종류의 핵반응을 예상할 수 있는가?

76. 일반적으로 중성자 대 양성자 비는 작은 핵종에서 큰 핵종으로 어떻게 변화하는가?

77. 아래의 핵반응은 에너지를 흡수한다. 물질과 에너지 보존 법칙에 근거할 때, 반응물과 생성물 중 어느 쪽의 질량이 더 많은가?

$$\text{에너지} + {}^{2}_{1}\text{H} + {}^{14}_{7}\text{N} \rightarrow {}^{13}_{7}\text{N} + {}^{3}_{1}\text{H}$$

78. 아래의 알파 붕괴는 엄청난 양의 에너지를 방출한다. 물질과 에너지 보존 법칙에 근거할 때, 반응물과 생성물 중 어느 쪽의 질량이 더 많은가?

$${}^{240}_{94}\text{Pu} \rightarrow {}^{4}_{2}\text{He} + {}^{236}_{92}\text{U} + \text{에너지}$$

16.5 원자력 발전: 핵분열과 핵융합

79. 핵분열 반응에서는 무거운 핵이 여러 개의 가벼운 핵으로 쪼개진다. 우라늄-235 핵분열에서 빠진 생성물을 표시하여 핵반응식을 완성하시오.

a. ${}^{1}_{0}\text{n} + {}^{235}_{92}\text{U} \rightarrow {}^{95}_{38}\text{Sr} +$ ______ $+ 2\,{}^{1}_{0}\text{n}$

b. ${}^{1}_{0}\text{n} + {}^{235}_{92}\text{U} \rightarrow$ ______ $+ {}^{138}_{54}\text{Xe} + 3\,{}^{1}_{0}\text{n}$

c. ${}^{1}_{0}\text{n} + {}^{235}_{92}\text{U} \rightarrow {}^{93}_{37}\text{Rb} +$ ______ $+ 2\,{}^{1}_{0}\text{n}$

80. 핵분열 반응에서는 무거운 핵이 여러 개의 가벼운 핵으로 쪼개진다. 플루토늄-239 핵분열에서 빠진 생성물을 표시하여 핵반응식을 완성하시오.

a. ${}^{1}_{0}\text{n} + {}^{239}_{94}\text{Pu} \rightarrow {}^{100}_{40}\text{Zr}$ ______ $+ 3\,{}^{1}_{0}\text{n}$

b. ${}^{1}_{0}\text{n} + {}^{239}_{94}\text{Pu} \rightarrow$ ______ $+ {}^{134}_{52}\text{Te} + 3\,{}^{1}_{0}\text{n}$

c. ${}^{1}_{0}\text{n} + {}^{239}_{94}\text{Pu} \rightarrow {}^{134}_{53}\text{I} +$ ______ $+ 3\,{}^{1}_{0}\text{n}$

81. 핵 연쇄 반응이란 무엇인가? 어떤 아원자 입자가 연쇄 반응을 일으키는가?

82. 자연적으로 발생하는 우라늄의 동위 원소 분포를 설명하시오. 핵반응에서 이 동위 원소들은 어떻게 다른가?

83. 핵연료 펠릿 내 우라늄의 약 95%는 비핵분열성 동위 원소 ${}^{238}\text{U}$이다. 원자로는 고도로 정제된 U를 연료로 사용하지 않는다. 그 이유는? ${}^{238}\text{U}$는 어떤 용도로 사용되는가?

84. 핵무기에 사용되는 우라늄 연료와 평화적 원자력에 사용되는 우라늄 연료의 조성 차이를 설명하시오.

85. 산화 우라늄(U_3O_8)이 육플루오린화 우라늄으로 전환되는 것을 두 가지 균형 반응식을 써서 나타내시오.

86. 기체 원심 분리기란 무엇인가? 어떻게 이 기기는 우라늄의 동위 원소를 분리하는가?

87. 원자로에서는 우라늄-238 핵이 중성자를 흡수하여 U-239가 된다. 이 불안정한 동위 원소는 두 번의 베타 붕괴를 거쳐 플루토늄-239를 생성한다. 이 붕괴 순서에서 생성된 생성물을 두 개의 균형 화학 반응식을 써서 나타내시오.

88. 핵분열 원자로에서 연쇄 반응을 제어하여, 연쇄 반응이 너무 뜨거워져 격납 용기를 통해 녹는 것을 방지하는 기능은 무엇인가?

89. 발전기에서 원자력 에너지를 전기 에너지로 변환하는 데 필요한 단계를 설명하시오.

90. 원자로 기능에서 원자로 루프, 전력 루프, 냉각 루프의 역할을 설명하시오.

91. 핵반응은 고방사성 부산물을 생성한다. 그렇다면 원자로 설계는 어떻게 냉각수가 방사능 부산물에 오염되는 것을 방지하는가?

92. 핵분열과 핵융합의 차이점은 무엇인가?

93. 핵융합 반응이 일어나기 위해 충족되어야 하는 세 가지 조건은 무엇인가?

94. 다음 반응물 또는 생성물의 빈 칸을 채워, 핵융합 반응을 완성하시오.

a. ______ $+ {}^{2}_{1}\text{H} \rightarrow {}^{3}_{2}\text{H}$

b. ${}^{3}_{2}\text{H} + {}^{3}_{2}\text{H} \rightarrow$ ______ $+ 2\,{}^{1}_{1}\text{H}$

c. ${}^{2}_{1}\text{H} + {}^{3}_{1}\text{H} \rightarrow {}^{4}_{2}\text{He} +$ ______

95. 가장 흔한 핵융합 반응 중 하나에는 삼중수소(${}^{3}_{1}\text{H}$)가 관련되어 있다. 핵과학자들은 리튬-6 핵에 중성자를 충돌시켜 삼중수소를 만든다. 중성자가 리튬-6과 충돌하면, 핵이 분열하여 헬륨-4와 삼중수소가 생성된다. 이 반응의 균형 핵반응식을 쓰시오.

96. 핵융합 발전을 저해하는 주요 기술적 과제는 무엇인가?

97. 플라스마란 무엇인가? 플라스마와 기체는 어떻게 다른가?

98. 토카막이란 무엇인가? 통제된 핵융합을 위해, 토카막은 어떤 잠재력을 가지고 있나?

99. 핵융합의 손익 분기점은 무엇인가?

100. 다음 핵분열 반응은 엄청난 양의 에너지를 방출한다. 이를 바탕으로 할 때, 반응물과 생성물 중 어느 것의 질량이 더 큰가?

$${}^{1}_{0}\text{n} + {}^{235}_{92}\text{U} \rightarrow {}^{144}_{56}\text{Ba} + {}^{90}_{36}\text{Kr} + 2\,{}^{1}_{0}\text{n} + \text{에너지}$$

유용한 표와 그림

일반적인 단위 변환

Length	Volume
1 m = 3.281 ft	1 L = 1 dm^3
1 km = 0.621 mi	1 mL = 1 cm^3
1 cm = 0.394 in	1 L = 0.264 gal
Mass or Weight	
1 kg = 2.205 lb	
Energy	**Pressure**
1 J = 1 $kg{\cdot}m^2/s^2$	1 atm = 760 mm Hg (torr)
1 cal = 4.184 joules	1 atm = 14.70 psi
1,000 cal = 1 kcal = 1 Calorie	1 atm = 101.3 kPa
1 BTU = 1,055 J	1 atm = 1.013 bar

일반적인 미터법 접두어

Prefix	Symbol	Meaning	
tera-	T	10^{12}	1,000,000,000,000
giga-	G	10^{9}	1,000,000,000
mega-	M	10^{6}	1,000,000
kilo-	k	10^{3}	1,000
deci-	d	10^{-1}	$\frac{1}{10}$
centi-	c	10^{-2}	$\frac{1}{100}$
milli-	m	10^{-3}	$\frac{1}{1,000}$
micro-	μ	10^{-6}	$\frac{1}{1,000,000}$
nano-	n	10^{-9}	$\frac{1}{1,000,000,000}$
pico-	p	10^{-12}	$\frac{1}{1,000,000,000,000}$

일반적인 단위 변환

Density

$d = \frac{m}{V}$

Temperature

$°F = \frac{9}{5} °C + 32$ $°C = \frac{5}{9}(°F - 32)$	$K = °C + 273.15$

Energy, frequency, and wavelength

$C = \lambda v$	$c = 3.00 \times 10^{8}$ m/s
$E = hv$	$h = 6.63 \times 10^{-34}$ J·s

Avogadro's number

6.02×10^{-23} particles = 1 mole

Energy and temperature

$\Delta E = q + w$	$q = C\Delta T$
$q = ms\Delta T$	$s_{water} = 4.184$ J/g·°C

Gas laws

$\frac{P_1V_1}{T_1} = \frac{P_2V_2}{T_2}$	
$PV = nRT$	R = 0.0821 L·atm/mol·K

Concentration

$\text{ppm} = \frac{\text{mass of solute}}{\text{mass of solution}} \times 10^{6}$	$\text{mass\%} = \frac{\text{mass of solute}}{\text{mass of solution}} \times 100\%$
$\text{ppb} = \frac{\text{mass of solute}}{\text{mass of solution}} \times 10^{9}$	$\text{volume\%} = \frac{\text{volume of solute}}{\text{volume of solution}} \times 100\%$
$\text{Molarity} = \frac{\text{moles of solute}}{\text{liters of solution}}$	$\text{mass/volume\%} = \frac{\text{mass of solute}}{\text{volume of solution}} \times 100\%$

Acids and bases

$[H^+][OH^-] = 1 \times 10^{-14}$	$pH = -\log[H^+]$

활동도 서열

Reducing strength ↑

Element	Half-Reaction
Lithium	$Li \rightarrow Li^{+} + e^{-}$
Potassium	$K \rightarrow K^{+} + e^{-}$
Barium	$Ba \rightarrow Ba^{2+} + 2\,e^{-}$
Calcium	$Ca \rightarrow Ca^{2+} + 2\,e^{-}$
Magnesium	$Mg \rightarrow Mg^{2+} + 2\,e^{-}$
Aluminum	$Al \rightarrow Al^{3+} + 3\,e^{-}$
Zinc	$Zn \rightarrow Zn^{2+} + 2\,e^{-}$
Chromium	$Cr \rightarrow Cr^{3+} + 3\,e^{-}$
Iron	$Fe \rightarrow Fe^{2+} + 2\,e^{-}$
Cobalt	$Co \rightarrow Co^{2+} + 2\,e^{-}$
Nickel	$Ni \rightarrow Ni^{2+} + 2\,e^{-}$
Tin	$Sn \rightarrow Sn^{2+} + 2\,e^{-}$
Lead	$Pb \rightarrow Pb^{2+} + 2\,e^{-}$
Hydrogen	$H_2 \rightarrow 2\,H^{+} + 2\,e^{-}$
Copper	$Cu \rightarrow Cu^{2+} + 2\,e^{-}$
Silver	$Ag \rightarrow Ag^{2+} + e^{-}$
Platinum	$Pt \rightarrow Pt^{2+} + 2\,e^{-}$
Gold	$Au \rightarrow Au^{+} + e^{-}$

원소별 색깔 코드

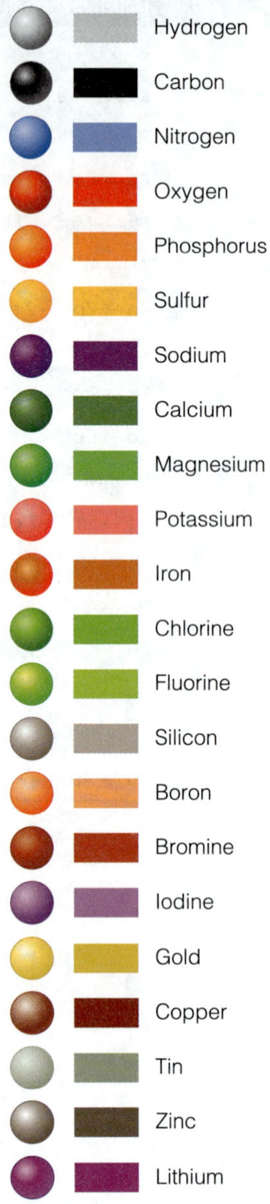
Hydrogen
Carbon
Nitrogen
Oxygen
Phosphorus
Sulfur
Sodium
Calcium
Magnesium
Potassium
Iron
Chlorine
Fluorine
Silicon
Boron
Bromine
Iodine
Gold
Copper
Tin
Zinc
Lithium

용해도 규칙

		Ammonium NH_4^+	Sodium Na^+	Potassium K^+	Silver Ag^+	Magnesium Mg^{2+}	Calcium Ca^{2+}	Barium Ba^{2+}	Iron(II) Fe^{2+}	Zinc Zn^{2+}	Copper(II) Cu^{2+}	Lead(II) Pb^{2+}	Iron(III) Fe^{3+}	Aluminum Al^{3+}
Nitrate	NO_3^-	Soluble	Soluble	Soluble	Soluble	Soluble	Soluble	Soluble	Soluble	Soluble	Soluble	Soluble	Soluble	Soluble
Chlorate	ClO_3^-	Soluble	Soluble	Soluble	Soluble	Soluble	Soluble	Soluble	Soluble	Soluble	Soluble	Soluble	Soluble	Soluble
Perchlorate	ClO_4^-	Soluble	Soluble	Soluble	Soluble	Soluble	Soluble	Soluble	Soluble	Soluble	Soluble	Soluble	Soluble	Soluble
Acetate	$C_2H_3O_2^-$	Soluble	Soluble	Soluble	Soluble	Soluble	Soluble	Soluble	Soluble	Soluble	Soluble	Soluble	Soluble	Soluble
Chloride	Cl^-	Soluble	Soluble	Soluble	Insoluble	Soluble	Soluble	Soluble	Soluble	Soluble	Soluble	Insoluble	Soluble	Soluble
Bromide	Br^-	Soluble	Soluble	Soluble	Insoluble	Soluble	Soluble	Soluble	Soluble	Soluble	Soluble	Insoluble	Soluble	Soluble
Iodide	I^-	Soluble	Soluble	Soluble	Insoluble	Soluble	Soluble	Soluble	Soluble	Soluble	Soluble	Insoluble	Soluble	Soluble
Sulfate	SO_4^{2-}	Soluble	Soluble	Soluble	Insoluble	Soluble	Insoluble	Insoluble	Soluble	Soluble	Soluble	Insoluble	Soluble	Soluble
Hydroxide	OH^-	Soluble	Soluble	Soluble	Insoluble	Insoluble	Insoluble	Soluble	Insoluble	Insoluble	Insoluble	Insoluble	Insoluble	Insoluble
Sulfite	SO_3^{2-}	Soluble	Soluble	Soluble	Insoluble	Insoluble	Insoluble	Insoluble	Insoluble	Insoluble	Insoluble	Insoluble	Insoluble	Insoluble
Carbonate	CO_3^{2-}	Soluble	Soluble	Soluble	Insoluble	Insoluble	Insoluble	Insoluble	Insoluble	Insoluble	Insoluble	Insoluble	Insoluble	Insoluble
Phosphate	PO_4^{3-}	Soluble	Soluble	Soluble	Insoluble	Insoluble	Insoluble	Insoluble	Insoluble	Insoluble	Insoluble	Insoluble	Insoluble	Insoluble

Soluble
Insoluble

전기 음성도에 대한 Pauling의 도표

H 2.1																	
Li 1.0	Be 1.5											B 2.0	C 2.5	N 3.0	O 3.5	F 4.0	
Na 0.9	Mg 1.2											Al 1.5	Si 1.8	P 2.1	S 2.5	Cl 3.0	
K 0.8	Ca 1.0	Sc 1.3	Ti 1.5	V 1.6	Cr 1.6	Mn 1.5	Fe 1.8	Co 1.8	Ni 1.8	Cu 1.9	Zn 1.7	Ga 1.6	Ge 1.8	As 2.0	Se 2.4	Br 2.8	
R 0.8	Sr 1.0	Y 1.2	Zr 1.4	Nb 1.6	Mo 1.8	Tc 1.9	Ru 2.2	Rh 2.2	Pd 2.2	Ag 1.9	Cd 1.7	In 1.7	Sn 1.8	Sb 1.9	Te 2.2	I 2.5	
Cs 0.7	Ba 0.9	La 1.1	Hf 1.3	Ta 1.5	W 1.7	Re 1.9	Os 2.2	Ir 2.2	Pt 2.2	Au 2.4	Hg 1.9	Tl 1.8	Pb 1.8	Bi 1.9	Po 2.0	At 2.2	
Fr 0.7	Ra 0.9																

완성된 몰 지도

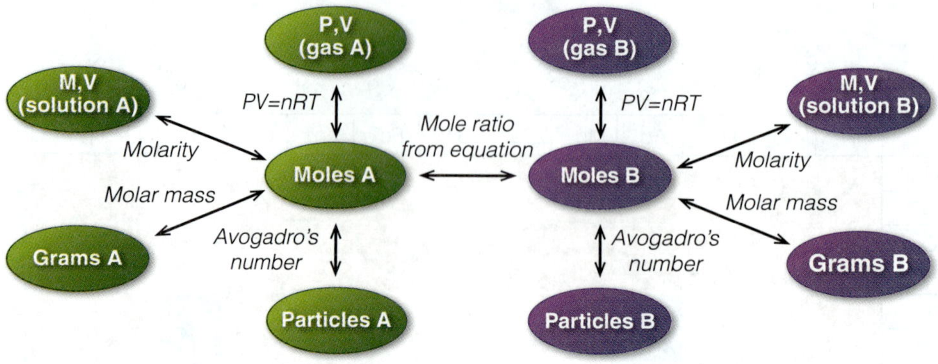

일반적인 이온

Monatomic ions

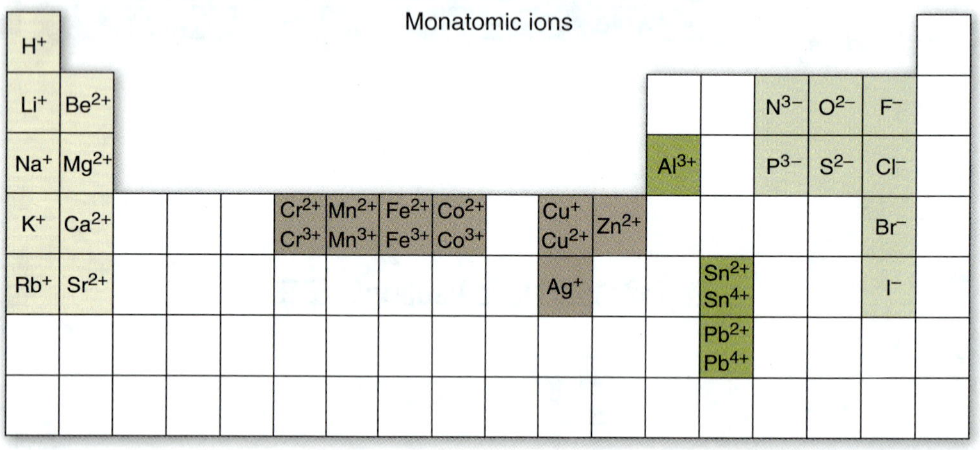

Polyatomic ions

NH_4^+ Ammonium			
NO_3^-	Nitrate	SO_4^{2-}	Sulfate
CO_3^{2-}	Carbonate	SO_3^{2-}	Sulfite
HCO_3^-	Bicarbonate (Hydrogen carbonate)	HSO_4^-	Bisulfate (Hydrogen sulfate)
NO_2^-	Nitrite	ClO_4^-	Perchlorate
PO_4^{3-}	Phosphate	ClO_3^-	Chlorate
HPO_4^{2-}	Hydrogen phosphate	ClO_2^-	Chlorite
$C_2H_3O_2^-$	Acetate	ClO^-	Hypochlorite
OH^-	Hydroxide	CrO_4^{2-}	Chromate
CN^-	Cyanide	$Cr_2O_7^{2-}$	Dichromate
O_2^{2-}	Peroxide	MnO_4^-	Permanganate

홀수 문제 정답

Chapter 1

11. Matter is anything that has mass and takes up volume.
- **a.** Air is made of matter.
- **b.** A football is made of matter.
- **c.** Sunlight is not made of matter.
- **d.** Water is made of matter.

13. Composition refers to the simple components that make up the material. Structure refers to both the composition and arrangement of those simpler substances.

15. Mixtures in which the components are evenly blended throughout are homogeneous mixtures. In contrast, heterogeneous mixtures contain regions with significantly different composition.
- **a.** Earth's atmosphere is an example of a homogeneous mixture.
- **b.** Fluorine gas is an example of an element.
- **c.** Carbon monoxide is an example of a compound.

17.
- **a.** element
- **b.** heterogeneous mixture
- **c.** homogeneous mixture

19. Particles in a solid vibrate within their spaces in the ordered framework. As a solid is heated to a liquid, the atoms vibrate faster. The more heat we add, the faster the atoms move, until eventually they begin to break out of the rigid framework and travel freely past each other. The substance is now in the liquid state. The particles in a liquid move randomly but remain close to each other. If we continue heating the liquid, the atoms move faster and faster, until they begin to break out of the liquid phase and enter the gas phase. Particles in the gas phase move about freely, interacting very little with each other.

21.
- **a.** solid
- **b.** gas
- **c.** solid

23.
- **a.** physical
- **b.** physical
- **c.** chemical
- **d.** chemical
- **e.** physical

25.
- **a.** physical
- **b.** chemical
- **c.** physical

27. physical change

29. physical change

31. When a substance is heated, the particles within the substance vibrate or move faster and faster.

33.
- **a.** The rock on the top of the hill has more potential energy due to its position. The rock at the bottom of the hill is more stable because it has no more potential energy to release.
- **b.** Wood has more potential energy because it has more stored chemical energy in it than the ashes have. As such, the ashes are more stable because they have no more potential energy to release.
- **c.** A tightly wound spring has more potential energy because it has stored energy. The relaxed spring is more stable because it has no potential energy to release.

35.
- **a.** a mixture
- **b.** a compound
- **c.** chemical change
- **d.** The product, in container (b), has less potential energy and is more stable.

37. Because it absorbs energy from the sun, the growth is endothermic.

39. A hypothesis is a tentative explanation that has not been tested, whereas a theory is an idea supported by experimental evidence.

41. This is an example of a theory since it is supported by evidence and explains the world around us.

43. To test the hypothesis, you could assess the students several times during the 9–11 a.m. time frame and at other time frames during the day. Then, you would review the results and compare how the students did in each time frame. Did the students do better during the 9–11 a.m. slot or not? If they did, then your hypothesis was proven correct. To increase the reliability of your results, you should test the students several times during each time frame and make sure the assessment is of similar difficulty each time.

Chapter 2

23.
- **a.** 1.5×10^6 km
- **b.** 3.98×10^{-4} g
- **c.** 1.2×10^9 J
- **d.** 2.019×10^{-2} s

25.
- **a.** 0.0005192 kg
- **b.** 1,230 J
- **c.** 420,000,000 °C
- **d.** 602,000,000,000,000,000,000,000 atoms

27. **a.** 5.21×10^{10} min
b. 8.3×10^{8} g
c. 4.35×10^{-7} m

29. **a.** 5.3×10^{-8} **b.** 1.2×10^{2} **c.** 1.2×10^{9}
d. $1.94\ 3\ 10^{-5}$

31. **a.** ampere **b.** Kelvin **c.** millisecond
d. milligram **e.** kiloampere

33. **a.** 1,000,000 g
b. 1,000 calories
c. 1,000,000 microseconds
d. 1,000,000,000 A

35. A number rounded farthest to the right from the decimal is the more precise measurement. Therefore, a number rounded to the nearest nanometer would be more precise than a number rounded to the nearest gigameter.

37. Since we don't know the true value of the compound's mass, we cannot say with confidence which balance is more accurate. However, the second balance (the one that measured the compound as 11.1925 grams) is more precise, since it measured the mass to the ten-thousandths place as compared to the first balance (hundredths place).

39. Since the ruler is marked in increments of 1 cm, our estimation needs to go only as low as the tenths place. Since the test tube is slightly longer than 5 cm, we can safely estimate a measurement of 5.1 cm.

41. **a.** 4 significant digits
b. 4 significant digits
c. 5 significant digits
d. 2 significant digits

43. 20.31 meters has a total of 4 significant digits.

45. **a.** 5.200×10^{6} ng
b. 3.920×10^{-4} nL
c. $\$1.8000 \times 10^{6}$

47. Measured numbers have a degree of uncertainty, but exact numbers do not. For example, if you had 4 quarters in your pocket, you counted an exact number. There was nothing to measure.

49. **a.** exact
b. measured
c. measured
d. exact

51. **a.** 6.12×10^{3} ft^2
b. 31.43 cm
c. 7.0 g/cm^3

53. Each person should receive $250.00 (a sum of money reported in 5 significant digits).

55. 50.4 cm

57. 103.5 g

59. **a.** 2.13×10^{7} ng
b. 17.3974 km
c. 310 μL

61. **a.** 2.321×10^{-5} L
b. 5×10^{1} kg
c. 5.40×10^{2} nm

63. **a.** 81 μL
b. 0.112507 kg
c. 54.0 nm

65. 5.4×10^{-1} MΩ

67. **a.** 38.6 cm
b. 1.976×10^{5} J
c. 1.09×10^{3} kg
d. 5.71 km

69. 13 mm

71. 2.41×10^{2} meters/second

73. 14.6 km/L

75. 0.17 g/lb

77. 0.7 g/m^3

79. 1×10^{6} m^2

81. 27 ft^3

83. 1×10^{6} mL

85. 9.9 kW

87. 8.90×10^{3} kg/m^3

89. 0.643 g/mL

91. 1.0 g/mL

93. **a.** The solid will sink in water since its density is 1.05 g/cm^3.
b. The solid will float in water since its density is 0.96 g/cm^3.

95. **a.** 0.259 cm^3
b. 2.3×10^{2} cm^3

97. Iron: 1.6×10^{2} g
Aluminum: 54 g
Lead: 2.3×10^{2} g

99. Absolute zero is the lowest possible temperature at which particles have zero kinetic energy. Absolute zero is 0 K. Absolute zero is –273.15 °C. Absolute zero is –460 °F.

101. 2.5 °F is the larger temperature change, since $1.8 \times 1.3 = 2.34$ °F.

103. 22 °C; 295 K

105. Carpet is cheaper at $0.644/$ft^2$.
For an area of 600 ft^2, carpet would cost $386 and hardwood would cost $840. Hardwood will cost more.

107. **a.** 1.1×10^{3} mussels/m^2
b. low: 6.5×10^{11} mussels; high: 7.8×10^{11} mussels

Chapter 3

15. The atom is the fundamental unit of matter.

17. **a.** Democritus
b. Antoine Lavoisier
c. John Dalton

19. Because the bottle is sealed (nothing can escape), the mass of the substances before the reaction is the same as the mass of the substances at the end of the reaction. This follows the law of conservation of mass, which states that matter is neither created nor destroyed in a chemical reaction.

21. According to the law of conservation of mass, matter cannot be created nor destroyed, so the mass of the products will be equal to the mass of the reactants. A total of 300 g of sodium chloride and water will be produced from the 200 g of sodium hydroxide and 100 g hydrogen chloride.

23. 40.3 g magnesium oxide

25. **a.** possible
b. not possible
c. not possible
d. possible

27. Reaction (a) does not follow the law of conservation of mass. The reactants contain four orange spheres and eight green spheres, whereas the products contain three orange spheres and nine green spheres. In the other two reactions, the number of orange and green spheres is the same for the reactants and products.

29. **a.** cesium
b. titanium
c. potassium
d. boron
e. xenon

31. **a.** tungsten
b. boron
c. uranium
d. sulfur
e. carbon

33. **a.** F **b.** Ge **c.** Sn **d.** Mg

35. **a.** I **b.** Cu **c.** Ag **d.** H

37. Elements within the same column (group) on the periodic table have similar properties.

39. **a.** metalloid
b. main-group metal
c. transition metal
d. main-group metal
e. inner-transition metal
f. nonmetal
g. main-group metal
h. transition metal

41. The blocks of elements on the left and right sides of the periodic table are the main-group elements.

43. **a.** metal
b. nonmetal
c. metal
d. metal

45. These are Group 1A elements known as the alkali metals.

47. **a.** halogen
b. noble gas
c. alkali metal
d. alkaline earth metal

49. Beryllium, because it is located within the same group (column) as magnesium

51. Argon and sulfur, because these two elements are not found in the same group as chlorine

53. **a.** V **b.** Cl **c.** Ne

55. positive, negative, and neutral

57. **1.** b **2.** c **3.** d **4.** a

59. In 1909, Ernest Rutherford and his students were studying the behavior of positively charged particles called *alpha particles*. They were interested in the pattern these heavy particles made as they passed through a thin gold film. Rutherford expected the alpha particles to pass through the film and hit behind it. However, a small number of the particles reflected off the film and back toward the alpha particle source.

61. The electron cloud occupies a larger volume than the nucleus, but the nucleus has more mass.

63. Dalton's idea that atoms could not be broken down into smaller pieces was proven incorrect with the discovery of subatomic particles.

65. The proton and the neutron each have a mass of about one atomic mass unit. Both of these particles are located in the nucleus. The proton has a +1 charge, and the electron has a −1 charge.

67. **a.** Ti = 22 **b.** S = 16
c. Te = 52 **d.** Li = 3

69. **a.** Al **b.** Rn **c.** Es

71. The atomic number is equal to the number of protons. The mass number is equal to the number of protons plus the number of neutrons.
a. atomic number = 14; mass number = 30
b. atomic number = 27; mass number = 59
c. atomic number = 20; mass number = 46

73. **a.** ${}^{39}_{19}K$
b. ${}^{40}_{18}Ar$
c. ${}^{257}_{100}Fm$

75. 28

77.

Atom	Symbol	Protons	Neutrons	Atomic Number	Mass Number
Hydrogen	H	1	0	1	1
Sulfur	S	16	16	16	32
Tellurium	Te	52	76	52	128
Helium	He	2	2	2	4
Zirconium	Zr	40	51	40	91

79. Total value = \$1.48
Weighted average value of coins = \$0.07

81. ${}^{69}_{31}Ga$ and ${}^{71}_{31}Ga$

83. Both isotopes of silver have 47 protons. However, ${}^{107}Ag$ has 60 neutrons and ${}^{109}Ag$ has 62 neutrons.

85. Average atomic mass Br = 80.0 u

87. Average atomic mass Pb = 207.2174 u

89. The mass number of an isotope is the sum of the protons and neutrons. The mass that is usually displayed on periodic tables is the average atomic mass. This is a weighted average of the masses of the different isotopes of an element.

91. The plum pudding model described small, negatively charged electrons spread throughout a positive atomic substance. The Bohr model correctly described the dense, positively charged nucleus with orbiting electrons. The Bohr model described the electrons in fixed orbits around the nucleus, like planets orbiting the sun.

93. **a.** 1
b. 2
c. 6
d. 34

95. **a.** Li number of protons = 3; number of electrons = 3
b. Ge number of protons = 32; number of electrons = 32
c. Bi number of protons = 83; number of electrons = 83
d. Ba number of protons = 56; number of electrons = 56

97. Beryllium ion = +2 charge

99. **a.** −3 charge
b. +2 charge
c. 0 (neutral) charge

101. A neutral silver atom has 47 protons and will therefore have 47 electrons. A +1 charged silver ion will have one less electron than its neutral counterpart; 46 electrons.

103. Titanium +2 has 22 protons and therefore 20 electrons.
Titanium +4 has 22 protons and therefore 18 electrons.

105. Gold +1 has 79 protons and therefore 78 electrons.
Mercury +2 has 80 protons and therefore 78 electrons.

107. F −1 has 9 protons and therefore 10 electrons.
Cl −1 has 17 protons and therefore 18 electrons.
Br −1 has 35 protons and therefore 36 electrons.

Chapter 4

13. **a.** Ultraviolet is higher in energy than infrared.
b. Green light is higher in energy than red light.
c. Microwave is higher in energy than radio.

15. **a.** The low-frequency wave has less energy.
b. Infrared light is lower in energy than yellow light.

17. **a.** Red light has a lower frequency than green light.
b. The 400 nm light does *not* have a lower frequency than green light.
c. Light with a wavelength of 1.0×10^{-6} m has a lower frequency than green light.

19. **a.** radio wave
b. microwave
c. infrared light

21. **a.** 400 m
b. 1.5×10^{7} m
c. 1,200 m

23. Green.

25. 2.76×10^{-19} J

27. 9.47×10^{-15} J

29. $\nu = 7.04 \times 10^{13}\ s^{-1}$
$\lambda = 4.26 \times 10^{-6}$ m
This radiation falls in the infrared range.

31. Rather than producing a continuous spectrum of colors, gas lamps produce colors of only certain energies, called *spectral lines*. For example, the light from a hydrogen lamp contains only four lines of color: red, light blue, deep blue, and violet. These distinctive patterns are called *line spectra.* Scientists often use line spectra as "fingerprints" to identify elements. For example, when scientists analyze light from the Sun, they find lines that correspond to the spectral lines of hydrogen and helium. From this, they know that the Sun and other stars are composed largely of these two elements.

33. When an electron absorbs light (i.e., energy), it jumps to a higher energy level, producing an excited state electron.

35. Electrons absorb energy that causes them to jump to high energy levels. As these electrons return to the ground state, they release energy in the form of light.

37. **a.** absorbed
b. emitted
c. absorbed
d. emitted

39.

Transition	Wavelength	Region
$5 \rightarrow 4$	4,057 nm	infrared
$4 \rightarrow 2$	487 nm	visible
$2 \rightarrow 1$	122 nm	ultraviolet

41. In quantum mechanics, we never talk about the exact position of an electron. According to Heisenberg, this is impossible for us to know. Instead, we talk about the *most probable locations* of the electrons or the *energies* that the electrons possess. These probable locations are orbitals.

43. 2

45. **a.** Level 1: The *s* orbital is present.
b. Level 2: The *s* and *p* sublevel orbitals are present.
c. Level 3: The *s*, *p*, and *d* sublevel orbitals are present.
d. Level 4: The *s*, *p*, *d*, and *f* sublevel orbitals are present.

47. A total of 6 electrons can reside in a *p* sublevel.

49. An orbital is the region where the electrons are most likely to be found. Each sublevel contains a different number of these orbitals.

51. Two electrons can occupy the lowest energy level since it's an *s* orbital. The second lowest energy level holds the *s* and *p* orbitals, which can hold up to 8 electrons.

53. **a.** This is possible since level 1 is the *s* orbital.
b. This is possible since level 4 includes the *s* orbital.
c. This is not possible since the *p* orbital is not part of level 1.

55.

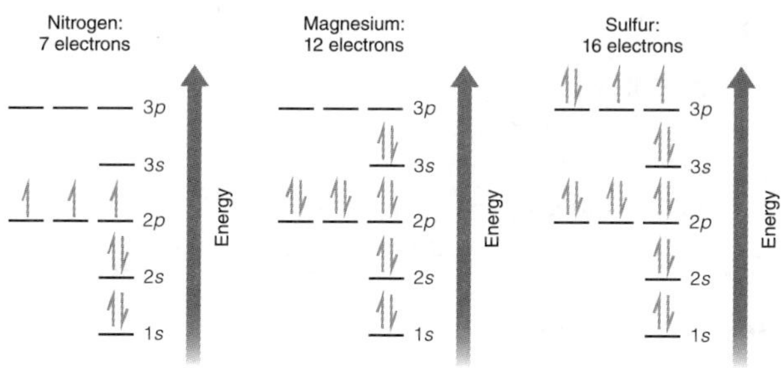

57. **a.** $1s^1$
b. $1s^2 2s^2$
c. $1s^2 2s^2 2p^2$
d. $1s^2 2s^2 2p^6$

59. The valence level is the highest-occupied energy level. The *s* and *p* sublevels are involved with the atom's valence.

61. The octet rule states that an atom is stabilized by having its highest-occupied (valence) energy level filled. The noble gas family illustrates the octet rule.

63. **a.** $[He]2s^1$
b. $[Ne]3s^2$
c. $[Ne]3s^2 3p^5$

65. F: $[He]2s^2 2p^5$
Cl: $[Ne]3s^2 3p^5$
Br: $[Ar]4s^2 3d^{10} 4p^5$
I: $[Kr]5s^2 4d^{10} 5p^5$

67. The electronic configuration for Mg is $1s^2 2s^2 2p^6 3s^2$. It has 2 valence electrons ($3s^2$) and 10 inner-shell electrons ($1s^2 2s^2 2p^6$).

69. **a.** The inner-shell electrons are $1s^2$ and the valence electrons are $2s^2 2p^3$.
b. The inner-shell electrons are $1s^2 2s^2 2p^6 3s^2 3p^6$ and the valence electrons are $4s^1$.
c. The inner-shell electrons are [Ar] and the valence electrons are $4s^2 3d^{10} 4p^1$.
d. The inner-shell electrons are [Xe] and the valence electrons are $6s^2 4f^{14} 3d^4$.

71. For anions, you add the same electrons to the outer sublevels as the charge. For cations, you remove the same number from the valence electrons.
a. O^{2-} $1s^2 2s^2 2p^6$
b. K^+ $1s^2 2s^2 2p^6 3s^2 3p^6$
c. Br^- $1s^2 2s^2 2p^6 3s^2 3p^6 4s^2 3d^{10} 4p^6$
d. N^{3-} $1s^2 2s^2 2p^6 3s^2 3p^6$

73. **a.** O would need to gain 2 electrons and be O^{2-}.
b. F would need to gain 1 electron and be F^-.
c. Na would need to lose 1 electron and be Na^+.
d. Mg would need to lose 2 electrons and be Mg^{2+}.

75. Li^+, Be^{2+}, and H^-

77. Fluorine has an electronic configuration of $1s^2 2s^2 2p^5$ and needs only to gain one electron to have the noble gas–like configuration of neon ($1s^2 2s^2 2p^6$). Sodium has an electron configuration of $1s^2 2s^2 2p^6 3s^1$ and needs only to lose an electron to have neon's electronic configuration. F gaining one electron and Na losing one electron gives a filled $2s^2$ and $2p^6$ sublevel set (i.e., obeys the octet rule).

79. K^+ and S^{2-} will both have the stability of a filled valence level having an electronic configuration of Ar ($1s^2 2s^2 2p^6 3s^2 3p^6$).

81. Their outer electrons are found in an *s* orbital.

83. Si, P, and Ar all have valence electrons in energy level 3 (all row 3 elements).

85. The inner electron configuration of elements in row 2 is $1s^2$.

87. Two, from their *s* valence orbital

89. **a.** 2 **b.** 3
c. 7 **d.** 8

91. **a.** Mg: $3s^2$
b. N: $2s^2 2p^3$
c. P: $3s^2 3p^3$
d. As: $4s^2 4p^3$
e. Cl: $3s^2 3p^5$
f. Ca: $4s^2$

93. **a.** K **b.** N **c.** Pd

95. **a.** Following the 4*s* is the 3*d* subshell.
b. Following the 4*d* is the 5*p* subshell.
c. Following the 3*p* is the 4*s* subshell.

97. **a.** $4p^2$ **b.** $5p^4$
c. $4d^5$ **d.** $2p^1$

99. **a.** group 2A, the alkaline earth metals
b. group 8A, the noble gases
c. group 2A, the alkaline earth metals

101. The valence electron configuration of group 6A (the chalcogens) is s^2p^4.

103. Group 12 is the last column of the *d* block. The electronic configuration is d^{10}.

Chapter 5

15. Li has 1 valence electron.
C has 4 valence electrons.
Si has 4 valence electrons.
Kr has 8 valence electrons.
Se has 6 valence electrons.

17. Na• •N̈• (with one dot below) H• •Äs• (with one dot below) •S̈b• (with one dot below)

19. Mg: $1s^22s^22p^63s^2$; the $3s^2$ are the valence electrons.
N: $1s^22s^22p^3$; the $2s^22p^3$ are the valence electrons.
P: $1s^22s^22p^63s^23p^3$; the $3s^23p^3$ are the valence electrons.
I: $1s^22s^22p^63s^23p^64s^23d^{10}4p^65s^24d^{10}5p^5$; the $5s^25p^5$ are the valence electrons.

21. **a.** It does not. A single electron occupies the 3*s* orbital.
b. It does. It's isoelectronic with Ne.
c. It does not. It needs one electron to complete an octet.
d. It does. It's isoelectronic with Ne.

23. the alkali metals

25. It is isoelectronic with Ar: $1s^22s^22p^63s^23p^6$.

27. **a.** $1s^22s^1$
b. $1s^2$
c. $1s^22s^22p^63s^1$
d. $1s^22s^22p^6$

29. **a.** +2 **b.** +2 **c.** +1 **d.** +1

31. +1 and + 2

33. **a.** sodium ion
b. magnesium ion
c. chromium(II) ion
d. chromium(III) ion

35. **a.** iron(II) ion
b. iron(III) ion
c. rubidium ion
d. barium ion

37. **a.** Sr^{2+}
b. Zn^{2+}
c. Cu^{2+}
d. Mn^{3+}

39. Group 7A, the halogens, forms only –1 ions. Group 6A, the chalcogens, forms only –2 ions.

41. One more electron would make it $[He]2s^22p^6$.

43. **a.** $1s^22s^22p^63s^23p^5$
b. $1s^22s^22p^63s^23p^6$
c. $1s^22s^22p^63s^23p^64s^23d^{10}4p^5$
d. $1s^22s^22p^63s^23p^64s^23d^{10}4p^6$

45. **a.** lose 1 electron to fulfill its octet
b. gain 2 electrons to fulfill its octet
c. lose 2 electrons to fulfill its octet
d. gain 1 electron to fulfill its octet

47. **a.** lose 2 electrons to fulfill its octet
b. gain 1 electron to fulfill its octet
c. gain 2 electrons to fulfill its octet
d. lose 2 electrons to fulfill its octet

49. **a.** F^-
b. I^-
c. O^{2-}
d. Se^{2-}

51. **a.** fluoride ion
b. sulfide ion
c. oxide ion
d. iodide ion

53. **a.** +2 **b.** –2 **c.** –1

55. **a.** –1 **b.** +1 **c.** –1

57. **a.** potassium, K^+
b. rubidium, Rb^+
c. chloride, Cl^-
d. bromide, Br^-

59. **a.** F^- **b.** Sr^{2+} **c.** Be^{2+} **d.** P^{3-}

61. **a.** monatomic
b. polyatomic
c. polyatomic
d. monatomic

63. The commonly used suffixes for oxyanions are –*ite* and –*ate*.

65. **a.** NH_4^+ **b.** CO_3^{2-} **c.** OH^- **d.** $C_2H_3O_2^-$

67. **a.** ClO_3^- **b.** SO_3^{2-} **c.** ClO^- **d.** MnO_4^-

69. **a.** Sn^{4+} **b.** Cu^{2+} **c.** F^- **d.** SO_4^{2-}

71. **a.** Zn^{2+} **b.** CrO_4^{2-} **c.** SO_3^{2-} **d.** P^{3-}

73. **a.** LiCl **b.** $CaBr_2$ **c.** CaO **d.** Fe_3P_2

75. **a.** $AlCl_3$ **b.** FeS **c.** $CaSO_4$ **d.** Al_2O_3

77. **a.** $Cr(C_2H_3O_2)_3$
b. $Zn(ClO_3)_2$
c. $AgNO_3$
d. $PbCO_3$

79. **a.** $Cr(ClO)_3$
b. $KMnO_4$
c. NaCN
d. $Pb(ClO_4)_2$

81. **a.** +2 since the anion is −1 each
b. +4 since the anion is −1 each
c. +2 since the anion is −1 each
d. +2 since the anion is −2

83. **a.** sodium bromide
b. potassium oxide
c. iron(III) bromide
d. copper(II) sulfide

85. **a.** iron(II) carbonate
b. aluminum nitrite
c. barium nitrate
d. ammonium sulfate

87. Since they do not gain or lose electrons to fulfill their valence, the nonmetals will share electrons with other nonmetals to fulfill their octet.

89. Two electrons are shared per covalent bond. In drawing structures we typically represent these two electrons as a line.

91. There are five water molecules in this figure. Each water molecule has two covalent bonds (O—H twice per molecule).

93. The molecular formula for acetic is $C_2H_4O_2$. The empirical formula is CH_2O.

95. The molecular formula for freon 112 is $C_2Cl_4F_2$. The empirical formula is CCl_2F.

97. Prefixes are necessary when naming binary covalent compounds because they often combine in more than one ratio.

99. **a.** sulfur dichloride
b. nitrogen trifluoride
c. dinitrogen tetroxide
d. tetraphosphorus decoxide

101. **a.** $AsBr_3$ **b.** N_2O_5 **c.** S_2O_2

103. Binary ionic compounds are composed of a metal and nonmetal, whereas binary covalent compounds are comprised of two nonmetals.

105. **a.** ionic bonds
b. covalent bonds
c. ionic bonds

107. **a.** ionic lattice
b. discrete molecule
c. discrete molecule
d. ionic lattice

109. **a.** ionic compound (metal + nonmetal); sodium bromide
b. covalent compound (only nonmetals); phosphorus tribromide
c. ionic compound (metal + nonmetal); magnesium bromide
d. covalent compound (only nonmetals); sulfur dibromide

111. **a.** covalent compound (only nonmetals); silicon tetrachloride
b. ionic compound (metal + nonmetal); aluminum chloride
c. covalent compound (only nonmetals); boron tribromide
d. ionic compound (metal + polyatomic ion); sodium sulfite

113. **a.** $MnCl_3$ **b.** PCl_3 **c.** SO_2 **d.** TiO_2

115. *Electrolyte* is the term used for a compound that, when dissolved in water, will conduct electricity. Ionic compounds are likely to be electrolytes.

117. When sodium sulfate dissociates in water, it produces Na^+ ions and SO_4^{2-} ions.

119. **a.** KCl is likely to dissociate in water because it's an ionic compound. Ionic compounds tend to dissociate when dissolved in water.
b. $CaBr_2$ is likely to dissociate in water because it's an ionic compound. Ionic compounds tend to dissociate when dissolved in water.
c. CO_2 will not dissociate into ions when dissolved in water since it's not an ionic compound (i.e., it's a covalent compound).
d. C_2H_6O will not dissociate into ions when dissolved in water since it's not an ionic compound (i.e., it's a covalent compound).

121. Acids are covalent compounds that produce H^+ ions in aqueous solution. Most acids contain a covalent bond between hydrogen and a species that can form a stable anion. When dissolved in water, this bond breaks to produce a hydrogen cation and a corresponding anion. Their ability to dissociate makes them differ from most covalent compounds.

123. **a.** hydrochloric acid
b. hydrobromic acid
c. hydroiodic acid

125. **a.** nitric acid
b. nitrous acid
c. perchloric acid
d. chlorous acid

127. formic acid

129. **a.** ionic; sodium nitrite
b. covalent; dinitrogen tetroxide
c. acid; nitrous acid
d. ionic; potassium nitrite

Chapter 6

19. $H_2CO_3 \rightarrow H_2O + CO_2$

21. $2\ CH_4S + H_2O_2 \rightarrow C_2H_6S_2 + 2\ H_2O$

23. **a.** $H_2 + Br_2 \rightarrow 2\ HBr$
b. $2\ Na + F_2 \rightarrow 2\ NaF$

25. 30 units of A will produce 15 units of C.

27. **a.** 30 molecules of H_2 will yield 60 molecules of HCl.
b. 6 molecules of Cl_2 are needed to make 12 molecules of HCl.

29. **a.** 15 molecules of Cl_2 are needed to react with 10 Al atoms.
b. 10 Al atoms will produce 10 units of $AlCl_3$.

31. **a.** $2\ PCl_3 + 3\ F_2 \rightarrow 2\ PF_3 + 3\ Cl_2$
b. $2\ SO_2 + O_2 \rightarrow 2\ SO_3$
c. $2\ B + 3\ F_2 \rightarrow 2\ BF_3$

33. **a.** $PCl_3 + 3\ H_2O \rightarrow H_3PO_3 + 3\ HCl$
b. $3\ O_2 + 2\ H_2S \rightarrow 2\ SO_2 + 2\ H_2O$
c. $4\ HCl + MnO_2 \rightarrow MnCl_2 + 2\ H_2O + Cl_2$

35. **a.** $Hg(NO_3)_2 + 2\ KCl \rightarrow 2\ KNO_3 + HgCl_2$
b. $MgBr_2 + 2\ NaOH \rightarrow 2\ NaBr + Mg(OH)_2$
c. $2\ AgC_2H_3O_2 + BaCl_2 \rightarrow 2\ AgCl + Ba(C_2H_3O_2)_2$

37. **a.** $N_2 + 3\ H_2 \rightarrow 2\ NH_3$
b. $2\ C_2H_6 + 7\ O_2 \rightarrow 4\ CO_2 + 6\ H_2O$
c. $6\ HCl + 2\ Al \rightarrow 2\ AlCl_3 + 3\ H_2$

39. **a.** $4\ Na + O_2 \rightarrow 2\ Na_2O$
b. $Pb(NO_3)_2 + 2\ KCl \rightarrow PbCl_2 + 2\ KNO_3$
c. $2\ C_2H_2 + 5\ O_2 \rightarrow 4\ CO_2 + 2\ H_2O$

41. **a.** $Zn\ (s) + CuCl_2\ (aq) \rightarrow Cu\ (s) + ZnCl_2\ (aq)$
b. $C_3H_8\ (g) + 5\ O_2\ (g) \rightarrow 3\ CO_2\ (g) + 4\ H_2O\ (g)$
c. $Fe\ (s) + Cl_2\ (g) \rightarrow FeCl_2\ (s)$

43. **a.** aqueous hydrogen chloride (usually called *hydrochloric acid*) and aqueous sodium carbonate
b. solid iron and aqueous nitric acid
c. aqueous zinc chloride and solid lead(II) perchlorate

45. **a.** decomposition
b. synthesis
c. double displacement

47. **a.** synthesis
b. single displacement
c. double displacement

49. Ionic compounds are formed when metals and nonmetals react.

51. **a.** Mg is oxidized; O is reduced.
b. Fe is oxidized; S is reduced.
c. Ca is oxidized; Br is reduced.

53. **a.** $Be + Cl_2 \rightarrow BeCl_2$
b. $2\ K + Cl_2 \rightarrow 2\ KCl$
c. $Co\ (s) + Cl_2\ (g) \rightarrow CoCl_2$
d. $2\ Cu\ (s) + O_2\ (g) \rightarrow 2\ CuO$

55. **a.** $2\ Mg + O_2 \rightarrow 2\ MgO$
b. $C_2H_4 + 3\ O_2 \rightarrow 2\ H_2O + 2\ CO_2$
c. $2\ C_4H_{10}\ (g) + 13\ O_2\ (g) \rightarrow 10\ H_2O + 8\ CO_2$

57. Oxygen (O_2) is always involved in combustion reactions.

59. Hydrocarbons are compounds made of only hydrogen and carbon atoms. Combustion of hydrocarbons produces water vapor and carbon dioxide gas.

61. **a.** $2\ C_2H_2 + 5\ O_2 \rightarrow 2\ H_2O + 4\ CO_2$
b. $C_4H_8 + 6\ O_2 \rightarrow 4\ H_2O + 4\ CO_2$
c. $2\ C_9H_{18} + 27\ O_2 \rightarrow 18\ H_2O + 18\ CO_2$

63. **a.** $KCl\ (s) \rightarrow K^+\ (aq) + Cl^-\ (aq)$
b. $Li_2SO_4\ (s) \rightarrow 2\ Li^+\ (aq) + SO_4^{2-}\ (aq)$
c. $(NH_4)_2CO_3\ (s) \rightarrow 2\ NH_4^+\ (aq) + CO_3^{2-}\ (aq)$

65. **a.** $NaHCO_3\ (s) \rightarrow Na^+\ (aq) + HCO_3^-\ (aq)$
b. $AlCl_3\ (s) \rightarrow Al^{3+}\ (aq) + 3\ Cl^-\ (aq)$
c. $Cr(ClO_2)_3\ (s) \rightarrow Cr^{3+}\ (aq) + 3\ ClO_2^-\ (aq)$

67. **a.** Compounds containing the ammonium ion are always soluble.
b. Compounds containing ions with a charge of 2 or 3 tend to be insoluble.
c. Compounds containing the nitrate ion are always soluble.

69. **a.** This compound is soluble because it contains the ammonium and chlorate ions.
b. Compounds containing ions with a charge of 2 or 3 tend to be insoluble.
c. This compound is soluble because it contains the perchlorate ion.

71. **a.** soluble
b. soluble
c. insoluble
d. soluble
e. soluble
f. soluble

73. Generally a salt with a +1 cation and a –2 anion is more likely to be soluble than a salt with a +2 cation and a –2 anion due to the larger charge on the +2 cation.

75. **a.** $Ag^+\ (aq) + NO_3^-\ (aq) + K^+\ (aq) + Cl^-\ (aq) \rightarrow K^+\ (aq) + Cl^-\ (aq) + AgCl\ (s)$
b. $Ba^{2+}\ (aq) + 2\ ClO_4^-\ (aq) + 2\ K^+\ (aq) + SO_4^{2-}\ (aq) \rightarrow BaSO_4\ (s) + 2\ K^+\ (aq) + 2\ ClO_4^-\ (aq)$

77. The spectator ions are NO_3^- and Cs^+.

79. The spectator ions are $Na^+\ (aq)$ and $NO_3^-\ (aq)$. The net ionic equation is

$$Br^-\ (aq) + Ag^+\ (aq) \rightarrow AgBr\ (s)$$

81. **a.** $Fe^{2+}\ (aq) + 2\ Cl^-\ (aq) + 2\ K^+\ (aq) + 2\ OH^-\ (aq) \rightarrow Fe(OH)_2\ (s) + 2\ K^+\ (aq) + 2\ Cl^-\ (aq)$
b. $Cl^-\ (aq)$ and $K^+\ (aq)$
c. $Fe^{2+}\ (aq) + 2\ OH^-\ (aq) \rightarrow Fe(OH)_2\ (s)$
d. The driving force is the formation of $Fe(OH)_2\ (s)$.

83. **a.** $2\ KCl\ (aq) + Pb(NO_3)_2\ (aq) \rightarrow PbCl_2\ (s) + 2\ KNO_3\ (aq)$
b. $3\ KOH\ (aq) + FeCl_3\ (aq) \rightarrow Fe(OH)_3\ (s) + 3\ KCl\ (aq)$
c. $3\ BaCl_2\ (aq) + 2\ K_3PO_4\ (aq) \rightarrow Ba_3(PO_4)_2\ (s) + 6\ KCl\ (aq)$

85. a. $2\ Fe(C_2H_3O_2)_3\ (aq) + 3\ BaS\ (aq) \rightarrow Fe_2S_3\ (s) + 3\ Ba(C_2H_3O_2)_2\ (aq)$
b. $2\ K_3PO_4\ (aq) + 3\ CuSO_4\ (aq) \rightarrow 3\ K_2SO_4\ (aq) + Cu_3(PO_4)_2\ (s)$
c. no reaction
d. $FeSO_4\ (aq) + Ba(OH)_2\ (aq) \rightarrow BaSO_4\ (s) + Fe(OH)_2\ (s)$ (Note that the reaction in part d forms two insoluble products.)

87. a. $LiI\ (aq) + AgNO_3\ (aq) \rightarrow LiNO_3\ (aq) + AgI\ (s)$
$Li^+\ (aq) + I^-\ (aq) + Ag^+\ (aq) + NO_3^-\ (aq) \rightarrow Li^+\ (aq) + AgI\ (s) + NO_3^-\ (aq)$
$I^-\ (aq) + Ag^+\ (aq) \rightarrow AgI\ (s)$
b. $Pb(C_2H_3O_2)_2\ (aq) + ZnSO_4\ (aq) \rightarrow Zn(C_2H_3O_2)_2\ (aq) + PbSO_4\ (s)$
$Pb^{2+}\ (aq) + 2\ C_2H_3O_2^-\ (aq) + Zn^{2+}\ (aq) + SO_4^{2-}\ (aq) \rightarrow PbSO_4\ (s) + Zn^{2+}\ (aq) + 2\ C_2H_3O_2^-\ (aq)$
$Pb^{2+}\ (aq) + SO_4^{2-}\ (aq) \rightarrow PbSO_4\ (s)$
c. $Pb(NO_3)_2\ (aq) + CaI_2\ (aq) \rightarrow PbI_2\ (s) + Ca(NO_3)_2\ (aq)$
$Pb^{2+}\ (aq) + 2\ NO_3^-\ (aq) + Ca^{2+}\ (aq) + 2\ I^-\ (aq) \rightarrow PbI_2\ (s) + 2\ NO_3^-\ (aq) + Ca^{2+}\ (aq)$
$Pb^{2+}\ (aq) + 2\ I^+\ (aq) \rightarrow PbI_2\ (s)$

89. Acids are covalent compounds that ionize to produce H^+ ions and a stable anion when dissolved in water. Bases are compounds that produce hydroxide (OH^-) ions in aqueous solution.

91. a. $HCl\ (aq) \rightarrow H^+\ (aq) + Cl^-\ (aq)$
b. $HNO_3\ (aq) \rightarrow H^+\ (aq) + NO_3^-\ (aq)$

93. a. $H_2SO_4 + 2\ NaOH \rightarrow Na_2SO_4 + 2\ H_2O$
b. $3\ HNO_3 + Al(OH)_3 \rightarrow Al(NO_3)_3 + 3\ H_2O$
c. $3\ H_2SO_4 + 2\ Cr(OH)_3 \rightarrow Cr_2(SO_4)_3 + 6\ H_2O$

95. a. $HCl\ (aq) + KOH\ (aq) \rightarrow KCl\ (aq) + H_2O\ (l)$
b. $H_2SO_4\ (aq) + 2\ LiOH\ (aq) \rightarrow Li_2SO_4\ (aq) + 2\ H_2O\ (l)$
c. $Ba(OH)_2\ (aq) + 2\ HNO_2\ (aq) \rightarrow Ba(NO_2)_2\ (aq) + 2\ H_2O\ (l)$

97. $NaOH\ (aq) + HI\ (aq) \rightarrow NaI\ (aq) + H_2O\ (l)$
$Na^+\ (aq) + OH^-\ (aq) + H^+\ (aq) + I^-\ (aq) \rightarrow Na^+\ (aq) + I^-\ (aq) + H_2O\ (l)$

99. $Pb^{2+}\ (aq) + 2\ I^-\ (aq) \rightarrow PbI_2\ (s)$

101. a. synthesis, oxidation-reduction
b. single displacement, oxidation-reduction
c. double displacement, precipitation
d. single displacement, oxidation-reduction
e. double displacement, acid-base neutralization
f. combustion, oxidation-reduction

103. a. $AgC_2H_3O_2\ (aq) + NaCl\ (aq) \rightarrow AgCl\ (s) + NaC_2H_3O_2\ (aq)$
b. $2\ Na\ (s) + Cl_2\ (g) \rightarrow 2\ NaCl\ (s)$
c. $2\ HCl\ (aq) + Ba(OH)_2\ (aq) \rightarrow 2\ H_2O\ (l) + BaCl_2\ (aq)$
d. $C_{10}H_{20}\ (l) + 15\ O_2\ (g) \rightarrow 10\ CO_2\ (g) + 10\ H_2O\ (g)$

Chapter 7

17. a. Formula mass for $BaSO_4$: 233.39 u
b. Formula mass for K_2S: 110.26 u
c. Formula mass for $C_6H_{12}O_6$: 180.18 u
d. Formula mass for $FeCl_3$: 162.20 u

19. a. Percent by mass for $C_6H_{12}O_6$: 53.28%
b. Percent by mass for C_2H_6O: 34.72%
c. Percent by mass for $C_{16}H_{19}N_3O_5S$: 21.89%

21. % carbon = 59.99%
% hydrogen = 4.49%
% oxygen = 35.52%

23. % silver = 63.50%; mass is 63.50 g Ag.

25. Scientists determine formula mass using a technique called mass spectrometry.

27. Nitroglycerin and trinitrotoluene have a formula mass of 227 u, and both could be the unknown that was analyzed.

29. The sample is morphine because its elemental analysis (% C and % H) matches the percent composition of morphine (71.55% C and 6.72% H).

31. a. 1 mole C_3H_8 = 44.14 g
b. 1 mole $CaCl_2$ = 110.98 g
c. 1 mole C_2H_6O = 46.08 g
d. 1 mole $C_{12}H_{22}O_{11}$ = 342.34 g

33. a. Report in grams/mole because this is a measured quantity.
b. Because it is a single molecule, it's more appropriate to use atomic mass units (u).

35. a. 1.13×10^3 g KCl
b. 38.4 g $MgSO_4$
c. 833 g Ne

37. a. 295 g Au
b. 1.65×10^3 g BF_3
c. 0.524 g He

39. a. 7.507 moles Mg
b. 0.413 moles Cl_2
c. 1.468 moles Pb

41. a. 0.226 moles Fe
b. 0.864 moles LiF
c. 1.2×10^{-5} moles Br_2

43. a. 1.02 moles Na; 6.14×10^{23} atoms Na
b. 0.588 moles P; 3.54×10^{23} atoms P
c. 16.01 moles C; 9.64×10^{24} atoms C

45. a. 0.627 moles H_2O; 3.77×10^{23} molecules H_2O
b. 0.563 moles PCl_3; 3.39×10^{23} molecules PCl_3
c. 2.94×10^3 moles CO_2; 1.77×10^{27} molecules CO_2

47. a. 1.2×10^{24} molecules HCl
b. 7.2×10^{22} atoms Au
c. 1.291×10^{24} atoms Zn

49. 0.241 moles Cu; 1.45×10^{23} atoms Cu

51. 1.235×10^{26} molecules H_2O; 3,698 g H_2O

53. 0.05302 moles Zn; 3.467 g Zn

55. 0.2279 moles H_2; 0.4604 g H_2

57. 3.988×10^{24} molecules $C_{12}H_{22}O_{11}$

59. 20 moles O_2 consumed
20 moles PbO_2 produced

61. 6.0 moles HCl consumed
3.0 moles $ZnCl_2$ produced
3.0 moles H_2 produced

63. **a.** 1 mole H_2O consumed
b. 0.5 mole H_2 produced
c. 28.0 moles K required
d. 3,014.2 moles KOH produced

65. **a.** 0.217 moles Zn consumed
b. 0.434 moles HCl consumed
c. 0.217 moles $ZnCl_2$ consumed
d. 29.6 g $ZnCl_2$ produced

67. **a.** 72.6 g CuBr consumed
b. 32.2 g Cu produced
c. 46.6 g $MgBr_2$ produced

69. 91.1 g $FeBr_2$ produced

71. 212.8 g NH_3 required

73. 52.6 g CaO produced

75. 84.04 g CaO produced; 65.96 g CO_2 produced

77. 1.4×10^2 g $Fe(OH)_2$ produced

79. **a.** 35.9 g Cl_2 consumed
b. 3.05×10^{23} molecules Cl_2 consumed
c. 65.9 g $SnCl_4$ produced

81. Limiting reagent is SO_2. Excess reagent is O_2.

83. **a.** Compound A is the limiting reagent.
b. 2.7 moles of C are expected to form.

85. Because a lake will have a large abundance of water, CaO is likely to be the limiting reagent.

87. The limiting reagent is Fe, and a total of 0.10 mole FeS can form in this reaction.

89. The limiting reagent is K, and a total of 0.29 g KOH can form in this reaction.

91. **a.** The limiting reagent is Na, producing 10.0 moles of NaI.
b. 5.0 moles I_2 used
c. 1.0 moles I_2 excess

93. **a.** The limiting reagent is $SOCl_2$.
b. The amount of excess reagent used in the reaction is 0.420 moles.
c. The amount of excess reagent left over is 0.69 moles H_2O.

95.

	Si	+ O_2	→ SiO_2
Starting Moles	1.0 mol	4.0 mol	0 mol
Change	−1.0 mol	−1.0 mol	+1.0 mol
Ending Moles	0 mol	3.0 mol	1.0 mol
Ending Grams	0.0 g	96 g	60 g

97. **a.** The limiting reagent is KOH.
b. The mass of water produced in the reaction is 48.2 g.
c. The amount of excess reagent left over is 9.0 g H_3PO_4.

99. Sometimes part of the material adheres to the container walls. Other times, product is lost during the purification process. Sometimes a competing reaction forms unwanted side products in a reaction. All of these can lower the percent yield.

101. 92.30%

103. **a.** The limiting reagent is A.
b. The theoretical yield of D is 1.5 moles D.
c. 80%

105. **a.** Theoretical yield = 28.5 g C_6H_5Br
b. Percent yield = 57.2%

107. **a.** The limiting reagent is Na_3PO_4.
b. The theoretical yield of $Mg_3(PO_4)_2$ is 2.75 g.
c. Percent yield = 77.8%

109. The law of conservation of mass only appears not to be followed. All gases have mass. When the wood is burned, water vapor and carbon dioxide are produced in addition to the ashes. The remaining 463 g (500 g − 37 g ashes = 463 g) is lost to the environment in the form of water vapor and carbon dioxide, common products from combustion reactions. The law of conservation of mass is still obeyed, and if we were to capture these gases and measure their masses, we would be able to verify this law.

111. **a.** 3.219×10^5 g C_2H_6O; 408.0 L C_2H_6O
b. 6.156×10^5 g $C_4H_8O_2$; 615.6 kg $C_4H_8O_2$; 682.5 L $C_4H_8O_2$

Chapter 8

13. Energy is the ability to do work. Changes in energy take place in two forms: *heat* and *work*. Work is the transfer of energy from one form to another, whereas heat causes the particles within the substance to vibrate or move faster.

15. **a.** Energy is released when the anvil falls off the cliff.
b. The chemical energy stored in the spaghetti is released when digested.
c. As the string releases its tension, the energy is released. If the string has an arrow on it, it will transfer this energy to the arrow.
d. The chemical energy stored in dynamite is released when the dynamite detonates.

17. **a.** 4.61×10^7 J
b. 1.085×10^6 J
c. 1.02×10^6 BTU

19. 2.46×10^6 BTU; 2.60×10^6 kJ

21. 4.39×10^5 J

23. The two ways in which energy transfers take place are through heat and work.

25. This is an exothermic reaction because heat is released with the products. Some of the potential energy of the reactants was converted to heat energy in the reaction. Therefore, the products have less potential energy than the reactants.

27. **a.** endothermic
b. exothermic
c. exothermic
d. endothermic

29. **a.** $H_2O\ (l) \rightarrow H_2O\ (s) + \text{heat}$
b. $2\ Mg\ (s) + O_2\ (g) \rightarrow 2\ MgO\ (s) + \text{heat}$
c. $Ca(OH)_2\ (s) + \text{heat} \rightarrow CaO\ (s) + H_2O\ (l)$

31. **a.** exothermic
b. exothermic
c. endothermic

33. If the calcium sulfate is the system, then water is the surroundings. Exothermic.

35. **a.** exothermic
b. endothermic

37. **a.** $\Delta E = q + w$, so 20 kJ + 30 kJ = 50 kJ
b. $\Delta E = q + w$, so 30 kJ + 45 kJ = 75 kJ

39. $\Delta E = q + w$, so $q = \Delta E - w$ = 47.0 kJ – 15.0 kJ = 32.0 kJ lost as heat

41. The potential energy was released as heat, which warmed the surroundings. It was also lost as work, which caused the ground to shake. The total energy of the universe has been left unchanged.

43.

	System: Ice Bottle	Surroundings: Water in Cooler
Change	+182,000 J	−182,000 J
Result	Ice melts + temperature increases	Water cools, temperature decreases
Heat Absorbed or Released?	Absorbed	Released

45. *Heat* refers to the *total* kinetic energy transferred from one substance or object to another. Temperature is a measure of the *average* kinetic energy of the particles in a substance.

47. The specific heat is the amount of heat required to raise the temperature of one gram of material by one degree Celsius. Heat capacity is the amount of heat required to raise the temperature of an object regardless of its mass.

49. Because iron has the greater specific heat, it releases more heat energy.

51. 2.37 J/(g·°C)

53. 7.7 °C

55. 46.5 cal

57. 16 kJ/°C

59. 122 kJ

61. 1260 °C

63. 0.05 °C

65. A coffee cup is made of disposable foam, like Styrofoam™. Because disposable foam is a very good insulator, nearly all of the heat involved in the change is absorbed or released by the water. By measuring the temperature change for the water, we can determine the amount of heat that is gained or lost by the system. In bomb calorimetry, the test substance is placed in a heavy steel container. Outside this container is a second container, which is filled with water and equipped with a thermometer. A pair of ignition wires detonates the sample. The gases produced cannot expand, so all of the energy is released as heat into the bomb calorimeter. A more precise measurement is obtained with a bomb calorimeter than with a coffee cup.

67. The water absorbed 1,300 calories. This same amount of energy was released by the metal.

69. $q_{\text{water}} = 3{,}500$ J
$q_{\text{metal}} = -3{,}500$ J

71. **a.** $q_{\text{water}} = 1{,}700$ J
$q_{\text{metal}} = -1{,}700$ J
b. $s_m = 0.22 \dfrac{\text{cal}}{\text{g·°C}}$
c. The unknown metal has a specific heat of 0.220 cal/(g·°C).
d. The unknown metal is most likely aluminum.

73. $q_{\text{solid}} = -11.9$ kJ
Heat of solution = –57.5 kJ/mol

75. 64.85 °C

77. 4.81 kcal in a 1.0-g sample

79. The value of the fuel blend (in kJ/g) = 350.8 kJ/g

81. **a.** 5.550×10^3 kJ released
b. 488 kJ released

83. 629 g propane

85. 17.51 kJ/g

87. **a.** –3,809.4 kJ
b. –5,079.2 kJ
c. –634.90 kJ

89. **a.** –99.62 kJ
b. –67.36 kJ
c. –23.22 kJ

91. -5.370×10^4 kJ

93. 157 g NaOH

95. −154 kJ

97. 6.34×10^4 g Al

99. 19.49 °C

Chapter 9

15. The octet rule states that atoms are stabilized by completely filled *s* and *p* sublevels. This corresponds to 8 electrons in the valence shell. Nonmetals can fulfill the octet rule by sharing valence electrons.

17. There are a total of 6 bonded electrons in this molecule (2 electrons per bond) and a total of 6 nonbonded electrons.

19. These atoms fulfill the octet rule.

Atom	Covalent Bonds	Lone Pairs	Valence Electrons
H	1	0	2
O	2	2	8
O	2	2	8
H	1	0	2

21. **a.** complete octet (central atom has 8 electrons around it)
b. incomplete octet (central atom has fewer than 8 electrons around it)
c. expanded octet (central atom has more than 8 electrons around it)

23. boron

25. **a.** 8
b. 8
c. 26
d. 14

27. **a.** 40
b. 8
c. 32
d. 24

29.
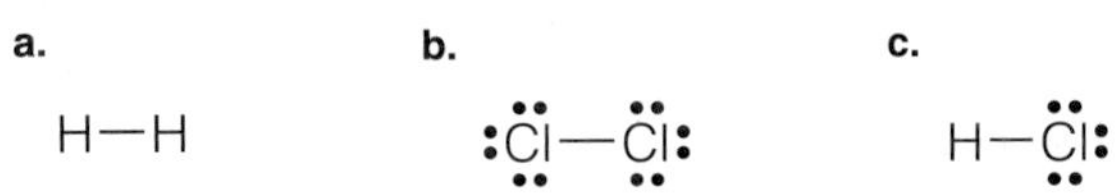

31.
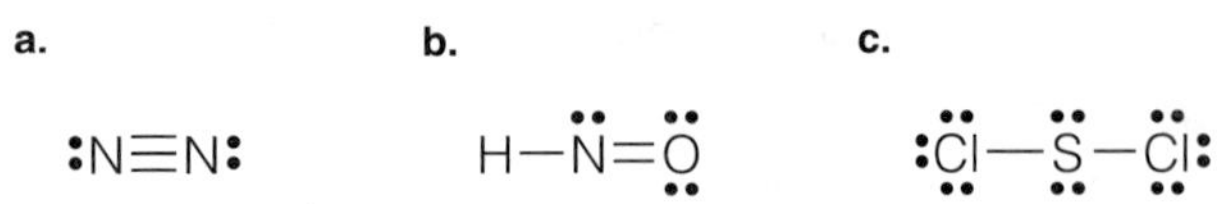

33.
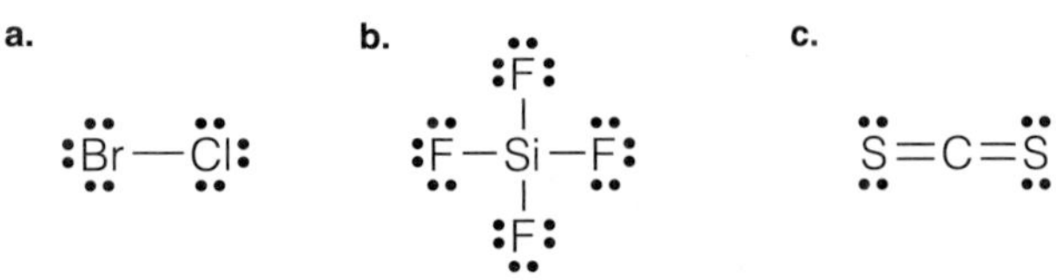

35. Carbon: 0
Oxygen (double bonded): 0
Oxygen (single bonded): −1 each

37. **a.** −1 **b.** 0 **c.** +1

39.
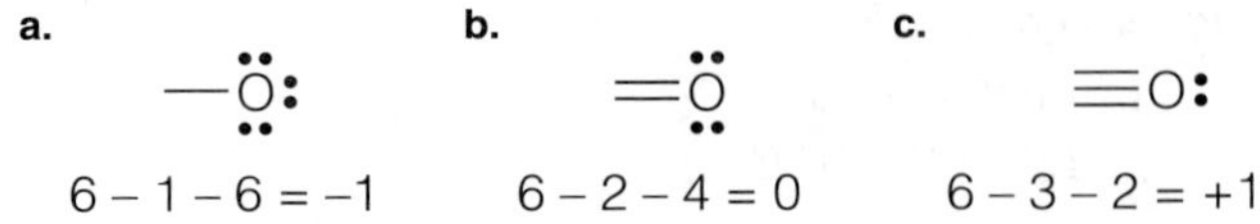

41.
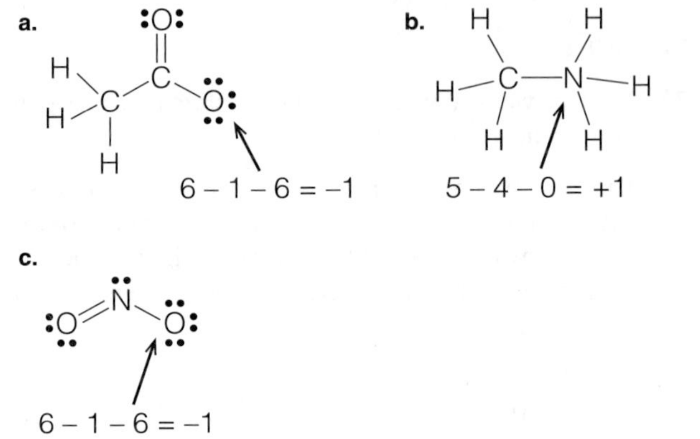

43. **a.** $5 + 4(1) - 1 = 8$
b. $6 + 3(6) + 2 = 26$
c. $3 + 4(1) + 1 = 8$
d. $6 + 1 + 1 = 8$

45.
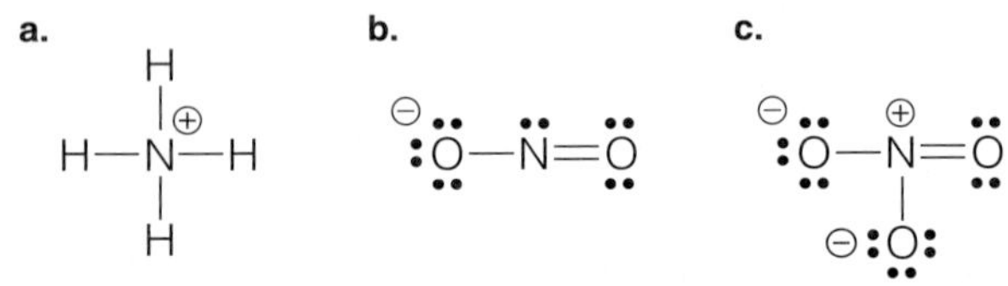

47.
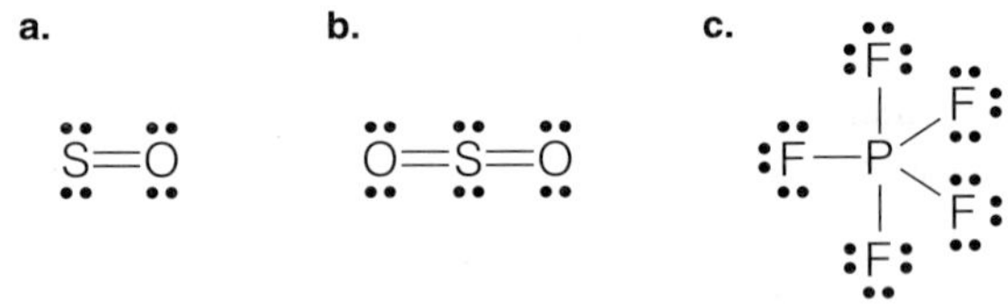

49.
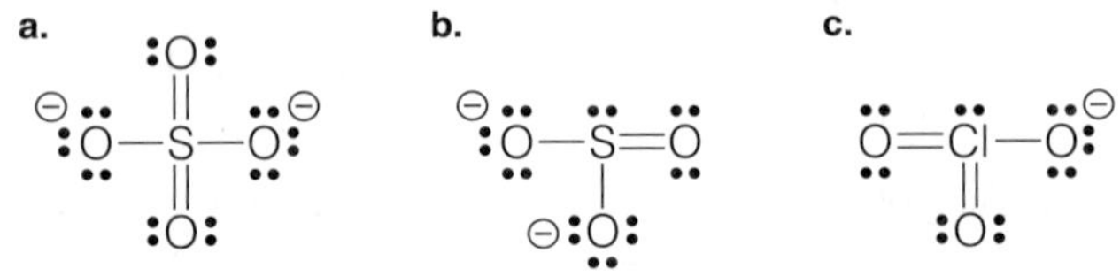

51.
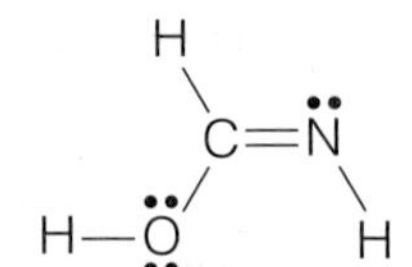

53. Resonance structures are a set of Lewis structures that show how electrons are distributed around a molecule or ion. Resonance structures are used when a single Lewis structure cannot sufficiently show the distribution of the electrons in the molecule or ion. Chemists use a double-headed arrow to indicate resonance structures.

55.
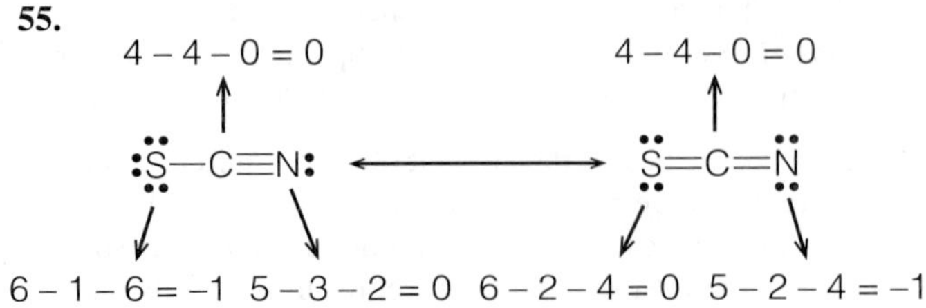

57. Because there are four oxygen atoms per Lewis structure and the charge is distributed evenly across all four oxygen atoms, each O atom contributes ¼ negative charge.

59.

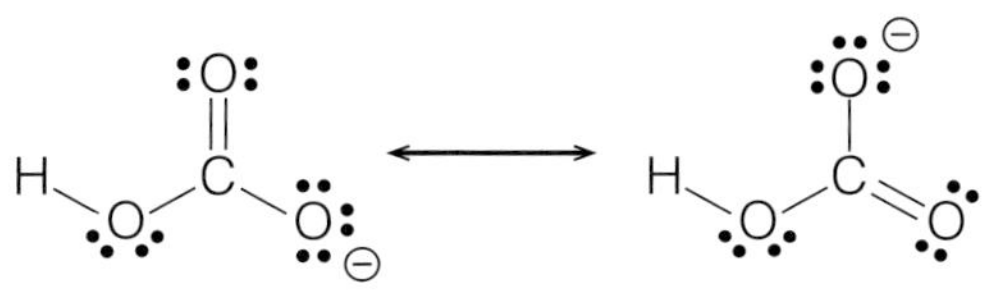

61. **a.** tetrahedral, 109.5°
b. linear, 180°
c. trigonal planar, 120°

63. **a.** charge sets = 2; electronic geometry = linear
b. charge sets = 3; electronic geometry = trigonal planar
c. charge sets = 4; electronic geometry = tetrahedral

65. **a.** charge sets = 3; electronic geometry = trigonal planar
b. charge sets = 2; electronic geometry = linear
c. charge sets = 4; electronic geometry = tetrahedral

67. **a.** electronic geometry = trigonal planar; molecular geometry = bent
b. electronic geometry = tetrahedral; molecular geometry = bent
c. electronic geometry = tetrahedral molecular geometry = tetrahedral

69. **a.** electronic geometry = tetrahedral; molecular geometry = trigonal pyramidal
b. electronic geometry = linear; molecular geometry = linear
c. electronic geometry = tetrahedral; molecular geometry = trigonal pyramidal

71. **a.**

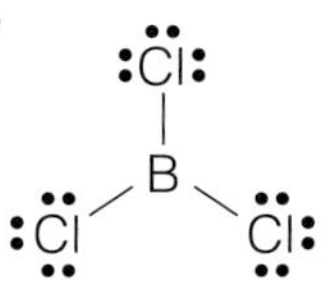

Trigonal planar

b.

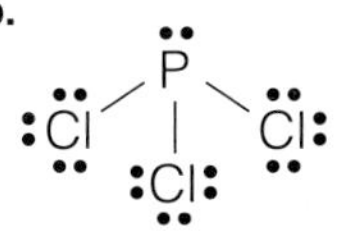

Trigonal pyramidal

c.

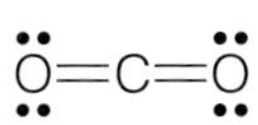

Linear

73. **a.**

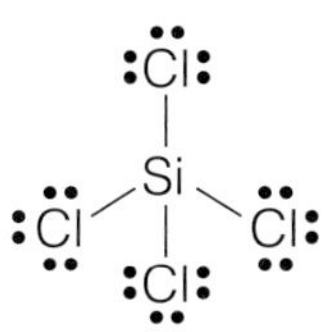

Tetrahedral

b.

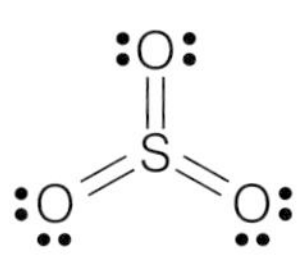

Trigonal planar

75. **a.**

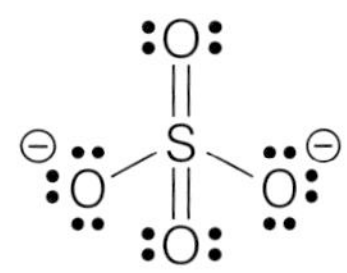

Electronic geometry = Tetrahedral
Molecular geometry = Tetrahedral

b.

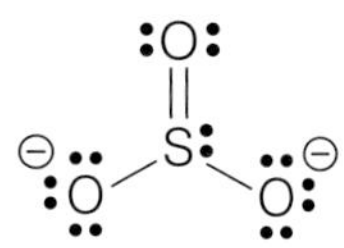

Electronic geometry = Tetrahedral
Molecular geometry = Trigonal pyramidal

77.

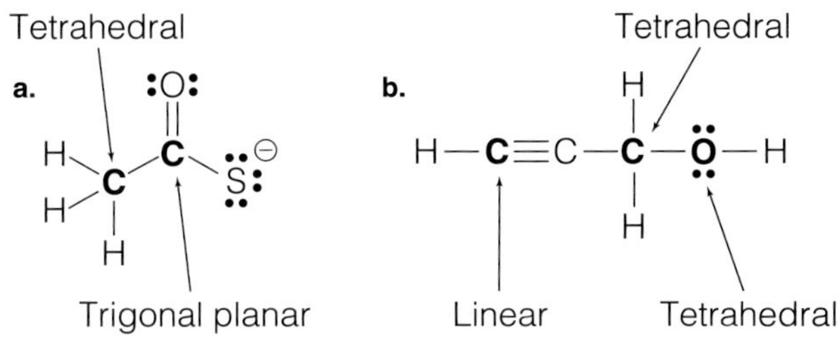

79. Both C=O carbons have a trigonal planar electronic geometry. The highlighted N atom has a tetrahedral electronic geometry.

81. **a.** Cl **b.** C **c.** O **d.** Ca

83. Ordered from most to least electronegative:
a. O, Si, Ti, Ca
b. O, Br, I, Cs
c. F, N, In, K

85. **a.** covalent
b. ionic
c. polar covalent
d. polar covalent

87. **a.** C—O
b. Ca—Cl
c. W—S

89. **a.** $\overset{\delta^-}{\text{N}}$—$\overset{\delta^+}{\text{H}}$ **b.** $\overset{\delta^-}{\text{O}}$—$\overset{\delta^+}{\text{H}}$ **c.** $\overset{\delta^+}{\text{P}}$—$\overset{\delta^-}{\text{Cl}}$

91.

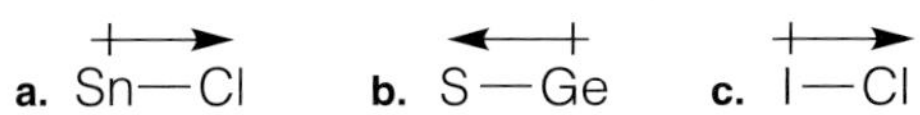

93.

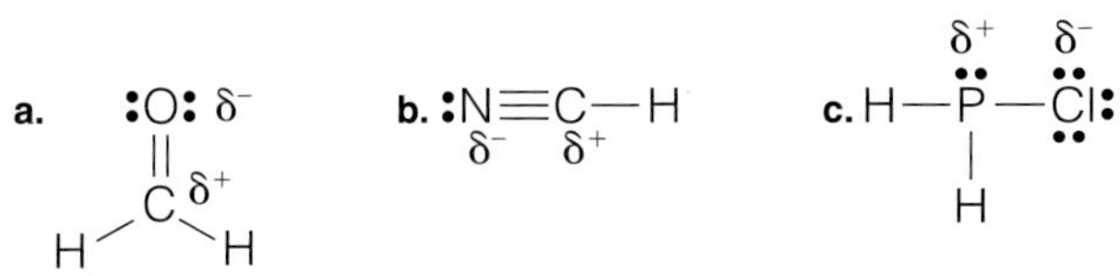

95. 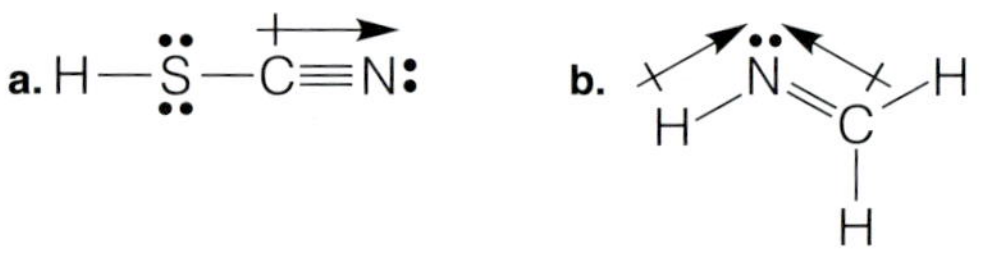

97. 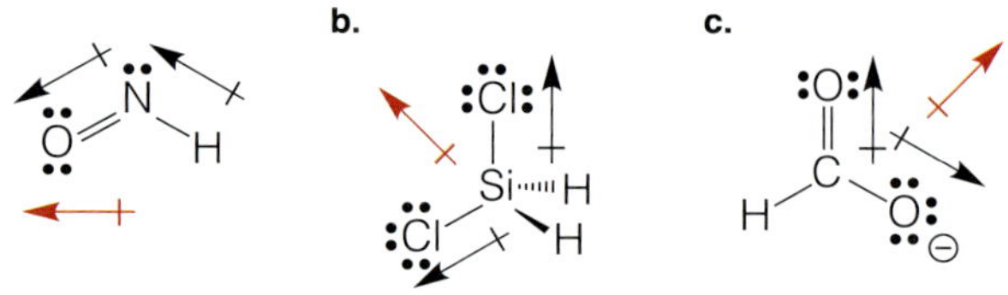

99. 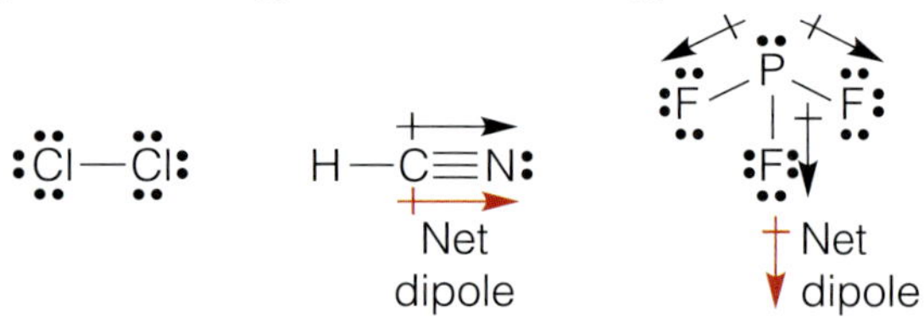

a. This bond is not polar and has no net dipole.
b. The C—N bond is polar covalent.
c. All P—F bonds are polar covalent.

101. 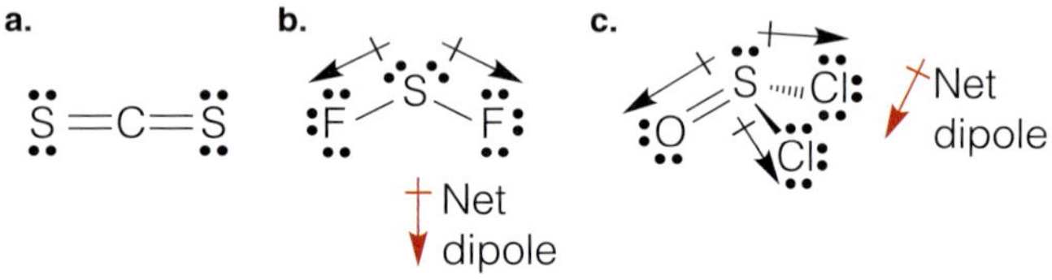

a. The C—S bonds are not polar. This molecule has no net dipole.
b. The S—F bonds are polar covalent.
c. The S—Cl bonds and the S=O bond are all polar covalent.

103. 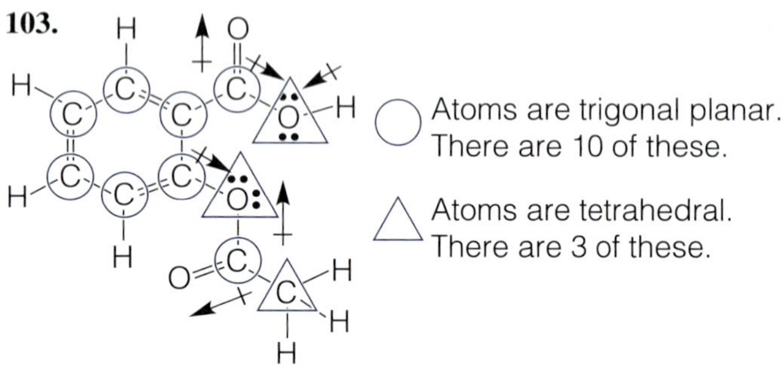

Chapter 10

21. In a solid, particles pack closely together. Each atom is held in a fixed position by the atoms around it. In a liquid, the particles are close together, but they are not held in a fixed position; particles move freely past each other. In a gas, the particles move independently of each other—they are spaced far apart and have little or no interaction with the other gas particles as they move.

23. In an ionic compound, alternating cations and anions are packed tightly together in rigid frameworks called lattices. The interactions between the oppositely charged ions are strong, so it takes a tremendous amount of energy to disrupt the lattice. Metallic solids usually form ordered lattices of tightly packed neutral atoms of the same elemental metal or alloy. The neutral atoms do not bind as tightly to each other as the ions in the ionic compound.

25. Intramolecular forces are the bonds within a molecule. Covalent bonds are the intramolecular forces present in a molecular solid. Intermolecular forces are the weaker forces between different molecules. Dipole–dipole interactions, hydrogen bonds, and dispersion forces are all intermolecular forces in a molecular solid.

27. **a.** ionic **b.** molecular
c. metallic **d.** ionic

29. **a.** ionic
b. covalent
c. covalent
d. covalent
N_2 will have the lowest boiling point; it is a covalent compound with no dipole. LiF will have the highest boiling point; it is an ionic compound.

31. London dispersion is the strongest type of intermolecular force in this molecule.

33. 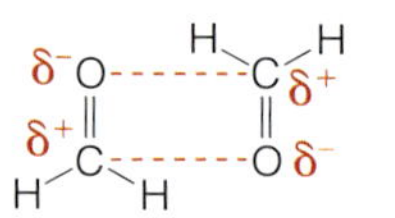

The strongest type of intermolecular interaction in formaldehyde is dipole–dipole.

35.

a. 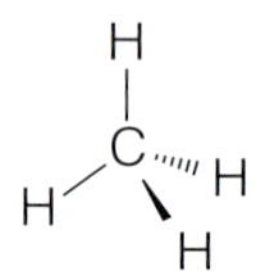 no net dipole; London dispersion forces

b. 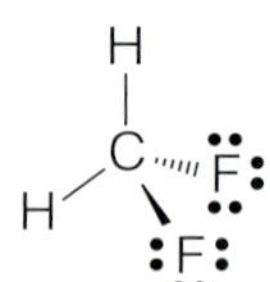 net dipole; dipole-dipole interactions

c. 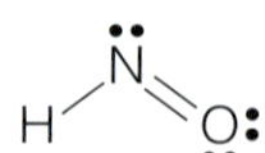 net dipole; hydrogen bonding

37. 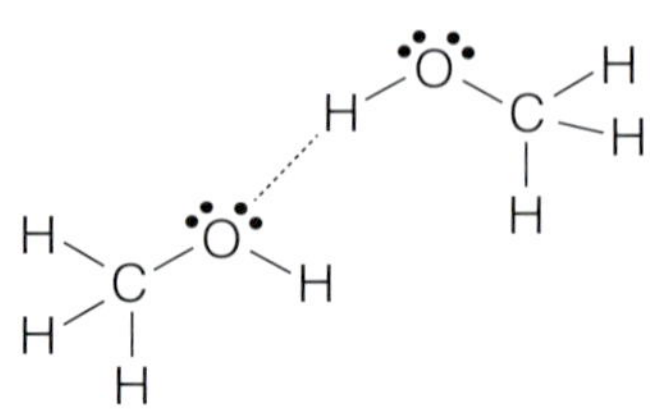

39. Polymers are compounds that contain long chains of covalently bonded atoms. Polymers are composed of small, repeating units that are bonded together, whereas a molecular solid is composed of molecules held together by intermolecular forces.

41. In a gas, the particles are spaced far apart. They move freely, interacting very little with the particles around them. Gas particles travel in a straight line until they bounce off another particle or off the walls of the container.

43. Pressure inside a container results from the force the gas particles exert on the inside of the container when they collide with the walls of the container. Pressure from outside a container also results from gas molecules colliding with the outside walls of the container.

45. If the pressure in your mouth is less than the outside pressure, the outside pressure will force the liquid up the straw and into your mouth. If the pressure in the mouth is greater than the outside pressure, the mouth pressure will force the liquid down through the straw.

47. 765.3 mm Hg; lower than standard atmospheric pressure

49. 692 torr; lower than standard atmospheric pressure

51. 1 atmosphere = 1.013×10^3 mbars = 760 torr = 29.9 inches Hg

53. **a.** 930 mbars
b. 2.4×10^3 torr
c. 20.6 psi

55. 95.0 psi

57. As the volume decreases, pressure increases. If the temperature decreases, pressure decreases.

59. 0.84 L

61. 1.79 L

63. 1.65 L

65. 137 K

67. Absolute zero is the lowest possible temperature, corresponding to 0 K or −273.15 °C; at this temperature, all motion stops, and the particles in a substance have zero kinetic energy.

69. 1,050 mb

71. 427 K

73. 0.40 bars

75. 2.36 L

77. 44.8 L

79. 2.2×10^2 moles

81. 22 atm

83. 3.7×10^2 K

85. 23.0 atm

87. 3.00 L

89. 2.09 atm

91. 1.57×10^{23} molecules CO_2

93. **a.** 0.094 moles
b. 20.2 g/mol
c. This formula mass corresponds to neon gas.

95. the pressure caused by one gas in a mixture

97. The partial pressure of methane = 18 psi.
The partial pressure of oxygen = 27 psi.

99. 9.34 atm

101. 4 torr

103. Nitrogen gas (N_2) would move faster.

105. Diffusion is the spread of particles through random motion; lighter gases diffuse more quickly than heavier gases. In contrast, effusion is the process of a gas escaping from a container; lighter gases effuse more quickly than heavier gases.

107. 2.5 moles H_2; 56 L H_2

109. **a.** 60.0 moles H_2O
b. 45.0 moles CO_2
c. 1.01×10^3 L CO_2
d. More moles of gas are produced (7 moles total versus 6 moles).

111. **a.** 0.086 mole CH_4
b. 0.17 mole O_2
c. 0.17 mole H_2O
d. 3.8 g CO_2

113. 0.18 atm

115. 1.10×10^3 L CO_2

117. A mixture containing 96% air and 4% propane (answer a) would completely react with almost no excess of either gas.

Chapter 11

19. Potassium nitrate is the solute because it is dissolved into the solvent (water). The small amount of potassium nitrate dissolved in 2.0 liters of water, in comparison to what can dissolve in one liter (300 g), tells us this solution is dilute.

21. 28.6% $CaCl_2$

23. 0.80 L cleaner; 3.2 L water

25. 24 mL alcohol

27. **a.** 5.20% g/mL
b. 200% g/mL
c. 18.9% g/mL

29. 200 g NaCl

31. **a.** 5.0 ppm
b. 0.0050 ppm
c. 5.0×10^{-6} ppm

33. 10 mg oxygen

35. 0.03 ppm

37. 4.0 ppm; 0.00040% (g/mL)

39. 0.005 ppm; 5 ppb

41. 5×10^{-6} ppm; 5×10^{-3} ppb

43. **a.** 0.132 M KI
b. 0.056 M CO_2
c. 1.31 M $Mg(C_2H_3O_2)_2$

45. **a.** 10 moles NaOH
b. 1.2 moles KCl
c. 0.0003 moles Na_2CO_3

47. 14 L

49. 1.8×10^2 g NaCl
Measure out the desired amount of NaCl and add it to a 3.0-L volumetric flask. Partially fill the flask with water and mix until the NaCl dissolves completely. Dilute the solution, slowly adding water until the correct volume is reached.

51. 0.38 M HCl

53. Add 2.0 mL of the stock solution to a 100-mL volumetric flask and dilute with water to the correct volume.

55. **a.** electrolyte
b. electrolyte
c. not an electrolyte
d. not an electrolyte

57.

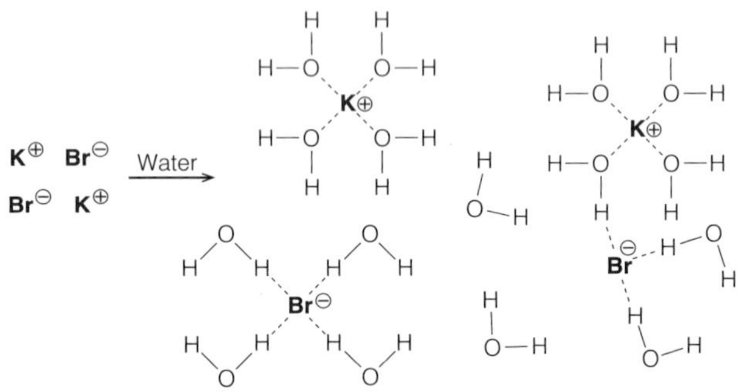

59. **a.** $Ba(OH)_2\ (s) \rightarrow Ba^{2+}\ (aq) + 2\ OH^-\ (aq)$
b. $(NH_4)_2SO_4\ (s) \rightarrow 2NH_4^+\ (aq) + SO_4^{2-}\ (aq)$

61. **a.** $MgBr_2\ (s) \rightarrow Mg^{2+}\ (aq) + 2\ Br^-\ (aq)$
b. $AlCl_3\ (s) \rightarrow Al^{3+}\ (aq) + 3\ Cl^-\ (aq)$
c. $Ca(NO_3)_2\ (s) \rightarrow Ca^{2+}\ (aq) + 2\ NO_3^-\ (aq)$

63. **a.** 1 M **b.** 4 M **c.** 9 M

65. **a.** 2.0 M
b. 0.7 M
c. 2.6×10^{-4} M

67. 1.84 moles Cl^-

69. 2.89 moles Cl^-; 3.6 M Cl^-

71. 0.50 M Mg^{2+}; 3.1 M K^+; 2.1 M SO_4^{2-}

73. A colligative property is one that depends on the number of particles dissolved in the solution, but not on the type of particles dissolved.

75. $MgCl_2$ has a total ion concentration of 3.0 moles/L; KBr has a total ion concentration of 2.0 moles/L. Therefore, 1.0 M $MgCl_2$ has the lower freezing point.

77. $NaNO_3$ has a total ion concentration of 4.0 moles/L; $AlCl_3$ has a total ion concentration of 6.0 mole/L. Because the $AlCl_3$ solution has the higher total ion concentration, it has the lower freezing point, the higher boiling point, and the higher osmotic pressure.

79. A 3.0-M NaCl (*aq*) solution will provide the greater number of ions (mole/L); therefore, it will have the higher osmotic pressure. Water will flow from the 1.0-M *aq*. Na_2SO_4solution into the 3.0-M NaCl (*aq*) solution in order to dilute it.

81. 0.154 M
a. hypertonic
b. hypertonic
c. hypertonic
d. isotonic

83. The driving force for a precipitation reaction is the formation of the precipitate.

85. Complete ionic equation:
$$Ca^{2+}\ (aq) + 2\ Br^-\ (aq) + Pb^{2+}\ (aq) + 2\ NO_3^-\ (aq) \rightarrow PbBr_2\ (s) + Ca^{2+}\ (aq) + 2\ NO_3^-\ (aq)$$
Net ionic equation:
$$2\ Br^-\ (aq) + Pb^{2+}\ (aq) \rightarrow PbBr_2\ (s)$$

87. **a.** metal-displacement reaction
b. neutralization reaction
c. precipitation reaction

89. **a.** $2\ FeCl_3\ (aq) + 3\ ZnSO_4\ (aq) \rightarrow 3\ ZnCl_2\ (aq) + Fe_2(SO_4)_3\ (s)$
b. $HBr\ (aq) + LiOH\ (aq) \rightarrow H_2O\ (l) + LiBr\ (aq)$

91. $2\ AgClO_3\ (aq) + MgCl_2\ (aq) \rightarrow 2\ AgCl\ (s) + Mg(ClO_3)_2\ (aq)$

93. 9.53 moles NO_3^-

95. 0.400 moles Al

97. 0.33 moles H_2

99. 0.011 M NaOH

101. 38.1 g Cu

103. 1.9×10^{-5} moles Br^-; 3.8×10^{-5} M Br^-

105. 0.00805 M Ca^{2+}

107. 0.10 L KOH

109. a. Calcium chloride is an electrolyte as it dissociate in solution to increase the ability of water to conduct electricity.

b.

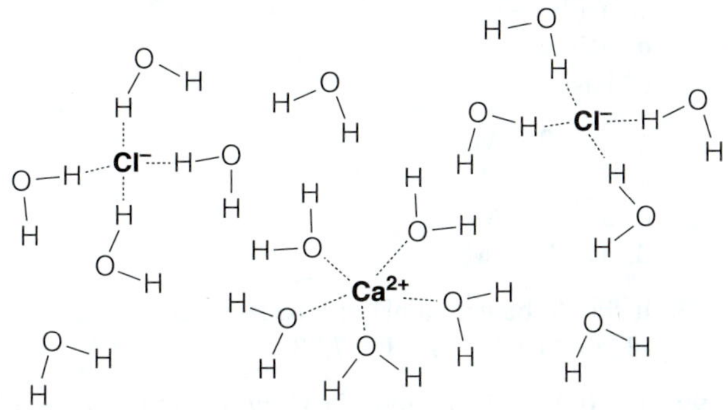

c. 40.0 mg/L

d. 1.0×10^6 g $CaCO_3$

Chapter 12

23. a. $HBr\ (aq) \rightarrow H^+\ (aq) + Br^-\ (aq)$

b. $HBr\ (aq) + H_2O\ (l) \rightarrow H_3O^+\ (aq) + Br^-\ (aq)$

c. $H_2SO_4\ (aq) \rightarrow H^+\ (aq) + HSO_4^-\ (aq)$

d. $H_2CO_3\ (aq) + H_2O\ (l) \rightarrow H_3O^+\ (aq) + HCO_3^-\ (aq)$

25. a. $NaOH\ (s) \rightarrow Na^+\ (aq) + OH^-\ (aq)$

b. $Ca(OH)_2\ (s) \rightarrow Ca^{2+}\ (aq) + 2\ OH^-\ (aq)$

27. a. $HCl\ (aq) + H_2O\ (l) \rightarrow H_3O^+\ (aq) + Cl^-\ (aq)$

b. $HNO_3\ (aq) + H_2O\ (l) \rightarrow H_3O^+\ (aq) + NO_3^-\ (aq)$

c. $HClO_4\ (aq) + H_2O\ (l) \rightarrow H_3O^+\ (aq) + ClO_4^-\ (aq)$

29. a. $NaOH\ (s) \rightarrow Na^+\ (aq) + OH^-\ (aq)$

b. $Mg(OH)_2\ (s) \rightarrow Mg^{2+}\ (aq) + 2\ OH^-\ (aq)$

c. $CsOH\ (s) \rightarrow Cs^+\ (aq) + OH^-\ (aq)$

31. a. Diprotic because it has two available H^+

b. Monoprotic because it has one available H^+

c. Monoprotic because it has one available H^+

d. Diprotic because it has two available H^+

33. In the Arrhenius definition, acids produce H^+ ions in water, which may also be represented by the hydronium ion, H_3O^+. Bases produce hydroxide (OH^-) ions in water. A Brønsted-Lowry acid is any compound that gives up an H^+ ion (called a *proton*) in a chemical reaction. Conversely, a Brønsted-Lowry base is any compound that accepts an H^+ ion.

35.

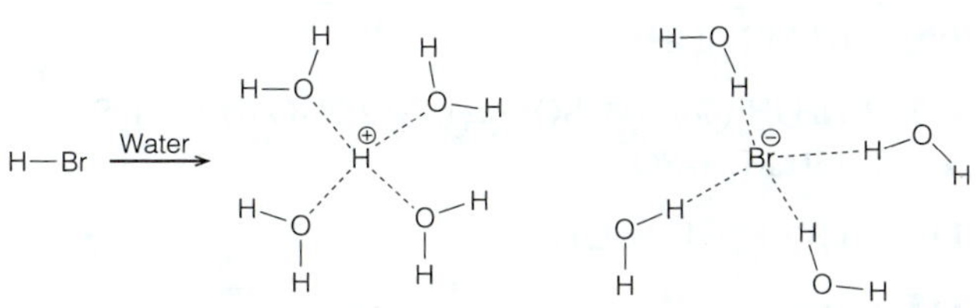

The acid in solution ionizes to produce an H^+ cation and a corresponding anion. In the aqueous solution, the H^+ ion is stabilized by multiple water molecules. This can be shown as the H^+ ion attached to a water molecule to form H_3O^+. Both mean the same thing.

37. a. HF is the acid and KOH is the base.

b. HBr is the acid and H_2O is the base.

c. H_2SO_4 is the acid and H_3N is the base.

39. Strong acids completely ionize in water. Most acids only partially ionize in water—these are weak acids.

41. a. HCl

b. HBr

c. H_2SO_4

d. H_3PO_4 (weak acid)

43. a. weak acid **b.** weak acid

c. weak acid **d.** strong acid

45. The ionization of weak acids is an example of an equilibrium reaction. This type of reaction occurs in both the forward and backward directions. The acid can dissociate into its ions, but the dissociated ions can also re-form the acid.

47. a.

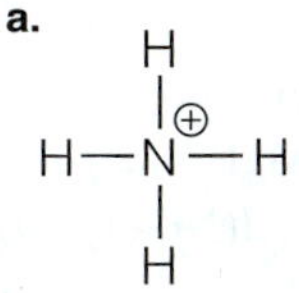

b.

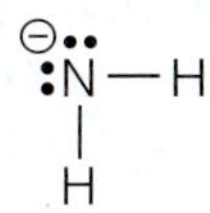

49. a. acid = $HClO_2$; base = H_2O; conjugate acid = H_3O^+; conjugate base = ClO_2^-

b. acid = H_2CO_3; base = H_2O; conjugate acid = H_3O^+; conjugate base = HCO_3^-

c. acid = $CH_3NH_3^+$; base = H_2O; conjugate acid = H_3O^+; conjugate base = CH_3NH_2

51. a. acid = HCl; base = CH_3OH; conjugate acid = $CH_3OH_2^+$; conjugate base = Cl^-

b. acid = CH_3OH; base = PBr_3; conjugate acid = $HPBr_3^+$; conjugate base = CH_3O^-

c. $H_2S\ (g) + HF\ (aq) \rightleftharpoons H_3S^+\ (aq) + F^-\ (aq)$

Base Acid conjugate acid conjugate base

53. $HF\ (aq) + H_2O\ (l) \rightleftharpoons H_3O^+\ (aq) + F^-\ (aq)$

$F^-\ (aq) + H_2O\ (l) \rightleftharpoons HF\ (aq) + OH^-\ (aq)$

55. $H_2CO_3\ (aq) + H_2O\ (l) \rightleftharpoons H_3O^+\ (aq) + HCO_3^-\ (aq)$

$HNO\ (aq) + H_2O\ (l) \rightleftharpoons H_3O^+\ (aq) + NO_2^-\ (aq)$

$NO_2^-\ (aq) + H_2O\ (l) \rightleftharpoons HNO_2\ (aq) + OH^-\ (aq)$

57. $H_3PO_4\ (aq) + H_2O\ (l) \rightleftharpoons H_3O^+\ (aq) + H_2PO_4^-\ (aq)$

$H_2PO_4^-\ (aq) + H_2O\ (l) \rightleftharpoons H_3O^+\ (aq) + HPO_4^{2-}\ (aq)$

$HPO_4^{2-}\ (aq) + H_2O\ (l) \rightleftharpoons H_3O^+\ (aq) + PO_4^{3-}\ (aq)$

59. a. $HClO\ (aq) + H_2O\ (l) \rightleftharpoons H_3O^+\ (aq) + ClO^-\ (aq)$

b. $ClO^-\ (aq) + H_2O\ (l) \rightleftharpoons HClO\ (aq) + OH^-\ (aq)$

61. Conjugate acid: CH_6N^+; conjugate base: Cl^-

63.

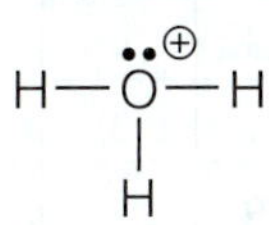

Conjugate acid

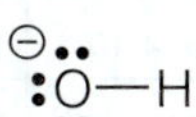

Conjugate base

65. 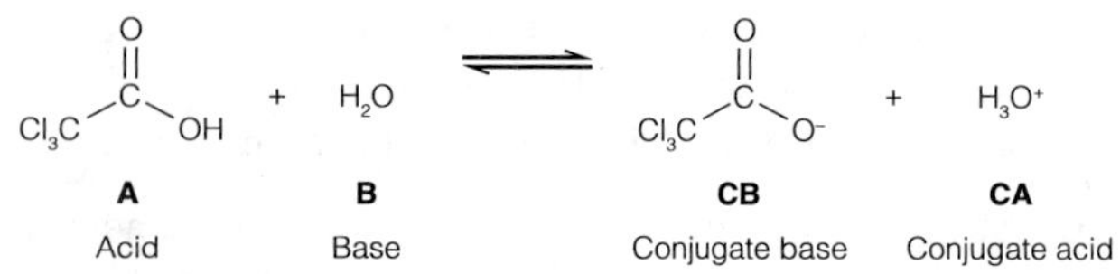

67. **a.** nonmetal oxide
b. metal oxide
c. not an oxide (nonmetal or otherwise)
d. nonmetal oxide

69. **a.** $Sn\ (s) + 2\ HCl\ (aq) \rightarrow H_2\ (g) + SnCl_2\ (aq)$
b. $2\ Li\ (s) + 2\ HCl\ (aq) \rightarrow H_2\ (g) + 2\ LiCl\ (aq)$
c. $Fe\ (s) + 2\ HCl\ (aq) \rightarrow H_2\ (g) + FeCl_2\ (aq)$
d. $2\ Al\ (s) + 6\ HCl\ (aq) \rightarrow 3\ H_2\ (g) + 2\ AlCl_3\ (aq)$

71. **a.** $Be\ (s) + 2\ HF\ (aq) \rightarrow H_2\ (g) + BeF_2\ (aq)$
b. $Sr\ (s) + H_2SO_4\ (aq) \rightarrow H_2\ (g) + SrSO_4\ (aq)$
c. $Au\ (s) + HNO_3\ (aq) \rightarrow$ Precious metals (silver, gold, platinum) do not react with acid.

73. **a.** $HCl + NaOH \rightarrow H_2O\ (l) + NaCl\ (aq)$
b. $2\ HBr + Mg(OH)_2 \rightarrow 2\ H_2O\ (l) + MgBr_2\ (aq)$
c. $3\ HNO_3 + Al(OH)_3 \rightarrow 3\ H_2O\ (l) + Al(NO_3)_3\ (aq)$

75. **a.** $2\ HCl\ (aq) + Ca(OH)_2\ (s) \rightarrow 2\ H_2O\ (l) + CaCl_2\ (aq)$
b. $Mg(OH)_2\ (aq) + H_2SO_4\ (aq) \rightarrow 2\ H_2O\ (l) + MgSO_4\ (aq)$
c. $Al(OH)_3\ (aq) + 3\ HF\ (aq) \rightarrow 3\ H_2O\ (l) + AlF_3\ (aq)$

77. Complete ionic equation:
$$2\ H^+\ (aq) + 2\ NO_3^-\ (aq) + Mg^{2+}\ (aq) + 2\ OH^-\ (aq) \rightarrow 2\ H_2O\ (l) + Mg^{2+}\ (aq) + 2\ NO_3^-\ (aq)$$
Net ionic equation:
$$H^+\ (aq) + OH^-\ (aq) \rightarrow H_2O\ (l)$$

79. $H_3C_6H_5O_7\ (aq) + 3\ NaOH\ (aq) \rightarrow Na_3C_6H_5O_7\ (aq) + 3\ H_2O\ (l)$

81. $SO_3\ (g) + H_2O\ (l) \rightleftharpoons H_2SO_4\ (aq)$

83. $H_2O\ (l) + H_2O\ (l) \rightleftharpoons H_3O^+\ (aq) + OH^-\ (aq)$
Acid Base Conjugate acid Conjugate base

85. **a.** 1.0×10^{-2} M
b. 1.91×10^{-6} M
c. 2.34×10^{-10} M

87. **a.** 3.00; acidic
b. 7.00; neutral
c. 10.28; basic

89. **a.** 7.00; neutral
b. 5.00; acidic
c. 12.100; basic

91.

	$[H^+]$	$[OH^-]$	pH	pOH
Solution A	1.0×10^{-5}	1.0×10^{-9}	5	9
Solution B	1.0×10^{-11}	1.0×10^{-3}	11	3
Solution C	1.0×10^{-9}	1.0×10^{-5}	9	5
Solution D	1.0×10^{-8}	1.0×10^{-6}	8	6

93. **a.** neutral
b. basic
c. acidic
d. acidic
e. basic

95. **a.** 6×10^{-5} M
b. 5×10^{-12} M
c. 5×10^{-8} M
d. 5×10^{-11} M

97. It should be near a pH of 8 because the $-\log$ of $10^{-8} = 8$. pH = 7.88.

99. The 0.010-M solution of HCl will have the lower pH because it is a strong acid and will fully ionize in solution.

101. A pH meter gives the most precise pH reading, whereas litmus paper gives the least precise pH information.

103. **a.** red **b.** blue
c. colorless **d.** pink

105. To determine the concentration of a solution of sodium hydroxide, you would follow this procedure:
1) Prepare an acidic solution (such as hydrochloric acid) with a known concentration.
2) Precisely measure a small volume of the base solution. Place the base solution in an Erlenmeyer flask and add 1–2 drops of phenolphthalein indicator. (Remember, this indicator is pink in basic solution, but colorless in acid.)
3) Fill a buret with the known acidic solution. Measure the initial volume in the buret.
4) Begin adding acid to the base, swirling the Erlenmeyer flask occasionally to mix the solutions. As more acid is added, the pink color will begin to disappear, then disappear fully. Slowly add acid, drop by drop, until a faint pink color completely disappears. By adding the solution slowly until the faintest pink color disappears, you add just enough acid to neutralize the base.
5) Once the titration is complete for this reaction, determine the volume and molarity of the base to find the moles of base needed to neutralize the acid. Using the balanced equation, relate the moles of base to the moles of acid. From the moles and volume of the acid, the molarity can be determined.

107. 1.70 M HNO_3

109. 0.63 M NaOH

111. $2\ NaOH\ (aq) + H_2SO_4\ (aq) \rightarrow 2\ H_2O\ (l) + Na_2SO_4\ (aq)$
0.130 M H_2SO_4

113. 1.1×10^2 mL NaOH

115. **a.** red
b. pink
c. colorless (pH = 2.4)
d. red

117. The solution is basic after the reaction is complete. This will cause the phenolphthalein to be pink.

119. A buffer is a solution containing a mixture of acidic and basic components that resists changes in pH.

121. Animal cells contain a buffer consisting of $H_2PO_4^-$ (a weak acid) and HPO_4^{2-} (its conjugate base).

123. a. If acid were added to the buffer solution, it would react with the $C_2H_3O_2^-$:
$H^+ (aq) + C_2H_3O_2^- (aq) \rightarrow HC_2H_3O_2 (aq)$

b. If base were added to this buffer, it would react with $HC_2H_3O_2$:
$OH^- (aq) + HC_2H_3O_2 (aq) \rightarrow H_2O (l) + C_2H_3O_2 (aq)$

125. The 0.0530 moles of NaOH will consume 0.0530 mole of HCl, leaving 0.068 mole HCl unreacted. The final $[H^+]$ will be 0.45 M. Finally, the pH will be 0.35.

Chapter 13

13. Because the collision of molecules is required for chemical reactions to occur, the rate of reactions depends in part on how frequently collisions occur. When molecules collide more frequently, reactions occur at a faster rate.

15. A decrease in the temperature or a decrease in the concentration of the reactants makes a reaction go more slowly.

17. She could heat the reaction mixture, or she could react the iron with a more concentrated HBr solution.

19. A reaction energy diagram shows energy changes as a reaction progresses. It provides information as it pertains to the energetic changes that accompany a chemical reaction.

21. The transition state is the highest-energy arrangement of atoms that occurs during a chemical reaction. It is the point of highest energy on a reaction energy diagram.

23.

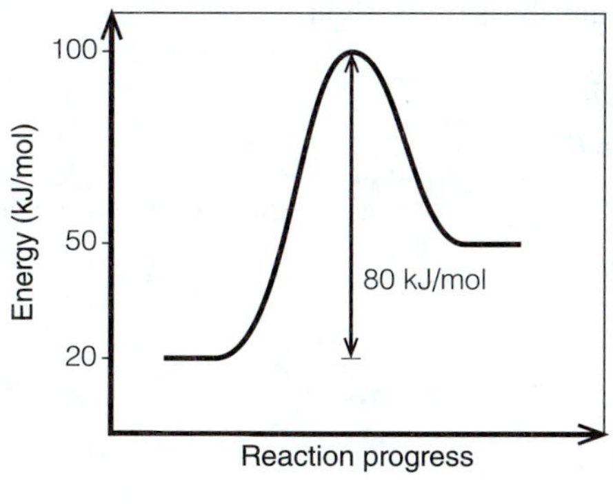

25. Endothermic. This reaction should occur at room temperature.

27. a. endothermic
activation energy: +30 kJ/mol; net energy change: +20 kJ/mol

b. exothermic
activation energy: +10 kJ/mol; net energy change: −30 kJ/mol

29. a. activation energy: +40 kJ/mol; net energy change: +20 kJ/mol

b. activation energy: +20 kJ/mol; net energy change: −50 kJ/mol

31. Reaction A will proceed most quickly because it has the lowest activation energy of the three reactions.

33. Add enough energy in the form of heat to overcome the activation energy. After that, the heat released by the reaction enables it to continue.

35. A catalyst is a species that is not part of the balanced equation but causes the reaction to go more quickly. A catalyst stabilizes the transition state in the reaction. This reduces the activation energy required to go from reactant to product. As a result, reactions are able to go more quickly; however, catalysts do not affect the net energy change of a reaction.

37. Because the reaction is at equilibrium, both the forward and reverse reactions are occurring simultaneously, meaning that A is being converted to B and B is being converted to A. Because these reactions are happening at the same rate, the concentrations of A and B do not change.

39. Because the ice and water are in equilibrium, there are liquid water molecules freezing as well as molecules in the ice melting away from the solid. Because this process is at equilibrium, the rates of the liquid molecules freezing and molecules in the ice melting are equal.

41. The populations of the two towns are not at equilibrium, because the number of people moving between the two towns is not constant. More people are moving from Town A to Town B than from Town B to Town A. Eventually, all of the people will have moved to Town B. For the populations to be at equilibrium, the number of people moving between the two towns each day would need to be the same.

43. This reaction does not represent an equilibrium because it uses a single forward arrow, and not a double arrow.

45. Because the reaction is endothermic, the energy of the reactants is less than the energy of the products. In an equilibrium reaction, the side that is lower in energy will have a greater concentration. Therefore, the reactants are present in a higher concentration.

47. In general, the side of an equilibrium that is lower in energy will have a greater concentration. For this reaction involving trifluoroacetic acid in water, equilibrium will favor neither the reactants nor the products because both have an almost identical potential energy. Therefore, the concentrations of the reactants and products will be nearly equal at equilibrium.

49. Activation energy (forward direction): 60 kJ/mol
Activation energy (reverse direction): 30 kJ/mol

51. A catalyst speeds up the rate of the forward and reverse reactions by reducing the activation energy, but it does not affect the equilibrium position of the reaction.

53. **a.** $K = \dfrac{[C]}{[A][B]^2}$

b. $K = \dfrac{[C][D]^2}{[A]^3[B]}$

55. **a.** $K = \dfrac{[H^+][NO_2^-]}{[HNO_2]}$

b. $K = \dfrac{[[Cr(OH)_4]^-]}{[Cr^{3+}][OH^-]^4}$

57. **a.** The reaction favors the reactants because the K value is less than 1.

b. The reaction favors the products because the K value is greater than 1.

c. The reaction favors the products because the K value is greater than 1.

59. $K = 1.8 \times 10^{-4}$ (equilibrium lies to the left)

61. **a.** $K = \dfrac{[H_3O^+][HO_2^-]}{[H_2O_2]}$

b. $K = \dfrac{[H^+][B(OH)_4^-]}{[B(OH)_3]}$

63. $K = \dfrac{[H_3O^+][N_3^-]}{[HN_3]} = \dfrac{[0.0043][0.0043]}{[0.994]} = 1.9 \times 10^{-5}$

65. $[HF] = 1.5 \times 10^{-7}$ M

67. $[H_3O^+] = 6.4 \times 10^{-4}$ M

69. **a.** $K = [Pb^{2+}][I^-]^2$

b. $K = \dfrac{1}{[Fe^{3+}][OH^-]^3}$

71. The solubility product is the equilibrium constant for a solution of an ionic compound. A small solubility product indicates the ionic compound is not very soluble in the solution.

73. $K_{sp} = [Cd^{2+}][CO_3^{\ 2-}] = 1.0 \times 10^{-12}$

75. $[Ag^+] = 1.33 \times 10^{-5}$ M

77. $[Pb^{2+}] = 1.4 \times 10^{-3}$ M and $[I^-] = 2.7 \times 10^{-3}$ M

79. **a.** $K = \dfrac{P_{NO_2}^2}{P_{N_2O_2}}$

b. $K = \dfrac{P_{Cl_2}^2 P_{H_2O}^2}{P_{HCL}^4 P_{O_2}}$

81. 16 atm

83. Le Chatelier's principle states that when a change in concentration, temperature, pressure, or other key factor takes place, the equilibrium shifts to minimize that change, and a new equilibrium is established.

85. **a.** Adding more A will shift the reaction equilibrium to the right.

b. Removing B will shift the reaction equilibrium to the left.

c. Adding C will shift the reaction equilibrium to the left.

d. Removing C will shift the reaction equilibrium to the right.

87. **a.** Adding Br_2 will shift the reaction equilibrium to the right.

b. Removing Cl_2 will shift the reaction equilibrium to the left.

c. Removing BrCl will shift the reaction equilibrium to the right.

d. Adding a catalyst will speed up the reaction rate, but it will not affect the equilibrium.

89. More CH_3I will be produced if methanol is the solvent because it will be present in a large amount and drive the reaction to the right. If water is the solvent, it will drive the reaction to the left.

91. Adding OH^- shifts the equilibrium to the left to accommodate the increased amount of OH^-.

93. This is an endothermic reaction because heat is on the reactant side. Increasing the heat in an endothermic reaction will shift the equilibrium to the right. Removing heat will shift the equilibrium to the left.

95. This is an exothermic reaction because of the negative enthalpy value. Therefore, heating the mixture will shift the equilibrium to the left.

97. The reactants contain two moles of gas, and the products contain one mole of gas. Increasing the pressure will cause the equilibrium to shift toward the side with fewer moles of gas. Therefore, the reaction will shift to the right.

99. **a.** Equilibrium shifts to the right.

b. Equilibrium shifts to the left.

c. Equilibrium shifts to the right.

101. $K = \dfrac{[H^+][ClO^-]}{[HClO]}$

$[H^+] = [ClO^-] = 1.7 \times 10^{-4}$ M

pH = 3.76

Chapter 14

13. **a.** oxidized

b. reduced

c. reduced

d. oxidized

15. Scientists use oxidation numbers to keep track of electron changes in redox reactions.

17. **a.** +2

b. +1

c. +4

d. +1

19. **a.** Cu = +1, Cl = –1
b. Cu = +2, Cl = –1
c. Si = +4, O = –2
d. H = +1, O = –2

21. **a.** Be = +2, Br = –1
b. B = +3, Br = –1
c. N = –3, H = +1
d. Li = +1, H = –1

23. **a.** +2
b. –1
c. O = –2, Br = +1
d. H = +1, N = –3

25. **a.** +3
b. O = –2, C = +4
c. O = –2, I = +5
d. F = –1, B = +3

27. **a.** oxidized = Mg; reduced = O
b. oxidized = Fe; reduced = S
c. oxidized = Ca; reduced = Br

29. **a.** oxidized = H_2; reduced = O
b. oxidized = C; reduced = O
c. oxidized = H_2; reduced = S

31. **a.** oxidizing agent = O_2
b. oxidizing agent = O_2
c. oxidizing agent = F_2

33. **a.** reducing agent = Ca
b. reducing agent = Be
c. reducing agent = S

35. Ionic compounds are formed from the reaction of metals and nonmetals.

37. **a.** $Fe\ (s) + Cl_2\ (g) \rightarrow FeCl_2\ (s)$
oxidized = Fe; reduced = Cl_2
b. $O_2\ (g) + 2\ Hg\ (l) \rightarrow 2\ HgO\ (s)$
oxidized = Hg; reduced = O_2

39. **a.** $Be\ (s) + Cl_2\ (g) \rightarrow BeCl_2\ (s)$
b. $2\ K\ (s) + Cl_2\ (g) \rightarrow 2\ KCl\ (s)$
c. $Co\ (s) + Cl_2\ (g) \rightarrow CoCl_2\ (s)$
d. $2\ Cu\ (s) + O_2\ (g) \rightarrow 2\ CuO\ (s)$

41. oxygen

43. **a.** $2\ Mg\ (s) + O_2\ (g) \rightarrow 2\ MgO\ (s)$
b. $C_2H_4\ (g) + 3\ O_2\ (g) \rightarrow 2\ CO_2\ (g) + 2\ H_2O\ (g)$
c. $2\ C_4H_{10}\ (g) + 13\ O_2\ (g) \rightarrow 8\ CO_2\ (g) + 10\ H_2O\ (g)$

45. **a.** $Co\ (s) + SnCl_2\ (aq) \rightarrow CoCl_2\ (aq) + Sn\ (s)$
b. $AuNO_3\ (aq) + Ag\ (s) \rightarrow Au\ (s) + AgNO_3\ (aq)$

47. The color fades due to an oxidation-reduction reaction between nickel(II) chloride and solid aluminum:

$3\ NiCl_2\ (aq) + 2\ Al\ (s) \rightarrow 2\ AlCl_3\ (aq) + 3\ Ni\ (s)$

As the reaction proceeds, the green nickel(II) chloride is replaced by $AlCl_3$ and the aluminum gets a coating of solid nickel on it.

49. **a.** Complete ionic equation:
$Mg\ (s) + Cu^{2+}\ (aq) + 2\ NO_3^-\ (aq) \rightarrow Mg^{2+}\ (aq) + 2\ NO_3^-\ (aq) + Cu\ (s)$
Net ionic equation:
$Mg\ (s) + Cu^{2-}\ (aq) \rightarrow Mg^{2+}\ (aq) + Cu\ (s)$
b. Complete ionic equation:
$Al\ (s) + Cr^{3+}\ (aq) + 3\ Cl^-\ (aq) \rightarrow Al^{3+}\ (aq) + 3\ Cl^-\ (aq) + Cr\ (s)$
Net ionic equation:
$Al\ (s) + Cr^{3+}\ (aq) \rightarrow Al^{3+}\ (aq) + Cr\ (s)$
c. Complete ionic equation:
$2\ Cr\ (s) + 3\ Pt^{2+}\ (aq) + 6\ Br^-\ (aq) \rightarrow 2\ Cr^{3+}\ (aq) + 6\ Br^-\ (aq) + 3\ Pt\ (s)$
Net ionic equation:
$2\ Cr\ (s) + 3\ Pt^{2+}\ (aq) \rightarrow 2\ Cr^{3+}\ (aq) + 3\ Pt\ (s)$

51. **a.** $Mg\ (s) + Pb(NO_3)_2\ (aq) \rightarrow Mg(NO_3)_2\ (aq) + Pb\ (s)$
b. $2\ Al\ (s) + 3\ PtBr_2\ (aq) \rightarrow 3\ Pt\ (s) + 2\ AlBr_3\ (aq)$

53. Aluminum and calcium can reduce Cu^{2+} to elemental copper.

55. Aluminum can reduce Fe^{2+} and Pb^{2+}.

57. **a.** This reaction will occur spontaneously.
b. This reaction will occur spontaneously.
c. This reaction will not occur.
d. This reaction will not occur.

59. **a.** $Sn^{2+}\ (aq) + Ni\ (s) \rightarrow Ni^{2+}\ (aq) + Sn\ (s)$
b. No reaction occurs.
c. $Co\ (s) + Pb(C_2H_3O_2)_2\ (aq) \rightarrow Pb\ (s) + Co(C_2H_3O_2)_2\ (aq)$

61. **a.** oxidized by reaction with water
b. oxidized by reaction with water
c. oxidized by reaction with water
d. not oxidized by reaction with water

63. **a.** $2\ Na\ (s) + 2\ H_2O\ (l) \rightarrow 2\ NaOH\ (aq) + H_2\ (g)$
b. $2\ K\ (s) + 2\ H_2O\ (l) \rightarrow 2\ KOH\ (aq) + H_2\ (g)$
c. $Ca\ (s) + 2\ H_2O\ (l) \rightarrow Ca(OH)_2\ (aq) + H_2\ (g)$

65. Lithium, aluminum, and nickel are oxidized by reaction with acid.

67. **a.** $Mg\ (s) + 2\ HCl\ (aq) \rightarrow MgCl_2\ (aq) + H_2\ (g)$
b. $Zn\ (s) + 2\ HCl\ (aq) \rightarrow ZnCl_2\ (aq) + H_2\ (g)$
c. $Fe\ (s) + 2\ HCl\ (aq) \rightarrow FeCl_2\ (aq) + H_2\ (g)$

69. **a.** $Ca\ (s) + Fe^{2+}\ (aq) \rightarrow Fe\ (s) + Ca^{2+}\ (aq)$
b. $Ca\ (s) + 2\ H^+\ (aq) \rightarrow Ca^{2+}\ (aq) + H_2\ (g)$
c. No reaction will occur.
d. $Zn\ (s) + Fe^{2+}\ (aq) \rightarrow Fe\ (s) + Zn^{2+}\ (aq)$

71. **a.** Oxidation: $Mg\ (s) \rightarrow Mg^{2+}\ (aq) + 2e^-$
Reduction: $Co^{2+}\ (aq) + 2e^- \rightarrow Co\ (s)$
b. Oxidation: $Cu\ (s) \rightarrow Cu^{2+}\ (aq) + 2e^-$
Reduction: $2\ Au^+\ (aq) + 2e^- \rightarrow 2\ Au\ (s)$

73. Oxidation: $Fe\ (s) \rightarrow Fe^{2+}\ (aq) + 2e^-$
Reduction: $Co^{2+}\ (aq) + 2e^- \rightarrow Co\ (s)$

75. **a.** Oxidation: $Ni\ (s) \rightarrow Ni^{2+}\ (aq) + 2e^-$
Reduction: $2\ Ag^+\ (aq) + 2e^- \rightarrow 2\ Ag\ (s)$
b. Oxidation: $Zn\ (s) \rightarrow Zn^{2+}\ (aq) + 2e^-$
Reduction: $Co^{2+}\ (aq) + 2e^- \rightarrow Co\ (s)$

77. The electrode where oxidation occurs is the anode. The electrode where reduction occurs is the cathode. The current in an electrochemical cell arises from a redox reaction at the two electrodes. The salt bridge is essential to the function of the cell. A salt bridge contains an ionic compound like sodium nitrate. As the electrons move from the anode to the cathode, the anode cell builds up a positive charge while the cathode builds up a negative charge. The salt bridge provides spectator ions that can balance these charges.

79. Anode: $Zn\ (s) \rightarrow Zn^{2+}\ (aq) + 2e^-$
Cathode: $Fe^{2+}\ (aq) + 2e^- \rightarrow Fe\ (s)$

81. For this reaction to occur, two half-reactions must take place:
Anode: $Zn\ (s) \rightarrow Zn^{2+}\ (aq) + 2e^-$
Cathode: $Cu^{2+}\ (aq) + 2e^- \rightarrow Cu\ (s)$
If the Zn^{2+} solution were replaced with pure water, the reaction would still take place.
However, if the Cu^{2+} solution were replaced with pure water, the reaction would not take place, since Cu^{2+} is a reactant.

83. $Al\ (s) + 3\ Ag^+\ (aq) \rightarrow Al^{3+}\ (aq) + 3\ Ag\ (s)$

85. $2\ Li\ (s) + 2\ H^+\ (aq) \rightarrow 2\ Li^+\ (aq) + H_2\ (s)$

87. $3\ Ca\ (s) + 2\ Cr^{3+}\ (aq) \rightarrow 2\ Cr\ (s) + 3\ Ca^{2+}\ (aq)$

89. $3\ Ba\ (s) + 2\ Fe^{3+}\ (aq) \rightarrow 2\ Fe\ (s) + 3\ Ba^{2+}\ (aq)$

91. Oxidation: $Zn\ (s) \rightarrow Zn^{2+}\ (aq) + 2e^2$
Reduction: $2\ H^+\ (aq) + 2e^- \rightarrow H_2\ (g)$
$Zn\ (s) + 2\ H^+\ (aq) \rightarrow H_2\ (g) + Zn^{2+}\ (aq)$

93. Oxidation: $Cr\ (s) \rightarrow Cr^{3+}\ (aq) + 3e^-$
Reduction: $Pb^{2+}\ (aq) + 2e^- \rightarrow Pb\ (s)$
$2\ Cr\ (s) + 3\ Pb^{2+}\ (aq) + 6\ NO_3^-\ (aq)$
$\rightarrow 3\ Pb\ (s) + 2\ Cr3^+\ (aq) + 6\ NO_3^-\ (aq)$

95. Electroplating is a technique that uses electrical potential energy (such as from a battery) to produce a thin layer of a metal such as gold, silver, copper, or chromium on the outside surface of another material.

In an electrochemical cell, a redox reaction creates an electric current. In electroplating, the reverse occurs: an electric current drives a redox reaction to take place.

97. The gold in solution (Au^+) is reduced to Au metal on the ring. Therefore, the ring is the cathode. The zinc counter electrode is the anode.

99. A fuel cell is a device that converts the energy of a combustion reaction directly into electrical energy by separating the oxidation and reduction half-reactions. The most common fuel cells involve the reaction of hydrogen with oxygen. A hydrogen fuel cell consists of two electrodes separated by a proton exchange membrane that allows protons, but not electrons, to flow through it.

101. **a.** synthesis
b. single displacement
c. combustion

103. Reactants:
H (in $C_6H_{12}O_6$) oxidation number = +1
O (in $C_6H_{12}O_6$) oxidation number = –2
C (in $C_6H_{12}O_6$) oxidation number = 0
O (in O_2) oxidation number = 0

Products:
O (in CO_2) oxidation number = –2
C (in CO_2) oxidation number = +4
H (in H_2O) oxidation number = +1
O (in H_2O) oxidation number = –2

In this reaction, carbon is oxidized from an oxidation number of 0 to an oxidation number of +4. Also, oxygen (in O_2) is reduced from an oxidation state of 0 to an oxidation state of –2.

105. 54.0 g $Fe(NO_3)_2$

Chapter 15

11. Cellular respiration produces carbon dioxide and water.

13. Photosynthesis is an endothermic process, and cellular respiration is an exothermic process.

15. Carbon dioxide is absorbed by plants to make glucose and oxygen. The plants eventually die and begin to decay. After a long period of decay, the carbon-containing compounds of the dead plants are converted into coal.

17. The ocean exchanges carbon dioxide with the atmosphere. In water, carbon dioxide reacts to form carbonic acid and then bicarbonate ions. Many creatures produce hard calcium carbonate shells from the bicarbonate ions dissolved in the water. Over time, these shells accumulate on the seafloor, forming sediments that are rich in carbon.

19. **a.** 4 **b.** 3 **c.** 2 **d.** 1

21. **a.**
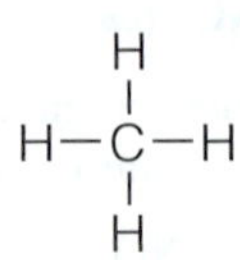
b.
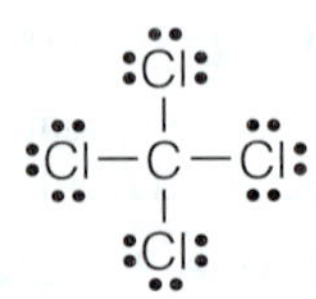
c.
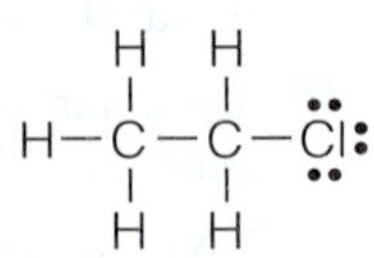

23.

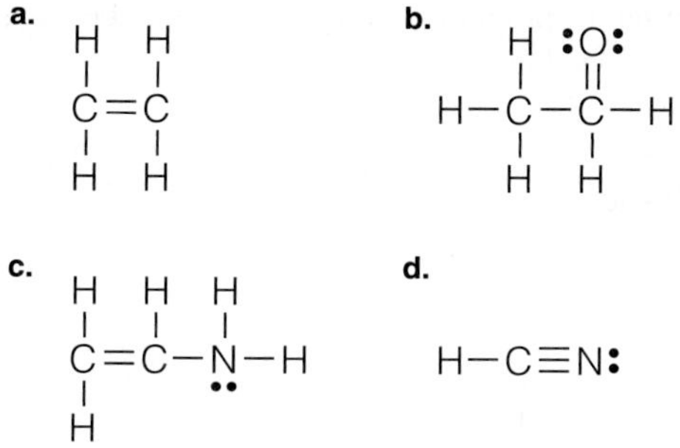

25. The compound in (b) is an isomer. The F atom is attached to a different carbon.

27.

29.

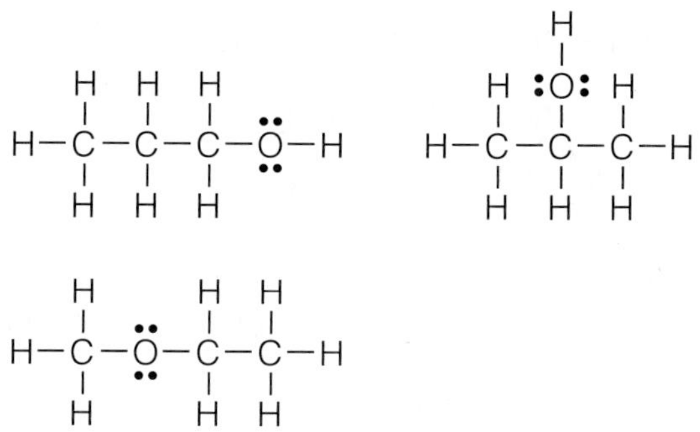

31.

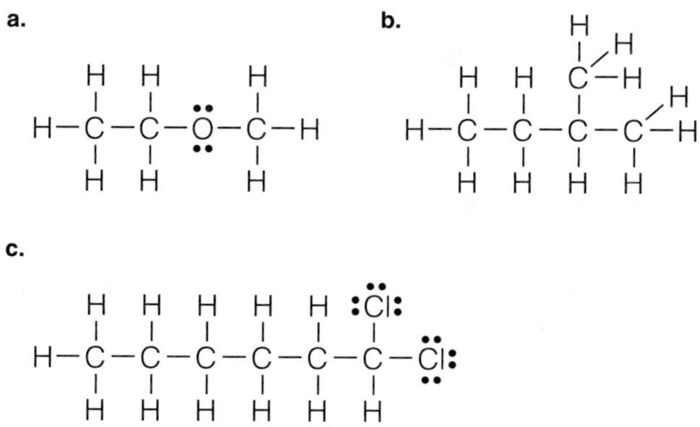

33. **a.** $CH_3CH_2CH_3$
b. $CH_3CCl_2CH_2CH_3$

35. **a.** C_5H_{12}
b. C_5H_{12}
c. $C_5H_{11}Cl$

37. **a.** $C_4H_{10}O$
b. C_3H_9NO
c. C_4H_4O

39.

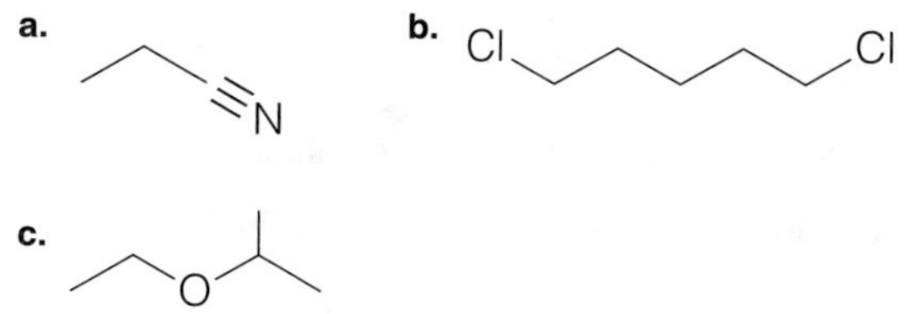

41.

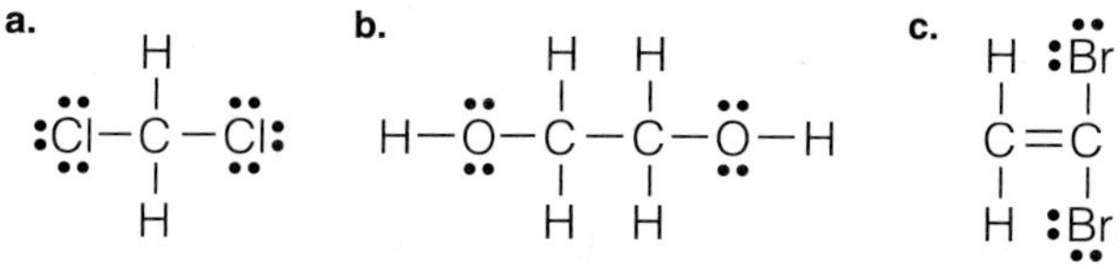

43.

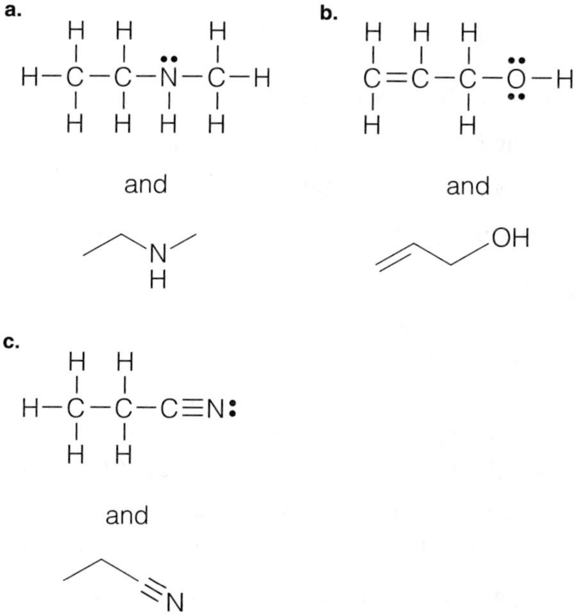

45. $C_{11}H_{15}O_4SN$

47. 18

49. 8

51. C_5H_{12} C_5H_{10}

Pentane Cyclopentane

53. **a.** butane **b.** hexane **c.** heptane

55.

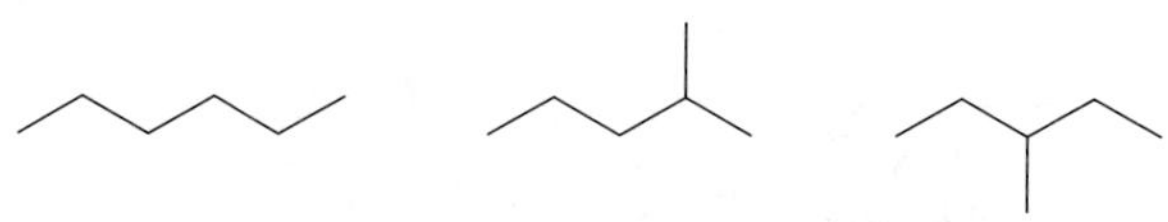

57.

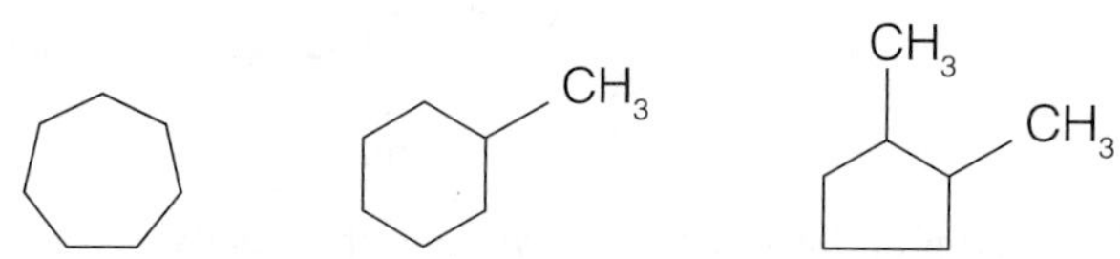

59. a.  b. 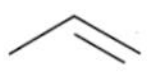

61. a. alkane b. aromatic c. alkene d. alkyne

63. a. alcohol b. ether c. ketone d. ester

65. a. 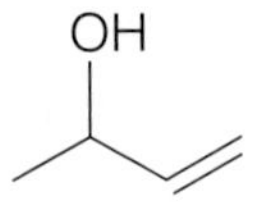 b. 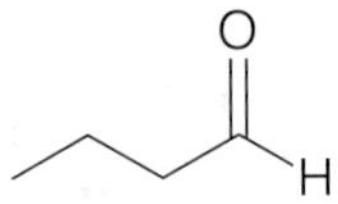

c. 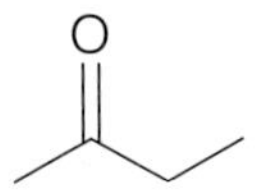 d. 

67. alcohol, alkene, and ester

69. a. amine b. amide c. nitrile

71. alcohol, aromatic, amine

73. $CH_3CH_2CH_2OCH_3$

75. 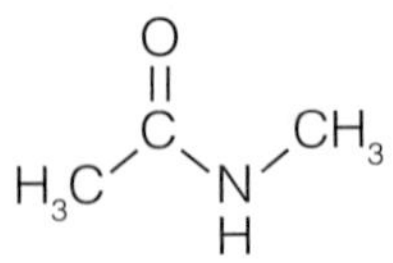

77. a. $CH_3CO_2H + H_2O \rightleftharpoons CH_3CO_2^- + H_3O^+$
b. $CH_3CH_2CO_2H + H_2O \rightleftharpoons CH_3CH_2CO_2^- + H_3O^+$

79. a. $HCO_2H + NH_3 \rightleftharpoons NH_4 + HCO_2^-$
b. $CH_3CO_2H + CH_3NH_2 \rightleftharpoons CH_3CO_2^+ + CH_3NH_3^+$

81. Polymers are molecules containing simple repeating units linked together in long chains of covalent bonds. Naturally occurring polymers include proteins and DNA. Two examples of synthetic polymers are polypropylene and polyester.

83. carbon, hydrogen, and oxygen

85. The two cyclic forms differ only in the position of the alcohol on carbon 1: In the *alpha* form (called *α-glucopyranose*), the OH on carbon 1 points down from the ring. In the *beta* form (*β-glucopyranose*), the OH on carbon 1 points out from the ring.

87. 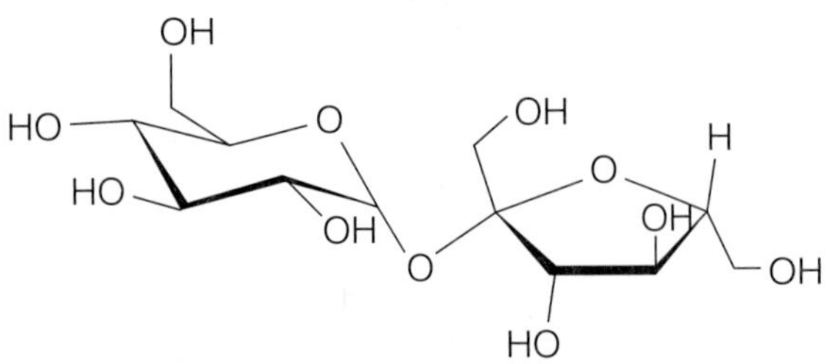

89. Some proteins function as *enzymes* that catalyze very specific reactions. Other proteins transport molecules. Proteins are essential to the replication of our genetic code. And every move we make—every muscle contraction—arises from a change in the shape of a protein.

91. Phenylalanine, tryptophan, and tyrosine have the benzene ring in their side chain.

93. Ser-Pro-Arg

95. a. Met-Gly-Ile
b. Cys-Phe-Ser

97. a. Cys-Thr

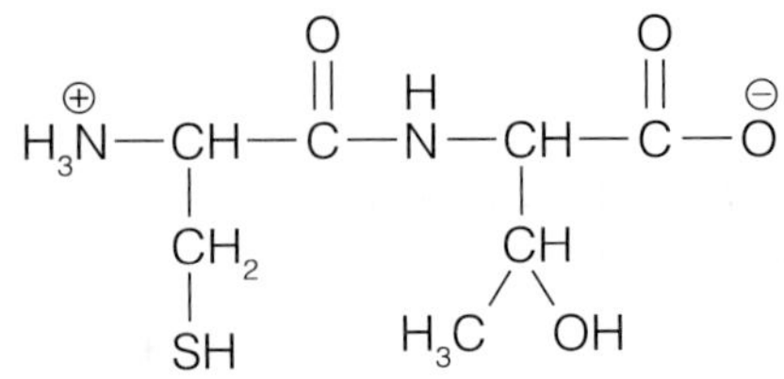

b. Thr-Cys

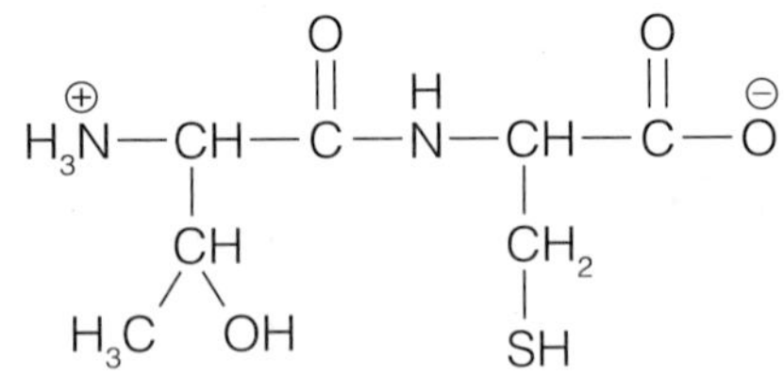

99. a. Thr-Phe-Asp

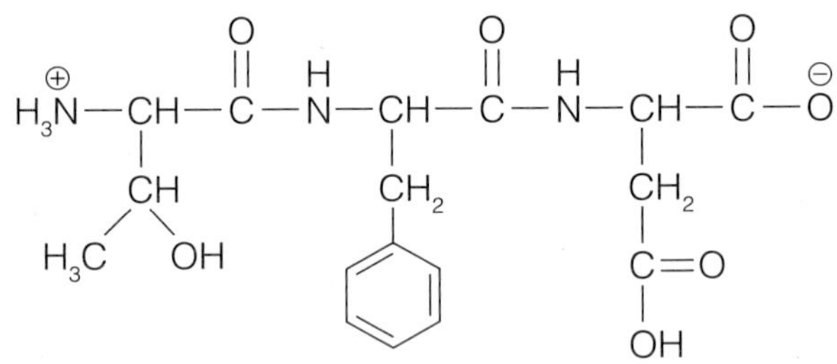

b. Lys-Gln-Gly

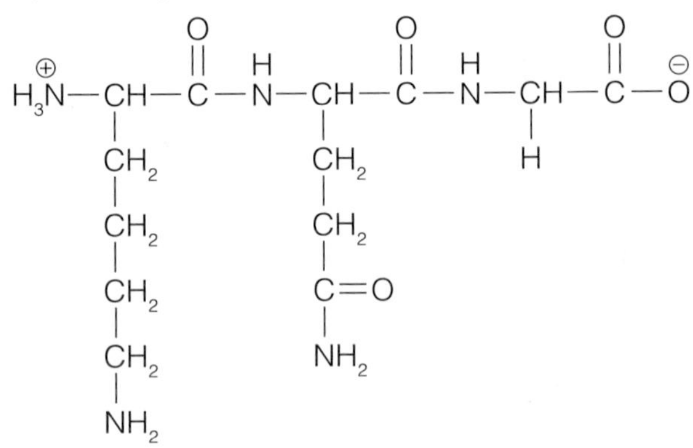

101. Hydrogen bonding interactions affect the shape of proteins.

103. DNA stores all of our genetic information needed for replication and reproduction.

105. The nucleotides link together through condensation reactions to form a sugar–phosphate backbone.

107.

C ···· G
T ···· A
A ···· T
G ···· C
T ···· A
G ···· C
A ···· T

109. Polysaccharides contain one repeating monomer. Proteins and DNA contain multiple monomers with coded information in the monomer sequence.

Chapter 16

11. The number of protons determines the elemental identity of an atom.

13. Collectively, protons and neutrons are called nucleons. A nuclide is an atom or nucleus containing a particular number of protons and neutrons.

15. **a.** P **b.** Rb **c.** C **d.** F

17. **a.** protons = 20 and neutrons = 20
b. protons = 20 and neutrons = 21
c. protons = 11 and neutrons = 12
d. protons = 24 and neutrons = 28

19. **a.** $^{32}_{15}\text{P}$ **b.** $^{8}_{4}\text{Be}$ **c.** $^{19}_{9}\text{F}$ **d.** $^{28}_{13}\text{Al}$

21. **a.** $^{4}_{2}\text{He}$ **b.** $^{14}_{6}\text{C}$ **c.** $^{235}_{92}\text{F}$

23. **a.** This is not an isotope of carbon-12.
b. This is an isotope of carbon-12 (it has the same number of protons, 6).
c. This is not an isotope of carbon-12.
d. This is an isotope of carbon-12 (it has the same number of protons, 6).

25. $^{1}_{0}\text{n} + ^{152}_{62}\text{Sm} \rightarrow ^{153}_{62}\text{Sm}$

27. **a.** $^{1}_{0}\text{n} + ^{98}_{42}\text{Mo} \rightarrow ^{99}_{42}\text{Mo}$
b. $^{222}_{86}\text{Rn} \rightarrow ^{4}_{2}\text{He} + ^{218}_{84}\text{Po}$
c. $^{235}_{92}\text{U} + ^{1}_{0}\text{n} \rightarrow ^{137}_{55}\text{Cs} + ^{97}_{37}\text{Rb} + 2\,^{1}_{0}\text{n}$

29. **a.** $^{226}_{88}\text{Ra} \rightarrow ^{4}_{2}\text{He} + ^{222}_{88}\text{Rn}$
b. $^{1}_{1}\text{p} + ^{111}_{48}\text{Cd} \rightarrow ^{111}_{49}\text{In} + ^{1}_{0}\text{n}$
c. $^{235}_{92}\text{U} + ^{1}_{0}\text{n} \rightarrow ^{156}_{62}\text{Sm} + ^{77}_{30}\text{Zn} + 3\,^{1}_{0}\text{n}$

31. $^{102}_{46}\text{Pd} + ^{1}_{0}\text{n} \rightarrow ^{103}_{46}\text{Pd}$

33. $^{4}_{2}\text{He} + ^{121}_{51}\text{Sb} \rightarrow ^{123}_{53}1 + 2\,^{1}_{0}\text{n}$

35. $^{235}_{92}\text{U} + ^{1}_{0}\text{n} \rightarrow ^{155}_{62}\text{Sm} + ^{78}_{30}\text{Zn} + 3\,^{1}_{0}\text{n}$

37. In an alpha (α) decay, a nucleus ejects an alpha particle composed of two protons and two neutrons. An alpha particle is a helium nucleus. In a beta (β) decay, a neutron decays into two particles: a proton and an electron. The proton remains in the nucleus, while the electron is ejected. In a gamma (γ) decay, a nucleus releases energy in the form of electromagnetic waves called *gamma rays*. Gamma decays do not involve the release of particles, so they do not change the atomic number or the mass number.

39. **a.** beta (β) decay
b. gamma (γ) decay
c. alpha (α) decay

41. **a.** $^{226}_{88}\text{Ra} \xrightarrow{\alpha} ^{4}_{2}\text{He} + ^{222}_{86}\text{Rn}$
b. $^{228}_{90}\text{Th} \xrightarrow{\alpha} ^{4}_{2}\text{He} + ^{224}_{88}\text{Ra}$
c. $^{210}_{84}\text{Po} \xrightarrow{\alpha} ^{4}_{2}\text{He} + ^{206}_{82}\text{Pb}$

43. **a.** $^{8}_{3}\text{Li} \xrightarrow{\beta} ^{8}_{4}\text{Be} + ^{0}_{-1}\text{e}$
b. $^{25}_{11}\text{Na} \xrightarrow{\beta} ^{25}_{12}\text{Mg} + ^{0}_{-1}\text{e}$
c. $^{223}_{87}\text{Fr} \xrightarrow{\beta} ^{223}_{88}\text{Ra} + ^{0}_{-1}\text{e}$

45. **a.** $^{231}_{90}\text{Th} \xrightarrow{\alpha} ^{4}_{2}\text{He} + ^{227}_{88}\text{Ra}$
b. $^{228}_{89}\text{Ac} \xrightarrow{\beta} ^{228}_{90}\text{Th} + ^{0}_{-1}\text{e}$
c. $^{99\text{m}}_{43}\text{Tc} \xrightarrow{\gamma} ^{99}_{43}\text{Tc} + \text{energy}$

47. Astatine-219 first undergoes alpha decay to produce $^{215}_{83}\text{Bi}$.
$^{219}_{85}\text{At} \xrightarrow{\alpha} ^{4}_{2}\text{He} + ^{215}_{83}\text{Bi}$
Next, $^{215}_{83}\text{Bi}$ undergoes beta decay to $^{215}_{84}\text{Po}$.
$^{215}_{83}\text{Bi} \xrightarrow{\beta} ^{215}_{84}\text{Po} + ^{0}_{-1}\text{e}$
Finally, the second beta decay produces $^{215}_{85}\text{At}$.
$^{215}_{84}\text{Po} \xrightarrow{\beta} ^{215}_{85}\text{At} + ^{0}_{-1}\text{e}$

49. The first three alpha decays of thorium-227 produce $^{223}_{88}\text{Ra}$, $^{219}_{86}\text{Rn}$, and finally $^{215}_{84}\text{Po}$.
$^{227}_{90}\text{Th} \xrightarrow{\alpha} ^{4}_{2}\text{He} + ^{223}_{88}\text{Ra}$
$^{223}_{88}\text{Ra} \xrightarrow{\alpha} ^{4}_{2}\text{He} + ^{219}_{86}\text{Rn}$
$^{219}_{86}\text{Rn} \xrightarrow{\alpha} ^{4}_{2}\text{He} + ^{215}_{84}\text{Po}$
The fourth decay, a beta decay, produces $^{215}_{85}\text{At}$.
$^{215}_{84}\text{Po} \xrightarrow{\beta} ^{215}_{85}\text{At} + ^{0}_{-1}\text{e}$
The final alpha decay yields $^{211}_{83}\text{Bi}$.
$^{215}_{85}\text{At} \xrightarrow{\alpha} ^{4}_{2}\text{He} + ^{211}_{83}\text{Bi}$
The final beta decay produces $^{211}_{84}\text{Po}$.
$^{211}_{83}\text{Bi} \xrightarrow{\beta} ^{211}_{84}\text{Po} + ^{0}_{-1}\text{e}$

51. Because alpha particles are much heavier than gamma particles, they can be very damaging to our body tissue. However, these particles are easily blocked by clothing or even by a sheet of paper. Gamma radiation is the hardest to block. Heavy lead shields are often used to block gamma radiation. Even so, gamma rays are less damaging than alpha particles.

53. Geiger counter, scintillation counter, semiconductor counter, dosimeter

55. A semiconductor counter is able to measure the different energies of radiation absorbed, and therefore it can identify which nuclides are present. A Geiger counter cannot do this.

57. **a.** 1.275 rem **b.** 0.07 rem **c.** 0.041 rem

59. 20,000 X-rays

61. 6 mSv/yr

63. In radiation imaging, a patient is administered a dose of a compound containing a radioactive nuclide. As this material travels through the body, it emits gamma radiation. This radiation is detected using a scintillation camera, an instrument that produces an image based on the intensity of gamma radiation. Indium-111 has been used in radiation imaging to detect internal infections. The patient's white blood cells are tagged with indium-111. The white blood cells congregate around the infected sites. The gamma rays that are emitted help pinpoint the location of the infection.

Radiation therapy is a common treatment for cancer. This technique uses the destructive properties of radiation to destroy cancer cells. In one variation of this technique, doctors implant "seeds" containing radioactive nuclei (such as Cs-131) near the tumor site.

65. When high-energy radiation from the sun enters the upper atmosphere, it produces several nuclear reactions. In one such reaction, a neutron collides with nitrogen-14 to produce carbon-14 and an additional proton:

$$^{1}_{0}n + ^{14}_{7}N \rightarrow ^{14}_{6}C + ^{1}_{1}p$$

Carbon-14 is radioactive and has a half-life of about 5,730 years. As plants grow, they take in carbon dioxide from the atmosphere, including carbon-14. After a plant dies, the carbon-14 begins to decay. Based on the amount of carbon-14 left in a sample, scientists are able to determine the age of substances that were derived from plants.

67. After one half-life, the rate of decay will be one-half the original rate of decay (120 Bq). After two half-lives, the rate of decay will be one-quarter of the original rate of decay (60 Bq).

69. When high-energy radiation strikes quartz, it produces small amounts of the radioactive nuclides beryllium-10 and aluminum-26. If quartz is exposed on Earth's surface, it is bombarded by solar radiation, and these nuclides gradually accumulate. If the quartz is buried, solar radiation is blocked and the isotopes begin to decompose. Geologists use the amounts of Be-10 and Al-26 present in a quartz sample to determine how long a rock surface has been exposed, or how long it has been buried.

71. The mass defect is the difference between the masses of the individual particles and the mass of the complete nucleus. The difference lies in a small fraction of the mass that is converted into energy.

73. When the individual particles combine to form a nucleus, a small fraction of the mass (the mass defect) is converted into energy. This energy is released when the protons and neutrons form a new nucleus.

75. Lighter nuclei will combine to form heavier, more stable nuclei, and heavier nuclei will break apart to form lighter, more stable nuclei.

77. In this reaction, energy (reactants) is converted into matter (products). Therefore, the mass of the products is greater.

79. **a.** $^{1}_{0}n + ^{235}_{92}U \rightarrow ^{95}_{38}Sr + ^{139}_{54}Xe + 2\,^{1}_{0}n$
b. $^{1}_{0}n + ^{235}_{92}U \rightarrow ^{94}_{38}Sr + ^{139}_{54}Xe + 3\,^{1}_{0}n$
c. $^{1}_{0}n + ^{235}_{92}U \rightarrow ^{93}_{37}Rb + ^{141}_{55}Cs + 2\,^{1}_{0}n$

81. When a high-energy neutron strikes a U-235 nucleus, the uranium shatters into smaller fragments. The fission of a uranium nucleus produces several more high-energy neutrons. If there are enough other ^{235}U atoms nearby, these neutrons produce a chain reaction, releasing tremendous amounts of energy. Because each nuclear fission produces multiple neutrons, the number of atoms involved in a fission chain reaction can multiply rapidly.

83. The use of highly purified uranium-235 in a nuclear reactor would cause a runaway reaction. The excess uranium-238 serves two purposes: First, it absorbs some of the neutrons released in the fission of uranium-235, preventing a runaway reaction. Second, after absorbing a neutron, U-238 undergoes two beta decays to form plutonium, which also undergoes nuclear fission.

85. $U_3O_8 \rightarrow 3\,U + 4\,O_2$

$U + 3\,F_2 \rightarrow UF_6$

87. $^{239}_{92}U \xrightarrow{\beta} ^{239}_{93}Np + ^{0}_{-1}e$

$^{239}_{93}Np \xrightarrow{\beta} ^{239}_{94}Pu + ^{0}_{-1}e$

89. Fission takes place in the reactor core, which generates a tremendous amount of heat. The reactor core is immersed in water; pumps circulate this water through the reactor loop to carry heat energy away from the core. The reactor loop comes in contact with water in the power loop. The reactor loop heats the water in the power loop, converting it to steam. The steam turns turbines, producing electric current.

91. The reactor loop, which contains the water contaminated with the radioactive by-products, is completely sealed off from the outside environment and housed in a reinforced containment structure.

93. First, there must be high pressure, so the small nuclides are compressed into a tiny space. Second, there must be very high temperature—more than 10 million degrees Celsius. Third, there must be a long contact time—that is, the pressure and temperature must be sustained long enough for fusion to take place.

95. $^{1}_{0}n + ^{6}_{3}Li \rightarrow ^{4}_{2}He + ^{3}_{1}H$

97. Plasma is a gas-like state that is produced at very high temperatures, and it is often considered the fourth state of matter. In the plasma state, electrons have such high energies that they do not remain bound to any one atom. The result is a gaseous "soup" of positive and negative charges.

99. The break-even point is the level at which the energy output from a tokamak reactor exceeds the energy required to power the plasma containment vessel.

찾아보기

A-Z

Arrhenius 정의(Arrhenius definition) 339
Avogadro 법칙(Avogadro's law) 288
Avogadro 수(Avogadro's number) 189
Bohr 모형(Bohr model) 75, 93
Boyle 법칙(Boyle's law) 285
Brønsted-Lowry 정의 341
Charles 법칙(Charles's law) 286
d 부준위(*d* sublevel) 97
f 부준위(*f* sublevel) 98
Geiger 계수기(Geiger counter) 489
Le Chatelier 원리(Le Chatelier's principle) 389
Lewis 구조(Lewis structure) 131
Lewis 점 기호(Lewis dot symbol) 121
London 분산력(London dispersion force) 280
pH 시험지(pH paper) 353
pH 지시약(pH indicator) 353
p 부준위(*p* sublevel) 97
s 부준위(*s* sublevel) 97

ㄱ

가설(hypothesis) 15
가시 스펙트럼(visible spectrum) 89
가용성(soluble) 136
감마(γ) 붕괴(decay) 485
강산(strong acid) 343
게이지 압력(gauge pressure) 284
결합 에너지(binding energy) 494
계(system) 218
계수(coefficient) 152
고립 전자쌍(lone pair) 243
고분자(polymer) 282, 456
고체(solid) 8
공명 구조(resonance structure) 252
공유 결합(covalent bond) 130
공유 결합 화합물(covalent compound) 131
공유성 그물 구조(covalent network) 282
과량 시약(excess reagent) 197
과학 법칙(scientific law) 16
과학적 방법(scientific method) 15
과학적 표기법(scientific notation) 27
광자(photon) 89
광합성(photosynthesis) 437
구경꾼 이온(spectator ion) 168
구성 성분(composition) 5
구조(structure) 5
균일 혼합물(homogeneous mixture) 7
균형 반응식(balanced equation) 152
극성 공유 결합(polar covalent bond) 258
금속(metal) 65
금속 치환 반응(metal displacement reaction) 324, 410
기압(atmosphere) 285
기압계(barometer) 283
기체(gas) 8
기체 법칙(gas law) 285
기화(vaporization) 9
끓는점 오름(boiling point elevation) 318

ㄴ

나이트릴(nitrile) 455
녹음(melting) 8
농도(concentration) 309

ㄷ

다당류(polysaccharide) 460
다양성자 산(polyprotic acid) 340
다원자 이온(polyatomic ion) 124
단백질(protein) 460
단위체(monomer) 457
단일 치환(single-displacement) 158
데옥시리보 핵산(DNA: deoxyribonucleic acid) 464
동위 원소(isotope) 71, 481
등전자(isoelectronic) 104

ㄹ

리터(L) 30
리트머스(litmus) 353

ㅁ

몰(mole) 188
몰농도(molarity, M) 313
몰질량(molar mass) 189
물리 변화(physical change) 10
물리적 성질(physical property) 10
물질(matter) 4
물질과 에너지 보존 법칙(law of conservation of matter and energy) 494
물질의 세 가지 상태(three states of matter) 8
밀도(density) 45

ㅂ

반감기(half-life) 487

반도체 계수기(semiconductor counter) 490
반응물(reactant) 151
반응 속도(reaction rate) 373
반응 에너지 도표(reaction energy diagram) 375
반응 엔탈피(reaction enthalpy) 227
반쪽 반응(half-reaction) 415
발열(exothermic) 14
발열 변화(exothermic change) 218
방사능(radioactivity) 483
방사성 붕괴(radioactive decay) 483
방향족 고리(aromatic ring) 450
배터리(battery) 417
백만분의 일(ppm) 312
베크렐(Bq) 490
베타 붕괴(β decay) 485
벤젠(benzene) 449
부분 압력(partial pressure) 290
부준위(sublevel) 96
부피 백분율(percent by volume) 309
분자(molecule) 5
분자 반응식(molecular equation) 164
분자식(molecular formula) 131
분자 쌍극자(molecular dipole) 260
분자의 기하 구조(molecular geometry) 253
분출(effusion) 292
분해(decomposition) 157
불균일 혼합물(heterogeneous mixture) 7
불확정성 원리(uncertainty principle) 95
붕괴 계열(decay series) 485
비금속(nonmetal) 66
비금속 산화물(nonmetal oxide) 348
비열(specific heat) 221
비활성 기체(noble gas) 67
뼈대 구조식(skeletal structure) 443

ㅅ

사면체 기하 구조(tetrahedral geometry) 255
사이클로알케인(cycloalkane) 448
산(acid) 138, 339
산성비(acid rain) 348
산소산(oxyacid) 138
산소산 음이온(oxyanion) 125
산-염기 중화 반응(neutralization reaction) 346
산화 160
산화(oxidation) 407
산화수(oxidation number) 407
산화-환원 반응(oxidation-reduction reaction) 160, 407
삼투압(osmotic pressure) 320
생성물(product) 151
선량계(dosimeter) 490
선 스펙트럼(line spectra) 92
선형(linear) 254
섬광 계수기(scintillation counter) 490
섭씨 척도(Celsius scale) 47
세포 호흡(cellular respiration) 437
수소 결합(hydrogen bonding) 279
순물질(pure substance) 6
시버트(Sv) 490
실제 수득량(actual yield) 201
실험식(empirical formula) 127
실험식 단위(formula unit) 127
십억분의 일(ppb) 312
쌍극자-쌍극자 상호작용(dipole-dipole interaction) 277

ㅇ

아마이드(amide) 455
아미노산(amino acid) 460
아민(amine) 454
아원자 입자(subatomic particle) 68
알데하이드(aldehyde) 452
알짜 이온 반응식(net ionic equation) 168
알카인(alkyne) 449
알칼리 금속(alkali metal) 66
알칼리 토금속(alkaline earth metal) 66
알케인(alkane) 446
알켄(alkene) 448
알코올(alcohol) 450
알파 붕괴(α decay) 484
압력(pressure) 283
액체(riquid) 8
약산(weak acid) 343
양성자(proton) 71
양이온(cation) 121
양자 모형(quantum model) 75, 95
어는점 내림(freezing point depression) 318
에너지(energy) 12, 215
에너지 보존 법칙(law of conservation of energy) 219
에스터(ester) 453
에터(ether) 451
연료 전지(fuel cell) 423
연소(combustion) 409
열계량법(calorimetry) 223
열량값(fuel value) 226
열에너지(heat energy) 12, 215
열역학(thermodynamics) 215
열용량(heat capacity) 222
염기(base) 171, 339
오비탈(orbital) 96
옥텟 규칙(octet rule) 102
온도(temperature) 220
완전 이온 반응식(complete ionic equation) 167
완충(buffer) 357
용매(solvent) 309
용액(solution) 136, 309
용질(solute) 309
용해도곱(solubility product) 386
운동 에너지(kinetic energy) 12, 215
원소(element) 5
원소 분석(elemental analysis) 187
원소 주기율표(periodic table of the elements) 63
원자(atom) 5
원자가 껍질 전자쌍 반발(VSEPR: valance shell electron pair repulsion) 모형(model) 253

원자가 준위(valence level) 102
원자론(atomic theory) 60
원자 번호(atomic number) 71
원자 질량 단위(atomic mass unit; u, amu) 68
유기화학(organic chemistry) 437
유효 숫자(significant digit) 33
음이온(anion) 123
응고(freezing) 9
응축(condensation) 9
이당류(disaccharide) 459
이론(theory) 15
이론적 수득량(theoretical yield) 201
이상 기체(ideal gas) 283
이상 기체 법칙(ideal gas law) 289
이성질체(isomer) 439
이온(ion) 76
이온 격자(ionic lattice) 127
이온 결합(ionic bond) 127
이온 결합 화합물(ionic compound) 127
이온 반응식(ionic equation) 164
이중 치환(double-displacement) 158

ㅈ

자동 이온화(self-ionization) 349
작용기(functional group) 446
적정(titration) 354
전극(electrode) 417
전기 도금(electroplating) 422
전기 음성도(electronegativity) 258
전기 화학(electrochemistry) 407
전이 금속(transition metal) 65
전이 상태(transition state) 375
전자(electron) 69
전자구름(electron cloud) 71
전자기 복사(electromagnetic radiation) 89
전자기 스펙트럼(electromagnetic spectrum) 89
전자 배치(electron configuration) 99
전자의 기하 구조(electronic geometry) 253
전하(charge) 68
전해액(electrolyte solution) 136
전해질 용액(electrolyte solution) 316
절대 영도(absolute zero) 287
정밀도(precision) 32
정확도(accuracy) 31
조성 퍼센트(percent composition) 185
족(group) 63
주기(period) 63
주양자수(principal quantum number) 96
주위(surroundings) 218
주족 원소(main-group element) 65
주파수(frequency) 90
준금속(metalloid) 66
줄(joule) 216
중량 분석(gravimetric analysis) 325
중성자(proton) 71
중화 반응(neutralization reaction) 171
질량 결손(mass defect) 494
질량 백분율(percent by mass) 309
질량 보존 법칙(law of conservation of mass) 59
질량/부피 퍼센트(mass/volume percent) 310
질량 분석법(mass spectrometry) 186
질량수(mass number) 71
짝산(conjugate acid) 343
짝염기(conjugate base) 343

ㅊ

첨자(subscript) 152
촉매(catalyst) 376
총괄성(colligative property) 317
축약 구조식(condensed structure) 442
축합 반응(condensation reaction) 451
측정 단위(units of measurement) 29
침전(precipitate) 167
침전 반응(precipitation reaction) 167

ㅋ

카보닐(carbonyl) 451
카복실산(carboxylic acid) 452
커피 컵 열계량법(coffee cup calorimetry) 223
케톤(ketone) 452
켈빈 척도(Kelvin scale) 48

ㅌ

탄소 순환(carbon cycle) 437
탄수화물(carbohydrate) 458
탄화수소(hydrocarbon) 446
통 열계량법(bomb calorimetry) 225
통합 기체 법칙(combined gas law) 288

ㅍ

파장(wavelength) 89
퍼센트 수득률(percent yield) 201
퍼텐셜 에너지(potential energy) 12, 215
페놀프탈레인(phenolphthalein) 354
펩타이드 결합(peptide bond) 462
평면 삼각형(trigonal planar) 255
평형(equilibrium) 378
평형 반응(equilibrium reaction) 343, 378
평형 상수(equilibrium constant) 382
평형식(equilibrium expression) 382
플라스마(plasma) 500
플라스틱(plastic) 457

ㅎ

하이드로늄 이온(hydronium ion) 340
한계 시약(limiting reagent) 197
할로젠(halogen) 67
합성 반응(synthesis) 157
해리(dissociation) 136
핵(nucleus) 70
핵력(nuclear force) 493
핵반응(nuclear reaction) 481
핵반응식(nuclear equation) 482
핵분열(fission) 496
핵융합(fusion) 499

핵의학(nuclear medicine) 491
핵자(nucleon) 481
핵종(nuclide) 481
핵화학(nuclear chemistry) 481
헤르츠(hertz) 90
형식 전하(formal charge) 248
혼합물(mixture) 6
화씨 척도(Fahrenheit scale) 47
화학(chemistry) 3
화학량론 문제(stoichiometry problem) 193
화학 반응(chemical reaction) 10
화학 반응식(chemical equation) 151
화학 변화(chemical change) 10
화학식(chemical formula) 127
화학식량(formula mass) 185
화학적 성질(chemical property) 10
화합물(compound) 5
확산(diffusion) 292
확장된 옥텟(expanded octet) 245
확정수(exact number) 36
환산 인자(conversion factor) 40
환원(reduction) 407
활동도 서열(activity series) 412
활성화 에너지(activation energy) 375
흡열(endothermic) 14
흡열 변화(endothermic change) 218

화학교재연구회 (번역 및 감수)

강명종 · 강성민 · 고혜민 · 공창수 · 권도균 · 권오형 · 금영수 · 김도경 · 김 민 · 김봉수 · 김성환 · 김안드레 · 김용성
김은주 · 김정희 · 김종식 · 김종현 · 김태근 · 김현주 · 김호연 · 김효준 · 남병욱 · 노동윤 · 명노승 · 방대석 · 방지원
배진우 · 백승민 · 백정인 · 변헌수 · 서종화 · 손종우 · 송현민 · 심재원 · 아브라모프 파벨 · 양민오 · 원태진 · 유태수
윤관한 · 윤민영 · 윤석민 · 윤 일 · 이강호 · 이규의 · 이동석 · 이병환 · 이상철 · 이승준 · 이승훈 · 이원호 · 이은지
이은호 · 이재욱 · 이정규 · 이종대 · 이창수 · 이혜진 · 이홍인 · 이효선 · 이희영 · 임재원 · 임종민 · 장지웅 · 전석진
전용덕 · 정광우 · 정맹준 · 정성화 · 정용주 · 정은희 · 조남준 · 조대흠 · 조동환 · 조성기 · 조창우 · 최규성 · 최상일
최이준 · 최철호 · 최현욱 · 최현주 · 한원식 · 홍경희 · 황길태

편수: 전종호

화학의 입문 제2판

저　　자 Kevin Revell
역　　자 화학교재연구회
발 행 인 김지영
발 행 처 자유아카데미
주　　소 경기도 파주시 회동길 37-42
파주출판도시
전　　화 031-955-1321
팩　　스 031-955-1322
홈페이지 www.freeaca.com
전자우편 main@freeaca.com (대표)
editor@freeaca.com (편집)
crm@freeaca.com (영업)
등　　록 제406-2003-017호, 1980. 7. 12.
제2판1쇄 2022년 1월 25일 발행
제2판3쇄 2025년 2월 15일 발행
정　　가 40,000원

Printed in Korea
ISBN 979-11-5808-341-0 93430